LES PLANTES

***

LA VIE DES PLANTES

A.-E. BREHM

MERVEILLES DE LA NATURE

LES PLANTES

***

LA VIE DES PLANTES

PAR

PAUL CONSTANTIN | E. D'HUBERT
ANCIEN ÉLÈVE DE L'ÉCOLE NORMALE SUPÉRIEURE | DOCTEUR ÈS SCIENCES,
AGRÉGÉ DES SCIENCES NATURELLES, | PROFESSEUR A L'ÉCOLE SUPÉRIEURE
PROFESSEUR AU LYCÉE MICHELET | DE COMMERCE

PARIS

LIBRAIRIE J.-B. BAILLIÈRE et FILS

19, rue Hautefeuille, près du boulevard Saint-Germain

AVIS AU LECTEUR

Après avoir écrit les deux volumes du *Monde des plantes*, j'avais entrepris de terminer mon œuvre par la rédaction de la *Vie des plantes*. De très graves raisons de santé m'ont obligé à interrompre brusquement le travail commencé. Heureusement j'ai trouvé dans un de mes anciens élèves, M. d'Hubert, devenu aujourd'hui mon collègue et mon ami, le collaborateur idéal qui devait, à la plus grande satisfaction de tous, continuer — tout en respectant le plan initial — l'ouvrage commencé.

Jusqu'à la page 224, la *Vie des plantes* est mon œuvre personnelle; à partir de là (*Nutrition de la plante*), c'est M. d'Hubert qui a tout fait.

Et il l'a fait de telle façon que cet ouvrage, bien que la rédaction en soit due à deux plumes différentes, apparaîtra comme véritablement homogène et conçu; de la première ligne à la dernière, dans un même esprit, suivant une même idée: les deux collaborateurs pensent de même.

Paul CONSTANTIN.

PRÉFACE

La *Vie des plantes*, que nous offrons aujourd'hui au public, complète et termine la partie botanique des *Merveilles de la Nature* de Brehm. Celle-ci se compose donc de trois volumes, réunis sous le titre général : *les Plantes.*

Le *Monde des plantes*, qui forme les deux premiers volumes de la série, est consacré à la revue, famille par famille, des merveilles du Règne végétal.

La *Vie des plantes*, que nous publions aujourd'hui, est le complément nécessaire de cette première étude. S'il est intéressant en effet, pour l'amateur comme pour le savant, de connaître la classification des plantes, combien d'autre part est attrayante l'étude de la plante en elle-même, des phénomènes qui se passent en elle et pour elle, de sa *vie* en un mot !

Déjà, dans le *Monde des plantes*, les caractères biologiques, indiqués là où ils présentent un intérêt tout particulier, ont initié nos lecteurs aux grands problèmes que peut discuter l'étude de la Vie. Mais une étude plus complète et plus générale s'imposait : la *Vie des plantes* répond à ce besoin : c'est l'étude de la plante en soi, après celle des plantes en particulier.

Mais, pour bien connaître la vie de la plante, sa physiologie, comme disent les savants et les professeurs, il est nécessaire d'en connaître la constitution : d'où le plan adopté pour la rédaction du présent ouvrage.

Après quelques chapitres consacrés à l'étude de la forme et de la structure des végétaux, tant extérieure qu'intérieure, les auteurs ont abordé le véritable sujet du livre : la *vie de la plante*. Ils en ont étudié successivement :

1° L'évolution, c'est-à-dire la propriété par laquelle la plante naît, croît et meurt;

2° La nutrition, qui permet au végétal comme à l'animal de compenser ses pertes et de réparer sa substance;

3° La reproduction, grâce à laquelle l'être vivant se perpétue et qui présente des phénomènes visibles et invisibles si curieux, si bien connus aujourd'hui, grâce aux récents travaux des savants français et étrangers. Tout l'ouvrage d'ailleurs, dans toutes ses parties, est rigoureusement au courant des derniers progrès de la science.

Enfin, l'ouvrage se termine par des considérations sur la classification, sur l'utilité des végétaux et sur la géographie botanique.

Notons ici que l'ouvrage de la collection similaire allemande, le *Pflanzenleben* de M. KERNER VON MARYLANN, n'a fourni à notre ouvrage — qui en est entièrement distinct — qu'un certain nombre de gravures et une anecdote citée dans l'introduction, au début du livre.

Telle est notre œuvre. Nous espérons que nos fidèles lecteurs feront à ce nouveau volume l'accueil qu'ils ont bien voulu faire à ses aînés, et si nous avons pu les distraire, les intéresser et les instruire, notre but sera atteint.

PAUL CONSTANTIN et E. D'HUBERT.

ACLOQUE (A.)

FLORE DE FRANCE

contenant

LA DESCRIPTION DE TOUTES LES ESPÈCES INDIGÈNES
disposées en tableaux analytiques

Illustrée de 2 165 figures représentant les types caractéristiques des genres et des sous-genres.

Préface par M. Ed. BUREAU
Professeur de botanique au Muséum

1 vol. in-18 de 816 pages avec 2 165 fig...... 12 fr. 50
Cartonné.................................... 14 fr.

BEL

LA ROSE

Histoire et Culture

Description de cinq cents variétés de rosiers

1 vol. in-16 avec 41 figures.................... 2 fr.

ELLAIR (G.)

LES ARBRES FRUITIERS
Par G. BELLAIR
Jardinier en chef des parcs de Versailles

1 vol. in-18 avec 134 fig. cart................... 4 fr.

BERGER (E.)

LES PLANTES POTAGÈRES
ET LA CULTURE MARAICHÈRE
Par E. BERGER
Chef des cultures de la ville de Bordeaux

1 vol. in-18 avec 64 fig., cart.................. 4 fr.

BOIS (D.)

LE PETIT JARDIN
Par D. BOIS
Assistant de la chaire de culture au Muséum

2º *édition*, 1 vol. in-18 avec 180 fig., cart....... 4 fr.

LES PLANTES D'APPARTEMENT
ET LES
PLANTES DE FENÊTRES

1 vol. in-18 avec 169 fig., cart................. 4 fr.

LES ORCHIDÉES
Manuel de l'Amateur

1 vol. in-18 avec 119 fig., cart................. 4 fr.

BONNIER (G.)

LES PLANTES DES CHAMPS ET DES BOIS

Excursions botaniques
PRINTEMPS, ÉTÉ, AUTOMNE, HIVER
Par Gaston BONNIER
Membre de l'Institut,
Professeur de botanique à la Faculté des sciences de Paris.

1 vol. in-8 de 600 pages avec 873 figures et 30 pl.
dont 8 en couleurs, dessinées d'après nature par
E. MESPLÉS................................... 24 fr.
Cartonnage artistique, tête dorée............. 26 fr.

BOPPE et JOLYET

Les FORÊTS. — TRAITÉ de SYLVICULTURE
Par BOPPE
Directeur honoraire de l'École forestière de Nancy
et JOLYET, chargé de cours.

1 vol. in-8 avec 100 figures................. 8 fr.

BOYER (Léon)

LES CHAMPIGNONS
comestibles et vénéneux de la France

1 vol. gr. in-8 avec 50 pl. col., cart........... 28 fr.

COURCHET

TRAITÉ DE BOTANIQUE
comprenant l'Anatomie et la Physiologie végétales
et les Familles naturelles
Par L. COURCHET
Docteur ès sciences,
Professeur d'histoire naturelle à l'Université de Montpellier

2 vol. in-8 de 1 208 p., avec 800 fig........... 18 fr.

DENIKER

ATLAS-MANUEL DE BOTANIQUE
ou Illustrations des familles et des genres
de Plantes phanérogames et cryptogames
avec le texte en regard
Par J. DENIKER
Docteur ès sciences naturelles,
Bibliothécaire en chef du Muséum de Paris.

1 vol. in-4 avec 200 pl., comprenant 3 300 fig., cart. 30 fr.

Édition de luxe en couleurs, tirée à 500 exemplaires
1 vol. in-4 avec 200 pl. color. au pinceau, cart... 100 fr.

DUCHARTRE

ÉLÉMENTS DE BOTANIQUE
comprenant l'Anatomie,
l'Organographie, la Physiologie des plantes
les Familles naturelles et la Géographie botanique
Par P. DUCHARTRE
Membre de l'Institut.

3º *édition*, 1 vol. in-8 avec 571 fig., cart....... 20 fr.

GAUTIER

LES CHAMPIGNONS
considérés dans leurs rapports avec la Médecine
l'Hygiène publique et privée
l'Agriculture et l'Industrie
et Description des principales espèces comestibles
suspectes et vénéneuses en France

1 vol. gr. in-8 avec 195 fig. et 16 pl. chromolithogra-
phiées.. 18 fr.

GÉRARDIN

TRAITÉ ÉLÉMENTAIRE DE BOTANIQUE
Anatomie et Physiologie végétales

1 vol. in-8 avec 535 figures.................... 6 fr.

Fig. 1. — La végétation des pays chauds : Une forêt aux Indes, avec des fourrés de Rotangs
(d'après une photographie).

INTRODUCTION

INTÉRÊT DE LA BOTANIQUE

Parmi les nombreuses sciences dont l'étude s'offre à l'activité de l'esprit humain, il n'en est peut-être pas de plus attrayante que la Botanique, qui s'occupe des végétaux et nous apprend à les connaître. L'homme, en effet, ne peut faire autrement que de s'intéresser aux plantes qui l'entourent, car en elles tout est fait pour séduire nos sens et captiver notre curiosité. Nous n'avons qu'à jeter les yeux autour de nous, en quelque point du globe que se porte notre regard, partout à notre vue s'offrira une végétation aux charmes de laquelle nous ne pouvons rester insensibles. Le décor peut changer, l'enthousiasme reste le même, soit que nous admirions la végétation des pays chauds, à travers les magnifiques forêts de l'Inde (fig. 1) où, sous les voûtes de feuilles, croissent en fourrés impénétrables les Rotangs et autres lianes, soit qu'au contraire, dans les climats froids, gravissant les pentes des Alpes (fig. 2), nous dirigions notre vue sur le superbe tableau que nous y offrent les Pins et Sapins au port majestueux. Il n'est peut-être pas ici-bas un seul homme qui puisse demeurer indifférent en présence du spectacle si riche et si varié que lui offre la nature dans le monde des Plantes ; certes, beaucoup de gens aiment les animaux, mais on peut dire sans exagération que tous aiment les Plantes. Des trois branches de l'Histoire naturelle, la Botanique, science aimable entre toutes, est et sera toujours la préférée.

Cela n'a d'ailleurs rien de surprenant et se conçoit facilement, si l'on réfléchit aux nombreuses raisons que nous pouvons avoir d'aimer les Plantes et de désirer bien les connaître ; l'étude de la Botanique, en effet, peut satisfaire à la fois la plupart des plus vives et plus chères aspirations de l'esprit humain.

Kerner von Marylann (1) raconte qu'un jour, au cours d'une excursion à travers les Alpes, il arriva dans une ravissante vallée où il ressentit tout d'abord une véritable impression de plaisir. On était alors au mois de mai et la végétation s'étalait dans toute sa splendeur ; les pentes de la vallée disparaissaient sous les grands arbres et, sous les hauts fourrés, les fleurs s'épanouissaient avec tous leurs charmes : les Églantines, les Genêts et surtout le magnifique Cytise faux-ébénier (*Cytisus laburnum*), que ses splendides grappes pendantes de fleurs jaunes ont fait nommer *Pluie d'or*.

D'innombrables autres arbrisseaux étaient en pleine floraison ; dans chaque buisson chantait un rossignol ; tout contribuait à faire ressortir la splendeur de cette belle matinée de printemps. S'arrêtant alors quelques instants à cette place, le botaniste enthousiaste ne put s'empêcher de faire part à son guide de son ravissement et du plaisir enchanteur que lui causaient ces fleurs magnifiques

(1) Kerner von Marylann, *Pflanzen Leben*. Leipzig, 1890, t. I, p. 3.

et le chant des rossignols ; mais son enthousiasme fut quelque peu refroidi lorsque le guide, paysan italien, se contenta de répondre laconiquement : « S'il y a tant de Cytises, c'est que les chèvres en respectent le feuillage vénéneux ; quant aux rossignols, il y en a certes beaucoup ici, mais pas autant que de lièvres. »

Cet homme ne voyait dans les plantes qui l'entouraient, malgré toute leur beauté, qu'une nourriture pour les chèvres, et dans les rossignols, malgré leurs chants harmonieux, qu'un simple gibier.

Il ne faisait d'ailleurs en cela qu'obéir à un sentiment bien général, et la plupart des hommes, comme lui, se placent tout d'abord au point de vue utilitaire pour juger les choses. L'homme a eu et aura toujours une irrésistible propension à rapporter à lui tout ce qui l'entoure, et un secret désir le conduit à mieux apprécier, parmi les objets qui l'environnent, ce qui lui peut être directement et immédiatement utile.

En ce qui concerne la Botanique en particulier, il est clair que la considération de l'utilité plus ou moins grande a dû, tout d'abord, pousser à l'étude de cette science, en donnant aux premiers hommes le plus vif désir de connaître les plantes, afin d'en tirer le meilleur parti possible. Le besoin de la conservation guidait alors l'homme dans tous les actes de sa vie : il lui fallait se nourrir, se défendre contre ses ennemis, lutter sans cesse pour vivre, et comme les végétaux lui offraient des ressources abondantes et variées pour satisfaire à tous ses besoins, il était naturel pour lui de vouloir en profiter, et, pour cela, indispensable d'apprendre à distinguer les plantes utiles. Les plantes, en effet, offrent à l'homme la majeure partie de ses aliments, et ce sont elles aussi qui nourrissent les animaux dont la chair sert à sa nourriture. Mais il est également des plantes nuisibles et vénéneuses, qui doivent être rejetées de l'alimentation, et la confusion entre plantes comestibles et nuisibles peut entraîner les plus graves accidents. D'autre part, nombre de plantes renferment des principes salutaires que l'homme peut employer utilement pour combattre et guérir de dangereuses maladies. Pour pouvoir tirer parti de tant d'avantages, il était de toute nécessité d'apprendre à bien reconnaître les plantes qui peuvent les procurer ; aussi n'est-il pas étonnant de voir, dès les temps les plus reculés, l'homme

Fig. 2. — La végétation des climats froids : Pins au bord du lac Champeix ; dans le fond, le grand Combin (d'après une photographie de M. Roger Baillière).

s'intéresser à la recherche des plantes, à l'étude de leur détermination, à l'observation de leurs vertus, se plaçant en cela à un point de vue utilitaire ; et il en est encore ainsi souvent de nos jours même, où, pour un grand nombre d'hommes, la première question qu'ils se poseront, lorsqu'on leur montrera une plante à eux encore inconnue, sera pour savoir si elle est comestible ou vénéneuse, ou si elle est susceptible de quelque application dans la médecine, les arts ou l'industrie ; en un mot, à quoi sert-elle ?

Dans l'anecdote qui a été rapportée plus haut, le guide se plaçait au seul point de vue utilitaire dans son appréciation des beautés de la nature, et sa réponse aux paroles enthousiastes de son interlocuteur prouve qu'il attachait plus de prix aux avantages immédiats qu'on peut retirer des plantes, qu'aux charmes plus délicats qu'elles peuvent offrir à nos sens, et qui transportaient d'admiration son savant et artiste compagnon. Si l'intérêt que nous offre l'étude des plantes se trouve justifié par la seule considération des applications pratiques qu'on en peut faire aux nécessités de la vie de tous les jours (aliments, bois de construction, fibres pour tisser les étoffes, etc.), il ne faut pas cependant oublier qu'il peut être expliqué à un autre point de vue et qu'il peut prendre

naissance grâce à un tout autre sentiment que celui de la conservation.

Ils sont rares ceux dont le cœur est dénué de toute poésie et chez qui les besoins immédiats de la vie étouffent complètement le sentiment du beau et de l'idéal ; heureusement pour l'humanité, nombreux sont ceux qui possèdent, à un degré plus ou moins développé, le sens artistique et le culte de la beauté ; on peut même dire que tout homme vraiment digne de ce nom, et c'est ce qui le distingue de la brute, est capable, si peu cultivé soit son esprit, au moins à certains moments de son existence, lorsqu'il n'est pas tracassé trop vivement par les nécessités de la lutte pour la vie, de se sentir ému à la vue d'un beau spectacle et de goûter une véritable jouissance intellectuelle à en contempler les charmes. Le sentiment du beau devait donc conduire les hommes à admirer les plantes si jolies pour la plupart, soit par leur port et leur feuillage, soit par leurs fleurs aux brillantes couleurs et aux plus suaves parfums, et l'on conçoit l'intérêt que doivent exciter en nous les végétaux qui flattent de si délicieuse façon nos sens de la vue et de l'odorat.

Tout naturellement, d'ailleurs, la beauté des plantes devait inspirer l'homme pour ses

Fig. 3. — Le Marché aux fleurs de la Rambla de las flores, à Barcelone.

travaux d'art. De l'admiration pour une belle chose à la reproduction du modèle pour en perpétuer le souvenir, il n'y avait qu'un pas, qui fut franchi, et c'est ainsi que de tout temps, comme de nos jours, les plantes ont joué un très grand rôle dans les différents arts. Que de chefs-d'œuvre ont eu pour point de départ la simple observation des merveilles du monde végétal et le désir d'en reproduire et fixer l'image! C'est ainsi que fut, au dire de Vitruve, suggérée au sculpteur Callimaque, qui ne fit que répéter ce que lui avait enseigné par hasard la nature, l'idée du chapiteau de l'ordre corinthien. Sur le tombeau d'une jeune fille, morte à la veille de son mariage, la main pieuse d'une nourrice avait réuni quelques-uns des objets que la pauvre morte avaient le plus particulièrement aimés. Ces souvenirs avaient été placés dans une corbeille recouverte d'une tuile, pour les préserver des intempéries des saisons. Les feuilles d'un pied d'acanthe, qui croissait près du tombeau, enveloppèrent la corbeille, puis, refoulées par la tuile, se recourbèrent en gracieuses volutes. Le sculpteur grec, passant par là, nota la gracieuse disposition de ces feuilles sous la tuile, et ce fut le point de départ d'un progrès dans l'art de l'architecture.

Après avoir tout d'abord admiré et cherché à reproduire les plantes qu'il voyait autour de lui, croissant à l'état sauvage, l'homme fut conduit à les cultiver non seulement pour s'en entourer et les avoir sans cesse sous les yeux, mais bien aussi pour apprendre à les modifier et à les embellir. L'Horticulture naquit de ces désirs, et lorsqu'il sut reproduire à sa volonté, à côté de lui, les végétaux qui lui plaisent le mieux, l'homme fut de plus en plus porté à les aimer et à les comprendre.

De nos jours, cet amour pour les plantes est développé à son plus haut point, et dans tous les pays, dans toutes les classes de la société, chacun s'ingénie à s'entourer de ses fleurs préférées (fig. 3 et 4), avec d'autant plus de soin que les nécessités de la vie le privent davantage de la contemplation habituelle des merveilles du monde végétal.

Pour nous autres Français, il semble même que ce soit là un besoin impérieux, beaucoup plus fort que chez nos voisins ; on raconte qu'après la révocation de l'Édit de Nantes, on pouvait à Londres distinguer d'un coup d'œil les demeures des réfugiés français : à leurs fenêtres, une plante cultivée rappelait au proscrit le souvenir de la patrie absente. Aujourd'hui, tout le monde aime les plantes : le riche comme le pauvre, l'habitant des campagnes comme celui des villes, où, en présence de la difficulté qu'il y a pour chacun de posséder son jardin particulier, les jardins et squares publics, les plantations d'alignement le long

Fig. 4. — Le Marché aux fleurs de la Madeleine, à Paris (d'après le tableau de M. L. de Schryver).

des avenues et des promenades sont l'objet des plus grands soins. Presque partout, dans les appartements, sur les fenêtres et les balcons, des fleurs embaument l'air et réjouissent les yeux : Jenny l'Ouvrière vit heureuse en soignant sur la fenêtre de sa mansarde son modeste pot de giroflée, et ils sont rares ceux qui partagent l'avis de Calchas dans *la Belle Hélène* : « Trop de fleurs ! »

On voit donc que la Botanique doit être pour nous pleine d'attraits, puisqu'elle apprend à connaître les plantes qui nous sont utiles et indispensables à tant de points de vue, soit qu'elles servent aux besoins de notre vie, soit qu'elles nous charment par leur beauté. Ces raisons suffiraient déjà pour nous engager à étudier les végétaux, à en chercher les caractères qui permettent de les reconnaître et de les distinguer, à les recueillir, à les collectionner et à les classer.

Il y a certes là tout un champ d'études vaste et intéressant. Mais ce n'est pas là tout ce que la Botanique peut offrir à notre esprit. La plante ne nous charme pas seulement parce qu'elle est belle ou parce qu'elle nous fournit des aliments ; il y a en elle quelque chose de plus qui fait qu'elle nous attire et

nous séduit ; et ce quelque chose, qui relève encore ses nombreuses qualités, c'est la vie : la plante est un être vivant. Elle vit, c'est-à-dire se nourrit, respire et se reproduit comme nous : elle présente cet ensemble de phénomènes mystérieux que la Science s'efforce sans cesse de comprendre en cherchant à soulever un coin du voile qui couvre la nature. Observer ces phénomènes, tâcher d'en saisir le pourquoi et le comment, quel plus noble et plus intéressant but à nous proposer ? Étudions donc les végétaux non pas seulement pour leurs usages et comme de simples objets de collection, mais parce qu'ils vivent : la *Vie des Plantes* nous apprendra bien des choses du plus haut intérêt et de la plus grande portée philosophique. La Botanique doit nous plaire, non pas comme une science toute de description et de classifications, mais aussi et surtout comme une des branches de la Biologie, science qui étudie la vie. Étudions-la à ce point de vue, nous y trouverons les plus douces satisfactions et nous pourrons répéter avec Vaucher : « Au lieu d'une science circonscrite, je trouve un champ immense où le moindre végétal me fournit des sujets nombreux de réflexion. »

CARACTÈRES DES ÊTRES VIVANTS. — CARACTÈRES DES VÉGÉTAUX

Tous les corps qui existent dans la nature peuvent être rangés dans deux grandes catégories : les *corps bruts* et les *êtres vivants*.

Dans la première prennent place les *minéraux*, les *roches* (1), tous les corps inertes et dénués de vie, ce qui les distingue des êtres vivants, qui se divisent en *animaux* et *végétaux*. La *Vie* est donc le grand caractère qui permet de considérer trois règnes dans la nature, dont les deux premiers : le règne animal et le règne végétal, se composent d'êtres vivants, tandis que le troisième, le règne minéral, ne comprend que des corps bruts.

Qu'est-ce que la Vie ? Plusieurs auteurs ont essayé d'en donner une définition à la fois courte et précise, et aucun d'eux n'est arrivé à y réussir d'une façon satisfaisante ; ni Bichat, ni Claude Bernard, pour ne parler que de deux des plus grands parmi nos savants français modernes, n'y sont parvenus (2). Il n'est d'ailleurs pas besoin d'une pareille définition pour comprendre ce que c'est que la Vie, et s'en faire une idée suffisamment nette. C'est qu'il existe un ensemble de caractères communs à tous les êtres vivants, et faisant au contraire défaut chez les corps bruts. Ces caractères sont au nombre de trois : la *nutrition*, l'*évolution* et la *reproduction*.

Nutrition. — Tous les êtres vivants se nourrissent, c'est-à-dire empruntent au monde extérieur des aliments qu'ils transforment ensuite en leur propre substance, ce qui leur permet de réparer sans cesse leurs pertes.

C'est ainsi qu'une poule (animal) ou un chêne (végétal) se nourrissent tous deux : la poule au moyen des grains qu'elle picore et aussi de l'air qu'elle respire, le chêne au moyen des matériaux qu'il puise dans le sol par ses racines, ou dans l'air par ses feuilles. Un minéral, au contraire, comme un morceau de craie ou un cristal de sel marin, est incapable de se nourrir.

On ne saurait en effet donner le nom de nutrition au phénomène qui se passe lorsque, dans une solution saturée de chlorure de sodium,

dans un marais salant par exemple, un cristal de sel marin va sans cesse en s'accroissant aux dépens du liquide salé où il a pris naissance. Si le cristal s'accroît ici, c'est parce qu'autour du cristal précédent sont venus s'ajouter d'autres petits cristaux semblables, provenant de l'évaporation de l'eau : il y a là un simple phénomène d'*apposition*, qui n'est en rien comparable à ce qui se passe chez l'animal ou chez la plante, où il y a transformation chimique des aliments, et *pénétration* dans l'intimité même de la substance de l'être vivant.

Évolution. — Les êtres vivants se développent, c'est-à-dire naissent, croissent, arrivent à l'état adulte, pour décroître ensuite et mourir enfin. Un corps brut, au contraire, reste toujours semblable à lui-même, à moins qu'une cause extérieure, physique ou chimique, ne vienne agir sur lui pour le transformer en un autre corps brut.

Une poule, en effet — pour reprendre les mêmes exemples que précédemment, — naît d'un œuf, grandit, et change sans cesse jusqu'à sa mort. De même un chêne, qui, au sortir du gland, est d'abord une toute petite plante, évolue peu à peu jusqu'à devenir un grand arbre au tronc puissant et au riche feuillage. Un morceau de craie reste toujours identique à lui-même, et ne changera que si une cause extérieure à lui, comme l'action d'un acide, l'acide sulfurique par exemple, ne vient le transformer en sulfate de chaux, en dégageant de l'acide carbonique.

Reproduction. — La reproduction est le troisième caractère qui, joint aux deux précédents, peut servir, dans une première approximation très générale, à définir les êtres vivants : ceux-ci, en effet, se reproduisent, c'est-à-dire sont capables, à un moment donné de leur existence, de donner naissance à des êtres semblables à eux, ce que ne font pas les corps inanimés.

La poule pond des œufs, d'où sortiront des poussins ; le chêne produit des glands, qui, mis en terre dans des conditions favorables, reproduiront d'autres chênes. Le morceau de craie, au contraire, ne donne jamais naissance de lui-même à un autre morceau de craie semblable à lui, car il est clair que si on le brise en deux (ce qui fait d'ailleurs intervenir une action étrangère) chacun des morceaux

---

(1) Voy. Priem, *la Terre, les Mers et les Continents. Géographie physique, géologie et minéralogie* (Brehm, *Merveilles de la Nature*).

(2) Dans un ouvrage récent de la plus grande valeur, M. Félix Le Dantec a donné une *Théorie nouvelle de la Vie*, du plus haut intérêt ; nous y renvoyons le lecteur.

nouveaux n'est qu'un fragment du précédent.

Caractères des végétaux. — Nutrition, évolution, reproduction, tels sont les trois caractères communs à tous les êtres vivants : les végétaux les possèdent aussi bien que les animaux.

Si l'on se propose à présent de rechercher par quels caractères on pourra distinguer les êtres vivants en deux règnes, on voit facilement, si l'on considère tout d'abord des animaux et des plantes supérieurs, que les premiers sont doués de sensibilité et de mouvement, propriétés qui n'existent pas chez les végétaux.

Une poule et un chêne peuvent être pris pour types d'un animal et d'une plante supérieurs, c'est-à-dire de ces êtres pour lesquels il ne saurait y avoir aucun doute possible sur la place à leur assigner dans une classification. Il n'est personne qui ne reconnaisse immédiatement un animal dans une poule, ni dans un chêne un végétal. Or, tandis que la poule peut se déplacer, accomplir des mouvements variés, aller à la recherche de sa nourriture, le chêne, au contraire, est immobile, et croît là où le sort l'a fait naître ; il est incapable d'aller audevant de sa nourriture, et doit se contenter de celle qu'il trouve à proximité de ses racines ou de ses branches. De plus, il est insensible aux excitations des agents du monde extérieur, à l'inverse de l'animal qui réagit sous celles-ci.

Mouvement et sensibilité semblent donc être les deux grands caractères qui permettent d'établir une coupure parmi les êtres vivants, et dont la présence permettrait de définir un animal, tandis que leur absence caractériserait les plantes. Remarquons cependant que, si cela est vrai d'une façon très générale, il n'y a là cependant rien d'absolu, et que l'on ne saurait appliquer ce critérium à tous les animaux et à toutes les plantes, parmi lesquels il existe de nombreuses exceptions.

C'est ainsi que certaines plantes semblent capables de se mouvoir et de réagir sous une excitation, par exemple la Sensitive (*Mimosa pudica*) (1), plante du Brésil, curieuse par les mouvements qu'elle exécute soit spontanément et régulièrement sous l'influence de la marche du soleil, soit brusquement à la suite d'une excitation locale ; les feuilles, normalement étalées pendant le jour (fig. 5), se referment en se repliant sur elles-mêmes pendant la nuit, en présentant ce qu'on appelle leur *position de*

sommeil (fig. 6) ; elles se referment de la même façon sous l'influence d'une irritation extérieure : léger choc, secousse, courant d'air, changement brusque de température, etc. Voilà donc une plante — car il n'y a pas, il ne peut y avoir une seule minute d'hésitation possible à ranger le *Mimosa pudica* dans le règne végétal — qui semble être irritable et douée de mouvement comme le sont les animaux. La Sensitive n'est d'ailleurs pas une exception dans le monde des plantes, et plusieurs autres végétaux se comportent comme elle, sans parler des autres espèces du même genre (*M. sensitiva, castu, viva, speciosa*) qui jouissent des mêmes propriétés. Un grand nombre de plantes de la même famille des Légumineuses sont ainsi douées d'une irritabilité approchant de celle de la Sensitive : tels sont les *Smithia sensitiva* de l'Inde, les *Æschynone sensitiva* des Antilles, *Æ. indica* et *pumila* de l'Inde, etc. D'autres Légumineuses, sans être irritables, présentent des mouvements bien nets de veille et de sommeil, comme par exemple le Sainfoin oscillant (*Hedysarum gyrans*) du Bengale (1), plante extrêmement curieuse par les mouvements singuliers qu'exécutent ses feuilles. Enfin, même en dehors de la famille des Légumineuses, il existe des plantes capables de réagir sous une irritation extérieure, et dont la plus remarquable, pour n'en citer qu'un exemple, est le *Biophytum sensitivum* (*Oxalis sensitiva*) de la famille des Oxalidées, petite herbe annuelle de l'Inde, qui jouit d'une sensibilité à peu près égale à celle de la Sensitive. On voit donc qu'il existe de nombreuses plantes supérieures, douées de mouvements et irritables en apparence comme des animaux. Et cependant il ne saurait y avoir aucun doute et, pour tout le monde, tous ces êtres sont, sans hésitation possible, des végétaux. Nous reparlerons plus longuement dans un chapitre ultérieur de la *Vie des plantes*, de ces mouvements des végétaux, et nous chercherons à en expliquer les causes. Pour le moment, bornons-nous à en signaler l'existence.

Si maintenant, au lieu de considérer des plantes supérieures, comme les précédentes, appartenant nettement au règne végétal, malgré l'exception apparente au critérium invoqué, nous nous plaçons en face d'êtres microscopiques, à structure extrêmement simple, appartenant aux degrés les plus inférieurs

----

(1) *Le Monde des plantes*, I, p. 582.

(1) Voy. *Monde des plantes*, I, p. 518.

de l'échelle des êtres, l'embarras va deve- nir plus grand. Il existe, parmi les êtres vivants, des animaux comme les infusoires, les monères, les amibes, etc., et des végétaux comme certaines Algues et certains Champi- gnons microscopiques, dont l'organisme tout entier se réduit à une simple masse de matière vivante, le *protoplasma*, sans aucune trace d'organisation plus compliquée. Or il arrive que cette masse de matière vivante est aussi bien irritable et douée de mobilité chez le végé- tal que chez l'animal. Comment reconnaître alors celui-ci de celui-là? Haeckel avait bien pensé tourner la difficulté en créant son règne des *Protistes*, intermédiaire entre les deux règnes animal et végétal, dans lequel vien- draient se ranger tous ces êtres douteux. Cela dispense bien, en effet, d'établir une ligne de démarcation très nette entre les animaux et les végétaux; mais lorsqu'on veut alors tracer la limite entre les protistes et les ani- maux d'une part, entre les protistes et les végétaux d'autre part, le même embarras sub- siste, et il est très difficile, pour ne pas dire impossible, de trouver un *critérium* véritable- ment satisfaisant. La considération d'un règne des protistes n'est donc pas une simplifica- tion, au contraire.

Il n'y a d'ailleurs pas lieu de s'étonner de rencontrer une grande difficulté à distinguer les deux règnes animal et végétal, lorsqu'on envisage les êtres les plus inférieurs de cha- cune de ces grandes séries. Bien au contraire, cela doit sembler tout naturel, et il serait sur- prenant qu'il n'en fût pas ainsi. Ce serait une grave erreur de croire qu'il existe dans la nature des divisions nettes, précises et très tranchées, renfermant tous les êtres, et qu'entre elles doivent exister des caractères distinctifs, nettement déterminés. Loin de là, les êtres vivants, dans la nature, s'enchaînent étroite- ment les uns aux autres, présentant une infinité de passages et de transitions entre deux for- mes distinctes. La doctrine de l'évolution, si clairement démontrée par les travaux de Darwin, de Lamarck et de leurs dignes conti- nuateurs, et que l'on peut dire aujourd'hui acceptée par tous les naturalistes, nous apprend que tous les êtres vivants, animaux et végétaux, ont une origine commune et prennent naissance sur une même souche. Quoi de surprenant alors que, pour les ramuscules qui naissent au voisinage immédiat de cette souche, à la base des deux branches maîtresses qui représentent

l'origine des deux règnes, il n'existe pas encore de différenciation, tandis qu'au con- traire celle-ci devient évidente pour les rameaux supérieurs.

Il est donc de toute logique de constater une certaine confusion entre les animaux et les végétaux inférieurs, et il est tout naturel que le caractère distinctif indiqué plus haut ne s'applique en réalité qu'aux êtres supé- rieurs, ceux chez lesquels le type animal ou le type végétal est nettement établi. Suffisant pour ceux-ci, il devient inapplicable à la base, et cela ne laisse pas que d'être dans l'ordre même des choses.

Cependant, l'esprit de l'homme est ainsi fait qu'il a besoin de coordonner nettement ses connaissances, et nous avons beau savoir parfaitement que tous les êtres s'enchaînent dans la nature, formant un arbre gigantesque, se ramifiant à l'infini, nous avons besoin, pour la commodité de notre esprit, d'établir des classifications méthodiques, en groupes nette- ment définis, caractérisés chacun d'une façon claire et précise. Aussi sommes-nous forcés de faire appel, pour la définition de ces groupes, à certains critériums très artificiels, mais qui sont commodes au point de vue pratique. C'est ainsi que — comme nous le verrons dans le chapitre prochain, en étudiant l'organisa- tion cellulaire des végétaux — on est arrivé à admettre que l'on appellera *végétal* tout être dont le protoplasma s'entoure, à un moment donné de son existence, d'une membrane rigide de *cellulose*, et qu'on appellera *animal* celui dont le protoplasma sera toujours dépourvu d'une pareille membrane. C'est là une simple définition, arbitraire et artificielle, mais com- mode et pratique; aussi devons-nous l'adop- ter et nous en servir. C'est grâce à elle que nous disons qu'une amibe et une paramécie sont des animaux, tandis que les Myxomy- cètes et les Levures sont des végétaux; c'est aussi grâce à elle que nous rangeons les Bac- téries dans le règne végétal.

Un pareil critérium est de la plus grande utilité, parce qu'il met de l'ordre dans nos connaissances, et nous permet de les exposer plus clairement; mais il ne faut pas oublier en s'en servant qu'il ne saurait avoir d'autre valeur que celle qu'il convient de lui attribuer, et bien se rappeler que, dans la réalité, si les animaux et les végétaux peuvent être nette- ment distingués les uns des autres par le mouve- ment et la sensibilité lorsqu'ils sont nettement

Fig. 5. — Feuilles étalées pendant le jour.   Fig. 6. — Feuilles repliées pendant la nuit.

Fig. 5 et 6. — Mouvements des feuilles de la Sensitive (*Mimosa pudica*).

différenciés en animal et végétal, nous devons assister à la base à une confusion des deux règnes, qui passent insensiblement de l'un à l'autre.

DIVISIONS DE LA BOTANIQUE

Il y a bien des manières d'envisager l'étude des végétaux, et, pour celui qui cherche à pénétrer les secrets du monde des plantes, nombreux et multiples sont les problèmes qui se posent devant lui. La Botanique, qui lui en donne autant que possible la solution, est donc une science très vaste et, pour la commodité de l'étude, on a dû la subdiviser en un certain nombre de branches, qui, chacune, ont leur objet particulier et qui nous apprennent à connaître les plantes à un point de vue différent. Les botanistes ont donné un nom à chacune de ces subdivisions, pour bien fixer les idées sur leurs rôles. Pour bien comprendre les nombreuses questions que soulève et que cherche à résoudre la Botanique, il est intéressant de passer en revue, en les nommant et en les définissant, les diverses branches que l'on a voulu distinguer dans cette science.

Tout d'abord, l'étude des végétaux peut et doit se faire à deux points de vue fort différents, qui se complètent d'ailleurs, et conduisent à diviser la Botanique en deux parties bien distinctes que nous appellerons, avec M. Van Tieghem, la *Botanique générale* et la *Botanique spéciale*, ces noms ayant le grand avantage de bien préciser le but de chacune d'elles.

La première, la *Botanique générale*, étudie l'organisation et la vie, non de telle ou telle plante prise en particulier, mais de la plante en général, c'est-à-dire que, sans faire acception d'aucun groupe de végétaux, prenant preuves et exemples indifféremment partout où cela est nécessaire, dans toute l'étendue du règne végétal, aussi bien dans les plantes qui couvrent la terre aujourd'hui, dans quelque pays qu'elles croissent, que parmi celles qui ont peuplé la terre autrefois et sont aujourd'hui disparues, elle cherche à reconstituer d'une façon tout à fait générale l'histoire de cet être vivant qu'on appelle une plante.

La seconde, au contraire, la *Botanique spéciale*, examinant successivement, en particulier, les diverses plantes qui habitent la terre aujourd'hui ou qui l'ont habitée autrefois, en détermine les caractères spéciaux, cherche à les grouper d'après leurs affinités d'une façon simple et rationnelle, en même temps qu'elle en détermine les propriétés et les diverses applications dont elles sont susceptibles. En un mot, la Botanique spéciale nous apprend à connaître en particulier les divers représentants du règne végétal que la Botanique générale nous apprend à connaître dans son ensemble.

Botanique générale. — La Botanique générale, ou science du végétal considéré isolément, peut à son tour être divisée en deux parties : la *Morphologie* et la *Physiologie*.

Sous le nom de *Morphologie*, on désigne l'étude de la forme des végétaux, le mot *forme* étant pris dans son acception la plus générale. La Morphologie, c'est l'étude de la plante et de ses organes, non seulement dans leur forme extérieure, mais aussi dans leur structure interne ; c'est aussi l'étude du développement, car les organes d'une plante ne conservent pas la même forme pendant toute la durée de son existence et vont sans cesse se modifiant avec l'âge.

Réservant quelquefois le nom de *Morphologie* pour l'étude de la forme extérieure, on désigne alors plus particulièrement sous le nom d'*Anatomie*, la science qui étudie la structure interne.

Au contraire de la morphologie et de l'anatomie, qui ont pour objet l'étude du corps des êtres vivants et de ses différentes parties dans leur forme et dans leur structure, abstraction faite du rôle que ces parties sont appelées à jouer dans la manifestation de la vie, la *Physiologie* étudie le mode d'action des divers organes, abstraction faite de leur forme et de leur structure. C'est donc la physiologie qui nous renseigne sur les rapports de l'être vivant en général, et, puisqu'il s'agit ici de la Botanique seulement, sur les rapports de la plante avec le monde extérieur et sur le rôle particulier joué à cet effet par les diverses parties du végétal.

Morphologie, anatomie et physiologie, telles sont les trois grandes divisions importantes de la Botanique générale : à côté d'elles, il a été souvent utile de distinguer par un nom spécial certaines branches qui s'y rattachent.

C'est ainsi que, complément indispensable de ces trois parties de la Botanique, la *Terminologie* nous enseigne le langage technique dont elles font usage.

Sous le nom d'*Organographie*, les Botanistes désignent souvent l'étude morphologique des organes, et l'*Organogénie* est l'histoire de leur développement.

L'*Histologie* et l'*Anatomie microscopique*, par l'emploi du microscope, nous révèlent la structure intime des tissus qui forment les organes, et les éléments qui les composent, l'*Histologie* étudiant d'une façon générale les tissus et leurs éléments, abstraction faite des dispositions topographiques qu'ils peuvent présenter dans tel ou tel organe particulier, tandis qu'au contraire l'*Anatomie microscopique* a pour objet particulier l'examen de cette disposition topographique.

Enfin, la *Tératologie* est l'étude morphologique et anatomique des monstruosités, c'est-à-dire des formes anormales des organes, tandis que la *Pathologie* nous apprend quels troubles peuvent être apportés par la maladie à l'exercice des fonctions.

Botanique spéciale. — La Botanique spéciale comprend de son côté trois divisions importantes : la Botanique systématique, la Botanique topographique et la Botanique appliquée.

La *Botanique-systématique*, à laquelle on réserve le plus souvent le nom de *Botanique proprement dite*, a pour but la description des plantes, la détermination de leurs caractères, des rapports qu'elles peuvent présenter entre elles, et leur réunion par groupes aussi naturels que possible.

A cet effet, la *Phytographie* nous apprend à décrire les plantes d'une façon claire et exacte, et à les désigner par les noms qui leur sont propres ; la *Taxonomie*, ou science des classifications, nous enseigne à les grouper d'après leurs affinités, suivant les principes de la méthode naturelle.

Un autre but de la Botanique spéciale est d'étudier la répartition des végétaux à la surface du globe, et les caractères des flores des divers climats. C'est le rôle de la *Géographie botanique*, qui cherche à connaître la distribution actuelle des végétaux dans l'espace, tandis que la *Paléontologie végétale* en étudie la distribution dans le temps, et nous enseigne quelles flores couvraient la terre aux époques géologiques qui ont précédé la nôtre, et comment le règne végétal s'est peu à peu modifié, depuis l'apparition de la vie sur la planète jusqu'à la période que nous traversons aujourd'hui.

Géographie botanique et Paléontologie végétale forment par leur ensemble ce que l'on peut appeler la *Botanique topographique*.

Enfin, s'il est intéressant de savoir distinguer les plantes, les nommer, les classer, de connaître le pays qu'elles habitent, il est en même temps de la plus grande utilité pour l'homme d'apprendre les applications dont elles sont susceptibles. Aussi la *Botanique appliquée* constitue-t elle une branche importante de la Botanique spéciale. On la divise d'ailleurs en plusieurs branches : *Botanique médicale, agricole, horticole, économique, industrielle*, etc., suivant qu'elle fait l'histoire de plantes pouvant être utilisées par l'homme en médecine, en agriculture, pour l'ornement des jardins, pour les besoins du commerce et de l'industrie, etc.

LES GRANDS GROUPES DU RÈGNE VÉGÉTAL

Le règne végétal se divise en quatre grands groupes qu'on nomme *embranchements*. Ce sont :

1° Les *Phanérogames* ;

2° Les *Cryptogames vasculaires* ou *Cryptogames à racines* ;

3° Les *Muscinées* ;

4° Les *Thallophytes*.

Phanérogames. — Le premier embranchement, celui des *Phanérogames*, comprend tous les végétaux qui se reproduisent au moyen de *fleurs*, c'est-à-dire d'organes spéciaux, différenciés pour la formation de la graine qui doit donner naissance à une plante future, semblable à la précédente. « La fleur — a fort justement dit Jean-Jacques Rousseau — est une partie locale et passagère de la plante, qui précède la fécondation du germe et dans laquelle ou par laquelle elle s'opère. »

Le nom de *Phanérogames* rappelle fort bien le caractère de l'embranchement ; en effet, il vient de deux mots grecs, dont l'un, *phaneros*, veut dire apparent, et l'autre, *gamos*, union. Il signifie donc que ces plantes se reproduisent au moyen d'organes nettement visibles et faciles à distinguer, constituant par leur groupement ce qu'on appelle une fleur.

Les fleurs n'apparaissent le plus souvent sur la plante qu'au moment où la reproduction doit se produire ; elles sont portées chez les Phanérogames par l'*appareil végétatif*, qui forme le corps même du végétal et se compose de trois parties principales, appelées les trois membres : racine, tige et feuilles.

La *tige* est la partie de la plante généralement dressée dans l'air et qui porte les *feuilles*, organes aplatis et verts, destinés aux échanges nutritifs de la plante avec le milieu qui l'entoure. Par sa base, la plante s'enfonce dans le sol par ses *racines*, qui y puisent la nourriture dont elle a besoin.

Les Phanérogames sont des *plantes vasculaires*, en ce sens que leur appareil végétatif tout entier, racine, tige et feuilles, est parcouru par de petits conduits tubulaires, nommés *vaisseaux*, destinés à la conduction de la sève qu'ils répartissent dans toutes les parties de la plante. La sève est le liquide nourricier qui circule à travers la plante tout entière pour lui permettre de vivre et de se développer ; elle

Fig. 7. — Saxifrage à trois doigts, Ceraiste vulgaire et Bourse-à-pasteur sur un talus de décombres.

provient de l'eau mélangée de sels, puisée dans le sol par les racines. Elle constitue alors la *sève brute*, qui monte par les vaisseaux de la racine et de la tige et s'élève ainsi jusque dans les feuilles, qui lui font subir un travail d'élaboration destiné à la rendre nutritive. La *sève élaborée* descend alors par d'autres vaisseaux différents des premiers jusqu'aux diverses parties de la plante, où elle se transforme en matière vivante, pénétrant ainsi dans l'intimité même de l'être vivant qui s'en nourrit. Toutes les plantes qui possèdent dans leur appareil végétatif une pareille circulation de la sève dans des conduits nettement différenciés pour cet usage sont dites plantes vasculaires. Les Phanérogames appartiennent à cette catégorie.

Racine, tige et feuilles forment l'appareil végétatif de la plante, dont elles constituent les trois *membres* qui servent à sa nutrition.

La *fleur*, ou organe reproducteur, n'est pas un membre de la plante. Comme l'a fort bien montré le célèbre poète allemand Gœthe, — qui fut en même temps un grand naturaliste, un des premiers qui ait compris la philosophie de la nature, — la fleur n'est autre chose qu'un rameau, c'est-à-dire une ramification de la tige, portant des feuilles de formes très particulières, de façon à former un tout, un ensemble qui s'est différencié en vue de la reproduction et de la formation des graines.

Une fleur se compose essentiellement :

1° D'enveloppes, qu'on appelle *calice* et *corolle,* constituées respectivement de feuilles à peine modifiées, nommées *sépales* pour le calice et *pétales* pour la corolle. Ce sont les organes accessoires de la fleur, car ils n'interviennent pas ou n'interviennent qu'indirectement dans la formation des graines;

Fig. 8. — Linaire cymbalaire, sur un vieux mur.

2° D'organes essentiels, constitués par des feuilles plus profondément différenciées et nommées *étamines* et *pistil*. Les étamines produisent une poussière fécondante, le *pollen*, et le pistil se compose de petites feuilles, les *carpelles*, distincts ou soudés entre eux, qui portent de petits corps arrondis, les *ovules*. C'est la fusion d'un grain de pollen avec un ovule qui transforme ce dernier en graine : celle-ci, mise dans un milieu nutritif, dans des conditions favorables, germe en reproduisant la plante primitive.

Les Phanérogames, ou plantes à fleurs, sont excessivement nombreuses dans la nature. Les botanistes en comptent plus d'une centaine de mille d'espèces différentes et, parmi celles-ci, plusieurs sont représentées sur terre par d'innombrables individus. Sous toutes les latitudes et sous tous les climats, les plantes à fleurs se montrent avec les formes et les aspects les plus divers. Dans notre pays, elles forment la base de la végétation, aussi bien dans la plaine que sur la montagne, sur les bords des cours d'eau et à la surface des étangs, comme dans les endroits les plus arides. Dans les prairies, dans les champs, sur le bord des routes, comme dans les jardins cultivés, partout en un mot, la nature a mis des fleurs et on les retrouve jusque sur les talus de décombres (fig. 7) ou sur les pans des vieux murs (fig. 8).

Sous le nom de *fleur*, on est habitué, dans le langage courant, à distinguer les parties de la plante qui sont facilement visibles et attirent le regard par leurs formes élégantes et leurs admirables couleurs. Certes, beaucoup de fleurs sont ainsi jolies à voir et plaisent à la fois par leur beauté, leur coloris et leur parfum. Mais pareille définition de la fleur, si elle satisfait l'homme du monde, ne saurait suffire aux botanistes, pour qui la fleur est caractérisée par son rôle et ses organes reproducteurs. Aussi existe-t-il de nombreuses plantes phanérogames où la fleur est moins distincte à première vue, soit à cause de sa petite taille, soit à cause de la réduction des parties qui la composent. Et cependant ces plantes ont certainement des fleurs, au sens botanique du mot, et méritent par conséquent d'être rangées dans l'embranchement des Phanérogames.

Toutes les plantes phanérogames se reproduisent donc au moyen de fleurs, mais comme celles-ci ne sont pas toutes construites identiquement de la même façon, les différences qu'on peut observer dans leur structure ont permis de créer des subdivisions dans l'embranchement des Phanérogames.

C'est ainsi que, chez certaines plantes à fleurs, l'ovule est renfermé dans le pistil à l'intérieur d'une cavité close de toutes parts, qu'on nomme l'*ovaire*. Celui-ci est surmonté d'un *stigmate*, qui sert d'intermédiaire pour la réception du grain de pollen, permettant à celui-ci de pénétrer jusqu'à l'ovule au fond de sa prison.

Après la fécondation, tandis que les ovules se transforment en graines, les parois de l'ovaire se gonflent, formant une cavité close, le *fruit*, qui contient les graines.

Toutes les plantes qui ont ainsi un fruit véritable, renfermant les graines et provenant de la transformation, après fécondation, d'un ovaire clos où sont inclus les ovules, forment le groupe des ANGIOSPERMES (du grec *aggeion*, vase clos, *spermon*, graine).

Les Angiospermes forment deux classes, et l'on distingue dans ce groupe les DICOTYLÉDONES et les MONOCOTYLÉDONES, suivant que l'embryon, dans la graine, renferme deux feuilles primitives (ou *cotylédons*) ou une seulement. A ce caractère distinctif viennent s'en joindre d'autres tirés de la structure de la tige et de la racine, de la nervation des feuilles, de la symétrie florale, etc.

Chez d'autres Phanérogames, les ovules sont à découvert sur les carpelles, qui ne se disposent pas de façon à former un ovaire clos, enfermant tout à fait les futures graines; il n'y a donc pas de fruit véritable, au sens botanique du mot.

Ces plantes ont été nommées GYMNOSPERMES (du grec *gymnos*, signifiant *nu*).

Les Gymnospermes ne forment qu'une seule classe. A ce groupe des Gymnospermes appartiennent les grands arbres toujours verts, c'est-à-dire à feuilles persistantes, formant la famille des Conifères, tels que les Pins, les Sapins (fig. 9), et genres voisins communs dans nos forêts, principalement sur les montagnes, par exemple les Alpes. La figure 9 reproduit, d'après une photographie, de superbes sapins sur la route de Zermatt au Cervin.

Cryptogames. — Sous le nom de *Cryptogames*, Linné distinguait toutes les plantes qui sont dépourvues de fleurs véritables, c'est-à-dire dont l'appareil reproducteur ne comprend ni étamines ni pistil.

Parmi les Cryptogames ainsi définies, l'étude de l'appareil reproducteur conduit à distinguer trois embranchements :

Les *Cryptogames vasculaires* ou *Cryptogames à racines*;

Les *Muscinées*;

Les *Thallophytes*.

Cryptogames vasculaires. — Les Cryptogames vasculaires — dont on peut prendre pour type les Fougères, si nombreuses dans nos forêts, où elles n'atteignent jamais une taille bien considérable, tandis que dans les pays chauds elles deviennent arborescentes et acquièrent le port d'arbres de grande taille (fig. 10) — ne se distinguent des Phanérogames que par l'absence de fleurs. Leur appareil végétatif se compose également de trois sortes d'organes, racines, tige et feuilles, à l'intérieur desquels circule la sève dans des vaisseaux conducteurs.

Comme les Phanérogames, ce sont donc des plantes *vasculaires*, ce que rappelle le nom de *Cryptogames vasculaires* donné à cet embranchement. On lui donne aussi celui de *Cryptogames à racines*, parce qu'ici l'appareil végétatif est complet et muni de véritables racines, organes qui font défaut aux plantes qui composent l'embranchement suivant, les Muscinées, auxquelles font défaut les racines proprement dites.

Muscinées. — Les *Muscinées* — dont les représentants les plus parfaits en organisation sont les plantes bien connues de tous sous le nom de *Mousses* — se distinguent des Cryptogames vasculaires par l'absence de vraies racines, remplacées ici par des *rhizoïdes*, sortes de poils dépourvus de vaisseaux, fixant la plante au sol; l'appareil végétatif se réduit donc à une tige couverte de feuilles.

Parfois aussi, comme chez certaines *Hépa-*

Fig. 3. — Sapins sur la route de Zermatt au Cervin (d'après une photographie).

Fig. 10. — Fougères arborescentes, à Madagascar (d'après une photographie de M. D. Charnay).

...iques, qui forment la seconde classe de l'embranchement des Muscinées, la structure de l'appareil végétatif est encore plus simple, car il se réduit à une sorte de *thalle*, analogue à celui du dernier embranchement, celui des *Thallophytes*, dans lequel on ne saurait distinguer, par la structure microscopique, une tige et des feuilles.

Thallophytes. — *Le dernier embranchement du monde des Plantes est celui des Thallophytes*, comprenant les plus simples des végétaux. Leur appareil végétatif ne saurait en effet être divisé en racine, tige et feuilles; il est composé, vu au microscope, d'une masse de structure homogène, et ne renfermant ni vaisseaux ni fibres. Cet appareil végétatif a reçu le nom de *thalle*, ce qui explique le nom donné à l'embranchement.

Les Thallophytes forment deux classes importantes :

1° Les *Algues* ;

2° Les *Champignons*.

Dans la première classe, celle des Algues, on range des plantes aquatiques, pourvues de chlorophylle, c'est-à-dire de la substance verte qui colore les tissus des plantes et joue un rôle essentiel pour la nutrition des végétaux, en leur permettant de fixer le carbone de l'air et de réaliser la synthèse des hydrates de carbone indispensables à la vie. Quelques Algues habitent les eaux douces, la plupart vivent dans la mer dont elles forment à elles seules presque toute la végétation.

Les Champignons (fig. 11), au contraire,

Fig. 11. — Champignons dans un bois, en hiver.

sont terrestres et dépourvus de chlorophylle, ce qui entraîne forcément pour eux la vie parasitaire, incapables qu'ils sont de se procurer directement du carbone aux dépens de l'acide carbonique de l'air; ils sont forcés par conséquent d'emprunter les matériaux hydro-carbonés dont ils ont besoin aux corps qui en renferment déjà de tout formés. A ce groupe appartiennent les plantes très communes de tous dont les unes sont alimentaires et les autres vénéneuses.

Le tableau suivant résume la division du règne végétal en embranchements et classes. Les classes à leur tour se subdivisent en ordres et familles, dont le lecteur trouvera les caractères dans la partie de cet ouvrage intitulée *Le Monde des Plantes* et qui est consacrée à l'étude systématique des végétaux.

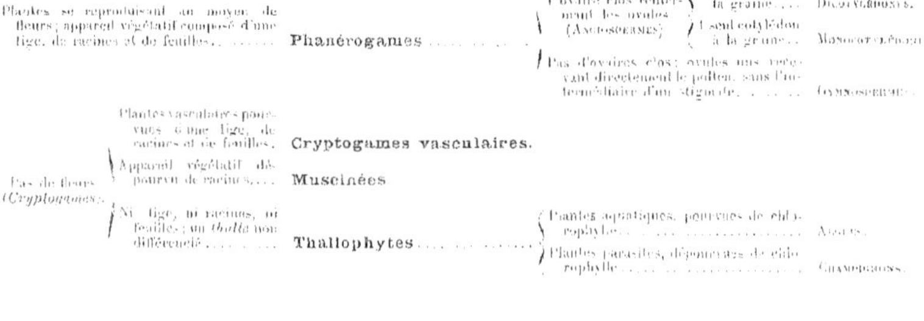

Plantes se reproduisant au moyen de fleurs; appareil végétatif composé d'une tige, de racines et de feuilles........ **Phanérogames**
- ovaire clos renfermant les ovules (ANGIOSPERMES)
  - 2 cotylédons à la graine.... Dicotylédonées.
  - 1 seul cotylédon à la graine... Monocotylédonées.
- Pas d'ovaires clos; ovules nus recevant directement le pollen, sans l'intermédiaire d'un stigmate........ Gymnospermes.

Pas de fleurs (*Cryptogames*):
- Plantes vasculaires pourvues d'une tige, de racines et de feuilles. **Cryptogames vasculaires**.
- Appareil végétatif dépourvu de racines,.... **Muscinées**
- Ni tige, ni racines, ni feuilles; un *thalle* non différencié.......... **Thallophytes**
  - Plantes aquatiques, pourvues de chlorophylle.................. Algues.
  - Plantes parasites, dépourvues de chlorophylle............ Champignons.

LA CELLULE ET LES TISSUS

Historique. — Jusqu'à la fin du xvi⁰ siècle, l'étude des végétaux se bornait forcément à la considération des formes extérieures des diverses parties qui constituent une plante et de l'agencement de ces diverses parties entre elles. Ce n'est qu'après l'invention du microscope, invention généralement attribuée au Hollandais Zacharias Jansen, qu'un nouvel essor fut donné à l'étude de la structure intime des végétaux. Le monde scientifique accueillit avec joie cet instrument, très imparfait encore cependant, malgré les améliorations qu'y avait apportées en 1646 Fontana (de Naples). Le microscope, en effet, devait permettre aux savants de pénétrer dans le monde des infiniment petits, comme le télescope leur révélait celui des infiniment grands. En particulier, Leeuwenhoeck, né à Delft, en 1638, se passionna dès sa jeunesse pour le nouvel instrument, et s'en servit pour étudier tout ce qu'il était possible de regarder avec les verres grossissants : le tartre de ses dents, le dépôt de son vin, les poils de sa barbe, des gouttes de son sang où il découvrit les globules, etc.

La cellule selon Malpighi. — Les premières recherches microscopiques sur la structure intime des végétaux sont celles de l'Italien Malpighi et de l'Anglais Grew.

Marcello Malpighi, né à Bologne en 1628, étudia, au moyen des faibles lentilles dont il disposait, diverses parties de nombreuses plantes : il y reconnut l'existence de petites cavités à parois rigides, renfermant ou non un liquide, et leur donna le nom d'*utricules*. Il constata également la présence de longs tubes parcourant la masse fondamentale de la plupart des organes. Les résultats des découvertes de Malpighi sur la structure microscopiques des végétaux furent publiés par lui en 1675 (1). C'était bien peu de chose assurément, et ce n'était là qu'un commencement, mais c'était un premier pas fait dans une voie du plus haut intérêt, car les *utricules* de Malpighi n'étaient autres que les vésicules vivantes qui,

(1) Malpighi, *Anatome plantarum.*

mieux étudiées plus tard et désignées sous le nom de *cellules*, constituent par leur ensemble les organismes vivants.

Les résultats obtenus par Malpighi et par ceux qui le suivirent immédiatement — qui ne surent que vérifier ses recherches sans y rien ajouter — furent forcément limités par suite de l'imperfection de l'instrument de travail, du microscope, dont les faibles lentilles ne donnaient pas un grossissement suffisant pour apercevoir plus de détails dans les tissus étudiés. L'addition, en 1807, des lentilles achromatiques de Frauenhofer donna au microscope plus de puissance, plus de netteté, et fut le point de départ d'une nouvelle série de découvertes dans le monde des infiniment petits. Ces recherches ont d'ailleurs été poussées de plus en plus loin et ont été couronnées d'un succès de plus en plus grand, au fur et à mesure que des perfectionnements nouveaux étaient apportés au microscope, qui est ainsi devenu peu à peu l'instrument si commode et si précis que nous possédons aujourd'hui (fig. 12).

La cellule selon Mirbel. — En ce qui concerne la structure des végétaux, le botaniste français Brisseau de Mirbel reprit l'analyse des tissus qui forment le corps des végétaux. Il vérifia, en les complétant, les découvertes de Malpighi, et substitua au mot d'*utricule* celui de *cellule*, désormais employé pour désigner l'unité anatomique et physiologique de tous les êtres vivants.

Ce nom de *cellule*, qui signifie petite chambre close, convenait d'ailleurs parfaitement à l'idée que se faisait Mirbel de l'élément qu'il apercevait dans la constitution des plantes, idée d'ailleurs conforme à celle qu'avait eue plus de cent ans avant lui l'anatomiste italien. Pour Mirbel, les cellules étaient comparables aux bulles qui se forment lorsqu'on souffle avec une paille dans une dissolution de savon. Une sève liquide, qu'il appelait *cambium*, s'épaississait graduellement et se creusait de cavités, si bien que la partie essentielle de la cellule était l'enveloppe,

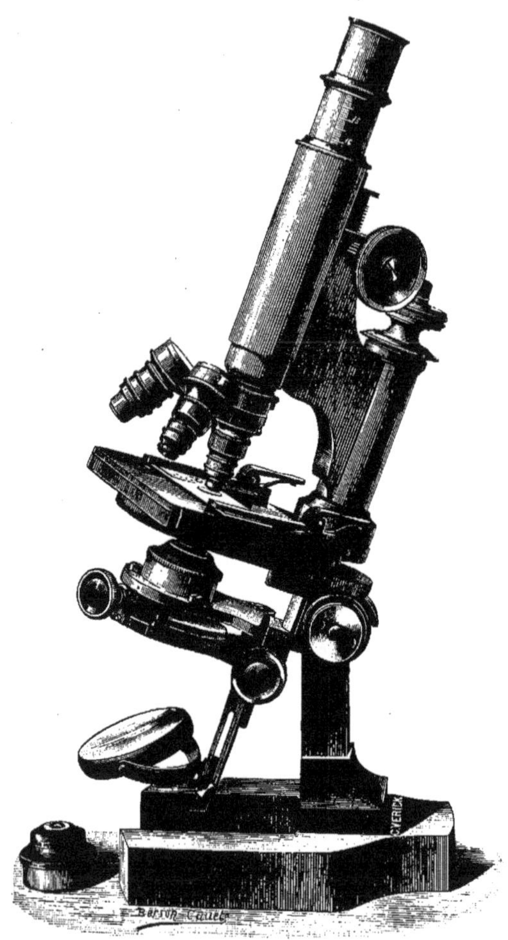

Fig. 12. — Microscope grand modèle de Verick.

la membrane, et non, comme nous le savons aujourd'hui, la substance enfermée à l'intérieur de cette enveloppe (1).

Outre les utricules (cellules de Mirbel), Malpighi avait constaté la présence de longs tubes circulant à travers la masse des organes. De nouvelles recherches avaient déjà fait soupçonner à certains savants, en particulier à Gaspar-Frédéric Wolff (1), que ces tubes ou vaisseaux devaient dériver de l'utricule comme forme fondamentale.

En 1808, Treviranus (2), à la suite de nombreuses observations, vint donner la preuve

(1) Brisseau de Mirbel, *Exposition de la théorie de l'organisation végétale*. Paris, 1809.

(1) Wolf, *Theoria Generationis alæ*, 1759.
(2) Treviranus, *Vom inwendigen Bau der Gewächse*, 1806.

que dans les parties jeunes des organes, les vaisseaux se forment bien aux dépens des cellules : celles-ci se disposent en série les unes à la suite des autres, puis se fusionnent, par disparition de la cloison intermédiaire, en une longue cellule allongée qui n'est autre que le vaisseau.

La découverte, dans les organes les plus divers des plantes, des cellules et de leurs formes dérivées, les vaisseaux ; d'autre part, l'étude de plantes inférieures, comme certaines Algues, dont le corps tout entier se réduit à une seule cellule ou à un chapelet de cellules toutes identiques, se séparant aisément les unes des autres, tout cela devait fatalement conduire à se demander si la cellule n'était pas la partie élémentaire morphologique et physiologique de la plante, l'unité vivante en un mot. C'est ce que soupçonnèrent divers auteurs comme Turpin, Raspail et Dutrochet ; et, en 1830, Meyen écrivait (1) : « Les cellules végétales ou bien sont isolées, et chacune d'elles alors forme un individu, comme c'est le cas pour des Algues et des Champignons ; ou bien elles sont réunies en amas plus ou moins volumineux pour constituer un végétal plus hautement organisé. Mais dans ce cas aussi, chaque cellule forme en soi un tout séparé ; elle se nourrit elle-même, se forme elle-même et transforme la substance nutritive brute qu'elle a absorbée en des substances et des organes très divers. »

La cellule selon Schleiden. — C'est en 1838, avec les travaux de Schleiden, et en 1839, avec ceux de Schwann, que ces notions sur la *théorie cellulaire*, c'est-à-dire sur la cellule considérée comme l'unité vivante fondamentale, d'où dérive tout organisme vivant, devaient se préciser et être enfin nettement formulées.

A l'époque de Schléiden, les idées simples de Malpighi, à peine modifiées par Mirbel, sur la constitution de la cellule, s'étaient déjà un peu transformées à la suite de nombreuses observations. Plusieurs botanistes avaient, à la suite de recherches microscopiques, reconnu que sous la membrane solide, seule constatée par les auteurs précédents, autour de la cavité renfermant le suc cellulaire, il existait une couche d'une substance granuleuse, semi-fluide, doublant l'enveloppe externe. La cellule apparut alors comme formée de trois parties (fig. 13) : à l'extérieur, une membrane rigide,

formant une sorte de squelette externe, puis une couche de substance molle, azotée, et enfin, au centre de celle-ci, une cavité, la cavité cellulaire remplie de liquide. Ce liquide fut nommé *suc cellulaire*, et la substance molle, granuleuse, servant d'enveloppe sous la membrane externe, reçut le nom d'*utricule primordial*, pour bien marquer que c'était là la partie essentielle réellement vivante. Un peu plus tard, en 1848, Hugo Mohl substitua à ce nom celui de *protoplasma*, qui a prévalu et a été depuis et est aujourd'hui universellement employé pour désigner la substance vivante par excellence, constituant la partie principale de la cellule.

Schleiden, botaniste allemand (1804-1881), contribua principalement à établir les faits précédents pour les cellules végétales. Il montra également, par ses travaux, combien générale était la présence dans le protoplasma d'un petit corps arrondi, plus ou moins sphérique, le *noyau* (fig. 13), dont l'existence avait été déjà entrevue dès 1781 par Fontana, qui lui avait donné son nom de noyau, et qu'un botaniste anglais, Robert Brown, venait de découvrir à nouveau en 1833 (1).

Cette découverte de la présence constante du noyau dans le protoplasma de la cellule devait avoir une importance des plus considérables, car elle permit d'étudier au point de vue de la constitution cellulaire les tissus animaux, chez lesquels le protoplasma n'est point entouré de la membrane rigide que l'on observe toujours extérieurement autour des cellules végétales. Ce que Schleiden avait fait pour les végétaux, Schwann, professeur à l'Université de Liége (1810-1882), l'entreprit pour les animaux. Il mena à bien une longue série de recherches qu'il publia en 1839 (2).

Des travaux de Schleiden et de Schwann, il résultait que le corps de tous les êtres vivants sans exception pouvait être considéré comme formé de cellules associées les unes aux autres, la cellule étant l'unité fondamentale de tout tissu, de tout organisme.

En continuant l'étude microscopique des tissus animaux et végétaux, en s'adressant chez ces derniers aux parties jeunes en voie de formation, on ne tarda pas à acquérir la

____

(1) Meyen, *Phytotomie.* Berlin, 1830.

(1) R. Brown, *Observations on the organs and mode of fecondation in Orchideæ and Asclepiadæ (Transactions of the Linnean Society.* London, 1883).

(2) Schwann, *Recherches microscopiques sur la concordance de structure et de développement des animaux et des plantes.*

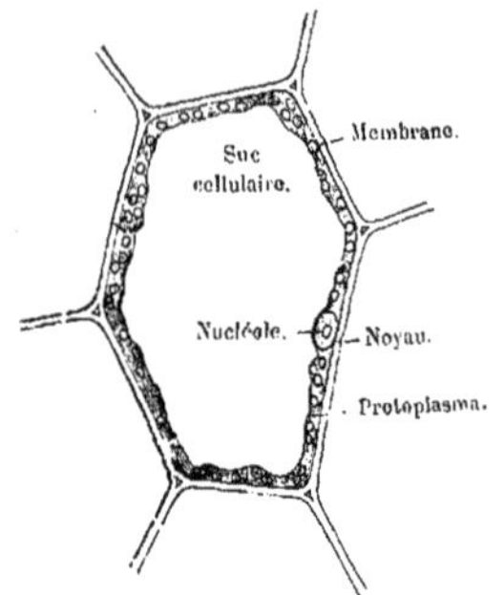

Fig. 13. — La cellule selon Schleiden (utricule primordial).

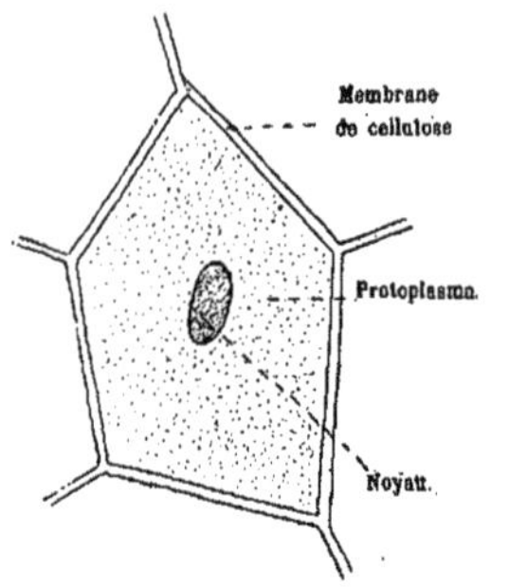

Fig. 14. — La cellule selon Max Schultze.

certitude que la partie essentielle des cellules est constituée par le protoplasma et son noyau, qui représentent la partie réellement vivante de l'unité anatomique. Quant à la membrane cellulaire, elle n'apparaît que tardivement, par suite de l'évolution de la cellule; elle peut même ne pas apparaître du tout dans les cellules de certains tissus animaux. Parmi ceux qui s'occupèrent de cette question, il convient de retenir surtout le nom de Max Schultze, à qui revient l'honneur d'avoir nettement formulé la *théorie du protoplasma*, qui est venue compléter la *théorie cellulaire* de Schleiden et de Schwann.

La cellule selon Schultze. — Tout être vivant doit être considéré comme essentiellement formé par du *protoplasma*, matière granuleuse, semi-fluide, dont la composition chimique peut être, dans une première approximation, donnée comme voisine de celle de l'albumine ou blanc de l'œuf. C'est la matière vivante par excellence. Une masse de protoplasma munie d'un noyau — qui n'est autre chose qu'une petite masse de protoplasma différencié — forme l'unité vivante, ce que l'on peut appeler l'*élément anatomique* de l'être vivant. Cette masse protoplasmique peut d'ailleurs être nue ou recouverte d'une membrane plus ou moins épaisse, dont la nature chimique peut varier, comme nous le verrons plus loin. Ce que l'on désigne sous le nom de *cellule* (fig. 14), c'est l'ensemble formé par les trois parties, le protoplasma, le noyau et la membrane, dont l'une, la dernière, peut d'ailleurs faire défaut.

Parmi les êtres vivants, les uns sont formés tout entiers d'une seule cellule, c'est-à-dire d'une masse protoplasmique avec un noyau, avec ou sans membrane : tels sont un grand nombre d'animaux rangés dans l'embranchement des Protozoaires : les amibes, les infusoires, etc., et des végétaux comme certaines Algues et certains Champignons microscopiques. Chez quelques êtres, le protoplasma forme une masse unique avec plusieurs noyaux, et nous pouvons alors les considérer comme des organismes constitués de plusieurs cellules dont les noyaux sont distincts, mais dont le protoplasma ne forme qu'une seule masse, les cellules restant fusionnées les unes avec les autres. Ailleurs, les cellules sont nettement distinctes et, chez les animaux et les végétaux supérieurs, l'organisme est constitué par des myriades de cellules restées accolées les unes aux autres pour former un tout complet. Parmi ces cellules, d'ailleurs, s'est produit une différenciation plus ou moins profonde, de telle sorte qu'il en existe de différentes sortes, de forme et d'aspect différents, suivant le rôle que chacune d'elles est appelée à jouer dans l'ensemble.

Il n'y a pas à distinguer de protoplasma végétal et de protoplasma animal : il n'y a qu'un seul protoplasma, matière vivante par excellence, et qui se retrouve chez tous les êtres vivants. On peut cependant indiquer une certaine différence entre la cellule animale et la cellule végétale.

Chez les animaux, l'élément cellulaire reste souvent nu, c'est-à-dire que le protoplasma ne s'y entoure pas d'une membrane. Et lorsqu'il en apparaît une, celle-ci est de nature protoplasmique, c'est-à-dire qu'elle est cons-

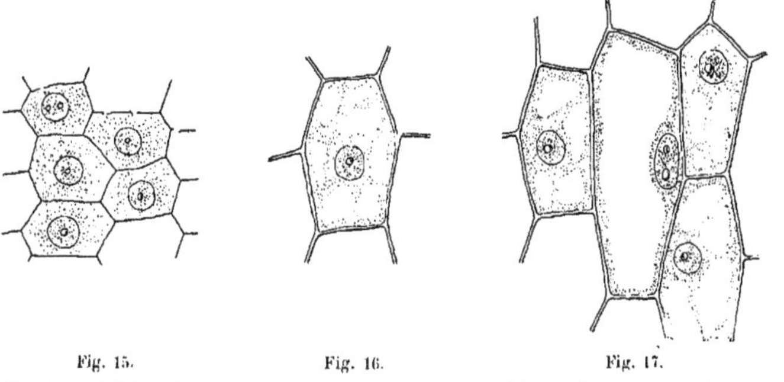

Fig. 15.   Fig. 16.   Fig. 17.

Fig. 15. — Cellules très jeunes.
Fig. 16. — Cellule adulte.

Fig. 17. — Cellules adultes, avec au centre une cellule plus âgée que les autres.

Fig. 15 à 17. — Cellules à divers états de développement.

tituée par la couche périphérique du protoplasma, différenciée et épaissie pour jouer le rôle d'enveloppe à la cellule. Dans les tissus animaux, les cellules sont groupées les unes à côté des autres, séparées par une substance intercellulaire, plus ou moins abondante, qui, elle, n'est pas vivante.

Chez les végétaux, au contraire, autour de la masse protoplasmique cellulaire s'établit une membrane solide et résistante, faite d'une substance appelée *cellulose*, qui diffère du protoplasma en ce que dans sa composition chimique n'entre pas d'azote, mais seulement du carbone, de l'hydrogène et de l'oxygène. C'est une enveloppe rigide, formant les parois de la cavité, véritable cellule à l'intérieur de laquelle sont inclus protoplasma et noyau (fig. 14).

Nous avons insisté plus haut (p. 8) sur la difficulté qu'il y a de trouver un critérium permettant d'établir nettement une distinction entre les deux règnes animal et végétal. On a pu cependant en formuler un, en admettant par convention que l'on doit ranger dans le règne végétal tout être vivant dont les cellules sont munies d'une membrane solide de cellulose. Un être unicellulaire peut être réduit parfois à une simple masse protoplasmique : si, à une époque quelconque de son développement, ce protoplasma acquiert une enveloppe cellulosique, cet être appartient, d'après la convention formulée plus haut, au règne des Végétaux.

Il est d'ailleurs à remarquer qu'une pareille convention n'est nullement en contradiction avec les conclusions que nous avons déduites de l'étude des propriétés essentielles des êtres supérieurs. Les animaux, avons-nous dit, sont doués de mouvement, et les végétaux sont immobiles. La rigidité de ces derniers peut s'expliquer facilement par l'existence de la cuirasse cellulosique dont est revêtu le protoplasma et qui empêche les mouvements de celui-ci de se transmettre d'une cellule à l'autre. Au contraire, la disposition des tissus animaux apparaît tout à fait propre à la réalisation de mouvements.

Si nous considérons une cellule végétale jeune, dans un tissu en voie de formation, — ce que l'on appelle en histologie un *méristème*, — celle-ci apparaît sous la forme d'une masse protoplasmique avec un noyau et, autour d'elle, une enveloppe de cellulose; c'est là la cellule type, telle que nous apprend à la connaître la théorie du protoplasma déduite des travaux de Max Schultze (fig. 14).

Regardons ensuite une cellule analogue, mais un peu plus âgée, après qu'elle a vécu déjà quelque temps : au centre de la masse vivante est apparue une cavité pleine d'un liquide, le liquide protoplasmique, limitée par une couche de protoplasma appliquée contre les bords de la membrane de cellulose : c'est la cellule telle que l'avaient aperçue Schleiden et ses contemporains, avec son enveloppe solide et son utricule primordial (fig. 13). En un point de cette couche pariétale de protoplasma, on aperçoit le noyau.

Plus tard enfin, lorsque la cellule est plus âgée encore, elle se réduit à sa membrane enfermant le liquide cellulaire ; protoplasma et noyau ont disparu. La cellule prend alors l'aspect de l'élément qu'avaient vu dans leur microscope Malpighi et Mirbel successivement, et auquel ils avaient donné les noms, le premier d'*utricule*, et le second de *cellule*.

On comprend alors à quoi correspondent en réalité les divers aspects sous lesquels furent successivement aperçus les éléments des végétaux, et que l'ordre historique des découvertes et de leurs interprétations à l'égard de l'élément cellulaire est précisément l'ordre inverse des états pris successivement par celui-ci dans son évolution, c'est-à-dire à mesure qu'il se développe et avance en âge (fig. 15 à 17).

Le nom de *cellule*, choisi par Mirbel, correspondait bien à ce qu'il voyait lorsqu'il étudiait, avec son faible microscope, un tissu déjà âgé, dont les éléments, se présentant sous la forme de cavités à parois rigides, pleines ou non d'un liquide, rappelaient par leur disposition les cellules d'une ruche d'abeilles, et méritaient donc bien le nom qui leur était assigné. Il est clair que ce nom est devenu au contraire beaucoup moins bon, depuis que l'on sait que cette forme n'est qu'un état déjà modifié de l'élément type, et que celui-ci est formé essentiellement d'une masse de protoplasma : le mot de *cellule* ne rappelle en rien cette définition. Aussi, plusieurs auteurs ont-ils proposé d'y renoncer et d'y substituer d'autres expressions, en appelant les uns *globule*, d'autres *plastide*, ou bien encore *protoblaste*, cet élément vivant, constitutif de tout organisme. Cependant, l'usage du mot *cellule* a prévalu, aussi bien pour les éléments anatomiques des animaux que pour ceux des végétaux. Il n'y a à cela aucun inconvénient, car il faut bien se pénétrer de cette idée que les mots ne sont rien, et que n'importe lequel, même le plus mauvais en apparence, peut être employé à la condition d'être compris et connu de tous, et que l'on y attache seulement un sens bien précis et bien convenu, en ne lui affectant que la valeur qu'il doit avoir. Il ne faut pas oublier d'ailleurs que les idées nouvelles sur la constitution intime des organismes élémentaires n'ont apparu que très lentement et n'ont acquis leur valeur générale qu'alors que le mot *cellule* était implanté depuis longtemps déjà dans la littérature par un usage prolongé. Bien qu'on en ait modifié le sens, il convient donc néanmoins de garder le mot, quand ce ne serait

que par un sentiment bien légitime d'admiration pour ces premiers lutteurs qui, suivant l'expression pittoresque du physiologiste Brücke, ont conquis le vaste champ de l'histologie sous l'étendard de la théorie cellulaire.

Technique microscopique. — Pour étudier les cellules et leur groupement en tissu, on dispose aujourd'hui des microscopes qui sont des instruments très perfectionnés et qui permettent d'obtenir des grossissements considérables, grâce auxquels il nous a été permis de pénétrer chaque jour un peu plus avant le mystère qui entourait à l'origine la cellule, sa structure et les phénomènes qui s'y passent. Tous les jours et dans tous les pays, de nombreux savants, dans les laboratoires d'histologie, appliquent leur activité à l'étude de la cellule et des tissus et réalisent d'appréciables progrès pour la science.

Pour faciliter l'étude microscopique des éléments cellulaires qui composent un tissu, il est souvent nécessaire de leur faire subir une série de manipulations et de préparations dont l'ensemble constitue ce qu'on appelle la *technique microscopique*. Dans l'histologie végétale, la technique comprend principalement la fabrication des coupes, leur traitement par les réactifs et leur montage en préparations.

Certaines cellules et certains tissus, en botanique, peuvent être observés directement au microscope sans le secours d'aucune préparation préalable : par exemple les grains de pollen d'une fleur ou encore la feuille extrêmement mince de l'*Elodea canadensis*. Mais ce sont là des cas fort rares, et le plus habituellement il faut, pour pouvoir examiner les cellules dont les dimensions sont extrêmement petites, débiter les parties de la plante à observer en tranches minces, d'épaisseur comparable à la dimension des cellules, c'est-à-dire une fraction fort petite de millimètre. Ces *coupes* se pratiquent au moyen d'un rasoir à travers l'objet que l'on tient à la main ou au moyen d'appareils spéciaux, les *microtomes*.

L'action des réactifs a pour but soit de durcir les objets trop mous, soit encore de colorer les coupes pour en rendre les éléments plus faciles à distinguer.

Enfin, le montage des préparations consiste à placer celles-ci sur une lame de verre de forme appropriée, en permettant l'examen commode au microscope.

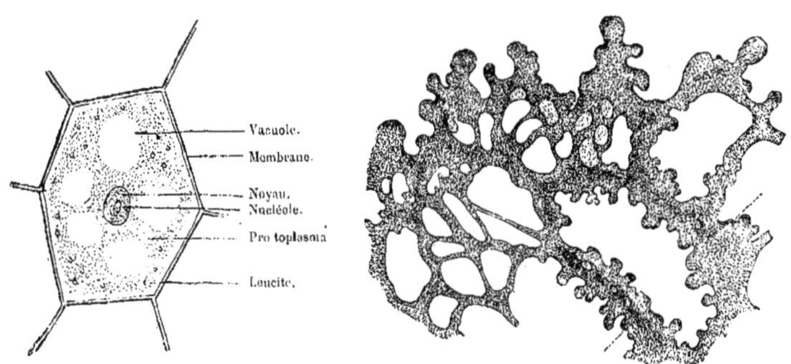

Fig. 18. — Cellule végétale adulte (Courchet). Fig. 19. — Plasmode d'un Myxomycète (*Didymium leucopus*).

LA CELLULE

Une cellule végétale se compose essentiellement de trois parties (fig. 18) :

1° Une masse de matière vivante, le *protoplasma* ;

2° A l'intérieur de celui-ci, un *noyau*, petit corps sphérique, fait de protoplasma différencié ;

3° Une *membrane* entourant la cellule et constituée par de la cellulose.

Ces trois parties se retrouvent dans une cellule complète, mais une ou deux d'entre elles peuvent manquer. C'est ainsi qu'une cellule arrivée au terme de son évolution se réduit parfois à sa membrane, et les vaisseaux qui conduisent la sève à travers les plantes supérieures ne sont autres que des cellules ayant perdu protoplasma et noyau, dont seule la membrane a persisté, et qui se sont mises bout à bout pour constituer un tube conducteur. Dans d'autres cas, la cellule peut être privée de membrane : comme c'est le cas pour la « fleur de tan » qu'on observe, à l'automne, à la surface des feuilles mortes ou des fragments pourris d'écorce détrempée par la pluie, où elle forme des plaques gélatineuses, jaunâtres, ressemblant à une sorte de bave comparable à des taches de jaune d'œuf de dimensions variables, pouvant atteindre 2 à 3 centimètres de large. Cette fleur de tan est formée par une masse protoplasmique due à l'agglomération et à la fusion de plusieurs cellules dépourvues de membrane cellulosique. C'est ce que l'on appelle le *plasmode* d'un Champignon appar-tenant au groupe des *Myxomycètes* (fig. 19).

La fleur de tan (*Æthalium septicum*) est donc formée de cellules dépourvues de membrane et réduites au protoplasma et au [noyau. C'est cependant un être appartenant sans contredit au règne végétal, d'après le critérium que nous avons indiqué plus haut, permettant conventionnellement de séparer les deux règnes : en suivant son développement, en effet, on constate que le Champignon myxomycète, privé d'enveloppe cellulosique à l'état de plasmode, en acquiert une pendant une autre phase de son existence.

Outre ses trois parties essentielles, constitutives, — protoplasma, noyau et membrane, — une cellule végétale présente à étudier dans son protoplasma des inclusions importantes, nommées *leucites* (fig. 18), issues par différenciation de ce protoplasma.

Il se forme également dans ce protoplasma des *vacuoles* ou cavités remplies de *suc cellulaire* (fig. 18). Ces vacuoles se rapprochent d'ailleurs étroitement des leucites, comme nous le verrons un peu plus loin.

La cellule est un être vivant : l'être vivant le plus simple. Il convient donc d'étudier chez elle les manifestations de la vie, c'est-à-dire les propriétés des êtres vivants : la nutrition, l'évolution et la reproduction, et aussi la motilité et l'irritabilité. C'est ce que nous allons faire, après avoir rapidement passé en revue les différentes parties qui forment une cellule végétale.

LE PROTOPLASMA

Le nom de *protoplasma* a été introduit dans la science par Purkinje, qui désignait ainsi la substance formatrice des jeunes embryons vivants. En 1846, Hugo Mohl reprit cette expression et l'appliqua au contenu de la cellule, à l'utricule primordial de Schleiden. Le mot d'Hugo Mohl fut bientôt adopté par la majorité des auteurs, et usité presque universellement dans le langage des biologistes. On lui substitue parfois quelque synonyme, par exemple celui de *sarcode*, mais ce terme est plus spécialement usité en Zoologie.

Le protoplasma est une substance ni solide ni liquide, mais analogue à ces matières visqueuses que caractérise parfaitement l'épithète de *semi-fluide*. Comme ces matières, il est d'ailleurs plastique, mais non élastique, c'est-à-dire susceptible de se déformer sans se briser sous l'action d'une force extérieure, mais incapable de revenir à sa forme primitive si la force cesse d'agir.

Le protoplasma est incolore et transparent, réfractant la lumière plus fortement que l'eau, ce qui permet de le distinguer de celle-ci quand on le regarde au microscope.

Réactifs du protoplasma. — Certains réactifs caractérisent le protoplasma par la manière dont ils agissent sur lui, pour le dissoudre ou, au contraire, le durcir, ou bien encore pour le colorer.

Les principaux dissolvants du protoplasma sont la potasse étendue, l'hypochlorite de soude, l'eau de Javel, employées à froid. L'acide acétique le dissout même, à la condition d'agir à chaud. L'emploi de ces réactifs est surtout précieux pour *éclaircir une coupe* dans l'étude histologique des tissus végétaux. Éclaircir une coupe, c'est en détruire le contenu protoplasmique des cellules, de telle façon que seule la membrane persiste : l'étude de l'agencement des cellules entre elles en est par cela facilitée.

Plusieurs substances agissent sur le protoplasma pour le durcir, ou — suivant l'expression consacrée — le fixer. Tels sont entre autres l'alcool et l'acide picrique. Il est souvent utile en histologie, surtout pour les tissus animaux, d'avoir recours à ces réactifs pour durcir le contenu cellulaire.

Plusieurs matières colorantes sont absorbées par le protoplasma, auquel elles communiquent une teinte caractéristique. C'est ainsi que le contact de l'iode, en dissolution dans l'iodure de potassium, lui fait prendre une coloration jaune, et qu'il se colore en rosé par l'action combinée du sucre et de l'acide sulfurique.

Structure du protoplasma. — Vu au microscope, le protoplasma n'apparaît pas comme une substance homogène : on l'aperçoit comme bourré de fines granulations plus ou moins abondantes.

Lorsque ces granulations sont très nombreuses, le protoplasma est dit *granuleux*; lorsqu'au contraire elles sont plus rares, on l'appelle *protoplasma hyalin.*

Ces granulations sont d'ailleurs assez inégalement réparties dans la masse protoplasmique. Très peu nombreuses à la périphérie, elles le deviennent davantage vers le centre, si bien que le corps protoplasmique apparaît comme formé d'une masse granuleuse, bordée tout autour d'une zone hyaline d'*ectoplasma*, formant à la surface comme une membrane, qui, chez les cellules végétales, double la membrane rigide de cellulose.

Lorsque le protoplasma est creusé de vacuoles remplies de suc cellulaire, cette membrane hyaline protoplasmique se retrouve bordant le pourtour de ces cavités.

La présence de cette membrane d'ectoplasma explique que le protoplasma, perméable à l'eau, soit imperméable à certaines dissolutions, de sel marin ou de sucre, par exemple, ou bien encore à certaines substances colorantes, comme le safran ou le bois de Campêche. Cela tient à l'existence de cette zone membraneuse qui isole la masse protoplasmique proprement dite du milieu ambiant et aussi du contenu des vacuoles, en ne se laissant pas traverser par les substances en question.

Pendant longtemps, la structure intime du protoplasma — à part l'existence de granulations en son intérieur — fut ignorée des biologistes ; mais, depuis 1873, l'étude de la cellule, faite au moyen des plus forts grossissements dont on dispose et avec des méthodes de recherche plus précises, a révélé que le protoplasma présente une organisation très complexe, comme l'ont mis en lumière les travaux de nombreux savants, parmi lesquels il faut citer en première ligne Flemming, Strassbürger, Butschli, Kunstler, Altmann, etc. Malheureusement, les avis de ces divers observateurs sont si différents qu'il est très difficile de concilier leurs manières de voir et que nous nous trouvons en présence de quatre théories principales sur la structure du protoplasma, théories que l'on peut désigner sous les noms suivants : la théorie *réticulaire*, la théorie *alvéolaire*, la théorie *filaire*, la théorie *granulaire*.

Nous laisserons ici de côté les points encore douteux et même l'exposé de ces théories émises par les différents auteurs. Nous nous contenterons d'indiquer sans discussion à quel schéma l'on peut ramener d'une façon simple la constitution du protoplasma.

Les granulations protoplasmiques ne sont pas indépendantes les unes des autres : il semble qu'elles soient groupées en une masse, dite *spongioplasma*, qui, comparable au squelette d'une éponge, renfermerait dans ses mailles le liquide cellulaire ou *hyaloplasma*. Le *spongioplasma* lui-même paraît formé d'un ou plusieurs filaments, les *mitomes*, enchevêtrés en un réseau (théorie *réticulaire* du protoplasma). Enfin les mitomes eux-mêmes apparaissent bourrés de granulations disposées bout à bout comme les grains d'un chapelet. Ces granulations ont reçu le nom de *microsomes*. On donne souvent les noms de *cytomitomes* et de *cytomicrosomes* aux mitomes et aux microsomes que l'on observe dans le protoplasma, pour les distinguer des éléments analogues que l'on observe dans la structure du noyau et auxquels on réserve les noms de *caryomitomes* et *caryomicrosomes*.

Composition chimique. — La composition chimique du protoplasma est essentiellement complexe. On a souvent dit que le protoplasma est de « l'albumine vivante ». C'est là une idée fausse. Le protoplasma n'est pas de l'albumine, pas plus d'ailleurs qu'il n'est une substance chimique définie, autre que l'albumine.

On doit le regarder comme un mélange de corps chimiques très divers, dont la composition est d'autant plus difficile à déterminer que non seulement le protoplasma se décompose très facilement sous l'action de nombreux agents, mais encore qu'il est *vivant*, et que, comme tel, à son intérieur se produisent sans cesse des réactions organiques modifiant cette composition.

Tout ce qu'on peut dire de plus général, c'est que le protoplasma contient quatre éléments principaux : le *carbone*, l'*hydrogène*, l'*oxygène* et l'*azote*, auxquels il faut ajouter du soufre et quelques autres éléments accessoires. C'est un corps azoté, ou plutôt un mélange de corps azotés, appartenant en grande partie au groupe des substances dites *albuminoïdes*, celles dont l'albumine est le type. Parmi ces différents corps, la *plastine* semble spécialement caractéristique du protoplasma.

A ces albuminoïdes s'ajoutent d'autres substances azotées, telles que des amides, des alcaloïdes, des diastases.

On trouve aussi dans le protoplasma des composés ternaires et aussi des matières minérales. Ces dernières sont des sels divers, qui restent dans les cendres après combustion du protoplasma ; l'analyse de ces cendres y révèle la présence de chlore, de soufre, de phosphore, de potassium, de sodium, de magnésium, de calcium et de fer. Le protoplasma est très riche en eau.

L'analyse d'une masse de fleur de tan, qui — ainsi qu'on l'a vu plus haut — n'est autre chose qu'un amas de protoplasma, a donné les résultats suivants :

Matières azotées		30 p. 100.
—	ternaires	40	—
—	minérales	30	—

On voit, d'après ce qui précède, que le protoplasma ne peut être défini par sa constitution chimique, et que la notion de protoplasma est une notion purement morphologique et nullement chimique. C'est la structure microscopique, c'est-à-dire son organisation, qui permet de caractériser la substance vivante qui doit ses propriétés vitales à la façon dont sont agrégées entre elles, en une texture compliquée, les diverses particules de nature chimique différente qui le forment. C'est sur cette organisation que repose la vie, et, si elle vient à être détruite, le protoplasma n'est plus du protoplasma, de même que — suivant l'heureuse comparaison de Nægeli — une statue de marbre brisée en petits fragments n'est plus une statue, les caractères essentiels de celle-ci consistant non dans la matière dont elle est faite, mais dans la forme que lui a donnée le génie du sculpteur.

LE NOYAU

Le *noyau*, entrevu par Leeuwenhoeck, puis en 1781 par Fontana, fut définitivement reconnu comme un élément essentiel de la cellule par Robert Brown. Il n'y a pas de cellule complète, capable de manifester les divers phénomènes caractéristiques de la vie cellulaire, qui soit dépourvue de noyau. Si certaines cellules en semblent privées, ce sont des cellules, qui, comme les globules sanguins, par exemple, en ont possédé un à l'état embryonnaire, et sont arrivées à un stade plus avancé de leur évolution où le noyau a disparu. Pour les êtres unicellulaires dont le protoplasma ne présente pas de noyau, il n'y a là qu'une apparence trompeuse, due à ce que le noyau, au lieu d'être nettement différencié en une masse sphérique, en un point de la cellule, existe à l'état de diffusion dans la masse du protoplasma. C'est ce qui arrive en particulier pour les Bactéries, longtemps décrites comme cellules dépourvues de noyau. Le protoplasma y est au contraire fort riche en *nucléine*, substance qui forme la masse nucléaire des cellules où le noyau est bien distinct : les Bactéries, en effet, sont colorables par les réactifs de cette nucléine qui ne colorent point le protoplasma proprement dit.

Le noyau, lorsqu'il existe à l'état distinct — et c'est le cas de la presque généralité des cellules — se montre comme un petit corps sphérique, plus réfringent que le protoplasma qui l'entoure, ce qui permet parfois de l'apercevoir au microscope, sans le secours d'aucun réactif colorant. Les conditions les plus favorables pour cela consistent à examiner de face, dans une goutte d'eau, un lambeau d'épiderme arraché à l'écaille d'un bulbe d'Oignon. On aperçoit alors nettement des noyaux de forme ovoïde, au milieu du protoplasma des cellules. Mais le plus souvent il convient de colorer le noyau pour pouvoir l'apercevoir.

Réactifs du noyau. — Les réactifs colorants du noyau sont nombreux :

L'iode lui donne une teinte jaune plus intense que celle qu'il communique au protoplasma ;

Le carmin et la fuchsine le colorent en rouge, le bleu d'aniline en bleu.

L'hématoxyline (principe colorant du bois de Campêche) le teint en violet.

Enfin, par l'action du vert de méthyle, le noyau devient vert et s'aperçoit nettement.

Structure intime. — Si l'on examine le noyau au microscope, avec un faible grossissement, on serait tenté de lui attribuer une structure homogène : aussi, longtemps a-t-il été décrit comme tel. On a cependant de bonne heure signalé en son intérieur la présence d'un ou plusieurs *nucléoles* (fig. 13 et 15) qui sont comme les noyaux de ce noyau, et les *nucléoles* eux-mêmes se montrent parfois pourvus de *nucléolules*. Nous verrons bientôt que ces nucléoles n'ont pas l'importance qu'on leur attribuait, lorsqu'ils étaient les seuls éléments connus à l'intérieur du noyau, et qu'ils n'en sont nullement des éléments essentiels.

Depuis 1873, l'étude microscopique du noyau a été faite avec le plus grand soin par de nombreux savants dont les travaux ont éclairé d'un jour complet l'histoire de cette partie de la cellule. Parmi les auteurs qui se sont spécialement occupés de cette question, nous signalerons surtout deux botanistes, l'Allemand Strassbürger et le Français Léon Guignard, dont les recherches ont été publiées dans un grand nombre de Mémoires.

Le noyau (fig. 22) est formé d'une masse fluide, le *suc nucléaire* (Sn), séparée du protoplasma (Pr) qui l'entoure par une membrane à laquelle on donne le nom de *membrane nucléaire* (Mn). Au milieu du suc nucléaire, un filament (F), plusieurs fois replié sur lui-même, forme un réseau, entre les mailles duquel on aperçoit, dans le suc, le ou les nucléoles (N) comme de petits corpuscules arrondis. Ce filament nucléaire est lui-même constitué par une masse homogène fondamentale, bourrée de fines granulations appelées *microsomes*. On leur donne aussi le nom de *caryomicrosomes*, c'est-à-dire microsomes du noyau, pour les distinguer des microsomes protoplasmiques, qu'on appelle alors *cytomicrosomes*.

Composition chimique. — Sous le nom de *nucléine*, on désigne parfois la substance qui forme le noyau ; mais la nucléine n'est pas plus une substance chimique que le proto-

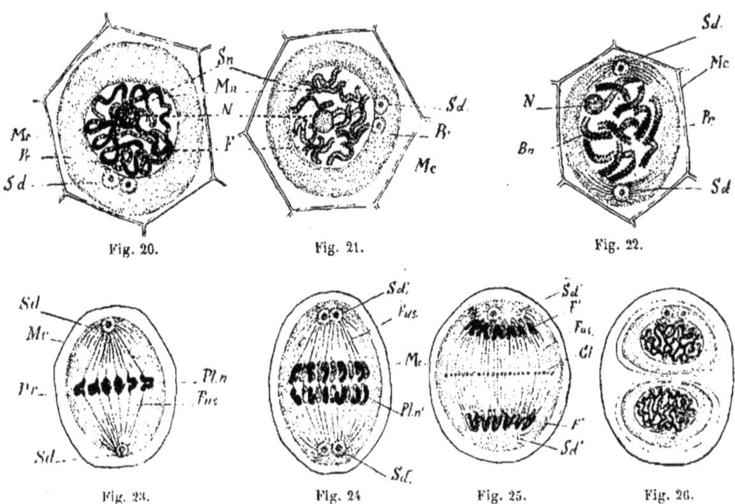

Fig. 20.   Fig. 21.   Fig. 22.

Fig. 23.   Fig. 24   Fig. 25.   Fig. 26.

Fig. 20. — Cellule au repos. — Structure du noyau.
Fig. 21 à 26. — Phases successives de la division du
noyau (karyokinèse). — *Mc*, membrane cellulaire ; —
Pr, protoplasma ; — *Sd*, sphères directrices ; — *Mn*,
membrane nucléaire ; — *F*, filament chromatique ; —
N, nucléoles ; — *Bn*, filaments en V chromatiques ;
— *Fus*, fuseau achromatique ; — *Pln*, plaque équatoriale ; — *F'*, filaments des noyaux filles ; — *Sd'*, sphères directrices des cellules filles ; — *Cl*, plan équatorial (plaque cellulaire).

Fig. 20 à 26. — Figures en partie théoriques, montrant les principales phases de la division cellulaire
(Courchet) (Voy. p. 30).

plasma lui-même. Le noyau a — ainsi qu'on
vient de le voir — une organisation très complexe, et chacune de ses parties est formée
par une substance différente. C'est à l'ensemble de toutes ces substances réunies qu'on
donne le nom de nucléine.

Les microsomes sont formés de granulations
de *chromatine*, ainsi nommée parce que c'est
la seule partie du noyau (avec la *pyrénine* qui
constitue les nucléoles) qui fixe les matières
colorantes de la nucléine. La masse homogène
du filament, appelée *linine*, ne se colore pas,
pas plus que la *paralinine* ou *achromatine*
qui constitue le suc nucléaire, ni l'*amphipyré-
nine* dont est faite la membrane. On voit donc
que, à part les nucléoles, le filament nucléaire
seul se colore dans le noyau par l'action
des réactifs, ce qui explique le nom de *filament
chromatique* qu'on lui donne parfois ; et encore
ce sont les microsomes seuls qui s'y colorent,
et non la linine.

Nous verrons plus loin le rôle fondamental joué par le filament chromatique du noyau
lors de la division de la cellule (fig. 20 à 26).
Le rôle des nucléoles est au contraire encore
assez obscur et mal connu : il semble d'ailleurs qu'on devra probablement distinguer
parmi eux des nucléoles de nature et d'importance diverses.

Sphères directrices. — Tout auprès du noyau,
mais en dehors de celui-ci, on aperçoit dans
le protoplasma deux très petites sphères généralement accolées (*Sd*, fig. 20), paraissant formées de protoplasma légèrement différencié,
comme le montre une réfringence différente
et une affinité spéciale pour certains réactifs
colorants. Au centre de chaque sphère est un
petit corpuscule foncé, le *centrosome*, entouré
d'une zone plus claire. Ces sphères, dont —
ainsi que M. Guignard l'a démontré — la présence est constante dans toutes les cellules
végétales, ont reçu le nom de *sphères directrices*, en raison du rôle important qu'elles
jouent dans la division du noyau (fig. 20
à 26), lors de la reproduction de la cellule
(Voy. p. 30).

LA MEMBRANE

Le protoplasma, dans une cellule végétale, est, d'une façon constante, enfermé à l'intérieur d'une membrane solide, résistante, faite de *cellulose*, dont la présence caractérise — ainsi qu'on l'a vu plus haut — les êtres appartenant au règne végétal. C'est même cette membrane qui, — plus nettement visible que le reste de la cellule, — a été aperçue tout d'abord et a permis à Malpighi et à ses continuateurs de découvrir la structure cellulaire. Le nom de *cellule* vient d'ailleurs de l'importance qu'on a d'abord attachée à cette enveloppe cellulosique du protoplasma.

La membrane cellulaire végétale est mince ou épaisse suivant les cas ; elle est perméable aux gaz et à l'eau.

Composition chimique. — La *cellulose* est, au point de vue chimique, un corps ternaire, c'est-à-dire composé de trois éléments : le carbone, l'hydrogène et l'oxygène, et ne renfermant pas d'azote. Elle a pour formule $(C^6H^{10}O^5)^n$, c'est-à-dire la même, mais plus condensée, que l'amidon.

C'est une substance solide, incolore quand elle est pure, translucide, insoluble dans l'eau, les acides, l'alcool, l'éther et, d'une façon générale, tous les réactifs ordinairement employés. Le dissolvant de la cellulose est le *bleu céleste*, c'est-à-dire une solution ammoniacale d'oxyde de cuivre, obtenue en faisant passer par plusieurs fois de l'ammoniaque sur de la tournure de cuivre.

La cellulose se colore en bleu par l'iode, après action préalable de l'acide sulfurique. Le chloro-iodure de zinc lui donne la même coloration bleue.

Les chimistes distinguent d'ailleurs plusieurs variétés de cellulose, ayant toutes la même formule $(C^6H^{10}O^5)^n$, à l'exposant près qui varie. Les caractères ci-dessus indiqués s'appliquent surtout à la variété la moins condensée : la cellulose proprement dite.

Celle-ci s'offre elle-même sous deux formes : l'une est décomposée par l'action d'une bactérie, le *Bacillus amylobacter*, qui produit la fermentation butyrique ; l'autre résiste à cet agent. C'est sur cette propriété que repose l'opération dite du *rouissage*, par laquelle on sépare du reste du parenchyme les fibres de certaines plantes textiles, telles que le lin, le chanvre, etc.

Les travaux récents de M. Mangin ont montré que la cellulose seule n'entre pas dans la constitution de la membrane cellulaire : on y trouve également des *composés pectiques*.

Structure intime. — La membrane cellulaire semble formée par l'empilement d'une série de zones concentriques, qui, vues au microscope, apparaissent comme alternativement claires et obscures. Cet aspect est dû à une inégale réfringence de ces zones, causée elle-même par une inégale répartition de l'eau : les couches foncées sont fortement hydratées, tandis qu'au contraire les couches claires sont pauvres en eau. Les deux couches extrêmes sur les deux faces de la membrane sont toujours des couches claires.

Ces zones concentriques sont de plus coupées perpendiculairement à leur surface par de nombreuses stries alternativement claires et obscures, disposées suivant deux directions se coupant suivant un angle plus ou moins aigu. Ces stries, visibles sur une membrane examinée de face, à un très fort grossissement, divisent chaque zone en un très grand nombre de petits prismes accolés, disposés perpendiculairement à la surface, inégalement riches en eau et alternant d'une façon régulière. Nægeli a donné à ces petits éléments le nom de *micelles*.

La membrane cellulaire se forme par l'activité du protoplasma. D'abord mince, elle s'accroît en épaisseur, en même temps qu'elle s'élargit en surface, à mesure que la cellule grandit.

Pour divers auteurs, en particulier pour Strassbürger, la membrane s'accroît par *apposition*, c'est-à-dire par un simple dépôt d'éléments nouveaux sur les deux faces ou sur une seule, suivant que toutes deux ou une seule sont en contact avec du protoplasma. Lorsqu'une nouvelle couche de cellulose a été ainsi déposée à la surface de la membrane, l'eau s'y répartit inégalement, si bien que la zone apparaît comme divisée en trois lamelles, dont l'une au centre plus hydratée.

Wiesner, reprenant une idée déjà formulée

Fig. 27.

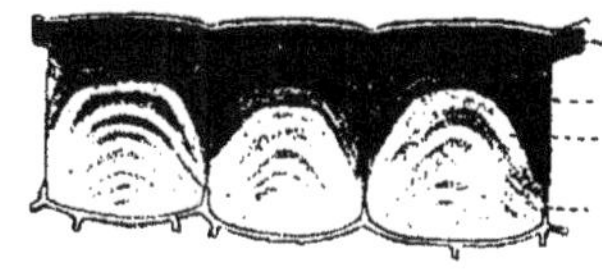

Fig. 28.

Fig. 27 et 28. — Cellules de l'assise à mucilage de la graine de Lin (Hérail).

par Nægeli, explique l'accroissement de la membrane par *intussusception* ; entre les *micelles* qui la forment pénétreraient de nouveaux micelles qui se déposeraient dans les intervalles et permettraient ainsi l'accroissement de la membrane, non seulement en épaisseur, mais encore en surface.

Ornements de la membrane. — L'épaississement de la membrane ne se produit souvent qu'en certains points et pas en d'autres : il en résulte qu'elle présente souvent des ornements en creux ou en relief. La membrane des vaisseaux des tissus du bois et du liber en montre, en particulier, des exemples intéressants.

Cutinisation. — Il est bien rare que la membrane soit formée exclusivement de cellulose. Celle-ci s'imprègne le plus souvent de diverses matières étrangères, qui font subir à la membrane des modifications plus ou moins profondes.

C'est ainsi que parfois la membrane est *cutinisée*, c'est-à-dire qu'elle s'imprègne de *cutine* : elle devient alors inattaquable par le *Bacillus amylobacter*, insoluble par la solution cuproammoniacale, et jaunit au lieu de bleuir par le chloro-iodure de zinc.

Subérification. — Quelquefois la *cutine* est remplacée par une substance très voisine, la *subérine* : la membrane est alors dite *subérifiée*.

Gélification. — La cellulose de la membrane se transforme parfois en une substance d'aspect corné, susceptible de se gonfler par absorption d'eau, et de se transformer en une sorte de gelée : il y a alors *gélification*. Ce phénomène s'observe en particulier pour les membranes des cellules qui forment l'enveloppe superficielle des graines du Lin (fig. 27 et 28), de Coing, etc. La membrane ainsi gélifiée ne se colore plus par le chloro-iodure de zinc.

Lignification. — Souvent, — en particulier dans les parois des cellules transformées qui forment les vaisseaux conducteurs de la sève, — la cellulose s'incruste d'une substance organique particulière, appelée la *lignine*, qui lui confère une dureté particulière. Le tissu végétal nommé *bois* est riche en lignine. Une membrane lignifiée résiste aux attaques du *Bacillus amylobacter*.

La lignine, insoluble dans la solution cuproammoniacale, se dissout dans un mélange de chlorate de potasse et d'acide nitrique.

Minéralisation. — La membrane de certaines cellules végétales, tout en restant formée de cellulose ordinaire, s'imprègne de sels minéraux tels que carbonate de chaux, silice, etc. C'est à la minéralisation de la membrane de leurs cellules que certains tissus végétaux doivent leur dureté.

Les Prêles sont par exemple employées pour polir le bois et les métaux, et ont reçu le nom de *limes végétales*, à cause du revêtement épidermique de leurs tiges, dont la membrane cellulaire est imprégnée de silice.

LES LEUCITES

Dans le protoplasma d'une cellule végétale, on aperçoit de petites inclusions reconnaissables à leur forme ovoïde et à leur réfringence particulière. Ce sont les *leucites*, formés par du protoplasma différencié, comme le noyau, mais distincts de celui-ci en ce qu'ils n'en présentent pas la structure. Les leucites sont plus ou moins nombreux dans une cellule végétale, suivant l'âge de celle-ci ; les leucites, en effet, se reproduisent par division à l'intérieur du protoplasma, provenant toujours d'un leucite préexistant.

Les leucites jouent un rôle très important pour la plante par les substances qu'ils renferment ; soit immédiatement, comme les *chloroleucites* ou *leucites chlorophylliens*, à l'intérieur desquels se forme la *chlorophylle*, dont le rôle est si considérable pour la nutrition de la plante ; soit en les mettant en réserve pour être utilisées plus tard. Beaucoup de matières de réserve des végétaux sont transformées dans le protoplasma des cellules par l'action des leucites, en particulier l'amidon, ainsi qu'il sera dit plus loin, lorsque, étudiant la nutrition chez les plantes, nous aurons l'occasion de parler des mises en réserve des substances alimentaires.

LES VACUOLES ET LE SUC CELLULAIRE

Vacuoles. — Le protoplasma d'une cellule très jeune semble d'une seule masse. Observé sur une cellule plus âgée, parvenue à une époque plus avancée de son évolution, il apparaît creusé de lacunes ou *vacuoles*, qui sont remplies d'un liquide particulier, le *suc cellulaire*. Ce dernier renferme à l'état de dissolution, souvent même à l'état de cristaux, des substances diverses, dans lesquelles on peut distinguer des matières alimentaires, mises en réserve pour être utilisées plus tard, ou, tout au contraire, des matières d'excrétion destinées à être rejetées au dehors. La composition du suc cellulaire et les substances qu'il contient, solides ou liquides, seront plus utilement étudiées plus loin, à l'occasion de la nutrition des plantes.

On a longtemps admis que les vacuoles naissent spontanément au sein de la masse protoplasmique. Récemment, certains auteurs ont émis, sur l'origine des vacuoles et sur leur vraie nature, une hypothèse qui, si elle n'est pas encore complètement vérifiée et établie d'une façon indiscutable, ne laisse pas d'être fort séduisante et mérite d'être prise en considération. Se basant sur la présence constante d'une membrane protoplasmique bordant les vacuoles, on a été amené à considérer celles-ci comme des leucites particuliers, ou *hydroleucites*, à contenu liquide. A l'appui de cette manière de voir, on peut invoquer les observations de M. Went, qui a vu les vacuoles se diviser et provenir les unes des autres, à la façon des leucites, toutes dérivant donc d'une vacuole préexistante.

LA VIE D'UNE CELLULE

Une cellule, avons-nous dit, est l'être vivant le plus simple que l'on puisse concevoir, l'être vivant par excellence. Nous y devons donc retrouver les propriétés que nous avons indiquées comme caractérisant les êtres vivants. Ce sont : la nutrition, l'évolution, la reproduction, et aussi le mouvement et l'irritabilité.

Nutrition. — Une cellule se nourrit : son protoplasma est sans cesse le siège de réactions organiques, ayant pour but la formation de nouveau protoplasma et aussi le dépôt, dans les leucites et le suc cellulaire, de substances de réserve ou d'excrétion.

Évolution. — La cellule évolue, c'est-à-dire change sans cesse de forme et d'aspect, depuis le moment où elle apparaît jusqu'à celui où elle meurt. C'est ainsi par exemple qu'une cellule végétale voit croître par division le nombre de ses leucites qui, dans certains tissus, peuvent devenir très abondants.

Les vacuoles se montrent au milieu du protoplasma, d'abord peu nombreuses et fort petites, puis elles croissent en nombre et en taille, se soudent les unes aux autres, et finissent par envahir toute la cellule qui, bientôt, n'est plus qu'une grande vacuole unique, pleine de suc cellulaire, entourée d'une mince couche de protoplasma munie en un point d'un noyau et doublée extérieurement par la membrane cellulosique. Bientôt le protoplasma et le noyau eux-mêmes finissent par disparaître, et la membrane reste seule, limitant une cavité renfermant ou non du liquide : la cellule est morte.

D'autre part, l'évolution de la cellule se manifeste par les modifications que subit la membrane, qui peut s'incruster de diverses substances, s'épaissir plus ou moins considérablement, en se revêtant d'ornements.

Mobilité. — Une propriété caractéristique du protoplasma est d'être capable d'effectuer des mouvements.

Chez les végétaux, le protoplasma n'est que très exceptionnellement dépourvu d'une membrane cellulosique rigide. Nous savons cependant que, dans quelques cas, il en est ainsi, et que le plasmode des Champignons myxomycètes, celui de la fleur de tan en particulier, en est un exemple. Regardant ce plasmode, on voit la masse protoplasmique effectuer des mouvements, poussant des prolongements d'un côté et se rétractant de l'autre, de façon à arriver à se déplacer dans un sens déterminé. On dit alors que la masse protoplasmique présente des mouvements *amiboïdes*, parce que ces mouvements sont les mêmes que ceux d'une *amibe*, être vivant unicellulaire appartenant au règne animal, chez lequel ces mouvements ont été tout d'abord étudiés.

En règle générale, les cellules végétales sont limitées par une enveloppe résistante : le protoplasma, quoique conservant sa motilité, ne peut alors manifester cette propriété par des variations de forme extérieure ; mais elle peut être parfaitement mise en évidence par l'observation de courants qui existent à l'intérieur de ce protoplasma et que les granulations qu'il renferme permettent de voir facilement. L'examen est commode à faire avec une petite plante aquatique, l'*Elodea canadensis*, dont la feuille, ne se composant en épaisseur que de deux assises de cellules, peut facilement être observée par transparence. On voit alors le protoplasma creusé de nombreuses vacuoles, disposées de telle sorte dans la cellule qu'il forme deux masses, l'une au centre avec le noyau, l'autre à la périphérie contre la membrane, ces deux masses étant reliées l'une à l'autre par des filaments protoplasmiques, qui séparent les vacuoles entre elles. C'est dans ces traînées de protoplasma que se manifestent particulièrement les mouvements en question, mis en évidence par le déplacement des leucites chlorophylliens très abondants à l'intérieur de ces cellules.

Les mouvements du protoplasma peuvent encore être étudiés par le déplacement de ses granulations dans les cellules qui forment les poils de l'épiderme de certaines plantes, par exemple chez la Chélidoine. On observe alors des courants très nets, dont on a même pu mesurer la vitesse pour certaines cellules.

Poils de Tradescantia.... $0^{mm},8$ par minute.
— de Jusquiame...... $0^{mm},7$ —
— de Courge.......... $0^{mm},6$ —

Irritabilité. — Le protoplasma est irritable, c'est-à-dire capable de réagir sous l'excitation d'agents extérieurs. C'est ainsi que, dans l'observation, ci-dessus rapportée, de la feuille d'*Elodea canadensis*, si l'on vient à chauffer la préparation, on voit augmenter la vitesse de déplacement des grains de chlorophylle ; le mouvement se ralentit, au contraire, si la température s'abaisse. Le passage de l'obscurité à la lumière influe également sur les déplacements protoplasmiques, etc.

Le protoplasma est donc irritable et mobile aussi bien chez les végétaux que chez les animaux. Seulement, la présence de la membrane de cellulose s'oppose à ce que mouvement et irritabilité se transmettent d'une cellule à l'autre, ce qui explique l'immobilité et l'insensibilité du végétal pris dans son ensemble.

LA MULTIPLICATION DES CELLULES

Un caractère général chez tous les êtres vivants est la reproduction : il se retrouve naturellement chez la cellule, qui est douée de la faculté de se multiplier. Toute cellule provient toujours d'une cellule préexistante.

Bipartition cellulaire. — Le procédé de multiplication des cellules que l'on observe le plus fréquemment consiste dans la division d'une cellule, dite *cellule mère*, en deux cellules nouvelles, les deux *cellules filles* : c'est ce qu'on appelle le phénomène de la *bipartition cellulaire*.

Lors de cette bipartition, le noyau commence par se diviser en deux de façon à former, au sein du protoplasma de la cellule, deux noyaux, entre lesquels apparaît ensuite une membrane

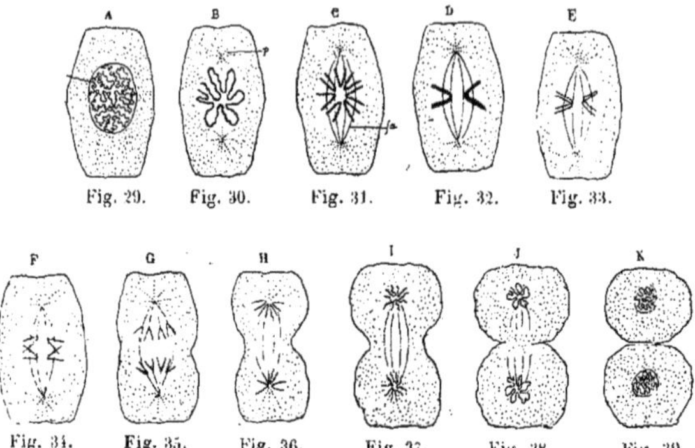

Fig. 29 à 39. — Phases successives de la division du noyau dans la bipartition cellulaire (figures schématiques).

qui sépare définitivement les deux cellules filles. Dans la bipartition cellulaire, la division du noyau est la partie importante, et, lors de cette division, s'accomplissent en son intérieur des phénomènes aujourd'hui parfaitement connus, réunis sous le nom général de phénomènes de la *karyokinèse* (division du noyau) (fig. 20 à 26, 29 à 39 et 40 à 46).

Division du noyau. — La division du noyau, ou karyokinèse, a été récemment l'objet d'un très grand nombre d'importantes recherches, qui ont permis d'en saisir parfaitement tous les détails.

Lorsqu'une cellule va se diviser par bipartition, les deux sphères directrices (*Sd*, fig. 20), qui — lorsque la cellule est au repos — sont accolées l'une à l'autre au bord du noyau, commencent par se séparer (fig. 21) et vont se placer en deux points diamétralement opposés du noyau, à une certaine distance de celui-ci (fig. 22). Autour de chacune de ces sphères, les granulations protoplasmiques se disposent en filaments très fins, à la façon des rayons des étoiles. On donne le nom d'*asters* aux figures qui se dessinent ainsi dans le protoplasma, aux deux pôles du noyau (P, fig. 30).

Pendant ce temps, le noyau entre en activité. La membrane nucléaire, d'abord très nette (fig. 29), s'efface et cesse de délimiter nettement le noyau (fig. 30), dont le suc nucléaire tend à se confondre avec le protoplasma ambiant. Le filament chromatique (F, fig. 20 et fig. 29), de son côté, s'épaissit en se raccourcissant, tandis que les microsomes apparaissent nettement en son intérieur : il se dispose alors en une sorte de rosette régulière (fig. 30), et se

rompt en un certain nombre de tronçons recourbés en forme d'hameçon (fig. 21 et 22), figurant vaguement la forme de la lettre V ou de la lettre U : nous les appellerons ici les *filaments en V* (ou *en U*) ou *filaments chromatiques* (fig. 31). Dans ces filaments en V, les microsomes sont nettement disposés en deux séries régulièrement parallèles.

Le nombre de ces filaments en V est constant pour une même catégorie de cellules. Cette constance a même conduit certains auteurs à se demander si le filament chromatique total est bien unique, ou s'il ne serait pas plutôt formé d'un certain nombre de filaments placés bout à bout au repos et se séparant lors de la karyokinèse ?

Un peu plus tard, les granulations protoplasmiques, formant les rayons des asters autour des sphères directrices, se disposent de telle sorte que ces rayons, s'allongeant progressivement, finissent par se réunir d'un aster à l'autre et à former une sorte de fuseau (fig. 31) constitué par des filaments protoplasmiques allant d'un pôle à l'autre, comme des méridiens (*Fus*, fig. 23). Ces filaments protoplasmiques sont dits *achromatiques*, parce qu'ils ne se colorent pas par les réactifs qui colorent les filaments en V provenant du noyau. Il est à remarquer que le nombre des filaments achromatiques qui se forment ainsi est exactement le même que celui des filaments en V qui se sont découpés dans le filament nucléaire.

Le fuseau protoplasmique une fois formé (fig. 31), les filaments en V viennent se disposer en une *plaque équatoriale*, c'est-à-dire dans un

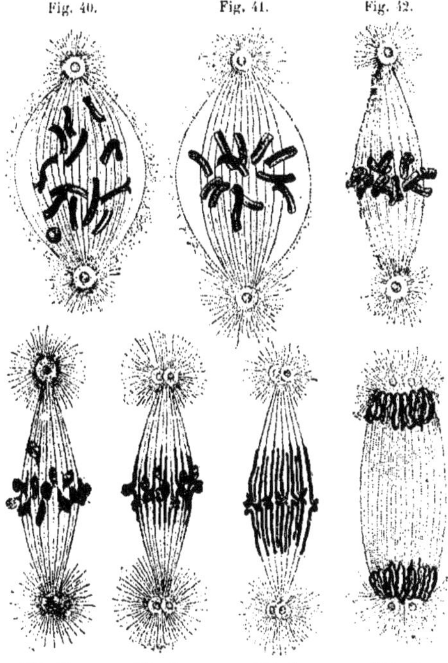

Fig. 40 à 46. — Division du noyau (d'après L. Guignard).

plan perpendiculaire à l'axe qui joint les deux pôles, à égale distance de ceux-ci, chacun de ces filaments en V se disposant sur le filament protoplasmique achromatique correspondant (fig. 31 et *Pln*, fig. 23).

Tous ces phénomènes préparatoires étant accomplis, la division proprement dite va s'accomplir. Chacun des filaments en V (fig. 32) se fend en deux dans le sens de sa longueur, suivant le plan de la plaque équatoriale (fig. 33). Cette division a pour résultat de séparer chaque V en deux moitiés absolument identiques, contenant chacune exactement le même nombre de microsomes.

Les deux moitiés de chaque filament en V s'écartent alors l'une de l'autre (fig. 24 et fig. 34), se dirigeant chacune vers l'aster le plus voisin, en glissant le long du filament protoplasmique sur lequel elle se trouve (fig. 35). A chaque pôle, auprès de chaque sphère directrice, viennent donc se grouper autant de fila-

ments en V qu'il y en avait primitivement dans le noyau de la cellule mère, et chacun de ces nouveaux filaments est une moitié des filaments primitifs (F', fig. 25 et fig. 37).

Puis, à chaque pôle, les filaments en V se fusionnent, d'abord en une rosette régulière (fig. 38), puis en un réseau irrégulier, formant ainsi un nouveau noyau autour duquel s'établit une membrane nucléaire (fig. 39). Si bien qu'à la suite des phénomènes qui viennent d'être décrits, à la place où se sont formées les deux asters, se sont établis deux noyaux identiques comme structure au noyau précédent (fig. 26). A côté de chacun de ces noyaux est une sphère directrice qui se divise bientôt en deux (*sd*, fig. 25 et 26). Cette division est parfois tardive, ce qui explique que, dans certaines cellules, on ne voit au repos qu'une seule sphère directrice à côté du noyau. C'est qu'on a alors affaire à une cellule jeune, qui vient de se reproduire.

Parfois, la division du noyau n'est pas suivie d'un cloisonnement qui sépare définitivement les deux cellules : dans ce cas, les fils du fuseau achromatique, dont le rôle est terminé, ne tardent pas à disparaître. Mais si, au contraire, une membrane doit apparaître entre les deux noyaux, séparant les deux cellules filles, on voit bientôt le nombre des filaments achromatiques augmenter considérablement, et le fuseau se renfler en son centre, de façon à venir toucher le bord de la cellule mère. Puis, sur la région moyenne de chacun de ces fils, se dépose une granulation, et toutes ces granulations se trouvent ainsi disposées en un plan, le *plan équatorial*, là où était tout à l'heure la plaque équatoriale.

Ces granulations sont d'abord de nature protoplasmique, mais bientôt la plaque acquiert tous les caractères de la cellulose, pendant que les fils du fuseau achromatique disparaissent définitivement. La bipartition cellulaire est alors complètement achevée, et la cellule mère s'est divisée en deux cellules filles (fig. 26 et fig. 39).

Dans cette bipartition, on voit quel rôle essentiel a joué la division du noyau. Remarquons cependant que les premiers phénomènes de la division cellulaire, formation des asters et des filaments directeurs du fuseau achromatique, se passent non dans le noyau, mais bien dans le protoplasma lui-même. On voit par là combien est étroite l'association du noyau et du protoplasma, indispensables l'un à l'autre pour la constitution d'une cellule vivante, et nous devons voir là un argument de plus en faveur de la conclusion à laquelle nous sommes déjà arrivé : qu'il ne saurait y avoir de cellules sans noyau, et que l'absence de celui-ci, dans les cas où on la constate, n'est qu'apparente.

Dans les phénomènes de la karyokinèse, tels que nous les avons décrits, il n'a pas été question des nucléoles : le rôle de ceux-ci n'est en effet encore guère connu. Tout ce qu'on peut dire, c'est qu'on les voit disparaître dès le début de la division du noyau, sitôt que la membrane nucléaire commence à s'effacer, et qu'on les voit ensuite réapparaître dans les noyaux des cellules filles, lorsque ceux-ci se sont définitivement constitués. Que sont-ils devenus dans l'intervalle ? On n'en sait rien. On a émis l'hypothèse qu'ils jouent peut-être dans le noyau le rôle de matière de réserve utilisée au moment de la karyokinèse, puis mise de nouveau de côté en attendant une division future.

Les phénomènes de la karyokinèse, tels que nous les avons décrits, nous ont été révélés par les travaux de très nombreux auteurs, en particulier Flemming pour les cellules animales et Strassbürger pour les cellules végétales. Il convient aussi d'ajouter le nom de M. Guignard, dont les recherches sur cette question sont des plus importantes (fig. 40 à 43) : c'est lui qui, en particulier, a montré dans les cellules végétales au repos la constance de la présence des sphères directrices à côté du noyau, et le rôle qu'elles jouent au début de la karyokinèse dans la formation des asters.

Pour la clarté de l'exposition, nous avons décrit les phénomènes de la bipartition cellulaire dans l'ordre chronologique, comme si l'on pouvait assister, dans une étude microscopique, aux diverses phases de cette division. Il est utile de faire remarquer que, pour apercevoir les détails de structure de la cellule dans ces diverses phases, il est nécessaire d'observer des coupes très minces, fixées et colorées par divers réactifs. On conçoit donc que c'est en pratiquant, dans des tissus dont les cellules sont en voie de formation, un très grand nombre de pareilles coupes, qu'on a pu observer, tantôt sur une de ces coupes et tantôt sur une autre, les divers stades de la division cellulaire : en rapprochant les uns des autres les résultats de ces observations partielles, on a pu reconstituer la suite des phénomènes qui s'accomplissent dans le protoplasma et le noyau d'une cellule qui se divise par bipartition.

Bipartitions simultanées. — Lorsqu'une cellule se divise par bipartition, il arrive souvent, si cette cellule appartient à un tissu jeune, en voie de formation, qu'une fois les deux cellules filles formées et séparées par le plan équatorial de cellulose, chacune de celles-ci continue à se diviser par le même procédé, les bipartitions se faisant ainsi successivement de façon que la cellule primitive a donné d'abord 2, puis 4, 8, 16, 32, 64, etc., cellules filles.

Souvent aussi il peut arriver que le noyau se divise en deux, puis en 4, en 8, en 16, en 32, etc., par le procédé de la karyokinèse, sans qu'entre les noyaux filles (1) il apparaisse de plans équatoriaux, c'est-à-dire des cloisons séparatrices de cellulose. Ce n'est que lorsque le noyau a fini d'évoluer et que sa division est

(1) On dit souvent, en manière d'abréviation, *noyaux filles* pour *noyaux des cellules filles*.

terminée, que toutes les cloisons apparaissent à la fois, formant ainsi autant de cellules qu'il y a de noyaux : c'est là le processus dit des *bipartitions simultanées*.

Fragmentation du noyau. — Dans certains cas particuliers, on a observé une division du noyau dans laquelle les phénomènes précédemment décrits de la karyokinèse ne se produisent pas : un simple étranglement progressif de la masse nucléaire sépare celle-ci en deux.

C'est ce qu'on a appelé la *fragmentation du noyau*. On dit aussi qu'il y a *division directe* ou *division acinétique* du noyau, réservant la dénomination de *division indirecte* ou *cinétique* pour la karyokinèse.

Il est à noter que cette fragmentation du noyau n'est jamais suivie de l'apparition d'une plaque cellulaire divisant complètement en deux la cellule, et que la séparation porte seulement sur le noyau.

LES TISSUS

Définition des tissus. — L'être vivant le plus simple se compose d'une seule cellule, c'est-à-dire d'une masse de protoplasma munie d'un noyau et entourée, ou non, d'une membrane de cellulose. Chez les végétaux, on trouve, parmi les Algues et les Champignons, de nombreuses plantes qui se réduisent ainsi à une seule cellule. Lors de la reproduction d'un tel être, la cellule se divise en deux : les deux cellules filles se séparent, deviennent indépendantes l'une de l'autre et forment ainsi deux individus nouveaux.

Supposons qu'au lieu de se séparer, les deux cellules filles restent accolées l'une à l'autre, puis que chacune d'elles, se divisant à son tour en deux et ainsi de suite, toutes les cellules filles restent soudées les unes aux autres : le corps des végétaux supérieurs est ainsi formé d'une masse de cellules issues d'une cellule initiale, la *cellule reproductrice*, qui s'est détachée de la plante mère et qui, par bipartitions successives, a donné la masse pluricellulaire qui forme l'appareil végétatif de la plante fille.

Quelquefois, les cellules, qui forment ainsi par leur réunion le corps de la plante, restent toutes identiques les unes aux autres, et entre elles ne se produit pas de différenciation. C'est ce qui a lieu, par exemple, chez les Algues et les Champignons (ceux d'entre ces végétaux qui ne sont pas unicellulaires), et l'on donne — ainsi qu'il a été dit plus haut (p. 14) — le nom de *thalle* à l'appareil végétatif de ces plantes ainsi constitué par des cellules associées, toutes semblables les unes aux autres.

Chez les végétaux supérieurs, — c'est-à-dire ceux qui appartiennent aux trois embranche-ments du règne végétal autres que celui des Thallophytes, — les cellules qui forment le corps de la plante ne demeurent pas toutes identiques : entre elles s'établit une différenciation qui résulte de la division du travail. Toutes ces cellules, en effet, ne jouent pas dans l'association le même rôle physiologique, et, pour s'adapter à sa fonction particulière, chacune se modifie dans sa forme et dans son aspect : c'est ainsi que certaines se spécialisent plus particulièrement pour participer à la nutrition de la plante, tandis que d'autres se modifient en organes de soutien, que d'autres se transforment en vaisseaux conducteurs de la sève et que d'autres encore sont spécialement consacrées à la reproduction de l'organisme.

On appelle *tissu* l'ensemble des cellules qui présentent la même forme, s'étant modifiées de la même façon pour s'adapter à accomplir un même travail dans la plante. Un organisme végétal se compose donc de tissus, eux-mêmes formés de cellules. Chez les végétaux supérieurs, il y a plusieurs tissus différents, formant les organes de l'appareil végétatif : chez les Thallophytes, cet appareil végétatif se réduit au contraire à un seul tissu : le thalle.

Faux tissu. — Il convient parfois de distinguer, au point de vue de la formation, les faux tissus des vrais. Toutes les cellules d'un vrai tissu proviennent toujours par voie de division d'une même cellule primitive, dont les bipartitions (successives ou simultanées) ont donné naissance à une masse cellulaire, dont tous les éléments ont évolué de la même façon.

On rencontre parfois, dans certains organismes végétaux, des masses cellulaires qu'à

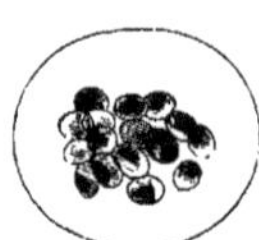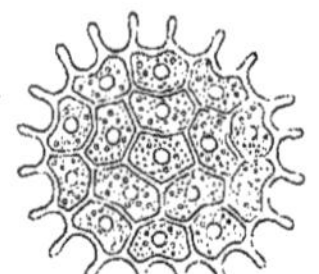

Fig. 47.   Fig. 48.   Fig. 49.

Fig. 47. — Cellules libres.
Fig. 48. — Cellules libres (2ᵉ stade).

Fig. 49. — Cellules soudées.

Fig. 47 à 49. — États successifs du développement du *Pediastrum granulatum*.

l'aspect on pourrait facilement prendre pour un tissu analogue au précédent, mais dont l'origine est tout autre cependant : ce sont, par exemple, des cellules isolées qui se sont soudées postérieurement, comme cela se passe par exemple pour une Algue, le *Pediastrum*, dont le thalle se compose d'abord de cellules libres entre elles (fig. 47 et 48) qu'on voit nager dans l'eau stagnante. Ces cellules viennent ensuite se souder en une masse unique, constituant un thalle aplati (fig. 49) : c'est là un exemple de faux tissu.

Il en est de même chez certains Champignons où des filaments de cellules se soudent en une sorte de feutrage, de manière à former une apparence de tissu dont l'origine n'est — on le voit — aucunement la même que celle d'un tissu véritable.

Principaux tissus. — Les principaux tissus qui entrent dans la constitution d'un organisme végétal sont : les méristèmes, l'épiderme, le parenchyme, le liège, le tissu sécréteur, le tissu criblé, le tissu vasculaire, le sclérenchyme.

LES MÉRISTÈMES

Sous le nom de *méristème*, on désigne un tissu jeune, en voie de formation. Ses cellules sont des cellules jeunes encore, présentant par conséquent les caractères de la cellule type, à savoir un protoplasma sans vacuoles, à noyau net et volumineux, et une membrane de cellulose non encore modifiée, les membranes des cellules voisines étant exactement soudées les unes aux autres. Les cellules des méristèmes se divisent activement; aussi, dans ce tissu observe-t-on facilement les phénomènes de la division du noyau.

Les méristèmes se trouvent naturellement dans toutes les parties de la plante qui sont en voie de formation. C'est par ce tissu que sont formées les extrémités des tiges et des racines, où se trouve le point végétatif de ces organes, c'est-à-dire le point par où ils s'accroissent. Ces méristèmes sont dits *méristèmes primitifs*, pour les distinguer des *méristèmes secondaires*, qui apparaissent dans des tissus déjà différenciés, lorsque certaine cellule de ces tissus, déjà parvenue à l'état adulte, reprend la faculté de se cloisonner activement et de donner naissance à de nouvelles cellules.

Les cellules d'un méristème ne tardent pas à se différencier et à donner naissance aux autres tissus. Un méristème mérite donc bien le nom qui lui a été donné de *tissu formateur*.

L'ÉPIDERME

Le *tissu épidermique* comprend l'ensemble des cellules qui forment le revêtement extérieur ou *épiderme* de l'organisme. Cet épiderme se compose d'une, deux ou plusieurs assises de cellules limitant le corps du végétal à sa surface et se continuant sur tous ses organes.

Les cellules de l'épiderme sont le plus ordinairement des cellules vivantes, dont le proto-

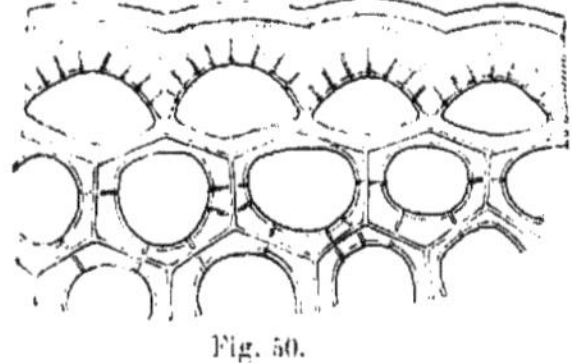

Fig. 50.

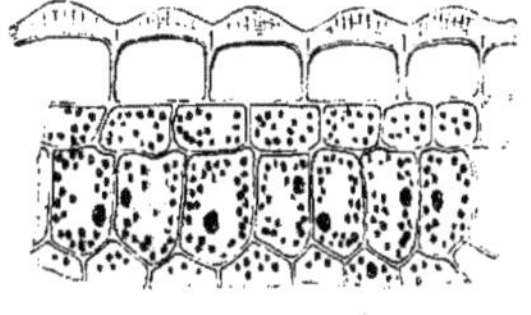

Fig. 51.

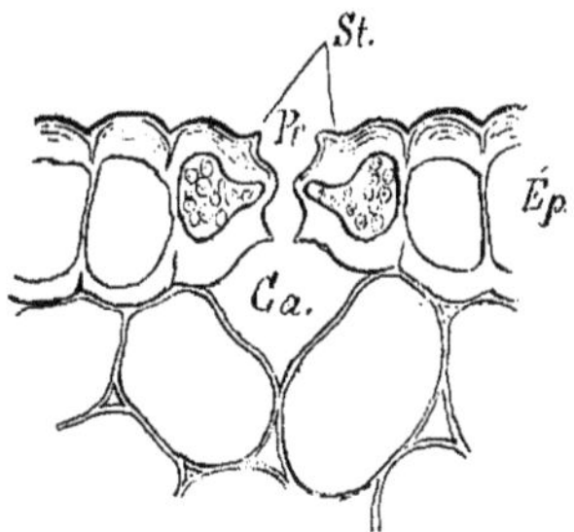

Fig. 52.

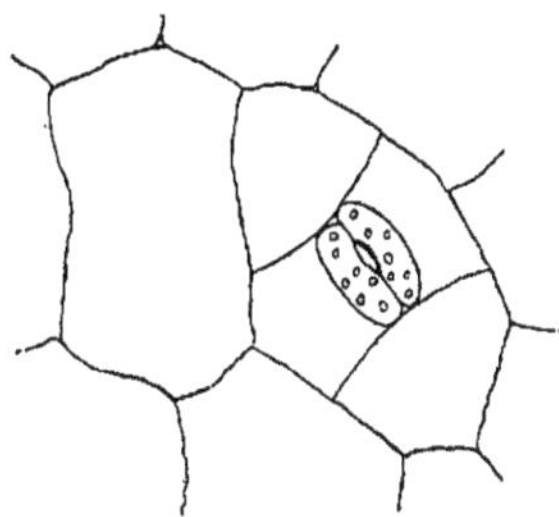

Fig. 53.

Fig. 50. — Coupe d'une feuille de Houx montrant l'épiderme et la cuticule.
Fig. 51. — Coupe d'une feuille de Gui montrant l'épiderme et la cuticule.
Fig. 52. — Un stomate vu en coupe transversale. —

St, cellules stomatiques; — *Ca*, chambre à air; — *Pr*, ostiole; — *Ep*, épiderme.
Fig. 53. — Stomate vu de face (lambeau d'épiderme d'une feuille de *Tradescantia*).

plasma est en général dépourvu de grains de chlorophylle. Le plus souvent, la membrane externe de chaque cellule de l'assise externe est fortement cutinisée, ce qui la rend imperméable. Cette couche superficielle cutinisée de la membrane de l'assise externe de l'épiderme forme ce qu'on appelle la *cuticule*, parfois fort développée sur certains organes de certaines plantes, en particulier sur les feuilles, ainsi qu'on l'observe fort bien, au microscope, sur la coupe d'une feuille de Houx (fig. 50) ou de Gui (fig. 51).

La cuticule est particulièrement bien développée sur des plantes grasses, telles que Cactus et Aloès, qui, vivant dans un milieu sec et chaud, doivent résister à l'évaporation. Chez les plantes aquatiques, au contraire, la cuticule est rudimentaire.

Certaines cellules épidermiques se différencient pour jouer un rôle particulier : telles sont celles qui forment les *stomates* et les *poils*.

Stomates. — En de nombreux points, l'épiderme présente des solutions de continuité. Ces ouvertures portent le nom de *stomates* (fig. 52 et 53). Deux cellules prennent une forme particulière, rappelant un peu celle d'un rein (fig. 53) et laissent entre elles une petite ouverture à laquelle on a donné le nom d'*ostiole* (*Pr*, fig. 52). Cette ouverture conduit dans une lacune située entre les cellules du tissu sous-épidermique : c'est ce qu'on nomme la *chambre sous-stomatique* (*Ca*, fig. 52), qui communique ainsi avec l'extérieur par l'intermédiaire de l'ostiole.

L'ensemble de l'ostiole et des deux cellules épidermiques modifiées qui le bordent forme un *stomate*. Les deux cellules stomatiques, à l'inverse des autres cellules de l'épiderme, contiennent des leucites chlorophylliens dans leur protoplasma.

Les stomates sont abondants sur l'épiderme des tiges et des feuilles.

Poils. — Un grand nombre de plantes sont velues, c'est-à-dire présentent à la surface soit de leur tige, soit de leurs feuilles, des poils plus ou moins abondants et de dimensions plus ou moins considérables. Ces poils sont formés par une ou plusieurs cellules épidermiques, qui font saillie à l'extérieur (fig. 54 à 59).

Certains de ces poils sont constitués par

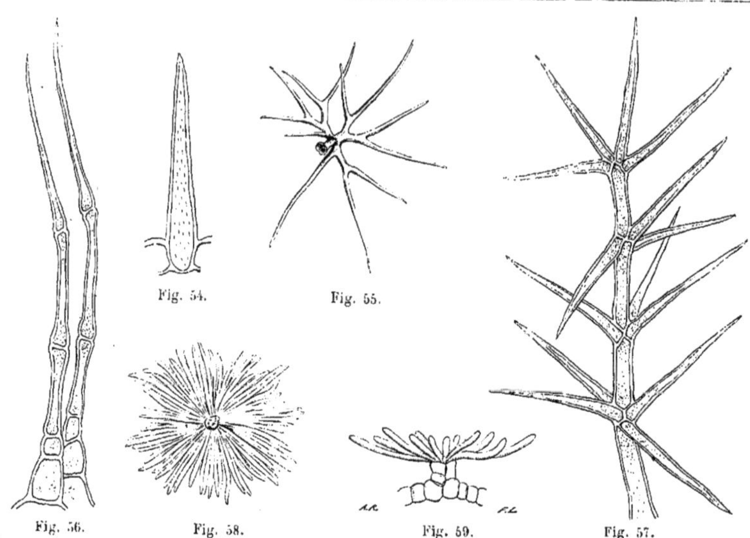

Fig. 54.   Fig. 55.

Fig. 56.   Fig. 58.   Fig. 59.   Fig. 57.

Fig. 54. — Poil unicellulaire (*Anchusa sempervivens*).
Fig. 55. — Poil unicellulaire rameux (*Alyssum saxatile*).
Fig. 56. — Poil pluricellulaire droit (*Inula conyza*).

Fig. 57. — Poil pluricellulaire rameux (*Verbascum album*).
Fig. 58. — Poil en écusson (*Hippophaë rhamnoides*), vu de face.
Fig. 59. — Le même poil vu de profil.

Fig. 54 à 59. — Principales formes de poils chez les plantes.

une seule cellule épidermique, qui se développe considérablement tout en restant simple. Un poil arraché à l'épiderme de l'*Anchusa sempervivens* et examiné au microscope montre parfaitement cette structure (fig. 54). Les longs poils qui garnissent le tégument de la graine du Cotonnier et constituent les fils du coton en sont aussi un exemple. Les poils des Orties sont également fournis par une cellule épidermique simple, faisant saillie à l'extérieur.

Ailleurs, les poils proviennent encore d'une seule cellule, mais celle-ci s'est ramifiée. On en aura un exemple en examinant un des poils (fig. 55) qui forment le revêtement de la face inférieure des feuilles de la jolie plante si souvent cultivée en bordure dans les plates-bandes de nos jardins, sous le nom de Corbeille d'or (*Alyssum saxatile*).

La cellule épidermique formatrice d'un poil se divise souvent et celui-ci devient alors pluricellulaire. Les poils ainsi formés de plusieurs cellules sont nombreux chez les végétaux, que ces cellules soient d'ailleurs disposées en une seule série simple, comme chez l'*Inula conyza* (fig. 56), ou en une série ramifiée, ainsi

qu'on le voit sur un poil de Molène ou Bouillon blanc (*Verbascum album*) (fig. 57) ou bien encore en un massif cellulaire de forme variable. Le petit arbrisseau indigène connu sous le nom d'Argousier (*Hippophaë rhamnoides*) présente des poils massifs en forme d'écusson, dits *poils écailleux*, formés chacun d'un petit disque central, avec tout autour des files de cellules rayonnantes (fig. 58 et 59).

Au point de vue physiologique, les poils peuvent être distingués en poils vivants et poils morts. Les poils vivants présentent du protoplasma dans leur cellule, et dans ce protoplasma actif peuvent même s'accumuler diverses substances, telles que, par exemple, des huiles essentielles dans les poils de plantes odoriférantes comme le Thym ou le Patchouli. Les poils de l'Ortie contiennent dans le protoplasma de leur cellule un liquide irritant. Si l'on vient à toucher à la plante, le poil se brise et le bord, taillé en biseau, pénètre sous la peau et laisse écouler dans la blessure son liquide corrosif, qui y cause les démangeaisons désagréables malheureusement trop connues.

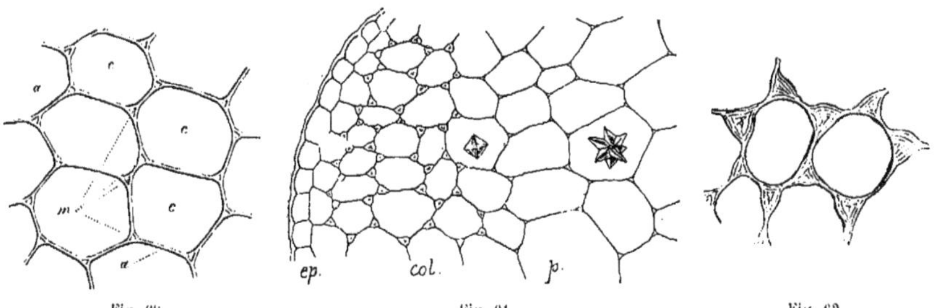

Fig. 60.   Fig. 61.   Fig. 62.

Fig. 60. — Parenchyme avec méats intercellulaires (*m*). (Coupe transversale du tissu cellulaire pris dans le bulbe du *Lilium superbum*).
Fig. 61. — Coupe d'une tige de *Begonia* avec zone de collenchyme. — *ep*, épiderme ; — *col*, collenchyme ; — *p*, parenchyme.
Fig. 62. — Collenchyme.

Lorsque les poils sont morts, ce qui est assez fréquent, leurs cellules se réduisent à la membrane de cellulose, qui persiste seule. C'est le cas, par exemple, pour les poils qui forment le duvet des Immortelles, les écailles argentées des Broméliacées ou les petits crochets du Gratteron (*Galium aparine*).

Les aiguillons ou épines des Rosiers sont des productions épidermiques, dont l'origine est la même que celle des poils.

LE PARENCHYME

Définition. — Sous le nom de *parenchyme*, ou *tissu parenchymateux*, on désigne l'ensemble des cellules qui n'ont pas un rôle spécial dans l'organisme. Le parenchyme, dont il est très difficile de donner une définition nettement précise, comprend tout ce qui n'est ni épiderme, ni tissu vasculaire, ni liège, ni tissu sécréteur, etc. C'est l'équivalent du *tissu conjonctif* des animaux, qui, comme son nom l'indique, réunit entre eux les éléments des autres tissus dont il est en quelque sorte — suivant une comparaison vulgaire, mais qui rend bien l'idée — le tissu d'emballage. C'est ce tissu qui donne sa forme à l'organisme, et si — par supposition — on venait à enlever tous les autres tissus, la plante — grâce à son parenchyme — conserverait sa forme générale.

Par suite d'une telle définition, on ne doit pas être surpris de ce fait que le parenchyme des végétaux présente un grand nombre de variétés.

La plus commune et la plus répandue, le *parenchyme proprement dit*, est formé de cellules à parois minces et à protoplasma abondant. On donne plus particulièrement le nom de *parenchyme chlorophyllien* au parenchyme dont les cellules ont un protoplasma riche en grains de chlorophylle.

Le *parenchyme* est dit *amylacé* si les grains d'amidon y sont particulièrement abondants, *parenchyme oléagineux* lorsqu'il met en réserve des corps gras, etc.

Méats. — Entre les cellules du parenchyme existent parfois des espaces vides, appelés *méats*. Ces méats existent principalement aux angles de raccordement des cellules entre elles (fig. 60).

Parenchyme lacuneux. — Souvent aussi les espaces vides laissés entre les éléments du parenchyme deviennent beaucoup plus considérables et forment alors de véritables lacunes dans lesquelles l'air circule librement. Le parenchyme prend alors le nom de *parenchyme lacuneux*, et quelquefois même de *tissu aérifère*. Il est particulièrement développé chez les plantes aquatiques.

Les lacunes dans certains tissus végétaux peuvent avoir encore une autre provenance, et résulter de la destruction partielle du tissu. C'est ce qui arrive en particulier pour les tiges creuses, comme celles des Graminées ou des Ombellifères, dont la cavité est due à la dispa-

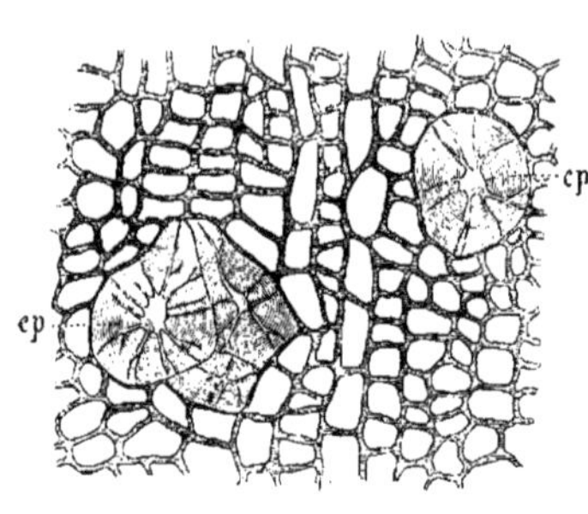

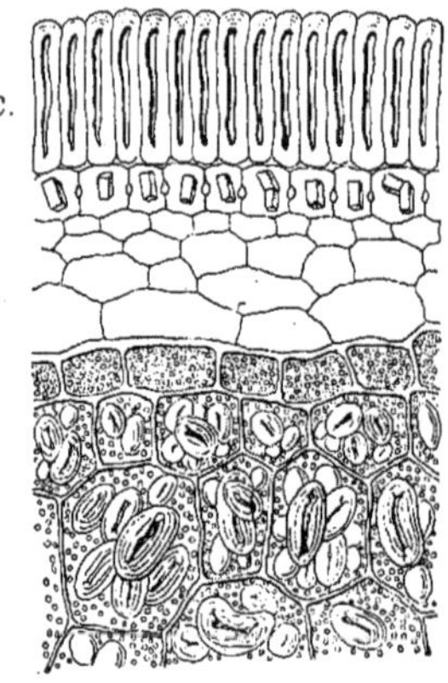

Fig. 63.

Fig. 64.

Fig. 63. — Coupe transversale de l'écorce de la Viorne (*Viburnum lantana*). — *cp*, cellules scléreuses (ou pierreuses).

Fig. 64. — Coupe transversale du tégument d'une graine de Haricot. — On voit à l'extérieur, en *cc*, une assise de sclérenchyme.

rition du parenchyme qui forme la moelle.

Collenchyme. — Sous le nom de *collenchyme*, on distingue un parenchyme dont les cellules ont leurs membranes toujours formées de cellulose pure, mais considérablement épaissies, soit sur leur surface tout entière, soit aux arêtes seulement (fig. 61 et 62). Entre ces membranes, il n'existe pas de méats. Le collenchyme est principalement abondant sous l'épiderme des organes ; c'est un tissu très résistant, dont le rôle est surtout de permettre la résistance à la traction.

Parenchyme scléreux. — Le *parenchyme scléreux* est une variété de parenchyme dont les cellules ont pour parois des membranes très épaisses, formées de cellulose abondamment imprégnée de lignine. Cette lignification des parois le distingue surtout du collenchyme. C'est un tissu dur et compact, qui résiste bien à l'écrasement.

LE SCLÉRENCHYME

Sous le nom de *sclérenchyme*, on distingue du parenchyme scléreux un tissu dont les cellules ont des parois tout à fait épaisses et lignifiées, et sont dépourvues de protoplasma : c'est donc un tissu mort, qui n'existe plus, pour ainsi dire, qu'à l'état de squelette.

Les éléments cellulaires du sclérenchyme sont quelquefois courts, et forment alors ce qu'on nomme des *scléréides*. Ce sont ces éléments qui constituent les concrétions pierreuses (fig. 63) qu'on trouve dans certains tissus végétaux, en particulier dans la chair de la poire, ou bien encore les parties dures du noyau de certains fruits, ou les téguments de certaines graines (fig. 64).

D'autres éléments du sclérenchyme sont les *fibres scléreuses*, provenant de cellules allongées, très étroites, terminées en pointe aux deux extrémités, en forme de fuseau. Ces fibres scléreuses se rencontrent dans les parties des plantes qui constituent ce qu'on appelle le bois et le liber (Voy. plus loin).

On les distingue en *fibres ligneuses* ou *fibres du bois*, à parois tout à fait lignifiées, et *fibres libériennes*, qui, grâce à une lignification moins profonde des parois, conservent une certaine souplesse. Ce sont ces *fibres scléreuses*, — improprement appelées *fibres libériennes* à cause de leur position dans le liber de la tige, — qui constituent les fibres textiles de certaines plantes, telles que le Lin, le Chanvre, la Ramie, etc.

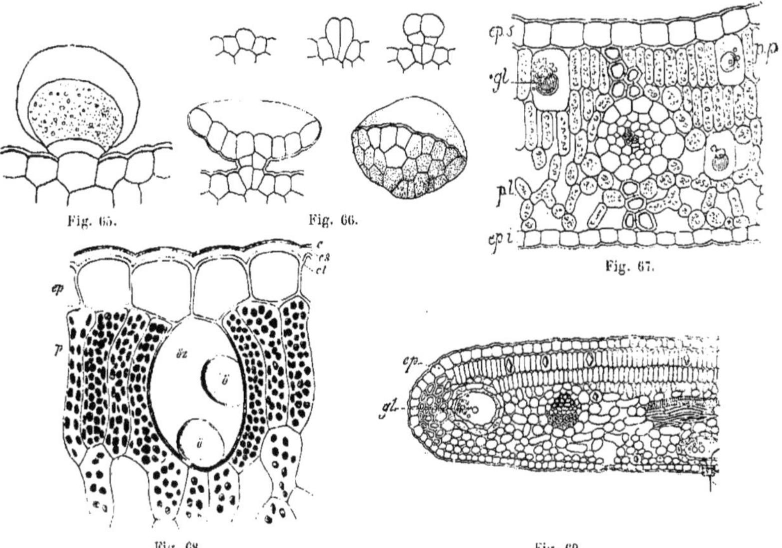

Fig. 65.

Fig. 66.

Fig. 67.

Fig. 68.

Fig. 69.

Fig. 65. — Glande du Patchouli (*Pogostemon patchouli*).
Fig. 66. — Glandes à lupulin du Houblon.
Fig. 67. — Coupe d'une feuille de Camphrier montrant les glandes à essence en *gl*.

Fig. 68. — Coupe d'une feuille de Sassafras montrant une cellule sécrétrice (*öz*) contenant des gouttes d'essence (*ö*).
Fig. 69. — Coupe transversale d'une feuille d'Oranger, avec glande (*gl*).

LE LIÈGE

Le *liège*, ou *suber*, est formé par le *tissu subéreux*. Celui-ci se compose, lorsqu'il est jeune encore, de cellules renfermant du protoplasma et même des grains de chlorophylle, ainsi qu'on peut le voir sur la coupe d'une jeune tige de Sureau. Mais plus tard, lorsque le tissu est plus âgé, les cellules se réduisent à leur membrane, ayant perdu leur protoplasma qui est remplacé par de l'air. Cette membrane est fortement subérifiée, c'est-à-dire imprégnée de subérine.

Le liège forme en général de nombreuses assises de cellules à la surface des tiges et des racines, autour desquelles il forme un revêtement protecteur après la destruction de l'épiderme.

LE TISSU SÉCRÉTEUR

Définition. — Le tissu sécréteur est formé par l'ensemble des éléments cellulaires qui, dans l'organisme, sont susceptibles de fabriquer, aux dépens des matières qu'ils reçoivent par la nutrition, des substances diverses, destinées à être soit éliminées, soit, au contraire, reprises plus tard par la plante et assimilées.

Les principaux produits ainsi sécrétés par la plante sont des résines, des gommes-résines, des essences, des mucilages, etc. Lorsque le produit de sécrétion se présente sous la forme d'émulsion, c'est-à-dire de petites gouttelettes grasses, très fines et très nombreuses, en suspension dans un liquide, on lui donne le nom de *latex*. Le suc jaune qui s'écoule de la tige de l'Euphorbe ou de celle de la Chélidoine,

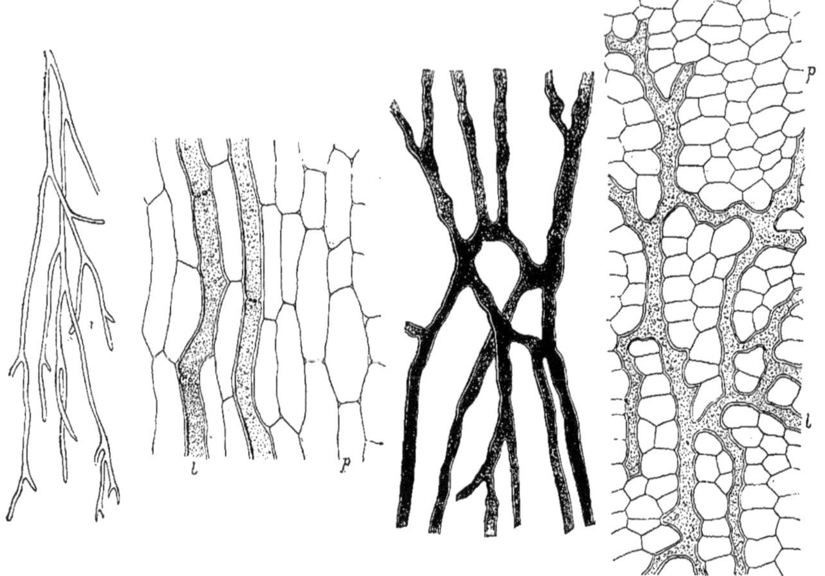

Fig. 71.   Fig. 70.   Fig. 72.   Fig. 73.

Fig. 70. — Vaisseaux sécréteurs chez la Chélidoine.
Fig. 71. — Vaisseaux sécréteurs (laticifères) du *Ceropegia stapelioides*, de la famille des Asclépiadées).

Fig. 72. — Vaisseaux sécréteurs (laticifères) du Pavot somnifère (*Papaver somniferum*).
Fig. 73. — Vaisseaux sécréteurs chez le Salsifis (*Tragopogon salsifis*).

lorsqu'on les brise, est un exemple de latex.

Les cellules du tissu sécréteur sont des cellules vivantes, à parois minces : elles se modifient ou se groupent entre elles de façon à former trois types principaux d'appareils de sécrétion : les *glandes*, les *vaisseaux sécréteurs* et les *canaux sécréteurs*.

Glandes. — Les glandes sont des cellules isolées, à l'intérieur desquelles s'accumule, dans le protoplasma, le produit de sécrétion. La cellule peut être unique et la glande est alors dite unicellulaire ; lorsqu'elle est *pluricellulaire*. elle se compose d'une réunion de plusieurs cellules issues par division d'une même cellule primitive.

Les glandes peuvent d'ailleurs être externes ou internes. Les glandes externes sont constituées par de simples poils uni ou pluricellulaires. Le Patchouly (*Pogostemon patchouly*), Labiée de l'Inde ou de la Chine, doit son odeur à une essence sécrétée dans les cellules de poils (fig. 65) situés sur l'épiderme des tiges et des feuilles; la matière odorante s'accumule entre le protoplasma et la membrane cellulosique qui se soulève. Le *lupulin*, substance résineuse dont sont imprégnés les cônes fructifères du Houblon, est dû à la sécrétion de glandes pluricellulaires, situées sur l'épiderme des bractées de ces cônes (fig. 66).

Les glandes internes se forment à l'intérieur du parenchyme : les cellules sécrétrices se distinguent des cellules avoisinantes par leurs dimensions et l'absence de leucites chlorophylliens. La coupe transversale d'une feuille de Camphrier (fig. 67) montre des glandes à essence dans le parenchyme sous-épidermique.

Dans la feuille de Sassafras (fig. 68), ce sont des glandes à huile essentielle, formées par une seule cellule : cette cellule est d'origine épidermique et on peut la considérer comme un poil qui s'est développé vers l'intérieur et non vers l'extérieur.

La feuille d'Oranger est encore un très bon type pour l'étude des glandes internes : elle

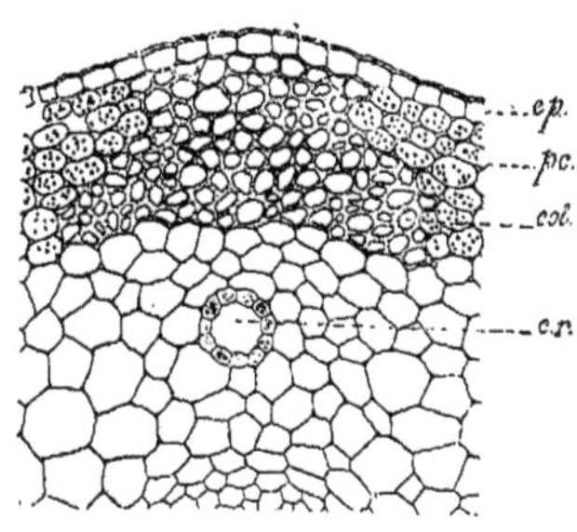

Fig. 74.

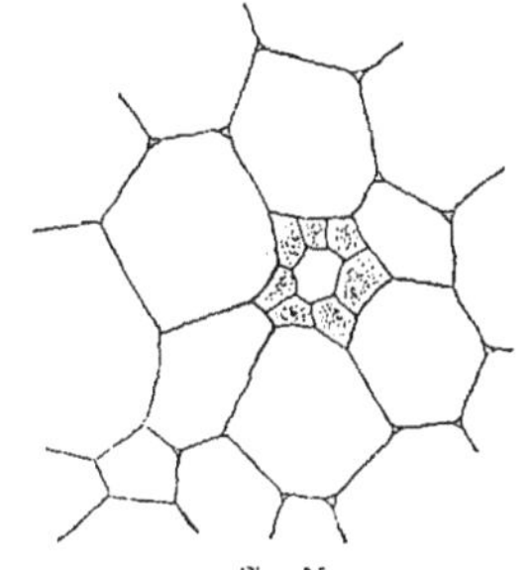

Fig. 75.

Fig. 74. — Coupe de l'écorce d'une tige de Livèche montrant un canal sécréteur (*cr*). — *Ep*, épiderme; — *pc*, parenchyme; — *col*, collenchyme.

Fig. 75. — Coupe transversale du parenchyme de Fenouil avec canal sécréteur.

nous en montre un type un peu différent des précédents, en ce sens qu'ici le produit de sécrétion s'accumule non dans les cellules sécrétrices, mais dans une cavité située entre celles-ci (fig. 69).

Vaisseaux sécréteurs. — Les vaisseaux sécréteurs sont formés par des files de cellules qui se placent bout à bout, conservant ou non leurs parois transversales, de façon à former un tube ou vaisseau, dont les parois ne sont autres que les membranes des cellules; dans l'intérieur de ce tube s'accumule le produit de sécrétion. Lorsque celui-ci est du latex, le vaisseau sécréteur prend alors le nom de *vaisseau laticifère*.

Les vaisseaux sécréteurs ont une forme très diverse, simples (fig. 70) ou ramifiés, les ramifications étant distinctes (fig. 71), ou pouvant s'anastomoser (fig. 72 et 73).

Quelquefois le vaisseau sécréteur — ordinairement formé par plusieurs cellules placées bout à bout — est réduit à une seule cellule, qui peut alors atteindre des dimensions extraordinaires. C'est le cas des vaisseaux laticifères des Euphorbiacées, des Urticées, des Apo-

cynées et des Asclépiadées. « Ce sont de longues cellules, en petit nombre dans la plante, mais indéfiniment rameuses, qui, déjà présentes dans l'embryon, croissent avec les organes qui les contiennent et s'étendent sans discontinuité dans tout le corps du végétal, depuis l'extrémité des racines les plus profondes jusqu'à celle des feuilles les plus hautes. A l'intérieur d'un grand Mûrier, par exemple, c'est par kilomètres que se mesure le développement total des branches d'une pareille cellule. » (Van Tieghem.)

Canaux sécréteurs. — Dans les *canaux sécréteurs*, les cellules sécrétrices s'écartent les unes des autres, laissant entre elles un espace vide, en forme de canal, à l'intérieur duquel s'accumule le produit de sécrétion. Les canaux sécréteurs se distinguent donc des vaisseaux sécréteurs en ce qu'ils constituent un espace intercellulaire, dépourvu de paroi propre, mais bordé par un revêtement de cellules sécrétrices. On aperçoit de pareils canaux dans l'écorce de la tige de Livèche (fig. 74) ou dans la moelle du Fenouil (fig. 75), ainsi que dans de nombreuses autres plantes.

LE TISSU CRIBLÉ

Le tissu criblé est formé de cellules qui se sont disposées en files, les unes à la suite des autres, de façon à donner une sorte de tube, dont les parois — constituées par les parois des cellules elles-mêmes — sont en cellulose pure, et se reconnaissent sur

une coupe transversale à leur éclat nacré.

Le tube ou vaisseau n'est pas parfait, en ce sens que les cloisons séparatrices de deux cloisons consécutives persistent. Mais ces cloisons ne sont pas pleines : elles sont percées de petits orifices permettant au contenu cellulaire

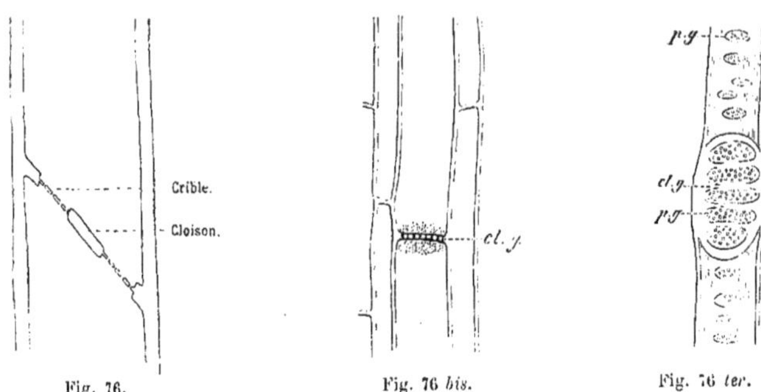

Fig. 76.
Fig. 76 bis.
Fig. 76 ter.

Fig. 76. — Tube criblé (figure schématique).
Fig. 76 bis. — Tube criblé chez la Courge.

Fig. 76 ter. — Tube criblé chez la Vigne.

de passer d'une cellule à la suivante. La membrane prend alors l'aspect d'un crible, ce qui a fait donner le nom de *tubes* ou *vaisseaux criblés* aux éléments de ce tissu (fig. 76).

La disposition des cribles peut affecter deux dispositions différentes.

Un premier type peut être étudié chez la Courge (fig. 76 *bis*) où la cloison intermédiaire entre deux cellules est horizontale et perforée sur toute sa surface.

La Vigne (fig. 76 *ter*), au contraire, montre des cloisons obliques, percées de plusieurs cribles, c'est-à-dire que les points de communication (*p. g*) y sont répartis en plusieurs régions séparées par des espaces où la cloison est uniformément épaisse (*cl. g*).

Dans les cellules du tube criblé, se trouve un contenu liquide clair, riche en azote : c'est ce qu'on nomme *sève élaborée* ou *nutritive*. La présence de noyaux qu'on y a parfois rencon-trés, quoique rarement, fait considérer le tissu criblé comme un tissu vivant.

La circulation du contenu cellulaire ne se produit à travers les trous des cribles que lors de la belle saison. A l'automne, autour de la membrane, se développe une substance azotée (différente de la cellulose par conséquent), qui vient fermer les orifices : c'est ce qu'on appelle le *cal*. Celui-ci persiste pendant tout l'hiver, période de vie ralentie pour la plante, pendant laquelle la sève ne circule pas. Au printemps suivant, le cal se dissout et la circulation recommence dans les tubes criblés.

On trouve les tubes criblés, associés à des fibres, dans la région de la plante désignée sous le nom de liber, que nous apprendrons bientôt à connaître, en étudiant la structure microscopique d'une plante supérieure. Aussi donne-t-on souvent à ces tubes criblés le nom de *tubes* ou *vaisseaux libériens*.

LE TISSU LIGNEUX

Le tissu ligneux, comme le tissu criblé, est composé de vaisseaux ou tubes formés par des files de cellules placées bout à bout. Mais la différence essentielle est que ce tissu est un tissu mort : les cellules sont réduites à leur seule membrane, le protoplasma et le noyau ayant complètement disparu.

De plus, la membrane ne reste pas formée de cellulose pure, mais est lignifiée. La lignine n'est pas uniformément répartie sur toute la membrane, mais forme çà et là des épaissis-sements affectant la forme de dessins plus ou moins réguliers. On a donné des noms à ces différents vaisseaux, d'après la forme des épaississements de leurs parois.

Les vaisseaux *annelés* présentent des anneaux réguliers de lignine disposés dans des plans parallèles.

Les vaisseaux *spiralés* sont entourés d'une spirale continue de lignine : on leur a donné aussi le nom de *trachées*, par comparaison de leur aspect, vus au microscope, avec

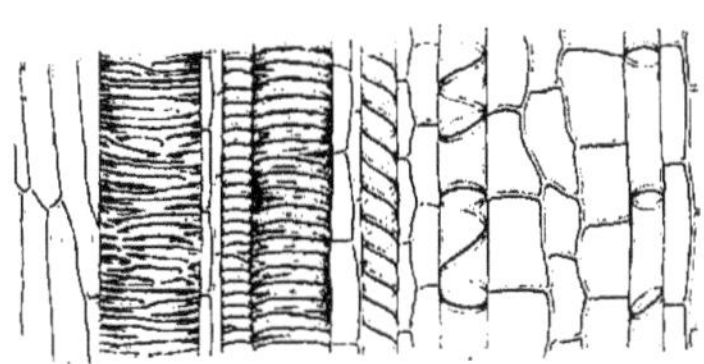

Fig. 77.

Fig. 78.

Fig. 77. — Coupe longitudinale d'une portion de la tige de Balsamine.

Fig. 78. — Vaisseau scalariforme (Fougère).

les tubes respiratoires des insectes. Certains vaisseaux sont *spiro-annelés*, car la bande de lignine y est tantôt en spirale, tantôt en anneaux.

Les vaisseaux *réticulés* sont ornés d'un réseau irrégulier de bandes lignifiées.

Les vaisseaux *ponctués* ont la paroi complètement épaissie et lignifiée, à l'exception de petites ponctuations qui restent en cellulose.

Les vaisseux annelés, spiralés, réticulés et ponctués se rencontrent dans le bois des tiges et des racines des plantes à fleurs. La figure 77, qui représente la coupe en long d'une tige de Balsamine, montre la succession de ces divers vaisseaux.

Les vaisseaux *scalariformes* (fig. 78), que l'on rencontre principalement chez les Fougères, sont de forme prismatique et les épaississements disposés de façon à former des bandes horizontales comme les barreaux d'une échelle.

Les vaisseaux *aréolés*, que l'on observe chez les Gymnospermes (Pin, Sapin, etc.), sont des vaisseaux ponctués où les ponctuations présentent une disposition bien particulière. Vues de face, au microscope, les aréoles se montrent comme des ponctuations à double contour (fig. 79). Elles résultent de la formation, de part et d'autre de la paroi, de deux bourrelets saillants, formant ainsi une sorte de petite cavité au milieu de laquelle demeure tendue la portion non épaissie de la membrane (fig. 80), si bien que celle-ci est creusée d'une petite cavité présentant à l'intérieur et à l'extérieur deux petits orifices circulaires, correspondant au cercle interne de la ponctuation vue de face (fig. 81 à 83) : le cercle externe est dû à la partie vide du reste de l'aréole.

A un autre point de vue, on peut distinguer les vaisseaux du tissu ligneux en *vaisseaux imparfaits* ou *vaisseaux fermés*, chez lesquels les cloisons intermédiaires persistent, et en

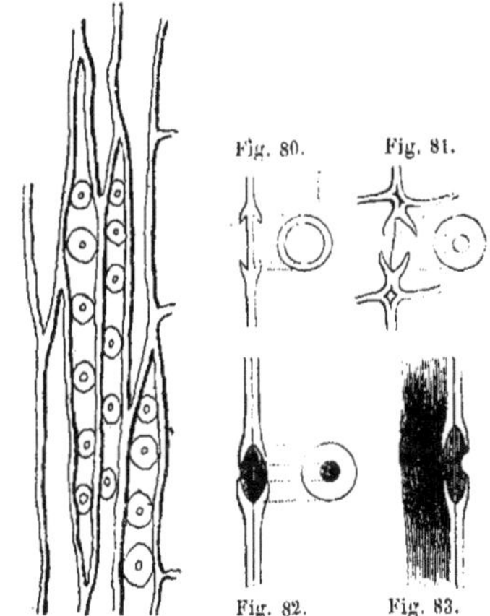

Fig. 80.   Fig. 81.

Fig. 82.   Fig. 83.

Fig. 79. — Vaisseau à ponctuations aréolées.   Fig. 80 à 83. — Formation d'une ponctuation aréolée.

vaisseaux parfaits ou *vaisseaux ouverts*, chez lesquels les cloisons disparaissent plus ou moins complètement, n'étant plus indiquées le plus souvent que par un léger bourrelet à peine saillant.

Les vaisseaux ligneux ou vaisseaux du bois ont pour rôle de conduire vers les feuilles la sève brute, puisée dans le sol par les extrémités des racines. Ils sont localisés, associés à des fibres, dans les parties de l'appareil végétatif désignées sous le nom de *Bois*.

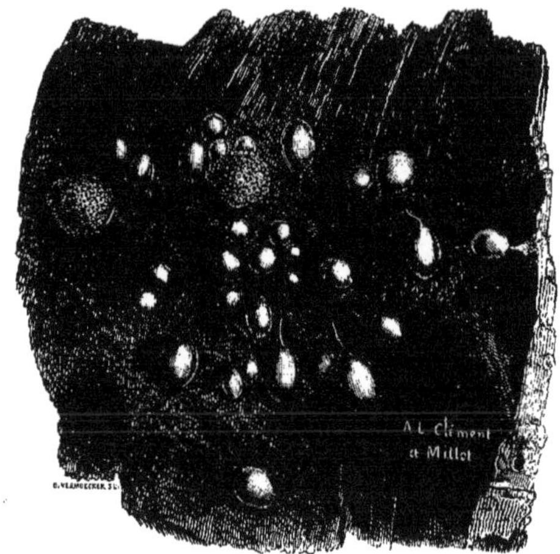

Fig. 84. — *Arcyria*, Champignon myxomycète, sur un fragment d'écorce pourrie.

LA FORME ET LA STRUCTURE DES VÉGÉTAUX

LES ORGANES DE LA PLANTE

LE THALLE.

Tout végétal se compose d'une ou plusieurs cellules, avons-nous vu dans la première partie. Lorsque toutes les cellules qui composent l'appareil végétatif sont identiques les unes aux autres et ne se sont pas différenciées en vue d'une division du travail, on dit alors que le corps de la plante est formé d'un *thalle*. On ne saurait y distinguer les organes (racines, tiges et feuilles), qu'on reconnaît facilement chez une plante plus élevée en organisation. Les Algues et les Champignons, qui forment l'embranchement des Thallophytes, sont ainsi constitués par un simple thalle.

Thalle des Champignons. — Le thalle des Champignons peut affecter les formes les plus diverses : il peut aussi être soit unicellulaire, soit pluricellulaire, et, dans ce dernier cas, peut se composer de simples filaments ou former des massifs plus ou moins compliqués.

Quelques exemples feront bien ressortir la variété infinie de formes que peut présenter — malgré la simplicité de sa structure — l'appareil végétatif des Thallophytes.

Nous avons déjà parlé plus haut — à propos du protoplasma (Voy. p. 24) — de la « fleur de tan » qui forme cette sorte de bave comparable à des taches de jaune d'œuf sur la surface des feuilles mortes et des fragments d'écorce mouillée par la pluie. Nous savons déjà que cette fleur de tan n'est autre chose que le thalle d'un Champignon myxomycète, l'*Æthalium septicum*. Ce thalle est d'ailleurs de la simplicité la plus grande, se réduisant à une masse de protoplasma dépourvue de membrane et renfermant un certain nombre de noyaux, formant ainsi un *plasmode*, résultant de la

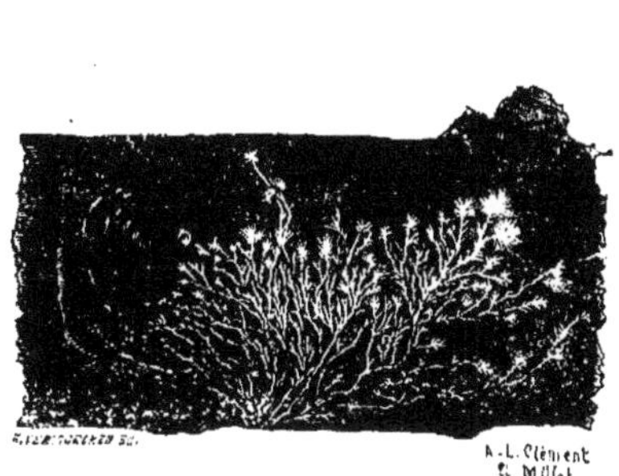

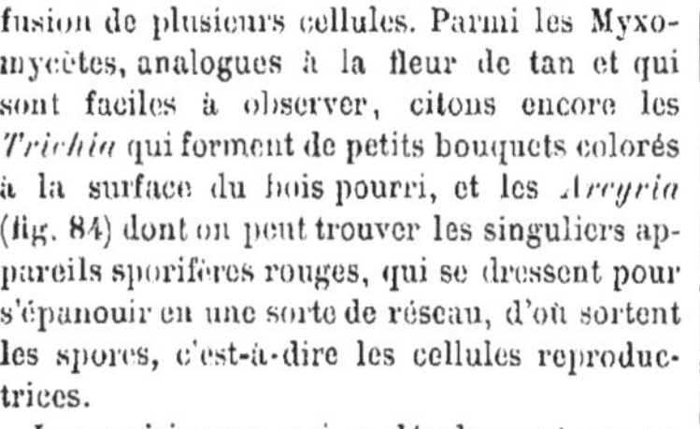

Fig. 85.

Fig. 85. — Fragment de branche morte, dont on a enlevé l'écorce pour laisser voir les filaments du mycélium d'un Champignon.

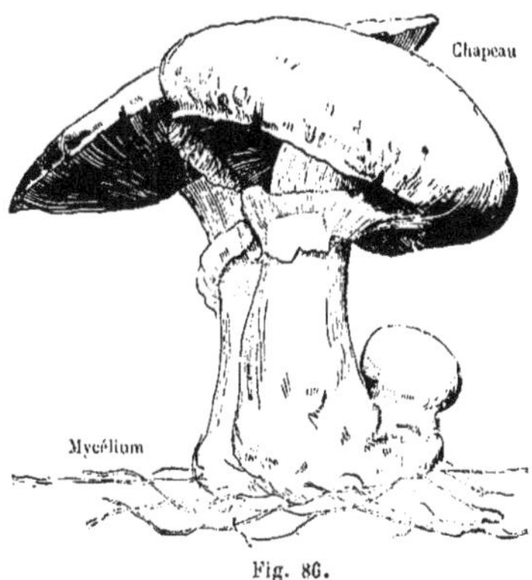

Fig. 86.

Fig. 86. — Champignon de couche (*Agaricus campestris*).

fusion de plusieurs cellules. Parmi les Myxomycètes, analogues à la fleur de tan et qui sont faciles à observer, citons encore les *Trichia* qui forment de petits bouquets colorés à la surface du bois pourri, et les *Arcyria* (fig. 84) dont on peut trouver les singuliers appareils sporifères rouges, qui se dressent pour s'épanouir en une sorte de réseau, d'où sortent les spores, c'est-à-dire les cellules reproductrices.

Les moisissures qui se développent sur un grand nombre de substances abandonnées pendant quelque temps à l'air libre, telles que confitures, pain humide, cuir de vieux souliers, colle de pâte, excréments d'animaux, etc., sont formées par le thalle de Champignons appartenant à la famille des Mucorinées, de l'ordre des Oomycètes. Une des plus répandues est la Moisissure blanche (*Mucor mucedo*), qui se développe avec la plus grande facilité sur un croûton de pain mouillé, qu'on laisse abandonné à lui-même pendant plusieurs jours. A la surface de ce pain, se développent d'abondants flocons blancs, constitués par une multitude de petits filaments très déliés, ramifiés dans tous les sens de façon assez irrégulière. Un pareil thalle filamenteux a reçu le nom de *mycélium*.

Prenons quelques-uns de ces filaments avec la pointe d'une aiguille et, après les avoir délayés dans une goutte d'eau, sur une lame de verre, regardons la préparation au microscope. Avec un grossissement assez considérable, les filaments nous apparaîtront alors comme entourés d'une membrane de cellulose (elle en possède les réactions chimiques) limitant une cavité vide, c'est-à-dire pleine d'air, dans les parties moyennes des filaments ; aux extrémités de ceux-ci, l'intérieur du tube est rempli par une masse protoplasmique, renfermant plusieurs noyaux, assez difficiles à voir. Entre ces noyaux, il n'y a jamais de cloisons de cellulose et le protoplasma est continu ; parfois, cependant, une cloison cellulosique sépare la masse protoplasmique tout entière de la portion vide du filament, et, à mesure que celui-ci grandit, en se ramifiant, le protoplasma, qui reste toujours dans les parties jeunes, c'est-à-dire aux extrémités, s'isole du reste du tube par une nouvelle cloison, si bien que la partie vide du filament apparaît séparée parfois en plusieurs chambres qui ont été successivement occupées par la masse protoplasmique. Mais c'est seulement dans les parties déjà mortes, réduites à la membrane, que ce cloisonnement existe. La partie vivante du thalle est constituée par une masse de protoplasma toujours non cloisonné.

On peut donc dire que chez la Moisissure blanche, et chez toutes les moisissures d'ailleurs, le mycélium filamenteux est continu, non cloisonné. Il en est de même chez un grand nombre de Champignons. Citons en particulier ceux qui forment la famille des Péronosporées, qui vivent en parasites dans le corps des plantes phanérogames, y déterminant, par leur présence, de redoutables maladies ; à ce groupe

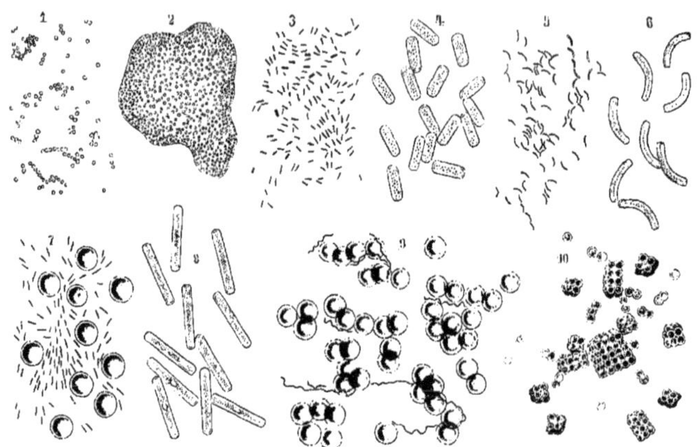

Fig. 87 et 88 (1 et 2). — *Micrococcus prodigiosus* (grossi 300 fois).
Fig. 89 (3). — *Bacterium aceti* (grossi 300 fois).
Fig. 90 (4). — Le même, grossi 22 000 fois.
Fig. 91 (5). — *Spirillum choleræ asiaticæ* (grossi 300 fois).
Fig. 92 (6). — Le même, grossi 2 290 fois.
Fig. 93 (7). — *Bacillus anthracis* (grossi 300 fois).

Fig. 94 (8). — Le même, grossi 2200 fois.
Fig. 95 (9). — *Spirochæte Obermeieri* (grossi 300 fois).
Fig. 96 (10). — *Sarcina ventriculi* (grossi 1 800 fois).

Dans les figures 93 (7) et 95 (9) sont représentés des globules sanguins au milieu desquels vivent dans le sang de l'homme les microbes en question.

Fig. 87 à 96. — Bactériacées.

appartiennent les Champignons qui causent le mildiou de la Vigne (*Peronospora viticola*) et la rouille blanche du Chou (*Cystopus candidus*).

Parmi les Champignons, les Levures — et en particulier la Levure de bière (*Saccharomyces cerevisiæ*) — peuvent être prises comme type de plantes dont l'appareil végétatif se compose d'un thalle excessivement simple, quoique différent du mycélium filamenteux continu des Champignons qui précèdent.

La Levure de bière, agent actif de la fermentation alcoolique, grâce à laquelle le moût de bière se transforme en alcool et acide carbonique, se présente, telle qu'on l'emploie dans l'industrie, sous l'aspect d'une poussière jaunâtre. Si on l'examine au microscope après en avoir délayé une pincée dans un peu d'eau, on voit qu'elle se compose de cellules de forme ovoïde, parfois isolées l'une de l'autre, parfois aussi groupées en chapelet, dont les grains vont en diminuant de taille d'une extrémité à l'autre. Chacune de ces cellules présente un protoplasma granuleux, contenant un noyau et enveloppé d'une fine membrane de cellulose.

Le thalle est encore filamenteux et par conséquent forme encore un mycélium chez un grand nombre de types appartenant aux deux ordres des Ascomycètes et des Basidiomycètes. C'est à ces groupes que se rattachent les végétaux les plus vulgairement connus sous le nom de Champignons, c'est-à-dire les Champignons à chapeau. Or, il faut bien savoir que le chapeau d'un Champignon n'en est que la partie sporifère, c'est-à-dire l'appareil reproducteur, qui seul, dans la plupart des cas, se montre à l'extérieur du sol, du bois ou de tout autre milieu où se développe le Champignon. L'appareil végétatif est un mycélium, qui se trouve à l'intérieur de ce milieu, ainsi qu'il est facile de le constater, par exemple, en soulevant l'écorce d'un fragment de branche morte (fig. 85), à la surface de laquelle se dressaient les chapeaux d'un Champignon : sous cette écorce, on aperçoit alors, se ramifiant, les filaments mycéliens qui constituent le thalle (fig. 85).

Le thalle des Ascomycètes et des Basidiomycètes est filamenteux comme chez les moisissures. Mais chez ces Champignons, la masse protoplasmique n'est pas continue avec plusieurs noyaux : ici les filaments mycéliens se composent de plusieurs cellules placées successivement bout à bout, renfermant chacune généralement un noyau : le thalle est donc nettement pluricellulaire.

Très souvent, les filaments du mycélium s'enchevêtrent entre eux dans tous les sens pour donner naissance à une sorte de feutrage, formant un faux tissu disposé en cordons plus ou moins ramifiés ; c'est ce que l'on nomme un *stroma*. Le *blanc de Champignon*, qui se développe dans le fumier où pousse le Champignon de couche (*Agaricus campestris*) (fig. 86), représente le thalle de cette plante et n'est autre qu'un faux tissu constitué par le mycélium différencié en stroma. C'est sur ce thalle que se développent ensuite les chapeaux, qui constituent l'appareil sporifère, c'est-à-dire l'appareil reproducteur du Champignon.

Parfois encore, la différenciation du thalle peut être poussée plus loin : chez l'*Agaricus mellus*, le thalle forme des cordons cylindriques, très ramifiés, qui pénètrent dans l'intérieur de l'écorce des Pins, arbres dont ce Champignon est parasite : ces cordons ont reçu le nom de *rhizomorphes*, par suite de leur ressemblance avec des racines. Plusieurs Champignons possèdent de pareils rhizomorphes.

Ailleurs, le thalle pluricellulaire donne naissance, par l'enchevêtrement des cordons stromatiques, à des tubercules plus ou moins volumineux qu'on nomme des *sclérotes*. Le *Coprin stercoraire* (*Coprinus stercorarius*), en se développant dans la bouse de vache, donne naissance à de pareils sclérotes. Dans ceux-ci, un commencement de différenciation se produit en ce sens que les cellules de la partie externe culinisent et épaississent fortement leur membrane, qui reste normale dans la partie profonde. Les sclérotes représentent une partie du thalle qui doit résister aux mauvaises conditions de végétation et rester plus ou moins longtemps à l'état de vie ralentie.

Thalle des Algues. — Chez les Algues, le thalle présente également les formes les plus variées. Il est réellement unicellulaire chez certaines formes, telles que les Bactériacées, par exemple (fig. 87 à 96). Les microbes connus sous le nom de microcoques (fig. 87 et 88), bactéries (fig. 89 et 90), bacilles (fig. 93 et 94), vibrions, spirilles (fig. 91 et 92), spirochètes (fig. 95) et sarcines (fig. 96), etc., sont des végétaux que l'on rapporte à la classe des Algues et dont le corps tout entier se réduit à une masse de protoplasma de dimensions extrêmement petites et dépourvue, en apparence tout au moins, de noyau. Ce sont ces microbes qui, en se développant dans notre organisme, y produisent des maladies comme le tétanos, le choléra (fig. 91 et 92), le charbon (fig. 93 et 94), la fièvre typhoïde, etc.

Les *Diatomées* (fig. 97 à 116) sont encore un excellent exemple d'Algues unicellulaires. Ces petites Algues se réduisent à un petit amas protoplasmique, enfermé dans une membrane fortement silicifiée, se composant de deux valves emboîtées l'une dans l'autre, formant comme une sorte de boîte et son couvercle. Cette carapace rigide est souvent ornée de sculptures et de dessins fins et délicats.

Chez d'autres Algues, le thalle présente une structure continue, c'est-à-dire qu'à l'intérieur de ce thalle le protoplasma existe en une seule masse sans cloisons ; mais la présence de plusieurs noyaux dans la masse protoplasmique montre que le thalle de ces Algues n'est qu'en apparence unicellulaire. Un pareil thalle peut d'ailleurs affecter une forme extérieure plus ou moins compliquée.

Les Vauchéries sont des Algues vertes que l'on rencontre assez souvent à la surface d'un sol argileux et humide ; elles se présentent sous la forme de filaments minces et ramifiés, constituant autant de tubes à l'intérieur desquels le protoplasma s'étend sans être divisé par aucune cloison.

Chez les *Botrydium*, Algues vertes marines appartenant à la même famille que les Vauchéries, c'est-à-dire aux Siphonées, le thalle est un peu plus différencié et on y voit, à partir d'un corps renflé, un prolongement qui ressemble extérieurement à une racine.

Le thalle d'une autre Siphonée, le *Bryopsis*, prend l'aspect d'un petit arbre et enfin, toujours dans la même famille, les Algues du genre *Caulerpa* présentent un thalle qui, non seulement atteint de grandes dimensions, mais encore affecte une forme extérieure en apparence très compliquée : une sorte de tube horizontal et ramifié, qui figure une tige, porte d'une part des expansions en forme de lame ressemblant fort à des feuilles, et d'autre part des crampons qui la fixent aux rochers et qu'on pourrait prendre pour des racines. Et cependant il ne saurait être question ici de distinguer tous ces organes dans le thalle du *Caulerpa*, puisque chez cette Algue, comme chez toutes les autres Siphonées d'ailleurs, la structure est continue et le thalle tout entier est formé par une seule cellule, ou plutôt par plusieurs cellules fusionnées en un seul article.

Lorsque le thalle est nettement pluricellulaire, il se présente sous sa forme la plus

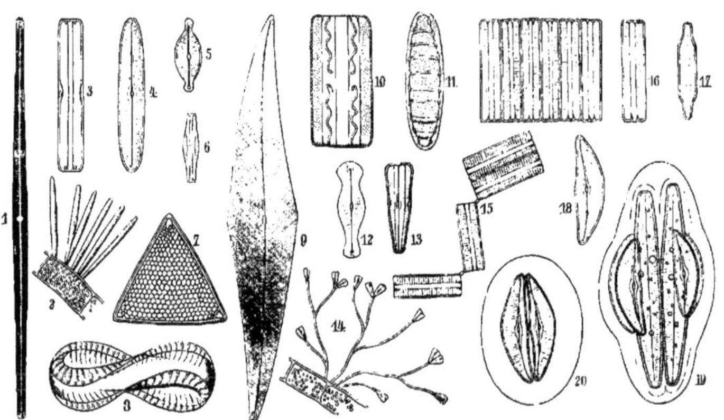

Fig. 97 (1). — *Synedra ulna*. Un individu isolé fortement grossi.
Fig. 98 (2). — Plusieurs individus de *Synedra ulna* vus
avec un plus faible grossissement et accolés à une
cellule d'une plante aquatique.
Fig. 99 (3) et 100 (4). — *Navicula* libre, vu sur ses deux
faces.
Fig. 101 (5) et 102 (6). — *Navicula timida*, vu sur ses
deux faces.
Fig. 103 (7). — *Triceratium favus*.

Fig. 104 (8). — *Campylodiscus spiralis*.
Fig. 105 (9). — *Pleurosigma angulatum*.
Fig. 106 (10), 107 (11) et 108 (12). — *Grammatophora
serpentina*.
Fig. 109 (13) et 110 (14). — *Gomphonema capitatum*.
Fig. 111 (15). — *Diatoma vulgare*.
Fig. 112 (16). — *Fragillaria virescens* ; six individus
accolés.
Fig. 113 (17). — Le même : un individu vu des deux côtés.
Fig. 114 (18), 115 (19) et 116 (20). — *Cocconema cistula*.

Fig. 97 à 116. — Diatomées (grossies de 50 à 300 fois).

simple en filaments plus ou moins rameux constitués par une file de cellules soudées bout à
bout ; c'est ce qu'on peut apercevoir en regardant au microscope les filaments verdâtres qui
forment une végétation à la surface des eaux
stagnantes et qui ne sont autres que des Algues
d'eau douce, du groupe des Confervacées (Conferves et Cladophores) ou du groupe des Conjuguées (Spyrogyres, etc.).

Un degré de complication un peu plus grand
est représenté par le thalle des Ulves. Celles-ci
sont des Algues marines, qui forment sur les
roches des expansions foliacées plus ou moins
étendues. Une des espèces, l'Ulve laitue, très
connue sur nos côtes, a reçu le nom de Laitue
de mer, par suite de la ressemblance des lames
foliacées qui forment son thalle avec les feuilles
de cette salade : mais ce sont des feuilles sans
nervures, constituées par un tissu où toutes
les cellules sont homogènes et se sont groupées en un plan pour constituer une membrane.

Enfin, chez d'autres Algues, les cellules qui
forment le thalle se groupent en massif et un
perfectionnement progressif conduit aux formes
élevées, qui reproduisent assez bien l'aspect des
végétaux supérieurs. C'est ainsi que le thalle de
plusieurs Algues rouges, du groupe des Floridées, présente extérieurement l'aspect d'une
plante pourvue des organes différenciés qu'on
observe chez les végétaux supérieurs. L'*Agu-
rum Gmelini* possède une sorte de petite tige
terminée d'une part par des crampons qui,
comme autant de racines, fixent l'Algue à son
support, un rocher, et d'autre part par une
lame qu'on pourrait prendre pour une feuille
véritable et où il semble même qu'au milieu
on distingue une nervure. Chez le *Thalassophyllum Clathrus* (fig. 117), la tige se ramifie
même et porte plusieurs feuilles.

Il en est de même chez plusieurs Algues
brunes, principalement celles qui forment le
grand groupe des Laminaires (fig. 118). On
nomme ainsi de robustes Algues brunes qui
vivent dans la mer, attachées solidement aux
rochers par des crampons qu'on pourrait
prendre pour des racines ; une petite tige
cylindrique supporte d'autre part des expansions foliacées entières ou plus ou moins découpées qui rappellent l'aspect des feuilles véritables. Il est même une espèce (*Laminaria
Cloustoni*) où ces pseudo-feuilles sont soumises

Fig. 117. — Thalle d'une Floridée (*Thalassophyllum Clathrus*)

à un renouvellement annuel exactement, comme chez les végétaux supérieurs.

Ces Laminaires sont ordinairement d'assez grande taille ; il en est même de très grandes, et c'est à ce groupe qu'appartiennent les célèbres *Macrocystis*, des mers du Sud et de l'océan Pacifique, dont le thalle peut atteindre jusqu'à 500 mètres de long.

Malgré l'aspect extérieur qui pourrait faire croire à la différenciation de l'appareil végétatif de ces Algues en racines, tiges et feuilles, ces Algues n'en sont pas moins formées par un simple thalle, car la masse cellulaire qui les forme ne présente pas de différenciation nette en tissus : c'est tout au plus si, chez les formes les plus perfectionnées, comme chez le *Chorda filum*, par exemple, la fausse tige offre trois régions concentriques de cellules un peu différentes les unes des autres ; mais on ne saurait y distinguer de vaisseaux conducteurs par exemple, et ce n'est là en rien la structure que nous allons bientôt apprendre à connaître pour la tige des végétaux qui forment les embranchements supérieurs.

Thalle des Hépatiques. — Les Thallophytes, c'est-à-dire les Champignons et les Algues, ne sont pas les seules plantes dont un thalle constitue tout l'appareil végétatif : certaines plantes, comme les *Marchantia*, les *Pellia* et de nombreuses autres Hépatiques, rattachées à l'embranchement des Muscinées par la disposition de leur appareil reproducteur, sont également constituées par un thalle, c'est-à-dire par une masse cellulaire non différenciée en tissus.

C'est également une sorte de thalle qui forme le prothalle des Fougères, cette forme intermédiaire par laquelle passe la plante au cours de son développement et dont nous aurons l'occasion de reparler un peu plus tard en étudiant la reproduction chez les Cryptogames vasculaires.

LES APPAREILS DE LA PLANTE

Chez les végétaux supérieurs, le corps de la plante est formé par de très nombreuses cellules qui se sont différenciées pour donner naissance à des tissus.

Ceux-ci se groupent entre eux de façon à former des appareils. Sous ce nom d'*appareil*, on désigne un ensemble de cellules qui, appar-

Fig. 118. — Laminaires dans la mer du Nord.

tenant d'ailleurs à un seul ou à plusieurs tissus différents, concourent dans l'organisme à l'accomplissement d'une même fonction.

On distingue dans le corps d'une plante un certain nombre d'appareils qui sont les suivants :

Appareil formateur. — L'appareil formateur est constitué par l'ensemble des *méristèmes*, c'est-à-dire des tissus en voie de formation, composés de cellules jeunes, toutes semblables entre elles et se divisant activement. On observe ces tissus formateurs dans les parties de la plante qui sont encore en voie de croissance, par exemple à l'extrémité de la tige et de la racine.

Appareil tégumentaire. — L'appareil tégumentaire ou protecteur, souvent désigné sous le nom de *stégome*, comprend à la fois l'épiderme, le liège et, d'une façon générale, les tissus formant un revêtement autour des organes de la plante.

Appareil conducteur. — L'appareil conducteur est l'ensemble des cellules modifiées qui, dans leur évolution, se sont transformées en vaisseaux destinés à conduire la sève. Deux tissus prennent part à la constitution de cet appareil, qui se compose d'une part des vaisseaux du bois (tissu ligneux), et d'autre part des vaisseaux du liber ou tubes criblés (tissu criblé). Les premiers (vaisseaux du bois) ser-

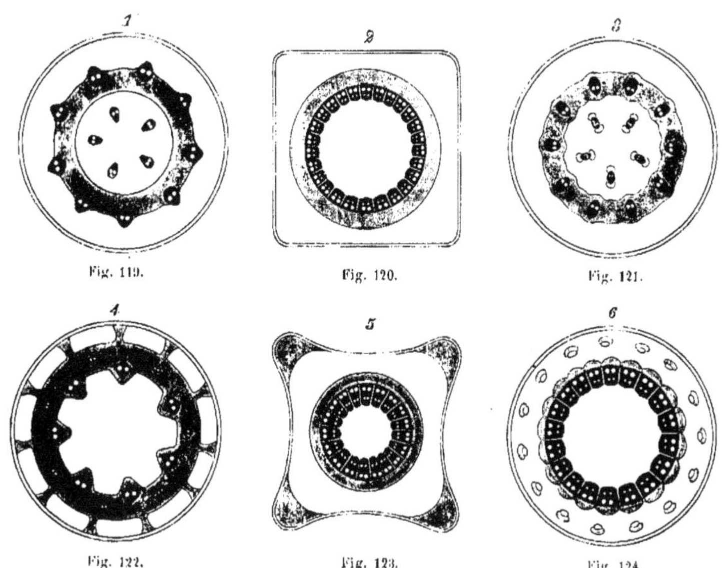

Fig. 119. — *Allium vineale.*
Fig. 120. — *Dianthus phyllus.*
Fig. 121. — *Convallaria verticillata.*

Fig. 122. — *Molinia cærulea.*
Fig. 123. — *Asperula odorata.*
Fig. 124. — *Euryngium sumbul.*

Fig. 119 à 124. — Diverses dispositions du stéréome (appareil de soutien) dans les tiges.

vent à l'ascension de la sève puisée dans le sol et les seconds (vaisseaux du liber) à la distribution de cette sève, après modification dans les feuilles, aux diverses parties de la plante.

Appareil de soutien. — Sous le nom d'appareil de soutien, ou *stéréome*, on réunit tous les tissus dont le rôle est de permettre aux organes de la plante de se maintenir et de conserver une forme déterminée. Plusieurs tissus entrent dans la constitution de cet appareil de soutien : le collenchyme, le sclérenchyme et, d'une façon générale, les fibres de toutes sortes. Ce sont ces fibres qui donnent aux tiges leur rigidité et leur permettent de se tenir dressées. La disposition de l'appareil de soutien dans les tiges est d'ailleurs extrêmement variée.

Les douze figures 119 à 130 représentent les principales variations du stéréome dans les tiges : ce sont des dessins schématiques dans lesquels ont été ombrés les divers éléments qui forment l'appareil de soutien, tandis qu'en blanc ont été laissées les parties qui corres-

pondent au parenchyme ordinaire ou aux autres tissus.

Appareil nourricier. — L'appareil nourricier est formé par toutes les cellules capables de jouer un rôle pour la nutrition de l'organisme : tout d'abord ce sont celles du parenchyme chlorophyllien, dont les grains de chlorophylle servent à la fixation du carbone dans les tissus de la plante : on y place aussi tous les parenchymes de réserve, ceux dont les éléments accumulent dans leur protoplasma des matériaux destinés à être repris et utilisés plus tard.

Appareil sécréteur. — Toutes les cellules capables de sécréter des substances, telles que gommes, résines, etc., et qu'on réunit pour former le tissu sécréteur, constituent ce qu'on appelle l'appareil sécréteur.

Appareil conjonctif. — Enfin, sous le nom d'appareil conjonctif, on réunit tous les parenchymes qui ne sont ni chlorophyllien, ni de réserve, ni sécréteurs, toutes les cellules qui, sans jouer un rôle spécial dans l'organisme,

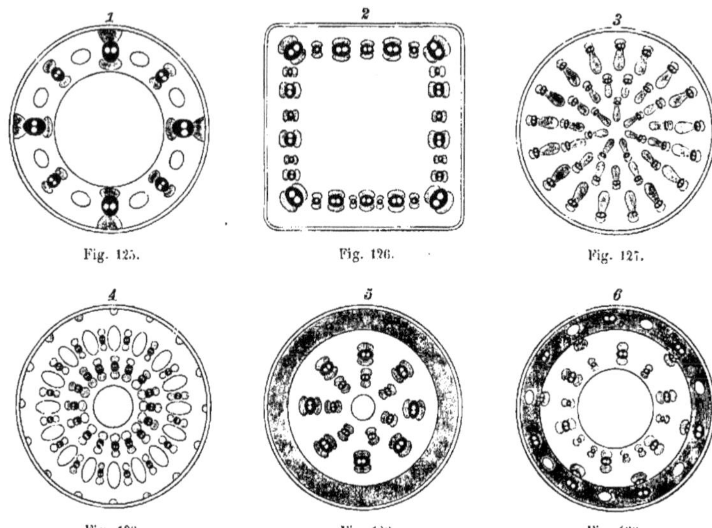

Fig. 125.

Fig. 126.

Fig. 127.

Fig. 128.

Fig. 129.

Fig. 130.

Fig. 125. — *Scirpus cæspitosus.*
Fig. 126. — *Silphium perfoliatum.*
Fig. 127. — *Bambusa nigra.*

Fig. 128. — *Juncus glaucus.*
Fig. 129. — *Phragmites communis.*
Fig. 130. — *Saccharum officinarum.*

Fig. 125 à 130. — Diverses dispositions du stéréome (appareil de soutien) dans les tiges.

en forment la masse même, réunissant les unes aux autres les cellules des autres appareils.

Appareil reproducteur. — Aux sept appareils précédents, qu'on peut réunir sous le nom général d'appareil végétatif, il faut ajouter l'appareil reproducteur, comprenant l'ensemble des cellules qui sont susceptibles de concourir à la reproduction de la plante.

Nous n'étudierons pour le moment que les sept premiers appareils, c'est-à-dire ceux dont l'ensemble forme l'appareil végétatif, réservant l'étude de l'appareil reproducteur pour une partie ultérieure de cet ouvrage, celle où nous traiterons de la multiplication et de la reproduction des plantes.

LES TROIS MEMBRES DE LA PLANTE

Une plante élevée en organisation présente à considérer dans son appareil végétatif trois parties principales, qu'on nomme les *trois membres de la plante* : ce sont la *racine*, la *tige* et les *feuilles* (fig. 131).

La *fleur* forme l'appareil reproducteur de la plante et n'appartient pas à l'appareil végétatif.

Racine. — La *racine* est la partie de la plante qui le plus souvent s'enfonce sous terre ou, d'une façon plus générale, dans le milieu où cette plante se développe.

Elle a pour rôle d'une part de fixer la plante à ce milieu et d'autre part d'y puiser les substances nutritives nécessaires pour l'entretien de la vie et l'accomplissement des divers phénomènes physiologiques qui doivent s'accomplir dans l'organisme.

La racine est rarement simple; le plus souvent elle est ramifiée.

Tige. — La *tige* est la partie qui porte les feuilles : elle met celles-ci en communication avec la racine, et c'est à travers elle que s'établissent les courants circulatoires de ce liquide nourricier qu'on appelle la sève. La tige est ordinairement ramifiée et ses ramifications sont désignées sous le nom de *rameaux*.

Feuilles. — Les *feuilles* sont des organes aplatis, dispersés sur la tige et destinés à mettre la plante en relation avec le milieu qui l'entoure, milieu qui, dans le cas le plus général, est l'air atmosphérique. Les feuilles servent aux échanges nutritifs de l'organisme et de l'air. La forme des feuilles est excessivement variable.

Nous étudierons successivement dans les chapitres qui vont suivre la racine, la tige et les feuilles, au point de vue de leur forme extérieure (morphologie) et de leur structure interne (anatomie). Ces notions sur la forme et la structure des végétaux constituent une introduction indispensable à l'étude de la physiologie de la nutrition, c'est-à-dire un des phénomènes les plus intéressants de la *Vie des Plantes*.

LA RACINE

DÉFINITION ET CARACTÈRES DE LA RACINE

Sous le nom de racines (*radices*), les auteurs anciens désignaient toutes les parties de la plante qui sont enfouies à l'intérieur du sol. Bon nombre de gens étrangers aux choses de la Botanique partagent encore cette opinion et, dans le langage courant, — qui ne se pique pas de précision scientifique, — on regarde souvent comme racines d'une plante tous ses organes souterrains.

Pareille définition a certainement le grand mérite d'être simple. Malheureusement, elle manque de précision et d'exactitude et ne saurait satisfaire le botaniste, pour lequel un organe d'une plante ne peut être défini par le milieu où il se développe. Car, d'une part, toutes les parties souterraines d'un végétal ne sont pas forcément des racines, et nous verrons bientôt qu'il en est qui, par leurs caractères, doivent être rangées dans la catégorie des tiges : il en est ainsi, par exemple, des tubercules de Pomme de terre, dans lesquels nous devons voir une portion de tige et non de racine, ainsi que nous le démontrerons plus loin, après avoir fixé les caractères de ces deux membres de la plante. D'autre part, toutes les racines d'une plante ne se développent pas sous terre : il en est qui croissent dans l'eau, comme chez certaines plantes aquatiques, et d'autres qui s'étalent dans l'air au lieu de s'enfouir dans le sol.

Si la racine ne peut donc être définie par son genre de vie souterrain, pour la caractériser d'une façon plus précise, il conviendra alors de généraliser l'idée précédente et de faire surtout allusion au rôle de cet organe en disant : la racine est la partie de la plante qui a pour but de fixer celle-ci au milieu qui lui sert de support, et, en même temps, de puiser dans ce milieu les substances nécessaires à sa nutrition et à son développement.

Cette définition, bien que plus précise que la précédente, est encore vague cependant : il convient donc de la compléter par l'étude des caractères qui appartiennent en propre à la racine et permettent ainsi de la différencier des autres organes de la plante : tige et feuilles. Pour bien étudier ces caractères, il convient de considérer tout d'abord une racine très jeune, dans les premiers jours de son évolution.

Racine terminale. — Si l'on sème une graine — de Haricot par exemple — dans un verre contenant de la Mousse humide, et qu'on laisse le tout exposé à une température suffisante, on ne tardera pas à voir la graine germer. Sous l'action de l'eau, qui pénètre dans la graine et la gonfle, les enveloppes ou téguments éclatent et l'on voit sortir tout d'abord par la fente un petit organe cylindro-conique qui se dirige toujours de haut en bas en s'enfonçant verticalement dans la Mousse. C'est la première ébauche de la racine, la *racine principale* (fig. 132) ou *racine terminale*, qui constitue la partie inférieure de l'axe de la plante. Cette racine principale s'allonge peu à peu, en conservant toujours la direction verticale.

Radicelles. — Sur la racine principale, on voit, presque dès le début de son apparition, se former des ramifications auxquelles on donne le nom général de *radicelles* (fig. 132). On distingue parfois parmi celles-ci, sous le nom de *racines secondaires*, les ramifications qui prennent directement naissance sur la racine principale, et on appelle *racines tertiaires*, *quaternaires*, etc., celles qui se forment sur les racines secondaires, tertiaires, etc.

Les radicelles croissent, comme la racine

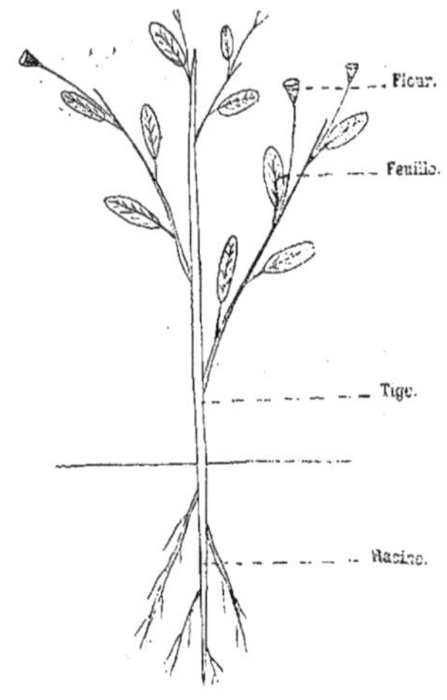

Fig. 131.

Fig. 132.

Fig. 131. — Les membres de la plante.

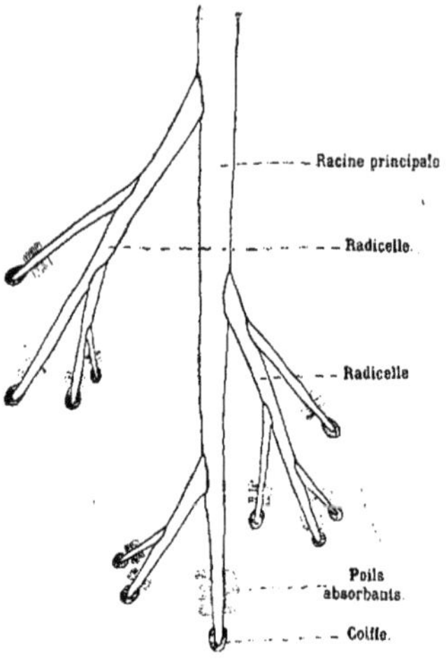

Fig. 132. — Racine principale et radicelles.

principale, de bas en haut, mais elles sont dirigées obliquement par rapport à la racine sur les côtés de laquelle elles ont pris naissance. Leur disposition sur celles-ci n'est d'ailleurs pas quelconque : elles y sont disposées les unes au-dessus des autres, en lignes droites régulières, suivant des génératrices également espacées du cône qui constitue la racine.

Si l'on regarde le point d'attache d'une radicelle sur la racine (ou radicelle) qui la supporte, on aperçoit qu'à la base l'écorce de la racine mère forme autour de la ramification qui s'en détache une sorte de bourrelet circulaire, dont la présence indique que la radicelle a pris naissance à l'intérieur des tissus de la racine mère et a dû en percer l'écorce, c'est-à-dire l'enveloppe externe, avant de sortir au dehors.

Racines latérales. — La racine principale, qui continue l'axe, et les radicelles qui s'en détachent ne forment pas les seules racines que l'on puisse observer chez un végétal. Un certain nombre de plantes sont pourvues de racines dites *racines latérales*, qui se développent régulièrement sur les côtés de la tige. Nous en trouverons un exemple en regardant une tige de Cresson : tout le long de cette tige on aperçoit en effet de petites racines qui se détachent en des points réguliers, près de la

naissance des feuilles : il en serait de même chez le *Stachys tuberifera*, plante plus connue sous son nom vulgaire de Crosne du Japon et dont le tubercule a été introduit dans l'alimentation grâce aux efforts de M. Pailleux (1).

La tige rampante du Lierre terrestre (*Glechoma hederacea*) montre également de semblables racines latérales, régulières, disposées par paires de chaque côté des feuilles.

Racines adventives. — Les racines latérales, régulièrement disposées sur les côtés de la tige, sont relativement rares. Très fréquentes au contraire sont des racines qui naissent sur cette tige, sur toute sa longueur, sans ordre déterminé, en un point quelconque : on leur donne alors le nom de *racines adventives*.

La tige du Lierre, grimpant le long d'un mur ou d'un tronc d'arbre, se couvre d'un grand nombre de racines adventives qui se transforment en autant de crampons fixant la plante à son support.

Sur la tige souterraine d'un *Carex* ou d'un Sceau de Salomon, on aperçoit facilement de nombreuses racines adventives.

L'Épervière piloselle (*Hieracium pilosella*) possède une tige rampante, munie de jets ou stolons, c'est-à-dire de rameaux qui demeurent

(1) Voy. *le Monde des Plantes*, II, p. 363.

Fig. 133. — Épervière piloselle (*Hieracium pilosella*).

couchés sur le sol et pourvus de nombreuses racines adventives (fig. 133).

On doit à Duhamel une curieuse expérience qui met bien en évidence la faculté qu'ont la tige et ses ramifications de produire des racines adventives. Elle est d'autant plus intéressante qu'elle fait voir en même temps la propriété inverse qu'ont les racines de pouvoir également se couvrir de bourgeons adventifs. Voici cette expérience, connue sous le nom de *retournement de l'arbre* (fig. 134 et 135).

Duhamel prit un Saule à longue tige et peu à peu il le courba, de manière à ramener, dans une fosse creusée à côté, la totalité des branches, puis il enterra ces dernières (fig. 134). Au bout d'un certain temps, les branches avaient émis des racines et l'arbre n'avait plus de feuilles, mais en échange il possédait des racines aux deux extrémités de son axe. Le savant physiologiste déterra alors la véritable racine, redressa peu à peu la tige incurvée, et les fibres radicales vinrent alors flotter dans l'atmosphère (fig. 135). Or, sur ces racines baignées dans l'air apparurent bientôt des bourgeons, puis des feuilles.

Cette expérience, mal interprétée, avait fait croire à quelques personnes que les branches d'un arbre peuvent se transformer en racines et les racines en branches. C'est là une idée fausse : l'expérience prouve simplement que sur une tige peuvent se développer des racines adventives et sur une racine des bourgeons adventifs.

La formation de racines adventives peut être provoquée dans certaines conditions favorables sur diverses parties de la plante, en particulier sur la tige aux points où cela peut être utile : il suffit pour cela de mettre ces points en contact avec un milieu nutritif pour y faire apparaître de nombreuses racines. Plusieurs opérations de culture ne sont que des applica-

tions de ce fait : c'est en particulier pour cela qu'on roule les Céréales et qu'on butte les Pommes de terre.

Lorsque, dans un champ de Blé, les jeunes tiges commencent à sortir de terre, on roule, c'est-à-dire qu'on fait passer un rouleau pesant sur ces jeunes tiges, qui sont ainsi couchées sur le sol ; des racines adventives se développent alors sur la partie de la tige en contact avec la terre humide et viennent accroître le nombre de celles qui concourent à la nutrition de la plante, qui acquiert alors une nouvelle vigueur. Dans les jardins publics, c'est à des roulages souvent répétés et effectués après des arrosages que les pelouses doivent leur beauté. Pour les prairies naturelles, on obtient de très bons résultats en faisant pâturer pendant quelques jours, lorsque le foin vient d'être récolté : l'herbe foulée ainsi aux pieds par les animaux multiplie son système radiculaire.

C'est en vue du même résultat qu'on butte les jeunes tiges de Pommes de terre : en enterrant la base de la tige sous un petit monticule de terre, on favorise en ce point la production d'un certain nombre de racines adventives.

Le bouturage et le marcottage sont des procédés de multiplication des plantes qui reposent également sur la propriété qu'ont les tiges de former des racines adventives dans des conditions particulières, aux points où cela peut être favorable pour la nutrition de la plante.

Le *bouturage* consiste à détacher d'une plante certaines parties, que l'on place dans des conditions favorables, de façon qu'il s'y développe des racines adventives. On coupe par exemple un rameau, qu'on plante par son extrémité dans la terre humide (fig. 136) : des racines adventives apparaissent, qui lui per-

Fig. 134.

Fig. 134. — Expérience de l'arbre retourné. Courbure de la branche de Saule.

Fig. 135.

Fig. 135. — Expérience de l'arbre retourné. Fibres radicales flottant dans l'air.

mettent de se nourrir et de produire ainsi un nouvel individu.

Le bouturage est applicable à un certain nombre de plantes : Géranium, Rosier, Œillet, Verveine (fig. 136), Vigne, etc. On l'emploie pour multiplier les arbres à bois blanc comme les Peupliers, les Saules, les Aulnes, etc., dont on détache comme boutures de jeunes rameaux appelés *plançons*.

Plusieurs plantes ne peuvent être multipliées par le moyen de boutures, parce que le rameau détaché meurt après avoir été piqué en terre, avant que les racines adventives, trop longues à se développer, aient fait leur apparition. Dans ce cas, on pratique la multiplication par *marcotte*.

L'opération du *marcottage* consiste à mettre en rapport avec la terre une partie d'un rameau qu'on laisse d'ailleurs attaché à la plante mère et qu'on ne sépare que lorsque des racines adventives se sont développées sur la partie enterrée et sont devenues capables, par leur nombre et leurs dimensions, de suffire à la nutrition de la marcotte.

Dans la pratique, on choisit une branche située près du sol et on la recourbe de façon à pouvoir l'enterrer sur une certaine longueur (fig. 137). On peut aussi plus simplement entourer le rameau destiné à faire une marcotte au moyen d'un cornet de plomb que l'on remplit avec de la terre.

Le marcottage est employé avec succès pour la multiplication des arbres à bois dur, tels que Pommier (fig. 137), Cognassier, etc.; il est fréquemment usité pour la Vigne et prend alors le nom de *provignage*.

Coiffe. — A l'extrémité de toutes les racines d'une plante, que ce soit la racine principale, une radicelle, une racine latérale ou une racine adventive, il existe une sorte de petit organe en forme de capuchon : c'est ce qu'on nomme la *coiffe* ou encore *pilorhize*. La coiffe est un organe caractéristique de la racine et on la retrouve toujours à l'extrémité de celle-ci ; ses dimensions peuvent varier d'une espèce à l'autre. Elle est surtout développée et facile à étudier chez les plantes aquatiques, en particulier chez les Lentilles d'eau (*Lemna*). Les Lentilles d'eau sont ces petites plantes monocotylédones qu'on trouve en abondance à la surface des eaux tranquilles ; elles se réduisent à de très petites feuilles arrondies, nageant pressées les unes contre les autres, en très grande quantité à la surface du liquide. Sous la feuille se dirige verticalement une racine filiforme, à l'extrémité de laquelle on aperçoit facilement à l'œil nu la coiffe en forme de doigt de gant allongé. La Morrène (*Hydrocharis morsus-ranæ*), autre plante aquatique, assez commune sur les rivières et les fossés, est encore un exemple de coiffe bien développée, car celle-ci y est même constituée par trois ou

Fig. 136.

Fig. 136. — Bouture de Verveine.

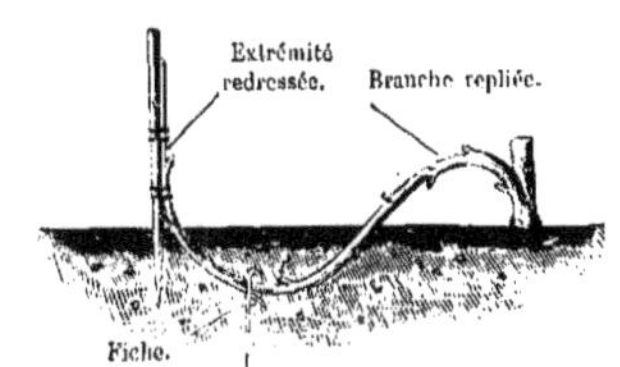

Fig. 137.

Fig. 137. — Marcotte de Pommier.

cinq petites coiffes emboîtées les unes dans les autres, faciles à apercevoir et que l'on peut détacher successivement. Chez la Châtaigne d'eau (*Trapa natans*), au contraire, la coiffe est tout à fait rudimentaire, bien que ce soit une plante aquatique.

Le rôle de la coiffe est de protéger l'extrémité de la racine contre tout ce qui pourrait la détruire et d'en assurer la croissance régulière. C'est en effet par la région terminale, située à son sommet, immédiatement sous la coiffe, que la racine s'accroît en longueur, et si cette région vient à se trouver détruite, la racine cesse de s'allonger. Aussi les jardiniers qui veulent empêcher les racines d'un arbre de s'accroître dans un certain sens ont-ils le soin de couper l'extrémité de toutes les racines qui se dirigent de ce côté : elles s'arrêtent alors dans leur croissance. Si la racine est une racine à croissance limitée, dès que celle-ci a fini de se produire, l'extrémité s'affermit et la coiffe, sans rôle désormais, tombe sans que la plante en souffre aucunement.

Le rôle de la coiffe est toujours un rôle de protection pour l'extrémité de la racine, appropriée aux conditions de vie et de développement de la plante. C'est ainsi que, pour les racines souterraines, la coiffe empêche le sommet de ces racines de frotter et de s'user contre les parties dures et anguleuses du sol, telles que pierres, grains de sable, etc. Aussi, la coiffe, s'usant elle-même sans cesse sur ces parties dures, n'est-elle jamais bien développée à l'extrémité de ces racines souterraines. Pour les racines aquatiques, au contraire, où ces frottements n'existent pas, on conçoit facilement que la coiffe puisse acquérir — ainsi que nous l'avons dit plus haut — un plus grand développement. Son rôle est alors plus particulièrement de s'opposer à la destruction de la région de crois-

sance sous les morsures des animalcules qui vivent dans l'eau. Quant aux racines aériennes, elles possèdent aussi une coiffe qui en protège la région jeune contre la dessiccation.

Poils radicaux. — Au-dessus de la coiffe, une racine présente une portion nue sur une longueur assez courte : c'est la *région d'accroissement*, c'est-à-dire que c'est par là qu'elle s'accroît en longueur, comme nous allons le voir dans un instant. Au-dessus, la racine est couverte sur une certaine distance d'un fin duvet de poils blancs, très délicats, dressés normalement à la surface, de manière à former une sorte de manchon, plus ou moins développé, suivant l'espèce que l'on considère et le degré d'humidité où se développe la racine. La région ainsi couverte de ces poils a reçu le nom de *région pilifère* et les poils sont appelés *poils radicaux*, ou bien encore *poils absorbants*, car leur rôle est de se mettre en rapport avec les particules du sol et d'y absorber les matériaux nutritifs qui y sont contenus.

Pour bien voir les poils radicaux, il faut observer une racine jeune qui n'a pas encore touché le sol. Si la jeune racine s'est en effet développée dans la terre, celle-ci obstrue le manchon de poils radicaux (fig. 138) qu'il convient de laver soigneusement pour faire apparaître ceux-ci (fig. 139). Un excellent moyen à employer pour bien mettre en évidence les poils radicaux est de faire germer des grains de Blé sur un tamis que l'on a recouvert d'une mince couche de terre humide et que l'on a posé sur l'ouverture d'un vase au fond duquel est une petite quantité d'eau. Les jeunes racines, nées des graines, passent à travers les mailles du tamis et se développent dans l'air humide du vase, où elles acquièrent de nombreux poils radicaux.

La région pilifère conserve une longueur

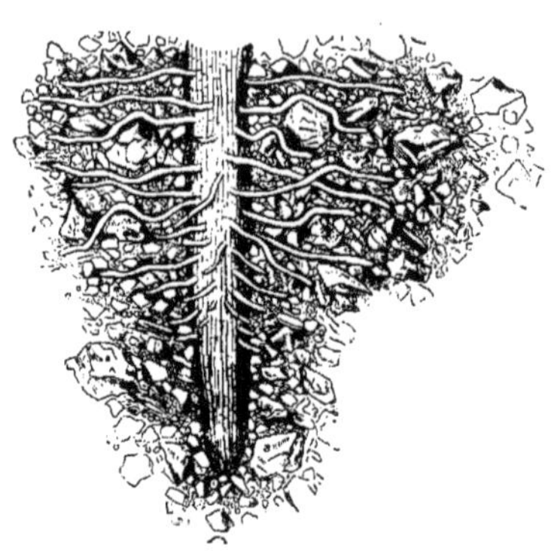

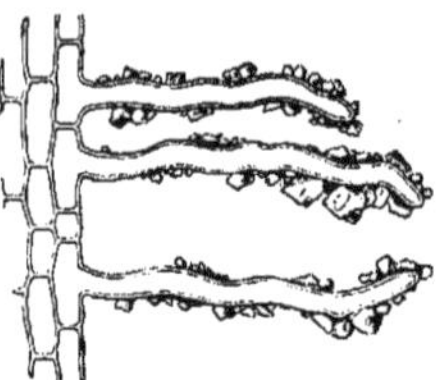

Fig. 141.

a   b

Fig. 140.   Fig. 138.   Fig. 139.

Fig. 138. — Plantule de *Penstemon* avec les poils
radicaux enduits de particules de terre.
Fig. 139. — La même lavée, avec les poils radicaux
bien visibles.
Fig. 140. — Extrémité de la racine, grossie 10 fois pour
montrer les poils radicaux en rapport avec les particules du sol.
Fig. 141. — Quelques poils isolés vus à un plus fort
grossissement.

Fig. 138 à 141. — Poils radicaux chez le *Penstemon*.

constante et est toujours située à la même distance de la coiffe, c'est-à-dire de l'extrémité
de la racine. De plus, le manchon des poils radicaux n'est pas régulièrement cylindrique : les
poils sont plus courts vers la pointe et vont en
s'allongeant quand ils s'en éloignent (fig. 140).
Ces faits s'expliquent facilement parce que les
poils n'ont qu'une existence de courte durée : les
plus âgés qui sont à la partie supérieure se
détruisent et tombent très vite, tandis que plus
bas il s'en forme sans cesse de nouveaux au
fur et à mesure de la croissance de la racine.

Sur les racines des plantes qui vivent dans
l'eau ou dans l'air humide, les poils radicaux
sont de forme cylindrique, réguliers et droits.
Sur les racines souterraines, au contraire, ils
sont gênés dans leur développement par les
frottements qu'ils subissent de la part des aspérités du sol (fig. 140 et 141); aussi sont-ils le
plus souvent fort irréguliers, les uns gros, les
autres fins, offrant des renflements ou des
étranglements, et le manchon qui forme la
région pilifère présente des inégalités.

Les poils radicaux sont caractéristiques de
la racine ; ils peuvent cependant manquer
quelquefois, lorsque le milieu où croît la racine
présente certaines conditions anormales. C'est
ainsi que les racines d'une Jacinthe en sont
pourvues quand elles se développent dans le
sol, mais si on vient à faire germer un oignon
de cette plante dans l'eau, de façon que les
racines baignent dans le liquide, on constate
l'absence de poils radicaux.

Accroissement de la racine. — La racine,
avons-nous dit, s'accroît dans la région dite
région de croissance: il convient d'étudier d'un
peu plus près comment se fait cet accroissement.

L'expérience suivante, imaginée par Ohlert
et perfectionnée par Sachs, permet de s'en rendre compte. Sur une jeune racine de Fève on
trace, au moyen de vernis noir, à partir de la
pointe, des divisions d'une longueur égale à
1 centimètre, et chaque division est elle-même
divisée, au moyen de traits au vernis rouge, en
10 millimètres. Puis la racine est replacée
dans le milieu où elle se développe et on la
laisse s'accroître pendant vingt-quatre heures.
On la retire alors et on mesure la distance
qui sépare les divers traits noirs et rouges. On
constate les faits suivants :

1° Seul le dernier centimètre de la racine
s'est accru, toutes les autres divisions situées
en dessus ayant gardé leur dimension primitive
égale à 1 centimètre;

2° L'accroissement dans ce dernier centimètre n'est pas uniforme, comme le montre l'examen des divisions au vernis rouge, primitivement égales en longueur à 1 millimètre et qui, au bout de vingt-quatre heures, ont pris les dimensions respectives données par le tableau suivant :

N⁰ˢ des divisions (à partir de la pointe).	Longueur en millimètres.
1ʳᵉ	2,5
2ᵉ	6,8
3ᵉ	9,2
4ᵉ	4,5
5ᵉ	2,6
6ᵉ	2,3
7ᵉ	1,5
8ᵉ	1,3
9ᵉ	1,2
10ᵉ	1,1

On voit que l'accroissement, à peu près nul dans les divisions supérieures, se localise dans les 6 premiers millimètres de la racine. C'est le 3ᵉ qui a pris l'allongement maximum, puis le 2ᵉ et le 4ᵉ. Enfin le 1ᵉʳ, le 5ᵉ et le 6ᵉ se sont allongés à peu près de même, d'une façon beaucoup moins considérable.

Cette expérience montre bien que la croissance d'une racine se fait donc en un point très voisin de son extrémité, immédiatement sous la coiffe. On dit alors que la croissance de la racine est subterminale.

Ce fait que les racines ne s'accroissent que par un point très voisin de l'extrémité explique pourquoi les racines cessent de s'allonger lorsqu'elles ont été tronquées à la pointe et montre l'utilité de la coiffe pour protéger le point végétatif contre la destruction, car une lésion très faible, la morsure d'un insecte, suffit souvent pour produire ce résultat.

Lorsque la racine principale d'une plante a perdu son extrémité, elle cesse de pouvoir s'allonger ; tout l'effort de la végétation se concentre alors sur la production de ramifi-cations latérales qui en deviennent plus nombreuses et plus développées. La pratique tire partie de cette circonstance. Les pépiniéristes, en effet, lorsqu'ils repiquent de jeunes plants provenant d'un semis, prennent la précaution de couper l'extrémité de la racine principale, ce qui a pour conséquence de développer des radicelles. Il en résulte deux avantages : facilité de transplantations ultérieures et réalisation pour la plante d'une plus grande surface d'absorption permettant à la plante de profiter dans une plus large mesure des fumures, arrosages, etc. L'allongement des racines peut souvent atteindre des proportions considérables : celles de la Vigne en quelques mois peuvent, dans des conditions favorables, parvenir à 10 mètres de longueur.

Il existe des plantes où l'allongement de la racine ne dure que très peu de temps. Bientôt il prend fin : la coiffe tombe, la zone pilifère disparaît et la racine devient entièrement nue. Elle ne tarde pas alors à se détruire et tombe elle-même complètement.

L'accroissement de la racine ne se produit pas avec la même intensité suivant toutes les génératrices du cône qui constitue cet organe. Il en est une qui présente un minimum de croissance et la racine s'incurve du côté de celle-ci ; mais bientôt c'est suivant la génératrice voisine que se manifeste le minimum de croissance, et ainsi de suite, toutes les génératrices de la racine étant chacune, à tour de rôle, celle qui s'allonge le moins. Il en résulte que, dans un allongement dans la région de croissance, la racine se courbe continuellement dans des sens différents et que la pointe décrit alors une hélice régulière, la racine pénétrant dans le sol comme le ferait une vis ou un tire-bouchon. Ce phénomène a reçu le nom de *mouvements de circumnutation* de la racine.

DIVERSES FORMES DE RACINES

Le système radiculaire d'une plante, composé de la racine principale et de ses ramifications, les radicelles, et aussi des nombreuses racines latérales et racines adventives qui peuvent se former sur la tige, peut présenter des formes très diverses suivant le milieu où ces organes se développent et suivant aussi que telle ou telle partie de ce système radiculaire s'exagère aux dépens des autres.

Relativement à leur situation, les racines peuvent être divisées en quatre grandes catégories :

1° Les *racines souterraines*, qui se développent sous la terre ;

2° Les *racines aquatiques*, qui poussent dans l'eau ;

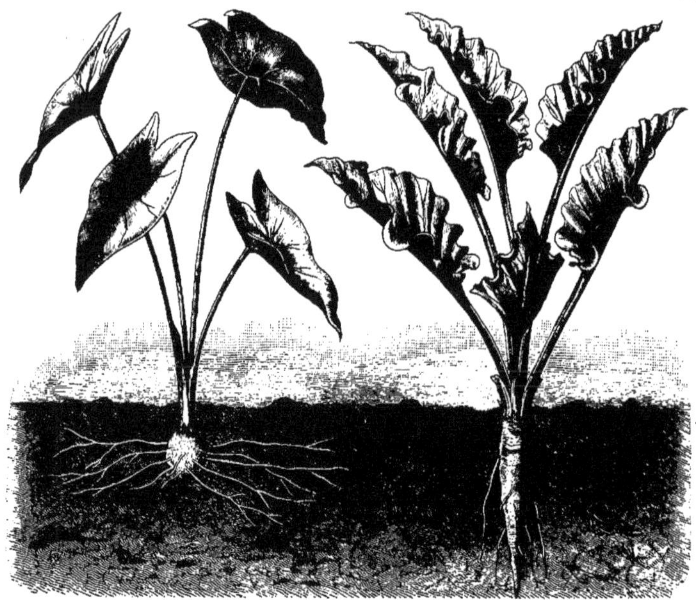

Fig. 142. — Racine fasciculée (*Calladium*). | Fig. 143. — Racine pivotante tuberculeuse (*Betterave*).

3° Les *racines aériennes*, qui se ramifient et pendent dans l'air ;

4° Les *racines endophytes*, ou racines des plantes parasites, qui s'enfoncent à l'intérieur des tissus du végétal qui sert d'hôte à la plante parasite.

LES RACINES SOUTERRAINES

Les racines souterraines sont de beaucoup les plus nombreuses de toutes et presque toutes nos plantes indigènes présentent de pareilles racines. Celles de la plupart des plantes qui poussent dans l'eau appartiennent même à cette catégorie. Beaucoup de plantes aquatiques, en effet, comme le Nénuphar, les Potamots, les Grenouillettes ou Renoncules d'eau, développent leurs tiges et leurs feuilles dans l'eau, mais enfoncent leurs racines dans le sol qui forme le fond de la rivière, du lac ou de l'étang.

Suivant leur forme et le développement plus considérable de telle ou telle de leurs parties, on distingue les racines souterraines en diverses catégories : les *racines pivotantes* (fig. 143), les *racines traçantes*, les *racines fasciculées* (fig. 142) et les *racines tuberculeuses*.

Racines pivotantes. — Lorsque la racine principale est bien développée par rapport aux radicelles, la racine est alors dite *racine pivotante* et la racine principale prend le nom de *pivot*. Le pivot est garni d'un certain nombre de radicelles, régulièrement disposées, pourvues elles-mêmes de ramifications plus déliées, dont l'ensemble est désigné sous le nom de *chevelu*.

Les racines de la Giroflée (fig. 144), du Pois, de la Luzerne, d'un grand nombre d'arbres, etc., sont des racines pivotantes.

Racines traçantes. — Les diverses parties de la racine, pivot et chevelu, peuvent parfois s'enfoncer peu sous le sol et demeurer sensiblement parallèles à la surface du sol. On leur donne alors le nom de *racines traçantes* (fig. 145). C'est ce qui se passe par exemple pour le système radiculaire de certains arbres, tels que Hêtre, Charme et surtout le Robinier ou Faux Acacia. Les racines traçantes de certains arbustes buissonnants, comme le Prunellier et l'Aubépine, peuvent même parfois

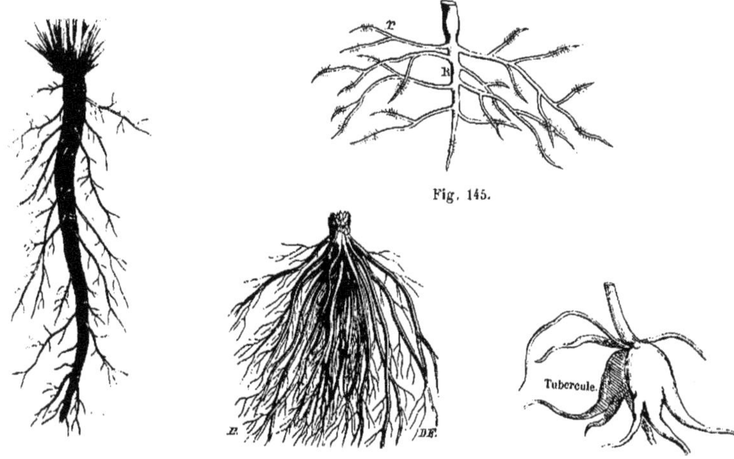

Fig. 145.

Fig. 144.   Fig. 146.   Fig. 147.

Fig. 144. — Racine pivotante (Giroflée).
Fig. 145. —:Racine traçante (Hêtre).

Fig. 146. — Racine fasciculée (Blé).
Fig. 147. — Racine tuberculeuse (*Orchis*).

s'étendre fort loin. Et comme elles sont capables de donner naissance à de nouvelles tiges si elles viennent à être mises à découvert, ces arbrisseaux, qui forment la plupart des haies et des buissons, font à juste titre le désespoir des cultivateurs.

Les racines de plusieurs Conifères, Mélèze, Pin, etc., sont à la fois pivotantes et traçantes en ce sens qu'elles sont munies à la fois d'un pivot vertical bien développé et de radicelles traçantes s'étendant fort loin. Le Pin maritime, qui présente cette disposition des racines particulièrement accentuée, doit à cette particularité d'avoir été choisi pour la fixation des dunes de la Gascogne (1), d'autant plus que les radicelles traçantes sont susceptibles d'émettre çà et là, à leur tour, de nouveaux pivots verticaux.

Racines fasciculées. — Souvent le pivot ne prend qu'un très faible développement et disparaît de très bonne heure, tandis que les radicelles se multiplient en abondance, longues et nombreuses, en même temps que des racines latérales nées de la base de la tige. Le système radiculaire est alors dit *fasciculé* (fig. 146) : toutes les ramifications nées sensiblement à la même époque y sont à peu près de la même grosseur.

(1) Voy. Priem, *la Terre, les Mers et les Continents,* p. 102.

Les racines fasciculées se rencontrent chez un très grand nombre de plantes monocotylédones ; exemple : le Blé (fig. 146), le Maïs, le Dattier, etc.

Racines tuberculeuses. — Parfois des matières nutritives viennent à s'accumuler dans certaines parties de la racine, qui se renfle alors et forme un tubercule. On a dans ce cas une racine tuberculeuse.

Souvent c'est dans le pivot que se dépose la réserve de nourriture qui le rend plus ou moins charnu : la racine est alors pivotante et tuberculeuse (fig. 143) tout à la fois, comme c'est le cas pour les racines de la Carotte, du Radis, du Navet, de la Betterave, etc.

Ailleurs, ce sont les radicelles qui, se gorgeant de nourriture, se renflent et se transforment en tubercules. Telle est l'origine des tubercules qui se forment à la base de la tige du Dahlia (1).

Certains tubercules radicaux proviennent de racines adventives groupées à la base de la tige, qui cessent de s'allonger, se renflent et deviennent charnues. C'est ainsi qu'ont pris

(1) Le tubercule bien connu de la Pomme de terre *n'est pas une racine,* mais bien *une portion de tige souterraine,* puisque — comme il sera dit plus loin — ce tubercule porte de petites écailles représentant des feuilles et qu'il n'y a jamais de feuilles sur une racine.

des champs à l'Avoine, la Spargonte au Sarrasin, etc. Aussi avait-on admis l'existence d'*antipathies* entre certaines plantes, antipathies que Plenck et Humboldt ont tenté d'expliquer par la présence d'une matière excrétée par les racines des plantes et exerçant désavantageusement son action sur les racines de l'espèce voisine. Il n'en est rien, et il y a là une simple action réciproque des racines qui, croissant au même point du sol, se gênent entre elles, les plus vigoureuses étouffant les plus faibles.

Aussi, lorsque deux plantes doivent être cultivées côte à côte dans un même champ, est-il indispensable, pour qu'elles ne se nuisent pas entre elles, d'associer des plantes à racines pivotantes avec des plantes à racines traçantes ou fasciculées, les racines des unes allant se nourrir plus profondément que celles des autres. C'est ainsi que, par exemple, pour ne pas faire de tort aux cultures voisines, il est préférable de planter le long des routes des Ormes, dont la racine est pivotante, plutôt que des Peupliers, dont les racines s'étendent fort loin à une petite profondeur. Ces derniers arbres, au contraire, sont excellents, à cause de cette disposition du système radiculaire, s'il s'agit de maintenir en place des terres trop meubles.

S'il s'agit d'essences forestières, on associera avec succès le Chêne au Hêtre ou au Charme et le Sapin à l'Épicéa.

Influence du sol sur les racines. — L'état du sol, principalement sa perméabilité et sa légèreté, ainsi que son degré d'humidité, influent vivement sur le développement de la racine. Si le sol est compact, la racine demeure courte ; elle s'allonge au contraire d'autant plus qu'il devient plus meuble. C'est ainsi que certaines racines, dans des conditions favorables, peuvent pénétrer très profondément dans le sol. On cite des racines de Vigne et de Câprier dont, en creusant un puits, on a trouvé les racines à plus de 40 pieds (13 mètres) de profondeur. Les racines qui s'enferment dans les sables mouvants des dunes y acquièrent un développement des plus considérables.

Lorsque la couche de terre végétale recouvre un sous-sol rocailleux et fendillé, les racines entrent dans les fissures et vont ainsi puiser leur nourriture souvent à une distance fort grande de la surface. Parfois, en se développant, ces racines sont à l'étroit dans les fentes où elles se sont engagées ; pour se faire place, elles désagrègent lentement les roches qui les

enserrent et les écartent progressivement. La puissance d'expansion de ces racines peut alors devenir très considérable.

C'est ainsi que M. Tassy raconte avoir vu en Asie Mineure un Chêne vert dont les racines avaient disjoint des blocs pesant 3 000 kilogrammes environ. La figure 148 représente, d'après Kerner von Marylann, un Mélèze dont la racine a fait éclater un bloc de 2 mètres de haut environ, le séparant en deux parties par une fente de 30 centimètres de large. La partie supérieure soulevée du bloc peut peser environ 1 400 kilogrammes.

L'excès d'humidité agit fortement sur le développement exagéré des racines. Si celles-ci viennent par exemple à rencontrer une nappe d'eau, elles s'épanouissent tantôt en une foule de filaments grêles, cassants et translucides, dont la réunion forme ce qu'on a appelé une *queue-de-renard*. Les queues-de-renard sont justement redoutées des cultivateurs, car elles se forment facilement lorsque les radicelles de

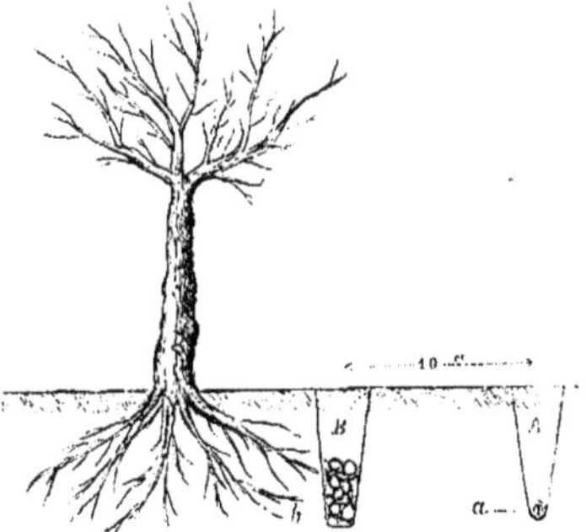

Fig. 149. — Moyen de préserver les tuyaux de conduite de la formation des queues-de-renard. — A, tranchée des drains ; a, tuyau de drainage ; — B, tranchée défensive ; b, amas de pierres.

certains arbres, ou même de Betteraves, viennent à pénétrer dans des tuyaux de drainage qu'elles obstruent rapidement. Aussi, lorsqu'on doit établir un fossé de drainage à travers un parc planté d'arbres, doit-on cimenter parfaitement les drains, au lieu de les placer seulement bout à bout comme cela se pratique dans les cas ordinaires. Le long des avenues plantées d'arbres, on se défend utilement contre les queues-de-renard en établissant entre la ligne d'arbres et le fossé de drainage le plus voisin, distant de 10 mètres au minimum, une tranchée assez profonde où l'on accumule des pierres (fig. 149). L'eau de cette tranchée arrête les racines et y détermine la production de queues-de-renard, qui ne tardent pas à pourrir dans cette eau stagnante.

Durée des racines. — Au point de vue de leur durée, les racines des plantes peuvent être divisées en trois grandes catégories. Elles sont *annuelles, bisannuelles* ou *vivaces*.

Les racines *annuelles* ne durent qu'un an. Ex. : le Blé, l'Avoine, le Haricot, le Pois, etc.

Les racines *bisannuelles* vivent deux ans ; la plante produit alors des feuilles la première année et des fleurs la seconde.

Les racines *vivaces* durent plus de deux ans : la tige qui les continue peut se renouveler tous les ans. C'est le cas des racines des plantes de montagnes qui, protégées par la neige qui couvre la terre, supportent les froids les plus rigoureux, auxquels ne pourrait résister la partie aérienne si elle était également vivace.

LES RACINES AQUATIQUES

Comme on l'a vu plus haut, les véritables racines aquatiques sont peu nombreuses, les plantes qui vivent dans l'eau s'enracinant habituellement dans le sol qui forme le fond de la nappe liquide. Les seules véritables racines méritant le nom de racines aquatiques sont celles qui plongent tout entières dans l'eau, comme par exemple celles des Lentilles d'eau.

Certaines racines aquatiques peuvent subir une modification par suite du milieu où elles se développent.

On en trouve un exemple chez les Jussiées, plantes aquatiques de la famille des Onagrariées (1). Sur la partie submergée de la tige, il se développe à chaque nœud des groupes de racines adventives, dont les unes ressemblent à des racines ordinaires, tandis que les autres demeurent plus courtes et se renflent beaucoup par suite de la grande épaisseur que prend leur écorce, qui se creuse d'abondantes lacunes remplies d'air. Elles se transforment alors en ampoules, qui jouent le rôle de flotteurs, aidant la tige à se soutenir sur l'eau.

LES RACINES AÉRIENNES

Chez un certain nombre de végétaux, les racines, au lieu de s'enfoncer dans le sol ou dans l'eau, ou dans tout autre milieu susceptible de leur fournir de la nourriture, se développent dans l'air, au moins sur la plus grande partie de leur longueur. On leur donne alors le nom de *racines aériennes*.

Ces racines, qui sont soit des racines latérales, soit plus souvent encore des racines adventives, sont plus spécialement destinées à servir de support à la plante et à la fixer. On en distingue un certain nombre dont les formes sont assez différentes suivant les cas et sont surtout en rapport avec le rôle plus spécial que ces racines sont appelées à jouer dans les diverses plantes où on les observe. Nous en passerons ici en revue les principales :

Racines colonnes. — Les Figuiers de l'Inde possèdent des racines adventives très développées, qui prennent naissance sur les longues branches horizontales de l'arbre, s'allongent considérablement et descendent verticalement jusqu'au sol, dans lequel elles s'enfoncent et se ramifient. Les branches du Figuier se trouvent alors soutenues comme au moyen de colonnes et peuvent continuer à croître dans le sens horizontal : un seul arbre peut ainsi arriver à couvrir une grande étendue de terrain : c'est le cas des Figuiers appartenant à l'espèce *Ficus indica*, souvent appelé Figuier des Banyans et que les Hindous vénèrent comme arbre sacré sous le nom de *Pipal*.

Cet arbre est sans contredit une des plus admirables merveilles du règne végétal, tant à cause de sa longévité et des dimensions colossales qu'il peut acquérir, que de la façon remarquable dont il se multiplie. Il pousse de ses branches de longues racines qui, semblables à des baguettes, descendent vers le sol, s'y enfoncent et, s'épaississant en diamètre, forment comme autant de colonnes semblables à de nouveaux troncs, soutenant les branches qui s'accroissent pour en former encore d'autres. De cette façon, un seul arbre, s'étendant et se multipliant ainsi dans tous les sens, finit par former une véritable forêt de troncs étroitement liés à la tige principale par des arcades de branches chargées de feuillage.

Plusieurs Figuiers des Banyans sont célèbres dans l'Inde. L'un des plus connus, à juste titre, est le *Corbirbâr*, situé près d'Ahmedahad : il a 620 troncs de grandes dimensions, formant à lui seul une forêt, dont la circonférence mesure 650 mètres environ. On peut lui attribuer une trentaine de siècles d'existence.

Un autre Figuier, qui croît près du fort

---

(1) Voy. *Le Monde des Plantes*, t. II, p. 36.

Fig. 150. — Figuier multipliant du Jardin botanique de Calcutta (dessin de Bérard, d'après nature).

Saint-David, couvre 1500 mètres carrés de son feuillage.

Voisin de Mhow, un troisième Figuier des Banyans peut facilement donner abri à 2000 hommes sous ses branches verdoyantes.

Au Jardin botanique de Calcutta, il existe un magnifique *Ficus indica* (fig. 150) qui n'a pas certainement beaucoup plus d'un siècle d'existence et qui cependant est un des Figuiers multipliants les plus remarquables que l'on connaisse. Il possède déjà 250 racines adventives, devenues autant de troncs accessoires, semblables à des piliers. Le tronc primitif mesure 14 mètres de circonférence (1).

Racines ceintures. — Un grand nombre de Figuiers des régions montagneuses de l'Himalaya présentent encore des racines aériennes servant de support à la plante, non moins curieuses que celles de l'espèce précédente, mais disposées autrement. Ici, la tige principale n'étant pas assez forte pour soutenir à elle seule la plante, celle-ci est obligée d'emprunter un support, ordinairement un arbre voisin, qui lui permettra, par l'aide qu'il lui fournit, d'élever dans les airs ses branches

chargées de feuilles. C'est au moyen de ses racines que le Figuier se fixe à son support, racines qui s'allongent, se couchent autour du tronc et l'enlacent étroitement, comme autant de ceintures.

Ces *racines ceintures* peuvent parfois s'accroître considérablement et arriver jusqu'à atteindre la grosseur du bras d'un homme. La figure 151 représente, d'après une photographie, un paysage de l'Himalaya. On y voit deux Figuiers dont les tiges grimpantes s'élèvent chacune le long de l'écorce droit et élevé d'autres arbres qu'ils embrassent étroitement au moyen de leurs racines adventives qui se développent comme des ceintures, mais servent ici uniquement de supports, sans pénétrer en aucune façon dans l'écorce de l'hôte pour y puiser de la nourriture.

Plusieurs autres Figuiers des régions tropicales présentent encore des racines adventives et aériennes, analogues aux précédentes par le rôle de support et non de nutrition qu'elles sont appelées à jouer pour la plante, mais un peu différentes par la forme et la disposition qu'elles acquièrent. Ces racines ceintures, en effet, se soudent et s'anastomosent pour former une sorte de réseau radicellaire

(1) Voy. *Le Monde des Plantes*, t. II, p. 472-473, fig. 180 et 181.

de ces racines aériennes.

servent seulement de moyen d'attache et ne pénètrent nullement pour puiser de la nourriture à l'intérieur des tissus de l'arbre qui sert uniquement de support et non de milieu nutritif.

Il arrive même parfois que ce réseau de racines, incrustées à la surface de l'arbre support, acquiert un tel développement, et que les rameaux des deux plantes s'enchevêtrent de telle façon, qu'il devient à peu près impossible, au premier coup d'œil, de distinguer dans les branches et les feuillages ce qui appartient à l'un ou à l'autre des deux arbres. Et la confusion devient plus complète encore lorsque, chez un Figuier, se produit le phénomène que l'on peut voir sur la figure 152. Cette figure représente le dessin d'après nature, rapporté par Selleny des îles Nicobar, d'un *Ficus Benjamina* qui s'est développé en grimpant le long du tronc fort élevé d'une Myrtacée arborescente. Des racines adventives se sont développées en grande abondance en s'incrustant autour du tronc de l'arbre support, et, d'autre part, les branches supérieures du Figuier ont pris un accroissement considérable, donnant naissance, à la façon d'un Figuier multipliant, à de nombreuses racines adventives, qui sont descendues verticalement vers le sol, formant autour de l'arbre primitif comme autant de colonnes de soutien. Si bien que, grâce à la formation de toutes ces racines supplémentaires, le Figuier se développe parfaitement bien et étend largement son feuillage à travers les airs, tandis que la Myrtacée, qui lui sert de support, ne tarde pas à périr étouffée par les enlacements des racines et des branches du Figuier à qui elle a prêté son appui pour s'élever vers le ciel.

On peut citer encore d'autres plantes chez lesquelles on assiste à la formation de racines tout à fait semblables à celles des deux exemples que nous venons de rapporter et qui sont représentées par les figures 151 et 152. L'arbre des forêts primitives qui porte au Brésil le nom de *Cipó matador* ou *Liane meurtrière* a un tronc aussi droit que ceux de nos Peupliers; mais, trop grêle pour se soutenir isolément, il trouve un support dans un arbre voisin plus robuste que lui; il se presse contre sa tige à l'aide de racines aériennes, qui, par intervalles, forment un cercle autour d'elle; il s'assure et peut ainsi défier les ouragans les plus terribles. Le *Cipó d'Imbé*, autre plante des forêts vierges appartenant à la famille des Aroïdées, croît à une hauteur prodigieuse sur le tronc des arbres les plus élevés; sa souche embrasse leur circonférence, et forme autour d'eux une sorte de couronne, d'où s'élèvent des rameaux tortueux; la marque des feuilles qui autrefois couvraient ces rameaux les fait ressembler à autant de serpents; une touffe de feuilles nouvelles, grandes et sagittées, les surmonte, et enfin de la partie inférieure pendent

d'immenses fibres radicales, droites comme des fils à plomb (1).

Racines crampons. — Parmi les plantes de nos pays qui possèdent des racines adventives aériennes, servant à fixer la plante à un support et lui permettant de grimper, il convient de citer le Lierre (*Hedera helix*), de la famille des Araliacées.

Le Lierre présente à la base de sa tige des racines ordinaires, qui s'enfoncent dans le sol pour y puiser des substances alimentaires et nourrir ainsi la plante. Mais la tige, trop grêle pour se dresser seule dans les airs, a besoin d'un support pour s'accroître. Ce support, elle l'emprunte soit à un mur, soit à un arbre voisin, et elle s'y accroche au moyen de très nombreuses racines adventives, très rapprochées les unes des autres, qui apparaissent sur les côtés de cette tige, sur toute sa longueur. Ces racines demeurent d'ailleurs fort courtes et ressemblent à autant de crampons, se fixant solidement aux aspérités du mur ou de l'écorce de l'arbre servant d'appui. C'est ce qu'on appelle des *racines crampons*.

Le Lierre n'est pas, ainsi qu'on le pourrait croire, une plante parasite : il demande seulement un soutien aux murs ou aux arbres voisins. Il protège, plutôt qu'il ne dégrade, les murailles après lesquelles il grimpe, et ses crampons s'attachent à l'écorce des arbres sans s'y enfoncer profondément et sans y puiser de sucs nourriciers. Cependant, il arrive parfois que le Lierre finit par étouffer l'arbre qui le supporte, lorsqu'il prend un trop grand développement.

Le *Tecoma radicans*, comme le Lierre, s'élève le long des murs au moyen de racines adventives transformées en crampons (fig. 153).

Racines échasses. — Certaines plantes présentent des racines dont la plus grande partie se trouve à l'air et non enfoncée dans la terre comme c'est le cas pour les racines ordinaires. La tige se trouve alors suspendue à une certaine distance au-dessus du sol par ces racines qui forment comme des échasses, ainsi que l'on peut l'observer chez les Palétuviers (fig. 154).

Les Palétuviers (*Rhizophora*), dont l'espèce la plus connue est le Manglier (*R. Mangle*), qui croît en Amérique sur les lagunes et les plages maritimes, sont des végétaux fort curieux par leur port et les dispositions de leurs racines qui sont parfaitement appropriées

(1) A. de Saint-Hilaire, *Leçons de Botanique*. Paris, 1847, p. 89.

Fig. 152. — Figuier (*Ficus Benjamina*) dont les racines aériennes se sont incrustées le long du tronc
d'une Myrtacée arborescente (dessin d'après nature).

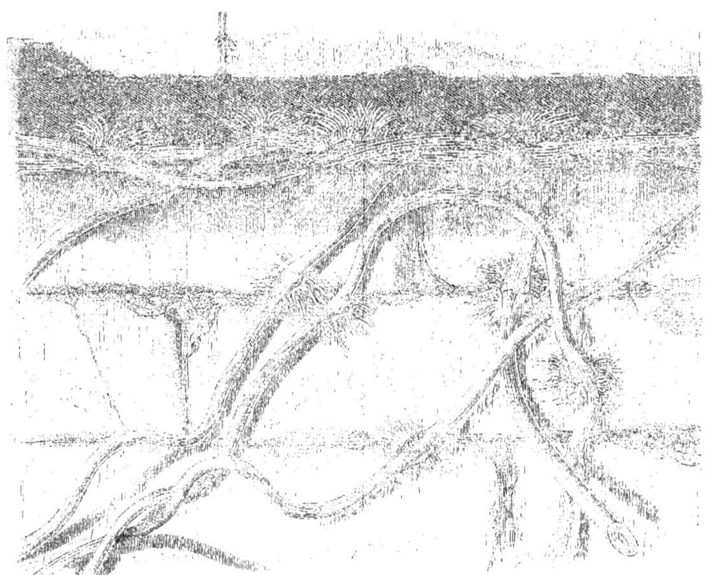

Fig. 155. — Tige grimpante de *Tecoma radicans*, avec racines crampons.

aux localités où ces végétaux croissent le long des côtes de la mer, dans le ressort de la marée et du flux. Du bas de la tige, partent des racines obliques, qui s'enfoncent dans la vase, au-dessus de laquelle ils soulèvent la base du tronc, qui semble ainsi comme monté sur des échasses; d'où le nom de *racines échasses* que l'on peut donner à ce genre de racines. Le flot montant vient recouvrir ces racines qui constituent un enchevêtrement irrégulier et dont la singularité est encore accentuée par ce fait que, lorsque la mer se retire, elle les laisse couverts d'une grande quantité de coquilles de Mollusques qui s'y sont fixés.

« Lorsque j'arrivai près de Villa da Victoria, dans la province de Saint-Esprit, — dit Auguste de Saint-Hilaire (1), — je vis sur le rivage des *Rhizophora* d'une hauteur assez considérable pour cette espèce; leur tronc ne commençait qu'à huit ou dix pieds au-dessus de la vase; là il donnait naissance à de grosses fibres radicales qui allaient chercher le sol et l'arbre semblait porté en l'air sur des espèces de cordes obliquement tendues. Je n'ai point suivi cet arbre dans les diverses phases de son existence; mais il me semble qu'on peut seulement expliquer sa végétation singulière, en supposant que sa première racine s'est détruite, après que des racines adventives se sont échappées au-dessus d'elle de la partie inférieure de la tige; que cette partie s'est oblitérée à son tour avec les racines qu'elle avait fait naître; qu'une portion de tige plus élevée a également produit des racines bientôt détruites de la même manière; et que des formations et des destructions successives n'ont cessé de se répéter jusqu'à ce que la tige se soit trouvée portée par de longues racines adventives à une élévation considérable au-dessus du sol. »

Racines aériennes des orchidées et Aroïdées. — Toutes les racines aériennes précédentes servent surtout de support pour la plante et, en tous cas, leur partie plongée dans l'air ne sert pas à des échanges nutritifs avec le milieu aérien ambiant.

(1) A. de Saint-Hilaire, *loc. cit.*, p. 30.

Fig. 151. — Palétuviers Mangliers avec racines échasses.

Fig. 135. — Racines aériennes d'une Orchidée épiphyte.

Il n'en est plus de même pour les racines aériennes de certaines plantes appartenant aux familles des Orchidées et des Aroïdées ou de quelques autres familles. Ces plantes sont dites *épiphytes* ou *épidendres* parce qu'au lieu de se développer sur le sol, elles croissent sur les rameaux de grands arbres, sur lesquels elles forment, à une hauteur considérable du sol, une végétation aérienne. C'est dans les forêts vierges des régions tropicales qu'on rencontre principalement ces végétaux épiphytes, qu'il ne faut pas prendre pour des plantes parasites, car elles ne tirent en aucune façon leur nourriture des branches qui leur servent uniquement de supports.

Ces plantes épiphytes possèdent de nombreuses racines dont les unes pendent dans l'air (fig. 135), tandis que d'autres restent appliquées contre le support de la plante, autour des parties grêles duquel elles peuvent s'enrouler à la façon de vrilles, assurant ainsi au végétal une fixation solide qui lui permet de s'élever à de grandes hauteurs.

Toutes les racines aériennes des Orchidées

Fig. 156. — Racines aériennes munies de poils absorbants: à gauche, *Philodendron Lindeni* (Aroïdée); à droite, *Campelia Zanonia* (Commélinacée).

épiphytes ne servent pas à la fixation, mais il en est de plus longues que les autres qui pendent dans l'air (fig. 155) et servent à aider les feuilles dans leurs échanges nutritifs avec le milieu aérien ambiant. A cet effet, ces racines aériennes acquièrent une structure spéciale dont le trait le plus saillant est la présence de grains de chlorophylle dans le parenchyme périphérique. Autour de ce parenchyme chlorophyllien, dont la présence permet les échanges gazeux de l'assimilation, se trouvent les assises externes de la racine, dont les cellules sont mortes et se sont infiltrées d'air. La présence de cet air donne à ce tissu une couleur blanc d'argent caractéristique : c'est ce qu'on appelle le *voile* des racines aériennes des Orchidées.

Les racines aériennes des plantes épiphytes sont ordinairement dépourvues de poils radicaux. Il en est cependant qui en peuvent présenter de très développés, ainsi qu'on peut le voir sur les deux plantes représentées par la figure 156, qui possèdent toutes deux de nombreuses racines aériennes adventives, pendant librement dans l'atmosphère. A gauche, c'est le *Philodendron Lindeni* de la famille des Aroïdées; à droite, on voit une Commélinacée, le *Campelia Zanonia*.

Il arrive parfois que les racines aériennes des plantes épiphytes s'entremêlent de manière à retenir l'humidité de la terre soulevée par le vent: il se forme alors une sorte de terrain adventif, dans lequel elles puisent en partie leur nourriture à la façon des racines ordinaires qui l'absorbent dans le sol.

LES RACINES ENDOPHYTES

Les racines aériennes des Orchidées et des Aroïdées sont appelées racines *épiphytes* à cause de leur situation superficielle sur les arbres qui servent d'hôte à la plante. Par opposition, on appelle *racines endophytes* celles des plantes parasites, c'est-à-dire des plantes qui vivent aux dépens du végétal sur lequel on les trouve, y puisant la nourriture au moyen de leurs racines qui pénètrent dans les tissus de l'hôte, s'y enfoncent parfois profondément en acquérant une structure et une conformation particulières: on leur donne le nom de *suçoirs*. Tel est le cas, par exemple, pour la Cuscute, le Gui, le Melampyre, le Rhinanthe, le Thésium, les Orobanches, etc.

Les Rhinantes ou Crêtes-de-Coq qui poussent dans les prairies sèches, les Melampyres que l'on trouve fréquemment dans les champs de Blé, les Orobanches qui vivent sur le Thym ou sur le Chanvre, sont des plantes parasites relativement peu dangereuses comparativement à la Cuscute, dont les ravages sont considérables et qui fait le plus grand tort à plusieurs plantes cultivées, telles que le Chanvre, le Lin, etc.

Suçoirs de la Cuscute. — Il existe en France une certain nombre d'espèces de Cuscutes s'attaquant à diverses plantes: la plus fréquente est la *Cuscute commune* (*Cuscuta epithymum*) qui attaque non seulement le Thym-serpolet, mais surtout le Trèfle et aussi la Luzerne, le Genêt à Balai, la Bruyère, etc. C'est la plus redoutable de toutes les mauvaises herbes. La Cuscute d'Europe (*C. Europæa*), moins commune que l'espèce précédente, se rencontre de préférence sur le Chanvre et le Houblon et accidentellement sur la Pomme de terre, l'Ortie, etc. Dans l'Europe orientale, on trouve

fréquemment une espèce de Cuscute qui s'attaque au Lupin, au Saule, au Peuplier, à l'Érable.

La Cuscute, justement redoutée des agriculteurs, germe sur la terre: elle est d'abord pourvue d'une racine qui s'enfonce sous le sol, mais ne prend jamais qu'un très faible développement: la tige, qui est grêle, filiforme même, ne porte en guise de feuilles que de très petites écailles. Dès que cette tige vient à rencontrer une plante vivante, elle s'enroule autour des rameaux de celle-ci et les enlace étroitement (fig. 157), développant sur elle-même, aux points de contact, de petits corps oblongs qui s'enfoncent, à travers l'écorce, jusque dans la profondeur des tissus de la victime (fig. 158). Ces petits corps sont ce qu'on a nommé des *suçoirs*, nom qui leur convient parfaitement en ce qu'ils sucent les sucs des tiges auxquelles s'attache le parasite. On regarde ces suçoirs comme des racines adventives, analogues aux racines adventives ordinaires, mais qui ont pris une forme et une organisation en rapport avec leur destination spéciale.

Lorsque ces suçoirs se sont ainsi développés sur la Cuscute, la racine souterraine qui existait au début devient désormais inutile. Elle disparaît alors et bientôt il n'y a plus aucun rapport entre le sol et le parasite, qui s'alimente désormais exclusivement aux dépens de la plante attaquée, par l'intermédiaire de ses *racines suçoirs*.

La Cuscute est un fléau redoutable pour les champs cultivés; aussi, est-il indispensable pour l'agriculteur de procéder avec soin à la destruction (1). Il faut avoir soin de n'employer comme semence de Trèfle que la graine nettoyée à l'aide d'un crible ayant environ 22 mailles pour 7 centimètres carrés; la graine de Cuscute passe presque en totalité à travers le crible.

Il est prudent de brûler les graines qui ont traversé le crible, et de ne pas les donner aux animaux, car elles ne subissent aucune altération dans le tube digestif et sont ensuite transportées dans les champs avec les engrais. On ne saurait séparer la Cuscute par le lavage, car sa graine tombe au fond de l'eau aussi bien que celle du Trèfle.

Dans les fermes, on néglige trop souvent de nettoyer les machines à battre, les tarares qui ont servi à la manipulation des récoltes em-

(1) Voy. Schribaux et J. Nanot, *Éléments de Botanique agricole*, p. 87.

Fig. 157.

Fig. 157. — Port de la plante.

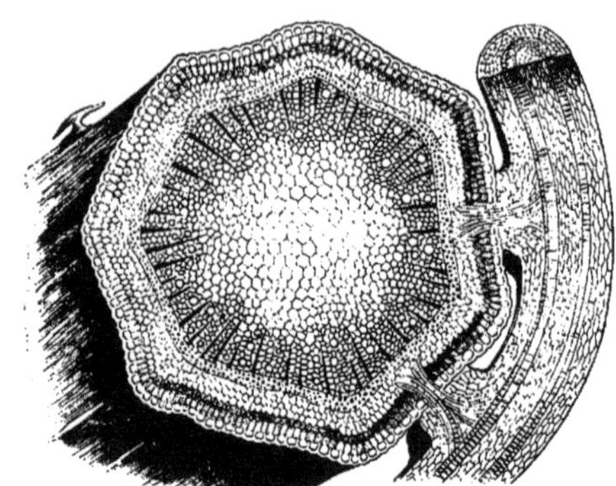

Fig. 158.

Fig. 158. — Coupe montrant la manière dont elle enfonce des suçoirs dans son hôte.

Fig. 157 et 158. — Cuscute.

poisonnées par la Cuscute et par d'autres mauvaises plantes qui se disséminent et peuvent se propager ensuite dans l'exploitation tout entière.

Aussitôt que la Cuscute apparaît dans un champ, il faut pour la détruire recourir de suite à des moyens énergiques. S'il s'agit de la Luzerne, la couper avec une pelle tranchante un peu au-dessus de la surface du sol, enlever les plantes coupées et les brûler sur un chemin. Après une pluie, on arrose avec du purin dilué et la Luzerne repousse débarrassée de la Cuscute. On recommande aussi de la saupoudrer, pendant une forte rosée du matin, avec du sulfate de potasse. On arrose également les places infectées soit avec de l'acide sulfurique étendu de 200 à 300 fois son volume d'eau, soit avec du sulfate de fer ; on étend encore sur le sol de la paille hachée, imbibée de pétrole, puis on y met le feu.

Ces trois derniers procédés détruisent le Trèfle et la Luzerne aussi bien que la Cuscute, mais celle-ci n'est plus à redouter.

Quand un champ a été attaqué par la Cuscute, on doit, pendant trois ou quatre ans au moins, cultiver des plantes impropres à nourrir les quelques pieds qui auraient échappé au moyen de destruction mis en œuvre.

Comme une même espèce de Cuscute peut s'attaquer à plusieurs plantes différentes, celle du Trèfle, par exemple, vivant également bien sur le Thym-serpolet, la Bruyère, le Genêt, il est indispensable, lorsqu'on veut détruire cette Cuscute dans un champ cultivé, de s'assurer que les haies voisines n'en sont pas infestées.

Un fait assez étrange est offert par certaines Cuscutes exotiques, comme le *Cuscuta strobilacea*, parasite d'un *Triumfetta*, et le *C. sidorum*, signalé sur plusieurs espèces de *Sida*. La tige de ces parasites se dessèche et meurt avant d'avoir épanoui ses fleurs ; mais les boutons restent vivants, grâce à des suçoirs qu'ils développent et qui s'enfoncent dans la plante nourricière. Grâce à ces *suçoirs floraux*, les boutons peuvent continuer à vivre, terminer leur croissance, donner des fleurs, puis des graines, et assurer ainsi aux Cuscutes une reproduction sans cela impossible.

Suçoirs du Gui. — Le Gui (*Viscum album*) est un petit arbrisseau qui vit en parasite sur plusieurs arbres de nos pays, sur les branches desquels il forme de grosses touffes arrondies très rameuses et toujours vertes, ce qui permet d'apercevoir en hiver les paquets de Gui sur les branches dégarnies de feuillage (fig. 159). Les racines du Gui pénètrent dans l'écorce de l'arbre qui lui sert de support, y développant de nombreux suçoirs au moyen desquels le parasite se nourrit aux dépens des tissus et de la sève de son hôte.

Le Gui se propage facilement d'arbre en arbre. Sa dissémination se fait par l'intermédiaire des oiseaux et en particulier des Grives, qui se montrent très friandes des petites baies

Fig. 58. — [...] sur les branches d'un arbre, en hiver.

blanches de cet arbrisseau. Les graines traversent le tube digestif de l'animal sans être digérées, et sans rien perdre de leur pouvoir germinatif; elles sortent alors avec les excréments qui, très gluants, les collent aux branches où elles germeront plus tard en enfonçant leurs racines dans l'écorce.

La graine du Gui, où elle se part [...] enfonce [...] que [...]. La radicule commence à germer [...] radicule s'enfonce toujours dans l'écorce de la branche, quelque soit le côté sur lequel elle a été déposée; pour cela, la radicule se dirige [...] bien horizontalement, ou même de bas en haut que de haut en bas, poussée de côté par sa tendance à fuir la lumière, comme l'a [...] les travaux de Dutrochet.

La graine ne germe que sur une écorce [...] de trois ans de [...] distance; la jeune racine parfois [...] l'écorce [...] et y pénétrer. Mais le développement de l'embryon ne tarde pas à s'arrêter, il n'a pas à reprendre qu'à l'automne suivant, époque à laquelle seulement la jeune racine pénètre plus avant dans l'écorce jusque dans les parties internes. Puis, nouvel arrêt qui dure alors pendant toute une année environ. Ce n'est en effet qu'au printemps de la troisième année que la jeune plante commence à redresser sa petite tige sur laquelle apparaissent deux feuilles opposées, au-dessus des cotylédons qui demeurent rudimentaires. L'année suivante, il y a formation de deux nouvelles feuilles opposées, et un an encore après apparition de deux autres, tandis que des rameaux s'élèvent appent à l'aisselle des feuilles des années précédentes. Dès lors, la floraison ne tarde plus beaucoup à se produire. On voit que la croissance du Gui est fort lente au début ; ce parasite vit en moyenne douze à quinze ans.

Lorsque la racine du Gui a ainsi pénétré dans l'intimité des tissus de l'arbre qui lui sert de support elle y trouve une nourriture abondante et facilement assimilable. Elle va alors se ramifier en donnant naissance à deux sortes de ramifications.

Les ramifications de premier ordre s'étendent à la surface du bois de la tige de l'hôte, parallèlement à l'axe de celle-ci, cheminant dans l'épaisseur de l'écorce. Parmi ces ramifications, les unes se dirigent verticalement, les autres latéralement, de manière à embras-

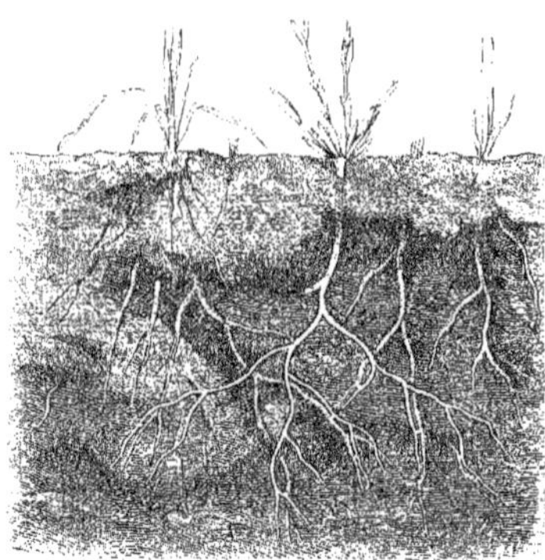

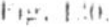

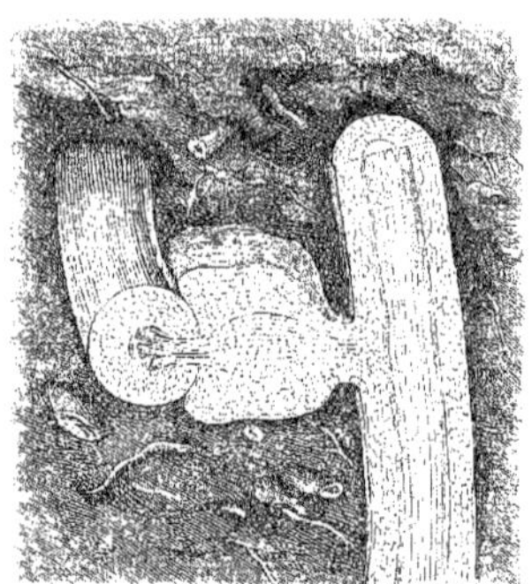

Fig. 160. — Racines d'enfoncement sous terre.

Fig. 161. — Mode de soudure des racines.

Fig. 160 et 161. — Racines endophytes du *Thesium alpinum*.

ser plus ou moins le bois de l'arbre, et ne tardent pas à se diviser chacune en deux branches, dont l'une se redresse et l'autre prend une direction descendante. Ces racines ont reçu le nom de *racines corticales*.

Les ramifications de second ordre partent de la face interne de celles de premier ordre et se dirigent en droite ligne vers le centre de la branche, pénétrant, à la façon d'un coin, dans l'épaisseur de sa masse ligneuse. Aussi désigne-t-on souvent ces racines sous le nom de *coins*.

Les racines corticales du Gui ne s'étendent que dans la partie interne de l'écorce de l'arbre nourricier ; au contraire, les coins arrivent d'autant plus profondément dans le bois qu'ils sont plus âgés. Il semble cependant qu'en réalité ils ne s'enfoncent pas comme des coins dans la partie ligneuse ou que tout au moins, s'il y a pénétration, elle est très faible. On conçoit en effet que si un des coins pénètre dans une branche d'un an, sa croissance aura lieu pendant que se produit la couche ligneuse de la deuxième année ; sa base et son sommet s'éloigneront donc l'un de l'autre à mesure que cette dernière couche ligneuse se développera, et, à la fin de l'année, sa longueur égalera l'épaisseur de cette même couche. La troisième année, il s'allongera, de même, d'une quantité égale à l'épaisseur de la troisième couche ligneuse, et ainsi de suite, si bien que le nombre

des couches de bois traversées par lui en indique l'âge.

Le Gui passe souvent pour une plante parasite dangereuse et la destruction en est souvent ordonnée par arrêtés préfectoraux. Le lecteur trouvera dans une autre partie de cet ouvrage (1) l'exposé des travaux de M. Bonnier et des conclusions auxquelles il est arrivé, montrant qu'en réalité le dommage causé par le Gui à son hôte est très faible et que même, dans certains cas particuliers, sa présence peut ne pas être sans avantage.

Suçoirs du Thesium. — Plusieurs plantes parasites peuvent développer des racines dans le sol ; lorsque leurs radicelles viennent en contact avec les racines de végétaux voisins, elles donnent alors naissance à de petites excroissances, qui pénètrent dans les terres et deviennent autant de suçoirs.

On peut en voir un exemple chez les Thésions (*Thesium*), petites herbes indigènes, parasites sur les racines de Graminées, habitant les coteaux arides et calcaires. Les racines du *Thesium alpinum* (fig. 160 et 161), par exemple, se mettent sous terre en rapport avec celles des plantes voisines au moyen de petits suçoirs (fig. 160) qui réalisent une soudure parfaite entre les tissus des deux racines (fig. 161).

(1) Voy. *Le Monde des Plantes*, t. II, p. 123.

STRUCTURE DE LA RACINE

La racine est caractérisée par sa structure interne, c'est-à-dire par la manière dont les éléments cellulaires qui la composent y sont groupés en tissus. Il convient donc d'en faire l'anatomie microscopique. Pour cela, on pratique dans cette racine, à l'aide d'un rasoir, des coupes minces, les unes transversales, les autres longitudinales ; on les traite par des réactifs convenables, pour détruire le protoplasma par exemple et colorer la membrane, puis on observe au microscope avec des grossissements divers.

Au point de vue de la structure anatomique, on peut distinguer deux états successifs : la structure primaire et la structure secondaire.

La structure primaire est celle que l'on observe chez les racines très jeunes, au début de leur développement ou bien encore chez une racine âgée, dans la région voisine de son point de croissance, c'est-à-dire de l'extrémité, à une distance suffisante de celle-ci, cependant, pour que la différenciation des cellules du méristème en tissus soit déjà un fait accompli. Chez certaines plantes, en particulier les Cryptogames vasculaires, la structure primaire est définitive.

Chez les plantes à fleurs dicotylédones et gymnospermes, au contraire, la racine modifie son anatomie à mesure que la plante avance en âge : à la structure primaire succède la structure secondaire.

STRUCTURE PRIMAIRE DE LA RACINE

Si l'on observe au microscope une coupe très mince pratiquée transversalement dans la portion encore jeune d'une racine (fig. 162 à 165), par exemple dans la région pilifère, on voit du premier coup d'œil, qu'au point de vue de l'anatomie interne, on peut distinguer trois régions bien distinctes : au centre, une partie cylindrique assez grêle, mais résistante, qu'on nomme le *cylindre central* ou *stèle*; autour de celui-ci, un manchon plus épais et mou, appelé l'*écorce*. Celle-ci enfin est limitée extérieurement par une assise de cellules dont dépendent les poils radicaux : c'est l'*assise pilifère*.

Nous étudierons successivement ces trois régions en allant de l'extérieur vers l'intérieur, de l'assise pilifère au cylindre central.

Assise pilifère. — L'assise pilifère (*ap*, fig. 162 et 164) est constituée par l'assise cellulaire la plus externe de la racine. Dans les régions non pilifères de celle-ci, c'est-à-dire dans celles où les poils radicaux n'existent pas encore ou ont déjà disparu, les cellules de cette assise sont des cellules ordinaires. Dans la région des poils, au contraire, — et nous avons pratiqué notre coupe de façon qu'elle intéresse cette région, — on voit les cellules de cette assise étroitement serrées les unes contre les autres, se prolonger en grand nombre par des expansions en forme de doigt de gant. Dans ces tubes creux passent le contenu protoplasmique et le noyau de la cellule dont le corps reste rempli seulement de suc cellulaire. La membrane est mince et en cellulose pure. Les poils radicaux constitués ainsi par ces prolongements des cellules de l'assise pilifère ne sont jamais cloisonnés : ils sont caducs.

L'assise pilifère appartient-elle à l'écorce de la racine ou forme-t-elle à la surface de celle-ci un revêtement épidermique ? Cela dépend des cas et nous discuterons un peu plus loin cette question en étudiant l'origine des divers tissus de la racine. Nous verrons alors que, tandis que chez les Dicotylédones l'assise pilifère constitue bien un épiderme pour la racine, chez les Monocotylédones l'assise pilifère est l'assise externe de l'écorce et la racine est alors dépourvue d'épiderme au delà de la région recouverte par la coiffe.

Écorce. — L'écorce comprend un certain nombre d'assises cellulaires superposées.

1° Sous l'assise pilifère, la première assise a en général les membranes de ses cellules fortement *subérifiées*, c'est-à-dire imprégnées de *subérine*. Aussi l'appelle-t-on pour cette raison l'*assise subéreuse* (*as*, fig. 162 à 165). Quand les poils radicaux se flétrissent et tombent, souvent l'assise pilifère disparaît en même temps qu'eux. L'assise subéreuse remplace alors à la surface de la racine l'assise pilifère dont la durée est éphémère : la subérification de ses cellules lui permettant de jouer un rôle protecteur.

2° Sous l'assise subéreuse, les cellules de l'écorce forment le *parenchyme cortical* (*pc*, fig. 162 à 165) formé de tissu conjonctif. On

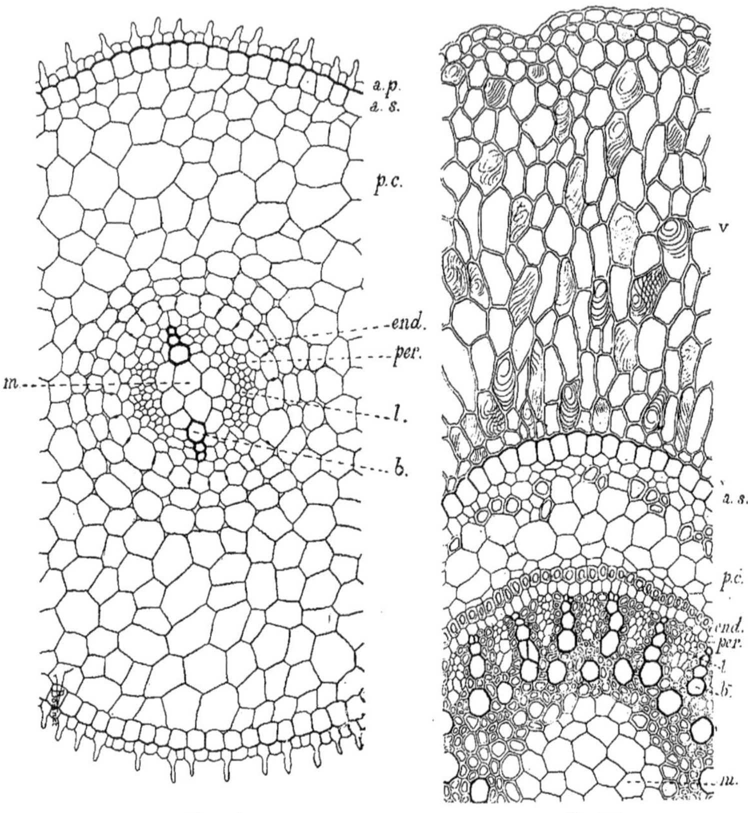

Fig. 162.

Fig. 163.

Fig. 162. — Coupe transversale d'une jeune racine de Livèche (*Levisticum officinale*). — *ap*, assise pilifère; — *as*, assise tubéreuse; — *pc*, parenchyme cortical; — *end*, endoderme; — *per*, péricycle; — *l*, liber; — *b*, bois; — *m*, moelle.

Fig. 163. — Coupe transversale d'une racine aérienne d'Orchidée épiphyte (*Oncidium*). — V, voile; — *as*, assise tubéreuse; — *pc*, parenchyme cortical; — *end*, endoderme; — *per*, péricycle; — *l*, liber; — *b*, bois; — *m*, moelle.

y distingue deux régions plus ou moins nettement distinctes : le *parenchyme cortical interne* et le *parenchyme cortical externe*. Le *parenchyme cortical externe* est formé d'éléments irréguliers, disposés sans ordre apparent, les cellules les plus jeunes, et par conséquent les plus petites, étant les plus près de la périphérie.

3° Le *parenchyme cortical interne* se distingue du précédent en ce que ses éléments, de forme régulière, sont régulièrement disposés à la fois en files radiales et en zones concentriques. Aux angles de jonction de quatre cellules existent de petits méats (fig. 162). Les cellules les plus jeunes de cette zone sont les plus internes.

4° La dernière assise du parenchyme cortical interne a reçu un nom particulier : c'est l'*endoderme* (*end*, fig. 162 à 165). Elle est formée par des cellules fortement unies les unes aux autres, de façon à former un cylindre protecteur, revêtant le cylindre central. Les cellules de l'endoderme ont la forme sensiblement cubique; leurs parois latérales présentent un épaississement de subérine formant autour de la cellule un cadre plissé, s'engrenant fortement avec les cadres semblables des cellules voisines. Sur une coupe transversale, ces épaississements des parois latérales apparaissent le plus souvent sur les cloisons séparatrices des cellules de l'endoderme comme des ponctuations (fig. 162 et 164) colorables en rouge par de la fuchsine. Les cellules de l'endoderme de la racine renferment assez souvent d'abondants grains d'amidon dans leur protoplasma.

Cylindre central. — Le cylindre central de la racine primaire se compose d'un parenchyme conjonctif, enveloppant des faisceaux de deux catégories :

1° Des *faisceaux du bois* composés de vaisseaux du bois ;

2° Des *faisceaux du liber* composés de vaisseaux libériens ou tubes criblés.

Sur une coupe transversale (fig. 162 et 164), ces faisceaux apparaissent formant des masses de forme triangulaire pour les faisceaux du bois, ovoïdes pour les faisceaux du liber. Ces faisceaux sont disposés suivant un cercle, à la périphérie du cylindre central, alternant régulièrement les uns avec les autres, un faisceau du liber, un faisceau du bois, et ainsi de suite. Leur nombre est essentiellement variable avec les espèces. Une coupe de Livèche (fig. 162), plante des montagnes du midi de l'Europe, en montre 2 de chaque sorte; il y en a 4 chez le Bouton d'or (fig. 166), 10 chez l'Aloès (fig. 164), un plus grand nombre encore chez le Maïs (fig. 165).

Le parenchyme conjonctif, qui forme la masse du cylindre central, se divise en plusieurs régions qui ont reçu des désignations particulières.

Entre l'endoderme et le cercle de faisceaux ligneux et de faisceaux libériens est une première assise appelée *péricycle* (*per*, fig. 162 à 164). Il est à remarquer que les cellules du péricycle alternent régulièrement avec celles de l'endoderme, ce qui permet, sur une coupe, de distinguer facilement la limite entre l'écorce et le cylindre central.

Les files de cellules qui forment la séparation de deux faisceaux consécutifs, un faisceau du bois et un faisceau du liber, ont reçu le nom de *rayons médullaires*.

Enfin, sous le nom de *moelle* (*m*, fig. 162 à 165), on désigne toute la masse conjonctive qui occupe le centre du cylindre central, à l'intérieur de la couronne des faisceaux libériens et ligneux.

Les *faisceaux du bois* (*b*, fig. 162 à 165) sont formés par des paquets de vaisseaux disposés parallèlement à l'axe de la racine. Ils ne sont pas tous semblables entre eux, car on en trouve de plusieurs sortes, différant par le diamètre et les ornements de la paroi (Voy. p. 45). Les plus étroits sont situés, dans le faisceau, du côté extérieur, contre le péricycle, et leur diamètre va en augmentant en se rapprochant du centre de la moelle. Sur une coupe transversale, cette disposition s'aperçoit facilement et l'ensemble du faisceau coupé forme une sorte de triangle dont le sommet est extérieur et la base intérieure. Les vaisseaux les plus étroits, c'est-à-dire les plus externes, sont des vaisseaux annelés et spiralés. En allant vers le centre, on trouve ensuite des vaisseaux réticulés et des vaisseaux ponctués. Ces derniers sont des vaisseaux parfaits, c'est-à-dire que le tube se continue d'un bout à l'autre, sans cloison transversale séparatrice ; les vaisseaux annelés et spiralés sont au contraire imparfaits, c'est-à-dire fréquemment interrompus.

Les *faisceaux libériens* (*l*, fig. 162 à 165) sont formés par des paquets de tubes criblés (Voy. p. 44) disposés parallèlement à l'axe et séparés entre eux par des cellules conjonctives et rarement aussi par des fibres libériennes (Voy. p. 41). L'ensemble de ces vaisseaux forme un faisceau qui apparaît sur une coupe transversale comme une masse à contour elliptique, où les tubes criblés se distinguent nettement des cellules conjonctives qui les environnent, par l'éclat de leurs parois de cellulose pure et la présence çà et là de cribles dans la coupe.

Le tableau suivant peut servir à résumer la structure primaire normale d'une racine :

1° *Assise pilifère*, constituée soit par l'épiderme (Dicotylédones), soit par la première assise sous-épidermique (Monocotylédones).

2° *Écorce*....
- *a.* assise tubéreuse.
- *b.* zone corticale externe.
- *c.* zone corticale interne.
- *d.* endoderme.

3° Cylindre central.
- *a.* parenchyme conjonctif.
  - α. péricycle.
  - β. rayons médullaires
  - γ. moelle.
- *b.* faisceaux du bois......
- *c.* faisceaux du liber......

alternant régulièrement les uns avec les autres.

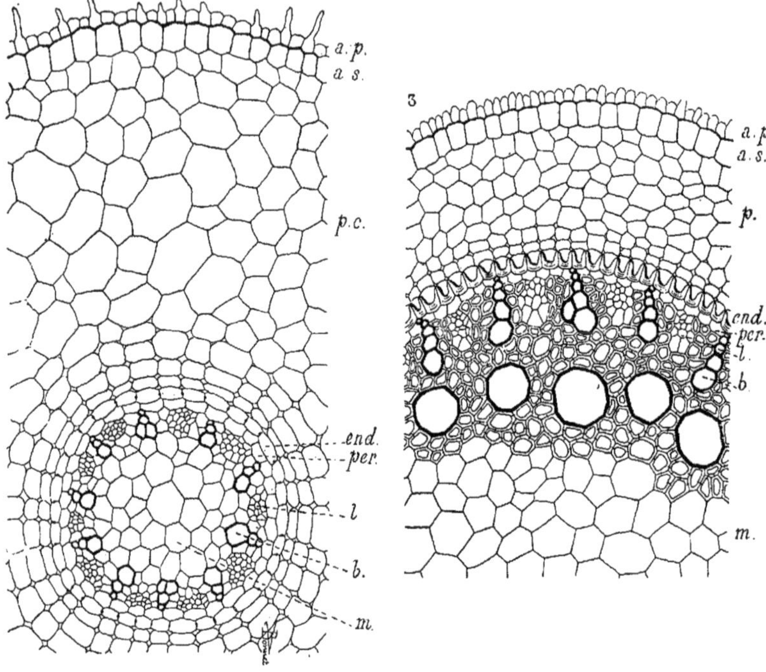

Fig. 164.

Fig. 165.

Fig. 164. — Coupe transversale d'une racine jeune d'Aloès (*Aloe Socotrina*). — *ap*, assise pilifère ; — *as*, assise tubéreuse ; — *pc*, parenchyme cortical ; — *end*, endoderme ; — *per*, péricycle ; — *l*, liber ; — *b*, bois ; — *m*, moelle.

Fig. 165. — Coupe transversale d'une racine de Maïs (*Zea Mais*). — *ap*, assise pilifère ; — *as*, assise tubéreuse ; — *p*, parenchyme cortical ; — *end*, endoderme ; — *per*, péricycle ; — *l*, liber ; — *b*, bois ; — *m*, moelle.

Modifications de la structure primaire. — La structure primaire, telle que nous l'avons exposée dans les lignes précédentes, est la structure normale d'une racine d'une plante à fleur dicotylédone, comme une Livèche par exemple (fig. 162), ou monocotylédone, comme l'Aloès (fig. 164). Cette structure, qui reste toujours la même dans ses grandes lignes, peut cependant présenter quelques modifications de détail dont nous pouvons passer ici en revue les principales.

En ce qui concerne l'assise pilifère, les poils absorbants qu'elle porte peuvent être simples ou plus rarement ramifiés : ils peuvent aussi quelquefois faire défaut. Ordinairement formée d'une seule assise de cellules, l'assise pilifère se cloisonne et forme un certain nombre de couches superposées à la surface des racines aériennes des Orchidées épiphytes, comme celles que représente la figure 155 à la page 74. Si l'on examine ces racines, on les voit pourvues à leur surface d'un revêtement lisse, luisant, d'une couleur blanc d'argent ; c'est ce qu'on appelle le *voile*. En faisant une coupe transversale dans une de ces racines aériennes d'Orchidée (fig. 163) et en la regardant au microscope, on voit que le voile est formé par l'assise pilifère plusieurs fois dédoublée et que sa coloration blanche provient de ce que les cellules de ce *voile* meurent de bonne heure et s'infiltrent d'air, tandis que la paroi s'en revêt d'ornements spiralés (fig. 163).

Les zones corticales externe et interne sont plus ou moins développées suivant les cas. On y

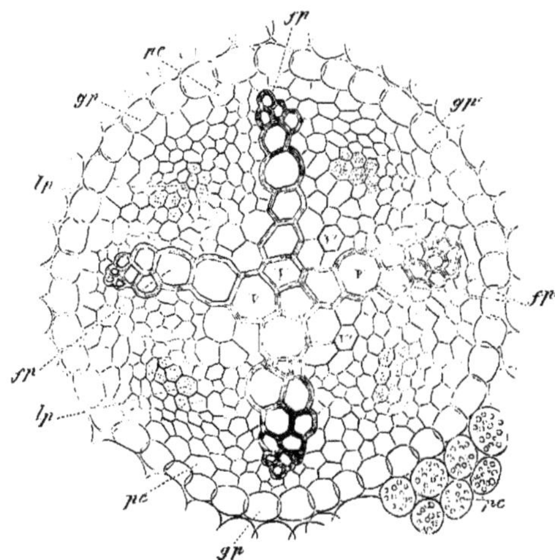

Fig. 166. — Coupe transversale du cylindre central d'une racine de Bouton d'Or (*Ranunculus acris*). — *gp*, endoderme ; — *pc*, péricycle ; — *lp*, faisceaux du liber ; — *fp*, faisceaux du bois ; — V,V', vaisseaux jeunes.

trouve fréquemment des cellules sécrétrices ou des canaux sécréteurs.

Les plissements de l'endoderme présentent des aspects assez différents : c'est ainsi que, par exemple, ainsi qu'on peut l'observer dans la racine du Maïs (fig. 165), l'épaississement, au lieu de former un cadre sur les faces latérales, comme c'est le cas normal, se localise sur la face interne et les faces latérales et les cellules affectent alors en coupe l'aspect d'un fer à cheval dont les deux branches sont tournées du côté de l'extérieur. L'assise endodermique renferme chez plusieurs végétaux (Composées) des cellules sécrétrices.

Dans le cylindre central, le péricycle peut quelquefois se dédoubler : il y a alors plusieurs assises péricycliques. Ailleurs, le péricycle peut manquer en totalité ou en partie : chez les Graminées, par exemple, il disparaît en face des faisceaux du bois qui s'appuient alors directement sur l'endoderme, ainsi qu'on peut l'apercevoir par exemple en examinant la coupe transversale d'une jeune racine de Maïs (fig. 165).

La moelle fait quelquefois défaut lorsque les faisceaux du bois se raccordent entre eux au centre du cylindre central, ainsi qu'on peut le voir sur la figure 166 représentant la coupe transversale du cylindre central d'une racine de Renoncule âcre (*Ranunculus acris*), pourvue de 4 faisceaux ligneux venant se souder suivant l'axe de la racine, qui se trouve alors occupé par de gros vaisseaux ponctués.

STRUCTURE DU SOMMET DE LA RACINE

Pour étudier l'origine des divers tissus de la racine, il faut étudier la structure du sommet de celle-ci. Nous savons en effet déjà (1) que la racine s'accroît en longueur par un point voisin de son extrémité. C'est donc en ce point, dit *point végétatif* de la racine, qu'il faut observer la formation des divers tissus qui composent une racine primaire. Pour cela, nous pratiquerons une coupe longitudinale passant bien exactement par l'axe de la racine, et nous regarderons cette coupe au microscope (fig. 167 à 170).

On constate alors que l'extrémité de la racine est formée par une masse cellulaire homogène, dont toutes les cellules se ressemblent : c'est un tissu jeune, en voie de formation, que nous savons déjà être désigné sous le nom de *méristème* (p. 37). Ce sont les cellules de ce méristème qui, à mesure qu'elles vieillissent, se différencient pour donner les divers tissus qui constituent une racine dans sa structure primaire.

(1) Voy. plus haut, p. 61.

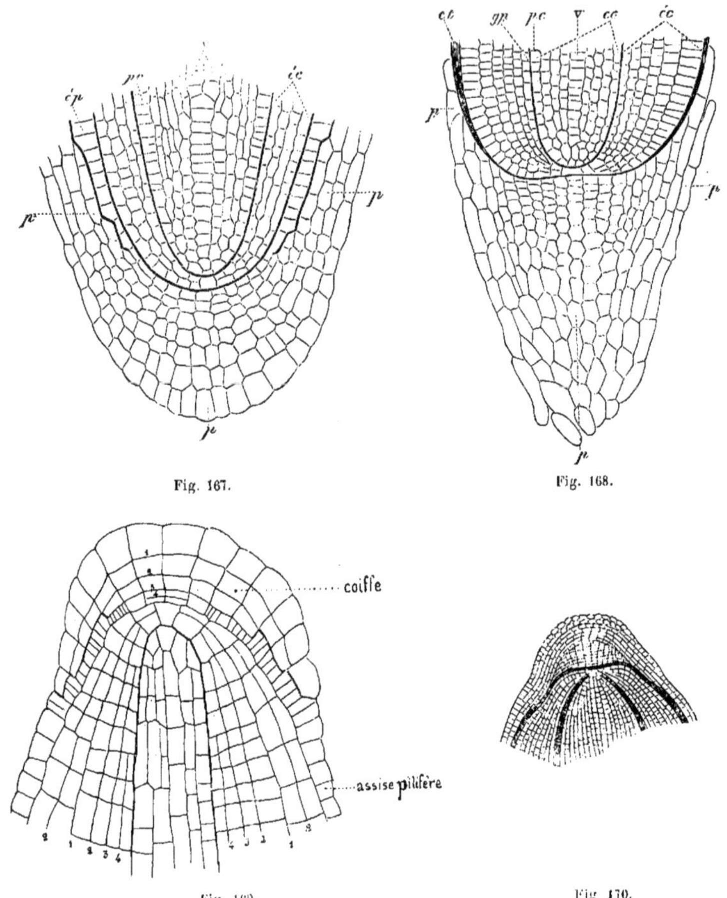

Fig. 167.

Fig. 168.

Fig. 169.

Fig 170.

Fig. 167. — Racine de Sarrasin (*Fagopyrum esculentum*).
Fig. 168. — Racine d'Orge (*Hordeum vulgare*).

Fig. 169. — Racine de Macre (*Trapa natans*). (D'après Douliot, *le Naturaliste*.)
Fig. 170. — Racine de *Penstemon*.

Fig. 167 à 170. — Coupes longitudinales de l'extrémité de racines jeunes.

Le méristème dérive lui-même par cloisonnement d'un petit nombre de *cellules initiales*, qui se divisent activement pour donner toutes les autres cellules du tissu ; dans certains cas, il peut même n'y avoir qu'une seule cellule initiale dite *cellule mère*. A ce point de vue, nous devons distinguer ce qui se passe chez les Phanérogames et chez les Cryptogames vasculaires, ces deux embranchements étant d'ailleurs les seuls du règne végétal chez lesquels existe la racine en tant qu'organe anatomique de l'appareil végétatif.

Cryptogames vasculaires. — Chez les Cryptogames vasculaires — dont nous pouvons prendre pour type une Fougère, — l'extrémité de la racine est occupée par une cellule de forme tétraédrique régulière, dont la base, légèrement convexe, est tournée du côté de la pointe de la racine. Cette cellule se cloisonne régulièrement parallèlement à ses 4 faces, c'est-à-dire à sa base et à ses trois faces latérales.

Les cellules issues par cloisonnement parallèlement aux faces latérales se divisent à leur tour et deviennent l'origine des tissus du cylindre central et de l'écorce. Les cellules séparées par les cloisons qui se forment parallèlement à la base donnent la coiffe. La cellule initiale ou cellule mère se trouve donc séparée de l'extrémité de la racine par la coiffe, dont les cellules les plus âgées, c'est-à-dire les plus externes, s'exfolient et tombent, si bien que la coiffe n'augmente pas en épaisseur.

La présence d'une seule cellule initiale ou cellule mère, occupant dans la racine une position subterminale, sous la coiffe, se retrouve chez toutes les Cryptogames vasculaires, à l'exception des Isoètes et des Lycopodes où le mode d'accroissement de la racine à son extrémité est celui que nous allons à présent étudier chez les Phanérogames.

Phanérogames. — Chez les plantes phanérogames, il y a toujours trois groupes distincts de cellules mères, chaque groupe donnant naissance à une partie déterminée de la racine. Dans chaque groupe, le nombre des cellules mères, c'est-à-dire susceptibles de se diviser et de produire les autres, peut se réduire à une seule. Dans ce cas, il y a trois cellules initiales seulement pour la racine.

Les trois groupes de cellules mères de la racine forment vers l'extrémité trois étages superposés (fig. 167 à 170).

Le premier de ces groupes, le plus éloigné de l'extrémité, le plus rapproché par conséquent de la base de la racine, produit par le cloisonnement de la racine les cellules qui se différencieront plus tard pour donner les divers tissus du cylindre central : péricycle, moelle, faisceaux du bois et faisceaux du liber.

Le groupe moyen, plus rapproché de l'extrémité que le précédent, est l'origine des tissus de l'écorce ; les cellules qui en sont issues se différencieront pour former les diverses parties de l'écorce : endoderme, parenchymes corticaux externe et interne. — Sur la coupe longitudinale de l'extrémité d'une racine de la Macre ou Châtaigne d'eau *(Trapa natans)* représentée par la figure 169, les numéros indiquent l'ordre d'apparition des diverses assises de l'écorce.

Une première cloison différencie d'abord les deux zones corticales interne et externe. Dans celle-ci, le cloisonnement se fait ensuite de l'intérieur vers l'extérieur, si bien que l'assise subéreuse s'établit en dernier, tandis que dans la zone interne c'est en sens inverse que marche la différenciation.

Enfin, les cellules initiales les plus voisines de l'extrémité se cloisonnent activement pour engendrer la coiffe dont le développement se fait de dedans en dehors comme l'indiquent les numéros placés sur la figure 169.

Quant à l'origine de l'assise pilifère, il convient à son sujet d'établir une différence parmi les plantes à fleurs.

Chez les Dicotylédones (fig. 167 et 169), l'assise pilifère dérive du même groupe de cellules initiales que la coiffe : elle est donc comme celle-ci d'origine épidermique.

Chez les Monocotylédones (fig. 168), au contraire, l'assise pilifère dérive du cloisonnement du groupe moyen et appartient donc à l'écorce ou derme et non à l'épiderme qui se réduit ici à la coiffe.

Une famille fait exception cependant : celle des Nymphéacées qui, par tous ses caractères, se rattache nettement aux Dicotylédones. Cependant, au point de vue de l'origine des diverses parties de la racine, les plantes qui composent cette famille se comportent comme si elles appartenaient aux Monocotylédones.

Chez les Monocotylédones et les Nymphéacées, où la coiffe a une origine nettement distincte de l'assise pilifère, la coiffe, en s'exfoliant, laisse, après sa chute, la surface de l'écorce de la racine lisse et dénudée. Pour rappeler ce fait, M. Van Tieghem a alors proposé de réunir ces plantes sous le nom de *Liorhizes* (du grec *lios*, uni), réservant le nom de *climacorhyzes* (du grec *climax*, escalier) aux Dicotylédones (à l'exception des Nymphéacées) chez lesquelles, la coiffe provenant du même groupe de cellules initiales que l'assise pilifère, il se produit entre ces deux parties, lors de l'exfoliation de la coiffe, une séparation qui rend la surface de la racine inégale et comme coupée par des gradins. Cette disposition s'observe parfaitement bien en regardant au microscope les coupes représentées par les figures 167 et 169, sur lesquelles on a renforcé par un trait noir la séparation entre l'assise pilifère et la coiffe.

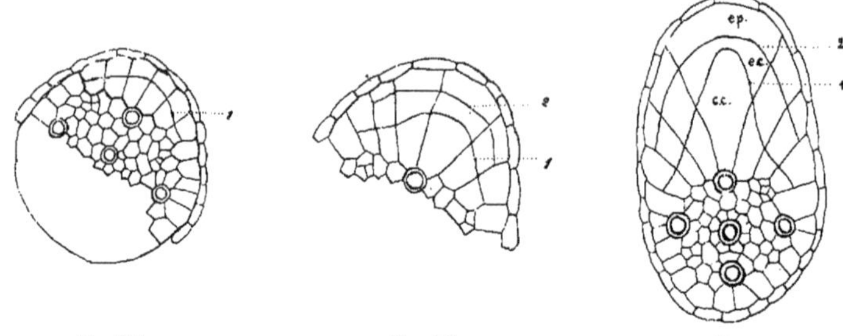

Fig. 171.   Fig. 172.   Fig. 173.

Fig. 171. — Le péricycle s'est dédoublé en face d'un faisceau du bois par une cloison (1).

Fig. 172. — Une seconde cloison (2) divise la plaque rhizogène en trois amas de cellules.

Fig. 173. — Développement de la radicelle : cc, cellules mères du cylindre central; — ec, cellules mères de l'écorce; — ep, cellules mères de l'épiderme (coiffe).

Fig. 171 à 173. — Coupes transversales d'une racine de Macre (*Trapa natans*), montrant la formation d'une radicelle. Dans ces coupes, on n'a figuré que le cylindre central. (Douliot, *le Naturaliste*.)

ORIGINE ET DÉVELOPPEMENT DES RADICELLES

Les radicelles sont toujours *endogènes*, c'est-à-dire qu'elles prennent naissance aux dépens de cellules appartenant à des tissus profonds de la racine mère dont elles doivent percer toute la partie externe avant de sortir.

Phanérogames. — Chez les plantes phanérogames, c'est aux dépens du péricycle que se forment ces radicelles. Ce sont exactement certaines cellules de cette assise, situées, dans le cas général, en face des faisceaux ligneux, qui fonctionnent comme cellules initiales des tissus d'une radicelle : l'ensemble de ces cellules constitue ce qu'on a appelé une *plaque rhizogène*. Une telle plaque rhizogène forme dans l'assise péricyclique une tache circulaire dont le centre est occupé par une cellule.

Cette cellule centrale se cloisonne tout d'abord parallèlement à la surface de la racine et le cloisonnement s'étend aux cellules voisines de la plaque rhizogène, si bien qu'en définitive, en ce point où doit naître la radicelle, le péricycle se trouve dédoublé par une cloison tangentielle en deux assises superposées (1, fig. 171). Un peu plus tard, une deuxième cloison parallèle à la première (2, fig. 172) vient de nouveau séparer en deux les cellules de la plus externe de ces deux assises, si bien qu'alors le péricycle se trouve dans la plaque rhizogène divisé en trois cou-

ches superposées (fig. 173) : une externe (*ep*), une moyenne (*ec*) et une interne (*cc*). Pendant qu'elles se formaient ainsi par cloisonnement, les cellules de ces trois assises se sont d'ailleurs allongées suivant le sens du rayon de la racine ; les cellules centrales s'allongent plus que les voisines, si bien que la plaque rhizogène arrive à former une saillie conique, constituée par un massif pluricellulaire, et soulève les tissus voisins de l'endoderme et de l'écorce ; c'est l'ébauche d'une radicelle (fig. 174).

La radicelle prend donc naissance aux dépens des cellules de la plaque rhizogène qui fonctionnent comme *cellules mères* ou *cellules initiales*. Cette plaque rhizogène se compose d'ailleurs de trois couches de cellules superposées et par conséquent de trois groupes d'initiales. Les plus internes (*cc*), en se cloisonnant, donnent le cylindre central de la radicelle; les moyennes, en se cloisonnant, forment les tissus de l'écorce, et les plus externes sont l'origine de la coiffe. La jeune radicelle possède donc un méristème terminal tout à fait comparable à celui de la racine principale.

Les plaques rhizogènes sont normalement situées dans le péricycle en face des faisceaux du bois, ce qui explique facilement la disposition des radicelles en rangées régulières suivant des génératrices également espacées à la surface de la racine mère; le nombre de ces rangées donne celui des faisceaux du bois de cette racine. Il y a cependant exception dans le cas d'une racine binaire, c'est-à-dire d'une racine qui

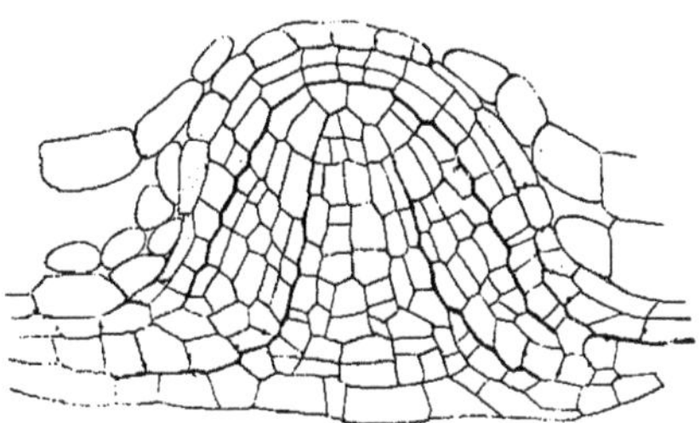

Fig. 174. — Coupe longitudinale de l'extrémité d'une jeune racine de Macre (*Trapa natans*). La zone cellulaire ombrée représente la poche digestive formée par l'endoderme autour de la coiffe. (Douliot, *le Naturaliste*.)

n'est pourvue que de deux faisceaux du bois, comme par exemple la racine de Livèche représentée par la figure 162. Dans ce cas, c'est entre les faisceaux du bois et les faisceaux du liber que se différencient les plaques rhizogènes dans le péricycle, et le nombre des rangées de radicelles, toujours disposées régulièrement suivant des génératrices de la racine, se trouve alors être double de celui des faisceaux du bois. Il en est de même, quel que soit le nombre des faisceaux ligneux, pour certaines plantes des familles des Ombellifères (Céleri, Persil, Ciguë, etc.) ou des Araliacées (Lierre, etc.) où dans le péricycle, en face des faisceaux du bois, prennent naissance des canaux sécréteurs : les plaques rhizogènes se trouvent alors rejetées dans l'intervalle des faisceaux ligneux et des faisceaux libériens.

Les faisceaux du bois et les faisceaux du liber de la radicelle se raccordent avec ceux de la racine mère de façon à établir une continuité parfaite entre les cylindres centraux de ces deux parties de la racine. Dans le cas, assez fréquent, où il n'y a que deux faisceaux du bois dans le cylindre central de la racine, ces deux faisceaux sont disposés dans la radicelle chez les Phanérogames, de telle sorte que le faisceau d'insertion de la racine mère soit dans leur plan.

La radicelle qui prend naissance au sein de la racine mère, aux dépens du méristème qui s'ébauche dans le péricycle, doit traverser l'écorce de cette racine mère pour pouvoir faire saillie au dehors. Cette traversée de l'écorce ne se fait pas par une simple déchirure des tissus, ainsi qu'on serait peut-être tenté de le supposer au premier abord. Tout autre est le procédé qui permet à la radicelle de se frayer un passage à travers cette écorce et nous assistons ici, non à une simple perforation mécanique du parenchyme, mais à une véritable digestion chimique des éléments qui le composent, éléments qui disparaissent alors, laissant la place pour le passage de la radicelle, à la nutrition et au développement de laquelle ils contribuent activement.

A cet effet, en face de la plaque rhizogène, pendant que les cellules de celle-ci évoluent pour donner les tissus de la radicelle, les cellules voisines de l'endoderme s'allongent et se cloisonnent de façon à donner naissance à une sorte de fourreau enveloppant de toutes parts la radicelle et l'isolant du reste de l'écorce : on donne à ce fourreau le nom de *poche digestive* (fig. 174). Ce nom est en effet justifié par ce fait que les cellules de cette poche se mettent à sécréter des diastases qui attaquent les éléments de l'écorce, les dissolvent et en absorbent le contenu. Grâce à cette digestion, non seulement la radicelle se fraye un chemin à travers les tissus corticaux de la racine mère, mais elle se nourrit aux dépens de ceux-ci. Lorsque toute l'écorce a été détruite sur le chemin de la radicelle, celle-ci fait saillie au dehors, entourée à son extrémité par sa coiffe et autour de celle-ci par sa poche digestive, d'origine endodermique, dont le rôle est désormais terminé et qui va disparaître.

Chez un certain nombre de végétaux, il ne se différencie pas de poche digestive dans l'endoderme. Son rôle est alors dévolu à la coiffe de la radicelle qui digère et perfore directement les tissus de l'écorce, si bien qu'en définitive les phénomènes se passent d'une façon tout à fait semblable.

Cryptogames vasculaires. — Chez les Cryptogames vasculaires (Fougères, Prêles, etc.), les radicelles ne prennent pas naissance dans

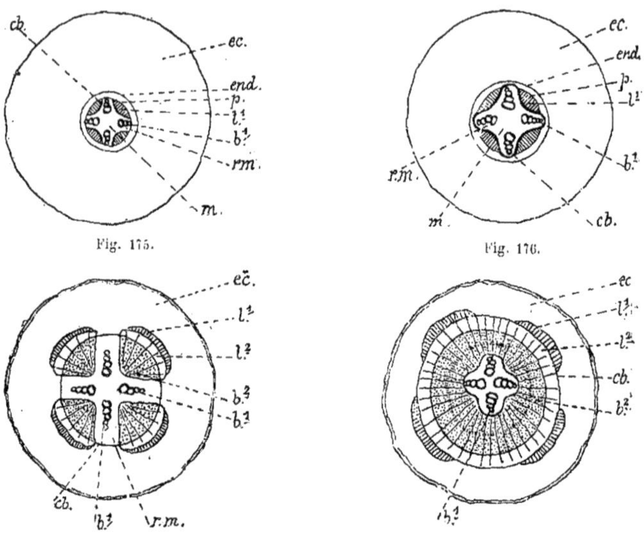

Fig. 175. — Formation des arcs de cambium (*cb*) en face des faisceaux libériens (*l¹*).

Fig. 176. — Transformation de ces arcs en une assise génératrice continue.

Fig. 177. — L'assise génératrice donne un faisceau ligneux secondaire en face de chaque faisceau libérien primaire.

Fig. 178. — L'assise génératrice donne un anneau libéro-ligneux complet.

Fig. 175 à 178. — Naissance des formations secondaires dans une racine. — *ec*, écorce ; — *end*, endoderme ; — *p*, péricycle ; — *rm*, rayon médullaire ; — *m*, moelle ; — *b¹*, bois primaire ; — *b²*, bois secondaire ; — *l¹*, liber primaire ; — *l²*, liber secondaire ; — *cb*, cambium ou assise génératrice libéro-ligneuse.

le péricycle, mais bien dans l'endoderme. Une seule cellule endodermique, située en face d'un vaisseau du bois, est l'initiale d'une radicelle et fonctionne comme l'initiale tétraédrique de l'extrémité de la racine principale, donnant naissance par ses cloisonnements aux divers tissus de la radicelle : cylindre central, coiffe et écorce.

Chez les Cryptogames vasculaires, dans le cas où la racine est binaire, c'est-à-dire où les faisceaux du bois sont au nombre de deux seulement dans la racine mère et dans la radicelle, les deux faisceaux de cette dernière sont situés dans un plan rectangulaire au plan qui contient les deux faisceaux de la racine mère.

STRUCTURE SECONDAIRE DE LA RACINE

Lorsqu'on suit le développement de la racine d'une plante dicotylédone ou d'une plante gymnosperme, on voit la racine s'accroître en épaisseur au moyen de la formation de nouveaux tissus, qui constituent ce qu'on appelle les *formations secondaires* de la racine. Celles-ci modifient assez profondément la structure de la racine, dont la structure secondaire succède à la structure primaire.

Les formations secondaires qui se produisent dans la racine sont tout à fait comparables à celles qui se développent dans la tige et que nous étudierons avec plus de détails dans un prochain chapitre, parce qu'elles présentent le plus haut intérêt. Nous serons donc très bref sur la question des formations secondaires dans la racine, nous contentant, pour le moment, d'indiquer seulement la place qu'elles occupent et les nouveaux tissus qui apparaissent, nous réservant de revenir plus longuement sur cette question à propos des formations secondaires de la tige (Voy. p. 116).

Les formations secondaires apparaissent

dans la racine au moyen d'assises génératrices. On nomme ainsi des assises de cellules jeunes, actives, susceptibles de se cloisonner et fonctionnant comme un méristème, pour produire sur ses deux faces de nouveaux tissus qui bientôt se différencient entre eux, si bien qu'une assise génératrice va donner naissance à des tissus d'aspect et de rôle différents. Il convient de distinguer dans l'accroissement en épaisseur de la racine deux assises génératrices qui fonctionnent séparément : l'une, située dans l'écorce, donne les *formations secondaires externes* ; l'autre, dans le cylindre central, entre le bois et le liber, est l'origine des *formations secondaires internes*.

Formations secondaires du cylindre central. — Dans le cylindre central de la racine, lorsqu'à la structure primaire va succéder la structure secondaire, les formations secondaires apparaissent par un méristème constitué par une assise de cellules, disposée de telle façon qu'elle laisse en dedans d'elle les faisceaux de bois primaire et en dehors les faisceaux de liber primaire. Cette assise génératrice est parfois désignée sous le nom de *cambium* (*cb*, fig. 175 et 176). Elle n'apparaît pas d'ailleurs tout entière à la fois : ce sont d'abord des îlots cellulaires, situés en face des faisceaux libériens, en dedans de ceux-ci, (fig. 175), qui commencent à se diviser ; puis ces arcs isolés se trouvent réunis entre eux, les cellules péricycliques situées en dehors des faisceaux du bois se mettant à se diviser à leur tour, et, de cette façon, se trouve constituée une assise génératrice d'abord discontinue (fig. 175), ensuite sinueuse (*cb*, fig. 176), mais qui ne tarde pas à devenir circulaire.

Les cellules de l'assise génératrice, en effet, se cloisonnant activement, donnent naissance à de nouveaux tissus sur leurs deux faces, à l'extérieur et à l'intérieur.

En face des faisceaux libériens, le méristème fonctionne en donnant vers l'extérieur du tissu libérien (*l²*, fig. 177) et vers l'intérieur de nouveau tissu ligneux (*b²*, fig. 178). Dans l'intervalle des faisceaux libériens primaires, en face du bois secondaire par conséquent, l'assise génératrice fonctionne en donnant sur ses deux faces du conjonctif ordinaire.

De cette façon, grâce au fonctionnement de l'assise génératrice, s'établissent dans le cylindre central de la racine des faisceaux libéro-ligneux secondaires (fig. 177), formés de bois secondaire (*b²*) vers le centre, et de liber secon-

daire (*l²*) vers l'extérieur, le bois et le liber étant séparés par une couche de cambium (*cb*). En dehors de ces faisceaux se trouve repoussé le liber primaire (*l¹*). Dans l'intervalle se trouvent des rayons médullaires larges, superposés aux faisceaux de bois primaire (*b'*).

Dans d'autres cas, l'assise génératrice fonctionne sur toute sa longueur de la même façon en donnant du bois secondaire du côté de l'intérieur et du liber secondaire du côté de l'extérieur. Il s'établit ainsi, autour du cylindre central de la racine, un double anneau de tissus secondaires (fig. 178), composés de bois secondaire (*b²*) du côté du centre et de liber secondaire (*l²*) du côté externe, séparés tous deux par la couche de cambium (*cb*). En dehors de l'anneau de liber secondaire se trouvent rejetés les faisceaux isolés de liber primaire (*l¹*) et en alternance avec ceux-ci, à l'intérieur de l'anneau de bois secondaire, sont les faisceaux de bois primaire (*b¹*). Le double anneau secondaire libéro-ligneux est d'ailleurs coupé çà et là par des rayons médullaires secondaires très étroits, dus à ce que certaines cellules de l'assise génératrice fonctionnent en donnant du parenchyme conjonctif.

L'assise génératrice ne fonctionne pas d'une façon continue, en ce sens que ses cellules se cloisonnent activement et produisent de nouveaux tissus secondaires à la belle saison. Pendant l'hiver, au contraire, elles se reposent et cessent de se diviser : il se produit alors chaque année de nouvelles formations secondaires qui se superposent ainsi que nous le verrons plus loin, avec plus de détails, à propos des formations secondaires de la tige (Voy. p. 119).

Formations secondaires de l'écorce. — Dans l'écorce apparaît une seconde assise génératrice qui constitue le méristème d'où sortent les formations secondaires externes. Cette assise, disposée concentriquement à la surface de la racine, occupe une position assez variable, tantôt très voisine de la surface, tantôt au contraire plus profonde, pouvant même pénétrer jusque dans le péricycle.

Cette assise génératrice fonctionne en donnant sur sa face interne du parenchyme cortical, constituant une écorce secondaire ; sur sa face externe, elle produit une zone de tissu subérifié, c'est-à-dire une couche de *liège*. Celle-ci recouvre alors la racine à sa surface et la protège, toute la partie extérieure de l'écorce primitive s'exfoliant et disparaissant complètement.

Fig. 179. — Baobab, près la mission du mont Roland, au Sénégal (Noal, phot. à Dakar) [1].

LA TIGE

DÉFINITION ET CARACTÈRES DE LA TIGE

Définition. — La tige est la partie de la plante qui porte les feuilles et les fleurs, et dont la fonction essentielle est de servir d'intermédiaire entre ces organes et les racines.

La tige se rencontre chez tous les végétaux, à l'exception des Thallophytes et d'un certain nombre d'Hépatiques de l'embranchement des Muscinées, chez lesquelles l'appareil végétatif se réduit à un thalle non différencié. La tige existe donc chez toutes les plantes à fleurs, chez les Cryptogames à racines et chez les Mousses.

Dimensions de la tige. — Les dimensions de la tige peuvent être extrêmement diverses ; chez certaines Mousses, en effet, elle atteint tout au plus quelques millimètres de hauteur, tandis que celle des *Sequoia gigantea* de la Californie, ou de certains *Eucalyptus* d'Australie, s'élève jusqu'à 120 et même 140 mètres de haut. Il en est de même du diamètre, qui peut varier depuis moins d'un millimètre, chez quelques espèces extrêmement petites, jusqu'à 10 et 15 mètres, chez le Baobab (*Adamsonia digitata*) de l'Afrique tropicale (fig. 179).

(1) Figure communiquée par le R. P. A. Sébire, *Les Plantes utiles du Sénégal.*

Plantes sans tige. — Certaines plantes semblent être dépourvues de tige et cependant portent des feuilles, qui forment au-dessus du sol, à l'extrémité supérieure de la racine, une rosette plus ou moins serrée. Ces plantes sont désignées sous le nom de plantes *acaules*, c'est-à-dire *plantes sans tige* (*caulis*, en latin, signifie tige). On dit alors quelquefois que la tige est absente, et que les feuilles sortent de la racine. C'est là une mauvaise manière de s'exprimer, la racine ne pouvant jamais porter de feuilles et seule la tige en produisant. En réalité, puisqu'il y a des feuilles, il y a certainement une tige, et les prétendues plantes acaules sont celles où la tige est très courte et les feuilles très rapprochées, ou bien encore celles dont la tige est en grande partie souterraine, ne laissant sortir au-dessus du sol que son extrémité terminale sur une excessivement faible longueur.

Caractères de la tige. — La tige se distingue essentiellement de la racine en ce qu'elle porte des feuilles. Lorsqu'elle est jeune, elle est toujours colorée en vert, car elle contient de la chlorophylle dans ses tissus. Chez certaines tiges âgées, la coloration verte peut disparaître, masquée par une autre couleur, brune ou grise, due à la formation de parties nouvelles, mais la chlorophylle existe toujours dans les tissus profonds. La racine au contraire est ordinairement blanche ou grise, et en tous cas ne présente pas la couleur verte,

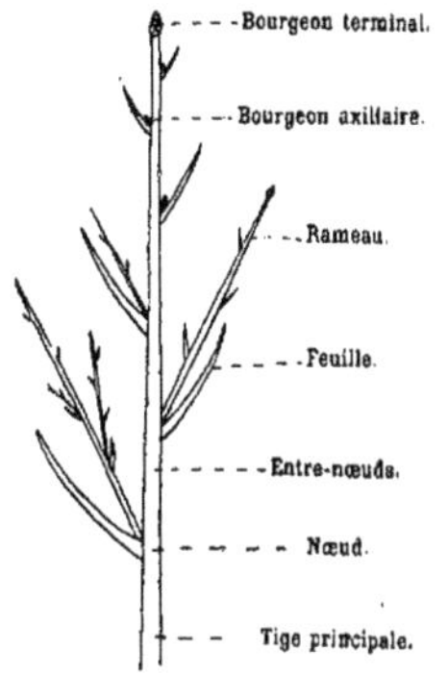

Fig. 180. — Tige et rameaux (figure schématique).

ne renfermant pas de chlorophylle dans ses tissus. Nous savons en effet que ce n'est que très exceptionnellement que certaines racines aériennes, comme celle des Orchidées épiphytes (Voy. p. 75), peuvent présenter, sous le voile, un parenchyme chlorophyllien.

La tige est ordinairement ramifiée : on y distingue donc deux parties (fig. 180).

1° La *tige principale*, qui fait partie de l'axe de la plante, continuant en ligne droite la racine principale ou racine terminale, dont elle est séparée par le *collet* ;

2° Les *branches* ou *rameaux* qui sont les ramifications de l'axe.

A l'extrémité de la tige principale et des rameaux, on ne trouve jamais de coiffe comme à l'extrémité des racines, mais un organe nommé *bourgeon* (fig. 180).

Jamais une tige ne porte de poils absorbants comme la racine et ses ramifications. Certaines tiges sont bien plus ou moins velues, mais les poils qui les couvrent ne jouent jamais le même rôle que les poils de la région pilifère de la racine et ne servent en aucun cas à l'absorption de la nourriture.

Tige principale. — La tige principale fait partie de l'axe de la plante : elle est le plus souvent de forme cylindrique, bien qu'il existe

de nombreuses exceptions à cette règle : les Carex ont une tige à section triangulaire, la Sauge et les autres Labiées présentent une tige carrée ; la tige est à côtes multiples chez les plantes grasses connues sous le nom de Cierges (*Cereus*) et elle devient ailée chez la Gesse (*Lathyrus*), par suite de l'accentuation des côtes qui deviennent membraneuses.

La tige principale, le plus souvent aérienne, se dirige alors verticalement, croissant de bas en haut ; cette direction verticale est due à l'influence de la pesanteur, qui agit sur la croissance de la tige comme elle agit sur celle de la racine, mais en sens inverse.

Les points où les feuilles s'attachent sur la tige portent le nom de *nœuds* et l'on désigne sous le nom d'*entre-nœuds* une portion de tige comprise entre deux nœuds successifs (fig. 180). Sur presque toute la longueur de la tige, les entre-nœuds présentent en général une longueur constante ; vers le sommet de la tige, cependant, la longueur des entre-nœuds va en décroissant jusqu'au bourgeon terminal qui occupe l'extrémité (fig. 180).

Bourgeons. — Le bourgeon qui termine la tige à sa partie supérieure est constitué par un certain nombre de petites feuilles très jeunes, serrées étroitement les unes contre les autres, de façon à recouvrir complètement le sommet de la tige qui forme l'axe central du

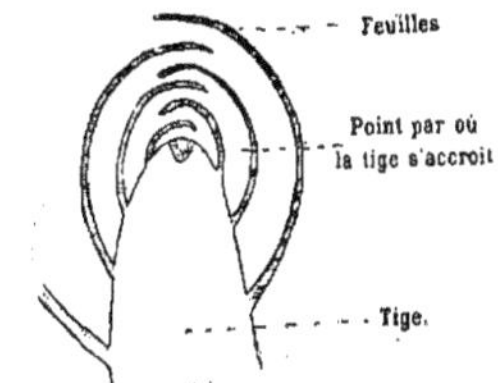

Fig. 181. — Bourgeon terminal (figure schématique).

bourgeon (fig. 181). Le bourgeon terminal sert à l'accroissement de la tige en longueur.

Sur la tige, à chaque nœud, à l'aisselle d'une feuille, c'est-à-dire dans l'angle formé par la feuille et l'entre-nœud qui surmonte le nœud où elle s'insère, on trouve un bourgeon dit *bourgeon latéral* ou *bourgeon axillaire*, dont la structure est en tous points semblable à celle du bourgeon qui termine la tige principale. Ces bourgeons axillaires donnent naissance aux ramifications de la tige, *branches* ou *rameaux* (fig. 180).

Fig. 182. — Sapin Épicéa (*Picea excelsa*).

En général, à l'aisselle d'une feuille, il n'y a qu'un bourgeon axillaire ; il peut cependant y en avoir plusieurs : deux chez les Graminées et même quatre, symétriquement placés, chez les Liliacées. S'il y a plusieurs bourgeons disposés en une série parallèle à la ligne d'insertion de la feuille, on les nomme *bourgeons collatéraux* (Prunier, plusieurs Graminées), tandis qu'on les désigne sous le nom de *bourgeons superposés* lorsque, comme ceux du Charme, du Noyer ou de l'Aristoloche, ils sont placés suivant une ligne perpendiculaire à la direction précédente.

Rameaux. — Les ramifications de la tige, *branches* ou *rameaux*, se développent normalement aux dépens des bourgeons axillaires et prennent par conséquent naissance à l'aisselle des feuilles. Les rameaux portent d'ailleurs eux-mêmes des feuilles, des bourgeons et se ramifient à leur tour. On nomme *rameaux secondaires* les ramifications immédiates de la tige principale ; les rameaux secondaires, à leur tour, produisent des *rameaux tertiaires*, qui donnent eux-mêmes naissance à des *rameaux quaternaires*, etc.

Le bourgeon axillaire, qui donne naissance à un rameau, prend son origine, sur l'axe qui le porte, dans la couche de cellules la plus externe, celle qu'on appelle l'épiderme. Aussi la surface d'une branche est-elle en continuité absolue avec celle de la tige mère qui la porte et jamais l'on n'aperçoit au point d'attache le bourrelet d'écorce qui existe sur une racine, à la base de la radicelle qu'elle porte (voy. p. 37). La tige se distingue donc de la racine en ce que ses ramifications sont *exogènes*, c'est-à-dire à origine externe, et non *endogènes* comme le sont les radicelles.

Il arrive parfois que dans une tige le bourgeon terminal s'atrophie et que, par conséquent, l'axe principal cesse de s'accroître ; dans ce cas, le bourgeon axillaire de la dernière feuille donne un rameau secondaire, qui vient se placer dans la direction de l'axe principal et le continuer. Ce rameau, au bout d'un certain temps, perd lui-même son bourgeon terminal et est lui-même remplacé par le rameau issu du bourgeon axillaire de la feuille la plus proche, et ainsi de suite. Dans ces conditions, l'axe de la plante qui, à première vue, semble unique, est en réalité constitué par la réunion bout à bout de rameaux d'ordres différents et nés les uns des autres successivement. Ce mode de ramification a reçu le nom de *sympodique* et l'on nomme *sympode* (1) l'axe complexe qui en résulte. De nombreux arbres peuvent être donnés comme exemple de ramification sympodique : le Tilleul, l'Orme, le Charme, le Saule, le Bouleau, etc.

Quelquefois aussi, si le bourgeon terminal avorte et que la plante ait les feuilles opposées, c'est-à-dire attachées deux par deux aux nœuds de la tige, les deux bourgeons axillaires des feuilles du dernier nœud de la tige donnent naissance à deux rameaux d'à peu près égale importance, si bien que l'axe semble se bifurquer, bien qu'en réalité il n'en soit rien, puisque l'axe s'interrompt et que ce sont deux branches de l'ordre suivant qui lui font suite. On dit alors qu'il y a ramification en *fausse dichotomie*, pour distinguer du cas de la *dichotomie vraie*, laquelle est due à un pur et simple dédoublement du point végétatif de l'axe. Cette dichotomie vraie, normale chez les végétaux des deux embranchements inférieurs, ne se rencontre qu'exceptionnellement chez quelques Phanérogames et quelques Cryptogames vasculaires.

La fausse dichotomie s'observe chez le Lilas ou le Gui. Chez les Sélaginelles, il y a également fausse dichotomie, mais elle provient ici de ce qu'au sommet de la tige, sous le bourgeon terminal, se développe, sans rapport avec les feuilles, un bourgeon latéral, donnant naissance à une branche d'égale importance à celle de l'axe lui-même, qui semble alors se bifurquer. En réalité, les deux branches de la fourche sont d'origine bien différente, puisque l'une d'elles représente l'axe, tandis que l'autre est un rameau de l'ordre suivant.

Tiges adventives. — Les bourgeons axillaires sont situés, avons-nous dit, à l'aisselle des feuilles et donnent naissance aux rameaux de la plante. Outre ces bourgeons axillaires, au nombre de un ou plusieurs par feuille, ainsi qu'il a été dit plus haut, il peut exister des bourgeons qui se forment en des points quelconques de la tige ou même de la plante. On les appelle alors *bourgeons extra-axillaires* ou *bourgeons adventifs*.

Ces bourgeons donnent naissance à des *rameaux adventifs* ou à des *tiges adventives*, dont le nombre et le développement influent sur le port de la plante. Les bourgeons adventifs se forment en général sur une jeune feuille ou sur une jeune racine. Sur une feuille, ils

---

(1) Par opposition, on appelle *monopode* un axe principal pourvu de rameaux qui en proviennent et sur lesquels il garde une prédominance très marquée.

Fig. 183. — Hêtre commun (*Fagus sylvatica*).

Fig. 181. — Allée de Cocotiers à Guét Ndar, près Saint-Louis (Sénégal),
d'après une photographie de Noal, à Dakar) [1].

sont une enveloppe exagérée contre les bourgeons de la tige ; sur une racine, ils naissent du péricycle, comme les radicelles avec lesquelles s'continuent les tiges adventives.

Accroissement de la tige. — La tige, comme c'est connu d'ailleurs, se termine par un bourgeon. C'est par lui que la tige s'accroît en longueur. Il est en effet constitué par un certain nombre de petites feuilles très jeunes, serrées les unes contre les autres, de manière à recouvrir complètement le sommet de la tige, qui forme l'axe central du bourgeon (fig. 181).

C'est en ce point terminal de l'axe que se trouve le point végétatif, où sans cesse se forment de nouveaux tissus qui allongent la tige et produisent en même temps de nouvelles feuilles, serrées les unes contre les autres. En même temps, les feuilles les plus externes du bourgeon grandissent et s'étalent, formant ainsi de nouvelles feuilles, dont les entre-nœuds, d'abord très courts, s'accroissent peu à peu jusqu'à atteindre la longueur ordinairement constante qu'ils présentent dans les parties plus âgées de la tige.

La croissance en longueur de la tige diffère donc sensiblement de celle de la racine qui, disons-nous ici, est *subterminale* (p. 61 et 62).

Celle de la tige peut être qualifiée de *terminale* et *intercalaire* :

1° Elle est *terminale*, les tissus nouveaux prennent naissance à l'extrémité même de la tige, sans qu'il y ait de coiffe pour recouvrir le point végétatif ;

2° Elle est *intercalaire*, parce que sur une certaine longueur la croissance de la tige continue pendant quelque temps à s'effectuer par allongement des entre-nœuds.

Par suite de la croissance intercalaire de la tige, les entre-nœuds, d'abord très courts au sommet, alors qu'ils sont très jeunes et sortent à peine du bourgeon, s'allongent bientôt et prennent leur taille définitive. On nomme *capacité de croissance* la capacité que possède un entre-nœud d'atteindre une longueur définitive. Cette capacité de croissance change d'ailleurs le long de la tige, suivant une certaine loi variable avec la plante étudiée.

La situation terminale du point végétatif d'une tige ou d'une branche explique parfaitement pourquoi il suffit de couper la tête d'un rameau pour empêcher celui-ci de s'accroître désormais en longueur. Lorsque dans un jardin on trouve une plante suffisamment élevée, en sectionnant l'extrémité de la tige, on en supprimera l'allongement, tandis qu'on favorise le développement de rameaux latéraux.

Comme la racine, la tige est douée de *circumnutation* ; ce phénomène consiste en ce que l'allongement ne se fait pas avec la même intensité suivant toutes les génératrices de l'axe

[1] Figure communiquée par le R. P. Sébire, *Les Plantes utiles du Sénégal*.

Fig. 180. — Paysage en Casamance (photographie de Noël, à Dakar).
1. Frondaisons. — 2. Bananiers; — en 3 et 5 sont deux Palmiers; — en 4, un Papayer, etc.

(Voy. p. 62.) La vitesse de croissance est à chaque instant plus grande suivant une de ces génératrices, qui changent d'ailleurs sans cesse, chacune des génératrices du cylindre qui constitue la tige étant successivement celle qui s'allonge le plus. Il en résulte que la tige, à son extrémité, ne conserve pas la forme d'un cône parfait, mais que son extrémité décrit dans l'espace une courbe en forme d'hélice, dont la projection sur un plan horizontal est une circonférence ou une ellipse.

Le mouvement de circumnutation est plus ample et plus rapide chez la tige que chez la racine : chez la tige, il est d'autant plus ample que la région de croissance est plus étendue.

DIVERSES FORMES DE TIGES

La tige et ses ramifications ne présentent pas chez toutes les plantes la même taille, la même forme, la même croissance, la même direction : aussi les plantes diffèrent-elles d'une façon assez notable entre elles et l'on donne le nom de *port* à l'aspect général, à la physionomie que prennent les végétaux par suite de ces caractères (fig. 182 à 188).

La tige, avons-nous dit plus haut, est la partie de la plante qui porte les feuilles et les développe généralement dans l'air. Aussi la tige est-elle le plus souvent une portion aérienne de la plante. Dans bien des cas, cependant, elle peut se développer dans d'autres milieux, en particulier sous la terre. Aussi pouvons-nous diviser les tiges des plantes en deux grandes catégories, d'après le milieu qu'elles habitent :

1° Les *tiges aériennes*, les plus nombreuses de toutes, qui s'élèvent dans l'air, y mettant les feuilles en relation d'échanges nutritifs avec l'atmosphère ;

2° Les *tiges souterraines*, qui se développent dans la profondeur du sol.

LES TIGES AÉRIENNES

Généralement les tiges aériennes présentent assez de consistance pour que l'axe et les rameaux qui s'en détachent puissent se tenir dressés dans l'air, sans qu'il leur soit besoin d'aucun support. C'est ce que l'on appelle des *tiges dressées*, que l'on oppose ainsi à celles dont la consistance n'est pas suffisante pour leur permettre de se tenir pareillement et qui, par cela même, sont obligées soit de ram-

1. Figure communiquée par le R. P. A. Sébire. *Les plantes utiles du Sénégal.*

Fig. 18. — Palmier à six têtes, de Bi-kra, d'après une photographie de M. Ernest Charpentier (Ernest Olivier).

per sur le sol, soit de grimper en s'accrochant par un moyen quelconque à un support tel qu'un mur, un tronc d'arbre, etc.

On se trouve donc conduit ainsi à distinguer, parmi les tiges aériennes, trois divisions :

1° Les *tiges dressées*;
2° Les *tiges rampantes*;
3° Les *tiges grimpantes*.

LES TIGES DRESSÉES

Habituellement, la tige se soutient dressée en l'air, grâce à la présence, en son intérieur, de filaments durs, plus ou moins longs, disposés parallèlement à la direction de l'axe, formés par des cellules allongées, et qu'on nomme des *fibres*. Voy. p. 11. Ces fibres sont de deux sortes :

1° Les *fibres du bois*, dures et cassantes, qui, lorsqu'elles sont en grandes masses, forment ce qu'on appelle vulgairement le *bois* ;

2° Les *fibres du liber*, plus molles et flexibles, mais très résistantes. Ce sont ces fibres du liber qu'on extrait chez certaines plantes telles que le Lin, le Chanvre, la Ramie, etc., et qu'on utilise dans l'industrie, sous le nom de *fibres textiles*, pour la fabrication de cordes, de fil, de tissus, etc.

Tiges herbacées. — Certaines tiges ne durent pas plus d'une année; sorties de terre au printemps, elles meurent lorsque revient la mauvaise saison. Pendant toute la durée de leur existence, elles restent vertes et conservent la consistance de l'herbe, ce qui leur a fait donner le nom de *tiges herbacées*.

Tiges ligneuses. — Les *tiges ligneuses*, au contraire, sont plus solides, plus résistantes, car elles contiennent des fibres du bois et des fibres du liber en grande abondance. Elles sont capables de passer l'hiver sans périr et peuvent par conséquent vivre plusieurs années consécutives.

Les plantes ligneuses se divisent elles-mêmes en plusieurs catégories :

Fig. 187. — Vaquois (*Pandanus utilis*), d'après une photographie de M. D. Charnay.

1° Les *plantes sous-frutescentes* ou *sous-arbrisseaux* ont une tige lignifiée seulement à la base, ainsi que les ramifications principales : la partie supérieure de la tige et les petits rameaux restent herbacés. Ex. : la Sauge, la Lavande, etc. ;

2° Les *plantes frutescentes* ou *arbrisseaux* sont lignifiées dans toutes leurs parties, tige principale et rameaux. Ceux-ci se montrent dès la base de la tige et l'ensemble présente une hauteur totale variant de 4 à 5 mètres. Le Lilas, le Laurier-Rose, etc., sont rangés dans la catégorie des arbrisseaux ;

3° Les *plantes arborescentes* ou *arbres* sont lignifiées dans toutes leurs parties et dépassent la hauteur de 5 mètres. Les ramifications ne commencent d'ailleurs habituellement qu'à une certaine hauteur au-dessus du niveau du sol. Le Sapin (fig. 182), le Chêne, le Robinier Faux Acacia, le Hêtre (fig. 183), etc., sont des arbres.

Il est clair d'ailleurs qu'entre ces trois catégories de plantes ligneuses on peut rencontrer toutes les transitions possibles et qu'il ne faut pas voir là quelque chose de trop absolu.

D'après leur aspect extérieur, certaines tiges ont reçu un nom particulier. C'est ainsi qu'on distingue le *tronc*, le *stipe*, le *chaume*, la *hampe*, etc.

Tronc. — Le tronc est la tige des grands arbres de nos forêts tels que les Chênes, les Hêtres (fig. 183), les Châtaigniers, les Pins, les Sapins (fig. 182), etc. Il est de forme conique plus large à sa base qu'au sommet et porte latéralement des ramifications dont l'ensemble forme la *cime* de l'arbre. Les branches inférieures disparaissant progressivement les unes après les autres, l'axe principal reste ainsi dénudé sur une certaine longueur, et c'est ainsi que se constitue le tronc proprement dit (fig. 183). Parfois la dénudation ne se produit que sur une faible longueur et, la tige restant droite et prédominante, les branches étalées vont en diminuant de longueur depuis la base jusqu'au sommet. L'arbre prend alors la forme conique que l'on observe chez les Sapins (fig. 182).

Lorsque, le tronc restant droit, les branches, qui ne prennent qu'un faible développement, se redressent presque contre celui-ci, la cime de l'arbre prend une forme générale étroite et élancée figurant un fuseau ou un cône dont le Peuplier d'Italie ou le Cyprès vert nous offrent de beaux exemples. On dit alors que l'arbre est *fastigié*.

Le port est dit *pleureur* lorsque les rameaux se dirigent en descendant vers le sol, comme on peut l'observer chez le Saule pleureur, le Frêne pleureur, le Sophora pleureur, etc.

Stipe. — Le *stipe* est la tige des Palmiers (fig. 184 et 185) et de plusieurs autres Monocotylédones arborescentes. On le retrouve chez les Fougères arborescentes des pays tropicaux (fig. 10, p. 16) et, aussi, parmi les Gymnospermes, chez les Cycadées.

Exceptionnellement, les Dicotylédones peuvent présenter un stipe analogue à celui des Monocotylédones, par exemple le Papayer commun (*Carica papaya*), arbre des îles Moluques, de l'Inde, des Antilles et du Sénégal (fig. 185, 4).

Le stipe est une tige de forme cylindrique, aussi large à son sommet qu'à la base et ne présentant point de ramifications latérales, affectant ainsi la forme d'une colonne surmontée à son extrémité d'un bouquet de feuilles. Celles-ci tombent à mesure que la tige grandit, et le stipe demeure hérissé, à sa surface, d'écailles ou de faisceaux fibreux, représentant la base persistante des feuilles.

Le stipe n'est généralement pas ramifié. Par exception, cependant, on rencontre parfois des Palmiers dont les stipes présentent plusieurs branches. Le Palmier Dhoum a normalement son stipe ramifié. D'autre part, on a pu observer dans l'Inde certains Palmiers appartenant aux genres Cocotier (*Cocos nuci-*

fera) ou Rondier (*Borassus flabelliformis*) ou Aréquier (*Areca*), dont la tige se bifurque par plusieurs fois (1). A Biskra, dans le jardin de la garnison, croît un remarquable Dattier à six têtes (fig. 186).

Les Vaquois (*Pandanus utilis*), de Madagascar, sont encore des exemples de plantes monocotylédones présentant un stipe ramifié (fig. 187).

Chaume. — On donne le nom de *chaume* à la tige des Graminées. Cette tige est de forme cylindrique, présentant des renflements aux nœuds, d'où se détachent les feuilles généralement engainantes. Les nœuds sont pleins et, en ces points, se produisent des entré-croisements des faisceaux conducteurs de la sève. Les entrenœuds sont le plus souvent vides et creux par destruction de la moelle. Celle-ci persiste toutefois chez la Canne à sucre, où elle se gorge d'une matière de réserve sucrée.

Les chaumes des Graminées sont le plus souvent des tiges herbacées. Certains cependant peuvent acquérir la consistance ligneuse, comme le font par exemple les tiges de certains Bambous, qui parviennent parfois à une hauteur considérable. La figure 188 représente, d'après une photographie prise dans l'ilede Java, un bois de Bambous dont les chaumes ont pris un développement tel, qu'ils mesurent jusqu'à 25 mètres de haut sur 1ᵐ,50 environ de circonférence.

Hampe. — On désigne sous le nom de *hampe* la tige du Plantain, de l'Oignon, etc. A proprement parler, la hampe n'est pas une tige véritable, puisqu'elle ne porte pas les feuilles, mais bien les fleurs : c'est le pédoncule de l'inflorescence. Les feuilles, dans les plantes pourvues d'une hampe, sont généralement groupées en rosette au ras du sol et la tige proprement dite est très courte, ou même souterraine.

Cladodes. — Certaines tiges aériennes peuvent se modifier de façon à présenter un aspect tout à fait particulier. Tels sont par exemple les cas de l'Asperge (*Asparagus*) et des Fragons (*Ruscus*) (fig. 189 à 192), chez lesquels les rameaux prennent l'aspect de feuilles et en jouent le rôle physiologique. A ces rameaux foliacés, on a donné le nom de *cladodes*.

C'est ainsi que chez le Fragon piquant (*Ruscus aculeatus*) (fig. 189 et 190), commun dans nos bois et bien connu sous les noms vul-

____

(1) Voy. P. **Constantin**, *Le Monde des Plantes*, II, p. 613-616, fig. 1602 à 1604.

Fig. 188. — Forêt de Bambous à Java.

Fig. 192.   Fig. 189.

Fig. 191.   Fig. 190.

Fig. 191 et 192. — Fragon à languette
(*Ruscus hypoglossum*).

Fig. 191. — Jeune rameau. | Fig. 192. — Rameau fleuri.

Fig. 189 et 190. — Fragon piquant
(*Ruscus aculeatus*).

Fig. 189. — Jeune rameau. | Fig. 190. — Rameau fleuri.

Fig. 189 à 192. — Rameaux transformés en cladodes, chez les Fragons (*Ruscus*).

gaires de *Houx frelon* ou *Petit Houx*, les feuilles véritables se réduisent à de toutes petites écailles, tandis que les dernières ramifications des branches s'aplatissent et prennent la forme de petites feuilles, au milieu de la face médiane desquelles naissent les fleurs (fig. 189 et 190). Chez le Fragon à languette (*Ruscus hypoglossum*) (fig. 191 et 192), on observe de semblables cladodes présentant en leur milieu une petite languette, bien visible, représentant la feuille à l'aisselle de laquelle prend naissance, sur le rameau, le pédoncule de la fleur.

L'Asperge (*Asparagus officinalis*) présente aussi des rameaux foliacés, ou cladodes. Les feuilles véritables sont très réduites et à leur aisselle naissent des rameaux mous, verts et nus, qui, grâce à la richesse de leur tissu chlorophyllien, jouent le rôle physiologique des feuilles.

Il existe encore un certain nombre de plantes chez lesquelles les feuilles véritables sont très

Fig. 193.   Fig. 194.   Fig. 195.

Fig. 193. — *Colletia cruciata.*
Fig. 194. — *Carmichœlia australis.*

Fig. 195. — *Phyllantus speciosus.*

Fig. 193 à 195. — Plantes chez lesquelles les rameaux prennent la forme des feuilles et en jouent
le rôle physiologique.

petites et où les rameaux s'aplatissent et prennent l'aspect de feuilles pour les remplacer au point de vue du rôle à jouer dans la nutrition. Nous pouvons citer ici comme exemples le *Colletia cruciata* (fig. 193) de la famille des Rhamnées, le *Carmichœlia australis* (fig. 194) de celle des Légumineuses, et le *Phyllantus speciosus* (fig. 195) de celle des Euphorbiacées.

Tige des plantes grasses. — On nomme plantes grasses des plantes appartenant pour la plupart à la famille des Cactées ou à celle des Euphorbiacées, et habitant les pays chauds. Leur tige prend une épaisseur considérable (fig. 196) due à ce que les tissus superficiels se gorgent d'une grande quantité de liquide. La forme de la tige est fort variable et le plus souvent fort singulière : chez les *Echinocactus*, elle affecte la forme d'une sphère ; chez les Cierges (*Cereus*), elle se présente sous l'aspect d'un cylindre plus ou moins allongé et plus ou moins ramifié ; chez les *Opuntia*, enfin, cette tige, au lieu d'être continue, se divise en expansions aplaties, plus ou moins régulièrement ovales, qu'on nomme des *raquettes* et qui se placent les unes à la suite des autres.

La surface de la tige des plantes grasses est d'ailleurs relevée de saillies régulières ou non, formant des bandes longitudinales ou

Fig. 196. — Massif de plantes grasses (Cactées et Agaves).

des mamelons proéminents, sur lesquels se dressent de nombreux faisceaux d'épines parfois longues et acérées (fig. 196).

Épines. — Certains rameaux courts et étroits ne portent pas de feuilles et se terminent en pointe à leur extrémité. Ils sont alors transformés en épines. Telle est l'origine, par exemple, des épines du Cytise épineux (*Cytisus spinosus*) et du Févier (*Gledistchia triacanthos*) (fig. 197).

LES TIGES RAMPANTES

Certaines tiges ne contiennent pas de fibres assez résistantes pour pouvoir se dresser dans l'air. Elles rampent alors sur le sol. On les range dans la catégorie des *tiges rampantes* ou *tiges couchées*. Ces tiges rampantes présentent sur toute leur longueur de nombreuses racines adventives, au moyen desquelles elles s'enracinent dans le sol.

Stolons. — Certaines plantes herbacées, comme l'Épervière piloselle (*Hieracium pilosella*) (fig. 133, p. 58), présentent des tiges aériennes de deux sortes. Les unes sont dressées, portant les fleurs : ce sont les rameaux florifères; les autres, au contraire, restent couchées et rampent sur le sol, s'enracinant

au contact de celui-ci et multipliant ainsi la plante par une sorte de marcottage naturel. A ces tiges rampantes, pourvues de feuilles normalement développées, on donne le nom de *stolons*.

Coulants. — Chez le Fraisier (*Fragaria vesca*), il existe également à la surface du sol des tiges rampantes où les feuilles sont rudimentaires et espacées. On les désigne sous le nom de *coulants* (fig. 198).

Drageons. — Il ne faut pas confondre les stolons et les coulants avec les *drageons*, qui sont aussi des rameaux rampants, mais d'origine différente. Stolons et coulants sont issus de la tige. Les drageons, au contraire, prennent leur origine sur des bourgeons radicaux et doivent être rangés, par conséquent, dans la catégorie des rameaux adventifs.

LES TIGES GRIMPANTES

Parfois la tige, quoique trop faible pour se dresser seule en l'air, peut cependant s'élever, grâce à des artifices particuliers, comme c'est le cas des *tiges grimpantes*, qui s'appuient à tout ce qui, dans leur voisinage, peut leur servir de support.

On désigne sous le nom de *lianes* les plantes ligneuses à tiges grimpantes. Les lianes sont

Fig. 197. — Rameau épineux du Févier (*Gledistchia triacanthos*).

Fig. 198. — Pied de Fraisier portant un coulant.

très abondantes dans les forêts tropicales et appartiennent aux familles les plus variées. Ce sont des Bignonées, des *Bauhinia*, des *Cissus*, des Hippocratées. La feuille des Aroïdées, tribu des Philodendrées, renferme également de nombreuses lianes, comme le *Raphidophora decursiva*, des forêts tropicales de l'Himalaya (fig. 199).

Chacune de ces plantes possède d'ailleurs un port qui lui est propre : les unes ressemblent à des rubans ondulés; d'autres se tordent en larges spirales, s'élancent d'un arbre à l'autre en les enlaçant, formant un fouillis inextricable de feuilles, de fleurs et de branches tel qu'il est bien difficile de distinguer ce qui appartient en propre à chaque végétal.

Certaines plantes de nos régions possèdent des tiges grimpantes comme les lianes des pays chauds, mais elles sont beaucoup moins nombreuses et n'en offrent d'ailleurs qu'une faible image. Le Lierre (*Hedera helix*), le Chèvrefeuille (*Lonicera caprifolium*), la Clématite (*Clematis vitalba*) sont les plus importantes de nos espèces indigènes, qui représentent les lianes des régions équinoxiales.

Qu'elles soient ligneuses ou herbacées, les tiges grimpantes se fixent à leurs supports par des moyens très divers. Ce sont souvent des racines adventives, plus ou moins modifiées, qui réalisent cette disposition. Nous en avons déjà donné un exemple en parlant des Figuiers de la région de l'Himalaya, représentés par la figure 131, page 61, dont la tige est étroitement enlacée au tronc d'un arbre plus gros, au moyen de racines adventives disposées comme des ceintures autour de ce tronc.

La tige du Lierre se fixe aux murs ou aux tiges des arbres, grâce à ses nombreuses racines adventives modifiées en crampons. Il en est de même de quelques autres plantes, le *Tecoma radicans* par exemple (fig. 133).

Certaines plantes, comme la Bryone (fig. 200), le Pois, la Vigne, grimpent en s'accrochant au moyen de *vrilles*, c'est-à-dire d'organes enroulés en tire-bouchon, qui sont soit des feuilles, soit des rameaux modifiés.

Ailleurs, ce sont des épines, comme chez le Prunellier, ou des aiguillons, comme chez la Ronce, qui permettent aux branches de s'enchevêtrer les unes dans les autres.

Les *tiges volubiles* grimpent en s'enroulant le long d'un support. L'enroulement se fait tantôt dans un sens, tantôt dans l'autre, mais en général le sens de l'enroulement est toujours le même pour une espèce déterminée. Pour indiquer le sens de l'enroulement, on suppose souvent qu'on a devant soi la plante enroulée autour de son support et que la spirale décrite par elle vient d'abord passer devant l'observateur. Si, en s'élevant ainsi, la tige va de la droite vers la gauche, comme c'est le cas pour le Houblon (*Humulus lupulus*) (fig. 201), on dit que c'est une tige *volubile sinistrorsum*. Elle est au contraire *volubile dextrorsum*, lorsqu'elle s'élève de gauche à droite, ainsi qu'on l'observe chez le Liseron des haies (*Calystegia sepium*) ou l'Igname de Chine (*Dioscorea batatas*) (fig. 201 *bis*).

Le sens de l'enroulement est constant, avons-nous dit, pour une espèce déterminée.

Fig. 190. — *Raphidophora decursiva*. Aroïdée a tige grimpante des forêts de l'Himalaya
(d'après une photographie).

Fig. 200. — Bryone (*Bryonia*); tige grimpante, pourvue de vrilles.

C'est ainsi que tous les Houblons s'enroulent

Fig. 201. — Houblon (*Humulus lupulus*); tige à enroulement sinistrorsum.

Fig. 201 *bis*. — Igname de Chine (*Dioscorea batatas*); tige à enroulement dextrorsum.

Fig. 201 à 201 *bis*. — Tiges volubiles.

toujours de droite à gauche et tous les Liserons de gauche à droite. Si l'on essaye même de contrarier la direction d'une de ces plantes et de l'enrouler en sens inverse, elle reprendra peu de temps après sa position naturelle. Et même si l'on attache la plante à son support dans sa direction forcée, elle ne tardera pas à mourir, la végétation s'arrêtant. « Les Bestes (ce m'aid' Dieu), si les hommes ne font pas trop les sourds, leur crient : Vive liberté ! » dit la Boétie. On peut dire après lui, qu'à l'exemple des animaux, les plantes nous montrent l'indépendance, puisque voilà des végétaux qui meurent plutôt que d'obéir à la main de l'homme et qui refusent de changer le sens de leur enroulement naturel.

LES TIGES SOUTERRAINES

Toutes les tiges ne se développent pas dans l'air : quelques-unes vivent sous terre où elles se modifient plus ou moins. On leur donne alors le nom de *tiges souterraines*, parmi lesquelles on distingue, d'après leur forme, plusieurs catégories :

1º Les *rhizomes* ;

2º Les *tubercules* ;

3º Les *bulbes*.

Rhizomes. — Un *rhizome*, qu'il ne faut pas confondre avec une racine, car il appartient à une partie différente de l'axe de la plante, est une tige souterraine, portant toujours, avec de nombreuses racines latérales, des petites feuilles réduites à des écailles. En même temps, il donne naissance à des rameaux aériens feuillés et florifères. Les rhizomes se rencontrent donc chez les plantes vivaces. Ce sont des organes de réserve destinés à passer sous terre la mauvaise saison et à produire, lorsque reviennent les beaux jours, les parties aériennes de la plante. Parmi les plantes à rhizomes les plus connues, on peut citer l'Iris, le Sceau de Salomon (fig. 202), etc.

Le Chiendent et plusieurs Graminées présentent ainsi un rhizome fort allongé, rampant dans le sol près de la surface et produisant, çà et là, des tiges aériennes.

C'est ordinairement le rhizome lui-même qui se redresse à son extrémité et étale à l'air ses feuilles et ses fleurs. Lorsque cette partie aérienne meurt, un bourgeon voisin se développe et continue sous terre le rhizome, suivant le mode de ramification des tiges que nous avons appris à connaître plus haut sous le nom de sympode (Voy. p. 99). Au printemps suivant, l'extrémité du rameau se redresse encore pour donner une nouvelle branche aérienne, qui tombe à son tour, pendant que ce rhizome s'allonge encore par le même procédé, et ainsi de suite. Les parties aériennes annuelles successives laissent, après leur chute, sur le rhizome, autant de cicatrices qui permettent de reconnaître l'âge de la plante et de déterminer depuis combien d'années une graine, en germant, a donné naissance au rhizome observé.

Cette recherche est particulièrement facile et intéressante à faire avec le rhizome du *Polygonatum vulgare*, très fréquent dans nos bois et vulgairement connu sous les noms de *Grenouillet* ou de *Sceau de Salomon*. Les cicatrices annuelles laissées sur le rhizome y sont fort nettes et ressemblent aux empreintes d'un cachet (fig. 202).

Tubercules. — La tige souterraine peut parfois, comme la racine, devenir tuberculeuse, par accumulation de matières nutritives, mises en réserve en son intérieur. C'est le cas de la Pomme de terre (fig. 203), dont le tubercule n'est pas une racine, mais bien une portion de tige renflée et gorgée de fécule.

Sur le tubercule de Pomme de terre, on trouve, en effet, au fond de petites dépressions appelées *yeux*, de petits bourgeons insérés à l'aisselle d'écailles représentant des feuilles rudimentaires. Le tubercule de Pomme de terre est donc pourvu de feuilles et ne peut par conséquent pas être une racine : c'est un fragment de tige.

Chez la Pomme de terre, la tubérisation porte sur plusieurs entre-nœuds successifs : il en est de même des tubercules de Topinambour, qui se distinguent des précédents en ce que la matière qui y est mise en réserve est de l'inuline et non de la fécule.

Chez certains tubercules, le renflement ne se produit que sur un seul entre-nœud de la tige. C'est ce qui se passe par exemple pour l'*Apios tuberosa*, de la famille des Légumineuses, ou bien encore chez le Cyclamen (*Cyclamen europœum*) (fig. 204).

Bulbes. — Le Lis, la Tulipe, la Jacinthe, l'Oignon, le Colchique, le Safran, etc., possèdent un organe souterrain appelé *bulbe* ou *oignon*. Un bulbe est essentiellement formé par une sorte de tige souterraine, courte et aplatie, constituant ce qu'on appelle le *plateau*, enveloppée de feuilles blanches et épaisses, qui sont les *écailles*.

On peut donc considérer le bulbe comme une sorte de bourgeon souterrain. Les écailles sont gorgées d'une réserve nutritive qui sert au bulbe à produire une tige aérienne appelée hampe, portant les feuilles et les fleurs. En même temps, de nombreuses racines adventives se développent à la face inférieure du plateau.

On peut distinguer plusieurs variétés de bulbes d'après le plus ou moins grand développement respectif des différentes parties :

Le bulbe du Lis, par exemple, est le type du *bulbe écailleux*, chez lequel le plateau est extérieurement recouvert par de très nombreuses écailles fort petites, imbriquées comme les tuiles d'un toit, rappelant assez bien la disposition des feuilles d'un Artichaut.

Dans le bulbe de l'Oignon ordinaire, le plateau est beaucoup plus réduit et ce sont les écailles qui, à elles seules, pour ainsi dire, constituent l'organe souterrain. Ces écailles se

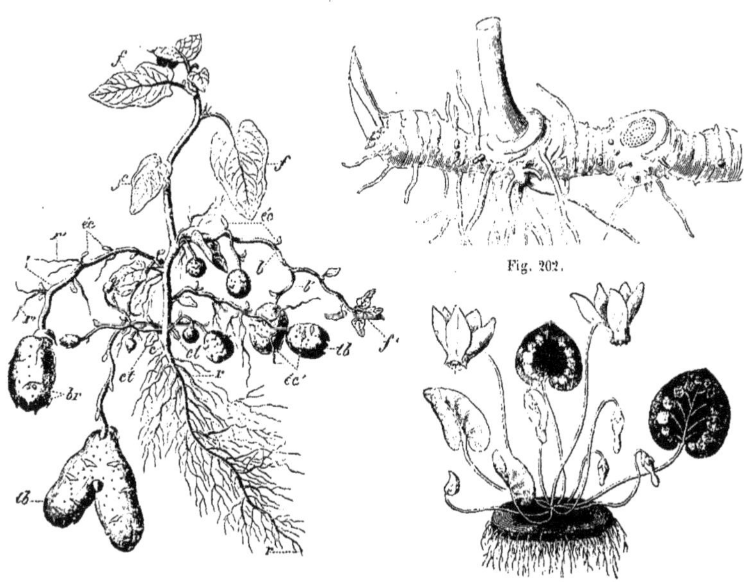

Fig. 202.

Fig. 203.

Fig. 204.

Fig. 202. — Rhizome du Sceau de Salomon (*Polygonatum vulgare*).

Fig. 203. — Pied de Pomme de terre (*Solanum tuberorum*) avec tubercules.

Fig. 204. — Tubercule de Cyclamen (*Cyclamen europæum*).

Fig. 202 à 204. — Tiges souterraines.

présentent comme des tuniques emboîtées les unes dans les autres, les plus extérieures recouvrant complètement les tubercules. Cette variété de bulbe est désignée sous le nom de *bulbe à tunique.*

Le bulbe des Colchiques présente un développement inverse. Les écailles y sont en effet rares et réduites et le plateau, au contraire, y acquiert la prédominance : c'est ce qu'on appelle un *bulbe solide.*

Parfois, à l'aisselle des écailles d'un bulbe prennent naissance des bourgeons axillaires, qui se renflent bientôt pour donner de petits bulbes destinés à se détacher plus tard de la plante mère et à servir à la multiplication. C'est ce qu'on appelle des *caïeux.*

Il ne faut pas confondre les *caïeux* avec les *bulbilles*, qui sont de petits bourgeons renflés, prenant naissance en des points très divers de la partie aérienne du végétal.

STRUCTURE DE LA TIGE

La tige, comme la racine, est caractérisée par sa structure interne, c'est-à-dire par la façon dont les tissus et les éléments cellulaires qui les composent y sont associés entre eux.

Comme pour la racine, il y a lieu de distinguer, chez les plantes à fleurs dicotylédones, deux états successifs au point de vue de la structure interne : la *structure primaire* et la *structure secondaire.*

STRUCTURE PRIMAIRE DE LA TIGE

Pour étudier au microscope la structure primaire de la tige, nous pratiquerons une

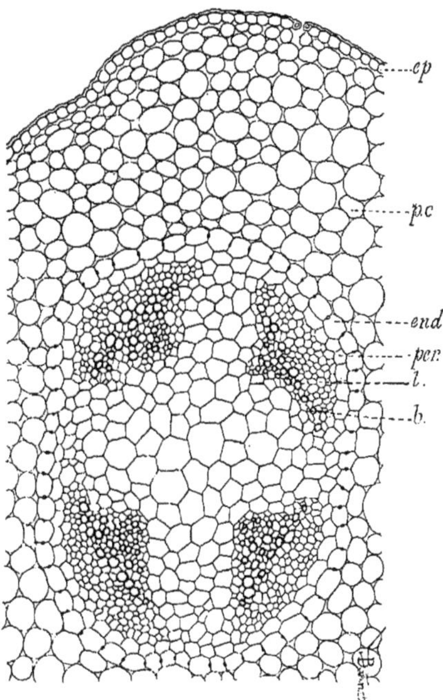

Fig. 205. — Coupe transversale d'une jeune tige de Lupin. — *ep*, épiderme ; — *pc*, parenchyme cortical ; — *end*, endoderme ; — *per*, péricycle ; — *l*, liber ; — *b*, bois.

coupe transversale à travers une tige encore très jeune, celle qui vient de sortir par exemple d'une graine en train de germer. Prenons par exemple une graine de Lupin et plaçons-la dans de la mousse humide, dans des conditions convenables de température et d'aération : une jeune plante en sortira, à travers la tige de laquelle nous pratiquerons une coupe transversale, que nous placerons sous le microscope (fig. 205).

Une jeune tige de Dicotylédone, ainsi considérée, présente trois régions principales : l'*épiderme*, l'*écorce* et le *cylindre central*.

Épiderme. — L'*épiderme* (*ep*, fig. 205) de la tige jeune encore est constitué par une assise de cellules fortement unies entre elles latéralement, mais plus faiblement adhérentes aux cellules de la couche sous-jacente ; aussi l'épiderme, souvent persistant, peut-il parfois être caduc et disparaître de très bonne heure.

Sur leur face externe, les cellules de l'épiderme présentent un épaississement et une cuti-nisation considérable de la membrane : aussi existe-t-il sur toute la surface extérieure de la tige une *cuticule* continue, résistante, élastique, imperméable, qui y joue un rôle de protection.

Cette couche présente cependant çà et là des défauts : l'épiderme en effet s'interrompt pour présenter des ouvertures, des stomates (Voy. p. 38). Les cellules stomatiques possèdent un protoplasma chlorophyllien, tandis que les autres cellules épidermiques sont dépourvues de chlorophylle.

Certaines cellules épidermiques se prolongent en poils. La forme de ces poils épidermiques varie à l'infini (Voy. p. 38 à 40 et fig. 52 à 57). Une même tige peut d'ailleurs en présenter à la fois de plusieurs formes différentes.

Ce qu'il y a surtout d'important à retenir à propos de ces poils épidermiques de la tige, c'est qu'ils ne sauraient en rien être comparés aux poils radicaux que nous avons étudiés à la surface de la racine : jamais en effet les poils de la tige ne jouent le rôle physiologique de poils absorbants et, à ce point de vue, il n'y a aucun rapport entre l'épiderme de la tige et l'assise pilifère de la racine.

Écorce. — L'écorce de la tige est relativement mince et est moins développée par rapport au cylindre central que celle de la racine. Elle se compose d'un parenchyme cortical (*pc*, fig. 205) formé de cellules larges, arrondies ou polyédriques, à parois minces, à protoplasma riche en chlorophylle et renfermant beaucoup de sucre et d'amidon.

Les cellules de ce parenchyme sont disposées sans ordre et l'on n'y observe pas les deux zones corticales externe et interne si nettement caractérisées dans la racine (Voy. p. 80). C'est tout au plus si, du côté le plus interne, les assises de l'écorce accusent une vague tendance à une disposition des éléments un peu plus régulière.

L'assise la plus externe de l'écorce, celle qui vient immédiatement sous l'épiderme, ne se distingue en rien des autres. La plus interne, au contraire, est constituée par des cellules prismatiques, régulières, à parois subérifiées, avec plissements latéraux : c'est l'*endoderme* (*end*, fig. 205), tout à fait comparable à celui dont nous avons signalé l'existence dans la structure primaire de la racine. Les cellules endodermiques sont plus riches en amidon que les autres cellules du parenchyme cortical.

Cylindre central. — Le cylindre central de la tige, considérée dans sa structure primaire, se compose, ainsi que celui de la racine, d'un parenchyme conjonctif enveloppant des faisceaux de fibres et de vaisseaux disposés suivant un cercle à égale distance les uns des autres.

Le parenchyme conjonctif comprend :

1° Un *péricycle* (*per*, fig. 205), assise la plus externe du cylindre central et dont les cellules alternent régulièrement avec celles de l'endoderme, sur lesquelles elles s'appuient ;

2° Les *rayons médullaires*, séparant entre eux les faisceaux successifs équidistants ;

3° La *moelle*, qui occupe le centre du cylindre central.

Les faisceaux du cylindre central de la tige comprennent à la fois des éléments de deux sortes : du bois et du liber. Ce sont donc des faisceaux *libéro-ligneux*. Il y a là une différence essentielle entre la tige et la racine. Tandis que,

chez le dernier organe, il y a lieu de distinguer des faisceaux du bois et des faisceaux du liber nettement séparés et alternant régulièrement les uns avec les autres, dans la tige, au contraire, bois et liber sont groupés en des faisceaux communs.

Dans ces faisceaux *libéro-ligneux*, les éléments du bois (*b*, fig. 205) occupent la position la plus interne, les éléments du liber (*l*, fig. 205) étant placés à l'extérieur. Bois et liber sont d'ailleurs séparés entre eux par quelques éléments cellulaires non différenciés.

Le bois, placé le plus près du centre, se compose de vaisseaux et de cellules ; son développement est centrifuge et unilatéral. Les vaisseaux les plus étroits sont situés du côté du centre et sont annelés, spiralés et réticulés ; les plus gros sont les plus externes et sont des vaisseaux ponctués. C'est encore là une différence avec ce qui se passe pour les vaisseaux ligneux de la racine où les vaisseaux les plus étroits (annelés, spiralés et réticulés) sont à l'extérieur, les plus larges (ponctués) tournés vers l'intérieur.

Le liber est formé de tubes criblés et de cellules ; quelquefois aussi on observe des fibres scléreuses. Il est à développement centrifuge.

Le tableau suivant peut servir à résumer la structure primaire normale d'une tige :

1° *Épiderme.*

2° *Écorce* .. { *a.* Zone corticale. / *b.* Endoderme.

3° *Cylindre central.* { *a.* Parenchyme conjonctif. { α. Péricycle. / β. Rayons médullaires. / γ. Moelle. } / *b.* Faisceaux libéro-ligneux. { Liber, externe. / Bois, interne. }

Modifications de la structure primaire de la tige. — 1° *Dicotylédones.* — La structure primaire, telle que nous venons de la décrire, est la structure normale d'une très jeune tige d'une plante dicotylédone. Cette structure, qui demeure sensiblement la même dans ses grandes lignes, peut présenter parfois de petites modifications de détail.

C'est ainsi que l'épiderme peut être pourvu de poils d'une forme extrêmement variable. Il peut d'ailleurs être caduc ou persistant.

L'écorce peut être plus ou moins épaisse. Chez les tiges souterraines et chez les Cactées, elle acquiert une dimension considérable, tandis qu'ailleurs elle se réduit à quelques assises de cellules seulement. Fréquemment, l'écorce se

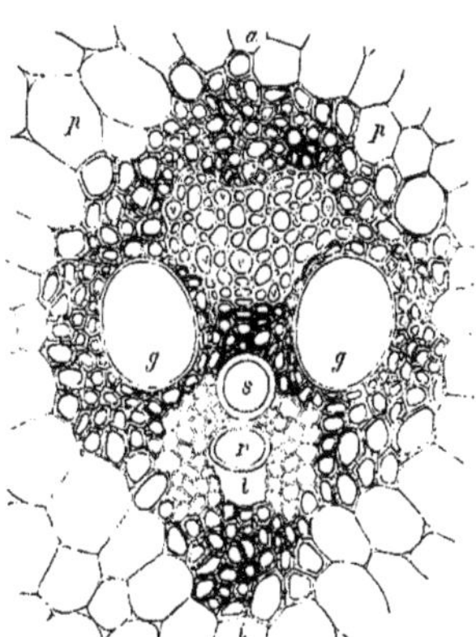

Fig. 206. — Coupe transversale d'un faisceau libéro-ligneux d'une tige de Maïs (*Zea Mais*). — *a*, face externe du faisceau; — *i*, face interne; — *g,g*, vaisseaux ponctués; *s*, vaisseau spiralé; — *r*, vaisseau annelé; — *l*, lacune; — *p*, parenchyme. — Les cellules les plus internes de ce parenchyme se sont différenciées pour former une gaine scléreuse autour du faisceau.

différencie pour jouer un important rôle de protection. A cet effet, une partie du parenchyme épaissit ses cellules et se transforme en collenchyme ou en sclérenchyme (Voy. p. 41).

Le péricycle n'est pas habituellement formé d'une seule assise d'éléments cellulaires, comme dans la racine. Fréquemment, il est composé de plusieurs couches de cellules superposées et acquiert même parfois une assez grande épaisseur, comme cela s'observe par exemple chez les Cucurbitacées. Souvent aussi, au milieu de ces assises péricycliques, se différencient des faisceaux fibreux, souvent appelés à tort du nom inexact de fibres libériennes — ou bien encore du collenchyme, ou des canaux sécréteurs.

Les faisceaux libéro-ligneux de la tige sont normalement composés de tissu ligneux au centre et de tissu libérien du côté de l'extérieur. Exceptionnellement, les faisceaux peuvent posséder un deuxième liber placé à l'intérieur du bois, si bien qu'en définitive celui-ci est compris entre deux zones libériennes, l'une interne, l'autre externe. Cette disposition des faisceaux à deux libers est un caractère anatomique typique de la famille des Cucurbitacées.

Chez certaines tiges très jeunes, lorsque la section transversale est pratiquée dans la région des feuilles, il arrive qu'on trouve non seulement des faisceaux libéro-ligneux disposés suivant une circonférence dans le cylindre central, mais encore, dans l'écorce, d'autres faisceaux qui la traversent pour se rendre aux feuilles. C'est ce qu'on appelle des *faisceaux foliaires*, pour les distinguer des faisceaux propres de la tige ou *faisceaux caulinaires*, dont ils ne sont d'ailleurs que des ramifications.

En effet, une des fonctions principales de la tige est de porter les feuilles et celles-ci reçoivent la sève par des faisceaux libéro-ligneux qui se détachent des faisceaux de l'axe. Si l'on suit dans leur longueur les faisceaux libéro-ligneux d'une tige, on les voit courir soit parallèlement, soit obliquement à l'axe de la tige. A chaque nœud ils se ramifient : plusieurs de ces rameaux pénètrent dans les feuilles et prennent alors le nom de *faisceaux foliaires*; une ramification continue son chemin dans le cylindre central, formant le *faisceau propre* ou *faisceau caulinaire*, qui monte jusqu'au nœud suivant où il se comporte de la même façon.

Or les faisceaux foliaires, lorsqu'ils se détachent ainsi, peuvent traverser directement l'écorce pour se porter à la feuille située au nœud même où ils ont pris naissance. Souvent aussi ils suivent une marche ascendante dans l'écorce et ne se recourbent qu'à un nœud situé plus haut, pour pénétrer dans une feuille. En général, le nombre des faisceaux libéro-ligneux dans une tige croît avec l'âge de la plante, puis décroît progressivement et le nombre en est toujours en rapport avec le nombre et la dis-

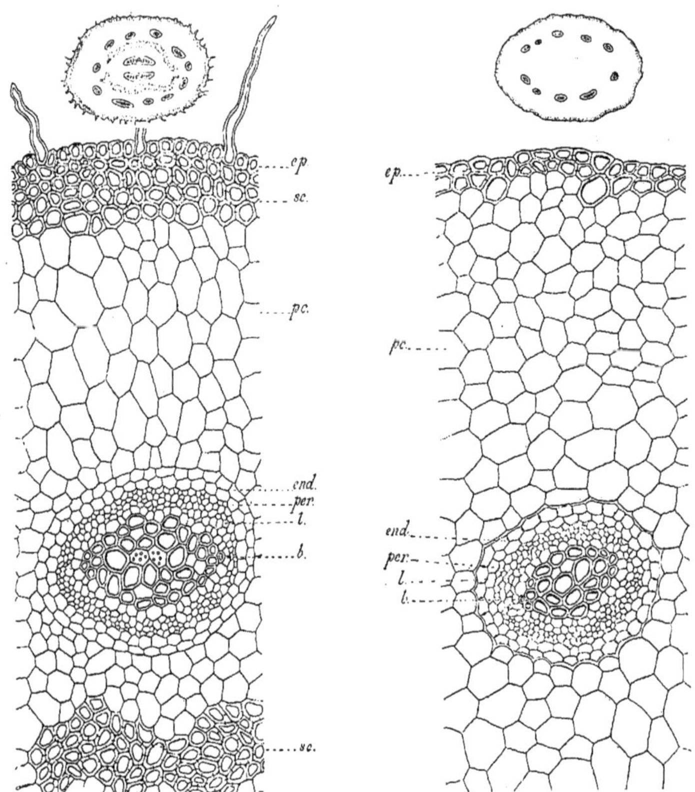

Fig. 207. — Rhizome d'une Fougère (*Pteris aquilina*). Fig. 208. — Rhizome d'une Fougère (*Polypodium vulgare*).

ep, épiderme ; — *sc*, sclérenchyme ; — *pc*, parenchyme cortical ; — *end*, endoderme ; — *per*, péricycle ; — *l*, liber ; — *b*, bois. — Dans chacune des deux figures 207 et 208, on voit, en haut, l'aspect de la coupe totale du rhizome vu à un faible grossissement, puis, en dessous, une portion plus grossie de cette même coupe, montrant les détails d'un faisceau libéro-ligneux.

position des feuilles dans la région considérée.

Chez les Dicotylédones, les feuilles étant en général pétiolées et pourvues à la base d'une nervure principale, n'empruntent à la tige qu'un petit nombre de faisceaux, qui s'y rendent directement : d'où il résulte que, sur une coupe transversale, la tige ne montre qu'une circonférence unique de faisceau libéro-ligneux.

Chez certaines Dicotylédones, toutefois, les faisceaux foliaires, après s'être séparés des faisceaux caulinaires, ne se rendent aux feuilles qu'après un trajet plus ou moins long à l'extérieur de ceux-ci. La coupe de la tige montrera alors des faisceaux disposés sur plusieurs circonférences concentriques : il y en a deux chez les *Phytolacca*, trois et même quatre chez certaines Pipéracées.

2° *Monocotylédones.* — Cette disposition des faisceaux foliaires, qui ne se rencontre que chez certaines Dicotylédones, peut être considérée comme normale dans le grand groupe des Monocotylédones. Ici les feuilles sont en général dépourvues de pétiole et possèdent plusieurs nervures parallèles dans leur limbe. Elles empruntent alors à la tige un grand nombre de faisceaux, qui décrivent à l'intérieur du cylindre central un trajet sinueux avant de parvenir à la feuille à laquelle ils sont destinés. Aussi la section transversale d'une tige de Monocotylédone offre-t-elle à considérer de nombreux faisceaux disposés sur plusieurs circonférences concentriques. On observe d'ailleurs une certaine asymétrie dans cette disposition, due à ce qu'un assez grand nombre de faisceaux foliaires quittent à la fois la tige pour passer dans la même feuille.

En dehors de cette disposition des faisceaux foliaires, la structure primaire de la tige des Monocotylédones ne diffère guère de celle des Dicotylédones que par des points de détail. Dans les faisceaux libéro-ligneux, le bois, où le développement est centrifuge et bilatéral, a la forme d'un V dont les deux branches embrassent le liber et dont le sommet de l'angle est tourné vers l'axe de la tige. Chez certains types, comme l'*Acorus* ou l'*Iris*, le bois forme un cercle complet autour du liber.

Parfois, en particulier chez les Graminées, les faisceaux libéro-ligneux sont enveloppés tout entiers par une épaisse gaine scléreuse (fig. 206).

3° *Gymnospermes*. — La structure primaire de la tige des Gymnospermes est celle de la tige des Dicotylédones. Les vaisseaux du bois y sont aréolés, ponctués.

4° *Cryptogames vasculaires*. — Parmi les Cryptogames vasculaires, chez les Fougères de nos pays (fig. 207 et 208), la structure de la tige présente une modification intéressante.

Sous l'épiderme (*ep*), au milieu d'un parenchyme homogène, sont disposés, sans aucun ordre apparent, un certain nombre de massifs d'éléments conducteurs. Ces massifs sont tous pourvus à l'extérieur d'un endoderme (*end*), doublé intérieurement d'un péricycle (*per*). Contre celui-ci se trouve une zone de tissu libérien (*l*) entourant d'une façon continue le bois (*b*) qui forme le centre du massif. Ce bois est à développement centripète, à deux directions concourantes.

Chacun des massifs précédents représente à lui seul, non un faisceau libéro-ligneux isolé, mais une formation analogue au cylindre central de la structure normale des Phanérogames. Si on substitue au nom de cylindre central celui de *stèle*, on dira que la tige des Fou-

gères en question renferme dans son écorce plusieurs stèles, c'est-à-dire plusieurs cylindres centraux, dépourvus de moelle, réduits chacun à une masse de bois et une masse de liber entourées d'un péricycle et d'un endoderme. On dit alors que la structure de la tige est *polystélique*, ou encore qu'il y a *polystélie*.

La polystélie, très commune chez les Cryptogames vasculaires, ne se rencontre qu'exceptionnellement chez les Dicotylédones, par exemple chez certaines Primulacées.

Les vaisseaux du liber et du bois, chez les Cryptogames vasculaires, sont des vaisseaux imparfaits. La présence dans le bois de vaisseaux scalariformes (Voy. p. 46) est un caractère du groupe.

5° *Muscinées*. — La tige des Muscinées, d'une Mousse par exemple, se compose d'un épiderme enveloppant un parenchyme cellulaire assez homogène, dans lequel ne se différencient pas de vaisseaux conducteurs. Dans les types où la structure présente son maximum de complication, chez la Funaire hygrométrique par exemple, c'est tout au plus si les cellules centrales du parenchyme, au lieu de rester arrondies comme celles de la périphérie, s'allongent parallèlement à l'axe de la tige en se disposant à la façon de vaisseaux ; mais jamais le protoplasma ni les membranes ne se modifient de la façon qui caractérise les tissus vasculaires.

STRUCTURE DU SOMMET DE LA TIGE

Au sommet de la tige se trouve le *point végétatif*, c'est-à-dire le point par où s'accroît cet organe. Là, tous les tissus différenciés qui constituent la structure primaire de la tige se confondent en un méristème analogue à celui qui existe à l'extrémité de la racine (Voy. p. 84). C'est ce méristème qui est l'origine des divers tissus de la tige, la différenciation se produisant d'ailleurs de haut en bas, au lieu de se produire de bas en haut comme pour la racine.

Le méristème dérive lui-même par cloisonnement d'un petit nombre de *cellules initiales* qui se cloisonnent activement pour donner naissance à toutes les cellules de ce tissu. Le nombre des cellules initiales est toujours fort petit et même, dans certains cas, il peut n'y en avoir qu'une seule. Nous distinguerons, comme pour la racine, ce qui se passe chez les Cryptogames vasculaires et les Phanérogames. Mais, quel que soit leur nombre, les cellules initiales dans la tige occupent toujours l'extrémité même ; d'où il résulte que l'accroissement de la tige est *terminal,* et non subterminal comme celui de la racine.

Cryptogames vasculaires. — Dans le groupe des Cryptogames vasculaires, le méristème, origine de tous les tissus de la tige, prend naissance par une seule cellule initiale. Celle-ci a ordinairement la forme d'un tétraèdre dont la base bombée est tournée vers le haut et forme la surface supérieure du sommet de la tige ; le sommet du tétraèdre est tourné vers le bas. Pour engendrer le méristème, cette cellule tétraédrique subit des cloisonnements parallèles aux faces latérales seulement : il se forme ainsi trois séries de cellules qui se découpent à leur tour dans tous les sens et deviennent l'origine d'un méristème où bientôt s'organisent une écorce et un cylindre central. Comme la cellule initiale tétraédrique des Cryptogames vasculaires ne présente pas de cloisonnement parallèle à la surface de base, on ne saurait dire, à proprement parler, que la tige possède un épiderme chez les plantes de cet embranchement. L'assise périphérique dérive de l'écorce et mériterait donc plus exactement le nom d'*exoderme.*

Phanérogames. — Chez les Gymnospermes, le développement de la tige à son sommet se fait encore de la manière précédente, c'est-à-dire par une cellule initiale unique.

Chez les Angiospermes, au contraire (Monocotylédones et Dicotylédones), le nombre des cellules initiales est plus considérable : il y en a toujours au moins trois et souvent davantage ; mais, dans ce dernier cas, il y a toujours trois groupes distincts de cellules mères, chaque groupe donnant naissance à une partie déterminée de la tige.

Les trois groupes de cellules mères de la tige forment à l'extrémité trois étages superposés.

Le plus externe de ces groupes ne comprend qu'une seule assise de cellules qui se cloisonnent suivant leurs faces latérales seulement et jamais suivant leurs faces supérieure ni inférieure. Ces cellules mères externes engendrent de cette façon l'épiderme, qui forme ainsi au sommet de la tige une assise unique, la première différenciée. De cette façon, l'initiale épidermique demeure toujours à l'extrémité même de la tige, dont l'accroissement est donc bien terminal, tandis que pour la racine l'accroisse-

ment n'est que subterminal, puisque l'initiale externe correspondante engendre la coiffe et reste séparée, par toute l'épaisseur de celle-ci, de l'extrémité de l'organe.

Le groupe moyen de cellules mères comprend les *cellules corticales,* ainsi nommées parce qu'elles engendrent l'écorce.

Le groupe inférieur, c'est-à-dire le plus interne, est l'origine du cylindre central : le méristème qui en dérive se modifie bientôt et se différencie plus bas en parenchyme conjonctif et en tissus vasculaires.

ORIGINE ET DÉVELOPPEMENT DES RAMIFICATIONS DE LA TIGE

Rameaux. — Les rameaux ou branches naissent sur la tige aux dépens de cellules appartenant aux tissus situés à la périphérie de l'organe. Les ramifications de la tige sont donc *exogènes,* ce qui les distingue des ramifications de la racine, les radicelles, qui sont endogènes, ainsi que nous l'avons vu plus haut (p. 89).

Pour étudier la manière dont prend naissance un rameau, pratiquons une coupe longitudinale au point où il doit s'en produire un normalement, c'est-à-dire à l'aisselle d'une feuille. En ce point se montrera tout d'abord une légère saillie, en forme de mamelon, à peine différenciée. A la surface de cette saillie sont les cellules initiales qui engendreront les divers tissus de la branche et sont disposées exactement comme nous venons de le voir pour l'extrémité de la tige.

Chez les Cryptogames vasculaires et les Gymnospermes, une seule cellule initiale est l'origine de chaque rameau : cette cellule mère, de forme tétraédrique, en se cloisonnant parallèlement à ses faces latérales, donne les divers tissus du rameau.

Chez les Phanérogames, il y a trois groupes d'initiales : un pour l'épiderme, l'autre pour l'écorce et le troisième pour le cylindre central. L'initiale épidermique est une cellule de l'épiderme de la tige mère : les initiales de l'écorce et du cylindre central dérivent du tissu sousépidermique.

RAPPORTS DE LA TIGE AVEC LES RACINES

Racines latérales. — Les racines latérales et les racines adventives prennent naissance sur la tige comme les radicelles naissent de la racine (Voy. p. 87). Ce sont des formations endogènes et non exogènes comme les rameaux. Chez les Phanérogames, elles se développent aux dépens du péricycle, et chez les Cryptogames vasculaires aux dépens de l'endoderme. La sortie et la croissance des racines latérales s'opèrent par le même mécanisme que la sortie et la croissance des radicelles.

Structure du collet. — On donne le nom de collet au point de jonction de la tige et de la racine principales. Cette portion de l'axe de la plante présente une structure intéressante à étudier. Nous savons, en effet, que les vaisseaux du bois et les vaisseaux du liber sont séparés les uns des autres dans la racine et forment des faisceaux distincts, alternant régulièrement les uns avec les autres : dans la tige, au contraire, il y a des faisceaux libéro-ligneux où sont rassemblés, les uns contre les autres, les vaisseaux du bois et du liber. Or, les vaisseaux de la tige ne sont que la continuation de ceux de la racine. On est alors conduit à se demander ce qui se passe au collet pour que la distribution ne soit pas la même dans les deux organes.

En pratiquant une série de coupes parallèles entre elles dans cette région de l'axe, on voit que les vaisseaux du liber de la racine passent directement dans la tige sans être déviés de leur chemin.

Les faisceaux du bois de la racine, au contraire, en pénétrant dans le collet, se dédoublent : la moitié de chacun de ces faisceaux dédoublés, quittant sa direction primitive, oblique vers le faisceau libérien voisin, si bien qu'un peu plus haut, en face de chaque faisceau du liber et en dedans de lui, viennent se disposer deux demi-faisceaux ligneux appartenant primitivement à deux faisceaux différents de la racine, les deux faisceaux situés à droite et à gauche du faisceau du liber considéré. Ces deux demi-faisceaux du bois s'accolent l'un à l'autre en dedans du liber, et ainsi se trouve constitué le faisceau libéro-ligneux de la tige. En même temps que les derniers faisceaux du bois changent de position, ils se retournent également, ce qui explique que les vaisseaux soient orientés dans les faisceaux de la tige en sens inverse de ceux de la racine.

STRUCTURE SECONDAIRE DE LA TIGE

Chez les Dicotylédones et chez les Gymnospermes, la tige ne conserve pas longtemps sa structure primaire : la formation de nouveaux tissus, constituant ce qu'on nomme les *formations secondaires* de la tige, permet à celle-ci de s'accroître en épaisseur : elle présente alors sa *structure secondaire*.

Les formations secondaires de la tige, comme celles de la racine (Voy. p. 89), apparaissent grâce à l'activité d'*assises génératrices*.

Assises génératrices de la tige. — On appelle *assise génératrice* une assise de cellules jeunes et actives, ayant conservé la propriété de se cloisonner, en produisant sur leurs deux faces de nouvelles cellules. De chaque côté de l'assise génératrice, qui fonctionne alors comme un méristème, prennent donc naissance de nouveaux tissus, qui se différencient suivant la place qu'ils occupent dans la tige.

Chez les Dicotylédones et chez les Gymnospermes, la tige s'accroît en épaisseur grâce au fonctionnement de deux assises génératrices qui fonctionnent séparément : l'une est située dans le cylindre central, toujours à l'intérieur du liber primaire, c'est l'*assise génératrice intralibérienne*, qui donne les *formations secondaires internes*; l'autre est située soit dans l'écorce, soit dans le péricycle, et en tous cas toujours extérieurement au liber : c'est l'*assise génératrice corticale* ou *extralibérienne*, qui produit les *formations secondaires externes*.

Nous examinerons successivement ce qui se passe dans la tige par suite des formations secondaires, d'abord pendant la première année, puis, chez les plantes dont la tige vit plus d'un an, pendant les années suivantes.

Formations secondaires de la première année. — Chez les plantes dicotylédones, les formations secondaires débutent de très bonne heure dans la tige : à peine la structure primaire y est-elle établie que, dans le cylindre central, l'assise génératrice intralibérienne se met à fonctionner, donnant naissance ainsi aux formations secondaires de l'année.

L'assise génératrice interne débute par des cloisonnements de cellules qui se produisent à l'intérieur des faisceaux libéro-ligneux entre les éléments du bois et du liber. Il se forme ainsi dans chaque faisceau ce qu'on peut appeler un *arc générateur*. Puis, dans les rayons médullaires, des cellules, placées sur un même cercle que les arcs dont il vient d'être question, se mettent à leur tour à se cloisonner activement.

Bientôt les arcs générateurs des faisceaux et

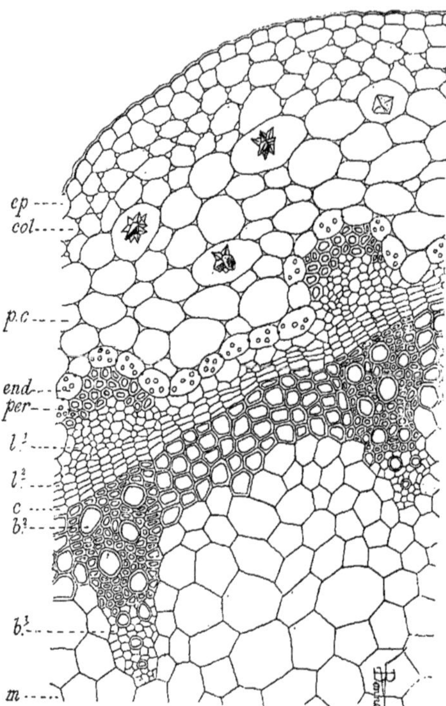

Fig. 209. — Coupe transversale d'une tige de Bégonia au début des formations secondaires. — *ep*, épiderme ; — *col*, collenchyme ; — *pc*, parenchyme cortical ; — *end*, endoderme ; — *per*, péricycle ; — *l¹*, liber primaire ; — *l²*, liber secondaire ; — *c*, cambium ; — *b²*, bois secondaire ; — *b¹*, bois primaire ; — *m*, moelle.

les arcs générateurs intermédiaires des rayons médullaires se raccordent les uns aux autres, donnant ainsi naissance à une assise génératrice continue passant à travers les faisceaux libéro-ligneux entre le bois et le liber : c'est *l'assise génératrice interne*, engendrant, par son activité, un méristème auquel on donne le nom de *cambium* (*c*, fig. 209).

Sur les deux faces de cette assise génératrice prennent alors naissance des tissus différents : du côté externe, c'est en tissu libérien que se différencient les cellules du méristème ; du côté interne, il se forme des éléments ligneux. Si bien qu'en définitive l'assise génératrice fonctionne en donnant sur tout son pourtour, suivant une zone laissant les faisceaux du bois primaire à son intérieur et les faisceaux du liber primaire à l'extérieur, deux nouvelles couches concentriques : l'une de bois vers l'intérieur, l'autre de liber vers l'extérieur. C'est ce qu'on appelle le *bois* et le *liber secondaires* (*l²* et *b²*, fig. 209). La figure 210 représente la section d'une tige à la fin de sa première année ; on y voit, schématiquement indiquées, les positions respectives de l'assise génératrice, du bois et du liber primaires, du bois et du liber secondaires.

Le liber secondaire est à formation centripète comme le liber primaire ; les éléments en sont d'autant plus jeunes qu'ils sont situés plus près du centre, c'est-à-dire plus près du cambium. Le bois secondaire, comme le bois primaire, est à développement centrifuge.

Le liber secondaire est formé par une grande

quantité d'éléments fibreux et par des tubes criblés. Le bois secondaire comprend surtout des vaisseaux ponctués (jamais de vaisseaux annelés ni spiralés) et aussi des fibres et du parenchyme scléreux. Dans ce bois secondaire, les vaisseaux et les fibres ne se forment d'ailleurs pas en égale quantité pendant toute l'année : au printemps, époque où la circulation de la sève est la plus intense, par suite de la formation des feuilles, le bois se compose surtout de vaisseaux, tandis qu'à l'automne, lorsque la circulation de la sève est moins active et que les faisceaux formés au printemps suffisent à l'assurer, ce sont surtout les fibres qui apparaissent.

Bois et liber secondaires ne forment pas à l'intérieur du cylindre central de la tige deux couches absolument continues : çà et là, ils sont traversés par des bandes de parenchyme plus ou moins larges, disposées comme des rayons : ce sont les *rayons médullaires secondaires*, dus à ce qu'un certain nombre de séries radiales de cellules nouvelles, lors de l'activité de l'assise génératrice, sont demeurées sans différenciation. Ces rayons médullaires traversent le cambium et pénètrent également dans le bois et le liber : ils remplacent les rayons médullaires primaires qui ont disparu, comblés par les formations nouvelles.

Dans le courant de la première année, le bois et le liber secondaires, dus à l'activité de l'assise génératrice intralibérienne, ne sont pas les seules formations secondaires qui apparaissent dans la tige. Celle-ci s'accroît encore en épaisseur, grâce à l'activité d'une deuxième assise génératrice, dite l'assise externe. Sa position est d'ailleurs assez variable; en général, elle est placée dans l'écorce, plus ou moins profondément, mais elle peut parfois apparaître dans l'épiderme, comme dans le Saule ou le Poirier, ou dans le péricycle, comme dans le Rosier ou la Vigne. Dans tous les cas, elle est toujours située en dehors du liber primaire.

Cette assise génératrice donne sur les deux faces des cellules nouvelles qui se différencient pour former de chaque côté un tissu différent. A l'intérieur, les cellules conservent leur paroi cellulosique ordinaire et leur ensemble constitue un parenchyme cortical, auquel on donne le nom de *phelloderme*. A l'extérieur, les cellules forment le tissu connu sous le nom de *liège* ou *suber* (Voy. p. 42). Ce liège se présente sous l'aspect de cellules régulièrement disposées en

files radiales et en assises concentriques, avec une membrane fortement subérifiée, tandis que le protoplasma disparaît et est bientôt remplacé par de l'air. C'est un tissu mort.

L'assise génératrice externe, donnant ainsi naissance à du suber d'une part et à du phelloderme d'autre part, est souvent désignée sous le nom *d'assise subéro-phellodermique*. M. Van Tieghem réunit sous le nom de *périderme* l'ensemble formé par le liège, le phelloderme et l'assise génératrice qui est intercalée entre les deux.

En certains points, le périderme s'interrompt pour laisser la place à des petits corps arrondis, d'un millimètre de diamètre environ, qui font saillie vers l'extérieur : c'est ce qu'on appelle des *lenticelles*. La coupe transversale d'une lenticelle, examinée au microscope, la montre comme formée de cellules arrondies, laissant entre elles des méats (fig. 211 et 212) ; leur rôle est de permettre une communication entre l'écorce externe et l'atmosphère pour la pénétration des gaz. Elles jouent pour le périderme le même rôle que les stomates pour l'épiderme.

Formations secondaires de la seconde année et des années suivantes. — Chez les plantes annuelles, c'est-à-dire celles qui ne durent qu'un an, la tige meurt au bout de ce temps après avoir acquis la structure qui vient d'être étudiée.

Chez les plantes qui dépassent ce temps de vie et dont la tige persiste plusieurs années, les formations secondaires, tant internes qu'externes, continuent à se produire pendant les années suivantes.

A la fin de la première année, l'activité de l'assise génératrice intralibérienne se ralentit aux approches de l'hiver et finit même par s'éteindre, si bien que, durant toute la mauvaise saison, la structure de la tige demeure sans subir de modifications. Mais, dès que revient le printemps de l'année suivante, l'assise génératrice se met à se cloisonner activement et donne naissance aux mêmes formations que l'année d'avant. Et il en sera de même tous les ans, l'assise génératrice fonctionnant chaque année, du printemps à l'automne, pour se reposer pendant l'hiver, et donnant chaque fois de nouveau bois secondaire vers l'intérieur et de nouveau liber secondaire vers l'extérieur. Ces deux nouvelles couches se forment chaque année entre le bois et le liber précédemment formés (fig. 213), de telle sorte que :

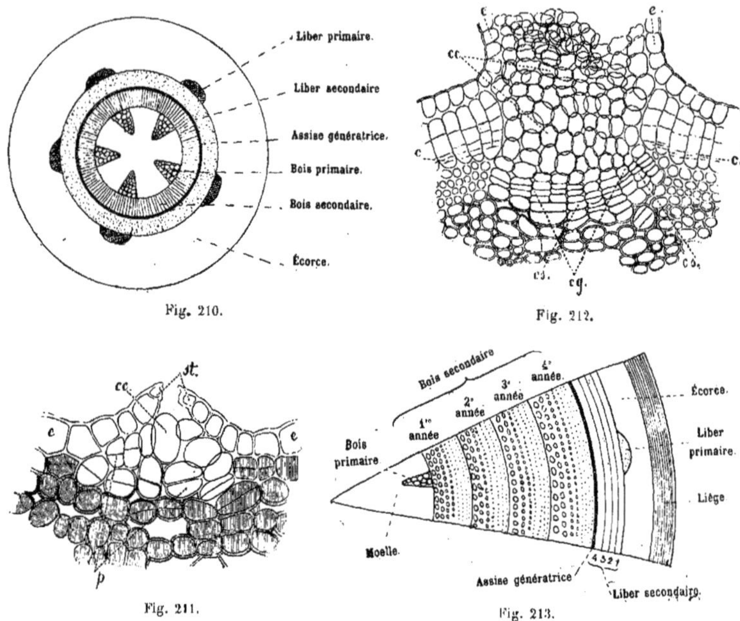

Fig. 210.

Fig. 212.

Fig. 211.

Fig. 213.

Fig. 210. — Coupe d'une tige à la fin de sa 1re année (figure schématique).

Fig. 211. — Structure d'une lenticelle chez le Sureau (*Sambucus nigra*) au début de son développement.

Fig. 212. — La même lenticelle dans un état plus avancé de développement.

Fig. 213. — Coupe d'une tige âgée de 4 ans (figure schématique).

1° Les couches du bois sont disposées toutes au centre de l'arbre, les anciennes étant les plus internes ;

2° Les couches du liber sont toutes ensemble vers l'extérieur, immédiatement sous l'écorce, les plus anciennes étant les plus externes ;

3° Les couches de bois et de liber les plus récentes sont au contact l'une de l'autre, séparées seulement par l'assise génératrice ou cambium, qui va donner naissance aux nouvelles formations secondaires de l'année suivante.

Nous avons vu plus haut que le bois secondaire formé pendant une année n'est pas homogène et qu'il présente une structure différente suivant qu'il a été produit au printemps ou à l'automne, le bois de ces deux saisons ne contenant pas la même proportion de vaisseaux et de fibres. C'est ainsi que le bois de printemps renferme surtout des vais-

seaux destinés à conduire la sève, fort abondante à cette époque de l'année, tandis que le bois d'automne est surtout riche en éléments de soutien, c'est-à-dire en fibres. Or, le bois formé de fibres est plus compact que le bois formé en majeure partie de vaisseaux. Il en résulte une différence d'aspect entre le commencement et la fin d'une couche annuelle de bois (fig. 213 et 214).

C'est ce qui permet de compter l'âge d'une tige, cette différence d'aspect entre le bois de printemps et le bois d'automne permettant d'apercevoir nettement ce qui a été formé dans une même année (fig. 214). Le bois secondaire d'une tige se compose d'un certain nombre de couches de bois compact, disposées concentriquement et séparées entre elles par un nombre égal de couches de bois poreux. Comme le bois compact est le bois d'automne et le bois poreux le bois de printemps, il n'y a

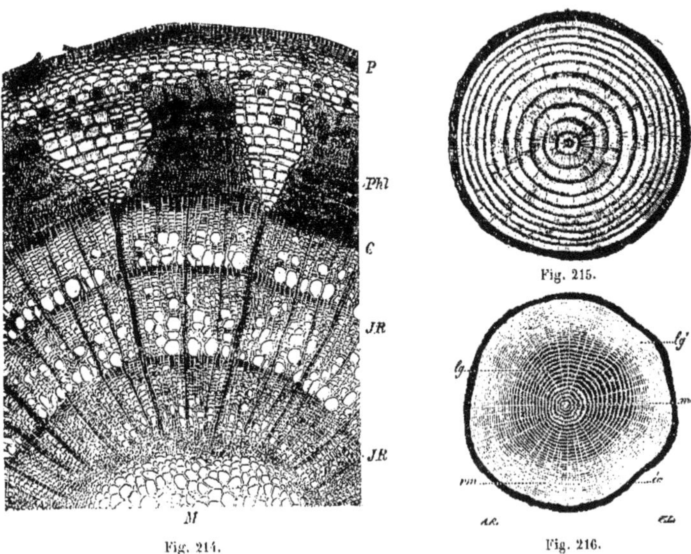

Fig. 214.

Fig. 215.

Fig. 216.

Fig. 214. — Coupe d'un rameau de Tilleul de 3 ans. — M, moelle; — JR, couche annuelle du bois; — C, cambium; — Phl, couche secondaire avec des rayons médullaires dilatés; — P, périderme (d'après Kny).

Fig. 215. — Coupe transversale d'une branche de Pin âgée de 11 ans.

Fig. 216. — Coupe transversale d'une tige de Chêne âgée de 37 ans. — m, moelle; lg, lg, couches concentriques annuelles de bois secondaire; — rm, rayons médullaires; — éc, écorce.

qu'à compter le nombre de couches concentriques de bois compact, par exemple pour savoir depuis combien d'années fonctionne l'assise génératrice et connaître par conséquent l'âge de la tige.

C'est ainsi qu'on peut voir que la tige de Pin, dont la section est représentée par la figure 215, était âgée de onze ans, et que le tronc de Chêne de la figure 216 avait trente-sept ans.

Il va sans dire que ce qui précède ne s'applique qu'aux arbres poussant dans des contrées où le climat présente des saisons régulières et où il se forme nettement chaque année deux couches seulement, l'une de bois compact, composée surtout de fibres, l'autre de bois poreux, composée de vaisseaux. Si, au contraire, il se forme plusieurs couches par an, il faudra en tenir compte dans l'évaluation de l'âge d'un arbre.

Les couches annuelles secondaires ne peuvent servir, comme celles du bois, à compter l'âge d'un arbre. Le liber, en effet, se compose d'éléments mous, qui se dessèchent rapidement et, de plus, se trouve comprimé entre l'écorce et le bois qui s'épaissit sans cesse au-dessous de lui; chaque couche s'aplatit alors, devient extrêmement mince (fig. 213), si bien que, sur une coupe, il devient impossible de distinguer les formations de chaque année.

Le nom de *liber* vient même de la comparaison qui a été faite de ces couches minces comme des feuilles de papier et empilées les unes sur les autres avec les feuillets d'un livre (*liber*, en latin, signifie livre).

Pendant que, grâce au fonctionnement de l'assise génératrice libéro-ligneuse, la tige s'épaissit chaque année à son intérieur, elle s'épaissit également chaque année sur son pourtour par suite de nouvelles formations secondaires corticales. Chaque année, l'assise génératrice subéro-phellodermique entre en activité pour donner de nouveaux tissus. Le plus souvent, il arrive que cette assise, après avoir fonctionné pendant quelque temps, cesse

de se cloisonner et est remplacée par une nouvelle assise de même nature, un peu plus interne, à laquelle en succèdent d'autres encore, de plus en plus profondes.

De cette façon, il se forme à la périphérie de la tige une couche d'épaisseur souvent considérable, résultant de la superposition d'une série de lièges d'âges différents : c'est ce qu'on appelle le *rhytidome*. Souvent les parties anciennes de ce rhytidome tombent à mesure que de nouvelles se produisent : elles se détachent sous forme de larges plaques et le tronc reste toujours lisse comme dans le Platane et le Bouleau (fig. 217).

D'autres fois le rhytidome reste tout entier attaché à l'arbre, dont la surface présente alors de nombreuses crevasses (Chêne, Orme, etc.).

Tous les arbres présentent du liège autour de leur écorce, mais il est souvent peu développé. Dans certains cas, cependant, il acquiert un développement très considérable, par exemple dans le Chêne-liège, où on l'arrache par larges plaques pour l'utiliser dans la fabrication des bouchons, des flotteurs, etc. (1).

En résumé, d'après ce qui précède, on voit qu'une tige ligneuse, âgée de plusieurs années, se compose des parties suivantes superposées (fig. 213, p. 119) :

1° A l'extérieur, l'*écorce*, entourée de sa couche de *liège*;

2° Le *liber*, formé de couches minces empilées les unes sur les autres ;

3° A l'intérieur, le *bois*, disposé en couches concentriques et envahissant souvent tout le centre de la tige.

Le bois le plus récemment formé, c'est-à-dire celui du pourtour, est, en général, blanc et tendre, et porte le nom d'*aubier*. Vers le centre, au contraire, se trouve le bois le plus âgé, dur et foncé. C'est ce qu'on appelle le *cœur* ou bien encore *bois parfait* ou *duramen*.

Le diamètre du cœur s'accroît aux dépens de l'aubier à mesure qu'il se forme de nouveau bois sous le cambium et le changement est assez brusque pour que la limite entre les deux régions soit toujours nette et bien tranchée.

Le cœur ou duramen est la partie du bois exclusivement employée dans certaines industries à cause de sa dureté.

Gymnospermes. — Chez les Gymnospermes, les formations secondaires s'établissent exactement comme chez les Dicotylédones, au moyen de deux assises génératrices, l'une extra-, l'autre intralibérienne (fig. 218).

Notons cependant que le bois secondaire des Gymnospermes offre une structure toute spéciale : il est uniquement constitué par des fibres aréolées, disposées en fibres radiales (Voy. p. 46) et l'on n'y rencontre de vaisseaux que dans le bois primaire.

Monocotylédones. — Les Monocotylédones ne présentent pas de formations secondaires, comme les Dicotylédones et les Gymnospermes. Quelques Monocotylédones cependant, comme les Dragonniers (*Dracœna*), les Yuccas et les Aloès, accroissent leur tige en épaisseur par le moyen d'un méristème secondaire, dont l'origine et le fonctionnement sont tout à fait différents de l'assise génératrice libéroligneuse des Dicotylédones.

Ce méristème se forme aux dépens du péricycle, et tandis que les cellules les plus externes s'en différencient en une écorce secondaire, dans la partie la plus interne on voit se former des nouveaux faisceaux libéroligneux (fig. 219). C'est ainsi que les tiges des arbres de ces espèces peuvent acquérir un diamètre considérable, comme par exemple les Dragonniers.

Le Dragonnier d'Orotava, à Ténériffe, est célèbre par ses dimensions colossales (1). « Ce gigantesque Dragonnier — dit Humboldt, qui l'a mesuré et décrit — se voit dans le jardin de M. Franqui, dans la petite ville d'Orotava, l'un des endroits les plus délicieux du monde. En juin 1799, à l'époque de notre ascension du pic de Ténériffe, nous trouvâmes à ce Dragonnier une circonférence de 15 mètres à quelques pieds au-dessus du sol. Selon la tradition, cet arbre colosse était vénéré par les Guanches; et, à la première expédition de Béthencourt, en 1402, il était déjà aussi épais et aussi creux qu'il l'est maintenant. Quand on se rappelle que les Dragonniers croissent d'une manière extrêmement lente, on comprend le grand âge de l'arbre d'Orotava. »

Berthelot, dans sa *Description de Ténériffe*, s'exprime ainsi : « En comparant les jeunes Dragonniers voisins de l'arbre gigantesque, les calculs qu'on fait sur l'âge de ce dernier effrayent l'imagination. »

_____

(1) Voy. P. Constantin, *Le Monde des Plantes*, II, p. 514.

(1) P. Constantin, *Le Monde des Plantes*, II, p. 590.

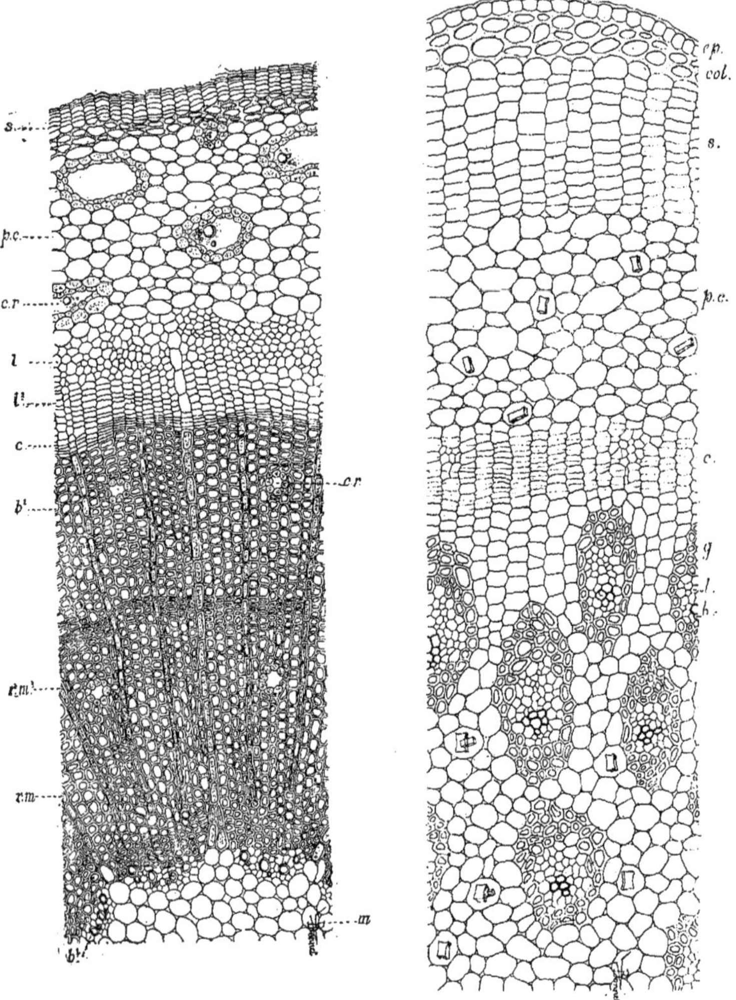

Fig. 218. — Coupe transversale d'une tige de Pin âgée de 2 ans. — *s*, suber ou liège ; — *pc*, parenchyme cortical ; — *cr*, canaux sécréteurs ; — *l*¹, liber primaire ; — *l*², liber secondaire ; — *c*, cambium ; — *b*¹, bois primaire ; — *b*², bois secondaire ; — *rm*, rayons médullaires ; — *m*, moelle.

Fig. 219. — Coupe transversale d'une jeune tige de *Dracæna*. — *ep*, épiderme ; — *col*, collenchyme ; — *s*, liège ; — *pc*, parenchyme cortical ; — *c*, méristème dans lequel se différencient les faisceaux libéro-ligneux secondaires ; — *l*, liber ; — *b*, bois ; — *g*, gaine du faisceau.

Fig. 220. — Palmiers à huile (*Elæis guineensis*), photographie prise en Casamance (G. Warenhorst[1]).

LA FEUILLE

DÉFINITION ET CARACTÈRES DE LA FEUILLE

Définition. — La feuille est l'organe essentiel de la nutrition de la plante. C'est elle, en effet, qui élabore la sève brute, puisée dans le sol par la racine et qui s'est élevée à travers celle-ci et la tige par les vaisseaux du bois. Grâce au rôle des feuilles, grâce aux échanges gazeux que celles-ci accomplissent avec l'atmosphère, la sève brute se transforme en sève élaborée, c'est-à-dire devient nutritive.

Toutes les plantes qui ont une tige possèdent des feuilles (fig. 220) : on en trouve donc chez toutes les plantes vasculaires et chez les Muscinées. Seuls les Thallophytes en sont dépourvus.

Caractères de la feuille. — Les feuilles sont des organes verts, aplatis, insérés sur la tige suivant les nœuds. Elles se distinguent immédiatement de l'axe de la plante, c'est-à-dire de la tige et de la racine, par deux caractères importants :

1° Par leur *croissance limitée* ;

2° Par leur *symétrie bilatérale*.

En effet, tandis que la tige et la racine s'ac-croissent indéfiniment, les feuilles cessent de s'accroître lorsqu'elles ont atteint certaines dimensions qu'elles conservent ensuite jusqu'à leur mort.

D'autre part, tandis que la tige et la racine sont des organes de forme cylindrique ou cylindro-conique, symétriques par rapport à leur axe, la feuille présente la symétrie bilatérale, c'est-à-dire peut être partagée par un plan en deux moitiés, une droite et une gauche, qui se ressemblent entre elles comme un objet et son image dans une glace.

On distingue dans une feuille deux parties essentielles : le *pétiole* et le *limbe* (fig. 221).

Pétiole. — Le *pétiole* est la partie rétrécie qui rattache le limbe à la tige. Il peut parfois manquer et le limbe s'insère directement sur l'axe : on dit alors que la feuille est *sessile*. Exemple : la feuille de Tabac.

Quelquefois la feuille, au contraire, peut se réduire à son pétiole qui prend alors des formes diverses, ainsi que nous le verrons plus loin, particulièrement en parlant des *phyllodes* (Voy. p. 139).

[1]. Figure communiquée par le R. P. Sebire, *Les Plantes utiles du Sénégal*.

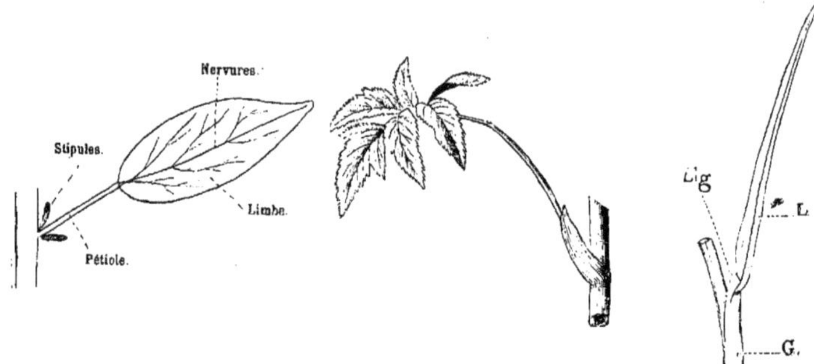

Fig. 221. — Diverses parties d'une feuille (figure schématique).

Fig. 222. — Feuille d'Angélique avec sa gaine.

Fig. 223. — Feuille de blé avec sa gaine (G) et sa ligule (Lig.).

Limbe. — Le *limbe* existe chez presque toutes les feuilles et ne fait que rarement défaut : c'est la partie essentielle d'une feuille. Il se présente le plus souvent sous la forme d'une lame aplatie, plus ou moins découpée, presque toujours colorée en vert. On y distingue deux faces : la face supérieure, colorée en vert foncé, tournée vers le ciel et regardant la tige ; la face inférieure, d'un vert généralement plus tendre, tournée du côté du sol.

Le limbe est formé par un *parenchyme* de cellules, dont le protoplasma renferme de la chlorophylle. Au milieu de ce parenchyme se ramifient de nombreuses *nervures*, formées par les faisceaux libéroligneux qui se détachent de ceux de la tige (*faisceaux foliaires*, voy. p. 112) et pénètrent dans le limbe par le pétiole.

Gaine. — Souvent le pétiole s'élargit à sa base de façon à former une *gaine* qui entoure plus ou moins la tige. La feuille est alors dite *engaînante*. Exemple : la feuille d'Angélique (fig. 222).

La gaine peut d'ailleurs exister en l'absence du pétiole, et c'est alors la base du limbe qui la forme. La feuille du Blé, par exemple, est une feuille *sessile engaînante* (fig. 223).

Stipules. — Certaines feuilles présentent à la base du pétiole, au point où il se rattache à la tige, deux petites lames vertes, plus ou moins développées, semblables au limbe. Ce sont des *stipules* (fig. 221). On en observe par exemple chez les feuilles du Rosier, du Pois, du Châtaignier, etc.

Souvent les stipules existent au début du développement de la feuille, mais tombent ensuite de très bonne heure, presque au moment où celle-ci s'épanouit hors du bourgeon. On dit alors que la feuille possède des stipules, mais que celles-ci sont *caduques*.

Stipelles. — Lorsqu'une feuille est composée, c'est-à-dire — ainsi que nous le dirons plus loin (Voy. p. 134) avec plus de détails — que son limbe est formé de plusieurs parties distinctes entre elles, nommées *folioles*, réunies sur un pétiole commun, les folioles, au point où elles s'attachent sur ce pétiole, présentent quelquefois une paire de *stipelles*, qui sont à la foliole ce que les stipules sont à la feuille. La feuille de Haricot nous montre un exemple de stipelles.

Ligule. — Certaines feuilles, les feuilles des Graminées par exemple, présentent une *ligule*. On nomme ainsi une sorte de prolongement de la gaine foliaire (fig. 223). Dans certaines espèces de Figuier, il y a une ligule, mais pas de gaine ; on suppose alors celle-ci avortée et on dit la ligule *sessile*.

Nervation. — Les nervures des feuilles présentent à l'intérieur du limbe un certain nombre de dispositions différentes. On appelle *nervation* le mode de distribution des nervures dans le parenchyme foliaire.

1° La feuille peut ne présenter qu'une seule nervure médiane, non ramifiée : c'est là le cas le plus simple de tous, tel qu'on l'observe chez les Pins, les Sapins et autres Conifères à feuilles en forme d'aiguille, et aussi chez d'autres végétaux, tels que les Mousses, les Prêles et les Lycopodes, et aussi quelques rares Dicotylédones. La nervation est, dans ce cas, dite *uninerve*.

2° La feuille présente une nervure principale, médiane, continuant la direction du pétiole à travers le limbe. Cette nervure médiane se ramifie en un certain nombre de nervures secondaires, qui se détachent à droite et à gauche et qui se ramifient à leur tour en nervures de plus en plus fines, dont les dernières s'anastomosent entre elles, formant un réseau à travers le parenchyme. Les figures 224 à 233 montrent des exemples de feuilles présentant cette nervation, que l'on qualifie de nervation *pennée* parce que les nervures secondaires s'y attachent sur la nervure principale, comme les barbes sur la hampe d'une grande plume, ou *penne*, d'un oiseau. Dans les feuilles *penninerves*, le limbe est toujours de forme ovale plus ou moins allongée.

3° Plusieurs nervures principales, égales en importance, partent du pétiole et se disposent à l'intérieur du limbe en s'écartant les unes des autres comme les branches d'un éventail. Ces nervures principales se ramifient à leur tour en nervures de plus en plus fines qui s'anastomosent en réseau. Les feuilles de la Mauve, de la Vigne, de l'Érable (fig. 234), de l'Hydrocotyle asiatique (fig. 235), en sont de bons exemples. La nervation est dite *digitée* ou *palmée*, par comparaison de la disposition affectée par les nervures principales dans le limbe avec celle des *doigts* dans la *palmure* d'une patte de canard. Dans les feuilles *palminerves*, le limbe a toujours une forme plus ou moins circulaire.

Les feuilles à nervation pennée ou palmée ont pour caractère commun d'avoir toujours leurs nervures ramifiées anastomosées (fig. 224 à 236). Elles sont surtout caractéristiques des plantes de la classe des Dicotylédones.

4° Un cas particulier de la nervation palmée est présenté par certaines feuilles, comme celles de la Capucine ou de l'Hydrocotyle vulgaire (fig. 236). Le pétiole, dans ces feuilles, s'attache, non sur le bord du limbe, mais en un point excentrique, plus ou moins éloigné de ce bord. Le point de départ des nervures se trouve donc à l'intérieur du limbe. La feuille est dite *peltinerve* et la nervation est *peltée*. Une feuille peltée peut être considérée comme une feuille palmée dont les nervures sont assez nombreuses pour que, les plus petites revenant en avant du pétiole, le limbe forme deux sortes d'oreilles plus ou moins allongées

qui viennent à s'unir en avant. Une feuille d'Hydrocotyle asiatique (fig. 235) montre bien cette disposition intermédiaire qu'on peut considérer comme l'origine de la feuille peltée, telle qu'on l'observe chez l'Hydrocotyle vulgaire (fig. 236).

5° Enfin, dans un grand nombre de feuilles, un certain nombre de nervures d'importance sensiblement égale — la médiane est toutefois toujours un peu plus forte — s'échappent du point d'insertion du pétiole et pénètrent dans le limbe, à l'intérieur duquel elles courent à peu près parallèlement les unes aux autres de la base au sommet. La nervation est alors dite *parallèle*. Cette disposition se rencontre d'une façon caractéristique dans les feuilles des Monocotylédones.

Les feuilles à nervures parallèles sont d'ailleurs dites *rectinerves* ou *curvinerves*, suivant que le limbe est de forme rubanée et qu'alors les nervures sont droites ou de forme plus ou moins ovale, avec des nervures courbes, arquées en dedans. Les figures 237 à 241 montrent des feuilles curvinerves et les figures 242 à 245 représentent des feuilles rectinerves.

Toutes ces feuilles sont dites à *nervation parallèle* : on voit que le mot parallèle est pris ici, par les botanistes, dans un sens fort éloigné de son sens géométrique, qu'il ne s'applique réellement d'une façon acceptable que dans le cas de la feuille de Riz (fig. 246) et tout au plus de celle du Bambou (fig. 245), et que ce n'est que par extension qu'on peut le faire servir dans les cas des autres feuilles à nervures plus ou moins arquées (fig. 237 à 241) ou même plus ou moins divergentes, comme celles du *Gingko biloba* (fig. 242).

Accroissement de la feuille. — La feuille se développe dans le bourgeon. A l'extrémité de la tige ou d'un rameau apparaissent à la surface des petits mamelons qui grandissent rapidement et acquièrent la forme de lames qui deviendront les jeunes feuilles, d'abord recourbées les unes sur les autres pour prendre part à la constitution du bourgeon, puis s'étalant peu à peu (Voy. p. 95).

C'est aux dépens de l'épiderme de la tige que se forment les mamelons qui deviendront des feuilles ; la feuille est donc un organe d'origine *exogène*, comme les ramifications de la tige.

La feuille grandit d'abord par son extrémité : son accroissement est donc tout d'abord *terminal* ; mais cette croissance terminale n'est

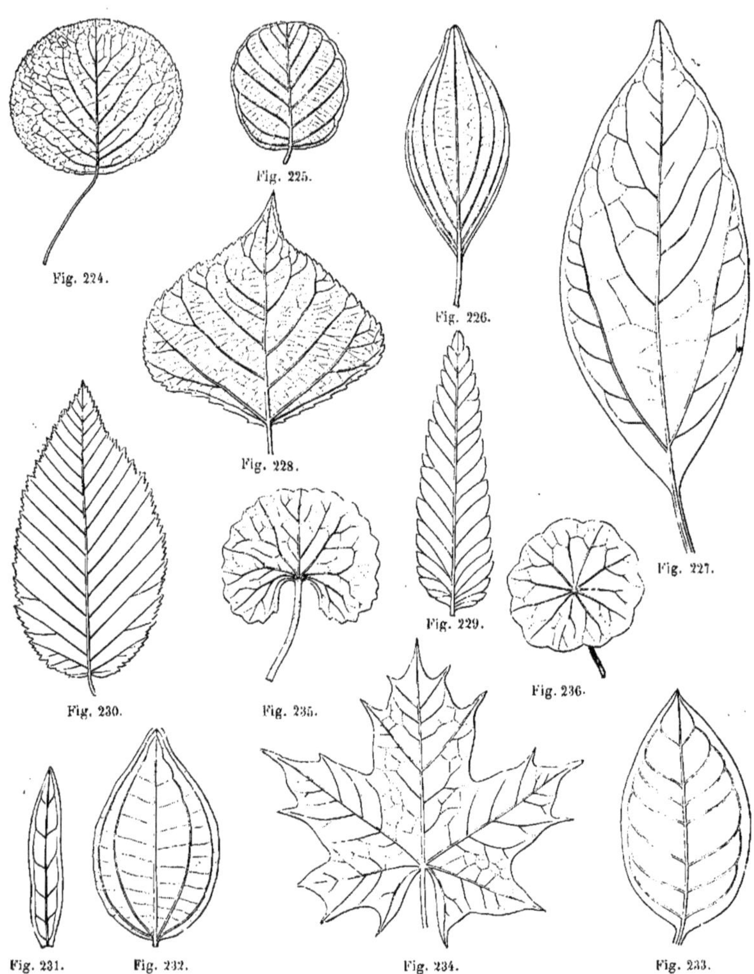

Fig. 224 à 233. — Feuilles à nervation pennée.

Fig. 224. — *Pirus communis.*
Fig. 225. — *Rhamnus Wulfenii.*
Fig. 226. — *Cornus mas.*
Fig. 227. — *Laurus camphora.*
Fig. 228. — *Populus pyramidalis.*

Fig. 229. — *Rhinanthus.*
Fig. 230. — *Ostrya.*
Fig. 231. — *Myosotis palustris.*
Fig. 232. — *Phyllagathis rotundifolia.*
Fig. 233. — *Eugenia.*

Fig. 234 et 235. — Feuilles à nervation palmée.

Fig. 234. — *Acer platanoides.* | Fig. 235. —· *Hydrocotyle asiatica.*

Fig. 236. — Feuille à nervation peltée. *Hydrocotyle vulgaris.*

Fig. 224 à 236. — Feuilles à nervures ramifiées et anastomosées.

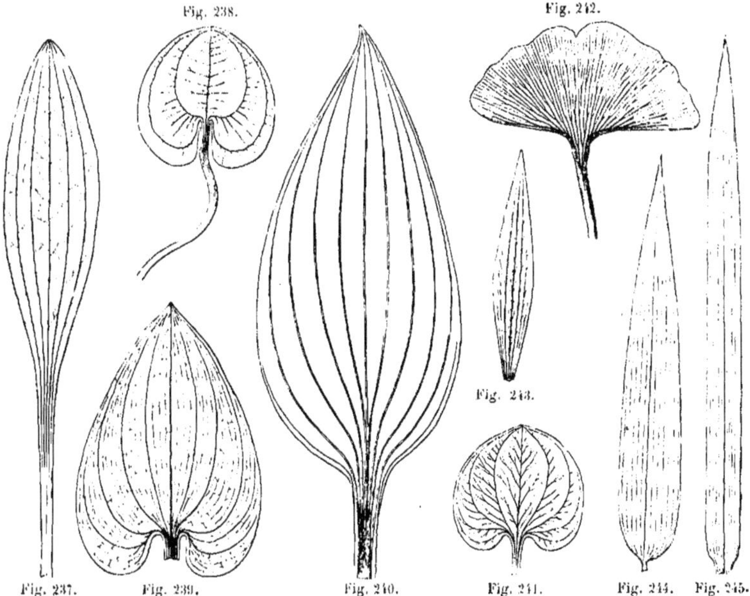

Fig. 237 à 241. — Feuilles curninerves.

Fig. 237. — *Bupleurum foliatum.*
Fig. 238. — *Hydrocharis morsus ranæ.*
Fig. 239. — *Majanthemum bifolium.*
Fig. 240. — *Funkia.*
Fig. 241. — *Parnassia palustris.*

Fig. 242 à 245. — Feuilles rectinerves.

Fig. 242. — *Gingko biloba.*
Fig. 243. — *Leucopogon Cunninghami.*
Fig. 244. — *Bambusa.*
Fig. 245. — *Oryza clandestina.*

Fig. 237 à 245. — Feuilles à nervures droites ou courbes, non anastomosées.

que de courte durée, sauf toutefois chez certaines Fougères où elle persiste longtemps. Ordinairement, dès que la feuille est sortie du bourgeon, l'accroissement terminal a déjà pris fin. En revanche, il se produit un *accroissement intercalaire* très actif et très puissant qui permet à la feuille d'augmenter en surface.

L'accroissement intercalaire peut se produire sur tous les points du limbe à la fois : il peut au contraire être localisé dans une zone particulière. On lui donnera alors les épithètes de *basipète*, *basifuge* ou *mixte*, suivant que les parties nouvelles de la feuille se forment du côté de la base (Bouleau, Chêne, Érable, Vigne, Rosier, Marronnier, etc.), du sommet (Tilleul, Bégonia, Vernis du Japon, Ombellifères, etc.), ou dans une région moyenne de la feuille (plusieurs Composées) : ce dernier cas est de beaucoup le plus rare.

La croissance intercalaire est *discontinue* chez les feuilles qui persistent pendant l'hiver. Durant cette mauvaise saison, l'accroissement de la feuille cesse, ainsi que, d'ailleurs, la plupart des fonctions, pour reprendre au printemps suivant.

Le pétiole apparaît toujours fort tardivement, alors seulement que toutes les parties constitutives du limbe sont déjà formées.

Lorsqu'une feuille grandit par croissance intercalaire, son accroissement ne se fait pas avec la même intensité tout autour de l'organe, mais cette intensité varie sans cesse en chaque point, si bien qu'il en résulte, ainsi que nous l'avons vu pour la racine (p. 62) et la tige (p. 96), un mouvement de *circummutation*,

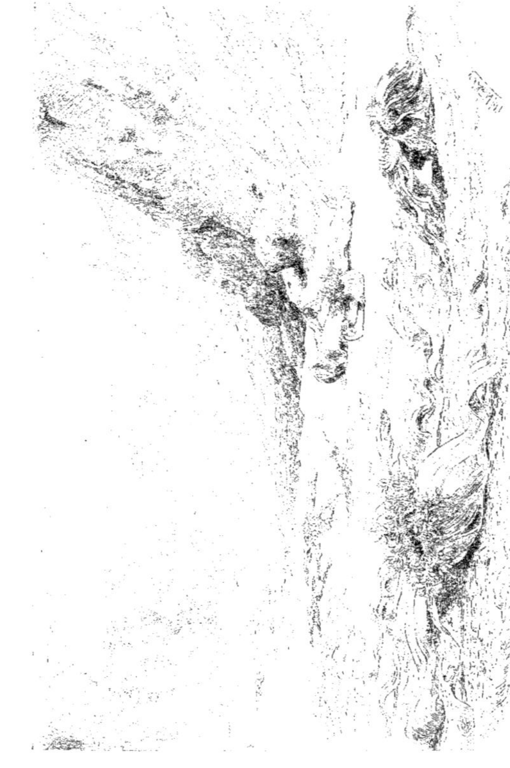

Fig. 216. — *Welwitschia mirabilis.*

ayant son siège dans le pétiole ou dans le limbe ou même dans ces deux régions à la fois. Le sommet de la feuille décrit alors, pendant la croissance, une ellipse ordinairement très aplatie.

Dimensions des feuilles. — Les dimensions des feuilles sont très variables. Certaines plantes possèdent un très grand nombre de feuilles très petites, d'autres au contraire en ont une petite quantité de très développées.

Le cas extrême à ce dernier point de vue est présenté par la célèbre Welwitschie admirable (*Welwitschia mirabilis*) (fig. 246), la curieuse plante découverte par le Dr Welwitsch dans le nord-ouest de l'Afrique, près du cap Negro (1). Sa tige ne porte que deux feuilles seulement, mais ces deux feuilles sont énormes et persistent pendant toute la vie de la plante qui peut durer plus d'un siècle ; elles atteignent souvent 2 mètres de long, sur 1 mètre de large, et souvent même plus encore, lorsqu'elles sont arrivées à un complet développement. Ces feuilles sont parfois découpées en lanières par le vent (fig. 246).

Quelquefois la taille des feuilles est en proportion de celle de la tige : c'est ainsi que le Chou-palmiste (*Areca oleracea*), avec un tronc de 50 à 60 mètres de haut, présente des feuilles de plus de 3 mètres de long, dont le pétiole creux et renflé en forme de vase peut contenir 5 à 6 litres de liquide.

Ailleurs, au contraire, il n'y a aucun rapport entre les dimensions des feuilles et celle de la tige d'une même plante : la feuille de la Patience sauvage (*Rumex aquaticus*) couvrirait plusieurs centaines de fois celle du Mélèze (*Larix europœa*) et la feuille du Bananier (*Musa sapientium*) est plus de mille fois plus grande que celle du Cèdre du Liban (*Cedrus Libani*).

Les Palmiers (fig. 220) sont les arbres qui donnent les feuilles les plus grandes. La feuille du Palmier Inaja, que l'on trouve sur les rives de l'Amazone, ne mesure pas moins de 15 mètres de long sur 3^m,50 de large. Certaines feuilles d'un Palmier de Ceylan atteignent une longueur de 6 mètres et une largeur de 4^m,90 ; les indigènes s'en servent pour faire des tentes. La taille habituelle des feuilles de Cocotier est d'environ 9 mètres. L'*Umbrella magnola*, de Ceylan, porte des feuilles assez larges pour qu'une seule d'entre elles suffise à abriter 15

à 20 personnes contre les ardeurs du soleil. Un spécimen de ces feuilles, rapporté en Angleterre, mesure près de 10 mètres de largeur (1).

La *Victoria regia* (2), de l'Amérique du Sud, présente des feuilles circulaires, nageant à la surface de l'eau, d'une dimension colossale. Leur diamètre atteint 1^m,50 à 2 mètres. Elles sont assez solides pour qu'au parc de Schönbrunn, près de Vienne, où la *Victoria regia* a fleuri en 1892, on ait pu charger de briques une de ces grandes feuilles. Ce n'est qu'au trente-troisième kilogramme que la feuille a cédé en son milieu.

Coloration des feuilles. — Les feuilles sont généralement colorées en vert, grâce à la chlorophylle que contient en abondance leur parenchyme.

Il peut cependant exister dans les tissus de la feuille d'autres pigments, c'est-à-dire d'autres matières colorantes, qui masquent la chlorophylle et donnent à la feuille une teinte différente de la verte. Les *Coleus*, les *Begonia* sont de bons exemples de plantes à feuilles *colorées*, car on emploie cette désignation pour les feuilles d'une autre couleur que la verte.

La feuille est encore appelée :

Panachée, lorsqu'elle est mélangée de blanc ou de jaune sur un fond vert ;

Maculée ou *tachetée*, lorsqu'elle est parsemée de taches rouges, noirâtres, etc. ;

Discolore, lorsque les deux faces sont différemment colorées ;

Zonée, lorsqu'elle est marquée d'une ou plusieurs zones concentriques ou colorées ;

Glauque, lorsqu'elle est d'un vert blanchâtre.

Durée et chute des feuilles. — Les feuilles naissent au printemps et tombent en général à l'automne. Lorsqu'elle est jeune, une feuille est attachée d'une façon assez forte à la tige, mais peu à peu l'adhérence devient plus faible et la feuille se sépare et tombe. Certaines feuilles cependant ne s'articulent jamais et se flétrissent sur la tige, sans tomber. C'est ce qui arrive chez plusieurs Palmiers, le *Primula officinalis*, etc. Les feuilles qui tombent portent le nom de feuilles *caduques* et les autres sont appelées feuilles *persistantes*.

Parmi les feuilles caduques, il en est qui tombent dans l'année même où elles sont nées ;

______

(1) Voy. Constantin, *Le Monde des Plantes*, t. II, p. 716.

(1) D'après *Scientific American*, cité in *Revue scientifique* du 9 juin 1894, p. 730.
(2) Voy. Constantin, *Le Monde des Plantes*, t. I, p. 85.

Fig. 217. — Pin Cimbrot (*Pinus Cimbra*).

d'autres ne se détachent que l'année suivante ou même, comme celle des Conifères, demeurent sur la plante durant plusieurs années consécutives.

Lorsque des feuilles ne tombent point l'année même de leur naissance, on les trouve mélangées par conséquent aux pousses de l'année suivante. Les arbres qui sont dans ce cas ne sont, par conséquent, jamais dépouillés entiè·rement de leurs feuilles : aussi leur donne-t-on le nom spécial d'*arbres toujours verts* ou plus simplement *arbres verts*. A cette catégorie appartiennent le Buis, le Houx, l'Oranger, la plupart des Conifères comme les Pins (fig. 247), le Sapin (fig. 182), le Cèdre, l'If, etc.

« Lorsqu'on s'éloigne des tropiques, dit A. de Saint-Hilaire (1), le nombre des arbres verts va en diminuant dans une progression rapide. A Porto-Allegre, par le 30ᵉ degré de latitude sud, je trouvai, dans la saison la plus froide, les arbres presque tous chargés de feuilles ; à San-Francisco de Paula, près Rio-Grande, par le 34ᵉ degré, à peu près le tiers des végétaux ligneux avaient perdu les leurs, et enfin, à deux degrés plus au sud, vers Jerebatuba et Chuy, un dixième seulement des arbres conservaient leur feuillage. A Montpellier, les campagnes, en hiver, ne sont déjà plus dépouillées de verdure, et Lisbonne, Madère et Ténériffe offrent un nombre d'arbres toujours verts bien plus considérable encore.

« Il ne faut pas croire, cependant, que, sous les tropiques, tous les arbres soient toujours verts. Même dans les gigantesques forêts qui bordent la côte du Brésil, et où la végétation est maintenue dans une activité continuelle par les deux agents principaux, la chaleur et l'humidité, il existe des arbres, tels que certaines Bignonées, qui, chaque année, perdent, comme les nôtres, toutes leurs feuilles à la fois, mais immédiatement après ils se couvrent de fleurs, et bientôt reparaît leur feuillage. Je vous parle ici des bois qui croissent dans celles des régions équinoxiales où, comme chez nous, les pluies et la sécheresse n'ont point d'époque déterminée ; mais dans les pays où à six mois de pluies continuelles il succède six mois d'une sécheresse non interrompue, il est des bois qui, chaque année, restent, pendant un temps considérable, entièrement dépouillés de verdure, et le voyageur qui les traverse est brûlé par les feux ardents de la zone équinoxiale, en ayant sous les yeux la triste image de nos hivers. On a vu la sécheresse se continuer deux années, et les arbres rester deux années sans feuillage. »

DIVERSES FORMES DE FEUILLES

Les feuilles peuvent présenter des formes excessivement diverses, résultant soit de découpures plus ou moins profondes du limbe, soit du développement prépondérant qu'en prennent certaines parties aux dépens de certaines autres, soit enfin de modifications plus ou moins intenses qu'elles subissent et qui les transforment en organes dérivés, destinés à ·jouer un rôle spécial dans la vie de la plante, tels que vrilles, épines, etc.

Nous étudierons successivement :

1° Les feuilles simples ;

2° Les feuilles composées ;

3° Les feuilles modifiées.

LES FEUILLES SIMPLES

Une feuille est dite *simple* lorsque, quelles que soient les découpures de son limbe, celui-ci reste continu et ne se sépare pas en plusieurs parties distinctes. Si la feuille est ramifiée, seul le limbe prend part à cette ramification et non le pétiole.

Forme générale des feuilles simples. — Les feuilles simples peuvent présenter dans leur forme générale un certain nombre de dispositions dont, pour la commodité du langage, en Botanique, on a désigné chacune par un nom particulier.

Voici, avec leur explication, les principales épithètes qui servent à qualifier la forme des feuilles :

Acuminée : rétrécie plus ou moins brusquement au-dessous du sommet, en une sorte de prolongement étroit ;

Oblongue : trois ou quatre fois plus longue que large, à contour arrondi ;

Ovale : ayant le profil d'un œuf avec le gros bout du côté de la base ;

Obovale : la même, avec le gros bout du côté du sommet ;

(1) A. de Saint-Hilaire, *Leçons de botanique.* Paris, 1847, p. 181.

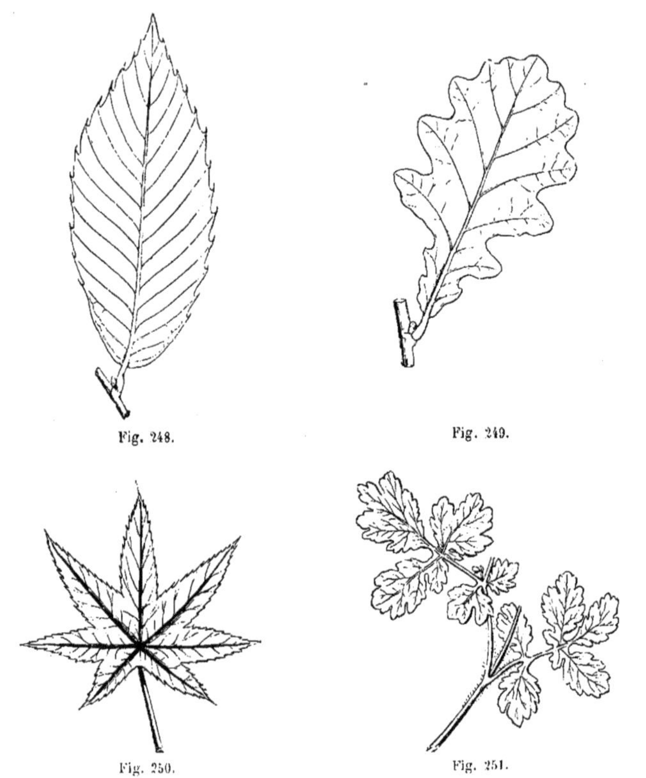

Fig. 248.

Fig. 249.

Fig. 250.

Fig. 251.

Fig. 248. — Feuille dentée (Châtaignier).
Fig. 249. — Feuille lobée (Chêne).

Fig. 250. — Feuille palmapartite (Ricin).
Fig. 251. — Feuille penniséquée (Chélidoine).

Fig. 248 à 251. — Diverses formes de découpures du limbe des feuilles simples.

Spatulée: en forme de spatule, c'est-à-dire s'élargissant par le sommet;

Lancéolée: en forme de fer de lance, c'est-à-dire étroite et pointue;

Deltiforme: en forme de triangle (la lettre grecque delta, Δ, a cette forme);

Cordiforme: échancrée à la base, et présentant dans son ensemble la forme d'un as de cœur de carte à jouer;

Réniforme: échancrée comme la précédente, mais arrondie au sommet, avec le contour plus large que long;

Sagittée: en forme de fer de flèche, c'est-à-dire prolongée à la base en deux lobes aigus qui descendent parallèlement.

Hastée: en fer de hallebarde, c'est-à-dire prolongée à la base en deux lobes aigus qui divergent;

Mucronée: surmontée au sommet d'une petite pointe;

Tronquée: coupée transversalement à l'extrémité;

Émarginée: entamée au sommet d'une échancrure ou angle rentrant.

Découpures du limbe. — Une feuille simple est *entière* lorsque son limbe ne présente sur les bords ni divisions ni découpures. Le Buis, le Lilas, le Muguet, le Blé, le Cornouiller (fig. 226), le Camphrier (fig. 217), etc., ont des feuilles entières.

Souvent le bord des feuilles est plus ou moins profondément sinueux, par suite de la ramification du limbe, ramification qui se traduit par la disparition du parenchyme entre les nervures à leur extrémité.

La feuille est alors dite :

Dentée : si les découpures sont peu profondes et que le bord présente seulement de petites dents fines et aiguës. Exemples : le Hêtre, le Noisetier, le Châtaignier (fig. 248), etc. ;

Crénelée : si les découpures, toujours peu profondes, déterminent sur le contour de la feuille de petits festons arrondis : Exemple : le Lierre terrestre, etc.

Lobée : si les découpures, à angle obtus, pénètrent jusqu'au premier tiers de l'intervalle qui sépare le bord du limbe de la nervure médiane. Exemples : le Chêne (fig. 249), l'Artichaut, etc.

Partite : si les incisions pénètrent jusqu'au delà de la moitié du limbe. Chaque division porte le nom de *partition*. Exemples : le Coquelicot, le Ricin (fig. 250), etc.

Séquée : si les découpures arrivent jusqu'à la nervure principale. Chaque division s'appelle dans ce cas un segment. Exemples : le Cresson d'eau, l'Aigremoine, la Chélidoine (fig. 251), etc.

Pour simplifier le langage descriptif, on emploie souvent un seul mot pour décrire une feuille au point de vue de la nervation et de la découpure du limbe à la fois. C'est ainsi qu'une feuille sera dite :

Pennidentée, pennilobée, pennipartite, penniséquée (fig. 251), suivant les découpures du limbe, lorsque la nervation y sera pennée ;

Palmatidentée, palmatilobée, palmatipartite (fig. 250), *palmatiséquée*, si la nervation y est palmée.

Plusieurs sortes de découpures peuvent parfois se superposer sur le même limbe. C'est ainsi qu'une feuille lobée peut avoir ses lobes dentés ou crénelés ; qu'une feuille séquée peut avoir ses segments lobés, etc.

Le Mûrier à Papier (*Broussonetia papyrifera*) présente à la fois, sur les mêmes rameaux, des feuilles dont le contour varie entre les deux extrêmes représentés par les figures 252 et 253, c'est-à-dire de la forme entière, avec contour à peine denté, jusqu'à la feuille divisée en lobes plus ou moins nom-

breux et plus ou moins profonds. On peut même rencontrer des feuilles de Mûrier à contour plus compliqué encore que celui de la

Fig. 252. — Feuille à limbe entier.

Fig. 253. — Feuille de la même plante, à limbe divisé.

Fig. 252 et 253. — Feuilles du Mûrier à papier (*Broussonetia papyrifera*).

figure 253 et rappelant presque la figure de la fleur de Lis des armoiries. Il semble d'ailleurs qu'aucune règle ne préside à la distribution de ces formes. Souvent les feuilles inférieures des rameaux sont entières et on les trouve de plus en plus découpées lorsqu'on se rapproche de l'extrémité ; il n'est pas rare cependant aussi d'observer des rameaux dont les feuilles inférieures sont très divisées, suivies d'autres de moins en moins lobées, pour devenir finalement entières à l'extrémité de la branche.

LES FEUILLES COMPOSÉES

Ramification du pétiole. — Lorsque les découpures atteignent la ou les nervures principales, de façon à diviser le limbe en un certain nombre de parties nettement distinctes, ressemblant à autant de petites feuilles séparées, la feuille prend alors le nom de *feuille composée* et chacune de ses divisions est une *foliole*. La feuille du Frêne est un exemple de feuille composée (fig. 254).

On peut dire, dans ce cas, que le pétiole principal s'est ramifié, produisant de chaque côté une série de pétioles secondaires, terminés chacun par un limbe, chaque pétiole et son limbe constituant une foliole.

On distingue deux sortes de feuilles composées :

1° Les feuilles *composées pennées*, présentant

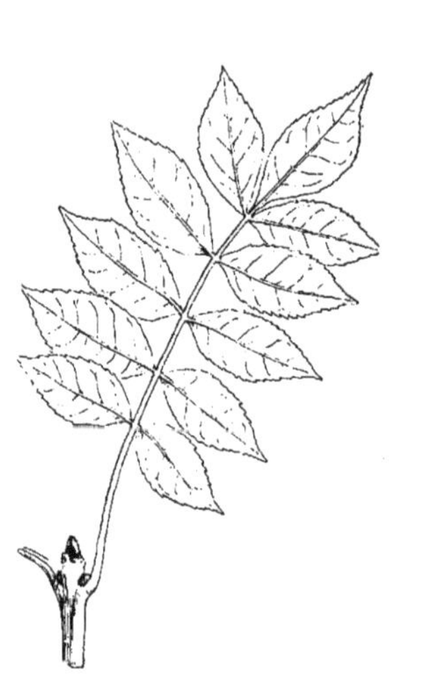

Fig. 254.

Fig. 255.

Fig. 256.

Fig. 254. — Feuille composée pennée (Frêne).
Fig. 255. — Feuille composée pennée (Robinier).

Fig. 256. — Feuille composée palmée ou digitée (Marronnier).

Fig. 254 à 256. — Feuilles composées.

des folioles disposées à droite et à gauche, le long d'un pétiole principal. Exemple : la feuille du Robinier ou Faux Acacia (*Robinia pseudoacacia*) (fig. 255).

2° Les feuilles *composées palmées* ou *digitées*, dont les folioles sont disposées en éventail, à l'extrémité du pétiole commun. Exemple : la feuille du Marronnier d'Inde (fig. 256).

Les folioles des feuilles composées peuvent d'ailleurs présenter les diverses formes générales que nous avons signalées plus haut pour les feuilles simples. Elles peuvent ainsi être entières, dentées, lobées, etc.

Il peut aussi arriver que dans une feuille composée, la ramification du pétiole se poursuive sur les pétioles secondaires et qu'il se forme des pétioles ternaires, quaternaires et ainsi de suite. La feuille est alors dite *doublement, triplement composée*. La feuille de la Sensitive (*Mimosa pudica*) (fig. 5, p. 9), par exemple, est une feuille doublement composée pennée.

La ramification du pétiole est quelquefois poussée si loin que les limbes partiels des folioles se réduisent à un très léger aplatissement du bout des pétioles du dernier ordre et la feuille n'est plus, pour ainsi dire, qu'un pétiole ramifié un très grand nombre de fois. Cette disposition s'observe par exemple sur les feuilles de certaines Ombellifères, telles que le Fenouil, la Férule, etc.

Dans une feuille composée, chaque foliole ne doit pas être considérée comme une feuille ni le pétiole commun comme un rameau de la tige qui porterait ces feuilles. Pétioles et folioles ne forment qu'une seule feuille, une feuille composée, et la raison en est qu'on ne trouve qu'un seul bourgeon à la base du pétiole commun et point à l'aisselle des petits pétioles (*pétiolules*) qui supportent les folioles, ce qui aurait lieu au contraire si les folioles d'une feuille composée étaient des feuilles simples et si le pétiole commun était un rameau.

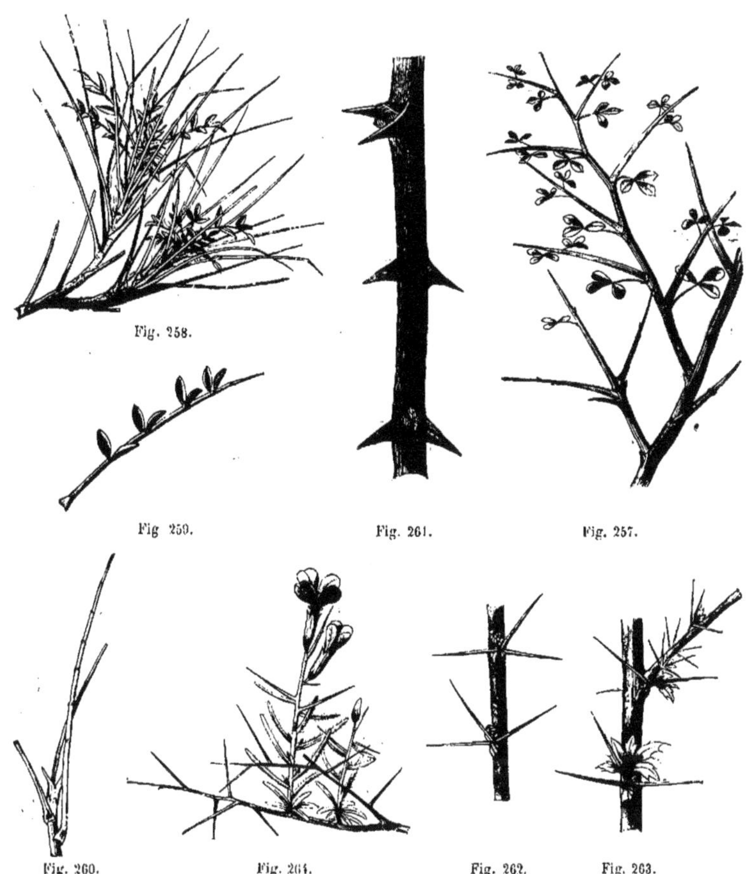

Fig. 258.

Fig 259.

Fig. 261.

Fig. 257.

Fig. 260.

Fig. 264.

Fig. 262.

Fig. 263.

Fig. 257. — Rameaux transformés en épines chez le *Cytisus spinosus*.
Fig. 258. — Rameau d'*Astragalus tragacantha*, avec épines foliaires, dues à la transformation du pétiole.
Fig. 259. — Une feuille isolée de ce rameau au début de la transformation.
Fig. 260. — La même feuille après la chute de toutes les folioles et la transformation complète.

Fig. 261. — Épines stipulaires du Faux Acacia (*Robinia pseudoacacia*).
Fig. 262 et 263. — Rameaux d'Épine-Vinette (*Berberis vulgaris*), où les nervures des feuilles dégénérées persistent à l'état d'épines.
Fig. 264. — Épines foliaires de *Vella spinosa*.

Fig. 257 à 264. — Épines.

LES FEUILLES MODIFIÉES

Certaines feuilles, sous une influence quelconque, peuvent se modifier plus ou moins profondément et acquérir alors un aspect et une forme très particuliers. C'est le plus souvent sous l'influence du milieu que les feuilles changent de forme; nous en verrons d'intéressants exemples dans un prochain chapitre

Fig. 265.   Fig. 266.

Fig. 265. — *Ampelopsis inserta.* | Fig. 266. — *Vitis inconstans.*

Fig. 265 et 266. — Vrilles adhésives de certaines Ampélidées.

consacré aux modifications que subissent les divers organes d'une plante par suite de l'action du milieu ambiant où elle se développe.

L'âge d'une feuille agit aussi sur sa forme et, chez plusieurs plantes, l'aspect n'est pas le même pour les feuilles qui occupent les extrémités des jeunes rameaux et viennent de se développer, et pour celles qui, plus anciennes, sont situées sur des parties plus âgées de la tige. La feuille de l'*Acacia heterophylla* nous en fournira tout à l'heure un excellent exemple.

Certaines feuilles peuvent encore se modifier pour jouer un rôle particulier dans la vie de la plante. C'est ainsi que quelques-unes se transforment en vrilles pour permettre à la plante de grimper le long d'un support, tandis que d'autres deviennent des épines, de manière à jouer un rôle défensif. Enfin, chez les plantes dites carnivores, les feuilles acquièrent une forme spéciale, en rapport avec le rôle qu'on leur attribue de capturer les insectes pour en faire leur nourriture. On leur donne alors le nom d'*ascidies*.

Nous passerons en revue les principales modifications présentées par les feuilles des végétaux.

Écailles. — Sur les tiges souterraines comme les rhizomes (Voy. p. 108), les feuilles prennent un aspect fort différent de celles qui se développent dans l'air. Elles restent de très petite taille, ne prennent pas la coloration verte, par suite de l'absence de pigment chlorophyllien, ne possèdent ni pétiole, ni découpures du limbe. On leur donne le nom d'*écailles*.

Sous ce même nom d'*écailles*, on désigne encore les feuilles d'un bulbe (p. 108), feuilles également dépourvues de pigment vert et qui s'épaississent parfois par suite d'accumulation en leur intérieur d'une réserve nutritive.

On range encore parmi les écailles les très petites feuilles qui poussent sur les rameaux modifiés que nous avons appris à connaître chez l'Asperge et les Fragons, sous le nom de *cladodes* (fig. 188 à 194, p. 100). Ici la transformation des feuilles véritables en écailles s'explique facilement par ce fait que, les rameaux s'étant modifiés de façon à prendre l'aspect de feuilles, en jouent le rôle dans la vie de la plante, remplaçant ainsi, au point de vue physiologique, les vraies feuilles qui, devenues désormais inutiles, restent à l'état rudimentaire.

Épines. — Chez un grand nombre de plantes, les feuilles peuvent se transformer toutes ou

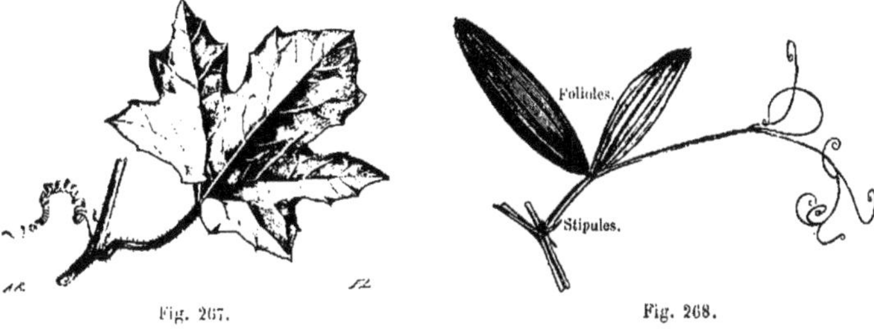

Fig. 267.

Fig. 268.

Fig. 267. — Bryone.

Fig. 268. — Gesse à larges feuilles.

Fig. 267 et 268. — Vrilles.

en partie en épines. Cette transformation a pour utilité, en général, la défense de la plante contre ses ennemis du dehors et, en particulier, contre les attaques des animaux.

Nous savons déjà que chez plusieurs plantes épineuses, ce sont des rameaux qui se sont transformés en épines (Voy. p. 104). Le Févier (fig. 197, p. 106) en est un exemple, et tel est également le cas du Cytise épineux (*Cytisus spinosus*) (fig. 257), dont les épines sont dues à la modification de certains rameaux et non de feuilles.

Chez de nombreuses plantes, ce sont les feuilles qui se modifient pour constituer les épines. La transformation peut d'ailleurs porter sur la feuille tout entière ou sur une partie seulement. Les figures 258 à 264 nous en montrent d'excellents exemples.

Chez l'*Astragalus tragacantha* (fig. 258), les épines sont formées par les pétioles persistants qui deviennent épineux. Les feuilles en effet sont composées et présentent un pétiole muni de folioles insérées le long de celui-ci, à droite et à gauche. Les folioles de l'extrémité disparaissent les premières (fig. 259), puis les suivantes et il ne reste plus, à la place de la feuille, qu'une longue épine représentant le pétiole (fig. 260).

L'Acacia de nos jardins et de nos promenades, c'est-à-dire le Robinier Faux Acacia (*Robinia pseudoacacia*), présente sur ses branches de courtes épines acérées, disposées deux par deux (fig. 261). Ici ces épines représentent les stipules. Sur les rameaux pourvus de feuilles, en effet, on aperçoit deux épines à la base du pétiole de la feuille composée (fig. 255, p. 135); plus tard, la feuille tombe et les épines

restent; mais entre celles-ci, sur le rameau, on voit toujours la cicatrice laissée par la base du pétiole (fig. 261).

Chez l'Épine-Vinette (*Berberis vulgaris*), ce sont les nervures des feuilles dégénérées qui produisent les épines. Le limbe disparaît chez certaines feuilles et se réduit à ses nervures qui persistent à l'état d'épines (fig. 262 et 263).

Nous pouvons encore prendre pour type d'épines foliaires celles du *Vella spinosa* (fig. 264) dont on voit sur le même pied les rameaux desséchés de l'année précédente et les rameaux fleuris de l'année actuelle.

Vrilles. — On nomme *vrilles* des sortes de filets qui s'enroulent autour des corps et qui fournissent à diverses tiges, trop frêles pour se soutenir elles-mêmes, le moyen de trouver dans les objets qui les environnent de bons soutiens pour leur faiblesse.

Les vrilles proviennent de la modification et en particulier du développement incomplet de certains organes de la plante : ce sont des formes dérivées dont l'existence et l'absence sont en rapport avec l'organisation propre aux espèces et particulièrement avec la faiblesse ou la force de la tige. Aussi, ne devons-nous pas nous étonner de trouver dans la même tribu de la même famille, à côté de plantes qui en sont abondamment pourvues, comme les Vesces (*Vicia*) et les Gesses (*Lathyrus*), incapables de se soutenir seules, sans s'accrocher à un support, d'autres comme les Fèves (*Faba*) qui n'en ont aucun besoin, la force de la tige les rendant inutiles.

Les vrilles résultent de la modification subie soit par certains rameaux, soit par certaines

Fig. 269. — Smilax rude.

feuilles. On peut donc distinguer ces appendices en *vrilles axiles* et *vrilles foliaires*.

Les vrilles de la Vigne (*Vitis vinifera*) sont un exemple de vrilles axiles : ce sont des rameaux modifiés qui leur donnent naissance. Il en est de même chez d'autres genres appartenant à la même famille des Ampélidées, les *Cissus* et les *Ampelopsis*.

La Vigne (*Vitis vinifera*) grimpe en enroulant simplement ses vrilles autour de supports voisins. La Vigne vierge (*Ampelopsis hederacea*) s'attache non seulement par le même procédé, mais encore en faisant adhérer ses vrilles à des surfaces planes avec une force considérable : à cet effet, les vrilles se terminent par de petites palettes adhésives, formant ventouses (1). Le même phénomène, ou un

phénomène du même genre, s'observe aussi chez quelques autres espèces d'*Ampelopsis*, par exemple l'*Ampelopsis inserta* (fig. 265), ou chez les genres voisins, *Vitis* et *Cissus*, en particulier chez le *Vitis inconstans* (fig. 266), espèce de la Chine et du Japon.

Chez les Cucurbitacées, comme les Melons et les Courges, on trouve également des vrilles que les différents auteurs considèrent comme la transformation, soit d'un rameau, soit d'une feuille. Telles sont, par exemple, les vrilles de la Bryone (fig. 267 et fig. 199, p. 107).

Les véritables vrilles foliaires, c'est-à-dire provenant nettement de la modification d'une feuille, s'observent chez un grand nombre de plantes. Dans certaines feuilles normales, le pétiole a déjà la propriété de s'entortiller autour des corps, par exemple chez la Fumeterre grim-

(1) Voy. Constantin, *Le Monde des Plantes*, t. 1, p. 419.

Fig. 270.

Fig. 271.

Fig. 272.   Fig. 273.

Fig. 270. — Feuille jeune dans son état normal.
Fig. 271. — Feuille qui n'a conservé que six pétioles secondaires et dont le pétiole, *pt*, commence à se dilater.

Fig. 272. — Feuille dans un état de transformation plus avancé.
Fig. 273. — Feuille entièrement transformée en phyllode.

Fig. 270 à 273. — Acacia hétérophylle (*Acacia heterophylla*).

pante (*Fumaria capreolata*), diverses Clématites (*Clematis glandulosa, montana, calycina*, etc.) et chez certaines Morelles (*Solanum jasminoides*) ; mais cette faculté s'accuse bien davantage lorsque le pétiole commun d'une feuille pennée, et surtout les filets qui résultent de l'atrophie de sa foliole impaire ou des folioles supérieures, se transforment en autant de vrilles qui s'enroulent autour de supports voisins. C'est ce qu'on peut observer sur les feuilles d'un grand nombre de plantes.

La Gesse à larges feuilles (*Lathyrus latifolius*), désignée vulgairement par nos jardiniers sous le nom de Pois vivace, en est un excellent exemple (fig. 268). La feuille de cette Légumineuse est une feuille composée pennée à quatre paires de folioles plus une impaire, terminale : sur ces neuf folioles, les sept dernières ont avorté et se sont transformées en vrilles, et seules les deux folioles inférieures persistent.

Chez la Gesse aphaca (*Lathyrus aphaca*), la transformation va encore plus loin, puisque toutes les folioles de la feuille composée y sont transformées en vrilles et que ce sont les deux

stipules qui, à la base du pétiole, prennent seules un grand développement, ayant l'aspect des feuilles qu'elles remplacent au point de vue du rôle physiologique.

Chez les *Smilax* (fig. 269). les vrilles se développent sur le pétiole, en dessous du limbe de la feuille : il faut y voir probablement le produit de la dégénération de deux folioles ou de deux segments basilaires de la feuille, ou, suivant d'autres auteurs, deux stipules interpétiolaires transformées en vrilles.

Phyllodes. — Chez certaines plantes, le limbe de la feuille peut manquer, ainsi que la gaine, et la feuille, dans ces conditions, se réduit à un pétiole. Celui-ci subit alors souvent une transformation et s'élargit en une lame verte, ressemblant à un limbe et à laquelle De Candolle a donné le nom de *phyllode* (du grec *phullon*, feuille), c'est-à-dire formation ayant l'aspect d'une feuille.

Il est facile d'acquérir, dans certains cas, la certitude que les phyllodes ne sont que des pétioles modifiés et non des feuilles véritables. Il suffit pour cela d'observer le feuillage de

Fig. 274. — Rameau d'*Acacia heterophylla* ne portant que des phyllodes, qu'on voit tous dirigés suivant un plan vertical.

Fig. 275. — Rameau d'*Eucalyptus* montrant six feuilles opposées, dirigées suivant un plan vertical.

certains Acacias de la Nouvelle-Hollande. Les Acacias, en général, possèdent en effet ordinairement des feuilles composées bipennées, formées d'une fort grande quantité de petites folioles et réalisant ainsi un feuillage d'une extrême légèreté. Les espèces de la Nouvelle-Hollande, au contraire, ont pour feuilles des lames vertes, entières, plus longues que larges et disposées suivant un plan vertical. Or, si l'on suit attentivement le développement du feuillage de ces arbres, on constate qu'au début, lorsqu'ils sont jeunes, ces Acacias ont des feuilles semblables à celles de tous les autres, c'est-à-dire des feuilles composées bipennées. Puis, lorsque la plante avance en âge, on voit peu à peu le nombre des folioles diminuer, tandis que le pétiole s'aplatit en raison inverse, jusqu'à ce qu'il reste seul enfin à l'état de phyllode.

Dans certaines espèces, en particulier chez l'*Acacia heterophylla*, on voit en tous temps des feuilles à presque tous les degrés, depuis l'état composé jusqu'à celui de phyllode pur et simple. La forme de ces feuilles dépend de leur âge respectif. Lorsqu'elles viennent de se développer, elles sont nettement composées pennées (fig. 270), puis, à mesure qu'elles avancent en âge, le pétiole s'élargit, les pétioles secondaires et les folioles se réduisent (fig. 271 et 272), et bientôt il ne reste qu'un phyllode (fig. 273). L'*Acacia heterophylla* doit son nom spécifique à ce fait qu'il porte à la fois, sur

le même pied, des feuilles jeunes et composées, des feuilles plus âgées, à demi transformées, et des phyllodes complètement métamorphosés.

La substitution de phyllodes aux feuilles composées chez les Acacias de la Nouvelle-Hollande influe considérablement sur l'aspect général de ces végétaux, et le feuillage des Acacias chez lesquels se produit cette substitution ne ressemble plus du tout au feuillage si élégant des Acacias normaux; il se compose alors de feuilles raides et dures, en général étroites, se tenant toutes dirigées dans un plan vertical (fig. 274). La cime de l'arbre est alors maigre et peu fournie et ne donne que très peu d'ombrage.

La direction verticale du plan des phyllodes se retrouve fréquemment, à la Nouvelle-Hollande, dans un autre genre d'arbres, les *Eucalyptus*, de la famille des Myrtacées, qui ont d'abord des feuilles simples, larges, sessiles, horizontales, et qui, plus tard, en portent uniquement d'autres, entièrement différentes de forme, même de structure intérieure, dont le plan est rendu vertical par une torsion qui s'opère à leur base (fig. 275). Nous avons vu, dans une autre partie de cet ouvrage (1), que l'on doit très probablement attribuer à cette disposition du feuillage l'action assainissante des Eucalyptus sur les pays marécageux. Les feuilles, placées verticalement, ne portent pas

(1) Voy. Constantin, *Le Monde des Plantes*, t. II, p. 19.

Fig. 276. — Dionée attrape-mouches (*Dionæa muscipula*).

d'ombre au pied de l'arbre et le soleil, y parvenant largement, dessèche rapidement le terrain.

Feuilles des plantes dites carnivores. — Les feuilles de certaines plantes ont une configuration anormale, parfois bizarre, par suite de laquelle la détermination de leurs diverses parties devient, dans certains cas, difficile. La bizarrerie de cette conformation est en général en rapport avec l'adaptation à un rôle spécial. Nous en trouverons un exemple chez les plantes carnivores, dont les feuilles se modifient en vue de la capture des insectes. Nous passerons ici rapidement en revue les formes que présentent les feuilles chez ces plantes, qui appartiennent à diverses familles du règne végétal.

Chez les Rossolis ou *Drosera* (1), plantes carnivores de nos pays, la feuille est à peine modifiée : disposées en rosette à la surface du sol, les feuilles s'y composent d'un long pétiole terminé par un limbe arrondi, rougeâtre, épais et charnu, portant sur sa face supérieure, légèrement concave, un grand nombre de poils glanduleux, appelés *tentacules* par Darwin et servant à la capture des insectes.

Chez la Dionée attrape-mouche (*Dionæa muscipula*) de l'Amérique du Nord (1), la modification des feuilles est plus profonde. Ces feuilles, toutes radicales, étalées en rosette à la surface du sol, se composent chacune (fig. 276) :

1° D'une portion inférieure, qui représente le pétiole, dilatée sur ses deux côtés en deux larges ailes et légèrement échancrée en cœur à son extrémité ;

2° D'une portion supérieure arrondie, avec une grande échancrure à la base comme à son sommet. Les bords de cette partie se prolongent en une rangée de longues dents étroites, pointues et raides ; ses deux moitiés peuvent se rapprocher par un mouvement de charnière exécuté sur la ligne médiane. Cette portion supérieure de la feuille en représente le limbe.

Des feuilles modifiées d'une façon analogue se rencontrent chez l'Aldrovandie vésiculeuse (*Aldrovandia vesiculosa*), petite herbe aquatique appartenant à la même famille des Droséracées que les deux plantes précédentes et

(1) Constantin, *Le Monde des Plantes*, t. I, p. 749.

(1) Constantin, *Le Monde des Plantes*, t. I, p. 757.

Fig. 277. — *U. grafiana.*

Fig. 278. — *U. minor.*

Fig. 277 et 278. — Utriculaires (*Utricularia*).

qu'on peut observer en France à Raphèle, près d'Arles, et dans l'étang de la Canau (Médoc), non loin de Bordeaux (1). Chaque feuille de cette plante se compose d'un pétiole élargi en coin et portant, au-dessous de son articulation avec le limbe, quatre à six soies. Le limbe consiste en deux lobes arrondis, presque toujours rapprochés comme les deux valves d'une coquille et qui donnent à la feuille l'apparence d'une vésicule close, d'où le nom impropre de *vesiculosa* donné à cette espèce. En réalité, il n'y a pas là de sac clos : ces lobes peuvent d'ailleurs s'écarter spontanément et se refermer comme ceux de la Dionée.

Les Utriculaires (*Utricularia*) (fig. 277 et 278) sont de petites plantes aquatiques, dont plusieurs espèces vivent en France et se retrouvent, quoique assez rarement, dans les eaux stagnantes aux environs de Paris, dans les étangs du bois de Meudon, de la forêt de Compiègne, aux environs de Villers-Coterets, etc. Leurs feuilles immergées sont très découpées, à divisions capillaires, entremêlées de petites ampoules (fig. 277 et 278) auxquelles on donne le nom d'*ascidies*. Pour la plupart des botanistes, ces ampoules sont des feuilles, ou portions de feuilles, modifiées en vue de la capture de petits animaux (1).

La transformation des feuilles en *ascidies*, c'est-à-dire en cavités closes pouvant se remplir de liquide et recevoir les cadavres des animaux que la plante capture, est des plus nettes chez les plantes appartenant aux familles des Sarracéniées (fig. 279 à 281) et des Népenthacées (fig. 282 et 283).

Les Sarracéniées (2) sont des plantes herbacées croissant spontanément dans les endroits marécageux et bourbeux de l'Amérique sep-

(1) Constantin, *Le Monde des Plantes*, t. I, p. 755.

(1) Constantin, *Le Monde des Plantes*, t. II, p. 335-338.
(2) Id., *Ibid.*, t. I, p. 95.

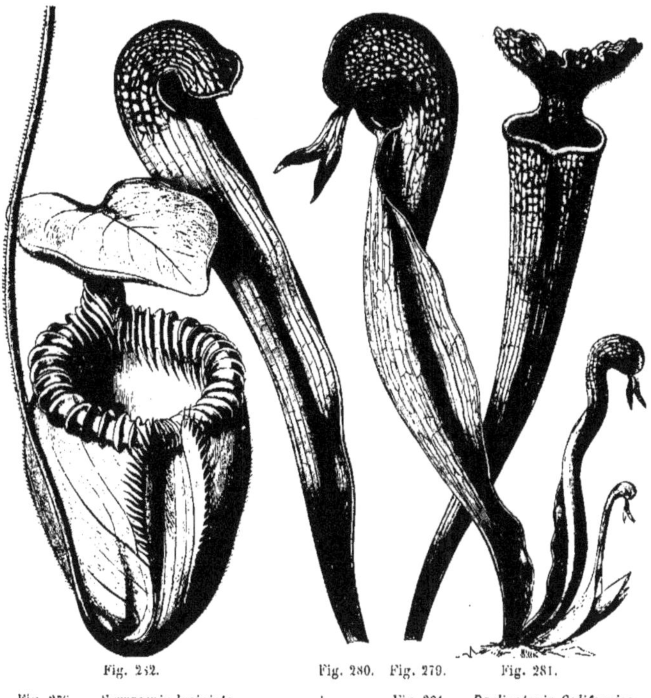

Fig. 252. Fig. 280. Fig. 279. Fig. 281.

Fig. 279. — *Sarracenia laciniata.*
Fig. 280. — *Sarracenia variolaris.*

Fig. 281. — *Darlingtonia Californica.*
Fig. 282. — *Nepenthes villosa.*

Fig. 279 à 282. — Sarracéniées et Népenthes (feuilles).

tentrionale. Leurs feuilles, disposées en rosettes à la surface du sol, se présentent sous forme de cornets rétrécis à la base, plus ou moins renflés dans la partie moyenne et terminés à leur extrémité libre par une assez large ouverture, du bord externe de laquelle part une languette oblique de forme variable, tantôt dressée et tantôt rabattue devant l'ouverture, suivant les espèces (fig. 279 à 281), mais toujours immobile et inarticulée. Ces feuilles appartiennent nettement à la catégorie de celles qu'en botanique on nomme *ascidies* et peuvent en être prises pour types.

La partie creuse doit en être considérée comme formée par une modification du pétiole, tandis que le limbe, très réduit, est représenté par le petit appendice en forme de languette qui se trouve dans le prolongement du bord extérieur et dorsal du cornet. Chez le *Sarracenia purpurea*, cet appendice, veiné de rouge, est bien développé et se dresse à la partie supérieure de l'ouverture du cornet formé par le pétiole : il en est de même chez le *Sarracenia laciniata* (fig. 279). Chez le *Sarracenia variolaris* (fig. 280) ou le *Darlingtonia Californica* (fig. 281), au contraire, l'appendice qui représente le limbe est fort réduit. Les feuilles de ces deux espèces, en effet, se présentent sous la forme de cornets assez réguliers, minces à la base, un peu élargis à l'extrémité supérieure, et dont la paroi dorsale se recourbe comme une voûte au-dessus de l'ouverture, figurant comme un casque ou comme un capuchon. L'orifice d'entrée dans la cavité de l'ascidie se trouve donc caché sous cette voûte (fig. 280). Le limbe de la feuille se réduit chez le *Sarra-*

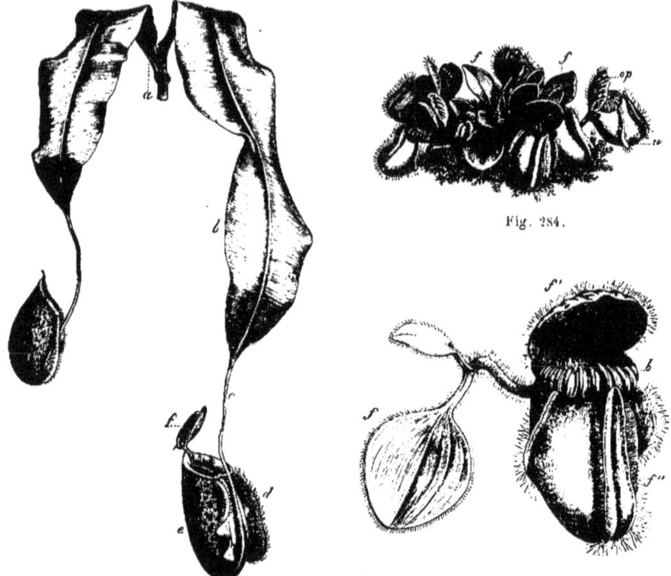

Fig. 283.

Fig. 285.

Fig. 283. — Deux feuilles isolées de *Nepenthes* : à gauche, une feuille jeune avec l'opercule fermé ; à droite, une feuille plus âgée avec l'opercule soulevé.

Fig. 284. — Touffe de *Cephalotus follicularis*.
Fig. 285. — Feuille isolée de *Cephalotus* transformée en ascidie, avec feuille normale, *f*.

cenia variolaris à une simple petite languette abritant l'ouverture, et chez le *Darlingtonia* à un appendice bifurqué en queue de poisson, qui pend devant l'entrée (fig. 281).

Les *Nepenthes* (1) habitent Madagascar et les îles chaudes de l'archipel Asiatique. Ce sont des herbes ou des arbrisseaux grimpants, portant des feuilles nettement métamorphosées en ascidies (fig. 282). Elles sont formées tout d'abord par une lame verte, de 20 à 30 centimètres de long (*b*, fig. 283) ; la nervure médiane, assez accusée, se prolonge par une sorte de cordon parfois très long (*c*), se terminant à son extrémité par une sorte de sac allongé, (*c*. fig. 283), dressé, surmonté d'un petit prolongement (*f*) formant couvercle (fig. 282 et 283). Ce couvercle, d'abord rabattu chez les feuilles jeunes, se redresse plus tard chez les feuilles plus âgées, mais il n'est jamais doué d'aucun mouvement et ne se rabat plus par la suite.

(1) Constantin, *Le monde des Plantes*, t. II, p. 391.

Le sac porte le nom d'*urne* et le couvercle celui d'*opercule*. Les dimensions de ces feuilles sont assez variables : la longueur moyenne des urnes est de 10 à 15 centimètres pour la plupart des espèces. Chez le *N. ampullaria*, elles sont beaucoup plus petites et ne dépassent pas 4 à 6 centimètres de long, tandis que d'autres espèces, originaires de Bornéo, en présentent de 30 centimètres de haut. Le *Nepenthes Rajah* a même des urnes de près de 50 centimètres de hauteur, y compris l'opercule, et dont la largeur est assez grande pour engloutir un petit oiseau ou un petit mammifère.

Pour ce qui est de la nature des urnes des *Nepenthes*, plusieurs opinions ont été émises ; celle qui semble rallier la plupart des botanistes consiste à admettre que le pétiole, très dilaté à la base, forme la lame verte qui simule un limbe, puis se rétrécit et se recourbe plus ou moins en un cordon grêle et allongé, pour se dilater enfin de nouveau et se creuser dans sa région terminale d'une cavité en

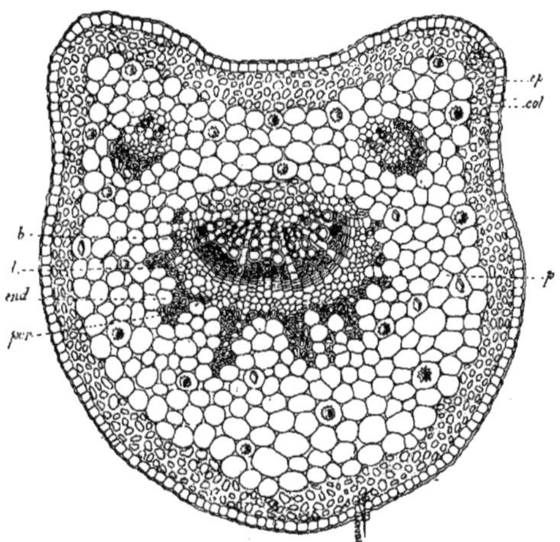

Fig. 286. — Coupe transversale du pétiole d'une feuille de Laurier-Cerise : *ep*, épiderme ; — *col*, collenchyme ;
p, parenchyme ; — *end*, endoderme ; — *per*, péricycle ; — *l*, liber ; — *b*, bois.

forme d'outre ou de cruche, formant l'urne. La presque totalité de l'ascidie serait ainsi exclusivement formée par les modifications du pétiole, le limbe véritable constituant l'opercule.

Des feuilles transformées en ascidies analogues à celles des *Nepenthes* se rencontrent encore chez le *Cephalotus follicularis* (1), petite plante herbacée des marais de l'Australie austro-occidentale. Dans le sol vaseux des marais où vit la plante, est enfoui un court rhizome qui porte à sa partie supérieure, au ras de terre, une rosette de folioles pétiolées, dépourvues de stipules. Ces folioles sont de deux sortes (fig. 284) : les unes sont normales, entières (*f*), et les autres transformées en ascidies (*a*). Chez ces dernières (fig. 285), à l'extrémité du pétiole grêle et cylindrique, se trouve une sorte d'urne analogue à celle des *Nepen-*

thes. Un large couvercle ou opercule, à surface extérieure généralement bombée (*f'*, fig. 285), s'attache par une base épaisse sur la partie postérieure de l'orifice, au point où s'insère le pétiole. La ressemblance de ces feuilles avec un vase à boire la bière leur a fait donner par les horticulteurs belges le nom de *chopes*, et par les horticulteurs anglais celui de *pitchers*, c'est-à-dire cruches ou pichets.

Feuilles reproductrices. — Une dernière modification des feuilles consiste dans la transformation de celles-ci pour jouer un rôle dans la reproduction de la plante. Nous verrons bientôt en effet, en étudiant la fleur, c'est-à-dire l'appareil reproducteur des plantes phanérogames, que celle-ci est formée par un ensemble de feuilles qui se sont modifiées spécialement en vue de pourvoir à la reproduction de la plante.

STRUCTURE DE LA FEUILLE

Nous étudierons la feuille au point de vue de sa structure interne dans ses deux parties principales : le pétiole et le limbe. Nous en étudierons tout d'abord la structure primaire, la seule qu'il y ait à considérer dans la majeure partie des cas, car rarement, dans la feuille, aux formations primaires viennent s'adjoindre des formations secondaires, comme dans la tige et la racine.

(1) Constantin, *Le Monde des Plantes*, t. 1, p. 736.

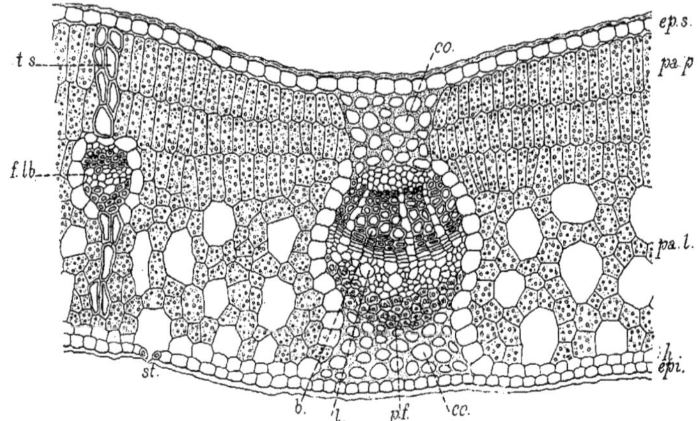

Fig. 287. — Coupe du limbe de la feuille de Busserole (*Arctostaphylos Uva-Ursi*): *ep. s*, épiderme supérieur; *ep. i*, épiderme inférieur; — *pa. p*, tissu en palissade; — *pa. l*, tissu lacuneux; — *h*, hypoderme; — *st*, stomate — *t.s*, tissu scléreux; — *f.lb*, faisceau libéro-ligneux; — *b*, bois; — *l*, liber; — *pf*, péricycle; — *co*, collenchyme.

STRUCTURE DU PÉTIOLE

Dans la structure du pétiole, il faut distinguer trois éléments qu'on remarque du premier coup d'œil dans une coupe transversale (fig. 286), examinée au microscope : l'*épiderme*, le *parenchyme* et les *faisceaux libéro-ligneux*.

Épiderme. — Le pétiole est recouvert extérieurement par une assise de cellules, l'*épiderme (ep*, fig. 286), qui prolonge celui de la tige avec lequel il est en continuité. Cet épiderme offre d'ailleurs le même aspect, les mêmes caractères et les mêmes variations que celui de la tige (Voy. p. 110). En particulier, il est pourvu de stomates.

Parenchyme. — Le parenchyme (*p*. fig. 286) constitue la masse même du pétiole, sous l'épiderme. Il est constitué par de larges cellules arrondies ou polyédriques, souvent allongées dans le sens de l'axe du pétiole, renfermant le plus souvent de la chlorophylle et présentant entre elles des méats assez larges. Souvent, dans la zone épidermique, le parenchyme est transformé en collenchyme et en tissu scléreux, disposés soit en un anneau continu (*col.* fig. 286), soit en amas distincts plus ou moins volumineux, en face desquels l'épiderme ne porte pas de stomates.

Faisceaux libéro-ligneux. — Dans le paren-chyme sont situés les faisceaux libéro-ligneux, qui sont d'ailleurs des ramifications des faisceaux de la tige, les *faisceaux foliaires* (Voy. p. 112), qui s'en détachent pour pénétrer dans la feuille. Celle-ci emprunte le plus souvent à la tige plusieurs faisceaux à la fois, qui ne s'en détachent pas toujours au même niveau, et l'on nomme *tracé foliaire*, dans le cylindre central de la tige, la réunion des faisceaux qui se rendent à une même feuille.

Au milieu du parenchyme, les faisceaux du pétiole sont ordinairement en nombre impair, placés de manière à former un arc plus ou moins ouvert à sa face supérieure, et qui quelquefois même se ferme pour former un anneau complet. Mais, même dans ce dernier cas, ces faisceaux sont toujours de dimensions inégales; à la partie inférieure, il en est un médian, plus développé que les autres qui sont de moins en moins volumineux à mesure qu'on se rapproche des extrémités de l'arc. La structure du pétiole n'est donc pas symétrique par rapport à un axe comme celle de la tige, mais bien par rapport à un plan. Le pétiole, comme toute la feuille du reste, présente la *symétrie bilatérale*. C'est là, avons-nous déjà fait observer, un des principaux caractères qui différencient cet organe de la tige et de la racine.

Le faisceau médian présente son liber (*l*, fig. 286) tourné vers le bas et son bois (*b*) orienté

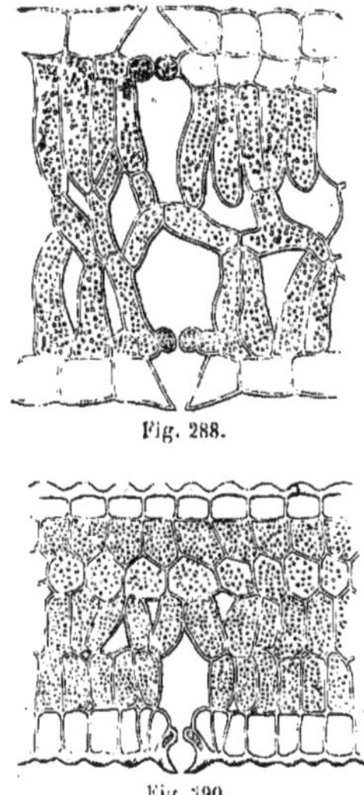

Fig. 288.

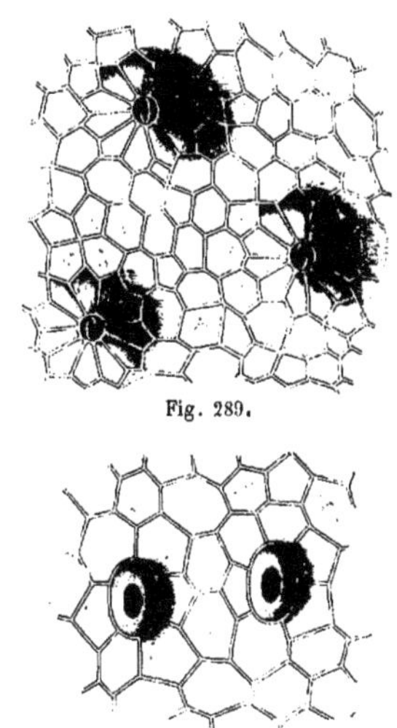

Fig. 289.

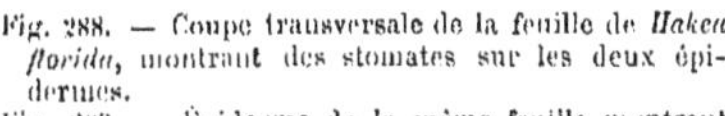

Fig. 290.

Fig. 291.

Fig. 288. — Coupe transversale de la feuille de *Hakea florida*, montrant des stomates sur les deux épidermes.
Fig. 289. — Épiderme de la même feuille montrant les stomates vus de face.

Fig. 290. — Coupe transversale de la feuille de *Protea mellifera*, montrant un stomate sur la face inférieure et la chambre sous-stomatique.
Fig. 291. — Épiderme de la même feuille montrant les stomates vus de face.

vers la face supérieure ; les vaisseaux annelés et spiralés en occupent le bord extrême, tandis que des vaisseaux ponctués sont plus bas, proches du liber. Chez les autres faisceaux, le liber est toujours tourné extérieurement, en regard de l'épiderme, et le bois du côté de l'intérieur.

Il arrive quelquefois que les faisceaux libéro-ligneux du pétiole, au lieu de rester distincts, se soudent en un croissant ou en un anneau continu, présentant du bois à l'intérieur et du liber à l'extérieur. Même lorsque les deux branches du croissant se soudent de façon à former un anneau continu, la symétrie bilatérale de l'organe est d'ailleurs encore accusée par l'inégalité d'épaisseur plus considérable en bas qu'en haut.

Lorsque les faisceaux libéro-ligneux sont distincts, autour de chacun d'eux on observe la présence d'un endoderme (*end.* fig. 286) et d'un péricycle (*pér*) : le pétiole est alors dit à structure *astélique*. Lorsqu'il y a concrescence des faisceaux en un croissant (ou un anneau), celui-ci est entouré d'un péricycle et d'un endoderme

communs, et la structure est *monostélique*, car il se forme une sorte de cylindre central. Endoderme et péricycle présentent d'ailleurs les mêmes caractères que dans la tige.

STRUCTURE DU LIMBE

Une section transversale du limbe d'une feuille, chez la Busserole (fig. 287) par exemple, montre qu'il se compose d'un parenchyme vert situé entre deux épidermes, l'un supérieur, (*ep. s*), l'autre inférieur (*ep. i*), et parcouru par des nervures formées par des faisceaux libéro-ligneux (*f. lb*).

Épidermes. — Les deux épidermes du limbe de la feuille sont constitués par une, ou plus rarement deux ou plusieurs assises de cellules, dont les éléments présentent les caractères généraux déjà étudiés pour la tige. La cuticule, en particulier, y est fréquemment très développée (fig. 48 et 49, p. 38).

Sauf chez les Fougères et les plantes aquatiques, les cellules épidermiques sont incolores, étant dépourvues de chlorophylle, à l'exception des cellules stomatiques qui en renferment seules.

Les stomates sont plus nombreux dans l'épiderme de la feuille que dans celui de la tige : ils sont ordinairement disposés irrégulièrement, sans aucun ordre apparent, sur les feuilles au limbe large ; sur celles, au contraire, dont le limbe est étroit et allongé, comme chez les Graminées, ils sont rangés en files longitudinales régulières.

Les stomates sont ordinairement plus nombreux sur la face inférieure des feuilles que sur la face supérieure. Les feuilles molles et herbacées portent des stomates sur leurs deux épidermes (fig. 288 et 289) ; les feuilles coriaces, au contraire, n'en ont que sur la face inférieure (fig. 290 et 291). Les feuilles submergées dans l'eau en sont complètement dépourvues et on n'en rencontre que sur l'épiderme supérieur des feuilles qui nagent à la surface de l'eau, comme celles des Nénuphars et autres Nymphéacées.

Chez le Laurier-Rose (*Nerium oleander*), les

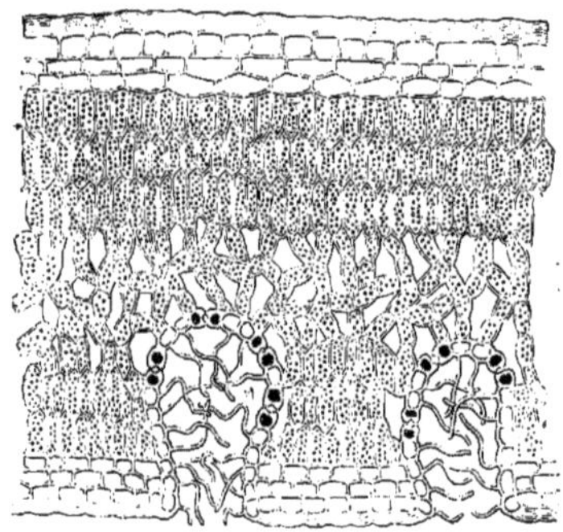

Fig. 292. — Coupe transversale d'une feuille de Laurier-Rose (*Nerium oleander*). Les stomates y sont renfermés dans des cryptes à la face inférieure.

stomates sont situés à la face inférieure dans de petites cavités ou cryptes, au milieu desquelles les cellules de l'épiderme forment des poils (fig. 292).

Parenchyme. — Le parenchyme foliaire situé entre les deux épidermes a reçu le nom de *mésophylle*. C'est lui qui, grâce aux abondants grains de chlorophylle dont sont bourrés ses éléments, communique à la feuille, par suite de la transparence de l'épiderme, la coloration verte qui lui est propre.

Deux types peuvent être réalisés par le mésophylle suivant la nature des feuilles. Chez les feuilles épaisses et charnues, on rencontre en général le type *homogène* ou *centrique*, dans lequel le parenchyme affecte la même disposition au voisinage des deux faces de la feuille.

Dans le type *hétérogène* ou *bifacial*, réalisé dans le plus grand nombre des cas, le mésophylle comprend deux régions nettement distinctes. Sous l'épiderme supérieur, il est composé d'une ou plusieurs rangées de cellules plus longues que larges, étroitement serrées les unes contre les autres presque sans méats ; c'est ce qu'on appelle le *tissu en palissade* (*pa. p*, fig. 287), parce que, sur une coupe transversale, l'aspect de ces cellules allongées et pointues à leur extrémité, rangées régulièrement les unes à côté des autres, peut faire penser aux pieux qui forment une palissade. Le tissu en palissade peut quelquefois se réduire à une seule assise de cellules, chez les feuilles du *Franciscea eximia* par exemple (fig. 293).

Sous le tissu en palissade, tourné du côté de l'épiderme inférieur, on trouve un tissu dit *tissu lacuneux* ou *spongieux* (*pa. l*, fig. 287), formé de cellules à contours irréguliers laissant entre elles des lacunes (fig. 294) plus ou moins étendues, communiquant entre elles de façon à permettre la circulation de l'air.

La présence de ces lacunes dans le parenchyme de la face inférieure des feuilles explique pourquoi, chez celles-ci, la coloration verte est en général moins intense sur cette face que sur la face supérieure, dont le tissu en palissade est constitué par des cellules étroitement serrées les unes contre les autres et présente, par conséquent, un plus grand nombre de corps chlorophylliens.

Le tissu lacuneux est parfois protégé, chez certaines feuilles, par un stéréome très développé (fig. 295 et 296).

Sous chaque stomate se trouve une lacune bien développée, appelée la *chambre sous-stomatique*. Certains stomates se distinguent des autres et en sont séparés sous le nom de *stomates aquifères* : ils sont en rapport avec un massif de cellules très petites et incolores, très différentes par leur aspect des cellules du mésophylle qui les entoure. C'est ce qu'on appelle un *massif aquifère*. Les stomates aquifères sont destinés à laisser exsuder l'eau à l'état liquide, tandis que les stomates aérifères ont pour fonction de permettre les

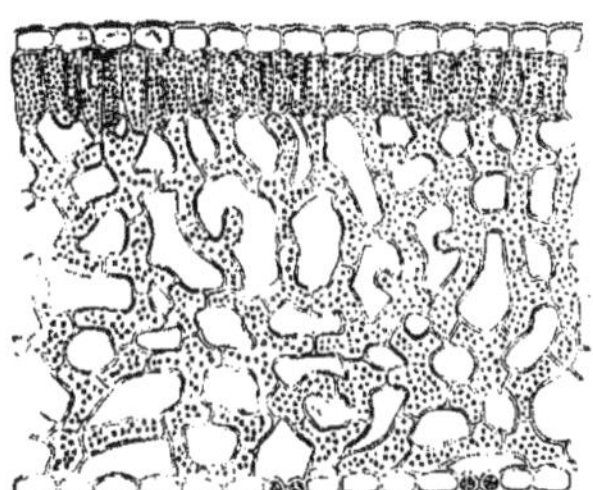

Fig. 293. — Coupe transversale du limbe de la feuille de *Franciscea eximia*, montrant la réduction du tissu en palissade et le développement du tissu lacuneux.

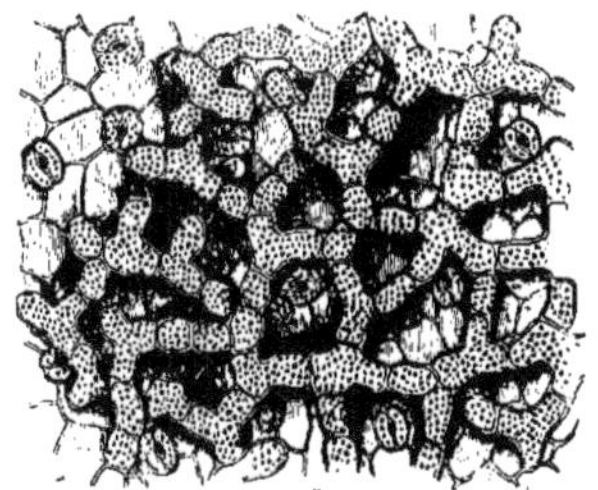

Fig. 294. — Parenchyme lacuneux de la feuille de *Daphne laureola*. (L'épiderme supérieur et le tissu en palissade ont été enlevés et on aperçoit le tissu lacuneux et l'épiderme inférieur en projection horizontale.)

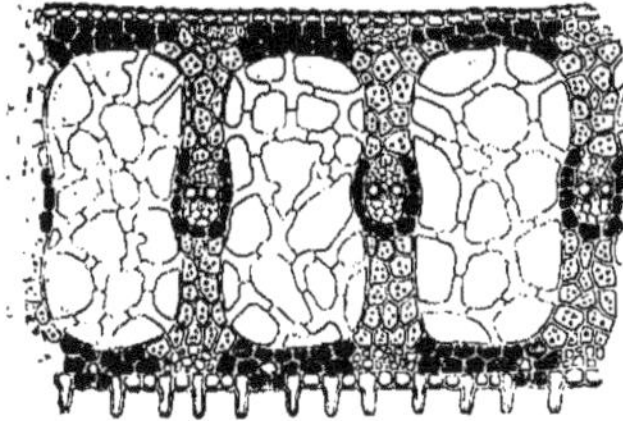

Fig. 295. — Feuille de *Glyceria spectabilis*.

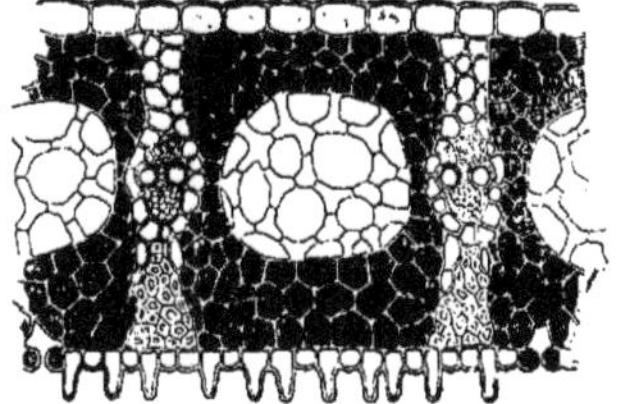

Fig. 296. — Feuille de *Carex paludosa*.

Dans ces deux coupes, on voit le tissu lacuneux protégé par un stéréome très développé.

échanges gazeux entre le parenchyme de la feuille et l'atmosphère.

Nervures. — Les nervures de la feuille sont disséminées au milieu du mésophylle; elles sont formées par l'épanouissement des faisceaux libéro-ligneux du pétiole à l'intérieur du limbe. Chacune d'elles est donc principalement formée par un faisceau libéro-ligneux (*f. lb*, fig. 287) dont le liber (*l*) est tourné vers la face inférieure et le bois (*b*) vers le haut. Sous les plus grosses d'entre elles, l'épiderme est ordinairement renforcé par une gaine de collenchyme (*co*, fig. 287). Autour du faisceau qui constitue une nervure, on observe un endoderme et un péricycle fibreux (*pf*, fig. 287) propres.

Les grosses nervures se ramifient pour en former de plus en plus fines. A mesure que celles-ci s'amincissent, le liber diminue tout d'abord d'épaisseur, puis disparaît le premier. Le liber ayant ainsi disparu, le bois se réduit à son tour, perdant tout d'abord ses vaisseaux les plus différenciés, les plus voisins du liber, et plus tard les vaisseaux simples, qui sont tournés vers la face supérieure, si bien que les faisceaux des plus fines nervures ne sont plus constitués que par quelques vaisseaux annelés ou spiralés.

Plusieurs de ces dernières ramifications des nervures de la feuille s'anastomosent, c'est-à-dire se placent directement dans le prolongement les unes avec les autres, si bien que l'on passe de l'une à l'autre sans discontinuité. Il résulte de cette disposition, au milieu du parenchyme chlorophyllien, un réseau vasculaire continu.

D'autres nervures, au contraire, se continuent par quelques cellules molles, de forme ovoïde, dont la membrane présente quelques ornements lignifiés, en forme de spirale : ce sont les *cellules vasculaires*, qui parfois se terminent en plein parenchyme, mais souvent aussi se mettent en rapport avec le tissu aquifère dont nous avons parlé plus haut et qui se trouve en face des stomates aquifères (Voy. p. 149).

La gaine, les stipules et la ligule ont la même structure essentielle que le limbe.

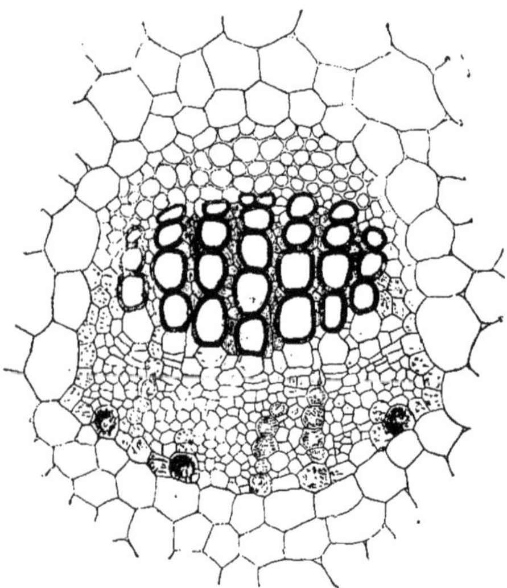

Fig. 297. — Nervure de la feuille de Mauve (*Malva sylvestris*). Entre le bois et le liber, on aperçoit une zone de cambium ou assise génératrice.

ACCROISSEMENT ET DÉVELOPPE-MENT DE LA FEUILLE

Accroissement de la feuille. — La feuille, on l'a vu plus haut (p. 126), présente un accroissement à la fois terminal et intercalaire. L'accroissement terminal est dû au cloisonnement d'une cellule initiale, unique chez les Muscinées, les Cryptogames vasculaires et les Gymnospermes. Chez les Phanérogames angiospermes, l'extrémité de la feuille est occupée par un méristème dû au cloisonnement de deux ou trois cellules initiales.

Lorsqu'il n'y en a que deux, la plus extérieure donne l'épiderme de la feuille, tandis que l'autre est l'origine du parenchyme et des nervures. Lorsqu'il y en a trois, l'extérieure donne l'épiderme, la moyenne le mésophylle et la profonde les faisceaux des nervures.

Développement de la feuille. — La feuille naît sur le flanc de la tige, dans un bourgeon. Si l'on étudie au microscope la structure du mamelon qui va produire une feuille à l'intérieur d'un bourgeon, on voit que cette feuille va naître par une seule cellule initiale chez les Mousses, les Cryptogames vasculaires et les Gymnospermes. Chez les Angiospermes, il y a deux ou trois cellules génératrices, fonctionnant d'ailleurs exactement comme les deux ou trois initiales qui président à l'accroissement de la feuille.

Tiges et racines adventives nées d'une feuille. — Nous avons indiqué déjà que sur une feuille peuvent se développer, dans certaines conditions, des tiges et des racines adventives.

Les tiges adventives nées d'une feuille sont de formations exogènes, c'est-à-dire que le méristème qui les engendre se constitue aux dépens de l'épiderme seulement.

Les racines adventives d'origine foliaire sont au contraire des organes endogènes : c'est dans le péricycle des faisceaux libéro-ligneux des nervures qu'elles prennent naissance, exactement comme les radicelles naissent du péricycle d'une racine.

FORMATIONS SECONDAIRES DE LA FEUILLE

Aux tissus primaires de la feuille s'ajoutent rarement des formations secondaires. On en

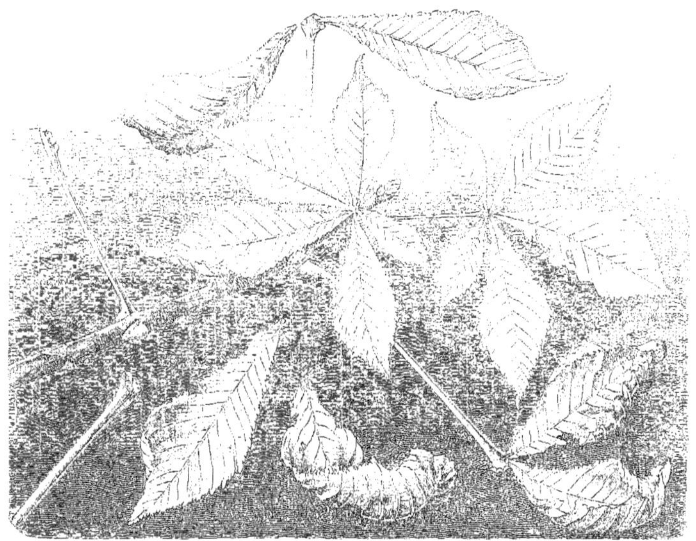

Fig. 298. — Chute des feuilles chez le Marronnier d'Inde (*Æsculus hippocastanum*).

observe cependant parfois, mais les tissus qui se produisent ainsi sont de peu d'importance.

Chez quelques feuilles, en particulier chez la Mauve Sylvestre (*Malva Sylvestris*) (fig. 297), dans le faisceau libéro-ligneux des nervures, on voit apparaître un petit axe générateur ou zone de *cambium* entre le bois et le liber. Ce cambium fonctionne en donnant un peu de liber secondaire vers le bas et un peu de bois secondaire vers le haut. Il y a là quelque chose de tout à fait semblable à ce qui se passe dans le fonctionnement de l'assise génératrice libéro-ligneuse de la racine et de la tige, mais ici jamais la zone de cambium ne s'étend hors des faisceaux libéro-ligneux.

Quelquefois, comme on peut le voir dans les écailles du bourgeon de Marronnier, il se forme dans le parenchyme une zone de périderme.

Mécanisme de la chute des feuilles. — C'est aussi à la formation dans le pétiole de tissus secondaires qu'on peut rattacher l'explication du mécanisme de la chute des feuilles (fig. 298).

Lorsqu'une feuille va tomber, il se forme quelque temps auparavant, dans le pétiole, transversalement à l'axe, une assise génératrice qui donne naissance sur ses deux faces à des tissus secondaires. Puis la zone moyenne de cette assise génératrice se résorbe et disparaît, de telle façon que pétiole et limbe ne sont plus rattachés à la tige que par les seuls faisceaux libéro-ligneux et par le sclérenchyme. Ceux-ci se brisent à leur tour et la feuille tombe.

DISPOSITION DES FEUILLES SUR LA TIGE

Les feuilles sont réparties sur la tige et sur les branches de manières fort différentes avec les diverses sortes de plantes. La disposition est cependant toujours la même chez une espèce donnée : c'est d'ailleurs une disposition géométrique, régie par des lois bien déterminées.

Phyllotaxie. — On désigne sous le nom de

Fig. 302.

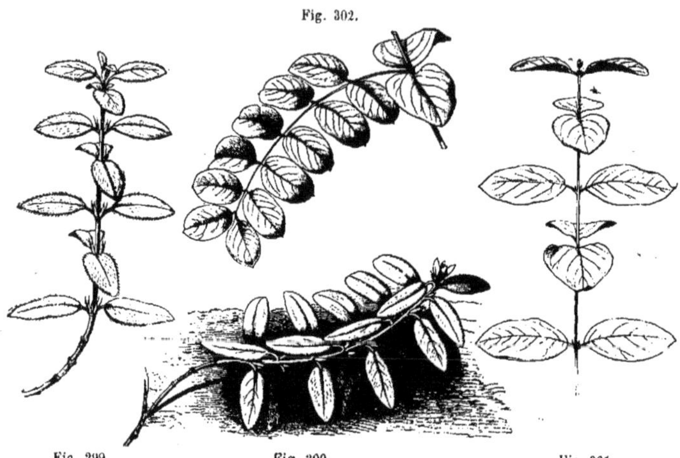

Fig. 299.   Fig. 300.   Fig. 301.

Fig. 299. — Rameau dressé de l'*Helianthemum
grandiflorum*.
Fig. 300. — Rameau couché sur le sol,
chez la même plante.

Fig. 301. — Rameau dressé du *Diervilla
canadensis*.
Fig. 302. — Rameau, pendant chez la même plante.

Fig. 299 à 302. — Influence de la nature d'un rameau sur la disposition des feuilles sur la tige.

phyllotaxie la disposition géométrique des feuilles sur l'axe. A la vérité, la loi qui préside à cet arrangement n'est qu'une application particulière d'une grande loi générale en Biologie, d'après laquelle tous les organes, quels qu'ils soient, sont disposés d'une manière géométrique sur un autre membre, qu'il s'agisse d'ailleurs de plantes ou d'animaux. Pour que cette régularité puisse se manifester, il est nécessaire que les organes soient de même nature et qu'ils puissent se développer librement. L'adaptation de quelques-uns de ces organes à des fonctions spéciales, la forme distincte qui leur est imprimée par ces fonctions, la proximité d'un autre appareil ou organe, et d'autres conditions encore, portent toujours un trouble plus ou moins profond dans la régularité de l'arrangement. Mais il est le plus souvent facile de reconnaître la nature de la cause perturbatrice. C'est pour cette raison qu'il est à peine nécessaire de parler d'une organotaxie purement géométrique chez les animaux supérieurs, à l'exception pourtant des téguments, tels que les écailles des Poissons et des Reptiles, et des poils des Mammifères, etc. Chez les animaux inférieurs,

en particulier chez les Mollusques et chez les Zoophytes, la loi géométrique reprend ses droits. Il suffit par exemple d'examiner les pointes et les tubercules qui ornent la coquille de certains Gastéropodes, comme les Murex par exemple, ou encore la disposition des loges de certains Foraminifères (1).

La phyllotaxie a été l'objet d'un grand nombre de travaux des plus intéressants, parmi lesquels il convient de citer en première ligne ceux de Schimper et d'Alex. Braun en Allemagne, ceux des frères L. et A. Bravais en France.

On peut se demander tout d'abord pourquoi les feuilles des plantes sont ainsi disposées régulièrement sur l'axe. Plusieurs hypothèses ont été émises à ce sujet: une des principales est que les feuilles se disposent régulièrement parce que de cette disposition dépendent la meilleure utilisation des agents physiques extérieurs et la plus grande économie dans la nutrition intérieure. Cette disposition peut d'ailleurs être inhérente à la plante ou acquise par sélection.

(1) Vesque, *Traité de Botanique agricole*, p. 10.

Fig. 303. — Feuilles alternes.

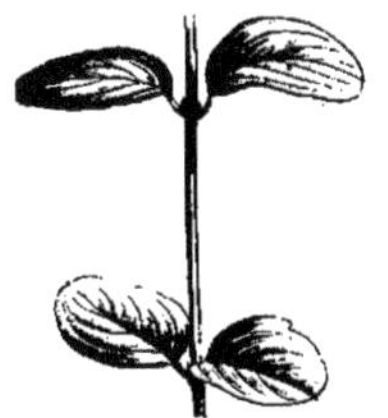

Fig. 304. — Feuilles opposées.

Cette manière de voir semble très séduisante au premier abord. Elle n'est cependant pas conforme à la réalité. Chez certaines plantes, en effet, l'Epicéa (*Picea*) par exemple, la disposition régulièrement spiralée des feuilles sur les rameaux étalés est évidemment peu en rapport avec cette meilleure utilisation des agents extérieurs ; la preuve en est que, par adaptation, les feuilles se hâtent de tordre leur pétiole pour prendre une autre position plus conformes au but à atteindre.

Il n'est pas rare d'ailleurs de voir chez certaines plantes, la disposition géométrique des feuilles se modifier, par torsion du pétiole, lorsque le rameau, au lieu d'occuper sa position normale, prend une position particulière.

Chez l'*Helianthemum grandiflorum* (fig. 299), par exemple, les feuilles des rameaux couchés à la surface du sol (fig. 300) se replient de façon à présenter la plus grande surface possible pour les échanges gazeux.

Il en est de même chez le *Diervilla Canadensis*, dont les rameaux dressés (fig. 301) ont des feuilles groupées deux par deux, alternant d'un groupe à l'autre, tandis que sur les rameaux pendants (fig. 302) les feuilles s'étalent toutes dans un même plan.

Aussi la plupart des botanistes actuels ont-ils renoncé à la théorie précédente pour admettre plus simplement que la cause de la disposition des feuilles serait d'ordre purement mécanique, ces organes occupant dans le bourgeon une place restreinte.

Définitions. — Trois cas peuvent se présenter chez les divers végétaux :

1° Il n'y a jamais qu'une seule feuille insérée à chaque nœud : les feuilles sont alors dites *alternes*, *éparses* ou *isolées* (fig. 303) ;

2° Deux feuilles s'attachent à la fois à chaque nœud. Les feuilles sont appelées dans ce cas feuilles *opposées* (fig. 304) ;

3° Enfin les feuilles sont *verticillées* lorsque chaque nœud en porte un nombre supérieur à deux.

Feuilles alternes. — Dans le cas des feuilles alternes, celles-ci s'attachent sur la tige ou sur les branches suivant une ligne spirale régulière.

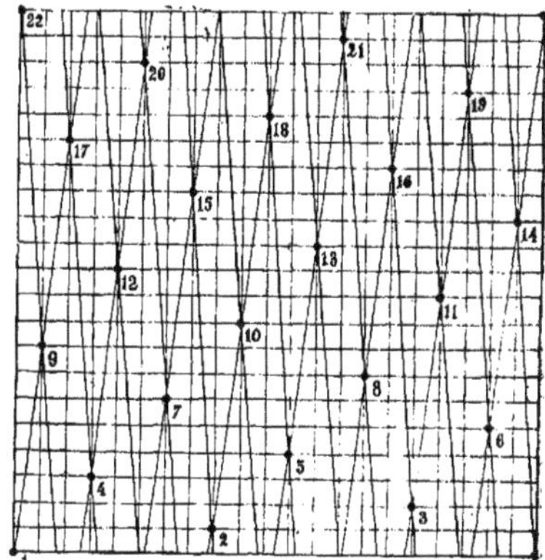

Fig. 305. — Développement d'un cylindre portant des points disposés suivant l'angle de divergence 8/21.

Pour représenter graphiquement la disposition des feuilles sur une tige, on peut employer deux procédés différents :

1° On suppose la tige cylindrique, fendue suivant une de ses génératrices et étalée sur un plan. Les nœuds sont alors représentés par des lignes horizontales et les points d'insertion sont disposés suivant des lignes droites, placées obliquement (fig. 305) ;

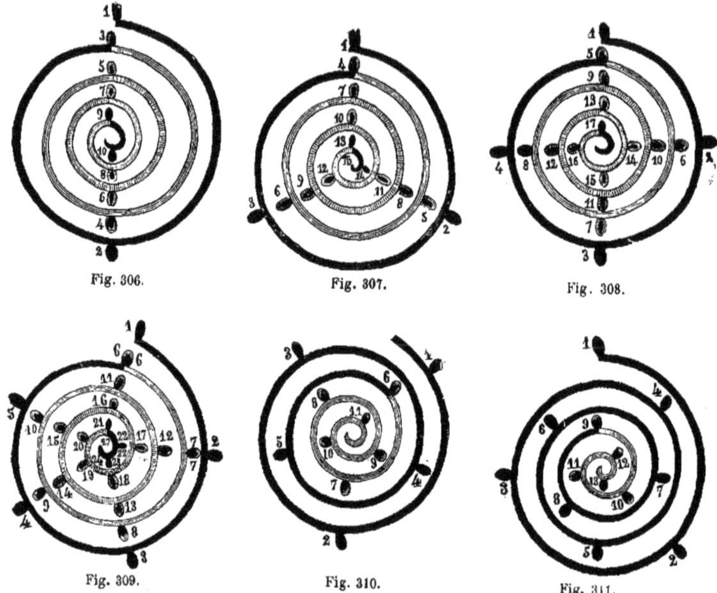

Fig. 306. Fig. 307. Fig. 308.

Fig. 309. Fig. 310. Fig. 311.

Fig. 306. — Divergence 1/2 (feuilles distiques).
Fig. 307. — Divergence 1/3 (feuilles tristiques).
Fig. 308. — Divergence 1/4 (feuilles tétrastiques).

Fig. 309. — Divergence 1/5 (feuilles pentastiques).
Fig. 310. — Divergence 2/5 (feuilles en quinconce).
Fig. 311. — Divergence 3/8 (feuilles sur huit rangées).

Fig. 306 à 311. — Figures schématiques, montrant la disposition des feuilles dans les principaux cas présentés par les plantes.

2° On suppose la tige conique et on la représente par sa projection suivant un plan horizontal. La ligne d'insertion des feuilles se projette alors suivant une ligne spirale, sur laquelle on marque les points d'insertion (fig. 306 à 311).

On appelle *angle de divergence*, l'angle dièdre ayant pour arête l'axe de la tige ou de la branche, et dont les deux plans passent par les points d'attache de deux feuilles consécutives.

Chez les plantes à feuilles alternes, l'angle de divergence est toujours représenté par une fraction de circonférence $\frac{p}{n}$. Dans cette fraction, le dénominateur indique le nombre de feuilles successives que l'on rencontre sur la spirale, avant d'arriver à la feuille située sur la même génératrice de la tige que celle qui a servi de point de départ ; le numérateur représente combien on a fait de fois le tour complet de la tige entre la feuille de départ et la feuille d'arrivée du *cycle* qu'on a ainsi parcouru.

Les principaux angles de divergence qu'on rencontre chez les végétaux sont en général représentés par des fractions simples. Les plus fréquents appartiennent à la série suivante :

$$\frac{1}{2} \quad \frac{1}{3} \quad \frac{2}{5} \quad \frac{3}{8} \quad \frac{5}{13} \quad \frac{8}{21}$$

qui est la plus commune et nommée la *série normale*.

On rencontre aussi fréquemment des divergences appartenant à la série :

$$\frac{1}{3} \quad \frac{1}{2} \quad \frac{2}{5} \quad \frac{3}{7} \quad \frac{5}{12} \quad \frac{8}{19}$$

ou bien encore à celle-ci :

$$\frac{1}{3} \quad \frac{1}{4} \quad \frac{2}{7} \quad \frac{3}{11} \quad \frac{5}{18} \quad \frac{8}{29}$$

Dans chacune de ces trois séries, on obtient chaque fraction, à partir de la troisième, en faisant la somme des numérateurs et des dénominateurs des deux fractions précédentes.

Si l'angle de divergence $\frac{p}{n} = \frac{1}{2}$, on a la disposition la plus simple qui puisse être réalisée (fig. 306). Les feuilles sont dites *distiques* : elles sont disposées en deux séries longitudinales, diamétralement opposées. Cette disposition se rencontre chez les Graminées, l'Orme, le Hêtre, la Vigne, etc.

Si $\frac{p}{n} = \frac{1}{3}$ (fig. 307), les feuilles sont *tristiques*, comme chez l'Aulne et le Bouleau.

Les divergences $\frac{p}{n} = \frac{1}{4}$ (fig. 308), où les feuilles sont dites *tétrastiques*, et $\frac{p'}{n} = \frac{1}{5}$ (fig. 309), où les feuilles sont *pentastiques*, se rencontrent assez peu souvent.

La disposition en *quinconce*, où $\frac{p}{n} = \frac{2}{5}$ (fig. 310), est au contraire très répandue : on l'observe par exemple chez le Chêne, le Poirier, le Cerisier, le Groseillier, etc. Le cycle y comprend cinq feuilles disposées en deux spires sur la tige.

La divergence $\frac{p}{n} = \frac{3}{8}$ (fig. 311) s'observe chez le Chou, le Lin, le Radis.

Dans une même plante, la divergence peut changer en passant de la tige aux branches. C'est ainsi que l'angle de $\frac{3}{8}$ en bas peut devenir $\frac{2}{5}$ plus haut, puis $\frac{1}{3}$ au sommet.

En passant de la tige aux branches, la spirale d'insertion des feuilles conserve souvent le même sens d'enroulement. On dit alors qu'il y a *homodromie*, tandis qu'il y a *antidromie* lorsque, dans certains cas, le sens d'enroulement change et se poursuit par exemple de droite à gauche sur la branche, alors qu'il se dirigeait de gauche à droite sur la tige.

Feuilles opposées. — Lorsque les feuilles sont opposées, elles alternent d'un nœud à l'autre, de manière à n'être jamais superposées. Lorsqu'elles sont, dans le cas le plus simple, en divergence de $\frac{1}{4}$ de circonférence d'un verticille à l'autre, et par conséquent se croisent par paires, on dit qu'elles sont *opposées décussées*.

Chez le *Solanum guineense* (fig. 312), il y a deux feuilles à chaque nœud, mais celles-ci, au lieu d'être situées aux deux extrémités du même diamètre de la tige, comme c'est le cas pour les feuilles opposées normales, sont rapprochées l'une à côté de l'autre : on dit alors que ces

Fig. 312. — Fragment de tige fleurie de *Solanum guineense*, montrant des feuilles géminées (*f*, *f'*) et les pédoncules floraux (*pd*, *pd'*).

feuilles sont *géminées*. Cette anomalie s'explique assez généralement parce qu'une des deux feuilles se serait ici dérangée de sa place naturelle. Il est d'ailleurs à remarquer que cette même plante présente également un curieux déplacement des pédoncules des inflorescences (*pd*, *pd'*, fig. 312).

Feuilles verticillées. — Lorsque les feuilles sont verticillées, il y a toujours, à chaque nœud, plus de deux feuilles groupées en un verticille. Dans ce verticille, la divergence entre deux feuilles consécutives est constante, c'est-à-dire que les feuilles y sont disposées équidistantes sur la circonférence du nœud. D'un verticille à l'autre les feuilles ne se superposent pas et en général la divergence entre deux feuilles qui se correspondent est égale à la moitié de celle de deux feuilles consécutives du même verticille : en d'autres termes et plus simplement, les feuilles alternent régulièrement d'un verticille à l'autre.

Préfoliation. — La disposition des feuilles sur la tige dépend de la disposition de celles-ci à l'intérieur du bourgeon. Pour y occuper le moins de place possible, les feuilles doivent se disposer d'une manière spéciale qui n'est pas la même pour toutes les plantes. On donne le

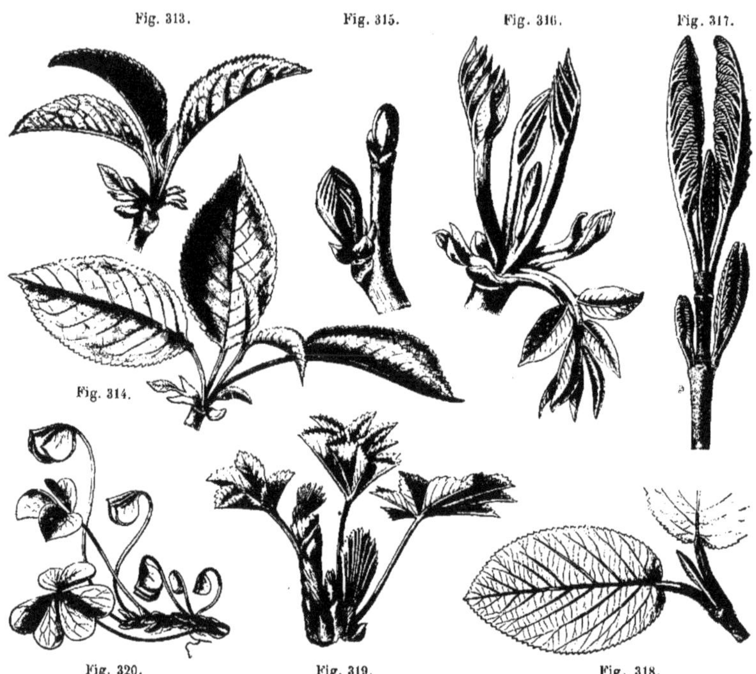

Fig. 313.   Fig. 315.   Fig. 316.   Fig. 317.

Fig. 314.

Fig. 320.   Fig. 319.   Fig. 318.

Fig. 313 et 314. — Bourgeons et feuilles épanouies
du Prunier des Oiseaux (*Prunus avium*).
Fig. 315 et 316. — Bourgeons et feuilles de Noyer
(*Juglans regia*).

Fig. 317 et 318. — Bourgeons et feuilles de Viorne
(*Viburnum lantana*).
Fig. 319. — Préfoliation chez l'Alchémille
(*Alchemilla vulgaris*).
Fig. 320. — Préfoliation chez l'*Oxalis acetosella*.

Fig. 313 à 320. — Divers types de préfoliation.

nom de *préfoliation*, ou *vernation*, à l'arrangement particulier que prennent les feuilles dans le bourgeon (fig. 313 à 320).

Voici les principales manières d'être de la préfoliation pour chaque feuille :

Plane. — La feuille ne se reploie pas, en aucune façon. Exemples : le Lilas, le Frêne, etc.

Condupliquée. — La feuille se plie en deux dans le sens de la longueur, les deux moitiés s'appliquant exactement l'une sur l'autre. Exemples : le Chêne, le Charme, le Hêtre, le Prunier des Oiseaux (fig. 313 et 314), à feuilles simples ; le Noyer (fig. 315 et 316 à feuilles composées, etc.

Réclinée. — La feuille se replie transversalement, la moitié supérieure se rabattant sur la moitié inférieure. Exemple : l'Aconit.

Involutée. — Les deux bords de la feuille sont roulés en dedans. Exemples : Poirier, Peuplier, Sureau, Viorne (fig. 317 et 318), etc.

Révolutée. — Les deux bords de la feuille sont roulés en dehors. Exemples : Laurier-Rose, Patience.

Plissée. — La feuille est plissée en forme d'un éventail. Exemples : Palmiers, Alchémille (fig. 319), Erable, Vigne, Oxalide (fig. 320), etc.

Convolutée. — La feuille est roulée en cornet. Exemple : Prunier.

Circinée. — La feuille s'enroule en forme de crosse du sommet à la base. Exemple : Fougères (fig. 321).

Fig. 321. — Préfoliation circinée chez une Fougère, la *Doradille noire*.

La préfoliation générale peut d'ailleurs être :

Valvaire. — Quand les feuilles se touchent bord à bord;

Imbriquée. — Quand les feuilles extérieures recouvrent les intérieures ;

Équitante. — Quand chaque feuille repliée embrasse dans son pli une autre feuille ;

Semi-équitante. — Quand chaque feuille repliée embrasse dans son pli la moitié seulement d'une autre feuille pliée de la même façon.

INFLUENCE DU MILIEU SUR LA FORME ET LA STRUCTURE
DES VÉGÉTAUX

Dans les chapitres qui précèdent, nous avons successivement étudié la forme et la structure des trois membres qui constituent une plante supérieure : racine, tige et feuilles. Nous y avons constaté des différences assez considérables, qui permettent de caractériser chacun de ces organes.

Mais ci un problème intéressant vient se poser. Chacun de ces organes vit ordinairement dans des conditions particulières, se développe dans un milieu spécial. C'est ainsi que les racines sont généralement souterraines, tandis que les tiges et les feuilles poussent dans l'air.

Cependant, nous le savons, ces règles générales souffrent des exceptions et nous avons vu qu'il y a des racines aériennes, des tiges souterraines, des feuilles aquatiques, etc. Nous sommes alors conduits à nous demander si le milieu dans lequel se développe l'organe d'une plante n'a pas une influence quelconque sur la forme ou la structure de cet organe, si la plante n'est pas un organisme plastique, dont la structure peut se modifier sous l'influence des diverses conditions où elle vient à être placée.

Le problème que nous soulevons ici n'est d'ailleurs qu'un des côtés d'une des plus grandes questions qui puissent être envisagées : celle de l'origine des espèces. Depuis que dans la science ont prévalu les idées de Darwin et de Lamarck, on envisage les êtres vivants comme dérivant par transformation les uns des autres dans la suite des temps. Suivant Lamarck et ses adeptes, un des facteurs qui ont le plus influé sur la modification des espèces est l'influence du milieu ambiant et des conditions de vie : les êtres se sont adaptés au milieu dans lequel ils vivaient. Cette influence du milieu s'observe chez les animaux comme chez les plantes, mais ces dernières, en raison même de leur nature, se prêtent mieux aux observations et aux expériences.

Nous étudierons successivement l'influence du milieu souterrain, du milieu aquatique, de la lumière, de l'humidité, et enfin du climat (fig. 322), sur la forme et sur la structure des végétaux (1).

INFLUENCE DU MILIEU SOUTERRAIN.

Pour étudier l'influence du milieu souterrain sur la structure des organes, il convient de rechercher, parmi les caractères anatomiques que l'étude microscopique nous révèle chez les racines et les rhizomes, quels sont ceux qui appartiennent en propre à l'organe et ceux qui, au contraire, sont dus à l'influence du milieu ambiant.

Il semblerait au premier abord que l'observation pourrait à elle seule suffire pour nous renseigner à ce sujet : on peut par exemple faire choix de plantes particulières qui, comme l'Anémone, possèdent à la fois un rhizome et une tige aérienne. Faisant l'étude microscopique de ces deux organes, tige souterraine et tige aérienne, on pourra, semble-t-il, par la

comparaison des résultats acquis, déterminer ce qui appartient en propre à la tige ou ce qui est dû au milieu, et les conclusions ainsi déduites pourraient d'autre part être vérifiées par la comparaison de la structure de deux organes souterrains ou de deux organes aériens, appartenant à des membres différents de la plante : d'un rhizome et d'une racine normale par exemple, ou bien d'une tige normale et d'une racine aérienne.

Cette manière d'opérer, se basant uniquement sur l'observation directe, a un inconvénient : il est à craindre en effet que, parmi les caractères des rhizomes des plantes qui en possèdent un normalement, il n'y en n'ait quelques-uns d'héréditaires qui aient échappé à l'influence du milieu : de même pour les racines aériennes. Il convient donc, pour se mettre à l'abri de toute erreur d'interprétation et étudier avec toutes les chances possibles d'exactitude cette question de l'influence du milieu, d'opérer expérimentalement, l'observation directe ne venant qu'ensuite confirmer les résultats acquis par l'expérience. L'*anatomie expérimentale*, science née d'hier, a entrepris l'étude expérimentale de l'action des diverses influences extérieures sur l'anatomie des plantes. Elle a déjà tenté l'activité d'un grand nombre de savants et donné lieu à de nombreux et intéressants travaux : les résultats obtenus sont déjà de la plus haute importance et il n'est pas douteux que la méthode ne nous réserve encore pour l'avenir de nouvelles victoires scientifiques.

Pour l'exposé des recherches expérimentales sur l'action du milieu souterrain sur la structure anatomique des tiges et des racines, nous suivrons ici celles de M. J. Costantin, qui a publié sur ce sujet de remarquables travaux.

Tiges et racines. — Afin d'étudier expérimentalement l'action du milieu souterrain sur la structure d'une tige, par exemple, voici comment l'on peut opérer : il faut diviser deux tiges, aussi identiques que possible, présentant toutes les autres conditions égales d'ailleurs, mais dont on a laissé l'une se développer en liberté, à l'air, suivant ses habitudes normales, tandis que l'autre a été forcée de se développer enterrée.

Pour cela, on choisit deux graines, provenant de la même plante, aussi identiques que possible, ayant le même poids et le même volume. On les met germer toutes deux dans les mêmes conditions de température, dans

(1) Pour la rédaction de ce chapitre, j'ai largement mis à contribution les deux intéressantes leçons sur le même sujet, de M. A. Daguillon (*Leçons élémentaires de Botanique à l'usage du certificat d'études physiques, chimiques et naturelles.*)

la même terre provenant du même sol. Seulement, des deux plantes issues de la germination de ces deux graines, l'une se développera en liberté, dans les conditions normales par conséquent, tandis que l'autre, au contraire, sera, dès sa sortie du sol, recouverte d'un cylindre ouvert à ses deux bouts, à l'intérieur duquel on mettra de la terre au fur et à mesure de la croissance, de façon que sa tige soit sans cesse enterrée.

Si l'on fait alors des coupes dans les régions correspondantes des deux tiges, c'est-à-dire par exemple dans des entre-nœuds occupant le même rang à partir du sommet, on pourra alors comparer la structure de ces deux tiges et juger, par les différences constatées, de l'influence modificatrice qu'a pu avoir sur cet organe la croissance dans un milieu souterrain.

A vrai dire, le problème est un peu plus complexe que nous venons de le poser. Dans l'expérience précédente, en enterrant ainsi l'une des deux tiges, nous la soustrayons à l'action de la lumière ; nous l'empêchons de respirer aussi librement qu'elle pourrait le faire à l'air libre, en empêchant en partie d'y arriver les gaz de l'atmosphère ; enfin, d'autre part, nous lui donnons un point d'appui qui lui manque dans l'air. Il conviendra, dans l'interprétation des résultats obtenus, de chercher à déterminer ce qui dépend de chacun de ces facteurs en particulier.

Sans entrer dans les détails des expériences qui ont été multipliées, portant à la fois sur de très nombreuses espèces différentes et sur plusieurs individus de la même espèce, afin de corriger, par une moyenne, les erreurs qui pourraient provenir de différences individuelles, nous pouvons résumer d'une façon générale les résultats obtenus :

1° La tige développée dans un milieu souterrain présente des tissus de protection plus abondants que celle qui s'est développée à l'air.

C'est ainsi que les tissus subérifiés y tiennent une plus large place ; en même temps, l'écorce y prend un plus grand développement par rapport au cylindre central. Si, par exemple, on mesure sur deux coupes correspondantes, pratiquées, l'une dans une tige enterrée, l'autre dans une tige normale, les dimensions respectives de l'écorce et du cylindre central et que l'on fasse, pour chaque coupe, le rapport de la première dimension à la seconde, on constate que ce rapport est toujours plus considérable pour la tige enterrée que pour l'autre.

2° Les tissus de soutien, tels que fibres du bois, sclérenchyme ou collenchyme, disparaissent ou tout au moins se réduisent notablement dans les tiges enterrées.

Les résultats précédents, obtenus par l'expérience, trouvent d'ailleurs une vérification dans ce fait qu'ils sont en conformité parfaite avec ce que donne l'observation. L'étude comparée de la structure des rhizomes et des tiges aériennes nous apprend en effet que chez les premiers, les tissus de protection sont abondants et les tissus de soutien peu développés, tandis que c'est l'inverse chez les secondes.

Ce que nous apprend l'étude expérimentale de la structure comparée des diverses tiges peut être confirmé par la répétition d'expériences et d'observations analogues sur les racines. C'est ce qu'a fait M. Costantin, en se plaçant d'ailleurs à un double point de vue. D'une part, il a forcé certaines racines de plantes à racines normales souterraines, telles que le Pois, la Fève, etc., à se développer dans l'air humide, et d'autre part il est parvenu à se faire développer sous terre la racine aérienne d'une Orchidée épiphyte, d'un *Vanda*, par exemple. L'étude comparative des structures des racines soit normales, soit à développement modifié par l'expérience, conduit toujours au même résultat.

Ce qui amène à dire que, pour une tige ou une racine, l'influence du milieu souterrain se fait sentir :

1° En augmentant les tissus protecteurs et, en particulier, en donnant à l'écorce un développement plus considérable par rapport au cylindre central ;

2° En réduisant considérablement l'appareil de soutien.

Feuilles. — Les feuilles sont des organes qui se développent normalement dans l'air, parfois sous l'eau chez les plantes aquatiques, rarement à l'intérieur du sol. Cependant, rhizomes, tubercules ou bulbes portent des feuilles : celles-ci sont toujours profondément modifiées par l'action du milieu dans lequel elles se développent et se réduisent à de simples écailles (Voy. p. 137). Sur un pied de Pomme de terre, par exemple, les feuilles aériennes normales de la tige (*f*, fig. 203, p. 109) se transforment en petites écailles (*éc*) sur les rameaux souterrains, écailles que l'on retrouve jusque sur les tubercules eux-mêmes : chaque œil en effet y présente au fond de sa cavité une petite écaille à l'aisselle de laquelle est un petit bourgeon.

Fig. 82. — Arbres à Arolla, près du mont Cobon (d'après une photographie de Jullien).

INFLUENCE DU MILIEU AQUATIQUE

Comme le milieu souterrain, le milieu aquatique est assez fortement pour modifier la structure interne des plantes qui s'y développent. Pour rechercher l'influence d'un pur le milieu, on a employé exactement les mêmes procédés que pour l'étude de l'influence du milieu souterrain, et le même auteur, M. Julien Costantin, dont nous avons exposé plus haut les travaux sur les tiges naturellement ou expérimentalement souterraines, a entrepris de déterminer quels sont, parmi les caractères de la structure des plantes aquatiques, ceux qui sont plus spécialement l'effet du milieu ambiant.

Tiges. — La méthode expérimentale pour ce genre de semblables recherches consiste à faire pousser dans l'air des tiges normalement aquatiques, certaine des tiges de Cresson, que l'on peut s'établir avec certains soins. En comparant ensuite la structure de cette tige aérienne et en tige aquatique que poussé dans son habitat normal. Comme

contre-expérience, on recommence la même comparaison avec deux tiges appartenant à une plante se développant normalement dans l'air, et dont on a forcé un pied à croître sous l'eau.

De cette double comparaison, on déduit les résultats suivants :

1° La tige aquatique présente toujours dans son écorce des lacunes beaucoup plus nombreuses que chez la tige aérienne;

2° Chez les tiges qui poussent dans l'eau, le système de soutien et le système vasculaire sont toujours beaucoup moins développés que chez les tiges à développement aérien.

Comme pour l'étude du milieu souterrain, l'anatomie comparée justifie pleinement les résultats obtenus par la méthode expérimentale. En comparant, en effet, les structures internes de tiges normalement aériennes et de tiges normalement aquatiques, on s'aperçoit que les résultats obtenus concordent pleinement avec ceux que nous venons de relater. Ainsi peut-on dire que, chez les tiges, le milieu aquatique détermine la formation ou le plus grand développement de lacunes dans l'écorce.

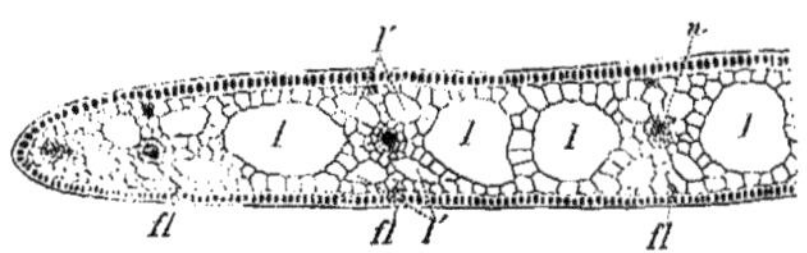

Fig. 323. — Coupe transversale d'une portion de feuille submergée de *Cymodocea æquorea*. — *l, l'*, lacunes ; — *n*, faisceau vasculaire.

et en même temps une sensible réduction dans le système des tissus vasculaire et de soutien.

Feuilles. — Des résultats analogues s'obtiennent en étudiant les feuilles des plantes au lieu des tiges. Ici encore d'intéressants travaux sur ce sujet sont dus toujours au même auteur, M. Costantin.

Cet auteur a entrepris de changer expérimentalement le milieu où vit une feuille : par exemple, faire développer dans l'air une feuille normalement aquatique, comme une feuille de Nénuphar, ou réciproquement faire croître sous l'eau une feuille normalement aérienne, comme une feuille de Luzerne. Une pareille expérience est très délicate à mener à bien, car une feuille dont on change brusquement le milieu ne tarde pas à périr. Pour réussir, il faut opérer sur une feuille à peine formée, que l'on prend dans le bourgeon, et dont on change ainsi les conditions de milieu presque dès le début de son existence. Dans ces conditions, on peut alors réussir.

Des résultats obtenus par la comparaison de la structure de deux mêmes feuilles ainsi développées dans des milieux différents, l'un normal, l'autre artificiel, on peut ensuite rapprocher les résultats que nous donne l'anatomie comparée, en rapprochant entre elles les coupes obtenues dans une feuille aérienne et une feuille aquatique d'une plante amphibie, comme la Sagittaire.

De toutes ces recherches, de toutes ces comparaisons, on peut déduire les conclusions suivantes :

1° Le tissu lacuneux prend un développement très considérable chez les feuilles aquatiques, qui tendent à présenter la structure homogène par disparition du tissu en palissade. C'est ce que montre par exemple la coupe d'une feuille de *Cymodocea æquorea* (fig. 323) ;

2° Les éléments de soutien et les vaisseaux conducteurs de la sève sont moins nombreux dans le milieu aquatique que dans le milieu aérien.

Ces deux résultats obtenus chez la feuille sont en parfaite concordance avec ceux que nous avons tirés de l'étude de la tige. A ceux-ci, on peut d'ailleurs en ajouter quelques autres :

3° Les feuilles aquatiques présentent des stomates moins nombreux que les feuilles aériennes ;

4° Chez les feuilles aquatiques, les cellules épidermiques présentent des grains de chlorophylle dont elles sont habituellement dépourvues (à l'exception des cellules stomatiques) chez les feuilles aériennes (Voy. p. 148) ;

5° Les cellules épidermiques présentent un contour moins irrégulier chez les feuilles développées dans l'eau que chez celles qui ont crû dans l'air.

L'influence du milieu aquatique ne se fait pas seulement sentir sur la structure intérieure des feuilles. Elle agit également sur la forme extérieure de celles-ci, et les feuilles qui poussent dans l'eau ou à sa surface présentent habituellement une forme tout à fait caractéristique.

Il est en effet facile d'observer que les feuilles nageantes présentent habituellement un limbe de forme orbiculaire, comme celles du Nénuphar, ou bien encore du Potamot nageant (fig. 324), cette jolie plante des étangs, où elle voisine avec les Utriculaires (fig. 325) et les Scirpes (fig. 326).

Les feuilles submergées, de leur côté, présentent ordinairement une découpure plus ou moins profonde du limbe avec réduction du parenchyme. Chez une curieuse plante de Madagascar, l'Ouvirandre fenestrée (*Ouvirandra fenestralis*) (1), le limbe de la feuille présente de curieuses découpures en forme de fenêtres entre les nervures. Comme le fait remarquer le R. P. Williams Ellis dans une lettre à M. Hooker : « On dirait un squelette fibreux vivant plutôt qu'une feuille parfaite. Les fibres longitudinales, étendues en lignes courbes, de la base au sommet du limbe, sont unies transversalement par de nombreux filets

---

(1) Voy. P. Constantin, *Le Monde des Plantes*, II, p. 661.

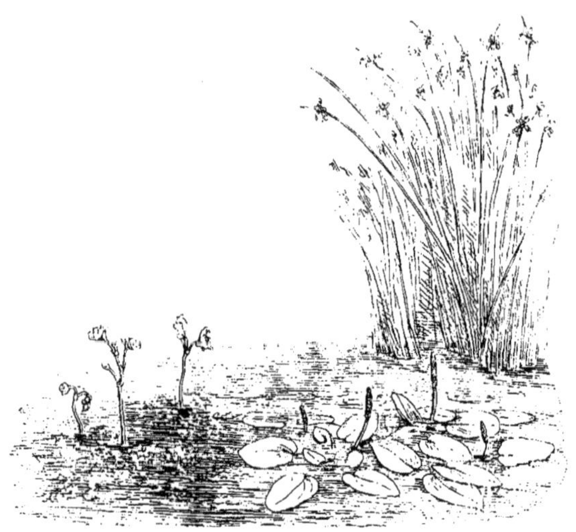

Fig. 325.   Fig. 324.   Fig. 326.

Fig. 324. — Potamot nageant.
Fig. 325. — Utriculaire.

Fig. 326. — Scirpe des étangs.

Fig. 324 à 326. — Les plantes de l'étang.

qui forment avec elles des angles droits, l'ensemble présentant exactement l'apparence d'une dentelle ou d'une broderie verte. »

L'influence du milieu aquatique sur la forme des feuilles est facile à comprendre en observant ce qui se passe chez les plantes amphibies, en appelant ainsi les plantes aquatiques qui vivent dans deux milieux à la fois, la partie inférieure plongeant dans l'eau, tandis que la partie supérieure émerge à l'air libre. Chez la plupart de ces végétaux, on aperçoit du premier coup d'œil quelle est l'influence du milieu sur la forme des feuilles.

C'est ainsi que les feuilles de la Renoncule aquatique (*Ranunculus aquatilis*), vulgairement nommée *Grenouillette*, abondante sur les rivières et les étangs, à la surface desquels elle vient, à la belle saison, épanouir ses belles fleurs blanches, présentent une forme différente suivant qu'elles flottent à la surface de l'eau ou qu'elles sont submergées (fig. 327). Les feuilles nageantes ont un limbe arrondi plus ou moins lobé, bien développé, tandis que celles qui sont recouvertes par l'eau se

réduisent à leurs nervures et sont pour ainsi dire dépourvues de limbe.

Un fait analogue se présente pour les feuilles des Pesses (*Hippuris*) (fig. 328) et des Myriophylles (*Myriophyllum*) (fig. 329), de la famille des Haloragées. Ces deux plantes aquatiques de nos pays présentent des feuilles de deux sortes : des feuilles émergées, au limbe plus large et plus développé que celles qui sont enfouies sous l'eau et sont plus longues et plus minces.

Certaines Ombellifères, l'Œnanthe (fig. 330) en particulier, permettent de faire des remarques analogues.

La Sagittaire (*Sagittaria sagittifolia*) ou *Fléchière*, de la famille des Alismacées, présente jusqu'à trois formes de feuilles différentes (fig. 331). Cette plante aquatique possède en effet des feuilles submergées en forme de lanières, des feuilles nageantes au limbe arrondi et échancré en cœur à la base, comme celles des Nénuphars, et enfin des feuilles aériennes en forme de flèche, ce qui a valu son nom à la plante. Il est à remarquer cependant que,

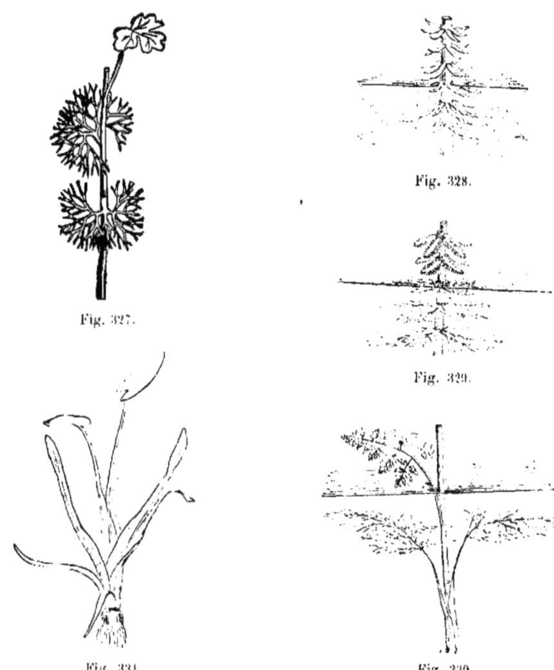

Fig. 328.

Fig. 329.

Fig. 327.

Fig. 331.

Fig. 330.

Fig. 327. — Renoncule d'eau (*Ranunculus aquatilis*) ; en haut, une feuille aérienne ; en bas, deux feuilles submergées.
Fig. 328. — Pesse (*Hippuris*) ; tige et feuilles dans l'eau et hors de l'eau.

Fig. 329. — Myriophylle (*Myriophyllum* ; tige et feuilles dans l'eau et hors de l'eau.
Fig. 330. — OEnanthe ; tige et feuilles dans l'eau et hors de l'eau.
Fig. 331. — Sagittaire (dimensions très réduites).

Fig. 327 à 331. — Influence modificatrice du milieu aquatique sur la forme des feuilles.

dans le cas de la Sagittaire, l'influence des milieux aérien ou aquatique n'est pas aussi directe qu'on le pourrait croire au premier abord, car les différentes formes de la feuille semblent préparées à l'avance dans le bourgeon. Si l'on met au printemps un pied de Sagittaire dans une eau assez profonde pour que la plante ne puisse jamais atteindre la surface, on voit se former des feuilles de plusieurs sortes, bien qu'elles restent toutes submergées.

INFLUENCE DE L'HUMIDITÉ ATMOSPHÉRIQUE

L'état hygrométrique de l'air exerce une certaine influence sur le développement et la structure des organes des végétaux. L'humidité atmosphérique agit comme facteur d'une façon comparable à l'action du milieu aquatique, en ce sens que les plantes qui se développent dans l'air humide tendent à acquérir, dans leurs feuilles, une structure plus voisine de la structure homogène : l'humidité de l'air semble diminuer dans une certaine mesure la différenciation des organes végétatifs de la plante.

Cette action de l'humidité atmosphérique sur la structure des végétaux a été démontrée expérimentalement par M. Lothelier, dont les expériences ont été effectuées avec le plus grand soin et la plus grande habileté dans le laboratoire du lycée Michelet, à Vanves, où il professait l'histoire naturelle à cette époque.

Fig. 342. — Plantes épineuses des steppes de la Perse, près de Persépolis (*Astragalus tragacantha* et *Acantholimon*).

Il a placé dans des conditions aussi identiques que possible deux boutures d'une même plante, provenant du même pied : le sol était le même, ainsi que la température, l'éclairement, etc. Seulement, l'un des individus croissait sous une cloche de verre contenant de l'air saturé d'humidité, tandis que l'autre se développait sous une cloche de verre dont l'air était complètement desséché par la présence de petits flacons remplis d'acide sulfurique et convenablement disposés par étages sous la cloche.

L'étude comparée de la structure des rameaux et des feuilles de ces deux pieds a confirmé les conclusions ci-dessus rapportées. Une feuille développée à l'air humide a plus de tissu lacuneux et moins de tissu en palissade qu'une feuille développée à l'air sec. Il y a aussi, sous l'influence de l'action de l'air humide, une diminution dans les tissus de soutien : l'épiderme est moins fortement cutinisé, les vaisseaux et les fibres moins fortement lignifiés.

C'est au cours d'une étude sur le développement des piquants chez les plantes que M. Lothelier a été amené à constater les différences de structure précédemment rapportées entre deux plantes poussées dans des conditions différentes relatives à l'humidité de l'air. M. Lothelier avait, en effet, tout d'abord entrepris de vérifier expérimentalement l'hypothèse suivante suggérée par l'observation directe. Les plantes qui poussent à l'air sec ont beaucoup plus fréquemment des piquants sur leurs rameaux et leurs feuilles que celles qui se développent à l'air humide. Les plantes des bords de la mer sont très fréquemment, on le sait, à feuilles garnies de piquants. La figure 332 représente des plantes épineuses (*Astragalus tragacantha* et *Acantholimon*) des steppes de la Perse près de Persépolis. La sécheresse de l'atmosphère y est grande et les rameaux de la végétation y sont franchement transformés en piquants.

Les expériences de M. Lothelier ayant porté sur des plantes possédant normalement des piquants, comme l'Épine-Vinette (*Berberis vulgaris*) (Voy. p. 138 et fig. 262 et 263), il a constaté que sur un échantillon élevé dans de l'air saturé d'humidité les piquants se forment en bien moins grande abondance. L'expérience vient donc confirmer, ici encore, l'observation directe, et il est légitime de conclure que la sécheresse de l'atmosphère a une influence sur le développement des épines chez les espèces qui en sont pourvues.

INFLUENCE DE LA LUMIÈRE

L'action de la lumière se fait sentir sur la structure des végétaux. Son influence a été étudiée par plusieurs botanistes, qui ont publié sur ce sujet d'importantes études. Il convient parmi eux de citer plus particulièrement M. L. Dufour, qui a entrepris sur cette question des recherches expérimentales basées sur le même principe que celui qui a présidé aux travaux de M. J. Costantin sur l'influence des milieux souterrain et aquatique et de M. Lothelier sur celle de l'humidité de l'air.

La méthode reste toujours la même. Deux plantes aussi identiques que possible sont placées toutes les deux dans les mêmes conditions de culture : le sol est le même, les arrosages sont distribués en égale quantité ; un des pieds cependant est exposé en plein soleil et soumis, par conséquent, pendant la journée à un éclairement intense, tandis que l'autre est abrité contre les rayons du soleil par une sorte de construction de bois et de carton, qui ne laisse parvenir à la plante que la lumière diffuse.

En comparant les résultats obtenus dans ces conditions, un premier fait frappe tout d'abord : la plante exposée au soleil présente une taille plus considérable, des feuilles plus grandes, une tige plus forte que celle qui a poussé à l'ombre. Ce fait, qui se déduit de l'expérience, est d'autant plus intéressant qu'il semble en contradiction avec ce que l'on serait tenté de déduire à première vue de l'observation directe. C'est un fait facile à constater, en effet, que dans les sous-bois les plantes qui croissent à couvert, sous le feuillage des grands arbres, sont toujours plus développées que celles qui croissent à la lumière : leurs feuilles sont plus fournies et plus grandes. L'expérience de M. Dufour nous montre qu'ici il faut savoir interpréter les résultats de l'observation et ne pas attribuer à l'action d'une moins vive lumière le plus grand développement des plantes qui croissent sous les couverts, mais bien à un autre facteur.

Celui-ci, dans le cas présent, est une humidité plus grande du sol et on peut justifier sans difficulté, expérimentalement, cette manière de voir. Il suffit, ainsi que l'a fait M. Du-

Fig. 333. — Saules nains des sommets alpins (*Salix serpyllifolia, retusa, Jacquiniana, reticulata*).

four, d'exposer deux plantes identiques à des lumières égales en intensité, mais de leur faire subir des arrosages différents : la plante dont le sol où elle se développe a reçu le plus d'humidité présente des tiges plus épaisses et des feuilles plus grandes que l'autre.

Cet exemple permet de constater nettement combien il y aurait de difficultés à distinguer d'une façon précise ce qui est dû à l'influence de chaque milieu, si l'on se contentait d'observer simplement ce qui se passe dans la nature et combien la méthode expérimentale peut rendre de services dans les questions qui nous préoccupent dans ce chapitre, en permettant de sérier les difficultés et de séparer les uns des autres les divers agents dont, dans la nature,

les influences s'entremêlent et souvent se contre-balancent.

Les expériences de M. Dufour ont permis de constater que la lumière, en variant d'intensité, n'exerce pas seulement une action sur la taille et le développement des organes des plantes ; elle influe aussi d'une façon fort nette sur leur structure. En comparant en effet la structure anatomique de deux feuilles d'une même espèce, appartenant à des pieds exposés — ainsi qu'on l'a dit plus haut — à des conditions différentes relatives à l'éclairement, on constate les résultats suivants :

1° Les stomates sont bien plus abondants sur une feuille développée à la lumière que sur une feuille développée à l'ombre ;

2° La cuticule de l'épiderme y est beaucoup plus épaisse ;

3° Le tissu en palissade y est beaucoup plus épais et les cellules en sont plus riches en grains de chlorophylle ;

4° Les éléments de soutien y sont plus nombreux et mieux développés.

En résumé, l'action de la lumière se fait sentir sur la structure d'une plante en accusant la différenciation de ses tissus.

INFLUENCE DE L'ALTITUDE ET DU CLIMAT

On sait que les plantes qui croissent sur les montagnes présentent des caractères différents de ceux des plantes de la même espèce qui poussent en plaine, à une altitude moins élevée. D'une façon générale, en effet, on peut dire que les plantes de la région alpine ont une tige aérienne très courte et rampant à la surface du sol, tandis que les portions souterraines, rhizomes et racines, sont bien développées. C'est ce qu'on peut exprimer d'un mot en disant que les plantes des régions alpines sont *naines*. C'est ainsi que sur les Alpes, à la limite des neiges perpétuelles, on trouve des Saules qui, au lieu d'être des arbres, à la façon des Saules des plaines, se présentent sous la forme de petites plantes naines et herbacées formant de simples touffes à la surface du sol (fig. 333). Il en est de même des Pins qui, sur les sommets neigeux des Alpes, ont l'aspect de petits buissons, s'élevant à peine au-dessus de terre (fig. 334).

L'altitude à laquelle croît la plante, et par conséquent les conditions climatériques auxquelles elle est soumise, ont-elles une influence sur cette manière d'être et sur la structure interne ? M. Gaston Bonnier, appliquant à cette question, comme à celles qui nous ont précédemment occupés, la même méthode expérimentale, a entrepris de résoudre ce problème.

Les expériences portèrent sur divers fragments du même pied d'une plante qui avait été fragmentée : de cette façon, on était assuré d'avoir des individus aussi identiques que possible. Ces parties d'une même plante furent alors plantées à des altitudes différentes, variant, dans les expériences de M. Bonnier, entre 30 et 2400 mètres au-dessus du niveau de la mer, les unes aux environs de Paris par exemple, les autres dans des stations convenablement choisies des Alpes et des Pyrénées.

Les individus plantés dans les Alpes et les Pyrénées, à des altitudes élevées, demeurèrent nains, tandis que ceux des plaines acquéraient leur développement normal.

L'expérience a donc confirmé ce que l'observation directe faisait prévoir : elle a permis en outre de constater une différence anatomique dans la structure des feuilles.

En effet, pour une plante donnée, les feuilles d'un individu développé sur une montagne sont plus riches en chlorophylle et ont leur tissu en palissade mieux développé que celles d'un individu de la plaine. L'épiderme y a une cuticule plus épaisse et les tissus de soutien et de protection s'y accentuent nettement. Le climat des montagnes de nos régions tempérées semble en un mot favoriser la différenciation des tissus de la feuille.

Le climat des régions arctiques, telles que le Spitzberg par exemple, semblerait être à première vue tout à fait comparable pour les conditions de température et de lumière à celui de nos régions alpines. On serait donc tenté tout d'abord de supposer que les plantes de ces régions arctiques doivent présenter dans leur aspect et dans leur structure les mêmes modifications que les plantes des régions montagneuses de nos pays tempérés.

Or, il n'en est rien. M. Gaston Bonnier, en étudiant au point de vue anatomique des échantillons de plantes du Spitzberg, a constaté de notables différences de structure avec des plantes de même espèce mises en expérience dans la région alpine. Sans entrer dans le détail de ces différences de structure, on peut les résumer en disant que la structure est bien moins différenciée chez les individus des régions arctiques que chez ceux des régions alpines.

A quoi peut bien tenir une pareille différence ? A ce que le climat, s'il est bien comparable dans les deux régions pour les quantités de chaleur et de lumière reçues par les plantes, présente deux facteurs par lesquels elles diffèrent et qui influent d'une façon notable sur la structure des plantes qui y sont exposées. Ces deux facteurs sont, d'une part, l'humidité, et d'autre part la continuité de l'éclairement.

Tout d'abord, l'humidité est beaucoup plus considérable dans l'atmosphère des régions arctiques ; l'air des contrées alpines est plus sec. Or, si nous nous reportons aux expériences de M. Lothelier qui ont été décrites plus haut (p. 164) et qui portent sur l'action de l'humidité atmosphérique sur la structure des plantes,

Fig. 35. — [illegible] *Pinus* [illegible]

nous voyons que ce facteur exerce son influence en s'opposant à la différenciation des tissus. Nous ne devons donc pas être surpris de retrouver ce caractère chez des plantes qui se développent dans un climat humide, et les différences constatées par M. Bonnier dans la structure des plantes du Spitzberg et de celles de la région alpine sont en parfaite concordance avec ce que nous apprennent les expériences de M. Lothelier.

D'autre part, si, d'une façon générale, la quantité de lumière reçue par les plantes dans le Spitzberg et dans les Alpes est sensiblement la même, il y a une grande différence dans la manière dont agit cette lumière. Dans les Alpes, les jours et les nuits se succèdent régulièrement et l'éclairement est discontinu comme dans toutes nos régions tempérées. Dans les pays arctiques, au contraire, l'éclairement est continu, puisque pendant l'été le soleil reste constamment au-dessus de l'horizon.

Cette différence dans la continuité de l'éclairement peut-elle être invoquée pour expliquer la différence de structure entre les plantes arctiques et les plantes alpines? Pour répondre à cette question, il fallait encore avoir recours à l'expérience. C'est ce qu'a fait M. Gaston Bonnier.

Pour soumettre deux plantes identiques — toutes conditions étant d'ailleurs égales entre elles — à un éclairement continu d'une part et discontinu d'autre part, il fallait faire choix d'une source lumineuse artificielle : c'est la lumière électrique qui a été employée.

Pour justifier ce choix, il était nécessaire tout d'abord de démontrer que la lumière électrique agit sur le développement et la structure des plantes exactement comme la lumière solaire. C'est ce qu'a fait M. Bonnier dans des expériences préalables, qui lui ont permis d'affirmer l'identité d'action des deux lumières, à la condition toutefois d'interposer devant le foyer électrique un écran coloré absorbant certaines radiations perturbatrices. Cette précaution étant alors prise, il devenait licite de substituer pour les expériences l'action de la lumière électrique à celle de la lumière solaire.

En soumettant deux échantillons identiques d'une même plante à l'action d'un foyer électrique, continue pour l'un et discontinue pour l'autre, toutes conditions étant égales d'ailleurs, M. G. Bonnier a constaté que la continuité de la lumière s'oppose d'une façon générale à la différenciation des tissus.

Ce résultat est parfaitement conforme à ce que nous a appris l'observation et nous permet de l'expliquer.

En résumé, on voit quels services peut rendre, au point de vue de l'étude de l'influence des milieux, la méthode expérimentale, qui a donné de si féconds résultats aux habiles expérimentateurs dont nous venons de résumer les travaux.

Fig. 335. — Bombacée à tige grosse et renflée en forme de barrique (paysage du Mexique).

L'ÉVOLUTION DE LA PLANTE

Parmi les caractères qui distinguent les êtres vivants des corps bruts (Voy. p. 6) et qui permettent, par leur ensemble, de définir la vie, figure l'*évolution*. Les êtres vivants *évoluent*, ce qui veut dire qu'ils se développent. Ils ne restent pas, — ainsi que le fait le corps brut, — toujours semblables à eux-mêmes, incapables de se modifier dans leur forme et dans leur structure si une cause extérieure, physique ou chimique, ne vient agir sur eux ; au contraire, par la conséquence même de leur qualité d'êtres vivants, ils naissent, croissent, parviennent à l'état adulte, pour mourir enfin. Les végétaux, qui sont des êtres vivants comme les animaux, sont doués, ainsi qu'eux, du caractère d'évolution.

Pour étudier l'évolution de la plante, les deux points les plus importants à considérer sont sa croissance et sa durée.

Nous avons déjà vu, dans la partie précédente, consacrée à l'étude de la forme et de la structure des végétaux, comment s'accroissent les trois membres d'une plante, racine, tige et feuilles. Ce que nous pouvons à présent nous proposer de rechercher, c'est comment cette croissance peut être modifiée par les divers agents extérieurs, tels que la lumière, la température, l'humidité, l'action de la pesanteur, etc. L'influence modificatrice de ces divers agents sur la vitesse et sur l'intensité de la croissance se traduit extérieurement par les variations qui se manifestent dans la direction de l'axe de la plante, grâce aux courbures que celui-ci vient à subir.

Une plante, dans la durée de sa vie, ne s'accroît pas seulement dans le sens de la longueur ; elle croît aussi en épaisseur et nous avons déjà dit, — en étudiant les formations secondaires de la tige et de la racine, — comment l'axe d'une plante et ses ramifications peuvent atteindre un diamètre parfois très considérable. Cette considération doit nous amener à parler des dimensions des végétaux et à citer quelques-uns de ceux qui sont tout à fait remarquables par leurs dimensions colossales (fig. 335).

Mais pour qu'une plante puisse atteindre une forte taille et un grand diamètre, plusieurs années sont nécessaires et la plante doit vivre longtemps. La question de l'âge des végétaux et de la manière de déterminer celui-ci se trouve donc liée à celle de leurs dimen-

-sions et se rattache étroitement à l'étude de l'évolution de la plante, dont l'étude se trouve par conséquent naturellement divisée en deux chapitres : l'un consacré à la croissance et à la taille des végétaux, l'autre à l'âge qu'ils peuvent atteindre.

LA CROISSANCE DES PLANTES

ACCROISSEMENT EN LONGUEUR

La plante s'accroît en longueur dans toutes ses parties, racine, tige et feuilles. Cette croissance est due à la production de nouveaux tissus en certains points de ces organes et nous savons déjà, pour l'axe de la plante par exemple, que la racine présente un accroissement subterminal, dû à l'activité d'un méristème situé sous la coiffe, tandis que chez la tige cet accroissement est terminal et intercalaire. Le fonctionnement des points végétatifs de la racine et de la tige allonge ces parties de la plante, mais cet allongement peut être très variable en intensité et en vitesse. La croissance des plantes en longueur est un phénomène à la fois très intéressant et très facile à observer.

On nomme *accroissement absolu* en longueur d'une plante, ou d'une partie de plante, la valeur absolue de l'allongement que prend cette plante, ou cette partie de plante, pendant un temps donné. La *vitesse de croissance* est obtenue en rapportant cet allongement à l'unité de temps. D'une façon générale, l'intensité et la vitesse de croissance des plantes sont essentiellement variables.

L'étude expérimentale de l'intensité et de la vitesse de croissance des végétaux se fait au moyen d'un petit appareil fort simple, appelé *auxanomètre*, qui fut imaginé par Sachs et a été perfectionné depuis par plusieurs physiologistes.

L'auxanomètre se compose essentiellement de deux petites poulies parfaitement mobiles, sur lesquelles s'enroule un même fil. L'une des extrémités de ce fil est fixée au sommet de l'organe dont on veut étudier la croissance, de la tige de la plante par exemple ; à l'autre extrémité est placé un petit poids tenseur, tel que le fil reste toujours rigide, quels que soient les mouvements de l'organe de la plante auquel il se trouve fixé. A l'axe d'une des deux poulies, se trouve fixée une longue aiguille qui se déplace devant un cadran divisé. On conçoit facilement que, dans ces conditions, l'allonge-ment de la plante se trouve indiqué par le déplacement de l'aiguille devant les divisions du cadran.

L'inconvénient de l'appareil, tel qu'il vient d'être décrit, est d'exiger la présence constante, jour et nuit, d'un observateur qui note les mouvements de l'aiguille. En remplaçant celle-ci par un stylet devant lequel on fait tourner un cylindre enduit de noir de fumée, au moyen d'un mouvement d'horlogerie, on transforme l'auxanomètre en appareil enregistreur. La courbe inscrite sur le cylindre permet de reconnaître, du premier coup d'œil, les variations qui se sont produites dans la croissance pendant la durée de l'expérience et l'on peut même déduire facilement la vitesse de la croissance si l'on connaît celle de rotation du cylindre.

En étudiant ainsi la croissance des divers organes d'une plante, on reconnaît que, d'une façon générale, quel que soit l'organe étudié, l'accroissement est d'abord très lent au début du développement. Il va ensuite en croissant peu à peu, devient de plus en plus intense et rapide ; puis, quand il a atteint un maximum, il décroît jusqu'à redevenir enfin nul.

La vitesse de croissance des plantes est en général très variable. Elle varie avec les espèces et même avec les individus d'une même espèce.

Sur un organe cylindrique, tige ou racine, l'accroissement en longueur n'est pas constant suivant toutes les génératrices du cylindre ; souvent il se fait sentir plus intense suivant l'une d'elles, si bien que l'organe se courbe en sens inverse. On dit alors qu'il y a *nutation*. Dans la plupart des tiges et des racines, l'accroissement se fait successivement plus intense suivant chaque génératrice du cylindre à son tour. Il en résulte que le sommet de l'organe, tige ou racine, décrit une spirale ascendante ou descendante. C'est là le phénomène de la *circumnutation* dont nous avons déjà parlé précédemment.

La croissance des plantes se trouve modifiée en intensité et en vitesse par l'influence de divers agents extérieurs. C'est ainsi que la température, l'humidité, la lumière, la pression, sont autant de facteurs qui influent sur l'allongement d'une tige, d'une racine ou d'une feuille. A tous ces agents modificateurs de la croissance, il faut ajouter le plus important : la force de la pesanteur. La pesanteur, c'est-à-dire l'action attractive de la masse terrestre, agit de la façon la plus formelle sur les diverses parties d'une plante, en en modifiant la croissance, et c'est grâce à cette action modificatrice, comme nous allons le voir tout à l'heure, que la tige et la racine acquièrent leur direction constante, verticale, l'une se dirigeant vers le haut et l'autre vers le bas.

Les divers agents qui influent sur la croissance des végétaux, température, humidité, lumière, pression, pesanteur même, peuvent d'ailleurs exercer leur action également sur toutes les génératrices de l'organe ou plus sur l'une d'elles que sur les autres. Dans le premier cas, l'influence se faisant sentir également sur tous les côtés, il en résultera une simple modification de la vitesse ou de l'intensité de la croissance de l'organe tout entier, manifestée soit par un retard, soit par une accélération de cette croissance. Dans le deuxième cas, au contraire, le retard ou l'accélération se faisant sentir plus particulièrement sur une partie de l'organe, la partie opposée s'accroîtra dans ces conditions plus ou moins vite que celle qui est exposée à l'agent et cela se traduira finalement par un mouvement de flexion de l'organe.

ACTION DE LA PESANTEUR SUR LA CROISSANCE

Géauxisme. — La pesanteur agit sur la tige et la racine des plantes pour en modifier la croissance. Si elle se fait sentir également sur toutes les génératrices du cylindre, elle agit seulement pour accélérer ou retarder cette croissance suivant la nature de l'organe. C'est ce qui arrive par exemple pour une racine placée dans une position rigoureusement verticale, soit la pointe en haut, soit la pointe en bas. On donne le nom de *géauxisme* à cette force modificatrice, due à l'action de la pesanteur, c'est-à-dire de la terre, sur la croissance des plantes.

Géotropisme. — Si au contraire l'influence

se fait sentir inégalement sur les diverses parties de l'organe, il se produit une flexion et l'on dit que cette flexion est due au *géotropisme*. C'est grâce au géotropisme que la tige et la racine d'une plante présentent toujours une direction constante, se dirigeant toujours verticalement, celle-ci vers le bas, celle-là vers le haut, et que cette direction est sans cesse rétablie, au moyen de courbures, si elle vient à être modifiée pour une raison quelconque.

Racine. — La racine principale d'une plante croît toujours verticalement de haut en bas, se

Fig. 336. — Germination d'une graine de Haricot dans un verre d'eau.

dirigeant vers le centre de la terre, tandis que la tige croît verticalement de bas en haut. Cette direction se produit d'ailleurs quelle que soit la position qu'occupait la graine lors de la germination. Plaçons une graine en effet dans de la mousse humide, ou plus simplement encore dans un verre d'eau (fig. 336), par exemple un gland de chêne, suspendu par un fort fil à la surface du liquide. Lorsque les téguments éclateront, la jeune racine restera tout d'abord dans une direction quelconque qui dépend de la position donnée à la graine. Mais bientôt on la verra se recourber dans sa région de croissance et se disposer de façon à croître verticalement, de bas en haut, en s'enfonçant dans l'eau ; de même pour la tige, mais en sens contraire.

Une expérience très intéressante sur ce sujet

fut exécutée par Duhamel (1). Ce physiologiste sema un gland dans un tuyau rempli de terre. A la germination, la racine descendit verticalement et suivant sa direction naturelle, tandis que la tige s'élevait en sens inverse. Il retourna le tuyau et la petite plante se trouva dès lors renversée ; mais bientôt la racine fit un coude sur elle-même pour reprendre la direction de haut en bas, et de son côté la tige en fit autant pour s'élever de bas en haut. Plusieurs retournements successifs du tuyau déterminèrent autant de coudes et autant de changements de direction. Dans ces retournements, la jeune racine effectue toujours sa courbure vers le côté opposé à la lumière et la tige du côté inverse, lorsque l'éclairement est unilatéral, comme c'est le cas pour une pièce éclairée par une seule fenêtre. Nous verrons tout à l'heure l'explication de ce fait en étudiant l'action de la lumière sur la croissance des racines et des tiges. D'autre part, la tige met plus de temps que la racine pour reprendre, en se coudant, sa direction normale.

On a longtemps cherché quelle pouvait être la cause de cette direction constante des racines et des tiges. Diverses hypothèses ont été proposées pour expliquer ce phénomène. Au début du XVIIIe siècle, Astruc avait émis l'idée que les branches et les tiges se redressent parce que la sève s'accumule vers leur côté inférieur qui, par suite, s'allonge plus que le supérieur et forme ainsi une convexité dont l'effet est de les recourber vers le haut, c'est-à-dire de les redresser. Cette explication a été reprise par Knight (1806), par De Candolle (1832) et par beaucoup de physiologistes.

Plusieurs ont supposé que la racine s'enfonce dans le sol pour y rechercher l'obscurité et l'humidité : telle était en particulier l'opinion d'Erasme Darwin (2).

Divers faits semblent en effet montrer que l'obscurité et l'humidité peuvent influer dans une certaine mesure sur la direction de cet organe, ainsi que nous l'établirons un peu plus loin. Mais l'expérience suivante, dite du *pot renversé*, détruit l'hypothèse précédente et montre qu'il faut aller chercher ailleurs l'explication de la direction verticale constante de la racine principale d'une plante.

On suspend en l'air un pot à fleurs plein de terreau, en le plaçant à l'envers, c'est-à-dire le fond en haut et l'ouverture en bas : la chute du terreau est empêchée par la présence d'une toile métallique. Dans la terre du pot, on a placé des graines qui germent. On voit alors les racines sortir du pot à travers les mailles de la toile métallique et se diriger dans l'air verticalement vers le bas, tandis que la tige et les branches se développent vers le haut, dans la terre. On voit nettement que la cause déterminante de la direction de la racine doit être cherchée ailleurs que dans l'obscurité et l'humidité du milieu souterrain, puisque cet organe se développant dans l'air, dans l'expérience précédente, a conservé néanmoins toujours la même direction de croissance que lorsqu'il se développe sous terre.

C'est à la pesanteur, c'est-à-dire à l'action de la terre, qu'est due l'orientation de la racine et de la tige. Ces organes sont dits *géotropiques* et le *géotropisme* de la racine est *positif*, puisque celle-ci se dirige vers le centre de la terre ; *négatif* au contraire est celui de la tige.

Une expérience due à Knight (1) montre bien que la direction constante de la racine est due à l'action de la pesanteur. Ce physiologiste construisit une roue de 11 pouces (275 millimètres) de diamètre, au pourtour de laquelle il fixa plusieurs graines de Haricot en germination, qui dirigeaient leur radicule de divers côtés. Cette roue fut disposée verticalement dans une caisse, à travers laquelle passait un courant d'eau qui lui imprimait un mouvement de rotation.

Knight faisait tourner sa roue assez vite. Faisons-la au contraire tout d'abord tourner très lentement, ainsi que le fit Sachs, de façon par exemple qu'elle n'effectue qu'un tour en dix ou vingt minutes. On constate alors que les graines, en germant, conservent leurs racines dans la direction qu'elles avaient au sortir de la graine et ne présentent aucune courbure les dirigeant vers le centre de la terre, ce qui arriverait bientôt si l'on arrêtait quelque temps le mouvement de rotation de la roue.

Cela prouve bien que c'est l'action de la pesanteur qui influe pour courber les racines, car, lorsque la roue est en mouvement, l'influence de la pesanteur sur la racine se trouve, non pas supprimée, ce qu'il est impossible de faire, mais égalisée en ce sens que, pendant un tour complet de la roue, toutes les génératrices de la racine ont occupé succes-

---

(1) Duhamel, *Physique des arbres.*
(2) E Darwin, *Phytologia,* p. 114.

(1) Knight, *On the direction of the radicle*, etc., in *A selection*, etc., 1806, p. 124-129.

sivement les mêmes positions par rapport au centre de la terre. L'action de la pesanteur s'est donc exercée de la même façon sur toutes les génératrices de la racine qui continue alors à croître dans sa direction primitive sans présenter aucune flexion. Au contraire, sur une racine placée obliquement et au repos, la pesanteur exerçant son influence de façon différente sur les diverses génératrices, il en résulte une courbure géotropique, dirigeant cette racine vers le centre de la terre.

Dans l'expérience précédente, la rotation de la roue doit être très lente. Si au contraire, ainsi qu'opérait Knight, on la faisait tourner rapidement, le résultat changerait. L'action de la pesanteur est bien égalisée en effet, comme dans le cas précédent, et par conséquent ne se fait pas sentir pour courber la racine, mais une rotation trop rapide développe une autre force, la *force centrifuge*, qui agit sur la croissance de la racine pour la modifier, se comportant d'ailleurs exactement comme la pesanteur.

Si bien que, dans ce cas, les racines quittent leur position initiale quelconque pour se recourber et se placer dans la direction du rayon de la roue, s'éloignant du centre de celle-ci. Dans l'expérience de Knight, la roue était animée d'une vitesse de rotation d'au moins 150 tours par minute. Au bout de quelques jours, les jeunes plantes dirigèrent leurs racines suivant la direction du rayon vers l'extérieur et leur tige vers le centre. Trois de ces jeunes plantes ayant été laissées sur la roue plus longtemps que les autres, leur tige dépassa bientôt le centre, après quoi elle y retourna en se repliant sur elle-même. La force centrifuge agit donc d'une façon tout à fait comparable à celle qu'exerce la pesanteur.

Knight a fait encore d'autres expériences pour montrer quelle direction peut prendre une racine sous l'action combinée de la pesanteur et de la force centrifuge. C'est ainsi qu'il plaça horizontalement une roue semblable à la première, portant également des graines de Haricot placées dans des positions diverses. Il pouvait varier la vitesse de rotation qu'il porta d'abord à 250 tours par minute. Dans ce cas, les jeunes plantes se trouvant ainsi soumises, d'un côté à la force centrifuge qui agissait horizontalement, de l'autre à la pesanteur dont l'action s'exerçait verticalement, prirent une direction intermédiaire entre les deux : elles dirigèrent leur racine

selon une ligne inclinée de 10° sur l'horizontale, cette faible inclinaison étant due à ce que, la rotation étant rapide, la force centrifuge l'emportait beaucoup sur la pesanteur. La rapidité du mouvement rotatoire ayant ensuite été de beaucoup diminuée de façon à n'être plus que de 80 tours à la minute, les racines s'abaissèrent jusqu'à prendre une inclinaison de 45 degrés. « Je crois, dit Knight, avoir ainsi prouvé que les racines sont déterminées à descendre et les tiges à monter par quelque cause externe et non par une force inhérente à la vie végétale ; je ne vois guère de raison pour douter que, dans ce cas, la gravitation ne soit le principal, sinon même le seul agent employé par la nature. »

C'est donc sous l'influence de la pesanteur qu'une racine se recourbe et prend toujours une direction verticale. Cette flexion géotropique provient de ce que, sous l'influence de la pesanteur, la face supérieure s'allonge plus que la face inférieure pendant un temps et en un point donné. Cela résulte de mesures effectuées par Sachs (1) sur la croissance de deux racines d'une même plante placées l'une verticale, l'autre horizontale, l'accroissement de cette dernière étant mesuré successivement sur sa face supérieure et sur sa face inférieure. Voici les nombres trouvés par cet auteur (les accroissements sont indiqués en millimètres) :

	Racine verticale.	Racine horizontale.	
		Face supérieure.	Face inférieure.
Fève...............	24	28	15
Marronnier d'Inde.	20	28	9

Il ressort des chiffres précédents, que l'accroissement de la face supérieure d'une racine horizontale est égal, ou même un peu supérieur, à celui d'une racine placée verticalement, tandis que le côté inférieur est notablement ralenti dans sa croissance.

L'action de la pesanteur sur les organes en voie de développement se fait sentir avec une intensité considérable. On peut se faire une idée de la force qui est ainsi exercée pour produire les courbures géotropiques d'une racine en voie de croissance, en plaçant celle-ci, solidement fixée à sa base, horizontalement sur un bain de mercure : la pointe se courbe et s'enfonce dans le mercure, malgré la résistance que lui oppose le liquide en vertu de sa très forte densité.

(1) J. Sachs, *Arbeiten des bot. Instit. in Würzburg*, 1873 et 1874.

On peut encore disposer la racine horizontalement sur une lame de verre, la base fixée et la pointe libre. La racine, en se recourbant, place sa pointe verticalement sur le verre et soulève sa partie ancienne. On cherche de quel poids il faut surcharger celle-ci pour s'opposer à ce mouvement et on peut mesurer ainsi l'intensité de l'action géotropique.

Tout ce qui vient d'être dit s'applique à la racine principale, pour laquelle le géotropisme positif est *absolu*, cet organe prenant, sous l'action de la pesanteur, une direction rigoureusement verticale. Les racines aériennes adventives sont également douées de géotropisme absolu (fig. 337 et 338).

Il n'en est pas de même pour les radicelles sur lesquelles l'action de la pesanteur se fait sentir d'une façon moins intense, si bien que leur direction n'est pas rigoureusement verticale, mais bien plus ou moins oblique.

Pour les racines secondaires, c'est-à-dire les radicelles de premier ordre, le géotropisme existe, dirigeant obliquement les radicelles par rapport à la racine principale. Pour démontrer expérimentalement que ces radicelles sont bien réellement géotropiques, et que c'est bien l'action de la pesanteur qui leur donne leur direction, il suffit de retourner bout pour bout une racine munie de radicelles en voie de croissance ; on voit les racines secondaires se recourber bientôt vers le bas, faisant avec la direction de la racine principale, c'est-à-dire la verticale, un angle sensiblement égal à celui qu'elles faisaient primitivement dans l'autre sens.

Pour les racines tertiaires, quaternaires, etc., c'est-à-dire pour toutes les radicelles d'un ordre plus élevé que le premier, l'action de la pesanteur ne se fait plus sentir sur la direction, qui reste quelconque, et ne détermine plus de courbures, lorsqu'on fait varier la position de ces racines.

Le géotropisme est donc *absolu* pour la racine principale, *limité* pour les racines secondaires, *nul* pour les autres radicelles, ce qui est parfaitement avantageux pour la plante, puisque cela permet aux racines de se disposer dans le sol de manière à utiliser pour le mieux les matières nutritives qui y sont contenues.

Le géotropisme limité d'une racine secondaire peut d'ailleurs, dans certaines conditions, devenir absolu. Coupons en effet l'extrémité de la racine principale d'une plante ; elle cessera de s'accroître par suite de la suppression de son point végétatif. Nous verrons alors la radicelle la plus proche de la section se recourber de façon à se placer suivant la direction verticale et prendre ainsi la place de la racine mère disparue.

Tige. — La pesanteur agit sur la direction de la tige en sens inverse de son action sur la racine. La tige principale d'une plante se dirige verticalement, croissant de bas en haut. On la dit alors douée de *géotropisme négatif*, par opposition avec la racine qui croît de haut en bas sous l'influence de l'attraction terrestre et dont le géotropisme est positif.

Si une jeune tige en voie de croissance est placée dans une position inclinée, on voit dans la région de développement se produire une courbure qui la ramène dans la direction verticale. Ces courbures sont dues à l'action de la pesanteur et sont dites courbures *géotropiques*.

Pour le démontrer, on peut invoquer les mêmes expériences que pour la racine : celles du pot renversé ou de la roue de Knight (Voy. plus haut, p. 174). Si, comme pour la racine, on met un fragment de tige sur un disque tournant, on peut observer les mêmes résultats que ceux qui ont été rapportés, avec cette seule différence que la croissance de la tige se fait en sens inverse de celle de la racine.

Dans la plupart des plantes, la faculté de se courber sous l'action de la pesanteur est limitée aux entre-nœuds du sommet ; les régions situées plus bas ne sont plus sensibles à l'action de la pesanteur.

La pesanteur agit sur la direction des tiges parce qu'elle en accélère la croissance. Sur une tige disposée verticalement, l'action se faisant sentir d'une façon égale sur toutes les génératrices du cylindre, la direction reste toujours la même et la tige croît sans s'incurver, même si elle est placée la tête en bas, à la condition que la direction soit rigoureusement verticale ; au contraire, sur une tige placée obliquement, l'accélération due à l'action de la pesanteur étant plus grande sur la face inférieure que sur la face supérieure, il en résulte une flexion avec concavité vers le haut, qui amène la tige à prendre la direction verticale qu'elle conserve dans la suite.

Sachs (1) a montré par des mesures précises sur diverses plantes combien est prononcée l'inégalité d'allongement entre le côté inférieur et le côté supérieur d'une tige qui, rendue ho-

(1) Sachs, *Arbeiten des bot. Instil. in Würzburg*, 2ᵉ cahier, 1872, p. 193-208.

Fig. 337.   Fig. 338.

Fig 337. — A gauche, *Philodendron pertusum*. | Fig. 338. — A droite, *Philodendron lithe*.

Fig. 337 et 338. — Aroïdées à racines adventives descendant verticalement des branches vers le sol.

rizontale, se recourbe pour se redresser. Il a disposé des fragments de tiges vigoureuses, les uns verticalement ou légèrement inclinés, les autres horizontalement. Lorsque ces derniers ont eu opéré la courbure qui avait pour effet de redresser les extrémités, il a mesuré l'allongement qu'avaient pris leurs côtés opposés, convexe et concave, et, comme terme de comparaison, celui qui avait eu lieu dans le fragment de tige demeuré vertical ou légèrement incliné. Voici, résumés dans le tableau suivant, quelques-uns des chiffres obtenus.

	Tige verticale.	Tige oblique.		Tige horizontale.	
		Côté concave.	Côté convexe.	Face supér.	Face infér.
	mm	mm	mm	mm	mm
Pæonia decora.....	»	6,8	9,1	2,9	16,9
Epilobium (1re exp.	5,9	»	»	3,4	13,7
hirsutum. (2e exp.	»	3,5	4	1	11
Ambrosia trifida...	17	»	»	5	20

Le géotropisme négatif est absolu pour la tige principale. Les rameaux en sont doués également, mais il est limité pour ces organes, en ce sens qu'ils croissent bien de bas en haut sous l'influence de la pesanteur, mais en faisant un certain angle avec la verticale. L'action de la pesanteur sur la direction des branches peut être mise en évidence expérimentalement en plaçant horizontalement un rameau en voie de croissance : il se redresse en s'incurvant vers le haut, jusqu'à ce qu'il fasse avec la verticale un angle égal à son angle normal.

L'intensité du géotropisme sur les ramifications d'une tige est d'autant moindre que ces ramifications sont d'un ordre plus élevé ; à partir des branches du quatrième ordre, l'action de la pesanteur ne se fait plus sentir et ces rameaux croissent suivant une direction quelconque.

Cette disposition des branches est favorable à la plante en disséminant les rameaux dans l'air. Notons que pour la tige, comme pour la racine, si une branche vient à remplacer la tige principale disparue, elle se recourbe et se met à croître verticalement. De même, si l'on vient à couper un rameau et qu'on en fasse une bouture, il devient alors tige principale d'un nouvel individu et par cela même doué de géotropisme négatif absolu.

Certaines tiges, dans la nature, dérogent plus ou moins nettement à la loi générale de direction sous l'influence de la pesanteur. C'est ainsi que la tige se couche sur le sol dans un assez grand nombre de plantes, souvent parce

que sa faiblesse ne lui permet pas de se soutenir, mais parfois aussi tout en possédant assez de force pour se maintenir droite si elle n'obéissait à une autre tendance. Les rhizomes émettent trois sortes de branches en général : les unes, dépourvues de géotropisme, croissent horizontalement ; d'autres, les rameaux florifères, jouent le rôle de tiges aériennes qui s'élèvent verticalement et sont douées de géotropisme négatif ; d'autres enfin s'enfoncent quelquefois dans la terre et sont douées de géotropisme positif. C'est ainsi que les ramifications souterraines des *Equisetum* se dirigent de haut en bas et si, comme le pense Decaisne, le tubercule de la Patate (*Dioscorda Batatas*) est une tige souterraine, cette plante donne un exemple de tige descendant verticalement en terre.

Enfin, on peut encore citer ici les arbres pleureurs dont les branches se dirigent de haut en bas vers le sol. C'est ce qui arrive par exemple pour certains Saules : tandis que chez le Saule ordinaire (fig. 339) les branches sont douées de géotropisme positif, chez le Saule pleureur (fig. 340) elles se dirigent en sens inverse. Chez les arbres pleureurs, les branches retombent, soit entraînées par leur poids auquel leur longueur démesurée ne leur permet pas de résister, comme dans le Saule pleureur, soit dirigées en bas, avec rigidité, comme dans le Frêne pleureur et le Sophora pleureur. Quelquefois on voit des arbres devenir pleureurs accidentellement dans leur ensemble ou dans certaines branches seulement. Les Ormes, les Marronniers d'Inde offrent assez souvent des exemples de cet accident, et même Duhamel rapporte avoir remarqué un Noyer dont une branche seule était devenue pendante sans cause appréciable.

Feuilles. — Les feuilles sont également soumises à l'action de la pesanteur. L'influence de celle-ci se fait sentir sur la feuille épanouie pendant toute la durée de sa croissance intercalaire : elle cesse avec elle.

Sous l'influence de la pesanteur, la feuille se dispose avec son pétiole dressé et son limbe horizontal. Si on vient à faire varier cette position, il se produit des mouvements de flexion et de torsion dans le pétiole, de façon à rétablir la position primitive.

C'est bien la pesanteur qui agit dans ce cas et non la lumière, puisqu'on constate le phénomène aussi bien à l'obscurité qu'au jour ; de même il cesse de se produire dans un appareil à rotation analogue à la roue de Knight.

Fig. 339. — Saule coupé en têtard.   Fig. 340. — Saule pleureur.

ACTION DE L'HUMIDITÉ SUR LA CROISSANCE

La pesanteur n'est pas la seule force qui agisse sur la croissance et sur la direction des organes des plantes. L'humidité, par exemple, intervient aussi comme facteur pour influer sur la direction que prend une racine.

C'est ainsi que Duhamel a vu que les racines des arbres plantés le long des pièces d'eau ou des canaux s'étendent parallèlement à ceux-ci. Knight (1) rapporte que, ayant semé des Fèves presque superficiellement dans des pots, il renversa ceux-ci après les avoir munis d'une petite grille qui retenait la terre tout en laissant le passage libre pour les radicules. Il arrosait modérément ; à la germination, les radicules s'étendirent, non vers le bas, mais horizontalement le long de la surface de la terre et en contact avec elle. Peu de jours après, elles produisirent en dessus beaucoup de radicelles, qui s'enfoncèrent de bas en haut dans cette terre et qui arrivèrent jusque vers le milieu du pot. La direction normale de la radicule avait donc été altérée par l'influence de la terre humide.

Le médecin écossais Henri Johnson (2) a vu, dans plusieurs circonstances, des graines de Moutarde, semées vers la face inférieure, soit d'une masse de terre humide, maintenue en l'air par un treillis, soit d'une éponge mouillée, diriger leur radicule d'abord quelque peu de haut en bas, puis la recourber de bas en haut pour la porter vers le milieu humide qui se trouvait au-dessus d'elle.

P. Duchartre (3), opérant sur des Reines-Marguerites, un Hortensia, une Véronique (*Veronica Lindleyana*), tous plantés dans des pots qui avaient été enfermés, pour un autre objet, dans un bocal de verre fermé, de sorte que la terre restait sèche, tandis que l'atmosphère confinée qui l'environnait était très humide, a vu les racines sortir de terre pour s'élever de bas en haut dans l'air humide.

Divers auteurs, en particulier J. Sachs, ont rapporté des faits du même ordre. L'expérience suivante, dont le principe est dû à Sachs, per-

met de mettre parfaitement bien en lumière l'influence de l'humidité sur la direction des racines d'une plante. Dans un tamis, dont le fond est formé par du tulle ou une toile à larges mailles, on met de la sciure de bois humide, dans laquelle on sème des graines. On suspend ce tamis en l'air, de façon que son fond fasse un angle d'environ 45 degrés avec l'horizon. On voit alors les graines germer et les racines sortir par les mailles de la toile. Mais au lieu de se diriger verticalement vers le bas, ainsi que cela se produirait si l'influence de la pesanteur, ci-dessus étudiée, se faisait sentir seule, ces racines glissent obliquement à la surface de la toile, descendant le long de celle-ci et y restant appliquées. Or ce fait ne se produirait pas si le tamis était suspendu de façon que son fond reste vertical. Il faut donc admettre que la racine recherche l'humidité lorsqu'elle se fait inégalement sentir sur ses diverses faces et que cette humidité exerce une action capable de contre-balancer, dans certaines conditions, celle de la pesanteur.

L'humidité agit en effet sur la croissance d'une racine en la retardant, comme on peut s'en assurer en mesurant directement la croissance de deux racines de Fèves placées l'une dans l'eau et l'autre dans de la terre bien humide : la seconde s'accroît plus vite que la première. Il n'est pas rare d'ailleurs de constater que, dans les étés de grande sécheresse, comme en 1893, les racines pénètrent beaucoup plus profondément dans le sol que pendant les années normales.

Lorsque l'humidité est inégale sur les deux faces de la racine, comme dans les expériences précédemment rapportées, ce facteur agissant pour retarder la croissance, il en résulte une flexion de la racine telle que celle-ci présente son côté convexe du côté le plus sec et que l'extrémité se recourbe pour rechercher l'eau. On donne le nom d'*hydrotropisme* à cette propriété des racines et on dit que ces organes sont doués d'*hydrotropisme positif*.

Les tiges aussi sont douées d'hydrotropisme, mais *négatif*, en ce sens que la distribution inégale de l'eau dans le milieu qui entoure une plante agit de façon que la tige se recourbe pour fuir l'humidité et se diriger vers la région la plus sèche. Cela tient à ce que, pour les tiges dressées, l'humidité accélère la croissance : une tige croît plus vite dans une atmosphère humide que dans une atmosphère sèche.

---

(1) Knight, *On the direction of the growth of root.*, in *A selection*, etc., 1841, p. 157-164.

(2) H. Johnson, *Edinburgh new philos. Journ.*, 1828, p. 312-317.

(3) P. Duchartre, *Influence de l'humidité sur la direction des racines* (*Bull. de la Soc. bot. de France*, III, 1856, p. 583-591).

ACTION DE LA TEMPÉRATURE SUR LA CROISSANCE

La croissance de l'axe d'une plante peut encore être modifiée par l'influence des variations de température. La chaleur agit d'ailleurs de même sur les deux portions de l'axe, tige ou racine, pour en accélérer ou retarder la croissance, suivant les cas.

Plaçons en observation un organe de plante, tige ou racine, dans un milieu où il se développe et où nous ferons varier progressivement la température. Nous constaterons alors qu'il convient de remarquer trois températures bien distinctes :

1° Une *température minimum*, au-dessous de laquelle la plante, tout en continuant à vivre, ne s'allonge pas. Au-dessus de cette température, au contraire, si l'on fait croître progressivement la température du milieu, l'allongement pris par l'organe en observation va également en croissant.

2° Une *température optimum*, telle qu'à cette température l'allongement de l'organe est maximum. A partir de cet optimum, si la température continue à s'élever, la croissance de l'organe deviendra au contraire de plus en plus lente, de plus en plus faible. Cela continuera ainsi jusqu'à ce qu'on ait atteint la température maximum.

3° Une *température maximum*, à partir de laquelle l'allongement de la tige ou de la racine cessera de se produire, bien que la plante ne soit pas morte pour cela.

On voit donc que la chaleur exerce sur la croissance des organes des plantes une action accélératrice d'autant plus forte que la température se rapproche d'une température dite *température optimum*, qui varie d'ailleurs avec les espèces.

Voici quelques-unes de ces températures optimum pour quelques plantes.

Racine.		Tige.	
Pois.........	26°,5	Lin............	27°
Lupin........	26°,5	Moutarde......	27°
Maïs.........	33°,5	Haricot.......	27°
Concombre..	37°	Chanvre.......	32°
		Courge........	37°

Si une racine ou une tige est soumise à deux températures différentes sur ses deux faces, l'allongement maximum se produira du côté où la température est la plus voisine de l'optimum. L'organe se recourbera donc, présen-tant une convexité de ce côté et une concavité de l'autre et la pointe se dirigera fuyant l'optimum de température. On dit alors que les racines et les tiges sont douées de *thermo-tropisme* et que ce thermotropisme est *négatif*.

ACTION DE LA LUMIÈRE SUR LA CROISSANCE

Parmi les nombreux agents qui font sentir leur influence sur les organes des plantes pour en accélérer ou retarder la croissance et en modifier la direction, la lumière exerce une action fort importante, capable de contre-balancer celle qu'exerce la pesanteur.

Tiges. — D'une façon générale, on peut dire que la lumière retarde la croissance de la tige d'une plante.

C'est un fait bien connu, en effet, que si on laisse deux plantes semblables se développer l'une à la lumière, l'autre à l'obscurité, cette dernière acquiert des dimensions beaucoup plus considérables que l'autre : il suffit, pour s'en assurer, de semer des grains de Blé dans deux vases qu'on placera l'un dans une obscurité constante, l'autre au contraire exposé à l'alternance des jours et des nuits. On verra qu'au bout du même temps les tiges du Blé qui aura germé dans l'obscurité auront atteint une hauteur bien plus grande, mais resteront beaucoup plus grêles, que celles de l'autre pot qui a vu la lumière. On sait d'ailleurs que les plantes poussées en cave sont bien plus développées que si elles s'étaient développées normalement; en revanche, elles sont bien plus grêles, dépourvues de couleur verte; en un mot, elles sont étiolées.

La lumière retarde donc la croissance. Son influence retardatrice dépend d'ailleurs de son intensité. Nous allons le démontrer au moyen d'une expérience faite avec toute la précision possible et dont le principe est dû à Wiesner.

A une certaine distance d'une source lumineuse, plaçons la plante en expérience, que nous choisissons jeune et en voie de croissance, sur un disque horizontal animé d'un mouvement de rotation fort lent. Il est facile de comprendre qu'au bout d'un tour complet du plateau, la plante a été successivement éclairée de la même manière sur toutes ses faces. Dans ces conditions, l'action de la lumière se fait sentir également sur toutes les parties de la tige et, si elle en retarde la croissance, elle n'en modifie pas la direction.

Disposons alors, à des distances variables de la même source lumineuse, plusieurs plateaux tournants, sur lesquels sont placés des plantes aussi identiques que possible. Celles-ci se trouvent soumises chacune à un éclairement égal sur toutes les parties de la tige, grâce à la rotation des plateaux. Mais l'éclairement n'est pas le même pour toutes les plantes, la quantité de lumière reçue par chacune d'elles variant — ainsi que nous l'apprennent les lois de la physique — en raison inverse du carré de la distance à la source lumineuse.

- Sur chaque plante, mesurons l'accroissement de la tige dans le même temps ; nous pouvons alors en déduire l'influence de l'intensité lumineuse sur la croissance. On constate alors que, pour chaque plante, il existe une intensité *optimum*, pour laquelle la croissance est retardée autant que possible. Pour une lumière d'intensité trop faible, l'influence retardatrice sur la croissance est nulle ; elle va ensuite en augmentant avec cette intensité, jusqu'à ce que celle-ci ait atteint l'optimum ; à ce moment, la croissance est aussi retardée que possible par la lumière, si bien que, si l'intensité lumineuse va toujours en croissant, la croissance de la tige va augmenter en même temps. Dans ces conditions, pour une intensité très forte, le retard de la croissance deviendra nul comme pour une intensité trop faible : trop de lumière équivaut à pas assez de lumière.

En général, pour la majorité des plantes, l'intensité optimum est équivalente à l'intensité de la lumière solaire diffuse.

Considérons à présent le cas d'une plante éclairée inégalement sur ses diverses faces, ce qui est par exemple le cas d'une plante en pot qu'on laisse se développer dans une chambre, éclairée par une seule fenêtre, sans jamais déplacer le pot. On ne tarde pas à voir la tige de la plante se courber et se diriger vers la source lumineuse. Ce fait est facile à expliquer : la lumière retarde la croissance, avons-nous vu ; le côté éclairé de la tige s'allongera moins que le côté moins éclairé et il se produira une courbure, avec convexité du côté obscur, d'où le mouvement de flexion qui s'est produit, tournant la tige vers la source lumineuse, et que l'on traduit en disant que la plante fuit l'obscurité et recherche la lumière.

La propriété que possèdent ainsi les plantes de se courber sous l'action de la lumière a reçu le nom de *phototropisme*. Le phototropisme est positif pour la plupart des tiges, celles qui se tournent sans cesse du côté éclairé.

Il ne faut pas oublier que le phototropisme dépend de la valeur de l'optimum de lumière. La plante connue vulgairement sous le nom de Grand Soleil ou Tournesol, l'Hélianthe annuel (*Helianthus annuus*), doit son nom générique à la propriété que présentent ses pédoncules floraux de suivre le soleil dans sa course de façon à tourner le capitule floral vers l'astre de lumière. Cette propriété du pédoncule ne se manifeste d'ailleurs pas entre dix heures du matin et quatre heures de l'après-midi, et pendant ce temps l'Hélianthe reste vertical parce qu'à ce moment l'éclairage, étant trop vif, a dépassé l'optimum. Mais avant dix heures et après quatre heures du soir, l'intensité lumineuse solaire se rapprochant beaucoup de l'optimum, les fleurs de la plante se tournent vers le soleil, ce qui lui a valu son nom vulgaire de Tournesol.

Ce que nous avons dit tout à l'heure du phototropisme positif des tiges s'applique au cas le plus général, celui des plantes pour lesquelles l'optimum est voisin de l'intensité de la lumière solaire diffuse. Mais il en est d'autres pour lesquelles cet optimum devient très faible : pour celles-ci, lorsque l'éclairement est unilatéral, le côté tourné du côté de la source lumineuse reçoit une quantité de lumière trop considérable, plus éloignée de l'optimum que celle que reçoit l'autre côté. La courbure de la tige s'effectue alors en sens inverse de celui de l'exemple précédent et la plante fuit la lumière. C'est ce qui se produit par exemple pour le Fraisier, dont la tige rampe sur le sol, et pour le Lierre, dont la tige se cramponne au mur après lequel il grimpe. La tige présente alors un *phototropisme négatif*.

Un exemple intéressant de ce phototropisme négatif est fourni par l'*Asplenium Edgeworthii* (fig. 341). Cette Fougère croît le long de l'écorce des arbres et jouit de cette propriété que ses rameaux fuient la lumière ; ils recherchent alors les points obscurs, c'est-à-dire les anfractuosités de l'écorce de leur hôte, y pénètrent et y développent des rejets qui en sortent pour propager la plante. Ces rejets se comportent d'ailleurs à leur tour de la même façon et bientôt l'arbre tout entier se trouve entouré.

Certaines plantes sont soit positivement,

Fig. 341. — *Asplenium Edgeworthii*. Fougère dont les pédoncules floraux fuient la lumière et pénètrent dans les creux de l'écorce des arbres le long desquels elle se développe.

soit négativement phototropiques, suivant les cas et suivant leurs parties. La Linaire cymbalaire (*Linaria cymbalaria*) en est un curieux exemple. La Cymbalaire est cette jolie plante aux fleurs élégantes et aux feuilles arrondies, que l'on trouve commune sur les rochers et sur les vieux murs (fig. 8, p. 13). Les pédicelles qui portent les fleurs sont positivement phototropiques, comme les autres parties de la plante, et se dirigent du côté de la lumière. Mais lorsque les fleurs ont fait place aux fruits, ces mêmes pédicelles deviennent négativement phototropiques. Ils fuient alors la lumière, recherchent l'ombre, de façon à introduire les capsules dans les fentes du mur sur lequel elles croissent : les graines y sont alors déposées après l'ouverture de la capsule et y germent. La figure 342 représente ce phénomène : on y voit une Linaire Cymbalaire rampant le long d'un rocher et déposant ses graines dans les creux de celui-ci. Il y a là un curieux phénomène d'adaptation de la plante au lieu qu'elle habite et aux conditions de germination de ses graines. Celles-ci demandant, pour se développer, d'être déposées dans les fentes du mur, cette disposition se trouve réalisée grâce au changement de manière d'être des pédicelles par rapport à l'influence de la lumière.

Racines. — Pour les racines, leur qualité habituelle d'organes souterrains fait que la lumière n'influe pas sur leur croissance et sur leur direction. On s'est proposé cependant d'étudier expérimentalement l'influence sur ces organes de la lumière, celle-ci s'exerçant soit également, soit inégalement sur les diverses parties de la racine. On a constaté que, dans un grand nombre de cas, les racines restent indifférentes à l'action de la lumière. C'est ce qui arrive par exemple avec la Tulipe et le Safran.

Quelques racines souterraines, cependant,

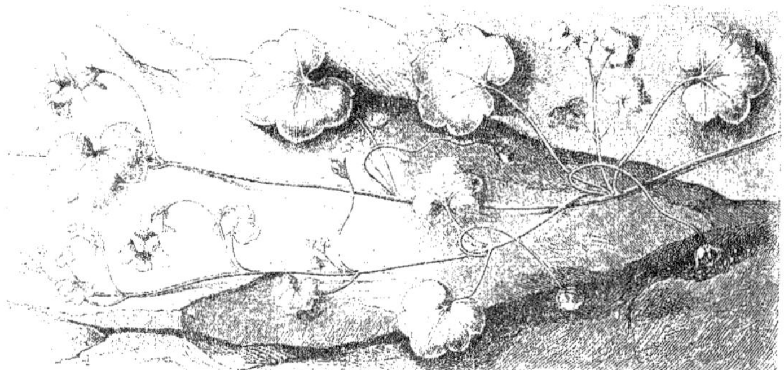

Fig. 242. — Linaire cymbalaire (*Linaria cymbalaria*) déposant ses graines dans les fentes d'un mur.

présentent des courbures phototropiques négatives, c'est-à-dire qu'elles se recourbent dans le cas d'un éclairement inégal, du côté le moins éclairé ; elles se comportent donc comme les tiges pour lesquelles l'optimum de lumière est très faible. On peut le montrer expérimentalement par exemple avec les racines de certaines Crucifères, comme la Moutarde, dont on fait développer les graines dans l'eau, dans un bocal entouré de papier noir, sauf suivant une fente verticale. On voit au bout de quelques heures que les racines ont fui la fente.

Les racines aériennes sont nettement douées de phototropisme négatif et fuient la lumière. C'est ce qu'on constate avec les racines aériennes des Orchidées épiphytes, de la Vanille par exemple. Les racines latérales des plantes à tige rampante, comme le Fraisier, s'enfoncent dans le sol en fuyant la lumière, et c'est pour la même raison que le Lierre fait pénétrer des crampons dans les fentes du mur le long duquel il grimpe et que le Gui enfonce ses racines suçoirs dans l'écorce des Peupliers, des Pommiers et autres arbres qui lui servent ordinairement de support.

Feuilles. — L'influence de la lumière se fait sentir sur le pétiole des feuilles comme sur la tige : la lumière en retarde la croissance et les pétioles se dirigent vers la source lumineuse. En même temps, le limbe se dispose perpendiculairement aux rayons incidents.

Le phototropisme des tiges et des feuilles est d'une utilité évidente pour la plante en plaçant ces organes dans une position telle qu'ils utiliseront la radiation dans les meilleures conditions possibles.

ACTION DU CONTACT D'UN CORPS ÉTRANGER SUR LA CROISSANCE

Le contact faible d'un corps étranger influe sur la croissance d'un organe, racine ou tige, et y détermine des mouvements de flexion ou de torsion qui en modifient la direction.

Racine. — Si, sous terre, un corps étranger vient au contact d'une racine dans sa région de croissance active, mais non au sommet, la pression qu'il exerce sur la face latérale en retarde l'accroissement, si bien que, le côté opposé s'allongeant davantage que le côté pressé, il en résulte une courbure de la racine, concave du côté de l'objet qu'elle enlace alors étroitement.

Si, au contraire, le contact a lieu à la pointe même de la racine, l'effet inverse se produit et la courbure qui en résulte éloigne la pointe de l'obstacle.

Darwin a fait l'expérience suivante : au moyen d'un crayon de pierre infernale (nitrate d'argent), on brûle sur un de ses côtés et sur une faible longueur la pointe d'une racine qu'on laisse ensuite se développer à l'obscurité pendant vingt-quatre heures ; on constate alors qu'en s'accroissant la pointe de la racine s'est recourbée, en se dirigeant du côté inverse à celui qui a été brûlé. La flexion qui s'est ainsi produite, et qui a été désignée souvent sous le nom de *flexion darwinienne*, est due à ce que la partie détruite par le crayon de nitrate d'argent s'est comportée comme un corps étranger et a fait fuir la pointe de la racine

Fig. 343. — *Serjania grammatophora.*

En définitive, les mouvements produits varient de sens suivant que la partie pressée est à la pointe même ou un peu plus haut, dans la région de croissance. Ces mouvements combinés ont pour effet de faciliter la pénétration de la racine dans le sol.

Tiges. — La pression d'un corps étranger se fait sentir sur une tige en voie de croissance. La tige devient concave du côté pressé et par conséquent s'applique sur l'obstacle. Cette sensibilité à la pression est surtout sensible chez les vrilles.

Vrilles. — Les vrilles (Voy. p. 138) peuvent provenir de la modification soit d'un rameau, soit d'une feuille. Elles s'enroulent autour de supports étrangers (fig. 343) en présentant des curieuses circonstances étudiées en particulier par Macaire (1), par Ch. Darwin (2).

La propriété caractéristique des vrilles est d'être sensibles à la pression d'un corps étranger. Si l'une d'elles vient en effet à être touchée dans sa région d'accroissement, la croissance, devenant alors moins active dans la région touchée, il se produit une courbure qui appuie sur son support.

Sur la Bryone dioïque (*Bryone dioïca*) (fig. 199, p. 107), — qu'il appelle d'ailleurs à tort *Tamus communis*, — Macaire a vu que, si l'on touche une vrille avec un corps quelconque, sur un point situé à moins de 27 millimètres de son extrémité, elle forme d'abord un crochet, puis une boucle autour du corps qu'elle embrasse, s'il n'est pas très gros. Ce nœud, d'abord lâche, se resserre peu à peu; après quoi, les tours se multiplient successivement.

Pour provoquer la courbure d'une vrille, la

(1) Macaire, *Notes sur les vrilles du Tamus communis* (*Bibl. univ. de Genève*, 1847, p. 167-173).
(2) Ch. Darwin, *On the Movements and Habits of clim-*

bing Plants (*Journ. of the Linn. Soc. Bot.*, IX, 1865, p. 1-118).

pression n'a pas besoin d'être très intense ni de s'exercer longtemps. C'est ainsi que la vrille d'une Fleur de la Passion (*Passiflora*) se recourbe sous l'action d'une pression d'un milligramme, exercée pendant vingt-cinq secondes seulement. Sur une vrille de Vigne vierge, une pression d'aussi faible intensité devrait agir pendant une heure avant de faire sentir son action.

L'enroulement des vrilles dépend donc de la pression d'un corps étranger qui en modifie la croissance, mais ce n'est pas là le seul facteur qui intervienne dans le phénomène, ainsi que l'a montré M. Leclerc du Sablon.

Lorsqu'une vrille est dans son bourgeon, elle y est enroulée en spirale de telle façon que sa face convexe est celle qui deviendra plus tard concave dans l'enroulement. Puis, lorsque le développement du bourgeon s'accomplit, la vrille se redresse et, avant d'avoir atteint le tiers de sa longueur, elle s'est disposée en ligne droite. Ce premier mouvement est tout à fait indépendant des conditions extérieures et semble dû à une différence de croissance sur les deux faces.

Une fois redressée, la vrille est animée d'un mouvement de circumnutation dont l'effet est d'amener une de ses faces au contact avec un support autour duquel la vrille se recourbe et s'enroule. Cet enroulement est dû à l'action de la pression du corps étranger et ne saurait se produire en dehors d'elle. C'est à cette propriété qu'ont les vrilles de pouvoir s'enrouler sous l'action d'un contact qu'on a donné le nom de *sensibilité*. La sensibilité est toujours plus grande à température élevée qu'à température basse. Il suffit, par une chaude journée, de saisir entre ses doigts la portion droite d'une vrille de Cucurbitacée pour qu'elle s'incurve considérablement, et on peut suivre le mouvement directement.

Les vrilles ne sont pas sensibles seulement à la pression, au choc et au contact. Par exemple, elles sont sensibles à une forme déterminée de contact. Par contre, elles sont insensibles aux secousses d'ébranlement et un filet d'eau dirigé sur la partie sensible d'une vrille de Cucurbitacée ne l'excite pas. L'enroulement des vrilles est indépendant de la radiation.

Une vrille ne s'enroule autour d'un support que s'il est suffisamment épais. C'est ainsi qu'un support doit avoir au moins 3 millimètres de diamètre pour que les vrilles de la Vigne vierge s'y enroulent. Ce fait est facile à expliquer si l'on pense que, malgré la torsion produite par un premier contact, un deuxième contact ne se pourra produire que si le tuteur est assez gros et, faute de ce contact, la vrille croîtra en ligne droite. Cependant les vrilles de la Passiflore s'enroulent autour d'un simple fil de soie, mais nous avons déjà dit plus haut que les vrilles de cette plante présentent une sensibilité très développée à un contact très léger.

Lorsqu'une vrille atteint tout son développement sans avoir rencontré de support, ou lorsque son extrémité seule s'enroule, les parties non supportées s'enroulent sur elles-mêmes et se contractent en hélice. Ce mouvement diffère de l'enroulement direct autour d'un support en ce sens qu'il n'est pas produit par le contact d'un corps étranger. Il se produit, en effet, indépendamment de tout contact, et lorsque le rameau est parvenu au terme de sa croissance. Il est donc complètement indépendant des conditions extérieures : c'est la manifestation de la propriété que possède la vrille de s'allonger à un certain moment plus d'un côté que de l'autre. Quant à la contraction hélicoïde de la partie libre d'une vrille fixée à son extrémité, elle est du même ordre et non pas une propagation rétrograde de l'enroulement autour du support (Leclerc du Sablon) (1).

Il arrive quelquefois, chez les vrilles de Bryone (*Bryone dioïca*), que, la partie libre située entre la plante et le support s'étant tordue en spirale sur elle-même, pour les raisons qui viennent d'être dites, cette spirale présente des points de rebroussement où l'hélice change de sens. Cela peut se produire quelquefois jusqu'à sept et huit fois sur la même vrille. Ch. Darwin explique ces changements de direction par ce fait que, s'enroulant à partir de son extrémité fixée, la vrille se tord de plus en plus sur elle-même, à tel point qu'elle finirait par se rompre si elle continuait de même ; mais elle se détord en changeant le sens de sa spire.

La Vigne vierge (*Ampelopsis hederacea*), de l'Amérique septentrionale, offre une particularité qui explique pourquoi elle peut, sans être soutenue, couvrir les murs d'un rideau de verdure. Au contact de ces murs, ou même de simples pièces de bois rabotées et peintes, ses

(1) Voy. Gérardin et Guède, *Botanique*, p. 117 et p. 454.

Fig. 341. — *Lonicera vitcosa.* Plante grimpante à tige volubile de la Caroline du Sud.

vrilles appliquent sur ces corps toutes leurs ramifications; puis, au bout de deux jours, leurs extrémités s'élargissent, s'aplatissent, forment ainsi des sortes de petits disques que Ch. des Moulins compare aux pelotes dont sont munies les pattes des Rainettes et qui servent à ces Batraciens à grimper aux arbres.

Ces pelotes sont, d'après Hugo Mohl, des masses de grandes cellules pleines de liquide ; leur surface se moule exactement sur les corps de façon à s'y attacher. Elles sécrètent d'ailleurs une substance qui les rend encore plus adhésives et que Ch. Darwin pense être résineuse. On voit que dans ces conditions les vrilles de la Vigne vierge doivent adhérer fortement aux murs.

« Une vrille non adhérente — dit Ch. Darwin (1) — ne se contracte pas en spirale et, au bout d'une semaine ou deux, elle se ratatine en un fil des plus fins, se dessèche et tombe. D'autre part, une vrille adhérente se contracte en spirale et devient ainsi très élastique, en sorte que, lorsqu'on tire sur le pétiole principal, l'effort se distribue également entre tous les disques adhérents. Pendant quelques jours après l'adhérence des disques, la vrille reste faible et cassante, mais elle augmente

(1) Ch. Darwin, *Les mouvements et les habitudes des plantes grimpantes,* traduction du Dr Gordon, p. 184.

Fig. 345. — Palmier Phénix, à Cannes, en face de l'Hôtel de Ville

rapidement d'épaisseur et acquiert une grande force. L'hiver suivant, elle cesse de vivre, mais tient solidement, quoique morte, à la fois à sa propre tige et à la surface d'adhérence. Ce que gagne en force et en durée une vrille après son adhérence est vraiment surprenant. Il y a en ce moment des vrilles adhérentes à ma maison ; elles sont encore vigoureuses, quoique mortes et exposées aux intempéries atmosphériques depuis quatorze à quinze ans. Une seule petite ramification latérale d'une vrille, qui pouvait bien avoir au moins dix ans, était encore élastique et supportait un poids équivalent à 745 grammes. Toute la vrille avait cinq ramifications portant des disques d'une égale épaisseur et en apparence d'une égale force, en sorte qu'après avoir été exposée pendant dix ans à tous les temps, elle aurait probablement supporté un poids de 10 livres. » On peut juger par là du poids énorme que supporterait un pied de Vigne vierge muni de ses nombreuses vrilles adhésives.

La production de vrilles à pelotes adhésives, se tordant ensuite sur elles-mêmes après formation de ces pelotes, s'observe encore chez d'autres plantes que la Vigne vierge, appartenant à la même famille des Ampélidées, en particulier chez l'*Ampelopsis inserta* et le *Vitis inconstans* (fig. 265 et 266, p. 137). Ch. Darwin a vu des pelotes adhésives se produire également autour du *Bignonia capreolata*, de la famille des Bignoniacées, au contact d'un faisceau de filasse, de mousse, de laine ou de petites baguettes. Les extrémités en crochet de ces vrilles s'introduisent entre ces divers filaments et s'y renflent ensuite en masses cellulaires, qui mesurent un peu plus d'un millimètre de diamètre.

Tiges volubiles. — L'enroulement des vrilles autour d'un support est dû — avons-nous vu — surtout à l'action du contact du support sur la croissance de la vrille. Tout autre est le mécanisme de l'enroulement des *tiges volubiles* (fig. 344) comme celles du Houblon ou du

Fig. 346. — Arbres. Un taillis sous futaie, avant la coupe. Forêt de Champenoux (Boppe et Jolyet).

Liseron, qui semble dû à l'action combinée de la circumnutation (Voy. p. 96) et du géotropisme négatif (Voy. p. 176) de la tige. La forme des tours supérieurs, larges et lâches, est déterminée principalement par la circumnutation ; celle des tours inférieurs, serrés, surtout par le géotropisme.

La volubilité est indépendante de la radiation ; l'enroulement se fait aussi bien à l'obscurité qu'à la lumière.

ACCROISSEMENT EN ÉPAISSEUR

En même temps que les tiges s'allongent, donnant aux plantes des dimensions parfois fort considérables en hauteur, elles s'épaississent le plus souvent, acquérant un diamètre de plus en plus considérable. Les ramifications en font autant, se multipliant d'ailleurs en nombre de façon à porter un nombre plus grand de feuilles à mesure que la plante évolue.

L'accroissement en épaisseur ne se fait d'ailleurs pas d'une façon uniforme chez tous les végétaux. Certaines tiges demeurent grêles toute leur vie : à cette catégorie appartiennent les lianes et autres plantes grimpantes (fig. 344) qui doivent en particulier à cette faiblesse de leur diamètre par rapport à leur longueur d'être obligées pour croître de se soutenir après un support, mur ou autre plante voisine.

D'autres végétaux au contraire, et dans ce nombre se placent la plupart des grands arbres de nos forêts ou des pays chauds, épaississent considérablement leur tronc et leurs branches et acquièrent des dimensions parfois fort remarquables aussi bien sous le rapport

Fig. 347. — Arbuste. Genêt à balai (*Sarothamnus scoparius*), sur un îlot près de Rovigno, en Istrie.

du diamètre que sous celui de la hauteur (fig. 345).

Formations secondaires. — Nous savons déjà par suite de quel mécanisme la plupart des plantes opèrent leur croissance dans le sens transversal. Nous avons vu en effet — dans la partie précédente de cet ouvrage, consacrée à la forme et à la structure des végétaux — que, lorsqu'après que la germination s'est produite et que tous les organes de la jeune plante se sont constitués avec leur structure primaire, à cette structure primaire succèdent, dès la première année, de nouvelles formations, appelées formations secondaires, que nous avons étudiées successivement chez les racines (p. 89) et chez les tiges (p. 116).

Grâce à ces formations secondaires, il se produit chaque année, à l'intérieur de la tige et de la racine, une couche de liber et une couche de bois. Tandis que les couches de liber s'aplatissent comme autant de feuillets entre le bois et l'écorce, les couches annuelles de bois se disposent régulièrement en cercles concentriques, les plus récentes étant les plus extérieures. Grâce à l'apparition de ces couches, la plante devient chaque année plus épaisse. Ces couches concentriques peuvent d'ailleurs servir à déterminer l'âge de la tige.

Nous savons aussi que le mécanisme des formations libéro-ligneuses ne se rencontre que chez les Dicotylédones et les Gymnospermes, et que, chez les Monocotylédones, l'épaississement, lorsqu'il se produit, comme c'est le cas des Dragonniers, est dû à des formations secondaires d'autre nature (p. 123).

Arbres, arbrisseaux, herbes. — L'accroissement en longueur et en épaisseur variant avec les divers végétaux, le port et les dimensions de ceux-ci peuvent être fort différents. Aussi, d'après leurs dimensions, a-t-on divisé les plantes en plusieurs catégories : les arbres (fig. 346), les arbrisseaux ou arbustes (fig. 347) et les herbes (fig. 348) (Voy. p. 98).

Tournefort attachait une grande importance à cette division des plantes d'après le port et la taille, ce caractère étant un des plus apparents, un de ceux qui attirent le plus volontiers les regards. Aussi, dans la classification qu'il proposa en 1694, divisait-il tout d'abord le Règne Végétal en deux grands groupes : les herbes et sous-arbrisseaux d'une part, les arbres et arbustes de l'autre.

Fig. 348. — Plante herbacée (*Draba verna*), sur un vieux mur.

LA DURÉE DES PLANTES

PLANTES ANNUELLES, BISAN-NUELLES ET VIVACES

La durée de la vie des plantes est extrêmement variable. En se basant sur la durée de leur existence, on peut répartir les végétaux en trois grandes classes principales : les plantes *annuelles*, qui naissent au printemps et meurent à l'automne ; les plantes *bisannuelles*, qui meurent à la fin de la deuxième année ; et enfin les plantes *vivaces*, dont la durée varie de trois à mille années.

Un grand nombre de plantes, en effet, ne parcourent pas dans le cercle de leur existence l'année entière : germant au printemps, elles meurent à la fin de la belle saison, avant le retour de l'hiver. C'est ce qu'on nomme les plantes *annuelles*.

Les plantes *bisannuelles* vivent deux ans : la plante produit alors des feuilles la première année et des fleurs la seconde. Un des meilleurs exemples qu'on en puisse donner est celui de plantes à racines tuberculeuses comme la Carotte ou la Betterave. La première année, la plante se réduit à son appareil végétatif, racine, tige et feuilles, et ne fleurit point. Une grande partie des aliments est accumulée dans la racine, qui se renfle et sert ainsi d'organe de réserve, passant l'hiver sans mourir. L'année suivante, elle fournit à la plante les substances accumulées et qu'elle emploie à produire une nouvelle tige, de nouvelles feuilles et surtout à donner des fleurs, puis des graines.

Lorsqu'une plante donne des fleurs et des fruits pendant plusieurs années consécutives, on lui donne le nom de plante *vivace*. Les plantes vivaces sont parfois de simples herbes, mais le plus souvent aussi elles deviennent ligneuses et forment des arbrisseaux, des arbustes et des arbres.

La division des plantes en annuelles, bisannuelles et vivaces est très commode pour se rendre compte de la durée de la vie des divers végétaux. Il convient toutefois de remarquer, avec A. de Saint-Hilaire, que les expressions de plantes annuelles et bisannuelles sont assez peu rigoureuses. « Les plantes annuelles — dit cet auteur (1) — emploient rarement à parcourir le cercle de leur existence la belle saison tout entière, et il en est même qui germent, se développent, fructifient et meurent dans l'espace de quelques semaines, telles que certaines espèces printanières, *Draba verna* (fig. 348), *Saxifraga tridactylites*, le

(1) Auguste de Saint-Hilaire, *Leçons de botanique*, p. 46.

Chamaegrostis minima. Il y a plus : l'existence de la même espèce peut être abrégée ou rendue plus longue par des circonstances plus ou moins favorables, par une humidité plus ou moins grande, une chaleur plus ou moins intense. On sentira cependant qu'il n'y a rien d'absolument inexact à convenir que la plante qui naît et meurt dans la même année s'appellera annuelle, et qu'on appellera bisannuelles celles à qui il faudra deux printemps avant de parvenir au dernier terme de leur existence.

« Mais il est des végétaux, surtout sous les tropiques, qui se comportent dans le cours de leurs développements absolument comme nos plantes annuelles, et qui pourtant vivent bien davantage. Je puis citer, entre autres, ces Bambous qui font, dans les forêts primitives, l'admiration du voyageur (fig. 349). Il faut à ces herbes immenses plusieurs années pour qu'elles puissent élever jusqu'à cinquante et soixante pieds leur tige souvent presque aussi dure que le bois, et parvenir à l'époque de la floraison. Mais, quand elles ont porté des fruits, elles se dessèchent et meurent comme la Graminée la plus humble de nos climats si froids, comme le *Chamaegrostis minima* ou l'*Aira praecox*, plantes presque éphémères. La première fois que j'entrai dans une forêt entièrement formée de l'espèce de Graminée appelée vulgairement *Toboca*, j'éprouvai un véritable ravissement en voyant ces tiges d'un aspect presque aérien, qui, hautes de quarante à cinquante pieds, se courbaient en arcades élégantes, se croisaient en tous sens, entremêlaient leurs immenses panicules et laissaient entrevoir l'azur foncé du ciel à travers un feuillage étalé comme un tapis à jour ; alors la plante était en fleur ; je repassai quelques mois plus tard, la forêt avait disparu ; dans l'intervalle, les fruits avaient succédé aux fleurs ; ils avaient mis un terme à la végétation de la plante ; ses tiges s'étaient desséchées, elles s'étaient brisées, et il n'en restait plus que des débris gisant sur le sol. D'après tout ceci, il est clair que des différences de durée, souvent fort variables, caractérisent assez mal les plantes, du moins hors de notre zone, et qu'il est plus rationnel de distinguer les espèces qui fleurissent une seule fois pour mourir ensuite, et celles qui portent des fruits pendant plusieurs années. Avec M. de Candolle, nous donnerons aux premières le nom de *Monocarpiennes*, et aux secondes celui de *Polycarpiennes*.

« Mais cette division même est loin d'être parfaite. Telles plantes équinoxiales, le Ricin (*Ricinus communis*) et la Belle-de-Nuit (*Mirabilis Jalapa*), sont polycarpiennes en Amérique, qui, chez nous, meurent après avoir donné des fruits une seule fois. Le *Cuphea Balsamona*, espèce du Brésil, excessivement commune, présente souvent, dans le même coin de terre, des tiges monocarpiennes et d'autres polycarpiennes. Le *Cuphea Ligustrina*, autre espèce brésilienne, est, sous les tropiques, un sous-arbrisseau qui se ramifie hors de terre ; au delà des tropiques, près du Rio de la Plata, ce n'est plus qu'une plante à tige souterraine produisant, chaque année, un rameau simple qui s'élève au-dessus du sol et simule une tige annuelle. Il y a plus : le rameau qui se développe tous les printemps sur l'arbre de nos climats peut, jusqu'à un certain point, être assimilé à une plante annuelle sur laquelle naîtront à leur tour d'autres plantes annuelles, et l'arbre tout entier présente réellement une sorte de polypier composé d'une suite de générations superposées. Enfin, il est permis de dire que, dans la plante vivace, chaque rameau terminé par une fleur est monocarpien ; car un rameau véritable ne fleurit jamais qu'une fois, puisque la fleur est le terme de la végétation. Au reste, si la division des plantes en monocarpiennes et polycarpiennes n'est point exactement rigoureuse, il faut nous en prendre à la nature elle-même, qui, nuançant tous les êtres, repousse sans cesse les coupes que la faiblesse de notre esprit nous force d'introduire dans la science, coupes rigoureuses seulement pour le milieu de l'intervalle compris entre leurs limites. »

AGE DES PLANTES

La durée de la vie des plantes est chose extrêmement variable. Nous venons de voir qu'il y a des plantes qui ne vivent qu'un an (plantes annuelles), d'autres deux (plantes bisannuelles), d'autres davantage (plantes vivaces). Parmi ces dernières, il en est qui vivent plus ou moins longtemps. Malgré la diversité des cas qui peuvent se présenter à ce sujet, on peut cependant formuler quelques considérations générales (1) :

« Toutes les plantes qui ont une structure aqueuse et grasse, qui possèdent des organes

(1) Hufeland, *L'art de prolonger la vie*, ch. III, p. 64.

Fig. 349. — Bambous, à Java.

delicats, vivent peu, et ne dépassent pas une ou deux années. Celles seules dont les organes sont plus consistants, et les sucs plus concentrés, persistent plus longtemps, car, pour que les plantes atteignent à la longévité, il faut qu'elles deviennent ligneuses.

« Entre celles qui ne vivent qu'un an et celles qui en vivent deux, nous remarquons une différence très sensible. Celles qui n'ont ni goût ni parfum ne résistent pas, les mêmes circonstances étant données, aussi longtemps que celles dont l'odeur est forte, et qui contiennent des huiles balsamiques ou essentielles. Par exemple, la Laitue, le Blé, l'Orge, le Seigle et toutes les céréales ne vivent qu'une année; au contraire, le Thym, l'Hysope, la Mélisse, l'Absinthe, la Marjolaine, la Sauge, etc., peuvent résister deux ans et même plus.

« Les arbustes et les arbrisseaux peuvent prolonger leur vie jusqu'à soixante, et même cent vingt ans. La Vigne va jusqu'à soixante et cent ans, et jusqu'au dernier moment reste fertile (fig. 350). Il en est de même du Romarin. L'Acanthe et le Lierre peuvent dépasser l'âge de cent ans. Pour certaines plantes, il est difficile d'en préciser l'âge, parce que les racines rampent dans la terre, et fournissent sans cesse de nouveaux rejetons, qu'on ne peut guère distinguer des plantes mères, et qui, à leur tour, se perpétuent de la même manière.

« L'âge le plus élevé est atteint par les arbres les plus robustes et les plus gros; nous citerons comme exemples les Chênes. Parmi les arbres qui parviennent à une vieillesse respectable, citons encore le Tilleul, le Hêtre, le Châtaignier, l'Orme, le **Platane**, l'Érable, le Cèdre, l'Olivier, le Palmier, le Mûrier, le Baobab. Tous les arbres dont la croissance est rapide, comme les Sapins, les Bouleaux, les Marronniers, ont un bois d'une consistance moins solide, et vivent moins longtemps. Parmi ceux dont la croissance est lente, c'est le Chêne dont la vie est la plus longue et le bois le plus dur.

« En moyenne, la vie des petits végétaux est plus courte que celle des grands.

« Les arbres dont le bois est le plus dur et le plus résistant ne sont pas toujours ceux qui vivent le plus longtemps ; ainsi le Buis, le Cyprès, le Genévrier, le Noyer, le Prunier n'ont pas une existence aussi longue que le Tilleul, dont le bois est bien plus mou.

« Généralement, les arbres qui portent des fruits savoureux, délicats et perfectionnés, vivent moins longtemps que ceux qui n'en portent pas, ou n'en portent que de mauvais ; parmi ces derniers, ceux dont les fruits sont des glands ou des noix deviennent plus vieux que ceux qui donnent des baies ou des fruits à noyaux. Les arbres mêmes dont la vie est courte, comme les Pommiers, les Abricotiers, les Pêchers, les Cerisiers, peuvent, dans certaines circonstances favorables, prolonger leur vie jusqu'à soixante ans, surtout quand on les débarrasse de la mousse qui se développe sur eux. On peut conclure d'une manière générale que les arbres dont les feuilles et les fruits sont longs à pousser ou à se flétrir deviendront plus vieux que ceux qui sont hâtifs. Enfin, les arbres qui sont cultivés ont en moyenne une existence plus courte que ceux qui ne le sont pas, et il en est de même pour les arbres qui produisent des fruits âpres et sûrs, si on les compare à ceux qui portent des fruits doux.

« Un fait très remarquable, c'est que si, chaque année, on déchausse le pied d'un arbre, on le rend plus précoce et plus fertile, mais on abrège sa vie. Si au contraire on ne fait cette opération que tous les dix ans, la vie n'en souffre pas, et se prolonge. De même encore, les arrosages et les binages trop fréquents nuisent à la durée.

« Enfin, en taillant souvent les rameaux et les bourgeons de certaines plantes, on peut arriver à prolonger considérablement leur vie ; c'est ainsi que des plantes grêles et peu durables, comme la Lavande, l'Hysope, etc., si on prend soin de les tailler tous les ans, peuvent vivre jusqu'à quarante années.

« On a aussi remarqué que si, au pied d'arbres âgés et occupant depuis longtemps la même place, on laboure la terre pour la rendre plus légère, ces arbres paraissent rajeunir, et leur feuillage devient plus touffu et plus frais.

« En réfléchissant à tous ces faits, fournis par l'expérience, nous sommes amenés à reconnaître — dit Hufeland (1) — combien ils viennent à l'appui des principes que nous avons admis pour base de la vie et de sa durée.

« Notre premier principe est : plus la quantité de force vitale est grande, et plus les organes sont robustes, plus la vie est durable ; or, nous trouvons, dans la nature, que les êtres les plus forts, les plus parfaits, chez lesquels par conséquent nous devons admettre qu'il existe le plus de force vitale, ceux qui possèdent les organes les plus robustes et les plus durables, sont également ceux dont la vie est la plus longue ; exemples : le Chêne, le Cèdre.

« Le volume de l'individu semble contribuer ici à la durée de l'existence, et cela de trois manières : d'abord, par lui-même, ce volume considérable indique une provision considérable de force vitale ou créatrice ; ensuite, la grosseur donne une plus grande capacité de vie, une surface plus étendue, un contact plus multiplié avec l'extérieur ; enfin, plus la masse d'un corps est grande, plus il faut de temps au travail de consommation et de destruction intérieur et extérieur pour en venir à bout.

« Néanmoins, nous avons vu que certaines plantes, douées d'organes solides et résistants, ne vivaient pas aussi longtemps que d'autres, dont les organes sont bien moins robustes ; par exemple, le Tilleul a une vie bien plus longue que celle du Buis et du Cyprès. Ceci nous conduit à cette loi très importante d'après laquelle, dans le monde organisé, la vie pour durer n'a besoin que d'un certain degré de solidité dans la constitution ; si ce degré est dépassé, il en résulte une compacité nuisible. En général, dans le monde inorganisé, il est vrai que plus un corps est dense, plus il est durable ; mais parmi les êtres organisés, où la durée de l'existence dépend de l'activité des organes et de la circulation des humeurs, cette densité ne doit pas être poussée trop loin : des organes trop compacts, des humeurs trop épaisses ne tardent pas à être gênés dans leurs mouvements ou dans leurs cours ; il en résulte des stases, qui amènent une vieillesse anticipée, et même peuvent hâter la mort.

« Ce n'est pas seulement de la force vitale et de celle des organes que dépend la durée de la vie. Nous avons vu que la consommation

(1) Hufeland, *op. cit.*, p. 73.

Fig. 350. — Vigne de la Mission en Californie (détruite en 1876).

et la réparation, plus ou moins complètes ou rapides, exerçaient sur cette durée la plus grande influence. Cette idée est-elle confirmée par ce qui se passe dans le règne végétal ? Parfaitement.

« Là aussi règne cette loi générale. Plus une plante a une vie intensive, plus sa consommation est grande, plus elle passe vite, plus sa durée est courte. D'un autre côté, plus un végétal possède, en soi, ou hors de soi, de facilité pour se réparer, plus ses chances de durée sont grandes.

« La loi de la consommation doit donc être placée au premier rang.

« Le monde végétal, pris dans son ensemble, n'a qu'une existence faiblement intensive. Se nourrir, croître, se multiplier : tels sont les seuls actes de la vie active des végétaux. Ils ne peuvent se déplacer, ne possèdent ni une circulation régulière, ni mouvements musculaires ou nerveux. Sans contredit, le but suprême de leur consommation intime, la fin dernière de leur vie intensive, c'est la génération, c'est la fleur. Mais aussi, avec quelle rapidité elle est suivie du dépérissement et de la mort. La nature paraît ici déployer, dans toute leur puis-

sance, ses forces créatrices, et nous offrir le *nec plus ultra* de la perfection et du charme des formes extérieures.

« Que de délicatesse, que de finesse dans la structure des fleurs, quel luxe, quel éclat de coloris chez certaines plantes, souvent chez les plus modestes, chez celles que nous n'aurions jamais soupçonné de receler de telles richesses ! C'est comme l'habit d'apparat, dans lequel la plante célèbre sa fête la plus belle, mais qui, souvent, lui coûte tout son trésor de force vitale, ou, du moins, l'épuise pour bien longtemps.

« Après cet événement, toutes les plantes, sans exception, voient leur activité végétative s'amoindrir, elles cessent de s'accroître et même dépérissent : c'est le commencement de la période de dissolution (fig. 351). Chez les plantes annuelles, la mort absolue suit immédiatement ; pour les arbres et les gros végétaux, cette mort n'est que momentanée : c'est un repos de six mois, au bout duquel, grâce à leur force génératrice énorme, ils se trouvent de nouveau en état de pousser de nouvelles feuilles et de nouvelles fleurs.

« C'est par les mêmes motifs qu'on peut

expliquer pourquoi les plantes qui produisent de bonne heure vivent peu ; en effet, une règle constante, pour la durée de la vie dans le monde végétal, c'est que, plus une plante fleurit tôt, plus elle succombe vite, et plus elle fleurit tard, plus elle vit longtemps. Toutes celles qui s'épanouissent dès la première année meurent dans cette année ; celles qui donnent des fleurs au bout de deux ans meurent dans la seconde. Seuls les arbres et les arbustes, qui commencent seulement à se reproduire à partir de leur sixième, neuvième ou douzième année, deviennent vieux ; mais parmi eux c'est encore les espèces chez lesquelles le travail de la génération est le plus tardif qui vivent le plus longtemps. Ces faits sont d'une importance extrême ; ils confirment absolument une partie de nos idées sur la consommation, et doivent nous guider utilement dans les recherches qu'il reste à faire.

« Demandons-nous maintenant, et c'est là une question très importante, quelle est l'influence de la culture sur la durée de la vie des plantes ?

« La culture et ses procédés artificiels raccourcissent en général la vie, et on peut regarder comme établi que le plus grand nombre des plantes vit plus longtemps à l'état sauvage qu'à l'état cultivé. Cependant, toute espèce de culture n'abrège pas la vie, car, par exemple, nous pouvons, à l'aide de la chaleur et de soins bien entendus, conserver une plante qui, à l'air libre, ne vivrait qu'un an ou deux, pendant bien plus longtemps. Ce qui prouve, par parenthèse, que, même pour les plantes, il est possible de prolonger la vie. Maintenant, en quoi diffère la culture qui abrège la vie de celle qui la prolonge ? Cela, pour nos études, doit nous être utile à connaître. La cause peut en être trouvée dans les principes fondamentaux que nous avons établis. Plus la culture active la vie intensive et la consommation intérieure, au détriment de l'organisation elle-même, plus elle est contraire au prolongement de la vie. C'est ce que nous montrent les serres à forcer (fig. 352) où les plantes, au moyen de la chaleur constante, des arrosages et d'autres soins artificiels, sont maintenues dans un état d'activité permanente, pour en obtenir des fruits plus nombreux et plus précoces que ne le comporte leur vraie nature. Il en est de même lorsque, sans recourir à ces procédés, mais au moyen seulement de certaines opérations, on communique aux arbres un degré trop grand de perfection et de délicatesse ; comme par exemple en greffant, pinçant, etc. Ce genre de culture nuit également à la durée.

« Au contraire, la culture peut devenir un puissant moyen de prolonger la vie, quand elle n'exagère pas la vie intensive d'une plante, qu'elle modère et ralentit la consommation habituelle ; quand elle réussit à diminuer l'excès de la densité et de la ténacité des organes, en les rendant plus perméables et plus maniables, et enfin, lorsqu'elle s'oppose aux influences pernicieuses, et fournit à la plante des ressources nouvelles pour se réparer. C'est ainsi qu'à l'aide de la culture un être organisé peut voir reculer le terme de sa vie au delà des limites fixées par sa nature.

« Ainsi donc, nous pouvons arriver, au moyen de la culture, à prolonger la vie des plantes :

« 1° En nous opposant à la consommation trop hâtive, par un retranchement fréquent des rameaux : nous enlevons ainsi à la plante une certaine quantité d'organes, qui absorberaient une partie de sa force vitale, et nous concentrons celle-ci à l'intérieur.

« 2° En empêchant, ou du moins en retardant la floraison et cette dépense de forces qu'exige la génération. Nous savons que c'est là l'effort le plus épuisant pour les plantes, et, en agissant comme nous l'indiquons, nous contribuons doublement à la prolongation de la vie, d'abord en empêchant la déperdition des forces vitales, ensuite en les forçant de réagir et de devenir des moyens de conservation.

« 3° En préservant les plantes de l'action destructive du froid, de la misère, de l'inégalité de température, enfin, à l'aide de soins bien entendus, en les maintenant dans un état convenable d'équilibre de forces. En admettant que nous augmentons ainsi un peu la vie intensive, nous fournissons du moins une source plus abondante de forces réparatrices.

« La quatrième base sur laquelle repose la durée de la vie de tout être comme de tout végétal est la plus ou moins grande facilité qu'il possède de réparer ses pertes, de se reconstituer.

« Sous ce rapport, le règne végétal se divise en deux classes principales : l'une est privée de cette faculté, ce sont les plantes qui ne vivent qu'une année, et qui meurent, après avoir accompli l'œuvre de la reproduction.

« L'autre classe, qui au contraire possède le don de se régénérer chaque année, de pousser

Fig. 351. — Mort des plantes; tiges desséchées en hiver.

de nouvelles feuilles, de nouveaux rameaux, de nouvelles fleurs ; celle-là voit quelques-unes des plantes, qui en font partie, atteindre l'âge de mille ans et plus. De telles plantes peuvent être regardées comme un sol organisé, d'où naissent chaque année une foule de plantes semblables à la plante mère. L'expérience nous apprend qu'il faut un espace de huit ou dix ans pour parfaire l'organisation et les sucs d'un arbre destiné à la fructification et à la floraison ; or, s'il arrivait que, comme d'autres plantes, l'arbre mourût après avoir fructifié une fois, quelle serait la récompense du travail consacré à sa culture ? Combien seraient disproportionnés les efforts faits pour arriver à un résultat, et ce résultat lui-même ! Combien les fruits et les produits de la terre seraient rares ! Pour obvier à cet inconvénient, la nature a pris la sage précaution de ne permettre à une plante de s'accroître que peu à peu, de manière que la souche remplace le sol et, chaque année, à l'aide de bourgeons ou d'yeux, émette un nombre considérable de plantes. De là résulte un double avantage. D'abord ces plantes, naissant d'un corps déjà organisé, en reçoivent des sucs plus raffinés et déjà assimilables, qu'ils emploient immédiatement à la préparation des fleurs et des fruits ; ce qui serait impossible, s'ils puisaient directement ces sucs dans la terre. Ensuite, ces nouveaux jets, que nous pouvons considérer comme des plantes annuelles, peuvent, la fructification une fois terminée, périr, et cependant la souche, la plante elle-même continue de vivre. La nature reste ainsi fidèle à son principe fondamental, que le travail de génération affaiblit les forces de l'individu, mais augmente celles de l'espèce.

« En résumé, les résultats acquis par l'expérience sont les suivants : pour qu'une plante atteigne l'âge le plus avancé possible, il faut :

« 1° Que la période de croissance se prolonge ;

« 2° Que l'époque de la génération soit retardée ;

« 3° Que les organes aient un certain degré de résistance et de durée, qu'ils soient suffisamment fibreux et que les sucs ne soient pas trop aqueux ;

« 4° Que le végétal soit grand, et qu'il ait une certaine étendue ;

« 5° Que le végétal ait une certaine hauteur.

« Toutes les conditions opposées à celles-ci abrègent, au contraire, la vie. »

Age des arbres. — Les plantes qui deviennent des arbres peuvent vivre très longtemps, avons-nous vu. Existe-t-il un moyen de connaître d'une façon exacte l'âge d'un arbre ? Oui, si l'arbre est abattu (fig. 353) et qu'on puisse examiner la section de sa tige.

Nous avons vu en effet, dans une partie précédente de cet ouvrage, en étudiant la forme et la structure des tiges, qu'un arbre accroît son tronc en diamètre au moyen de la formation de couches secondaires : chaque année l'assise génératrice (Voy. p. 118 à 120) donne naissance à une couche de bois à l'intérieur, une couche de liber à l'extérieur. Les couches de liber qui s'aplatissent les unes contre les autres, écrasées qu'elles sont entre le bois et l'écorce, ne peuvent en aucune façon servir à évaluer l'âge de la tige. Mais les couches annuelles ligneuses, au contraire, apparaissent sur la section en cercles concentriques qui se détachent plus ou moins nettement les uns des autres (fig. 355). Cela tient à ce que le bois qui se forme au printemps et celui qui se forme à l'automne chaque année ne sont pas identiques entre eux ; le bois de printemps, principalement destiné au transport de la sève, dont la poussée se produit abondante à cette époque, est plus particulièrement composé de vaisseaux et a l'aspect poreux ; le bois d'automne, au contraire, appelé surtout à jouer un rôle de soutien, est du bois compact, composé qu'il est presque exclusivement de fibres. On aperçoit alors nettement dans la section de la tige d'un arbre des cercles concentriques de bois compact séparés par autant de couches de bois poreux, l'ensemble de deux couches représentant la formation de bois secondaire d'une année.

On voit donc que pour avoir l'âge d'une tige dont on peut regarder la section, il suffit de compter le nombre de cercles concentriques de bois compact qu'on y observe (fig. 355). On saura ainsi depuis combien d'années fonctionne l'assise génératrice et par conséquent quel est l'âge de la plante.

Il y a très longtemps que les ouvriers qui travaillent le bois connaissent et appliquent ce procédé de reconnaître l'âge d'un tronc d'arbre. En 1581, Michel Montaigne écrivait les lignes suivantes (1) : « J'achetai une canne d'Inde pour m'appuyer en marchant…. L'artiste habile homme et renommé pour la

(1) Michel Montaigne, *Journ. du Voyage en Italie*, édition de Querlen, 1774, III, p. 205.

Fig. 352. — Chrysanthèmes à grandes fleurs, élevés en serres.

fabrique des instruments de mathématiques, m'apprit que tous les arbres ont intérieurement autant de cercles et de tours qu'ils ont d'années. Il me les fit voir à toutes les espèces de bois qu'il avait dans sa boutique; car il est menuisier. La partie du bois tournée vers le septentrion ou le nord est plus étroite, a les cercles plus serrés et plus épais que l'autre : ainsi, quelque bois qu'on lui porte, il se vante de pouvoir juger quel âge avait l'arbre et dans quelle situation il était. »

La production d'une couche annuelle de bois complet dans l'accroissement en épaisseur des arbres de nos pays ressort nettement des faits suivants qui sont la justification de la méthode employée pour compter l'âge du bois. Lorsqu'on grave sur le tronc d'un arbre, ou il fait une inscription, ou un dessin, lorsque l'arbre toujours se plus continue à grossir et que de nouveaux tissus se forment au-dessus. Au bout de quelques années, ces inscriptions ou dessins se trouvent complètement inclus au sein de l'arbre. Les premières fois que ces faits furent observés, ils frappèrent fortement l'imagination et l'on cria au merveilleux. Voici quelques faits, très simples à comprendre aujourd'hui, qui, à l'époque où ils furent observés, furent jugés dignes d'attirer l'attention de l'Académie des sciences [1].

En 1674, on trouva dans un Chêne coupé en long une étoile à 6 branches.

En 1688, un bûcheron ayant fendu un Hêtre constata au milieu du bois la figure d'un pendu avec la potence et son échelle.

Dans le territoire de l'évêché de Hildesheim, dans la basse Saxe, à un lieu nommé Gibbenbach, le tronc fendu d'un Hêtre montra la mitre d'un évêque surmontée d'une croix.

Une bûche de Hêtre devant être débitée se

---

[1] *Histoire de l'Académie des sciences*, 1733.

Fig. — Coupe d'un tronc ... ment dans une ... Forêt de Bercé (Sarthe). (Hoppe et Jolyet).

écaille a remonté et l'on voit, sous chacune d'elles, dessiné, le dessin de deux os placés ... sous le sens des larmes, une pique et quelques autres objets coupés.

On a vu aussi, ... au lieu de dessins quelques ... et des inscriptions tracées dans le cœur d'arbres portant une date, celle de l'année où elles avaient été faites sur le bois. En comptant le nombre des couches ligneuses qui recouvraient ces inscriptions et les séparaient de l'écorce, on l'a trouvé égal à celui des années qui ont séparé cette date de celle où l'arbre a été abattu.

C'est ainsi qu'à Landshut, en 1755, on coupa un Hêtre, où l'on vit à l'intérieur des couches marquées les lettres J. G. H. M., avec la date 1657. On compta 19 couches concentriques depuis le dessin jusqu'à l'écorce.

A Pasfenne 1777, on abattit dans la forêt de Roestberg un Hêtre qu'on débitait pour le chauffage; à l'intérieur des couches ligneuses, apparut lorsqu'on les sépara, une inscription formée des lettres F W et du millésime 1701. Entre ces caractères et l'écorce, il y avait 75 couches concentriques de bois compact.

Au Muséum d'histoire naturelle, à Paris, on peut voir la coupe d'un tronc de Hêtre qui porte dans son épaisseur la date 1750; l'arbre a été abattu en 1805 et il y a 55 couches entre l'inscription et la surface du bois.

Adanson [1] trouva, à l'intérieur du tronc d'un Baobab des îles du Cap-Vert, une inscription qui y avait été tracée par des Anglois, 300 ans auparavant. Celle-ci était alors recouverte de 300 couches ligneuses, indiquant la végétation d'un pareil nombre d'années.

Voici, d'après M. G. Huffel, quelques renseignements fort intéressants sur l'évaluation de l'âge d'un arbre abattu (fig. 353), en comptant les couches ligneuses de la section transversale faite dans la partie basilaire, près des racines,

1. Adanson, Annales européennes, t. I.

Fig. 354. — Une futaie de Chênes dans le bassin de la Loire. Forêt de Bercé (Sarthe). (Boppe et Jolyet.)

« Il est important — dit ce très compétent forestier (1) — que cette section soit assez basse pour rencontrer la première pousse, qui souvent ne s'élève pas à plus de quelques centimètres du sol.

« Le comptage des couches annuelles ne présente ordinairement pas de difficultés. Lorsque les accroissements sont peu distincts, il suffit souvent de polir la section avec un rabot ou un instrument bien tranchant. Parfois l'usage de la loupe est nécessaire pour des accroissements très minces ; on peut aussi, dans ce cas, faire des sections obliques sur lesquelles les couches annuelles paraissent plus larges. Si ces moyens ne suffisent pas, on recourt à l'emploi de colorants. En forêt, il suffit habituellement de passer sur la section le doigt chargé d'un peu d'humus. Au cabinet, on emploie divers procédés. Pour les bois qui ont des vaisseaux très petits, on utilise de l'encre diluée d'eau ; pour ceux à vaisseaux plus larges, on emploie le bleu d'outremer. D'autres recommandent de badigeonner avec du ferrocyanure de potassium, puis avec du chlorure de fer. D'autres encore préfèrent de l'alcool coloré par de l'aniline, etc. Toutes ces matières colorent inégalement les différentes parties des couches annuelles, qui, par suite de leurs porosités différentes, absorbent plus ou moins de colorant : les limites des couches annuelles sont ainsi rendues plus visibles.

« On voit parfois des couches annuelles qui sont séparées en deux parties par une ligne qui peut faire croire à la présence de deux accroissements là où il n'y en a qu'un, et produire des erreurs dans la détermination de l'âge. Ces fausses lignes d'accroissement tiennent à des suspensions momentanées de la végétation, dues ordinairement à la perte des feuilles (par les dégâts des gelées, les ravages des Hannetons, Chenilles, etc.) ou à une sécheresse prolongée de l'été.

« Le plus souvent les fausses lignes d'accroissement sont facilement reconnaissables à ce qu'elles ne se prolongent pas sur tout le tour ou toute la longueur de la tige. En les examinant à la loupe, on voit que leur tissu plus serré passe, par une transition insensible, au tissu plus mou qui suit, tandis que la limite entre le bois d'automne d'un accroissement et le bois de printemps de l'accroissement suivant est très nettement tranchée. Les secondes évolutions de bourgeons en été, ou secondes pousses, ne donnent jamais lieu à de fausses

(1) G. Boppe, *Les arbres et les peuplements forestiers.* Paris, 1893, p. 5.

lignes d'accroissement. Celles-ci, sans être très fréquentes, se rencontrent chez toutes les essences, surtout chez le Cerisier et le Troène, où elles sont communes.

« Aussi est-il toujours prudent, lorsque l'on compte les accroissements, de s'aider des couches caractéristiques, qui servent de point de repère. Ainsi, dans certaines régions, la couche de 1858 est exceptionnellement étroite ; sur certaines essences, celle de 1870 est très large, etc. En Autriche, on a trouvé qu'en 1728, 1802, 1811, 1822, 1830, 1842, 1847, 1849, 1857, 1861, 1863, 1874, les accroissements du Pin laricio ont été exceptionnellement étroits ; en 1727, 1756, 1769, 1840, 1841, 1846, 1848, 1855, 1862, 1866, 1867, 1871, ils ont été exceptionnellement larges.

« Enfin, il peut arriver que des couches annuelles fassent défaut sur une des faces de l'arbre. Des arbres très dominés par un massif continuent parfois à former des accroissements dans le haut, alors qu'il ne s'en produit plus dans le bas. On a même observé des jeunes Épicéas et des jeunes Pins sylvestres qui, dans de très mauvaises conditions de végétation, sont restés sans former d'accroissements visibles.

« Mais tous ces cas particuliers sont heureusement assez rares et, dans l'immense majorité des cas, on peut, sans arrière-pensée, admettre comme âge de l'arbre celui donné par le comptage des accroissements sur une section opérée au niveau du sol. »

Chez les arbres des pays tropicaux, il se forme bien des couches de bois secondaire comme pour les arbres de nos pays, mais il arrive souvent que, la végétation se continuant, sans interruption toute l'année, le bois de ces arbres ne forme plus alors qu'une masse homogène et indistincte où il est impossible de faire la part de ce qui a apparu chaque année ; s'il se produit des arrêts de végétation, ils sont périodiques, mais ne sont pas pour cela forcément annuels ; souvent ils sont multiples en une seule année. On voit donc que le procédé d'évaluation de l'âge d'un arbre par le compte des couches concentriques de bois secondaire sur une section, ne peut pas s'appliquer indistinctement à tous les arbres et ne doit être employé qu'à bon escient pour les arbres des contrées tropicales. Pour ceux de nos pays, au contraire, il réussit toujours avec les réserves qui ont été indiquées plus haut.

La méthode qui précède ne convient pour évaluer l'âge d'un arbre à formations secondaires annuelles régulières que lorsque celui-ci a été abattu et qu'on peut disposer de la section de sa tige. Mais lorsqu'il s'agit d'arbres sur pied, encore vivants et vigoureux et qu'il n'est pas question de couper (fig. 354), il ne saurait être question d'en compter les couches ligneuses pour en déterminer l'âge.

Une méthode pour évaluer l'âge des vieux arbres sur pied, d'après M. Gadeau de Kerville (1), « consiste à mesurer d'une façon très exacte, en un point donné, la circonférence du tronc de l'arbre, puis de la remesurer juste au même point au bout d'un certain nombre d'années, afin de déduire de ces deux mesures l'accroissement annuel moyen de l'arbre pendant ce laps de temps. Alors en connaissant : 1° l'accroissement annuel moyen et l'âge d'arbres de son espèce, poussant dans des conditions de milieu semblables, et 2° l'accroissement annuel moyen de l'arbre étudié, lorsqu'il est vieux, on peut déterminer son âge avec une certaine approximation. Il convient d'ajouter que cette méthode n'est pas souvent employable.

« Il est d'un grand intérêt pour la science de connaître l'accroissement annuel des arbres, depuis leur naissance jusqu'à leur plus grand âge, ce qui nécessite un travail continué, sans interruption, pendant des siècles. Afin d'obtenir un tel résultat, je voudrais que l'on nommât une commission chargée de mesurer, avec une précision des plus grandes, la circonférence du tronc des vieux arbres, en un point de repère absolument fixe placé dans le tronc même, et cela, par exemple, tous les cinq ans. Cette commission noterait aussi tous les renseignements utiles les concernant. On aurait ainsi sur les vieux arbres des documents précieux. »

Dans son remarquable travail sur *les Vieux arbres de la Normandie*, M. H. Gadeau de Kerville est arrivé, au moyen de formules, qu'il a calculées avec le plus grand soin et dans le développement desquelles nous ne pouvons entrer ici, à calculer avec la plus grande précision possible l'âge des vieux arbres qu'il a si bien étudiés et photographiés. Nous ne saurions trop engager le lecteur que cette question intéresse à se reporter à l'intéressant ouvrage de M. H. Gadeau de Kerville.

« Quoi que l'on fasse — ajoute d'ailleurs cet auteur (2) — il est malheureusement impossible

(1) H. Gadeau de Kerville, *Les vieux arbres de la Normandie*, fasc. I, p. 202.
(2) H. Gadeau de Kerville, *op. cit.*, fasc. II, p. 117.

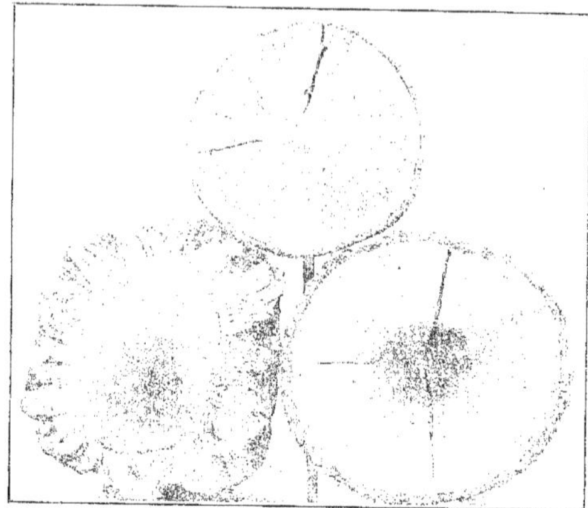

Fig. 355. — Trois coupes transversales de tiges ligneuses montrant le liège et les couches de bois concentriques. En haut, cerisier-merisier ; à gauche, chêne-liège ; à droite, chêne rouvre (Bappe et Jolyet).

de déterminer sur un arbre vivant, d'une façon mathématiquement précise, l'accroissement annuel moyen du diamètre de sa partie basilaire, parce qu'en aucun de ses points elle ne présente une circonférence absolument régulière, mais des creux et des élévations, parfois de larges fentes, et quelquefois des gibbosités que j'ai déduites quand ces bosses m'ont paru assez fortes pour modifier d'une manière sensible la circonférence réelle de la partie basilaire de l'arbre.

« Il y aurait bien une méthode pour obtenir des renseignements très exacts sur l'accroissement annuel moyen du diamètre de la partie basilaire des vieux arbres : ce serait d'employer des appareils spéciaux, que l'on appliquerait sur cette partie ; mais de tels instruments réclament, non seulement des personnes compétentes pour les disposer et consigner les renseignements qu'ils donnent, mais en outre demandent un soin continu. Aussi, en dehors des jardins d'expériences scientifiques, leur usage est-il pour ainsi dire impraticable, d'autant plus que, pour de semblables études dendrologiques, il faudrait les laisser en action, d'une manière constante, pendant une très longue durée.

« Lors même qu'on pourrait enlever, sur un arbre vivant, un fragment assez important de sa partie basilaire, pour y mesurer l'épaisseur des couches ligneuses et les compter, — en ad-

mettant que cette numération fût facile, ce qui est loin d'être toujours vrai, — l'on ne connaîtrait pas avec une certitude entière, dans cette circonstance, l'accroissement annuel moyen du diamètre de la partie basilaire, car, dans nos régions tempérées, une couche ligneuse, nommée aussi « couche annuelle », met parfois plus d'un an à se former. Néanmoins, il y a un très grand intérêt scientifique à étudier des fragments importants de la partie basilaire des vieux arbres et, à plus forte raison, des sections transversales complètes. Aussi faut-il prier instamment ceux qui ont des arbres abattus, d'une grosseur exceptionnelle, de vouloir bien envoyer à une personne compétente, soit une, soit, beaucoup mieux, plusieurs coupes transversales (fig. 355). entières, faites à des hauteurs différentes dans la partie basilaire, et dont l'épaisseur n'a d'autre but que d'empêcher la coupe de se briser ; quelques centimètres suffisent amplement. En outre, il est d'une grande importance que l'on mentionne, sur chaque coupe, la hauteur à laquelle on l'a faite, et que l'on indique la nature du sol où était l'arbre, les conditions dans lesquelles il s'est développé, etc.; en un mot, que l'on donne sur l'arbre des renseignements aussi détaillés qu'il se peut.

« En résumé, il faut, actuellement, se résigner à ne pouvoir calculer l'âge des vieux arbres que d'une manière incertaine, ne point s'étonner si, en dépit du maximum de recherches et de soins, on a commis des erreurs, même assez importantes, et multiplier le plus possible les études dendrologiques, pour donner à nos successeurs des documents qui leur permettront de s'approcher de la vérité plus près que nous ne pouvons le faire aujourd'hui. »

Age approximatif des arbres. — Le tableau suivant, emprunté à M. l'abbé Chevalier (1), résume approximativement le plus grand âge des divers arbres qui peuvent atteindre la vieillesse la plus grande :

Orme	400 années.
Cyprès	400 —
Hêtre	500 —
Sapin	600 —
Mélèze	600 —
Oranger	650 —
Érable	650 —
Platane	800 —
Cèdre	800 —
Noyer	900 —
Châtaignier	1.100 —
Tilleul	1.200 —
Pin	1.200 —
Chêne	2.000 —
Olivier	2.000 —
If	3.000 —
Wellingtonia	3.500 —
Taxodium	4.000 —
Baobab	5.500 —
Dragonnier	6.000 —

Peu de ces arbres arrivent à un âge aussi avancé, mais beaucoup vivent un nombre de siècles plus ou moins considérable, jusqu'à ce qu'une cause extrinsèque vienne rompre le fil de leur existence.

Les arbres à Paris. — Dans les grandes villes, on plante le long des avenues et des boulevards des rangées d'arbres qui répondent à un besoin multiple : orner les promenades, donner de l'ombre et de la fraîcheur aux promeneurs et aussi assainir les grandes agglomérations, non pas, comme on l'a cru longtemps, parce que les feuilles des arbres décomposent le gaz carbonique de l'atmosphère, mais bien parce que, pour établir les plantations, il faut éventrer des massifs de constructions aux rues étroites et malsaines et faire pénétrer l'air et la lumière, les deux agents les plus actifs de la destruction des germes morbides.

Pour planter dans les rues de Paris, on doit faire choix d'essences présentant des qualités très particulières, au point de vue de la date de l'apparition et de la chute des feuilles et surtout au point de vue de la résistance aux mauvaises

conditions de vie que rencontrent ces plantes et dont les principales sont : atmosphère poussiéreuse et chargée d'impuretés, manque de lumière, manque d'aération du sol, etc.

Le tableau suivant, reproduit d'après M. Mangin (1), donne la nature et la proportion des principales essences d'alignement plantées à Paris. Le nombre total de ces arbres — sans compter ceux des parcs, des cimetières et des cours d'écoles, était en 1895 de 90000 environ, parmi lesquels :

Platanes	26.287
Ormes	15.589
Marronniers	17.167
Érables	6.050
Sycomores	5.125
Ailantes ou Vernis du Japon	9.769
Paulownias	1.034
Robiniers	4.027
Tilleuls	2.222

Toutes ces essences appartiennent, ainsi qu'on l'a vu plus haut, au groupe de celles qui vivent fort longtemps. Il est clair cependant que leur longévité dans les rues de Paris est loin d'être la même que dans une forêt, par exemple, et que la durée de leur vie est considérablement abrégée par les conditions défectueuses où vivent ces plantes. Voici, toujours d'après M. Mangin, quelle est approximativement la durée moyenne des principaux arbres parisiens :

Marronniers	115 ans.
Sycomores	69 —
Platanes	61 — 1/2
Ailantes ou Vernis	54 —
Ormes	48 — 1/2
Érables	44 —
Robiniers	42 — 1/2
Tilleuls	24 — 1/2
Paulownias	14 —

QUELQUES ARBRES REMARQUABLES COMME DIMENSIONS ET LONGÉVITÉ

Un grand nombre d'arbres, avons-nous vu plus haut, peuvent vivre fort longtemps et, s'accroissant sans cesse, atteindre parfois des dimensions colossales. Nous nous proposerons de passer ici en revue quelques-uns des arbres qui, dans le monde entier, ont été signalés comme intéressants au double point de vue de la taille et de l'âge.

En France, nous en possédons plusieurs, dont malheureusement le catalogue est loin d'être

(1) L'abbé E. Chevalier, *Notice sur la longévité et les dimensions de quelques arbres.* Annecy, 1870 (Extrait de la *Revue savoisienne*).

(1) L. Mangin, *La végétation dans les villes. Les plantations à Paris* (Conférence faite à la Sorbonne, le 18 janvier 1900, aux membres de la Société des Amis de l'Université de Paris, et reproduite dans la *Revue scientifique* du 17 mars 1900, 4e série, XIII, p. 321).

Fig. 356. — Une forêt d'Eucalyptus, en Australie.

fait d'une façon complète. Un savant de Rouen, M. H. Gadeau de Kerville, a entrepris et mené à bien un travail des plus remarquables ; c'est une étude botanico-historique des vieux arbres de la Normandie (1), dans laquelle l'auteur s'est proposé de dresser une liste des vieux arbres de son pays natal. Aussi habile photographe que savant érudit et que botaniste distingué, M. Gadeau de Kerville a obtenu lui-même de superbes épreuves de ces arbres, qu'il a fait reproduire soit par la photogravure, soit par la photocollographie, si bien que la description complète de chaque arbre, tant au point de vue botanique qu'au point de vue historique, est accompagnée de sa reproduction aussi exacte qu'artistique. Il serait à souhaiter que pareil travail pût être entrepris pour chaque province française et que l'exemple donné par M. Gadeau de Kerville fût suivi par plusieurs botanistes des diverses provinces : nous aurions ainsi un précieux catalogue des merveilles végétales de notre pays.

Eucalyptus. — C'est au genre *Eucalyptus* qu'appartiennent les plus grands arbres actuellement connus. Longtemps on avait cru que les géants du règne végétal étaient les fameux *Sequoia* ou *Wellingtonia* de la Sierra Nevada de Californie, dont les plus gros atteignent en général 100 mètres et ne dépassent pas 120 à 130 mètres de haut, dimensions fréquemment dépassées par les Eucalyptus (2).

Ceux-ci sont des arbres gigantesques, vivant presque exclusivement en Australie. Dans les immenses forêts de la Tasmanie, ils constituent à eux seuls à peu près la végétation arborescente de cette île (fig. 356). C'est en 1788 qu'un botaniste français découvrit en Tasmanie la première espèce connue d'Eucalyptus. Quelques années plus tard, en 1792, La Billiardière, botaniste qui faisait partie de l'expédition envoyée en 1791, sous le commandement du chevalier d'Entrecasteaux, à la recherche des traces de La Pérouse, fut frappé de l'étrange aspect des forêts de la Tasmanie : il débarqua à terre et se trouva au milieu d'arbres géants dont les premières branches étaient à plus de 60 mètres au-dessus du sol. Pour en étudier les fleurs, il dut, sa longue-vue étant insuffisante, abattre quelques branches fleuries à coups de carabine.

<hr>

(1) Henri Gadeau de Kerville, *Les vieux arbres de la Normandie*, 4 fascicules, 1890-1898. Paris, J.-B. Baillière et fils.
(2) Voy. *Le Monde des Plantes*, II, p. 10.

L'Eucalyptus regnans est une des espèces donnant les individus les plus hauts ; on en connaît de plus de 410 pieds, c'est-à-dire 135 mètres environ de hauteur. Un arbre abattu qui appartenait à cette espèce avait 415 pieds de haut et 5 mètres de diamètre à l'endroit où on l'avait scié fort au-dessus du sol. A Mount Sabine, on a vu des *E. regnans* de 125 mètres de haut et de 7 mètres de diamètre ; à Mount Disappointment, on en a vu de plus gros encore, qui mesuraient jusqu'à 11 mètres de diamètre. On a cité des *E. diversicolor* de 400 pieds de hauteur ; quelques-uns ont jusqu'à 100 mètres de tronc avant d'atteindre les premières branches. On en a même signalé un qui mesurait 157 mètres de haut : si cette mesure est exacte et n'est pas exagérée, on se trouverait alors en présence de l'arbre le plus haut du monde. La taille d'un individu appartenant à l'espèce *E. amygdalina* a été estimée à 152 mètres.

Comme terme de comparaison, on peut citer le dôme des Invalides, haut de 105 mètres ; la flèche de la cathédrale de Strasbourg, haute de 142 mètres ; enfin la pyramide de Chéops, dont la hauteur est de 146 mètres. Ainsi, l'*Eucalyptus amygdalina* et l'*E. diversicolor* en question jetteraient encore leur ombre sur le sommet de la plus grande des pyramides. Avec les troncs de quatre *E. amygdalina*, on ferait les montants d'une échelle permettant de parvenir au sommet de la tour Eiffel.

Si les Eucalyptus sont les plus élevés des arbres, il ne faudrait pas croire pour cela qu'ils parviennent à un âge avancé et que ces géants australiens soient très vieux. Cela tient à ce que la croissance de l'Eucalyptus est extrêmement rapide. En Californie, on a vu des Eucalyptus de semis atteindre 7 mètres en deux ans. Même en France, où l'arbre a été introduit dans le Midi, sur le littoral méditerranéen (fig. 357), la croissance est aussi rapide et un *E. amygdalina* a pu s'élever à 50 pieds en huit ans.

A Cannes, un semis d'un an, mis en place en mai, atteint environ 6 mètres au mois de décembre suivant ; l'année d'après, même pousse de 6 mètres environ ; à partir de la troisième année, cette impulsion commence à se ralentir, mais elle demeure assez forte pour que, par exemple, un sujet planté en 1857 par les frères Huber fût, en 1872, un arbre de plus de 25 mètres de haut.

C'est en général vers quatre-vingts ans qu'un

Fig. 355. — Eucalyptus de la place Masséna, à Nice.

Eucalyptus atteint le maximum de sa taille. Passé cet âge, l'arbre ne s'accroît plus guère qu'en diamètre.

Séquoia. — Avant que les Eucalyptus d'Australie fussent connus, les *Sequoia* ou *Wellingtonia* [1], ont été regardés pendant longtemps comme les géants du règne végétal. Ce sont de très grands arbres de la Californie pouvant atteindre quelquefois jusqu'à 130 mètres de haut et 30 mètres de circonférence. Les branches commencent à apparaître seulement à une hauteur de 50 mètres d'un tronc nu en dessous.

Les *Sequoia* habitent la Californie où ils ont été découverts par le naturaliste anglais Lobb, sur le versant ouest des montagnes Rocheuses, à 1 600 mètres d'altitude environ. Ils formaient un bois de 90 arbres disposés par groupes de deux ou trois peu espacés les uns des autres. Les chercheurs d'or californiens, qui connaissaient bien ces arbres géants, leur avaient à chacun donné un nom particulier dont ils se servaient pour le désigner. C'est ainsi que — dit le botaniste Muller — « l'un de ces arbres porte chez eux le nom de *Miner's Cabin* et possède

une tige de 300 pieds de hauteur dans laquelle s'est pratiquée une excavation de 17 pieds de largeur. Les *Trois Sœurs* sont des individus issus d'une seule et même racine. Le *Vieux Célibataire*, déchevelé par les ouragans, mène une existence solitaire. La *Famille* se compose d'un couple d'ancêtres et de 24 enfants. L'*École d'équitation* est un gros arbre renversé et creusé par le temps, dans la cavité duquel on peut entrer à cheval jusqu'à une distance de 75 pieds. » Malheureusement, les scieries mécaniques installées un peu partout en Californie n'ont pas respecté ces arbres centenaires, destinés à disparaître dans un avenir prochain.

Suivant Lobb, le plus grand des 90 *Sequoia* qu'il avait découverts mesurait 130 mètres de haut sur 10 de diamètre et le plus petit 80 mètres de haut et 12 mètres de tour. En calculant l'âge du plus grand de ces arbres, par le compte des couches ligneuses annuelles, Lobb estima qu'il devait avoir 3 500 ans. Aussi les botanistes, en particulier le Dr Hooker, ont-ils longtemps attribué aux Sequoia un âge variant de 3 000 à 4 000 années.

Pareilles évaluations paraissent fort exa-

[1] Voy. *Le Monde des Plantes*, II, p. 737.

gérées, au dire de J.-G. Lemmon (1). Sur des troncs abattus appartenant aux plus gros des Sequoia, parmi ceux qui portaient des noms individuels, il a constaté que les plus vieux ne dépassaient pas 1 200 à 1 500 ans d'âge. « Je suis arrivé — dit-il — au mois de septembre 1875 dans le comté de Calaveras, au lieu dit *Mammoth Grove*, auprès des gros arbres. Après avoir admiré le groupe des quatre individus qui portent les noms célèbres de *Longfellow, Dana, Torrey* et *Asa Grey*, je me suis appliqué à compter les couches d'un arbre abattu en 1852, dont une coupe forme le plancher d'une maison et n'en est que plus polie à sa surface. La circonférence était de 97 pieds anglais à la base du tronc. Le plus grand diamètre, à 5 pieds du sol, était de 24 pieds 10 pouces, et le plus petit de 22 pieds 8 pouces sans l'écorce. L'opération de compter les couches a pris à peu près une journée, ayant eu soin de compter en suivant trois rayons différents. J'ai trouvé 1 260, 1 258 et 1 261 ans. A 4 pieds de hauteur, l'arbre avait 1 242 couches bien distinctes.

« D'après cet individu et plusieurs autres, la croissance devient régulière environ au tiers de la distance de l'écorce au centre. Près de l'écorce, les couches sont aussi minces que du papier.

« L'*Hercule*, renversé par un orage en 1862, avait 285 pieds de haut et 14 pieds de diamètre à 25 pieds de la base. Beaucoup de livres lui attribuent 3 000 ans. Le compte exact des couches en a donné 1232.

« Le *Léviathan*, qui a été honteusement abattu et dépecé, et auquel on supposait 4 000 ans, devait avoir 300 pieds de hauteur, 18 pieds de diamètre à 6 pieds du sol, et environ 1 500 ans, d'après le calcul des couches fait partiellement en divers points de ce qui reste. On passe à cheval sous la voûte formée par la portion inférieure du tronc, qui est encore en place. D'autres pieds, plus gros à leur base, mais excavés, peuvent abriter jusqu'à 20, 25 et même 30 chevaux ; mais je les ai étudiés assez bien pour croire qu'ils n'ont ou n'avaient pas plus de 1 500 ans. »

Baobabs. — Le Baobab (*Adansonia digitata*) paraît être un des arbres qui deviennent le plus vieux. Il est abondant sur la côte occidentale de l'Afrique, au nord de l'Equateur.

Le Baobab (1), dont le nom veut dire *arbre de mille ans*, vit un nombre d'années indéfini, se développe avec une extrême rapidité et atteint des dimensions tout à fait colossales, surtout en épaisseur (fig. 358).

Adanson examina, en 1749, sur l'une des îles du Cap-Vert, un arbre de cette espèce, et il retrouva recouverte par trois cents couches ligneuses l'inscription qu'y avaient gravée en 1400 deux marins anglais. Le tronc de cet arbre avait 30 mètres de circonférence. En comparant les diamètres des tiges de plusieurs Baobabs, Adanson fut conduit à estimer à 5 150 ans l'âge des plus vigoureux de ces ancêtres des forêts africaines.

Ray et Gotherry assurent avoir vu entre le Niger et la Gambie des *Baobabs* dont la circonférence dépassait celle du *Baobab* d'Adanson.

Poiteau avait planté, en 1820, dans le Jardin botanique de Cayenne, deux Baobabs provenant de semis de deux ans. Ces arbres furent mesurés en 1841, par Perrottet, voyageur naturaliste. Ils avaient 10 mètres de haut sur 5^m,70 de circonférence.

Le Baobab ne peut vivre aussi longtemps et atteindre ces dimensions colossales que dans un terrain sablonneux et humide et surtout exempt de pierres, qui pourraient blesser les racines, car la moindre écorchure que celles-ci reçoivent détermine la production d'une carie qui envahit tout le tronc et amène la mort de l'arbre.

La figure 179 (p. 91) représente, d'après une photographie de Noal, à Dakar, un gigantesque Baobab situé près de la mission du mont Roland, au Sénégal.

Dragonniers. — Les Dragonniers (2), dont il a déjà été question précédemment (Voy. p. 123), sont des Monocotylédones à formations secondaires, qui présentent une croissance très lente, mais peuvent, à cause de la longueur extraordinaire de leur vie, parvenir à des dimensions véritablement colossales.

Le plus remarquable, à ce point de vue, est le célèbre Dragonnier de l'île de Ténériffe. Cet arbre avait, au rapport du célèbre De Humboldt, qui le mesura en 1799, lors de son ascension du pic de Ténériffe, 15 mètres de circonférence à sa base. En 1402, lorsque Jean de Béthencourt découvrit les îles Canaries, il avait presque la même grosseur, et par conséquent de 1402 à 1799, c'est-à-dire

____

(1) J.-G. Lemmon, *Botanical Gazette* de MM. Couller de Hanovre (Indiana) et *Revue suisse*.

(1) *Le Monde des Plantes*, I, p. 266.
(2) *Le Monde des Plantes*, II, p. 590.

Fig. 81. — Baobab, d'après une photographie de M. D. Charnay.

pendant près de 400 ans, le temps a été pour ainsi dire sans action sur sa masse. Cela a conduit De Humboldt à considérer cet arbre comme le plus ancien habitant de la terre et à faire remonter sa naissance à l'époque de la création. Dans les récits légendaires de Ténériffe, il est dit que le Dragonnier était adoré par les Guanches, ses primitifs habitants. On rapporte qu'au xv° siècle on célébra la messe dans l'intérieur de son tronc ; fait qu'attestait, naguère encore, un petit autel dont on y voyait les vestiges.

Chênes. — De tous les arbres de nos forêts, le Chêne (1) est celui qui peut vivre le plus longtemps et il peut acquérir des dimensions véritablement colossales (fig. 359).

Les peuples anciens, frappés de la majesté des vieux Chênes, en ont fait l'objet de nombreuses légendes, qui en exagéraient l'antiquité. C'est ainsi que, du temps de Pline, on voyait, à Rome, un chêne-yeuse robuste, sur le tronc duquel une inscription étrusque, en caractères d'airain, indiquait qu'avant l'existence de la Ville éternelle cet arbre était déjà l'objet de la vénération populaire. Le naturaliste romain assure aussi que, dans le royaume de Pont, aux environs d'Héraclée, il était de tradition que deux Chênes, ombrageant les autels de Jupiter Stragius, avaient été plantés par Hercule.

L'imposante terreur de la forêt Hercynienne a impressionné tous les écrivains qui ont décrit la Germanie, Pline et Tacite au premier rang. Les Chênes séculaires de ses sombres vallées, où erraient l'élan et l'auroch, avaient surtout émerveillé Pline ; il ne peut s'empêcher d'en parler dans les termes les plus pompeux. « La majestueuse grandeur du Chêne, dans cette forêt, dit-il, surpasse toutes les croyances imaginables ; cet arbre n'y a jamais été frappé par la cognée, il est contemporain de la création du monde, et il semble être le symbole de l'immortalité ! »

Ne s'en tenant pas à cette splendide image, il y ajoute encore quelques détails : « Je veux passer sous silence, s'écrie-t-il, des choses extraordinaires, qui seraient considérées comme fabuleuses ; mais ce qui est incontestable, c'est que là où les racines se rencontrent, elles élèvent la terre en un monticule, et, si le sol ne cède pas, les racines se pressent les unes contre les autres et forment de hautes montagnes, qui s'élèvent jusqu'aux branches ; elles s'entrelacent

(1) *Le Monde des Plantes*, II, p. 500.

les unes dans les autres, de manière à former de véritables arcades, sous lesquelles peuvent chevaucher des escadrons entiers. »

On peut se faire une idée de l'énorme grosseur que peuvent atteindre les Chênes, en songeant à celui dont furent tirées les poutres transversales du fameux vaisseau appelé le *Royal-Doverling*, construit sous Charles Ier, roi d'Angleterre : ce Chêne fournit quatre poutres, chacune de 15 mètres de longueur, sur 1 mètre et demi de diamètre.

On cite un arbre-borne marquant la limite entre les comtés d'York, de Nottingham et de Derby, sur lesquels il étendait ses gigantesques rameaux. Ce grand Chêne, *shire Oak*, avait une envergure telle qu'il pouvait abriter deux cent trente cavaliers sous ses branches.

Sans sortir de notre pays, on trouve un grand nombre de Chênes (fig. 359) qui méritent d'être mentionnés pour leurs dimensions énormes et leur âge vénérable.

Parmi ceux-ci, le plus remarquable est le célèbre *Chêne-chapelle d'Allouville*, appelé aussi *le Gros-Chêne*, qui croît dans les environs d'Allouville, près Yvetot, et dont nous empruntons la description à M. H. Gadeau de Kerville, qui a bien voulu nous autoriser à reproduire la superbe photographie qu'il en a faite (fig. 360), ainsi que plusieurs autres qui vont suivre.

« Ce Chêne extrêmement remarquable, le plus célèbre des arbres de la Normandie, est situé dans la commune d'Allouville-Bellefosse (Seine-Inférieure), et croît isolément sur le terre-plein où se trouve l'église d'Allouville, à quelques mètres de l'entrée de cette église.

« Ce Chêne, de réputation européenne, est vigoureux, et son tronc est complètement creux. A 1 mètre du sol, le tronc a une circonférence de 9^m^,79 et la hauteur totale de l'arbre est d'environ 17^m^,63. Le tronc est recouvert, en beaucoup de parties, avec du bardeau de Chêne pour empêcher l'eau de pénétrer dans l'intérieur. La portion terminale du tronc se compose d'un toit conique, également en bardeau de Chêne et surmonté d'une croix en fer. Des tiges de ce métal relient entre elles les principales branches. Une balustrade de Chêne entoure la base de l'arbre et un escalier, aussi en bois de Chêne, contourne une partie du tronc et mène à la chapelle supérieure. Au sommet de l'escalier, avant d'arriver à la porte de cette chapelle, existe une galerie en Chêne avec un banc de même bois. »

Fig. 359. — Chêne.

Fig. 560. — Le Chêne-chapelle d'Allouville-Bellefosse (H. Gadeau de Kerville).

D'après M. H. Gadeau de Kerville, le Chêne-chapelle d'Allouville aurait de 700 à 900 ans environ.

La Normandie possède encore un grand nombre de Chênes très vieux et fort remarquables par leur taille. L'auteur de l'intéressante étude botanico-historique sur les vieux arbres de la Normandie en cite 25 dans les quatre premiers fascicules de son ouvrage. Grâce à l'obligeance de M. Gadeau de Kerville, nous avons donné, dans la partie de cet ouvrage intitulée le *Monde des plantes*, à propos de l'étude du

Fig. 361. — Le Hêtre de Bourgate de la forêt de Lyons (H. Gadeau de Kerville).

Chêne, la description de quelques-uns de ces magnifiques arbres, accompagnée de gravures qui sont la reproduction de photographies si habilement faites par l'auteur de l'étude botanico-historique sur les vieux arbres de la Normandie. Nous y renvoyons le lecteur (1).

Il existe encore d'autres Chênes remarquables comme grosseur et longévité dans plusieurs provinces de France autres que la Normandie.

Le *Chêne de Montravail*, près de Saintes, est sans contredit le doyen des forêts de la Saintonge et de la France. Il ne compte pas moins de 1800 à 2000 ans d'existence ; il appartient à l'espèce *Quercus pedonculata*. Un feuillage vert et abondant vient chaque année le couronner pour la deux millième fois peut-être. Au niveau du sol, son diamètre est de 8 à 9 mètres, sa circonférence de près de 26. Le développement général des branches mesure 120 mètres de circuit. Dans le bois mort de l'intérieur du tronc, on trouve une salle creuse, de 3 à 4 mètres de diamètre sur 3 de hauteur, dont les parois sont agréablement tapissées de Mousses et de Fougères.

Le *Chêne des Partisans*, dans la forêt de Parey-Saint-Ouen (département des Vosges), offre 13 mètres de circonférence au-dessus du collet, et à la naissance des principales branches, 5^m,70 ; sa hauteur est de 33 mètres, son envergure de 25. Il a près de 650 ans d'âge, et peut dater du temps où les bandes des routiers dévastaient la France, sous le règne de Philippe-Auguste.

Le *Chêne de Villeneuve*, près de Pontivy (Morbihan), est un des plus beaux et des plus vieux arbres de la Bretagne. Ce contemporain des Druides, dont les branches sont plus grosses que bien des arbres de nos forêts, et dont plusieurs personnes, en se tenant par les mains, les bras étendus, peuvent à peine entourer le tronc, fait venir à la pensée des idées de force, de calme et d'indestructible majesté.

Citons encore :

Le *Chêne du Départ*, dans la Charente-Inférieure.

Le *Chêne du parc de l'Ambroise*, à Saint-Sulpice (Maine-et-Loire).

Le *Chêne d'Antein*, dans la forêt de Senart, dont le feuillage couvre 27 mètres carrés, et aux branches duquel, dit-on, l'on pendait au moyen âge. Son tronc a 5^m,20 de circonférence, et du sol aux premières branches on compte 2^m,50.

Le *Bouquet du Roi* et le *Gros Fouteau*, dans la forêt de Fontainebleau.

Enfin, les *Chênes d'Auteuil*, au bois de Boulogne, qui, au nombre de cinq, faisaient l'admiration des promeneurs, avant la dévastation du Bois lors de la guerre de 1870. Ils mesuraient plus de 5 mètres de circonférence et étaient âgés d'un nombre considérable d'années.

Tilleuls. — Le Tilleul (1) semble l'arbre d'Europe — avec le Chêne — qui peut vivre le plus longtemps et atteindre le plus grand diamètre. On cite de nombreux exemples de Tilleuls ayant acquis une grosseur énorme et étant parvenus à un âge avancé.

Parmi les Tilleuls les plus grands et les plus vieux, on cite le célèbre *Tilleul de Neustadt*, dans le royaume de Wurtemberg, colossal monument d'une antique végétation, dont le couronnement décrit une circonférence de 133 mètres, et dont les branches sont soutenues par 106 colonnes de pierres. Au milieu du xv° siècle, le duc de Wurtemberg fit peindre ses armoiries sur les deux colonnes du devant. A son sommet, le Tilleul de Neustadt se divise en deux grosses branches, dont l'une fut brisée par la tempête en 1773, tandis que l'autre mesure encore aujourd'hui une longueur de 35 mètres.

En Suisse, près de Fribourg, dans le village de Villars-en-Moing, est un Tilleul de 24 mètres de haut et de 12 mètres de circonférence. La tige se divise à 3 mètres de hauteur en deux grandes masses, subdivisées elles-mêmes en trois autres toutes touffues et saines. Ce Tilleul, dont il est assez difficile de fixer l'âge exactement, était, s'il faut en croire la tradition, déjà célèbre en 1476 pour sa grosseur et sa vétusté. On le croit âgé de 1000 à 1200 ans, en évaluant son accroissement à 4 millimètres par an. On raconte que des tanneurs, à cette époque, pro-

---

(1) Depuis la publication du deuxième volume du *Monde des Plantes*, deux des Chênes normands qui y sont décrits ont été détruits et n'existent plus.

Le *Trois-Chênes* ou *Chêne de la Côte-Rôtie*, de la forêt de la Lande, a été incendié dans la soirée du 6 avril 1898. Un ouvrier eut la malencontreuse idée d'allumer près de l'arbre une poignée de Bruyère, afin de faire chauffer son café. Le feu prit au vieux Chêne sec et vermoulu qui était déjà la proie des flammes lorsque l'homme revint. Pour éviter la propagation du feu à la forêt, on prit le parti rapide d'abattre le vieil arbre.

Le *Chêne à Leu* de la forêt de Roumare fut entièrement couché à terre par un violent coup de vent, dans la nuit du 25 au 26 septembre 1898. La maçonnerie qui avait servi à le réparer resta seule debout.

(1) *Le Monde des Plantes*, I, p. 287.

Fig. 302. — Orme d'Ollbanville (H. Gadeau de Kerville).

fitant de la confusion de la bataille de Morat, le mutilèrent pour en avoir l'écorce.

Dans la ville de Fribourg (Suisse), on voit un autre Tilleul de 5 mètres de circonférence, qui y fut planté en 1476 pour célébrer la victoire de Morat et dont les branches sont soutenues par des piliers de pierre. La tradition rapporte qu'un jeune Fribourgeois, qui avait pris part à la bataille de Morat, courut tout d'une haleine du champ de bataille à Fribourg, pour apporter à ses compatriotes la nouvelle de la victoire, et qu'il tomba raide mort d'épuisement, après avoir crié : *Victoire*. On aurait aussitôt planté en terre une branche de Tilleul, qu'il tenait à la main, et cette branche serait devenue le Tilleul qui existe encore aujourd'hui.

D'après Endlicher, on a abattu en Lithuanie des Tilleuls qui avaient 27 mètres de circonférence.

Un Tilleul, de même dimension à peu près que le Tilleul de Fribourg, se trouve au château de Chaillé, près de Melles, dans le département de la Charente-Inférieure.

A Pully, près de Lausanne, existe un Tilleul énorme, dont l'ombre, au xiiie siècle, couvrait la justice du lieu, lorsqu'elle rendait ses décrets. La municipalité de Lausanne a pris l'engagement de ne jamais faire abattre cet arbre vénérable qui mesure environ 11 mètres de circonférence.

Parmi les Tilleuls remarquables plantés près des églises de nos villages, on doit surtout admirer celui qui couvre de son ombre la place du bourg de Samoëns. Il a une circonférence de 7m,10 ; en calculant son âge d'après l'accroissement moyen de cette espèce d'arbre (4 millimètres par année), il aurait environ 500 ans.

A Cluny (Saône-et-Loire), dans le jardin de l'ancienne abbaye, qui servit longtemps à abriter l'École normale d'enseignement secondaire spécial, et qui aujourd'hui est occupée par une école de contremaîtres et d'ouvriers, se trouve une allée plantée de Tilleuls remarquables par leur taille et leur grosseur, et que termine à l'extrémité un Tilleul plus gros que les autres, dit Tilleul d'*Abeilard*, qui, par son diamètre et son âge avancé, peut être considéré comme un des plus vénérables de nos vieux arbres de France.

Hêtres. — Le Hêtre (1), dans nos forêts, atteint souvent de très grandes dimensions (fig. 183, p. 95) et vit fort longtemps. Dans les provinces boisées de la France, il y a presque toujours quelqu'un de ces arbres qui mérite d'être signalé à l'attention des touristes pour son âge ou pour sa taille. Nous ne parlerons ici que de quelques-uns.

En Normandie, M. H. Gadeau de Kerville en a décrit et figuré six parmi lesquels il convient de citer le plus gros et le plus vigoureux, âgé de 500 ans environ, le Hêtre de Montigny, situé dans la Seine-Inférieure sur la lisière de la forêt de Roumare, à l'angle des routes allant de Montigny à Cauteleu et à Maromme.

En Savoie existent plusieurs Hêtres fort remarquables, dont l'un, le *Gros Fayard*, situé au village de Manel, commune de la Rivière-en-Verse, est plein de vigueur, donne 5m,13 de tour et s'élève à plus de 20 mètres ; son âge peut être évalué à 300 ans.

Sur la ferme de Saint-Romary, près de celle de la Piote, commune de Saint-Étienne, près Remiremont (Vosges), existe un Hêtre énorme, connu dans le pays sous le nom d'*Arbre de la Piote*. Sa circonférence est de plus de 5m,50 et son tronc nu mesure 3m,50 avant la naissance des premières branches. Il y a cinquante ans, son feuillage couvrait déjà plus de 70 pieds sur le sol. On le voit de très loin dans la campagne.

Châtaigniers. — Le Châtaignier (1) peut vivre fort longtemps et atteindre des dimensions considérables.

Un des plus célèbres à cet égard est le fameux Châtaignier du mont Etna, connu en Sicile sous le nom de Châtaignier des Cent Chevaux (*Castagno di Cento Cavalli*) ; il a 52 mètres de circonférence de feuillage, 15 mètres de tour de tige à la base et 18 mètres de hauteur totale. Il est contemporain de Pline, et compte ainsi plus de 1900 ans. La tradition rapporte que Jeanne d'Aragon visita l'Etna, dans son voyage d'Espagne à Naples, et que toute la noblesse de Catane l'accompagna dans son excursion. Un orage étant survenu, la reine et sa suite auraient trouvé un abri sous le feuillage de cet arbre immense. Cette légende est d'ailleurs parfaitement inauthentique.

Le plus beau Châtaignier qui existe en France et le plus remarquable, non pas pour sa grosseur, mais pour son élévation et la majesté de son port, est un arbre isolé qui se trouve à Médoux,

---

(1) *Le Monde des Plantes*, II, p. 524.

(1) *Le Monde des Plantes* II, p. 518

Fig. 363. — Platanes du parc de Beaurivage, à Ouchy, d'après une photographie de Jullien.

à 2 kilomètres et demi de Bagnères-de-Bigorre, sur la route de Campan, dans l'ancien couvent des capucins. Cet arbre mesurait en 1887 40 mètres de hauteur. Son tronc est lisse et cylindrique. Les premières branches sont à 30 mètres du sol, et une petite cime conique, ayant au plus 10 mètres de haut, composée de branches courtes, horizontales, rigides, termine la magnifique colonne qui la supporte. A 1 mètre du sol, il mesure $4^m,30$ de circonférence.

Il est à remarquer que tous les Châtaigniers précédents appartiennent aux régions méridionales. Dans le Nord, l'arbre n'atteint que de moindres dimensions. Il peut cependant y devenir parfois fort grand et fort gros. C'est ainsi que Strutt parle d'un Châtaignier des environs de Tortwoorth, dans le comté de Glocester, qui était déjà cité pour sa grosseur en 1135 et avait en 1766 une circonférence de 50 pieds, et de 52 pieds en 1830.

Orme. — L'Orme (1) atteint fréquemment la taille de 25 mètres de haut, mais peut, lorsqu'il arrive à un âge avancé, acquérir des dimensions encore plus considérables. Plusieurs Ormes ont atteint une grosseur tout à fait remarquable. Ray cite un Orme qui avait 17 mètres de circonférence, et dont la cime s'étendait sur un espace de 33 mètres de diamètre. Les branches de cet arbre fournirent quarante-huit charrettes de bois de chauffage, et le tronc, outre seize grandes poutres, huit mille six cent soixante-cinq pieds de planches.

Les vieux Ormes ne sont pas rares en France. On en trouve assez fréquemment dans les villages, plantés au milieu de la place, devant l'église. Cet emplacement fut fixé, dit-on, par une ordonnance de Sully en 1605, qui voulait que chaque commune eût « son Orme ». C'était le rendez-vous de tous les habitants, qui venaient, à la Saint-Jean et à la Saint-Martin, payer les redevances dues aux seigneurs. Le plus souvent, les mauvais payeurs avaient soin d'éviter l'arbre : c'est de là qu'est venu ce dicton : « Attendez-moi sous l'Orme. »

Beaucoup de ces arbres subsistent encore et ont atteint des dimensions colossales.

L'Orme qui occupe le milieu de la cour d'honneur de l'Établissement des sourds-muets, à Paris, rue Saint-Jacques, date de cette époque. C'est le plus âgé de tous les arbres de Paris et pendant longtemps il a mérité le nom qui lui avait été donné de « plus bel arbre de France ». Jusqu'au printemps de 1900, son tronc robuste, dont le tour ne mesure pas moins de 6 mètres, au ras du sol, s'élevait bien au-dessus des maisons voisines à 45 mètres de hauteur et se terminait par une riche cime de feuillage, en forme de dôme arrondi, qui s'apercevait des hauteurs de Paris, produisant l'aspect le plus beau et le plus pittoresque. Malheureusement, en 1899, la santé de cet arbre sembla s'altérer, et une commission spécialement nommée par le Ministre de l'Instruction publique, et que présidait M. Maxime Cornu, fut chargée d'examiner cet arbre si remarquable par son âge et par sa taille. La commission, après en avoir délibéré, décida du traitement qu'il fallait faire suivre au malade et on comptait bien le sauver, lorsqu'en mai 1900, un violent coup de vent cassa une des plus hautes et des plus grosses branches de l'arbre et la fit s'abattre sur le mur qui sépare la cour de la rue Saint-Jacques. Les passants et les élèves furent gênés et l'architecte des bâtiments civils dut, à regret, décider que la tête de l'arbre serait abattue. Si bien qu'aujourd'hui le « plus bel arbre de France » se réduit à son tronc tout seul et rappelle un peu, à la taille près, l'arbre qui décore, au Jardin des Plantes, le milieu de la fosse de l'ours Martin et après lequel c'est une joie pour les enfants de faire monter celui-ci. On espère cependant qu'à force de soins les pousses reviendront sur l'Orme de Sully, que des rameaux grandiront et que cette curiosité parisienne nous sera rendue, quoique moins belle qu'auparavant.

Plusieurs autres Ormes sont encore célèbres en France, par leur grand âge et leurs dimensions. Nous citerons par exemple :

L'*Orme d'Abbeville*, dans la Somme.

Dans le département du Var, l'*Orme de Brignolles*, dont la célébrité remonte au XVe siècle.

L'*Orme de Saint-Sauveur* dans la Charente-Inférieure.

En Normandie, M. Gadeau de Kerville cite trois Ormes particulièrement intéressants, en particulier l'*Orme de Nonant-le-Pin* (Orne), haut de 20 mètres, et l'*Orme d'Offranville* (fig. 362) qui en a 22 et est âgé de 300 ans.

Platanes. — L'histoire nous a conservé le souvenir de quelques Platanes (1) remarquables par leur vétusté ou leurs dimensions colossales. Hérodote et Ælien racontent que

____
(1) *Le Monde des Plantes*, II, p. 524.

(1) *Le Monde des Plantes*, II, p. 483.

Fig. 161. — Bois d'Oliviers sur le bord du lac de Garde.

Xerxès, traversant la Lydie avec son armée pour aller conquérir la Grèce, fut si séduit par la beauté et la taille d'un Platane rencontré sur son chemin, qu'il fit faire halte à ses soldats pendant tout un jour, afin de pouvoir le contempler et jouir de son frais ombrage.

Pline fait mention d'un Platane qui existait de son temps, en Lycie, et dont le tronc présentait une cavité de 27 mètres de circonférence. Le consul Licinius Mutianus y coucha avec dix-huit personnes de sa suite. Pline raconte encore qu'il y avait de son temps, dans un bois d'Arcadie, un Platane colossal planté de la main d'Agamemnon, et un autre appelé Ménélas, qu'on prétendait avoir été planté par ce prince avant de partir pour le siège de Troie ; il avait par conséquent 800 ans.

Ces Platanes historiques ne sont pas d'ailleurs les seuls qui méritent d'être signalés dans une revue des arbres les plus remarquables que l'on connaît encore aujourd'hui.

Le *Platane de Smyrne*, que l'on visite aux environs de la ville, sur le bord d'une route, est généralement désigné comme un des plus curieux spécimens d'une rare longévité. Sa base, partagée en deux parties, forme une voûte de 5 mètres de hauteur sous laquelle peuvent passer facilement deux cavaliers.

Près de Constantinople, à deux lieues de la mer Noire, est le célèbre *Platane de Buyukdéré*, connu également sous le nom de *Platane de Godefroy de Bouillon*, parce qu'on prétend que ce dernier s'arrêta sous son ombrage, avec son armée, avant de continuer sa route vers Jérusalem. De Candolle lui attribue plus de 2 000 ans.

De l'autre côté de l'Archipel est encore un Platane digne d'intérêt : le *Platane de l'île de Cos*. Il s'élève au centre de la ville, et est l'objet d'un véritable culte de la part des habitants. Sa naissance passe pour remonter à l'ère des Hippocratides, c'est-à-dire à vingt-deux siècles.

En Amérique, les Platanes peuvent, aussi bien que dans l'Orient, atteindre des dimensions colossales. Michaux rapporte avoir rencontré, sur les bords de l'Ohio, des Platanes hauts de plus de 30 mètres et présentant à hauteur d'homme une circonférence de 15 mètres.

Les Platanes de nos avenues et de nos parcs n'atteignent guère des dimensions pareilles. Signalons toutefois les Platanes de la promenade de Perpignan, qui mesurent 25 mètres environ de haut et 1ᵐ,50 de diamètre à 1 mètre au-dessus du sol. Ce sont les plus gros et les plus beaux de France, d'après Decaisne et Naudin.

La figure 363 représente, d'après une photographie de Jullien (de Genève), les magnifiques Platanes du parc de Beaurivage, à Ouchy (canton de Vaud).

Érables. — Les Érables (1) vivent parfois fort longtemps et atteignent une taille considérable.

Le plus célèbre est le fameux *Érable de Trons*, qu'on voyait encore il y a vingt-cinq ans à l'entrée du village de ce nom, dans le canton des Grisons. Il était âgé, assure-t-on, de près de 600 ans. Son tronc, qui mesurait environ 10 mètres de tour, était soutenu par un mur et de nombreux cercles de fer. Cet Érable a été renversé par l'orage qui a passé, le 28 juin 1870, sur une grande partie de l'Europe.

Près du lac d'Howel, dans la Caroline du Sud, on voit un Érable dont le tronc a 24 mètres de tour et présente à son intérieur une cavité dans laquelle on a pu faire entrer sept hommes à cheval.

Oliviers. — Les Oliviers (2) sont encore des arbres vivant longtemps et parvenant souvent à une grande hauteur. On en connaît plusieurs exemples assez remarquables. Desfontaines dit avoir vu en Afrique des Oliviers qui avaient 15 à 20 mètres d'élévation.

C'est dans le délicieux coin de terre formé par l'ancien comté de Nice et l'arrondissement de Grasse, que cet arbre est dans toute la splendeur de sa végétation et atteint des dimensions inconnues ailleurs. Les Oliviers géants de Nice, de Beaulieu, du cap Martin près de Menton, sont de réputation européenne. Ils atteignent là une hauteur de 12 à 15 mètres sur un tronc de 4 à 5 mètres de circonférence. Il existe à Beaulieu, sur la route de Nice à Monaco, un Olivier de 10 mètres d'élévation et de 7ᵐ,50 de circonférence à 1 mètre du sol.

En Kabylie, beaucoup d'Oliviers mesurent à leur tronc 8 à 10 mètres de circonférence.

Chateaubriand (3) dit que dans l'Acropole d'Athènes on voit un Olivier que la tradition ferait remonter à l'époque de la fondation de cette ville, c'est-à-dire à environ quinze siècles avant l'ère chrétienne.

On voit encore à Jérusalem huit Oliviers que la tradition fait remonter à l'époque de Jésus-Christ. Si l'on considère l'extrême len-

(1) *Le Monde des Plantes*, I, p. 437.
(2) *Le Monde des Plantes*, II, p. 247.
(3) Chateaubriand, *Itinéraire à Jérusalem*.

Fig. 365. — Les Noyers de l'Hoheweg à Interlaken (d'après une photographie de M. Roger Baillière).

teur avec laquelle l'Olivier croît, on peut sans exagération fixer leur âge à deux mille ans.

Sur les bords du lac de Garde, existe un magnifique bois d'Oliviers (fig. 364) dont quelques-uns ont atteint un âge très avancé et, malgré leurs troncs rongés à la base, se portent parfaitement bien et produisent toujours des Olives (1).

Noyers. — Le Noyer (2) mérite d'être rangé dans la catégorie des arbres qui peuvent quelquefois atteindre un âge très avancé et présenter alors des dimensions considérables. Le plus célèbre à ce point de vue est le *Noyer de Saint-Nicolas de Lorraine*. On lit, dit-on, d'un seul morceau de cet arbre une table qui avait 8 mètres de largeur sur une longueur et une épaisseur proportionnées. On croit que le Noyer qui avait fourni le bloc pouvait avoir environ neuf siècles.

Près de Balaclava, en Crimée, un énorme Noyer, dont l'origine remonte aux temps les plus reculés, porte annuellement plus de cent mille noix, que cinq familles se partagent. Son âge est estimé à 2000 ans environ.

Citons parmi les plus beaux Noyers de France les *Noyers de la Cordelle* qui furent plantés sur l'emplacement où saint Bernard prêcha la deuxième croisade. Malheureusement, ces arbres vénérables ont été cruellement atteints par le grand hiver 1879-1880.

Enfin les Noyers de l'Hoheweg à Interlaken sont des arbres justement célèbres et que les touristes ne manquent jamais d'aller admirer à leur passage. Nous en donnons ici la repro-

duction (fig. 365), d'après une photographie de M. Roger Baillière.

Cèdres. — Le Cèdre du Liban (1) est un des plus beaux arbres de la nature. Son tronc, avec les années, peut acquérir 10 à 12 mètres de tour. Originaire du mont Liban, du Taurus et de l'Asie Mineure, il est aujourd'hui acclimaté en France dans les parcs et les jardins.

Le plus célèbre et le plus populaire à ce point de vue est le célèbre Cèdre du Liban qui se trouve au Jardin des Plantes à Paris, à l'entrée du Labyrinthe, sous l'ombre duquel les enfants aiment à aller se reposer. Ce Cèdre, de toute beauté, bien qu'il ait perdu sa flèche, ce qui l'empêche de croître en hauteur, fut rapporté d'Angleterre en 1734 par Bernard de Jussieu qui le planta de ses propres mains.

Non loin de Genève, existe le *Cèdre de Beaulieu*, planté en 1765 : sa hauteur dépasse aujourd'hui 30 mètres. A sa base, il a 5 mètres de circonférence, et ses branches s'étendent sur une superficie de 20 mètres de diamètre.

M. H. Gadeau de Kerville, dans son étude sur les vieux arbres de la Normandie, cite et figure quelques beaux Cèdres plantés dans les parcs de diverses propriétés particulières.

Ifs. — Les Ifs (2) âgés de plus de cent ans ne sont pas rares en France.

L'origine de ces arbres séculaires remonte au VIIe siècle ou au Xe siècle. A cette époque, l'If était déjà planté dans les cimetières, à cause de son feuillage vert sombre et de la croyance, encore aujourd'hui très répandue, que cet arbre possède la propriété de chasser les odeurs nuisibles

(1) Voy. D'Aygalliers. *L'Olivier et l'Huile d'olive*. Paris, 1900.
(2) *Le Monde des Plantes*, II, p. 490.

(1) *Le Monde des Plantes*, II, p. 525.
(2) *Le Monde des Plantes*, II, p. 512.

qui proviennent de la décomposition des corps.

C'est même sous ces Ifs que, pendant plusieurs siècles, on rendit la justice en plein air, et le nom de *Baillif* donné au juge qui prononçait les sentences s'expliquerait parce que celui-ci, la cause étant entendue, donnait au gagnant une branche de l'arbre qui l'ombrageait.

Par leur situation dans les cimetières, les Ifs ont été conservés jusqu'à nos jours et quelques-uns ont atteint des dimensions considérables.

Ainsi l'*If de Greeford* mesurait, il y a quelques années, 15 mètres de circonférence au-dessous des branches, et l'on estimait son âge à 1 420 ans; un autre If, dans le Derbyshire, aurait 2 096 ans.

Citons encore l'*If du comté de Surrey*, qui date de l'époque de César ; en Écosse, l'*If de Fortingall*, qui a plus de 3 000 ans; l'*If d'Ankermyke House*, près de Staines ; l'*If du comté de Fermanagh*, en Islande, sous lequel 200 personnes peuvent trouver place.

En France, l'*If de la Motte-Feuilly* (Indre) a un tronc qui mesure 8 mètres de tour et 15 de hauteur : l'ombre qu'il porte a une étendue de 22 mètres. C'est à son pied que, vers 1500, vinrent se reposer des fatigues de la cour Charlotte d'Albret et Jeanne de France.

En Normandie, les vieux Ifs dans les cimetières sont assez nombreux. Dans son remarquable travail sur les vieux arbres de la Normandie, M. H. Gadeau de Kerville n'en cite et reproduit pas moins de vingt. C'est là un nombre relativement faible, si l'on songe qu'autrefois chaque cimetière était planté de ces arbres, et le nombre devrait en être bien plus considérable. Mais dans beaucoup de communes, malheureusement, les curés et les conseils de fabrique n'ont pas hésité à détruire ces intéressants témoins des coutumes d'un autre âge, pour en retirer quelque profit dans un moment de nécessité. Il serait à souhaiter que les municipalités intervinssent pour protéger ces arbres séculaires, dont l'histoire se trouve confondue avec celle de la commune.

La figure 366 représente, d'après un cliché obligeamment prêté par M. Gadeau de Kerville (1), un superbe If creux, que l'on peut admirer dans le cimetière de Saint-Symphorien (Eure), cimetière qui est à environ 6 kilomètres au sud-ouest de Pont-Audemer.

Cyprès. — Les Cyprès ne parviennent en général pas à un âge très avancé. On cite cependant, pour cet arbre, un exemple d'extraordinaire longévité.

Un Cyprès chauve se voit aujourd'hui sur la route de la Verra-Cruz, à Mexico, et est célèbre pour avoir abrité sous son vaste ombrage toute l'armée de Fernand Cortez. Sa naissance, selon certains botanistes, semble remonter à une époque qui se perd dans la nuit des temps. Comme son tronc, qui a 117 pieds de circonférence, dépasse celui des Baobabs, et que son accroissement est plus lent que le leur, De Candolle suppose que cet arbre n'a pas moins de 6 000 ans d'ancienneté, ce qui en place l'origine dans les temps antéhistoriques. Il y a sûrement là une certaine exagération.

Autres arbres remarquables. — On pourrait citer ainsi beaucoup d'autres arbres encore, qui ont atteint une taille remarquable et ont vécu un temps fort long. Nous nous bornerons seulement ici à en donner la liste en renvoyant le lecteur à ce que nous en avons dit dans notre ouvrage *le Monde des Plantes* :

Tulipier (t. I, p. 58). Cotonnier soyeux (t. I, p. 269). Oranger (t. I, p. 330). Vigne (t. I, p. 383). Robinier (t. I, p. 506). Poirier (t. I, p. 690). Pommier (t. I, p. 698). Aubépine (t. I, p. 714). Frêne (t. II, p. 244). Figuier (t. II, p. 466-468-472). Bouleaux (t. II, p. 493). Peuplier (t. II, p. 532). Sapin (t. II, p. 731). Araucaria (t. II, p. 735). Etc.

LA CHUTE DES FEUILLES

Dans l'évolution d'une plante, un des phénomènes les plus intéressants qui se produisent est le renouvellement des feuilles sur la tige et les rameaux de celle-ci. Nous avons déjà vu ailleurs (Voy. p. 130) qu'en général les feuilles naissent au printemps pour tomber à l'automne (fig. 367), et aussi qu'à côté des arbres ayant ainsi des feuilles *caduques*, il y a des arbres *toujours verts* chez qui les feuilles ne tombent point l'année même de leur naissance et se trouvent par conséquent mélangées aux pousses de l'année suivante. Nous avons vu également (p. 152) comment on peut expliquer le mécanisme de la chute des feuilles.

Pour les arbres et plantes à feuilles caduques de nos pays, il existe de nombreuses variations dans la chute des feuilles. Nous empruntons à M. Léon Bedel (1) quelques observations intéressantes sur ce sujet.

---

1 H. Gadeau de Kerville, *op. cit.*, fasc. II, p. 123.

(1) Léon Bedel, *Observations sur la chute des feuilles* (*Revue scientifique* du 5 mai 1900 4e série, XIII p. 572).

Fig. 586. — Ifs creux du cimetière de Saint-Symphorien (H. Gadeau de Kerville).

Les variations nombreuses qui existent dans la chute des feuilles peuvent tenir à l'espèce, à la race ou à l'individu.

Variations tenant à l'espèce. — La chute des feuilles se fait à une époque différente suivant les espèces. C'est ainsi qu'en 1898, le 30 octobre, les Poiriers, les Noyers et les Frênes avaient perdu leurs feuilles, tandis que les Peupliers en possédaient quelques-unes encore, que celles des Ormes et des Marronniers étaient jaunes et commençaient à tomber et que celles des Pommiers étaient encore très vertes. Le 8 novembre, la défoliation a été complète pour le Peuplier blanc, le 15 pour le Peuplier pyramidal, le 20 pour le Marronnier, le 30 pour l'Orme et enfin le 15 décembre pour le Pommier.

Variations tenant à la race. — La race paraît exercer également une certaine influence sur la chute des feuilles. Par exemple, la même année, en 1898, les Pommiers à fruits précoces avaient déjà perdu toutes leurs feuilles le 15 novembre, tandis que ceux à fruits tardifs les conservaient jusqu'au 15 décembre.

Variations individuelles. — Ce sont les plus nombreuses ; elles dépendent de plusieurs causes, telles que l'âge, l'état de santé, la situation, la taille, la position des feuilles.

Influence de l'âge. — La chute des feuilles chez les individus de même espèce et de même race est d'autant plus hâtive que l'arbre est plus âgé ; chez les jeunes individus, elle se produit plus tardivement que chez les vieux.

Par exemple, un jeune Noyer et plusieurs jeunes Frênes avaient encore des feuilles vertes le 15 novembre 1898, tandis que d'autres arbres de même espèce en étaient dépourvus complètement depuis le 30 octobre.

Influence de l'état de santé. — Les feuilles tombent d'autant plus tôt que les arbres souffrent davantage. Parmi les états pathologiques qui semblent accélérer la chute des feuilles, signalons le chancre, la pourriture et les parasites, tels que Gui, Lierre, Mousses et Lichens.

De deux Pommiers de même âge et de même race, dont l'un était couvert de Gui et de Lichens, tandis que l'autre était privé de ces parasites, le premier perdit ses feuilles dix jours plus tôt que le second.

La présence du Lierre ne hâte la défoliation que s'il envahit en grande partie les branches de l'arbre. S'il n'existe que sur le tronc, il semble n'avoir aucune influence.

Influence de la situation. — Les arbres situés à l'abri des vents perdent leurs feuilles plus lentement que ceux qui y sont entièrement exposés, et parmi ces derniers on observe une sensible différence dans la défoliation, suivant la nature des vents qu'ils reçoivent.

Les vents du nord et de l'est semblent hâter la chute des feuilles et les arbres protégés contre ces vents, soit par leurs congénères, soit par des bâtiments, présentent un retard marqué dans leur défoliation. C'est ainsi que le 10 novembre, les Ormes d'une avenue recevant les vents nord-est étaient presque complètement dépourvus de feuilles de ce côté, tandis que ceux de la rangée opposée, protégés par les premiers contre les vents, avaient encore toutes les leurs. Sur un même arbre, d'ailleurs, les branches orientées au nord et à l'est se défeuillent avant celles qui sont tournées vers le sud ou vers l'ouest.

Influence de la taille. — La chute des feuilles est plus lente sur les arbres qui ont été taillés que sur ceux qui n'ont pas subi cette opération. La taille semble donc rajeunir le sujet et ralentir la chute des feuilles.

C'est ainsi que le 7 novembre, alors qu'il y avait plus de huit jours que les Frênes avaient perdu leurs feuilles et que les Ormes portaient déjà des feuilles jaunies, les têtards de ces espèces, taillés depuis un à trois ans, possédaient encore les leurs très vertes.

Influence de la situation des feuilles. — La chute des feuilles est plus lente sur les jeunes rameaux prenant naissance sur le tronc de l'arbre que sur ceux de la tête.

On peut observer ce fait chez la plupart des espèces : Frêne, Orme, Hêtre, Aulne, Peuplier, etc. Le 12 décembre 1898, les Hêtres avaient perdu leurs feuilles de tête, alors que les jeunes pousses croissant sur le tronc les possédaient encore. Même observation pour les Peupliers dont les pousses du tronc avaient encore des feuilles le 15 novembre, pour le Bouleau le 12 décembre, alors que celles du sommet de ces arbres n'en possédaient plus.

Outre ces causes spéciales, il y a encore des causes générales, telles que le froid, l'intensité et la fréquence des vents, la présence des oiseaux.

Fig. 367. — Une route en Suisse. — Sapins et Hêtres forment un magnifique ombrage (d'après un crayon de l'auteur).

LA NUTRITION DE LA PLANTE

Les végétaux, comme tous les êtres vivants, se nourrissent (Voy. p. 6), c'est-à-dire sont le siège d'échanges avec le monde extérieur. Ils lui empruntent certaines particules (aliments) et les transforment en leur propre substance : c'est l'*assimilation*; ils lui rendent certaines matières ou nuisibles, sortes de déchets résultant du fonctionnement vital.

Les aliments sont pris par la plante dans le milieu extérieur, c'est-à-dire dans l'atmosphère et dans le support sur lequel la plante végète, et est essentiellement variable.

Dans la plupart des cas, le végétal est fixé au sol par ses racines, et c'est ce cas que nous étudierons le plus longuement.

Dans d'autres cas, le végétal vit dans l'eau, il est dit aquatique; mais, tandis que les *Azolla*, les *Salvinia* sont entièrement libres, flottent à la surface et recouvrent les étangs d'une couche verte presque continue, la plupart des autres plantes aquatiques sont fixées au fond de l'eau, leurs feuilles et leurs fleurs étant seules nageantes (fig. 368 et 369).

Certaines plantes, les unes vertes, comme le Gui, les autres non vertes, comme la Cuscute, vivent sur d'autres végétaux (fig. 368), puisent

Fig. 368. — Grande Cuscute (*Cuscuta Major*) parasite sur la Vesce.

Fig. 369. — La même plante grossie. En *a*, on voit quatre suçoirs qui ont été détachés de force de la tige dans laquelle ils s'implantaient.

leur aliment dans la sève ou dans les tissus d'une plante nourricière appelée *hôte*, et sont dites *parasites*. Enfin, il est des végétaux qui se développent sur les matières organiques en décomposition et qui, pour cette raison, sont dites *saprophytes*.

Comme on le voit, la nutrition des végétaux paraît se faire dans des conditions souvent variées, et il semble bien difficile de fixer les phénomènes généraux. Cependant, une étude attentive, poursuivie pendant plus d'un siècle par les biologistes, a permis de déduire quelques considérations essentielles de l'ensemble des faits particuliers observés.

La matière des êtres vivants étant le protoplasme (Voy. p. 25 et 26), et sa composition chimique ne pouvant être fixée, la recherche des réactions intimes de la nutrition est d'une excessive difficulté ; ce que l'on peut dire de plus général, c'est que le protoplasme a la propriété de *maintenir sa composition constante*, de *rester identique à soi*, quelles que soient les variations du milieu dans lequel et aux dépens duquel il vit. Un changement dans sa composition le détruit ou tout au moins le modifie et en fait un protoplasme d'un être différent.

L'exemple suivant, cité par Klebahn (1), fera bien voir à quelle sorte de difficulté on se heurte dans cette étude :

Deux Champignons d'*apparence identique*, vivant en parasite à une certaine période sur un même support, poursuivent leur évolution sur des hôtes d'espèces distinctes :

(1) Klebahn, *Culturversuche mit heteröcischen Rostpilzen*, 1897.

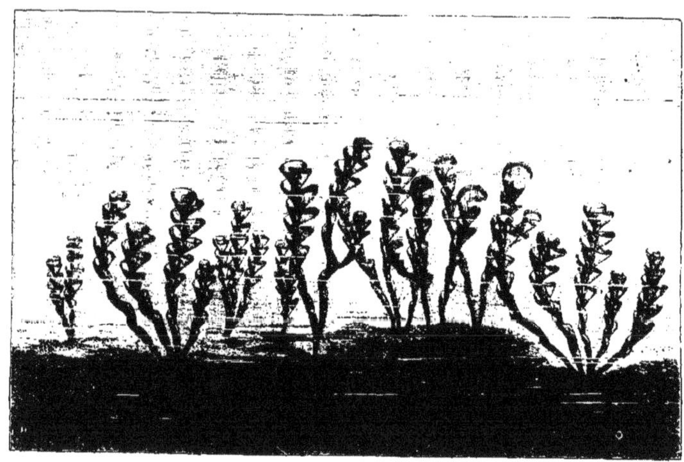

Fig. 370. — Rielle à feuilles en hélice (*Riella helicophylla*), submergée (grossie).

Fig. 371. — Potamot (*Potamogeton crispus*) totalement submergé. A droite, on voit un bourgeon spécial
qui s'est détaché de la tige; il a pour rôle la conservation de la plante pendant l'hiver.

Le *Puccinia coronata* (1), vivant sur les feuilles des Graminées, produit sa forme vésiculeuse tantôt sur la Bourdaine (fig. 367), tantôt sur le Nerprun purgatif; une fructification dont les spores se développent sur l'un de ces arbustes ne peut infecter l'autre.

Ces deux parasites constituent des *espèces sœurs*; entre eux il n'y a que différence biologique et pas de différence morphologique.

« La constitution du protoplasme qui permet au Champignon de pénétrer dans les cellules d'une plante nourricière à l'exclusion d'une autre échappe à nos moyens d'investigation »; cependant l'expérience est concluante, les deux protoplasmes sont différents.

Une autre question domine cette étude et son intérêt est encore plus grand. Les aliments des végétaux, si nous en exceptons certains parasites (qui vivent aux dépens d'un hôte) et les saprophytes (qui vivent sur les matières organiques en décomposition), ces aliments sont pris au sol, à l'eau, à l'atmosphère, ils appartiennent au *monde minéral*. Ils sont assimilés par le végétal et par suite sont devenus, en partie au moins, matières du *monde organique*; ils participent à la vie, ils sont entrés dans le *tourbillon vital*.

Nous observons là le passage si déconcertant de l'inanimé à l'animé; nous assistons à la création de la matière vivante, création qui est une transformation produite par la matière vivante préexistante; ce qui a fait dire que les végétaux étaient des organismes de synthèse, des producteurs de vie; par eux les minéraux sont entraînés dans le tourbillon vital.

Nous savons du reste quel est le devenir de ce protoplasme végétal; il est l'aliment des herbivores, ceux-ci servant de nourriture aux carnivores; et les corps de tous ces animaux, par les réactions de la putréfaction, faisant, directement ou non, retour au monde inorganique. Tel est le *cycle* de la vie sur notre globe, cycle dont tous les chaînons sont nécessaires, cycle dans lequel l'ordre des phénomènes ne peut être modifié, cycle qui oppose aux végétaux créateurs de matière vivante les animaux destructeurs de protoplasma. Mais quel est donc le pouvoir si particulier du végétal d'accepter comme suffisante la nourriture minérale si différente de lui; il réside en grande partie dans une matière colorée en vert, la *chlorophylle*, dont la fonc-

tion, appelée *fonction chlorophyllienne*, est la réunion du carbone, puisé dans l'air, aux diverses matières puisées dans le sol.

Est-ce à dire que la chlorophylle est la seule matière possédant cette propriété, qu'elle a été nécessaire à l'établissement d'une flore et par suite d'une faune sur notre globe. Non, cette assertion est trop rigoureuse; les recherches de Winogradsky (Voy. plus loin) ont établi la possibilité pour les *Bactéries nitrifiantes* dépourvues de chlorophylle de croître, de se multiplier, de produire des composés organiques en absorbant seulement du gaz carbonique, de l'ammoniaque et des sels inorganiques. Il y a là réduction et l'analogie avec les plantes vertes est frappante; la seule différence est celle-ci: l'oxygène, au lieu de se dégager en nature comme dans la fonction chlorophyllienne, sert à oxyder l'ammoniaque et à la transformer en acide nitreux.

Nencki (1) en conclut que ce mode de vie, permettant de fabriquer la matière organique au moyen de substances inorganiques très simples, était celui des premiers habitants de notre globe. Lorsque les organismes se sont compliqués, ils ont eu besoin de substances spéciales pour accomplir ces fonctions qui étaient autrefois une propriété de la cellule. La chlorophylle des plantes est un de ces intermédiaires.

Phénomènes principaux de la nutrition. — La plante puise ses aliments dans le sol par ses racines et dans l'air au moyen de ses feuilles. Les matériaux liquides qui ont été absorbés dans le sol pénètrent dans les vaisseaux du bois de la racine, puis de la tige et enfin des pétioles et nervures des feuilles; ils constituent la *sève brute*, dite encore *sève ascendante*.

Très diluée, mais très abondante, cette sève subit dans les feuilles une transformation très complexe; elle perd beaucoup d'eau et devient par la fonction chlorophyllienne la *sève élaborée*, sève sucrée, sève nutritive. Reprise par les vaisseaux libériens, elle est *sève descendante* ou mieux sève de répartition, que la circulation entraîne dans toutes les parties de la plante; elle donne aux cellules les matériaux nécessaires à la synthèse protoplasmique.

La production de sève élaborée et sa consommation étant des phénomènes en quelque sorte

(1) Voy. *Le Monde des Plantes*, II, p. 796.

(1) Nencki (M.), *Sur les rapports biologiques entre la matière colorante des feuilles et celle du sang* (Arch. Sc. biol. de Saint-Pétersbourg*, 1897). ·

indépendants, on observe le plus souvent la non-utilisation immédiate des matières de cette sève; ces matières s'accumulant dans les tissus et forment des *réserves*. Au moment du besoin, ces réserves seront digérées, deviendront à nouveau sève circulante et nourriront les cellules de la plante. A ces substances de réserve, on donne parfois le nom d'*aliments internes* pour les distinguer des aliments tirés du monde extérieur appelés *aliments externes*.

Lorsque les cellules de la plante assimilent pour assurer la synthèse protoplasmique, il se produit une série de réactions chimiques qui donnent naissance en même temps à des produits de désassimilation. Ceux-ci doivent être rejetés à l'extérieur; il y a donc à envisager, comme complément indispensable de la fonction de nutrition, des phénomènes d'excrétion et de sécrétion par les végétaux.

Tels sont, résumés dans leurs grandes lignes, les faits que l'on observe dans la nutrition des plantes. Il est nécessaire de reprendre successivement les principaux points de l'histoire si rapidement tracée et d'en étudier les détails.

LES ALIMENTS DE LA PLANTE

Les végétaux se nourrissent de substances très diverses, mais non quelconques, que nous devons chercher à connaître. Pour cela, nous examinerons successivement :

a. La *nature de l'aliment*, c'est-à-dire sa composition chimique.

b. La *forme assimilable de l'aliment* ou forme convenable pour que le végétal puisse s'en nourrir.

c. La *composition du sol végétal*, le milieu habituel des cultures, qui contient les principaux aliments de la plante.

NATURE DE L'ALIMENT

Pour connaître les aliments de la plante, les biologistes et les agronomes ont employé deux méthodes : l'*analyse* et la *synthèse*.

A celle-ci on peut rattacher la *méthode mixte*, dont nous dirons quelques mots en raison des grands services qu'elle a rendus.

Méthode analytique. — On prend une plante entière, on en fait l'analyse chimique complète et on établit la liste des *corps simples* ou *éléments* ainsi trouvés. Pour faire cette analyse, on incinère la plante et on recueille d'une part les gaz provenant de la combustion, d'autre part les cendres. Les gaz fournissent, par une étude ultérieure, le gaz carbonique contenant du *carbone* et de l'*oxygène*, la vapeur d'eau contenant de l'*hydrogène* et de l'oxygène. Les cendres sont soumises à une analyse chimique qui révèle la présence des corps simples suivants : l'*azote*, le *soufre*, le *phosphore*, le *chlore*, le *silicium*, le *potassium*, le *calcium*, le *magnésium* et le *fer*.

Ainsi est décelée la présence constante de douze corps simples seulement dans les végétaux ; ce sont :

Huit métalloïdes : *carbone, hydrogène, oxygène, azote, soufre, phosphore, chlore, silicium*.

Quatre métaux : *Potassium, calcium, magnésium, fer*.

Faite avec certaines plantes, l'analyse élémentaire indique en outre la présence, non générale cette fois, de quelques autres substances : le *sodium*, le *brome*, l'*iode* dans les plantes marines; le *zinc* (Raulin), le *bore* (Passerini et Jay), le *manganèse* (G. Bertrand) dans un grand nombre de plantes, mais en très petites quantités, malgré le rôle physiologique important attribué à ces substances.

Il est tout à fait digne de remarque que le nombre des corps simples composant les végétaux soit ainsi limité à 12, tandis que la chimie connaît aujourd'hui plus de 80 éléments. Ce nombre 12 n'a du reste rien d'absolu, car nous ignorons si quelques-uns des 12 éléments sont accidentellement dans la plante, comme par exemple le cuivre trouvé chez des végétaux développés dans un terrain contenant des composés de ce métal; et d'autre part nous ne saurions affirmer que l'analyse n'a pas laissé échapper des quantités fort petites de certaines substances cependant nécessaires à la plante.

Cette méthode ne nous permet donc pas de conclure définitivement; de ce fait que l'analyse nous a révélé la présence constante d'une substance dans les végétaux, nous n'osons pas affirmer que cette substance est nécessaire à l'alimentation de la plante; il peut arriver en effet que les individus étudiés, bien que choisis dans les conditions de vie les plus différentes, puissent renfermer des corps accessoires, faisant simplement acte de présence, sans être pour cela des aliments. C'est ainsi que le Blé, le Maïs dont les cendres contiennent souvent plus de la moitié de leur poids de silice, peuvent croître et fructifier dans un sol ne contenant pas cette matière. La silice, qui rend les parties de ces végétaux rigides, souvent coupantes, aurait un rôle purement mécanique.

Cette méthode, qui fut en honneur pendant la première moitié de ce siècle, a fourni une solution approchée au problème de la nutrition des plantes; elle a préparé les bases de la méthode synthétique.

Composition du végétal. — Pris à l'état frais, un végétal contient une proportion d'eau très variable : 12 à 14 p. 100 dans les graines mûres; 60 à 70 p. 100 environ pour les plantes ordinaires ; 70 à 80 p. 100 dans les Pommes de

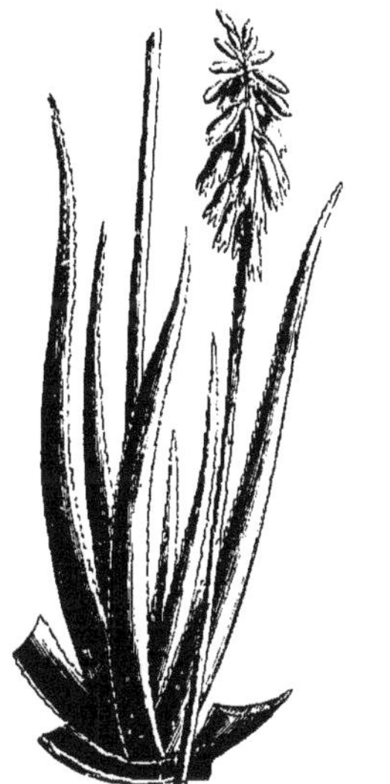

Fig. 372. — Aloès.

terre (tubercules seulement): 90 à 95 p. 100 dans les plantes grasses : Aloès (fig. 372), Crassule, Cactus, Euphorbes grasses (fig. 373).

Pris à l'état sec, un végétal contient : plus de la moitié de son poids de *carbone*; une forte proportion d'oxygène qu'il faut ajouter à l'oxygène contenu dans l'eau ; quelques centièmes d'hydrogène, et 2 à 3 centièmes d'azote.

Les autres substances énumérées sont en très petite quantité, mais il faut bien se rap-

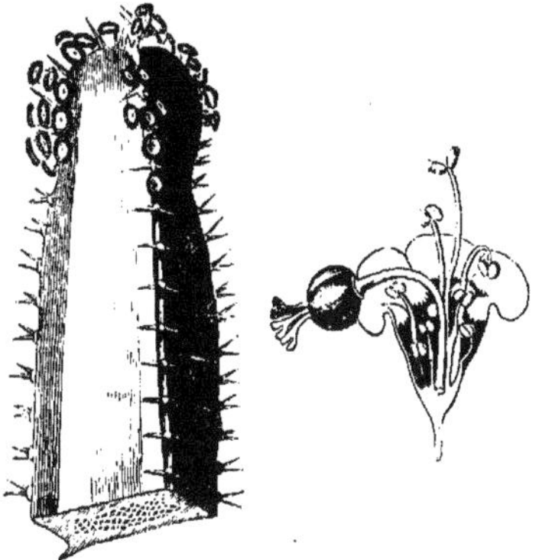

Rameau fleuri.   Fleur coupée.
Fig. 373. — Euphorbe des Canaries.

peler que la quantité ne doit pas faire juger du degré de nécessité.

Méthode synthétique. — Ayant constitué de toutes pièces, au moyen de composés chimiques définis, un milieu artificiel où la plante végète bien, on retranche un à un les éléments constitutifs du milieu, en observant les effets de cette suppression sur la plante.

Si l'effet est défavorable, la substance retirée est un aliment nécessaire ; ainsi on détermine le milieu le plus simple dans lequel la vie d'une plante est possible, et l'analyse élémentaire de la plante s'en déduit nécessairement.

Le milieu nutritif artificiel peut être constitué soit par une simple solution de diverses substances dans l'eau distillée, soit par un sol artificiel de sable siliceux (sable de rivière) calciné, lavé, stérilisé à l'étuve, puis arrosé avec une solution préparée comme la précédente. On emploie quelquefois, notamment pour les Bactériacées, des milieux à base de gélatine ou de gélose. Le choix de la plante n'est pas indifférent; il faut en effet éviter la complication due à la fonction chlorophyllienne en prenant une plante non verte, et faire le possible pour éviter d'avoir à tenir compte des maté-

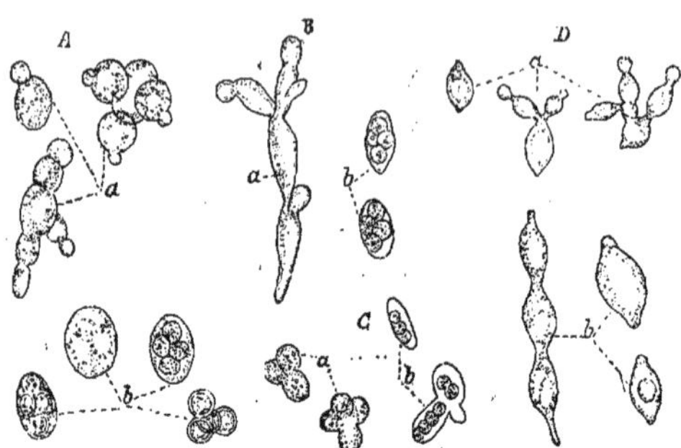

Fig. 374. — Diverses espèces de *Saccharomyces*. — A, *S. cerevisiæ*, Meyen; *a*, cellules végétatives; *b*, formation des spores. — B, *S. pastorianus* Reess. — C, *S. conglomeratus* Reess. — D, *S. apiculatus* Reess (A, 750/1; B *a*, 400/1; *b*, 600/1; C *a*, 600/1; *b*, 400/1; D, 600/1; d'après Reess).

riaux apportés par la graine ou le germe qui sert de point de départ aux expériences.

Pour cette raison, les résultats de la méthode synthétique, très parfaits, sont des résultats théoriques que nous n'examinerons pas longuement, nous contentant de donner quelques formules des solutions nutritives les plus connues.

Dès l'année 1860, Pasteur a établi que la Levure de bière (*Saccharomyces cerevisiæ*) (fig. 374) se développe normalement dans le milieu suivant :

Eau distillée............	1 litre.
Sucre candi.............	100 grammes.
Tartrate d'ammonium.....	1 gramme.
Phosphate acide de potassium...................	1 à 2 grammes.
Phosphate neutre de calcium..................	1 à 2 —
Sulfate de magnésium....	0^{gr},10 à 0^{gr},20

On peut aussi dans ce liquide remplacer les trois derniers corps (les deux phosphates et le sulfate) par 10 grammes de cendres de Levure.

En 1870, M. Raulin (1), élève de Pasteur, a entrepris des recherches analogues sur une Moisissure, le *Sterygmatocystis nigra* (fig. 375), et a déterminé la composition d'un liquide artificiel susceptible de donner à la plante tout l'aliment qui lui est nécessaire. Voici quelle est la composition de ce liquide qui a été souvent employé depuis à des expériences simi-

(1) Raulin, *Études chimiques sur la végétation*, 1870.

laires et que l'on désigne habituellement sous le nom de *Liquide Raulin* :

Eau distillée............	1 litre 1/2.
Sucre candi.............	70 grammes.
Acide tartrique.........	4 —
Nitrate d'ammoniaque....	4 —
Phosphate d'ammoniaque.	0^{gr},60
Carbonate de potasse ...	0^{gr},60
— de magnésie..	0^{gr},40
Sulfate d'ammoniaque...	0^{gr},25
— de fer...........	0^{gr},07
— de zinc..........	0^{gr},07
Silicate de potasse.......	0^{gr},07
Carbonate de magnésie..	0^{gr},07

Ce milieu est si bien adapté au *Sterygmatocystis nigra*, qu'il ne s'y développe aucune autre Moisissure dont cependant les germes existent toujours dans l'air en quantité innombrable. Admirablement bien nourri par cette solution, le *Sterygmatocystis* s'y développe avec rapidité et avec une force telle que tout autre organisme ne peut s'y développer concurremment.

Avec les plantes inférieures telles que Levures, Moisissures, Bactériacées, toutes plantes parasites dépourvues de chlorophylle, la méthode synthétique pour la détermination des éléments essentiels donne donc d'excellents résultats. Avec les plantes supérieures, les graines ont un volume appréciable; elles renferment une quantité souvent assez grande de matières de réserve, ce qui introduit dans l'expérience une cause d'erreur, tout l'aliment fourni à la plante ne provenant pas uniquement de la solution nutritive employée, mais aussi des réserves de la graine.

Voici, d'après Knop, la composition d'une

solution nutritive qui permet d'obtenir avec une *plante verte* des cultures vigoureuses :

Eau distillée......	1 litre.
Azotate de calcium..........	1 gramme.
— de potassium.........	0gr,250
Phosphate de potassium......	0gr,250
— de fer.............	traces.
Sulfate de magnésium........	0gr,250

Detmer indique une solution un peu différente :

Eau distillée................	1 litre.
Azotate de potassium........	1 gramme.
Chlorure de sodium..........	0gr,50
— de fer..............	traces.
Sulfate de calcium...........	0gr,50
— de magnésium.......	0gr,50
Phosphate tripotassique......	0gr,50

On place la solution dans un vase cylindrique, de capacité variable, suivant les cas. La plante est assujettie à travers le bouchon

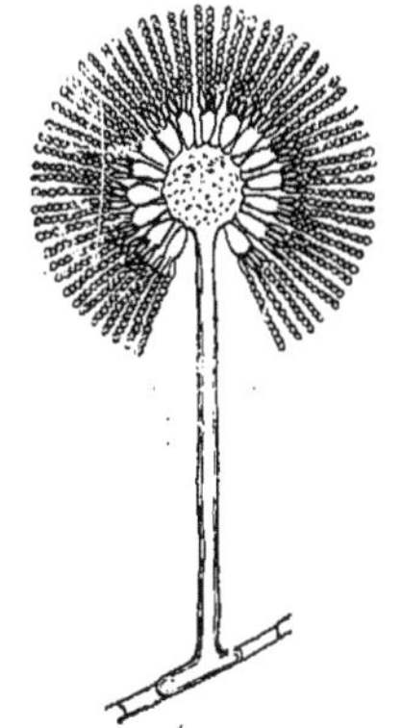

Fig. 375. — *Sterygmatocystis nigra.* Appareil sporifère (d'après Van Tieghem).

qui ferme le vase, en ayant soin que les racines plongent dans le liquide, sans que les parties de la graine contenant les réserves (cotylédons, albumen) soient immergées. Il est nécessaire d'exposer la plante à la lumière solaire, mais celle-ci ne doit point agir sur la solution afin d'éviter que des Algues s'y développent et viennent gêner l'expérience. On prend le soin de coller autour du vase un papier noirci d'un côté, la face blanche du papier étant tournée vers l'extérieur pour éviter un échauffement trop considérable. On aère la liqueur en y insufflant de l'air tous les trois ou quatre jours. Quand la moitié environ de la solution nutritive a été absorbée par la plante, on ajoute de

l'eau distillée et on ne renouvelle la solution qu'à des intervalles de temps assez éloignés. Afin d'activer le développement des radicelles, il faut avoir la précaution de retirer la plante du milieu nutritif pendant quelques jours et de ne lui fournir, durant ce temps, que de l'eau distillée.

Les solutions nutritives étudiées ci-dessus sont exclusivement minérales et renferment tous les éléments essentiels à la plante en expérience ; il faut cependant remarquer que le *carbone* est emprunté directement à l'atmosphère, sous forme de gaz carbonique, par la partie verte du végétal.

Composition élémentaire de l'aliment. — La méthode synthétique fournit les résultats suivants :

Des 12 corps simples révélés par l'analyse élémentaire comme indispensables à la vie de toute plante, 10 seulement doivent être considérés comme tels ; ce sont : le *carbone*, l'*oxygène*, l'*hydrogène*, l'*azote*, le *soufre*, le *phosphore*, le *calcium*, le *potassium*, le *magnésium* et le *fer*.

Le calcium toutefois est inutile à la végétation des organismes inférieurs tels que le *Sterygmatocystis nigra* et autres Moisissures. Mais, d'autre part, il est tellement indispensable à la vie des plantes vertes qu'on ne saurait hésiter à le ranger parmi les aliments essentiels.

Le *silicium* et le *chlore* ne sont que des éléments accessoires et leur nécessité n'est nullement générale.

Méthode mixte. — Cette méthode, qui a pris tout son développement de 1840 à 1850, est d'une importance capitale pour la pratique agricole ; c'est sur elle que repose l'emploi rationnel des amendements, des engrais et des assolements. Elle nous conduit à l'étude de la forme sous laquelle il est préférable de fournir l'aliment à la plante. Laissant de côté, sans oublier les résultats acquis, les méthodes de laboratoire qui nous ont donné la formule de l'aliment suffisant, nous allons rechercher la formule du meilleur aliment, de celui qui détermine la végétation luxuriante, le fourrage abondant, la récolte pesante. Le problème change d'aspect : il était problème de science pure, il devient problème de science pratique et on ne peut méconnaître sa grande importance.

FORME ASSIMILABLE DE L'ALIMENT

Pour cette étude, on choisit dans un champ d'expériences, dont le sol possède une compo-

Fig. 376. — Giroflée jaune (*Cheirantus Cheiri*, fixée sur un vieux mur.

sition homogène, deux parcelles de terrain égales, que nous désignerons pour plus de simplicité par les termes : parcelle A, parcelle B. On ajoute à la parcelle A un poids connu d'une substance définie dont on veut étudier l'influence, la parcelle B servant de terme de comparaison.

On sème en même temps un même nombre de graines de même poids et provenant de la même récolte. On cultive les deux parcelles de la même façon. On pèse les deux récoltes à l'état sec. Trois cas peuvent se présenter :

1° Les deux récoltes sont égales : la substance étudiée est indifférente, et la plante ne l'utilise en aucune façon pour son développement ;

2° La récolte de la parcelle A est la plus faible : la substance étudiée, loin d'être un aliment utile, est un véritable poison pour la plante ;

3° La récolte de la parcelle A est la plus forte : la substance ajoutée à la terre du champ est utile et doit être considérée comme un aliment.

Par cette méthode on a pu déterminer quels sont les corps composés qui, dans le sol, sont absorbés par la plante et lui fournissent les éléments indispensables à sa vie. A l'exception du carbone, tous ces éléments peuvent être absorbés dans le sol sous forme de composés minéraux : l'azote, l'hydrogène et l'oxygène peuvent être puisés soit dans le sol, soit en partie dans l'atmosphère ; le carbone, au moins chez les plantes vertes, est puisé dans l'atmosphère par les feuilles.

Éléments fournis exclusivement par le sol. — *Soufre.* — Le soufre est absorbé par les plantes sous forme de *sulfates* solubles, principalement les sulfates de potasse, de magnésie et le sulfate de chaux ou gypse.

Phosphore. — Le phosphore doit se trouver dans les sols sous là forme de *phosphates* solubles, phosphates acides de potasse, d'ammoniaque. L'*apatite* est un phosphate de calcium disséminé dans un grand nombre de roches et servant, après solubilisation, à la nutrition des plantes en phosphore.

On doit même à M. Pellet (1) la constatation expérimentale de ce fait qu'il existe un rapport entre la proportion d'acide phosphorique des plantes et celle de certains de leurs produits. Dans la Betterave, 100 kilogrammes de sucre entraînent 1 à 1,2 kilogramme de cet acide qui ne peut être remplacé, d'où « toutes les fois qu'il manquera dans le sol *un* d'acide phosphorique, on empêchera la formation de 100 kilogrammes de sucre ». Cette proportion est cinq ou six fois plus faible que celle de la potasse qui est également nécessaire ; donc l'utilité, pour la Betterave, de l'acide phosphorique est cinq ou six fois plus grande que celle de la potasse.

(1) Pellet, *Études nouvelles sur la composition des végétaux* (*Ann. agronom.*, 1879).

Métaux. — Les métaux indispensables à la plante, potassium, calcium, magnésium et fer sont absorbés à l'état de sels solubles, sulfates, phosphates, nitrates, carbonates ; le fer en particulier est utilisé à l'état de chlorure. Le fer a pendant longtemps été considéré comme indispensable à la formation de la chlorophylle. « Eusèbe Gain, en imprégnant des feuilles jaunes d'une solution de sulfate de fer (vitriol vert), les vit au bout de quelques jours reprendre leur couleur verte : la matière verte étant aussi indispensable aux plantes que le sang chez l'homme et les animaux, il conclut, par analogie, que le fer n'était pas moins nécessaire à la guérison de la chlorose végétale qu'à celle de la chlorose humaine et que le fer donne la couleur verte aux plantes comme il augmente la couleur rouge du sang de l'homme et rend la santé aux anémiques.

Il est bien facile d'expliquer le verdissement dû au vitriol vert. La feuille renferme du tannin qui, en s'unissant au fer, forme du tannate de fer de couleur verte. Le résultat d'Eusèbe Gain est d'ordre chimique et nullement physiologique : il a teint ses plantes purement et simplement.

« Quand on badigeonne un arbre chlorotique avec une dissolution ferrugineuse, il est logique de penser que le fer ainsi introduit à profusion déterminera une guérison radicale. L'année qui suit l'opération, l'arbre est au moins aussi languissant que par le passé ; la médication à laquelle on l'a soumis précédemment est donc d'une efficacité bien contestable ; nous ajouterons que les arbres souffrent de la chlorose aussi bien dans les sols riches en fer que dans ceux qui n'en renferment qu'une faible quantité (1). »

Cependant on a observé l'heureuse influence exercée sur le reverdissement de jeunes plants de Haricots ou de Pois par une solution très diluée de perchlorure de fer ; l'action est alors indirecte, car la chlorophylle cristallisée ne contient pas de fer.

Chlore. — Les chlorures de potassium et de sodium sont pour la plante les sources de chlore ; on sait que les agronomes allemands fournissent le premier de ces sels au sol pour l'enrichir à la fois en chlore et en sels potassiques. Le chlorure de sodium donne souvent du chlorure de potassium par réaction avec le carbonate de potassium de la terre.

(1) Schribaux et Nanot, *Éléments de botanique agricole*, p. 22.

Silicium. — Le silicium est surtout absorbé à l'état de silicates alcalins solubles. Et, à ce propos, il est bon de faire remarquer que les racines ont une action évidente sur la solubilisation de certaines matières minérales, principalement phosphates, carbonates et silicates.

Digestion par les racines. — Si on dispose sur une plaque de marbre bien unie un vase à fleurs dont le fond, percé en plusieurs endroits, laisse passer les racines d'une plante en végétation, on ne tarde pas à voir les racines émerger de dessous le vase, pour chercher à atteindre le rebord de la plaque de marbre et continuer à croître en direction descendante. Si l'expérience a été assez prolongée, on observe en retirant le vase à fleurs que la surface du marbre est creusée de sillons correspondant aux racines ; quelquefois même des racines ont pénétré dans le marbre en s'y frayant lentement un chemin par corrosion.

Nous avons observé, près de Berzé-la-Ville (Saône-et-Loire), une dalle de calcaire résistant que les ravinements avaient peu à peu déchaussée et qui se montrait traversée de part en part par une racine (très probablement une racine de Chêne) ; celle-ci avait dû pénétrer dans la dalle en la rongeant, car cette dalle ne présentait aucune fissure.

On peut remarquer sur les murs de l'enceinte extérieure de la vieille cité de Carcassonne, particulièrement près de la Tour de la Peyre et de la porte Narbonnaise, des touffes vigoureuses de Giroflées des murailles dont la couleur vive tranche avec les tons sombres de la pierre (fig. 376). Or les matériaux de cette remarquable construction sont des grès assez durs, mis en place au XIIIe siècle, détériorés par les intempéries des saisons et les Giroflées ont pu s'y fixer fortement.

Il est assez fréquent, dans la région alpine qui environne le mont Blanc, d'observer des Pins dont les racines pénètrent des roches très dures, de nature feldspathique. Nous avons rencontré, près d'Argentières (Haute-Savoie), non loin de la route qui, venant des gorges du Trient, conduit à Chamounix, un Pin dont les racines pénétraient et étreignaient un bloc presque entièrement feldspathique, recouvert seulement de quelques Mousses ; la kaolinisation du feldspath par les racines du Pin, par les poils rhizoïdes des Mousses et par le gaz carbonique de l'atmosphère dans les parties nues, affectait les mêmes caractères ; la potasse du feldspath était devenue carbonate de potassium, absorbé par les végétaux ou bien lavé par les pluies, le silicate d'alumine hydraté restant seul à l'état de kaolin ou simplement d'argile colorée.

Éléments fournis à la fois par le sol et par l'atmosphère. — *Carbone.* — Les plantes vertes puisent le carbone dans l'atmosphère où il existe sous la forme de gaz carbonique ; par leur chlorophylle, elles décomposent ce gaz et assimilent le carbone, comme nous le verrons plus loin. Les plantes non vertes absorbent les composés carbonés organiques qu'elles puisent dans la sève, dans les tissus de leur hôte, ou bien dans les matières organiques en voie de décomposition.

Hydrogène. — L'hydrogène est absorbé par la plante sous forme d'eau puisée dans l'atmosphère et dans le sol. L'hydrogène pénètre également dans la plante sous forme de sels ammoniacaux et de composés organiques.

Oxygène. — L'oxygène entre dans les végétaux à l'état libre par le phénomène de la respiration. Dans le sol il est absorbé par les racines à l'état d'eau, d'oxydes, de sels oxygénés et aussi de composés organiques.

Azote. — L'azote des plantes a pour origine les composés azotés qu'elles trouvent dans le sol : ce sont d'abord des composés organiques que la plante absorbe faiblement, puis des sels ammoniacaux et surtout des nitrates. C'est sous cette dernière forme que les végétaux profitent le mieux de l'azote.

L'azote libre de l'atmosphère peut être utilisé directement par certaines plantes, les Légumineuses, dans certaines conditions, pour leur alimentation. Nous reviendrons plus loin, dans un chapitre spécial, sur cette question de l'absorption de l'azote par les plantes, et sur la circulation de l'azote dans la nature par la régénération des nitrates dans le sol, lorsque celui-ci s'appauvrit.

COMPOSITION DU SOL VÉGÉTAL

La plante puise par ses racines la plus grande partie de ses aliments dans le *sol*, c'est-à-dire dans la couche de *terre arable* que les instruments agricoles, charrue, bêche, permettent d'attaquer. Cette couche a une épaisseur très variable, en moyenne 25 à 30 centimètres, comme on peut assez souvent l'observer sur les coupes fraîches des déblais ; elle est de quelques centimètres seulement sur les pentes de beaucoup de collines et de montagnes ;

elle peut au contraire atteindre et dépasser 1 mètre dans les plaines d'alluvions. Le sol repose sur le *sous-sol*, dont il n'est souvent que la transformation sur place, et la nature de ce sous-sol est importante à connaître ; elle se trouve indiquée sur les cartes géologiques par la nature des affleurements des roches dont la terre est formée. Les racines y pénètrent souvent, car leur longueur, comme l'indiquent les exemples suivants, dus à M. Orth (1), est relativement grande :

Nom de la plante.	Longueur des racines.
Luzerne blanche	2^m,65
Colza	1 ,65
Navet	1 ,13
Betterave	1 ,38
Avoine	1 ,27
Orge	1 ,35
Blé	1 ,09
Lupin	1 ,38

Le sol ou terre végétale peut être considéré comme un mélange de quatre éléments principaux : le *sable*, l'*argile*, le *calcaire* et l'*humus*, dans les proportions moyennes suivantes pour les *terres franches* :

Sable	50 à 60
Argile	20 à 30
Calcaire	5 à 10
Humus ou terreau	5 à 10

Sable. — Le sable provient de la désagrégation très lente par les eaux et l'atmosphère de roches dures, telles que le granit, les porphyres ; il contient, plus ou moins modifiés, les éléments de ces roches, le *quartz* (silice cristallisée) ou cristal de roche et le feldspath, lui-même formé de silice, d'alumine, de potasse ou de chaux. Le sable donne au sol de la perméabilité, il l'ameublit ; en excès il donne une *terre sableuse*, ou *terre légère*, facile à cultiver, mais exigeant de nombreux arrosages ; ces terres conviennent à la culture maraîchère ; la pomme de terre, le seigle y végètent bien. Un grand excès de sable rend la terre impropre à la culture et il suffit d'avoir parcouru nos landes de Gascogne pour le comprendre ; le sol, presque aussi meuble que le sable de rivière mis en tas, devient brûlant sous les rayons du soleil que les Pins arrêtent très insuffisamment ; vienne la pluie, l'eau s'infiltre dans le sable et on peut, après quelques instants d'attente, se promener sans crainte d'être mouillé autrement que par les gouttes d'eau qui tombent des frondaisons élevées des arbres et par celles qui

(1) Cité par E. Gain, *Précis de chimie agricole*, p. 43.

perlent sur les rares végétaux des sables, les Ajoncs épineux (fig. 377) et quelques Fougères.

Argile. — L'argile, nommée aussi *terre glaise*, est un silicate d'alumine hydraté très impur, coloré souvent par des oxydes de fer.

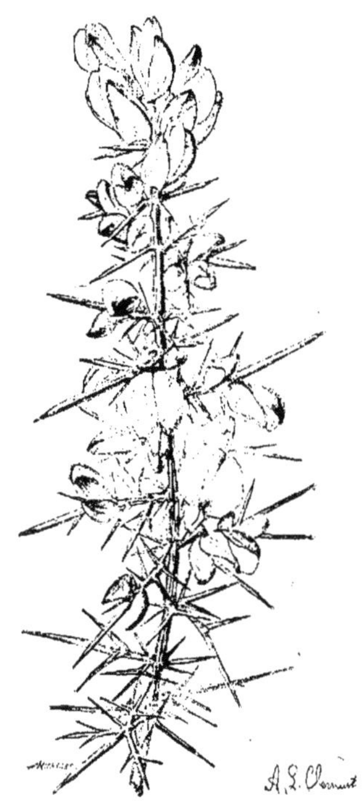

Fig. 377. — Ajonc (*Ulex europæus*) vulgairement appelé Vigneau ou Landier.

L'argile fait avec l'eau une pâte plus ou moins liante et rend le sol imperméable. Une terre contenant plus de 30 p. 100 d'argile est une *terre forte* ; lorsqu'il pleut, elle forme une pâte qui adhère aux instruments aratoires ; en été, au contraire, elle se fendille, se durcit, se divise devant le soc de charrue. Les terres argileuses doivent être travaillées au moment où elles ne sont ni trop sèches, ni trop humides ; le Blé, le Sarrasin y végètent bien.

Calcaire. — Le calcaire ou carbonate de calcium fournit à la plante le calcium dont elle a besoin. Les *terres calcaires* sont celles qui renferment plus d'un cinquième de carbonate de chaux; elles sont très meubles et la végétation y est languissante. Les terres *argilo-calcaires* sont meilleures et possèdent une compacité suffisante pour qu'on y puisse établir de bonnes prairies naturelles.

Humus. — Sous les noms d'*humus* ou de *matières humiques*, on désigne les matières noirâtres qui proviennent de la décomposition des matières organiques, telles que le fumier ou les débris de végétaux qui restent dans le sol après la récolte.

Certaines terres sont très riches en humus, par exemple celles qui forment la couche superficielle des sous-bois; cette couche est toujours couverte, le vent ne peut envoler les feuilles humides, le soleil ne peut les dessécher complètement et les feuilles restent à l'état d'humus. Le fumier de ferme produit les mêmes résultats dans les sols découverts. L'humus, qui ameublit les terres fortes et qui donne du corps aux terres légères, agit en partie en retenant l'eau dans le sol.

Amendements. — Étant donné que l'analyse chimique d'un sol a fait connaître sa composition, par suite ses qualités et ses défauts, on peut le modifier pour l'améliorer et le préparer en vue d'une culture déterminée. Pour cela, on ajoute au sol les éléments qui lui manquent: lorsqu'une terre est trop forte, on l'améliore en y mélangeant une certaine proportion de sable, de même qu'on remédie à la trop grande perméabilité d'une terre légère en y ajoutant de l'argile. Si une terre renferme moins de 1 à 2 p. 100 de calcaire, on *chaule* ou on *marne*; les champs à Légumineuses seront plâtrés.

Engrais. — Les plantes puisant dans le sol certaines substances utiles, à l'exclusion d'autres substances inutiles, le sol est par cela même appauvri et ne permet plus l'établissement d'une végétation aussi luxuriante que celle qui a fourni la première récolte. Plusieurs moyens ont été ou sont employés pour remédier à cet inconvénient; l'un d'eux, le plus simple, consiste à fumer la terre, c'est-à-dire à répandre sur la terre les matières plus ou moins fermentées provenant des déchets de la ferme. Ce moyen est insuffisant, car il est clair que les déchets de la ferme, provenant tous de l'utilisation seulement partielle des produits de la récolte, sont en quantité inférieure à ces produits et ceux-ci représentent, au moins en matière minérale, l'emprunt fait au sol. Aussi, l'emploi du fumier seul nécessite-

t-il l'emploi simultané des méthodes de cultures dénommées : culture en *jachère*, et *alternance des cultures* ou *assolements*.

A ces pratiques de culture dont nous allons parler, on substitue de plus en plus la méthode de culture dite : *culture intensive*, qui exige l'emploi raisonné de matières fertilisantes ou *engrais*, soit minéraux, soit organiques.

Mais nous comprendrons mieux les comparaisons à établir entre ces diverses études si nous connaissons les aliments préférés par chaque plante, si nous connaissons ce qu'on appelle sa *dominante*.

Les dominantes. — Voici ce que Schribaux et Nanot (1) disent au sujet des dominantes des plantes.

« Toutes les plantes n'ont pas les mêmes exigences; l'une absorbe beaucoup de potasse, une autre réclame une plus grande quantité de phosphates, une troisième préfère les engrais azotés. On appelle dominante d'une plante la matière pour laquelle cette plante manifeste une certaine prédilection.

« L'azote est la dominante des Céréales et des Pommes de terre; l'acide phosphorique est la dominante des Betteraves; la potasse celle des Légumineuses. A ces exemples, empruntés aux plantes agricoles de peu de durée, nous pouvons en joindre d'autres s'appliquant aux arbres: le Châtaignier (*Castanea*), le Chêne-liège (*Quercus suber*), le Chêne occidental, le Pin maritime (*Pinus maritima*), le Pin laricio (*Pinus laricio*), sont des espèces préférentes calcifuges; le Cormier (*Sorbus*) est, au contraire, une espèce préférente calcicole. On voit, par ce qui précède, que les plantes sont pour le sol des agents analysateurs, permettant par leur abondance et leur vigueur de préjuger sa composition chimique; elles dénotent aussi son degré d'humidité et même la valeur de l'eau qui l'imprègne ou l'inonde.

« Les Rhinanthes, les petites Fétuques, les Plantains, les Centaurées, la Flouve odorante (*Anthoxantum odoratum*) abondent dans les prairies sèches. C'est dans les prairies humides qu'on trouve la Ficaire (*Ficaria*), la Renoncule flammette (*Ranunculus flammula*).

« Nous allons encore citer quelques exemples empruntés aux plantes spontanées. Des Prêles (2) indiquent par leur présence un sol siliceux et humide; le Cresson, un sol calcaire et humide; le

(1) Schribaux et Nanot, *Éléments de botanique agricole*, p. 27.
(2) Voy. figure 1708 du *Monde des Plantes*, II, p. 752.

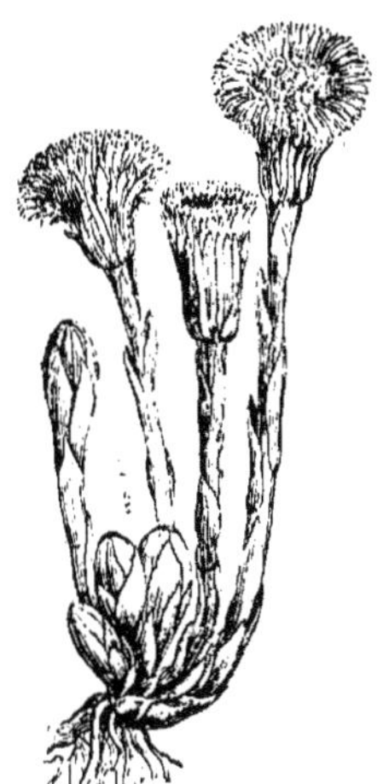

Fig. 378. — Tussilage Pas-d'âne
(*Tussilago farfara*).

Fig. 379. — Cresson de fontaine
(*Nasturtium officinale*).

Tussilage Pas-d'âne (*Tussilago farfara*)(fig. 378) croît dans les sols argileux ; l'Orobanche rouge (*Orobanche rubens*) caractérise une région trappéenne et basaltique. Les mineurs recherchent des gîtes de zinc où végète la Violette calaminaire ; les cultivateurs du pays de Caux sont assurés que leurs champs ont besoin d'amendements calcaires lorsque la petite Oseille (*Rumex acetosella*) y prospère ; l'Élyme (*Elymus*) et le Roseau des sables ne se rencontrent que sur les plages sablonneuses. Les eaux non aérées se couvrent de Conferves ; les eaux acides qui sortent des forêts et des tourbières sont peuplées de Carex, de Joncs et de Salicaires. L'abondance des Patiences dénote une eau de qualité moyenne. Les eaux d'excellente qualité nourrissent le Cresson de fontaine (*Nasturtium officinale*) (fig. 379), le Cresson de cheval, le Myosotis des marais (*Myosotis palustris*), la Fétuque flottante.

« Les marchands ont habilement profité de la découverte des dominantes ; ils ont préparé des engrais pour telle ou telle plante. L'idée en soi est excellente ; mais il faut bien remarquer qu'avec ces engrais, on admet que tous les sols se trouvent dans les mêmes conditions, présentent la même composition chimique. Le mieux est de faire l'analyse du sol, ou encore d'en charger les plantes à dominantes connues, puis de faire soi-même ses mélanges, qui pourront alors être rationnellement choisis. »

Jachère. — La pratique de la jachère, presque complètement abandonnée aujourd'hui et avec juste raison, montre comment, par simple empirisme, profitant d'expériences séculaires, nos pères ont su pallier leur manque d'engrais et approprier judicieusement leurs procédés de culture aux conditions dans lesquelles ils se trouvaient. Pendant une année entière, la terre ayant reçu la quantité de fumier dont on dispose à la ferme, cette terre est labourée, débarrassée des mauvaises herbes, mais non ensemencée. Ainsi exposé à l'air, sous l'influence des ferments qui pullulent dans le sol, l'humus subit une transformation profonde ; il s'enrichit en produits azotés, en sels ammoniacaux, comme nous le verrons dans le chapitre intitulé : *l'Azote*. Ce travail intime du sol n'est possible que si la terre est ameublie et par suite bien aérée ; or, pour des terres argileuses en particulier, nous avons vu que le passage de la charrue ou de la herse ne pouvait se faire en tout temps. Laissant la terre nue, on a toute facilité pour choisir le moment opportun. De plus, le sol étant nu reste humide, puisque l'évaporation par les végétaux est supprimée et la métamorphose qui rend l'azote assimilable se poursuit sans interruption.

« La pratique de la jachère disparaît peu à

peu, elle n'a plus de raison d'être ; nous faisons précéder la culture du Blé de plantes assez écartées pour que le passage des instruments employés à la destruction des mauvaises herbes soit toujours facile ; en outre, nous disposons d'une quantité d'engrais suffisante pour qu'il ne nous soit plus avantageux de tirer exclusivement, de la transformation de l'humus du sol, les nitrates qu'utilisent nos récoltes, en payant cette transformation de la perte d'une année de récolte (1). »

Assolement. — On pratiquait, et on pratique encore, dans certaines provinces françaises, l'assolement triennal qui consiste dans l'utilisation du sol, par périodes de trois ans, d'une façon déterminée. Ainsi, dans l'ancien assolement triennal, remontant dit-on à Charlemagne, on laisse la terre en jachère pendant une année ; à l'automne, on sème le Blé, on récolte durant les deux années suivantes ; le cycle ainsi parcouru est repris pendant les périodes triennales consécutives.

Dans cette pratique de culture, pour déterminer la nature des végétaux ainsi alternés, on peut se guider sur plusieurs considérations, dont les principales sont : la nature du terrain ; la qualité et l'abondance des engrais dont on dispose ; la longueur des racines des végétaux cultivés, on alternera par exemple des plantes à pivot puissant utilisant le sol dans sa profondeur et des plantes à racines chevelues empruntant leurs aliments à la surface de la terre.

On intercale souvent dans l'assolement une année de culture de certaines Légumineuses, appelées plantes améliorantes, à cause de l'enrichissement en azote qui en résulte pour le sol (2).

« Actuellement, dans la région septentrionale de la France, la culture du Blé est précédée de celle des Betteraves ou des Pommes de terre, naguère de celle du Colza ; dans le Midi, du Maïs à graine. Toutes ces plantes, appartenant à des familles différentes, présentent au point de vue agricole un caractère commun, les pieds sont assez écartés les uns des autres pour que des houes à cheval, ou encore, si la main-d'œuvre n'est pas chère, pour que des ouvriers, armés de la raclette, puissent, à plusieurs reprises, couper, détruire les mauvaises herbes, qui, sur les sols

bien pourvus d'engrais, pullulent, dominent et finiraient, si on ne les combattait énergiquement, par réduire la récolte ; toutes les cultures qui permettent ce travail sont désignées sous le nom de plantes sarclées.

« Dans le Nord, le Pas-de-Calais, la Somme, l'Aisne, l'Oise, Seine-et-Marne, à part quelques régions consacrées au Trèfle ou à la Luzerne, on ne cultive guère que deux plantes, la Betterave et le Blé, qui se succèdent indéfiniment. Les praticiens disent de la Betterave qu'elle paye bien sa fumure, c'est-à-dire que sa récolte croît avec la quantité d'engrais répandue... Le Blé, qui succède aux racines, arrive donc sur un sol enrichi par la fumure prodiguée aux Betteraves ; en outre, celles-ci sont des plantes bisannuelles ; au moment où on les arrache au mois d'octobre, elles sont encore en pleine vigueur, et les débris qu'on laisse sur le sol, collets garnis de feuilles, extrémité de la racine, donnent, en se décomposant dans le sol où ils sont enfouis, de l'ammoniaque dont le Blé profite. Dans les terrains secs, où la réussite de la Betterave n'est pas assurée, on lui substitue, comme plante sarclée précédant le Blé, la Pomme de terre. »

Culture intensive. — Cette méthode de culture, très employée actuellement, a pour but de faire produire au sol le maximum de récolte. La plante, empruntant au sol les éléments qui sont ceux de sa dominante, celui-ci est, par suite, épuisé en ces éléments ; la loi de restitution nous oblige à rendre au sol ce qu'il a perdu par les récoltes. Les substances fertilisantes employées à cet effet sont appelées des *engrais* ; les uns sont minéraux, les autres sont organiques.

Engrais minéraux. — Les engrais minéraux sont répandus sur le sol sous la forme de sels solubles ou sous la forme de sels facilement solubilisables par les racines. Ils comprennent essentiellement : 1° des matières azotées, nitre de potassium ou de sodium, sels ammoniacaux ; 2° des composés du phosphore, superphosphates de calcium surtout ; 3° des sels potassiques, chlorure ou nitrate de potassium ; 4° enfin de la chaux, introduite comme amendement à l'état de calcaire, quelquefois sous la forme de gypse. Ces engrais doivent être très judicieusement fournis au sol ; ainsi les cultivateurs habiles fortifient leur Blé avec 100 ou 200 kilogrammes de nitre à l'hectare, répandus sur le sol au printemps. Le tableau

----

(1) P.-P. Dehérain, *Les plantes de grande culture,* p. 9 et suiv.
(2) P.-P. Dehérain, *loc. cit.,* p. 16.

suivant, que nous empruntons à E. Gain (1), montré comment la connaissance des dominantes des plantes guide dans l'emploi des engrais :

Dominantes des plantes de grande culture.

PLANTES.	DOMINANTE.	SEL CHIMIQUE CORRESPONDANT.
Betterave....... Prairies natu-relles........ Colza.......... Froment....... Orge.......... Avoine........ Seigle......... Chanvre....... Maïs.......... Sarrasin.......	Azote.	Nitrate de potasse. Nitrate de soude. Sulfate d'ammoniaque.
Turneps........ Rutabagas...... Sorgho......... Navets......... Topinambours..	Acide phospho-rique.	Superphosph. de chaux. Phosphate précipité. Phosphate naturel.
Luzerne .... Trèfles......... Fèveroles....... Haricots........ Pois........... Sainfoin........ Vesces......... Lin........... Pommes de terre.	Potasse.	Chlorure de potassium. Carbonate —.. Sulfate — Nitrate de potasse.

Il est de plus établi que, parmi ces quatre éléments nécessaires à toutes les plantes, la suppression de l'un d'eux (la dominante) nuit beaucoup à l'action de tous les autres. Les quelques figures que nous empruntons à Georges Ville (fig. 380 à 390) montrent suffisamment l'influence prépondérante de certains engrais sur le développement des végétaux.

Le mode de répartition des engrais n'est pas indifférent ; souvent on se contente de répandre cet engrais à la surface du sol, puis de l'incorporer à la terre par un hersage et des labours. Tandis que les phosphates sont répandus sur le sol au moment de la préparation de la terre, les nitrates et les sels ammoniacaux sont abandonnés en couverture au printemps. Quelquefois, en particulier pour la Pomme de terre, on sème l'engrais en ligne, au fond du sillon qui recevra plus tard les tubercules.

Engrais organiques. — Ces engrais, dont la liste ne peut que difficilement être faite, comprennent : le fumier de ferme ; les déchets résultant de la vie de l'homme et des animaux ; les résidus industriels, tels que tourteaux d'olives, sang desséché, résidus du traitement des cossettes de Betteraves par la méthode de diffusion, etc.

A ces matières il faut joindre les engrais verts, c'est-à-dire les cultures dérobées d'automne que l'on enfouit sur pied, soit en totalité, soit en partie.

LES ALIMENTS DE L'ATMOSPHÈRE

De tout temps, on a reconnu l'influence bienfaisante et nécessaire de l'air, de la lumière sur les plantes ; mais il y a très peu d'années que l'on connaît bien la nature des phénomènes d'échange dont l'air est la source. Les anciens, unissant dans une même étude tous les êtres, tant animaux que végétaux, disaient, l'animal respire, le végétal respire ; mais ils n'avaient aucune idée du phénomène de respiration. La composition de l'air leur était inconnue, et avant les mémorables travaux de Lavoisier, les hypothèses les plus contradictoires furent émises pour tenter d'expliquer le rôle du fluide vital, de l'air salubre.

Lavoisier, ayant analysé l'ouvrage de Charles Bonnet (2), fit la réflexion suivante : « On dira peut-être que si l'air est la source où les végétaux puisent les différents principes que l'analyse y découvre, ces mêmes principes doivent exister et se retrouver dans l'atmosphère. Je répondrai que, quoique nous n'ayons point encore d'expériences démonstratives en ce genre, on ne saurait douter cependant que la partie basse de l'atmosphère, celle dans laquelle croissent les végétaux, ne soit extrêmement composée. Premièrement, il est probable que l'air qui en fait la base n'est point un être simple, un élément..... »

Tels sont les termes dans lesquels Lavoisier posa le problème de la composition de l'air. On sait de quelle merveilleuse façon il résolut ce problème et, en même temps, celui de la respiration des êtres vivants.

Ainsi définie par les travaux de Lavoisier, la respiration est le phénomène par lequel la

(1) E. Gain, *Précis de chimie agricole*, p. 349.
(2) Bonnet, *Sur les fonctions des feuilles dans les Plantes.*

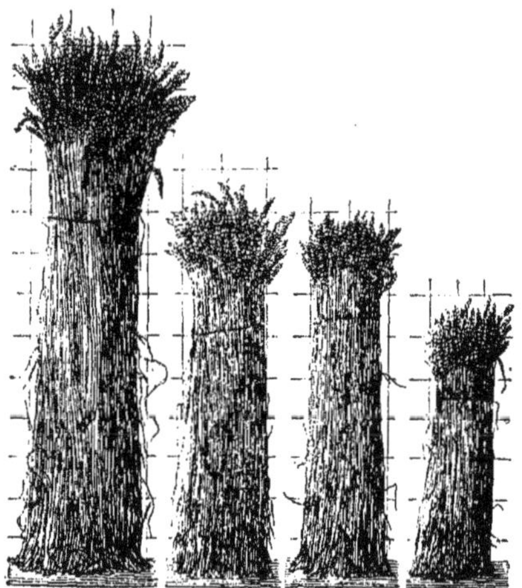

Fig. 380. — Engrais complet.
Fig. 381. — Matière azotée.

Fig. 382. — Minéraux.
Fig. 383. — Sans aucun engrais.

Fig. 380 à 383. — Dominante : Culture du Blé.

plante absorbe de l'oxygène, combure aux dépens de cet oxygène le carbone et l'hydrogène introduits d'autre part dans ses tissus, puis exhale le gaz carbonique et la vapeur d'eau qui résultent de cette combustion. Certes le problème recevait là une solution partielle ; il restait à expliquer le rôle, depuis longtemps connu, des plantes agents purificateurs de l'atmosphère, dans certaines conditions.

Nous empruntons à Boussingault(1) les lignes suivantes, qui montreront de quelle idée directrice sont partis les naturalistes pour découvrir la fonction chlorophyllienne.

« Dans l'état actuel de nos connaissances sur les phénomènes chimiques de la végétation, nous savons qu'immédiatement après la germination, lorsque la plante est née de la graine, ses organes, en agissant sur le gaz carbonique de l'atmosphère, peuvent, sous certaines conditions de chaleur et de lumière, s'en assimiler le carbone ; de plus, il est reconnu que ces

mêmes organes fixent en même temps les éléments de l'eau.

« Ainsi, une graine soumise à l'action de l'air, de l'eau, de la lumière et d'une certaine température, germera, développera une plante qui, au moyen de ces seules ressources, pourra, sinon acquérir un développement complet, s'en approcher beaucoup, fleurir, par exemple, et donner des indices de fructification. Durant le cours de cette végétation, la graine produira une plante qui pèsera beaucoup plus que ne pesait la graine employée, le tout étant supposé au même état de dessiccation. C'est une expérience qui a été faite pour la première fois par M. de Saussure, en faisant germer et végéter des Fèves dans le sable siliceux et arrosé avec de l'eau distillée. En soumettant au même régime des semences de Trèfle, j'ai obtenu un résultat semblable ; 10 de graine ont produit une récolte qui a pesé 26 ».

Le résultat de cette expérience est facile à comprendre si on l'examine à la lumière des données positives actuellement acquises : La fonction chlorophyllienne, dévolue à la partie verte des plantes, est le phénomène par lequel

(1) Boussingault, *Recherches chimiques sur la végétation, entreprises dans le but de déterminer si les plantes prennent de l'azote à l'atmosphère* (C. R. Acad. des Sc., 22 janvier 1838).

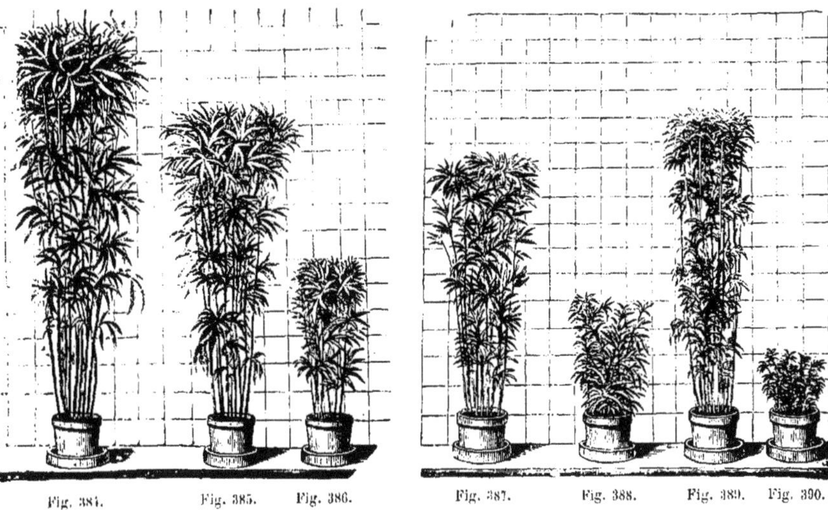

Fig. 384. — Engrais intensif, 100 kilos d'azote.
Fig. 385. — Engrais complet, 75 kilos d'azote.
Fig. 386. — Sans azote.
Fig. 387. — Engrais sans phosphate.

Fig. 388. — Engrais sans potasse.
Fig. 389. — Engrais sans chaux.
Fig. 390. — Terre sans aucun engrais.

Fig. 384 à 390. — Dominante : Culture du Chanvre.

le végétal, ayant absorbé le gaz carbonique de l'air, le décompose en utilisant certaines radiations solaires ; le carbone de ce gaz est assimilé à l'état de carbone de matière organique, glucose, amidon, etc., tandis que l'oxygène est rejeté.

A l'époque même où nous venons de relater les premiers travaux relatifs à la fonction de la chlorophylle, il est digne de remarquer que l'on se préoccupait déjà de la question de l'azote, et cela à propos de la constatation faite ci-dessus pour les plantes dites améliorantes. Voici, du reste, la façon très originale dont Boussingault envisage la question (1) :

« Mais si les cultures épuisent généralement le sol, il en est aussi qui le rendent plus fécond : celle du Trèfle, par exemple, est dans ce cas. Il paraît qu'en laissant ses racines dans le terrain, en y enfouissant, comme cela se pratique communément, la dernière pousse, on rend au sol une quantité de matière organique plus forte que celle à la formation de laquelle il a

(1) Boussingault, *loc. cit.*

contribué, et qu'on a enlevée comme fourrage ; ainsi, tout compte fait, le sol a reçu de l'atmosphère plus qu'il n'a fourni à la plante récoltée.

« Toute récolte verte enfouie dans le sol l'enrichit. La quantité de matière organique introduite par la semence est si minime qu'on peut tout à fait la négliger, et l'effet utile de cette pratique est évidemment produit par l'introduction dans le sol des éléments que la plante a soustraits à l'atmosphère.

« Dans plusieurs établissements agricoles, c'est réellement à l'atmosphère que l'agriculteur emprunte les principes féconds qu'il répand sur son terrain..... Je prendrai pour exemple une ferme consacrée à la culture des Céréales, possédant par conséquent un nombre assez limité de bestiaux ; on connaît par expérience la quantité d'engrais indispensable, ainsi que le rapport qui doit exister entre la surface cultivée en fourrage et celle destinée à la culture du produit marchand. Je suppose l'établissement tout formé. Chaque année on exportera du froment, du caséum, quelques pièces de bétail. Ainsi il y aura exportation constante de produits azotés sans qu'il y ait une importation appréciable de la même matière. Cependant la fertilité du sol ne s'affaiblira pas. On voit que dans de semblables conditions la matière organique continuellement exportée sera remplacée par la culture des plantes améliorantes, ou par les jachères, et l'art de l'agriculteur consiste à adopter l'assolement qui favorise le mieux et le plus promptement possible la transition des éléments de l'atmosphère dans le sol. »

Et l'auteur conclut ainsi :

« 1° En germant, le Trèfle et le Froment ne gagnent ni ne perdent d'azote ;

« 2° Pendant la germination, ces graines perdent du carbone, de l'hydrogène et de l'oxygène ;

« 3° Durant la culture du Trèfle, dans un sol absolument privé d'engrais, et sous la seule influence de l'eau et de l'air, cette plante prend du carbone, de l'hydrogène, de l'oxygène et une quantité d'azote appréciable par l'analyse ;

« 4° Le Froment cultivé exactement dans les mêmes conditions emprunte également à l'eau et à l'air du carbone, de l'hydrogène et de l'oxygène ; mais après une culture de trois mois l'analyse n'a pu constater un gain ou une perte d'azote. »

Ces conclusions, quoique incomplètes, sont entièrement justes ; elles serviront de base à l'étude que nous devrons faire de l'assimilation de l'azote de l'air par les plantes légumineuses.

Si maintenant, résumant ce qui vient d'être dit des échanges gazeux qui s'effectuent entre l'air et la plante, et y ajoutant les échanges relatifs à la vapeur d'eau, faciles à observer, nous cherchons à conclure, nous arrivons à cette remarque : des quatre principes constituants de l'atmosphère, trois sont absorbés par les végétaux ; ce sont : l'oxygène, le gaz carbonique, et l'azote dans certains cas ; trois sont rejetés, le gaz carbonique, l'oxygène et la vapeur d'eau.

La division de l'étude en résulte. Nous examinerons successivement les quatre questions suivantes :

1° La respiration (chaleur végétale) ;

2° La fonction chlorophyllienne (assimilation du carbone) ;

3° La transpiration et la chlorovaporisation ;

4° La fixation de l'azote.

Circulation des gaz dans la plante. — Les phénomènes de nutrition gazeuse se passant au niveau des cellules de l'intérieur du végétal, et celles-ci étant enveloppées par des tissus presque imperméables, il est de toute nécessité que ces tissus présentent des points perméables aux gaz et que le végétal possède une atmosphère intérieure, sorte de réserve gazeuse. Les gaz, qu'ils soient pris à l'atmosphère ou qu'ils soient extraits de l'air dissous dans l'eau (par les plantes aquatiques), entrent dans la plante par les points suivants : les stomates de l'épiderme des feuilles (Voy. p. 148) et des tiges herbacées ; les lenticelles des racines et des tiges (Voy. p. 118 et fig. 211 et 212) possédant des formations secondaires. Ayant ainsi pénétré dans les chambres sous-stomatiques, ou dans les méats du tissu sous-jacent aux lenticelles, les gaz de l'air circulent dans les lacunes des parenchymes et constituent aux diverses cellules une atmosphère, véritable *milieu*, aux dépens duquel s'établissent les échanges de nutrition.

Si le gaz ne donne lieu à aucun échange, soit par son inutilité ou inertie, soit à cause du ralentissement des phénomènes vitaux, il reste dans la plante à l'état où il y est entré et sous la même pression ; pour lui, il n'y a pas de renouvellement nécessaire et possible, il n'y a pas de circulation ; c'est le cas de l'azote. Si, au contraire, le gaz est absorbé par les cellules, sa pression dans les tissus diminue et un appel de gaz extérieur en résulte ; dans le cas inverse, où le gaz est produit par les cellules, ce gaz osmose à travers la paroi de celles-ci, et, sa pression dans les lacunes intercellulaires augmentant, il y a dégagement de ce gaz à l'extérieur. Dans ces deux cas, il y a circulation gazeuse. Comme on le voit, la consommation d'un aliment règle son absorption, et la production d'un déchet de nutrition règle son dégagement.

RESPIRATION

Parmi les phénomènes de la vie, il en est quelques-uns dont la généralité et l'importance sont évidentes ; la respiration est le principal de ces phénomènes. Tout être respire, c'est-à-dire absorbe de l'oxygène, rejette du gaz carbonique et de la vapeur d'eau. Pour s'en convaincre, on place sous une cloche, contenant de l'air, une plante ou une partie quelconque de plante : racine, tige, bourgeons, feuilles, fleurs, fruits ou graines ; et on dispose à côté

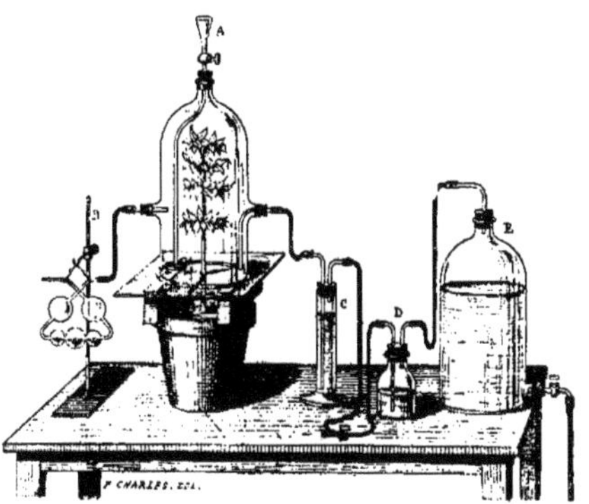

Fig. 391. — Appareil de Corenwinder pour l'étude de la respiration. — A, plante en expérience placée sous une cloche et à l'obscurité ; B, tube de Liebig dépouillant l'air de son acide carbonique à l'entrée dans la cloche ; C, laveur à eau de baryte recueillant l'acide carbonique produit par la respiration ; E, aspirateur servant à déterminer un courant d'air lent dans l'appareil.

du végétal un godet de verre contenant une solution limpide d'eau de chaux. Si la partie étudiée est verte, c'est-à-dire contient de la chlorophylle, on fait l'expérience à l'obscurité, ou, ce qui est mieux, on place sous la cloche une petite éponge imprégnée de chloroforme ou d'éther ; ces anesthésiques paralysent les corps chlorophylliens sans nuire à la fonction respiratoire. Après quelques instants, on observe, en même temps qu'un dépôt de buée à la surface intérieure de la cloche, une pellicule blanche de carbonate de chaux à la surface de l'eau de chaux. On comprend même qu'il soit possible de disposer l'expérience de telle sorte qu'on puisse effectuer des mesures (fig. 391) : le poids du précipité de carbonate fournit la quantité de gaz carbonique dégagé, l'oxygène absorbé se déduit de l'analyse de l'air de la cloche. On constate en même temps la non-absorption de l'azote.

Si on remarque qu'*un* volume d'oxygène, employé à brûler du carbone, donne *un* volume de gaz carbonique, en combustion théorique, tandis que l'expérience précédente indique toujours un volume d'oxygène absorbé supérieur au volume de gaz carbonique produit, on conclut à la fixation d'une certaine quantité, toujours petite il est vrai, de l'oxygène introduit dans la plante. Ce gain d'oxygène est d'environ un dixième du volume absorbé pour le Fusain. Malgré cela, le résultat pondéral du phénomène respiratoire est une diminution du poids du végétal, l'oxygène entraînant, sous forme de gaz carbonique, une partie du carbone que la plante possédait ; ainsi, une graine en germination perd de son poids, jusqu'au moment où le verdissement de ses parties aériennes lui permet d'assimiler du carbone de l'atmosphère.

Quoique diminuant la masse du végétal, la respiration n'est pas moins nécessaire ; si, dans l'expérience précédente, on attend que la plante ait absorbé une notable quantité de l'air renfermé sous la cloche, on observe la respiration dans l'air confiné, la plante paraît souffrir, elle dépérit, elle est *asphyxiée*, elle ne tardera pas à mourir. Cette asphyxie a une double cause, elle est due autant au manque d'oxygène qu'à la présence d'une trop grande quantité de gaz carbonique dans l'atmosphère de la cloche et par suite dans l'atmosphère intérieure de la plante.

Variations de la respiration. — L'intensité de la respiration subit des variations nombreuses, que l'on détermine en mesurant la quantité de gaz carbonique exhalé pendant un certain temps ; les principales causes de ces variations sont :

La nature de la plante. — Les feuilles des plantes annuelles (Céréales, Fève,...), les feuilles caduques de nos arbres (Marronnier) respirent très activement ; les feuilles persistantes des arbres toujours verts (Cyprès, Sapin) respirent beaucoup moins ; les plantes

Fig. 392. — *Pinus Pinea*. Groupe de deux arbres montrant le grand volume d'air occupé par le feuillage.

grasses (Cierges, Euphorbes grasses) ont une respiration à peine sensible.

L'âge de la plante. — Très active pendant la germination de la graine, la respiration diminue peu à peu quand le végétal se développe, tout en restant intense durant la période de croissance. A l'approche de la floraison, l'activité des échanges subit une augmentation passagère, puis elle diminue, surtout à la période de complète maturation des fruits. Chez les plantes vivaces, un premier maximum date l'éclosion des bourgeons, un deuxième se produit à la floraison.

La nature de l'organe. — En général, tout organe en voie de croissance rapide respire activement; les bourgeons à leur épanouissement, les fleurs (surtout les étamines et les pistils) donnent des maxima, les fleurs mâles respirant plus que les fleurs femelles. De plus, la respiration est d'autant plus active que la surface de l'organe considéré possède plus de stomates.

La température. — La respiration, comme tous les phénomènes vitaux, varie avec la température ; au-dessous de zéro, le phénomène est à peine perceptible, sauf chez quelques plantes (Blé, Epicéa); si la température s'élève, la respiration augmente, jusqu'à une certaine température où elle est maximum ; cette température, l'*optimum thermique*, est

de 45° pour les Pommes de terre, le plus souvent de 30° à 40°. Au delà, les échanges diminuent, et, à une température d'environ 50°, la respiration s'arrête.

La lumière. — Cette influence est difficile à étudier pour les plantes chlorophylliennes, car la variation d'intensité lumineuse agit fortement sur elles et de façon spéciale ; cependant, on peut dire que la lumière diminue la respiration.

Respiration des parties de la plante. — Les parties aériennes d'une plante sont plongées dans le milieu atmosphérique et, par suite, sont placées dans les conditions les plus favorables aux échanges gazeux; les arbres dont la frondaison est élevée (fig. 392) puisent l'oxygène dans un grand volume d'air; ils abritent les petits végétaux, mais laissent passer sous leurs branches une quantité d'air suffisante.

La respiration des racines est tout aussi nécessaire, et pour la faciliter le cultivateur ameublit son sol par l'addition de sable, par des labours et des hersages. Les gaz, mécaniquement interposés dans les sols, constituent ce qu'on appelle l'*atmosphère* du sol; elle est formée des gaz de l'air, avec un changement dans les proportions. Ainsi, tandis que la surface des sols meubles contient seulement un peu plus de gaz carbonique que l'air, environ

3 p. 10000), un sol ordinaire en contient 3 p. 100, et le sol de nos rues, recouvert d'asphalte, en contient jusqu'à 25 p. 100. Inversement, la proportion d'oxygène, qui dans l'air est de 21 p. 100, est dans les sols toujours inférieure à cette quantité ; elle peut même n'être que de 4 p. 100. Dans les villes, à Paris notamment, l'atmosphère du sol est très viciée ; sous les empierrements, les pavages, le bitume, le sol ne peut recevoir d'oxygène, et il garde le gaz carbonique provenant de la respiration des racines des arbres, des nombreuses fermentations ; de plus, il se sature lentement des gaz accidentellement introduits (on a constaté qu'une proportion de gaz d'éclairage, pouvant s'élever à un vingtième, était perdue dans les canalisations souterraines). Dans ces conditions, les racines sont dans un état asphyxique ; non seulement elles ne trouvent pas dans le sol l'oxygène qui leur est nécessaire, mais elles sont en présence de gaz toxiques. Aussi l'état des arbres est-il souvent languissant, et le nombre de ceux qui sont atteints d'asphyxie

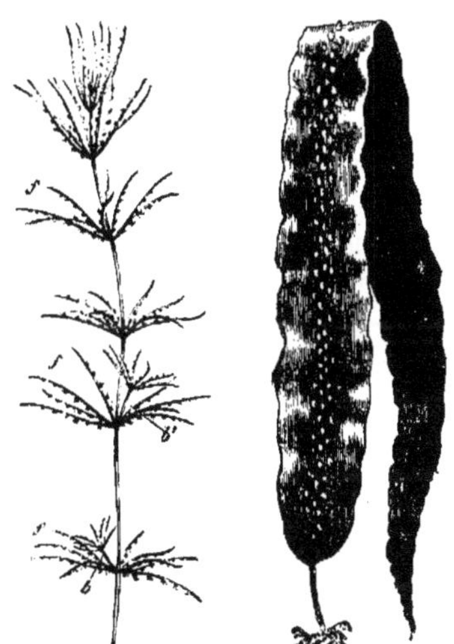

Fig. 393. — *Chara fragilis* (d'après Thuret). Portion supérieure de la plante montrant plusieurs verticilles de feuilles (*f*).

Fig. 394. — Laminaire saccharine (*Laminaria saccharina*). Fronde portant des organes reproducteurs et terminée par sa griffe d'adhésion.

est-il assez grand. Les Platanes souffrent particulièrement, leurs racines étant profondes et leur respiration active ; on évite leur dépéris-

sement en les élaguant à la cime, ce qui nuit beaucoup à la beauté de leur port. Les Marronniers, dont les racines sont peu profondes, se comportent mieux, surtout si on entoure la base de l'arbre d'une grille permettant l'accès de l'air.

Cas des plantes aquatiques. — Les plantes aquatiques (fig. 393 et 394), dont certaines parties au moins sont submergées, sont caractérisées par la réduction du nombre des stomates (Voy. p. 161 et suiv.), par l'abondance du parenchyme lacuneux et la grande dimension des lacunes ; il en résulte, pour la plante, la formation d'une atmosphère intérieure assez vaste. Cette atmosphère est constituée aux dépens de l'air dissous dans l'eau, appelé encore *air de l'eau*, qui contient : 34 p. 100 (environ 1/3) d'oxygène, 64 p. 100 (environ 2/3) d'azote, et 2 p. 100 de gaz carbonique ; cet air est, on le voit, plus riche en oxygène que l'air atmosphérique, qui n'en contient que 21 p. 100. Il faut aussi remarquer que la composition de l'air dissous est constante, quel que soit le niveau étudié, quelle que soit la région explorée ; la pression seule change.

L'atmosphère interne de la plante, que l'on étudie en chassant les gaz d'un petit bouquet d'Élodée au moyen du gaz carbonique de l'eau de Seltz, possède à peu près la même composition que l'atmosphère interne d'une plante ordinaire ; ce qui permet d'affirmer que les cellules des plantes aquatiques sont, à ce point de vue, placées dans les mêmes conditions que les cellules des autres plantes.

Résultat de la respiration. — La respiration, que l'on a quelquefois nommée la *nutrition en oxygène*, a pour résultat immédiat une diminution de poids du végétal, résultant de la perte du carbone et de celle d'une petite quantité d'hydrogène (exhalé à l'état de vapeur d'eau) ; elle comporte aussi, comme nous l'avons vu, un faible gain d'oxygène. Par les combustions intracellulaires qu'elle réalise, combustions qui sont des réactions chimiques exothermiques, elle engendre de l'énergie. Cette énergie, manifestation première de la vie, est nécessaire ; sans elle le protoplasme serait dans l'impossibilité de produire la synthèse des corps organiques qui le constituent, il ne pourrait pas assimiler. Nous verrons, dans le chapitre suivant, que cette énergie (que nous pourrions nommer énergie interne) ne peut suffire à l'assimilation totale ; il faut au végétal une énergie étrangère (que nous pourrions nommer énergie externe), et celle-ci lui est acquise par la fonction chlorophyllienne.

CHALEUR VÉGÉTALE

Une partie de l'énergie produite par les combustions respiratoires, non employée aux travaux intérieurs des cellules, est émise à l'extérieur sous forme de chaleur ; le végétal prend une température supérieure à celle du milieu extérieur, il émet de la chaleur, et cela est pour lui une perte d'énergie, une perte sans compensation.

Ce phénomène de production de chaleur par les végétaux a toujours vivement excité la curiosité des observateurs de la nature ; et à ce sujet les opinions les plus contradictoires ont été émises. Ayant entrepris une série de recherches sur ce sujet, Dutrochet (1) s'exprime ainsi :

« Les végétaux ont une chaleur propre à laquelle s'ajoute celle de l'atmosphère. Cette chaleur totale est absorbée par la vaporisation de la sève, par la gazéification de l'oxygène pendant le jour, et par la gazéification de l'acide carbonique pendant la nuit. Il résulte de là que, dans l'état naturel, les végétaux ont une température toujours inférieure à celle de l'atmosphère : ils semblent ainsi *produire du froid*. »

En éliminant la vaporisation de la sève, l'auteur, employant les procédés de mesure thermo-électriques qui lui furent obligeamment expliqués par Becquerel, put manifester la chaleur dont la plante jouit en vertu de son état de vie ; cette chaleur est de 1/12, 1/10, 1/6, même 1/3 de degré centésimal. Elle se manifeste surtout dans le jour, à la lumière. « Ce *paroxysme diurne*, cette sorte de fièvre quotidienne qu'éprouvent les végétaux verts, ne présente d'interruption que lors de l'absence complète de la lumière diurne ; et, ce qu'il y a de très remarquable, cette interruption du paroxysme n'arrive point toujours dès le premier jour de l'obscurité complète. » Le végétal a l'habitude de cette sorte de fièvre diurne dont l'heure est déterminée ; il ne la perd que vers le troisième jour de la privation de lumière.

L'année suivante (1840), l'auteur fit une observation du même genre sur les fruits.

« Les fruits, tant qu'ils sont verts, ont leur chaleur propre, comme toutes les autres parties vertes des végétaux. Cette chaleur vitale s'éteint assez promptement chez eux lorsqu'ils sont cueillis ; aussi n'ai-je pu constater l'existence du paroxysme diurne de cette chaleur que chez le fruit du *Solanum Lycopersicum*, ou Tomate, fruit qui tenait à la plante enracinée ; ce fruit m'offrit, à deux heures et demie après midi, son maximun de chaleur vitale, qui s'éleva seulement à 0,08 de degré, et cela pour une chaleur atmosphérique de + 17 degrés. »

Mais, si cette production de chaleur est à peine sensible dans les parties végétatives des plantes, elle est au contraire très grande dans les graines en germination et dans les fleurs, au moment de leur épanouissement. L'observation suivante, citée par G. Vrolik et W.-H. de Vriese (1), le prouve.

« M. Hubert, propriétaire à l'île Bourbon, avait une mère aveugle qui, étant un jour dans son jardin, fut vivement frappée par l'agréable odeur de fleurs qui croissaient autour d'elle. Elle en fit couper une et, la tâtant à la manière des aveugles, elle sentit qu'elle était très chaude. Hubert, appelé, confirma cette observation, et fit, avec des thermomètres, toutes les expériences mentionnées par M. Bory de Saint-Vincent... » La plante mentionnée ici est l'*Arum cordifolium*.

Des mesures furent effectuées par les deux observateurs, qui relatent ainsi le résultat de leurs recherches : La plante (*Colocasia odora*), de la famille des Aroïdées (Voy. fig. 395 et 396), fut portée vers une partie de la serre où elle était plus facile à approcher, exposée à la lumière vive, mais abritée des rayons du soleil.

« Dans la soirée du 28 avril, la spathe s'est ouverte ; l'après-midi du jour suivant un accroissement de chaleur fut observé... ; vers minuit, la chaleur diminua. Nous avons observé ce jour-là un maximum de 5 degrés centigrades de différence entre la température de la serre et celle du spadice. Le 30 avril, nous eûmes un degré de chaleur beaucoup plus élevé ; de très bon matin, la température fut moins élevée ; à trois heures de l'après-midi, il y eut un maximum de 7°,2 ; plus tard, le mercure est descendu comme de coutume.

« Le 1er mai, de deux heures à cinq heures, l'émission du pollen eut lieu ; on observa un

---

(1) Dutrochet, *Recherches sur la température propre des végétaux* (C. R. Acad. des Sc., 10 juin 1839).

(1) G. Vrolik et W.-H. de Vriese, *Recherches sur l'élévation de la température du spadice du* Colocasia odora (Caladium odorum), *faites dans le Jardin botanique d'Amsterdam* (Ann. des Sc. nat., Bot., 2e série, t. V, 1836, p. 134).

Fig. 305. — Pied d'*Arum* montrant l'inflorescence du spadice.   Fig. 306. — Inflorescence d'*Arum* coupée
A côté, inflorescence débarrassée de la spathe.   en long.

maximum de 6°,7, qui diminua plus tard. Le matin du jour suivant, la chaleur s'est élevée presque tout d'un coup jusqu'au maximum de 6°,7; il est presque inutile d'ajouter que la pointe du spadice était si chaude qu'on put observer son élévation de température distinctement avec les doigts...

« Le troisième spadice fut encore plus digne d'observation que les précédents. Sa spathe s'ouvrit le 10 mai; l'émission du pollen eut lieu le 11 mai, avec élévation de température; vers trois heures du soir, on observa le maximum, qui fut de 8°,9... »

Si l'on remarque que l'*Arum cordifolium* de Hubert marquait, à l'île Bourbon, le plus haut degré de température un peu avant le lever du soleil, et que le deuxième maximum quotidien se produit quand, le soleil déclinant, la température de l'atmosphère diminue, on met en évidence la coïncidence des heures de ces maxima et des moments où les essaims d'insectes visitent de préférence les fleurs. La calorification des inflorescences se produisant en même temps que le dégagement du parfum, paraît être un moyen mis en œuvre par la Nature pour réaliser la pollinisation (Voy. plus loin), et par suite la conservation des espèces végétales.

Il est un assez grand nombre de circonstances où l'on peut encore observer l'échauffement des végétaux; ainsi une masse de fumier, siège de fermentations nombreuses, s'échauffe notablement ; la température peut s'élever jusqu'à 90 degrés. Les cadavres enterrés sont le siège de fermentations dues à des Bactériacées et leur température peut s'élever d'une dizaine de degrés. L'envahissement des grains de Céréales, mis en tas, par des Champignons provoque leur échauffement et peut élever leur température à 50 et même 60 degrés.

LUMIÈRE VÉGÉTALE

Les radiations qu'une plante émet sont le plus souvent des radiations calorifiques, la plante se comportant comme une source à basse température ; ces radiations sont obscures.

Mais la plante peut aussi émettre des radiations lumineuses, et, la lumière ainsi produite étant analogue à celle qu'émet le phosphore en s'oxydant dans l'air, on a nommé ce phénomène *phosphorescence.*

La luminosité que l'on voit assez communément se développer en automne, dans les forêts, sur des feuilles mortes ou des fragments de bois, et jusque dans les mines sur les poutres vermoulues, est due souvent, sinon toujours, à des organes végétatifs de Champignons élevés en organisation, particulièrement de divers *Hyménomycètes*, de l'*Agaricus melleus* (Agaric de miel), dont les filaments ténus pénètrent les tissus ligneux en formant un lacis blanchâtre ; on a pu cultiver ces mycéliums lumineux.

Chez quelques Champignons, à l'état adulte, la fonction photogène est très développée : les feuillets de l'*Agaricus olearius* (Agaric de l'Olivier), qui croît assez communément en Provence, au pied des Oliviers, sont le siège d'une lueur bleuâtre, qui suit les fluctuations de la vitalité du Champignon ; elle réside seulement là où se développent les spores.

Les Champignons exotiques sont assez nombreux : on connaît au Brésil l'*Agaricus Gardneri*, en Australie les *Agaricus phosphoreus, candescens, lampas, illuminans*, etc., dont les noms indiquent assez la singulière propriété : quelques-uns émettent assez de lumière pour qu'il soit possible de lire son journal grâce à ce flambeau vivant (1) !

La photogénie a été observée accidentellement sur des fleurs jaunes du Souci, de la Capucine, de l'Œillet d'Inde.

La famille des Bactériacées renferme plusieurs espèces photogènes marines et terres-

tres, qui forment le genre *Photobacterium*. Les Photobactériacées marines vivent en liberté dans la mer, ou bien à la surface des Poissons, des Crustacés, des Céphalopodes et de beaucoup d'autres animaux ; mais en général elles ne deviennent lumineuses qu'après la mort de ceux-ci et quand ils ont été pêchés depuis vingt-quatre ou trente-six heures. Dès que la putréfaction apparaît, la luminosité qu'elles avaient prêté à ces cadavres s'éteint.

Introduites sous la carapace de certains Crustacés marins ou terrestres (Talytres, Cloportes), soit accidentellement, soit expérimentalement, elles se développent et envahissent le corps tout entier : l'animal devient lumineux, mais il ne tarde pas à mourir.

Il est probable que les cas de phosphorescence des urines, de la salive, de la sueur, et même des plaies, observés principalement chez l'homme, sont dus à l'inoculation de ces microorganismes.

Malheureusement pour la science, les exemples de ces singulières affections, qui d'ailleurs ne paraissent pas dangereuses, sont plus rares que celles de Mammifères devenus lumineux après leur mort.

En dehors de la phosphorescence du cadavre humain, qui a été constatée plusieurs fois, on a vu se développer, dans les boucheries et les abattoirs, de véritables épidémies lumineuses infectant tantôt la viande de Porc, tantôt celle du Mouton ou du Cheval.

La phosphorescence de la viande a été signalée aussi chez le Lapin (1). M. Raphaël Dubois a eu l'occasion d'observer en détail cette singularité. Il s'agit d'un Lapin qui avait été acheté mort et dépouillé au marché de la ville (Lyon).

« La propriétaire de cette viande s'étant aperçu dans la soirée que le corps de l'animal émettait des lueurs dans l'obscurité, l'apporta le lendemain au bureau d'hygiène municipal, qui le fit parvenir au laboratoire de la Faculté. La phosphorescence était surtout manifeste sur le râble et à la face interne et externe des cuisses, ainsi que sur divers autres points du corps, où elle était cependant moins marquée. Dans les points lumineux, il n'y avait au papier de tournesol ni réaction acide, ni réaction alcaline appréciable. La viande ne présentait aucune odeur particulière et ce n'est que trois jours plus tard, lorsque la putréfaction com-

(1) R. Dubois, *La lumière physiologique* (*Revue gén. des sc. pures et appliquées*, 5e année, n° 11, p. 415).

(1) Raphaël Dubois, *Sur la production de la phosphorescence de la viande par le* Photobacterium sarcophilum (*Bull. de la Soc. vaud. des Sc. nat.*, vol. XXVII, 1892).

mença à se développer, que les lueurs disparurent. On inocula avec la matière lumineuse plusieurs tubes de gélatine viande-peptone à 3 p. 100 de sel qui brillèrent fortement au bout de vingt-quatre heures. » Ayant isolé les quatre variétés de microorganismes que contenait la culture, l'auteur parle ainsi de l'une d'elles : « Ces colonies sont transparentes ; elles émettent une belle lumière verte ; elles sont formées par des Bactéries non mobiles, appartenant au genre *Photobacterium*, mais d'une extrême petitesse. Il ne semble pas que ces microorganismes soient dangereux pour les animaux vivants et leur présence ne paraît pas être un indice que la viande contaminée appartient plutôt à des animaux malades qu'à des animaux sains.

« En culture pure, c'est au voisinage de 12° que le *Photobacterium sarcophilum* se développe le mieux ; il peut supporter une température de 20° sans s'éteindre ; il luit encore à 7° au-dessous de zéro, alors que le contenu du tube est congelé. » Ces circonstances expliquent en partie pourquoi les viandes lumineuses ont toujours été observées aux environs de Pâques ; car, en culture impure, une élévation un peu notable de la température au-dessus de 12° arrête le développement de ce *Photobacterium*. M. Raphaël Dubois conserve pendant assez longtemps des tubes lumineux en cultivant le *Photobacterium sarcophilum* dans des bouillons liquides ainsi composés :

Eau commune..............	100 grammes.
Asparagine...............	1 gramme.
Glycérine................	1 —
Phosphate de potasse......	0,10 —
Sel marin................	3 grammes.

La production de la lumière paraît résulter uniquement de l'activité physiologique du protoplasma spécial du *Photobacterium*, et non des principes photogènes oxydables déversés dans le milieu où ils vivent ; la filtration dans un tube de porcelaine d'un bouillon lumineux lui enlève toute luminosité.

FONCTION CHLOROPHYLLIENNE

Déjà, à propos de la nutrition des plantes, et à propos des aliments de l'atmosphère, nous avons eu l'occasion de parler de cette importante fonction, dévolue à la partie verte des végétaux ; nous avons défini ainsi la fonction chlorophyllienne : le phénomène par lequel le végétal, ayant absorbé le gaz carbonique de l'air, le décompose en utilisant certaines radiations solaires ; le carbone de ce gaz est assimilé à l'état de carbone de matière organique, glucose, amidon, etc., tandis que l'oxygène est rejeté.

Nous allons maintenant aborder l'étude des différentes parties de ce phénomène, en suivant l'ordre suivant :

1° Étude des corps chlorophylliens :

2° Étude de la chlorophylle, de sa préparation et de ses propriétés ;

3° Étude de la fonction chlorophyllienne (assimilation du carbone) ;

4° Énoncé des conséquences de cette fonction.

Nous terminerons en relatant l'émission de vapeur d'eau qui résulte de la présence de la chlorophylle dans les plantes, phénomène souvent nommé *chlorovaporisation*. L'étude de ce phénomène sera jointe à l'étude de la transpiration.

CORPS CHLOROPHYLLIENS

Appelés encore *grains de chlorophylle* ou *chloroleucites*, ces corps sont répandus dans la grande majorité des végétaux, auxquels ils communiquent une belle couleur verte. Ils sont formés d'un squelette protoplasmique incolore, imprégné d'un pigment vert qui est la chlorophylle ; le tout se pourrait comparer à une éponge imbibée d'une eau colorée. Il n'y a pas de grains de chlorophylle chez les Champignons, chez certains parasites non verts (Orobanche, Cuscute, Bactéries, etc.), et nous savons que cette absence de pigment assimilateur entraîne pour le végétal la condition de parasite ou celle de saprophyte.

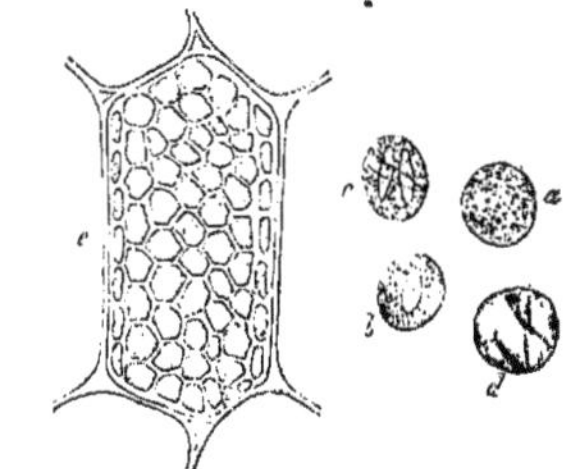

Fig. 397. — Grains de chlorophylle : *a*, *b*, *c*, *d*, grains isolés ; *e*, grains nombreux dans une cellule.

La forme des corps chlorophylliens est souvent sphérique (fig. 397) ou ovoïde, sans être

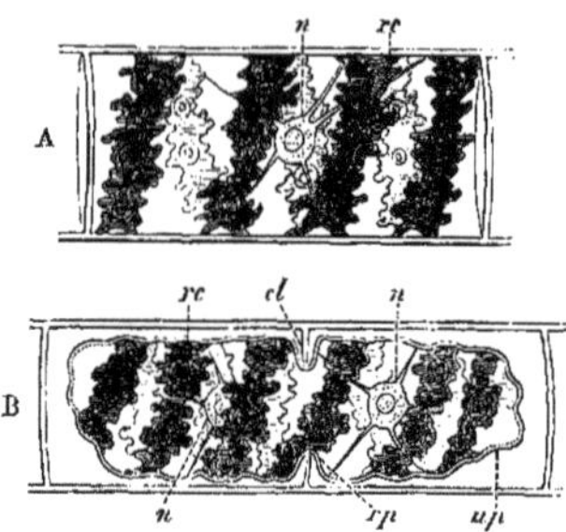

Fig. 398. — *Spirogyra longata*. — A, cellule normale; B, cellule en voie de division (le protoplasma a été rétracté par l'alcool); *n*, noyau cellulaire; *rc*, ruban chlorophyllien.

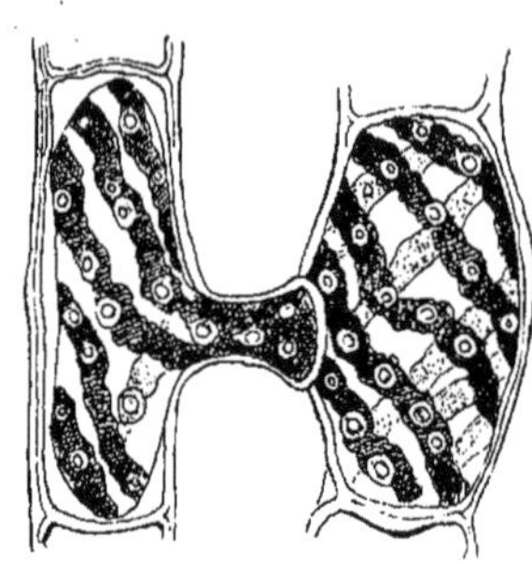

Fig. 399. — Deux cellules de *Spirogyra conspicua*, au début de la conjugaison (on voit bien la forme spiralée du ruban chlorophyllien).

nécessairement régulière; quelquefois, ces corps affectent la forme de lames ou rubans spiralés; il en est ainsi chez l'Algue nommée Spirogyre (fig. 398 et 399); ils peuvent affecter la forme d'un réseau chez les Cladophores. Ainsi, dans les plantes aquatiques, la forme de ces corps est plus variable que dans les plantes terrestres, et cela est probablement dû à la répar-

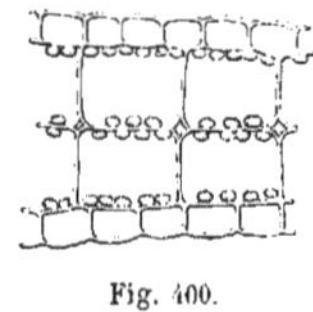

Fig. 400.

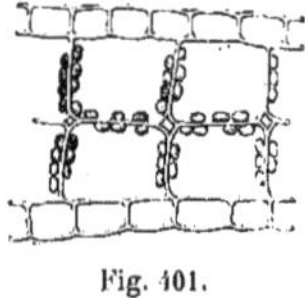

Fig. 401.

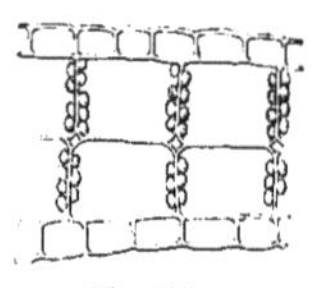

Fig. 402.

Fig. 400. — A l'obscurité. Fig. 401. — A la lumière diffuse. Fig. 402. — Au soleil.

Fig. 400 à 402. — Position des grains de chlorophylle dans les cellules de la *Lemna Trisulca*.

tition assez uniforme de la lumière dans l'eau.

Les grains de chlorophylle des plantes terrestres sont répartis dans toutes les parties atteintes par la lumière, mais ne se trouvent pas dans les parties trop vivement insolées.

Le plus souvent, on trouve la chlorophylle dans le parenchyme de l'écorce des tiges herbacées (Voy. p. 110), dans le parenchyme des feuilles (Voy. p. 149), mais on n'en trouve pas dans l'épiderme supérieur de ces feuilles, exposé le premier aux rayons du soleil. Ces grains ne sont pas susceptibles de mouvements propres dans la cellule, mais ils participent aux mouvements du protoplasme (1), et ceux-ci sont tels que les grains de chlorophylle reçoivent la plus grande quantité de lumière, sans cependant en recevoir trop. Sous une lumière d'intensité moyenne, ces grains se disposent près de la face de la cellule qui est parallèle à la surface libre de la feuille (Voy. fig. 400); le soleil devient-il trop ardent, ces grains s'alignent les uns derrière les autres (fig. 401 et 402), perpendiculairement à la surface de la feuille; dans cette position *de profil*, qu'ils occupent très fréquemment, ces grains se cachent mutuellement les rayons du soleil.

On peut même penser que cette position de profil, favorisée par la forme des cellules allongées du parenchyme en palissade des feuilles, est la cause de cette forme.

Végétaux panachés. — Un végétal panaché (fig. 403 et 404) est un végétal présentant des taches de différentes couleurs.

(1) Ces mouvements s'observent avec la plus grande facilité dans les filaments du *Chara fragilis* (Voy. fig. 393).

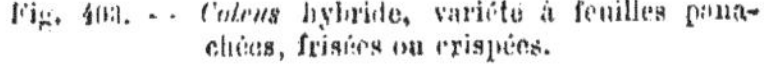

Fig. 403. — *Coleus* hybride, variété à feuilles panachées, frisées ou crispées.

Fig. 404. — Alysse à feuilles panachées.

La panachure, que l'on peut observer sur toutes les parties d'un végétal, est due le plus souvent à la présence de pigments diversement colorés qui, s'ajoutant à la chlorophylle, modifient la teinte verte. D'autres fois, l'absence de chlorophylle détermine seule la panachure, qui consiste alors dans un semis de taches jaunes ou blanches ; c'est de ce genre de panachures que nous nous occuperons ici. La panachure ne se transmettant pas par les semis, le nombre des végétaux panachés ne peut pas être connu, et nous ne pouvons citer que les principaux végétaux panachés actuellement connus à l'état sauvage ou conservés dans nos jardins et serres. Quoique incomplète, cette énumération suffit à montrer que la plupart des groupes botaniques de Phanérogames ont des représentants panachés (1) :

1° GYMNOSPERMES. — Conifères (P) : *Abies* (1), *Cryptomeria* (1), *Cupressus* (5), *Chamæcyparis* (1), *Thuya* (5), *Juniperus* (2), *Taxus* (4).

2° MONOCOTYLÉDONES. — Graminées : *Arundo* (1), *Gynerium* (3), *Molinia* (1), *Bambusa* (1). — Cypéracées : *Carex* (3), *Scirpus* (1). — Liliacées : *Polygonatum* (1), *Aspidistra* (1). Amaryllidées : *Agave* (1).

3° DICOTYLÉDONES. — Urticacées : *Ulmus* (3). — Platanées : *Platanus* (1). — Éléaginées : *Eleagnus* (P) (4). — Cupulifères : *Castanea* (1),

Fagus (2), *Quercus* (1). — Renonculacées : *Aquilegia* (1). — Lauracées : *Laurus* (1). — Magnoliacées : *Liriodendron* (1). — Berbéridées : *Berberis* (P) (1). — Malvacées : *Corchorus* (1). — Hypéricacées : *Hypericum* (P) (1). — Buxées : *Buxus* (P) (4). — Violacées : *Viola* (4). — Crucifères : *Arabis* (1). — Sapindacées : *Acer* (12), *Œsculus* (1), *Negundo* (1). — Rosacées : *Amygdalus* (1), *Armeniaca* (1), *Cratægus* (1), *Malus* (1), *Prunus* (1), *Sorbus* (1), *Rubus* (1). — Célastracées : *Evonymus* (P) (13). — Ilicacées : *Ilex* (P) (21). — Vitées : *Ampelopsis* (1). — Saxifragées : *Hoteia* (1), *Deutzia* (1), *Hydrangea* (1), *Philadelphus* (1). — Araliées : *Hedera* (15). — Cornées : *Cornus* (7), *Aucuba* (P) (10). — Éricacées : *Andromeda* (P) (1). — Solanacées : *Lycium* (1), *Solanum* (1). — Borraginées : *Pulmonaria* (1). — Polémoniées : *Phlox* (2). — Apocynées : *Vinca* (4). — Oléacées : *Fraxinus* (4), *Jasminum* (1), *Ligustrum* (1), *Ligustrum* (P) (9), *Osmanthus* (P) (11). — Scrofulariacées : *Veronica* (1). — Labiées : *Thymus* (1), *Ajuga* (1). — Caprifoliacées : *Lonicera* (1), *Sambucus* (2), *Leycesteria* (1). — Composées : *Solidago* (1).

Répartition de la panachure dans un végétal. — Modification de formes et d'aspect. — Un végétal peut avoir l'un de ses rameaux panaché, en avoir plusieurs, ou même les avoir tous. Le rameau peut n'être panaché qu'à son sommet (fig. 403), ou bien porter d'un côté des feuilles normales, de l'autre des feuilles pana-

(1) La lettre (P) désigne les plantes à feuilles persistantes. Le chiffre placé entre parenthèses indique le nombre d'espèces ou de variétés distinctes par le mode de panachure.

chées (disposition fréquente chez le *Cupressus*, le *Thuya*). Quand un rameau est panaché à sa base, il l'est presque toujours en totalité, et les rameaux de divers ordres qu'il porte le sont aussi.

L'extension de la panachure se fait en direction centrifuge dans la plante. Une feuille peut être panachée partiellement dans l'un de ses lobes (*Hedera*) ou l'être entièrement, avec réserve de parties vertes (*Aucuba*), ou sans cette réserve, la feuille étant entièrement jaune ou blanche (quelques *Evonymus*. *Eulalia*...).

Fig. 405. — Euphorbe panachée (*Euphorbia variegata* ou *marginata*). La panachure ne se montre pas sur les feuilles inférieures ; elle envahit les feuilles supérieures surtout et ne laisse dans les feuilles florales qu'un double liséré vert bordant la nervure médiane.

Quand le pétiole présente une panachure linéaire, la tache s'élargit dans le limbe et s'y étend plus ou moins en s'épanouissant avec le réseau des nervures, pour se montrer presque continue sur le bord foliaire.

L'extension de la panachure se fait encore en direction centrifuge dans la feuille.

Un végétal panaché est moins touffu, moins vigoureux que le même végétal non panaché, et cette différence se retrouve pour le rameau panaché au milieu des rameaux verts. Ceci est très net chez les végétaux à nombreux rameaux secondaires (*Cupressus*, *Thuya*), où l'on voit les rameaux panachés plus petits que les rameaux verts placés au-dessus et ordinairement de taille décroissante; de même, dans les végétaux à feuilles composées, les folioles panachées sont plus petites que les folioles vertes placées en face d'elles.

La panachure est corrélative d'un arrêt de développement de la plante.

Une feuille panachée présente le plus souvent plusieurs tons : le ton vert, normal pour la plante, le ton jaune ou blanc, et une série de un, deux et même trois tons verts intermé-

diaires, approchant du vert normal. La répartition de ces tons est essentiellement variable, mais revêt un même mode dans une même plante. La limite de séparation des plages colorées est toujours nette, et si elle paraît fondue dans *quelques* exemples, c'est qu'il y a sur le bord de la tache un liséré d'un vert pâle qui fait la dégradation des tons ; mais les limites de ce liséré sont nettes.

Tandis qu'une feuille ordinaire présente une symétrie bilatérale souvent parfaite, une feuille panachée a ses panachures dissymétriques, et son contour est déformé. Dans la feuille entière, comme dans l'une de ses parties, on observe une réduction de la partie tachée par rapport au dessin normal de la feuille ; ceci est facilement observable sur les feuilles à limbe entier ou simplement denté : le contour du limbe présente des rentrants en accord avec les panachures les plus larges. Cette réduction dans les parties blanches détermine un enveloppement de celles-ci par les parties vertes normales, et la feuille se contourne, se recroqueville, se chiffonne (*Evonymus* à feuilles margées de blanc).

La panachure est corrélative d'un arrêt de développement de la feuille.

Le contour de la panachure paraît être sans relation avec le dessin des nervures dans *quelques* feuilles; mais, dans beaucoup d'au-

Fig. 406. — Panis à feuilles plissées et rubanées.

tres, la limite des taches emprunte les lignes vasculaires en les côtoyant (fig. 406). Dans *Hedera*, on observe souvent un accord parfait entre les mailles du réseau des nervures et les taches jaunes ou vertes ; dans les feuilles parallélinerves (*Arundo*, *Carex*, *Scirpus*) et dans les feuilles curvinerves (*Aspidistra*), la panachure emprunte aux nervures leur disposition.

La répartition chlorophyllienne est le caractère le plus saillant du phénomène, mais n'est pas le seul ; la comparaison des faces supérieure et inférieure du limbe montre que la panachure présente rarement la même netteté sur les deux faces ; tandis que la répartition des tons et leur nombre donnent à la face supérieure bel aspect, la grossièreté et le flou des dessins sont fréquents à la face inférieure. La concordance entre les deux dispositions est imparfaite.

La régularité du tissu palissadique et sa densité sont causes de la netteté du dessin que présente la face supérieure.

Le passage de la partie verte à la partie blanche entraîne la perte d'une assise palissadique, la diminution de hauteur de la palissade commune aux deux régions ; ceci détermine une diminution notable de l'épaisseur de la feuille (cette diminution peut atteindre la moitié de l'épaisseur) surtout sensible à la face supérieure, où l'on voit bien l'affaissement de l'épiderme supérieur. De plus, le tissu lacuneux placé dans la région blanche est incolore.

La panachure apparaît dès que la teinte chlorophyllienne est suffisante pour permettre l'observation et alors que toute autre différence est inappréciable ; la répartition de la chlorophylle est donc le phénomène primordial, et il serait nécessaire de rechercher l'origine du phénomène dans l'étude du développement du grain chlorophyllien. L'absence de chlorophylle dans *quelques* cellules arrête le développement de la palissade, mais limite en même temps la vitalité de la cellule qui entre en régression; il en résulte, outre l'aspect particulier de la région blanche, un arrêt d'accroissement du limbe en largeur, d'où le recroquevillement de la feuille et un arrêt de l'accroissement en épaisseur; ces différences s'accusent chez les végétaux à feuilles persistantes.

Si l'on rapproche ces faits des données d'observation immédiate montrant que le végétal panaché ne fleurit pas (*Aucuba...*) ou fructifie mal, on est amené à voir dans la panachure d'une plante la diminution de sa vitalité.

Ainsi qu'on l'a vu, le premier phénomène observable est l'inégale répartition de la chlorophylle, et c'est là qu'il faut rechercher la cause de la panachure. Toute cause accidentelle, piqûre d'insecte ou tout autre traumatisme (1), doit être rejetée; il faut écarter aussi l'idée d'une infection parasitaire, dont on n'a jamais observé les traces, et qui permettrait une transmission de la panachure qui n'a jamais été observée (2).

Et il ne reste que l'hypothèse qui fait de la panachure un caractère acquis, par un mode inconnu, et transmissible par tout procédé de multiplication végétative, sans l'être par la reproduction.

En fait, il n'existe aucun moyen de développer la panachure chez les plantes, et comme cette particularité ajoute souvent beaucoup à la beauté des végétaux, force est de multiplier par bouturage ou marcottage les échantillons qui sont accidentellement panachés (3).

CHLOROPHYLLE

Dans la jeune plantule qui sort de la graine en germination, on trouve des corps chlorophylliens, mais sans aucune coloration ; si la plante se développe à l'obscurité, une couleur jaune apparaît, le végétal est dit étiolé, le pigment jaune est nommé *étioline* ou *xanthophylle*. Si, au contraire, la plante se développe à la lumière, il se forme dans ses tissus deux pigments, la xanthophylle et la chlorophylle, la plante verdit.

L'étioline seule se trouve dans les jeunes pousses encore protégées contre la lumière par les écailles du bourgeon, dans les salades de cave, dans le centre des salades et des choux pommés. Dans les autres parties colorées des végétaux, elle est associée à la chlorophylle ou aux pigments de couleur différente.

La chlorophylle ne se forme que dans les parties de la plante qui reçoivent la lumière, en quantité suffisante, sans que cette lumière soit trop intense. Ainsi, la moelle d'une tige herbacée un peu grosse ne sera pas colorée en vert; de même un tronc, protégé par son écorce, n'aura pas de pigment vert. Pour la raison inverse, l'épiderme des feuilles sera aussi incolore, et les fruits, en mûrissant au

(1) Les essais tentés pour obtenir artificiellement la panachure n'ont donné aucun résultat.

(2) Les dégénérescences dues aux parasites n'ont pas les caractères décrits chez les végétaux panachés.

(3) Chez les horticulteurs et chez les pépiniéristes, on accorde une gratification à l'ouvrier qui trouve, par l'examen attentif des plantes, un pied ou simplement une branche présentant une panachure dont la disposition est nouvelle.

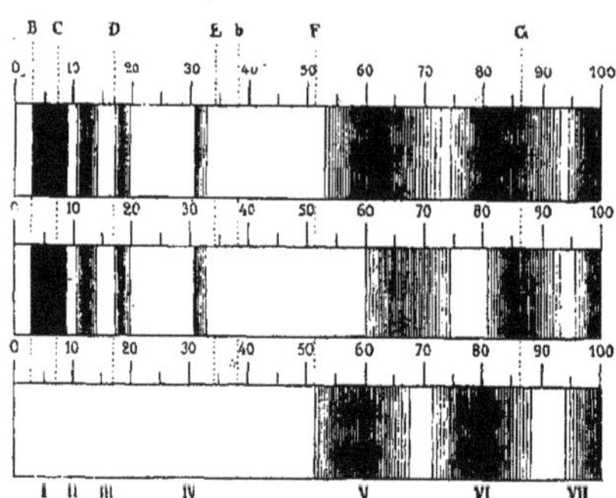

Fig. 407. — Spectres d'absorption de la chlorophylle, d'après M. Kraus (1).

soleil, perdront leur teinte verte, tandis qu'une Pomme de terre exposée à la lumière diffuse verdira, au moins dans sa zone périphérique.

A la fin de l'été, période de végétation active, les grains verts des feuilles se détruisent, ou mieux se ratatinent en prenant une teinte rouge brunâtre caractéristique des feuilles d'automne.

Préparation et propriétés de la chlorophylle. — Pour extraire les pigments des feuilles, on fait une macération de feuilles fraîches d'Épinard dans l'alcool; on jette sur un filtre pour clarifier la teinture obtenue; à cette teinture on ajoute une quantité égale de benzine, on agite, puis on laisse reposer. Il se sépare alors une couche inférieure jaune, qui est une solution de xanthophylle dans l'alcool, et une couche supérieure verte, qui est une solution de chlorophylle dans la benzine. Mises à cristalliser par une évaporation lente du dissolvant, ces liqueurs laissent déposer de beaux cristaux en aiguille, de xanthophylle ou de chlorophylle pure.

La solution verte, que nous étudierons seule, est douée d'une belle fluorescence rouge foncé. Examinée par transparence, cette solution est d'un très beau vert de feuille, mais examinée par réflexion elle est de couleur rouge. Ceci nous indique le pouvoir de la chlorophylle sur la lumière blanche. On sait que la lumière blanche, la lumière solaire par exemple, est composée de radiations colorées, que l'on remarque dans l'arc-en-ciel, et dont on a défini sept principales : rouge, orangé, jaune, vert, bleu, indigo et violet. Si prenant, dans cette gamme de tons, une couleur, le vert par exemple, on cherche la couleur qu'il faut lui associer pour reconstituer la couleur blanche (en disposant ces deux tons sur un disque que l'on tourne rapidement devant l'œil), on trouve la couleur rouge ; ces deux tons vert et rouge sont dits couleurs complémentaires, c'est-à-dire couleurs dont la réunion donne du blanc.

La chlorophylle, recevant de la lumière blanche, la décompose, laisse passer les radiations vertes, d'où la couleur verte de cette matière vue par transparence ; mais elle joue le rôle d'un écran absorbant pour les radiations rouges, et n'émet qu'une petite partie de ces radiations, d'où la couleur rouge de cette matière par réflexion.

Pour déterminer avec exactitude la nature des radiations absorbées par la chlorophylle, on produit au moyen d'un prisme de verre, éclairé par de la lumière blanche, un spectre, c'est-à-dire une image des couleurs de l'arc-en-ciel étalée sur un écran ; cette image est continue et ne présente pas de parties sombres. Puis, on interpose en devant du prisme, de façon que la lumière blanche la traverse, une petite cuve contenant la dissolution de chlorophylle pré-

(1) Le spectre d'en haut est obtenu avec l'extrait alcoolique des feuilles; celui du milieu, avec la *chlorophylle* dissoute dans la benzine ; celui d'en bas avec la *xanthophylle*. Les bandes d'absorption sont figurées dans la partie la moins réfrangible BE, telles que les donne une dissolution faible. Les lettres AG indiquent la position des principales raies : les nombres I à VII désignent les bandes d'absorption de la chlorophylle en marchant du rouge au violet; enfin les traits 0-100 divisent la longueur du spectre en 100 parties égales (Sachs).

parée comme il a été dit. Immédiatement, le spectre si brillamment coloré s'assombrit, au moins dans certaines parties que nous appellerons bandes obscures (fig. 407, au milieu) ; ces bandes indiquent, par l'absence de la couleur dont elles occupent la place, l'absorption de cette couleur par la dissolution chlorophyllienne, et à cause de cela nous les appellerons maintenant bandes d'absorption. La première bande et aussi la plus sombre, la plus large, cache presque tout le *rouge* du spectre ; trois autres, beaucoup moins importantes, sont situées respectivement dans l'orangé, le jaune et le vert. Nous en concluons à l'absorption presque totale des radiations rouges par la chlorophylle ; or ces radiations représentent de l'énergie, sous forme d'énergie lumineuse, et leur absorption fournit au végétal l'énergie étrangère dont il a besoin pour ses travaux chimiques de synthèse.

La dissolution de xanthophylle, examinée de la même façon (fig. 407, en bas), donne des bandes d'absorption situées dans le bleu, l'indigo et le violet. Un ensemble composé de ces trois couleurs aurait pour couleur complémentaire la couleur jaune, et cette couleur est précisément celle de l'étioline. Une dissolution provenant d'une simple macération de feuilles, et contenant les deux pigments jaune et vert, donnerait toutes les bandes d'absorption étudiées (fig. 407, en haut), celles de la chlorophylle étant de beaucoup les plus sombres. On voit par là que le pigment vert est chez les végétaux le pigment assimilateur par excellence.

La chlorophylle est assez oxydable ; à l'air et à la lumière, elle se transforme en une matière brune. On a remarqué que les substances alcalines retardaient cette transformation, et c'est pour cette raison qu'on ajoute un peu de carbonate de soude (cristaux) aux légumes verts que l'on veut conserver avec leur belle couleur ; cette substance est du reste inoffensive, sous petite quantité.

FONCTION CHLOROPHYLLIENNE

Une observation faite par Bonnet (1770) montre une des parties de cette fonction ; ayant mis des feuilles fraîches de Vigne dans de l'eau de source, il remarqua qu'il en partait continuellement, au soleil, des bulles d'air dont les plus volumineuses correspondaient à la face inférieure (fig. 408) ; ce dégagement de gaz ces-

sait la nuit et n'avait pas lieu non plus dans de l'eau privée d'air par l'ébullition. Malheureusement, il crut que ces bulles sortaient,

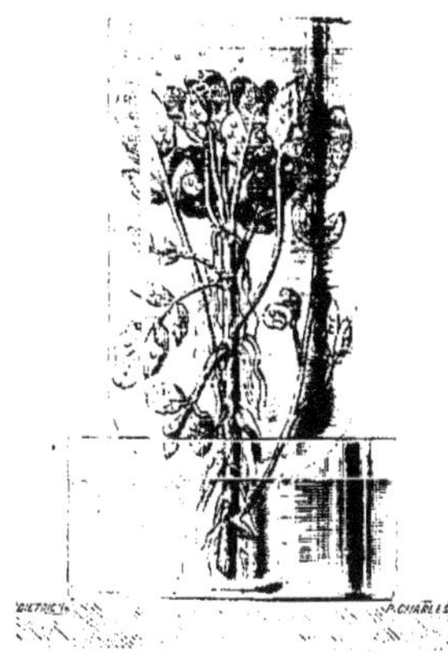

Fig. 408. — Expérience de de Saussure montrant le dégagement d'oxygène dû à la fonction chlorophyllienne.

non des feuilles, mais de l'eau. Peu après, Priestley découvrit que le gaz qui se dégage en bulles des feuilles submergées provient bien de ces organes et consiste en oxygène (fig. 409).

Fig. 409. — Des feuilles vertes de plantes aquatiques placées dans de l'eau de Seltz laissent dégager des bulles d'oxygène qui se réunissent au sommet o de l'éprouvette.

A son tour, Igenhousz constata qu'à la lumière les feuilles améliorent l'état de l'atmosphère en y versant de l'oxygène. Enfin Sénebier révéla l'origine de l'oxygène dégagé au soleil, en disant que la plante décompose l'acide carbo-

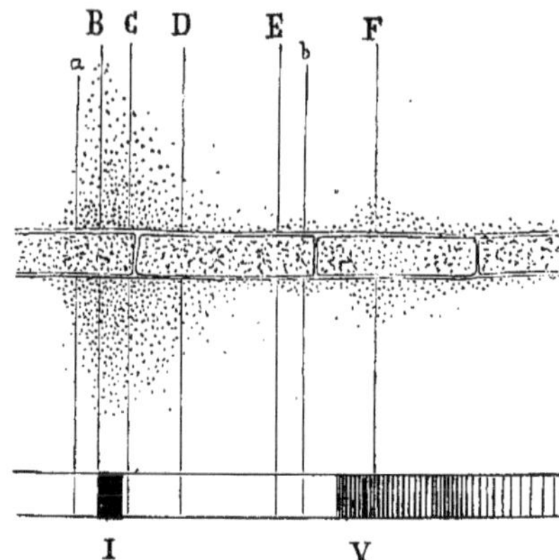

Fig. 410. — En haut, filament de Conferve soumis, dans une goutte d'eau où pullulent des Bactéries aérobies, au microspectre de la lumière solaire (d'après Engelmann). Les Bactéries se rassemblent autour des deux principales bandes d'absorption de la chlorophylle. En bas, ces deux bandes d'absorption, I et V. (Les lettres et chiffres sont les mêmes que dans la figure 407.)

nique absorbé dans l'air par les feuilles ; ainsi fut défini le phénomène de l'assimilation du carbone de l'air, phénomène qui a fait l'objet d'un grand nombre de beaux travaux.

Pour se convaincre de la réalité du phénomène, on peut répéter la célèbre expérience de Boussingault (1) : dans l'été de 1840, ce savant fit pénétrer dans un ballon de 15 litres de capacité et muni de trois tubulures, un rameau de Vigne portant une vingtaine de feuilles, qui passait par la tubulure inférieure. Un tube effilé, adapté à la tubulure supérieure, donnait accès à l'air extérieur ; par la troisième tubulure, placée sur le côté, le ballon communiquait avec un appareil propre à doser l'acide carbonique, et où se rendait l'air du ballon, appelé par un aspirateur, à raison de 12 litres par heure. L'air arrivait ainsi dans l'appareil analyseur après avoir passé dans le ballon qui renfermait le rameau de Vigne. Deux expériences faites le jour, de onze heures à trois heures, ont montré dans l'air qui avait été en contact avec les feuilles, au soleil, une fois 2/10 000 d'acide carbonique, une autre fois 1/10 000 du même gaz, tandis qu'il y en avait 4/1 000 dans l'air extérieur. Pendant la nuit, le résultat était inverse : l'air qui avait traversé le ballon contenait en général deux fois plus

(1) Boussingault, *Économie rurale*, 2e édit., 1851, I, p. 61. Cité par Duchartre, *Éléments de botanique*, p. 876.

d'acide carbonique que l'analyse n'en montrait au même moment dans l'atmosphère. Ainsi, le passage rapide de l'air à travers le ballon qui contenait les feuilles suffisait pour lui enlever jusqu'aux trois quarts de son acide carbonique, pendant le jour et au soleil, pour y en ajouter, au contraire, une proportion double pendant la nuit.

Pour bien comprendre ce phénomène, dont le sens est ainsi dépendant de l'heure à laquelle on l'observe, il faut se rappeler que la respiration se produit à toute heure, avec une intensité que nous considérerons comme constante (pour simplifier l'étude) et qu'elle équivaut à un dégagement de gaz carbonique. Donc, dans l'expérience de Boussingault, on observe la résultante de deux phénomènes qui, au point de vue des échanges de gaz qu'ils réalisent, sont exactement inverses ; dans le jour, la quantité de gaz carbonique absorbé que nous déduisons de nos mesures et que nous attribuons à la fonction chlorophyllienne est trop faible, car la respiration dégage une quantité notable de ce gaz. Pour connaître exactement la valeur des échanges qu'on doit attribuer à la fonction chlorophyllienne d'une part, et à la respiration d'autre part, il faut séparer ces deux phénomènes, par exemple supprimer la fonction chlorophyllienne seule, au moyen des anesthésiques. On y parvient en maintenant une plante verte dans une atmosphère limitée, en présence d'une éponge imbibée d'éther ou de chloroforme ; ou encore en ajoutant quelques gouttes de chloroforme à l'eau dans laquelle végète une plante aquatique (Élodée). Connaissant alors la respiration seule, et le phénomène total (expérience de Boussingault), on déduit par différence la grandeur de la fonction chlorophyllienne.

On peut encore montrer le dégagement d'oxygène résultant de cette fonction par l'ingénieuse expérience suivante, due à Engelmann : Les *Bacterium termo* sont très avides d'oxygène et si on dispose sous le microscope une goutte d'eau où pullulent ces Bactéries, on les voit se disposer en rond autour des quelques bulles d'air qui sont restées dans la préparation. Si on introduit alors dans la goutte d'eau un filament d'une Algue verte (Conferve, Cladophore), les Bactéries se déplacent et se rassemblent autour des cellules vertes, là seulement où l'oxygène se dégage.

Conditions de la fonction chlorophyllienne. — La décomposition du gaz carbonique de l'air par la chlorophylle se fait dans des conditions précises d'intensité lumineuse, et sous l'action de radiations de couleur convenable.

Intensité lumineuse. — Une lumière faible, susceptible même de provoquer le verdissement d'une plante, peut être insuffisante à provoquer la décomposition carbonique ; ainsi la plupart des plantes ne dégagent pas d'oxygène tant que le disque du soleil est sous l'horizon, soit avant son lever, soit après son coucher, et cela malgré la lumière diffuse qui les éclaire. La lumière d'un bec à gaz valant 50 bougies suffit au phénomène, mais il faut avoir soin de disposer un écran d'eau entre la source lumineuse et la plante, pour arrêter les radiations calorifiques. Beaucoup de végétaux, particulièrement ceux qui vivent à l'ombre, se contentent d'une lumière diffuse faible ; et l'excès de lumière, loin de leur être profitable, paraît leur nuire en diminuant l'activité de la chlorophylle. A ce groupe appartiennent les plantes des sous-bois, Mousses, Fougères, Oxalis, les Bambous. Enfin, certaines plantes, presque toutes plantes de grande culture (Blé), ou plantes aquatiques (Élodée), supportent très bien l'insolation directe, qui correspond sensiblement pour elles aux meilleures conditions d'éclairement.

Parmi les lumières artificielles dont l'action est la plus vive, la lumière électrique et celle du bec Auer se placent au premier rang.

Nature de la radiation. — Quelles sont les radiations, constituantes de la lumière blanche, que la plante utilise pour la fonction chlorophyllienne ? tel est le problème posé. La solution de ce problème peut être entrevue, si on tient compte des propriétés optiques de la solution chlorophyllienne. Cependant, nous traiterons de ce problème séparément, de telle façon que les résultats trouvés puissent servir de contrôle aux faits déjà énoncés. Pour essayer de l'action des sept lumières élémentaires en lesquelles se décompose la lumière blanche, nous emploierons les méthodes suivantes :

a. *Méthode du spectre.* — On forme, au moyen d'un faisceau de lumière intense de direction fixée et d'un prisme, un spectre aussi large que possible et bien pur. On prépare d'autre part sept éprouvettes étroites contenant de l'eau de Seltz et retournées sur le mercure de sept petites cuves; dans chaque éprouvette est disposée une feuille longue et étroite, une feuille de Bambou par exemple. Puis on place chaque éprouvette dans le spectre, de façon que chacune d'elles soit éclairée par une des sept couleurs ; on a soin de séparer les éprouvettes par des écrans noirs. Des bulles d'oxygène se dégagent dans les diverses éprouvettes et la quantité de gaz accumulée au sommet de chacune d'elles donne une mesure du phénomène chlorophyllien. On trouve ainsi que la décomposition carbonique, nulle dans le commencement du rouge, acquiert son maximum dans le rouge, pour décroître dans l'orangé, le jaune et le vert, puis devenir presque nulle dans le bleu, l'indigo et le violet. Ce résultat concorde parfaitement avec ce que nous savons de l'absorption des radiations par la chlorophylle.

b. *Méthode des Bactéries.* — Au moyen d'un prisme spécial nommé prisme à vision directe, et placé sous le porte-objet du microscope (Voy. p. 10), on répète l'expérience d'Engelmann. Mais ici le filament d'Algue est éclairé dans les diverses parties de sa longueur par les diverses radiations du spectre, et l'on voit les Bactéries s'amasser le long du filament, dans les parties où l'oxygène se dégage, c'est-à-dire dans celles où la fonction chlorophyllienne s'exerce. Or le groupement des Bactéries figure, de chaque côté du filament (fig. 410), une courbe qui s'en écarte beaucoup dans la région rouge, pour s'en rapprocher insensiblement et l'atteindre dans le vert et le bleu ; enfin la courbe fait un autre écart, très petit cette fois, en face de l'indigo. Le premier grand maximum est dû à la chlorophylle, le second est dû à la xanthophylle.

c. *Méthode des écrans absorbants.* — On place le végétal à étudier sous une cloche à double paroi, parois entre lesquelles on a placé un liquide coloré ; ou bien, on éclaire le végétal par la lumière solaire, en interposant une cuve de verre à faces parallèles assez rapprochées, contenant le liquide coloré. Derrière une solution de bichromate de potassium, qui absorbe le bleu, l'indigo et le violet, une plante dégage autant d'oxygène que dans les conditions ordinaires ; tandis que derrière une solution d'oxyde de cuivre ammoniacal qui absorbe les radiations rouge et jaune, cette plante dégage six fois moins d'oxygène.

Ces résultats, tous concordants entre eux et avec ceux que nous a fournis l'étude directe de la chlorophylle, nous permettent de conclure.

Assimilation du carbone. — Au moyen de sa chlorophylle, la plante verte absorbe donc, dans certaines conditions d'illumination, l'énergie vibratoire que lui apportent les rayons lumineux ; cette absorption d'une énergie étrangère est corrélative d'une absorption du gaz carbonique de l'air et d'un dégagement proportionnel d'oxygène. Il faut voir là, non pas une simple concordance entre deux phénomènes, mais la preuve d'une étroite dépendance des deux parties d'un même phénomène. La chimie nous indique que la décomposition du gaz carbonique est accompagnée d'une absorption de chaleur, et par suite ne peut être effectuée sans qu'il soit nécessaire de fournir cette quantité d'énergie calorifique à la décomposition. Or la plante dispose de l'énergie lumineuse que son pigment vert a absorbé ; elle applique cette énergie à la décomposition du gaz carbonique qu'elle a absorbé d'autre part ; le résultat jusqu'ici observé est le dégagement d'oxygène qui en dépend, mais ce résultat n'est pas le seul. Le *carbone* du gaz carbonique est détaché de la molécule minérale simple dont il faisait partie, il entre dans de nouvelles combinaisons de nature organique ; en un mot, il est assimilé. Cette assimilation n'est pas définitive, en ce sens que les matières ainsi produites ne sont pas matières protoplasmiques ; elle est préparatoire, car elle crée des substances organiques qui peuvent directement servir d'aliments aux cellules pour l'édification et la réparation de leur protoplasme.

Le résultat immédiat de la fonction chlorophyllienne est la création de glucose et d'amidon. Le glucose peut être décelé par ses réactions chimiques, et, de plus, il est bien facile de remarquer que la sève élaborée est sucrée ; quant à l'amidon, sa présence est indiquée par l'observation directe de ses grains caractéristiques, et par la belle coloration bleue que prennent ces grains, sous l'action de l'eau iodée. Si, par un séjour préalable à l'obscurité, on fait perdre à une plante verte l'amidon qu'elle contenait, il suffit de quelques minutes d'exposition à la lumière pour que de l'amidon apparaisse de nouveau dans les cellules. On montre cela en recouvrant une feuille, dont l'amidon a disparu, d'une lame d'étain présentant un dessin ajouré ; on expose à la lumière, puis on traite la feuille par l'eau iodée qui fait apparaître en bleu foncé le tracé suivant lequel la lumière a agi.

Fonction chlorophyllienne et respiration comparées. — La plante, dans ses parties vertes et à certaines heures, gagne du carbone par l'assimilation chlorophyllienne ; par le fait de la respiration, elle en perd, dans tous ses points et continuellement. Quel est le résultat de ces deux phénomènes ? Ce résultat est facile à prévoir si on remarque qu'après une période de végétation, un végétal a grandi, a augmenté sa masse ; sa matière est en grande partie organique, c'est-à-dire carbonée, donc le gain en carbone l'a emporté sur la perte.

Nous pouvons nous en assurer autrement, en observant un végétal pendant une journée entière. Jusqu'au lever du soleil, la respiration agit seule et la plante perd du carbone ; dès que la lumière diffuse est assez intense, l'assimilation chlorophyllienne s'établit et annule cette perte ; puis, le soleil s'élevant sur l'horizon, le gain en carbone grandit jusqu'à devenir environ quinze fois supérieur à la perte nocturne pendant le même temps. Il suffit alors de trois quarts d'heure d'insolation pour que le feuillage de la plante ait réparé la perte en carbone subie pendant la nuit précédente. Au moment du coucher du soleil, un nouvel équilibre s'établit entre les deux phénomènes inverses ; enfin, pendant la nuit, la respiration agit seule. Ainsi la plante a, en définitive, réalisé un gain très appréciable de carbone, et ce gain se traduit au dehors par l'édification de nouveaux organes, au dedans par l'accumulation de matériaux de réserve destinés aux développements futurs.

Fig. 111. — Un paysage de l'époque houillère.

CONSÉQUENCES DE LA FONCTION CHLOROPHYLLIENNE

Les conséquences de l'assimilation du carbone par le pigment vert sont nombreuses et importantes ; elles sont de deux sortes : les unes sont relatives à l'atmosphère, les autres intéressent la plante.

1° Selon que l'on considère l'action des plantes sur l'air pendant le jour et pendant la nuit, on peut dire avec autant de raison : les plantes purifient l'air, ou bien, les plantes vicient l'air ; ces deux assertions sont également justes. Pendant le jour, les végétaux verts combattent très activement l'accumulation du gaz carbonique dû aux respirations animales, et rejettent de l'oxygène qui remplace celui que ces respirations ont dépensé ; leur influence est donc bienfaisante. Ceci explique les soins minutieux dont on entoure les arbres de nos promenades et de nos jardins publics ; par leur présence, ils viennent rompre la grise monotonie de nos habitations modernes, ils ajoutent une note gaie à la perspective de nos avenues, et par là ils sont aimés de tous ; de plus, et indépendamment de l'ombre qu'ils donnent, ils purifient l'atmosphère trop souvent viciée de nos villes, réalisant au mieux les desiderata formulés par les hygiénistes. Ils joignent ainsi l'agréable à l'utile, ils embellissent et rendent salubres les lieux où nous vivons ; pour cette double raison, nous devons les aimer.

Pendant la nuit, les végétaux, qu'ils soient verts ou non, qu'ils soient plantes entières ou simples fleurs en bouquet, absorbent de l'oxygène, rejettent du gaz carbonique : ils respirent activement, ils vicient l'air : dans nos appartements où l'atmosphère est limitée, ils entrent en concurrence vitale avec nous et peuvent nous nuire beaucoup. Il faut donc momentanément les éloigner de nos chambres, surtout si ces végétaux sont en période de croissance active, s'ils portent des fleurs s'épanouissant. Dans ce dernier cas, à l'action asphyxique très intense (une fleur à son épanouissement absorbe jusqu'à vingt fois son volume d'oxygène, c'est-à-dire exige près de cent fois son volume d'air) s'ajoute l'action anesthésique des parfums de la fleur.

2° Nous avons déjà vu (p. 228) que la chlorophylle était l'intermédiaire nécessaire de l'entrée du carbone dans le monde organique, pour le végétal d'abord, par suite pour l'animal herbivore, pour le carnivore et enfin pour les microorganismes saprophytes qui détruisent

Fig. 412. — *Callipteris conferta* (Brgt). Empreinte
d'une fronde.

Fig. 413. — *Sphenopteris acutiloba* (Sternb).
Empreinte d'une fronde.

les corps que la vie a abandonnés. Puisque la chlorophylle est ainsi créatrice, il nous faut étudier ses créations.

Aussi loin que les fossiles, ces archives si curieuses d'un monde éteint, nous permettent de remonter le cours des temps en nous faisant assister aux transformations évolutives des êtres, nous trouvons des végétaux dans lesquels la présence de la chlorophylle est certaine. Sans en conclure à la présence originelle de ce pigment vert (Voy. p. 228), nous ne pouvons méconnaître son importance; il a été et est encore indispensable à l'établissement d'une flore sur un sol nu, et par suite nécessaire au peuplement de ce sol.

A certaines époques géologiques, le monde végétal prit un développement tel que nous avons peine à nous le représenter; les conditions climatériques favorisèrent une assimilation chlorophyllienne intense, et les végétaux dont la masse énorme fut ainsi édifiée ont été en partie conservés sous forme de blocs de houille, témoins irrécusables de l'assimilation du carbone. Étudier les conditions dans lesquelles s'est développée la puissante végétation carbonifère, c'est encore parler de la fonction chlorophyllienne, c'est écrire la page la plus belle et la plus grandiose de l'histoire des plantes, c'est fixer l'apogée de la « vie des plantes ».

A l'époque carbonifère (1), le soleil avait un diamètre supérieur à son diamètre actuel; il envoyait sur la terre une lumière intense, assez uniformément répartie sur tout le globe, et une chaleur presque constante ne permettant pas l'établissement des saisons.

Notre planète était formée de continents fraîchement émergés, dont les rivages, souvent changeants, étaient creusés de baies profondes et découpés par de vastes estuaires où venaient déboucher de grandes masses d'eau alimentées par des pluies qui ne manquaient pas d'être très abondantes (1). Bientôt ces terres basses se sont montrées bordées d'une grande ligne de lagunes (fig. 411), puis envahies, sous l'influence d'un climat particulièrement chaud et humide, par une végétation luxuriante dont rien ne venait interrompre le développement. Les Cryptogames luttaient de force et de vigueur avec les Gymnospermes (2); les Calamites (fig. 414), en parties immergées, dressaient au-dessus des eaux leurs tiges droites, cannelées et privées de feuilles. Les hautes colonnes des Sigillaires, avec leurs bouquets de feuilles raides, associées aux Cordaïtes dont les grandes tiges, élancées et sans branches, ne portaient des rameaux feuillés qu'à leur extrémité, occupaient également le sol submergé et s'avançaient bien loin dans l'intérieur des terres.

<hr>

(1) Voy. F. Priem, *La Terre avant l'apparition de* l'Homme. Collection des *Merveilles de la nature* de A.-E. Brehm.

(1) Ch. Vélain, *Géologie*, p. 330.
(2) Voy. *Le Monde des Plantes*, II.

Fig. 414. — *Calamites suckowi*. Tronc fossile rappelant la tige des *Equisetum* et pouvant atteindre 10 mètres de hauteur.

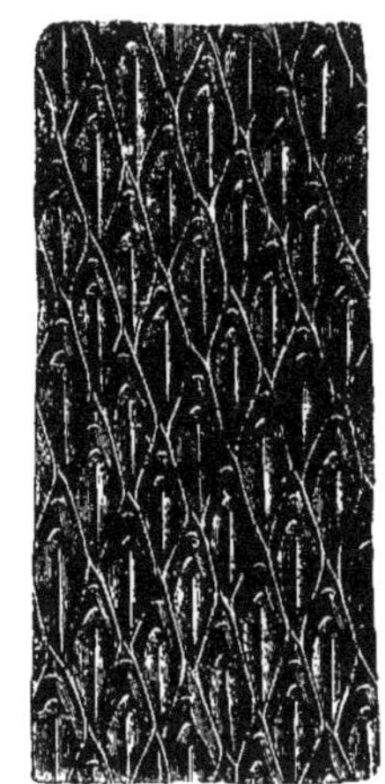

Fig. 415. — *Lepidodendron aculeatum* (Sternb,. Fragment de tige, avec son écorce, montrant les cicatrices foliaires.

En pénétrant dans ces immenses et sombres forêts, au milieu de ces hautes tiges érigées leurs couronnes de frondes géantes, la beauté régulière des Lépidodendrons (fig. 415), la

Fig. 416. — *Asterophyllites equisetiformis* (Schl.). Rameau montrant la légèreté et la disposition des feuilles.

Fig. 417. — *Protophasma Dumasii* (Brgt), houiller de Commentry (1/2 grandeur naturelle).

avec tant de raideur, on aurait remarqué la grâce infinie des Fougères (fig. 412 et 413) avec souplesse et la légèreté des Astérophyllites (fig. 416). Quelques rares Reptiles amphibies

Fig. 118. — Forêt de Sapins sur la Viège, à Zermatt (d'après une photographie).

se montrant hors des marécages, un petit nombre de Mollusques terrestres, des Insectes nombreux, des Libellules géantes (fig. 417) se glissant au travers des feuilles et des rameaux, étaient les seuls habitants de ces solitudes profondes, que le chant des oiseaux ne venait pas encore égayer. Ce fut là l'origine des houillères.

Ainsi, tout le carbone organique des êtres, tout le carbone organique des produits de leur vie, tout le carbone aujourd'hui minéralisé et conservé dans les entrailles de la terre, tout ce carbone a été puisé dans l'atmosphère, puis fixé par la chlorophylle qui a accumulé en lui, sous forme d'énergie potentielle, toute l'énergie actuelle qu'elle a reçue du soleil. La chlorophylle est donc l'un des grands régulateurs de la composition de l'atmosphère; elle s'oppose à l'épuisement de l'air en oxygène, constamment absorbé par les respirations; elle s'oppose à l'accumulation dans l'air du gaz carbonique, constamment produit par les respirations et les combustions (1).

De plus, la chlorophylle a été la grande prévoyante qui, préparant les matériaux des houilles, nous permet aujourd'hui d'utiliser, non seulement les combustibles de nos forêts actuelles, mais aussi et surtout les combustibles des forêts qui ont couvert le globe des milliers de siècles avant l'apparition de l'homme.

Et, quand nous considérons la nature, quand nous reposons nos regards dans la contemplation des campagnes verdoyantes, impressionnés par l'immense étendue des plaines où le vent fait onduler les épis, saisis d'admiration par la masse imposante des forêts séculaires (fig. 418), nous oublions volontiers le petit corpuscule vert, l'ouvrier minuscule dont l'œuvre est géante. Lui seul sait retenir ce qu'il y a de plus fugace, de plus insaisissable, la radiation lumineuse. Lui seul sait s'en emparer, pour étendre sur la couleur jaunâtre de notre planète, à côté du blanc immaculé des glaces polaires et des sommets neigeux, à côté du bleu des grandes surfaces océaniques, un manteau d'un vert magnificent dont les tonalités s'échelonnent par gradations insensibles, du vert sombre des Mousses et des Sapins jusqu'au vert tendre des jeunes pousses printanières. Lui seul a su, en créant les matériaux de la houille, préparer la vie de ce noir monde des mines, qui alimente

(1) Il faut ajouter à cela le rôle des carbonates.

nos foyers, qui est la source de l'énergie dont l'industrie tire un si grand parti.

Lui seul nous a conservé cette énergie lumineuse que le soleil a répandue sur notre planète dans le passé, et, par là, il a puissamment aidé à l'établissement de cette liaison, de cette continuité des phénomènes dont la nature nous prodigue les exemples.

TRANSPIRATION ET CHLOROVAPORISATION

Les plantes, par toute leur surface en contact avec l'atmosphère, particulièrement par leurs feuilles, rejettent constamment de la vapeur d'eau, et ce phénomène, comme les échanges gazeux que nous venons d'étudier, a une double cause. Il résulte en partie de la vie de la plante et porte le nom de *transpiration proprement dite*; il résulte aussi de la fonction chlorophyllienne et s'appelle alors *chlorovaporisation*; dans les deux cas, il diffère du phénomène physique d'évaporation.

Aux heures tardives du jour, quand la transpiration est fortement amoindrie, on voit des gouttelettes d'eau d'une limpidité parfaite perler à la surface des feuilles; c'est la *sudation*, comprenant aussi la *sudation proprement dite* et la *chlorosudation*.

Nous étudierons ces quatre phénomènes deux par deux, sous les noms de transpiration et de sudation, nous réservant de séparer, dans chaque étude, la part due à la vie protoplasmique seule et la part due à la fonction chlorophyllienne.

Transpiration. — Dans tous les cas, l'origine de l'eau doit être cherchée dans le sol. Là, l'eau mécaniquement interposée entre les particules de la terre est absorbée par les racines, puis elle circule dans les vaisseaux de la plante sous le nom de sève, comme nous le verrons plus loin. Cette sève arrive dans les cellules, et comme elle est une dissolution très diluée de sels minéraux, elle subit une concentration telle que 250 litres d'eau passant à travers la plante sont nécessaires à la production d'un kilogramme de matière sèche, pour le Blé. Un hectare de culture, produisant environ 5000 kilogrammes de matière sèche, doit donc fournir à la végétation 1 250 mètres cubes d'eau. La concentration de la sève a pour conséquence la transpiration des cellules dans les lacunes et les méats des parenchymes; la vapeur d'eau parcourt ce système de cavités, arrive aux chambres sous-stomatiques et s'échappe dans l'atmosphère par les stomates (Voy. p. 148 et fig. 288 à 292). L'ouverture ou ostiole des stomates (*Pr*, fig. 52, p. 38) peut subir des modifications de forme et de grandeur. Pendant le jour, surtout si le sol est très humide, le végétal est gorgé d'eau et la turgescence des cellules stomatiques provoque l'écartement des lèvres de l'ostiole (fig. 419), la transpiration devient très active. Au contraire, pendant la nuit, ou pendant les périodes de sécheresse, la turgescence des cellules diminue et, les lèvres des stomates se rapprochant (fig. 420), la transpiration diminue notablement.

Une feuille couverte d'une couche de gélatine très mince ne peut plus transpirer; par

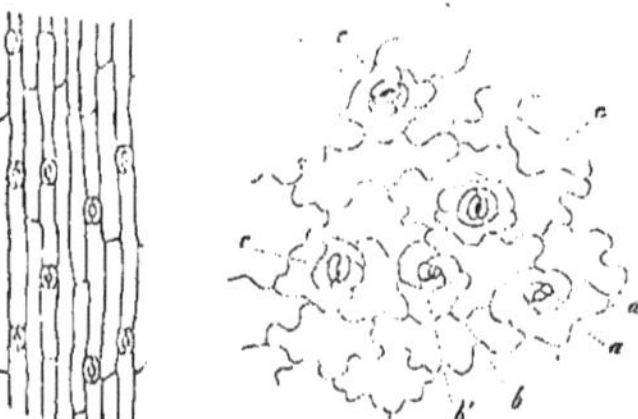

Fig. 419. — Lambeau d'épiderme détaché de la face supérieure d'une feuille de Jacinthe. Les stomates sont largement ouverts.

Fig. 420. — Lambeau d'épiderme de feuille de *Sedum telephium* (Sedum reprise ou Orpin). Les stomates sont presque fermés.

suite, cette feuille ne reçoit plus de sève et ne tarde pas à dépérir. De même, dans nos appartements, la poussière obstruant les stomates est un obstacle à la transpiration et nuit aux plantes que l'on veut conserver.

Pour observer la transpiration et en même temps déterminer son intensité, on peut répéter les expériences suivantes. Mariotte, en 1679, enfermait des branches feuillées dans un ballon de verre; la vapeur émise se condensait sur la paroi du ballon et le poids de l'eau recueillie exprimait la transpiration. Hales, en 1724, éleva un Soleil (*Helianthus annuus*) dans un pot de terre vernissée, puis il couvrit ce vase d'une lame de plomb disposée de façon à ne pas blesser la tige; il cimenta les joints et munit la lame de plomb d'un tube de verre destiné à l'arrosage et fermé par un bouchon. La plante avait un peu plus d'un mètre de haut; il la pesa matin et soir, pendant quinze jours,

en été; il connut ainsi, pour chaque jour, la quantité d'eau enlevée par la transpiration, en tenant compte de l'eau d'arrosage. Il reconnut que la plus grande transpiration, pendant douze heures d'un jour sec et très chaud, avait été de 1 livre 14 onces (environ 0^{kil},930), et que la moyenne, pendant douze heures de jour, s'élevait à 1 livre 4 onces (environ 0^{kil},624).

Cette expérience, que l'on peut facilement répéter en adoptant le dispositif de la figure 421, montre l'énorme quantité de vapeur d'eau que les plantes jettent constamment dans l'atmosphère.

« Voici quelques exemples qui confirment

Fig. 421. — Expériences de Hales.

ce résultat (1). D'après Schübler, le *Poa annua*, qui croît sur 1 mètre carré de terre, transpire en moyenne et par jour 8 litres d'eau. Haberlandt donne comme quantité d'eau transpirée par 1 centimètre carré de surface foliaire, pendant vingt-quatre heures, pour le Pois, 2^{gr},51; pour le Houblon, 4^{gr},31; pour le Chanvre, 9^{gr},3. D'après ce physiologiste, la transpiration verse dans l'atmosphère, pendant la période végétative : pour un pied de Maïs, en cent soixante-treize jours, 14 kilogrammes d'eau; pour un pied de Chanvre, en cent quarante jours, 27 kilogrammes; pour un pied d'*Helianthus annuus*, en cent quarante jours, 66 kilogrammes. Le résultat d'expériences faites sur des pieds isolés, étendu à ceux que comprend un champ, amène le même savant à faire dire que, sur un hectare, l'Avoine transpire 2 277 760 kilogrammes d'eau et l'Orge

(1) P. Duchartre, *loc. cit.*, p. 867.

Fig. 422. — Alfrédie
(*Alfredia cernua*).

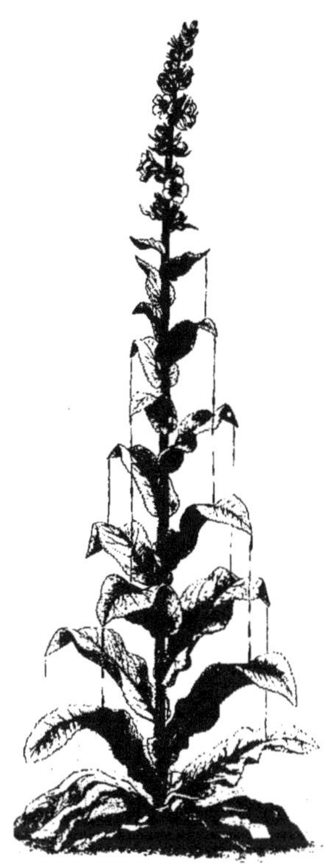

Fig. 423. — Bouillon blanc
(*Verbascum phlomoides*).

1236710 kilogrammes; chiffres énormes, mais certainement trop forts parce que des plantes serrées l'une contre l'autre ont une transpiration moindre que si chacune d'elles était isolée. Enfin Höhnel évalue l'eau transpirée par 1 hectare de futaie de Hêtres âgés de cent quinze ans, du 1er juin au 1er décembre, de 2400000 à 3500000 kilogrammes. En admettant que les chiffres donnés par Haberlandt fussent rigoureusement exacts, ils correspondraient à une couche d'eau de 227 centimètres pour l'Avoine, de 123 centimètres pour l'Orge sur la surface de l'hectare occupé par ces plantes. On voit donc que la quantité d'eau transpirée est notablement inférieure à celle que donnent annuellement les pluies. »

Comparaison avec l'évaporation. — La transpiration peut être comparée avec l'évaporation de l'eau à la surface d'un corps poreux imbibé; mais s'il y a des ressemblances entre les deux phénomènes, ils sont séparés par d'importantes différences et ne peuvent être identifiés. Unger a montré qu'à égalité de conditions, la plante émet en moyenne de quatre à six fois moins de vapeur qu'une masse d'eau de même surface. J. Sachs a vu qu'une branche de Peuplier blanc, dont les feuilles avaient 2700 centimètres carrés de surface, avait transpiré, en cent dix heures, 480 centimètres cubes d'eau, qui sur cette surface aurait formé

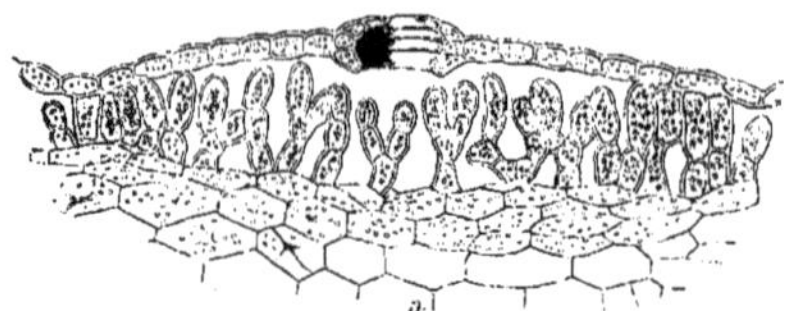

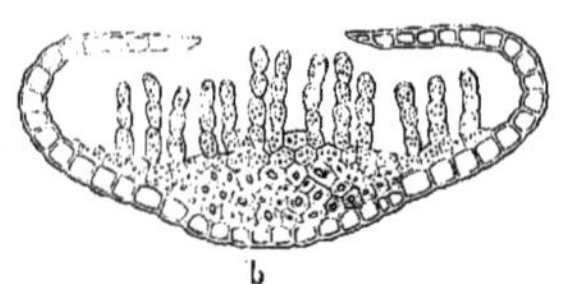

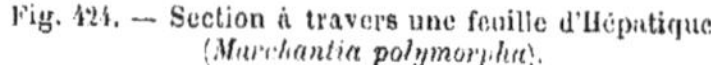

Fig. 424. — Section à travers une feuille d'Hépatique (*Marchantia polymorpha*).

Fig. 425. — Section transversale d'une feuille de Mousse (*Barbula aloides*).

une couche de 1^{mm},8 de hauteur. Or la couche évaporée pendant le même temps par une masse d'eau de même surface aurait 5 millimètres d'épaisseur.

Si, après avoir mesuré dans des conditions données la transpiration d'une plante, on la tue ; et si l'on mesure ensuite, dans les mêmes conditions extérieures, l'émission de vapeur d'eau qui cette fois est une simple évaporation, on constate qu'elle a augmenté. Ainsi donc, la transpiration est moindre que l'évaporation.

Chlorovaporisation. — Les radiations, en partie calorifiques, absorbées par la chlorophylle, ont un double effet ; elles permettent l'assimilation du gaz carbonique et elles déterminent la vaporisation d'une grande quantité d'eau. Ainsi, un plant de Blé qui transpire 1 centimètre cube d'eau à l'obscurité et qui en transpire dans le même temps 2,5 au soleil s'il est étiolé, vaporise plus de 100 centimètres cubes d'eau au soleil pendant le même temps, s'il est vert. Cette vaporisation due à la chlorophylle ajoute ses effets à ceux de la transpiration proprement dite, et c'est à la résultante des deux phénomènes que s'appliquent les données fournies plus haut. De plus, l'exemple cité montre qu'il faut attribuer 97,5 p. 100 de la quantité d'eau rejetée à la chlorovaporisation et seulement 2,5 p. 100 à la transpiration proprement dite.

On a calculé qu'un Chêne isolé, portant environ 700 000 feuilles, a vaporisé de juin à octobre, en cinq mois, une quantité totale de 111 255 kilogrammes d'eau, presque entièrement attribuable à la chlorovaporisation ; on voit, par conséquent, quelle énorme quantité d'eau cette fonction déverse chaque jour dans l'atmosphère par les prairies, les champs et les forêts.

L'émission de vapeur d'eau par les plantes est sujette à des variations qui ont surtout pour cause les variations diurnes de la tempé-

rature et de l'éclairement. Très faible au lever du jour, la transpiration augmente dans la matinée, atteint son maximum vers deux heures de l'après-midi, puis diminue peu à peu. Toute l'eau ainsi émise est absorbée dans le sol, et cette émission est la cause principale de l'absorption qui établit dans le corps végétal une certaine pression ; or, chaque soir, au coucher du soleil, la transpiration est très fortement amoindrie, et, l'absorption continuant, de fines gouttelettes perlent à la surface des feuilles ; il y a sudation.

Défense des plantes contre la sécheresse. — Les plantes, comme tous les êtres, sont exposées à un grand nombre de causes de détérioration et même de destruction. Pour lutter, dans des conditions favorables, contre ces causes nuisibles, les végétaux présentent des dispositions spéciales, souvent très curieuses, qu'une observation attentive peut seule faire connaître. Quelques exemples choisis vont nous montrer l'ingéniosité des procédés de défense des plantes.

On n'ignore pas combien les fourmis sont friandes de miel, et l'on sait quel zèle infatigable et quelle régularité elles montrent quand elles sont en quête de leurs provisions. Comment se fait-il alors qu'elles ne devancent pas les visites des abeilles et qu'elles ne s'approprient pas le nectar des fleurs ? Remarquons que la visite anticipée des fleurs par les insectes porterait grand préjudice à la plante, car la fourmi se déplace lentement, elle transporterait difficilement le pollen des fleurs et ne saurait réaliser la pollinisation croisée dont nous constaterons les excellents effets pour la plante ; de plus, si une abeille venait se poser sur une fleur envahie par des fourmis, l'une de celles-ci ne manquerait pas de saisir la patte de l'insecte dans ses mandibules, ce qui éloignerait à tout jamais les abeilles de la fleur et rendrait la fécondation très difficile. Pour toutes ces rai-

Fig. 126. — *Platycerium alcicorne*. — Au pied de chaque plante on observe les feuilles protectrices; au-dessus sont les feuilles ordinaires.

sous, la plante doit se défendre de la visite des insectes non ailés; elle le fait en se garnissant de poils, ordinairement dirigés de haut en bas, ainsi qu'on le peut voir chez la Scabieuse des bois (*Knautia dipsacifolia*). Chez la Carline (*Carlina vulgaris*), des touffes de poils forment une barrière que les fourmis et les limaces ne sauraient franchir. Les capitules du Bluet (*Centaurea cyanus*) possèdent un involucre bordé de petits aiguillons, recourbés, le reste du corps de la plante étant glabre; chez d'autres plantes où la fleur est pendante comme celle du Cyclamen, la protection est assurée par des surfaces glissantes, ce qui empêche les insectes aptères de les envahir.

Contre des dangers d'un autre ordre, les végétaux possèdent des défenses différentes; ils sont armés de piquants qui les défendent de la dent des herbivores, ou bien possèdent, comme l'Ortie, des poils urticants qui éloignent les petits animaux.

Parmi les causes d'altération provenant du milieu extérieur, il faut citer le froid et la sécheresse. Pour résister au refroidissement nocturne, les plantes présentent plusieurs dispositions, parmi lesquelles il faut signaler leur revêtement pileux; la vue des plantes de montagne, de l'Edelweiss en particulier, suffit à le prouver. Pour résister à la sécheresse, les plantes ont des moyens variés à l'infini: chez les unes, comme l'Alchimille, les gouttes de rosée sont retenues par les feuilles disposées en sortes de cornets; chez d'autres, comme l'Alfrédie et le Bouillon blanc, les feuilles sont disposées de telle façon que la pluie la plus faible mouille presque toute la surface du végétal. Dans l'Alfrédie (fig. 122), les feuilles, légèrement inclinées, font l'office de gouttières qui ramènent l'eau qu'elles reçoivent le long de la tige, et par suite au pied même de la plante. Dans le Bouillon blanc (fig. 123), les feuilles sont, au contraire, repliées vers leur tiers supérieur, de telle façon que l'eau qui a mouillé une feuille retombe sur une feuille inférieure pour la mouiller à son tour, et de là parvienne à une autre feuille, jusqu'à sa

Fig. 427. — Section d'une feuille de Bambou grossie 180 fois.

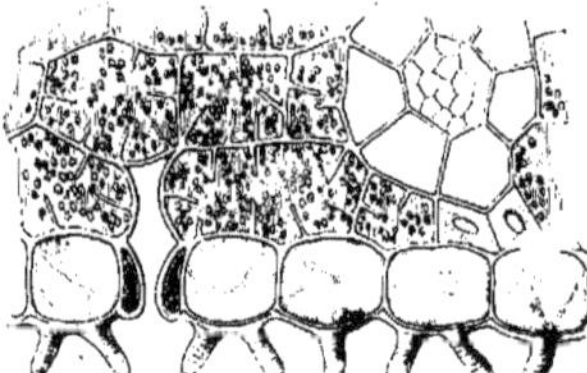

Fig. 428. — Partie de la face inférieure de cette section, grossie 460 fois.

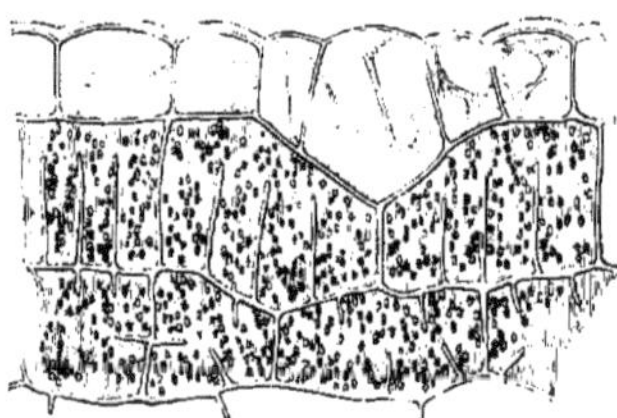

Fig. 429. — Partie de la face supérieure, grossie 460 fois.

chute dernière sur le sol où s'étendent les racines. Le même effet est réalisé dans les deux cas, par des moyens différents: l'acquisition pour la plante du maximum de l'eau nécessaire à sa vie.

Les mouvements des stomates peuvent être insuffisants à protéger les plantes contre une transpiration intense et de longue durée, comme cela se produirait dans les contrées desséchées par un soleil brûlant; aussi, les plantes présentent des dispositions protectrices spéciales quand elles habitent ces contrées.

Les feuilles de certaines Mousses (fig. 424) sont disposées en chambres de transpiration presque closes et ne possèdent que quelques orifices; chez d'autres, les bords foliaires, par leur mouvement, viennent recouvrir la face supérieure du limbe (fig. 425) et la protéger. Dans une Fougère, nommée *Platycerium alcicorne* (fig. 426), les feuilles végétatives présentent un dimorphisme très curieux; les unes sont de larges disques appliqués contre la base de la tige qu'elles couvrent comme d'un manteau; elles ont la forme en écusson et ne jouent qu'un rôle secondaire et passager dans l'assimilation, mais protègent très efficacement les racines contre la sécheresse; les autres sont de longs rubans plus ou moins dressés et à bifurcations successives. Chez d'autres végétaux, le rôle de défense est exclusivement dévolu à la cuticule foliaire qui prend une plus grande épaisseur et présente des épaississements en forme de bouchons (fig. 427, 428

et 429), garnissant ainsi l'épiderme d'un revêtement protecteur.

Mais un revêtement pileux d'une bien plus grande importance est facile à remarquer chez beaucoup de plantes: l'Edelweiss(*Gnaphalium leontopodium*) (fig. 430), la Gloxinie (*Gloxinia speciosa*), la Centaurée (*Centaurea ragusina*), l'Alysse (*Alyssum wierzbickii*), et les plantes des figures 431 à 436. Les poils si curieux et si développés qui ont été représentés constituent, soit un feutre, soit un duvet, soit une couche laineuse protectrice; ils cachent les stomates et diminuent la transpiration.

PLANTES GRASSES. — Les observations de Th. de Saussure et celles de nombreux botanistes permettent de dire que les plantes grasses à épiderme mince (Crassulacées) résident dans les régions tempérées, tandis que celles qui sont pourvues d'un épiderme fortement cutinisé (Cactées) habitent les régions tropicales. On peut, par des considérations physiologiques, expliquer cette répartition, car ces plantes ont, surtout dans les régions tropicales, à lutter contre la transpiration.

« Les *Sedum* (1), *Sempervivum, Crassula* de nos contrées possèdent des feuilles charnues; ce sont les feuilles qui, chez ces végétaux, présentent le plus grand développement et la carnosité la plus prononcée. Cette carnosité est, sinon déterminée, tout au moins favorisée par la présence d'acides organiques qui, retenant

(1) Aubert, *Recherches physiologiques sur les plantes grasses*. Paris, 1892.

Fig. 130. — *Gnaphalium leontopodium* ou Edelweiss; port.

l'eau et diminuant la transpiration des organes, en provoquent la turgescence.

« Chez les Cactées tropicales, ce ne sont pas les feuilles, mais les tiges dont la structure est parenchymateuse. Les feuilles s'y développent, il est vrai, et leur production est accompagnée de l'apparition de poils et de piquants plus ou moins abondants à leurs points d'insertion. Mais ces feuilles, cylindriques ou cylindro-coniques, n'atteignent en général que quelques millimètres de longueur, se dessèchent et tombent, n'ayant rempli, pendant leur éphémère existence, qu'un rôle très secondaire. Leur transpiration trop active eût gêné le développement de la plante : celle-ci s'en débarrasse.

« Mais par quels moyens les Cactées luttent-elles contre la température élevée de l'air extérieur dans leurs pays d'origine? Comment ne perdent-elles pas rapidement l'eau qui imprègne leurs tissus? Elles le pourraient de deux manières : soit en absorbant en grande quantité la sève par leurs racines, soit en perdant peu de vapeur d'eau par la transpiration.

« Or, les racines des Cactées plongent généralement dans un sol à peu près sec, aride, n'y puisant que peu pour une pareille lutte. La transpiration est au contraire faible, grâce

à l'épaisseur considérable des tissus et à la forme sphérique ou cylindrique que présente la plante dont la surface est à peu près minimum par un volume donné. En outre, le duvet plus ou moins fourni qui revêt les Cactées, une cuticule épidermique très épaisse, une formation hypodermique spéciale, des stomates peu nombreux, un faible développement de la chlorophylle localisée dans le tissu superficiel, réduisant la chlorovaporisation, s'opposent à une perte d'eau importante.

« Ce ne sont pas, malgré tout, les moyens les plus efficaces employés par les Cactées pour lutter avec avantage contre la transpiration. Ces plantes possèdent peu d'acides organiques ; mais il faut remarquer qu'elles sécrètent des principes qu'on ne rencontre pas chez les végétaux charnus des régions tempérées, à savoir des gommes abondantes, amassées dans des lacunes et des canaux nombreux qui aboutissent dans la région hypodermique. Les gommes absorbent et retiennent énergiquement l'eau.

« Ainsi, malgré le désavantage de leurs stations, les Cactées sont puissamment armées pour la lutte contre les ardeurs du soleil.

« Il n'en est pas de même pour les Crassulacées dans nos régions, lorsque ces plantes

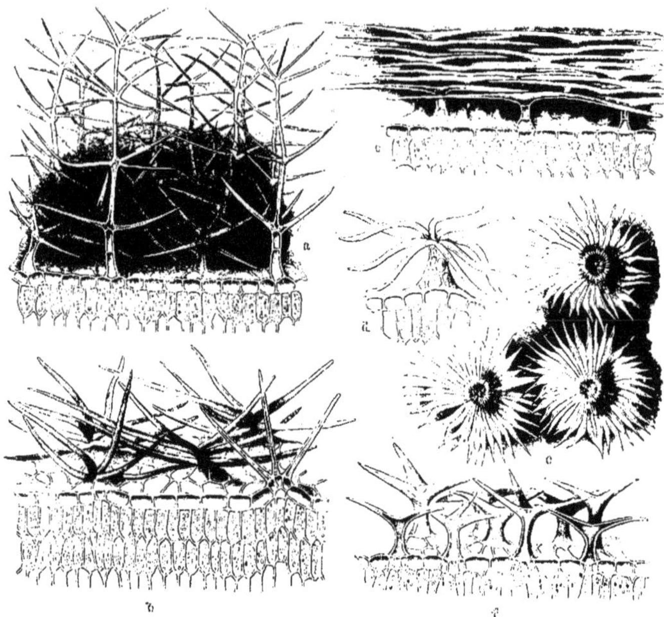

Fig. 431 à 436. — Poils de revêtement (gr. 50); *a*, poils floconneux du *Verbascum thapsiforme*; *b*, poils en touffe de la *Potentilla cinerea*; *c*, poils de l'*Artemisia mutellina*; *d*, poils rayonnés de *Correa speciosa*; *e*, poils de l'*Elæagnus angustifolia*, vus du dessus; *f*, poils étoilés de l'*Aubrietia deltoidea*.

ont à subir les fortes chaleurs de l'été.

« A cette époque, les Crassulacées perdent souvent leurs tiges aériennes et leurs feuilles, et se réduisent à des rhizomes courant à une profondeur variable dans la terre. La destruction de leurs acides organiques (acide malique) à 35 ou 40° entraîne une diminution de leur turgescence, suivie plus ou moins rapidement d'une dessiccation des organes les plus exposés.

« Les Crassulacées qui vivent depuis longtemps dans les pays chauds ont conformé les diverses phases de leur période végétative aux conditions du milieu dans lequel elles vivent. Puisque leurs parties aériennes disparaissent en général au plus fort de l'été, ces plantes fleurissent et fructifient avant la saison sèche, assurant ainsi leur reproduction par graines.

« M. Trabut a bien voulu me fournir à ce sujet, pour les Crassulacées d'Algérie et leur mode d'existence, de précieux renseignements.

« Les Crassulacées annuelles de l'Algérie fleurissent et fructifient surtout au mois de mai et meurent ensuite. Les espèces vivaces habitent plutôt les montagnes et fleurissent d'autant plus tard qu'on les rencontre à une altitude plus élevée.

« Quelques-unes de ces espèces forment des réserves dans des souches tubéreuses qui produiront ultérieurement des sujets aériens chargés de la reproduction.

« En hiver, les Crassulacées résistent aux froids grâce à la faible longueur des tiges aériennes et de leurs entre-nœuds; les feuilles, pressées les unes sur les autres, se préservent mutuellement contre le rayonnement. Dans les rosettes comme celles des Joubardes, les feuilles les plus extérieures recouvrent complètement les autres, se dessèchent parfois et forment un revêtement protecteur pour la partie centrale de la rosette. »

  LA NUTRITION DE LA PLANTE.

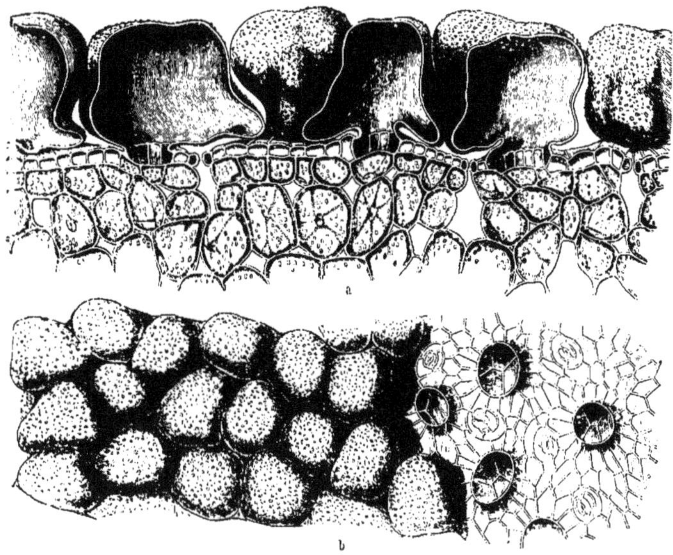

Fig. 437. — Cuirasse siliceuse du *Rochea falcata*. — *a*, section transversale de la face supérieure de la feuille; *b*, la même face, vue du dessus. A gauche, les poches épidermiques sont entières; à droite, elles sont supposées enlevées et laissent voir les stomates (gr. 150).

On peut ajouter que l'organisation tout entière de certaines plantes grasses, des Nopals en particulier, est en relation avec leur habitat; leurs feuilles sont des écailles sèches ou même des aiguillons qui hérissent en grande quantité les rameaux charnus de la plante et les défendent aussi bien que possible contre les entreprises des animaux poussés par la soif. L'épiderme des tiges est épaissi sur sa paroi externe, il devient presque cartilagineux et s'imprègne de sels calcaires en formant une cuirasse protectrice.

La plupart des Crassulacées et Lactacées dont les cellules épidermiques sont cuirassées d'oxalate de chaux, de silice et de liège, contiennent dans leurs tissus des groupes de cellules particulières qui, visiblement, servent pour la conservation de l'eau pendant le temps de l'année où les précipitations atmosphériques manquent, et que l'on a appelés sinus aqueux. L'eau est toujours dans ces magasins à eau assez abondante pour suffire d'une période de pluie à l'autre, c'est-à-dire que les tissus verts limitrophes, consommant l'eau emmagasinée,

ne souffriront pendant le temps de la sécheresse d'aucun manque d'eau. La disposition est telle, chez toutes ces plantes, qu'aussitôt la première pluie, les magasins se remplissent à nouveau d'eau et que le dégorgement et le remplissage des cellules de réserve, leur perte et leur gain, n'exercent aucune influence sensible sur les cellules voisines. On a à juste titre comparé les plantes grasses aux chameaux, aux « vaisseaux des déserts » qui, eux aussi, s'approvisionnent en une seule fois d'une grande quantité d'eau, mais peuvent alors sans inconvénient en être privés pendant longtemps. Chez de nombreuses autres plantes et feuilles grasses, l'épiderme sert d'une façon remarquable à l'emmagasinement de l'eau. Des cellules isolées de l'épiderme s'accroissent extraordinairement et s'élèvent au-dessus des autres, avec l'aspect d'outres, de massues ou d'ampoules, comme la figure 437 le montre chez *Rochea*. Ces ampoules sont, ou bien réunies l'une à l'autre en une sorte de cuirasse, ou bien irrégulièrement placées les unes à côté des autres ou les unes au-dessus des autres.

Fig. 438 à 441. — Plantes-compas. — *a* et *b*, *Silphium laciniatum* : *a*, vue de l'est ; *b*, vue du sud. — *c* et *d*, *Lactuca scariola*. *c*, vue de l'est ; *d*, vue du sud.

PLANTES-COMPAS. — Il est beaucoup de plantes dont les feuilles ne présentent pas leur face dans la position verticale, au moins dans le jeune âge, mais qui prennent cette position peu à peu au cours de leur développement ; de cela il résulte que les faces foliaires ne sont plus supérieure et inférieure, mais qu'au contraire les bords foliaires occupent ces positions ; la plante, vue du dessus, ne montre plus ses feuilles de face, mais de profil. Par ce moyen, la transpiration due à une insolation trop vive est amoindrie et la plante peut résister à la sécheresse. Parmi les végétaux présentant cette particularité, citons le Buplèvre vertical (*Bupleurum verticale*) de la flore espagnole, la Laitue sauvage (*Lactuca scariola*) (fig. 440 et 441) des lieux secs de l'Europe centrale, la

Silphie laciniée (*Silphium laciniatum*) des prairies ensoleillées de l'Amérique du Nord (fig. 438 et 439), les Eucalyptus et la majorité des arbres et arbrisseaux de la Nouvelle-Hollande.

La Silphie laciniée est à ce point de vue une plante très curieuse remarquée depuis longtemps des chasseurs qui s'en servent pour connaître leur orientation et qui l'ont nommée Plante-compas. Cette plante croît de préférence dans les endroits secs et découverts ; ses feuilles sont verticales et toutes placées dans un plan contenant la tige ; le plan des feuilles contient donc tout le végétal, ce qui donne à celui-ci l'apparence d'une plante que l'on aurait comprimée entre deux feuilles de papier pour la disposer dans un herbier. Le plan ainsi

Fig. 442. — Gouttes de rosée retenues par les feuilles de l'Alchimille (*Alchimilla vulgaris*).

formé est orienté du nord au sud très exactement, il définit donc le méridien ; les feuilles, au contraire, regardent l'est et l'ouest. On comprend facilement l'avantage de cette disposition ; à l'aurore, l'air est frais et humide, le soleil levant éclaire les feuilles de face ; de même, les rayons du soleil de midi, très ardent, ne peuvent éclairer la plante que de profil, et ne peuvent déterminer une transpiration trop intense ; le végétal est protégé contre la sécheresse. Remarquons que ce mouvement lent des feuilles qui leur a fait prendre cette position verticale pendant leur développement ne se produit que chez les plantes qui habitent les lieux secs découverts et bien ensoleillés ; les pieds de Silphie laciniée végétant dans les lieux ombrés ont leurs feuilles disposées comme dans le jeune âge.

SUDATION

Les gouttelettes d'eau, dont nous avons signalé la formation plus haut, grossissent peu à peu, se détachent et, roulant sur la feuille, tombent ; de nouvelles gouttelettes se forment, elles tombent à leur tour et la sudation se poursuit jusqu'à ce que la transpiration puisse s'établir à nouveau, ce qui a lieu quelques instants après le lever du soleil. On observe encore ce phénomène sur les végétaux porteurs de bourgeons printaniers ; sous l'influence du relèvement de la température et de l'augmentation de lumière, l'absorption se fait plus active, les bourgeons non encore épanouis ne peuvent émettre au dehors l'eau absorbée, et le liquide s'écoule par toutes les crevasses que présente la surface du végétal ; on dit que ce

végétal pleure. Ces pleurs (pleurs de la Vigne, par exemple) sont constitués par un liquide d'une limpidité parfaite, car ils ont traversé un grand nombre de parois cellulaires, subissant à chacune d'elles une filtration ; ils ont aussi dissout sur leur passage diverses substances salines ou sucrées, par suite ils sont assez réfringents et simulent des perles brillantes placées sur le velouté des feuilles ; leur présence a toujours vivement frappé l'imagination des observateurs et l'éclat dont ces petites gouttes d'eau se parent au moindre rayon de soleil les a fait considérer dans les croyances populaires comme douées de propriétés souveraines.

Il faut bien remarquer que les gouttes de rosée matinale (fig. 442) observées sur les plantes ne doivent pas être confondues avec ces pleurs. La rosée a son origine dans la vapeur d'eau de l'atmosphère, elle n'est que le résultat de la condensation de cette vapeur due au refroidissement de la plante, et elle se dépose en des points quelconques de sa surface ; tandis que les pleurs ont une origine que nous savons très différente, et ils ne se montrent qu'en des points déterminés, les stomates aquifères. Dans certains arbres des tropiques, cet écoulement printanier qui se produit aux bourgeons simule, au dire des voyageurs, une véritable pluie ; il en est ainsi chez le Brésillet pluvieux (*Cæsalpinia pluviosa*). La Colocase, dont les larges feuilles portent leurs stomates aquifères à la pointe, peut donner par feuille jusqu'à 22 grammes de liquide en une nuit ; une feuille d'Amome (plante de la famille des Bananiers) rejette jusqu'à un verre de liquide.

A la sudation il faut rattacher la sudation

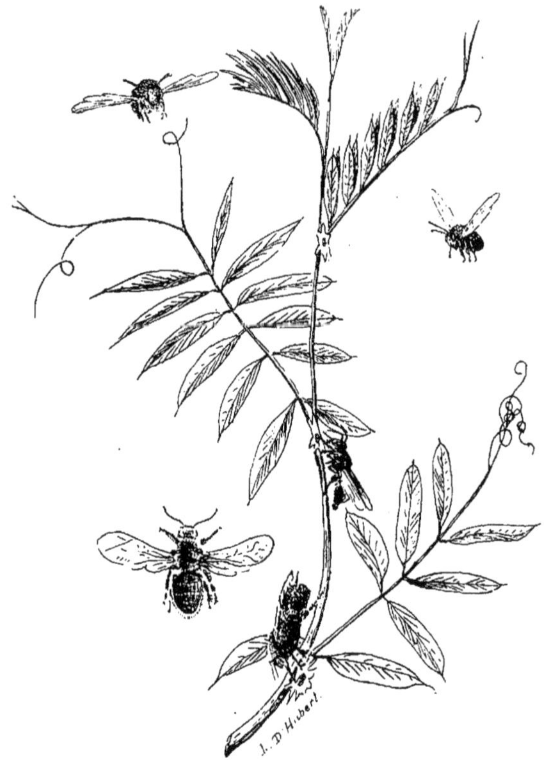

Fig. 443. — Rameau de Vesce cultivée (*Vicia sativa*) sur lequel des bourdons et des abeilles viennent butiner le nectar des feuilles.

nectarifère, que nous étudierons dans le chapitre de la fleur, et les sudations digestives que l'on observe dans les graines pour l'utilisation de l'albumen, aussi dans les feuilles des plantes réputées plantes carnivores; nous examinerons ces cas particuliers dans des chapitres spéciaux. Étudions de suite la question de la miellée végétale qui est une sorte de nectar foliaire.

Miellée végétale. — La miellée végétale, qu'il ne faut pas confondre avec la miellée animale rejetée par les pucerons sur les feuilles de certains arbres (Tilleuls...), est une sudation sucrée émise par la feuille du Tilleul, de l'Érable, du Peuplier, du Chêne, du Bouleau, de la Vigne, du Sapin; elle forme de petites gouttelettes à l'orifice des stomates et paraît très recherchée des abeilles (fig. 443) et des fourmis. La miellée se produit mieux à l'obscurité, surtout si l'air est humide; elle est abondante quand la différence des températures diurne et nocturne est très accentuée. Par sa composition, elle se rapproche du nectar des fleurs; elle est surtout sucrée.

Chlorosudation. — La chlorosudation étant beaucoup plus intense que la transpiration, il est à prévoir que la chute du jour amenant la cessation de cette fonction déterminera une sudation importante. C'est en effet ce qui a lieu, et il n'est personne qui n'ait remarqué le soir, au coucher du soleil, de brillantes gouttelettes d'eau perlant à l'extrémité de chaque brin d'herbe, de chaque feuille des Graminées.

Une feuille de Colocase a rejeté par sa pointe 120 gouttes d'eau par minute pendant les premières minutes qui ont suivi le coucher du soleil, et à chaque fois la goutte, en se détachant, déterminait un léger mouvement de recul de la feuille.

Par ce qui précède, on voit que les plantes ont de très importants échanges d'eau avec l'extérieur; elles absorbent dans le sol une grande partie de l'eau apportée par les pluies; elles répandent dans l'atmosphère la presque totalité de l'eau qu'elles ont absorbée. Ainsi, les végétaux sont des régulateurs de la quantité d'eau météorique répandue dans une région, et l'on sait l'effet bienfaisant qu'exerce la végétation sur le climat.

FIXATION DE L'AZOTE

« L'azote paraît être un élément constant des végétaux, et l'on est assez porté à croire que les substances alimentaires tirées du règne végétal doivent une grande partie de leur faculté nutritive aux principes azotés qui s'y rencontrent. M. Gay-Lussac a déjà constaté la présence de l'azote dans un très grand nombre de semences, et les analyses que j'ai faites pour doser cette matière dans plusieurs graines employées comme fourrage ont établi qu'elle y entre souvent pour une portion assez forte. La Vesce, les Lentilles, les Féveroles ont fourni 4 à 5 p. 100 d'azote; la graine de Trèfle en contient 7 p. 100. »

Ces quelques lignes, empruntées à Boussingault (1), jointes à celles déjà citées page 241, montrent l'importance de l'azote végétal.

Ce que nous avons dit de la circulation des gaz dans la plante (p. 243) laisse supposer que l'azote n'entre pour rien dans les échanges qui se produisent entre la plante et l'atmosphère. Ce fait, très général, souffre cependant quelques exceptions; nous examinerons de suite la fixation de l'azote par les nodosités des plantes légumineuses, fixation entrevue déjà au sujet de l'origine de l'azote des végétaux (Voy. p. 235).

Bactéroïdes des Légumineuses. — L'assimilation de l'azote atmosphérique est exercée par un petit nombre de microorganismes, en par-

ticulier par des Bactériacées qui vivent en symbiose avec les racines des Légumineuses.

« La terre arable (1) renferme une prodigieuse quantité de ces petits êtres auxquels est dévolu d'accomplir, à notre insu et la plupart du temps sans qu'il nous soit possible de les isoler et de les étudier, une série d'actes physiologiques et chimiques d'où résulte finalement l'accroissement de la fertilité du sol. De ces microorganismes, les uns transforment en nitrate ou en ammoniaque les résidus azotés des récoltes antérieures et les engrais organiques apportés dans nos champs (fumier de ferme, sang desséché, etc., etc...), mettant à la disposition des récoltes, par le processus qu'on désigne d'un mot : « nitrification », les principes azotés organiques des fumures et ceux des résidus des plantes; sans leur intervention, les uns et les autres demeureraient sans valeur nutritive pour les récoltes. Les végétaux agricoles, en effet, sont dépourvus de la faculté d'emprunter leur alimentation azotée à l'albumine et à ses congénères, c'est-à-dire à des matériaux organiques ; ces derniers, pour nourrir les plantes, doivent préalablement avoir subi la nitrification. L'azote minéral, c'est-à-dire l'azote nitrique ou ammoniacal, est le seul dont puissent se nourrir les Céréales, les Crucifères et la presque totalité des végétaux cultivés.

« A ce mode de nutrition fait exception une nombreuse famille de plantes agricoles : la famille des Légumineuses ou Papilionacées, qui comprend les Trèfles, la Luzerne, les Pois, les Haricots, les Vesces, etc., et certains arbres tels que les Acacias, les Robiniers, etc.

« La grande famille des Légumineuses est l'une des plus importantes pour l'exploitation du sol : c'est elle qui produit les fourrages les plus abondants et les plus nutritifs ; elle, aussi, qui permet la transformation de l'antique assolement triennal (Voy. p. 239), rend possible la fumure des terres par les engrais verts, l'élevage d'un nombreux bétail sur des surfaces restreintes, etc., etc. Depuis des temps bien éloignés de nous déjà, on a donné aux Légumineuses le nom caractéristique de plantes améliorantes, exprimant par là l'accroissement de fertilité du sol qui les a portées pendant une ou plusieurs années.

« De tout temps, on a constaté qu'une luzernière renversée, qu'une pièce de Trèfle ou de

---

(1) Boussingault, *loc. cit.*

(1) L. Grandeau.

Vesce retournée, produisent, sans addition de fumure azotée, une belle récolte de Céréales, alors que les champs contigus, de même nature apparente, ont besoin de l'apport de quantités plus ou moins élevées d'engrais, pour fournir une récolte de Blé comparable à sa voisine. D'autre part, on a observé fréquemment la difficulté de faire réussir le Trèfle, la Luzerne, les Pois ou le Lupin dans un champ où l'on introduisait ces plantes pour la première fois. Le fait d'observation qui résumait, pour ainsi dire, le rôle améliorant attribué, à juste titre, aux Légumineuses, était la possibilité d'obtenir, *sans fumure azotée*, une abondante récolte de plantes riches en azote et laissant dans le sol, par leurs racines ou par leur enfouissement, dans le cas des engrais verts, un approvisionnement abondant en substances azotées bientôt devenues assimilables par les Céréales, par suite de leur nitrification.

« A quelle source les Légumineuses qui, sur un hectare, produisent des récoltes renfermant 100 à 150 kilogrammes d'azote, sans que le sol ait reçu de fumure azotée, où, disons-nous, ces plantes puisent-elles l'élément azoté nécessaire à leur constitution?

« Les Légumineuses prospérant sans le concours d'engrais azotés, il semblait qu'elles eussent la faculté, à l'inverse de ce qui se passe chez les autres végétaux, d'utiliser directement l'azote de l'air atmosphérique, fournissant ainsi gratuitement au cultivateur, aux dépens de l'immense réservoir aérien, la substance azotée qui se forme, dans les autres récoltes, exclusivement sous l'influence du nitrate ou des sels ammoniacaux. Les Légumineuses assimilent-elles l'azote libre? tel était le problème qui méritait certes d'être étudié scientifiquement.

« J. Boussingault fut le premier qui en chercha la solution expérimentale. Malgré l'habileté et la sagacité que l'éminent physiologiste apportait dans toutes ses recherches, il n'arriva pas à une solution précise du problème. Les résultats de ses nombreuses expériences furent contradictoires; tantôt il constatait l'absence de fixation d'azote, tantôt une assimilation faible de ce gaz par les plantes. Les expérimentateurs distingués qui reprirent l'étude de la question ne furent pas davantage conduits à des conclusions nettes, probantes et définitives, concernant la fixation de l'azote gazeux par le Trèfle, la Luzerne, les Pois, etc... Sans entrer dans aucun détail sur les expériences de Boussin-

gault, de ses émules et de ses contradicteurs, expériences qui n'ont plus aujourd'hui qu'un intérêt historique, il nous suffira d'indiquer d'un mot la cause des échecs de ces savants et la raison des divergences des résultats obtenus par eux : elles résident dans l'ignorance où l'on était alors de l'existence et du rôle des petites nodosités qu'on trouve en abondance à l'extrémité des radicelles des Légumineuses bien venantes, en sol pauvre en nitrates surtout.

« Ces petites nodosités (fig. 444), véritables

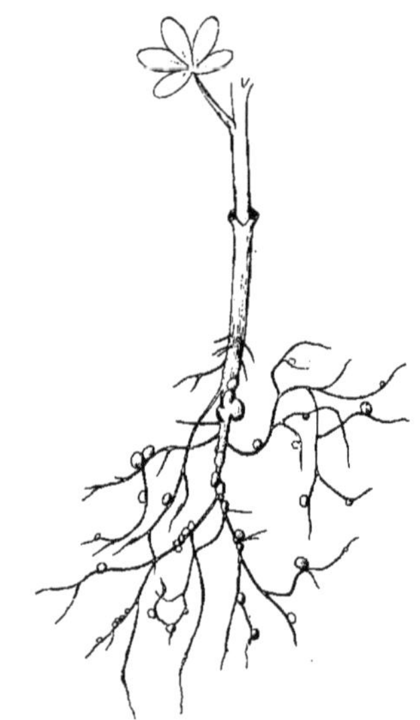

Fig. 444. — Racine de Lupin portant des nodosités à bactéroïdes.

accumulateurs de matières azotées, fabriquées avec l'azote gazeux de l'air, par l'intermédiaire d'un bacille (*Bacillus radicicola*, Beyerinck), concourent au développement des Légumineuses en leur fournissant l'alimentation azotée que les autres végétaux, les Céréales notamment, ne peuvent trouver que dans les nitrates du sol ou des fumures. »

Sur le pivot comme sur les radicelles, ces nodosités se montrent analogues à des excroissances de 4 à 6 millimètres de diamètre (Voy. fig. 447 et 448). Le parenchyme de ces nodosités contient de nombreux petits corpuscules unicellulaires de quelques mil-

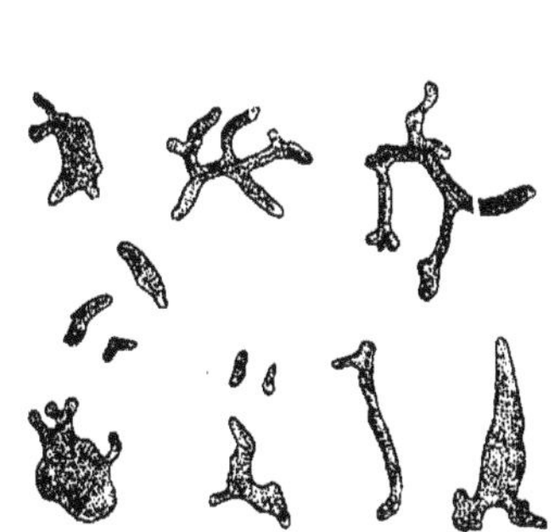

Fig. 445. — *Rhizobium leguminosarum*. Culture en solution minérale additionnée de 1 p. 100 de saccharose et de 1 p. 100 de peptone. Grossissement : 1500 diamètres.

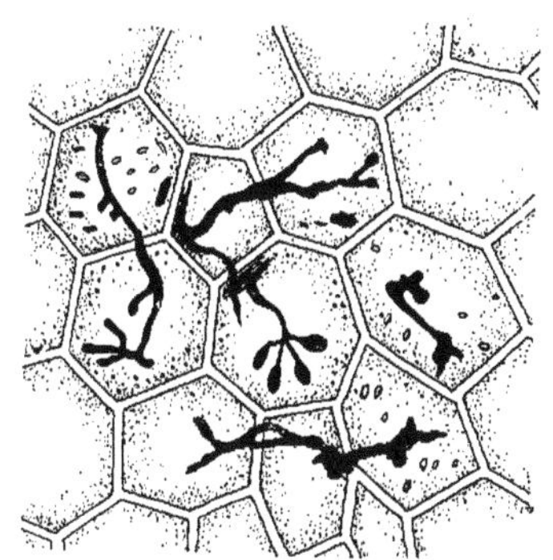

Fig. 446. — Cellules du tubercule du Pois. Les filaments du *Rhizobium* portent des bactéridies. La cellule renferme quatre corps ovoïdes, en grappe et à surface lisse. Grossissement : 700 diamètres.

lièmes de millimètre de longueur, souvent mêlés en grande abondance au protoplasme des cellules. Ces corpuscules, les uns en forme de baguette, les autres en forme d'U ou d'Y (fig. 445), sont les Bacilles radicicoles. On peut

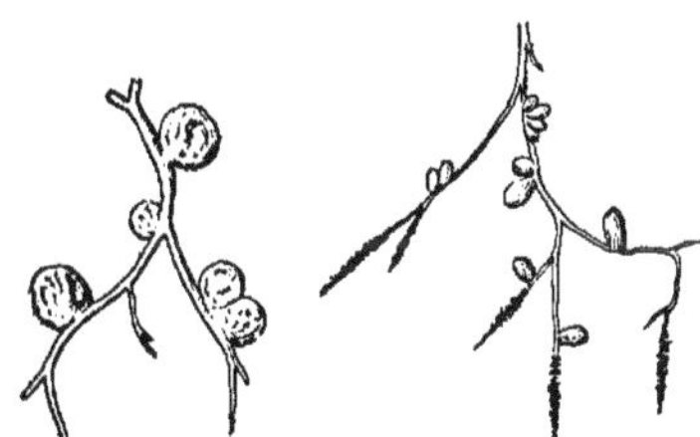

Fig. 447. — Nodosités des racines du Lupin (*Lupinus albus*), grandeur naturelle.

Fig. 448. — Nodosités des racines du Pois (*Pisum sativum*), grandeur naturelle.

les cultiver dans du bouillon de graines de Pois ou de Haricot, puis on peut les inoculer à des racines intactes d'un jeune plant de Lupin, en piquant ces racines avec une aiguille trempée dans le bouillon de culture; on provoque ainsi la formation des nodosités caractéristiques.

Le Bacille se développe dans les tissus de son hôte en poussant des filaments (fig. 446) dont les bourgeons sont les petits corpuscules signalés dans les nodosités adultes. On voit que par ces caractères le Bacille radicicole est en quelque sorte intermédiaire entre les Bactériacées et les Champignons ; on le nomme quelquefois, pour ne pas le rapporter expressément aux Bactériacées, *Rhizobium leguminosarum*.

« Hellriegel et Wilfarth, par la découverte du rôle fixateur d'azote des nodosités des Légumineuses, ont apporté la première explication nette du fait si anciennement connu des qualités améliorantes de cette famille végétale. On s'explique tout naturellement aujourd'hui les divergences des résultats d'expériences dans lesquelles, faute de la connaître, il n'a été tenu aucun compte de la présence ou de l'absence de nodosités dans les racines des plantes soumises aux essais; de même, l'ignorance dans laquelle un si grand nombre d'expériences, conduites par d'habiles expérimentateurs, nous avaient laissés sur la question de l'absorption ou de la non-absorption de l'azote gazeux par les Légumineuses. Les nodosités sont l'organe fixateur de l'azote atmosphérique.

« Depuis 1888, époque à laquelle Hellriegel et Wilfarth ont démontré la fixation de l'azote gazeux par les Papilionacées, à l'encontre de ce qui se passe chez les Céréales, et rattaché ce phénomène à la présence des nodosités des racines, de nombreux et importants travaux sont venus compléter la découverte des savants de la Station agronomique de Bernburg et en permettre des applications culturales.

« Hellriegel et Wilfarth ont signalé le rôle des

nodosités ; Beyerinck a découvert le bacille que renferment ces dernières ; Nobbe et son collaborateur Hiltner en Saxe, Frank à Berlin, Schlœsing et Laurent, Bréal et Villemin en France, pour ne citer que les principaux expérimentateurs, ont, chacun de son côté, étudié de plus près le rôle des nodosités et des bactéries, montré que l'inoculation de ces dernières chez des Légumineuses dépourvues de nodosités a pour résultat de donner naissance à ces petits réservoirs de matière azotée. Enfin, des essais culturaux (Salfeld, Früwirth, etc.) ont révélé la possibilité d'applications, dans nos exploitations rurales, des résultats des recherches poursuivies dans les laboratoires. Tout n'est pas connu, certainement, dans cette curieuse question, mais nous sommes assez éclairés pour arriver à des applications pratiques auxquelles l'état présent de l'agriculture donne un intérêt réel.

« On a recours, pour ensemencer une terre en bactéries, à l'un des deux procédés suivants : 1° semer, à la volée, à la surface du champ qu'on destine à la culture d'une Légumineuse non encore cultivée dans ce champ, Pois, Lupin, Trèfle, etc., quelques centaines de kilogrammes (à l'hectare) d'une terre provenant d'un champ où prospèrent les plantes ; 2° délayer un certain volume de cette terre dans de l'eau et arroser le champ à créer avec le liquide qui tient en suspension une quantité suffisante de bactéries du premier sol, pour l'inoculation des graines de Légumineuses qu'on confiera à la terre. L'introduction directe des bactéries dans le sol a été pratiquée pour la première fois par Hellriegel en 1888, dans des conditions qu'il convient de rappeler : il répandit sur un champ de la terre qui avait porté, suivant un assolement régulier, des Pois, diverses variétés de Trèfle, des Betteraves à sucre, mais où jamais n'avaient été cultivés le *Serradella* ni les Lupins. Cette inoculation du sol fut suivie d'une abondante récolte des espèces suivantes : Pois, Vesces, Haricots et Trèfle, mais elle fut absolument sans action sur le *Serradella* et les Lupins semés côte à côte avec les autres Légumineuses. Hellriegel en tira la conclusion qu'il existe entre les bactéries des diverses Légumineuses des différences notables. Cette observation fut le point de départ de nombreuses recherches qui, vu la difficulté d'isoler et de cultiver à l'état de pureté les microorganismes, conduisirent leurs auteurs à des conclusions divergentes ; les uns voulant voir dans les bactéries de chaque Légumineuse une espèce ou variété distincte et propre à chacune d'elles ; les autres, à la tête desquels figure le savant directeur de la station de Tharand, penchant à admettre, non des espèces différentes, mais des formes spéciales du *Bacillus radicicola*, propres aux nodosités des diverses Légumineuses. En 1890, Nobbe étant parvenu à obtenir des cultures pures de bactéries extraites des nodosités du Robinier (Acacia) et du Pois, montra, par les résultats de leur inoculation, qu'il existe entre ces deux formes du bacille des différences notables au point de vue de leur action sur la végétation. Les essais d'inoculation du sol faits par Salfeld confirmèrent cette manière de voir. Mais aucune expérience n'avait abouti à des conclusions indiscutables : cela tenait surtout à l'extrême difficulté d'écarter des milieux où l'on opérait tout germe étranger à celui qu'on se proposait d'étudier, en se mettant à l'abri d'inoculations involontaires par causes accidentelles.

« Dans leurs essais de 1891 et 1892, M. Nobbe et ses collaborateurs ont réussi à ne pas rencontrer un seul cas d'inoculation non voulue par eux. En sol stérilisé, c'est-à-dire complètement dépourvu de bactéries vivantes, ils n'ont pas vu se développer une seule nodosité sur les plantes en expérience. En possession d'une méthode d'investigation irréprochable, les auteurs ont entrepris une nouvelle série de recherches dont la conclusion intéresse au plus haut point la culture des Légumineuses et qui confirme, en les éclairant, les premières tentatives d'inoculation des terres avec les bactéries des espèces de Papilionacées qu'on veut y cultiver.

« L'expérience a eu pour but d'étudier l'influence de l'inoculation réciproque à trois espèces de Légumineuses des bactéries spéciales à chacune d'elles (c'est-à-dire extraites de leurs nodosités et cultivées à l'état de pureté).

« Le dispositif des essais permettait de déterminer : 1° l'évaporation d'eau par chacune des plantes durant leur développement ; 2° la taille de chacune d'elles au moment de la récolte ; 3° la quantité d'azote atmosphérique assimilé dans les diverses conditions d'inoculation.

« Une série d'expériences a porté sur le *Robinia pseudo-acacia*, l'*Acacia Lophantha*, la Vesce velue et le Pois : elles ont été faites en sable exempt d'azote. Les matériaux qui ont servi aux inoculations provenaient :

« I. De bactéries de *Robinia* prises dans des nodosités âgées de deux ans.

« II. De bactéries d'*Acacia*, de nodosités de deux ans (*Acacia Lophanta*).

« III. De bactéries de Vesce puisées dans les nodosités du *Vicia sepium*, d'une plante, âgée de quinze ans, provenant d'un essai de culture et qui avait crû constamment à la même place depuis ce temps.

« IV. Bactéries de Pois venant de plantes existant dans une plate-bande de jardin où depuis longues années on n'a cultivé que des Pois et des Haricots.

« Des cultures pures de ces bactéries ont été faites d'après les méthodes ordinaires. Les plantes ont été mises en place le 31 mai et le sol inoculé, le 14 juin, avec les produits des cultures pures du bacille. Le 30 septembre on a récolté le *Robinia* et l'*Acacia Lophanta* ; le 19 août la Vesce velue ; dès le 4 août on avait dû arracher les Pois envahis par un Champignon, ce qui nous engage à laisser de côté les résultats de cet essai moins net, par suite de cet accident, que ceux des trois autres. Je résume dans le petit tableau suivant les principaux résultats très nets de ces expériences :

« ÉVAPORATION. — L'évaporation des plantes devait être en rapport avec leur développement, ce qui s'est en effet produit d'une manière frappante : l'eau évaporée du début à la fin de l'expérience est exprimée en centimètres cubes :

Sols inoculés avec une culture pure de bactéries.

Plantes en expérience	de *Robinia*	d'*Acacia*	de Vesce.
Robinia............	3.570	1.136	1.425
Acacia................	1.538	3.805	1.205
Vicia villosa..........	934	1.097	4.978

Hauteur des plantes à la récolte (en millimètres).

Robinia..............	131	50	50
Acacia..............	80	295	62
Vicia villosa..........	350	400	1.126

Poids de substance sèche et teneur en azote de la récolte (en grammes).

		de *Robinia*	d'*Acacia*	de Vesce
Robinia.....	sub. s.	7,402	1,158	0,858
	azote..	0,232	0,0166	0,0135
Acacia......	sub. s.	1,953	6,943	1,248
	azote..	0,117	0,1098	0,0162
Vicia villosa.	sub. s.	0,783	0,866	9,133
	azote..	0,019	0,0147	0,264

Les dernières recherches de Tharand ont conduit leurs auteurs aux conclusions suivantes : « Toutes les bactéries des nodosités des différentes Légumineuses que nous avons étudiées, y compris les Mimosées, appartiennent à une seule espèce, le *Bacillus radicicola* de Beyerinck. Ce bacille cependant est tellement influencé par la plante, dans les racines de laquelle il vit, que ses descendants ne conservent toute leur efficacité que pour chacune des espèces de Légumineuses à laquelle appartient la plante qu'elle a nourrie et perdent plus ou moins leur activité vis-à-vis des autres espèces. Les bactéries des nodosités des divers groupes ou genres des Légumineuses ne se différencient donc pas les unes des autres par des caractères absolus, mais seulement d'une façon relative. Les nodosités produites par l'inoculation à l'aide de cultures pures ne représentent donc pas des espèces distinctes, mais seulement des formes d'une même espèce. Il convient, suivant l'espèce de Légumineuses que l'on veut cultiver, d'inoculer le sol avec la *forme* de bactérie la mieux adaptée à cette espèce. Ce point important semble définitivement acquis. »

Autres organismes fixateurs d'azote. — La simple observation de la fertilité constante des pâturages de montagne, qui fournissent aux troupeaux une abondante nourriture azotée, fertilité qui subsiste depuis des siècles, suffit à montrer qu'il existe des organismes fixateurs d'azote, autres que les bactéroïdes des Légumineuses. Il existe dans l'atmosphère, outre l'azote et l'oxygène, une petite quantité d'ammoniaque et aussi d'azotate d'ammoniaque (Boussingault) dont la formation paraît résulter de l'action des effluves électriques sur les gaz de l'air, principalement dans les régions de grande altitude ; ces composés, entraînés par les pluies, fournissent au sol un peu d'azote, mais en quantité trop petite pour infirmer les conclusions de la remarque précédente. Au reste, l'expérience prouve la réalité de l'assimilation de l'azote par les terres nues, à la condition que ces terres soient meubles et que la température ambiante se maintienne entre 10 et 40 degrés. Le phénomène est bien d'ordre biologique et non pas seulement d'ordre chimique, car il ne se produit pas avec une terre préalablement stérilisée ; cependant, il faut remarquer que les agents de cette fixation d'azote libre ne nous sont pas connus.

Ferments nitreux et nitriques. — L'azote, engagé dans une combinaison organique, ne peut être assimilé par les plantes (Voy. p. 235) ; il doit subir une transformation préalable qui l'amène à l'état de nitrates. C'est ainsi que l'humus, et en général tous les débris végétaux répandus sur le sol, sont peu à peu solu-

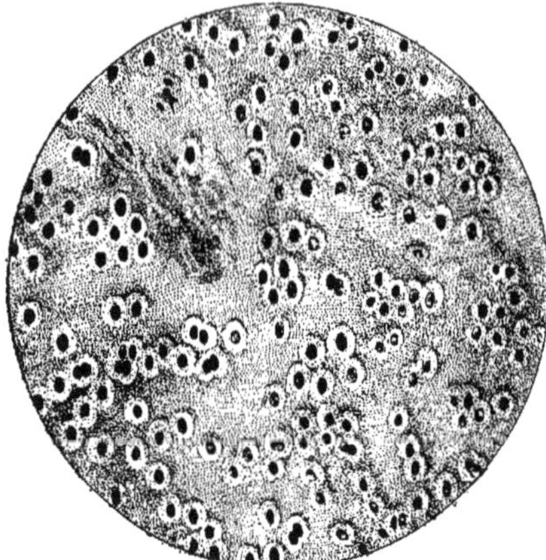

Fig. 449. — Ferment nitreux.

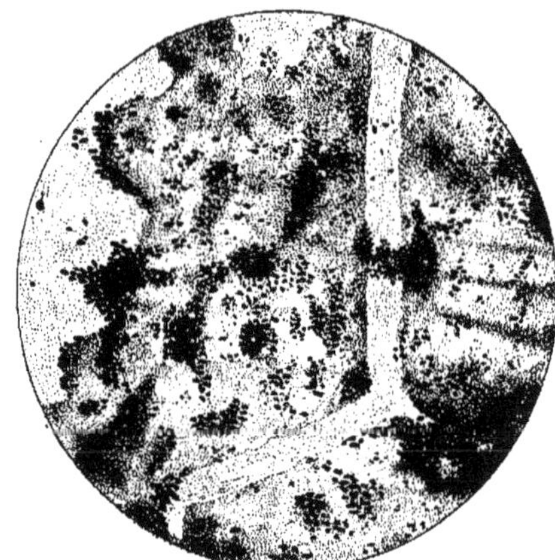

Fig. 450. — Ferment nitrique.

bilisés. Les beaux travaux de MM. Schlœsing et Müntz, de Winogradsky ont permis d'édifier une théorie générale très satisfaisante du phénomène de la nitrification dans les sols.

Ce phénomène s'accomplit en trois phases :

1° Sous l'influence de divers microorganismes, principalement des bactéries qui pullulent dans la terre arable, les matières organiques subissent l'ammonisation, c'est-à-dire qu'elles sont transformées partiellement en ammoniaque ; cela résulte d'une oxydation qui est effectuée principalement par le *Bacillus micoïdes* ou Bacille de la terre, et qui laisse l'ammoniaque comme résidu.

2° Par des ferments spéciaux, désignés sous les noms de ferments nitreux ou *Nitromonades* (fig. 449), l'ammoniaque est transformée en acide nitreux (acide azoteux). Ces nitrobactéries ont une grande énergie de végétation, et, quoique non chlorophylliennes, peuvent vivre d'aliments minéraux seuls, empruntant le carbone aux carbonates ; c'est là un exemple de synthèse protoplasmique totale, et nous avons eu l'occasion de le relater (Voy. p. 228).

3° La nitrosation de l'ammoniaque étant effectuée, des ferments opèrent immédiatement la nitratation, c'est-à-dire la transformation de l'acide nitreux en acide nitrique (acide azotique) ; la phase acide nitreux est donc éphémère. Ces nouvelles nitrobactéries (fig. 450) coexistent dans les sols avec les ferments

nitreux ; elles paraissent douées d'une énergie de végétation moins grande, mais cependant peuvent aussi vivre aux dépens d'aliments minéraux seuls.

Circulation de l'azote dans la nature. — L'azote, par son inertie chimique, ne paraît pas jouer dans l'atmosphère, au moins à l'état libre, un rôle de quelque importance ; les plantes ne paraissent pas s'en nourrir directement et nous savons que des travaux récents ont seuls montré l'importance de l'azote atmosphérique pour la végétation. Il existe dans l'air de l'azote sous trois formes : l'azote libre, l'azote sous forme d'ammoniaque, et l'azote sous forme d'acide nitrique, presque toujours combiné à l'état d'azotate d'ammoniaque. Nous allons rechercher quelles sont les mutations qui s'établissent dans la nature entre ces trois formes de l'azote, et nous fixerons au passage l'emploi que les végétaux font de l'azote sous ces trois états.

L'azote libre, pénétrant les terres meubles, entre dans un cycle de transformations dénommées ammonisation, nitrosation, nitratation. Il devient donc azote nitrique et donne des nitrates. Il est entré dans le tourbillon vital, et, du corps des microorganismes qui l'ont saisi, il est apte à passer dans les corps des végétaux supérieurs. De là il peut, nous le savons, prétendre à devenir matière constituante des animaux tant herbivores que carnivores, ces organismes ne pouvant assimiler directement l'azote. Mais, que cet azote réputé azote organique soit un élément d'un végétal ou d'un animal, il sera bientôt un élément d'un organisme mort, d'un cadavre. A ce moment, les microorganismes le ressaisiront; ou bien il subira de nouveau l'ammonisation, la nitrosation et la nitratation, rentrant dans un cycle déjà décrit; ou bien il sera, par les réactions de putréfaction (de nature microbienne toujours), ramené à l'état d'azote libre, tout au moins à celui d'ammoniaque; il sera rejeté dans l'atmosphère d'où il provient, il sera susceptible d'entrer à nouveau dans les combinaisons qu'il vient de quitter.

L'azote qui, dans la nature, est combiné sous forme d'ammoniaque ou de nitrate d'ammoniaque, joue un rôle important dans la végétation; il est fixé par les sols, puis absorbé par les plantes; il s'ajoute à l'azote libre. Une partie seulement, entraînée par les eaux d'infiltration et de ruissellement, échappe à la végétation; mais elle va rejoindre la mer, qui renferme $0^{gr},4$ d'ammoniaque par mètre cube d'eau, qui possède un stock énorme d'ammoniaque, et qui, par l'évaporation, est une des sources importantes de la production d'ammoniaque sur le globe.

Ainsi que l'a montré M. Schlœsing, une circulation constante d'azote et surtout d'ammoniaque s'établit sur le globe; un équilibre, une stagnation ne sauraient exister. « Cet équilibre, dit M. Schlœsing, n'est jamais réalisé à la surface du globe; la mobilité de l'atmosphère, les variations de température, la disparition de l'alcali changé en acide nitrique sur les continents, sa formation au sein des mers, sont autant d'obstacles à l'établissement d'une tension partout égale et autant de causes d'un mouvement incessant. »

LA SÈVE

Le liquide nourricier que l'on trouve dans les végétaux, et qui s'en échappe si on les blesse, porte en général le nom de sève. Nous savons (Voy. p. 228) que ce liquide est puisé dans le sol par les racines, qu'il s'élève par les vaisseaux de la racine et de la tige jusque dans les feuilles; il est alors une simple dissolution de sels minéraux, et porte le nom de *sève brute* ou celui de *sève ascendante*.

Dans les feuilles, sous l'influence de la radiation, la sève brute se concentre, se charge de matières organiques, et circule à nouveau, principalement en direction descendante; elle est dite alors *sève élaborée* ou *sève descendante*; si l'on considère qu'elle se répartit dans tout le corps végétal pour nourrir les cellules, on peut la nommer *sève plastique* ou *sève de répartition*.

La distinction fondamentale de deux sèves est donc nécessaire dès le début de l'étude, et pour chacune d'elles nous devrons examiner les questions suivantes : la production du liquide séveux, sa composition, sa circulation dans les canaux de la plante, enfin son utilisation.

SÈVE BRUTE

La sève brute, de beaucoup la plus abondante, est celle que l'on désigne habituellement sous le nom de sève. Cette sève est très facile à recueillir, surtout au printemps, en faisant des incisions au tronc d'arbres en pleine végétation. On peut encore recueillir la sève par le procédé de Biot : dans un tronc d'arbre assez fort, on perce, suivant une même ligne verticale orientée vers le midi, des trous de 8 à 10 centimètres de profondeur, et placés à des hauteurs diverses. Dans chaque trou on ajuste un roseau bien sec pénétrant un peu au delà de l'écorce : le trou et par suite le roseau étant inclinés vers le bas, la sève s'écoule et on la recueille dans un petit ballon disposé à l'extrémité libre du roseau.

L'observation suivante montre que son abondance est parfois très grande (1).

« Au mois de décembre 1892, lorsque je parcourais les forêts du Brésil, cherchant dans les phénomènes remarquables de la végétation exubérante de ce beau pays quelques indices qui pussent me conduire à l'explication des causes qui président à l'arrangement symétrique des tissus vasculaires dans les tiges, je découvris, le matin d'un beau jour, dans une forêt vierge épaisse et sombre, des Lianes ligneuses dont les tiges tendues et charnues

(1) **Ch. Gaudichaud**, *Ascension de la sève dans une Liane* (*Ann. des Sc. nat.*, 2ᵉ série t. VI, 1836, p. 138).

contenaient une très grande quantité d'eau de végétation.

« Ayant coupé quelques tronçons de ces tiges, j'en pris un pour examiner à la loupe l'une des sections et j'en vis découler aussitôt, par le bout opposé, une grande quantité d'eau. »

L'eau extraite ainsi naturellement d'un tronçon de cette Liane, mesurant 15 pouces (5 centimètres) de diamètre et 15 pieds (5 mètres) de longueur, put emplir un flacon d'un demi-litre.

Cette Liane mesurant deux à trois cents pieds de longueur, « un marin intrépide qui grimpait dans les Lianes comme dans les manœuvres d'un navire » put en détacher deux feuilles froissées ; elle fut nommée *Cissus hydrophora*, c'est-à-dire Cissus porteur d'eau.

Nature de la sève brute. Sa composition. — La sève est un liquide limpide et frais, semblable à de l'eau pure, dans laquelle il y a des traces de sels minéraux ; à l'air, elle se trouble légèrement et laisse déposer des flocons ténus d'un rose sale. Sa saveur est quelquefois astringente (cas du Bananier) ; elle a une réaction faiblement acide. Elle est formée du liquide absorbé dans le sol par les racines, liquide auquel viennent s'ajouter les matières organiques empruntées aux cellules traversées pendant la circulation. C'est ainsi que la sève d'un Sycomore recueillie d'une incision faite au niveau du sol a une densité de 1,004 ; recueillie à une hauteur de 2 mètres, cette sève a une densité de 1,008, et à 4 mètres sa densité est de 1,012. En laissant l'écoulement se prolonger, on observe, à cause de l'épuisement qui en résulte, que la sève ne pèse à la base, au bout de plusieurs jours, que 1,002.

La densité de la sève, quoique toujours assez peu différente de l'unité, est variable ; celle de la Vigne, au moment de sa plus grande abondance, est seulement de 1,001 ; celle de l'Orme, de 1,003 ; celle du Hêtre, qui paraît être la plus dense, serait, d'après Vauquelin, de 1,016. Et ce chimiste conclut : « Si la pesanteur spécifique de la sève d'Orme exprimait la quantité de matière végétale qu'elle contient, il s'ensuivrait qu'il passerait dans les vaisseaux de l'Orme 16260 kilogrammes d'eau pour la formation de 49 kilogrammes de bois, et qu'un Orme, qui aurait augmenté de 25 kilogrammes dans les six ou sept mois que dure la végétation, aurait absorbé 8130 kilogrammes d'eau, ce qui est énorme. »

La composition de la sève varie d'une espèce à l'autre ; ainsi Langlois a trouvé : dans la sève de la Vigne, de l'acide carbonique, des phosphate et tartrate de chaux, des lactates alcalins, du chlorhydrate d'ammoniaque et de l'albumine ; dans celle du Noyer, de l'acide carbonique libre, des phosphate et sulfate de chaux, de l'azotate de potasse, du chlorhydrate d'ammoniaque, des lactates alcalins, du malate de chaux, une matière gommeuse, une substance grasse, enfin de l'albumine végétale.

<h3 style="text-align:center">ABSORPTION DE LA SÈVE</h3>

Diffusion et osmose. — La pénétration et la répartition de la sève dans la masse d'un végétal se font suivant les lois de trois phénomènes : l'un, d'ordre biologique, par lequel la consommation d'une matière alimentaire détermine son absorption et sa circulation ; les autres, d'ordre physique, par lesquels le corps végétal tend à se saturer des solutions qui baignent ses surfaces perméables ; le premier phénomène détruisant à chaque instant l'équilibre que les deux autres tendent à produire. Ces deux derniers phénomènes sont : la *diffusion* et l'*osmose*.

Diffusion. — Ayant dissous du sucre dans une petite quantité d'eau placée dans un verre, versons avec de très grandes précautions un liquide coloré, du vin par exemple, au-dessus de la solution sucrée plus dense ; on observera une séparation nette entre les deux couches liquides. Or nous savons que ces liquides sont miscibles, c'est-à-dire peuvent se mélanger en toutes proportions ; laissons le verre au repos pendant plusieurs heures, puis observons les changements produits : la couche de séparation a beaucoup perdu de sa netteté ; elle montre une gradation de teintes allant insensiblement du blanc au rouge ; de plus, en puisant un peu du liquide supérieur, nous le trouverons sucré. Il y a eu diffusion du sucre de la solution inférieure dans le vin, cependant plus léger, et aussi diffusion du vin dans la solution sucrée ; c'est une pénétration réciproque de deux liquides qui s'effectue en dehors de toute action extérieure, qui est déterminée par leur nature et par la concentration des substances dissoutes. Si le phénomène durait longtemps, il égaliserait le sucre et le colorant du vin, produisant un liquide homogène ; il tend donc à produire un équilibre.

Le protoplasme, matière des cellules, est gorgé d'un liquide, le suc protoplasmique

(Voy. p. 26), qui se conduit par rapport à la sève que puisent les racines comme le vin de l'expérience précédente par rapport à l'eau sucrée ; la diffusion détermine donc la répartition égale de la sève dans chaque cellule ; voyons maintenant en vertu de quel phénomène les liquides retenus entre les particules du sol pénètrent dans les poils absorbants de la racine, et comment ils passent d'une cellule à une autre.

Osmose. — Dans une membrane poreuse, une vessie de porc par exemple, plaçons une matière gélatineuse, puis adaptons à la vessie un tube deux fois recourbé contenant un liquide

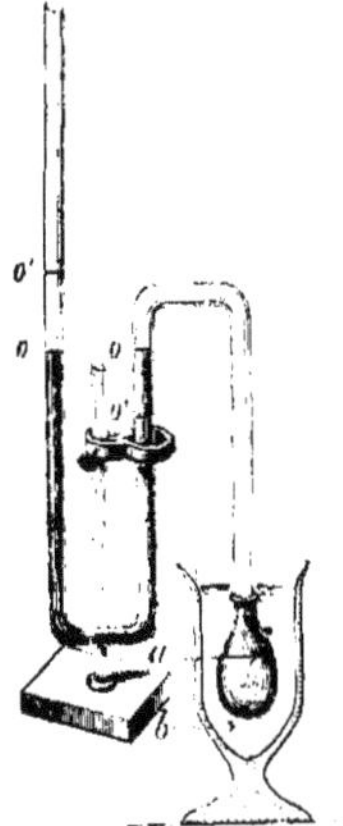

Fig. 451. — Endosmomètre. — *a*, vessie contenant de l'eau sucrée ; *b*, vase contenant de l'eau distillée ; *o*, *o*, niveau primitif du mercure ; *o'*, *o'*, niveau après le phénomène de dialyse.

coloré (fig. 451). Les niveaux du liquide coloré étant aux points *o*, *o*, plaçons la vessie dans un vase contenant de l'eau ; nous ne tarderons pas à voir les niveaux se déplacer et prendre les positions *o'*, *o'*. Ainsi nous constatons l'entrée de l'eau dans la matière gélatineuse, cela au travers de la paroi perméable ; en même temps, la différence des niveaux *o'*, *o'*, nous montre que l'eau est contenue dans la gélatine sous une certaine pression, directement indiquée dans cette expérience. Le passage de l'eau à travers la paroi poreuse est un phénomène d'osmose, en particulier d'endosmose ; la pression indiquée par l'endosmomètre est nommée pression osmotique.

Le protoplasme, matière des cellules, ren-

fermé dans sa membrane de cellulose, est dans la condition de la masse gélatineuse ; la cellule étant plongée dans de l'eau ou dans une solution, le protoplasme attire ces substances qui pénètrent alors dans la cellule, osmosant à travers sa paroi ; de plus, ces solutions ne tardent pas à exister dans la cellule sous pression, sous la pression ou force osmotique, ce qui détermine la turgescence de la cellule considérée. Ce phénomène se produisant de proche en proche, c'est-à-dire de cellule à cellule, il en résulte une pénétration, par la solution, de tout le corps végétal ; un équilibre tend à se produire.

Pouvoir osmotique du protoplasme. — Le phénomène d'osmose se fait plus ou moins rapide, selon la nature de la membrane poreuse, selon la matière vers laquelle se fait l'osmose et selon la composition de la solution soumise à l'osmose.

Examinons à ce triple point de vue l'osmose protoplasmique : la membrane des cellules végétales (Voy. p. 29) est, à l'état jeune surtout, très poreuse. Il suffit, pour s'en convaincre, de placer de jeunes cellules dans l'alcool ; aussitôt, le protoplasme se détache de la membrane cellulosique en se contractant, preuve d'une action directe de l'alcool sur lui. Quand la cellule avance en âge, sa membrane s'épaissit et souvent s'imprègne de matières imperméables aux liquides ; pour ces cellules, l'osmose est devenue difficile ou même impossible, ce qui entraîne la déchéance de la cellule et finalement sa mort. Si la cellule est, comme un poil absorbant d'une racine, faiblement retenue au végétal, elle se flétrit et disparaît ; si, au contraire, la matière dont s'imprègne la paroi cellulaire est unissante, comme la matière du liège, la cellule reste soudée au végétal, mais ne participe plus à sa vie ; elle conserve cependant un rôle de protection ou de soutien.

Le protoplasme, cette matière semi-fluide que l'on trouve à la base de tout organisme, exerce une puissante attraction sur les solutions ; il est doué d'une grande force osmotique, et cela est bien nécessaire, car les liquides contenus dans le sol sont retenus par la capillarité entre les particules de terre. Le pouvoir absorbant du protoplasme n'est du reste pas fixe : il varie d'une plante à l'autre, et, pour une même plante, il varie avec l'état de ce protoplasme dans la cellule. Tandis que la cellule est jeune, que son protoplasme la remplit entièrement (fig. 15, p. 22), une osmose active s'établit à travers la mince membrane ; bientôt les vacuoles se forment et grandissent (fig. 16, 17, 18), le suc cellulaire devient plus abondant (Voy. p. 31) et l'osmose se ralentit à travers la membrane déjà épaissie. Enfin, près du terme de l'évolution cellulaire, la cellule, réduite à un utricule primordial (fig. 13), n'osmose plus aucun produit, sa membrane étant du reste presque imperméable.

Les deux phénomènes d'osmose et de diffusion ne se produisent pas également vite avec toutes les substances ; ainsi, si on représente la vitesse de diffusion du sel marin par 60, celle du sucre sera représentée par 30, celle de la gomme arabique par 15 et celle des matières albuminoïdes par 2 ou 3 ; pour ces dernières substances, l'osmose est très faible.

L'absorption se fait avec élection. — Deux constatations faciles à faire prouvent que la plante ne se conduit pas vis-à-vis des solutions salines comme le ferait une matière gélatineuse quelconque : une plante placée dans un sol ou dans une solution nutritive n'absorbe pas également les matières dissoutes avec lesquelles ses racines sont en contact ; une jeune plantule de Courge se chargera surtout de nitrates, au point même d'en être saturée. Deux plantes différentes, ayant végété dans le même sol, par suite ayant été dans les mêmes conditions en contact avec les mêmes solutions, donnent des cendres de nature différente, ce qui implique une inégalité d'absorption dans les deux cas.

Les plantes semblent donc choisir les matériaux qu'elles absorbent, et cela tient à diverses causes dont les principales sont :

1° La nature différente des protoplasmes déterminant pour chacun d'eux une nutrition spéciale, cela entraînant, en vertu de la loi de consommation citée plus haut, une différence dans l'aliment qui circule dans la plante et qui a pour origine la solution absorbée ;

2° La nature différente de la membrane cellulaire qui préside à l'absorption, et qui a pour conséquence la rapidité plus ou moins grande avec laquelle une substance alimentaire pour la plante peut y pénétrer.

Quelles qu'en soient d'ailleurs les causes, l'absorption élective est certaine ; elle doit être connue pour aider à la détermination de la composition des engrais à fournir aux cultures, et aussi pour la fixation de la forme assimilable de ces engrais. Quelques exemples,

empruntés aux plantes communes, permettront de préciser ces faits.

Les nitrates sont absorbés activement par le Blé, l'Avoine, le Seigle, la Betterave, les Labiées, les Borraginées. Les Légumineuses, qui absorbent faiblement ces nitrates, absorbent très vite les sulfates. L'Ail absorbe surtout les phosphates ; les arbres paraissent avoir une préférence pour les chlorures.

Absorption par les racines. — La racine, qui sert à fixer le végétal au sol, a pour rôle

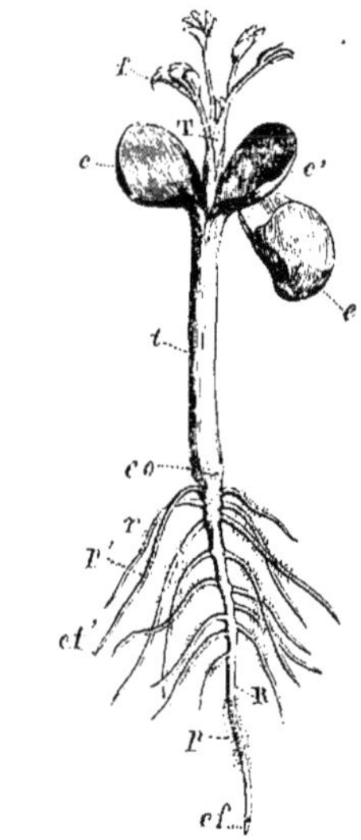

Fig. 152. — Graine germant. Lupin. — R, racine principale, issue de la radicule ; t, partie de tige située au-dessous des cotylédons ; c, c', cotylédons devenus verts comme des feuilles ordinaires ; T, partie de la tige supérieure aux cotylédons et portant les feuilles f ; e, enveloppe de la graine qui se détache et tombe.

principal d'absorber les liquides contenus dans la terre arable. Ces liquides représentent l'aliment total de la plante, si on met à part le carbone que la chlorophylle puise dans l'air, et si on réserve le cas des plantes non vertes pour lesquelles une étude spéciale est nécessaire.

Poils absorbants. — Une racine présente toujours les trois régions suivantes (Voy. fig. 132, p. 57) : une partie terminale appelée coiffe, une zone voisine garnie de poils, déjà nommés poils radicaux (p. 60) ; enfin la région supérieure, dégarnie de poils et reconnaissable à sa

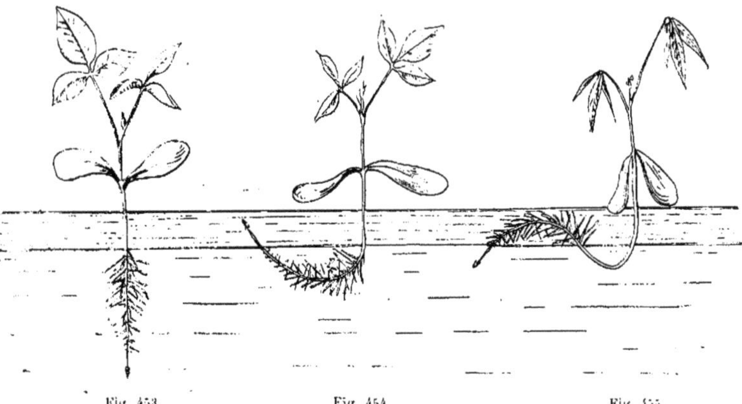

Fig. 453.   Fig. 454.   Fig. 455.

Fig. 453. — La racine entière plonge dans l'eau.
Fig. 454. — La région pilifère seule est immergée.

Fig. 455. — La région pilifère seule est émergée.

Fig. 453 à 455. — Trois jeunes plantules de Lupin en expérience.

consistance plus grande, à sa coloration qui rappelle celle du liège. Quelle est, de ces trois régions, celle qui est le siège de l'absorption ? Des expériences très simples vont nous l'apprendre.

Mettons en expérience trois jeunes plantules de Lupin, semblables à celle que représente la figure 452, et végétant en solution nutritive. Laissant l'une d'elles intacte, nous couperons les extrémités de la racine et des radicelles, au-dessus des poils radicaux pour la deuxième plantule, au-dessous de ces poils pour la troisième : nous aurons soin de rendre la section produite imperméable en y mettant un peu de matière grasse. Tandis que les deux premières plantules végéteront également bien, la troisième dépérira.

Nous pouvons encore disposer l'expérience ainsi : dans trois cuves voisines, disposons trois plantules dans les dispositions qu'indiquent les figures 453 à 455. La première plantule a sa racine entière dans l'eau, la racine de la deuxième ne touche l'eau que par sa région pilifère, et celle de la troisième a sa région pilifère seule hors de l'eau ; autant pour éviter le desséchement des parties que l'eau ne baigne pas que pour empêcher, dans le troisième cas, l'absorption de la vapeur d'eau atmosphérique par les poils radicaux, on a placé sur l'eau une couche d'huile, inoffensive du reste. On observe

bien vite le dépérissement de la troisième plantule, tandis que les deux autres végètent normalement. Remarquons que dans le cas des racines submergées, qui sont dépourvues de poils, l'absorption se fait encore par la région placée au-dessus de la coiffe.

Examinons avec plus de soin le phénomène

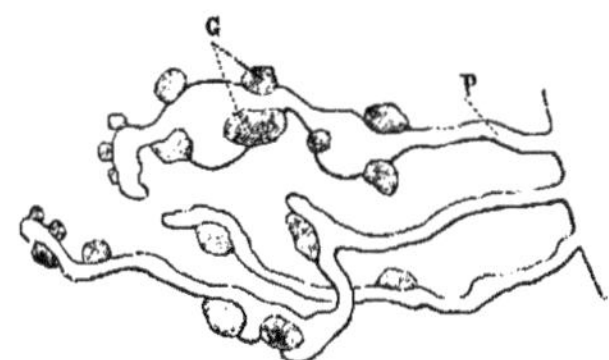

Fig. 456. — Poils absorbants d'une racine développée dans la terre. — Les poils P sont dilatés, contournés autour des petits grains de terre G. Vu à la loupe.

d'absorption par les poils radicaux : ces poils, naissant un peu au-dessus de la coiffe, sont de petits boyaux, qui se développent en se frayant un chemin entre les particules du sol, en les contournant ou en les déplaçant légèrement (fig. 456) ; ils augmentent ainsi de beaucoup leur surface, et cette circonstance favorise l'absorption. Bientôt leur longueur atteint son maximum et l'ensemble des poils figure un cône renversé dont la racine est l'axe (fig. 457). Dans cet ensemble, les poils inférieurs sont les plus jeunes et les plus actifs ; les poils supérieurs, les plus âgés, ont été drainés par les sucs absorbés, ils sont peu actifs et ne tardent pas à se flétrir. Les liquides que les poils radicaux ont absorbés, et qui existent dans leur intérieur, sous la pression

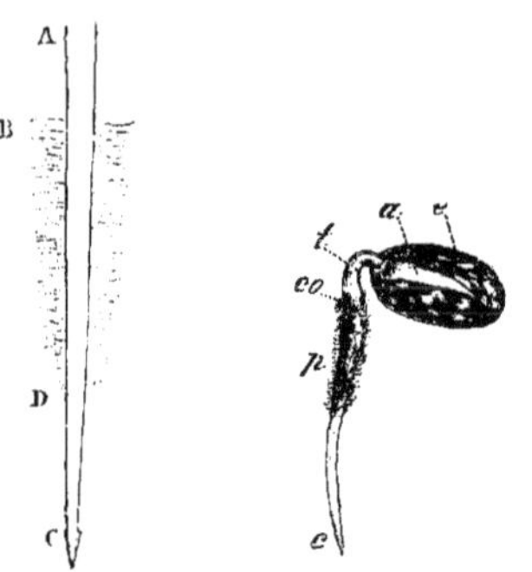

Fig. 457. — Partie terminale d'une racine. — C, coiffe ; CD, région qui n'a pas encore de poils ; BD, région de la racine qui porte les poils ; BA, région où les poils sont tombés.

Fig. 458. — Graine de Ricin germant. — c,o,p,c, racine principale ; t, tige ; co, collet ; e, téguments ; a, albumen.

osmotique sont de même absorbés par les cellules voisines de ces poils et ainsi, de proche en proche, arrivent jusqu'aux vaisseaux du bois de la racine (Voy. fig. 162, p. 81) ; là commence un nouvel épisode de l'histoire de la sève.

Absorption par les feuilles. — Nous savons que le milieu aquatique peut modifier profondément les membres de la plante qui subissent son influence (Voy. p. 161) ; nous avons remarqué le non-développement des poils absorbants sur les racines submergées, et nous pouvons relater des cas où la régression amène la disparition des racines, le rôle d'appareil absorbant étant dévolu à des feuilles modifiées. Dans l'exemple de la Renoncule d'eau, cité page 163 (fig. 327). le dimorphisme des feuilles est très grand ; les unes, aériennes ou nageantes, ont un limbe lobé ; les autres, submergées, sont presque réduites à leurs nervures. Mais ce dimorphisme est encore plus net chez la Salvinie (*Salvinia natans*) (fig. 459) qui végète dans nos mares et dans les cours d'eau de nos régions méridionales, les recouvrant d'un tapis vert dont la continuité porte le plus grand pré-

judice au développement de toute autre végétation ou même à la vie des animaux aquatiques.

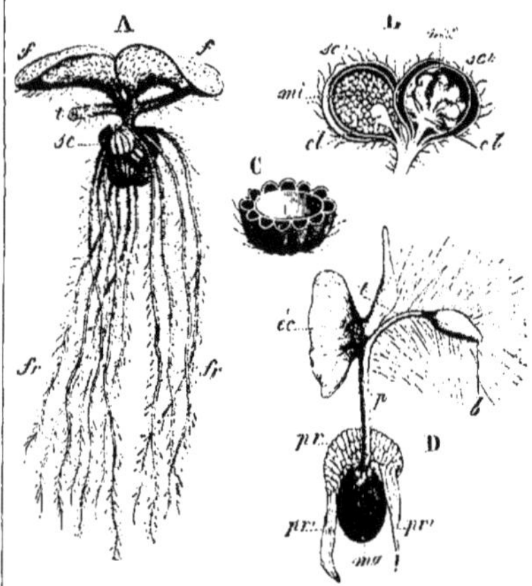

Fig. 459. — *Salvinia natans.* — A, portion d'une plante en fructification ; t, tige ; f,f, deux feuilles aériennes d'une verticille : fr, fr, feuille submergée ayant pris l'apparence de racines, complétant le verticille et à laquelle s'attachent les sporocarpes sc (1/1) ; B, coupe longitudinale de deux sporocarpes, l'un mâle, sc', contenant de nombreux microsporanges, mi ; l'autre femelle, sc", contenant un nombre moindre de macrosporanges, ma ; cl, columelle (grossi 3 à 4 fois) ; C, coupe transversale d'un sporocarpe montrant ses côtes tuberculeuses ; D, germination assez avancée d'une macrospore, ma ; p, pied de la jeune plante ; t, sa tige ; b, son bourgeon terminal ; pr, prothalle ; pr', ses deux prolongements latéraux en ailes descendantes ; éc, écusson (d'après Pringsheim ; 20/1).

La tige de la Salvinie se développe à la surface de l'eau, comme celle du Fraisier à la surface du sol, en envahissant tout l'espace disponible ; cette tige porte, de place en place, à chaque nœud, un groupe de trois feuilles, dont deux sont à limbe arrondi, entier, bien développé ; elles sont vertes en dessus et rouges à la face inférieure qui repose sur l'eau. La troisième feuille est inférieure et méconnaissable ; son limbe est réduit au point de laisser les nervures isolées, et celles-ci forment un chevelu que l'on prendrait volontiers pour celui d'une racine ; ici, la fonction a modifié l'organe foliaire et lui a donné l'apparence de la racine dont cet organe joue le rôle.

Dans le cas des plantes terrestres, l'absorption d'eau par les feuilles est moins évidente ; cependant elle est réelle dans certaines circonstances et elle se produit par les stomates aquifères. L'observation de l'effet bienfaisant immédiat d'une pluie succédant à une sécheresse prolongée suffit à prouver cette absorption, car l'effet est produit bien avant la pénétration de l'eau dans le sol desséché. Là aussi il faut chercher la cause de la fraîcheur constante des herbes des prairies, fraîcheur qui contraste avec l'état de sécheresse des grands végétaux ; ces herbes sont le siège d'un dépôt de rosée assez abondant, elles absorbent cette rosée et restent fraîches.

CIRCULATION DE LA SÈVE BRUTE

Pour arriver jusqu'aux feuilles où elle subit l'élaboration, la sève absorbée par les racines doit traverser le corps de la plante ; elle doit circuler. Des expériences nombreuses et pour la plupart faciles à répéter prouvent que cette conduction se fait par les vaisseaux du bois ou vaisseaux ligneux de la racine, puis de la tige, enfin des pétioles et des nervures foliaires. L'expérience la plus simple consiste, sur une tige ou une branche feuillée, à enlever un anneau d'écorce en respectant le bois ; sur une autre tige ou branche pareille, à retirer 1 ou 2 centimètres du cylindre ligneux en respectant l'écorce. Sur la première de ces tiges, les feuilles restent parfaitement fraîches, attestant ainsi que la sève leur arrive toujours de même, tandis que celles de l'autre tige se fanent immédiatement, montrant que l'afflux de sève est supprimé pour elles.

Tissus conducteurs de la sève. — L'expérience précédente ne donne qu'une première approximation dans la détermination des éléments conducteurs de la sève. Il en est de même des observations suivantes, qui prouvent seulement la présence dans les végétaux de canaux plus ou moins continus par où la sève peut passer, et que nous relatons à cause de leur originalité.

Raffeneau-Delile (1) a vu vendre, au marché du Caire, de longs pédoncules de fleurs de Nénuphar (fig. 460), qui servaient à des fumeurs. Ceux-ci détruisaient le fond de la fleur, le remplissaient de tabac allumé et aspiraient la fumée par l'extrémité opposée du pétiole.

Ch. Gaudichaud (2) parle ainsi de curieuses expériences qui lui furent suggérées par l'observation du *Cissus hydrophora* que nous avons déjà mentionnée :

<hr>

(1) Raffeneau-Delile, *C. R.*, 4 oct. 1841.
(2) Ch. Gaudichaud, *Remarques générales sur les vaisseaux tubuleux des végétaux* (*Ann. des Sc. nat.*, 2ᵉ série, t. XV, p. 162).

« Les vaisseaux tubuleux des Lianes, arrivés à leur état parfait de développement, sont perforés depuis le sommet des nervures des feuilles jusqu'à l'extrémité des racines.

Fig. 460. — *Nelumbium luteum* (1).

« Ayant rempli d'eau les tiges de Lianes (*Cissus hydrophora*) longues de 3 à 4 pieds, en plongeant un des bouts dans l'eau et en aspirant même assez légèrement avec la bouche par l'autre, je vis cette eau en découler rapidement dès que la force d'aspiration cessa.

« Enfin je reconnus que la lumière solaire traversait d'assez longues rondelles de ces bois.

« M. de Mirbel, à qui j'adressai une notice sur les observations que j'ai recueillies dans mon dernier voyage au Brésil, au Chili et au Pérou, me montra (décembre 1833) des fragments de bois provenant du Brésil dans lesquels on avait introduit des cheveux.

« Cette idée de faire pénétrer des cheveux dans les tubes des corps ligneux ne m'était pas venue, quoique j'eusse reconnu que les pores de la plupart des Lianes sont si larges que huit à dix cheveux pourraient facilement y entrer... Je suis parvenu à passer des cheveux dans les tiges de tous les végétaux des régions équatoriales que j'ai pu soumettre à mes expérimentations : Bambous (fig. 461), Jonc à cannes, Rotin, Canne à sucre, Palmiers... (fig. 462).

« Mes essais sur le Chêne, l'Amandier, le Peuplier, le Sapin, la Vigne, ont eu un plein succès... Les greffes n'offrent pas plus de difficulté : les cheveux passent aussi facilement

<hr>

(1) Le Nelombo était le Lotos des Égyptiens ; ses fleurs roses ressemblent à d'énormes Tulipes ; ses graines, nommées *fèves d'Égypte*, servent encore de nourriture aux Indiens et aux Chinois.

Fig. 461. — Bambou (*Bambusa Thouarsi*); port.

Fig. 462. — Cocotier (*Cocos nucifera*), nommé par les voyageurs le Roi des végétaux, à cause de son immense utilité ; port.

d'un bois dans l'autre que dans les tubes de ces bois pris séparément. »

Ces observations confirment ce que nous savons des vaisseaux de l'axe de la plante (Voy. p. 45 et 46), et en particulier de ceux de la tige. Les vaisseaux du bois que la figure 463, schématisée, représente avec une grande netteté, sont très bien disposés pour la conduction de la sève ; tandis que les uns ont une cavité continue (9 et 11, à gauche) et sont nommés vaisseaux parfaits ou trachées, les autres sont interrompus de place en place par des minces cloisons (11, à droite) et sont nommés vaisseaux imparfaits ou trachéides ; ces derniers sont seuls chez les Conifères. Les noms de trachées et trachéides, tirés de la comparaison de ces vaisseaux avec les tubes respiratoires des insectes, et dont les figures 464 à 466 montrent le déroulement du filament de lignine qui

imprègne la paroi, peuvent faire penser que ces éléments servent à la conduction de l'air à travers la plante ; cette opinion fut du reste émise. comme le résultat de l'observation de la vacuité des vaisseaux résultant de la section d'une tige ; et dans cette hypothèse, le rôle conducteur était assigné aux spirales de lignine ; certains physiologistes, comparant au contraire la circulation de la sève à celle des humeurs des animaux, considéraient les spirales comme des valvules !

Nous pouvons maintenant, connaissant les vaisseaux et remarquant le raccordement de ceux qui appartiennent à des parties différentes de la plante, déterminer plus exactement leur rôle.

Observation directe. — Si on sectionne au printemps une tige de Courge ou de Vigne, on remarque la présence sur la section de goutte-

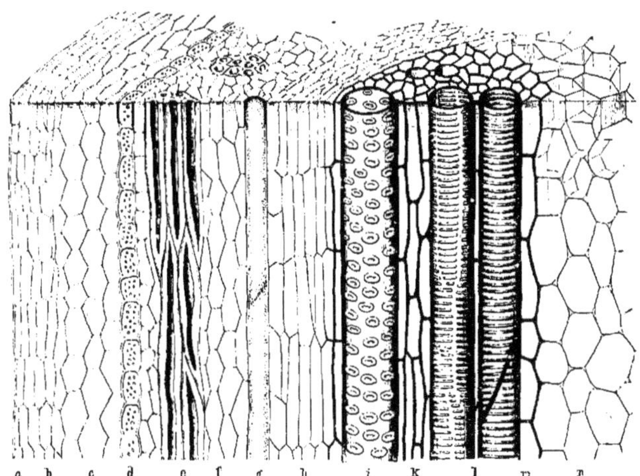

Fig. 163. — Coupe schématique d'une tige jeune. — *a*, épiderme; *b* et *c*, parenchyme cortical; *d*, endoderme; *e*, fibres de soutien (sclérenchyme); *f*, parenchyme; *g*, tube criblé (liber); *h*, zone génératrice (cambium); *i*, *k*, *l*, *m*, vaisseaux annelés et spiralés; *n*, moelle.

lettes de sève, dont la position peut être étudiée; elle correspond exactement à celle que l'on connaît pour les vaisseaux du bois. On peut encore, en plaçant un papier buvard sur la section, obtenir une image fidèle de la trace des vaisseaux.

Une autre expérience, plus probante, due à Capus (1), prouve la présence, signalée par Hofmeister, de bulles d'air interrompant la colonne séveuse. Dans la tige d'une plante dicotylédone à moelle tendre, on pratique une coupe tangentielle atteignant presque le bois, et juste à l'opposé on enlève un demi-cylindre de tige. Ainsi est mise en observation, au moyen d'un microscope horizontal, une lame mince et transparente de tissu vivant. On voit alors les vaisseaux du bois parcourus par une colonne liquide entrecoupée de bulles d'air, dont la grandeur et le nombre augmentent par un temps sec ou quand un soleil ardent éclaire la plante. Au printemps et surtout après les pluies, la colonne de sève est presque continue; à l'automne, le chapelet des bulles d'air augmente et pendant l'hiver il n'y a souvent que de l'air dans les vaisseaux. On sait d'autre part que l'interruption d'une colonne de liquide en mouvement par des index gazeux est un obstacle à sa circulation, et il faut voir dans l'augmentation des bulles d'air de la sève automnale l'une des causes du ralentissement de son cours.

Observation après coloration ou injection. — Plongeons (1) dans une solution colorée (fuchsine par exemple) une plantule de Lupin, le liquide coloré sera entraîné avec la sève et parviendra aux feuilles dont les nervures prendront une teinte rougeâtre; arrêtons alors l'expérience et sectionnons les parties de la plantule, racine, tige, cotylédons; nous trouverons partout les vaisseaux du bois colorés en rouge et nous ne trouverons qu'eux. L'imprégnation des parenchymes par la fuchsine est possible, mais elle demande un temps beaucoup plus long. Pour répéter l'expérience avec de plus grands végétaux, on aspire au moyen d'une trompe à vide le liquide coloré dans lequel plonge la tige étudiée; sur cette expérience est basée l'imprégnation des bois par des liquides antiseptiques qui, se substituant à la sève, préviennent toute altération ultérieure.

(1) Capus, *C. R.*, t. XCVII, 1883, p. 1087.

(1) Expérience de Herbert Spencer.

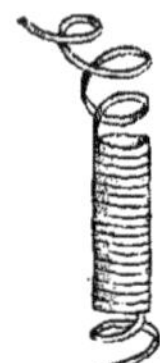

Fig. 464. Fig. 465. Fig. 466.

Fig. 464. — Vaisseaux rayés parfaits ou trachées.
Fig. 465. — Vaisseau spiralé après écrasement.

Fig. 466. — Le filament de lignine spiralé, isolé et déroulé.

Fig. 464 a 466. — Vaisseaux ligneux.

Les faits précédents peuvent encore être vérifiés en plongeant une branche feuillée, préalablement maintenue sous l'eau à 30°, dans du beurre de cacao fondu à 25°; la matière grasse pénètre quelques millimètres de tige, puis se solidifie par refroidissement. On peut alors constater que l'injection a obturé les vaisseaux seuls et que la branche se fane dans l'eau fraîche. Ceci explique comment les vaisseaux âgés qui sont le siège de dépôts gommeux ou résineux sont incapables de permettre la circulation de la sève et nous conduit à rechercher quelles sont, dans les arbres, les parties conductrices.

Parcours de la sève. — Dans les plantes jeunes dont la structure est primaire (Voy. fig. 165 et 205), ainsi que dans les Monocotylédones, la sève puisée par la racine suit le tracé des vaisseaux du bois, tracé dont les figures 467 à 470 indiquent quelques dispositions; la sève se rend ensuite dans les feuilles par les pétioles et les nervures foliaires. Dans les plantes à formations secondaires, deux cas principaux se présentent : ou bien le bois reste toujours tendre, comme c'est le cas pour les bois blancs (Peuplier, Tremble, Tilleul); la sève passe dans toute la masse ligneuse, quel que soit l'âge des vaisseaux. Ou bien le bois durcit en vieillissant (Chêne, Buis), et se divise en un bois compact, le cœur, entouré d'un bois tendre, l'aubier ; dans ce cas, le bois étant formé de vaisseaux en partie bouchés par des concrétions, l'aubier seul sert à la conduction de la sève. En examinant la figure 471, on se rendra un compte exact de la nature des vaisseaux ligneux, aux saisons différentes et aux différentes années.

Causes de l'ascension de la sève. — Trois causes déterminent la progression de la sève

brute : l'une, la pression osmotique, réside dans les racines ; l'autre, l'action capillaire, a son siège dans les vaisseaux eux-mêmes ; la troisième, l'aspiration résultant de la transpiration, naît dans les feuilles.

1° Les phénomènes d'osmose dont les poils absorbants sont le siège, joints à la forte turgescence des cellules qui en résulte, développent une pression qui refoule le liquide dans les vaisseaux ; sous l'influence de cette poussée, le liquide absorbé progresse vers la tige. On peut facilement observer cette poussée et la mesurer ; on coupe une souche de Vigne (1) et on y adapte une virole soutenant un tube de verre recourbé (fig. 472) faisant l'office de manomètre. La colonne de mercure s'élève souvent à 76 centimètres, montrant que la pression de la sève est encore, à la section étudiée, égale à une atmosphère, capable par suite de faire monter le liquide à plus de 10 mètres. Chez le Haricot, la pression est environ 1/5 d'atmosphère, chez l'Ortie 1/2 atmosphère.

Hales, à qui l'on doit les premières expériences de ce genre, calcula que la force d'impulsion pour la Vigne était environ cinq fois plus grande que celle du sang dans l'artère crurale d'un cheval et sept fois plus grande que la force du sang dans la même artère d'un chien.

Aux États-Unis, M. W. S. Clarke a noté pour la Vigne une force d'impulsion capable de soulever une colonne d'eau à 16 mètres, et pour le Bouleau (*Betula lenta*) à 28 mètres.

La quantité de liquide ainsi absorbé peut être très grande ; une Urticée du Congo (*Musanga smilii*) a donné 10 litres de sève en une nuit ; l'Agave commun ou Maguay du

(1) Expérience de Hales.

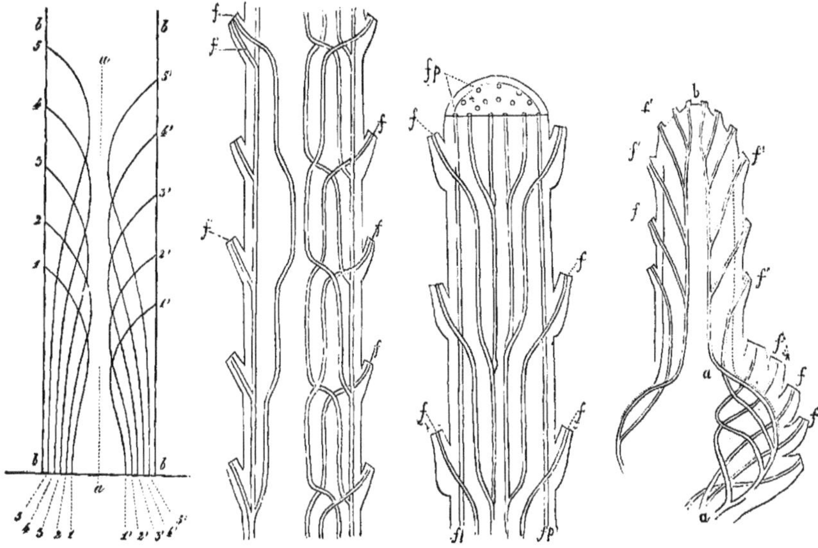

Fig. 467.   Fig. 468.   Fig. 469.   Fig. 470.

Fig. 467. — Figure schématique ou offrant la projection idéale du trajet des faisceaux fibro-vasculaires dans la tige d'un Palmier. — *b,b,b,b,* indiquent la grosseur de cette tige ; *a,a,* sa ligne médiane. Les faisceaux de gauche 1, 2, 3, 4, 5, et ceux de droite 1', 2', 3', 4', 5', vont à des feuilles de plus en plus récentes selon l'ordre même de ces chiffres.

Fig. 468. — Tracé de la marche des faisceaux dans la tige du Maïs (d'après Falkenberg). — *f,f,* faisceaux médians des feuilles se portant d'abord vers le centre et se rendant ensuite vers la périphérie, en décrivant leurs courbes uniquement dans les nœuds ; *f'f',* faisceaux marginaux des feuilles se recourbant

dès leur entrée dans le cylindre central pour descendre verticalement.

Fig. 469. — Schéma du trajet des faisceaux dans le type des Commélynées (d'après Falkenberg). — *f,f,* faisceaux communs qui, à partir de la base d'une feuille, se rendent vers le centre pour s'y réunir à d'autres sans se reporter vers la périphérie ; *fp,* faisceaux propres à la tige.

Fig. 470. — *Fritillaria imperialis* (d'après le même). — Trajet des faisceaux d'une Liliacée bulbeuse ; *a, a,* portion bulbeuse où les faisceaux *ff* suivent le type Palmier ; *ab,* tige florifère où les faisceaux *f'f'* suivent le type Commélynées.

Fig. 467 à 470. — Marche de la sève brute.

Mexique peut en fournir 10 litres par jour pendant quelques semaines jusqu'à épuisement de la plante.

2° Si grande que soit la force osmotique due à l'absorption radiculaire, elle ne permettrait pas l'ascension de la sève dans les arbres de haute taille ; une autre cause réside dans les vaisseaux eux-mêmes.

Nous savons que l'on trouve toujours dans les vaisseaux une colonne liquide interrompue de place en place par des bulles d'air. Que sous l'influence de la transpiration, du liquide disparaisse au sommet de la colonne, immédiatement le liquide du deuxième index va progresser pour réparer la perte subie ; mais

le troisième index se conduira de même par rapport au second, et ainsi sera assuré de proche en proche le cheminement de la sève. La circulation, chose curieuse, se fait sans déplacement des bulles d'air, par la zone liquide qui entoure chaque bulle et qui la sépare de la paroi du vaisseau ; dans cette couche liquide très mince, les actions capillaires sont très puissantes, et par elles se trouve assurée l'ascension de la sève, quelle que soit la longueur de tige à parcourir.

3° La transpiration, que nous savons si active parfois, détermine dans les feuilles où elle s'opère un appel de sève qui se traduit par une diminution de pression dans les pétioles foliaires et jusque dans le sommet de la tige. Une expérience de Hales modifiée permet de

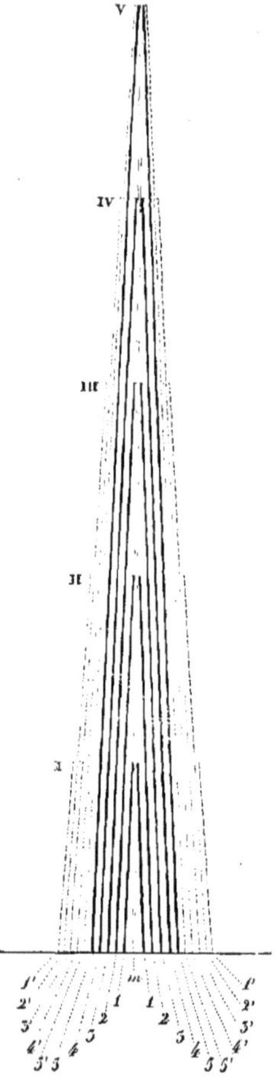

Fig. 471. — Figure idéale représentant l'arrangement, sur la section longitudinale, d'une tige d'arbre dicotylédone âgée de cinq ans, des couches de bois et de liber. — *m, m,* moelle ; 1, 2, 3, 4, 5, couches ligneuses correspondant à une année ; 1', 2', 3', 4', 5', couches de liber produites pendant les mêmes années ; I, II, III, IV, V, niveaux auxquels la tige arrivait à la fin de chacune de ces cinq années.

mesurer cette aspiration de l'eau par les feuilles (1) : on coupe au-dessus du sol, en B

(1) Voy. E. Gain, *loc. cit.*

(fig. 474), une tige de Topinambour (*Helianthus tuberosus*), en ayant soin de conserver quelques branches feuillées. En B, on ajuste un tube de verre contenant de l'eau jusqu'en *m* ; bientôt le niveau baisse en *n*, montrant l'aspiration de l'eau due aux feuilles. La suppression graduelle des feuilles des rameaux R, R' fait diminuer la vitesse de descente de la colonne d'eau ; leur suppression totale ferait remonter la colonne en *m*, comme dans l'expérience de Hales citée plus haut.

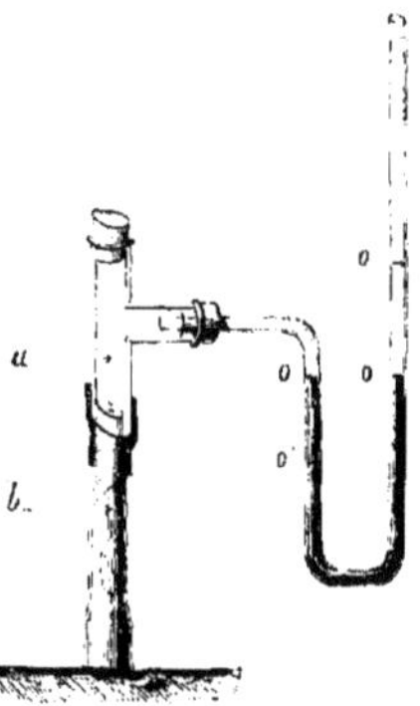

Fig. 472. — Poussées de racines. — *a*, tube manométrique ; *b*, souche décapitée ; *o', o'*, niveau du mercure lorsque la pression se fait sentir ; *o, o*, niveau initial du mercure.

De l'activité de la transpiration dépend la vitesse d'ascension de la sève ; cette vitesse est d'environ $0^m,85$ dans une branche de Saule bien enracinée dans l'eau, de 1 mètre dans la Vigne, de $1^m,20$ dans le Tabac ; elle peut atteindre 2 mètres dans *Albizzia lophantha*. Cette vitesse est du reste très variable, puisqu'elle dépend de l'intensité de la chlorovaporisation ; quand il pleut, l'ascension de l'eau dans la tige est très lente ; le soleil et le vent qui succèdent à la pluie, activant la vaporisation, accélèrent au contraire le cours de l'eau dans les vaisseaux.

Ainsi la sève brute est conduite jusque dans les parenchymes foliaires ; elle subit sous l'influence de la chlorophylle et de la radiation des modifications importantes qui la transforment en sève élaborée.

SÈVE ÉLABORÉE

Nature de la sève élaborée. — La sève ascendante arrive dans les feuilles par la partie

Fig. 175. — *Épicéas de Gilley (Doubs), 1892. Arbres atteignant 50 mètres de hauteur, d'après une photographie Boppe et Jolyet*.

ligneuse des nervures, et par leurs plus fines ramifications elle se répand dans les parenchymes du limbe foliaire ; si la feuille est vivement éclairée, la vaporisation élimine une grande partie de l'eau de cette sève, qui se concentre ainsi beaucoup. Mais la chlorophylle, dont nous connaissons le mode d'action, s'empare des composés minéraux, phosphates, nitrates, sels ammoniacaux, et les transforme, partiellement au moins, en y associant le carbone puisé dans l'air ou les composés organiques qui résultent de cette fixation du carbone.

La nature des premiers composés qui se forment par synthèse aux dépens du carbone fixé par les phénomènes chlorophylliens, n'est pas déterminée : ce petit laboratoire qu'est la cellule verte nous cache encore bien des secrets. Ce que l'on sait de certain et ce qu'il est du reste facile de contrôler, c'est la présence de matières sucrées, de glucose surtout, dans les feuilles soumises à la radiation solaire ; nous savons aussi que la conséquence de cette formation de matière sucrée est l'apparition de grains d'amidon dans les cellules vertes : et cet amidon résulte à n'en pas douter de la déshydratation des glucoses. La transformation de la sève brute en sève élaborée équivaut donc à une concentration, puis à la production de matières sucrées, de matières albuminoïdes et à la mise en réserve dans les cellules de la feuille de nombreux grains d'amidon (fig. 475). La présence des albuminoïdes dans la sève élaborée nous explique sa viscosité, et nous laisse pré-

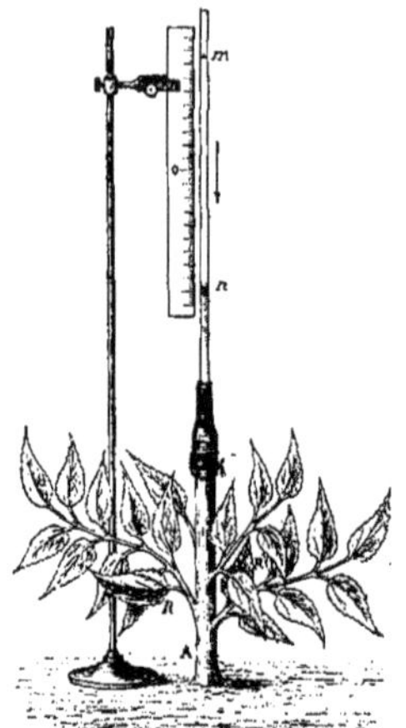

Fig. 474. — Expérience sur le rôle d'aspiration de l'eau par les feuilles. — *m*, niveau initial ; *mn*, eau absorbée par la plante pendant le temps (*t*). Expérience sur la transpiration (E. Gain).

voir son rôle de nutrition pour toutes les parties de la plante, d'où le nom de sève plastique que nous lui avons déjà donné.

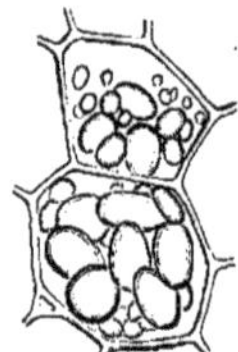

Fig. 475. — Deux cellules gorgées de grains d'amidon ovoïdes.

La sève élaborée est en quantité beaucoup moins grande que la sève brute et sa présence ne peut pas être aussi facilement décelée ; c'est ainsi qu'elle ne coule pas d'une incision faite à une branche ; cependant on peut la surprendre au passage dans les tissus qui servent à sa conduction ; on peut l'arrêter et observer les effets de son accumulation, ce qui prouve non seulement son existence, mais aussi sa circulation et son rôle.

Circulation de la sève élaborée. — La sève plastique, née dans les feuilles et destinée à la nourriture du végétal entier, devra se rendre, se répartir dans toutes les parties de la plante, principalement dans celles où la vie est active : dans les extrémités des radicelles en croissance, dans les fruits en voie de développement, dans les jeunes bourgeons qui n'ont pas encore acquis la chlorophylle. Le courant de sève sera donc principalement un flux descendant, mais il pourra recevoir d'autres directions et même être ascendant. Dans tous les cas, il semble maintenant prouvé que cette circulation emprunte ses voies au liber de la tige et de la racine, ainsi qu'au parenchyme de l'écorce de ces mêmes parties.

Au printemps, pratiquons une décortication annulaire sur une branche d'un arbre dicotylédone, de façon à mettre à nu le cambium. La plaie ne tardera pas à se cicatriser, et sa lèvre supérieure présentera un bourrelet, montrant en ce point le réveil de l'activité formatrice ; ce bourrelet pourra même se garnir de racines adventives, développer des bourgeons, tandis que la portion de la tige située en dessous de la décortication ne présentera rien de semblable. La suppression de l'anneau des tissus libériens et corticaux a arrêté le flux de sève descendante ; la partie supérieure de la tige, mieux nourrie, s'est développée anormalement ; la partie inférieure, privée de sève, ne peut plus s'accroître. Les vignerons, mettant cette observation à profit, pratiquent quelquefois une incision annulaire, avec un *coupe-sève*, au-dessous de la fleur, au moment de son épanouissement ; les vaisseaux du liber étant coupés et enlevés sur une longueur de 5 millimètres environ au-dessous de la fleur, le mouvement de descension de la sève est momentanément suspendu, et le fruit, puissamment organisé, surabondamment nourri, acquiert de grandes proportions en quelques jours. Peu à peu, les vaisseaux du liber qui ont été coupés s'allongent, la plaie se recouvre, et le courant de sève se rétablit ; mais le fruit conserve toujours l'accroissement disproportionné qu'il avait acquis pendant l'arrêt de la sève ; on peut ainsi augmenter d'un tiers le volume des raisins et hâter leur maturité de quinze jours à trois semaines.

Les horticulteurs opèrent presque de même pour faciliter l'enracinement des boutures, quand celui-ci est difficile ; ils font une décortication annulaire près de l'extrémité de la

Fig. 176. — Chêne isolé (forme spécifique), Étival (Vosges), d'après une photographie (Boppe et Jolyet)

Fig. 177. — Chêne de taillis sous futaie (forme forestière), Forêt de Chargey-lès-Port (Haute-Saône)
(Boppe et Jolyet).

bouture, un bourrelet se forme au-dessus de la plaie et des racines ne tardent pas à apparaître sur ce bourrelet.

Tissus conducteurs de la sève. — Le liber ou tissu criblé est formé (Voy. p. 44) de tubes ou vaisseaux criblés (fig. 76) dans lesquels

Fig. 118. — Chêne de futaie (forme forestière), avec un ébrancheur s'apprêtant à en couper la cime. Forêt de Bercé (Sarthe), d'après une photographie (Boppe et Jolyet).

on retrouve les principaux éléments de la sève élaborée, les globules albuminoïdes et les grains d'amidon, non que ceux-ci aient pu passer par les cribles, mais leur présence indique celle des matières sucrées dont ils dérivent et dont ils représentent la forme circulante.

Les vaisseaux criblés sont des conducteurs beaucoup moins parfaits que les vaisseaux ligneux : ils sont fréquemment interrompus par les cribles, sortes de membranes filtrantes que la sève franchit très lentement. Le mécanisme de la circulation de la sève élaborée est donc différent de celui que nous avons étudié pour la sève brute, et les causes de la circulation sont ici plus simples : l'action osmotique s'exerçant d'une cellule criblée à la voisine, la sève se répartit dans tout le liber, formant une réserve d'aliment disponible; tandis que la consommation de la sève dans les foyers de croissance détermine une sorte de succion qui assure, en ces points, l'arrivée de nouvelle sève. Pendant toute la belle saison, les cribles laissent passer la sève par leurs nombreuses ponctuations; mais, à l'approche de la mauvaise saison, un dépôt de cal, obturant les cribles, isole les cellules criblées et laisse à chacune d'elles la petite réserve de sève qu'elle contient; cette formation du cal dure ordinairement l'hiver entier; mais on observe quelquefois sa disparition momentanée, sous l'influence d'une température plus clémente qui donne aux arbres une nouvelle floraison, du reste éphémère, à l'époque dénommée été de la Saint-Martin.

Taille des arbres fruitiers. — La connaissance de la circulation des sèves dans les plantes a guidé les praticiens dans l'emploi de certaines méthodes de culture : ils ont utilisé

Fig. 479. — Vieille futaie de Hêtres en massif très serré. Canton de la Mare-aux-Bœuvres (Lyons-la-Forêt), d'après une photographie (Hoppe et Jodyel).

le passage facile de la sève d'un végétal dans un végétal différent en employant la greffe, que nous étudierons bientôt ; ils ont recherché l'accumulation de la sève dans des parties privilégiées d'une plante en la taillant.

La taille des arbres peut être faite dans des buts bien divers : les arbres de nos forêts sont taillés en vue de l'obtention de beaux produits (fig. 476 et 477), de troncs droits et réguliers (fig. 478), aussi pour permettre le développement des jeunes taillis (fig. 479 et 480), destinés à remplacer tôt ou tard les grands arbres qui les abritent, mais qui ne doivent pas les priver d'air et de lumière.

Par la taille des arbres fruitiers, on recherche au contraire la formation de beaux fruits, en aussi grand nombre que le végétal paraît pouvoir en nourrir. Un arbre abandonné à lui-même porte ordinairement ses fruits à l'extrémité des rameaux, condition défavorable à l'arrivée d'un puissant courant de sève ; aussi, par la taille, on favorisera la production des fruits sur la branche mère, ou au moins sur un onglet très court ; l'issue ainsi ouverte à la sève est large, le fruit sera volumineux. On arrive à ce résultat en maintenant courtes les lambourdes que portent les rameaux ; alors elles produisent des boutons à fruits à la base (fig. 481 à 484), et ces boutons donnent de beaux fruits.

Il est bon de ne laisser porter à l'arbre que le nombre des fruits qu'il peut nourrir sans s'épuiser, si l'on désire une production égale chaque année. Les Pommiers à cidre, abandonnés à eux-mêmes, donnent assez régulièrement une abondante récolte tous les deux ans ; voici pourquoi : la quantité de fruits qu'ils por-

Fig. 485. — Beau peuplis de Pins sylvestres formant massif clair. Canton des Roppes, forêt de Bertramcamp (Meurthe-et-Moselle), d'après une photographie (Roppe et Jolvel).

tité pendant les années d'abondance est telle qu'elle atténue les fonctions des feuilles, tandis que les fruits absorbent pour leur propre compte presque toute la sève élaborée, sans que l'arbre ne tire aucun profit: l'année suivante, l'arbre possède une très faible provision de sève, il porte peu de fleurs et donne une petite récolte.

On peut obtenir de très curieux effets avec les ifs (fig. 485), en ne taillant que la partie inférieure.

Enfin, les arbres de nos avenues, de nos promenades publiques sont taillés de façon à fournir de beaux ombrages et d'admirables perspectives (fig. 486).

Nous avons parcouru le cycle complet des transformations des sucs de la plante, depuis le liquide puisé par la racine dans le sol, jusqu'à la sève plastique dont l'utilisation est la création même du protoplasme végétal; nous avons décrit ce cycle comme s'il était continu, ne laissant place à aucun arrêt, à aucune formation transitoire. Ainsi nous avons pu nous rendre compte des changements successifs dont les liquides séveux sont le siège. Nous devons maintenant, en observant une plus longue phase de la vie d'un végétal, rechercher les formes de l'aliment que ce végétal met en réserve, par une sage mesure de prévoyance.

MISE EN RÉSERVE DES ALIMENTS

La production des aliments que contient la sève plastique et leur consommation sont deux phénomènes en quelque sorte indépendants; chacun d'eux est soumis à des causes de variation souvent différentes, ce qui détermine des fluctuations très grandes de la quantité d'ali-

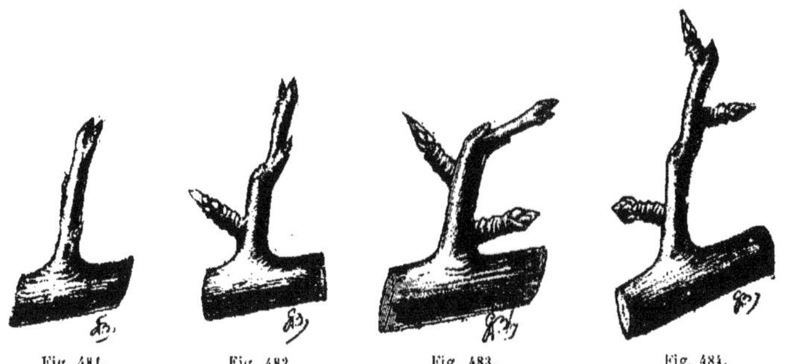

Fig. 481. Fig. 482. Fig 483. Fig. 484.

Fig. 481. — Rameau taillé à trois yeux.
Fig. 482. — Rameau taillé à deux yeux et un bouton.

Fig. 483. — Rameau taillé à un œil et deux boutons.
Fig. 484. — Rameau taillé à trois boutons.

Fig. 481 à 484. — Rameaux d'arbre fruitier taillés de différentes façons.

ment disponible dans l'ensemble de la plante. La réserve première où puisent les cellules est la sève élaborée, qui peut satisfaire aux besoins immédiats de la nutrition, mais qui ne saurait suffire à ces besoins dans les cas d'une croissance très active, comme cela a lieu au moment d'une germination, d'une floraison, d'une fructification ; c'est pour subvenir à ces grandes dépenses d'aliments que la plante constitue des *réserves*.

Nous trouvons là une fonction analogue à celle que présentent les animaux : pendant les phases de nutrition active, l'excès d'aliment non consommé de suite est conservé, il y a *mise en réserve*; au contraire, pendant les phases de dénutrition rapide, due à une suractivité passagère, il y a utilisation, c'est-à-dire *digestion des réserves*. Tel est le cycle des transformations de l'aliment que nous allons étudier, en commençant par l'examen des principales circonstances dans lesquelles les végétaux font des réserves et les emploient.

Circonstances de la mise en réserve. — On peut dire que la continuité et la permanence de la vie végétale nécessitent le passage, au moins partiel, de l'aliment sous la forme de réserve.

Pendant les heures du jour où la lumière solaire est vive, les cellules vertes assimilent activement, elles créent la sève nourricière, mais elles produisent aussi de nombreux grains d'amidon qui s'accumulent dans leur intérieur, constituant une réserve. Vienne la nuit, ces cellules peuvent continuer à respirer, à vivre, elles vont reprendre une partie de cet amidon et s'en nourrir. Le phénomène est même plus général, car chaque cellule criblée du liber, chaque cellule des parenchymes se conduit de même, prélevant sur la sève abondante du jour le petit excès nécessaire pour constituer quelques grains d'amidon ou grossir ceux qui existent déjà.

Examinons la vie d'une plante vivace et nous retrouvons des faits analogues. Au printemps, aux dépens des matériaux accumulés pendant l'année précédente, un arbre, une plante à rhizome (Iris, Fougère), développe les feuilles de ses bourgeons ; celles-ci, à leur tour, assimilent très activement et permettent, avec la satisfaction des besoins journaliers de la plante, la constitution de réserves abondantes, pour l'année suivante.

Dans une même période de végétation, la réserve a encore sa raison d'être : ainsi la Canne à sucre (fig. 487) (1) contient, avant la floraison, une abondante réserve de saccharose dans la portion médullaire de sa tige et à ce moment l'extraction du sucre des cannes est rémunératrice ; mais, sitôt la floraison effectuée, les matières sucrées sont utilisées par la plante et la canne en est relativement pauvre.

Chez les plantes bisannuelles, on observe des faits analogues ; ainsi, les Betteraves (2) donnent la première année des plantes bien feuillées, et laissent en terre des pivots chargés de matières sucrées ; la deuxième année, au contraire, est caractérisée par la floraison et la fructification, phénomènes qui épuisent les

(1) Voy. *Le Monde des Plantes*, t. II, p. 683 et suivantes.
(2) Voy. *Le Monde des Plantes*, t. II, p. 374.

Fig. 154. — Les tilleuls, au château de Verneuil, près de Loches ; d'après une photographie de M. le Dr Georges Baillière

Fig. 155. — Avenue de tilleuls, au château de Verneuil, près de Loches ; d'après une photographie de M. le Dr G. Baillière

réserves du pivot. Cette migration de la matière nutritive des organes végétatifs vers les fruits et les graines est du reste bien connue : un Chou, un Artichaut montés à graine ont perdu leur valeur.

Mais, si les fruits et les graines absorbent

Fig. 187. — *Saccharum officinarum*.

une grande quantité d'aliments, nous devons les retrouver sous forme de réserve. C'est en effet ce qui a lieu ; sans entrer dans les détails, contentons-nous de signaler les réserves abondantes des graines des Céréales, des fruits de l'Olivier, et en général de toutes les parties d'un végétal qui doivent en assurer la conservation en restant pendant la mauvaise saison à l'état de vie ralentie, pour se développer activement au printemps de l'année suivante.

Telles sont les principales circonstances de la mise en réserve, c'est-à-dire de la production de matériaux alimentaires pour la plante, matériaux qui doivent assurer la continuité de la nutrition, pendant les périodes de vie ralentie ou pendant les périodes de développement intense. Ces matières de réserve pouvant aussi être alimentaires pour l'homme ou pour les animaux, il est fort intéressant de les connaître, non seulement dans leurs propriétés, mais dans leur mode de formation et de con-

servation ; parmi ces matières, il en est un assez grand nombre qui font l'objet d'applications industrielles importantes.

Nature des réserves. — Quelle que soit la composition chimique d'une réserve, celle-ci doit être dans les cellules à un état tel que son utilisation par cette cellule soit impossible, au moins momentanément ; la mise en réserve d'un aliment nécessite donc sa transformation, le plus souvent équivalente à une déshydratation. En même temps, et par conséquence, l'aliment non visible dans la sève devient apparent, il se concrète, il devient un corps figuré de la cellule ; son accumulation dans la cavité cellulaire est une cause de dégénérescence, car les éléments actifs tels que le noyau, le protoplasme, les corps chlorophylliens sont gênés par les corps de réserve ; de plus, la cellule se distend, et l'organe dont elle fait partie est destiné à périr aussitôt la réserve disparue. C'est ainsi qu'un pivot de Betterave, qu'un tubercule de Pomme de terre se flétrissent au printemps de la deuxième année de végétation.

La réserve constituée, il nous faut examiner son utilisation par la plante au moment opportun. De la cellule où il s'est concrété, l'aliment doit se répandre dans les régions où il est nécessaire et cela nécessite son retour à une forme soluble, susceptible de circuler dans le corps végétal ; cette transformation, inverse de la première, se nomme la *digestion* des réserves ; elle équivaut souvent à une hydratation et se fait sous l'action de produits cellulaires spéciaux appelés ferments. Dans la revue des principales réserves que nous allons faire, nous devrons indiquer pour chacune d'elles l'aliment dont elle provient et le produit qu'elle donne par sa digestion.

PRINCIPALES RÉSERVES

Le nombre des matières de réserve est très grand, mais peut être réduit si l'on groupe sous une même dénomination celles de ces matières dont la composition et les propriétés sont très voisines ; on reconnaît alors que les principales réserves appartiennent aux types suivants : amidon, sucre, corps gras, albuminoïdes. C'est sous ces noms que nous les passerons en revue.

AMIDON ET MATIÈRES AMYLACÉES. — FÉCULES

L'amidon est la matière de réserve la plus commune, la plus abondante et la plus facilement transformable. Elle est présente dans toutes les plantes, dans presque tous leurs organes et à toute époque de végétation ; elle est surtout connue dans les Céréales, Blé, Seigle, Orge, Avoine, Riz, dans les plantes à tuber-

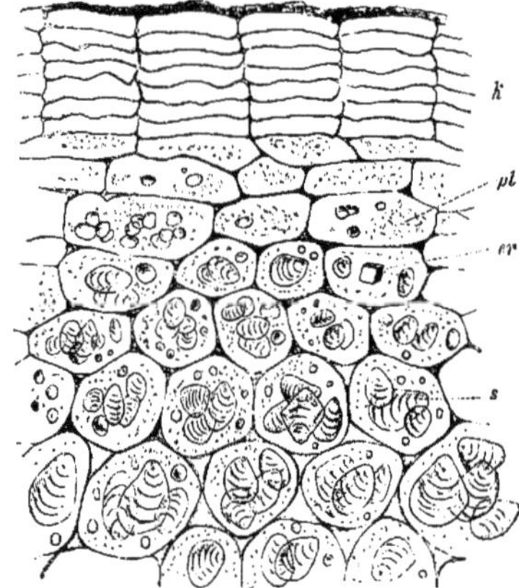

Fig. 488. — Coupe de la partie périphérique d'un tubercule de Pomme de terre. — *k*, liège ou pelure ; *cr*, cristalloïde ; *s*, grains d'amidon.

cules ou à racines féculentes, Pomme de terre (fig. 488), Sagou (fig. 489), dans les Légumineuses, Haricots, Lentilles, Fèves et Féveroles ; elle

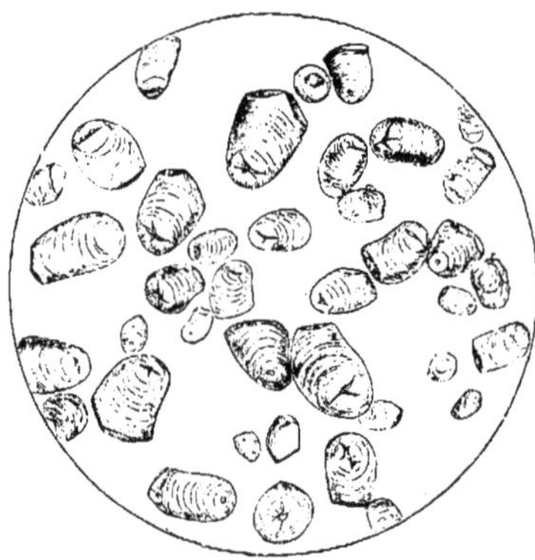

Fig. 489. — Fécule de Sagou.

porte les noms d'amidon ou de fécule, selon qu'elle est extraite du Blé, du Riz ou des Pommes de terre.

Aspect. — Les grains d'amidon sont de petits corps arrondis, dont la taille varie de 1/1000 de millimètre dans les grains de chlorophylle des feuilles, à 1/10 de millimètre dans les cellules centrales de la Pomme de terre. Leur forme, caractéristique dans chaque plante, est sphérique dans le Rumex, l'Acanthe, ovale dans la Pomme de terre, lenticulaire dans le Blé (fig. 492, A, B), l'Orge, triangulaire dans le Lis, la Tulipe, le Narcisse, les Fougères, polyédrique dans le Maïs, lancéolée dans le lait des Euphorbes, ou irrégulière dans les Cierges, le Marronnier d'Inde. Les dimensions et la forme des grains sont des caractères souvent employés pour déceler l'origine des farines et déterminer dans les mélanges la proportion de chaque sorte. Les grains peuvent être

Fig. 490.   Fig. 491.

Fig. 490. — Grain simple ; *h*, hile. | Fig. 491. — Grain composé.

Fig. 490 et 491. — Fécule de Pomme de terre.

simples ou composés, c'est-à-dire formés de plusieurs grains associés (fig. 491), ce qui résulte d'une croissance commune pour ces grains : le nombre des grains ainsi soudés peut n'être que deux, mais il est souvent beaucoup plus grand : il atteint 4000 dans le Poivre, 8000 dans la Fétuque, et 30000 dans l'Épinard ; ces grains sont alors très petits.

Les grains, quelle que soit leur forme, appa-

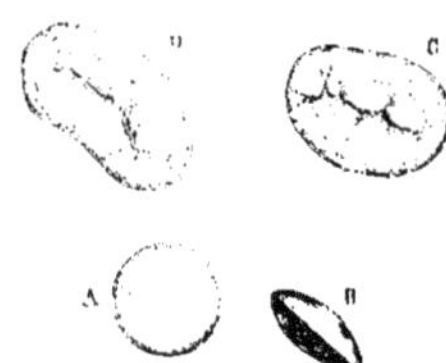

Fig. 492. — A et B, grain d'amidon du Blé rond de Hongrie. — C et D, deux grains d'amidon du Haricot panaché.

raissent toujours avec une striation concentrique (fig. 490) dont le centre, appelé *hile* (*h*) ou *noyau*, est rarement au milieu. Le nom de hile (ombilic) rappelle l'opinion ancienne par laquelle les botanistes identifiaient le grain d'amidon à une graine et le croyaient attaché à la cellule par ce point ; or ce hile est central ; il n'est pas une cicatrice et représente le point de départ de la formation du grain, la première parcelle d'amidon ; autour de lui sont venues s'apposer des couches successives, alternativement plus et moins hydratées, et par suite plus et moins sombres. Le noyau est toujours sombre et la dernière couche est au contraire toujours claire ; ce noyau peut être allongé et il est fissuré si le grain est très sec (fig. 492, C, D).

Les figures 493 à 522 permettront de juger des formes différentes des grains d'amidon, tandis que le tableau suivant donnera une idée de leurs dimensions :

Dimensions moyennes des grains de quelques amidons.

Grains simples.

	millim.
Brome, *Bromus confertus* (graine)	0,002
Millet, *Panicum miliaceum* (graine)	0,010
Canne, *Canna indica* (graine)	0,020
Maïs, *Zea mays* (graine)	0,030
Patate, *Dioscorea batatas* (rhizome)	0,036
Blé, *Triticum vulgare* (graine)	0,050
Pois, *Pisum sativum* (graine)	0,065
Pomme de terre, *Solanum tuberosum* (tubercule)	0,090
Chara hispida (spores)	0,100
Lathræa squamaria (rhizome)	0,125
Canna lanuginosa (rhizome)	0,170

Grains composés.

	millim.	Grains.
Valériane, *Valeriana officinalis* (tuberc.)	0,008	4
Roseau, *Arundo Donax* (rhizome)	0,010	200
Hedychium Gardonerianum (graine)	0,021	8 000
Salsepareille, *Smilax Salsaparilla* (racine)	0,023	8
Riz, *Oryza sativa* (graine)	0,025	100
Corydallis solida (rhizome)	0,032	6
Avoine, *Avena orientalis* (graine)	0,050	300
Chenopodium Quinoa (graine)	0,054	14 000
Phytolacca esculenta (graine)	0,065	9 000
Pois, *Pisum sativum* (graine)	0,075	2
Épinard, *Spinacia glabra* (graine)	0,106	30 000

La dimension des grains simples varie donc de 0^{mm},002 à 0^{mm},170 ; dans la grosse Pomme de terre de Rohan, elle atteint jusqu'à 0^{mm},185. Celle des grains composés varie de 0^{mm},008 à 0^{mm},106 ; si les grains fragmentaires y sont peu nombreux, ils peuvent atteindre jusqu'à 0^{mm},050, comme dans le Pois (*Pisum*) ; s'ils sont très nombreux, ils descendent au-dessous de 0^{mm},005, comme dans l'Épinard (*Spinacia*). La dimension des grains d'amidon varie d'ailleurs, entre des limites assez étendues, dans une seule et même plante :

entre 0^{mm},014 et 0^{mm},082, par exemple, dans la Dioscorée ailée (*Dioscorea alata*), entre 0^{mm},087 et 0^{mm},058 dans le Bananier de Paradis (*Musa paradisiaca*), entre 0^{mm},003 et 0^{mm},027 dans la Colocase comestible (*Colocasia esculenta*) (1).

Propriétés. — L'amidon se reconnaît à la superbe coloration bleue qu'il donne quand on le met en présence d'une petite quantité d'eau iodée ; cette coloration disparaît à l'ébullition pour reparaître à froid. Au contact de l'eau, les grains d'amidon se gonflent, ils doublent leurs dimensions, puis très lentement forment un empois ; si l'eau est chauffée à 60 degrés environ, le gonflement dû à l'absorption de l'eau est énorme et centuple le volume des grains ; bientôt les grains se soudent et forment une masse gélatineuse appelée empois ; l'ébullition prolongée transformerait l'empois en une solution sucrée. Remarquons que l'absorption d'eau par les grains détermine toujours leur éclatement, car la couche externe, plus dense, se dilate peu et cède sous l'effort des couches internes dont l'hydratation est rapide.

Voici une vieille mais excellente recette pour avoir de bon empois : « On prend pour 1/4 de livre d'amidon 3 chopines d'eau qu'on met bouillir ; pendant ce temps, on délaye l'amidon dans un peu d'eau pour en faire une bouillie liquide sans grumeaux. Quand l'eau bout, on y verse cette bouillie qu'on laisse un moment sur le feu jusqu'à ce qu'elle jette des bulles, puis on la passe sur un tamis ou un linge fin. Parfois on se contente de verser l'eau bouillante sur l'amidon, ce qui rend l'empois plus fort, mais d'ordinaire on préfère l'empois cuit. » Ajoutons que l'amidon cuit convient de préférence à l'amidon cru pour l'empesage des tulles, mousselines, dentelles.

Digestion. — L'utilisation des grains d'amidon par la plante nécessite leur digestion, ou transformation en un produit soluble et assimilable, la glucose. Cette digestion, qui peut se produire par l'action de l'eau bouillante, par celle des acides étendus, est ici le résultat de l'action d'un ferment sécrété par les cellules et nommé *amylase* : par une série d'hydratations et de dédoublements, l'amidon est amené à l'état de dextrine, de maltose (sucre de malt) et enfin de glucose. Une transformation de même genre est faite dans l'opération du maltage et dans la digestion de la partie féculente

(1) Van Tieghem, *Traité de botanique*, p. 506.

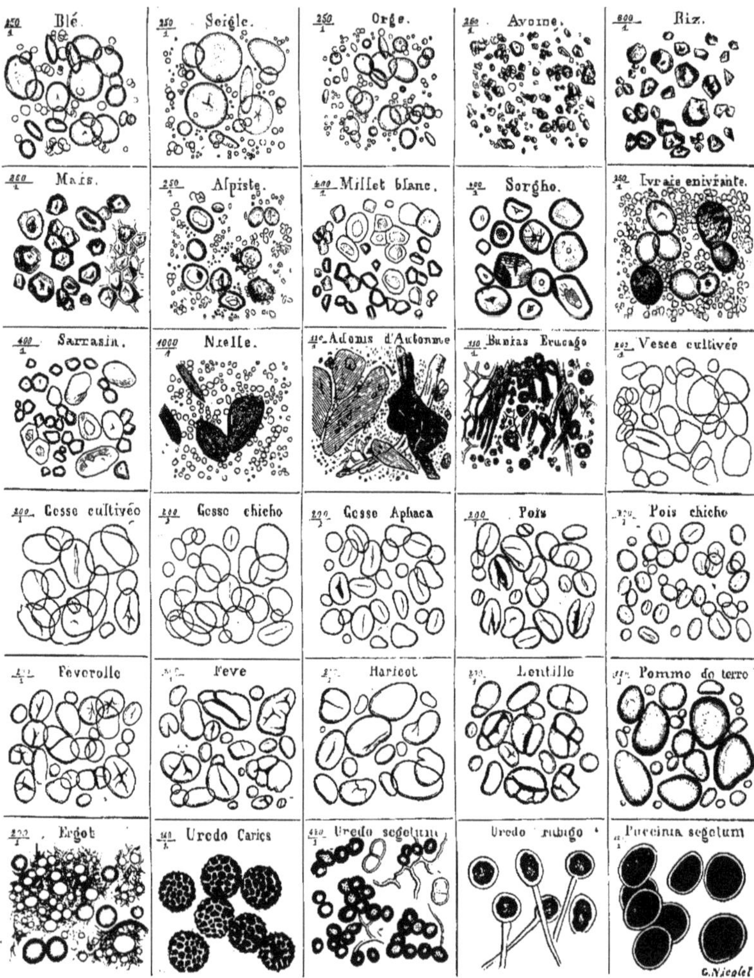

Fig. 493 à 522. — Amidons et fécules.

de nos aliments par la salive. Les grains amylacés peuvent être attaqués par le ferment de dehors en dedans, comme dans la Pomme de terre, ou de dedans en dehors, comme dans le Haricot en germination; les grains du Blé sont attaqués par places et se corrodent irrégulièrement suivant des rayons qui se dirigent vers le centre.

Principales variétés. — Leur emploi. — Une énumération complète des différents amidons que l'on trouve dans les plantes et dont l'utilisation offre quelque intérêt sortirait du cadre de cette étude ; cependant, nous ne pouvons passer sous silence les principaux emplois des matières amylacées.

Du Blé on tire les farines, servant de base à notre alimentation, et les gruaux dont les Arabes font un grand usage sous le nom de couscous ou couscoussou. La farine de Seigle est encore très employée dans la confection du pain. L'Orge sert surtout en brasserie pour la préparation de la bière, tandis que l'Orge perlé (orge décortiquée) est utilisée pour les potages. La farine et les gruaux d'Avoine constituent le *oat-meal* d'Irlande et d'Écosse, si employés dans l'alimentation des enfants. Le Maïs ou Blé de Turquie peut remplacer le Blé, mais est surtout destiné à l'engraissement des animaux. Le Riz est peu nourrissant et les Orientaux qui en consomment une très grande quantité lui associent toujours des aliments riches. Les pâtes alimentaires sont faites avec les gruaux ou semoules de froment; les autres Céréales conviennent moins pour cet usage et doivent être additionnées de gluten. Le Sarrasin ou Blé noir, seul ou mélangé au froment, donne un pain coloré, de bonne valeur nutritive. La Pomme de terre fournit un bon aliment amylacé, tandis que sa fécule donne à l'industriel la matière première de certains alcools de consommation; le Chuno des Péruviens est fait de tubercules desséchés. Les Batates douces ou Patates, les Ignames, le Manihot possèdent des racines ou des rhizomes tuberculeux très estimés ; avec cette dernière plante on prépare la cassave et le tapioca.

Les graines des Légumineuses constituent d'excellents aliments féculents et contiennent

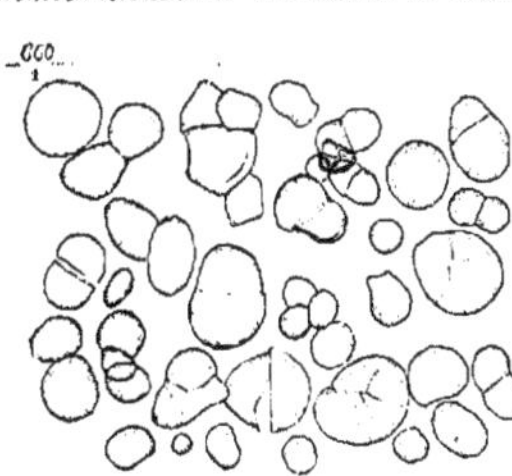

Fig. 523. — Fécule de Cacao.

en outre des matières azotées. La Fève, les Haricots, les Pois, les Lentilles sont les graines les plus employées ; avec les Pois oléagineux, les Chinois préparent les fromages appelés *Teweu*. La fécule de Cacao (fig. 523) est très nutritive ;

elle forme environ 10 p. 100 du poids des grains.

Corps voisins de l'amidon. — L'inuline (fig. 524), dont la composition est identique à celle de l'amidon, se trouve dans le rhizome de l'Aunée (*Inula*) (fig. 525), dans le Topinambour, dans le Dahlia et dans quelques autres plantes; cette matière représente, pour les plantes qui la contiennent, l'équivalent physiologique de l'amidon.

Le *glycogène*, que notre grand physiologiste Claude Bernard a étudié dans le foie de l'homme et des mammifères, se rencontre dans les Champignons, souvent même en grande abondance ; il joue chez ces plantes le rôle de l'amidon, matière que seuls les végétaux verts savent produire. Sa composition est très voisine de celle de l'amidon.

SUCRE ET MATIÈRES SUCRÉES. — GLUCOSE

Les matières sucrées se reconnaissent à leur saveur et à certaines réactions dont la plus intéressante est la fermentation donnant de l'alcool et du gaz carbonique. Ces sucres sont très abondants dans les végétaux ; ils prennent naissance dans les feuilles vertes soumises à l'action de la lumière et dans les tissus de réserve, lors de la digestion de l'amidon.

Saccharose. — Le saccharose ou sucre ordinaire est très abondant dans les fruits, particulièrement dans ceux où la pulpe et les graines ne sont pas séparées par un noyau (Raisins, Groseilles), dans les Fraises, dans l'Ananas. Mais on le rencontre aussi dans les organes végétatifs de certaines plantes, en grande abondance : dans la tige de la Canne à sucre dont le suc en renferme jusqu'à 20 p. 100, dans celle du Sorgho (13 p. 100), du Maïs (8 p. 100), de l'Érable à sucre ; dans la racine de la Betterave (15 p. 100), dans diverses feuilles (Vigne).

Mannite. — La mannite, dont le goût est sucré et dont la composition est assez différente de celle d'un sucre, existe dans la manne du Frêne.

Glucosides. — On trouve dans le suc cellulaire de nombreux végétaux des matières en dissolution dont le rôle de réserve paraît démontré : l'esculine dans l'écorce du Marronnier, la salicine dans la tige du Saule et dans celle du Peuplier, l'amygdaline dans les feuilles du Laurier-Cerise et du Prunier. A ce groupe appartiennent les tannins, principes astringents très répandus dans le règne végétal ; ils ont la

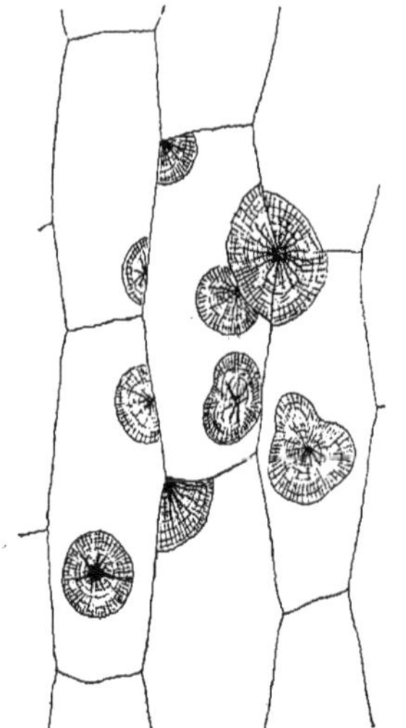

Fig. 524. — Cristaux d'inuline du tubercule de Dahlia.

Fig. 525. — Aunée officinale.

propriété de donner avec les sels de fer une coloration d'un beau noir (encre) et ils rendent les peaux imputrescibles. Le plus connu est le tannin du Chêne que l'on extrait de l'écorce ou des noix de galle; on emploie aussi les tannins du Peuplier, du Bouleau et de quelques autres arbres.

Ces tannins d'écorces ne représentent pas à proprement parler des réserves, du moins des réserves nutritives; ils sont plutôt destinés à la protection de la plante; on a remarqué, en effet, que les Escargots et les animaux herbivores ne touchent pas aux espèces abondamment pourvues de tannin. La plupart des fruits verts (Pomme) contiennent du tannin, qui est dans ce cas une réelle substance de réserve, car il sert à la respiration des cellules de la pulpe et à la production d'une partie du sucre que l'on trouve dans le fruit mûr. Ce tannin, associé aux acides du fruit, occasionne le noircissement de la lame du couteau avec lequel on coupe le fruit; il en est de même avec le réceptacle de l'Artichaut.

MATIÈRES GRASSES

Les matières grasses végétales sont, les unes des huiles liquides au-dessous de 25 degrés, les autres des beurres fondant à une température au moins égale à 30 degrés. Toutes ces matières ont des caractères communs; elles sont pour la plante des réserves nutritives (cas des graines oléagineuses) ou simplement des produits d'excrétion (cas de l'Olive).

Beurres. — Les principaux sont : le beurre de Muscade, rouge brun, très odorant; le beurre de Cacao, de couleur blanche; le beurre de Coco, blanc également.

Huiles. — Les huiles sont très abondantes

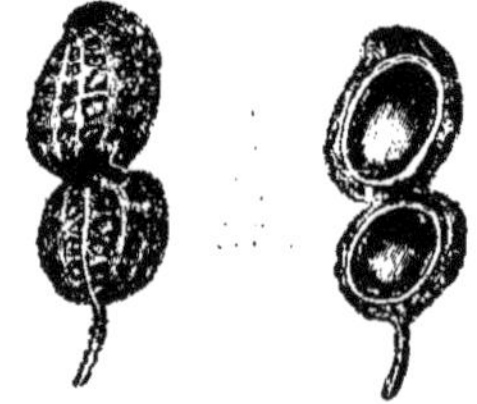

Fig. 526. — Arachide, gousse entière et gousse ouverte.

dans certaines graines et par suite nous les étudierons dans le chapitre de la graine. Mentionnons cependant les principales : les huiles de Noyer, d'Amandier, d'Arachide

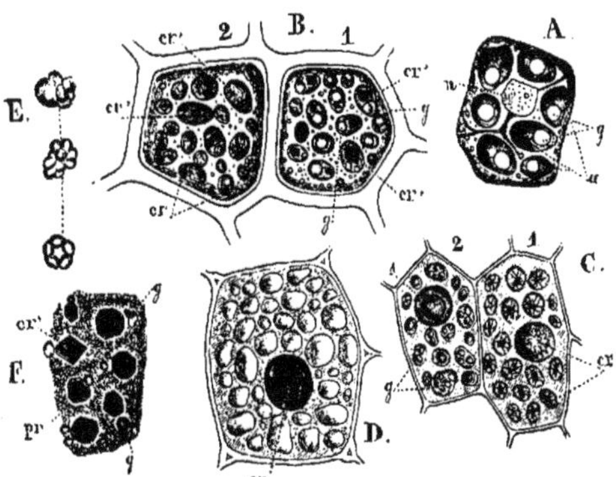

Fig. 527. — A. *Tragopogon majus* : cellule observée sous l'huile; chaque grain d'aleurone, *a*, renferme un gros globoïde sphérique, *g*. Dans la matière ambiante, on voit des traînées protoplasmiques; *n*, nucléus. — B. Deux cellules de l'albumen de l'*Æthusa Cynapium* (500/1) après traitement par la solution alcoolique de sublimé. Les grains d'aleurone contiennent presque tous, en 1, un cristalloïde, *cr'*, et un globoïde, *g*; en 2, un cristalloïde, *cr'*, et un groupe cristallin, *cr*. — C. *Silybum marianum*. Dans la cellule 1, chaque grain d'aleurone contient seulement un groupe cristallin, *cr*; dans la cellule 2, chaque grain contient seulement un ou plusieurs globoïdes, *g*. Le grain beaucoup plus gros que les autres, *s*, est un *solitaire*, Hart. — D. *Lupinus luteus* : une cellule d'un cotylédon, dans l'huile. Grains sans enclaves, sauf un très gros qui renferme un gros cristal, *cr*, d'oxalate de chaux. — E. *Vitis vinifera* : gros globoïdes mamelonnés. — (Pour A, B, C, D, E, 500/1). — F. Albumen du *Ricinus communis*. Les cristalloïdes, *cr'*, et les globoïdes, *g*, étant déjà bien formés, la matière aleurique commence à s'isoler du protoplasma, *pr*, et à se déposer tout autour pour constituer les grains d'aleurone. — (400/1.) — (D'après Pfeffer.)

(fig. 526), de Colza, de Croton, de Ricin, de Pavot : l'huile de l'Éléide de Guinée ou Palmier à huile. Les huiles sont extraites par expression, soit à froid, soit à chaud, et le produit obtenu est filtré.

Leur digestion dans les végétaux est faite par un ferment spécial, la saponase, qui prépare leur assimilation.

MATIÈRES ALBUMINOÏDES

Les matières albuminoïdes se trouvent principalement dans les graines; elles sont le plus souvent représentées par des grains d'aleurone (fig. 527) très abondants dans les cotylédons du Pois, du Lupin, de la Noix, dans l'albumen de la graine de Ricin.

Le grain d'aleurone contient presque toujours deux petits corps : un globoïde et un cristalloïde; le globoïde seul paraît être matière de réserve, le cristalloïde étant un produit d'excrétion.

La digestion des albuminoïdes est faite par des ferments, eux-mêmes albuminoïdes, rappelant la pepsine du suc gastrique et la présure de l'estomac des animaux ruminants.

La présence des matières albuminoïdes dans les végétaux est, au point de vue de la nutrition de l'homme et des animaux, d'une grande importance, car ces matières seules contiennent l'élément *azote* si nécessaire. C'est pour cette raison que l'on évalue souvent la valeur nutritive du pain, des pois, des lentilles, en ne tenant compte que de la proportion de gluten (farines) ou de légumine (pois, lentilles) que ces aliments contiennent.

Ainsi, nous terminons la liste des matériaux que la plante emploie pour sa nutrition; il nous faut maintenant examiner les produits que la plante sécrète ou excrète.

Fig. 528. — Un bois de Pins non encore gemmés, près d'Arcachon (E. d'Hubert).

SÉCRÉTION ET EXCRÉTION

Chez les végétaux, comme chez les animaux, les aliments ne sont pas transformés intégralement en matières plasmiques ; une partie plus ou moins importante de ces aliments donne naissance à des produits inutiles ou même à des produits nuisibles, dont l'organisme doit se débarrasser. Parmi ces produits, les uns seront simplement sécrétés par les cellules végétales, qui les emmagasineront dans des cavités spéciales, les retirant ainsi de la circulation et du cycle des échanges nutritifs ; tels sont les laits végétaux ou latex, les sels cristallisés. D'autres produits, au contraire, seront mis en réserve dans des parties déterminées de la plante pour coopérer à sa défense ; ainsi la matière des poils de l'Ortie brûlante éloigne les petits herbivores. Enfin certains produits sont réellement sécrétés, c'est-à-dire rejetés au dehors, soit pour protéger la plante, telles les résines qui couvrent les écailles des bourgeons printaniers, soit pour nourrir la plante, telles les excrétions recueillies dans les feuilles des plantes carnivores.

Pour séparer la sécrétion de l'excrétion, on s'appuie principalement sur l'emploi ou sur le non-emploi ultérieur du produit cellulaire étudié, ce qui est souvent bien incertain ; aussi nous contenterons-nous d'étudier les sécrétions végétales dans leur ensemble, en ayant soin d'indiquer, pour chacune d'elles, le rôle que les observations les plus récentes ont permis de lui assigner.

TISSU SÉCRÉTEUR

La sécrétion est une fonction habituellement localisée dans certaines cellules ou dans certains groupes de cellules ; cependant, on ne rencontre pas chez les végétaux de véritables glandes, présentant quelque analogie avec les organes de même fonction chez les animaux.

« Le tissu sécréteur se compose de cellules vivantes dont la membrane demeure mince, ordinairement sans sculpture et sans transformation, parfois ponctuée et subérisée, dans lesquelles se forment de bonne heure et s'accumulent diverses substances désormais sans emploi direct dans la plante, des produits d'élimination ou, comme on dit, de sécrétion. La nature de ces principes est, comme on sait, très diverse : acide oxalique, tannin, mucilage et gommes, huiles essentielles, résines, émulsions laiteuses de ces diverses substances

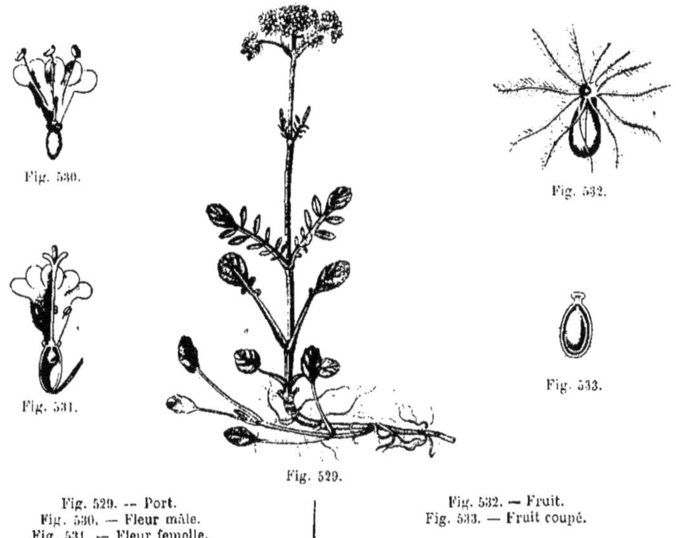

Fig. 529.

Fig. 530.

Fig. 531.

Fig. 532.

Fig. 533.

Fig. 529. — Port.
Fig. 530. — Fleur mâle.
Fig. 531. — Fleur femelle.

Fig. 532. — Fruit.
Fig. 533. — Fruit coupé.

Fig. 529 à 533. — *Valeriana dioica.*

qu'on nomme latex, etc. La forme et la disposition relatives des cellules qui les renferment sont aussi très variées ; elles sont tantôt isolées, simples ou rameuses, tantôt diversement associées en files, en réseaux, en assises continues. Quelquefois aussi le tissu sécréteur est formé non de cellules, mais d'articles.

« Ces deux caractères varient indépendamment l'un de l'autre ; en d'autres termes, des cellules de même forme et de même disposition peuvent renfermer les substances les plus diverses, tandis que la même substance peut être sécrétée dans les cellules les plus différentes de forme et de disposition (1). »

Cellules sécrétrices isolées. — Dans le cas le plus simple, le produit sécrété reste dans la cellule qui l'a engendré ; il en est ainsi dans la Valériane (fig. 529 à 533).

Les Valérianées (2) possèdent des propriétés médicales connues de toute antiquité, mais ces propriétés sont beaucoup plus marquées chez les espèces vivaces que chez les annuelles, dont les principes n'ont pas eu le temps de s'élaborer. Les rhizomes contiennent une

huile volatile, un principe amer et de la fécule ; ce sont des antispasmodiques puissants. Le *Nard celtique* est fourni par deux espèces alpines, que les montagnards vont chercher jusqu'à la limite des neiges éternelles, et que l'on expédie en Turquie, où on en fait un grand usage pour préparer des bains aromatiques. Ce Nard entre aussi dans la composition très compliquée de l'électuaire connu sous le nom de *thériaque.* Le *Nard indien* ou Spicanard est très estimé dans l'Inde, comme médicament et comme parfum ; il est en effet un bon stimulant et possède un agréable arome. Rappelons que dans les Valérianes annuelles l'amertume est remplacée par un mucilage peu sapide, relevé par une petite quantité d'huile volatile qui fait rechercher les Valérianelles comme salades : Mâches, Doucettes, Boursette.

Des cellules sécrétrices isolées sont fréquentes dans le Cannellier, le Camphrier, les Quinquinas et dans beaucoup d'autres plantes. Le Cannellier et le Camphrier (fig. 534) sont deux arbres de la famille des Laurinées (1), à la-

(1) Van Tieghem, *Traité de botanique,* t. I, p. 618.
(2) Voy. *Le Monde des Plantes,* II, p. 137.

(1) Voy. *Le Monde des Plantes,* t. II. p. 407.

Fig. 534. — *Camphora officinalis.* Port.

Fig. 535. — *Sassafras officinalis.* Port.

quelle appartiennent aussi les Sassafras (fig. 535). Ces végétaux possèdent un arome pénétrant, dû à une huile volatile sécrétée dans l'écorce et dispersée dans les glandes des feuilles et des fleurs ; cette huile volatile présente, suivant les espèces, des propriétés stimulantes ou sédatives, représentées, les unes par le Cinnamome, les autres par le Camphrier. Le Cinnamome fournit une écorce nommée Cannelle (fig. 536 et 537), de couleur blonde, d'odeur suave, de saveur chaude, aromatique et sucrée. Le Camphrier contient dans son bois et dans ses feuilles une essence incolore qui s'est accumulée dans les espaces intercellulaires, le Camphre ; cette essence, d'une odeur pénétrante, d'une saveur àcre et fraîche, est un sédatif et un antiseptique très employé.

Les Quinquinas (fig. 538 à 544), de la famille des Rubiacées (1), possèdent de longues cellules fusiformes remplies d'une sorte de latex ; leur écorce, de saveur amère, contient deux alcalis organiques, quinine et cinchonine, unis à un acide spécial ; elle renferme en outre des principes colorants, de la fécule, de la gomme... Ces alcalis agissent comme de puissants fébrifuges, tandis que les principes amers associés agissent comme tonifiants et raniment les fonctions digestives.

A côté des Quinquinas se place l'Ipécacuanha dont la racine, d'une saveur àcre et d'une odeur nauséeuse, èst très employée.

(1) Voy. *Le Monde des Plantes*, t. II, p. 114.

Poils sécréteurs. — Le plus souvent, quand les cellules sécrétrices sont isolées, elles font

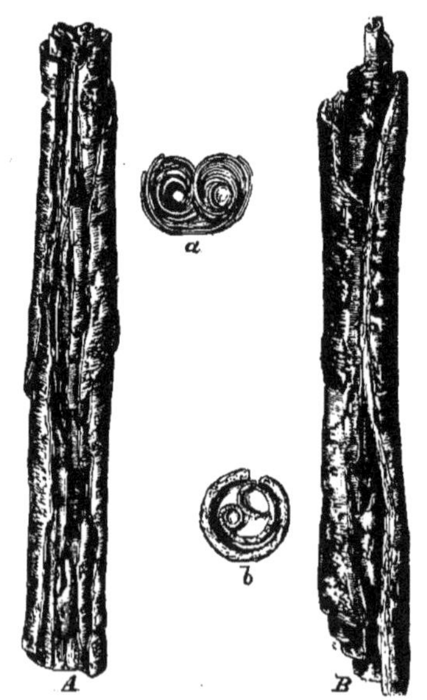

Fig. 536.   Fig. 537.

Fig. 536 et 537. — Écorces de Cannelle (de grandeur naturelle). — A, Cannelle de Ceylan ; *a*, coupe transversale ; B, Cannelle de Chine ; *b*, coupe transversale.

partie de l'épiderme des végétaux, et sont

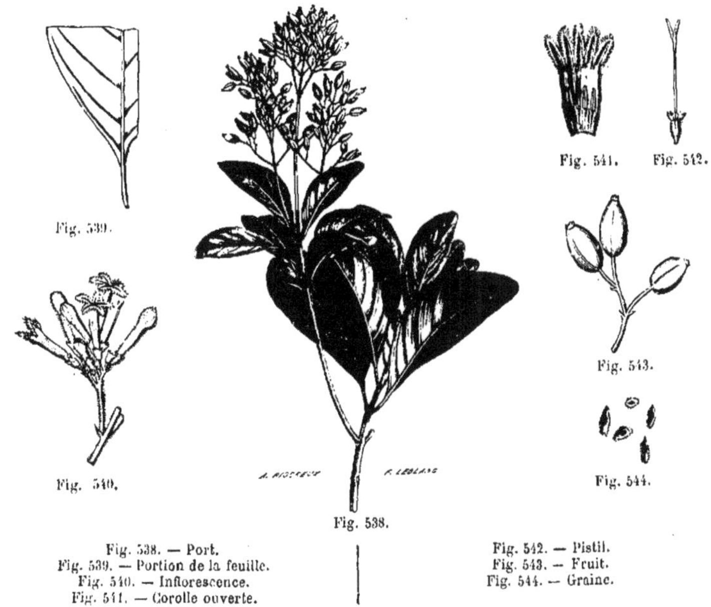

Fig. 538. — Port.
Fig. 539. — Portion de la feuille.
Fig. 540. — Inflorescence.
Fig. 541. — Corolle ouverte.

Fig. 542. — Pistil.
Fig. 543. — Fruit.
Fig. 544. — Graine.

Fig. 538 à 544. — *Cinchona calisaya.*

transformées en poils sécréteurs ; leur rôle est, en se déchirant, de rejeter le produit qu'ils contiennent, et cette excrétion peut être en même temps une défense de la plante (fig. 545).

Les Orties (1) présentent un des meilleurs types de cette disposition ; elles ont comme représentants indigènes l'Ortie brûlante (*Urtica urens*) et la Grande Ortie (*Urtica dioica*) dont les poils brûlants hérissent toute la surface ; sous la moindre pression, le poil s'ouvre (fig. 545, *c*, *d*, *e*,) et laisse échapper de l'acide formique dont l'action sur la peau est très irritante. Les médecins se servaient de la plante fraîche (fig. 546) pour flageller leurs malades, et produire, en irritant la peau, une révulsion salutaire. Cette urtication est encore employée de nos jours avec succès, non seulement en Europe, mais chez les peuples sauvages, notamment chez les Malais, qui font de l'urtication un usage journalier. Notons que la Grande Ortie, jeune, est mangée en guise d'Épinard, et peut servir à la nourriture des jeunes dindons, de même qu'elle forme un bon fourrage pour les vaches laitières ; elle ne contient pas alors le principe urticant.

Les poils de la Grassette commune (*Pinguicula vulgaris*) (fig. 547) ont la forme de petits Champignons dont le chapeau ou tête est pluricellulaire et laisse exsuder un suc diastasique, ce qui a fait regarder cette plante comme carnivore (1).

Beaucoup de plantes de la famille des Labiées (2) présentent des poils glanduleux dont la tête, formée de quatre ou huit cellules sécrétrices, contient un principe aromatique. Tels sont les Menthes, le Thym (fig. 548 et 549), le Serpolet, l'Hysope (fig. 550), la Sarriette, la Mélisse (fig. 552 et 553), le Basilic, etc., employés comme condiments, mais aussi très recherchés des animaux herbivores et rongeurs, ce qui fit dire à Florian :

(1) Voy. *Le Monde des Plantes*, t. II, p. 478.

(1) Voy. *Le Monde des Plantes*, t. II, p. 338.
(2) Voy. *Le Monde des Plantes*, t. II, p. 348.

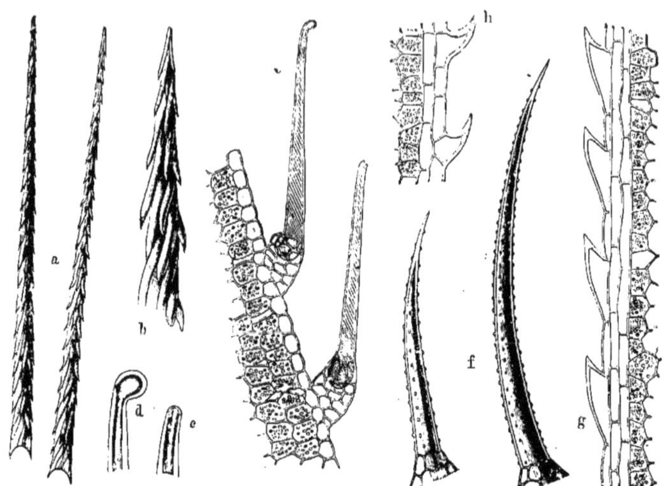

Fig. 545. — Armes des plantes. — *a*, poils-hameçons de l'*Opuntia rafinesquii* ; *b*, extrémité de l'un de ces poils; *c*, section à travers un lambeau de feuille de la Grande Ortie (*Urtica dioica*); cette section intéresse deux poils urticants; *d*, tête de l'un des poils précédents; *e*, la même tête après l'ouverture du poil à son collet; *f*, poil-croc du bord de la feuille de l'*Echium italicum*; *g*, poils en dents de scie du *Carex stricta*; *h*, poil de *Festuca arundinacea*.

Un lièvre de bon caractère
Voulait avoir beaucoup d'amis.
. . . .
Sans cesse il s'occupait d'obliger et de plaire.
S'il passait un lapin, d'un air doux et civil,
Vite il courait à lui : « Mon cousin, disait-il,
J'ai du beau serpolet tout près de ma tanière;
De déjeuner chez moi faites-moi la faveur. »

L'essence de Romarin est un stimulant énergique; l'Origan, la Marjolaine, les Lavandes contiennent un principe aromatique et un principe amer qui les rendent à la fois stimulants et toniques; le Patchouly possède une odeur très pénétrante. Enfin la Sauge réunit tous les principes médicamenteux que possèdent les autres Labiées et est un excellent tonique.

Cellules sécrétrices en files. — Les cellules sécrétrices peuvent être disposées en files, ces files étant simples ou rameuses, et leur ensemble constitue souvent un réseau laticifère. Le suc que ce réseau renferme s'écoule de la plante dès que celle-ci est blessée, et sa ressemblance avec le lait lui a fait donner le nom de latex. Celui de la Chélidoine (1) (*Chelidonium*

majus), jaune et âcre, est regardé au Brésil comme un remède efficace contre la morsure des serpents venimeux.

La plupart des Composées liguliflores (1) possèdent des files de cellules sécrétrices anastomosées en réseau et contiennent un suc laiteux souvent amer, salin, narcotique ou résineux. L'herbe de plusieurs d'entre elles, cueillie dans le jeune âge, avant l'élaboration complète du latex, est comestible et agréable au goût; en outre, les vertus médicales des espèces sont différentes selon le degré de développement des organes, et par suite diffèrent avec les époques de l'année. Le Pissenlit, la Chicorée sauvage excitent la nutrition; dans les Salsifis et les Scorsonères, l'amertume de la racine est corrigée par un mucilage que contient le suc laiteux. Le suc épaissi de la Laitue cultivée, nommé thridace, est employé comme narcotique, tandis que les jeunes feuilles de cette espèce, qui ne contiennent pas encore le suc laiteux, sont très usitées comme substances alimentaires.

Les files laticifères sont plus simples chez

(1) Voy. *Le Monde des Plantes*, t. I, p. 121.
LA VIE DES PLANTES.

(1) Voy. *Le Monde des Plantes*, t. II, p. 145.
I. — 40

Fig. 546. — Grande Ortie (*Urtica dioica*). — 1, plante avec des fleurs mâles ; 2, plante avec des fleurs femelles.

quelques Liliacées (1), particulièrement chez de nombreuses espèces du genre Ail : le bulbe de l'Ail cultivé contient une huile volatile sulfurée, de saveur âcre et d'odeur irritante,

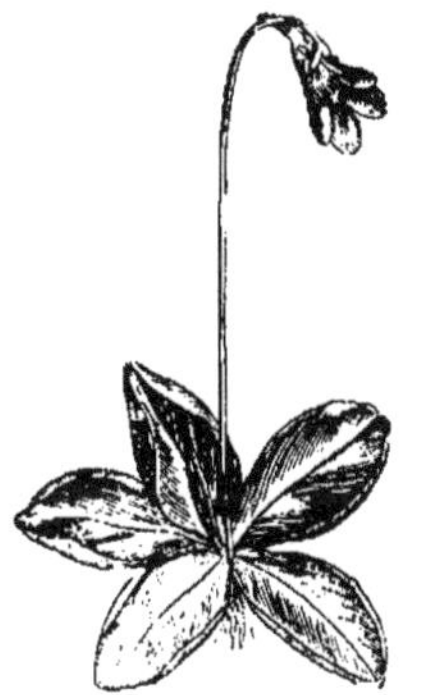

Fig. 547. — Grassette (*Pinguicula vulgaris*) ; port.

qui le fait employer comme condiment, mais aussi en médecine, comme rubéfiant à l'extérieur et vermifuge à l'intérieur ; il entre, avec le Camphre, dans la composition du fameux *vinaigre des quatre voleurs*. L'Oignon, l'Échalote, le Poireau, la Civette ou Ciboule doivent leurs propriétés à une huile volatile analogue.

(1) Voy. *Le Monde des Plantes*, t. II, p. 578.

C'est encore à cette forme de laticifères cloisonnés qu'il faut rapporter les réseaux sécréteurs de la capsule du Pavot (*Papaver somniferum*) (1), et les files laticifères des arbres à gutta ; cette discontinuité des canaux à latex fait qu'une section de l'écorce d'un

Fig. 548 et 549. — Thym (*Thymus serpyllum*) ; port et fleur.

Palaquium ne laisse échapper que le suc des tissus directement situés au voisinage de la lésion (2).

Lames sécrétrices. — Des cellules sécrétrices disposées en lames se rencontrent dans les bourgeons du Marronnier où elles produisent une matière résineuse qui enduit les écailles

(1) Voy. *Le Monde des Plantes*, t. I, p. 106.
(2) Voy. *Le Monde des Plantes*, t. II, p. 226.

et protège les jeunes feuilles. Le fruit du Houblon (*Humulus lupulus*) est recouvert,

Fig. 550 et 551. — Hysope (*Hyssopus officinalis*) ; port et fleur grossie.

ainsi que sa bractée, de glandes globuleuses jaunes, contenant un principe amer, aroma-

Fig. 552 et 553. — Mélisse (*Melissa officinalis*) ; port et fleur.

tique, la lupuline, qui donne à la bière une amertume agréable ; la poussière jaune que

donnent ces glandes en se détachant se nomme le *lupulin*.

Chez les Saxifrages (fig. 554), il existe des glandes épidermiques qui sécrètent un produit imprégné de sels calcaires, ce qui détermine sur la feuille, par dessiccation, une concrétion saline assez abondante.

Canaux sécréteurs. — Les dispositions des éléments sécréteurs que nous avons examinées ne sont pas aussi générales que la disposition de ces éléments sécréteurs en canaux ou en poches sécrétrices, c'est-à-dire en surface limitant une cavité où le produit de sécrétion peut s'accumuler ; par cette disposition, le végétal ne rejette pas le produit inutile ou nuisible, mais il le place dans une cavité à parois imperméables, ce qui aboutit au même résultat. Autour de cette cavité, souvent ramifiée dans tout le végétal, les cellules sécrétrices forment une bordure simple ou double, et elles ne cessent d'y rejeter les matériaux d'excrétion.

A ce type appartiennent les canaux résinifères des Abiétinées (1). Outre l'élégance de leur port, leur stature gigantesque, la persistance et la singularité de leurs feuilles et de leurs fruits, qui donnent aux paysages un caractère si marqué (fig. 528), ces plantes sont à l'homme d'une très grande utilité, par leur bois flexible, léger, imprégné d'une résine qui le rend imperméable à l'eau et assure sa durée ; de plus, leurs principes résineux ont reçu de nombreux emplois industriels et ils fournissent de précieux agents thérapeutiques.

Dans nos landes de Gascogne, les Pins maritimes jouent un rôle de toute première importance : ils constituent l'essence forestière de choix, parce qu'ils s'accommodent de tous les sols, si pauvres soient-ils, à la condition qu'ils soient siliceux. Le séjour au milieu de ces vastes forêts est rempli de charme, en même temps qu'il procure à l'organisme les bienfaits d'un air purifié par les exhalaisons balsamiques qui se dégagent constamment des arbres pendant leur floraison ou leur fructification. Au milieu de ces immenses étendues sableuses, sous les clairs ombrages que procurent les Pins, on reconnaît quelques Fougères aux feuilles jeunes enroulées en crosse, aux feuilles adultes développées en de larges surfaces infiniment découpées, et, çà et là, de grandes étendues entièrement garnies de

(1) Voy. *Le Monde des Plantes*, t. II, p. 718.

Fig. 554. — *Saxifraga longifolia*. Saxifrage à longues feuilles végétant sur un vieux mur.
(Figure communiquée par le journal *Le Jardin*.)

Genêts à balais dont les fleurs jaunes viennent ajouter leur note de gaieté à ce paysage de sous-bois, d'une poésie si calme et tout à la fois reposante et charmeuse.

Et dans ce milieu solitaire, on est tout surpris de trouver la vie, même la vie industrielle, car cette immense forêt est une exploitation ; la plupart des arbres sont gemmés, c'est-à-dire traités pour l'extraction de la résine qu'ils fournissent assez abondamment. Le résinier, muni d'une perche ayant environ 2 mètres de longueur, garnie de trois ou quatre échelons disposés alternativement à droite et à gauche, s'élève le long de l'arbre à exploiter ; il choisit l'emplacement où il donnera le premier coup de sa courte hachette, et commence une *carre*. Sous l'entaille ainsi faite, il dispose un pot de terre identique à un pot à fleurs, et l'assujettit grossièrement par une fiche de bois (fig. 555). A chaque saison, ce résinier viendra vider le pot et prolonger la carre, jusqu'à atteindre la base du tronc ; il recommencera alors une carre nouvelle dans une partie différente de ce tronc et arrivera ainsi à tirer parti de tous les côtés de l'arbre exploité.

Il n'est pas rare de trouver des arbres vigoureux porteurs de plusieurs pots et montrant sur toute leur surface des carres de différentes dates recouvrant entièrement la surface du tronc.

La matière résineuse ainsi recueillie est conservée dans des réservoirs creusés à fleur de sol, recouverts de quelques planches, et nommés *barcous* (fig. 556). Plus tard, la résine sera transportée à l'usine où on la soumettra à la distillation.

Composée d'une résine fixe dissoute dans une huile volatile, la térébenthine donne, par distillation, l'essence de térébenthine et laisse pour résidu la colophane ; on en retire aussi la poix, le goudron et le noir de fumée.

Le Sapin baumier (*Abies balsamea*) de l'Amérique septentrionale fournit le baume de Canada ; le Mélèze laisse exsuder de son tronc une substance analogue à la gomme arabique ; les jeunes pousses du *Dacrydium cupressinum*, bel arbre de la Nouvelle-Zélande, contiennent une matière résineuse légèrement amère, dont le capitaine Cook sut tirer parti en composant une boisson avec laquelle il parvint à dissiper le scorbut qui désolait ses équipages. Le Dammara oriental, qui croît sur les montagnes d'Amboine, produit une résine blanche et dure analogue à la résine copal. Le Kauri (*Dammara australis*) de la Nouvelle-Zélande donne une résine que les indigènes mâchent, et avec laquelle ils préparent aussi du noir de

Fig. 555. — Pin gemmé ; à gauche, cicatrices anciennes ; à droite, godet servant à recueillir la résine (E. d'Hubert).

fumée destiné aux tatouages dont ils ornent leur visage. Rappelons que le Succin, ou Ambre jaune, est une résine fossile, provenant des végétaux de l'époque carbonifère.

Des produits assez différents des précédents sont fournis par les Térébinthacées : le Lentisque (*Pistachia lentiscus*), cultivé dans l'Archipel grec et surtout à Scio, donne par incision de son tronc une résine aromatique nommée *mastic*, se ramollissant sous la dent, légèrement tonique et astringente, très usitée en Orient pour parfumer l'haleine et raffermir les gencives ; de même pour le *Pistachia atlantica* de Mauritanie. Le *Rhus toxicodendron* (vulgairement Sumac vénéneux) de l'Amérique du Nord produit un suc laiteux volatil, très âcre, dont on fait un extrait employé dans quelques affections cutanées. Le

Fig. 556. — Cabane des résiniers où est conservée la récolte d'une saison (Landes de Gascogne) (E. d'Hubert).

Rhus vernix est un arbrisseau du Japon dont le latex sert à confectionner le vernis du Japon, tandis que d'autres arbres donnent un suc résineux employé à la composition des laques de Chine ; le *Melanorrhœa usitatissima* fournit une résine nommée vernis noir.

La famille des Burséracées (1) renferme des plantes qui fournissent spontanément, ou par incision de leur tronc, des substances résineuses balsamiques, employées en médecine ; *l'encens* ou *oliban*, résine d'odeur balsamique et de propriétés stimulantes, provient du *Boswellia thurifera*, arbre de l'Inde et du Bengale ; la *résine élémi*, jaune, d'odeur pénétrante, est fournie par le *Canarium commune*, de Ceylan ; le *Baume de la Mecque* ou de *Giléad* est une térébenthine d'odeur suave, tirée du Balsamodendron de l'Arabie heu-

(1) Voy. *Le Monde des Plantes*, t. 1, p. 344.

Fig. 557. — Copayer officinal (*Copaifera officinalis*).

reuse ; la *myrrhe*, gomme-résine dont l'usage comme aromate et comme médicament remonte à la plus haute antiquité, est fournie par le *Balsamodendron Myrrha*, arbre de l'Arabie et de l'Abyssinie. Le Sucrier de montagne (*Hedwigia balsamifera*) est un arbre des Antilles fournissant en abondance une résine, nommée vulgairement baume à cochon, parce que les cochons marrons blessés par les chasseurs entament son écorce avec leurs défenses pour frotter leurs plaies avec le suc balsamique qui en découle.

Dans la grande famille des Légumineuses (1), on rencontre de nombreuses plantes fournissant des substances utiles à la médecine et à l'industrie ; mentionnons les *Copaifera* qui donnent, par incision du tronc, le *baume de copahu*; l'*Hymenæa verrucosa*, de Madagascar, dont on retire une résine jaune nommée *copal* ou *animé*, très employée comme vernis; le *Myroxylon peruiferum*, du Pérou, et le *Myroxylon* de la Colombie, produisant un baume à odeur suave, composé d'une résine, d'une huile volatile, des acides benzoïque et cinnamique.

A ce type d'éléments sécréteurs appartiennent les canaux des Ombellifères.

Les nombreuses espèces d'Ombellifères (2)

possèdent des propriétés très différentes ; les unes sont alimentaires, les autres médicinales ou vénéneuses. Presque toutes les parties de ces plantes possèdent des canaux sécréteurs ; les racines contiennent des substances résineuses ou gommo-résineuses; les fruits, une huile volatile ; les feuilles sont aromatiques et condimentaires. Rappelons les noms des Ombellifères les plus employées :

L'Ache Céleri, le Persil cultivé, le Carvi ou Anis des Vosges, le Boucage anis, le Fenouil, le Perce-pierre ou Crithme maritime, l'Angélique (fig. 558), le Panais cultivé, la Carotte commune, le Cerfeuil musqué, etc... Quelques-unes de ces plantes sont vénéneuses : la Cicutaire vireuse, l'Ethuse Ache-des-chiens ou Petite Ciguë (fig. 559), la Ciguë tachetée ou Grande Ciguë, etc...

Glandes sécrétrices ou poches à essence. — Les éléments sécréteurs peuvent être localisés en massifs cellulaires entourant une cavité dans laquelle le produit sécrété s'accumule au fur et à mesure de sa production. Il en est ainsi chez les Rutacées (1), la Rue, la Fraxinelle, l'Oranger, le Citronnier, le Cédratier, plantes qui contiennent une huile volatile, d'odeur suave et pénétrante, sécrétée par les glandes nombreuses réparties dans tous

(1) Voy. *Le Monde des Plantes*, t. I, p. 468.
(2) Voy. *Le Monde des Plantes*, t. II, p. 81.

(1) Voy. *Le Monde des Plantes*, t. I, p. 316 et suiv.

leurs organes ; rappelons que les cellules des parenchymes de ces plantes contiennent des acides libres, acide malique, acide citrique, qui font employer les fruits comme rafraichis-

Fig. 558. — Racine d'Angélique.

sants. Le principe aromatique, dissous en faible quantité dans l'eau par infusion des feuilles, ou par distillation des fleurs, donne à cette eau des propriétés stimulantes et anti-spasmodiques ; tandis que l'huile volatile,

Fig. 559. — Ciguë.

obtenue par distillation des fleurs et de la pelure des fruits, est usitée dans la parfumerie, soit mêlée à des corps gras sous forme de pommade, soit dissoute dans l'alcool, pour composer le cosmétique connu sous le nom d'eau de Cologne.

Des poches à essence de même nature se rencontrent chez les Myrtacées (1), et l'on peut même observer chez ces plantes une subérifi-cation tardive des cellules sécrétrices, dispo-sition qui les isole des cellules voisines et montre encore mieux la nature excrémenti-tielle du produit sécrété.

Les feuilles du Myrte (*Myrtus communis*) étaient renommées pour leur vertu tonique et stimulante ; le clou de Girofle ou fleur en bou-ton du Giroflier (*Caryophyllus aromaticus*) (fig. 561 à 567) contient une huile volatile très aromatique ; le fruit de l'*Eugenia pimenta*, vulgairement nommé *Toute-épice*, possède un arome et une saveur qui rappellent à la fois

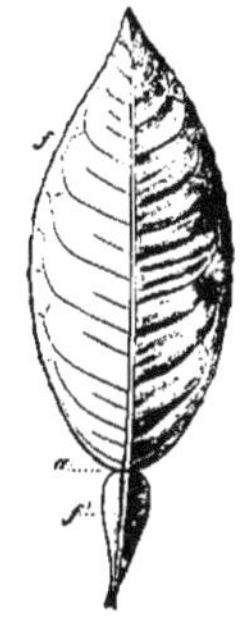

Fig. 560. — Feuille d'Oranger (*Citrus vulgaris*). — *f*, limbe. — Par transparence, il se montre criblé d'un grand nombre de ponctuations claires dues aux glandes sécrétrices. — *f'*, ailes du pétiole.

la Cannelle, la Muscade et le Girofle ; les Eucalyptus fournissent, principalement par leurs fruits, une matière fortement odorante employée en thérapeutique.

Laticifères. — Le plus haut degré d'organi-sation de l'appareil sécréteur est réalisé par les laticifères ou tubes à latex ; ces tubes se répandent dans toutes les parties de la plante, ils se ramifient à l'infini dans tous ses organes (fig. 569) et constituent ainsi une vaste cavité où le suc laiteux s'accumule. Il est à remarquer que, dans ce cas, une incision faite dans une région parcourue par ces canaux donnera une quantité souvent très grande de latex. Les tubes sécréteurs naissent de cellules déjà présentes dans la plantule de la graine ; ils se dévelop-pent avec les membres de la plante et, par

(1) Voy. *Le Monde des Plantes*, t. II, p. 6.

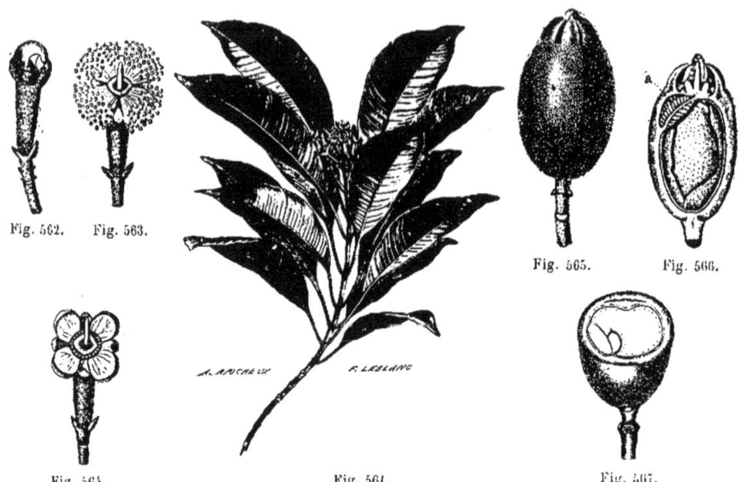

Fig. 562. Fig. 563.

Fig. 565. Fig. 566.

Fig. 564. Fig. 561. Fig. 567.

Fig. 561. — Port.
Fig. 562. — Fleur non épanouie (clou de Girofle).
Fig. 563. — Fleur ouverte.
Fig. 564. — Fleur dépourvue de ses étamines.

Fig. 565. — Fruit.
Fig. 566. — Fruit coupé verticalement.
Fig. 567. — Fruit coupé horizontalement.

Fig. 561 à 567. — Giroflier (*Caryophyllus aromaticus*).

suite, constituent de véritables organes auxquels est dévolue la fonction passive de recevoir les produits d'excrétion de tout le végétal. Ces tubes sont souvent très étroits ; leur

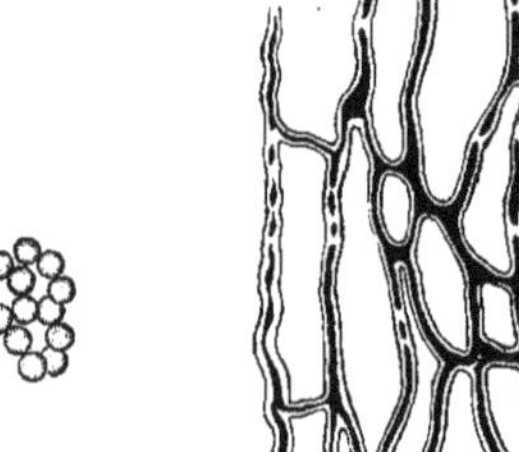

Fig. 568. — Globules du latex du Figuier cultivé. Fig. 569. — Vaisseaux laticifères.

lumière peut n'être que de deux centièmes de millimètre, tandis que leur longueur, en rapport avec les dimensions du végétal, peut atteindre et même dépasser 1 kilomètre si on les suppose placés bout à bout.

Quatre familles végétales seules possèdent des tubes laticifères bien développés ; ce sont les Euphorbiacées, les Urticées, les Asclépiadées et les Apocynées ; nous signalerons les plantes de chaque famille dont les latex présentent quelque importance.

Les propriétés des Euphorbiacées (1) sont très particulières, et les anciens, qui l'avaient remarqué, considéraient toutes les plantes pourvues d'un fruit à trois coques comme faisant partie d'une famille nuisible et suspecte ; toutes en effet possèdent une vertu excitante, mais à des degrés très différents. Elles sécrètent un suc laiteux, qui contient des matières très âcres, dont l'énergie varie selon l'espèce, le climat, et n'est pas la même dans tous les organes du végétal : chez les uns, ce suc peut être mis au nombre des poisons les plus délétères ; chez les autres, son âcreté est assez mitigée par des principes mucilagineux et résineux pour qu'on les range parmi les médicaments simplement purgatifs et diurétiques. C'est à une résine liquide et à un principe volatil

(1) Voy. *L Monde des Plantes*, t. II, p. 429.

1. — 41

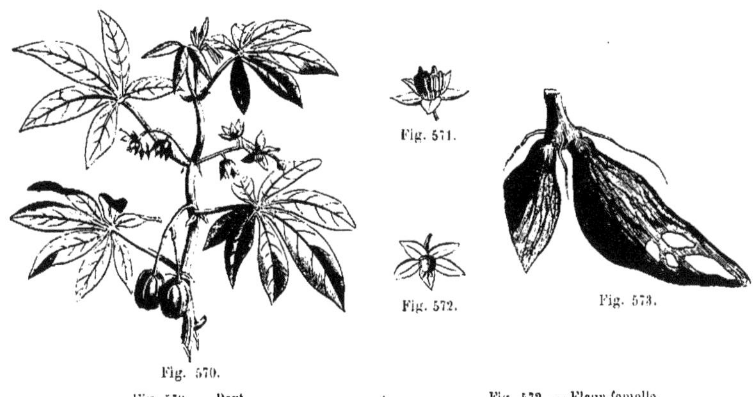

Fig. 570.

Fig. 570. — Port.
Fig. 571. — Fleur mâle.

Fig. 572. — Fleur femelle.
Fig. 573. — Racine.

Fig. 570 à 573. — *Manihot utilissima.*

que sont dues toutes les propriétés des Euphorbiacées ; aussi, ces propriétés se montrent-elles avec toute leur intensité dans les teintures alcooliques, tandis qu'elles se dissipent ou s'affaiblissent par l'application de la chaleur. La racine de Manihot (fig. 570 à 573) en offre un exemple remarquable : il n'est presque aucun végétal dont le suc soit plus vénéneux, et l'action du feu en fait un aliment très sain (1).

Le suc de la plupart des Euphorbes (*Euphorbia antiquorum, E. canariensis, E. officinarum, E. abyssinica*) est résineux, violemment drastique et vésicant. Les Euphorbes indigènes (*E. esula, E. cyparissias, E. helioscopia, E. peplus, E. palustris, E. lathyris*) donnent par incision un lait purgatif. L'*Euphorbia thymifolia*, de l'Inde, est donnée en boisson vermifuge aux enfants en bas âge. Le suc de l'*Euphorbia balsamifera* est si peu âcre que les habitants des Canaries le transforment par cuisson en une gelée alimentaire ; tandis que celui de l'*E. cotinifolia* est tellement vénéneux que les Caraïbes y trempaient leurs flèches pour les empoisonner.

C'est surtout chez les Euphorbiacées arborescentes que la sève est abondante et caustique (2). L'arbre aveuglant (*Excæcaria agallocha*), des îles Moluques, contient un suc tellement âcre que, s'il en tombe une goutte

dans les yeux, on risque de perdre la vue ; c'est ce qu'ont éprouvé les matelots qu'on avait envoyés à terre pour y couper du bois. La fumée même de ce bois, quand on le brûle, est dangereuse. Le Mancenillier (*Hippomanes mancenilla*) est un bel arbre de l'Amérique intertropicale, qui, suivant les récits de quelques voyageurs, possède des propriétés si vénéneuses que la pluie, tombant sur la peau après avoir coulé sur les feuilles, y produit l'effet d'un vésicatoire, et que l'homme qui s'endort sous son ombrage ne se réveille plus. Mais Joseph Jaquin, qui a séjourné longtemps aux Antilles, a mis cette tradition au rang des fables ; il s'est tenu, pendant plusieurs heures, dépouillé de tout vêtement, sous un Mancenillier ; il a reçu la pluie qui avait coulé sur son feuillage, et il n'a éprouvé aucun accident. Ce qu'il y a de vrai, c'est qu'une goutte du suc laiteux de l'arbre, posée sur la peau, y produit l'effet d'une brûlure, et soulève une ampoule pleine de sérosité. Le fruit charnu, qui a la forme, la couleur et l'odeur d'une Pomme, serait un poison très actif, si sa saveur permettait de le mettre un seul instant en contact avec la muqueuse buccale.

Si le Mancenillier perd ainsi de son prestige, une autre Euphorbiacée de l'Amérique tropicale, l'*Hura crepitans*, nous fournit l'exemple d'un principe délétère d'une extrême énergie. Voici ce que rapporte à ce sujet M. Boussingault dans son *Cours d'agriculture* :

(1) Le Maout et Decaisne, *Traité général de botanique*, p. 496.

(2) Le Maout et Decaisne, *loc .cit.*, p. 497.

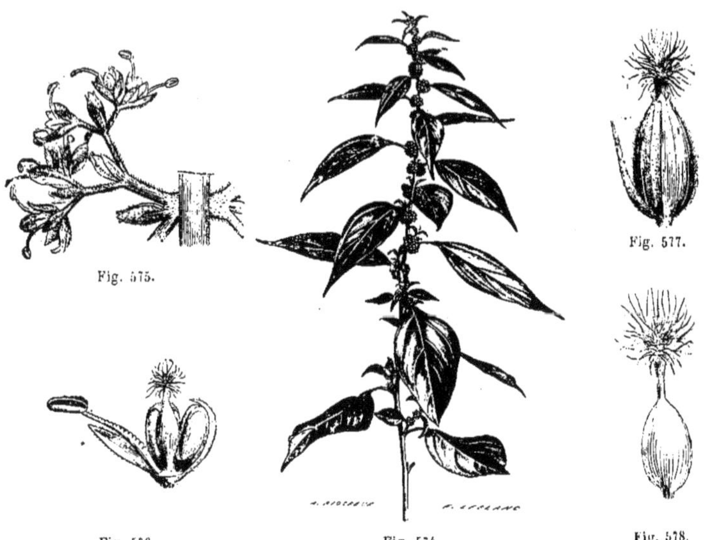

Fig. 575.

Fig. 577.

Fig. 576.

Fig. 574.

Fig. 578.

Fig. 574. — Rameau florifère.
Fig. 575. — Fleurs grossies.
Fig. 576. — Fleur hermaphrodite.

Fig. 577. — Fleur femelle.
Fig. 578. — Pistil.

Fig. 574 à 578. — *Parietaria officinalis.*

« Lorsque nous analysâmes le lait de l'*Hura*, M. Rivero et moi, nous fûmes atteints d'érysipèle. Le lait nous avait été envoyé de Guadas par M. le Dr Roulin. Le courrier qui l'apporta fut gravement incommodé, et les habitants des maisons où il avait logé sur la route éprouvèrent les mêmes accidents. Ce lait ressemblait parfaitement à celui de l'Arbre à vache (de la famille des Artocarpées). »

Aux Euphorbiacées à latex, il faut rattacher le *Siphonia elastica*, arbre de la Guyane et du Brésil, qui atteint une hauteur de 16 à 20 mètres, et dont le suc laiteux donne le caoutchouc.

Parmi les plantes de la famille des Urticées, signalons les. Pariétaires (fig. 574 à 578) employées comme diurétiques en décoction.

Chez les plantes de la famille des Apocynées et chez les plantes de la famille très voisine des Asclépiadées, on trouve un suc laiteux dont les propriétés varient d'une plante à l'autre. Le suc du *Collophora utilis* est riche en caoutchouc; celui du *Gonolobus macro-phyllus* est tellement âcre qu'on s'en sert pour envenimer la pointe des flèches; on empoisonne les loups avec le latex du *Periploca graeca*, nommé encore Tue-loup; mais ce suc peut être employé comme aliment quand il s'écoule de la Carpodine (*Carpodinus dulcis*, *C. edulis*) ou de l'*Oxystelma esculentum*.

PRODUITS DE SÉCRÉTION

Les produits sécrétés ou excrétés par les végétaux sont très différents les uns des autres par leur composition chimique et par leurs propriétés. Certains de ces produits sont des huiles volatiles d'une odeur très suave; d'autres, comme le suc de l'*Omphalea triandra*, noircissent à l'air et peuvent servir d'encre; le suc des arbres à caoutchouc possède, après concrétion, une élasticité précieuse; quelques latex sont des poisons violents; enfin, il en est de comestibles, comme le lait de l'*Arbre à la vache* (*Galactodendron utile*) ou *Palo de leche*, que les habitants de la Cordillère de Vénézuéla mettent en *traite* réglée. Cet arbre leur fournit par incision une énorme quantité d'un liquide blanc et un peu visqueux, offrant toutes les propriétés physiques du meilleur lait, et en outre une légère odeur balsamique ; il contient du sucre, de l'albumine, et une matière grasse, céroïde, à laquelle il doit ses principales propriétés ; en l'évaporant au bain-marie, on obtient un extrait semblable à la frangipane.

Dans cette grande diversité de produits, nous demanderons à la chimie les principaux caractères capables de servir de base à une ébauche de classification ; et, ainsi guidés, nous diviserons les matières des sécrétions végétales en groupes comprenant :

Les sels : oxalate de calcium... ;

Les gommes : gomme arabique... ;

Les mucilages : gomme adragante... ;

Les tannins : tannin du Chêne... ;

Les essences : essence de Rose... ;

Les résines et les oléo-résines : térébenthine... ;

Les latex à gutta et à caoutchouc.

Sels et acides organiques. — Les plus importants sont : les acides oxalique (du sel d'Oseille), malique (de la Pomme), tartrique (des tartres), citrique (des Citrons), formique (des poils de l'Ortie), gallique (des fleurs de l'*Arnica*), benzoïque et cinnamique (des baumes). Ces acides existent dans les végétaux, soit à l'état libre, comme l'acide citrique qui communique sa saveur acidulée au jus de Citron ; soit combinés sous la forme de sels, tel l'acide tartrique des raisins.

Toutes ces substances ont dans la plante un double rôle : dans les organes végétatifs, elles sont des réserves nutritives, tandis que dans les fruits elles représentent des produits d'élimination, puisque la plante est soustraite à leur action par la chute même du fruit et qu'elles n'ont aucun rôle à jouer au moment de la germination de la graine.

Gommes. — Les gommes sont des substances solides, neutres, solubles dans l'eau qu'elles rendent visqueuse ; les principales sont : la gomme arabique, tirée des Acaciers gommiers ; la gomme des Cerisiers, des Abricotiers (gomme *nostras*) et de quelques autres Rosacées ; la gomme de la Vigne, de l'Ailante, etc. Les gommes sont utilisées dans la fabrication de l'encre, l'apprêt des toiles, le lustrage des tissus ; en médecine, elles servent comme émollients.

Mucilages. — Les mucilages sont des substances qui se gonflent dans l'eau sans se dissoudre entièrement, et lui donnent une consistance gélatineuse ; quelques réactifs, tels que l'alun, les coagulent.

Le mucilage connu sous le nom de gomme adragante est un suc gélatineux qui exsude du tronc des *Astragalus creticus, verus, aristatus,* arbrisseaux de la Crète, de la Syrie et de la Perse.

Tannins. — Un grand nombre de végétaux renferment du tannin et peuvent être utilisés pour la tannerie. On emploie surtout l'écorce d'un grand nombre de Chênes et les *noix de galle*. On peut citer en outre les bois de *Quebracho colorado* (16 à 20 p. 100 de tannin) et de *Quebracho blanco* (12 à 13 p. 100), l'écorce d'*Ingua* ou *du Brésil*, les *bablahs* et les *baliba bolahs*, grosses gousses fournies par divers Acacias, le *divi-divi*, fruit d'un arbre de la famille des Légumineuses (35 à 40 p. 100 de tannin), les diverses sortes de *cachou* et de *sumac*, l'extrait d'écorce de *Châtaignier*, l'écorce de *Bouleau*, et celle de l'*Orme pyramidal*, des *Peupliers*, du *Pin sylvestre*, du *Pin* et du *Sapin blanc du Canada*, du *Mélèze*, du *Marronnier d'Inde* (extrait), du *Hêtre*, du *Frêne*, du *Saule*, du *Noisetier*, du *Sycomore* et du *Grenadier*. Ces écorces contiennent environ de 1 à 3 p. 100 de tannin.

Essences. — Les essences, appelées aussi *huiles essentielles, huiles éthérées, huiles volatiles,* sont des produits d'aspect huileux, généralement volatils, très odorants, qu'on trouve dans un grand nombre de végétaux.

Composition. — La plupart sont des hydrocarbures ; on y trouve cependant des alcools, des aldéhydes et des éthers ; la plupart sont un mélange de plusieurs espèces chimiques. Dumas les a classées par fonctions chimiques de la manière suivante :

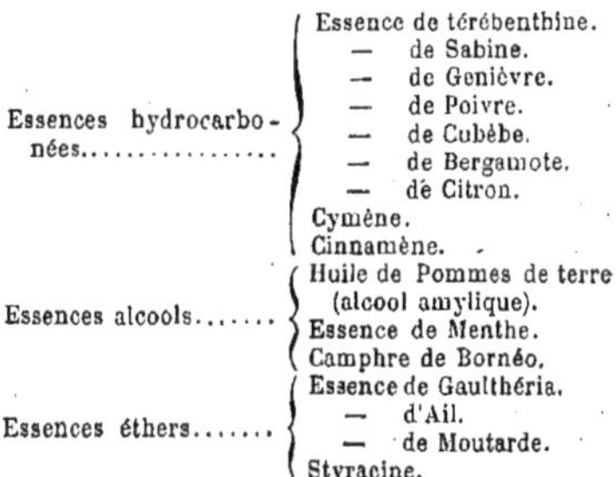

		Essence d'Amandes amères.
Essences aldéhydes ...		— de Cumin.
		— de Cannelle.
		— de Reine-des-prés.
		Camphre ordinaire.
Essences acides.......		Huile volatile de Piment.
		— de Girofle.

Extraction. — Cette industrie s'exerce surtout, en France, sur le littoral de la Méditerranée. On extrait les essences des plantes qui les renferment toutes formées ou qui contiennent les éléments nécessaires pour les produire.

Le procédé le plus simple est l'*expression* : il ne s'applique qu'aux plantes riches en huiles essentielles (zestes d'Oranges et de Citrons). Il suffit de placer les végétaux sous une forte presse à écrou : l'essence s'échappe, mélangée avec une grande quantité d'eau. On la sépare par décantation et filtration.

La *distillation* s'effectue dans certains pays au moyen d'alambics des plus primitifs. Dans les grandes usines, on se sert d'appareils perfectionnés chauffés à la vapeur. Les plantes sont distillées avec de l'eau ; on recueille dans un *récipient florentin* (fig. 579), qui sépare

Fig. 579. — Récipient florentin.

automatiquement l'eau de l'huile essentielle ; le liquide inférieur s'écoule par le tube formant siphon.

Pour les essences qui ne peuvent être portées à 100° sans se décomposer, on emploie les méthodes de la macération, de l'enfleurage, ou des dissolvants.

Propriétés. — Les essences sont généralement liquides, le plus souvent incolores, quelquefois colorées en jaune, vert, brun et même en bleu. Quelques-unes sont solides. Elles sont solubles dans l'alcool, l'éther, le chloroforme,

le pétrole léger, les huiles ; elles se diffusent en quelque sorte dans l'eau, mais ne s'y dissolvent pas réellement. Les essences riches en substances oxygénées sont plus denses que l'eau ; celles qui renferment surtout des hydrocarbures, et ce sont les plus nombreuses, sont moins denses.

Les essences absorbent lentement l'oxygène de l'air, s'épaississent et se transforment en résines ou en acides. Elles sont facilement combustibles et brûlent en dégageant de la fumée.

Usages. — Les essences sont employées pour la parfumerie, pour la confection des liqueurs ; la médecine les utilise pour leurs propriétés excitantes et caustiques. Les villes de Cannes et de Grasse fabriquent par an plus de 130 000 kilogrammes de pommades et d'huiles parfumées ; l'exportation de ces produits dépasse 30 millions.

Résines et oléo-résines. — Composés complexes produits par les végétaux. Elles sont généralement amorphes, insolubles dans l'eau, solubles dans l'alcool, l'éther, les essences et, à chaud, dans les huiles grasses : la solution alcoolique, additionnée d'eau, devient laiteuse et laisse déposer la résine en poudre. Les résines sont facilement fusibles et décomposables par la chaleur.

Elles paraissent dues à l'oxydation des huiles essentielles produites par les végétaux. Leur composition, très variable, les a fait diviser en trois groupes : les *baumes*, caractérisés par la présence d'un ou de deux acides volatils (acides benzoïque et cinnamique) ; les *gommes-résines*, mélanges de matières gommeuses et résineuses ; les *résines* proprement dites, exemptes d'acides et ne contenant que très peu de gomme.

Les résines renferment souvent un excès d'huile essentielle, qui se transforme en résine à l'air et qu'on peut enlever par distillation.

Usages. — Dissoutes dans l'alcool, l'essence de térébenthine ou les huiles grasses siccatives, les résines donnent les *vernis* et certains *mastics*. Quelques-unes sont employées comme matières colorantes (*gomme-gutte*, *gomme-laque*, *sang-dragon*). Les résines communes fournissent des savons économiques, des huiles pour les vernis, l'éclairage et la lubrification des rouages, des torches, du noir de fumée. Les résines servent encore à fabriquer la cire à cacheter.

Gutta-percha. — Cette substance, appelée

aussi *gomme plastique, gomme de Sumatra, gomme gettania*, s'extrait de deux arbres de la famille des Sapotées, l'*Isonandra percha* et le *Sapota Mulleri*, qui croissent à Bornéo, dans l'île de Singapore, etc.

La gutta-percha brute, obtenue par évaporation à l'air du latex de ces arbres, nous arrive en poires ou pains de couleur rouge ou grisâtre.

Bien épurée, elle est à peu près incolore. Elle est, comme le caoutchouc, insensible à l'action de l'air, de l'humidité, de l'eau froide, mais elle n'est pas extensible comme lui. Malheureusement, elle éprouve avec le temps, au contact de l'air et de la lumière, une oxydation superficielle qui la durcit, la fendille et lui fait perdre une partie de ses qualités.

Chauffée vers 50°, la gutta-percha devient pâteuse et peut être réduite en fils, en tubes ou en lames minces. A 70°, elle est assez molle pour pouvoir être pétrie, moulée, et se souder à elle-même, surtout sous l'influence de la pression. A 100°, elle est presque fluide.

La gutta-percha est employée pour fabriquer par moulage des objets imitant le cuir, le carton, le bois, les métaux, etc. : courroies inaltérables à l'humidité, robinets, pompes, soupapes, pistons, etc.

La gutta sert principalement à fabriquer des enveloppes isolantes pour les câbles électriques.

Caoutchouc. — Le caoutchouc est produit par la concrétion du latex que sécrètent un grand nombre de plantes ; on obtient ce latex en incisant l'écorce du végétal et, peu de temps après que la blessure a été faite, le suc laiteux ne tarde pas à s'écouler. Au Sénégal, où l'*Hevea* (originaire du Brésil) est déjà assez abondant, on fait chaque année deux saignées à l'arbre (fig. 580). « Une saignée (1) donne environ 250 grammes de caoutchouc sec et dure trois jours. Un hectare ayant 600 arbres produira donc 300 kilogrammes de caoutchouc ; après quatre ans, chaque pied peut, dit-on, rapporter 500 grammes, mais la récolte est longue et coûteuse. »

Le latex ainsi recueilli est un liquide blanchâtre, légèrement sirupeux, ressemblant à du lait de chèvre ; à l'air, il se divise en une partie solide, seule utilisable, et une partie liquide. Ce lait a souvent une saveur un peu sucrée :

(1) R. P. A. Sébire, *Les plantes utiles du Sénégal*, p. 4.

« J'en ai bu à plusieurs reprises, dit M. Émile Carrey, surtout avec du café, sans en avoir ressenti aucun inconvénient. Mais les Seringarios (peuplades du Brésil) disent que lorsqu'on en boit beaucoup, ce lait se coagule dans les intestins, et, par suite, rend gravement malade d'un genre de maladie qui nécessite l'emploi de l'Aloès ou du synonyme de la seringua ! »

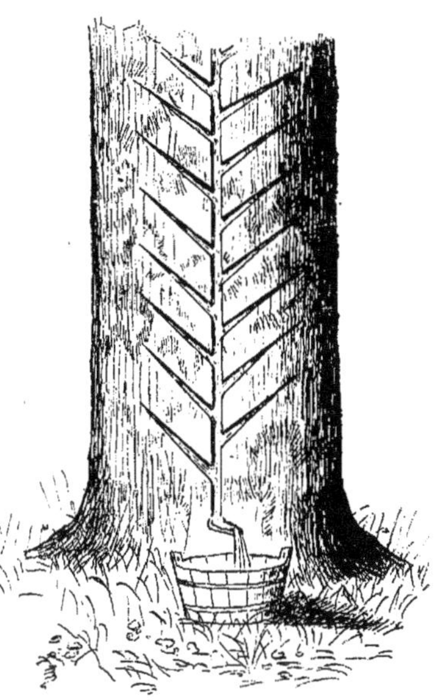

Fig. 580. — Manière de récolter le caoutchouc sur l'*Hevea* du Brésil.

La matière qui constitue le caoutchouc se rencontre dans un grand nombre de plantes appartenant surtout aux familles des Euphorbiacées, des Apocynées, des Urticées, des Lobéliacées, etc. ; mais en dehors de la zone délimitée par les tropiques, il est rare de trouver des végétaux dont le latex soit suffisamment riche en gomme pour pouvoir être utilisé.

Les usages du caoutchouc sont très nombreux et trop connus pour que nous ayons besoin de les mentionner ; on l'emploie pur dans les gommes à effacer, ou associé au soufre sous les noms de *caoutchouc vulcanisé* et de *caoutchouc durci*, encore nommé *ébonite*.

Fig. 581. — Plantes saprophytes. En bas, à gauche : Lycoperdon. En haut : Amanites.

LES PLANTES SANS CHLOROPHYLLE

La plupart des végétaux vivent isolés dans le milieu ambiant ; ils lui empruntent tous les éléments de leur nourriture et, par suite, ne dépendent que de lui ; tels sont tous les végétaux pour lesquels l'étude précédente a été faite. Mais il peut arriver aussi qu'une plante, pour une cause souvent inconnue, ne puisse vivre seule et soit dans l'obligation de s'unir à une autre plante, de se fixer sur elle, et de puiser dans ses tissus la sève nécessaire ; l'association végétale ainsi créée est désignée sous le nom de symbiose ; les deux plantes associées sont nommées : la première, le parasite, la deuxième, la plante hospitalière (1).

Parmi les causes qui semblent déterminer le parasitisme, l'une des plus importantes est

l'absence, chez une plante, du pigment chlorophyllien (Voy. p. 235). Nous savons en effet qu'une plante privée de chlorophylle ne peut pas assimiler le carbone de l'air et faire la synthèse des matières protoplasmiques, ce qui crée pour elle l'obligation d'emprunter ces matériaux nutritifs à des êtres vivants : la plante devient le parasite d'un végétal ou d'un animal ; ou aux cadavres de ces êtres : la plante devient saprophyte. L'absence de chlorophylle que nous considérons comme la cause du parasitisme n'est du reste pas générale : le Gui par exemple est un parasite vert ; mais elle est très fréquente ; et, pour cette raison, nous avons adopté le titre : *plantes sans chlorophylle*, comme étant le plus général. On pourrait ici se demander si le parasitisme est nécessité par l'absence du pigment vert, ou, étant dû à une autre cause, s'il n'aurait pas au contraire déterminé, par une dégradation consécutive, la disparition de ce pigment devenu superflu. Dans cette dernière manière de voir, les parasites non verts seraient des végétaux complè-

(1) Dans ce chapitre, où le mot « hôte » sera souvent employé, nous lui donnerons sa signification double, ainsi qu'il résulte de la définition suivante : « Hôte, s. m. Gramm., terme relatif et réciproque, qui se dit tant de ceux qui logent, que de ceux qui sont logés. Celui qui prend un logis à louage dit qu'il a un bon hôte, en parlant du propriétaire ; et réciproquement le propriétaire dit qu'il est bien satisfait de ses hôtes, en parlant de ses locataires. » (*Encyclopédie*, M DCC LXXVIII.)

tement adaptés à leur nouveau genre de vie ; les parasites verts seraient à une période moyenne de leur évolution, possédant encore l'un des attributs des plantes autonomes, le pigment assimilateur, mais ayant perdu la faculté de végéter seuls, habitués qu'ils sont à vivre dans une étroite dépendance vis-à-vis d'un organisme hospitalier. La réponse à cette question ne peut pas être donnée, car l'évolution des plantes nous est inconnue ; tout au plus pouvons-nous, dans quelques cas, déterminer si le parasitisme est nécessaire ou s'il est facultatif.

Parasitisme facultatif. — Parmi les parasites observés, et, disons-le de suite, parmi les parasites verts, il en est qui peuvent reprendre la condition de plante libre, montrant ainsi que les dégradations parasitaires accomplies sont assez peu importantes pour permettre le retour à la condition autrefois réalisée naturellement. C'est ainsi que le Gui, l'Orobanche peuvent être cultivés à l'état libre à partir de leurs graines ; de même, les Bactéries pathogènes peuvent être cultivées sur des milieux artificiels appropriés.

Parasitisme nécessaire. — Pour d'autres parasites, tous les essais de culture libre qui ont été tentés sont restés infructueux, ce qui conduit à penser que, dans ce cas, les modifications dues au genre de vie du parasite sont fixées, et devenues définitives. L'histoire des Rouilles des Céréales (Puccinies) nous montrera la détermination des plantes hospitalières sans lesquelles le parasite ne saurait vivre.

Parasitisme partiel. — Quelques parasites sont dans des conditions telles que leur vie pourrait encore se comprendre si l'on supprimait leurs relations avec l'hôte ; ainsi le Gui, étant porteur de chlorophylle, est constitué à la façon d'une plante autonome ; ainsi la Truffe, qui est un Champignon, possède des filaments inclus dans les racines du Chêne hospitalier, et des filaments disséminés dans le sol. Ces deux parasites n'empruntent donc pas toute la sève qui leur est nécessaire à leur hôte, ils se nourrissent en partie à la façon des plantes ordinaires ; ils sont des parasites partiels. En fait, la séparation d'un tel parasite de son support le place brusquement dans des conditions désavantageuses et cause sa mort.

Parasitisme total. — D'autres parasites sont au contraire complètement dépendants de leur hôte ; tels sont les parasites internes (maladie de la Pomme de terre, brunissure de la Vigne). Dans ce cas, l'hôte est à la fois pour le parasite, le support, le milieu ambiant, le pourvoyeur de sève, l'intermédiaire obligé pour toute fonction végétative. Sans son hôte, le parasite est incapable de conserver la vie qu'il possède.

Parasites sur un seul hôte. — Certains parasites se développent toujours sur le même hôte et y présentent toutes les phases de leur évolution ; ainsi le Mildew sur la Vigne.

Parasites sur divers hôtes. — Pour d'autres parasites, le choix de l'hôte est moins précis ; ainsi l'Agaric de miel attaque dans les forêts les Pins, les Châtaigniers, mais peut se fixer sur la Vigne et quelques arbres fruitiers. Le Gui, les Orobanches, les Cuscutes peuvent de même végéter sur des plantes différentes.

Parasites à migrations. — Dans d'autres cas, le parasite présente certaines phases de son développement sur un hôte déterminé, tandis que ce développement s'achève sur une plante hospitalière tout autre que la première ; ainsi la Rouille du Blé vit alternativement sur le Blé et sur l'Épine-vinette, et la continuité de son évolution nécessite la présence simultanément de ses deux hôtes dans une même station.

Parasitisme à divers degrés. — L'association établie entre le parasite et son hôte peut être plus ou moins importante pour les deux plantes, principalement pour la plante hospitalière qui ressent les effets de la présence de son hôte. A ce point de vue, on peut établir une série d'intermédiaires entre le cas du Gui, de la Truffe, où la plante hospitalière n'est pas sensiblement modifiée, et le cas beaucoup plus fréquemment réalisé du parasite qui est pour sa plante nourricière une cause de maladie et souvent de mort.

Symbiose. — Dans tous ces exemples, le parasitisme revêt l'aspect d'une association entre deux contractants dont l'un recueille les bénéfices et dont l'autre supporte les inconvénients ; c'est une association à bénéfice unilatéral. Mais il est des cas différents où l'union des deux végétaux, des deux êtres en général, est profitable aux deux contractants, leurs qualités diverses s'ajoutant ; une telle association à bénéfice réciproque est une symbiose proprement dite et doit être distinguée du parasitisme ; aussi lui consacrerons-nous une place spéciale dans ce chapitre.

Fig. 582. — Le Gui. Soirée d'octobre aux mares Beauval (d'après le tableau de L. Japy).

PARASITISME

Les plantes parasites appartiennent à des groupes botaniques très divers : elles ont des représentants parmi les Phanérogames : Gui, Cuscute, Mélampyre, et parmi les Cryptogames : Champignons, Algues ; et dans tous les cas elles conservent, au moins dans leur mode de reproduction, les caractères du groupe dont elles font partie. L'individualité du parasite persiste, comme si son hôte était pour lui un simple réservoir de sève, incapable de modifier ses propriétés ; ainsi, les parasites d'une plante productrice de matières spéciales, quinine, strychnine, ne contiennent pas cette matière. Pour ces raisons, nous grouperons, dans la revue des parasites que nous allons faire, les plantes appartenant aux mêmes familles botaniques.

LA VIE DES PLANTES.

PHANÉROGAMES PARASITES

LORANTHACÉES (1)

La plupart des Loranthacées sont des plantes parasites ; le Gui blanc vit principalement sur les Pommiers, les Peupliers, le Chêne, mais ne rebute presque aucune espèce d'arbre ou d'arbrisseau, et s'implante même sur le *Loranthus europaeus*, qui de son côté est parasite des Chênes et des Châtaigniers ; l'*Arceuthobium* naît sur le Genévrier oxycèdre. Mais, outre ces genres européens, il existe dans la région intertropicale un grand nombre de Loranthacées parasites (fig. 583).

(1) Voy. *Le Monde des Plantes*, t. II, p. 419.

GUI BLANC (VISCUM ALBUM)

Le Gui à fruits blancs est un végétal aérien, d'aspect buissonneux, à rameaux bifurqués (fig. 584 et 585), à l'écorce verte, aux feuilles vertes et aux fruits bacciformes (fig. 586 et 587), dont les graines germent immédiatement sur

Fig. 585. — *Loranthus parviflorus*. Loranthe d'Europe, parasite du Châtaignier et du Chêne.

les branches des arbres qui, à titre d'hôtes, doivent lui fournir la sève nourricière.

Hôtes du Gui. — Le Gui vit sur un très grand nombre d'arbres, aussi bien sur ceux qui ont des feuilles caduques (Chêne, Pommier), que sur ceux à feuilles persistantes (Pin, Mélèze). Il paraît ne dédaigner aucune espèce d'arbres ou d'arbrisseaux. Le plus fréquemment, il s'établit sur les arbres dont les branches sont revêtues d'une écorce molle et sont riches en sève, et en particulier d'un tissu cortical mince, délicat, comme c'est le cas pour le Sapin, le Pommier et le Peuplier. L'arbre préféré du Gui est le Peuplier noir (*Populus nigra*), sur lequel il se développe avec une étonnante exubérance.

Le long des côtes de la Baltique et des rives du Danube, à Vienne, au célèbre Prater, on observe sur de nombreux Peupliers noirs des touffes de Gui ayant une circonférence de 4 mètres et une épaisseur de tige de 5 centimètres; leur épais branchage est le lieu préféré des oiseaux qui y construisent leurs nids. Dans la forêt Noire, où les Peupliers jouent un rôle secondaire et où les Sapins sont très abondants, le Gui garnit une infinité de cimes de ces Conifères; tandis que dans les sites du Rhin, ainsi que de la vallée de l'Inn,

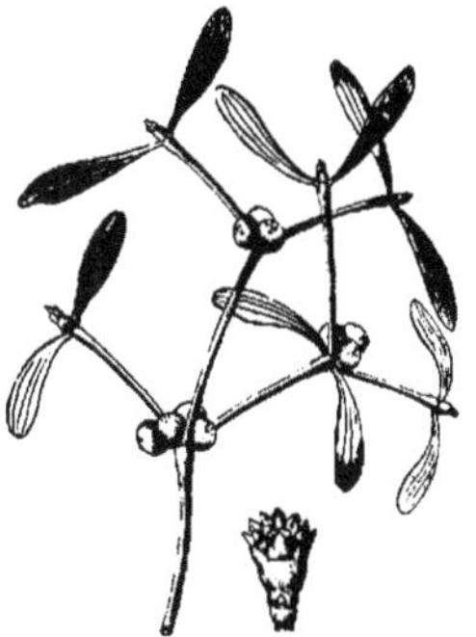

Fig. 584. — Gui (*Viscum album*). Port et inflorescence.

au Tyrol, le Gui est un parasite très gênant pour les Pommiers situés aux alentours des fermes. Là où ces hôtes préférés du Gui font défaut ou bien s'éloignent beaucoup, le parasite choisit d'autres bosquets et on le rencontre sur l'espèce d'arbre qui est la plus répandue dans le pays.

Beaucoup plus rare est sa présence sur le Noyer, le Tilleul, l'Orme, l'Olivier, le Saule, le Frêne, l'Aubépine, le Poirier, le Néflier, le Prunier, l'Amandier, le Sorbier; par exception on a trouvé du Gui sur les Chênes, les Érables, sur un vieux cep de Vigne, et, dans les environs de Vérone, sur un buisson de *Loranthus europæus*, lui-même parasite. Les Hêtres et les Platanes ne portent pas le Gui, ce qui est en concordance avec la structure particulière de l'écorce de ces arbres.

Développement du Gui. — La propagation du Gui a lieu, comme pour toutes les autres Loranthacées, par les oiseaux et en particulier par les grives qui en mangent les baies, et en rejettent sur les branches d'arbres les graines indigestes, avec les excréments.

A ce mode de propagation se rattache éga-

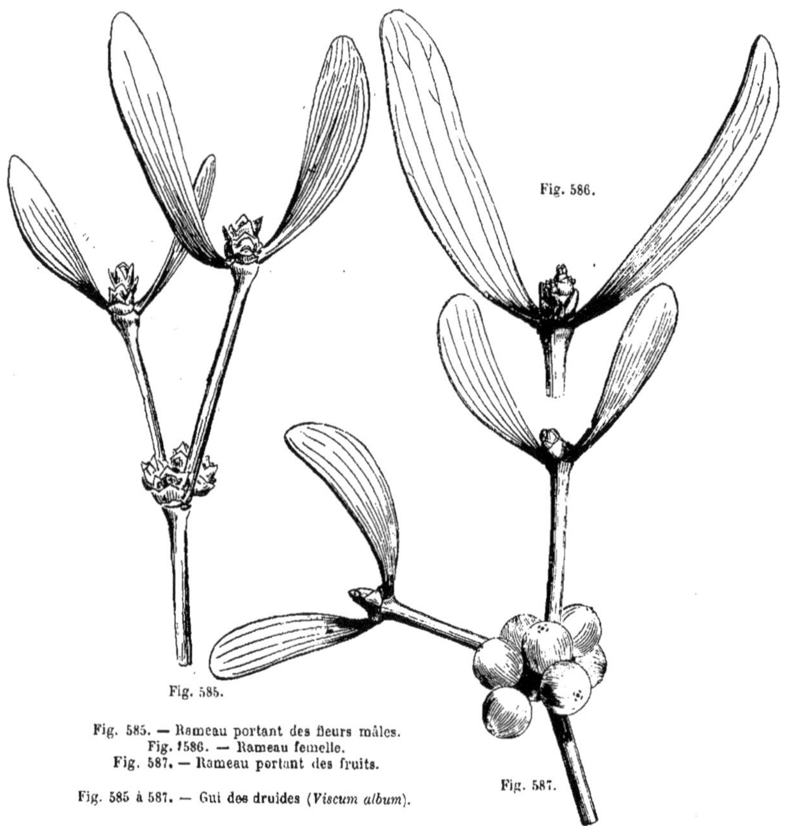

Fig. 586.

Fig. 585.

Fig. 585. — Rameau portant des fleurs mâles.
Fig. 1586. — Rameau femelle.
Fig. 587. — Rameau portant des fruits.

Fig. 585 à 587. — Gui des druides (*Viscum album*).

Fig. 587.

lement la disposition, frappante au premier coup d'œil, des pieds de Gui, qui sont rares sur la face supérieure et au contraire très fréquents sur les faces latérales des rameaux du tronc. La fiente des grives vivant de baies de Gui forme une masse liquide visqueuse très gluante qui tient comme la glu dans les fils et qui, lorsqu'elle est déposée sur la face supérieure des branches transversales, coule aussitôt le long des deux côtés de l'axe et parfois file en corde de 20 à 30 centimètres de long. Par l'intermédiaire de cette masse excrémentitielle visqueuse et obéissant aux lois de la pesanteur, les graines de Gui qui y sont contenues arrivent se coller aux faces latérales et même à la face inférieure de l'écorce.

Il peut se passer assez longtemps avant qu'une telle graine de Gui germe, surtout lorsqu'elle se trouve collée à l'automne. On peut arriver à faire germer régulièrement les graines de baies prises fraîchement sur l'arbre, en les introduisant dans une incision faite à l'écorce voisine.

L'embryon, qui dans la graine est enroulé tout autour de l'albumen, est relativement gros, a la forme d'une massue, et se distingue à ce caractère que les deux cotylédons allongés, étroitement accolés l'un à l'autre, souvent plissés sur les bords, ainsi que la masse de cellules gorgées de réserve nutritive qui les entourent, sont colorés en vert foncé par de la chlorophylle. A la germination, l'axe de l'embryon s'allonge, et plus particulièrement la

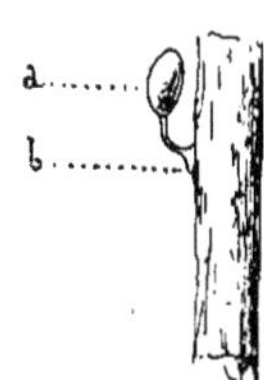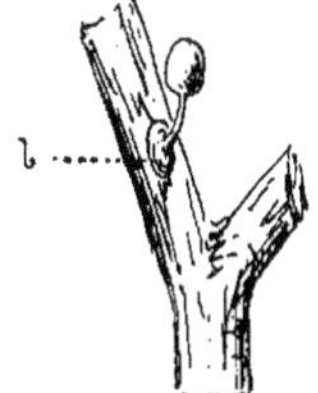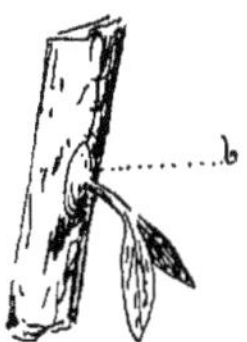

Fig. 588. — Développement et fixation sur l'hôte de la plantule du Gui. — *a*, noyau supporté par la tigelle ; *b*, disque adhésif.

partie qui se trouve entre les deux cotylédons et qui entre dans la disposition hémisphérique de la radicule, le tégument blanc se crève, la radicule paraît hors du récif et vient dans tous les cas se diriger vers l'écorce du rameau contre lequel était collée la graine. Ceci a lieu quand même la graine est accidentellement collée de telle manière que la radicule de l'embryon se trouve à l'extrémité de la graine tournant le dos à l'écorce. En pareil cas, une bizarre courbure de tout l'axe de l'embryon se produit contre l'écorce. Toujours ainsi la radicule parvient à l'écorce, s'y applique, se colle avec elle, s'étale en forme de gâteau et prend ainsi la forme d'un disque tenace (fig. 588). Du milieu de celui-ci se développe alors, à travers l'écorce de la plante hôte, un fin appendice qui la traverse et arrive jusqu'au corps ligneux sans toutefois y pénétrer. On a donné à ce prolongement le nom de *senker* (provin, marcotte) et on doit le considérer comme une modification partie de la racine.

Rapports du Gui et de son hôte. — Ce prolongement ou suçoir principal se développe à la surface du bois de la branche hospitalière ; il se ramifie en filaments qui présentent des suçoirs, suçoirs secondaires, qui absorbent puissamment la sève montante. Le développement du suçoir principal se fait pendant la première année, celui des suçoirs secondaires pendant la deuxième année, et ce n'est que l'année suivante que les deux premières feuilles s'épanouissent dans l'air.

Nature du parasitisme. — Le Gui, parasite sur un arbre, peut causer à celui-ci de graves préjudices, si son développement est exagéré, puisqu'il puise dans les tissus de son hôte toute la sève dont il a besoin ; mais ce cas n'est pas fréquent et l'on peut dire que quelques

touffes de Gui sur un arbre vigoureux ne portent aucune atteinte à sa vitalité. Le Gui, en effet, se suffit en carbone pendant la belle saison ; il n'emprunte donc guère à son hôte que de l'eau ; le parasitisme est ici très atténué. Quelques auteurs vont même jusqu'à prétendre que la présence du Gui sur un arbre est un avantage pour celui-ci, car le Gui, étant toujours vert, assimile constamment du carbone et peut fournir à son hôte des aliments carbonés, pendant l'hiver ou au début du printemps ; il y aurait là une réelle symbiose et il semble bien observé que les Pommiers porteurs de Gui résistent mieux aux rigueurs des grands hivers que ceux qui ne portent pas ce gracieux parasite.

Malgré l'atténuation du parasitisme que présente le Gui, on peut observer l'influence de l'hôte qui le porte, principalement par l'abondance et la qualité de la glu que contient l'écorce de ce Gui ; les espèces les plus favorables sont l'Érable et l'Orme ; viennent ensuite le Bouleau et le Sorbier, puis le Pommier et le Poirier.

SCROFULARINÉES (1)

Les plantes de cette famille sont presque toutes libres ; cependant plusieurs genres appartenant à la sous-famille des Rhinanthées sont parasites : Rhinanthe, Mélampyre, Pédiculaire, Odontitès, Euphraise, Bartsie, Castilleja.

Les plus connus parmi ces parasites sont : le Mélampyre (*Melampyrum arvense*) ou Queue-de-Renard, parasite des Graminées, le Rhinante Crête-de-coq (*Rhinanthus crista galli*) et l'Euphraise (*Euphraisia officinalis*), très fréquents sur les racines des herbes des prai-

(1) Voy. *Le Monde des Plantes*, t. II, p. 319.

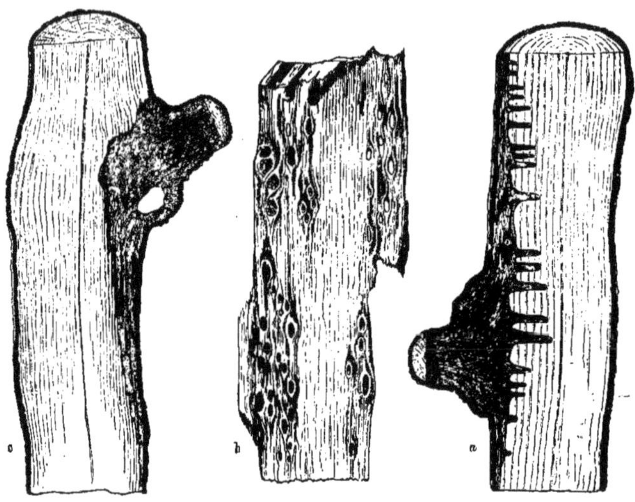

Fig. 589.   Fig. 590.   Fig. 591.

Fig. 589. — Loranthe d'Europe (*Loranthus europæus*). Section d'une branche de l'hôte montrant l'accord des couches annuelles du bois et de l'extension du suçoir du Loranthe parasite.

Fig. 590. — Branche de Sapin décortiquée pour montrer les perforations du bois dues aux suçoirs d'un Gui parasite.

Fig. 591. — Gui blanc (*Viscum album*), avec son suçoir principal et ses suçoirs secondaires. Les plus petits sont les plus jeunes.

ries. Les croquis *n*, *o*, *p*, de la figure 592 montrent le développement de la graine du Mélampyre des bois (*Melampyrum sylvaticum*) jusqu'à la fixation sur la racine de l'hôte.

OROBANCHÉES (1)

Les Orobanchées sont des plantes herbacées, toutes parasites, non chlorophylliennes, dépourvues de véritables feuilles, mais couvertes à leur base d'écailles imbriquées ordinairement très nombreuses. Elles habitent, pour la plupart, les pays tempérés de l'hémisphère nord, et surtout la région méditerranéenne. Quelques espèces sont de véritables fléaux pour l'agriculture, à cause des ravages qu'elles exercent sur des plantes utiles : le *Phelipæa ramosa* vit aux dépens du Chanvre, du Maïs, du Tabac ; l'*Orobanche pruinosa* est parasite sur la Fève ; l'*O. cruenta* sur le Sainfoin ; l'*O. rubens* sur les Légumineuses ; l'*O. minor* sur le Trèfle des prés.

Les croquis *g* à *m* de la figure 592 montrent le développement de la graine de l'*Orobanche epithymum*, parasite du Serpolet, depuis le début de la germination jusqu'à la fixation sur la racine de l'hôte.

Rappelons que la Lathrée écailleuse était autrefois administrée aux épileptiques et que la Clandestine possédait, aux yeux des Anciens, la vertu de donner aux femmes une merveilleuse fécondité ; ces plantes sont aujourd'hui sans aucun usage en médecine.

SANTALACÉES (1)

Les Santalacées sont en grande partie parasites des plantes vivantes, comme les Loranthacées. Elles se fixent sur les rameaux ou sur les racines des autres plantes et se nourrissent de la sève de leur hôte. Les seuls genres *Osyris* et *Thesium* sont indigènes, les autres plantes sont exotiques. Le *Thesium pratense* (fig. 595 à 597), herbe parasite sur les racines des

(1) Voy. *Le Monde des Plantes*, t. II, p. 331.

(1) Voy. *Le Monde des Plantes*, t. II, p. 427.

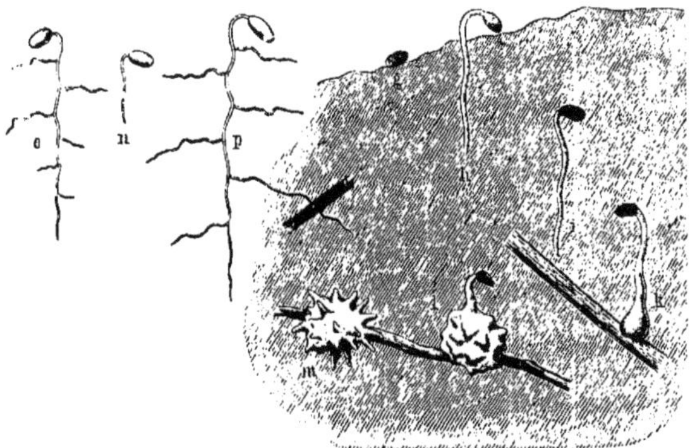

Fig. 592. — Germination des graines de plantes parasites : *q* à *m*, *Orobanche epithymum*; *n* à *p*, *Melampyrum sylvaticum*.

Graminées, est assez commun; l'Osyris blanc (*O. alba*), nommé Rouvet dans le Midi (fig. 598 à 601), est un arbrisseau à rameaux striés, parasite sur les racines du *Jasminum fruticans*.

BALANOPHORÉES (1)

Dans cette petite famille, tous les représentants sont parasites ; ce sont des herbes de couleur brune, jaune ou rouge, sans feuilles, charnues ; les hampes florales, nues ou écailleuses, supportent un épi de petites fleurs. Ces plantes habitent la région intertropicale des deux continents, mais elles n'abondent nulle part ; une seule espèce, le *Cynomorium coccineum* (fig. 594), vulgairement nommé Champignon de Malte, naît sur les plantes du littoral de la région méditerranéenne ; sa saveur est astringente et légèrement acide ; son suc est rougeâtre. Le Sarcophyte, qui croît au Cap, exhale une odeur fétide.

CYTINACÉES (2)

Les Cytinacées sont toutes des plantes herbacées, parasites, charnues, pourvues d'écailles éparses ou imbriquées, ou complètement dépourvues de feuilles. Plusieurs tribus peuvent être formées dans cette famille, dont les genres principaux sont : les Cytinets, parasites sur les Cistes de la région méditerra-

néenne et sur les racines d'autres plantes dans l'Amérique et dans l'Afrique australe ; les Apodanthes et les Pilostyles, parasites sur la tige et les rameaux des plantes dicotylédones, jamais sur les racines ; les *Hydnora*, parasites sur les rhizomes des Euphorbes de l'Afrique australe ; enfin les *Rafflesia*, *Sapria*, *Brugmansia*, parasites sur les racines des Vignes et des Cissus.

Dans ce groupe des Cytinacées, désigné encore sous le nom de Rafflésiacées pour rappeler le genre le plus curieux, le parasitisme est total ; les rapports du parasite et de l'hôte sont très étroits, et, dès la pénétration des tissus du parasite dans ceux de l'hôte, celui-ci n'est plus en état de se débarrasser de l'intrus.

Une partie de la sève de l'hôte va dans les cellules du parasite, celui-ci gagne en étendue et cherche aussitôt à multiplier et à travailler par floraison et fructification. A cet effet, il se forme à l'endroit convenable dans le tissu végétatif du parasite un bourgeon, un parenchyme qui prend l'aspect d'un coussin et que pour cette raison on appelle le coussinet floral. Dans le coussinet floral, les cellules se groupent bientôt d'une façon toute particulière. Il naît des colonnes de cellules et des vaisseaux et il se produit bientôt une disposition en axe et fleurs. Cette disposition se développe de plus en plus, gagne en étendue et les bourgeons les plus gros traversent bientôt l'écorce de l'hôte sous laquelle ils s'étaient formés.

(1) Voy. *Le Monde des Plantes*, t. II, p. 429.
(2) *Id.*, p. 594.

Fig. 593. — Cytinet hypociste (*Cytinus hypocistus*).   Fig. 594. — *Cynomorium coccineum.*

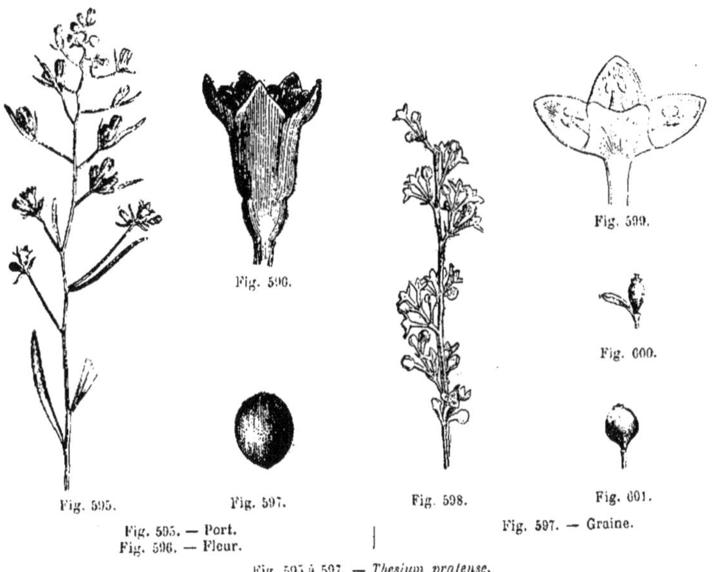

Fig. 595. Fig. 596. Fig. 597. Fig. 598. Fig. 599. Fig. 600. Fig. 601.

Fig. 595. — Port.
Fig. 596. — Fleur.
Fig. 597. — Graine.

Fig. 595 à 597. — *Thesium pratense.*

Fig. 598. — Branche avec des fleurs mâles.
Fig. 599. — Fleur mâle (grossie).

Fig. 600. — Fleur femelle.
Fig. 601. — Fruit.

Fig. 598 à 601. — *Osyris alba.*

Dans le seul genre Cytinus, de ce bouton sort une tige portant de nombreuses feuilles, et qui se termine à son extrémité par un bouquet aplati de fleurs ; chez les autres Rafflésiacées, le bouton qui a traversé l'écorce de l'hôte est lui-même le bouton floral. L'axe qui porte ce bouton est très court à l'extérieur, n'est couvert que de quelques écailles et les fleurs semblent naître sur les racines ou les rameaux de l'hôte. Sur les racines qui rampent à terre, les boutons s'ouvrent toujours à la partie supérieure, côté exposé à la lumière ; de même ceux qui se forment des lianes s'ouvrent également du côté qui est le mieux éclairé, de façon à être plus tard plus facilement accessibles aux insectes ; au contraire, sur les rameaux dressés et sur les buissons, ils s'ouvrent de tous les côtés des branches. De tels rameaux garnis de tous côtés de fleurs de parasites qui ont percé l'écorce, comme par exemple des *Apodanthes Flacourtiana*, ressemblent à s'y méprendre au *Daphne Mesereum* fleuri, au début du prin-

temps, avant l'apparition du feuillage ; seulement, dans le premier cas, ce sont les fleurs du parasite étranger qui ont percé l'écorce, tandis que chez *Daphne* ce sont ses propres fleurs qui ont fait leur apparition. Chez *Pilostyles Haussknecktii*, parasite des buissons d'Adragan des steppes de la Perse, les boutons se forment régulièrement des deux côtés d'un nœud foliaire de l'hôte et l'on voit alors, à la base de chaque vieille feuille, une paire de boutons qui plus tard s'épanouiront en fleurs.

Les fleurs de ces espèces d'Apodanthes et Pilostyles sont généralement petites, à peu près de la taille des fleurs de Seringat, de Jasmin ou de Pervenche, et ne sont rien moins que singulières. Tout autre en est-il des genres *Brugmansia* et *Rafflesia*. Déjà les *Brugmansia* natives de Bornéo et de Java, parasites sur les racines de *Cissus*, ont des fleurs très importantes. Mais leur étendue est encore de beaucoup dépassée par les fleurs des Rafflésiées dont une, appelée

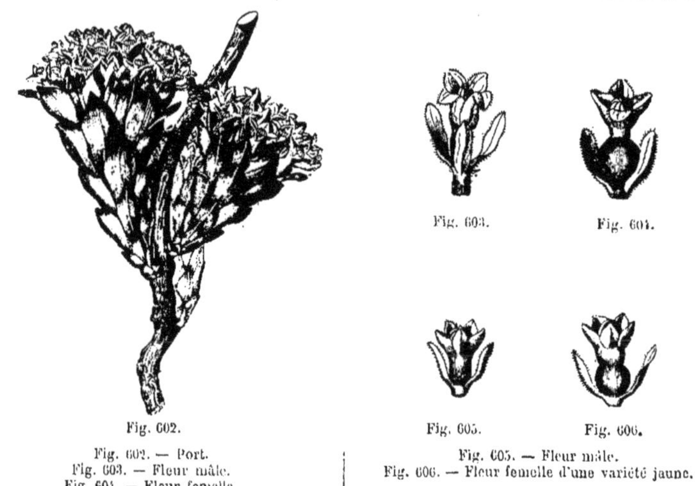

Fig. 602.

Fig. 603.

Fig. 604.

Fig. 605.

Fig. 606.

Fig. 602. — Port.
Fig. 603. — Fleur mâle.
Fig. 604. — Fleur femelle.

Fig. 605. — Fleur mâle.
Fig. 606. — Fleur femelle d'une variété jaune.

Fig. 602 à 606. — *Cytinus hypocistus.*

Rafflesia Arnoldi, peut passer à bon droit pour la plus grosse fleur du monde. Lorsqu'elle est ouverte, cette fleur mesure jusqu'à 1 mètre de diamètre, ce que n'atteignent pas même les fleurs géantes des Aristolochiées de l'Amérique du Sud. Lorsque les boutons de ces fleurs sortent des racines de *Cissus,* plante qu'elles adoptent pour hôte, elles ont à peine la taille d'une noix et font à peine pressentir leur grosseur future; mais elles prennent dans la suite un grand développement et arrivent avant l'ouverture à ressembler d'une manière tout à fait surprenante à une tête de Chou blanc.

Les bractées qui entourent à cette époque la fleur proprement dite et lui donnent précisément la ressemblance susdite, se réfléchissent, et la fleur, qui en fin de compte s'est encore fort considérablement accrue, s'ouvre alors avec cinq puissants pétales qui bordent une portion centrale en forme d'écuelle ou de calice.

Pour la forme, la fleur géante ouverte ne saurait mieux se comparer qu'à la fleur d'un Myosotis; ses pétales ont un contour en forme de demi-couronne analogue, et sa gorge très courte présente une lointaine ressemblance avec celle du Myosotis. Là où le disque central, en forme de coupe (dans laquelle sont emboîtés le tissu pollinique et le pistil), se réunit aux lèvres, se trouve un anneau épais et charnu semblable à une paracorolle. La pièce évidée du milieu, l'anneau et les pétales, garnis sur leur face supérieure de nombreuses papilles, sont charnus, et toute la fleur répand une désagréable odeur de charogne. Cette fleur merveilleuse fut découverte pour la première fois en 1818 à l'intérieur de Sumatra, à Palo Lebbas, au Mannastrone, où elle vit en parasite sur les racines des Vignes sauvages dans les endroits où le sol est couvert de fiente d'éléphant. A part Sumatra, on ne l'a encore rencontrée nulle autre part.

On connaît encore quatre autres Rafflésiées, toutes des îles de l'océan Indien, de Java, Bornéo et des Philippines. Comme mode de développement et comme forme de fleurs, elles ressemblent à l'espèce précédente, mais sous le rapport de la grosseur les fleurs s'en écartent plus ou moins. *Rafflesia Padma* de Java a un demi-mètre de diamètre seulement. Le milieu creusé en coupe quelque peu bombée, ainsi que l'anneau qui entoure le fond de la fleur, sont chez cette *Rafflesia* d'un rouge-sang sale; les pétales poilus sont presque de la couleur de la peau humaine. Les fleurs se tiennent sur les racines serpentiformes, s'étendant au fond des forêts obscures, et il s'en échappe une odeur cadavérique rien moins

Fig. 166. — *Rafflesia Patma* dans une forêt de l'île de Java.

agréable, toutes propriétés particulières qui ajoutent la désagréable impression que produisent ces créatures sur les premiers observateurs, impression qu'elles produisent encore aujourd'hui sur tous les autres.

Ainsi que les *Rafflesia*, ainsi que les espèces des genres *Brugmansia* et *Sapria*, appartiennent aux régions tropicales et subtropicales d'Asie, à l'Archipel qui s'y rattache au sud, le genre *Apodanthes* est de l'Amérique tropicale. Il en est de même de la plupart des espèces de *Pilostyles* que l'on rencontre à la fois au Brésil, au Chili, au Vénézuéla et à la Nouvelle-Grenade. — Seule une espèce, *Pilostyles æthiopica*, observée dans les montagnes d'Angola, et une autre espèce dont nous avons déjà parlé appartient à la flore persane.

En Europe, le remarquable groupe des *Rafflesiacées* n'est représenté que par une seule espèce, le *Cytinus hypocistus*, qui se rencontre dans toute la flore méditerranéenne. Le revêtement de ce *Cytinus* est formé par les racines des *Cistus*, si caractéristiques de la végétation de la zone méditerranéenne.

C'est à ce niveau que la base végétale est prise et fixée, et c'est par suite les racines des *Cistus* seules et pas très superficielles que l'on a le plus de peine à découvrir, qui les nourrissent, sous les buissons de *Cistus* desquelles en grande masse. Les

feuilles écailleuses qui ornent la tige de ce parasite sont de couleur rouge écarlate, et le parasite n'est point isolé, mais existe habituellement en grande masse. Aussi voit-on par places, d'une ouverture d'un buisson de *Cistus*, saillir une flamme rouge par laquelle on distingue de loin la présence du parasite.

Les fleurs mêmes qui s'ouvrent entre les bractées rouges sont réunies faire une association de couleurs qui, dans le règne végétal, est exceptionnelle et donne à cette plante un aspect tout à fait étrange. Outre cette espèce de *Cytinus* propre à la région de la Méditerranée, on trouve deux autres espèces à Mexico et une autre au Cap, qui ne vivent pas sur des buissons de *Cistus*, mais sur d'autres plantes ligneuses, surtout sur *Erincephalos*, mais qui par la structure des fleurs, ainsi que par le mode de conjugaison avec l'hôte, ne s'éloignent pas des *Cytinus hypocistus*.

CONVOLVULACÉES

CUSCUTÉES

« Le genre Cuscute (*Cuscuta*) L., qui constitue cette petite famille, a été séparé de la famille des Convolvulacées, à laquelle il tient par la plupart de ses caractères, et dont il ne diffère

———

[1] De Bary et Benjamin, *loc. cit.*, p. 171.

Fig. 608. — Rameaux fleuris de la petite Cuscute
(*Cuscuta minor*).

Fig. 609. — Développement de la Cuscute d'Europe
(*Cuscuta europœa*).

que par ses tiges filiformes (fig. 608), de couleur rougeâtre ou jaune verdâtre, dépourvues
de feuilles, et parasites sur les autres végétaux
au moyen de suçoirs; par son fruit capsulaire,
à déhiscence transversale, ou quelquefois
charnu, et par l'embryon, dépourvu de cotylédons, et roulé en spirale autour de l'albumen.
Les fleurs sont réunies en tête, ou en épi, et
ordinairement munies d'une bractée. Les
Cuscutes habitent toutes les régions chaudes
et tempérées du globe. Elles vivent en parasites
sur les tiges d'un grand nombre de plantes
herbacées, ou même ligneuses, qu'elles
épuisent, en absorbant leur sève élaborée.

« La petite Cuscute (*Cuscuta minor*) vit aux
dépens du Trèfle des prés, de la Luzerne, du
Serpolet, du Genêt à balais, de l'Ajonc nain,
des Bruyères; la Cuscute densiflore (*Cuscuta
densiflora*) infeste les champs de Lin; la
grande Cuscute (*Cuscuta major*) est parasite
sur les Orties, le Houblon; elle envahit même
les pédoncules de la Vigne, et les entoure de
filaments qui ont fait donner le nom de raisins
barbus aux fruits dont elle absorbe la substance. »

La Cuscute est attirée vers ses victimes,
comme l'aiguille aimantée vers le pôle ma-
gnétique; elle se propage non seulement par

ses filaments, que les cultivateurs nomment
les *fils du diable*, mais encore par les semences mal épurées que le commerce livre encore
trop souvent. La Cuscute ruine la prairie artificielle sur laquelle elle s'implante; elle nuit
aussi au bétail par l'inappétence qu'elle produit, l'arrêt de la rumination et la salivation
abondante qu'elle provoque.

L'espèce la plus connue est la Cuscute du
Thym (*Cuscuta epithymum*), qui vit aussi sur
le Trèfle, la Luzerne, la Bruyère, le Genêt. Le
développement de ce parasite est assez curieux
(fig. 609); la graine, très petite, contient un
embryon filiforme, enroulé sur lui-même; cet
embryon développe sa radicule dans le sol (*a*);
profitant de ce point d'appui, une tige grêle
s'allonge (*b*); cette tige, légèrement rosée,
présente en guise de feuilles de toutes petites
écailles; elle acquiert bientôt un mouvement
révolutif (*c, d*) qui la conduit près de la plante
hospitalière (*e*); à partir de cet instant, le
jeune parasite se fixe de mieux en mieux à son
hôte, il s'enroule autour de lui (*e*), puis il y
enfonce de place en place des suçoirs. Bientôt,
la Cuscute est suffisamment nourrie par son
hôte pour perdre ses rapports avec le sol; la
base de sa tige se détruit et le développement
s'achève.

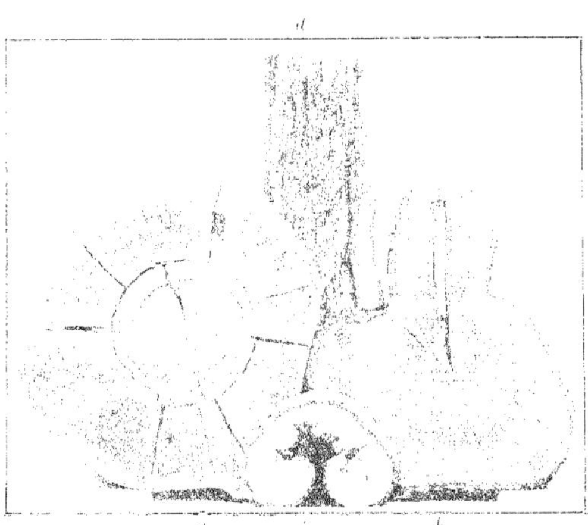

Fig. 510. — Gelées causées par les pâturages : *a*, racines ; *b*, adhérences ; *c*, nécrose due à un coup de soleil avec bourrelets de recouvrement ; *d*, nécrose de gelée (Rapp et Joivet).

CRYPTOGAMES PARASITES

MALADIES DES PLANTES

Si la nature des parasites végétaux appartenant aux espèces des Phanérogames est assez connue, celle des parasites cryptogamiques est très grande, et pourtant nous savons peu capables de ne pas les connaître [illegible]. Il est en effet peu de plantes qui ne donnent asile à quelques parasites. [illegible] des Algues, [illegible] souvent au [illegible] de 10 pour 100 à leurs surfaces, soit dans des tissus, suivant des parasites différents.

Dans chaque cas d'espèce, la partie propre du parasite ne peut l'isoler des conditions de vie qui lui sont [illegible], ce qui détermine un ralentissement ou un arrêt de la végétation de ces derniers. [illegible] leur dépérissement [illegible], les parasites cryptogamiques existent [illegible] de beaucoup de [illegible] des plantes, et à ce titre ils méritent de [illegible] [illegible] distinctes de celle qui résulte [illegible] dans [illegible] les [illegible] affectées [illegible] [illegible] dans l'état actuel de nos connaissances, attribuables à un parasite [illegible].

Les causes correspondant aux maladies de ces diverses parties, l'on distingue des *maladies*

du grain en herbe, mais ne savaient à quoi les attribuer. Au XVIIIe siècle, dans ses *Résultats des expériences modernes sur l'organisation des plantes*, Adanson distingue leurs maladies, comme les causes qui les produisent, en externes et en internes ; il en reconnaît 23 espèces, dont 15 externes et 8 internes ; savoir :

Maladies dues à des causes externes. — 1° La *brûlure* ou le *blanc*, *candor* : c'est cette blancheur qu'on voit par taches sur les feuilles, qui les fait paraître voilées et comme transparentes.

2° La *panachure* se rencontre plus souvent dans les plantes languissantes : la *jaunisse*, ou chute prématurée des feuilles ;

3° Le *givre* est une blancheur qui couvre la partie supérieure des feuilles de quelques plantes ;

4° La *rouille*, *rubigo*, est une poussière jaune de rouille ou d'autre répandue sur les feuilles ;

5° La *nielle*, qui réduit en une poussière noire les fleurs des Blés ;

6° Le *charbon*, *ustilago* ;

7° L'*ergot* ou le *clou*, *clavus*, est une production des grains en une longue corne comme cartilagineuse ;

8° L'*étiolement* est cet état de maigreur pendant lequel les plantes poussent beaucoup en hauteur, peu en grosseur, et périssent avant que d'avoir produit leur fruit ;

9° La *mousse*, qui recouvre l'écorce des arbres ;

10° Les *yerses* et *cadrans*, ou fentes qui arrivent au bois ;

11° La *roulure* (fig. 610, *a*), qui est une séparation entre les couches ligneuses ;

12° La *champlure*, qui attaque principalement la Vigne ;

13° La *gélivure entrelardée* (fig. 610, *b*) ;

14° L'*exfoliation* ;

15° Les *gales*, qui sont des excroissances dues aux piqûres des pucerons ou d'autres insectes.

Maladies dues à des causes internes. — 1° La *décurtation* dans les épis de Froment, dans les branches des arbres, est un retranchement qui se fait naturellement par une cessation d'accroissement dans la partie supérieure du nouveau jet encore herbacé ; cette partie jaunit bientôt, meurt et se détache de la partie inférieure qui reste vive et saine ;

2° La *fullomanie* est une abondance prodigieuse de feuilles, à la production desquelles une plante s'abandonne, ce qui l'empêche de donner des fleurs et des fruits ;

3° Le *dépôt* est un amas de suc propre ou du sang végétal, soit gomme, soit résine, qui occasionne la mort des branches où il se fait ;

4° L'*exostose*, ou bois noueux ;

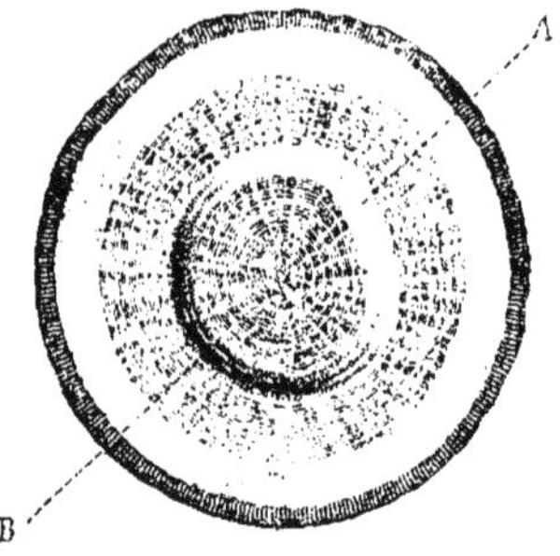

Fig. 611. — Rondelle de Chêne présentant, dans sa région centrale, une lunure, dont la portion de gauche est déjà attaquée par la pourriture (Boppe et Jolyet).

5° La *pourriture* (fig. 611) qui arrive au tronc des arbres, en commençant par le haut, et descendant insensiblement jusqu'aux racines ;

6° La *carie* ou *moisissure*, qui a son principe dans les racines, et qui gagne peu à peu les autres parties de l'arbre ;

7° Les *chancres* ou *ulcères coulants* ;

8° Enfin la *mort subite*, qui n'est guère produite que par un coup de soleil sur les herbes annuelles et délicates, et par les plus grands froids et le tonnerre sur les arbres et autres plantes vigoureuses.

On voit, par ce précis assez curieux, qu'Adanson s'est plutôt attaché à donner la définition des maladies, qu'à en discuter les causes et les effets. En général, il attribue les maladies des plantes, soit à la trop grande abondance du suc nutritif, ou à son défaut, ou à la mauvaise qualité qu'il acquiert, ou à son inégale distribution dans la plante, soit à des accidents étrangers et à des causes extérieures.

Depuis l'époque où Adanson publiait ce précis jusqu'à nos jours, la question des maladies des plantes fut l'objet d'un très grand nombre de recherches qui la renouvelèrent entièrement ; au lieu de se contenter de causes vagues déterminant les maladies, causes telles que miasmes, émanations, humidité, etc., les savants mirent en évidence les véritables causes, le plus souvent représentées par des organismes parasites, dont les émanations n'étaient que les véhicules, dont l'humidité favorisait le développement ; la notion de transmission des maladies fut posée et, dans quelques cas, résolue ; l'isolement du parasite mit au jour la spécificité de l'agent pathogène ; sa connaissance fut alors complète et les recherches eurent pour but final l'examen des méthodes à employer pour aider les végétaux dans la lutte souvent inégale qu'ils livrent à leurs parasites avant d'être totalement envahis.

Les noms des savants dont l'œuvre fut si belle sont connus de tous, car les maladies des plantes telles que le Blé, la Pomme de terre, la Vigne, ont fait, à certaines époques, de tels ravages que l'actualité fut bien des fois tournée vers ces sujets d'étude.

Au milieu de cette cohorte de chercheurs dont l'abnégation égale la modestie, l'un d'eux eut l'idée géniale et féconde, l'idée dont la portée fut immense, l'idée qui fit de ses devanciers ses précurseurs et de ses collaborateurs ses disciples. Amené, par des études antérieures sur les fermentations, à douter de l'existence des générations spontanées, Pasteur nous fit connaître les microorganismes auxquels sont dues ces pseudo-générations et qui sont les causes des nombreuses maladies parasitaires que présentent les animaux et les végétaux.

Principales maladies des plantes. — Une liste complète des maladies des plantes dépasserait

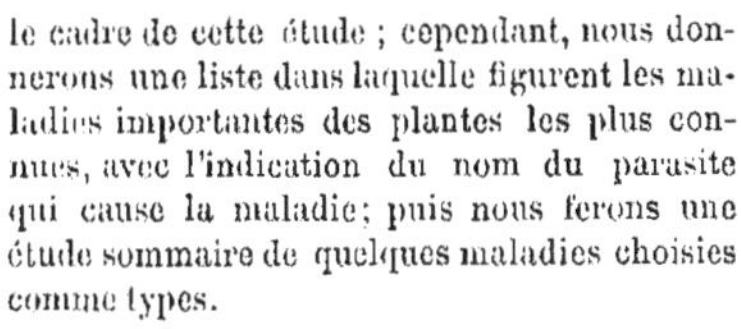

Fig. 612. — Champignon des racines.
Agaric couleur de miel.

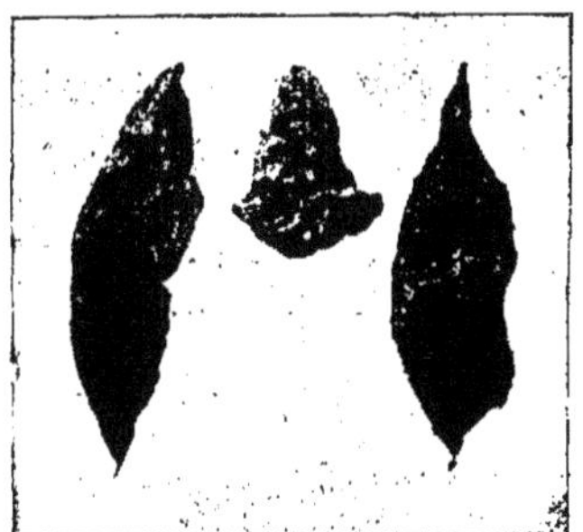

Fig. 613. — Cloque de Pêcher
(d'après Nijpels).

le cadre de cette étude ; cependant, nous donnerons une liste dans laquelle figurent les maladies importantes des plantes les plus connues, avec l'indication du nom du parasite qui cause la maladie; puis nous ferons une étude sommaire de quelques maladies choisies comme types.

MALADIES DES CÉRÉALES

CHARBON

La maladie du charbon (1), anciennement appelée *morbus pestis*, est due à diverses espèces de Champignons appartenant au genre *Ustilago* et dont les principaux représentants vivent sur les Graminées ; on trouve aussi cette maladie sur les Cypéracées, les Polygonées, les Composées et sur quelques Œillets... Ces parasites détruisent les organes au milieu desquels ils vivent, ils y développent en immense quantité leurs myriades de corps reproducteurs ou spores, dont l'accumulation constitue la poussière noire qui a fait donner le nom à la maladie.

CHARBON DES CÉRÉALES. — *USTILAGO SEGETUM*

Ce Champignon attaque particulièrement l'Orge et l'Avoine et cause moins de tort au Froment.

Caractères extérieurs de la maladie. — L'*Ustilago Segetum* se développe dans le parenchyme des glumes, des balles, de l'axe des épillets et de leurs pédicelles. Dans la première période de son existence, il produit, au milieu des organes attaqués, une matière molle, blanchâtre, formée par le mycélium du Champignon, qui produit ses spores dans l'épaisseur des tissus. Ces spores (Voy. fig. 520, p. 305) constituent la poussière noirâtre que plus tard le vent dissipe, de façon à ne laisser des parties attaquées qu'une sorte de squelette noirci et méconnaissable.

On comprend que la présence de l'*Ustilago* entraîne toujours l'avortement plus ou moins complet des organes de la fleur, la stérilité des épillets et une altération notable de leur structure normale. Voici du reste comment il se comporte sur les différents végétaux qu'il attaque.

1° L'*Avoine* (1) est la Céréale qui paraît être le plus exposée à cette maladie. Il n'est pas rare, dans un champ de cette culture, de voir un nombre considérable de pieds attaqués et même des récoltes entières ne pouvoir payer les frais de culture, à raison de la petite quantité de pieds sains qui restent. Les tiges qui en sont attaquées sont plus grêles, l'épanouissement de la panicule est incomplet, sa base reste toujours enfermée dans la gaine, et, par suite, ces tiges sont moins hautes que celles qui sont saines; l'axe floral est aussi plus court, plus gros et plus irrégulier, ainsi que ses ramifications; chaque épillet a ses enveloppes désorganisées et plus ou moins complètement lobées, déchiquetées, surtout à la maturité du Champignon. Il y a aussi atrophie de tous les organes floraux et, par suite, du grain,

---

(1) Pour rédiger le chapitre relatif aux parasites des Céréales, nous avons puisé de nombreux renseignements dans l'excellent ouvrage de J. Loverdo : *Les maladies cryptogamiques des Céréales.*

(1) P. Mouillefert. *Les végétaux nuisibles à l'agriculture* (*Journ. d'agric. pratique*, 1873, t. I).

PRINCIPALES MALADIES CRYPTOGAMIQUES DES PLANTES

Plante hospitalière.	Parasite * (1).	Maladie.
Légumineuses fourragères. { Trèfle	*Erysiphe* Ch. (Ascomycètes)	Oïdium des Légumineuses.
Sainfoin	»	»
Luzerne	*Byssothecium circinans* Ch. (Ascomycètes)	Mort.
Graminées fourragères	*Puccinia graminis* Ch. (Urédinées)	Rouille.
Céréales. { Blé	*Ustilago* (plusieurs espèces) Ch. (Ustilaginées)	Charbon * (*morbus pestis*).
	Tilletia — Ch. —	Carie *..
Seigle	*Urocystis* — Ch. —	Charbon des tiges de Seigle.
Orge	*Puccinia* — Ch. (Urédinées)	Rouille *.
Avoine	*Erysiphe graminis* Ch. (Ascomycètes)	Meunier blanc.
	Ophiobolus graminis Ch. (Ascomycètes)	Maladie du pied de Blé.
	Claviceps purpurea Ch. —	Ergot *.
Maïs	*Helmintosporium turcicum*	Suie du Maïs.
Millet	*Pythium* Ch. (Oomycètes)	Mal-brun des plantules.
Sorgho	*Bacillus Sorghi* (Bactéries)	Maladie du Sorgho à sucre.
Riz	Inconnu	Brusone(brûlé)en Lombardie.
Légumineuses alimentaires. { Pois	*Uromyces* Ch. (Urédinées)	Uromyce du Pois.
Fèves	— —	— de la Fève.
Pomme de terre	*Phytophtora infestans* Ch. (Oomycètes)	Maladie de la Pomme de terre.
Crucifères	*Cystopus candidus* Ch. (Oomycètes)	Rouille blanche.
Chou {	*Plasmodiophora Brassicæ* Ch. (Oomycètes)	Hernie.
	Cystopus candidus Ch. (Oomycètes)	Meunier ou blanc.
Navet {	*Peronospora* Ch. (Oomycètes).	
Caméline		
Epinard	*Peronospore étalé* Ch. (Oomycètes).	
Ail	— de Schleiden Ch. (Oomycètes).	
Oignon	*Urocystis cepulæ* Ch. (Ustilaginées).	
Laitue	*Bremia* Ch. (Oomycètes)	{ Brémie de la Laitue ou Meunier.
Champignon de couche [*Agaricus* (*Psaliota*) *campestris*] {	*Mycogone rosea* Ch.	Môle * ou molle.
Betterave {	*Phyllosticta tabifica* Ch.	Pourriture du cœur.
	Cercospora beticola Ch.	Maladie des Betteraves.
Vigne {	*Erysiphe Tuckeri* Ch. (Ascomycètes)	Oïdium *.
	Peronospora viticola Ch. (Oomycètes)	Mildew * (Mildiou).
	Sphaceloma ampelinum Ch. (Ascomycètes)	{ Anthracnose *, charbon, rouille noire.
	Phoma viticola Ch. (Ascomycètes)	Black-rot *, pourriture noire.
	Coniothyrium diplodiella Ch. (Ascomycètes)	Rot blanc, Rot livide.
	Dematophora necatrix Ch. (Ascomycètes)	{ Pourridié, blanc des racines.
	Agaricus melleus Ch. (Basidiomycètes)	
	Leptoria ampelida Ch. (Ascomycètes)	Mélanose.
Cacao {	*Botryodiplodia* (?)	{ Mancha, maladie des écorces et des cabosses.
	Melanomma (?)	
	Macrophoma vestita.	»
Café {	*Hemileia vastatrix* Ch. (Urédinées)	{ Leaf blight (maladie des feuilles).
	Pellicularia Koleroga Ch. (Urédinées).	»
	Stilbum flavidum Ch. (Urédinées)	{ King coffee (maladie des fleurs et des fruits).
	Cephaleuros Coffeæ, Algue	Maladie des feuilles à Java
Arbres fruitiers et forestiers {	*Agaricus melleus* Ch. (Basidiomycètes) (fig. 612).	Pourridié, blanc des racines.
	Dematophora necatrix Ch. (Ascomycètes)	
Prunier {	*Puccinia prunorum* Ch. (Urédinées)	Maladie des feuilles.
	Polystigma rubrum Ch. (Ascomycètes)	Taches orangées sur les feuilles.
Pommier	*Polyporus hispidus* Ch. (Basidiomycètes).	
Poirier	*Sphærella sentina* Ch. (Ascomycètes)	{ Taches blanches sur les feuilles.
Pêcher	*Exoascus deformans* Ch. (Ascomycètes) (fig. 613).	Cloque.
Cerisier	*Polyporus fulvus* Ch. (Basidiomycètes).	
Rosier	*Erysiphe* Ch. (Ascomycètes)	Oïdium de la rose.
Orme {	*Septoria.*	
Peuplier		
Bouleau	*Polyporus candidus* Ch. (Basidiomycètes).	
Chêne	*Polyporus fomentarius* Ch. (Basidiomycètes)	{ Amadou.
Chêne pédonculé	*Polyporus igniarius* Ch. (Basidiomycètes)	
Pin	Bactérie. Algue	Tumeurs du Pin d'Alep.

(1) Le nom du parasite est accompagné des lettres Ch. quand ce parasite est un Champignon ; l'ordre est alors cité entre parenthèses.

* (Astérisques). Maladies étudiées dans les pages suivantes.

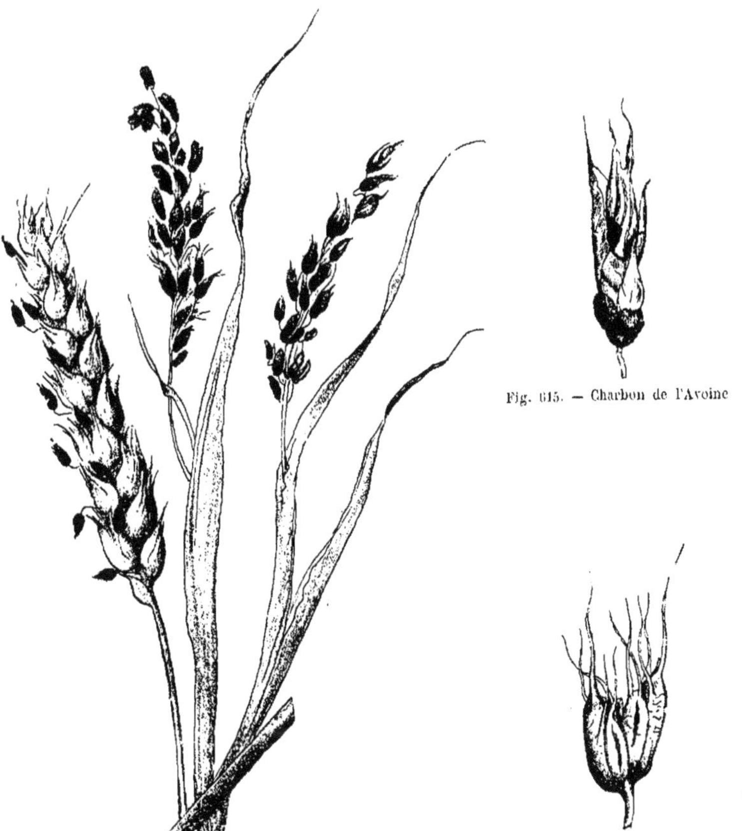

Fig. 614. — Charbon du Blé.

Fig. 615. — Charbon de l'Avoine

Fig. 616. — Charbon de l'Orge.

qui se trouve remplacé totalement par les spores noires du parasite. Très souvent, lors de la maturité de ce dernier, la désorganisation de la panicule est complète ; il ne reste plus que l'axe principal et les ramifications secondaires elles-mêmes quelquefois altérées.

La maladie s'aperçoit de très bonne heure sur cette Céréale (fig. 615). Lorsque la panicule commence à sortir du fourreau, elle est déjà profondément atteinte dans toutes ses parties. Peu de temps avant qu'elle ne commence à sortir de la gaine, on trouve encore l'altération tout aussi complète et aussi profonde ; seulement il n'y a

pas encore rupture des enveloppes ni sortie de poussière ; cela n'arrivera que peu de temps après l'épanouissement en dehors de la gaine des parties attaquées. La membrane de l'ovaire est alors de couleur plombée, très mince, et contient le mycélium du Champignon en état de filaments agglomérés d'une couleur moins brune.

Très souvent, et le plus souvent même, tout le pied est charbonné, toutes les panicules sont attaquées ; quelquefois cependant quelques-unes restent saines.

Toutes les variétés d'Avoine semblent y être également exposées.

2° L'*Orge*, comme l'Avoine, est aussi très exposée aux ravages de ce parasite, qui apparaît également de bonne heure sur cette Céréale (fig. 616). La présence du parasite, qui s'étend dans tous les tissus de l'hôte, rend leur constitution imparfaite et impuissante à s'organiser; les organes sexuels sont atrophiés, déformés ou annulés.

3° Le *Blé* est beaucoup moins exposé à être attaqué que les deux Céréales précédentes, bien que, dans certains cas, des champs entiers peuvent en être considérablement endommagés. Le Blé charbonné présente les mêmes caractères de désorganisation que les espèces ci-dessus, et l'on peut aussi suivre avec facilité les différentes phases du Champignon dévastateur depuis la naissance de l'épi jusqu'à son complet développement.

Sur les épis attaqués (fig. 614), les épillets sont presque toujours totalement désorganisés; il ne reste guère que quelques traces de glumes, qui tombent peu à peu jusqu'à la dénudation entière de l'axe, et encore très souvent le sommet de celui-ci est détruit.

Toutes les variétés de Blé sont atteintes par l'*Ustilago segetum*; les Blés de mars plus que les Blés d'hiver, les Blés sans barbe plus souvent que les Blés barbus. Les Monocoques, les Amidonniers, les Épeautres et les Blés de Pologne paraissent ne pas être aussi exposés aux ravages de ce parasite.

Conditions favorables au développement de la maladie. — Pour envahir ses victimes, le parasite doit au préalable faire germer ses spores, ce qui exige des conditions favorables d'humidité et de chaleur; par suite, les climats chauds et humides, les sols riches ou pauvres, mais humides et chauds, sont favorables à la propagation du Champignon, qui se trouve partout où on cultive des Céréales.

Effets de la maladie. — La poussière du charbon, qui se dissémine au moindre choc, qui se répand et se fixe facilement sur les corps voisins, pailles, balles, etc., est moins dangereuse que celle de la carie. Elle incommode beaucoup moins les batteurs en grange, et, mélangée aux aliments, elle ne paraît nuire ni à l'homme, ni aux animaux. Néanmoins, bien qu'elle ait peu d'influence sur la qualité du grain, elle pourrait noircir la farine si elle se trouvait en trop grande quantité mélangée avec cette substance et si l'on n'avait soin d'en priver le grain avant de le moudre.

CHARBON DU MILLET. — *USTILAGO PANICI MILIACEI*

Cette maladie a une grande importance dans les contrées où on cultive beaucoup le Millet, parce qu'elle l'attaque régulièrement, et y cause des ravages considérables.

Le Champignon qui provoque cette sorte de charbon tue les organes floraux des plantes

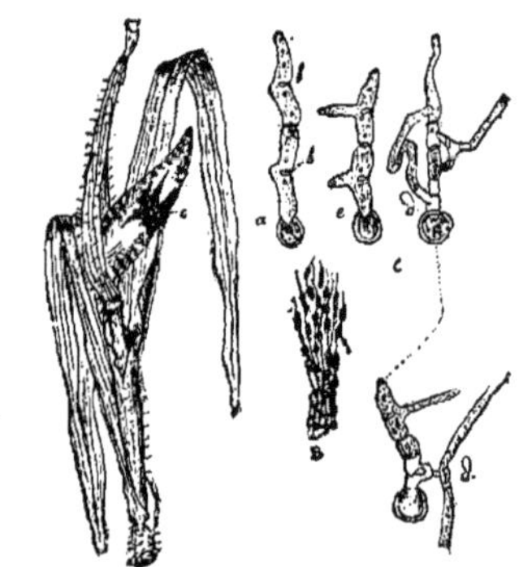

Fig. 617. — A, c, inflorescence du Millet envahie par l'*Ustilago panici miliacei*; B, le contenu du cône c (d'après Cavara); C, germination des spores du Champignon; a, promycélium stérile, dont les segments forment des *boucles*, b, b; e, d, promycéliums avancés en germination, dont les segments se développent en longs filaments; d, promycélium se développant devant les plis spéciaux, qui ont reçu le nom de *boucles* par M. Brefeld (d'après ce dernier).

attaquées, de façon qu'au moment de l'ouverture de l'inflorescence la dernière gaine foliaire laisse sortir, dans la plupart des cas, au lieu de la panicule, un corps particulier de forme conique, pointu, coloré en jaune grisâtre, portant des stries très fines et revêtu d'une mince membrane cellulosique (fig. 617, A, c). Ce corps, dans sa mince membrane, contient des reliquats de l'inflorescence, des fragments de rachis, des pédoncules plus ou moins rongés, des faisceaux fibro-vasculaires isolés, et une grande quantité de grumeaux noirâtres déformés et constitués de spores fortement agglutinées (fig. 617, B). Il est rare d'observer à l'extrémité de ces rameaux tortués et altérés des fleurs avortées.

Cet Ustilage se développe en été sur le Millet et sur le Panais pied de coq, en France, en Italie, en Allemagne, et dans les deux Amériques.

Fig. 618.

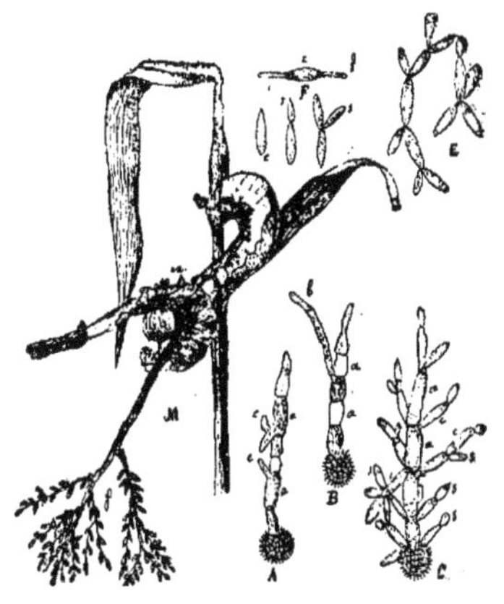

Fig. 619.

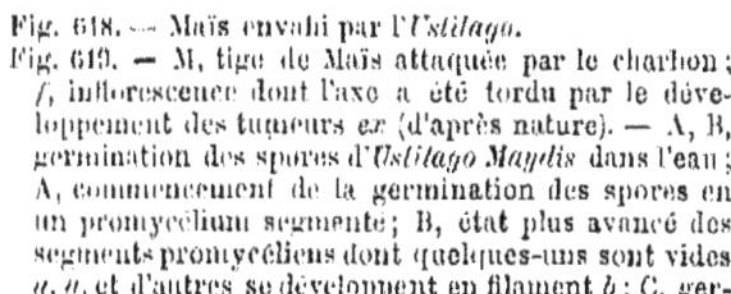

Fig. 618. — Maïs envahi par l'*Ustilago*.
Fig. 619. — M, tige de Maïs attaquée par le charbon ;
f, inflorescence dont l'axe a été tordu par le développement des tumeurs *ex* (d'après nature). — A, B,
germination des spores d'*Ustilago Maydis* dans l'eau ;
A, commencement de la germination des spores en
un promycélium segmenté ; B, état plus avancé des
segments promycéliens dont quelques-uns sont vides
a, a, et d'autres se développent en filament *b* ; C, ger-

mination des mêmes spores dans des liquides nourriciers ; riche développement du promycélium, *a, a,* en
sporidies, *c,c,* et en *sporidioles*, *s,s,s.* ou sporidies secondaires ; E, développement par bourgeonnement
des sporidies dans des solutions nutritives ; F, des
sporidies *c,c,* détachées de leurs supports, donnent
naissance, dans l'eau, à des sporidioles, *s,s,* ou à des
filaments *f* (d'après Brefeld).

CHARBON DU MAÏS. — *USTILAGO MAYDIS*

Le charbon du Maïs est très connu des cultivateurs par ses formes étranges (fig. 618) plutôt
que par ses dégâts. On n'a, en effet, à compter
sérieusement avec ces derniers que dans les
années humides et particulièrement pour les
cultures irriguées. Les atteintes du parasite
sont surtout faciles à observer dans les fleurs
femelles ; ces fleurs s'hypertrophient et deviennent méconnaissables : les unes demeurent
aplaties et s'élargissent ; les autres s'allongent
sous une forme étroite. L'ovaire prend part à
cette déformation et quelquefois dépasse le
volume d'une noix ; mais, habituellement, il
reste moindre dans ses dimensions que les
organes accessoires qui l'accompagnent, et fréquemment même il manque tout à fait. Les
feuilles florales ou grandes bractées qui accompagnent l'épi sont aussi atteintes et leur partie
inférieure devient monstrueuse. La tige elle-
même peut être atteinte et porter à sa périphérie des tumeurs plus ou moins volumi-

neuses et difformes ; si les excroissances se
développent au point d'insertion de l'axe de
l'inflorescence sur la tige, cet axe se tord et la
plante, ainsi tourmentée, prend un aspect des
plus singuliers (fig. 619).

Les dégâts que ce parasite peut causer sont
quelquefois très importants. M. Tulasne rapporte qu'en 1847 les plantations de Maïs de
la vallée du Rhône et du département de l'Ar-
dèche furent ruinées par cette sorte de charbon. En 1879, année exceptionnellement humide
pour l'Italie, une bonne partie de la récolte du
Maïs a été détruite aux environs d'Oristano
(Sardaigne) et dans quelques localités du
Milanais.

Ce Champignon a été trouvé en France, en
Italie, en Belgique, en Autriche, en Allemagne,
en Hongrie, en Angleterre, dans l'Amérique du
Nord et au Chili.

CARIE

Les caries sont dues à des parasites cryptogamiques du genre *Tilletia*, comprenant un

petit nombre d'espèces presque toutes spéciales aux Graminées. Ces maladies sont très redoutées des cultivateurs.

CARIE DU BLÉ. — *TILLETIA TRITICI*

Cette maladie atteint surtout les Blés cultivés, mais se rencontre aussi sur quelques Graminées sauvages ; on l'observe sur le Millet et les Brômes.

La carie se développe dans l'intérieur de la plante et elle est bien visible quand elle arrive à l'ovaire de la semence, qu'elle désorganise complètement. La partie farineuse et blanche de cette dernière se trouve remplacée par une matière fongine grise et compacte. Plus tard, à mesure que la semence grossit, cette substance perd de sa compacité et, quand le Cryptogame est complètement développé, le grain du Blé se trouve rempli d'une poussière brune, constituée par les spores (Voy. fig. 519, p. 305), qui, à l'œil nu, rappelle la poussière produite par la Vesse-de-loup ou *Lycoperdon*.

Les grains cariés, arrivés à leur complet développement, sont plus courts, plus ronds, plus minces et plus obtus ; ils ont une couleur plus terne et la saillie longitudinale moins marquée. Ils s'écrasent facilement sous les doigts et alors ils exhalent une odeur d'autant plus mauvaise que la carie est plus avancée dans son organisation ; cette odeur rappelle exactement celle de *Chenopodium vulvaria* ou de poisson pourri.

Quant aux chaumes cariés, ils sont difficiles à reconnaître pour qui n'est pas exercé, avant le développement de l'épi ; en ce moment, cependant, la distinction est facile : la tige et les feuilles sont plus minces et ont une couleur verte intense ; toute la plante semble végéter plus vigoureusement, elle est plus érigée, grâce à sa légèreté, et elle se dessèche plus vite que les autres ; les épis prennent une teinte plus foncée et plus terne, pâle ou légèrement rouge, d'un vert-azur et plus gris au moment du desséchement, qui est toujours hâtif. Pendant son premier développement, l'épi a toutes ses parties plus serrées ; mais plus tard, au moment de la récolte, les épillets sont plus détachés, plus palmés, et ils ont les glumes et les glumelles plus ouvertes ; les barbes, si le Blé est barbu, sont aussi plus divergentes.

La carie qui attaque le Blé cultivé dans les plaines de l'Emilie et de Foggia est due principalement au parasite nommé *Tilletia lævis*, qui présente les mêmes caractères extérieurs, la même odeur fétide que l'espèce précédente.

Traitement du charbon et de la carie. — Les pratiques culturales, qui consistent à éviter ces maladies, constituent un moyen efficace, surtout contre le charbon. Ainsi, sachant que l'humidité favorise la germination des Ustilages, on emploiera des semences précoces en automne, on assainira les champs au moyen de drainages opportuns ; de plus, on aura soin de ne jamais apporter de fumier frais sur les champs destinés à l'ensemencement des Céréales ; le fumier frais est, en effet, déjà infecté par l'emploi des chaumes charbonneux comme litière ou comme nourriture des animaux, et il favorise d'une façon extraordinaire, une fois dans le champ, le développement des spores déjà existantes.

Les traitements proprement dits produisent de très bons effets contre la carie, le charbon du Maïs et du Sorgho, et sont aussi d'excellents palliatifs pour le charbon des Céréales et du Millet. Le sulfate de cuivre, le sulfate de soude et l'eau chaude sont les meilleurs traitements pour les semences.

ROUILLES

Historique. — La maladie singulière de la rouille est connue depuis la plus haute antiquité.

Les Romains, parmi plusieurs divinités champêtres, en reconnaissaient une sous le nom de *Robigo* ou *Robigus*. Ils célébraient en son honneur des fêtes appelées *Robigalia* et lui offraient des sacrifices le 7° devant les calendes de mai, dans l'idée qu'elle avait le pouvoir de préserver leurs Blés de la rouille.

On a longtemps confondu la rouille avec les autres accidents auxquels les Céréales sont sujettes. J. Bauhin et Longius emploient indifféremment : *Ustilago, Uredo, Urigo*, qui signifient proprement *brûlure* et tiennent souvent la place des termes *ærugo, rubigo, robigo*, qui signifient proprement rouille.

Des auteurs plus modernes distinguent la rouille des autres maladies du Blé, sans en connaître la cause. Tillet accuse les accidents météorologiques ; Duhamel, dans ses *Éléments d'agriculture*, écrivait avoir remarqué plusieurs fois que, quand le soleil assez chaud succédait à des brouillards, il arrivait quelques jours après que les Froments étaient rouillés.

Ne pouvant pas soupçonner la cause du mal, ces auteurs la confondaient avec les conditions qui favorisent son développement. Aujourd'hui, après les beaux travaux de Tulasne, de De Bary, nous savons que les rouilles sont dues à des Urédinées qui se propagent non seulement sur les Céréales, mais sur plusieurs autres végétaux.

Les rouilles, en effet, sont très fréquentes sur presque toutes nos plantes cultivées : les Légu-

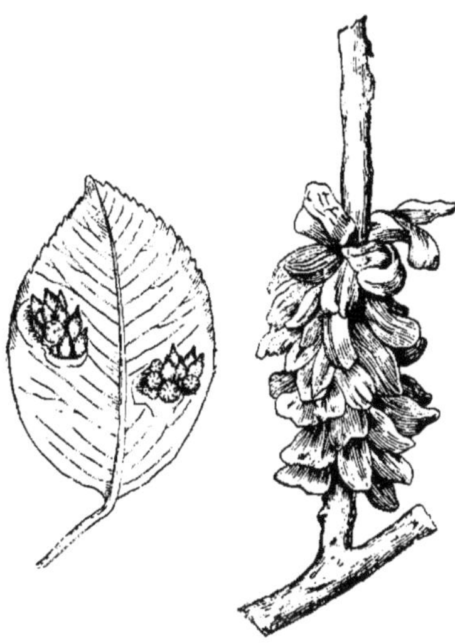

Fig. 620. — Rouille du Poirier : feuille de Poirier montrant deux amas de cornets, d'après Nijpels.

Fig. 621. — Rameau de Genévrier, montrant les masses gélatineuses formées par le Champignon (d'après Nijpels).

mineuses (différents *Uromyces*), ainsi que d'autres plantes fourragères : la Betterave, par exemple (*Uromyces Betæ* Tul.), pas moins que nos différents arbres : le Poirier (fig. 620 et 621) (*Posidoma Juniperi Sabinæ* Fries), le Pommier, le Néflier (*Posidoma clavariaforme* Duby.), le Pin (*Æcidium pini* Pers.), le Sapin (*Æcidium elatinum* Act. S. com. : Chaudron et Balai de sorcière), l'Épicéa (*Chrysomyxa Abietis* Ung.), le Saule (*Melampsora salicina* Lev., etc.), et encore la Vigne, le Lin (*Melampsora lini* Desm.) et le Café lui-même (*Hemileia vastatrix*), pour ne dire que les principales, souffrent souvent de ces minimes mais désastreux ravageurs.

La rouille qui décime nos Céréales est presque entièrement causée par quelques espèces du vaste genre des Puccinies.

ROUILLE DES GRAMINÉES. — *PUCCINIA GRAMINIS*

Caractères extérieurs de la maladie. — Cette espèce, ainsi que toutes celles qui sont la cause de la rouille de nos Céréales, fait ordinairement son apparition au printemps, vers la fin du mois de mars, sur les feuilles, les gaines, les chaumes, les épis et les épillets de nos différentes Céréales, telles que le Blé, l'Avoine, le Seigle et l'Orge. Elle se manifeste d'abord sur les feuilles, puis sur la tige sous la forme de petites taches éparses d'un blanc sale; ces taches s'étendent de plus en plus, en même temps que leur teinte passe au jaune et finit par devenir rougeâtre. Bientôt, aux endroits où ces taches paraissent, des pustules linéaires ou ovales, allongées et peu proéminentes, se forment. La membrane cuticulaire qui sert d'enveloppe à ces pustules ne tarde pas à se rompre et à laisser échapper leur contenu formé d'une poussière jaune rougeâtre, qui se répand sur les plantes voisines, et qui est formée par les corps reproducteurs du parasite (Voy. fig. 522, p. 305).

C'est cette phase de la vie du Champignon que les agriculteurs désignent sous le nom de la *rouille orangée*.

Plus avant en été ou au commencement d'automne, la formation de ces pustules à contenu rougeâtre semble sensiblement diminuée, tandis qu'au contraire sur les plantes malades apparaissent de petits points proéminents, qui prennent l'aspect de petits coussinets bruns ou noirs et se limitent par des particelles épidermiques de la plante. Ces pustules, relativement assez grandes, laissent échapper, après rupture de leur membrane, une poussière noirâtre. Ces taches sont connues par les cultivateurs sous le nom de la *rouille noire*.

Évolution du parasite. — Pour parcourir toutes les phases de son développement, la Puccinie exige deux plantes hospitalières : le Blé et la Berbéride ou Épine-vinette; de sorte qu'il suffit de proscrire la Berbéride du voisinage des cultures du Blé pour enrayer la marche de la maladie. Suivons le parasite dans ses transformations évolutives :

1° LA PUCCINIE SUR LE BLÉ. — Une spore

venue de l'Épine-vinette germe sur une feuille de Blé, elle émet un tube mycélien qui pénètre dans les tissus de l'hôte par l'ouverture d'un stomate. Le mycèle qui en résulte envahit la feuille entière. A ce moment, au commencement de l'été, les rameaux périphériques du thalle viennent former sous l'épiderme des plages allongées suivant les nervures ; là se forment des spores (urédospores), qui soulèvent l'épiderme, le déchirent et apparaissent en formant des traînées rouges pulvérulentes ; c'est la *rouille orange*.

Les urédospores sont des spores de propagation sur le Blé ; elles sont disséminées par le vent, elles s'arrêtent sur les feuilles d'un nouvel hôte et, profitant de l'ouverture d'un sto-

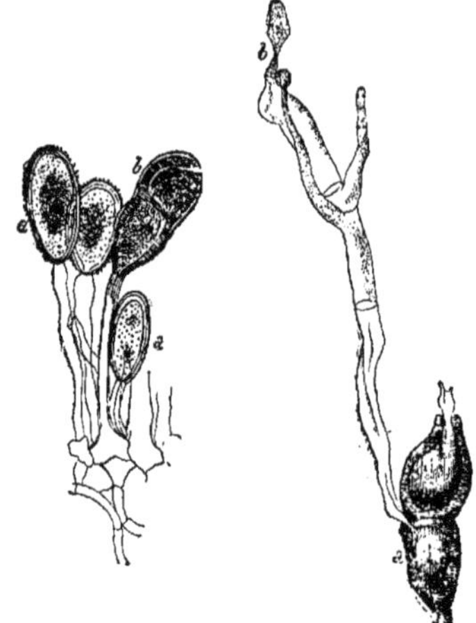

Fig. 622. — Fragment d'une pustule de la rouille, portant en *a* des *urédospores* et en *b* une *téleutospore* (d'après de Bary).

Fig. 623. — Téleutospore germant : *a*, *téleutospore* ; *b*, *stérigmate* portant une *sporidie* (d'après de Bary).

mate, envahissent les tissus sains. Si les urédospores tombent sur le sol, elles germent, puis meurent. Le champ de Blé ainsi chargé de rouille orange se couvre à la fin de l'été de rouille noire. Les taches noires sont dues à la formation de nouvelles spores, les téleutospores ou spores automnales (fig. 622) qui ont pour but d'assurer la conservation du parasite pendant l'hiver. Ces spores sont protégées par une membrane épaisse et cutinisée : elles se détachent des feuilles de Blé et tombent sur le sol.

2° La Puccinie sur l'Épine-vinette. — Au printemps, les téleutospores germent (fig. 623) et donnent chacune quatre spores nouvelles ou sporidies, très petites, que le vent transporte sur l'Épine-vinette. Sur ce deuxième hôte, les sporidies fournissent un nouveau parasite qui envahit toute la feuille de l'hôte. Sur les deux faces des feuilles atteintes, on voit apparaître

Fig. 624. — Deux feuilles de la *Buglosse officinale* montrant les æcidiums *a, b, b*, du *Puccinia Rubigo vera* en différents états de développement (d'après nature).

des taches : les unes, celles de la face supérieure, donnent des spores de propagation sur l'Épine-vinette (écidiolispores) ; les autres, celles de la face inférieure, donnent des grosses spores rouges (écidiospores) qui ne peuvent germer que sur le Blé, où elles déterminent les accidents déjà relatés. Le cycle évolutif de la *Puccinia graminis* exige, comme on le voit, la présence de deux hôtes ; il nous est un très bel exemple de parasite à migrations.

Il est important de noter que les urédospores et téleutospores de cette espèce attaquent, outre les variétés cultivées du Blé, de l'Orge, du Seigle et de l'Avoine, d'autres Graminées, telles que le Chiendent (*Triticum repens*), la Flouve (*Anthoxanthum*), et différentes autres espèces des genres *Agrostis, Aira, Alopecurus, Briza, Poa, Dactylis, Phleum, Agropyrum, Festuca, Lolium*, etc., et que les æcidiums ne se développent pas seulement sur l'Épine-vinette, mais aussi sur d'autres Berbéridées, telles que la *Berberis aristata*, espèce européenne, la Mahonie à feuilles de Houx (*Mahon. aquifolium*), plante exotique cultivée dans les jardins, le *Berberis canadensis, altaicae, Neubertii, carolinae*, etc.

ROUILLE LINÉAIRE. — *PUCCINIA RUBIGO VERA*

Ce parasite présente les mêmes phases de développement que le précédent; comme lui, il donne des taches orangées et des taches noires. Mais, pour achever le cycle de son évolution, ce parasite choisit une plante borraginée dont il colore les feuilles en jaune ou en rouge (fig. 624). (Voy. fig. 522, p. 305.)

ROUILLE COURONNÉE. — *PUCCINIA CORONATA*

Cette espèce est moins fréquente que les précédentes; elle attaque l'Avoine, l'Orge, et fut observée dans presque toute l'Europe, l'Amérique et l'Afrique septentrionales.

ROUILLE DU MAÏS. — *PUCCINIA SORGHI*

Ce parasite présente une évolution plus simple que celle des Puccinies précédentes; il est assez fréquent dans les champs de Maïs, mais il cause des dégâts peu importants.

Effets de la rouille. — La localité ainsi que les méthodes de culture contribuent beaucoup à rendre cette maladie plus ou moins fréquente et dangereuse. Tessier (1) rapporte, dans son livre, qu'on a vu la rouille en certaines années et certains cantons produire la perte presque totale des grains; d'autres fois on a estimé le dommage qu'elle a causé à la moitié, au tiers ou au quart de la récolte.

Aujourd'hui, dans les localités surtout où on s'est mis sérieusement à lutter contre le mal, il est rare de constater des dommages pareils. Parmi les désastres de ces derniers temps, il convient cependant de signaler : celui de l'année 1879 en Italie, où la presque totalité des récoltes fut détruite par la rouille dans le Milanais, l'Émilie, les Romagnes, le Bénévent, etc.; celui de Sicile en 1881, où il paraît que les dégâts les plus graves étaient causés par la rouille linéaire (*Puc. Rubigo vera*); enfin, en 1887, celui des Blés de Milly et Arpajon (Seine-et-Oise), où la récolte a été à peu près perdue, et qui a donné lieu à une discussion animée au sein de la Société nationale d'agriculture de France.

Mais ces effets fâcheux ne se limitent pas aux grains; la paille ressent aussi directement l'attaque. Les pailles rouillées, en effet, sont

(1) Tessier, *Traité des maladies des grains*. Paris, 1783.

sujettes à être triturées par le battage ; elles constituent une litière peu abondante et de qualité inférieure : elles nuisent aux animaux, surtout aux chevaux, qui les mangent, et provoquent des indigestions, des irritations du bas-ventre et de l'intestin, des coliques, des diarrhées, des contractions spasmodiques, etc.

Les agriculteurs se préservent des Puccinies en arrachant impitoyablement, soit l'Épinevinette, soit les Borraginées, soit la Bourdaine, dont la présence est nécessaire à l'évolution des rouilles.

ERGOT

ERGOT DU SEIGLE. — *CLAVICEPS PURPUREA*

Caractères extérieurs de la maladie. — Sous le nom d'*Ergot*, l'agriculteur pratique désigne une altération spéciale des Graminées et particulièrement du Seigle, caractérisée par la présence d'un corps allongé, un peu courbé, anguleux, sillonné, d'un gris violacé qui rappelle

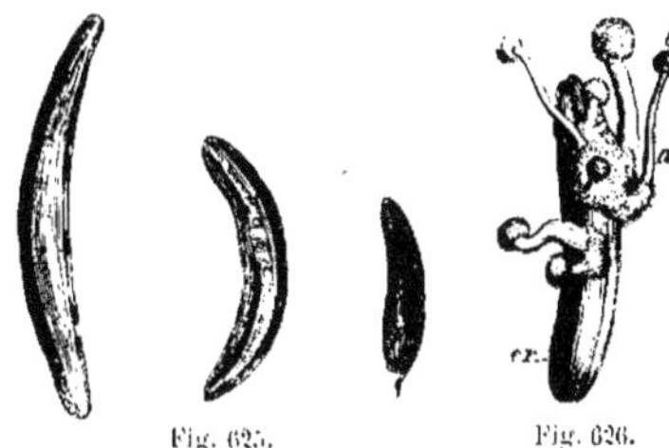

Fig. 625.   Fig. 626.

Fig. 625. — Ergot de Seigle sans épi.
Fig. 626. — *Claviceps purpurea.* — *er.* Ergot de Seigle : *a.* pied; *b.* chapeau.

l'ergot d'un coq et qui remplace le grain dans l'épi (fig. 625, 626 et 627).

Ce corps qui, en botanique, porte le nom de *sclérote*, est formé, comme on peut s'en rendre compte par une section transversale, d'une écorce brune et d'un contenu blanchâtre ; il est mou avant sa maturité, et cède comme de la cire à la pression des doigts ; en outre, il porte à son sommet une petite coiffe (fig. 628 et 629) qui renferme quelquefois les étamines et les stigmates desséchés de la fleur du Seigle, qui se détache et tombe à son complet développement.

C'est bien là ce que le public appelle *Ergot*, mais cela ne constitue pas tous les caractères extérieurs de la maladie provoquée par le *Claviceps purpurea*. Les premiers états de ce Champignon, qui doit former plus tard l'Ergot que nous venons de voir, échappent, en effet, à l'œil non exercé. Extérieurement, l'ovaire malade, qui est la seule partie de la plante dans laquelle le Champignon fructifie, ne diffère en rien de l'ovaire sain, alors que tout

Fig. 627. Fig. 628. Fig. 629.

Fig. 627. — Épi de Seigle atteint par le *Claviceps purpurea*; chaque ergot est surmonté d'une coiffe (d'après nature).

Fig. 628. — Ergot de Seigle et sa sphacélie.
Fig. 629. — Ergot entouré des pièces florales.

est détruit dans l'intérieur et remplacé par le tissu blanc jaunâtre du parasite.

Plus tard se montre à la base de la fleur un liquide filant d'un goût fade, douceâtre, et que l'on croirait un produit de la décomposition des filaments du Champignon. Il imbibe les glumes et finit par filtrer au dehors : c'est un *miellat*. Les praticiens disaient, il y a long-temps, que plus le miellat est abondant et plus il y a d'ergots.

Six à quinze jours après, suivant la plus ou moins grande humidité de l'atmosphère, un corps d'une consistance uniforme, solide, dense, et à travers la surface duquel le contenu apparaît teint en rouge violet, apparaît à la même place où le miellat avait pris naissance. Ce corps, en mûrissant, constitue l'*Ergot*, tel que nous l'avons vu en commençant.

Effets de la maladie. Ergotisme. — Elle localise presque son effet sur les grains attaqués, de sorte qu'on trouve le reste de l'épi régulièrement conformé et parfaitement sain.

Dans les cas les plus graves et les plus rares, c'est à peine si le cinquième ou le sixième de la récolte se trouve compromis ; ordinairement un sclérote d'Ergot correspond à plusieurs centaines de bonnes semences ; mais, par contre, l'Ergot est extrêmement vénéneux pour l'homme et les animaux. Mêlé avec la farine du pain, il agit fortement sur l'organisme humain jusqu'à menacer la santé et même l'existence.

Le Dr Roulin a vu, à la Nouvelle-Grenade, les mules, les cerfs, les perroquets éprouver des accidents graves et même mourir après avoir mangé du Seigle ergoté, dont la saveur propre était cachée par celle de la sphacélie qui est légèrement sucrée. Cet Ergot est nommé dans le pays *peladero*, à cause de la chute des poils, des ongles, des griffes et du bec qu'il occasionne chez ces animaux.

Parmi les affections que la médecine ancienne et médiévale désignait sous les noms de *feu sacré, feu de Saint-Antoine*, il faut probablement ranger l'*ergotisme*. Diverses épidémies observées au moyen âge semblent pouvoir être attribuées à l'Ergot de Seigle ; mais rien n'est certain, car dans les temps éprouvés toutes les maladies pestilentielles et infectieuses ont le champ libre. Ce ne fut qu'à la fin du xvie siècle (1580, 1587, 1592) qu'éclata une épidémie qu'on peut qualifier sûrement d'ergotisme. Le Blé fut alors incriminé. En 1630, Thuillier père observa les gangrènes dues au Seigle ergoté (peste de Sologne) : il administra ce grain à des animaux qui moururent de la même maladie. En 1673, Dodart, envoyé par l'Académie, décrivit la maladie : celle-ci se manifestait par de l'engourdissement, des douleurs et de l'œdème des membres inférieurs ; puis, après des frissons, les membres attaqués se gangrenaient et tombaient d'eux-mêmes ; les extrémités, les doigts, les mains, les pieds, le nez, des membres entiers subissaient l'amputation spontanée. Les grains de Seigle ergoté (Ergot en Sologne, Blé cornu en Gâtinais) furent analysés et reconnus la cause du mal.

Au xviiie siècle, il y eut diverses épidémies en Europe : celle des cantons de Lucerne, Berne, Zurich en 1716, celle de Sologne en 1710. Voici la description des quatre périodes de la maladie, telle qu'elle résulte des observations de Duhamel et Boucher (épidémie du Dauphiné) : un malaise général, une prostration entrecoupée de rêves terrifiants, une agitation continuelle, des douleurs vagues, des mouvements involontaires, des spasmes, des crampes marquent le début du mal, la première période. Puis l'engourdissement avec des douleurs poignantes dans les membres qui, plus tard, seront frappés de gangrène, annoncent la deuxième période. En même temps apparaissent des signes généraux : anorexie, surélévation et affaiblissement du pouls, frissons. La troisième période est caractérisée par l'aggravation de la douleur, une sensation de froid glacial, une rougeur érysipélateuse, puis la lividité du membre atteint, dont la peau se ride et s'atrophie. Enfin, à la quatrième période, le membre gangrené devient insensible, noir, dur, comme desséché au feu ; un sillon d'élimination se creuse et le membre se détache sans hémorragie. Quand la guérison doit avoir lieu, des fourmillements apparaissent dans le membre engourdi qui, peu à peu, récupère sa vitalité.

Plusieurs épidémies d'ergotisme furent observées au xixe siècle. Actuellement, ce sont la Russie et l'Espagne qui sont le plus éprouvées ; l'ergotisme disparaît de l'Occident où la culture se perfectionne et où la manutention des grains est mieux conduite.

Pour que l'Ergot produise les effets décrits, il faut qu'il soit mêlé à la farine dans les proportions de 3 à 5 p. 100 ; la farine présente alors un aspect bleuâtre assez suspect. Administré sous de petites quantités, l'Ergot peut, dans certains cas, constituer pour l'homme un médicament précieux ; cependant, son usage dans la médecine moderne est restreint.

Moyens de défense. — Contre le développement de l'Ergot, il n'y a aucun moyen direct de défense ; les moyens indirects consistent dans l'enlèvement, avant leur floraison, des Graminées sauvages qui avoisinent le champ contaminé, puis dans l'enfouissement à la charrue des sclérotes tombés des épis pendant la moisson. Quant aux ergots qui restent attachés entre les glumes, ils seront éliminés.

MALADIE DE LA POMME DE TERRE

PHYTOPHTORA INFESTANS

En 1845, la culture de la Pomme de terre (1) s'étendait sur de vastes espaces dans toute l'Europe ; elle entrait pour une part importante dans l'alimentation des populations de l'Allemagne, de la Belgique, de la Hollande, de la Grande-Bretagne, et particulièrement de l'Irlande.

Vers le mois d'août, la nouvelle se répandit qu'une maladie grave attaquait les plantations ; des taches brunes apparaissaient sur les feuilles, sur les tiges qui ne tardaient pas à dépérir. Les tubercules déjà formés étaient également atteints ; la maladie apparut d'abord dans les provinces rhénanes, en Belgique, en Hollande, dans le nord de la France, aux environs de Paris, prenant rapidement les proportions d'un désastre.

Les pouvoirs publics s'émurent. Le ministre de l'agriculture, M. Cunin-Gridaine, convoque d'urgence la Société nationale, et lui demande son avis ; on rédige une instruction pour indiquer comment on peut conserver ce qui reste indemne de la récolte, c'est-à-dire les trois quarts dans certains points privilégiés, la moitié, le tiers seulement dans d'autres.

On montrait, dans cette instruction, qu'il ne fallait pas s'abandonner ; que les Pommes de terre médiocrement atteintes pouvaient encore fournir un aliment quand on prenait soin de séparer les parties décomposées ; qu'en outre, la fécule ne disparaissait qu'assez lentement et que le traitement des tubercules dans les féculeries restait possible.

Les pertes furent cependant considérables, les souffrances aiguës, car à cette époque notre réseau de chemins de fer n'était pas terminé, et dès lors il devenait difficile, parfois impossible, de faire arriver les aliments à des prix abordables, et, dans les localités où la Pomme de terre formait un appoint considérable au Froment, la perte de la récolte réduisit considérablement l'approvisionnement d'hiver.

Si vives qu'aient été les souffrances sur le continent, elles n'approchèrent pas de la misère qui fondit sur l'Irlande.

La population y était, à cette époque, d'une densité extrême et, pour se nourrir, avait eu recours à la plante qui fournit à l'hectare la

(1) P.-P. Dehérain, *Les plantes de grande culture*, 1898 p. 109.

plus grande somme de matières alimentaires, à la Pomme de terre ; or, la maladie, qui déjà, en 1845, avait sévi dans l'île, s'y développa avec une terrible intensité vers 1846, et emporta les trois quarts de la récolte.

La seconde ressource alimentaire des pauvres cultivateurs, l'Avoine, manqua également (1). « A cette terrible nouvelle, tout le monde prévit ce qui allait arriver. Le gouvernement anglais, épouvanté, prit les mesures les plus actives pour faire venir des vivres de tous côtés. Bien qu'il dût se préoccuper en même temps de l'Angleterre, où la disette s'annonçait aussi, mais dans de moindres proportions, il fit des efforts inouïs pour donner un supplément extraordinaire de travail au peuple irlandais ; il prit à sa solde 500 000 ouvriers, organisa pour les occuper des ateliers nationaux, et dépensa en secours de tout genre 10 millions sterling ou 250 millions de francs.

« Bien différents de leurs pères qui auraient vu d'un œil sec ces souffrances, les propriétaires firent à leur tour, pour venir au secours de leurs tenanciers, tous les sacrifices possibles ; au besoin, la loi les y forçait ; la taxe des pauvres monta dans une proportion énorme.

« Rien ne fut payé en 1847, ni la rente, ni l'impôt, ni l'intérêt de la dette hypothécaire.

« Ces générosités tardives ne suffirent pas pour arrêter le fléau : la famine fut universelle et dura plusieurs années.

« Quand le dénombrement décennal de la population fut fait en 1851, au lieu de donner comme toujours un excédent notable, il révéla un déficit effrayant : un million d'habitants sur huit ! le huitième de la population était mort de misère et de faim.

« Cette épouvantable calamité a fait ce que n'avaient pu faire des siècles de misère et d'oppression : elle a vaincu l'Irlande. Le peuple irlandais, en voyant son principal aliment lui échapper, a commencé à comprendre qu'il n'y avait plus assez de place pour lui sur le sol de la patrie. Lui, qui avait jusqu'alors obstinément résisté à toute pensée d'émigration, comme à une désertion devant l'ennemi, s'est pris tout à coup de la passion opposée : un courant, ou, pour mieux dire, un torrent d'émigration s'est déclaré.

« Il a fallu remonter jusqu'aux traditions

(1) Nous citons textuellement la belle page que Léonce de Lavergne a écrite dans son ouvrage l'*Économie rurale de l'Angleterre*. Paris, Guillaumin, 1854.

LA VIE DES PLANTES.

bibliques pour trouver un nom à donner à cette fuite populaire, qui n'a d'analogie que dans la grande migration des Israélites. On l'appelle l'*Exode*, comme au temps de Moïse. »

L'Irlande n'a plus aujourd'hui que 4 700 000 habitants.

La maladie de la Pomme de terre sévit encore partout chaque année, mais avec des intensités variables ; les pertes, considérables dans les années humides, sont moindres ou nulles dans les années sèches ; elles disparaissent, car aujourd'hui nous connaissons la nature du mal et nous savons le combattre victorieusement.

Les travaux de Sperchneider et de De Bary ont démontré que la maladie est due à l'invasion des

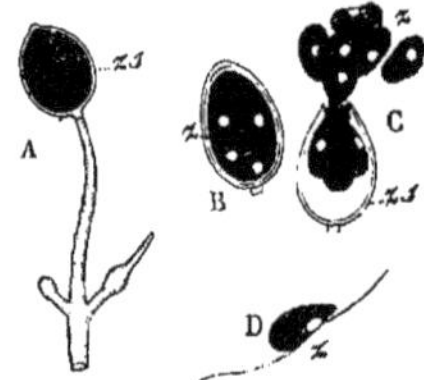

Fig. 630. — *Phytophtora infestans*. — A, extrémité fertile d'un filament portant un gros zoosporange *zs*, qui va se détacher (200/1) ; B, zoosporange qui s'est isolé et dont le contenu se divise ; *z*, zoospore qu'il renferme ; C, zoosporange *zs* se vidant de ses zoospores *z* ; D, zoospore adulte *z* (500/1 pour B, C, D ; d'après de Bary).

tiges et des tubercules par une variété de *Peronospora*, le *Phytophtora infestans* (fig. 630). Ce Champignon parasite émet, à certaines époques, des spores infiniment petites qui flottent dans l'air et sont entraînées par le vent ; si elles tombent sur un milieu suffisamment humide, elles y vivent et pendant une courte partie de leur existence sont mobiles. Elles portent des cils vibratiles qui leur permettent de se déplacer dans les liquides ; bientôt le zoospore se fixe, perd ses cils et commence à émettre un filament germinatif qui se développe et forme une plante complète. Le mycélium se propage entre les cellules du végétal envahi, les sépare, les dissout ; ses ramifications se propagent de toutes parts, aussi bien dans la tige que dans le tubercule ; quelques rameaux de ce mycélium des feuilles s'échappent au travers des stomates, fructifient et émetten des spores qui vont au loin propager la maladie.

Traitement de la maladie. — « De longues

I. — 45

années (1) se sont écoulées entre la découverte du *Phytophtora infestans* et celle du mode de traitement qu'il convient d'appliquer pour se mettre à l'abri de ses ravages ; et, chose singulière, ce sont des études sur la Vigne qui ont conduit à découvrir le remède à appliquer aux Pommes de terre. » Vers 1881, le Mildew, dû au *Peronospora viticola*, faisait son apparition en Algérie, puis en France ; ce nouveau parasite une fois connu, on remarqua qu'il appartient au même groupe de Champignons que le parasite de la Pomme de terre, ce qui eut pour conséquence l'application à ce dernier du traitement employé pour le premier. Une circonstance heureuse mit sur la voie où l'on rencontra une méthode de traitement.

Il est d'usage depuis longtemps, dans certaines parties du Médoc, d'asperger les Vignes qui bordent les chemins avec du lait de chaux auquel on ajoute un sel de cuivre. Cette opération a pour but d'empêcher les enfants et les maraudeurs de cueillir les raisins mûrs qui sont le plus à leur portée, ils craignent de manger des grappes qui ont été éclaboussées par la mixture cuivrique.

Quand le Mildew se développa dans le Médoc, on remarqua, non sans étonnement, que les bordures des pièces couvertes des taches de chaux et d'oxyde de cuivre étaient moins fortement atteintes par la maladie que le milieu qui n'avait pas subi le même traitement. Ces observations, dues à M. Jouet, ancien élève de Grignon et de l'Institut agronomique, conduisirent M. Millardet, professeur à la Faculté de Bordeaux, à la préparation du mélange de chaux et de sulfate de cuivre connu sous le nom de *bouillie bordelaise*.

Les études poursuivies depuis ces premières recherches ont conduit à l'emploi de bouillies parfaitement efficaces qui mettent désormais la Pomme de terre à l'abri des ravages de la maladie.

MALADIES DE LA VIGNE

OÏDIUM. — *ERYSIPHE TUCKERI*

Historique. — L'Oïdium (2), qui a si vivement préoccupé les viticulteurs, a été signalé pour la première fois, en Europe, en 1845. Il fit son apparition en Angleterre, à Margate, près de l'embouchure de la Tamise, dans les serres à

Vignes de M. Tucker. On croit qu'il a été rapporté d'Amérique.

Peu de temps après, il apparut dans les serres de M. de Rothschild, à Suresnes ; et dès l'année 1848, on constatait sa présence dans tous les environs de Paris, principalement à Versailles.

En 1852, il avait envahi tout le vignoble français ; mais dans le Bordelais, le Languedoc et la vallée du Rhône, les désastres furent beaucoup plus considérables. Cette même année, il pénétrait en Autriche, en Italie, en Algérie ; puis en Suisse, en Grèce, et en 1854 il avait envahi l'Europe entière.

En présence de ce fléau, une panique s'empara des viticulteurs ; de riches propriétaires arrachèrent leurs Vignes pour semer en place des Céréales et autres plantes appropriées à la nature des terrains. En 1850, M. Duchartre, professeur à l'Institut agronomique de Versailles, démontra par des expériences convaincantes l'efficacité de la fleur de soufre pour combattre l'Oïdium. Ce savant professeur, dans un rapport qu'il fit au ministre de l'agriculture, fit connaître les résultats de sa découverte.

Le soufrage devint général ; la culture de la Vigne fut reprise avec entrain, et aujourd'hui ce fléau n'est plus à craindre.

Symptômes. — L'Oïdium se manifeste par une efflorescence blanchâtre ou grisâtre. Ordinairement, cette Cryptogame commence à se développer sur les jeunes feuilles et sur les jeunes tiges. Elle apparaît d'abord sous forme de petites taches blanches qui ne tardent pas à former des plaques qui prennent des teintes grisâtres, violacées ou bleuâtres en vieillissant.

Quand la maladie est intense, les jeunes rameaux noircissent et sèchent ; mais c'est surtout sur les grains que sa présence est dangereuse. La peau ne tarde pas à durcir et prend une teinte livide ; les grains se crevassent et se fendent ; les pépins sont souvent mis à nu et la maturité s'accomplit mal.

Lorsque la Vigne est attaquée par l'Oïdium, la récolte est fortement compromise ; on n'obtient qu'un vin bien médiocre et de mauvais goût, et, si l'on n'y remédie au plus tôt, la maladie empêche l'aoûtement des sarments, et finalement la plante périt.

C'est dans les cellules épidermiques des parties herbacées que l'Oïdium puise sa nourriture (fig. 631), et c'est surtout après la floraison que la Vigne court les plus grands dangers,

<hr>

(1) P.-P. Dehérain, *loc. cit.*, p. 115.
(2) Voy. l'excellent ouvrage : *Les maladies de la Vigne*, de Jules Bel.

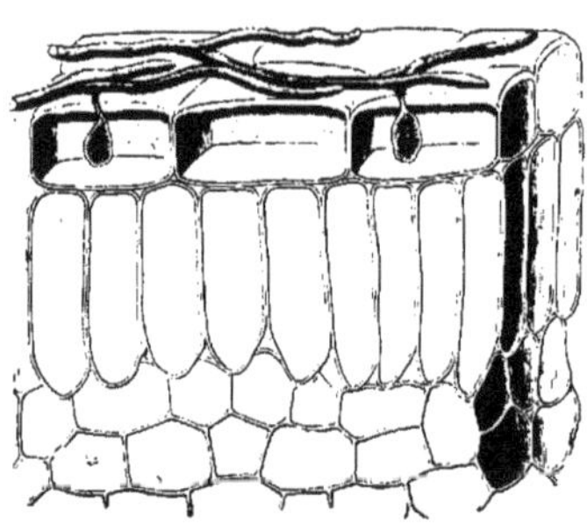

Fig. 631. — Filaments de l'Erysiphe, parasite de la Vigne (figure demi-schématique).

Fig. 632. — Aspect du *Peronospora viticola* sur la face inférieure d'une feuille de Vigne. Grossi 40 fois (Prillieux).

car, lorsque les tiges deviennent ligneuses, les dommages sont presque insignifiants.

Quand la chaleur et l'humidité se trouvent réunies, l'Oïdium se développe très vite. Le mycélium de cette Cryptogame rampe à la surface des organes et se trouve toujours à l'extérieur. Lorsque la spore se dépose sur les feuilles ou sur les jeunes rameaux, elle ne tarde pas à entrer en germination. Son mycélium se ramifie, les filaments s'entre-croisent et semblent se souder. Les filaments fructifères prennent naissance sur le mycélium.

MILDEW OU MILDIOU. — *PERONOSPORA VITICOLA*

Historique. — Un Champignon parasite, qui se répandit encore plus vite que l'Oïdium, fut le *Peronospora viticola* ou *Mildew* des Américains.

En 1878, il apparaissait dans les Charentes, dans la vallée du Rhône et dans la Guyenne. En peu d'années, il envahit toute l'Europe.

Il était connu depuis fort longtemps en Amérique, et les dégâts causés par cette Cryptogame avaient été tellement considérables, qu'on avait abandonné la culture de la Vigne dans plusieurs provinces des États-Unis.

Symptômes. — Le *Peronospora* se développe, comme l'Oïdium, sur les parties vertes de la Vigne. Il apparaît sous la forme d'efflorescences blanchâtres ou grisâtres. Il attaque ordinairement la partie inférieure de la feuille. Son mycélium pénètre dans l'intérieur des

tissus, les désorganise et produit ces taches connues sous le nom de *brûlures*.

Au commencement, la face supérieure des feuilles présente des taches jaunâtres, puis une teinte feuille-morte, et les feuilles ne tardent guère à tomber. Cette chute prématurée des feuilles trouble profondément la végétation de la Vigne ; le bois mûrit mal par défaut d'aoûtement ; la plante finit par succomber.

Les raisins, ainsi dépouillés de leur ombrage, mûrissent mal ou se dessèchent, et l'on ne récolte le plus souvent qu'un vin de mauvais goût. Le Mildiou attaque également les grains. Son mycélium pénètre dans leur intérieur et empêche quelquefois leur fructification. Quand cette Cryptogame attaque les grains, elle détermine plus tard des brunissements et des durcissements de peau, par places limitées, et l'on a donné à ces taches le nom de *Rot brun*. Cette forme de la maladie, que l'on avait d'abord cru distincte du *Peronospora*, est connue en Amérique sous les noms de *Rot gris* ou de *Rot commun*.

Il ne faut pas confondre le Mildiou avec l'*Erineum*, qui est la galle d'un acarien parasite. Les feuilles attaquées par ce dernier sont gaufrées à la face supérieure, tandis qu'elle ne le sont jamais par le Mildiou. De plus, la feuille bullée reste toujours verte à la face supérieure.

Le *Peronospora* (fig. 632) appartient à l'ordre des Oomycètes, à la famille des Péronosporées.

Fig. 633. — Filament intercellulaire du Péronospore
présentant un suçoir intercellulaire à chaque cellule
de l'hôte (figure demi-schématique).
Fig. 634. — Bouquet de cinq filaments conidifères
sortant par un stomate (gr. 80).

Fig. 635. — Fécondation ou formation de l'œuf (gr. 350).
Fig. 636. — Un œuf isolé (gr. 350).
Fig. 637. — Un œuf avec zoospores incluses (gr. 350).
Fig. 638. — Une zoospore à deux cils (gr. 380).

Fig. 633 à 638. — Fécondation et sporulation du *Peronospora viticola*.

Évolution du parasite. — La spore du Péronospore tombant sur une feuille de Vigne germe
en donnant un filament mycélien qui atteint
bientôt l'ostiole d'un stomate et y pénètre. La
feuille est dès lors envahie ; le filament se fraye
un chemin entre les cellules de l'hôte, il se
ramifie à l'infini et développe dans chaque
cellule un suçoir rameux (supposé enlevé dans
la figure 633).

Au moment de se reproduire, le parasite
forme dans les chambres sous-stomatiques
de l'hôte un peloton mycélien duquel part un
rameau qui, traversant l'ostiole du stomate de
la face foliaire inférieure, se ramifie au dehors
en un arbuscule de quatre à cinq branches
(fig. 634). A l'extrémité de cet appareil fructifère, se développent des spores ovoïdes ; chaque spore se développe comme il a été dit
plus haut. C'est ainsi que la maladie se propage pendant la belle saison sur les feuilles
de la Vigne.

Au début de la mauvaise saison, le parasite
développe dans les tissus de la feuille des organes reproducteurs, les uns considérés comme
femelles, les autres comme mâles. De la réunion de ces deux éléments (fig. 635) résulte
un œuf (fig. 636). Dès que les conditions de
vie sont devenues favorables, l'œuf germe en

donnant des corps reproducteurs mobiles,
nommés zoospores (fig. 637), munis de deux
cils vibratiles (fig. 638). Ce sont ces derniers
corps qui propagent la maladie sur les feuilles
de Vigne au printemps.

Le Mildiou (fig. 639 et 640) est beaucoup
plus redoutable que l'Oïdium ; aussi les viticulteurs se sont-ils vivement préoccupés des
moyens de combattre ce fléau.

Comme l'Oïdium, le *Peronospora* demande,
pour se développer, une température de 25 à
30 degrés centigrades. Lorsque les conditions
d'humidité sont suffisantes, on le voit d'abord
apparaître dans les parties des Vignes mil-
diousées l'année précédente, car les feuilles
enfouies ont conservé les spores dites d'hiver.
Les conidies perpétuent la maladie pendant
toute l'année, quand la chaleur et l'humidité
réunies remplissent les conditions atmosphériques favorables. Ce sont surtout les pluies et
les rosées abondantes, suivies d'une température élevée, qui provoquent l'extension de cette
Cryptogame.

Traitement. — Le Mildew, comme l'Oïdium,
est passible des sels de cuivre dont on couvre
la plante par des appareils pulvérisateurs spéciaux.

Fig. 639. — Grappe de raisin attaquée par le Mildiou.

Fig. 640. — Sarment atteint
de Mildiou.

ANTHRACNOSE. — *SPHACELOMA AMPELINUM*

L'Anthracnose, désignée aussi sous les noms de *charbon*, de *tacon* et de *rouille noire*, est produite par un Champignon microscopique, le *Sphaceloma ampelinum*.

Symptômes. — La Vigne attaquée est couverte de taches ou pustules qui se montrent sur les jeunes rameaux, les nervures des feuilles et les raisins. Ces taches aréolées et entièrement noires sont connues sous le nom d'*Anthracnose ponctuée*, de Dunal ; lorsqu'elles sont plus ou moins allongées et bordées de noir, elles sont désignées sous le nom d'*Anthracnose maculée*, de Dunal. Dans la suite, ces taches se creusent ; elles déterminent le rabougrissement des sarments, le recoquillement des feuilles et arrêtent la croissance du raisin.

Cette maladie affaiblit le cep qui finit par périr au bout de deux ou trois ans.

Le mycélium du *Sphaceloma* vit dans l'intérieur du tissu. En déchirant la cuticule, il émet à l'extérieur des conceptacles ou corps reproducteurs. Il forme sous la cuticule des cellules brunâtres, allongées, ressemblant assez à un tissu feutré. On croit que ce sont les cellules superficielles qui forment les spores, lesquelles sont ovoïdes ou cylindriques.

Ce Champignon parasite appartient à l'ordre des Ascomycètes, famille des Pyrénomycètes.

L'Anthracnose est surtout à craindre dans les années pluvieuses, parmi les Vignes situées dans des terrains très humides, où le sous-sol retient les eaux, et dans celles qui sont à proximité des eaux stagnantes.

M. Prillieux raconte que de 1835 à 1840, les Vignes des environs de Berlin et de Potsdam furent cruellement attaquées par ce parasite.

BLACK-ROT. — *PHOMA UVICOLA*

Historique. — Le *Black-rot*, dont le nom signifie *pourriture noire*, est produit par un Champignon microscopique appelé *Phoma uvicola* Curt.

Cette maladie est connue depuis fort longtemps aux États-Unis. En 1848, elle causa de grands ravages au sud de l'Ohio. Elle ne fit son apparition en France qu'en 1885. Elle a été découverte à Ganges, par M. Ricard, en août 1885, et étudiée par MM. P. Viala et Ravaz, à l'École d'agriculture de Montpellier.

Heureusement, ce fléau n'a pas encore pris une grande extension.

Symptômes. — Cette Cryptogame ne se développe que sur les parties vertes de la Vigne et sur les grains ; mais lorsque ceux-ci sont attaqués, ils ne tardent pas à se flétrir et à se dessécher. Dans l'espace de quelques jours, le fruit est perdu.

La maladie s'annonce par une tache circulaire décolorée. Elle passe brusquement à une teinte rougeâtre ou livide, plus foncée au centre. La pulpe du grain devient spongieuse, comme pourrie ; puis le grain se ride, la peau se colle contre les pépins, et on aperçoit de petites proéminences noires sous forme de pustules. C'est alors qu'on reconnaît les deux sortes d'organes du Champignon parasite, cause du Black-rot.

Le mycélium du Black-rot puise sa nourriture dans l'intérieur du tissu. D'abord incolore ou blanchâtre, il ne tarde pas à brunir. Il produit des conceptacles renfermant des asques avec spores ovoïdes ou globuleuses dans leur intérieur.

Le nom de *Phoma uvicola* n'appartient qu'à des formes secondaires.

La plupart des botanistes classent cette Cryptogame dans l'ordre des Ascomycètes, famille des Sphériacées.

Traitement. — Plusieurs expériences, faites récemment, confirmeraient l'efficacité de la bouillie bordelaise contre le Black-rot ; mais, avant de nous prononcer sur ce point(1), il est nécessaire de recourir à de nouvelles expériences.

MALADIE DU CHAMPIGNON DE COUCHE

MOLLE. — *MYCOGONE ROSEA*

Les champignonnières sont fréquemment ravagées par des maladies dont les agents sont des Cryptogames inférieures, les unes parasites, les autres saprophytes. Tandis que ces dernières entrent en concurrence vitale avec le Champignon et lui disputent la nourriture des fumiers, les premières vivent du Champignon lui-même et sont plus redoutables ; parmi ces parasites vrais, le plus dangereux est le

Mycogone rosea qui détermine la maladie connue sous le nom de molle ou môle.

Caractères de la maladie. — Avant d'avoir achevé leur développement, les Champignons atteints sont déjà anormaux : le chapeau est déformé et atrophié, le pédicule est globuleux ; à mesure qu'il grossit, le Champignon se recouvre d'un duvet rosé, constitué par les filaments conidifères du parasite ; enfin, à l'époque qui devrait être celle de sa maturité, il se ramollit et tombe en déliquescence en exhalant une odeur infecte. Les dommages causés par la molle sont considérables et évalués à un million par an pour les champignonnières parisiennes seules.

Moyens de défense. — Le champignonniste peut combattre la molle avec succès en prenant les précautions suivantes : n'employer que du blanc vierge ; assainir ses caves, après chaque culture, en enlevant le fumier usé et les terres ayant servi au goptage (1), puis désinfecter.

VÉGÉTAUX PARASITES DES ANIMAUX

Les associations entre êtres vivants sont si fréquentes qu'il serait peut-être impossible de citer un être qui ne soit pas parasite ou parasité ; aussi, nous ne voudrons pas mentionner toutes les associations dans lesquelles entrent des végétaux. Cependant, nous ne pouvons passer complètement sous silence les principaux exemples de parasitisme intéressant les végétaux. Dans une première étude, nous relaterons les végétaux parasites de l'homme ou des animaux, puis nous citerons, dans un chapitre spécial, les animaux parasites des végétaux.

Champignons parasites de l'homme. — Plusieurs formes fongoïdes microscopiques (2) peuvent amener, par leur présence et par leur développement à l'intérieur des organes, de graves perturbations dans le jeu normal des fonctions. C'est ainsi que l'*Aspergillus fumigatus* produit chez les gaveurs de pigeons une pseudo-tuberculose qui, avec tous les caractères de la tuberculose bacillaire, diffère de celle-ci par l'absence absolue de microbes.

Les gaveurs atteints par cette maladie sont essoufflés, toussent et crachent du sang ; l'auscultation révèle chez eux des symptômes de

(1) J. Bel, *loc. cit.*, p. 29.

(1) Voy. plus loin, p. 379.
(2) Voy. A. Acloque, *Les champignons.*

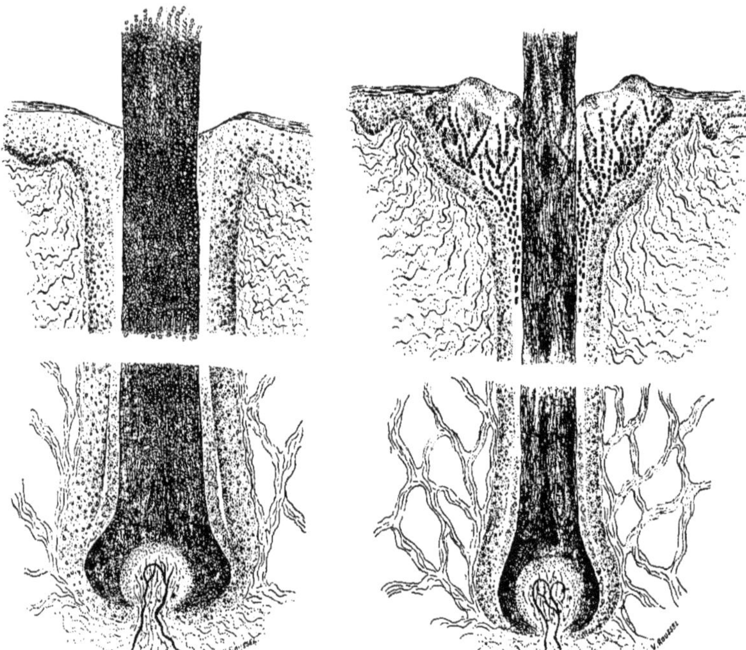

Fig. 641. — Cheveu envahi par le *Trichophyton tonsurans*, teigne tondante à grosses spores. Grossissement de 130 diamètres (Sabouraud).

Fig. 642. — Cheveu envahi par le Favus (*Achorion Schœnleini*). Grossissement de 130 diamètres (Sabouraud).

tuberculose pulmonaire ; mais un examen approfondi des crachats rendus, qui renferment le mycélium de l'Aspergille, démontre jusqu'à l'évidence l'origine mycosique de l'affection. Les spores du parasite se retrouvent à la surface des graines ; elles se développent à la fois dans les poumons des pigeons et dans ceux des gaveurs ; les fragments de mycélium peuvent être développés et produisent les filaments sporifères caractéristiques de l'espèce.

Certaines espèces agissent sur l'économie humaine d'une manière tout aussi pernicieuse, mais différente, en aggravant ou en provoquant les maladies de la peau. On a donné des noms particuliers à chaque forme parasite déterminant une maladie spéciale ; mais il n'est pas impossible que ces formes ne soient des modifications unicellulaires et stériles d'espèces plus élevées, dont les conditions parfaites et fructifères se rattachent à l'*Aspergillus* ou au *Penicillium*.

Les principales dermatoses attribuées à la présence de Champignons microscopiques sont la plique polonaise, l'alopécie, la teigne et le favus. La teigne doit son principe à une espèce de *Trichophyton* (fig. 641) (*T. tonsurans* Malm.), végétal formé uniquement de cellules-germes qui se développent dans la peau ou dans l'intérieur de la racine des cheveux, sous forme d'un amas arrondi.

Il est l'origine d'affections dont chaque période a reçu un nom différent, et ce nom change également quand la maladie siège sur la peau, dans la tête, dans la barbe. C'est ainsi que, dans la première période, si le Trichophyton est placé sur la peau dépourvue de poils, on nomme la maladie *herpes circinatus* ; s'il est sur la tête, on l'appelle *herpes tonsurans* ; s'il est placé dans la barbe, on l'appelle *sycosis*.

Le favus ou teigne faveuse (fig. 642) est une maladie cutanée contagieuse, siégeant principalement au cuir chevelu, mais pouvant affecter toutes les régions, caractérisée par des croûtes jaunâtres présentant des enfoncements en forme de cupules ou de godets, lesquels se rapprochent de l'apparence faveuse d'un gâteau de miel ; cette maladie détermine la chute des cheveux et des poils.

Le muguet des enfants (fig. 643) est dû à la Levure blanche (*Saccharomyces albicans*) ; les cellules de ce Champignon, allongées et associées en chapelets, forment sur la langue, par suite de l'acidité de la salive, un feutrage filamenteux blanc. On combat facilement cette maladie au moyen du bicarbonate de sodium.

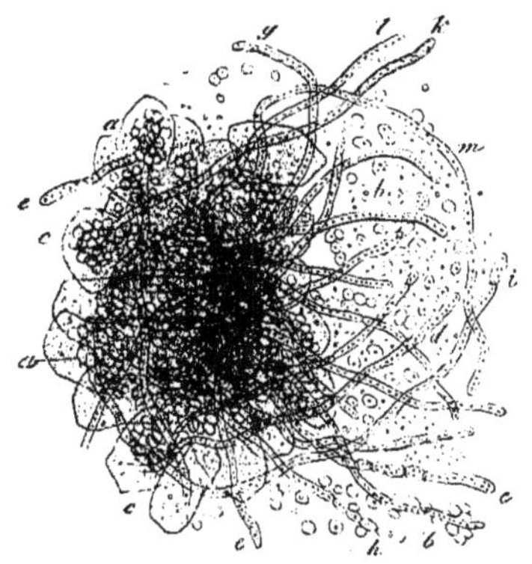

Fig. 643. — Champignon du muguet.

Toutes les formes parasitaires végétales qui s'attaquent ainsi aux organismes animaux encore vivants ne sont composées que de sporules, qui puisent directement leur nourriture sans l'intermédiaire d'un mycélium.

On a attribué à d'autres maladies épidémiques une origine parasitique fongoïde, au choléra, par exemple, à la diphtérie, aux aphtes, à la rougeole et à la scarlatine. Pour le choléra, il est reconnu que les évacuations et les déjections contiennent souvent des formes de Champignons, particulièrement des sporules et des mycéliums de plusieurs moisissures en voie de développement. Mais ces végétations ne se manifestent pour la plupart que lorsque les matières qui les contiennent sont en voie de décomposition. Or, on les rencontre dans les déjections provenant d'autres maladies, et on les trouve dans tous les liquides animaux qui se décomposent.

La rougeole des armées a été regardée par le Dʳ Salisbury comme devant être attribuée aux spores secondaires qui se formeraient des pseudo-spores germant dans la paille humide, et seraient disséminées dans l'air.

Quoi qu'il en soit de cette hypothèse, il est un fait indiscutable, c'est que les germes organiques contenus dans l'atmosphère, et appartenant soit à la nature végétale, soit à la nature animale, se développent dès qu'ils trouvent un terrain approprié. L'humidité, source de tant d'affections, ne favorise leur développement qu'en augmentant celui des germes, dont l'éclosion détermine ici la maladie, ailleurs le phénomène de la putréfaction. L'absence de l'air ou l'abaissement de la température tue tous les germes, et c'est ce qui explique la conservation des viandes par le froid. Les chirurgiens ont reconnu le danger de laisser les plaies en présence de l'air, non à cause de l'air lui-même, mais par suite des germes qu'il renferme et dont l'introduction dans l'organisme serait fatale. Voilà pourquoi, après avoir lavé les plaies et les avoir imbibées d'un liquide antiseptique, ils y appliquent du collodion, de la ouate ou toute autre matière qui puisse s'opposer au passage de l'air (H. Grignet).

M. Cooke rapporte un exemple intéressant des effets pernicieux produits sur l'organisme par l'absorption par les voies respiratoires des spores de certains Champignons. Un préparateur aux Jardins botaniques d'Édimbourg disposait pour une démonstration quelques spécimens desséchés d'une grande Vesse-de-loup, dont il respira par hasard les spores pulvérulentes.

Une inflammation se déclara et il fut obligé de recevoir les soins d'un médecin et de garder quelque temps la chambre. Toutefois, la plupart des spores ne sont pas à ce point délétères, et l'atmosphère des bois, qui, en automne, en raison de l'abondance des formes charnues, est chargée de basidiospores, ne paraît pas plus dangereuse à respirer à cette époque qu'au printemps.

Formes épizoïques et entomogènes. — « La grande majorité des insectes (1) vit aux dépens du règne végétal ; larves et adultes rongent racines, bois, feuilles, fleurs, graines et spores ; à son tour, le règne végétal s'attaque aux insectes et vit à leur détriment. Ce sont les

(1) Brehm et Kunckel d'Herculais, *Les insectes.*

Champignons surtout qui se développent sur les Insectes et les font périr ; il existe même un groupe entier de ces végétaux qui est désigné sous le nom d'*Entomophytes* ou d'*Entomomycètes*. Au siècle dernier, les auteurs ont déjà signalé les plantes qui croissent sur les Larves d'insectes et les désignaient sous le nom de Mouches végétantes (*The vegetable Fly, Musca*

Fig. 644.   Fig. 645.   Fig. 646.

Fig. 644 et 645. — Deux larves, portant chacune un Champignon en massue (Clavule). La figure 644 est la larve d'un Coléoptère du genre *Carabus*; le Champignon est le *Torrubia cinerea*. La figure 645 est la larve d'un Hyménoptère du genre *Tenthredo* ; le Champignon qu'elle porte est le *Torrubia* (*Sphæria*) *entomorrhiza*. Fig. 646. — Une nymphe de Cigale portant le *Torrubia militaris*, var. *sobolifera*.

Fig. 644 à 646. — Les insectes et leurs parasites végétaux.

vegetabilis). Le plus curieux de ces Champignons est certainement le *Sphæria* (*Cordyceps*) *Robertsii* qui se développe sur le premier segment de la Chenille de l'*Hepialus virescens* de la Nouvelle-Zélande et atteint 14 à 15 centimètres de hauteur. Toutes les Sphériacées paraissent se développer sur les Larves et les Nymphes et déterminer leur mort; les unes croissent sur des Chenilles, sur des Larves de Coléoptères (fig. 644), d'Hyménoptères (fig. 644), ou des Nymphes de Cigales

(fig. 646), quelquefois même sur des insectes adultes, des Fourmis et des Guêpes. Il est d'autres Champignons qui se développent également sur les insectes ce sont les *Isaria*, les *Laboulbenia*, les *Stilbum*. Les *Isaria* se rencontrent sur des Carabes vivants, des chenilles d'*Euchelia*, des chrysalides de *Noctua*, des Guêpes, des Papillons, des Araignées ; les *Laboulbenia* se trouvent (*L. Rougeti*) sur les antennes des Coléoptères du genre *Brachinus* (*L. Guerini* et *pilosella*), sur les élytres des Coléoptères, les *Gyrinus* et les *Lathrobium ;* nous avons représenté le *Laboulbenia pilosella* d'après Ch. Robin (fig. 647); les *Stilbum* croissent sur le corps des Charançons. »

Tantôt c'est la forme parfaite qui se trouve développée ; tantôt le mycélium ne va pas au delà de la production de sporules ou même reste entièrement stérile. Tantôt encore, la forme entomogène n'est qu'une condition d'un être plus parfait et plus complexe qui comprend cette forme dans son cycle d'évolution.

Chaque espèce différente a ordinairement un parasite spécial. Le plus curieux est celui qu'on connaît à la Guadeloupe sous le nom de *guêpe végétante* (1), et qui, dans certains cas, attaque l'insecte encore vivant. Les entomologistes s'accordent généralement à regarder le parasitisme des entomogènes comme la cause déterminante de la mort des insectes, et non comme un accident consécutif à cette mort.

C'est là toutefois une question assez difficile à résoudre. Le Champignon peut commencer son attaque sur les larves, développer son mycélium et produire une masse sporuleuse dans la nymphe; plusieurs sont probablement détruites pendant cette période; mais, si les organes essentiels à la vie ne sont pas atteints, l'animal résiste et le Champignon termine son évolution dans l'insecte parfait.

Muscardine. — Au point de vue économique, le plus funeste des Champignons entomogènes est celui qui attaque le Ver à soie, et qui détermine la maladie connue sous le nom de *muscardine*. On le reconnaît à ses filaments fertiles blancs, dressés, simples ou brièvement dichotomes, à rameaux épars, à ses spores globuleuses ramassées en tête au sommet des rameaux. Montagne lui a donné le nom de *Stachylidium Bassianum* ou *Botrytis Bassiana*. Les insectes attaqués par ce Champignon sont fatalement voués à la mort, tandis

(1) *Torrubia spherocephala* Tul. (*Selecta fungorum carpologia*, III, 17).

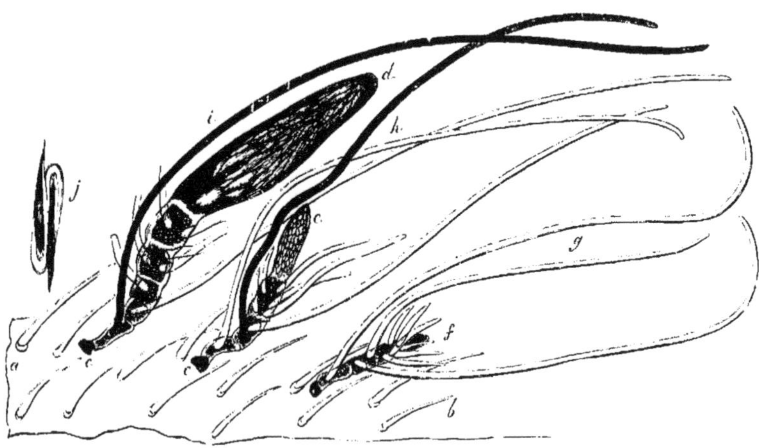

Fig. 647.

Fig. 647. — *Laboulbenia pilosella*, espèce nouvelle trouvée sur les élytres d'un Coléoptère du genre *Lathrobium* (Staphilinide), grossie 400 fois. — *a*, *b*, fragments de l'élytre hérissés de petits poils; *c*, pédicule du Champignon adhérant à l'élytre par une substance noirâtre comme résineuse et dure; *d*, *e*, *f*, sporanges à divers degrés de développement; *g*, *h*, *i*, longs poils à divers degrés de développement dont les Champignons sont hérissés. Les uns sont colorés (*i*), les autres incolores (*g*); *j*, deux spores allongées dont sort le contenu verdâtre (Ch. Robin).

que les spores, par leur dissémination, sont capables de propager la maladie et d'infester des éducations tout entières. Il y a une quarantaine d'années, on a écrit de nombreux mémoires sur la muscardine, car elle causait à cette époque de vives inquiétudes aux éducateurs de Vers à soie.

Une autre espèce appartenant à la famille des Pyrénomycètes, et nommée *Laboulbenia Rougeti*, se développe sur les antennes, le thorax, les pattes et les élytres de plusieurs Brachines. Elle se distingue à son stroma inversement conique, turbiné ou allongé, composé de cellules nettement délimitées, terminé au sommet en filaments articulés fasciculés, à son périthèce membraneux un peu corné, ovoïde, ouvert au sommet par un pore, et rempli de sporidies fusiformes un peu glaucescentes, qui sortent au dehors mêlées à un magma gélatineux ou à des filaments byssoïdes, très ténus, transparents.

On a essayé une application très singulière de cette faculté qu'ont certaines espèces déterminées de se développer dans les tissus animaux. L'*Italia agricola* dit à ce sujet :

D'après le *Bolletino della Societa dei microscopisti*, l'idée de combattre les insectes nuisibles en multipliant les Champignons qui vivent sur eux en parasites commence à se répandre dans la pratique. Le Dr Brongniart a constaté que ce sont surtout les Champignons microscopiques appartenant à la classe des Entomophthores qui attaquent et tuent le plus facilement les parasites ordinaires. On peut les obtenir en masse sans frais, en les semant sur des insectes quelconques. Il existe en Russie un petit établissement où l'on se livre à la culture des Cryptogames insecticides, et qui a déjà donné de bons résultats dans la destruction des Coléoptères qui causaient de grands ravages aux champs de Betteraves. » Nous pensons toutefois que cette méthode, quel que soit son succès dans des expériences restreintes, serait difficilement appliquée sur une grande échelle.

Des essais analogues ont été tentés tout récemment en France. Le Ver blanc est sujet aux attaques d'un parasite fungique polymorphe, dont on ne connaît encore que deux formes, représentées, la première par un *Botrytis* (*B. tenella*), et la seconde par un *Isaria*. Ces deux états différents du même être ont été déterminés séparément par MM. Prillieux et

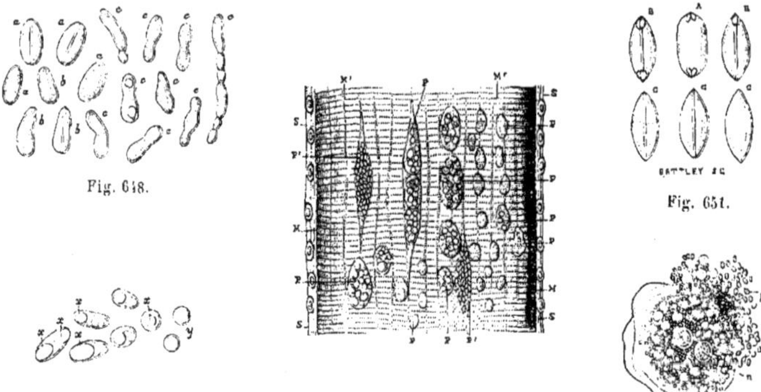

Fig. 648.

Fig. 649.

Fig. 650.

Fig. 651.

Fig. 652.

Fig. 648. — Psorospermies du Ver à soie, dites corpuscules vibrants, grossies 1700 fois. — *a*, formes habituelles ; *b*, autres formes ; *c*, formes anormales provenant de la soudure de deux ou plusieurs corpuscules en voie de développement.

Fig. 649. — Psorospermies aux différentes phases de leur évolution ; *x*, tache claire, probablement le *nucleus*.

Fig. 650. — Portion de l'intestin de la chenille de *Bombyx neustria* rendue artificiellement corpusculeuse. P, masses de matières psorospermiques dans lesquelles les psorospermies commencent à se former : P', amas de psorospermies à l'état parfait ; S, enveloppe séreuse de l'intestin ; M et M', couches de fibres musculaires.

Fig. 651. — Psorospermies P dans l'intérieur des cellules vitellines.

Fig. 652. — Psorospermies d'un papillon de la Pyrale (*Tortrix viridana*), grossies 1500 fois. — A, vue de face ; B, vue de profil ; C, après traitement par l'eau salée (Balbiani).

Fig. 648 à 652. — Psorospermies ou corpuscules des Vers à soie.

Giard, qui ont cherché en même temps les moyens de les propager. Il résulte des expériences faites jusqu'à présent que la multiplication artificielle du parasite peut s'obtenir, soit grâce à une culture directe dans un milieu liquide, soit grâce à la transmission du mal par des larves infestées. Des résultats importants ont été obtenus, qui permettent d'espérer qu'on sera, dans un avenir rapproché, en possession d'une méthode certaine de propagation de la maladie du Ver blanc. La propagation de la maladie du Criquet Pèlerin, également due à la présence d'un *Botrytis* (*B. acridiorum* Trab.), est loin de donner les mêmes résultats satisfaisants, non pas que la culture de l'espèce soit impossible, mais en raison du caractère très bénin de l'affection, qui n'attaque que les individus parfaits et ne se transmet que rarement.

Algues parasites d'animaux. — Les Algues (Bactériacées ou Microbes) sont la cause de nombreuses maladies que nous étudierons dans un chapitre distinct, mais quelques-unes de ces maladies peuvent être citées de suite : telles sont la maladie des Talitres et la flacherie des Vers à soie.

MALADIE DES TALITRES. — Les Talitres sont de petits Crustacés amphipodes dont les antennes antérieures sont courtes ; l'une des espèces les plus connues est le Talitre sauteur ou *Puce de mer*, que l'on rencontre sur les rivages sablonneux ; d'autres espèces vivent dans les flaques d'eau.

La maladie des Talitres, qui du reste atteint aussi d'autres Crustacés, comme les Cloportes, est due à une bactérie phosphorescente, qui se développe dans le sang de l'hôte et illumine son corps d'une lueur verdâtre. Le parasite envahit bientôt tout le corps du Talitre qui meurt au bout de peu de jours.

FLACHERIE. — A côté de la muscardine, maladie des Vers à soie déjà citée, on rencontre dans les magnaneries une maladie redoutable, la flacherie, due au *Streptocoque* du Bombyx. Ce parasite, qui existe sur certaines feuilles de Mûrier, consiste en très petites cellules isolées ou associées en chaînettes. La chenille qui a mangé un fragment de feuille infestée paraît à peine malaise, puis elle cesse tout à coup de manger, reste immobile là où elle a subi les atteintes du mal et, sans être modifiée dans son aspect, elle meurt. On donne à ces chenilles le nom significatif de *morts-flats*. Les feuilles infestées n'ont pas été digérées, mais elles ont permis la multiplication du parasite dans le tube digestif de l'hôte, et celui-ci, par ses excréments, peut communiquer la maladie à un grand nombre d'autres chenilles. De la propagation très rapide du fléau vient la difficulté d'enrayer sa marche; on y réussit en détruisant les chenilles malades, leurs œufs, et même les chenilles qui ne paraissent pas dans un état de santé parfait.

PÉBRINE. — « Depuis quelques années, une nouvelle maladie (1) s'est déclarée; anéantissant pendant plusieurs années la récolte de la soie, non seulement en France, mais dans toute l'Europe et l'Asie Mineure, elle nous a rendu tributaire de la Chine et du Japon. Cette maladie est la *pébrine*; Cornalia ayant découvert dans les Vers à soie contaminés la présence de corpuscules, elle a reçu le nom de *maladie corpusculeuse*. M. Balbiani a reconnu que ces corpuscules étaient de véritables *Psorospermies*, c'est-à-dire des sortes d'Algues inférieures, comparables à celles que Jean Müller a découvertes chez les Poissons. La multiplication de ces Psorospermies est si rapide, qu'elles envahissent peu à peu tous les tissus qu'elles désorganisent; d'une petitesse infinie, grossies 1700 fois elles ont à peine 8 millimètres; elles traversent la paroi de tous les organes et peuvent aussi pénétrer dans l'œuf. On sait que pour éviter la propagation de l'infection corpusculeuse, on examine les Papillons; il suffit même de contrôler les femelles; si elles ne renferment pas de Psorospermies, on obtiendra des œufs sains quand même le mâle serait infesté; en effet, une particularité de l'organisation de l'appareil reproducteur des femelles empêche les corpuscules d'arriver jusqu'à l'œuf. ».

D'autres Algues inférieures habitent l'intestin des insectes, telles sont : le *Leptothrix Insectorum* qu'on rencontre sur la surface de la muqueuse du rectum des Dytiques, des Gyrins, des Iules ; les *Arthromitus* du tube digestif des Iules ; les *Moulinea* de l'intestin des Chrysomèles, des Cétoines, des Gyrins; les *Enterobryus*, les *Eccrina* du canal digestif des Iules, des Passales, des Polydesmes.

ANIMAUX PARASITES DES VÉGÉTAUX

Les animaux tirent parti des végétaux de bien des façons; ils en font souvent leur nourriture, comme c'est le cas pour les animaux herbivores, lignivores (vivant aux dépens des bois) ou phyllophages (qui mangent les feuilles), mais peuvent aussi devenir leurs parasites. Parmi ces animaux parasites des végétaux, on ne rencontre guère que des articulés (Insectes ou Arachnides) et des annelés (Vers).

INSECTES

Les insectes sont les animaux qui parasitent le plus généralement les plantes, soit qu'ils perforent la plante avec les stylets de leur rostre buccal pour en aspirer la sève (insectes suceurs), soit qu'ils piquent la plante avec leur tarière abdominale pour déposer dans la plaie ainsi formée les œufs destinés à la conservation de leur espèce. Quelques autres parasites, ordinairement à l'état larvaire, trouvent dans le végétal un endroit propice à leur développement.

Le cadre de cette étude ne nous permet pas de décrire longuement les mœurs et habitudes des insectes parasites des végétaux, ni même d'en fournir une liste ; nous nous contenterons de donner quelques noms des principaux insectes, renvoyant le lecteur à l'ouvrage si documenté que M. Künckel d'Herculais a écrit sur les Insectes (1).

Le Phylloxéra du Chêne (*Phylloxera Quercus*) produit sur le revers des feuilles du Chêne des taches jaunâtres où les larves effectuent leur développement.

Le Phylloxéra de la Vigne (*Phylloxera vastatrix*) suce les radicelles de l'hôte et détermine à leur surface des sortes de nodosités qui s'opposent à l'absorption et font périr la plante.

Les Céréales ont pour principaux ennemis des insectes lépidoptères : *Agrotis segetum* ou Noctuelle des moissons, *Agrotis tritici* ou Noctuelle du Blé, *Sesamia monagrioides* ou Sésamie du Maïs, *Sitotroga cerealella* ou Alucite des Céréales, *Tinea granella* ou Teigne des graines; enfin les Cecidomies parmi lesquelles il faut surtout mentionner *Cecidomyia destructor*, très redoutée aux États-Unis comme détruisant le Blé (introduite dans la paille par des soldats hessois), *C. tritici*, parasite du Froment, et *C. avenæ*, parasite de l'Avoine.

ARACHNIDES

Les Acariens, désignés anciennement sous le nom de Cirons et de Mites, sont de petits

(1) Brehm et Künckel d'Herculais, *loc. cit.*

(1) Brehm et Künckel d'Herculais, *Les insectes*, 2 volumes des *Merveilles de la Nature*.

Arachnides à corps inarticulé, muni de pattes; ils ont des représentants libres, d'autres parasites des animaux et enfin des représentants qui sont la cause de la maladie de la Vigne appelée érinose, due au *Phytoptus vitis*, et de la maladie rouge, due au *Tetranychus telarius*.

L'érinose est souvent confondue avec le Mildiou, à cause de la ressemblance des taches blanches ou jaunâtres que ces deux parasites déterminent à la face inférieure des feuilles. Mais, de plus, l'*Erineum* provoque à la face supérieure de la feuille des renflements en forme de verrue, sans attaquer autrement le tissu de cette feuille. Il n'occasionne jamais de dégâts importants, et on n'a jamais cherché à le combattre.

On nomme encore *Erineum* des bosselures que l'on observe à la surface des feuilles de certains arbres et qui sont provoquées par la piqûre des Acariens; les excroissances galloïdes que cette piqûre détermine ne sont pas fermées; elles s'ouvrent en se développant et prennent l'aspect de simples bosselures.

VERS

Quelques Nématodes (1) se rencontrent aussi dans les tissus végétaux. L'*Heterodera radicicola* est une petite Anguillule qui s'installe près de l'extrémité de quelques racines, entre les cellules les plus jeunes, et qui provoque par irritation une hypertrophie de ces racines ; la maladie ainsi déterminée est nommée *maladie vermiculaire*. Les cellules atteintes par le parasite, notamment celles destinées à devenir des vaisseaux, se dilatent en véritables poches aquifères, à membrane cellulosique épaisse ; leur protoplasme s'accroît notablement, et leur noyau acquiert un diamètre jusqu'à dix fois plus considérable que celui des éléments normaux. Même les noyaux hypertrophiés peuvent se subdiviser, et l'on a constaté, dans une racine de Céleri envahie, la présence de plus de soixante noyaux dans une de ces cellules accrues. Ici, l'irritation peut se propager à distance, grâce à la diffusion des produits élaborés par le parasite, car les cellules de la racine atteinte se gonflent parfois jusqu'à faire éclater les assises cellulaires superficielles.

Remarquons que cet état hypertrophique créé par l'Anguillule est favorable à la plante qui

(1) E. Belzung, *Anatomie et physiologie végétales.*

végète en terrain sec, funeste au contraire à celle qui croît dans les serres et dans les terres humides. En Algérie, par exemple, certains fruits, comme les Tomates, ne mûrissent bien que lorsque les racines de la plante sont habitées par le parasite; car dans ce cas seulement les racines peuvent accumuler dans leurs cellules hypertrophiées l'eau qui leur permet de résister aux longues périodes de sécheresse.

MODIFICATIONS DE L'HOTE DUES AU PARASITISME

Le parasitisme, établissant une relation souvent très étroite entre deux organismes associés, détermine des modifications plus ou moins profondes de ces deux organismes.

Pour le parasite, les transformations peuvent se résumer en un ensemble de simplifications portant sur l'appareil végétatif; ainsi est la disparition des racines du Gui, dont la fonction est remplie par les suçoirs, dépourvus de poils absorbants, de coiffe, enfin de ce qui caractérise les racines. L'appareil reproducteur du parasite n'est pas atteint de la même façon, souvent même il ne subit pas de modifications; ainsi nous avons vu les Phanérogames parasites conserver le type floral des plantes libres de la même famille. Pour les Cryptogames, une difficulté de reproduction naît de la condition de parasite, puisque le support est une plante déterminée ; aussi observons-nous dans ce cas une surabondance de moyens employés pour assurer la conservation de l'espèce.

Cette première étude relative au parasite a pour conclusion la détermination du degré de parasitisme, de mutualisme ou de commensalisme de la plante observée. Une étude différente peut être faite en considérant, non plus le parasite, mais son hôte, et en relatant les modifications que celui-ci a subies. C'est cette deuxième étude que nous allons faire.

Quelques-unes des modifications de l'hôte dues au parasite revêtent l'aspect de productions étranges et frappent les regards, autant par leur rareté que par leur singularité. De cette nature sont les Balais de sorcière (fig. 653), touffes serrées de branches caduques que l'on remarque sur certains Sapins et qui contrastent vivement avec les branches ordinaires. Ces Balais sont produits par une rouille parasite (*Æcidium elatinum*); ils sont caractérisés par l'orientation dressée des branches, et par la

Fig. 655. — Balai de sorcière; transformation des feuilles d'un Sapin due à l'attaque d'une rouille, l'*Æcidium elatinum*.

disparition de la presque totalité des feuilles dont la caducité est résultante de l'infection parasitaire.

Des déformations d'un genre tout différent sont représentées dans les figures 654 et 655 qui montrent des branches de Pin anormales, transformées en bagues allongées par le développement hypertrophique des tissus, développement dû à l'irritation locale que produit la piqûre de certains insectes parasites.

Parasites amorphotrophiques. — On nomme ainsi les parasites qui ne déterminent pas sur leur hôte de modifications morphologiques, soit que le parasite vive à l'extérieur de l'hôte sans l'affecter, soit que l'action du parasite se limite à un épuisement du végétal hôte.

Atrophie. — Dans un grand nombre de cas, le parasite se conduit à l'égard de son hôte comme si celui-ci était une simple réserve de matière nutritive, et il puise cette réserve abondamment. La plante hôte est appauvrie dans quelques-unes de ses parties ou même dans tout son corps, et son développement se limite en déterminant des atrophies.

Les figures 656 et 657 montrent par compa-raison la réduction par atrophie que présente une Euphorbe parasitée.

Cela a lieu, en général, quand le parasite rencontre les conditions favorables à son développement. Ainsi [1], peu de temps après l'envahissement bactérien de l'Olivier, les cellules corticales sont désagrégées et tuées par les sécrétions du bacille ; finalement, elles se décomposent au sein de la tumeur constituée.

Dans le Cerisier atteint d'Ascospore (*Ascospora Beyerinckii*), des taches rouges, puis brunes, apparaissent sur les feuilles, dès que commence la germination des spores du parasite au niveau de ces taches. Le protoplasme des cellules atteintes est rapidement tué; après quoi, les filaments du Champignon se développent en véritables saprophytes dans les plages mortifiées, pour, de là, gagner les régions encore vivantes et saines de la feuille, qu'ils empoisonnent pareillement.

L'atrophie des tissus est fréquente dans les fleurs et fruits des plantes envahies, les sucs nourriciers n'arrivant plus à ces

[1] E. Belzung, *loc. cit.*, p. 695.

Fig. 654. — Bagues formées par une branche de Pin maritime par une piqûre d'insecte.

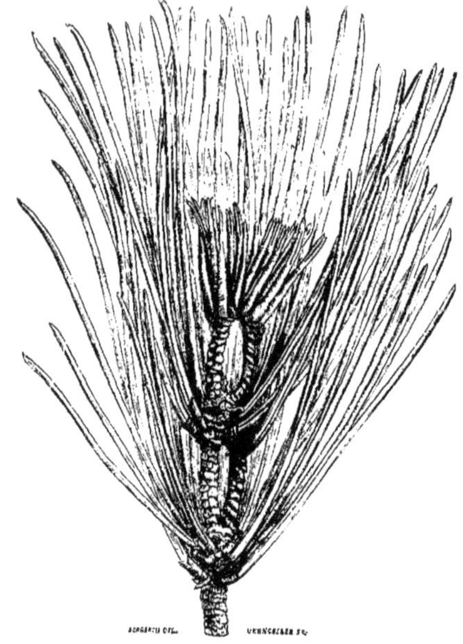

Fig. 655. — Sommet des branches de Pin maritime déformé par des piqûres d'insectes.

organes qu'en quantité insuffisante, par suite d'épuisement général du corps ; c'est ainsi que les parasites de la Vigne (Mildew) empêchent le raisin de grossir.

Parasites morphotrophiques. — Le plus souvent, la présence du parasite détermine non seulement des troubles fonctionnels de nutrition, mais une irritation qui cause chez l'hôte une réaction plus ou moins vive se traduisant par une modification de la forme type de cet hôte.

Cette réaction de la plante attaquée est un moyen de défense contre l'intrus; elle peut suffire à limiter le développement du parasite et même à provoquer sa mort.

Les modifications permanentes que présentent les végétaux parasités peuvent être rapportées à trois ordres de phénomènes : la pseudomorphose, la néoplasie et la castration parasitaire.

Pseudomorphose. — Il y a pseudomorphose quand le parasite prend la place d'une partie de l'organisme infesté. Des exemples de cette substitution nous sont offerts par les *Tilletia*

qui provoquent la carie des Céréales. Le parasite, ayant envahi la plante hospitalière, parvient à l'ovaire qu'il désorganise et pénètre dans les grains; le grain est peu à peu remplacé, dans sa partie farineuse, par une matière fongique grise et compacte qui est le mycélium du Champignon parasite. Quand la graine a acquis son complet développement, elle contient, aux lieu et place de l'embryon et de l'albumen, une poussière brune constituée par les spores du *Tilletia*.

Néoplasie. — La néoplasie est la formation de tissus nouveaux résultant chez l'hôte de l'irritation produite par le parasite et se traduisant au dehors par l'exagération de parties de l'hôte déjà existantes (hypertrophie) ou par la naissance de parties nouvelles (néoplasie proprement dite).

Hypertrophie ou hyperplasie. — La présence d'un parasite dans les tissus d'une plante détermine presque toujours, par la dépense d'aliments que fait ce parasite, une suractivité des fonctions de nutrition, et la partie infestée en profite ; de là résulte le développement anormal de cette partie (fig. 663 et 664). Dans quelques cas, l'hypertrophie porte seulement sur la grosseur des cellules et de leur noyau ; dans beaucoup d'autres, le nombre des cellules augmente, en constituant des tissus sup-

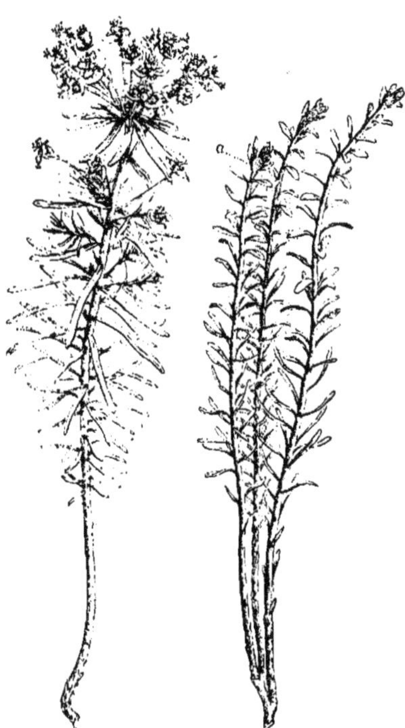

Fig. 656. — Euphorbe Petit-Cyprès. Plante normale.

Fig. 657. — Euphorbe Petit-Cyprès déformé par un Champignon (*Uromyces du Pois*).

plémentaires, anormaux, dont l'effet le plus immédiat est de protéger l'hôte contre les atteintes du parasite ou de ses produits en isolant celui-ci. Un exemple d'hypertrophie est offert par la figure 658 représentant une branche de Genévrier attaquée par une Urédinée parasite : on remarque le développement exagéré de la partie infestée qui est en outre couverte de galles.

Le *Nectria ditissima*, Champignon ascomycète, détermine sur le Hêtre des excroissances nommées chancres, faciles à observer.

Néoplasie. — L'irritation produite par le parasite sur les tissus de l'hôte peut être assez forte pour déterminer la production de tissus nouveaux, surajoutés, et offrant l'aspect d'une excroissance (fig. 659 et 665) ou d'une tumeur. A ce groupe d'altérations appartiennent les galles, protubérances de diverses formes produites par la piqûre de certains insectes hyménoptères appartenant au groupe des Cynipidés, encore nommés Gallicoles. Remarquons que certains pucerons, Diptères ou Acariens, peuvent aussi déterminer la formation d'excroissances végétales, que l'on nomme alors galloïdes.

Les Cynips sont de petits Hyménoptères de couleur sombre (fig. 661), dont les femelles possèdent une tarière qui est le plus souvent renfermée dans l'intérieur du corps. Quand la femelle est prête à pondre, elle choisit sur une jeune feuille la place, ordinairement voisine d'une nervure, où elle déposera son œuf ; elle perce alors l'épiderme foliaire et pond. De l'œuf naît une larve dont la présence détermine la formation de la galle ; cette larve, en effet, attaque les cellules végétales pour s'en nourrir et le végétal irrité accroît ses cellules pour entourer son ennemi d'un tissu protecteur, en l'enkystant.

La galle formée est une production végétale cavitaire, mais close, dont le développement suit celui de l'animal qui y est enfermé ; elle défend la plante contre les déprédations que son parasite ne manquerait pas de causer, mais elle fournit à ce parasite la nourriture nécessaire et qu'elle ne peut pas lui refuser. On observe assez souvent qu'une galle n'abrite pas que son propriétaire ; elle peut aussi abriter des locataires étrangers à sa production et qui sont entrés en même temps que l'œuf du Cynips ; de plus, quand la galle est vide de ses premiers habitants, elle peut être visitée par d'autres insectes qui en deviennent les nouveaux propriétaires (fig. 662).

Les Cynipidés [1] vivent de préférence sur les Chênes ; ils présentent deux formes : l'une agame, l'autre sexuée. La forme agame ou parthéno-génésique, qui ne comprend que des femelles, produit des galles d'où sortent des mâles et des femelles. Celles-ci, après avoir été fécondées, donnent des galles d'une autre forme d'où sort une génération agame analogue à la première. Ainsi, *Biorhiza aptera* est la forme agame et *Andricus terminalis* la forme sexuée d'un Cynips du Chêne. *Biorhiza* se développe sur

____

(1) G. Carlet, *Zoologie*, p. 493.

Fig. 658. — Genévrier commun (*Juniperus communis*) déformé par le *Gymnosporangium clavariæforme*.

Fig. 659. — Amélanchier à feuilles rondes (*Aronia rotundifolia*), avec galles produites sur les feuilles par le *Gymnosporangium conicum*.

les racines, dans des galles ligneuses et va, en hiver, piquer les bourgeons situés au sommet des branches. Ceux-ci, en été, deviennent des galles en pomme, molles, multiloculaires, d'où sort *Andricus* dont la femelle ira piquer les racines et reproduire la première sorte de galles. Les deux formes de l'insecte, que l'on classait autrefois dans deux genres distincts, sont aujourd'hui réunies sous le nom de *Biorhiza terminalis*.

La forme des galles est très variée. Les unes proviennent des bourgeons et sont en *artichaut* (fig. 660, 1) ou en *cônes de houblon*. Les autres se développent sur les feuilles et sont en *cerise* (fig. 660, 2) ou en *grain de groseille*, quelquefois réunies sous la dénomination commune de *galles rondes de feuilles de Chêne*. Les galles sont employées comme astringentes ; on leur préfère cependant le tannin qu'on dose plus exactement. Les *galles d'Alep*, *galles turques*, *galles du Levant* ou *noix de galles* proprement dites (fig. 668), sont produites par la piqûre du *Cynips gallæ tinctoriæ* sur les bourgeons d'un Chêne de l'Asie Mineure (*Quercus infectoria*) (fig. 667); elles ont la grosseur d'une noisette et sont couvertes d'aspérités. Quand la larve est encore contenue dans leur intérieur, elles sont lourdes et verdâtres (*galles vertes*) ; mais, quand l'in-

secte s'en est échappé, elles deviennent légères et blanchâtres (*galles blanches*). La *petite galle couronnée d'Alep* a la grosseur d'un pois ; elle suit la piqûre des bourgeons du *Quercus infectoria* par le *Cynips polycera*. Les *galles de Hongrie* (fig. 670) ou de *Piémont* proviennent du développement anormal de la cupule du gland du Chêne rouvre (*Quercus robur*) après la piqûre du *Cynips calicis*. La *pomme de Chêne*, la plus volumineuse des galles du Chêne (fig. 666), est globuleuse et mesure de 4 à 5 centimètres de diamètre. Marquée extérieurement d'un cercle de points équidistants et spongieuse intérieurement, elle paraît résulter du développement monstrueux de la fleur femelle, après la piqûre du *Cynips argentea*. La *galle de France*, sphérique et d'un diamètre de 2 centimètres, croît sur l'Yeuse (*Quercus ilex*) après la piqûre de *C. hungarica*. La *galle lisse* du pétiole des feuilles du Chêne rouvre provient de la piqûre de *C. petioli*. Les galles du Rosier (*bédegars*) sont des excroissances chevelues, d'abord vertes, puis rouges, qui se développent à la suite de la piqûre des bourgeons feuillus par le *Rhodites rosæ* (fig. 671).

CASTRATION PARASITAIRE. — Quand le parasite détermine une modification des organes reproducteurs (gonades) de l'hôte, on dit qu'il y a gonotomie. Dans ce cas, les éléments repro-

Fig. 660. — Les Cynipidés, leurs galles et leurs parasites. — 1, Galle en artichaut habitée par l'*Aphilotrix gemmæ*, mais produite par l'*Andricus pilosus*. — 2, les galles en cerise des feuilles de Chêne habitées par le *Dryophanta scutellaris*, mais produites par la piqûre du *Spathegaster Taschenbergi*.

Fig. 661. — Cynips de la galle d'Alep (*Cynips gallæ tinctoriæ*).

Fig. 662. — *Dryophanta scutellaris*, très grossie. Femelle vue en dessus.

Fig. 663. — Fleur de la Valérianelle (*Valerianella carinata*.

Fig. 664. — La même fleur déformée (hypertrophiée) par la piqûre d'un acarien parasite.

Fig. 665. — Branche d'Aulne (*Alnus incana*) dont certains chatons femelles portent des protubérances dues à l'infestation des bractées écailleuses par l'*Exoascus alnitorquus*, Champignon ascomycète.

Fig. 666. — Galle dite Pomme de Chêne, se développant sur le Chêne tauzin à la suite de la piqûre du *Cynips argentea*.

Fig. 668.

Fig. 667.

Fig. 669.   Fig. 670.

Fig. 667. — *Quercus infectoria* avec ses galles.
Fig. 668. — Galle couronnée d'Alep.
Fig. 669. — Galle corniculée, produite sur le *Quercus pubescens* par le *Cynips coronata* Gir.

Fig. 670. — Galle de Hongrie, se développant sur le Chêne ordinaire à la suite de la piqûre du *Cynips calicis*.

Fig. 674.

Fig. 671.   Fig. 672.   Fig. 673.

Fig. 671. — Galles produites sur une feuille de Rosier par *Rhodites Rosæ*, a; par *Rhodites Eglanteriæ*, b; par *Rhodites spinosissimæ*, c.
Fig. 672 et 673. — Galles produites sur une feuille d'Orme (*Ulmus campestris*) par *Schizoneura Ulmi*, d;

par *Tetraneura Ulmi*, e; par *Tetraneura alba*, f.
Fig. 674. — Galles produites sur une feuille de Saule (*Salix purpurea*) par *Nematus gallarum*, g; par *Nematus vesicator*, h.

ducteurs ne se développent pas ; il semble que le seul fait de la présence du parasite, corrélative d'un ralentissement dans la nutrition de l'hôte, empêche celui-ci d'arriver à maturité sexuelle : il y a *castration parasitaire.*

Des exemples de cette suppression nous sont offerts par les Ustilaginées parasites des Céréales.

Le charbon du Sorgho (*Ustilago Sorghi*) se développe dans les ovaires et quelquefois même dans les étamines du Sorgho. Au milieu de l'inflorescence, et à la place de l'ovaire, il se forme un petit corps cylindrique qui surpasse plus ou moins les glumes de la fleur et qui est revêtu d'une membrane très mince, blanchâtre, se déchirant facilement. Ce petit corps renferme une masse de spores groupées autour d'un axe qui fait suite, pour ainsi dire, au pédicelle de la fleur. Et, chose curieuse, les insectes, qui visitent la fleur comme si elle était normale, transportent en même temps le pollen des étamines et les spores du parasite que renferme ce faux ovaire.

Dans la maladie connue sous le nom d'ergot, que nous avons étudiée page 350, une substitution analogue du parasite au grain de Seigle est faite dans l'épi ; on observe en outre une hypertrophie du grain ergoté qui, jointe à sa couleur d'un gris violet, permet de le remarquer très facilement.

Un phénomène plus curieux encore résulte de la présence d'un parasite cryptogamique dans les fleurs du *Lychnis dioica* : on sait que les fleurs de cette plante sont les unes des fleurs à étamines sans pistil, les autres des fleurs à pistil sans étamines. Or, quand les fleurs mâles sont parasitées par l'*Ustilago antherarum*, les étamines ont leurs anthères pleines d'une poussière violette formée des spores du Champignon parasite et non du pollen ; c'est un exemple de castration parasitaire. Mais, en outre, on peut observer un ovaire rudimentaire, organe qui fait défaut dans les fleurs mâles normales ; c'est là un exemple d'une tendance à la manifestation des caractères sexuels secondaires du sexe opposé à celui que le parasite a détruit ; c'est une tendance à une sorte d'inversion sexuelle causée par le parasitisme.

Coup d'œil d'ensemble sur les relations mutuelles des végétaux. — Pour résumer les données éparses dans les lignes précédentes relatives au parasitisme, nous ne pouvons mieux faire que citer le tableau que Boppe et Jolyet donnent des atteintes subies par les arbres de nos forêts par le fait des parasites végétaux (1) :

« Sans nous occuper du tapis végétal, nous ne parlerons que des espèces directement nuisibles aux arbres. Celles-ci sont toujours ou *sarmenteuses* ou *parasites* ; et, parmi ces dernières, plus on étudie la forêt, plus on est frappé de l'importance énorme que prennent les *Champignons.*

« Sous le climat de la France, les plantes sarmenteuses nuisibles appartiennent aux classes supérieures du monde végétal : le *Lierre,* les *Clématites* et le *Chèvrefeuille des bois* sont ligneux ; les crampons et les circonvolutions de leurs tiges fatiguent et dégradent les sujets qui leur servent de support ; il y a lieu de les extirper partout où on les rencontre, quels que soient l'âge et la forme des peuplements (fig. 675, *c*).

« Le *Gui* vit en parasite sur un grand nombre d'essences feuillues ou résineuses. Bien qu'il soit très rare sur le Chêne, on l'y rencontre néanmoins ; c'est, sans doute, en raison de cette rareté extrême que les druides l'avaient choisi comme plante sacrée. Mais Vellèda, notre patronne, avait dû révéler à ses prêtresses les procédés d'en multiplier les buissons nécessaires à l'entretien du culte.

« En général, le Gui fait peu de mal aux bois feuillus, parce que, installé sur leur cime, ses racines ne dégradent que les régions destinées à être débitées en bois à brûler. Sur les résineux, sur les Sapins surtout, ses racines traçantes partent des branches sur lesquelles la touffe a pris naissance et peuvent atteindre le tronc, où elles laissent des traces profondes et causent de sérieux dommages (fig. 675, *b*). Amputer les branches envahies par le Gui, c'est évidemment empêcher sa propagation par les oiseaux qui se nourrissent de ses baies ; mais le moyen est peu pratique ; le vrai remède serait, au passage des éclaircies, d'enlever de préférence les Sapins qui portent de ces buissons.

« Étant donnés les ravages qu'ils engendrent, les Champignons peuvent être comparés aux insectes les plus nuisibles. De même que ces redoutables ennemis de la culture forestière, les Champignons s'attaquent aux arbres, qu'ils endommagent ou font mourir ; — aux massifs, qu'ils éclaircissent ou détruisent en tuant les sujets qui les constituent ; — au bois, qu'ils rendent impropre à tous usages. Quelques

(1) Boppe et Jolyet, *Les forêts*, p. 306.

Fig. 675. — *Dégâts des végétaux.* — *a,* fructification en épaulette d'un Polypore qui ravage une tige de Sapin ; *b,* plateau de Sapin portant les traces des racines du Gui ; *c,* tige de Hêtre déformée par les circonvolutions du Chèvrefeuille des bois ; *d,* Balai de sorcière sur une tige de Sapin ; au point d'insertion, on peut voir le renflement qui donnera un chaudron ; *e,* tige de Charme déformée par le chancre *Nectria ditissima*) ; *f,* nodosités causées par la bactérie du Pin d'Alep (Boppe et Jolyet).

exemples permettent de se rendre compte de ces faits ; citons : *Æcidium elatinum,* qui fait le *Balai de sorcière* (fig. 683) et, sans tuer le Sapin, provoque le grave défaut connu sous le nom de *chaudron* (fig. 675, *d* ; *Cæoma pinitorquum,* qui déforme simplement les tiges : *Peridermium pini* (var. *corticola*), *Agaricus melleus,* *Trametes radiciperda,* qui tuent un grand nombre d'arbres dans les pineraies : *Rhizoctonia quercina,* qui s'attaque aux forêts de Chêne ; *Peziza calycina,* qui atteint le Mélèze et fait périr des arbres en pleine vigueur. On peut remarquer ce fait que les Conifères sont plus exposés aux attaques des Champignons que les feuillus ; sous ce rapport, l'analogie se continue entre la nocuité de ceux-ci et celle des insectes. Quant à l'action funeste exercée sur le bois, elle n'est pas moins redoutable pour les feuillus que pour les Conifères : c'est ainsi que *Hydnum diversidens,* *Telephora perdix,* *Polyporus sulfureus,* *Polyporus igniarius,* détruisent le bois de Chêne, —

comme le font, des bois de Sapin, de Pins et d'Épicéas : *Polyporus fulvus, Polyporus vaporarius.* — tous produisant chez les uns et les autres les vices connus depuis longtemps sous les noms de : rouge, grisette, etc..., sans qu'on les eût rapportés à leur véritable cause.

« Si l'on commence à connaître assez bien bon nombre de Champignons nuisibles aux forêts à des titres divers, non seulement dans leur structure, mais encore dans leur mode de développement et dans l'action qu'ils exercent sur le végétal ligneux dont ils sont l'hôte, on n'est pas toujours à même de mettre les forêts à l'abri de leurs dégâts. Les spores de Champignons sont d'une extrême ténuité qui facilite singulièrement leur transport par les vents ; elles sont aussi très nombreuses ; enfin, assez fréquemment, elles germent sur un végétal très différent de celui sur lequel s'est constitué le corps reproducteur qui leur a donné naissance, et ce végétal est parfois ignoré : c'est le cas, par exemple, pour *Æcidium elatinum.*

« Cependant, même dans cet état imparfait de la science, il est certaines mesures de protection dont l'efficacité n'est pas à dédaigner. D'une façon générale, il sera bon de supprimer tous sujets sur lesquels se sont développés les corps reproducteurs ; quand il s'agit des espèces dont les spores ne germent que sur le bois, — souvent même, que sur le bois de cœur, — on devra éviter, avec le plus grand soin, de le mettre à nu, proscrire, par conséquent, tous les élagages sur les essences comme le Chêne et le Sapin, très sujettes à l'altération de leurs tissus ligneux. Enfin, pour quelques espèces, il y aura d'autres mesures spéciales à prendre, tel l'*Agaricus mellcus*, qui produit dans les pineraies la maladie dite *du rond*, parce qu'elle s'étend en cercle à partir des premiers arbres attaqués et se propage sous terre au moyen d'une forme spéciale de mycélium, connu sous le nom de *rhizomorphe* ; on le combat avec efficacité par la suppression, non seulement des sujets atteints, mais encore de ceux qui les entourent immédiatement, et par une culture du sol après extraction de toutes les racines, — ou, tout au moins, par l'ouverture d'un fossé d'isolement.

« Ce serait sortir de notre cadre que parler des *bactéries* et autres infiniment petits, dont, paraît-il, nous avons autant à craindre pour nos forêts que pour nos personnes. Témoin, ces nodosités dues au travail de formes spéciales, parmi lesquelles on peut excuser les espèces qui agrémentent certains rameaux d'enjolivures variées, au grand profit des fabricants de cannes ou de manches de parapluie. Mais les autres ?...

« En résumé, si tout forestier ne peut pas être initié aux secrets les plus intimes de la mycologie, chacun peut, du moins, diagnostiquer la présence des Champignons, soit par leurs fructifications en forme de chapeau, d'épaulettes ou de touffes, soit par les lames de mycélium dont les filaments, à la façon de radicelles, serpentent sous l'écorce ou dans les tissus du bois. Dès que ces signes apparaissent, il faut, sans hésiter, abattre et enlever l'arbre qui les porte ; car, désormais, on ne peut rien attendre de lui que pourriture progressive, et, de plus, il devient un bouillon de culture, d'où s'échappent des milliards de spores avides de nouvelles victimes.

« Disons, en passant, que les Champignons ne s'attaquent pas seulement aux arbres sur pied ; ils détruisent aussi le bois après son emploi. Il appartient à la technologie forestière et à l'art du constructeur d'indiquer les moyens à employer pour mettre le bois en œuvre à l'abri de ces dangereux parasites. »

SAPROPHYTISME

On désigne sous le nom de *saprophytes* les plantes qui vivent sur les matières organiques en décomposition, sur les corps organisés que la vie a quittés (fig. 676 à 679). Cette condition de vie, assez particulière, paraît être en rapport, chez le saprophyte, avec l'absence de pigment chlorophyllien ; non pas que cette absence du pigment assimilateur détermine nécessairement le saprophytisme, mais parce qu'elle place le végétal qui présente cette particularité dans des conditions de vie spéciales. L'assimilation du carbone est alors réalisée par deux procédés distincts : certains végétaux s'associent à des plantes vertes et participent, en quelque sorte, au bénéfice de la fonction chlorophyllienne ; les autres choisissent comme aliments certains composés hydrocarbonés, dont la combustion leur procure à la fois le carbone et l'énergie nécessaire pour fixer ce carbone.

Parmi les végétaux non chlorophylliens, si nous en exceptons les parasites déjà étudiés et quelques Algues qui feront l'objet d'une étude spéciale, nous ne trouvons plus guère que les Champignons. En fait, on peut dire que le grand groupe des Champignons renferme la plupart des végétaux saprophytes, quoiqu'il contienne de nombreux représentants parasites. Faire l'histoire du saprophytisme, c'est, en quelque sorte, passer en revue une grande partie des Champignons. Une étude de ce genre ne saurait trouver place ici et nous ne pourrons qu'examiner, au point de vue de la nutrition, les données fournies par l'observation de quelques saprophytes.

Saprophytisme facultatif. — Le parasitisme, le saprophytisme ou la symbiose étant souvent dus à une même cause, qui est l'absence de chlorophylle, il peut, dans quelques cas, se produire une substitution entre ces genres de vie, en apparence si différents. Citons quelques exemples de ces remplacements.

Dans les premiers, on voit le Champignon envahir le parasite (un insecte) encore vivant, mais poursuivre son développement sur le cadavre de l'hôte.

Parmi les Entomophthorées, les plus connues sont : l'*Entomophthora radicans*, qui ravage, dans certaines années, les chenilles de la Piéride du Chou, l'Empuse de la Mouche et les Basidioboles.

L'Entomophthore de la Piéride (*Entomo-*

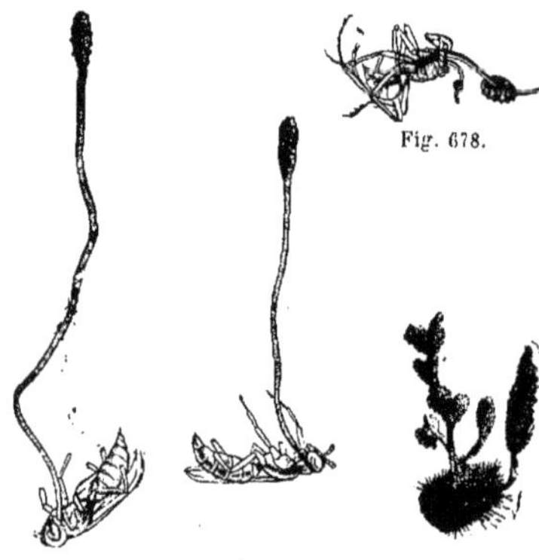

Fig. 678.

Fig. 676.   Fig. 677.   Fig. 679.

Fig. 676 et 677. — Deux cadavres de Guêpes portant chacune entre la tête et le corselet (sur le cou) le *Torrubia* (*Sphæria sphærocephala*).
Fig. 678. — Un cadavre de Fourmi portant un Champignon (*Torrubia myrmecophila*).

Fig. 679. — Fragment du cadavre d'une Chenille de Bombyx de la Ronce. Cette Chenille est couverte de l'*Isaria farinosa*, qui est le *Torrubia* (*Sphæria*) *militaris* à l'état conidiophore (Germain de Saint-Pierre).

phthora radicans) développe son thalle en un système de filaments, abondamment ramifiés, çà et là entrecoupés de cloisons. En cinq jours, ce thalle a consommé entièrement la substance de l'insecte, à l'exception des trachées, de l'intestin et de la peau fortement distendue qui enveloppe le tout. Sa croissance terminée, le thalle produit des spores.

De la même façon, l'Empuse de la Mouche envahit le corps de l'insecte : à l'automne, une spore atteint la Mouche par sa paroi abdominale, puis cette spore germe ou plutôt bourgeonne en donnant un thalle dissocié qui envahit entièrement le corps de l'hôte.

Bientôt, chaque cellule d'Empuse s'allonge en un filament qui perce la peau de la Mouche, se développe au dehors sans se ramifier et enfin se termine par une spore. Au-dessous de cette spore, le tube, progressivement distendu, se rompt brusquement et la spore est lancée en l'air avec un peu de matière gélatineuse provenant du contenu du filament.

Cette spore peut frapper directement la face inférieure de l'abdomen d'une Mouche qui passe dans le voisinage et s'y coller; aussitôt elle germe, perce la peau de l'animal à l'aide d'un tube qui se renfle en sphère à l'intérieur et bourgeonne bientôt comme il a été dit. Mais le plus souvent les spores retombent sur le support où gît la Mouche et y adhèrent, formant tout autour du cadavre une poudre blanche. Elles germent aussitôt en dressant dans l'air autant de nouveaux filaments terminés par des spores secondaires, plus petites que les premières et qui sont projetées comme elles, mais avec moins de force. Ces spores s'attachent au ventre des Mouches qui viennent se poser près de la première, et c'est ainsi que la maladie se propage rapidement.

Avec le Champignon de couche, nous observons un remplacement possible entre le symbiotisme et le saprophytisme.

Dans les pâtures où cet Agaric se rencontre en abondance, son mycélium est constamment associé aux radicelles des Graminées, avec lesquelles il forme des mycorhyses analogues à celles des Cupulifères (Voy. plus loin). Ce mycélium est beaucoup moins développé que dans le cas où il végète sur le fumier; il est réduit à quelques filaments, à peine perceptibles, qui tiennent la place des poils radiculaires, et que l'on peut seulement reconnaître à son odeur caractéristique, comme aussi aux Champignons qu'il donne à l'automne. Cette union de l'Agaric et des Graminées est bien une symbiose, car les touffes de Graminées qui portent ces mycorhyses se distinguent entre toutes par la grandeur et la teinte vert sombre des feuilles : on les aperçoit de loin dans les prairies, où elles forment des cercles qui vont en s'élargissant chaque année.

Ces cercles, nommés *ronds de sorcières*, peuvent atteindre jusqu'à 15 mètres de diamètre; ils sont limités en dehors par une zone de 15 à 20 centimètres d'un vert plus intense où le gazon est plus vigoureux, et en dedans par une zone jaunâtre où le gazon est mort. Dans certaines années, le cercle vert contient un grand nombre d'appareils sporifères : ces cercles traduisent au dehors la croissance périphérique du thalle dans le sol, à partir de la spore primitive. La région centrale meurt progressivement ; à la périphérie, pendant qu'une certaine zone vient d'être épuisée par le thalle dans sa position actuelle, la zone qui la touche en dehors, ayant reçu l'engrais produit par la décomposition rapide des fructifications, est devenue plus fertile : de là le contraste signalé.

La plante verte se ressent donc, à son tour, de son association avec le Champignon, et elle profite des aliments azotés élaborés par ce dernier.

On peut acclimater le mycélium sur du fumier et le rendre saprophyte en transportant avec précaution ces mycorhyses d'Agaric champêtre, ou mieux en mettant le fumier en contact prolongé avec les racines.

Ainsi ce Champignon supplée à l'absence de la fonction chlorophyllienne, tantôt par le symbiotisme, tantôt par le saprophytisme ; et il passe d'un genre de vie à l'autre sans aucune modification apparente, si ce n'est le plus grand développement de son appareil végétatif dans le second cas.

DIFFÉRENTS GENRES DE VIE DES PLANTES SAPROPHYTES

Les saprophytes vivent dans des conditions très diverses : les unes sont aquatiques ; les autres, terrestres, se fixent sur la terre nue, sur les pierres ou les rochers, sur le bois mort ou pourri, sur les feuilles mortes, sur les matières végétales en décomposition, sur les cadavres des animaux, enfin dans l'humus des forêts, des prairies ou des marais.

« On rencontre quelquefois les Champignons (1) dans des conditions très singulières : ainsi le *Schizophyllum commune* a été observé croissant sur les débris d'une mâchoire de Baleine, abandonnée au bord de la mer ; Réaumur a vu dans le Poitou cinq ou six *Clathrus cancellatus* qui s'étaient développés entre les pierres d'un mur ; Tode a trouvé le *Pyrenium metallorum* dans un canon de pistolet ; le *Polyporus terrestris*, l'*Agaricus epigæus*, ont été recueillis sur des rochers et nous avons trouvé nous-mêmes à Montmorency le *Lycogala parietinum* sur une grosse pierre meulière que les ouvriers avaient retirée de terre depuis une semaine au plus.

(1) Le Maout et Decaisne, *loc. cit.*, p. 707.

« Il est de certains Champignons comme des Mousses du genre *Splachnum*, qui ont pour habitat constant les excréments d'animaux herbivores : la plupart des Ascoboles végètent sur les bouses de Vache ; les *Mucor murinus, caninus*, etc., sur les excréments des rats, des chiens, etc. ; les noms d'*Hormospora coprophila, Sordaria coprophila*, indiquent la station stercoraire que partagent ordinairement les Piloboles. »

Abstraction faite d'un nombre relativement restreint d'exceptions, on peut dire que les saprophytes vivent et prospèrent dans des conditions qui seraient pour les autres végétaux une cause de mort. Ce sont des plantes amies de l'ombre ; elles s'accommodent souvent fort bien des endroits renfermés ; elles croissent nombreuses et vigoureuses sur les vieilles murailles où suinte une humidité malsaine, dans les caves où ne pénètre jamais le moindre rayon de soleil.

A la grande lumière, à la forte chaleur, les saprophytes préfèrent la température tiède du printemps ou de l'automne, les pluies même abondantes. Les formes supérieures qui supportent les ardeurs de l'été sont peu nombreuses et appartiennent à quelques genres particuliers : Bolet (*Boletus*), Russule (*Russula*), Lactaire (*Lactarius*) (fig. 680), dont les représentants émettent des réceptacles robustes, vivaces, qui persistent jusqu'à l'époque des gelées. Les saprophytes naissent d'ailleurs sur les lisières des bois ou dans les taillis ombreux où règne une tiède humidité. Les espèces qui habitent les endroits découverts, le bord des chemins ou les pâtures, n'apparaissent que plus tard, vers le commencement de l'automne. Il convient de faire exception pour quelques types coriaces de Marasme ou de Polypores, dont la consistance très sèche ne réclame que peu d'humidité.

Les Marasmes sont des Champignons de petite taille et poussant sur les troncs d'arbres, les feuilles mortes, les brindilles tombées. Leur caractère principal, c'est qu'ils se dessèchent sans pourrir, de sorte qu'ils reprennent leur forme quand on leur rend de l'humidité.

Les Polypores sont, les uns parasites sur les troncs d'arbres : P. à pied couleur de poix, P. couleur de soufre, P. du Pouleau, P. du feu ; les autres saprophytes : P. luisant, P. vivace, qui vit à terre, surtout dans les endroits où l'on a fait du charbon, ou sur les vieux troncs.

Fig. 680. — Lactaires (1).

Moisissures. — Parmi les Champignons saprophytes, les Mucorinées occupent une place à part, place qu'elles doivent à quelques représentants très vulgaires nommés Moisissures ; tels sont le Mucor moisissure (*Mucor mucedo*) (fig. 681 à 684), ou Moisissure. commune, le Mucor à grappes (*Mucor racemosus*) (fig. 685), le Rhizope noir, etc....

Ces Moisissures se développent sur un grand nombre de substances organiques, fruits, pain, matières organiques quelconques, surtout à l'humidité ; leurs spores sont présentes dans l'air et il suffit que ces spores trouvent des conditions favorables pour que leur germination détermine un ensemencement de toutes les matières organiques voisines.

Ces Moisissures sont surtout apparentes par leurs fructifications, c'est-à-dire par leur appareils porifère, qui forme sur le substratum moisi une sorte de duvet très apparent dont la couleur et l'aspect suffisent souvent à la détermination de la moisissure, cause du phénomène.

Une Mucorinée très remarquable par le grand développement de ses fructifications est le Phycomyce brillant (*Phycomyces nitens*) : les filaments sporangifères, jaunes dans le jeune âge, plus tard brunâtres et à reflets irisés, peuvent atteindre 20 centimètres et plus, et le sporange qui les termine acquiert un demi-millimètre de diamètre. Ce *Phycomyces* est facile à cultiver ; il fructifie admirablement sur une tranche de pain maintenue humide sous une cloche, à une douce température.

Les spores de cette espèce (1), beaucoup plus rare dans la nature que les Mucors, végètent de préférence sur les résidus de la fabrication de la laque ; elles fructifient aussi sur la graisse et le pain.

Pour faire le semis, il suffit de délayer quelques sporanges dans un peu d'eau bouillie et de répandre le mélange sur des tranches de pain faiblement humectées d'eau stérilisée et préalablement flambées au gaz. Au bout d'une semaine, sous cloche, les premiers tubes sporangifères jaunes apparaissent ; ils mûrissent en quinze ou vingt jours.

Rappelons que les Mucorinées ne sont pas toutes saprophytes et que certaines vivent en parasites, soit sur des Champignons de grande taille, comme les Sporodinies des Agarics, soit sur d'autres Mucorinées. On peut même, en cultivant ensemble plusieurs de ces plantes, réaliser des associations fort compliquées. On peut établir, par exemple, un Chétoclade en parasite facultatif sur un Mucor, un Piptocéphale en parasite nécessaire sur un Chétoclade, puis un Syncéphale en parasite facultatif sur ce Piptocéphale ; les principes puisés par le Mucor dans le milieu nutritif parviendront de la sorte au Syncéphale après avoir traversé trois organismes différents.

Parmi les Moisissures les plus vulgaires, il faut encore signaler les Aspergilles (fig. 686 à 688), les Stérigmatocystes et les Pénicilles

_____

(1) Les Lactaires sont des Champignons charnus dont la chair ou les lames laissent échapper, quand on les coupe, un lait doux ou âcre, blanc ou coloré.

D'une façon générale, il faut se défier des espèces dont le lait est âcre.

(1) Er. Hetzung, *loc. cit.*, p. 1151.

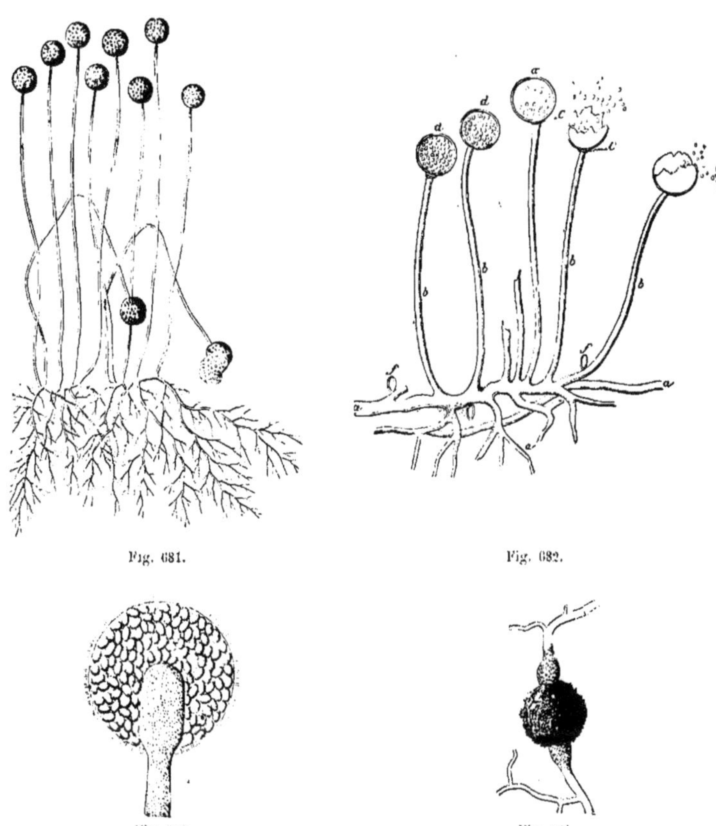

Fig. 681.

Fig. 682.

Fig. 683.

Fig. 684.

Fig. 681. — *Mucor Mucedo* (gr. 40).
Fig. 682. — *Mucor mucedo* (Moisissure vulgaire), très grossi : *a*, tube mycélial ; *b*, réceptacle filamenteux ; *c*, columelle ; *d*, sporanges ; *e*, sporange ouvert émettant les spores.
Fig. 683. — Section d'un sporange (gr. 260).
Fig. 684. — Fécondation (gr. 180).

qui comptent de nombreuses espèces toutes saprophytes.

Les Aspergilles se développent très facilement sur le pain humide, sur les fruits pourris, sur le jus de fruits, sur le vieux cuir. Les Pénicilles (fig. 689) forment d'abondantes moisissures vertes sur la plupart des matières organiques en décomposition ; ils sont la principale cause de la couleur bleuâtre que prennent les pâtes à fromage au commencement de leur fermentation. Les Stérigmatocystes se développent principalement sur la noix de galle humide et sur quelques autres matières organiques ; rappelons que le Stérigmatocyste noir a été cultivé en milieu exclusivement minéral par M. Raulin (Voy. p. 231).

Certains Champignons qui vivent habituellement en moisissures, peuvent, comme le *Penicillium crustaceum* (fig. 690 à 692), se nourrir en parasites dans des conditions favorables. De même, parmi ceux qui vivent ordinairement en parasites, il en est qui peuvent, comme l'Agaric de miel, se nourrir en Moisissures dans des conditions convenables.

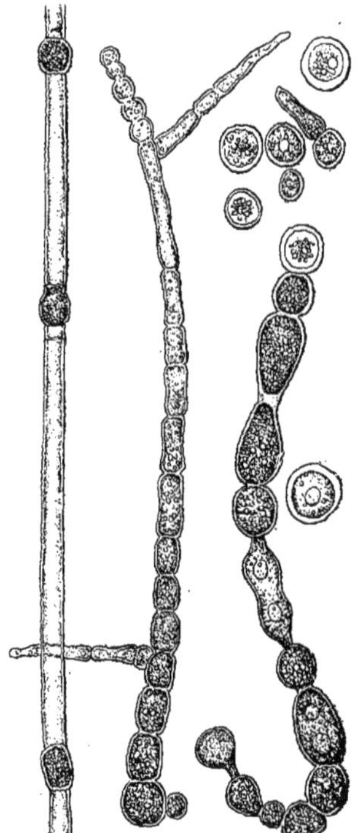

Fig. 685. — *Mucor racemosus*. Filament aérien, filament submergé et filament sporifère.

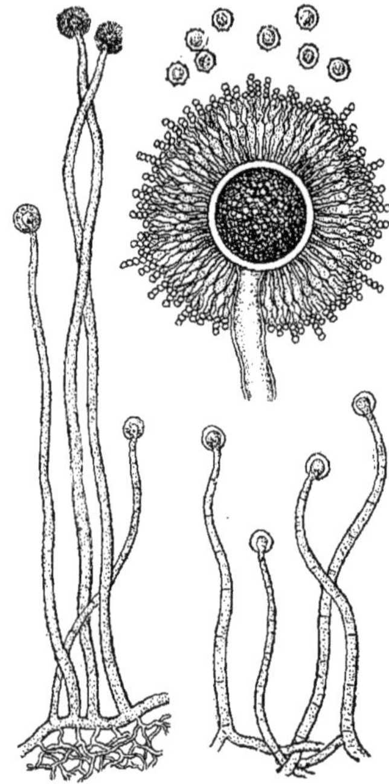

Fig. 686 à 688. — *Aspergillus niger*.

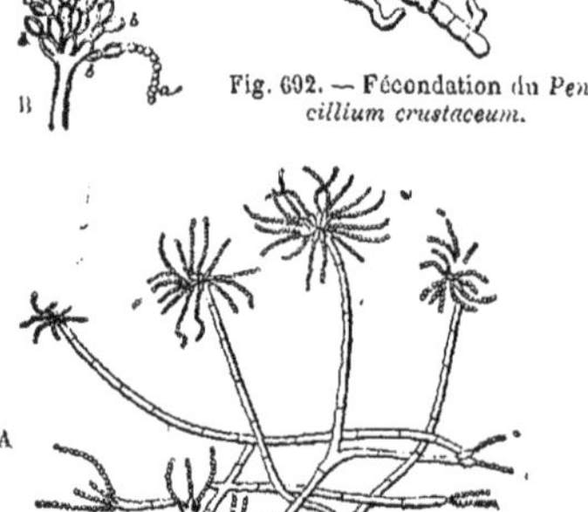

Fig. 692. — Fécondation du *Penicillium crustaceum*.

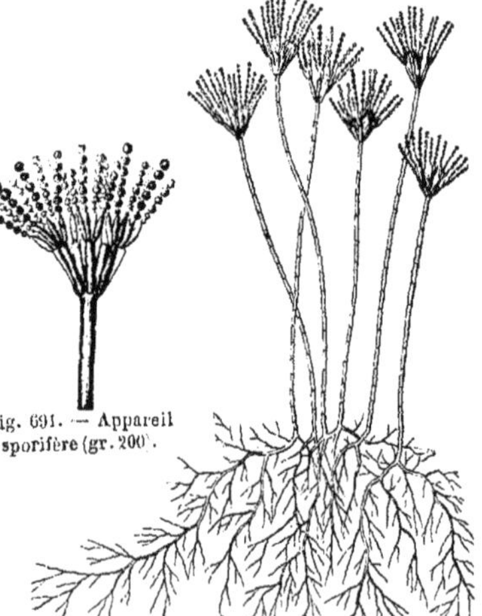

Fig. 691. — Appareil sporifère (gr. 200).

Fig. 689. — *Penicillium glaucum*. — A, portion de végétal; B, un pinceau de spores grossi.

Fig. 690. — *Penicillium crustaceum* (gr. 40).

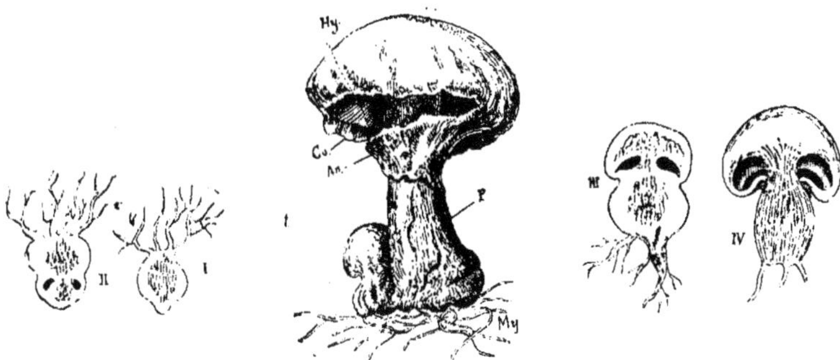

Fig. 693. — Champignons de couche (*Agaricus campestris*). — I, II, III, IV, V, divers états de développement de l'appareil fructifère.

NUTRITION DES VÉGÉTAUX SAPROPHYTES

Ne pouvant examiner, parmi la si grande diversité des genres de vie des saprophytes, tous les modes de nutrition de ces plantes, nous choisirons un exemple pour lequel des études patientes ont été instituées, et dont la culture est aujourd'hui devenue industrielle; nous étudierons la nutrition du Champignon de couche. Dans cette étude, nous mettrons à profit les excellentes données fournies par le Dr Ch. Répin (1).

Les végétaux non chlorophylliens doivent, s'ils ne sont ni parasites, ni symbiotes, trouver l'énergie nécessaire à l'édification de leurs tissus dans la destruction de certaines combinaisons organiques. Les Champignons inférieurs ont été assez étudiés pour que l'on connaisse les matières hydrocarbonées ou azotées qui peuvent les nourrir ; il n'en est pas de même des Champignons supérieurs. « Nous ne savons, par conséquent, *cultiver*, au sens scientifique du mot, aucun Champignon supérieur. Brefeld, il est vrai, a obtenu le développement *in vitro* de *Coprinus stercorarius* sur du crottin, et Hartig celui d'*Agaricus melleus* sur des racines de Prunier. Mais ces savants, en réalité, n'ont guère fait autre chose que de transporter dans le laboratoire les pratiques empiriques par lesquelles on provoque en Italie la pousse de l'*Agaricus caudicinus* sur les rameaux du Peuplier noir, ou celle du *Polyporus avellanus* sur les branches de Noisetier flambées au feu. »

(1) Ch. Répin, *La culture du Champignon de couche* (*Revue gén. des sciences*, 15 septembre 1897).

Procédés de culture en usage. — « L'Agaric champêtre (*Psalliota campestris*) est, avec les Coprins, le plus éclectique de tous les Champignons supérieurs quant au choix de son habitat. Il manifeste toutefois une prédilection marquée pour le fumier à demi décomposé et rencontre par conséquent fréquemment, dans les jardins, un milieu à sa convenance. »

Observé dans quelque jardin, le Champignon de couche fut sans doute remarqué, et devint peu à peu matière à exploitation. Aujourd'hui, on le cultive en France et à l'étranger, mais les principaux centres de production sont les carrières des environs de Paris.

« Les carrières sont creusées dans le calcaire grossier, quelques-unes dans la craie blanche comme à Meudon, ou dans le gypse comme à Argenteuil. Les plus anciennes ne sont guère qu'un dédale de galeries étroites et basses dans lesquelles un homme a souvent peine à circuler debout ; mais les modernes prennent les proportions de hautes et spacieuses nefs, étayées sur de puissants piliers taillés à même le banc calcaire, et dont l'aspect ne manque ni de pittoresque, ni même de grandeur.

« L'appropriation d'une carrière en vue de la culture du Champignon est fort simple. Le champignonniste assure l'aération, si les carriers ne l'ont déjà fait, en perçant en bonne place quelques cheminées d'appel ; il creuse un puits afin de trouver sur place l'eau que son exploitation exige en abondance ; puis, si la carrière est trop sèche, il recouvre le sol d'une couche de sable calcaire mouillée et battue, destinée à servir de réservoir d'humidité.

Fig. 695. — Galéra des Mousses.

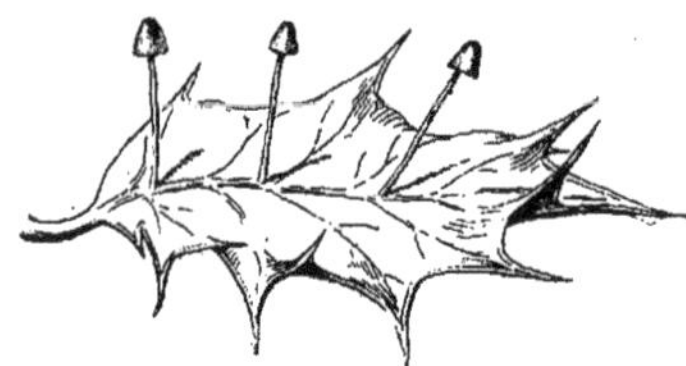

Fig. 694. — Amanite rougeâtre.

Fig. 696. — *Mycena capillaris* Schum (sur une feuille de Houx).

La préparation du fumier est d'une importance capitale.

Le seul qui convienne est le fumier de cheval, et encore existe-il des différences considérables entre les fumiers de diverses provenances.

« Plus le fumier est riche en crottin et en urine, meilleur il est. Le fumier des écuries de luxe ne vaut rien, parce qu'il ne reste pas assez longtemps sous les chevaux. Le plus recherché de tous est le fumier des chevaux de trait, fournissant une grande somme de travail musculaire et recevant une nourriture très azotée.

« Le fumier rassemblé, on le délite à la fourche, pour bien mélanger le crottin, la paille sèche et la paille imprégnée d'urine ; on l'arrose, puis on l'entasse méthodiquement de manière à constituer de grandes formes qui portent le nom de *planchers*.

« Pour obtenir de bons résultats, il est nécessaire d'opérer au moins sur une vingtaine de mètres cubes, et même les champignonnistes ne font guère de planchers de moins d'une centaine de mètres. Aussitôt entassé et foulé, le fumier entre en fermentation. La température au centre du plancher s'élève en peu de jours jusqu'à 80 et 90° centigrades. Au bout de huit jours, on retourne le plancher en ayant soin de lui restituer l'eau qu'il a perdue par évaporation et de rentrer en dedans les parties qui se trouvaient au dehors, afin qu'elles fermentent à leur tour. Il faut trois semaines et trois retournages successifs pour que le fumier soit à point. Il présente alors un aspect caractéristique ; son odeur est également toute spéciale, rappelant un peu celle du Champignon de couche lui-même.

« On le descend dans la carrière où les ouvriers monteurs le reçoivent et le mettent en meules. Le fumier s'échauffe de nouveau légèrement et sa température atteint 15 à 20 degrés.

« Le moment est venu de *larder*, c'est-à-dire d'insérer dans les meules les parcelles de fumier chargées de mycélium, ou *mises*, qui font l'office de boutures. Ce mycélium entre en activité, il émet des filaments qui s'irradient dans toutes les directions et envahissent finalement la totalité de la meule, dans un laps de temps assez variable, et qui dépend du climat de chaque carrière.

« Une des conditions les plus difficiles à réaliser est la bonne ventilation qui doit apporter aux Champignons une énorme quantité d'oxygène ; si l'air n'est pas suffisamment renouvelé, les Champignons boudent ; d'un autre côté, si la ventilation est mal établie, les caves ne conservent plus le degré d'humidité et la constance de température exigées pour une bonne culture. On règle cette ventilation par les cheminées d'appel et on dispose de place en place dans les galeries des portes et des cloisons dont le jeu est combiné pour l'obtention des conditions les plus favorables.

Fig. 697. — Collybia à pied velu.

« Le mycélium abandonné à lui-même dans la meule ne fructifierait que pauvrement. Pour obtenir une abondante formation de Champignons, il est indispensable de recouvrir la meule d'une couche de terre calcaire ou de sable.

« Cette opération s'appelle le *goptage*.

« Dès que les filaments mycéliens ont pénétré dans la terre à gopter, ils s'agrègent en cordons, et ceux-ci, en arrivant à l'air, s'épanouissent en un bouquet de petits tubercules dont chacun représente l'ébauche d'un Champignon. Le rôle de la terre à gopter est purement physique.

« La pousse des Champignons se prolonge, sur la même meule, pendant deux à trois mois en moyenne. Elle ne se fait pas d'une façon continue, mais procède par volées, séparées par des intervalles de non-production, pendant lesquels, sans doute, le mycélium puise dans le fumier de nouveaux éléments nutritifs. »

Comme on le voit, la préparation du substratum qui doit alimenter les Champignons est chose délicate, et il faut penser, avec le D^r Ch. Répin, que la fermentation que l'on produit est différente de la fermentation banale du fumier de ferme ; cette fermentation est spécifique. Sous son action, les celluloses de la paille sont oxydées et fournissent un aliment, non soluble dans l'eau il est vrai, mais assimilable par le Champignon.

« La complexité de la molécule de cellulose et le nombre infini des différentes celluloses existant dans le monde végétal nous permettent de comprendre la spécialisation étroite qu'affectent beaucoup de Champignons supérieurs sous le rapport de leur habitat et les affinités que l'on remarque entre certains de ces Champignons et telles espèces de Phanérogames dont les organes, morts ou vivants, semblent avoir le privilège de leur donner l'hospitalité. Dans cet ordre d'idées, on peut dire que les progrès de la biologie des Champignons supérieurs sont intimement liés à ceux de la chimie des matières cellulosiques. »

Habitats des plantes saprophytes. — Nous emprunterons à l'excellent ouvrage de A. Acloque, intitulé *Les Champignons*, les lignes suivantes destinées à faire connaître les principaux représentants saprophytes que nous offre le règne végétal.

« Parmi les sous-genres de l'Agaric, nous voyons les Amanites (fig. 694), les Tricholomes et les Hébélomes fréquenter les endroits couverts des bois, où ils se développent parmi la Mousse et les feuilles mortes. Les Pleurotes et

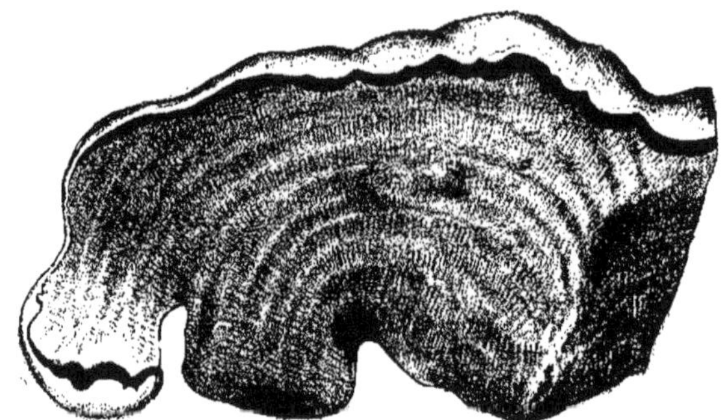

Fig. 698. — *Merulius lacrymans.*

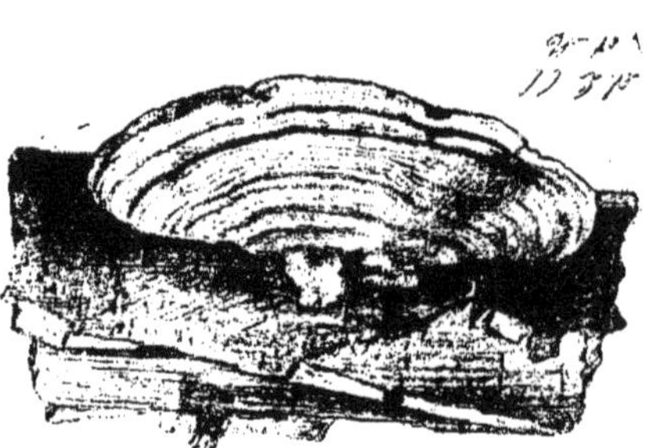

Fig. 699. — Polypore versicolore.

Fig. 700. — Clavaire rameuse.

les sous-genres analogues viennent sur les troncs d'arbres, les poutres, les souches coupées. Les Clitocybes, Mycènes, Omphalies, Galères (fig. 695), préfèrent les bois humides ou les prairies tourbeuses ; quelques-uns d'entre eux envoient leurs fibres mycéliales parmi les feuilles mortes ou même sur les feuilles vivantes (fig. 696) ; d'autres implantent leur stipe radiciforme dans les souches coupées, mais toujours dans les endroits ombragés. Les Lépiotes, Psalliotes et analogues croissent dans les endroits découverts des bois, le long des allées et des chemins, sur la terre nue ou parmi les gazons. Les Panéoles fréquentent le fumier et les débris corrompus ; les Clitopiles et leurs alliés les Entolomes sont terrestres, mais variables dans leurs préférences : les uns habitent les clairières, les autres les taillis. Quelques Collybes (fig. 697) se rencontrent sur des Agarics demi-pourris ; mais la plupart sont lignatiles.

« Dans les genres à spores blanches, l'*Hygrophorus* se plaît dans les endroits découverts et herbeux, sur les gazons abrités ou même sur la terre nue, au voisinage des chemins et des sentiers ; on le trouve aussi dans les pâturages et les bruyères. Le *Marasmius* habite les feuilles mortes ou le sol riche en humus ; les Russules et les Lactaires, qui sont très étroitement alliées, et qui n'ont pas que ce point de ressemblance, se rencontrent dans les bois, les premières dans les endroits découverts, les clairières et le bord des allées, les seconds dans les taillis, parmi la Mousse ; pour ces derniers, il convient de faire remarquer que les individus qui naissent dans les endroits absolument ombreux sont plus petits, et que ceux qui se développent dans les lieux découverts atteignent ordinairement un volume plus considérable.

« Les Cantharelles vivent toutes dans les bois, les unes sur la terre, les autres sur les arbres et les branches mortes, les autres encore sur la

Fig. 701. — Helvelle crépue.

Mousse où elles se développent en parasites. Les genres qui ont le stipe nul ou latéral croissent tous sur le bois. Les Coprins et les Bolbites se multiplient sur le fumier, les murs humides, le bois décomposé ; les Cortinaires viennent à terre dans les bois, de préférence en automne ; les espèces de Nyctalis se développent sur les vieilles Russules mortes.

« Parmi les Polyporés, les Mérules (fig. 698), les Dédales et un très grand nombre de Polypores (fig. 699) sont lignatiles ; mais l'époque de leur fructification varie avec les espèces ; plusieurs sont vivaces. Le genre *Poria* étale également sur les troncs son pileus résupiné. *Fistulina* croît en automne sur de vieilles souches à fleur de terre. Les Bolets sont tous terrestres, et viennent tantôt sur le sol nu, tantôt sur les feuilles et les menus débris végétaux décomposés. Ils fructifient en été, en même temps que les Russules et les Lactaires, et disparaissent quand la saison s'avance, bien avant les Agarics. On les trouve dans les bois, de préférence dans les endroits découverts, les clairières et le bord des allées, mais presque toujours à l'ombre ; quelques-uns habitent les prés secs ; d'autres les marais et les prés tourbeux.

« La plupart des Hydnés sont lignatiles ; cependant on trouve à terre *Hydnum repandum* et quelques autres. Ils fructifient en été et en automne. Les Phlébiés et les Téléphorés habitent également les troncs d'arbres et les poutres. Peu de Clavariés, au contraire, sont lignatiles. Beaucoup d'espèces habitent le sol, parmi la Mousse et les herbes que les individus englobent souvent dans leur substance. On trouve ordinairement les Clavaires (fig. 700) dans les bois, en été et en automne ; cependant *Clavaria pratensis* Pers. croît dans les prés et le long des chemins. Les espèces de *Typhula* se développent dans les forêts, parmi les feuilles pourries ; *Pterula penicillata*, *Calocera cornea* sur le bois mort ; *Pistillaria micans* sur les tiges sèches des herbes. Les Trémelles sont lignatiles, et apparaissent à une époque avancée ; quelques-unes fructifient en hiver ; elles habitent les troncs ou les branches tombées à terre. Une espèce de *Dacrymyces* croît sur les vieilles tiges d'Ortie.

« Les Nidulaires habitent le bois, la terre et le fumier, au printemps et en automne. Les Satyres et les Clathres sont humigènes ; on les trouve dans les bois, à la fin de l'été et en automne. Plus varié est l'habitat des Lycoperdes et des genres alliés. *Lycoperdon gossypinum* est lignatile; beaucoup de *Bovista* et les autres Trichogastres habitent la terre, les uns dans les bois, les autres dans les prés, les pâturages, le long des chemins, des rivières, et même dans les champs cultivés. Quelques espèces affectionnent une situation très spéciale, comme les bois de Sapins, les coteaux sablonneux. Elles se développent tantôt au printemps, tantôt en été, mais le plus souvent en automne; leurs spores se répandent souvent en hiver. Des deux espèces françaises de *Polysaccum*, l'une habite les bois de Pins maritimes, l'autre les Bruyères sablonneuses. Les Myxomycètes promènent leur pulpe molle sur le bois pourri, les débris végétaux, le tan, les feuilles mortes, la Mousse et même le sol nu. Dans le groupe des Basypogés, toutes les espèces, comme le nom l'indique, sont souterraines.

« On trouve les Helvelles (fig. 701) sur la terre dans les endroits secs, comme le bord des routes, ou dans les endroits ombragés et humides, au printemps et en automne; *Leotia* croît dans les bois; *Mitrula* dans les marais; *Morchella* dans les lieux découverts, à l'ombre des Hêtres ou des Pommiers, dans les bois et dans les pâtures, sur le sol nu ou parmi le gazon; la plupart des espèces au printemps, quelques-unes en automne. *M. semilibera* affectionne les talus herbeux qui bordent les routes.

« Les Pézizes habitent le bois, la terre ou le fumier; elles se développent au printemps, en été et en automne; les espèces humigènes préfèrent les terrains argileux qui retiennent l'humidité; les formes lignatiles affectionnent presque toujours un hôte particulier; les unes viennent sur les troncs, dans les interstices de l'écorce, les autres sur les troncs coupés, sur le vieux bois sans écorce, sur les poutres ou sur les petites branches tombées à terre. *Peziza fructigena* se plaît sur les glands en voie de décomposition; *Ascobolus furfuraceus* sur le fumier des bêtes de somme; *Peziza granulata* sur la bouse de vache; *P. coronata* sur les tiges sèches des herbes; *P. clandestina* sous des amas de feuilles mortes; *P. echinophila* sur le brou de la châtaigne. Beaucoup de Patellariés sont lignatiles; *Patellaria coriacea* vient sur les fumiers de cerf, de cheval et d'âne. Les Phacidiacés sont tous épiphytes; les espèces fructifient en automne et en hiver.

« La plupart des Sphériacés vivent sur les plantes languissantes, mortes ou demi-décom-

posées; les Xylaires habitent les pieux, les poutres, les souches coupées, dans les bois et les jardins, et fructifient pendant toute l'année; les véritables Sphéries se développent sur les petites branches, généralement sous l'épiderme qu'elles percent pour paraître au dehors, quelquefois sur le bois nu en plaques largement étalées, quelquefois encore sur les feuilles demi-mortes ou tombées à terre.

« On trouve *Asteroma* sur les tiges sèches des herbes; *Depazea* sur les feuilles mortes d'un grand nombre de plantes; *Dothidea* sur les feuilles encore vivantes.

« Des *Torrubia* et quelques genres alliés croissent sur les insectes morts ou vivants: *Torrubia melolonthæ* Tul. sur le hanneton, *Laboulbenia Rougetii* sur plusieurs Brachines; quelques Sphériacés vivent encore sur les Champignons charnus languissants ou morts. Les Ascypogés sont tous souterrains. Les Onygénés se développent sur diverses substances, sur du bois, de la corne, des débris animaux : une espèce vient sur les sabots en putréfaction des ânes et des chevaux.

« Les Tuberculaires sont toutes saprophytes; *T. vulgaris* se développe sur les menues branches desséchées.

« Les Péronosporés envoient leur mycélium endophyte dans les tissus de plusieurs végétaux auxquels ils causent le plus grand préjudice : les espèces qui ont le plus à souffrir de leurs atteintes sont les Solanées, et en particulier la Pomme de terre, les Crucifères, quelques Ombellifères, les Alsinées, quelques Renonculacées. Les Ascomycés viennent sur les feuilles de diverses Amygdalées.

« On trouve les Dématiés sur diverses substances, sur le bois décomposé, le papier corrompu, dans les endroits non aérés; *Dematium* vient au printemps sur le vieux bois; *Polythrincium Trifolii* en automne sur les feuilles languissantes de plusieurs Trèfles. *Cladosporium umbrinum* se développe sur l'Agaric de l'Olivier, et on avait même attribué à sa présence le phénomène de phosphorescence qui caractérise cette espèce.

« Les Mucédinés ont à peu près les mêmes habitats; *Aspergillus candidus* vient sur les substances desséchées, dans les lieux humides, et entoure souvent d'une couronne élégante le péristome des Hypnes; *A. maximus* vient sur les Champignons décomposés; *A. glaucus* affectionne les fruits charnus qui se pourrissent. »

SYMBIOTISME

Quand on étudie les représentants supérieurs du règne végétal, on est amené tout naturellement à penser que chaque plante, autonome en apparence, l'est aussi en réalité. Cette plante vit à côté de plantes semblables ou différentes, et entre tous ces êtres il semble que la loi de concurrence vitale soit le seul trait d'union.

Les nombreux exemples de saprophytisme et de parasitisme qui ont été relatés dans les pages précédentes nous ont montré, en outre, que les déchets végétaux servaient de substratum nourricier à toute une flore particulière non chlorophyllienne, tandis que les végétaux vivants supportaient des plantes hôtes, également non vertes, et associées à eux de façon très étroite. Ces végétaux, à la vérité, subissent leurs parasites, ils ne leur empruntent rien d'utile, ils cherchent au contraire à se défendre contre les conséquences de leur présence, et, assez souvent, ils sont dégradés ou affaiblis à tel point qu'ils périssent. Des associations de ce genre, profitables à l'un des associés et préjudiciables à l'autre, sont fréquentes, mais ne sont pas encore aussi générales que des associations d'un autre genre dont il va être question maintenant.

Dans les associations dénommées « symbioses », c'est-à-dire associations à vie commune, les deux participants tirent bénéfice, par une sorte de réciprocité. Les deux végétaux symbiotes sont, en quelque sorte, dans la situation de l'aveugle et du paralytique, ils se prêtent un mutuel appui et, quoique pouvant vivre seuls, au moins dans certains cas, on les rencontre plus fréquemment unis.

Des associations de ce genre sont représentées dans la nature par de très nombreux exemples, et si leur découverte est relativement récente, l'intérêt qui s'attache à leur étude est de toute première importance. C'est en effet à ce type d'associations qu'il faut rattacher les Micorhyzes dont la connaissance a éclairé d'un jour nouveau la nutrition des végétaux supérieurs, et les Lichens dont le rôle fut immense pour le peuplement de la terre nue.

Pour l'étude des principales symbioses aujourd'hui connues, nous établirons une classification sommaire en tenant compte de la nature des organismes symbiotes. Nous distinguerons cinq ordres de symbioses, selon que les participants sont :

Un Champignon et une Bactérie ;

Un Champignon et une racine (groupe des Mycorhizes);

Un Champignon et une Algue verte (groupe des Lichens);

Une Algue et un animal;

Une Bactérie et une racine.

Les symbioses du deuxième et du troisième types étant seules importantes, nous examinerons brièvement les symbioses appartenant aux trois autres cas.

Symbiose de Champignon et de Bactérie. — Une association dans laquelle entrent une Levure et une Bactériacée est réalisée par le ferment qui transforme le lait en cette boisson gazeuse appelée *kéfir*, que les montagnards du Caucase et certains Arabes recherchent pour sa saveur alcoolique et fraîche.

On obtient le kéfir en ajoutant au lait de vache une matière pâteuse jaunâtre, qui est conservée à l'état sec; on maintient à une température d'environ 20 degrés et on agite de temps à autre pendant deux jours. Le liquide trouble obtenu est décanté, puis filtré grossièrement; on le laisse fermenter quelques jours en bouteille, et on a soin de conserver le résidu, c'est-à-dire le ferment, pour les préparations ultérieures.

Le ferment est formé de deux organismes, une Levure et une Bactérie, celle-ci sécrétant une matière gélatineuse qui les réunit. On peut résumer ainsi les avantages que les deux êtres tirent de la symbiose : la Bactérie est plus grosse, plus vigoureuse que si elle végétait seule, la Levure se multiplie très activement à la faveur du milieu acide créé par l'acide lactique que la Bactérie élabore.

Symbiose d'Algue et d'animal. — Parmi les Algues chlorophycées de la famille des Palmellacées, il en est quelques-unes qui entrent en symbiose avec des Champignons pour constituer des Lichens; d'autres pénètrent à l'intérieur de divers Infusoires pour s'y développer et vivre en symbiose avec eux; on nomme ces Algues des Zoochlorelles. Ce sont des cellules vertes, chlorophylliennes, de trois à dix millièmes de millimètre de diamètre, pourvues d'une membrane cellulosique, vivant isolées dans les tissus de certains Infusoires, le Stentor polymorphe, la Paramécie bursaire, mais pouvant aussi habiter les tissus intérieurs de l'Hydre verte.

Nous trouvons là un exemple d'association zoophytique dans laquelle l'Algue verte cède à l'animal l'oxygène résultant de l'assimilation chlorophyllienne, tandis que l'animal donne au végétal une partie de l'aliment qu'il a puisé dans le milieu extérieur.

Symbiose de Bactérie et de racine. — A ce genre de symbiose se rapportent les nodosités des Légumineuses, étudiées page 276, dans lesquelles végètent les bactéroïdes fixateurs d'azote. Nous ferons ici une simple remarque relative à la nature de la symbiose : la plante légumineuse fournit à la Bactérie qu'elle abrite un aliment tout formé, la Bactérie cédant à la plante l'azote qu'elle a fixé. Cette symbiose n'est du reste que transitoire, les Bactéries disparaissant au bout de quelque temps dans les nodosités, tandis que des nodosités nouvelles naissent sur les parties jeunes des racines.

MYCORHIZES

Sous ce nom, on comprend des associations de Champignons et de racines réalisant une symbiose harmonique, comme le définissent les lignes suivantes (1) :

« Chez un grand nombre d'arbres forestiers, on trouve les racines associées à des filaments délicats, qui sont un appareil végétatif ou mycélium de Champignon. L'union est si intime et si régulière, que la racine constitue avec le mycélium un tout morphologique, défini avec la netteté d'un organe normal. Une telle promiscuité entraîne une solidarité profonde dans les fonctions de cette sorte d'organisme composé. Cette formation, qui n'est ni racine, ni Champignon, mais qui tient à la fois de la racine et du Champignon, a reçu de Frank le nom de Mycorhize. »

Pour faire connaître ces curieuses formations, nous prendrons comme premier exemple les Truffes.

LES TRUFFES

La Truffe ordinaire. — Notre bonne Truffe, dite *Truffe noire*, *Truffe du Périgord* (fig. 702),

Truffe franche, et très justement *Truffe des gourmands*, est le *Tuber* de Pline, l'*Hydnum* de Théophraste et de Dioscoride, le *Lycoperdon tuber* de Linné, enfin le *Tuber melanosporum* de Vittadini et de Tulasne.

Fig. 702. — Récolte des Truffes dans le Périgord.

Plusieurs espèces du genre *Tuber*, autres que le *Tuber melanosporum*, sont recherchées comme aliments. Les Italiens (fig. 703) font cas de leur grosse *Truffe blanche (Tuber magnum)*, qui est en effet fort bonne, mais qui ne peut être mise en comparaison avec la Truffe noire (A. Chatin).

Voici comment les naturalistes du XVIIIe siècle s'exprimaient à propos de cette curieuse plante (1) :

« S'il y a des animaux qui ont peu l'air d'animaux, il ne faut pas être surpris qu'il y ait aussi des plantes qui n'en ont pas la mine. Les Truffes sont de ce nombre ; elles n'ont ni racines, ni filaments qui en tiennent lieu, ni tiges, ni feuilles, ni fleurs apparentes, et nulle apparence de graine. Il faut pourtant qu'elles jettent des semences pour se multiplier. En un mot, il faut que ce soit des plantes.

« Les botanistes les ont rangées dans l'ordre des plantes, parce qu'on les voit croître et se multiplier ; ils ne doutent point qu'elles n'aient

(1) Pour l'étude de cette importante question, nous mettrons à profit le remarquable article publié par M. P. Vuillemin dans la *Revue gén. des sciences* du 15 juin 1890.

(1) Voy. aussi *Le Monde des Plantes*, t. II, p. 786.

du moins les parties essentielles des plantes, si elles n'en ont pas les apparences, de même que les insectes ont les parties essentielles à l'animal, quoique la structure apparente en soit différente.

« Cette sorte de plante est une espèce de tubercule charnu (fig. 704 et 705), couvert d'une enveloppe ou croûte dure, raboteuse, chagrinée, et gercée à sa superficie. Elle ne sort point de terre, elle y est cachée à environ un demi-pied de profondeur; on en trouve plusieurs ensemble dans le même endroit, qui sont de différentes grosseurs. »

Il ne paraît pas que les anciens aient connu notre Truffe, car ils la décrivent de couleur rougeâtre et de surface lisse, comme la Truffe assez commune en Italie que l'on nomme Truffe sauvage. Il est vrai cependant que les Romains recevaient une Truffe blanche d'Afrique, qu'ils nommaient Truffe de Libye et qu'ils estimaient singulièrement pour son odeur.

On remarque que les Truffes viennent plus ordinairement dans des terres incultes, de couleur rougeâtre et sablonneuse. On les trouve au pied et à l'ombre des arbres, on les trouve aussi quelquefois entre des racines. Leur arbre favori est le Chêne; cependant les Châtaigniers et quelques autres arbres les abritent également.

On commence à voir des Truffes au premier beau temps qui suit les froids, plus tôt ou plus tard suivant la rigueur de l'hiver ; c'est ainsi que les grands froids de 1709 ont retardé l'apparition des Truffes jusqu'à l'automne. A leur naissance, les Truffes sont semblables à de petits pois ronds, rouges en dehors, blancs en dedans ; ces pois grossissent peu à peu. Si on retirait de la terre ces jeunes Truffes, on les trouverait insipides, donc sans valeur ; tout au plus pourrait-on les faire sécher pour en assaisonner les ragoûts.

Les Truffes qui ont été déplacées ne prennent plus de nourriture, quand même on les remettrait dans la même terre d'où on les a tirées ; mais si on les y laisse un certain temps sans les déranger, elles grossissent insensiblement ; leur écorce devient noire, chagrinée ou inégale, quoiqu'elles conservent toujours leur blancheur en dedans ; ce sont encore des Truffes blanches.

Bientôt la Truffe, dont le volume augmente, se durcit dans son écorce, et change de couleur; on la voit se marbrer de gris et on n'aperçoit plus le blanc que comme un tissu de fils qui se répandent dans le cœur de la Truffe (fig. 706)

et qui viennent aboutir aux gerces de l'écorce.

Parvenues à ce point de maturité, les Truffes ont une odeur et un goût très agréables. La chaleur et les pluies d'août les font mûrir plus promptement; c'est ce qui fit dire à quelques auteurs que les orages et le tonnerre les enfantaient. On ne commence à fouiller les bonnes Truffes que depuis le commencement d'octobre jusqu'à la fin de décembre, et quelquefois jusqu'au mois de février. Les Truffes non ramassées se pourrissent sur place et donnent plus tard plusieurs amas de petites Truffes qui occupent la place de celles qui sont pourries. Ces jeunes Truffes prennent nourriture jusqu'aux premiers froids et subissent l'évolution indiquée plus haut.

La Truffe mûre est le fruit (périthèce) relativement énorme d'un Champignon filamenteux, si délicat que son appareil végétatif passe aisément inaperçu. Si l'on fait une coupe dans ce fruit (fig. 707), on y distingue un tissu interne, marbré, dont les filaments sont entremêlés de nombreux sacs (thèques ou asques), renfermant les corps reproducteurs ou spores (fig. 708), et une couche externe protectrice, qui est l'écorce de la Truffe. Une observation très minutieuse permet de voir l'écorce se prolonger en cordons radiciformes, appelés rhizomorphes, d'une forme très spéciale, qui se mélangent à d'autres rhizomorphes identiques dont le point de départ est dans un revêtement mycélien des radicelles du Chêne truffier.

Si, dans la Truffe ordinaire, le mycélium est difficile à observer, il est quelques variétés de Truffes où ce mycélium est tout à fait manifeste.

Ainsi, le *Tuber panniferum*, qui est une Truffe non vénéneuse, sans grande valeur et souvent voisine des bonnes Truffes, montre ses filaments mycéliens quand on la retire avec quelques précautions.

Quand on est assez heureux pour connaître un gisement de *panniferum*, on peut prendre, pour le fouiller, certaines mesures de conservation qui permettent de retirer le mycélium presque intact et dans sa totalité ; il suffit pour cela, dès qu'on arrive au niveau du tubercule, de l'enlever en masse avec la terre qui l'enveloppe, et de le débarrasser de cette terre, en le lavant d'abord sous un filet d'eau, puis en le laissant dans de l'eau acidulée à l'acide chlorhydrique.

Au bout de quelques heures, la terre s'est désagrégée, les calcaires se sont dissous, et la trame du mycélium, bien purgée des matières

Fig. 703. — Récolte des Truffes dans le Piémont, d'après le tableau de Franck Kelboz.

terreuses qui la souillaient, flotte au sein de l'eau.

On se rend compte alors que ce mycélium est constitué par un amas de filaments roussâtres, assez longs, qui, venus de toutes parts, se feutrent et se condensent pour constituer le revêtement d'aspect amadou (fig. 709).

Au-dessous de ce revêtement, que l'on peut assez bien détacher avec l'ongle, apparaît la véritable écorce de la Truffe, écorce presque lisse ou à peine chagrinée, d'un noir brun, et qui présente avec le feutrage amadou les connexions les plus étroites.

Ce mycélium du *panniferum* et l'enveloppe drapée qu'il constitue entourent le tubercule de toute part et pénètrent dans les anfractuosités dont sa surface est habituellement le siège. En tout cas, il est permanent, c'est-à-dire qu'il est contemporain de toutes les phases par lesquelles passe le tubercule, pendant son évolution, et qu'on le rencontre, autour de lui, de sa naissance à sa maturité.

Ainsi nous est révélée la nature de la Truffe; quant à la connaissance de l'association ainsi formée, elle résultera des données de l'étude qui va être faite d'autres Mycorhizes.

Les anciens ignoraient cette association et ils se perdaient en conjectures sur l'origine de si singuliers végétaux.

« La Truffe est donc une plante et non point une matière conglomérée, ou un excrément de la terre, comme Pline l'a pensé en rapportant pour preuve une histoire d'un gouverneur de Carthagène, qui en mordant une Truffe trouva sous ses dents un denier. Cette preuve n'est point suffisante, puisque le hasard peut avoir fait que la Truffe, en grossissant, ait enveloppé ce denier, comme on voit arriver pareilles choses à certains arbres, de la végétation desquels on est persuadé. »

Fig. 704. — Truffe noire mélanospore
du Périgord.

Fig. 705. — Truffe noire mélanospore
du Périgord, coupe.

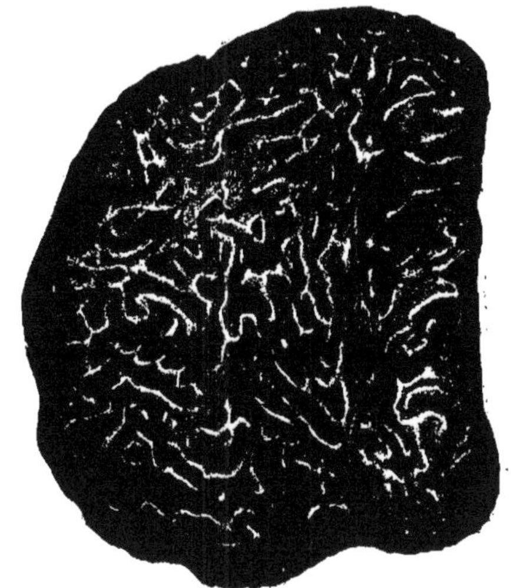

Fig. 706. — Veines blanches et noires du *tuber cruminerum*
grossies deux fois.

Pline même ne savait à quoi s'en tenir, puisqu'il rapporte que l'on observait que les Truffes ne venaient auprès de Métclin, dans l'île de Lesbos, que quand le débordement des rivières en apportait les semences d'un endroit nommé Tiares, dans la terre ferme d'Asie, où il y avait des Truffes en quantité.

La Truffe de cerf. — Une autre sorte de Truffe, nommée *Cerri boletus, Tuber cervinum* ou mieux *Elaphomyces granulatus*, est assez fréquente au voisinage des Conifères, Pins, Épicéas. Cette Truffe est de la grosseur d'une noix, quelquefois d'une noisette, arrondie, raboteuse, inégale. Elle est couverte d'une écorce comparable à du cuir, grise, rousse, semée de petits grains ; la substance intérieure est d'un blanc tirant sur le pourpre. Lorsque cette Truffe est récente, elle a une saveur et une odeur fortes, mais lorsqu'elle est sèche et gardée quelque temps, elle perd ses qualités. Elle naît sous la terre comme les autres Truffes, sans racines, au moins visibles. On la trouve dans les forêts épaisses et les montagnes boisées d'Allemagne et de Hongrie ; les cerfs en sont très friands ; étant attirés par son odeur, ils grattent la terre où elle est cachée pour la découvrir et la manger.

Les relations de ces Truffes avec les Conifères ont été les premières élucidées. Non seulement les fruits d'*Elaphomyces* se forment aux dépens des filaments échappés des Mycorhizes des Pins, mais ces Mycorhizes, abondamment ramifiés en fausses dichotomies, se multiplient et s'enchevêtrent en constituant au tubercule un revêtement auquel prennent part à la fois l'arbre et son associé.

MYCORHIZES D'ARBRES FORESTIERS

Les Champignons associés à nos essences forestières sont nombreux ; ils sont constants chez les Cupulifères, Chêne. Châtaignier, Aulne… Ils ne se fixent pas sur les plantules de germination, ni même sur de jeunes arbres : tandis qu'on les trouve presque toujours sur les arbres adultes. Dans certains bois de Pins, dont le sol porte surtout des Mousses, des Bruyères, ces Mycorhizes sont habituels. Frank a constaté leur présence très générale sur les Ericacées, Bruyères, Callunes, Arbousiers, Rhododendres ; on les a observés chez la Myrtille, chez les Gentianées, chez les Orchidées et chez un grand nombre d'autres plantes. On peut même dire que toutes les plantes saprophytes, à de très rares exceptions près, sont munies de Champignons sym-

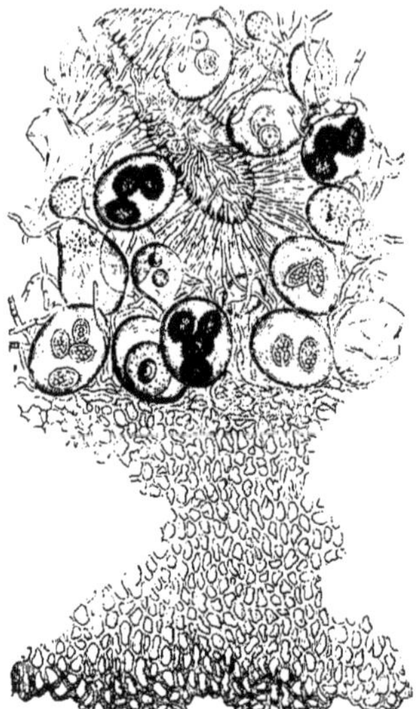

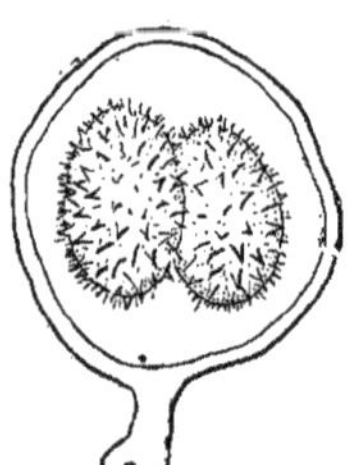

Fig. 707. — Section faite dans une Truffe (*Tuber melanosporum*); dans quelques cellules sont figurés des groupes de quatre spores.

Fig. 708. — Sporange de Mélanospore avec ses spores hérissées de pointes (gross. 540/1).

Fig. 709. — Fragment de coupe de *T. panniferum* (gross. 180 fois); M, mycélium ; E, écorce du tubercule.

biotes qui leur permettent la vie sur l'humus.

Ces Mycorhizes ne se développent pas également bien dans toutes les conditions ; c'est ainsi que la terre de bruyère et en général les terres riches en humus activent leur formation. On a même observé leurs filaments sur des racines d'arbres, dans les parties plongées dans la couche d'humus, sans que les parties entourées de la terre sans humus en soient pourvues ; cette remarque est très précieuse pour l'indication qu'elle donne quant au rôle des Mycorhizes.

Une dépendance de formes et de structure très étroite s'établit entre la racine et le Champignon symbiotes ; les poils absorbants de la racine ne sont plus observables, ils ne se développent pas, et, à leur place, on trouve les filaments du Champignon, qui constituent, en plus du revêtement radiculaire, des masses coralloïdes plus ou moins étendues. Ces masses coralloïdes représentent l'aspect des Mycorhizes en dehors de la racine, dans la terre humide où elles se développent librement, soit avec une régularité frappante, soit en se groupant

autour des débris de végétaux, de feuilles mortes, qui seront leur nourriture. Frank a observé des Mycorhizes de Hêtre, très allongés, qui présentaient des faisceaux de filaments dus au Champignon et se dirigeaient perpendiculairement pour aller se fixer à des particules du sol. Cet ensemble peut, pour des Mycorhizes de Pins, rappeler avec exactitude la disposition des poils absorbants, formant une sorte de cône chevelu autour de la racine.

Dans la plupart des cas qui viennent d'être cités, les Mycorhizes forment un simple revêtement superficiel à la racine ; ils remplacent morphologiquement l'assise pilifère et les poils absorbants ; ils sont dits Mycorhizes ectotrophiques ou exotrophiques.

MYCORHIZES D'ORCHIDÉES

Une disposition, que l'on rencontre chez les Éricacées et qui est la règle chez les Orchidées, est celle des Mycorhizes endotrophiques. Dans ce cas, la masse du Champignon est représentée par des pelotons filamenteux enfermés dans les cellules et ne laissant venir au dehors que des petits faisceaux de filaments mycéliens, qui le plus souvent sortent par les poils absorbants, eux-mêmes envahis.

Une observation inédite de Schimper indique le lien entre la formation du Mycorhize et son rôle : dans des racines rampantes d'Orchidées, le Champignon s'observe seulement du côté des racines adhérant au support.

Remarquons aussi la disparition totale, très fréquente, des poils absorbants des racines de beaucoup d'Orchidées ; ces racines jouent le rôle de support, tandis que le Champignon absorbe pour elles les sucs nutritifs de l'humus.

SIGNIFICATION BIOLOGIQUE DES MYCORHIZES

La première idée qui devait venir à l'esprit des botanistes sur la signification biologique des Mycorhizes, c'est que le Champignon était un parasite, vivant aux dépens de la plante supérieure. Mais on a très bien observé maintenant que souvent des filaments rayonnent à partir des Mycorhizes des arbres vers le sol, au lieu de s'acheminer vers les racines pour en sucer le contenu.

Si nous rappelons que le développement des Mycorhizes est lié à la présence de l'humus, que les plantes saprophytes possèdent toutes de semblables formations qui sont nécessaires à leur vie et que ces formations font défaut chez les racines de Cupulifères qui ont traversé le manteau d'humus pour se répandre dans la profondeur du sol, nous pouvons conclure au remplacement de l'appareil absorbant des racines par le Champignon, qui permet ainsi la nutrition des arbres aux dépens de l'humus.

Pour résumer l'ensemble des connaissances acquises sur ce sujet, nous citerons les conclusions de M. P. Vuillemin relatives à la nutrition des arbres forestiers (1).

« Les arbres forestiers trouvent dans leurs propres organes les conditions suffisantes de leur alimentation ; mais l'association assure en outre, à la plante supérieure, la faculté de se nourrir en saprophyte. L'engrais naturel des forêts consiste dans les déchets périodiques du corps des arbres ; ces déchets sont les racines usées et les feuilles tombées. La perte de cette masse considérable de substance n'est que momentanée. Par l'adaptation réciproque

(1) P. Vuillemin, *loc. cit.*

des essences forestières et des Champignons, chaque arbre réalise l'important problème de réparer ses pertes de la façon la plus prompte et la plus complète. Des Cryptogames quelconques, Bactéries ou autres, peuvent transformer les feuilles et les détritus divers qui forment l'humus ; mais, par l'association mycorhizienne, la préférence est accordée dans les conditions normales aux Champignons des racines. Ceux-ci paient leur place privilégiée en faisant participer l'arbre à leur nutrition. Les forestiers savent bien que les arbres souffrent autant de l'enlèvement des feuilles dont ils se sont dépouillés, que les plantes des champs profitent peu de l'apport de ces débris. Cela tient précisément à ce que cette fumure faite pour les arbres est directement utilisée par les Mycorhizes adaptés à ce milieu spécial, tandis qu'elle est moins complètement à la portée d'herbes quelconques, en dépit de l'action réelle des microorganismes extérieurs. Les Mycorhizes constituent donc l'organe habituel de l'absorption de l'humus par les plantes supérieures.

« D'après Frank, la nutrition normale des Cupulifères aux dépens du sol se ferait tout entière par l'intermédiaire des Mycorhizes, car il a trouvé en toute saison des Hêtres, des Chênes d'âges divers sur lesquels il n'arrivait pas à déceler une seule racine indépendante. Ebermayer, de son côté, a vu, dans certaines forêts des Alpes de Bavière, la couche d'humus atteindre jusqu'à 1 mètre d'épaisseur et contenir toutes les racines des arbres. »

La symbiose existe donc à divers degrés entre les plantes supérieures et les Champignons unis aux racines. Elle est nécessaire chez la plupart des saprophytes complets, et elle est normale chez beaucoup de plantes qui, comme les Orchidées, n'ont pas d'autre organe absorbant que des Mycorhizes, étant pourvues ou privées de poils radicaux ; elle est facultative chez beaucoup de Conifères et en rapport avec les conditions extérieures qui rendent ces plantes plus ou moins humicoles ; elle tend à se généraliser chez les Cupulifères pour adapter ces plantes à la nécessité de récupérer les pertes considérables résultant de la chute des feuilles.

Les Champignons des Mycorhizes sont franchement saprophytes, et ne se nourrissent pas des tissus vivants, bien qu'ils semblent recevoir de ces derniers, outre un habitat très favorable à leurs besoins, une partie des aliments élaborés par la communauté.

Fig. 710. — Parmélie ridée (*Parmelia cáperata*).

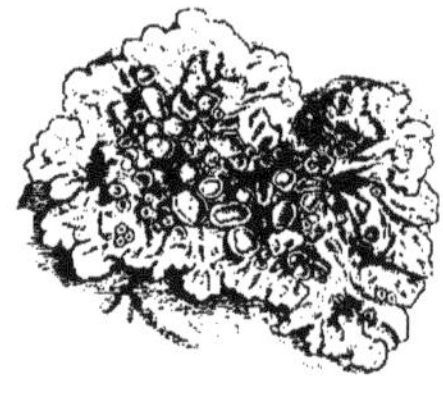

Fig. 711. — Parmélie des Tilleuls.

LICHENS

Les Lichens sont des végétaux cryptogames qui, tout en présentant quelques ressemblances avec certaines Algues et certains Champignons, en diffèrent cependant assez pour qu'on ait pu les considérer pendant longtemps comme des plantes spéciales, formant une troisième classe dans l'embranchement des Thallophytes.

Les beaux travaux de Famintzine, de Woronine, de Bornet, de Treub, de Stahl et ceux de Bonnier ont fait la démonstration complète de la double nature des Lichens, qui peuvent maintenant être définis : des associations symbiotiques d'une Algue verte et d'un Champignon, profitant aux deux participants et leur permettant de vivre dans des conditions où, seuls, ils ne pourraient végéter.

L'étude des Lichens, au point de vue morphologique surtout, ayant été faite dans *le Monde des Plantes* (1), nous traiterons dans ces lignes de leur physiologie, afin de bien mettre en lumière la biologie très spéciale d'êtres aussi complexes.

CONDITIONS DE VIE DES LICHENS

Les êtres lichéniques ont un corps indifférencié, un thalle ; ils affectent des formes très variables, quoique ces formes soient spécifi-

ques, et on peut les ramener à quelques types :

Les Lichens foliacés, comme la Parmélie (fig. 710 et 711), ont un thalle mince, formant des plaques irrégulières, frangées, étroitement accolées à leur support, qui est ici une écorce morte ou un rocher.

Les Lichens fruticuleux ou caulescents constituent des petites arborescences dont les rameaux sont simples ou divisés, ou dilatés au sommet en entonnoirs. La *Cladonia pyxidata* (fig. 712), la *Cladonia rangiferina* (fig. 713) ou Cladonie du Renne, et la *Ramalina* (fig. 714), sont des exemples de cette disposition.

Les Lichens crustacés, au contraire, revêtent l'aspect de croûtes très solidement fixées aux pierres ou aux écorces. Ce sont les formes les plus simples ; ainsi la Graphide élégante (fig. 715) dessine sur les écorces des bandes noires enchevêtrées imitant plus ou moins bien des signes d'écriture arabe.

Mais, quel que soit leur aspect, les Lichens sont toujours formés des mêmes parties constituantes : des filaments rameux, anastomosés ou non, réunis en un tissu feutré sans chlorophylle, et représentant la partie fungique du Lichen ; ce sont les *hyphes*; d'autre part, des cellules vertes, disséminées dans le thalle ou réunies en un stratum distinct et représentant la partie algique du Lichen; ce sont les *gonidies*.

De place en place, on peut encore observer des appareils sporifères, nommés *apothécies* (fig. 716 à 718), qui assurent la multiplication

(1) Voy. *Le Monde des Plantes*, t. II, p. 799.

Fig. 712. — Cladonie en cornet (*Cladonia pyxidata*).

Fig. 713. — Lichen des Rennes
(*Cladonia rangiferina*).

du Champignon, la multiplication du Lichen résultant de la formation des *sorédies*, petits corpuscules composés par quelques gonidies enveloppées de quelques hyphes, c'est-à-dire par des cellules d'Algue entourées des filaments du Champignon. On voit déjà, par cette remarque, combien sont étroites les relations des deux organismes associés.

Examinons brièvement les conditions de vie des Algues, des Champignons d'une part, des Lichens d'autre part. Les Algues vivent en général dans l'eau, ou dans l'air constamment humide; la sécheresse les tue. Leurs corps reproducteurs ne peuvent évoluer que dans le milieu aquatique. De plus, étant chlorophylliennes et par suite utilisant les radiations lumineuses, ces plantes ne prospèrent que dans une eau limpide et à une profondeur où la lumière peut pénétrer en assez grande quantité. Les Champignons, tout au contraire, peuvent se développer dans des conditions très différentes; par leurs filaments mycéliens enfoncés dans le substratum nourricier, ils ne craignent guère la sécheresse, et, si celle-ci est prolongée, ils forment leurs sclérotes en attendant le retour de conditions plus favorables. De plus, ne possédant pas de chlorophylle, ils absorbent leurs aliments hydrocarbonés tout formés et peuvent s'accommoder de l'obscurité, même complète.

Les Lichens, possédant les qualités réunies des Algues et des Champignons, sans en posséder les défauts, peuvent vivre là où toute autre plante mourrait.

« Sur les terres désolées qui avoisinent les pôles (1), et où les rayons du soleil n'arrivent qu'affaiblis, l'œil ne découvre plus rien d'organisé; partout des glaces et des neiges, et cette froide monotonie des régions où les forces physiques semblent travailler seules; à peine de temps à autre quelque mammifère à l'épaisse toison, qui rôde et cherche une nourriture qu'un sol ingrat ne lui prodigue pas.

« Et cependant, la vie est là aussi intense, aussi puissante, aussi bien créatrice que dans les sphères supérieures où ses phénomènes se révèlent d'eux-mêmes et s'imposent; mais elle se cache, parce que les circonstances qui l'entourent lui sont contraires, et que, ne pouvant les vaincre, elle doit s'en arranger pour ne point disparaître.

« Sur ce sol infécond, parmi les neiges, le Lichen des rennes dresse ses digitations; ces rochers, exposés aux âpres morsures de la bise, sont couverts d'expansions lépreuses qui vivent, se développent, se multiplient; cette glace elle-même recèle des germes dont la vitalité endormie se réveillera quand les circonstances deviendront favorables.

« A ces conditions, qui sont le résultat spontané des lois de la nature, ajoutez des obstacles particuliers; créez des milieux, imaginez des stations où seront réunis artificiellement des agents énergiques qui devront avoir pour effet d'anéantir toute existence; vous ne détruirez pas la vitalité, vous réduirez seulement le

____

(I) Acloque, *loc. cit.*

Fig. 714. — Ramalina (*Ramalina fraxinea*).

Fig. 715. — Graphis (*Graphis elegans*).

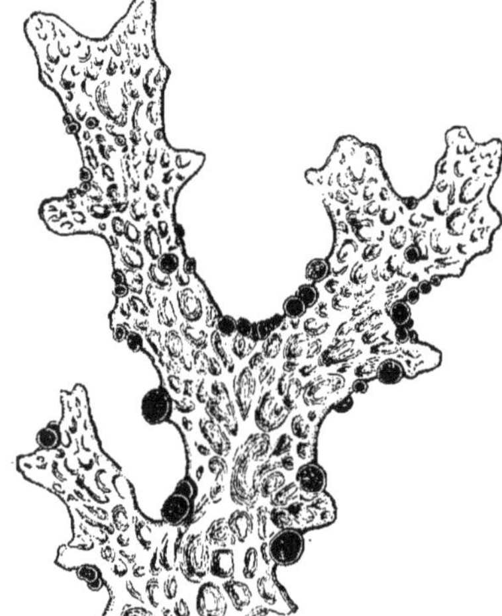

Fig. 716. — Lichen pulmonaire (*Sticta pulmonacea*).

Fig. 717. — Ombilicaire (*Ombilicaria*).

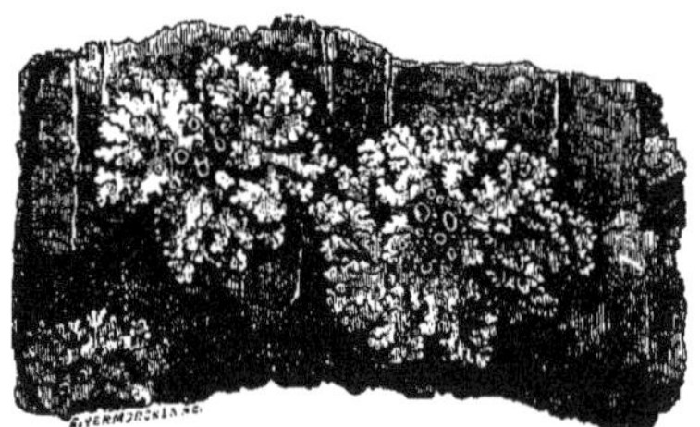

Fig. 718. — Physcia en étoile (*Physcia stellaris*).

nombre de ses représentants et de ses formes. »

L'une de ces formes privilégiées, dont la présence peut être partout signalée, est encore le Lichen. Tandis que le Champignon seul est intimement lié à son support nourricier, tandis que l'Algue ne peut exister là où l'eau fait défaut, le Lichen, par sa partie fongique, adhère à un support quelconque et s'y maintient, par sa partie algide est végétal libre, puisant le carbone de l'air.

A l'inverse des Champignons, qui sont tous parasites ou saprophytes, les Lichens recher-chent de préférence un substratum inorganisé, comme les pierres, les rochers, la terre nue, ou un support sec et lisse, dans lesquels leurs fibres ne pénètrent pas, et qui par suite ne les nourrit pas. Les Lichens empruntent donc peu à leur substratum et tirent leurs aliments de l'air ambiant. On peut s'en assurer par une expérience très simple : on plonge dans l'eau un Lichen fruticuleux et on constate que jamais l'eau ne s'élève dans le thalle au-dessus de la partie submergée. D'ailleurs, la base du thalle, dans les espèces où on peut la découvrir, est généralement constituée par un empâtement très dense, sans apparence organisée, où la vitalité paraît si peu active qu'il est évident qu'il n'y a là aucun organe capable d'absorption.

D'où l'on peut conclure que les Lichens qui habitent les troncs d'arbres n'y vivent pas en parasites et par suite ne leur causent d'autre dommage que celui qui résulte de l'interposition d'un corps opaque entre l'écorce et les rayons lumineux.

Si on considère la nature du mécanisme fonctionnel qui entretient la vie des Lichens, on constate que, une fois l'individu constitué dans sa forme essentielle, il porte en lui tout ce qui est nécessaire à sa vie sans posséder aucune cause de destruction. Les mêmes phénomènes physiologiques se reproduisent suivant un mode uniforme et leur enchaînement ne peut avoir de limite que celle introduite par une intervention brusque de conditions extérieures qui les empêche de se reproduire.

« C'est ce qui assure aux Lichens une longévité considérable. M. Nylander estime que quelques espèces peuvent vivre plusieurs siècles ; pendant cette longue existence, elles sont constamment en état de fructification, mais leur vitalité n'est active que par intervalles. Par les temps secs, en hiver comme en été, elles suspendent toute manifestation, pour se réveiller quand l'humidité revient. La résistance vitale des Lichens est considérable, et Fries en donne pour preuve le retour à la vie active de spécimens de *Physcia ciliaris* conservés plus d'une année à l'état sec. »

Stations des Lichens. — « L'humidité étant indispensable à la vie des Lichens, on les voit préférer l'exposition occidentale, parce qu'elle leur procure plus de fraîcheur. Les conditions dont le concours est nécessaire à leur existence sont d'ailleurs assez complexes ; elle réclame à la fois de la chaleur, de l'humidité, de la lumière, le tout diversement combiné et avec une intensité variable ; la densité de l'air est aussi à considérer.

« Une température basse, quoiqu'on l'ait souvent répété, est loin d'être un stimulant pour la vie des Lichens ; leur multiplication considérable dans cette circonstance dépend plutôt d'une autre cause, comme l'humidité de l'air, toujours plus sensible dans les contrées froides.

« Ils s'accommodent bien de tous les climats ; mais ils préfèrent les régions où règne, avec une humidité presque permanente, une température égale ; et cela s'explique si l'on considère que la succession plus ou moins rapide des périodes d'activité et des périodes de repos ne peut que nuire au développement de l'individu, et qu'elle ne va pas d'ailleurs sans des altérations dans les tissus, particulièrement lorsque le liquide des cellules, congelé par l'hiver, se trouve brusquement dégelé ; dans ce cas, il peut résulter des ruptures de parois, et par suite des perturbations importantes dans la vie générale de l'organisme.

« Les Lichens recherchent l'air vif et pur ; l'atmosphère viciée de nos villes les tue ; on n'en rencontre guère dans les grands centres, et ils ne se développent bien que dans les campagnes ; mais c'est sur les hautes montagnes qu'ils sont le plus féconds en individus. Dans les pays du Nord, dont les conditions climatériques sont très analogues à celles des montagnes, la végétation lichénique atteint un magnifique épanouissement ; les Alpes nourrissent de nombreuses espèces ; les Pyrénées, peu riches en individus, réunissent un grand nombre d'espèces rares ; les Carpathes n'ont qu'une flore lichénique très pauvre.

« Fries résume les préférences des Lichens, au point de vue de la station, dans cette loi générale :

« Les Lichens sont plus nombreux en espèces « dans les contrées chaudes, où règne en même « temps une certaine humidité dans l'air, plus « nombreux en individus dans les pays que la « sécheresse du climat ou l'aridité du sol pri- « vent de toute autre végétation (1). »

« Les agents physiques ne sont pas sans influence sur les formes et les caractères des espèces, au moins dans leurs traits généraux. Les vents sont des agents mécaniques qui rendent peu à peu les thalles lisses, et qui contribuent à fixer à terre des espèces qu'on ne rencontre d'ordinaire que sur les troncs d'arbres.

« Il est difficile de préciser la nature de l'action exercée par la chaleur ; mais les résultats de cette action sont évidents ; ainsi on ne rencontre guère, dans nos climats, d'apothécies à disque discolore de la marge, tandis que ces réceptacles sont très communs dans les contrées tropicales.

« La couleur générale du thalle paraît dépendre de la même influence, dont on peut également apprécier les effets suivant l'altitude

____

(1) Fries, *Lichenographia Europæ reformata*, p. LXXXIV.

à laquelle croissent les individus. Les Lichens jaunes sont fréquents dans la zone tropicale : les Lichens bruns, dans les pays de montagnes ; les Lichens grisâtres, dans les régions alpines. Ces trois catégories d'espèces paraissent d'ailleurs limitées à une contrée spéciale ; les premières se rencontrent principalement en Amérique ; les secondes, en Europe ; les dernières, en Asie. Dans nos pays de plaines, à l'intérieur des terres, la couleur grise ou gris verdâtre est la plus commune ; on rencontre exceptionnellement quelques formes jaunes ou fauves. Dans les départements maritimes, les espèces sont plus nombreuses et plus diversifiées ; la couleur du thalle, cependant, reste généralement obscure, verdâtre, cendrée, grise ou bleuâtre.

« La flore lichénique n'a pas de limites ; elle s'étend des pôles à l'équateur, et il n'est pas de sol si ingrat qui n'en nourrisse au moins quelques espèces ; les seules stations qu'ils n'habitent pas sont les eaux, les neiges perpétuelles, les cryptes où ne pénètre jamais le moindre rayon de soleil. Cependant le Lichen des rennes croît encore sous la neige ; quelques espèces peuvent se développer sous l'eau, entre autres *Verrucaria rivulicola* Nyl. (1), qu'on trouve sur les pierres calcaires tendres submergées ; plusieurs formes habitent aussi les rochers maritimes alternativement découverts et submergés.

« Les Lichens tirant tous leurs éléments de l'air ambiant, et n'empruntant rien à leur substratum, sont en général indifférents sur le choix de leur support. La plupart des espèces se développent bien sur toutes sortes de corps : les écorces d'arbres morts ou vivants, les bois décomposés, le parenchyme des feuilles, les tiges herbacées sèches, les mousses, la terre nue, les pierres les plus dures, les mortiers, les os, le cuir, le verre, le fer.

« Cependant les corps très durs, comme les métaux, ne se couvrent que rarement de thalles parfaits ; le plus souvent on n'y rencontre que des plaques lépreuses composées plutôt de gonidies que d'hyphes, et ce fait doit sans doute être attribué à la résistance de ces corps, dans lesquels les rhizines ne pénètrent que difficilement, et qui par suite n'offrent pas un point d'appui assez fixe.

« Quoique les Lichens n'absorbent pas directement par leurs fibres rhizoïdes les éléments

(1) Voy. T.-P. Brisson, *Lichens du département de la Marne*, p. 116.

de leur substratum, il peut se faire que ces éléments influent sur leurs caractères, et en particulier sur leur coloration ; il y a une relation évidente entre la présence d'oxydes de fer ou de manganèse dans une roche et la couleur des Lichens qui s'y développent. Il faut supposer que, dans ce cas, les éléments passent dans l'eau qui séjourne dans les concavités du thalle et dans son voisinage, et sont de là absorbés par la superficie ou la marge.

« Il y a des corps qui par leur nature sont incompatibles avec toute végétation lichénoïde. On ne rencontre jamais de Lichens sur les parties annuelles des plantes, sur les rochers de récente formation ; on trouve cependant quelques Verrucaires sur les tiges sèches des Graminées et des Ombellifères.

« Sur les jeunes arbres ou les rameaux encore tendres, aucun thalle n'arrive à son état normal ; les Imbricaires forment, dans cette station, de petites expansions à lobes étroits, déchiquetés ; les Physcies, des buissons hispides à ramifications creusées, canaliculées ; les thalles des espèces crustacées deviennent minces et presque nuls.

« Cependant, tous les Lichens ne sont pas indifférents sur le choix de leur substratum. Quelques-uns se rencontrent plus spécialement sur les roches dures, d'autres sur les calcaires friables, d'autres sur les écorces, d'autres sur le bois nu, d'autres sur la terre. *Biatora decipiens* ne se rencontre guère que sur un sol calcaire ; *Placodium candicans* sur les calcaires tendres ; *Lecidea geographica* sur les quartz, les grès, le granit ; *Bæomyces roseus* sur la terre siliceuse ; *Psoroma hypnorum* et *Normandina jungermaniæ* sur les Mousses mortes ou vivantes ; *Strigula Babingtonii* sur les feuilles vivaces du Laurier, du Buis ; *Endocarpon fluviatile* sur les bords des rivières ; *Verrucaria inundata* dans l'eau douce ; *V. consequens* sur les Balanes vivantes ; *V. fluctigena* également dans la mer.

« Plusieurs espèces habitent des arbres particuliers, et sont inconnues dans les régions où ces arbres ne se rencontrent pas. Pour quelques-unes, la station fait partie des caractères spécifiques, et on avait même établi de nombreuses espèces sur cette considération. Il est aujourd'hui reconnu que dans la grande majorité des cas la nature du substratum ne peut donner naissance qu'à des variétés, jamais à des types ; pour les formes qui habitent les écorces, la direction générale des fibres de ces écorces constitue une cause importante de variation ; l'*Opegrapha cerasi* de de Candolle, rattaché au *Graphis scripta* Ach., ne doit qu'à cette cause la disposition de ses apothécies en séries parallèles transversales.

« Fries reconnaît trois classes principales d'habitats : les arbres, les roches, la terre ; la seconde est plutôt mixte, et sert de transition. Les Lichens sont le plus souvent exclusivement corticoles ou exclusivement saxicoles ; cependant, M. Nylander a trouvé *Calicium trachelinum*, espèce éminemment corticole, sur les rochers de grès de la forêt de Fontainebleau. Les Lichens saxicoles deviennent plus rarement corticoles.

« Les habitats sont ordinairement constants, pour un même type, dans une même région, les conditions de lumière, de chaleur et d'humidité restant invariables ; ils changent quelquefois avec l'altitude. Ainsi, certaines Parmélies, absolument corticoles dans les plaines, deviennent saxicoles sur les collines, et finalement humigènes sur les sommets élevés. »

CONSTITUTION DES LICHENS

La nature double des êtres lichéniques, qui maintenant est chose certaine, peut être démontrée par l'examen de deux sortes de preuves : l'analyse ou séparation des deux organismes constituants, la synthèse ou reconstitution du Lichen en partant de ses deux éléments. Nous examinerons ces deux catégories de faits qui transforment l'hypothèse de Schwendener en une théorie.

Analyse des Lichens. — L'association lichénique n'a pas nécessairement une durée indéfinie, et si les conditions de milieu deviennent défavorables à l'un des deux associés, celui-ci disparaît et l'autre peut continuer à vivre libre.

Un premier cas de dissociation nous est offert naturellement par l'examen de la spore échappée de la partie fungique du Lichen, quand cette spore germe sans rencontrer les cellules des Algues privilégiées avec lesquelles elle peut contracter association. Dans ce cas, la spore donne des filaments qui constituent un mycélium rudimentaire de nature essentiellement fungique, mais ordinairement sans durée, à moins qu'un milieu nutritif convenable soit présent.

On peut réaliser d'une autre façon la séparation des deux associés, et obtenir l'Algue, en faisant végéter le Lichen en expérience dans l'eau. Le milieu aquatique étant défavorable au Champignon, celui-ci meurt et l'Algue se développe en végétal autonome. Cette expérience réussit bien avec le Lichen nommé *Collema* dont l'Algue s'affranchit ainsi du Champignon symbiote.

Synthèse des Lichens. — L'association lichénique, qui est réalisée d'emblée par le développement des sorédies, peut aussi naître de l'union directe des deux végétaux constituants ; cette union, dont la nature nous offre de très nombreux exemples, n'a pu être réalisée dans nos laboratoires qu'après de patientes recherches, à cause de la difficulté que présente la culture de l'Algue et du Champignon choisis, ainsi que la réalisation des conditions de leur rencontre.

Voici comment procéda M. Bonnier dans ses recherches célèbres : sur des fragments de plâtre ou d'écorce, stérilisés à l'étuve, on sème quelques cellules d'une Algue verte choisie, de Protocoque par exemple. Ces cellules ont été recueillies, avec toutes les précautions désirables, sur une écorce d'arbre où l'on sait que cette Algue végète abondamment. Les cultures sont introduites dans un flacon Pasteur stérilisé et suspendues au moyen d'un petit fil de fer.

D'autre part, on prépare une culture pure du Champignon choisi en recueillant les spores qui s'échappent naturellement des apothécies d'un Lichen, d'une Parmélie par exemple. Les deux cultures sont observées quelque temps et on constate que l'Algue est, dans certaines cultures, bien pure de tout mélange avec des organismes étrangers ; la même constatation est faite sur les cultures du Champignon ; toute culture douteuse est rejetée.

Avec un scalpel préalablement flambé, on recueille avec précaution quelques cellules de l'Algue et quelques spores du Champignon ; puis on ensemence avec ce mélange un substratum stérilisé et placé dans un flacon Pasteur ; on ferme ce flacon. Ayant ainsi préparé un assez grand nombre de tubes, on constate dans quelques-uns seulement une végétation rappelant le thalle des Lichens, et pouvant même porter les apothécies caractéristiques.

On a ainsi réalisé la synthèse d'un Lichen. Mentionnons les conditions observées et qui seules permettent la réussite : il faut se tenir à l'abri des spores étrangères, qui viendraient troubler le développement du Lichen en formation ; de plus, il faut tenter de nombreuses synthèses pour en réussir quelques-unes ; enfin, il faut attendre souvent fort longtemps le développement des apothécies, qui ne se forment guère que la deuxième année.

En examinant au microscope la réunion des deux végétaux, on voit les filaments issus des spores s'allonger en émettant de petites ramifications ; certaines sont des *filaments crampons*, d'autres sont des *filaments chercheurs* ; tandis que les premiers filaments fixent le Champignon au substratum, les autres se mettent en quête des cellules de l'Algue qu'ils atteignent. Le filament entoure, puis enserre étroitement la cellule verte, et l'on a sous les yeux l'ébauche d'un Lichen.

Tout nous permet de penser que les choses se passent de même dans la nature, et, si l'on songe au très grand nombre de spores que fournissent certains Champignons, à l'excessive profusion des Protocoques verts sur les écorces des arbres, on comprendra sans peine que, les spores étant transportées par le vent, la rencontre des éléments nécessaires à la formation des Lichens puisse encore être très fréquente.

On sait du reste que certains thalles lichéniques naturels ne sont pas homogènes, ce qui se comprend en admettant que des circonstances fortuites ont mis en présence un Champignon et plusieurs Algues avec lesquelles il est susceptible de s'unir.

Bienfaits de l'association. — Les indications précédemment fournies suffiraient à définir les avantages que les végétaux composants d'un Lichen trouvent dans l'association. Cependant, et à cause de l'importance des Lichens dans la nature, nous reprendrons la question à ce seul point de vue.

L'Algue, qui ne saurait vivre autrement que dans une station très humide, est protégée, par les filaments qui l'englobent, contre la dessiccation ou la destruction ; elle est donc assurée de vivre continuellement et elle peut, à l'abri, croître et se multiplier mieux qu'à l'état libre. Cette Algue reçoit encore du Champignon son aliment minéral, puisé dans le substratum et l'acide carbonique de respiration.

Le Champignon, dont la condition habituelle est le saprophytisme, emprunte à l'Algue ses aliments organiques, en totalité si le support est le roc, en partie seulement si le support est une écorce.

Dans l'association lichénique, les deux parts des contractants paraissent inégales, le Champignon recevant plus que l'Algue, quoique constituant souvent une masse plus grande ; et la conséquence de cela est double : d'une part, l'être fungique est le plus modifié ; d'autre part, l'Algue seule peut reprendre son autonomie et attendre que de nouvelles circonstances viennent unir à son sort une spore de Champignon en quête d'un associé chlorophyllien.

Rôle des Lichens dans la nature. — Les êtres lichéniques tiennent de leur double origine des qualités spéciales, qualités qui leur permettent, seuls, de végéter sur le sol nu, sur le roc, sur un substratum qui n'a encore supporté aucun organisme. Cette précieuse qualité laisse penser que les Lichens précèdent les végétaux sur les terres dénudées, et ont dû les précéder sur nos continents. Par leur destruction, leurs thalles ont commencé la formation de la première terre végétale, ce qui fait dire que les Lichens sont des « Créateurs du sol végétal ».

Actuellement encore, les Lichens sont des précurseurs dans les régions arides, et seuls ils habitent les régions polaires où ils constituent une nourriture pour les animaux herbivores, eux-mêmes des pionniers que les carnivores suivront.

Si donc, nous reportant aux époques très lointaines de la formation des premiers continents, et acceptant l'hypothèse de l'origine de la vie dans les eaux océaniques, nous cherchons à discerner la nature des premiers habitants des surfaces émergées, nous trouvons de-ci de-là les petites lames lichéniques, accrochées aux roches de quelque résistance. Beaucoup plus tard, nous constatons la présence de petites plages d'une terre moins aride où se trouvent des débris de Lichens et où les Champignons saprophytes étendent leurs filaments mycéliens.

Puis, très lentement, le sol végétal empiète sur le sol nu, les Mousses font leur apparition, les plantes gazonnantes constituent un tapis de verdure, et les formes les plus élevées du règne végétal viennent peupler les continents transformés.

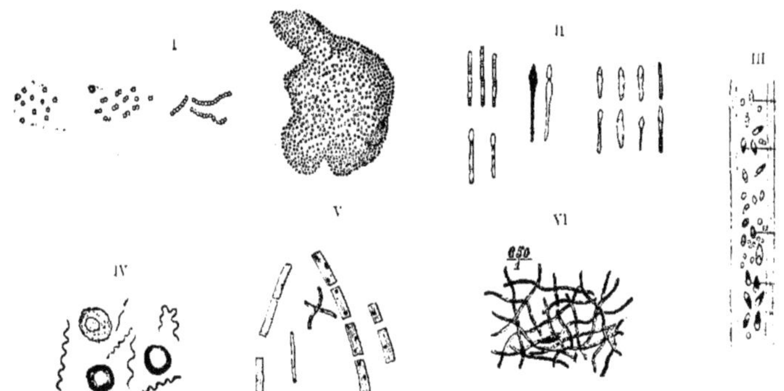

Fig. 719. — I. *Micrococcus prodigiosus,* libre à gauche, dans la gelée à droite ; II. *Bacillus amylobacter* à ses divers états de développement ; III. *Bacillus amylobacter* qui s'est introduit dans une cellule végétale et se nourrit de son contenu ; IV. Vibrions ; V. Bacillus de la malaria ; VI, Spirillum.

FERMENTATIONS ET MICROBES

L'étude des plantes parasites, saprophytes ou symbiotes, que nous avons faite, nous a conduit à examiner la biologie d'un assez grand nombre d'espèces végétales inférieures ; mais certaines d'entre elles ont été laissées de côté parce qu'elles présentent un ensemble de caractères qui nécessitent une étude spéciale. Ces organismes sont les Bactériacées ou Microbes.

Tandis que ce dernier nom tient à leur taille toujours fort petite, le nom de Bactériacées est employé pour désigner une famille d'Algues de l'ordre des Cyanophycées ou Algues bleues. Seules de cet ordre, les Nostocacées ont un thalle coloré en vert bleuâtre, mais le mode de reproduction assez identique des Bactériacées les a fait joindre à ce groupe, malgré l'absence de coloration de leurs cellules.

Quelques Bactériacées possèdent de la chlorophylle à l'état d'imprégnation homogène dans le protoplasme et décomposent le gaz carbonique de l'air pour en fixer le carbone ; tels sont la Bactérie verte, le Bacille verdissant. D'autres, non chlorophylliennes, sont colorées par une matière rouge, pouvant virer au brun, et appelée *bactério-purpurine* ; tels sont le Bacille photométrique, le Spirille rouge, le Spirille sanguin, la Bactérie rouge. Mais la très grande majorité des Bactériacées ne possèdent ni chlorophylle, ni pigment pouvant en tenir lieu, et sont par suite obligées de vivre en saprophytes ou en parasites. La condition la plus habituelle de ces organismes, et celle qu'ils peuvent tous accepter, est celle de saprophytes ; certains d'entre eux peuvent seuls être parasites et ceux-là surtout sont nommés Microbes.

Les Bactériacées ont fait l'objet d'une étude résumée dans le deuxième volume du *Monde des Plantes* ; aussi, nous ne parlerons ici que de leur biologie, renvoyant le lecteur aux travaux de MM. Macé (1), Besson (2) pour l'examen et la classification de ces organismes.

LES MICROBES

LES MICROBES DE L'AIR

Si on laisse pénétrer dans une chambre fermée un rayon de soleil à travers la fente d'un volet, on voit des milliers de petits corps danser dans le faisceau lumineux.

Ce nouveau monde microscopique, ces semences répandues partout, qui apportent avec elles la vie, la destruction où la mort, constituent les êtres animés qui portent le nom de *microbes*.

Recueillons d'abord les poussières qui voltigent dans l'air sur un verre transparent enduit d'une substance visqueuse, *glycérine* ou *vase-*

(1) Macé, *Traité pratique de bactériologie,* 4e édition, 1900, et *Atlas de microbiologie,* 1898, 1 vol. in-8° avec 60 pl. col.
(2) Besson, *Technique microbiologique et sérothérapique,* 1898.

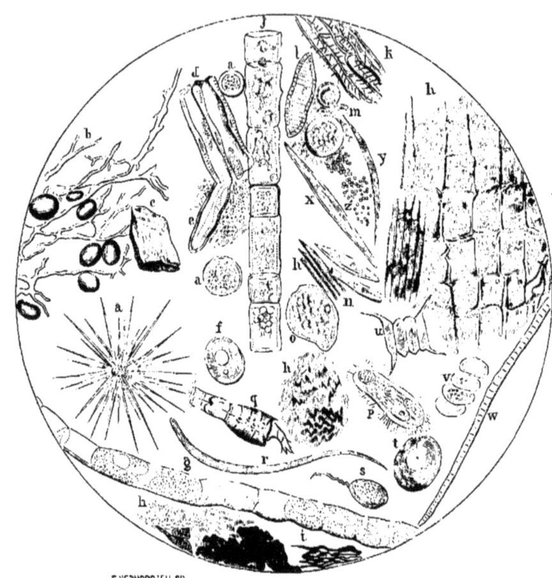

Fig. 720. — Eau de puits contenant des Infusoires et des Algues microscopiques. — *aaa*, Infusoires actinophriens à différents degrés de développement, 260/1 ; *b*, débris de *Gromio fluviatilis* (?), 435/1 ; *c*, fragments de carbonate de chaux, 435/1 ; *d*, *Navicula viridis* (Algue, famille des Diatomées). 435/1 ; *e*, *Grammatophora marina*, 435/1 ; *f*, probablement *Euglena viridis* (infusoire, famille des Eugléniens) à l'état d'enkystement, 435/1 ; *g*, *Pinnata Conferva* (Algue, famille des Conferves). 780/1 ; *hhh*, détritus de végétaux, 465/1 ; *ii*, fragments de substances carbonatées ; *j*, partie d'un filament d'une Algue conferve, montrant les différentes dispositions des protoplasmes dans les anciennes et les nouvelles cellules, 435/1 ; *k*, partie de feuilles de Mousse, 102/1 ; *l*, *Grammatophora marina*, 435/1 ; *m*, spores et zoospores, 435/1 ; *n*, *Diatoma hyalinum* (Algue, famille des Diatomées), 435/1 ; *o*, cellule avec protoplasme en voie de division, 435/1 ; *p*, *Oxytricha lingua* (infusoire, famille des Acinétiens), 260/1 ; *q*, rotifère vulgaire, petit, 108/1 ; *r*, Anguillule fluviatile, 108/1 ; *s*, *Peranema globosa*, 108/1 ; *t*, embryon d'un zoophyte (?), 108/1 ; *u*, *Arthrodesmus incus*, 435/1 ; *v*, *Scenedesmus obtusus*, 780/1 ; *w*, *Oscillaria lævis* (Algue, famille des Oscillaires), 780/1 ; *x*, *Homæocladia filiformis*, 435/1 ; *y*, *Ankistrodemus falcatus*, 435/1 ; *z*, zoospores, 435/1. — Dessiné à la chambre claire avec différents grossissements (Parkes).

line, et étudions-les : les maîtres de la science, Pasteur, Miquel, A. Gautier, etc., nous ont fixés sur la nature des poussières végétales.

Elles contiennent, outre les matières minérales aux formes cristallines régulières, des poils, des carapaces de Diatomées, des pollens, des filaments d'Algues de toutes formes, des spores aptes à germer.

Parmi les cellules qu'on trouve encore fréquemment dans l'air, citons les grains d'amidon qui se distinguent des autres productions à l'aide de l'iode qui les colore en violet.

Quand on expérimente loin des villes, ces cellules sont moins fréquentes que les pollens ; de même que les fibres qui ont été préparées, le lin, le chanvre, le coton par exemple, sont rares dans les campagnes, tandis qu'on en découvre de toutes formes et de toutes couleurs dans l'air des habitations.

Écartons les éléments étrangers et réunissons les principaux types de microbes que nous devons étudier.

On aperçoit tout d'abord sous le microscope :

1° Les *microcoques* (fig. 719, I) qui présentent l'aspect de granulations sphériques ou ellipsoïdes, incolores ou faiblement colorées, absolument immobiles.

2° Les *bactéries* (fig. 719, II) qui offrent la forme de cellules un peu allongées ou en forme de courts bâtonnets mobiles.

3° Les *bacilles* (fig. 719, V), représentés par des filaments très minces et courts.

4° Les *vibrions* (fig. 719, 1V) agitant au milieu de l'eau leurs filaments courts et faiblement ondulés.

5° Les *spirillum*, sortes de filaments courts, raides et tournés en spirale.

Le rôle de ces infiniment petits apparaît clairement dans les maladies virulentes comme dans les fermentations.

LES MICROBES DE L'EAU

Pour observer les diverses formes de microbes, on peut aussi étudier une goutte d'eau dans laquelle on a laissé macérer des matières organiques. La figure 720 représente une goutte d'eau vue au microscope.

On y voit la multitude de corps que peut contenir chacune des gouttes d'eau que nous absorbons lorsque nous buvons, ainsi que la variété infinie d'Algues et de spores qui se trouvent mêlées à des formes animales.

La flore des eaux potables. — L'étude des eaux destinées à l'alimentation publique a depuis longtemps attiré l'attention. On s'est demandé quelle était la quantité de matières étrangères que l'homme pouvait supporter sans en être incommodé.

Les ruisseaux et les cours d'eau, dit M. Riche, sont sans cesse souillés par les déjections, les résidus organiques de toutes sortes que les habitants y jettent souvent.

On n'a qu'à citer la Seine à Saint-Denis ou à Clichy, qui n'est plus qu'un égout. En amont de Paris, elle est également salie par les détritus, les débris provenant des habitations et des usines qui se trouvent sur son parcours.

Il y a un intérêt capital à pouvoir apprécier l'existence des matières organiques, ainsi que leur nature, car il est démontré que le nombre et l'intensité des maladies épidémiques dépendent en grande partie des eaux d'alimentation.

L'ingestion des ovules d'helminthes est un des procédés les plus fréquents de transmission de ces parasites dans l'organisme des êtres vivants. Les eaux impures produisent aussi des diarrhées dangereuses. Les ferments du choléra, de la fièvre typhoïde, de la rougeole, de la variole, existent et se développent souvent dans certaines eaux.

Pour s'assurer si l'eau considérée contient des matières organiques, on en fait bouillir une petite quantité dans un tube contenant du chlorure d'or ; dans ce cas, le liquide se trouble par un dépôt pulvérulent d'or métallique.

Le permanganate de potasse, dont la solution présente la couleur du beau rouge cramoisi, est décoloré lorsqu'on le chauffe et qu'on y a ajouté des matières organiques.

Les produits résultant des matières animales sont ceux qui présentent le plus de danger ; or ces substances sont azotées. On avait espéré que le dosage de l'azote contenu dans le résidu salin d'une eau permettrait d'en déterminer la nocuité ou l'innocuité ; mais cette conclusion est exagérée, parce qu'il y a des composés azotés qui sont sans action fâcheuse sur l'économie.

Lorsqu'on étudie une eau étendue à la surface du sol, telle que celle d'un lac, d'un ruisseau, d'une rivière, on peut trouver de précieuses indications dans l'étude des êtres qui s'y développent. M. Gérardin (1) a rapporté ces eaux à six types généraux. Dans les eaux du premier type, les Poissons, les Mollusques, les Algues vertes, les végétaux supérieurs, tels que le Cresson de fontaine, les Épis d'eau, les Véroniques, se développent à l'aise ; dans le sixième type, la vie n'est plus possible que pour un seul être, le *Monas termo*, qui est le dernier échelon dans la série des êtres organiques. — Le tableau n° 1 présente l'ensemble de cette classification des eaux.

TABLEAU N° 1.

	ALGUES.	VÉGÉTAUX.	MOLLUSQUES.
1er TYPE.	Cladophora. — Algues garnies de chlorophylle, organisation supérieure.	Cresson de fontaine, Épis d'eau, Véronique.	Physa fontinalis. — La plupart des Mollusques.
2e TYPE.	Zygnema. — Plus de ramifications ni de cellules spécialement fructifères.		La plupart des Mollusques.
3e TYPE.	Spirogyra. Œdogonium. Nostochinées (fig. 721, 1), et Diatomées (fig. 723). — Chlorophylle distribuée en hélices d'autant moins nombreuses que l'altération s'accentue (Chantilly, bois de Boulogne).	Roseaux, Patiences, Ciguës, Nénuphars, Joncs, Salicaires.	Planorbis corneus, Bythynia crispata, Cyclas cornea.
4e TYPE.	Hypheothrix, Oscillaires. — Algues incolores (lac d'Enghien).	Carex.	Point.
5e TYPE.	Beggiatoa (fig. 722, A et B). — Algues incolores réduites à des fils unicellulaires.	Ranunculus sceleratus.	Point.
6e TYPE.	Bactéries. — Remplacent les Algues, *Monas termo*, le terme inférieur de la série des êtres organisés.	Arundo phragmites.	Point.

A ces espèces diverses d'animaux et de végétaux correspond une proportion d'oxygène déterminée, de telle sorte que, grâce à cette concordance, le dosage de l'oxygène dans une eau donnée, exécuté par un chimiste, équivaut à

(1) Gérardin, *Altération, corruption et assainissement des rivières*, in *Annales d'hygiène*, 2e série, t. XLIII.

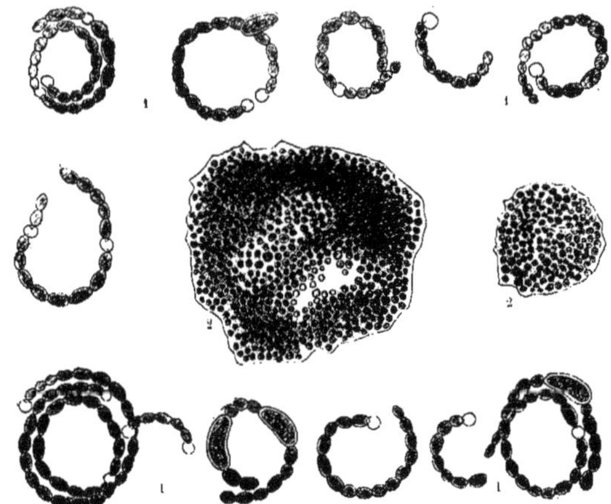

Fig. 721. — Algues microscopiques d'eau douce. — 1, Nostochinées; *Anabæna circinalis*; 2, *Clathrocystis æruginosa*.

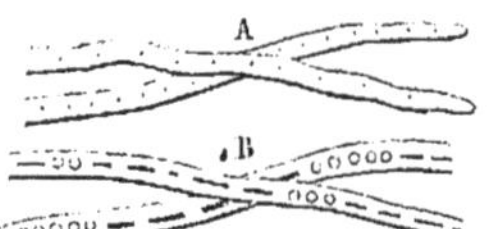

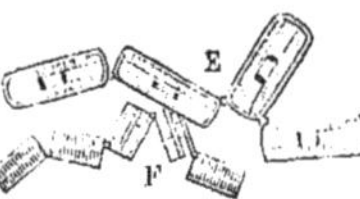

Fig. 722. — Oscillariacées. — A, *Beggialoa alba*; B, *Beggialoa nivea*.

Fig. 723. — Diatomacées. — A, *Navicula viridula*; B, *Pinnularia viridis*; C, *Pleurosigma attenuatum*; D, *Gomphonema constrictum*; E, *Tabellaria fenestrata*; F, *Diatoma vulgare*.

l'examen fait par un botaniste des végétaux et des animaux vivants qui croissent dans cette même eau.

Nous donnons ci-dessous, dans le tableau n° 2, les proportions d'oxygène que l'on trouve dans les eaux de Paris et dans celles de la Seine. Une bonne eau doit renfermer 8 à 10 centimètres cubes d'oxygène par litre. L'eau de la Seine, au débouché des collecteurs, est loin d'atteindre cette proportion; elle ne donne pas même 1,05.

TABLEAU N° 2.

Localités.	Quantité d'oxygène dissous dans 1 litre d'eau en centim. cubes.
Corbeil	8,77
Port à l'Anglais	8,80
Pont de la Tournelle	8,05
Viaduc d'Auteuil	5,99
Grand collecteur	1,75
Épinay	1,05
Écluses de Bougival	1,91
Pont de Maisons	3,74
Pont de Meulan	8,10
Rouen	10,42

OXYGÈNE DISSOUS.

	Sur place.	Après dix jours.
La Dhuis à Paris	8cc,30	8cc,00
La Vanne	7 ,08	7 ,06

De ces examens comparés : la présence de l'azote, l'examen des êtres vivants, la proportion d'oxygène dissous dans l'eau, on peut donc tirer des inductions précieuses : on les a crues longtemps suffisantes; aujourd'hui elles ne satisfont plus au désir des savants. D'une manière générale, l'eau azotée doit être rejetée, même si cette eau contient assez d'oxygène pour faciliter la vie aux végétaux supérieurs : Cresson, Véronique.

En effet, il suffit de la présence de quelques microbes spéciaux, de quelques germes de ces microbes même, pour que, introduits dans un milieu approprié à leur culture, comme le sang, ils se développent avec une extrême rapidité.

STÉRILISATION PAR FILTRATION. — Les procédés de stérilisation que nous indiquerons plus loin pour les liquides de culture, considérés sous de petites quantités, ne sauraient s'appliquer aux eaux d'alimentation; aussi procède-t-on par filtration.

La matière filtrante la plus communément employée est la porcelaine non vernie, dégourdie à 1200 degrés et disposée en forme de bougie creuse. L'eau arrivant sous pression, de la canalisation dans une enceinte annulaire enveloppant la bougie, traverse lentement la porcelaine et pénètre dans la cavité de cette bougie; elle peut alors s'écouler dans les vases où on la puisera pour la consommation. Ce procédé, quoique bon, ne saurait dispenser de la précaution de faire bouillir l'eau, principalement dans les périodes d'épidémie où la contamination des eaux est cause du mal.

On a également préconisé comme matière filtrante l'amiante stérilisée, les comprimés de charbon, et pour les filtres à grand débit des villes, le sable lavé, à la condition de l'employer sous une grande épaisseur. Mais ce dernier procédé, outre qu'il est insuffisant pour la stérilisation de l'eau, a le grave inconvénient de donner sur la qualité de l'eau une assurance qui fait négliger toute autre précaution et qui, par suite, est préjudiciable à la santé publique.

LA VIE DES MICROBES

Les Bactériacées se reproduisent avec une effrayante rapidité.

Quelques heures suffisent, si les Bactéries se trouvent dans un milieu favorable, pour qu'elles se développent par millions.

Un liquide quelconque, du bouillon de veau ou de poulet par exemple, limpide et pur, exposé à l'air, placé dans de bonnes conditions de température, ne tarde pas à se troubler et contient bientôt une quantité innombrable de microbes.

Le mode de reproduction se fait par scissiparité, c'est-à-dire que chaque globule ou chaque filament, après s'être allongé, se divise en deux autres qui parfois vivent bout à bout, pendant un temps plus ou moins long, en formant des bâtonnets articulés, souvent coudés aux articulations.

Chacun de ces segments grandit à son tour, s'étire et se sépare en deux fragments et ainsi de suite (fig. 719, II), mais la multiplication, telle que nous venons de l'indiquer, ne peut se produire que lorsque les Bactéries sont placées dans des conditions convenables. Si le milieu nutritif dans lequel elles sont plongées s'appauvrit et ne leur procure plus les matériaux nécessaires à leur existence, elles se reproduisent par une autre méthode.

C'est alors que l'on voit apparaître de petits corps brillants qui se forment au milieu ou à l'extrémité de chaque globule ou de chaque filament (fig. 719, II); ce sont les *spores*, sortes de corps reproducteurs destinés à faciliter aux Algues le temps d'épreuve auquel elles sont soumises.

Ces spores se détachent et, une fois devenues libres, constituent un individu nouveau qui se multipliera par bourgeonnement.

Quelques auteurs leur ont donné le nom de *cellules dormantes*, parce qu'elles peuvent rester au repos pendant un très long temps, être desséchées et cependant bourgeonner ensuite quand le liquide se trouve dans des conditions favorables.

Nous pouvons donc observer deux particularités bien distinctes dans la vie des microbes, suivant le milieu dans lequel ils se trouvent :

1° La phase que nous appellerons *phase de vie*, pendant laquelle les microbes se reproduisent avec une activité extraordinaire;

2° L'état de *spores dormantes* ou *de sommeil*, pendant lequel ils restent sans mouvement et sans vie apparente.

Dans le premier cas, ils conservent toute leur puissance et provoquent les maladies et les fermentations; dans le second cas, ils deviennent inoffensifs.

Dans la période de la vie active, les microbes sont détruits par une température sèche variant de 70 à 80 degrés, tandis que les spores dormantes, offrant moins de prise à la chaleur, peuvent supporter une température de 100 à 120 degrés sans perdre la vie.

La nutrition de ces curieux organismes n'est pas moins intéressante; nous ne nous occuperons que des Bactéries à l'état de vie.

L'absence de matière verte les oblige à se nourrir de matières organiques, comme le font les Champignons sans chlorophylle; c'est pourquoi on ne peut les rencontrer que dans le corps des êtres vivants ou sur les substances organiques.

Microbes aérobies et microbes anaérobies. — La plus grande partie des microbes se développent très bien à l'air libre : ils absorbent de l'oxygène et rejettent du gaz carbonique; ils accomplissent donc l'acte de la respiration, comme tous les êtres animés.

Si on leur supprime l'arrivée de l'air, ils prennent l'oxygène dont ils ont besoin aux composés qui les entourent, et résistent ainsi à l'asphyxie.

L'emprunt d'oxygène qu'ils font constamment au milieu qui les contient ne tarde pas à produire une décomposition complète des matières organiques et produit ce qu'on nomme une *fermentation*.

Certaines espèces meurent au contact de l'oxygène et ne peuvent vivre qu'en se protégeant contre ce gaz à l'aide d'une sorte de gelée : ce sont les ferments anaérobies, tels que le *Bacillus amylobacter* (fig. 719, II) ou ferment butyrique (du beurre), le *Bacillus septicus*, ferment de la putréfaction des substances azotées, etc.

Ces propriétés expliquent la distribution régulière des Bactéries dans les liquides exposés à l'air. Ainsi, dans l'eau où on a laissé mourir des plantes, on rencontre à la surface du liquide le *Bacillus subtilis* auquel le contact direct de l'oxygène est nécessaire pour vivre, tandis que dans la masse profonde, gardés par une épaisse couche de tissus végétaux, on trouve les *anaérobies*, entre autres le *Bacillus amylobacter*.

Le principe est donc établi : les microbes ne peuvent vivre que dans les matières organiques et tantôt en contact direct, tantôt protégés contre l'air ambiant.

La culture des Bactéries. — En raison de leur extrême petitesse et de leur réfringence, les *Bactéries* sont invisibles ou méconnaissables dans les liquides conservateurs où on les recueille.

D'une façon générale, les méthodes employées sont fondées sur ce fait que les liquides organiques se peuplent d'une foule de microphytes ou restent purs suivant que l'air leur parvient chargé de germes ou après qu'il en a été purgé par filtration.

On pourra donc étudier les Bactéridies de l'air en faisant passer l'air ou l'eau qui les contient dans des liquides propres à leur nutrition, mais préalablement rendus stériles.

L'étude d'une Bactérie ne pourra du reste être faite que si on possède une culture pure de cette espèce, c'est-à-dire si on a su obtenir dans un milieu convenable cette Bactérie en bon état de développement, à l'exclusion de tout autre organisme. Une telle recherche comporte trois sortes d'opérations : la préparation d'un milieu, sa stérilisation et son ensemencement.

Milieux de culture. — Les liquides de culture abondent : les solutions de Pasteur et de Cohn, les infusions de foin et de navet, l'urine, les bouillons de bœuf, de poulet, de veau, etc., sont tous excellents.

Quelle que soit leur nature, les milieux de culture devront renfermer les éléments salins, le carbone organique que réclame la colonie bactérienne pour se nourrir. Ces matières seront ou naturellement présentes dans le milieu choisi, bouillon de viande, sang, ou elles devront y être ajoutées, par exemple dans le cas de bouillons végétaux. Dans la plupart des cas, on ajoute à la solution du sel marin et du phosphate de soude.

Quand le substratum choisi pour la culture est la gélatine, ou la gélose (sorte de gélatine d'Algues), on incorpore à cette matière la totalité des sels minéraux et organiques que l'on sait nécessaires.

Enfin on peut prendre pour milieu de culture les fruits cuits, le pain humide, ou toute substance reconnue susceptible de favoriser le développement des Bactéries.

Stérilisation. — On dit qu'un liquide est stérile quand il ne contient plus de germes vivants, c'est-à-dire quand, porté dans une étuve à 35 ou 38 degrés, il ne se trouble pas et ne fournit aucune colonie bactérienne. Un grand nombre de procédés ont été proposés pour stériliser les milieux de culture ou les corps quelconques.

Certains savants ont tenté de détruire tous les germes par le froid. MM. Pictet et E. Yung ont soumis les différents microbes à l'action d'un froid très intense, obtenu par l'évaporation de l'acide sulfureux liquide, ou par l'action du vide sur l'acide carbonique solide. Les organismes ont subi ainsi un froid minimum de — 70 degrés durant cent huit heures, porté à — 130 degrés pendant vingt heures. Dans ces conditions, la plupart de ces microorganismes (les nuisibles, *Bacillus anthracis, Bactérie du charbon symptomatique, Bacillus subtilis, Bacillus ulna*, etc.) n'ont pas été tués et n'ont pas perdu leur action virulente. Quelques autres, au contraire (les utiles, ceux de la levure de bière, du vaccin), ont perdu leur vitalité.

D'autres savants ont cru tuer tous les germes par une ébullition de quelques instants à 100 degrés centigrades, de façon à coaguler le protoplasma des cellules.

M. Chamberland a observé, dans certains cas, que les spores peuvent résister pendant plusieurs heures à l'effet de l'eau bouillante, tandis que le bâtonnet, auquel elles donneront naissance en germant, périra dans la même eau portée à 50 degrés seulement.

Le procédé le plus fréquemment employé consiste dans le chauffage des liquides à stériliser, à une température supérieure à 100 degrés, maintenue pendant plus d'une demi-heure. Cette opération est réalisée dans un autoclave, ou étuve à vapeur d'eau surchauffée, permettant d'atteindre 120 et même 140 degrés, et de régler cette température automatiquement par un dispositif agissant sur le brûleur à gaz adapté à l'autoclave.

M. Koch a préconisé la méthode du chauffage discontinu. D'après lui, il faut, pour obtenir un liquide pur, le porter à une température de 70 degrés, afin de tuer les Bactéries adultes à l'état de vie, puis, après l'avoir laissé refroidir pour laisser aux spores le temps de germer, on doit porter de nouveau le liquide à 70 degrés.

Cette méthode, que l'on nomme aussi « stérilisation fractionnée », est employée pour les liquides qui ne supporteraient pas une température élevée sans se modifier profondément ; ainsi on stérilise le sérum sanguin à la température de 60 degrés à cause de l'albumine qu'il contient et qui se coagulerait vers 70 degrés.

Une fois qu'on possède un liquide stérile, c'est-à-dire dépourvu de toute trace d'être animé, on sème dans ce liquide les *Bactéries* qu'on veut étudier et on peut les obtenir à un très grand degré de pureté.

ENSEMENCEMENT. — Cette dernière opération ne peut être faite qu'après vérification de la stérilité parfaite des milieux déposés dans des matras spéciaux, fermés, vérification réalisée après un séjour à l'étuve maintenue à 35 degrés.

On fait alors une prise dans le milieu où la Bactérie végète spontanément, soit avec une pipette stérilisée, si ce milieu est liquide, soit avec une aiguille de platine flambée, si ce milieu est solide. On porte cette prise sur le milieu préparé, et on cultive la Bactérie ; par un transport effectué autant de fois qu'il est nécessaire, on purifie la culture jusqu'à ce que l'observation ait permis de reconnaître qu'on est bien en possession d'une seule espèce microbienne. Pour cette constatation, on se fonde, au moins dans le cas de culture sur gélatine, sur l'aspect des colonies et sur la façon dont elles envahissent le milieu.

MICROBES PATHOGÈNES

Un groupe de Bactéries qui a un intérêt direct pour nous et qui a pris une grande importance dans la pathologie est constitué par les Bactéries qui habitent les tissus des animaux vivants, y provoquent des altérations plus ou moins graves et peuvent amener la mort.

« Nos ennemis, dit M. Mangin (1), sont nombreux. Fréquents partout, dans l'air, dans le sol, dans l'eau, ils n'attendent qu'une circonstance pour s'introduire dans notre corps, pour engager la lutte pour l'existence avec les cellules qui composent nos tissus, et, triomphants souvent, viennent causer la mort avec une effrayante rapidité. En nommant la maladie charbonneuse, la septicémie, la diphtérie, la fièvre typhoïde, le rouget, etc., nous aurons signalé quelques affections graves que les microbes peuvent engendrer dans l'organisme.

« On appelle *maladies parasitaires* les maladies qui sont provoquées par l'introduction d'un être vivant dans le corps des animaux. Si la connaissance de ces maladies est facile quand il s'agit de parasites, tels que les Acariens, les Vers, elle devient très délicate et difficile en ce qui concerne les maladies causées par les Bactériacées ; en effet, les germes de ces plantes existent dans l'air en grande quantité, comme nous le révèle l'analyse de l'air par un rayon de soleil, et l'on est obligé de prendre des précautions très minutieuses pour empêcher l'invasion de ces plantes dans les substances organiques. Si donc, à l'autopsie d'un individu ou d'un animal, l'examen microscopique révèle la présence de microbes, on ne peut pas affirmer que ces microbes soient la cause de l'affection qu'on veut étudier, car ils ont pu s'introduire pendant les manipulations et, en raison de leur végétation rapide, envahir en peu de temps les tissus de l'animal mort.

« La présomption existe néanmoins et permet de relier de cause à effet la présence des microbes et une affection déterminée, lorsque la même forme de Bactérie existe toujours dans les mêmes tissus avec la même affection.

« C'est ce que montra Davaine, et le premier, pour le *Bacillus anthracis* qui cause le charbon.

« Ayant examiné en 1850 le sang d'un animal mort du charbon, il reconnut dans le sang (fig. 724, I), au milieu des globules, la présence de petits bâtonnets immobiles, très étroits, d'une longueur double de celle des globules sanguins. C'est seulement en 1863 qu'il pressentit le rôle

---

(1) Mangin, *Science et nature*, 1884, t. I, p. 426.

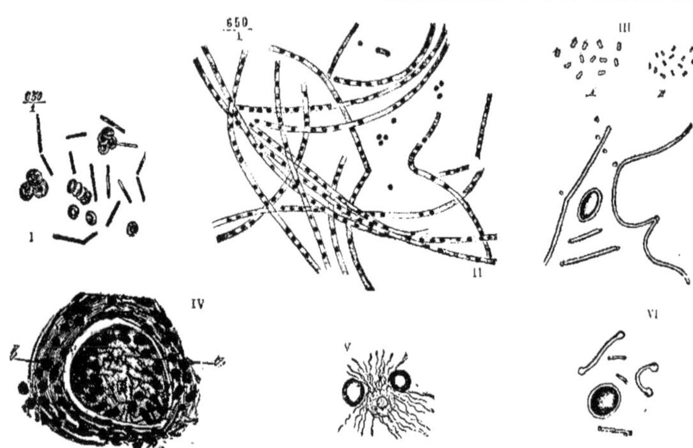

Fig. 724. — 1, Bactéridie du charbon (*Bacillus anthracis*) dans le sang ; II, Bactéridie du charbon, cultivée dans le bouillon ou la décoction de levure de bière; III, Micrococcus du choléra des poules ; IV, Bacillus de la tuberculose; V, Spirillum de la fièvre récurrente (*Spirochæte Obermeieri*); VI, Bacillus de la malaria.

actif de ces bâtonnets dans la maladie charbonneuse et qu'il chercha à le démontrer en instituant quelques expériences d'inoculation.

« La présence des bâtonnets dans le sang d'un animal charbonneux est-elle suffisante pour démontrer la nature parasitaire de cette affection ? Non. Il faut, pour que la démonstration soit complète, isoler la Bactérie, la cultiver à l'état de pureté dans les liquides appropriés et l'inoculer ensuite à des animaux.

« Si ceux-ci meurent avec tous les symptômes du charbon, la démonstration est complète. Davaine avait bien institué avec du sang charbonneux quelques expériences d'inoculation qui réussirent, mais ses résultats furent contredits par les expériences de MM. Jaillard et Leplat et celles de M. Paul Bert concernant l'influence toxique de l'oxygène à haute tension sur les microbes.

« Davaine ne pouvant expliquer la contradiction entre ses résultats et ceux de MM. Jaillard et Leplat et de M. Paul Bert, la conviction n'était pas encore faite dans les esprits, malgré l'appui que ses idées avaient rencontré dans les recherches de M. Koch.

« M. Pasteur reprit en 1877 les expériences de Davaine et confirma de point en point ses affirmations en employant la méthode de culture qui lui avait si bien réussi dans ses études sur la fermentation.

« Il isole la Bactéridie de Davaine en la cultivant dans une décoction de levure de bière préalablement stérilisée (fig. 724, II), et, après dix ou vingt cultures successives de cette Bactérie, il constate qu'une partie du liquide inoculée à un lapin le fait rapidement mourir du charbon si elle renferme quelques Bactéridies, tandis que le même liquide filtré sur du plâtre ou de la porcelaine dégourdie est inoffensif, même après plusieurs inoculations.

« C'est exclusivement dans le sang que la Bactéridie de Davaine se développe; on n'en trouve pas dans la profondeur des tissus ; cela tient à ce que cette Algue, ayant besoin d'oxygène pour vivre, l'emprunte au sang; elle soustrait ainsi aux globules l'oxygène qu'ils étaient chargés de conduire dans les tissus et l'animal meurt asphyxié.

« C'est à cause de l'absence de l'oxygène dans le sang que ce liquide prend la coloration brun noirâtre qui caractérise la maladie et qui lui a fait donner son nom.

« La nature parasitaire du charbon était donc rigoureusement démontrée: 1° par la présence constante du *Bacillus anthracis* dans le sang des animaux charbonneux; 2° par la culture pure du parasite et l'inoculation du charbon aux animaux sains au moyen de cette culture.

« Davaine a trouvé la première partie de la

démonstration en 1863, M. Pasteur l'a complétée en 1877. Ces faits sont maintenant hors de contestation.

« Bientôt de nouvelles maladies parasitaires dont on soupçonnait l'existence furent découvertes et scientifiquement démontrées: la *septicémie* (fig. 726 à 728), c'est-à-dire la putréfaction qui s'accomplit sur les animaux vivants et qui, dans les ambulances, produit de si effrayants ravages parmi les blessés; elle est causée par le *Bacillus septicus* (fig. 727); ce parasite se présente sous l'aspect de bâtonnets à plusieurs articles mobiles qui vivent à l'abri de l'oxygène dans la masse des tissus et désorganisent ceux-ci en dégageant une grande quantité de gaz putrides ; le *Micrococcus* du choléra des poules (fig. 724, III); le *Micrococcus* du rouget du porc ; le *Spirochæte Obermeieri* (fig. 724, V) de la fièvre récurrente, découvert par Obermeier; la fièvre typhoïde (fig. 725), la diphtérie, la tuberculose (fig. 724, IV), les fièvres paludéennes (fig. 724, VI), etc.

« En outre, il existe un certain nombre de maladies qui paraissent devoir être causées par des Bactériacées, mais la démonstration par la méthode des cultures successives et l'inoculation du parasite n'ont pas encore pu être tentées.

« Tous les progrès réalisés dans la connaissance des maladies contagieuses ou épidémiques sont exclusivement dus à Pasteur, à la méthode scientifique qu'il a inaugurée par ses remarquables travaux sur les fermentations, et à ses élèves.

« Nous connaissons maintenant nos ennemis les plus redoutables, comment nous défendre contre eux ?

« Nous l'avons vu, les Bactéries existent partout mélangées aux poussières qui troublent la transparence de l'air et couvrent tous les objets, notre corps même ; elles existent aussi dans l'eau.

« Dans les conditions normales, notre corps est fermé à ces êtres par l'épiderme, par les épithéliums, et, comme l'a montré M. Pasteur, on ne trouve pas de Bactéries dans les tissus ou le sang de l'homme et des animaux vivants.

« Mais qu'il se produise une déchirure, une plaie, les Bactéries pénètrent dans le corps, et une fois l'ennemi dans la place, il est trop tard.

« Une seule chance de salut nous reste : c'est que, dans la lutte qu'elles entreprennent contre nos tissus, les Bactéries succombent. M. Pasteur a montré que les globules sanguins engagent parfois la lutte, et victorieusement,

contre les Bactéridies. En effet, les poules sont réfractaires à l'empoisonnement par le charbon, parce que, grâce à la température élevée du sang, les Bactéridies luttent avec peine contre les globules et ne peuvent pas leur emprunter d'oxygène. Mais, si l'on refroidit les poules, on change les conditions de la lutte en faveur des Bactéridies, et les poules refroidies meurent du charbon comme les bœufs et les moutons.

« Mais, comme on ne peut prévoir l'issue de cette lutte, il faut à tout prix empêcher les Bactéries d'entrer dans le corps.

« Dans les circonstances ordinaires, une hygiène sévère suffit à nous préserver. Si une plaie est produite, on doit la laver avec de l'eau additionnée de substances antiseptiques ; l'acide phénique, le borate de soude, l'acide salicylique, le sublimé, le salol conviennent très bien. Si l'air est le véhicule des germes de maladie, il faudra le filtrer au moyen d'un rideau de mousseline maintenu humide par une dissolution hygroscopique, la glycérine par exemple. Si l'eau est contaminée, il faut la faire bouillir et l'aérer ensuite avant de la boire.

« Enfin, lorsque, après une épidémie, on doit occuper des locaux contaminés, il faut laver les murs, les parquets, les vêtements avec des dissolutions antiseptiques dont la nature variera suivant les circonstances : vapeur d'eau chargée d'acide phénique, eau acidulée par l'acide borique, dissolution de sublimé corrosif au millième, ozone, chlore, etc.

Rappelons que la lumière et l'oxygène sont de puissants agents de désinfection ; ils exercent une action sur le développement des microbes et doivent jouer un grand rôle dans l'hygiène publique, comme dans l'hygiène privée.

« Ces moyens préventifs n'ont d'efficacité qu'à la condition d'être employés d'une manière permanente. Que notre vigilance soit en défaut un seul instant et les agents de destruction pénètrent, car il suffit d'une spore ayant moins d'un centième de millimètre pour produire les affections les plus graves !

« Heureusement, et c'est encore à M. Pasteur que nous devons ces merveilleuses découvertes, les microbes parasites eux-mêmes, qui sèment la maladie et la mort, peuvent devenir, par des cultures appropriées, de véritables *vaccins*. Ceux-ci, moyennant une légère indisposition, préservent l'organisme contre toute atteinte ultérieure de la maladie qu'ils étaient capables de provoquer.

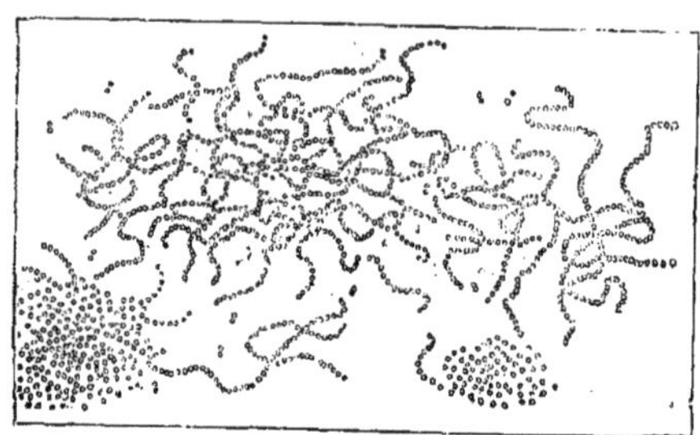

Fig. 725. — Bacille de la fièvre typhoïde.   Fig. 726. — Chapelets de vibrion septique obtenu pur par la culture au sang (Doléris).

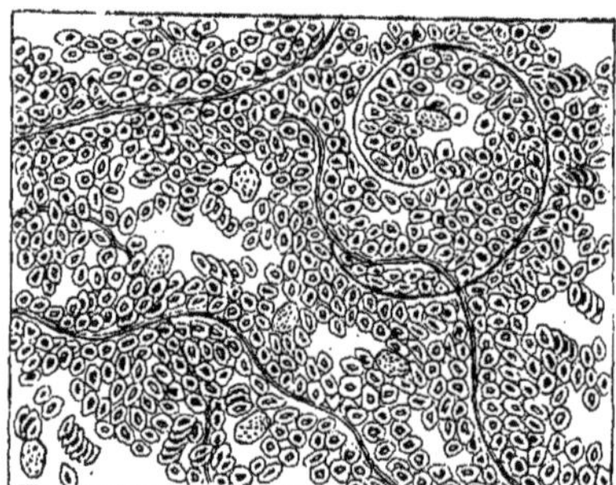

Fig. 727. — Vibrion septique dans le sang à l'état de développement complet. Représentation schématique (Doléris).

Fig. 728. — 1, Bactéries septiques sous diverses formes ; 2, zooglées ; 3, chapelets de Micrococcus en couples développés dans le pus d'un vaisseau lymphatique (Doléris).

« Ces vaccins ont été découverts pour la plupart des maladies parasitaires : la rage, le charbon, le choléra des poules, le rouget du porc, etc.

« Quand on cultive le *Micrococcus* du choléra des poules (fig. 724, III), on aperçoit, dans les cultures exposées à l'air, que l'activité du microbe diminue peu à peu : tandis qu'une goutte du liquide tuait, au bout de vingt-quatre heures, toutes les poules auxquelles il était inoculé, au bout de deux, trois ou quatre jours, avec la même culture, le nombre des animaux qui succombent diminue progressivement. Bientôt même l'inoculation du liquide où pullulent les microcoques ne provoque qu'une légère indisposition chez les animaux ; elle n'est jamais suivie d'accidents graves ; on dit alors que la *virulence* des microbes est atténuée. C'est l'air qui est l'agent de cette transformation et rend peu à peu bénignes des Bactéries d'abord redoutables, car au sein des cultures faites dans les mêmes conditions que les précédentes, mais en l'absence de l'air, l'activité des Bactéries se conserve ; pendant des jours ou des semaines, ces Algues causent la mort aussi sûrement qu'au bout d'un jour.

« Ce qu'il y a de plus remarquable, c'est que les animaux inoculés avec le *Micrococcus* atténué deviennent, pour un temps plus ou moins long, réfractaires à l'action des Micrococques les plus redoutables. Ils sont vaccinés contre le choléra des poules.

« Une semblable propriété avait été découverte par M. Toussaint dans la Bactéridie charbonneuse, mais il ignorait les conditions rigoureuses pour la production du vaccin, et M. Pasteur, reprenant la question, reconnut qu'on obtient la Bactéridie charbonneuse atténuée en maintenant les cultures artificielles pendant quelques jours à l'air et à une température de 43 degrés pour éviter la formation des spores. Cette Bactéridie atténuée ne cause qu'une affection passagère et préserve désormais les animaux de la maladie charbonneuse.

« Le vaccin du charbon était trouvé et les conditions de sa production rigoureusement connues. Ces résultats ne furent pas acceptés sans lutte, et il ne fallut rien moins que les expériences publiques de vaccination entreprises en France et à l'étranger pour convaincre les incrédules.

« Les résultats sont là : plus de 1 000 000 d'animaux ont été vaccinés depuis 1881, et l'on a constaté que la mortalité est dix fois moins forte chez les animaux vaccinés que chez les animaux non vaccinés !

« L'élan est maintenant donné, et nous pouvons envisager l'avenir avec confiance, car, si nos ennemis sont nombreux, l'emploi d'une hygiène sévère et la vaccination préventive permettront d'affranchir peu à peu l'humanité des terribles fléaux qui tarissent les sources de la fortune et de la vie.

« Ce sera l'éternel honneur de M. Pasteur d'avoir ouvert cette voie nouvelle aux investigations de la science. C'est lui qui a créé l'admirable méthode scientifique si féconde en applications agricoles et industrielles. Aussi un illustre savant, M. Huxley, a-t-il pu dire : « Les découvertes de M. Pasteur suffiraient à « elles seules pour couvrir la rançon de guerre « de cinq milliards payés à l'Allemagne par « la France. »

Immunisation (1). — Les microbes pathogènes, tout en étant la cause des maladies dites contagieuses, ne semblent pas agir directement sur l'organisme : de la même façon que les ferments sécrètent des diastases, les microbes engendrent des produits spéciaux, qui rentrent dans la catégorie des matières organiques alcaloïdes, et que l'on nomme des *toxines*. Ces matières agissent sous de faibles quantités et leur action nocive rappelle celle du *venin* des serpents ; injectées dans le sang des animaux soumis aux expériences, ces toxines produisent les désordres qui caractérisent la maladie correspondant au microbe dont le liquide inoculé provient. Ces toxines sont donc spécifiques.

La lutte contre les maladies microbiennes, en dehors des moyens prophylactiques qui mettent l'organisme sain à l'abri de toute contamination, consiste donc en une lutte contre le microbe, origine du mal, et en une lutte contre ses toxines qui causent des désordres souvent mortels : c'est même souvent cette dernière action qui constitue tout le traitement de la maladie, et on la réalise en développant au maximum les défenses naturelles de l'organisme par la vaccination.

Une Bactérie virulente, végétant dans les conditions normales, peut produire des toxines très actives, tandis que des modifications dans ses conditions de développement provoqueront ou une exaltation de la virulence, ou une atténuation qui pourra rendre cette Bactérie même inoffensive. Or, la réaction de l'organisme, mis en présence de ces virulences différentes, est très modifiée : une virulence exaltée le trouve sans défense et occasionne des désordres graves, sinon mortels ; une virulence atténuée le fatigue seulement ; elle crée un malaise, ordinairement passager et signe de la réaction que l'organisme attaqué a produite pour sa défense. Les éléments cellulaires voient leurs propriétés augmentées ; ils sont aptes à supporter une dose plus forte de toxine, ou même une toxine plus virulente ; il y a eu production d'une immunisation par vaccination.

Comment se fait cette défense de l'organisme ? Par la création d'un milieu défavorable au développement de l'élément pathogène, par la sécrétion de contrepoisons, nommés *antitoxines*, que sécrètent les diverses cellules de l'organisme infesté.

Le principe de l'immunisation par vaccination est tout entier contenu dans ces données.

De là découle aussi la remarque si ancienne de la non-récidive de certaines affections, remarque non expliquée avant la connaissance de la nature des maladies microbiennes et de leur traitement.

Atténuation des virus. — Depuis longtemps, on sait que les personnes qui ont été atteintes de *picote*, maladie bénigne contractée en trayant des vaches dont le pis porte des pustules virulentes, sont préservées de la variole sous sa forme active. Cette constatation, dont Jenner tira un si bon parti, nous fait déjà connaître un milieu, le corps de la Vache, qui atténue la virulence du Microcoque de la variole.

Beaucoup d'autres milieux peuvent être employés dans ce but, et nous ne pouvons que citer les principaux modes d'atténuation des virus. On emploie l'oxygène de l'air pour le *Micrococcus* du choléra des poules, pour le Bacille

(1) Voy. la très remarquable étude publiée par M. Et. Metchnikoff : *L'immunité dans les maladies infectieuses*, dans la *Revue générale des sciences*, 1900, p. 1210.

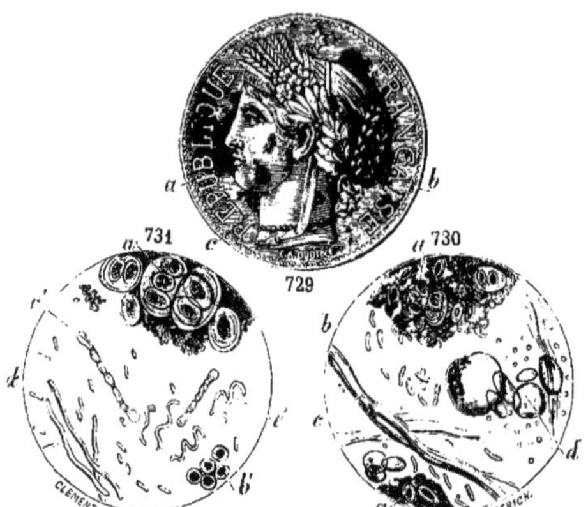

Fig. 729. — Une pièce de monnaie avec les incrustations en *abc*. — Fig. 730. Une partie de la masse incrustée vue au microscope (gross. de 200 à 250 diamètres) : *a*, Algues ; *b*, Bactéries ; *c*, fibres de Coton ; *d*, grains d'amidon. — Fig. 731. Même masse grossie plus fortement : *a'*, Algues (*Chroococcus*) ; *b'*, Algues unicellulaires ; *c'*, *Bacillus* spécial ; *d'*, *Vibrio* ; *e*, *Spirillum*.

du rouget du porc ; la chaleur pour le Bacille du charbon ; enfin le passage dans certains organismes pour le Micrococque de la rage et le Bacille de la diphtérie. Dans ce dernier cas, la matière inoculée n'est plus le virus atténué, mais le sang (ou sérum) contenant l'antitoxine produite par l'organisme immunisé (cheval) ; la méthode porte alors le nom de sérothérapie.

La flore des pièces de monnaie. — Qui n'a remarqué les petites masses noirâtres qui s'incrustent à la surface des monnaies, dans les dépressions entre les images et les lettres (fig. 729), par suite d'une circulation prolongée ?

M. Reinsch (d'Erlangen) les a étudiées (1), et ses investigations ont porté sur les monnaies de tous les États européens, récentes et anciennes, sur les pièces de cuivre, d'or et d'argent. Partout il a trouvé des microorganismes, des Algues et des Bactéries.

En grattant avec une pointe d'aiguille l'incrustation crasseuse qui s'est amassée dans les interstices du relief de la monnaie et en la portant sous le microscope avec une goutte d'eau distillée, M. Reinsch y constata déjà, à un grossissement de 250 à 300 diamètres, la présence des corps suivants : fragments de

(1) Reinsch, *Gaea*, juin 1884, et Deniker, *Herborisation sur une pièce de monnaie (Science et nature*, 1884, t. II, p. 193).

fibres textiles (fig. 730, *c*), nombreux granules d'amidon (fig. 730, *d*), surtout d'amidon de Blé, globules de graisse, quelques Algues unicellulaires, etc.

Mais, en augmentant le grossissement, on aperçoit, au milieu de tous ces détritus, des *Bactéries* animées de leur mouvement caractéristique (fig. 730, *b*). Ce sont tantôt des Bactéries en forme de bâtonnets (Bactéries oscillaroïdes), douées d'un mouvement oscillaire (*Vibrio*) (fig. 731, *d'*) ou spiralé (*Spirillum*) ; tantôt des Bactéries globulaires (formes micrococcoïdes). Parfois toutes ces formes sont réunies sur une seule et même pièce de monnaie, mais le plus souvent on rencontre une forme ou l'autre isolément. Les Bactéries globulaires sont les plus fréquentes ; les *Spirillum* (fig. 731, *e*) se rencontrent beaucoup plus rarement. Quant aux *Bacillus*, on les trouve presque toujours sur les monnaies de cuivre, d'or et d'argent, sous forme de bâtonnets ayant de 4 à 12 articles, longs de 0,0055 à 0,0077 de millimètre ; les articles placés aux deux bouts de ces bâtonnets présentent un renflement sphérique.

Toutes ces Bactéries cessent leurs mouvements dès qu'on introduit une goutte d'iode ou de glycérine dans la préparation.

Parmi les *Algues* (fig. 730, *a*), on en rencontre le plus souvent sur les pièces de monnaie deux espèces : un tout petit *Chroococcus* et une

Algue unicellulaire (fig. 731, *b'*) se rapprochant des *Palmellées*. Les *Chroococcus* ont à peine 0,00095 de millimètre de diamètre, et se trouvent réunis par quatre, huit et douze en colonies sphériques qui sont entassées en petites masses de 0,02 de millimètre de diamètre (fig. 731, *a'*). La deuxième forme d'Algue, se rapprochant des Palmellées, est beaucoup plus grande ; ce sont des cellules à parois épaisses avec un contenu à coloration intense. Par leur forme, elles sont voisines des *Pleurococcus*. Leur diamètre est de 0,009 à 0,01 de millimètre, et l'épaisseur de leurs parois atteint à peu près le dixième de ce diamètre. Plusieurs de ces cellules se trouvent en segmentation, non pas cependant aussi régulièrement que les *Pleurococcus* typiques.

Les Algues ne se rencontrent que sur les pièces anciennes ; les nouvelles ne renferment que des Bactéries.

En outre des Algues et des Bactéries, les incrustations des pièces de monnaie renferment encore des *hyphes* non développées et des spores de Champignons analogues à ceux que l'on trouve dans les Moisissures.

Le fait trouvé par M. Reinsch présente une grande importance au point de vue de l'hygiène publique. On sait jusqu'à quel point les différentes Bactéries sont les propagateurs des maladies contagieuses, et certainement elles ne pouvaient choisir un meilleur véhicule pour leur dissémination que le numéraire, cet « objet de circulation » par excellence. Il serait peut-être prudent, par les temps d'épidémie, de laver dans une solution alcaline bouillante les pièces de monnaie devenues crasseuses par suite d'une circulation trop prolongée.

La flore des billets de banque. — M. Jules Schaarschmidt (1), privat-docent de botanique cryptogamique à l'Université hongroise de Kolasvar, a entrepris une étude analogue sur les billets de banque.

En examinant soigneusement les bords, les plis, etc., des billets de banque de n'importe quel État, on y remarque facilement un dépôt de poussière et de crasse. En grattant un peu la surface du billet dans ces endroits, à l'aide d'une aiguille ou d'un scalpel, et en transportant ensuite la matière ainsi obtenue sur un verre porte-objet, dans une goutte d'eau distillée, on y aperçoit très bien, en se servant

(1) Deniker, *La flore des billets de banque* (*Science et nature*, 1885, t. III, p. 257).

d'un fort grossissement, des Schizomycètes, des Algues, etc.

M. Schaarschmidt a examiné plus particulièrement les billets de banque austro-hongrois, aussi bien les anciens (de 1848-49) que les nouveaux, et les billets de banque russes de un rouble, dont nous donnons le dessin (fig. 732).

Sur tous ces billets, même sur les plus neufs et les plus propres en apparence, il a constaté une végétation cryptogamique abondante, de même que la présence de plusieurs microbes.

La Bactérie de putréfaction (*Bacterium termo* Dujardin) a été trouvée sur tous les billets examinés et sur n'importe quelle partie de leur surface.

Dans les incrustations que l'on voit sur les bords et dans les plis, on peut aisément constater des grains d'amidon (fig. 733, *d*), surtout ceux d'amidon de Blé, des fibres de Coton et de Lin (fig. 733, *f*, *j*), des fragments de cheveux, etc. Sur les billets austro-hongrois de un florin (2 fr. 50), on trouve, en outre, beaucoup de Saccharomycètes, surtout le *Saccharomyces cerevisiæ* (levure de bière). Différentes espèces d'Algues du genre *Micrococcus*, des *Leptothrix* (genre d'Algue auquel appartient le *Leptothrix buccalis*, parasite de la langue et des interstices des dents de l'homme) avec un renflement terminal (fig. 733, *e*) ; des *Bacilles* sont aussi des organismes qu'on rencontre habituellement dans ces dépôts.

Les deux nouvelles espèces d'Algue décrites par M. Reinsch et dont nous avons parlé plus haut sont très rares sur les billets de banque ; il paraît qu'elles se plaisent mieux sur des pièces de 20 francs que sur les billets de un florin ; cependant ces derniers abritent de temps en temps de petites colonies de cellules vertes de *Pleurococcus*. Il en est de même des billets de cinq florins qui présentent parfois à leur surface de petits *Chroococcus* d'un beau vert bleuâtre.

Voici la liste complète des végétaux cryptogames et des autres organismes trouvés par M. Schaarschmidt sur les billets de banque austro-hongrois et russes :

1° *Micrococcus* (plusieurs variétés) (fig. 733, *a*) ;
2° *Bacterium termo* (fig. 733, *h*) ;
3° *Bacillus* (formes diverses) (fig. 733, *g*) ;
4° *Leptothrix* (formes variées) (fig. 733, *c*) ;
5° *Saccharomyces cerevisiæ* (fig. 733, *b*) ;
6° *Chroococcus monetarum* (fig. 733, *i*) ;
7° *Pleurococcus monetarum* (fig. 733, *k*).

Il est évident qu'au point de vue hygiénique

Fig. 732.

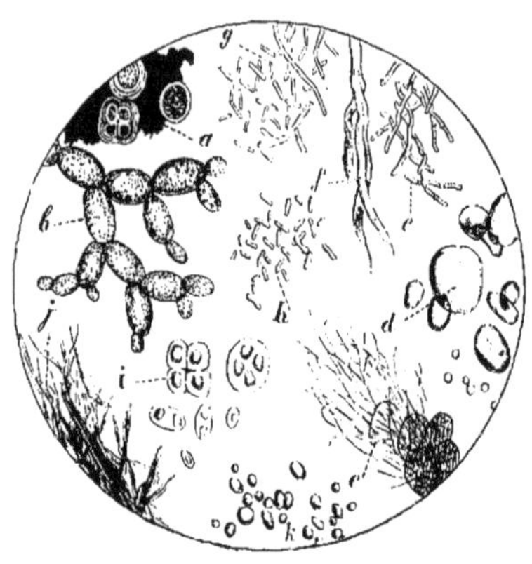

Fig. 733.

Fig. 732. — Billet de banque russe d'un rouble.
Fig. 733. — *a*, *Micrococcus*; *b*, *Saccharomyces cerevisiæ*; *c*, *Leptothrix*; *d*, amidon; *e*, *Leptothrix buccalis*; *f.j*, fibres de Coton et de Lin; *g*, *Bacillus*;
h, *Bacterium termo*; *k*, *Pleurococcus monetarum*.

l'étude microscopique de différents objets d'un
usage journalier présente un grand intérêt.

Aussi M. Schaarschmidt se propose-t-il
d'examiner à ce point de vue les objets les
plus divers, surtout les livres scolaires, qui
passent de main en main et ne brillent pas souvent par leur propreté, de même que les livres
prêtés par les bibliothèques populaires, etc.
— Il est à présumer que l'on y trouvera une
flore cryptogamique beaucoup plus riche que
celle des billets de banque.

LES FERMENTATIONS

Les fermentations sont des phénomènes
d'ordre chimique, dans lesquels un composé
organique, nommé *matière fermentescible*, se
modifie d'une manière déterminée, sous l'influence d'une autre matière organique nommée *ferment*, qui en général ne fournit rien de
sa propre substance aux produits de la réaction. La caractéristique de ces réactions est
donc la transformation d'une quantité presque
illimitée de matière fermentescible, en un produit toujours le même, par une quantité très
faible de ferment.

Les fermentations sont d'ordinaire désignées
par le nom du produit le plus important
auquel elles donnent naissance; on dira par
exemple fermentation alcoolique pour la transformation des liquides sucrés en alcool, fermentation acétique pour la transformation des
liquides alcooliques en acide acétique, fermentation lactique pour la formation d'acide
lactique aux dépens du lait.

Ferments solubles et ferments figurés. —
Les agents qui déterminent les fermentations
sont de deux sortes : les uns sont des matières
chimiques, non organisées, et appartenant au
groupe des matières azotées en général ; on les
nomme *ferments solubles*. Les antiseptiques
sont sans action sur eux, et la fermentation
qu'ils provoquent détermine leur destruction.
Ces ferments ont pour type la diastase qui agit
sur l'amidon, soit dans les graines en germination, soit dans l'opération de brasserie nommée le brassage, soit dans notre tube digestif
où elle est apportée par la salive ou le suc pan-
créatique.

L'étude des ferments solubles est du domaine de la chimie ; aussi ferons-nous l'étude
des fermentations en examinant seulement les
ferments de la deuxième catégorie, nommés
ferments figurés.

Les *ferments figurés* sont des organismes
cellulaires, qui, placés dans des milieux et dans
des conditions convenables, vivent et s'accroissent en transformant les parties alimentaires du milieu en des composés constants.
Les principales actions chimiques ainsi réalisées sont des décompositions ou dédoublements,
assez souvent des oxydations, des hydratations.

Quant aux ferments, ils sont des Bactériacées ou des Champignons (Levures). Tous ces organismes sont, du reste, dépourvus de chlorophylle.

La distinction fondamentale que nous avons faite des ferments solubles et des ferments organisés n'est pas irréductible, au moins dans certains cas ; on peut rapprocher ces deux catégories de ferments en attribuant, avec M. Berthelot, l'action des ferments organisés à une matière azotée qui serait sécrétée par ces ferments, comme la salive est sécrétée par les animaux supérieurs.

La démonstration de cette hypothèse a été faite dans quelques cas ; c'est ainsi que Pasteur et Joubert ont établi que dans la fermentation ammoniacale le ferment organisé de l'urée sécrète un ferment soluble connu, qui transforme l'urée en carbonate d'ammonium.

Ferments facultatifs. — Certains organismes ne jouent le rôle de ferments que dans des conditions déterminées et ont une nutrition normale dans des conditions différentes ; la Levure de bière, dont il sera parlé plus loin, détermine la fermentation d'un jus sucré et produit de l'alcool quand elle est placée dans des conditions asphyxiques ; à l'air libre et abondant, cette Levure consomme le sucre comme une plante ordinaire et rejette du gaz carbonique. Les conditions premières étant le plus souvent réalisées, la Levure est connue comme déterminant habituellement la fermentation alcoolique.

Des cellules de végétaux supérieurs peuvent, dans des conditions particulières, agir comme ferments et produire de l'alcool ; mais cela est l'exception ; aussi ces cellules ne sont pas considérées comme des ferments.

Principales fermentations. — On peut classer les fermentations en tenant compte de la nature du ferment, celui-ci pouvant être fungique ou bactérien ; on peut aussi ranger les fermentations en considérant le produit résultant ; c'est cette dernière méthode que nous adopterons dans l'examen des fermentations que nous allons faire.

FERMENTATION ALCOOLIQUE

Parmi les ferments fungiques, les plus intéressants sont les Levures, qui transforment les matières sucrées en liquides alcooliques.

Fabroni a le premier constaté, à la fin du siècle dernier, que la Levure de bière, soumise à la distillation, donne de l'ammoniaque : c'était donc une substance azotée qui fut comparée au gluten du pain.

En 1837, Cagniard-Latour, étudiant la Levure au microscope, constata qu'elle est formée d'un amas de globules se reproduisant par bourgeonnement ; il conclut même de ses expériences que c'est probablement par quelque effet de leur végétation que les globules de Levure dégagent du gaz carbonique et convertissent la liqueur sucrée en liquide alcoolique.

A l'époque où cette opinion fut émise, elle ne pouvait pas être acceptée, car l'existence des êtres organisés dans les fermentations n'avait pas encore été montrée ; il fallut le génie de Pasteur pour transformer sur ce point les idées reçues.

Pasteur, en simplifiant le milieu où se développait la fermentation, en variant les circonstances de production du phénomène, fut amené à constater que la Levure est un végétal formé de chapelets de globules, se reproduisant par bourgeonnement. Cette Levure, nommée *Saccharomyces*, est posée de matières comazotées, de cellulose et de sels minéraux.

Les globules de Levure, placés dans un liquide sucré contenant des matières azotées et des matières minérales, vivent et se multiplient en édifiant de nouveaux globules aux dépens du sucre, mais aussi en produisant de l'alcool et du gaz carbonique, qui sont les principaux corps résultant de la fermentation. La quantité de sucre décomposé est en relation directe avec la quantité de Levure édifiée pendant le phénomène.

Marche de la fermentation. — La fermentation alcoolique est celle qui donne la plupart des boissons fermentées employées dans l'alimentation.

Pour la réaliser, on ajoute à une dissolution de sucre à 10 p. 100 quelques grammes de Levure de bière humide ; bientôt un voile se forme à la surface du liquide, tandis que sa saveur sucrée disparaît pour faire place à une saveur alcoolique.

Les boissons fermentées sont connues de temps immémorial ; cependant il faut attendre les travaux de Lavoisier pour connaître le dédoublement du glucose en alcool et en gaz carbonique. Cette première équation de la réaction fut précisée par Gay-Lussac, puis par Dubrunfaut, mais elle ne fut rendue complète et exacte qu'à la suite des travaux de Pasteur.

En 1857, Pasteur démontra que la fermenta-

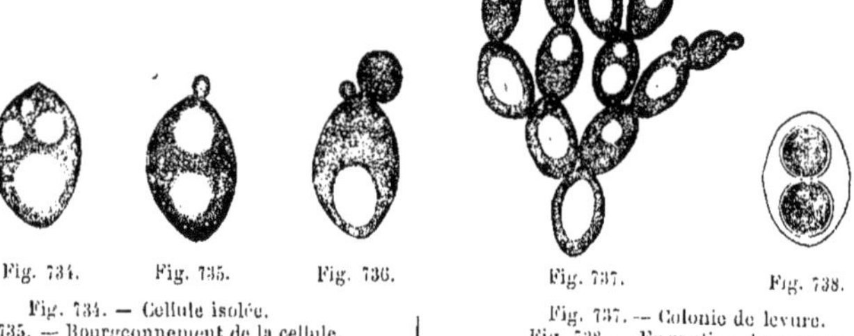

Fig. 734.   Fig. 735.   Fig. 736.   Fig. 737.   Fig. 738.

Fig. 734. — Cellule isolée.
Fig. 735. — Bourgeonnement de la cellule.
Fig. 736. — Formation d'un deuxième bourgeon.

Fig. 737. — Colonie de levure.
Fig. 738. — Formation des spores.

Fig. 734 à 738. — Levure de bière (*Saccharomyces cerevisiæ*).

tion est corrélative de la formation de glycérine, d'acide succinique, de cellulose et de matières grasses, ces deux derniers corps étant principalement retenus par la Levure pour l'édification des nouvelles cellules. Une confirmation pratique de ces résultats est donnée par l'analyse des vins, qui contiennent de 6 à 8 grammes de glycérine et 1 gramme d'acide succinique par litre.

Rôle des matières azotées. — Les matières albuminoïdes que renferme le liquide fermentescible ne sont pas le ferment ; elles lui servent simplement d'aliment ; elles ne sont même pas indispensables. Pasteur, en effet, a montré que la fermentation peut s'établir normale dans des milieux artificiels essentiellement composés de matières sucrées et de sels minéraux, parmi lesquels les sels ammoniacaux sont nécessaires.

Rôle de l'air. — On a cru longtemps que l'oxygène de l'air était nécessaire à la fermentation alcoolique en se fondant sur l'expérience suivante de Gay-Lussac. Il introduisit sous deux éprouvettes sur la cuve à mercure des grains de raisin qu'il y écrasa à l'aide d'une baguette de verre, puis il fit passer dans l'une des éprouvettes une bulle d'air.

Il constata que le jus du raisin entra en fermentation dans l'éprouvette où il y avait une bulle d'air, tandis qu'il ne se produisit pas de fermentation dans l'autre. La présence de l'oxygène avait eu pour effet de permettre aux germes qui existaient sur l'enveloppe des grains ou sur les parois de l'éprouvette d'acquérir la vitalité nécessaire pour se développer et fonctionner comme ferment.

Mais nous savons déjà que la Levure, une fois constituée, n'a pas besoin d'air pour se développer ; au contraire, elle ne joue ce rôle de ferment que lorsqu'elle se développe à l'abri du contact de l'air, car alors elle emprunte l'oxygène nécessaire à sa vie au sucre qu'elle transforme.

Principales espèces de Levures. — Il est fort difficile de séparer les différentes Levures alcooliques, et les quelques espèces qui ont été faites dans ce groupe ne diffèrent que très peu dans leurs formes ou leurs dimensions.

Les principales sont : la Levure de bière, espèce domestique, ou *Saccharomyces cerevisiæ*, formée de cellules arrondies, très faiblement ovoïdes, de 8 à 9 millièmes de millimètre ; la Levure elliptique qui végète sur le raisin et dont les cellules plus allongées ont environ 6 millièmes de millimètre ; la Levure apiculée, fréquente dans les fermentations des sucs de fruits ; la Levure de Pasteur, qui se rencontre jointe aux précédentes dans le vin, le cidre. La Levure blanche a déjà été mentionnée comme parasite provoquant le muguet des enfants.

Levures pures. — L'action des Levures d'espèces ou même de variétés différentes sur un même liquide, variant avec la Levure, on doit rechercher, d'une part à produire des cultures pures de Levures déterminées, d'autre part à ensemencer les liquides fermentescibles, préalablement stérilisés, avec la Levure choisie.

La production des Levures pures se fait en partant de la Levure de bière du commerce ; on en délaye une petite quantité dans de l'eau stérilisée, puis on compte le nombre des cellules que contient un volume donné de ce liquide ; on en déduit la masse de liquide qui renferme une cellule, ce qui permet de partager le liquide en unités contenant une cellule. Avec ces unités, on ensemence autant de solutions nutritives, on rejette les cultures qui paraissent contenir plus d'une tache de Levure et on observe les cultures pour les classer.

Cette sélection entre les diverses races de Levure est faite pour les Levures de brasserie, et comme, d'autre part, le brasseur connaît très bien les conditions de fonctionnement de la Levure pure, l'opération de brasserie est réellement scientifique : elle conduit à la préparation de produits toujours identiques.

Il n'en est pas de même des Levures de fermentation des moûts de raisin et, malgré les nombreuses recherches dont les Levures ont été l'objet, malgré les tentatives qu'on a multipliées pour les faire entrer dans la pratique de la vinification, les résultats obtenus jusqu'ici sont peu importants. Il faut très probablement attribuer ces échecs à l'action prédominante qu'exercent sur les moûts les Levures que portent les grains de raisin, et qui prennent le pas sur les Levures pures ensemencées.

Pour que les Levures pures agissent d'une manière efficace, il faut les ensemencer dans un milieu stérile. On obtient alors des résultats très nets. Voici les indications fournies par les expériences entreprises en 1897 par M. Kühn, dans la région du Midi.

Du moût de raisin ordinaire fut divisé en trois lots : le premier fut abandonné à la fermentation spontanée, et donna du vin ayant les caractères des vins blancs ordinaires du Midi ; le deuxième fut ensemencé sans précautions spéciales avec une Levure pure, et fournit à peu près le même vin ; le troisième fut stérilisé, puis ensemencé avec la même Levure pure, et donna un vin que les experts n'hésitèrent pas à reconnaître, même à apprécier. En particulier, un vin préparé dans ces dernières conditions avec la Levure pure de Champagne était transformé, et avait nettement le type des vins blancs de la région champenoise.

On comprend toute l'importance qu'aurait l'application industrielle d'une telle méthode de vinification, particulièrement si elle était appliquée en Algérie et en Tunisie, où les défauts des vins viennent surtout des imperfections de la fabrication.

Emplois des Levures. — Les Levures, dont les germes existent sur la plupart des fruits, sont les agents de la transformation des sucres contenus dans ces fruits ; par elles les moûts sucrés deviennent liquides alcooliques, c'est-à-dire boissons fermentées. Nombreuses sont ces boissons dont l'action stimulante est recherchée ; nous citerons le vin, la bière, les cidres et poirés, l'hydromel et la cervoise ou bière de Blé. Rappelons l'emploi industriel des fermentations pour la production des alcools de grains, de Pommes de terre, de mélasse, de Betteraves.

FERMENTATION ACÉTIQUE

Historique. — Depuis les temps les plus reculés, on avait remarqué que le vin, la bière, le cidre s'aigrissent à l'air, surtout en été.

Fabroni attribua ce phénomène à l'action d'une substance végéto-animale analogue au gluten, sans reconnaître la nécessité de la présence de l'air. Lavoisier constata l'absorption d'oxygène qui est corrélative de l'acétification. Plus tard, Davy démontra que l'acide acétique formé résulte d'une oxydation de l'alcool, mais ne connut pas l'agent de cette oxydation, tandis que Liebig crut le rencontrer dans les matières azotées que contiennent toujours les boissons fermentées.

Enfin Pasteur aborda la question et la résolut par la découverte du ferment acétique.

Dans une leçon célèbre qu'il alla faire à Orléans, à la demande des fabricants de vinaigre de cette ville, Pasteur précisa la nécessité de la présence de l'air, le rôle de l'oxygène atmosphérique qui se fixe sur l'alcool pour le transformer en vinaigre, et la nature de ce petit être microscopique, agent de la fermentation.

Pour montrer que l'air a cédé quelque chose au vin, on prend une bouteille dont le vin s'est aigri et qui soit hermétiquement bouchée. Si l'oxygène de l'air contenu dans la bouteille s'est fixé sur l'alcool, il ne doit plus y avoir que de l'azote. Renversons la bouteille sur une terrine pleine d'eau, débouchons-la ; nous verrons l'eau de la cuve entrer dans la bouteille et combler le vide dû à la disparition de l'oxygène.

Mais l'eau alcoolisée pure et l'air ne sauraient suffire à l'établissement d'une fermentation acétique, même si on ajoutait des matières albuminoïdes quelconques, ainsi que le voulait la célèbre théorie de Liebig :

« Si l'eau alcoolisée pure (1) ne peut s'aigrir

(1) M. Pasteur, *Histoire d'un savant par un ignorant.*

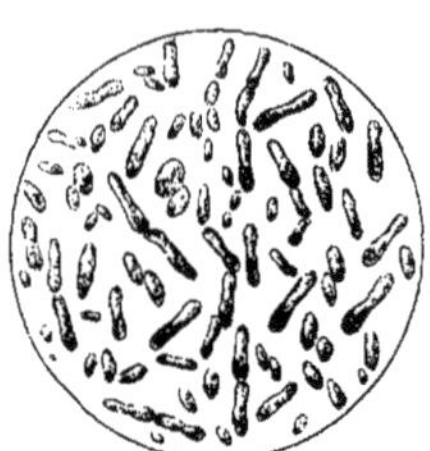

Fig. 739. — *Mycoderma vini.*

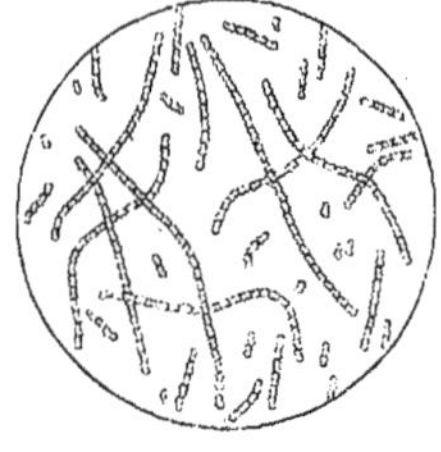

Fig. 740. — *Mycoderma aceti.*

au contact de l'air, à la manière du vin, c'est que l'eau pure alcoolisée est privée d'une matière albuminoïde, qui existe dans le vin, qui s'y trouve en voie d'altération et qui est un ferment capable de fixer l'oxygène de l'air sur l'alcool. Et la preuve, concluait Liebig, que les choses se passent rigoureusement ainsi, c'est que si vous ajoutez au mélange d'eau et d'alcool un peu de farine ou de jus de viande, ou même une portion minime d'un jus végétal quelconque, vous verrez la fermentation acétique prendre naissance pour ainsi dire d'une manière obligée. En d'autres termes, par l'addition d'une petite quantité de toute substance azotée en voie d'altération, vous provoquez la fixation de l'oxygène de l'air sur l'alcool. »

Cet intermédiaire de la fixation de l'oxygène n'est point, comme le veut la théorie allemande, une substance albuminoïde morte ; c'est une plante fungique, le Mycoderme du vinaigre, toujours présent à la surface des liquides en fermentation. Liebig n'ignorait pas la présence de ce Champignon, mais il savait aussi qu'une infusion de matière organique quelconque exposée à l'air se recouvre de végétations cryptogamiques et est envahie par une foule d'animalcules ; aussi, comparant le vin et le vinaigre à des infusions végétales, il trouvait naturelle la présence de la fleur du vin et des Anguillules du vinaigre, ces petits vers qui pullulent dans les vases où se fait l'acétification.

Le rôle des matières albuminoïdes que contient le vin est facile à préciser par l'expérience suivante : dans deux bouteilles, répartissons également une petite quantité de vin, puis bouchons hermétiquement. Chauffons l'une des bouteilles à 60 degrés pendant quelques instants et nous remarquerons, au bout de plusieurs jours, que la fermentation s'est dévelop-

pée dans la bouteille non chauffée seule. Cependant, le chauffage n'a pas détruit les albuminoïdes, ce dont on peut s'assurer en ouvrant la bouteille chauffée, et la laissant à l'air ; la fermentation acétique se développera aussi bien que sur du vin ordinaire.

L'expérience la plus concluante à ce sujet, expérience qui fut la réponse de Pasteur à ses adversaires, consiste à créer de toutes pièces un milieu favorable à la fermentation sans y introduire de matières albuminoïdes ; ce milieu comporte de l'eau alcoolisée, des substances salines cristallisables, parmi lesquelles du phosphate d'ammoniaque, un peu d'acide acétique pur. Or, dans ce milieu, le Mycoderme se développe admirablement et acétifie tout l'alcool que renferme la solution. Le vrai ferment du vinaigre est donc le Champignon.

Le ferment. — Lorsqu'on abandonne du vin à l'air, on ne tarde pas à observer à la surface du liquide un voile blanchâtre nommé la *fleur du vin*.

Ce voile est souvent formé de deux organismes ferments : l'un nommé Mycoderme du vin (*Mycoderma vini*) (fig. 739), l'autre nommé Microcoque du vinaigre (*Micrococcus aceti* ou *Mycoderma aceti*) (fig. 740). Le premier ferment est une Levure qui transforme le vin en déterminant son oxydation totale, avec production de gaz carbonique et de vapeur d'eau ; seul, ce ferment produit un voile épais et rugueux. Le deuxième ferment est une Bactériacée qui oxyde partiellement le vin en donnant du vinaigre ; c'est ce cas que nous devons examiner.

Marche de la fermentation. — Réalisons les conditions les plus favorables à la fermentation, en composant un liquide avec une partie de vin, deux à trois parties d'eau et une partie de vinaigre ; maintenons ce liquide à 25 degrés environ, et nous verrons bientôt se former un voile très léger qui recouvrira toute la surface du liquide. Ce voile, d'abord très délicat et velouté, prendra peu à peu de la consistance ; au bout de plusieurs mois, si nous avons eu soin d'entretenir la fermentation en ajoutant du liquide frais, ce voile pourra être enlevé tout d'une pièce. Il constitue la mère de vinaigre et est formé des cellules du Micrococque, associées en chapelets, eux-mêmes réunis par une gelée mucilagineuse.

L'ensemencement d'un liquide fermentescible approprié par la mère de vinaigre constitue le meilleur moyen de déterminer sûrement et rapidement une fermentation active.

Un jour, dans une discussion qu'il soutenait à l'Académie des sciences, Pasteur, voulant affirmer la prodigieuse activité de la vie et de la multiplication du Mycoderme, s'exprima ainsi : « Je me ferais fort de recouvrir de *Mycoderma aceti*, et dans l'intervalle de vingt-quatre heures, une surface de liquide vineux aussi étendue que la salle qui nous rassemble. Je n'aurais qu'à l'ensemencer la veille, par petites places à peine visibles, de *Mycoderma aceti* de nouvelle formation. »

Le résultat de la vie du ferment est une oxydation partielle de l'alcool du vin, avec production corrélative d'acide acétique et d'eau. La liqueur perd son goût vineux, s'acétifie et devient du vinaigre.

Fabrication du vinaigre. — A Orléans, le procédé anciennement employé, et presque abandonné aujourd'hui, est bien simple.

On dispose dans une chambre de fermentation une rangée de tonneaux dont le fond antérieur est percé de deux trous : l'un assez grand permet l'introduction du vin ou le soutirage du vinaigre ; l'autre plus petit sert au mouvement de l'air pendant ces opérations. On introduit dans chaque tonneau 100 litres de très bon vinaigre et 2 litres de vin. Huit jours après, on ajoute 3 litres de vin, 4 à 5 litres une semaine plus tard, jusqu'à ce que le tonneau contienne 180 à 200 litres ; on nomme cette opération la mise en train ; elle dure trois à quatre mois. Le tonneau ainsi préparé s'appelle une mère.

A partir de ce moment, la mère travaille et on peut, après avoir ramené le volume du liquide à 100 litres par un premier soutirage, puiser chaque semaine 10 litres de vinaigre et les remplacer par 10 litres de vin. La température de la salle doit être maintenue à 25 ou 28 degrés environ.

Ce procédé présente des inconvénients nombreux ; aussi est-il presque partout remplacé par des procédés plus rapides et moins onéreux ; cependant, il n'est aucune méthode de fabrication qui donne des produits aussi parfaits, et chaque vinaigrerie orléanaise a soin d'attribuer un local spécial à cette fabrication de choix.

Troubles de l'acétification. — La marche normale des phénomènes peut être entravée ou simplement ralentie par la présence du *Mycoderma vini* et par celle des Anguillules du vinaigre.

Ces Anguillules sont de petits vers ronds, de 1 à 2 millimètres de grosseur, très agiles. On les observe facilement dans les tonneaux du procédé orléanais, particulièrement dans le tube de niveau que l'on place sur le fond apparent du tonneau. Par l'emploi d'oxygène qu'elles font, ces Anguillules ralentissent l'acétification ; par leurs mouvements, qui ont pour but de les porter à la surface du liquide, elles arrivent souvent à se placer sur le voile et à le submerger ; or nous savons que le Mycoderme ne peut travailler utilement qu'en présence de l'air.

AUTRES FERMENTATIONS

Les principales fermentations, autres que celles dont il vient d'être fait mention, sont :

    La fermentation lactique,
    La fermentation butyrique,
    La fermentation ammoniacale,
    La fermentation putride,
    La fermentation visqueuse,
    La fermentation gallique,
    La fermentation sulfhydrique,
    Les fermentations nitreuses et nitriques, etc.

Les phénomènes auxquels donnent lieu ces fermentations présentent une importance très inégale ; aussi nous ne parlerons ici que des trois premières fermentations, en rappelant que les deux dernières ont fait l'objet d'une étude spéciale, page 280.

Fermentation lactique. — Cette fermentation est celle qui se développe spontanément dans le lait abandonné à l'air, sous l'action de la Bactérie lactique. Par elle, le sucre de lait ou lactose est transformé en acide lactique, et la présence de cet acide détermine la coagulation lente de la caséine du lait ; celle-ci,

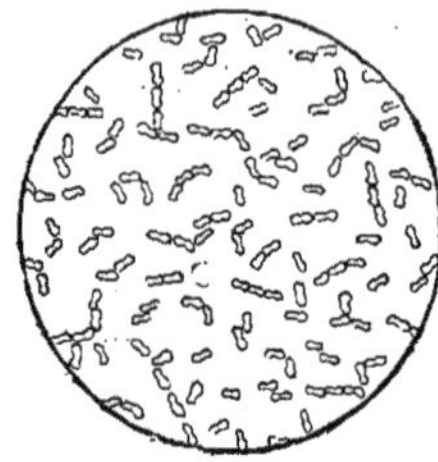
Fig. 741. — Ferment lactique.

Fig. 742. — Ferment butyrique.

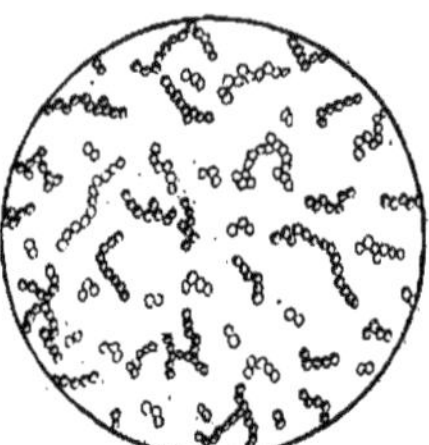
Fig. 743. — *Micrococcus ureæ*.

s'isolant du liquide, donne au lait un aspect spécial ; on dit que le lait est caillé.

La Bactérie lactique est formée de globules libres ou associés en chapelets, plus petits que les globules de Levure de bière, puisqu'ils atteignent au maximum 2 millièmes de millimètre (fig. 741). Ce ferment est aérobie, il se développe sur les glucoses, à la condition que la solution soit neutre, tandis que la Levure de bière se développe en milieu acide.

La Bactérie lactique est très répandue dans les laiteries ; elle existe toujours sur le pis de la vache; aussi doit-on stériliser le lait que l'on désire conserver, surtout en été. Une stérilisation partielle est obtenue par le chauffage à 70 degrés; c'est la pasteurisation, qui conserve au liquide toutes ses propriétés et sa saveur. Une stérilisation totale serait obtenue par une chauffe en autoclave, mais elle modifierait légèrement le lait.

Fermentation butyrique. — Cette fermentation peut être observée dans des circonstances très diverses ; elle fait souvent suite à la fermentation lactique et donne aux dépens de la matière fermentescible de l'acide butyrique, avec un dégagement de gaz carbonique et d'hydrogène.

L'agent de cette fermentation est le *Bacillus amylobacter*, formé de petites baguettes cylindriques dont la longueur varie de 2 centièmes à 2 millièmes de millimètre (fig. 742). Il se meut par un mouvement spiral, il dissout et fait fermenter la cellulose, l'amidon soluble, la dextrine, le glucose et le sucre interverti.

L'action de ce ferment est facile à constater, car c'est lui qui détruit le parenchyme des feuilles d'automne et le réduit à ce squelette léger que nous avons maintes fois observé; c'est encore lui qui détermine la résorption des principes ternaires du Lin, du Chanvre que l'on soumet à l'opération du rouissage ; enfin, notons que sa présence est très fréquente chez les végétaux en voie de transformation tourbeuse. Et à ce propos, rappelons que des études patientes ont montré son existence à l'époque houillère, dans les parenchymes des premiers végétaux, ce qui nous laisse penser que ce monde des infiniment petits, connu depuis si peu de temps, est tout aussi ancien que celui des êtres dont il tire parti.

Fermentation ammoniacale. — Cette fermentation est d'une haute importance à cause de sa spontanéité et aussi de la grande quantité des matériaux sur laquelle elle peut se produire. L'urine, abandonnée à elle-même, transforme son urée en carbonate d'ammoniaque, par une hydratation due au *Micrococcus ureæ* (fig. 743).

C'est grâce à cette transformation que l'azote enlevé aux animaux par l'urine fait retour au monde inorganique, sous la forme de carbonate d'ammoniaque. Ce sel, étant un aliment des végétaux, rentre dans le cycle des réactions que présente la matière vivante, et par suite, le ferment de l'urine est un agent de la circulation de l'azote dans la nature.

Ici encore, nous avons l'occasion de constater le rôle, de toute première importance, des microorganismes dans la transformation des matières inorganiques en matières organiques, et dans la transformation inverse.

Fig. 744. — Népenthes.

LES PLANTES CARNIVORES

Les faits relatifs à la nutrition des plantes qui viennent d'être exposés permettent de résumer ainsi les transformations que subit la matière chez les êtres.

Inorganique, cette matière est inerte, elle appartient au sol, au milieu aquatique ou à l'air. Le voisinage d'un végétal vert, Lichen, Algue, Mousse ou plante supérieure, peut suffire à faire entrer cette matière dans un cycle de transformations très spéciales, dont un ou plusieurs chaînons sont représentés par la matière protoplasmique, donc vivante. Cela résulte d'une synthèse dont nous avons longuement parlé, sans cependant pouvoir en démêler tous les procédés ; mais une chose nous est acquise : c'est la réalité de la création du protoplasme végétal.

Examinons quels sont les modes de destruction de cette matière vivante, recherchons quels sont les derniers chaînons du cycle commencé.

Les végétaux peuvent être détruits, soit en pleine vie, soit après leur mort. Dans le premier cas, ils sont partie constituante de la nourriture des herbivores, ceux-ci servant à leur tour de proie aux carnivores. Et l'on peut ainsi envisager toute destruction de matière vivante sous un point de vue unique, qu'il s'agisse de matière végétale ou de matière animale.

Exposés à l'air dont l'action est oxydante, ces matériaux se désagrègent, leur constitution chimique se simplifie par des dédoublements successifs et le terme ultime de leurs transformations est un ensemble de produits minéraux, gaz carbonique, cendres, sels ammoniacaux, etc., souvent assez identiques à ceux que nous avons trouvés au début du cycle comme aliments des plantes.

Cependant, quoique exposés à l'air, tous les déchets organiques ne subissent pas une transformation aussi simple et rapide ; certains, formant l'humus, constituant les cadavres des êtres, sont à leur tour les aliments d'organismes spéciaux dont la mention a été faite : ce sont les nombreuses plantes sans chlorophylle, Champignons, ferments, qui vivent en saprophytes.

Toutes ces plantes sont des plantes dites inférieures ; aussi est-il intéressant de se demander si d'autres végétaux peuvent vivre aux dépens de l'humus. Une première réponse à cette question est donnée par l'étude des micorhyzes qui permettent, dans certains cas, la nutrition presque totale (carbone excepté) de quelques plantes supérieures aux dépens de l'humus ; ces plantes pourraient donc être nommées « plantes humivores ».

D'autres exemples de ce genre de nutrition peuvent être cités : ainsi, chez différents *Drynaria* (1) vivant en épiphytes dans les forêts tropicales, certaines feuilles se détournent de leur fonction assimilatrice ordinaire pour remplir un rôle particulièrement utile.

Une plante terrestre n'a, en général, aucun effort à faire pour aller chercher sa nourriture dans le sol ; une plante épiphyte, au contraire, ne doit pas seulement protéger son substratum contre la dessiccation ; il lui faut encore dans certains cas recueillir soigneusement les débris végétaux qui se transforment en humus, son aliment. Dans l'*Asplenium nidus* et dans les autres espèces du même groupe, les grandes feuilles nidulantes constituent au sommet de la tige, c'est-à-dire dans la région de sortie des racines, une coupe largement ouverte pour recevoir les détritus.

Dans les *Drynaria*, il n'en est pas de même ; la tige rampante, couverte d'un épais feutrage d'écailles roussâtres qui lui donnent l'aspect bizarre d'un animal, porte deux rangées dorsales de grandes feuilles profondément pennifides. Mais certaines d'entre elles, au lieu de s'allonger, restent courtes, sessiles, cochléiformes, et, tournant leur concavité vers l'arbre où s'attache la tige, elles représentent des sortes de consoles creuses où s'accumulent les détritus.

La texture de ces feuilles est absolument différente de celle des feuilles assimilatrices ; elles sont coriaces, pauvres en chlorophylle et ne vivent que peu de temps ; mais, même mortes, et réduites à leur réseau de nervures, elles peuvent remplir la fonction pour laquelle elles sont adaptées.

(1) Fougère du groupe des Polypodiacées.

Le cas des plantes humivores est déjà assez curieux ; il nous détourne des cas habituels de nutrition exclusivement minérale des végétaux ; mais un cas bien plus curieux encore nous est offert par les plantes que l'on nomme communément plantes carnivores.

Ici, nous assistons à des phénomènes inverses de ceux que nous observons ordinairement, le végétal faisant sa proie d'un animal au lieu d'être sa nourriture ; et là est la cause de la singularité que nous attribuons à ces phénomènes. En eux-mêmes, ces faits sont de même nature ; ils participent d'une cause identique : la propriété que possèdent les cellules de sécréter des principes diastasigènes, c'est-à-dire des sucs digestifs.

Que la cellule sécrétante soit cellule d'un animal et qu'elle exerce l'action de son suc sur un végétal : nous avons le cas fréquent de la nutrition des herbivores. Au contraire, que la cellule sécrétante soit cellule d'un végétal et qu'elle exerce l'action de son suc sur un animal : nous avons le cas assez rare de la nutrition des plantes carnivores. Les deux autres cas possibles, et réalisés, de la nutrition des animaux aux dépens d'aliments animaux et de la nutrition des végétaux aux dépens d'aliments végétaux, sont trop connus pour qu'il soit besoin de les rappeler.

Du reste, l'étude des plantes carnivores que nous allons faire, tout en affirmant la réalité de la digestion, au sens chimique du mot, de certaines matières animales par le suc de ces plantes, ne nous permettra pas de déterminer le parti plus ou moins grand et nécessaire que la plante tire des produits de la digestion qu'elle a effectuée. Cela justifie donc amplement le peu d'importance que l'on attache à ce caractère d'une plante d'être carnivore ou non, et cela nous explique pourquoi les plantes qui ont ce caractère appartiennent à des familles différentes, au lieu d'être groupées en une famille spéciale.

Principales plantes carnivores. — Les plantes carnivores ne forment pas un groupe botanique spécial ; elles sont réparties dans un petit nombre de petites familles dont les affinités avec d'autres familles de plantes non carnivores sont souvent très grandes ; cependant, de petites familles spéciales ont été créées à cause des modifications importantes que la nouvelle fonction a produites.

Quant au caractère que l'on pourrait tirer de la nature de l'aliment, il est de nulle importance, car la nature de la proie qui peut être captée est sous la dépendance du milieu où végète la plante carnivore. Les plantes terrestres sont surtout insectivores; les plantes aquatiques font des petits Crustacés leur proie habituelle.

Dans l'énumération des plantes carnivores, nous grouperons ensemble celles de ces plantes qui présentent un même genre de transformation des organes végétatifs en vue de la préhension et de la digestion des proies animales :

Famille des Sarracéniées, genres *Sarracenia, Darlingtonia, Héliamphora* (1).

Genre *Cephalotus* de la famille des Saxifragées (2).

Famille des Népenthées, avec le genre unique *Nepenthes* (3) (fig. 744).

Famille des Lentibulariées, genres *Utricularia, Genlisea, Pinguicula* et *Polypompholyx* (4).

Genres *Lathraea* de la famille des Scrofularinées et *Bartsia* de la famille des Orobanchées.

Famille des Droséracées, avec les genres principaux : *Drosera, Dionæa, Rossolis, Aldrovandia, Drosophyllum, Roridula, Biblys* (5).

CARACTÈRES MORPHOLOGIQUES
ET ANATOMIQUES

Les plantes carnivores, en raison de leur mode de nutrition spécial, présentent des particularités qui les ont depuis longtemps signalées à la curiosité des naturalistes. A quelque famille qu'elles appartiennent, toutes possèdent des organes de capture des proies, et ces organes sont des productions foliaires.

Tantôt, comme cela a lieu chez les Sarracéniées, les Céphalotées et les Népenthées, les feuilles spéciales sont transformées en ascidies ou urnes, munies ou non d'une valve faisant office d'opercule ; une disposition analogue est réalisée par les outres des Utriculariées ; tantôt, la feuille est mobile et se referme sur sa proie, comme chez les Dionées ; enfin, le cas le plus simple en apparence est présenté par la plupart des Droséracées, dont les feuilles portent des appendices mobiles s'infléchissant

(1) Voy. *Le Monde des Plantes*, t. I, p. 95 à 100, et fig. 141 à 146.
(2) *Ibid.*, t. I, p. 736 à 738, et fig. 933 et 934.
(3) *Ibid.*, t. II, p. 390 à 394, et fig. 1420 et 1421.
(4) *Ibid.*, t. II, p. 334 à 338, et fig. 1363 à 1368.
(5) *Ibid.*, t. I, p. 748 à 760, et fig. 947 à 955. — Voy. aussi *La Vie des Plantes*, p. 142 à 146 et fig. 276 à 285.

sur la proie, la retenant jusqu'à sa mort et même sa digestion.

Comme on le voit, les moyens employés par les plantes pour capturer les proies sont variés, et une étude des principales dispositions est nécessaire. Les plantes carnivores ayant été étudiées au point de vue général de leur constitution, dans les chapitres du *Monde des plantes* correspondant aux familles dont ces plantes font partie, nous ne retiendrons ici que les données dont la connaissance est nécessaire pour la compréhension de la fonction nutritive spéciale.

Nous résumerons ces données en étudiant seulement quelques exemples choisis comme types.

Sarracéniées. — Cette petite famille comprend des herbes vivaces, habitant les marais tourbeux de l'Amérique du Nord et de la Guyane ; ces plantes peuvent être acclimatées et leur culture dans nos serres réussit assez bien (fig. 745 et 746). Dans ce nouvel habitat, les Sarracéniées conservent leurs formes curieuses, leurs couleurs vives, mais perdent, avec leur rusticité, une grande partie de leur pouvoir insectivore. Une des conditions nécessaires à la réussite de cette acclimatation est l'entretien d'une humidité constante, rappelant les conditions que la plante rencontre dans son pays natal.

Les feuilles des Sarracéniées sont toutes radicales ; elles sont disposées en une rosette au milieu de laquelle s'élance la hampe florale; celle-ci porte une seule fleur, sauf chez l'*Heliamphora* où elle se termine par une grappe de quelques fleurs.

DESCRIPTION DE L'ASCIDIE DE LA SARRACÉNIE POURPRÉE. — A son départ du centre de la rosette (fig. 747), le pétiole foliaire est presque cylindrique; puis il se dilate en un cornet ventru *a* constituant une outre ouverte à sa partie terminale. La face dorsale de cette outre, correspondant à la nervure, repose sur le sol, tandis que la face ventrale, libre, regardant l'axe de la plante, est munie d'une bandelette longitudinale *b*. Tout l'ensemble présente une courbure telle que l'ouverture de l'ascidie est tournée vers le ciel.

A ce pétiole ventru fait suite le limbe foliaire, assez réduit, *c*, formant une sorte de couvercle fixe, laissant libre l'entrée de l'urne ; ce limbe est parsemé de nervures d'un beau rouge et il contribue, avec la beauté de la fleur, à faire de la plante un végétal fort joli.

Fig. 745. — Sarracénie pourpre (*Sarracenia purpurea*).

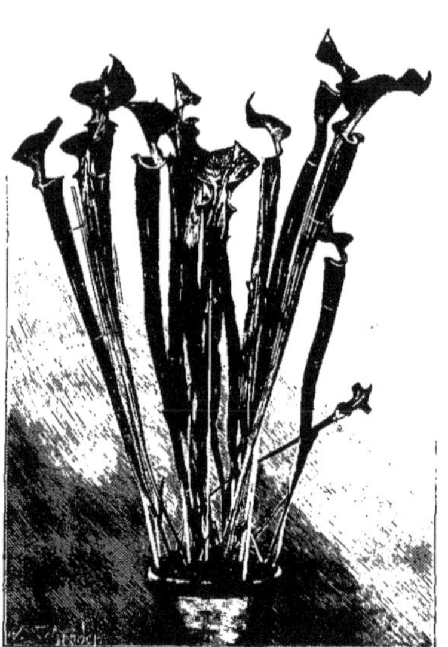

Fig. 746. — Sarracénie jaunâtre (*Sarracenia flava*).

Le rebord de l'ascidie, notablement épaissi, est armé d'une crête de poils arqués dont l'une des extrémités pend dans l'urne (fig. 748). De plus, des poils de la paroi interne de l'ascidie lui constituent un revêtement velouté spécial ; les poils sont imbriqués comme les écailles d'un poisson et orientent leur pointe vers le fond de l'urne.

RÔLE DES PARTIES. — Il résulte de la description précédente que la feuille du *Sarracenia* est un réservoir pour l'eau de pluie et un piège pour les insectes ou autres petits animaux marcheurs.

Les gouttes de pluie sont collectées par le limbe foliaire, elles roulent dans l'urne et s'y accumulent ; l'eau recueillie ne peut s'évaporer que lentement : aussi en trouve-t-on presque constamment dans les urnes ; il faut même penser que de petites glandes de la face interne de l'ascidie peuvent sécréter un liquide autre que l'eau. Les insectes sont attirés par une sorte de nectar que produit la face interne du limbe operculaire ; ils parviennent à ce limbe, soit en volant, soit en grimpant le long de la bandelette qui longe l'ascidie. Ils se maintiennent sur le rebord de l'urne, mais le moindre pas fait vers l'ouverture les conduit dans le piège ; les poils arqués empêchent leur sortie, tandis que les poils imbriqués les conduisent sans efforts vers le fond de l'urne, tout en créant une impossibilité à leur retour vers le haut.

Les proies ainsi guidées tombent dans le liquide en réserve et ne tardent pas à mourir. Il semble que le liquide exerce sur elles une action digestive ; en serait-il d'ailleurs autrement qu'il ne se formerait pas moins, par décomposition, une sorte d'humus dont la Sarracénie pourrait se nourrir.

Cephalotus. — L'espèce unique *Cephalotus follicularis* (Céphalote à ascidies) est souvent rattachée aux Saxifragées, mais peut en être distinguée pour former une famille, celle des Céphalotées.

Le Céphalote est une herbe vivace dont la partie souterraine se réduit à un rhizome court, végétant dans le sol vaseux des marais, dans quelques régions du sud-ouest de l'Australie. De ce rhizome se détachent des feuilles de deux sortes : les unes sont planes, entières, elliptiques, sans nervures, et leur pétiole presque cylindrique est dilaté à la base les

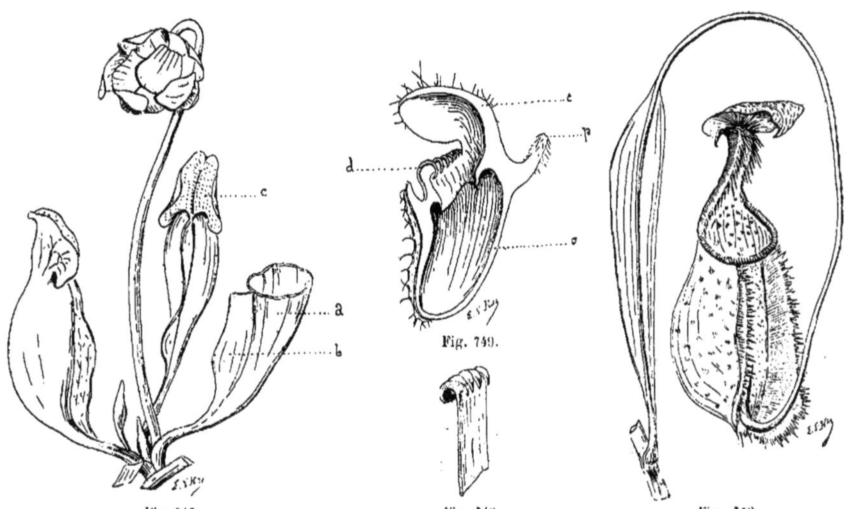

Fig. 747.

Fig. 748.

Fig. 750.

Fig. 747 et 748. — Sarracénie pourprée.
Fig. 747. — Plante entière : *a*, urne ou ascidie;
b, bandelette; *c*, opercule.
Fig. 748. — Rebord de l'ascidie (grossi).
Fig. 749. — Ascidie de *Cephalotus* : *p*, pétiole; *o*, outre

ou ascidie; *c*, opercule; *d*, crêtes du rebord de l'ascidie.
Fig. 750. — *Nepenthes*. Feuille formée d'un pétiole ailé
et d'une ascidie munie d'un opercule.

autres, mêlées aux précédentes, sont transformées en ascidies.

Du centre de la rosette de feuilles s'élance la
hampe florale terminée par un épi composé
d'épillets de quatre à cinq fleurs. L'ensemble
rappelle certains Saxifrages ou certaines
Crassules, aux ascidies près.

Le pétiole des ascidies (*p*, fig. 749), cylindrique à son départ du centre de la rosette,
s'incurve, puis présente une brusque dilatation
double, que l'on doit considérer comme un
limbe foliaire divisé. L'un des lobes de ce limbe
forme une outre *o* en forme de pichet, c'est
l'ascidie; l'autre, plus petit, constitue à l'outre
un couvercle *c*, du reste immobile. Cet opercule est appliqué sur l'orifice de l'ascidie
pendant le développement de la jeune feuille;
il s'en écarte lentement et découvre la cavité
dès que la feuille est adulte.

L'ascidie du *Cephalotus* est de forme assez
irrégulière, elle est quelquefois comparée à un
vase à bière; sa paroi externe est munie de
trois bandelettes longitudinales, l'une médiane
et double, les deux autres symétriquement
placées, latérales et simples. Le rebord de

l'ouverture est épaissi et armé de crêtes saillantes qui se terminent vers la cavité par des
prolongements arqués *d*.

Le rôle des diverses parties de l'ascidie est
le même que celui qui a été reconnu pour les
parties correspondantes de l'urne des Sarracéniées.

Népenthes. — Chez les Népenthes, qui sont
des plantes indigènes de l'Asie tropicale et de
Madagascar, une disposition du même genre
se retrouve pour les feuilles, transformées en
ascidies.

Le pétiole forme d'abord une lame verte
plus ou moins étendue, puis se continue en
un cordon recourbé (fig. 750) qui supporte
l'urne; celle-ci est surmontée d'un opercule
qui paraît être le représentant du limbe foliaire
et qui est, dans tous les cas, immobile.

La plupart des dispositions signalées chez
les Sarracéniées et les Céphalotées se retrouvent
ici : même rebord épaissi maintenant l'ascidie
constamment ouverte, mêmes crochets recourbés empêchant la fuite des proies, mêmes surfaces glissantes ou conductrices précipitant les
prisonniers au fond de l'urne où ils se noient

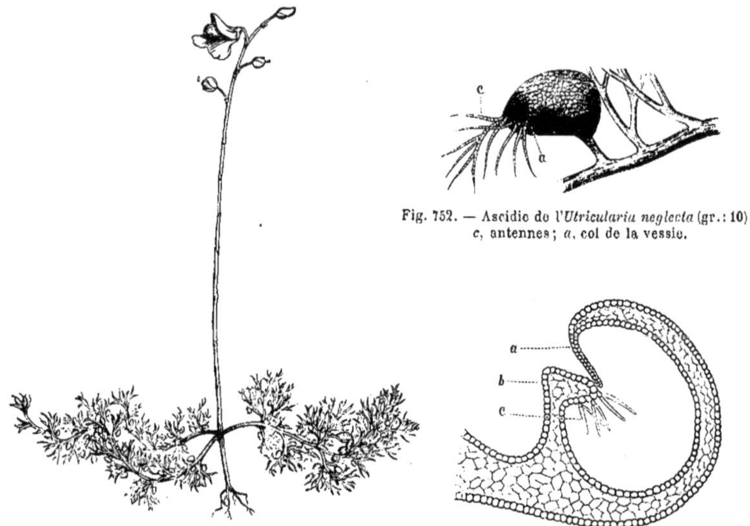

Fig. 752. — Ascidie de l'*Utricularia neglecta* (gr.: 10). *c*, antennes; *a*, col de la vessie.

Fig. 751. — Utriculaire.

Fig. 753. — Coupe de l'ascidie (très grossie). *a*, couvercle; *b*, rebord de l'orifice; *c*, poils bifurqués.

dans un même liquide digestif. On observe, là encore, le liquide sucré qui sert d'appât aux insectes et les glandes sécrétant le liquide actif.

Toutes ces dispositions concourent à un but unique : la capture des proies animales et la formation, à leurs dépens, d'un liquide de nature humique, à contenu azoté, dont le végétal peut faire sa nourriture.

Utriculaires. — Avec les Utriculaires, nous abordons l'examen de plantes plus singulières encore. Ces plantes sont aquatiques, dépourvues de racines et leurs feuilles submergées, très découpées, sont garnies de petites vésicules rappelant de loin les ascidies des espèces précédemment citées.

A ces vésicules, on a attribué des rôles fort différents; voici comment s'exprime De Candolle à leur sujet (1) :

« Ces utricules sont arrondis et munis d'une espèce d'opercule mobile. Dans la jeunesse de la plante, ils sont pleins d'un mucus plus pesant que l'eau, et la plante, retenue par ce lest, reste au fond. Vers l'époque de la floraison, les feuilles sécrètent un gaz qui entre dans les utricules et chasse le mucus en soulevant l'opercule; la plante, munie alors d'une foule de vessies aériennes, se soulève lentement et vient flotter à la surface. La floraison s'y exécute à l'air libre : dès qu'elle est achevée, les feuilles recommencent à sécréter du mucus, celui-ci remplace l'air dans les utricules; la plante, redevenue plus pesante, redescend au fond de l'eau pour y mûrir ses graines au lieu même où elles doivent être semées. »

Certes, ce rôle d'organes de flottaison attribué aux utricules est bien séduisant; mais il ne rend pas compte de tous les phénomènes observés, et force est de chercher à ces organes anormaux un rôle mieux en rapport avec leur constitution anatomique.

DESCRIPTION DES ASCIDIES. — Les feuilles submergées sont indéfiniment bifurquées, ce qui fait qu'elles comportent chacune près d'une trentaine de pointes. Chaque pointe se termine par un piquant court et droit, tandis que des piquants plus petits se rencontrent sur les côtés de la feuille. Sur une feuille on remarque une, souvent deux ou trois ascidies, petits

(1) De Candolle, *Physiologie végétale*.

corps ovoïdes, pédicellés, de 2 millimètres et demi de diamètre environ ; ces outres sont translucides, verdâtres, ordinairement remplies d'eau, mais pouvant contenir des gaz ; elles semblent douées de faibles mouvements qui les orientent.

L'une de leurs faces, légèrement aplatie, nommée face ventrale, regarde la tige, tandis que la face dorsale, libre, est convexe. Cette dernière face est prolongée par un rebord garni de six à sept poils nommés antennes (c, fig. 752), par la comparaison qu'on en peut faire avec certains petits crustacés ; le rebord ainsi défini abrite l'orifice de l'outre a.

L'entrée de l'ascidie est une sorte de cône dont la partie la plus importante est une valve mobile, munie de deux poils bifurqués piquants, lesquels forment avec les poils du bord de l'orifice (c, fig. 753) une barrière infranchissable pour toute proie qui tenterait de s'échapper de l'intérieur de l'outre. A l'intérieur de celle-ci, on trouve des glandes spéciales paraissant sécréter un liquide diastasique, et des sortes de poils doublement bifurqués, nommés processus quadrifides et dont le rôle parait être l'absorption des produits résultant de la digestion des proies.

RÔLE DES PARTIES. — L'opinion de Darwin, la plus considérable en cette matière, est que la véritable fonction des vessies consiste à capturer de petits animaux aquatiques, insectes aquatiques, petits crustacés, et même petits poissons ou alevins, toujours nombreux dans les eaux tranquilles où végètent les Utriculaires.

« J'ouvris cinq vessies qui me semblaient bien pleines (1), et je trouvai dans quatre d'entre elles, cinq, huit et dix crustacés, et dans la cinquième une seule larve très allongée. Dans cinq autres vessies, choisies au nombre de celles qui contenaient des restes d'animaux, mais qui ne me paraissaient pas très pleines, je trouvai un, deux, quatre, deux et cinq crustacés. Cohn plaça un soir dans de l'eau contenant beaucoup de crustacés un plant d'*Utricularia vulgaris*, qui avait vécu jusque-là dans de l'eau presque pure ; le lendemain matin, la plupart des vessies contenaient plusieurs de ces animaux qui s'étaient laissé prendre et qui continuaient à nager dans l'intérieur de leur prison. Ils restèrent vivants quelques jours, puis ils périrent asphyxiés, après avoir absorbé, je crois, tout l'oxygène contenu dans l'eau. »

Remarquons que, dans tous les cas, les vessies contiennent une grande quantité de petits organismes : Algues, Infusoires, dont le rôle est difficile à déterminer. Vivent-ils là en parasites, comme le croit Darwin, ou bien sont-ils les agents de la transformation des cadavres des animaux emprisonnés, comme on serait tenté de le croire ?

La capture des proies, plusieurs fois observée, parait se faire ainsi : les outres, étant transparentes et munies de leurs antennes, sont désignées aux regards des petits animaux qui s'en approchent curieusement.

« Le Cypris (1) est très prudent, toutefois il est souvent capturé. Il se place à l'entrée d'une vessie, hésite un instant, puis s'éloigne ; un autre vient tout auprès de la valve, pénètre même dans la dépression, puis se retire comme s'il était effrayé. Un troisième, plus étourdi, ouvre la porte et entre : mais il n'est pas plus tôt à l'intérieur qu'il manifeste quelque inquiétude, il rentre ses pattes et ses antennes et se renferme dans sa coquille. Les larves, probablement celles du Cousin, qui circulent près de la valve, heurtent la plupart du temps de la tête l'entrée de la prison d'où elles ne peuvent sortir. Quelquefois il s'écoule trois ou quatre heures avant qu'une grosse larve soit avalée, et chaque fois que j'ai assisté à ce spectacle, je n'ai pu m'empêcher de penser à ce qui se passe quand un petit serpent se met en tête d'avaler une grosse grenouille. » Toutefois, comme la valve de l'ascidie ne parait nullement irritable, le mouvement en avant de la larve doit être dû aux efforts de cette dernière.

Il est difficile de comprendre ce qui peut inciter tant de petits animaux, crustacés se nourrissant d'animaux et de végétaux, vers, tartigrades et larves diverses, à pénétrer dans les vessies. Mme Treat affirme que les larves qui y sont contenues se nourrissent de végétaux et qu'elles semblent aimer tout particulièrement les longs poils qui entourent la valve ; mais ce goût n'explique pas l'entrée dans la vessie des crustacés carnivores. Peut-être les petits animaux aquatiques essayent-ils de pénétrer entre la valve et le col des ascidies comme ils le font dans toutes les petites crevasses où ils espèrent trouver abri, protection et nourriture. Dans ce cas, leur attente est singulièrement trompée, car l'abri qu'ils cherchent est pour eux un tombeau.

(1) Ch. Darwin, *Les Plantes insectivores*, traduction Ed. Barbier, 1877, p. 474.

(1) Mme Treat, cité par Darwin, *loc. cit.*, p. 478.

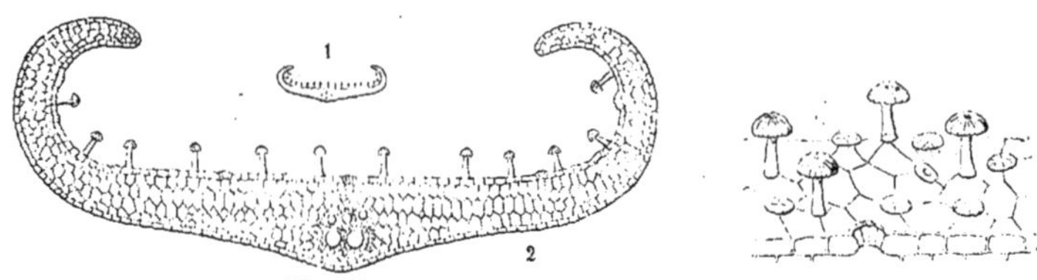

Fig. 754.

Fig. 755.

Fig. 754. — Section transversale d'une feuille.
1, grandeur naturelle; 2, grossie 50 fois.

Fig. 755. — Lambeau d'épiderme avec poils sécréteurs
(gr. 180).

Fig. 754 et 755. — *Pinguicula alpina.*

Nous devons, en outre, penser que les vessies ne digèrent pas leurs proies, le liquide de ces cavités ne présentant pas les qualités digestives nécessaires pour l'attaque des matières azotées. Darwin a pu observer intacts des fragments de viande rôtie, d'albumine, de cartilage, introduits dans les vessies saines et y ayant séjourné plus de trois jours.

Il se produit donc dans ces vessies, non une digestion, mais une simple décomposition et, par là, les Utriculaires rappellent les plantes à ascidies déjà étudiées, qui se contentent de profiter des matériaux humiques accumulés dans leurs cavités spéciales.

Dans la plupart des ascidies de l'Utriculaire, on peut observer un magma pulpeux brunâtre, provenant de la décomposition des animaux saisis et renfermant des restes solides de leur dépouille : mâchoires, pattes, parties chitineuses.

Quant à l'absorption des matières dissoutes, elle paraît se faire par les processus quadrifides signalés plus haut. Si maintenant on réunit les observations relatives à l'habitat de la plante dans les eaux où pullulent les petits organismes, à l'absence des racines réduisant l'absorption des substances dissoutes de l'eau, à la présence toujours signalée des proies dans les nombreuses vessies de l'Utriculaire, on est en droit de conclure que la nutrition carnivore est d'une assez grande importance pour cette plante. Mais il ne faut pas oublier que dans la préparation de la substance à absorber, la plante ne joue qu'un faible rôle ; elle se borne à capturer les proies, à les retenir, laissant l'asphyxie les tuer et les ferments déterminer la putréfaction de leurs cadavres.

Pinguicules. — Les conclusions précédentes peuvent s'appliquer, en partie, à la Pinguicule, plante de la même famille que l'Utriculaire, mais différente par son aspect. Cette plante, encore nommée Grassette (1), habite les endroits humides, ordinairement sur les montagnes ; elle se contente d'un sol pauvre et ses racines sont petites ; ces derniers caractères donnent à penser que les nombreux insectes qu'on trouve sur ses feuilles servent à lui fournir un supplément de nourriture ; de là est née la curiosité qu'elle a depuis longtemps suscitée.

DESCRIPTION DES FEUILLES. — La plante se compose d'une tige très courte que peut surmonter une hampe florale de 20 centimètres environ. A la base de la tige sont disposées, en rosette, une dizaine de feuilles, les jeunes étant presque verticales, les autres étant étalées sur le sol.

Une feuille adulte est de couleur vert clair, charnue, d'une longueur de 5 centimètres, et d'une largeur de 2 centimètres environ. Les bords foliaires sont légèrement recourbés et translucides, tandis que la surface du limbe est verte, et contient de nombreuses glandes, dont les bords sont dépourvus (fig. 754). Une glande est assez analogue de forme à un champignon en miniature ; elle porte sur un pédicelle un chapeau, qui est la partie glandulaire (fig. 755) et qui sécrète un liquide très visqueux et filant.

A la surface des feuilles on trouve, de façon constante, des insectes, des fragments de feuilles ou même de petites feuilles d'autres plantes, des graines ; et accidentellement de petits corps quelconques que le vent a transportés jusque-là et que le mucus des glandes a retenus. Darwin a trouvé, en examinant dix plantes portant quatre-vingts feuilles, que soixante-trois de ces feuilles portaient cent quarante-trois insectes ; ce qui fait plus de deux insectes par feuille, cette proportion pouvant s'élever à plus de quatre.

(1) Voy. fig. 547, p. 314.

Rôle des parties. — Les feuilles de la Grassette présentent des mouvements particuliers, que produisent les petits objets déposés à leur surface et y exerçant une pression continue, mais qu'on peut déterminer au moyen de certains liquides : telle une infusion de viande crue ou une solution de carbonate d'ammoniaque. Les gouttes d'eau de pluie ne produisent pas ces mouvements, ainsi que le contact rapide des corps momentanément placés sur les feuilles (Darwin).

Quand on place sur une feuille un petit cube de viande, le bord foliaire se relève doucement au bout d'un laps de temps de près de deux heures ; dans ce mouvement, l'objet, déjà maintenu par la sécrétion des glandes qu'il a touchées, est lentement poussé par le bord en mouvement vers le milieu de la feuille, de telle façon que le bord foliaire puisse, sans être gêné dans son mouvement, venir s'appliquer sur l'objet saisi. Le morceau de viande, soumis à l'action digestive du suc des glandes qui l'environnent de toutes parts, éprouve une dissolution, et au bout d'un temps qui est en moyenne de vingt-quatre heures, le bord foliaire reprend lentement sa première position. L'action du suc de la plante sur les proies capturées est démontrée par cette observation de Darwin que nous choisissons parmi un grand nombre d'observations aussi concluantes (1) :

« J'ai placé des *mouches* sur beaucoup de feuilles et j'ai amené ainsi les glandes à sécréter abondamment ; la sécrétion devient toujours acide, bien qu'elle ne le soit pas au commencement de l'expérience. Au bout d'un certain laps de temps, ces insectes deviennent si mous qu'on peut détacher les membres de leur corps au moyen d'un simple attouchement, ce qui provient sans doute de la digestion et de la désagrégation des muscles. Les glandes placées en contact avec une petite mouche continuèrent à sécréter pendant quatre jours et se desséchèrent ensuite presque complètement. Je coupai une bande étroite de cette feuille et je comparai au microscope les glandes des poils longs et courts, qui étaient restés pendant quatre jours en contact avec la mouche, avec les glandes qui ne l'avaient pas touchée ; ces glandes présentaient un contraste extraordinaire. Celles qui s'étaient trouvées en contact avec la mouche étaient remplies de

matière granuleuse brunâtre, les autres de liquide homogène. Il était donc impossible de douter que les premières avaient absorbé des substances tirées de la mouche. »

L'utilisation des matériaux tirés des insectes ne peut se faire qu'à la condition que ceux-ci atteignent le limbe foliaire près de son bord ; s'il en est autrement, le bord du limbe ne peut les atteindre dans son mouvement et l'insecte est moins facilement attaqué par les sucs digestifs. Il en est tout autrement des petits corps étrangers, pollen, graines, fruits, que le vent transporte ; ceux-ci sont plus facilement digérés et ils paraissent fournir un appoint important à la nutrition de la plante.

Lathrée et Bartsic. — Ces deux plantes, dont l'une appartient à la famille des Scrofularinées et dont l'autre appartient à la famille voisine des Orobanchées, nous montrent des dispositions rappelant celles que nous venons d'observer, mais avec des différences notables. Ces deux plantes sont du reste parasites, et elles allient le mode de nutrition carnivore à celui déjà particulier qu'elles possèdent à cause du parasitisme.

La Lathrée écailleuse (fig. 756 et 757), dont la mention a été faite page 333, vit sur les racines de la Vigne, du Peuplier, et ne laisse émerger sur le sol que ses rameaux rampants, portant des feuilles et un épi de fleurs blanches, teintées de pourpre ou de violet. Les feuilles, seules parties de la plante susceptibles de se nourrir de proies animales, sont semblables à des écailles, et sont disposées sur quatre rangs serrés sur la tige. Chacune d'elles présente (fig. 756) à sa partie inférieure et dorsale, une petite ouverture qui se continue par un fin canal donnant accès dans une cavité de forme très irrégulière, sorte de chambre où les proies sont conduites sans pouvoir s'en échapper facilement, à cause des nombreux replis de la paroi.

Dans cette chambre labyrinthe pénètrent des animaux très divers, le plus souvent des formes rampantes, telles que Infusoires, Amibes, Rhizopodes, et des formes marcheuses, petits Cirons (ou Mites), Podures, Aphis (Insectes aptères) ; ces animaux, de même que les Daphnis, les Cyclops et les Cypris, sont retenus dans la cavité où ils ont pénétré, et ils y trouvent la mort.

Alors intervient, pour la transformation des matériaux de leur corps, le suc diastasigène que sécrètent les glandes de l'épiderme qui tapisse la cavité foliaire. Ces glandes (4 et 5, fig. 756)

(1) Ch. Darwin, *loc. cit.*, p. 446.

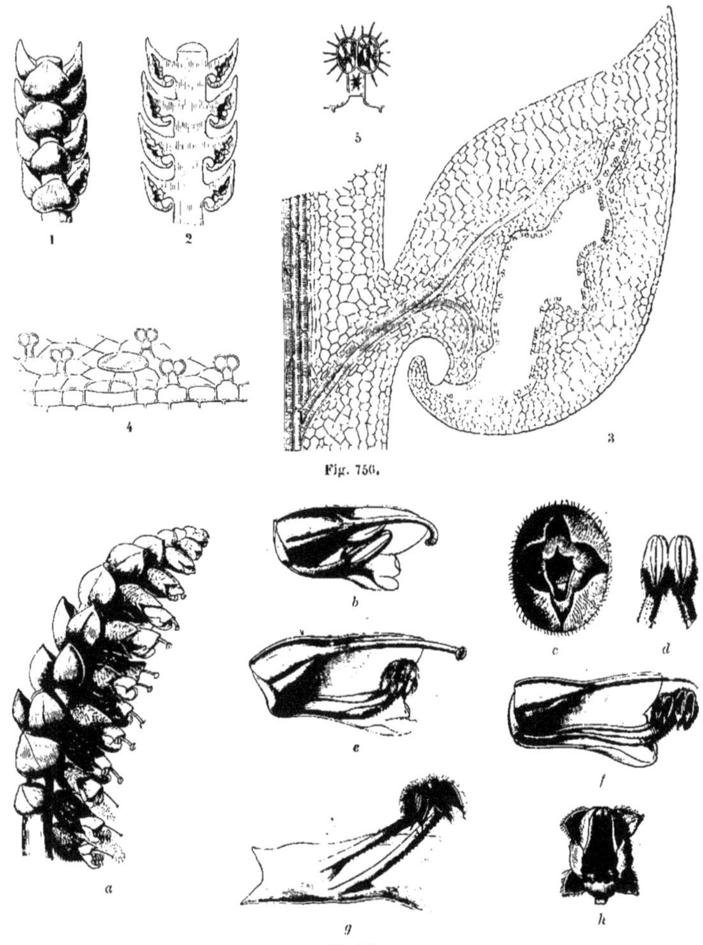

Fig. 756.

Fig. 757.

Fig. 756. — 1, rameau foliaire (partie); 2, section longitudinale (gr. 2); 3, section à travers une feuille (gr. 60); 4, épiderme de la cavité foliaire (gr. 200); 5, poil glanduleux détaché de cet épiderme (gr. 540). Fig. 757. — a, rameau fleuri; b, c, d, fleur à peine épanouie : b, coupe longitudinale; c, vue de face; d, deux étamines; e, f, g, h, fleur fécondée : e, premier état; f, deuxième état; g, deux étamines laissant échapper le pollen; h, fleur vue de face.

Fig. 756 et 757. — Lathrée écailleuse (*Lathraea squamaria*).

sont réparties irrégulièrement sur la paroi; chacune d'elles est formée de trois cellules, une cellule basilaire et deux cellules de tête, plus spécialement sécrétrices. Le voisinage de la nervure du limbe foliaire permet de comprendre l'absorption des produits de digestion des proies et leur utilisation par la plante.

Une disposition qui n'est pas sans analogie

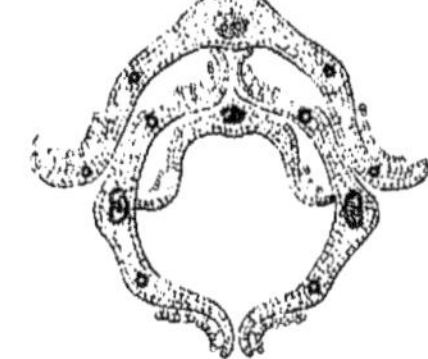

Fig. 758.   Fig. 759.   Fig. 760.

Fig. 758. — Petit rameau, grandeur naturelle.
Fig. 759. — Section transversale de ce rameau (gr. 60).

Fig. 760. — Rebord d'une feuille, section (gr. 200).

Fig. 758 à 760. — Bartsie (*Bartsia*).

avec celle-ci est réalisée dans les sommités des rameaux de la Bartsie, dont les figures 758 et 759 donnent une excellente idée. On y voit, non pas la constitution de cavités spéciales, mais la formation de chemins étroits, séparant les feuilles du bourgeon, et contenant un épiderme à glandes (fig. 760), du reste très ressemblantes aux précédentes. Les petites proies vivantes qui s'engagent dans ces chemins sont presque sûres d'y périr et leurs corps servent plus tard à la nutrition de la plante.

Droséracées. — Dans cette famille de plantes toutes carnivores, nous trouvons des dispositions assez différentes pour assurer la capture des proies et l'utilisation de leur matière, et nous pouvons les rapporter à deux types : le type de la Dionée et celui des Rossolis.

Dionée attrape-mouches. — La Dionée, qui habite la Caroline du Nord, présente des feuilles d'une forme spéciale, dont l'extrémité comporte deux lobes arrondis, écartés de façon à former un angle droit, mais pouvant se rapprocher avec une grande force et une grande rapidité, ce qui fait quelquefois donner à la plante le nom de trappe de Vénus (fig. 761).

La raquette que forment les deux lobes foliaires porte sur chaque lobe trois petits processus pointus, sorte de filaments, non glandulaires, mais doués d'une sensibilité exquise. Les bords de la feuille sont en outre armés de poils rigides qui alternent et s'entre-croisent dans le reploiement du limbe.

Tout ce dispositif a pour but la capture des insectes qui viennent à toucher les filaments sensibles en se posant sur la face supérieure de la feuille ; ces filaments sont irrités, la feuille se referme brusquement, tandis que les filaments se replient le long de la surface pour ne pas être brisés. L'application des deux lobes l'un contre l'autre est graduelle ; d'abord adhérents par leurs bords, ils délimitent, par leur face interne légèrement concave, une cavité où l'insecte reste quelque temps vivant ; mais l'affrontement des deux lobes se poursuit avec énergie, jusqu'à l'écrasement de l'animal prisonnier s'il est mou, jusqu'à son étouffement dans tous les cas.

On peut observer les phénomènes suivants relatifs à la fermeture des valves, après avoir remarqué que les gouttes de pluie et les vents, même violents, sont sans action sur les filaments sensibles :

L'attouchement d'un filament sensible par un cheveu détermine le rapprochement des lobes, qui ne s'appliquent pas complètement l'un sur l'autre, et se séparent après un repos d'un jour ou plus. Darwin put ainsi provoquer quatre mouvements de ce genre sur une même feuille en six jours.

Un attouchement plus complet des trois filaments sensibles d'un lobe provoque une fermeture plus durable de la feuille ; mais l'application complète des lobes ne peut être obtenue qu'au moyen de matières susceptibles de recevoir l'action des sucs digestifs que sécrètent les glandes du limbe foliaire, et susceptibles d'être absorbées par ces mêmes glandes. De ce nombre sont les matières animales, le corps des insectes, la viande, l'albumine. Si la feuille s'est fermée sur une de ces matières, elle ne s'ouvre que lors de la fin de la digestion et de l'absorption, ce qui a lieu après un temps assez variable, de une à deux semaines, et peut-être plus, s'il s'agit d'une grosse proie.

La feuille, récemment ouverte, est presque insensible à un nouvel attouchement et les insectes peuvent s'y porter impunément. Ce n'est que lentement que la feuille acquiert à nouveau

Fig. 761. — *Dionaea muscipula.*

Fig. 762. — *Drosera rotundifolia.*

ses propriétés si spéciales. Par deux, trois et quelquefois quatre fermetures de ses lobes, une feuille peut accaparer un nombre égal d'insectes ; rarement elle peut survivre au travail qu'elle a ainsi fourni : elle se referme une dernière fois sur une proie qu'elle ne peut digérer et elle meurt.

Le petit nombre de prises que peut effectuer une feuille nous permet de prévoir que la plante, retirant peu d'avantages à la prise de petites proies et restant inoccupée pendant la fermeture de ses feuilles, doit présenter quelque disposition permettant une sorte de triage des proies par grosseur. Voici comment Darwin explique ces phénomènes :

Un petit insecte ayant déterminé l'occlusion de la feuille échappe par sa petitesse à l'écrasement ; par suite, aucun liquide albuminoïde ne vient exciter les glandes sécrétrices, l'occlusion de la feuille est imparfaite, et l'insecte parvient à s'échapper en se faufilant entre les poils marginaux, ces poils laissant entre eux de petits intervalles par où le prisonnier voit un peu de lumière, ce qui guide sa fuite. La feuille se rouvre et est prête à une nouvelle capture.

Si l'insecte est plus gros, s'il a une longueur de 5 à 7 millimètres pour une feuille dont les lobes ont 15 millimètres, le rapprochement de ces lobes détermine l'écrasement de l'insecte, les glandes sont excitées, la fermeture de la feuille se fait de plus en plus complète, et la sécrétion prélude à la digestion de la proie ; la feuille reste longtemps fermée.

Enfin, on peut observer le cas, très rare, de la capture d'un insecte puissant qui parvienne à s'échapper de la prison que la feuille tend à lui donner ; c'est ainsi que Mme Treat a vu, aux États-Unis, un scarabée forcer les barreaux de sa cage.

Pour donner une idée de la puissance digestive des sucs de la Dionée, nous citerons cette observation donnée par Darwin (1) :

« Je plaçai sur une feuille un morceau d'albumine ayant 1/10° de pouce carré (2^{mm},54), mais ayant seulement 1/20° de pouce (1^{mm},27) d'épaisseur, et un morceau de gélatine ayant 1/5 de pouce (5^{mm},08) de longueur et 1/10° de pouce (2^{mm},54) de largeur ; huit jours après, j'ouvris la feuille. La surface intérieure était complètement recouverte de sécrétions très acides, légèrement adhérentes, et toutes les glandes étaient complètement agrégées. Je ne trouvai plus trace de l'albumine ou de la gélatine. J'avais placé en même temps, pour contrôler l'expérience, des morceaux de ces deux substances, ayant un volume égal, sur un morceau de mousse humide, de façon qu'ils fussent soumis à des conditions presque analogues ; au bout de huit jours, ces morceaux avaient pris une teinte brune, s'étaient putréfiés, et étaient pénétrés de toutes parts par des fibres en putréfaction, mais ils n'avaient pas disparu. »

DROSERA A FEUILLES RONDES. — Les phénomènes de digestion qui ont été observés chez la Dionée se retrouvent, mais plus intenses, chez les Rossolis (fig. 763 à 765), tandis que la capture des proies y est réalisée par des moyens différents.

Chez le *Drosera*, la feuille ronde est munie de tentacules de longueur variable, les plus

(1) Ch. Darwin *loc. cit.*, p. 350.

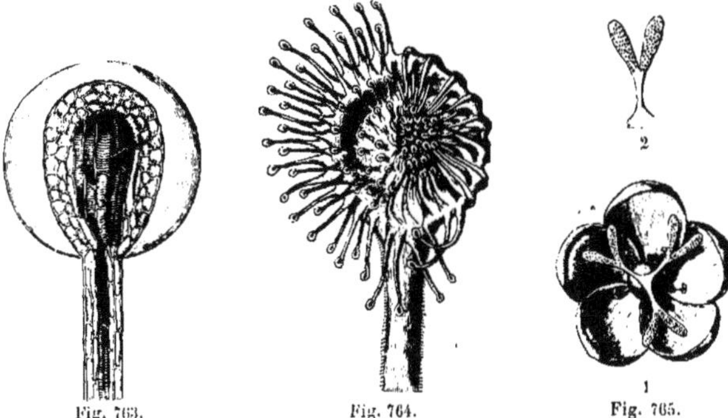

Fig. 763.   Fig. 764.   Fig. 765.

Fig. 763 et 764. — *Drosera rotundifolia.*
Fig. 763. — Coupe longitudinale d'une glande (gr. 30).
Fig. 764. — Feuille dont la moitié des tentacules sont
infléchis sur une proie (gr. 4).

Fig. 765. — *Drosera longifolia* : 1, fleur vue de face et
montrant les trois divisions du stigmate; 2, une
division du stigmate grossie.

petits au centre, les plus grands à la périphérie ;
les premiers sont dressés, les autres sont étendus dans le plan du limbe auquel ils forment
une sorte d'auréole. Ces filaments ou tentacules
sont au nombre de 150 à 200 par feuille.

Un tentacule consiste en un pédicelle droit,
mince, ressemblant à un poil, et portant une
glande à l'extrémité supérieure.

Le pédicelle est un peu aplati et est formé
par plusieurs rangées de cellules allongées,
remplies d'un fluide pourpre ou de matières
granuleuses. On remarque cependant chez les
longs tentacules, juste au-dessous de la glande,
une zone étroite de couleur verte, et près de la
base, une zone plus large, verte aussi. Des
vaisseaux spiraux (fig. 763), accompagnés de
simples tissus vasculeux, partent des éléments
vasculaires de la feuille et traversent les tentacules pour aboutir dans les glandes. Les glandes, à l'exception de celles portées par les tentacules situés au bord extrême de la feuille,
sont ovales et ont une grandeur assez uniforme
de $0^{mm},2$ de longueur.

La conformation de ces glandes est remarquable ; elles consistent en une couche
extérieure de petites cellules, contenant des
matières pourpres à l'état granuleux ou à l'état
fluide; plus à l'intérieur est une couche de
cellules différentes de forme, mais contenant
encore la matière pourpre, avec une nuance
distincte cependant; enfin, au centre est un
groupe de cellules cylindriques, allongées,
(fig. 763) terminées en une pointe grossière à
leur extrémité supérieure et tronquées à leur

extrémité inférieure : ces éléments allongés
sont garnis d'un filament spirale comme des
vaisseaux et peuvent être considérés comme
des éléments vasculaires continuant les vaisseaux spiraux du pédicelle de la glande.

Qu'un insecte se pose sur la feuille, l'irritation des tentacules qu'il détermine provoque
une réflexion des tentacules voisins, puis de tous
les tentacules qui se dirigent vers le point irrité
(fig. 764), et, par la pression qu'ils exercent,
maintiennent captif le malheureux insecte. Le
liquide sécrété agit alors et provoque, après la
mort de l'animal, la solubilisation de ses parties molles, puis l'absorption par la feuille du
résultat de cette digestion, fort analogue à
celle qui se produit dans l'estomac des animaux.

Une observation de Darwin, choisie entre
beaucoup d'autres, montrera l'action digestive
des sucs des Rossolis (1) :

« Je plaçai sur une feuille un cube ayant
$1/10^e$ de pouce, c'est-à-dire que chaque côté
avait $1/10^e$ de pouce ou $2^{mm},54$ de longueur;
au bout de cinquante heures, ce cube s'était
transformé en une sphère ayant environ $3/40^e$
de pouce ($1^{mm},905$) de diamètre, environnée
par un liquide entièrement transparent. Au
bout de dix jours, la feuille se redressa, mais
il restait encore sur le limbe un morceau très
petit d'albumine complètement transparent.
J'avais donné à cette feuille plus d'albumine
qu'elle n'en pouvait dissoudre ou digérer.

(1) Ch. Darwin, *loc. cit.*, p. 101.

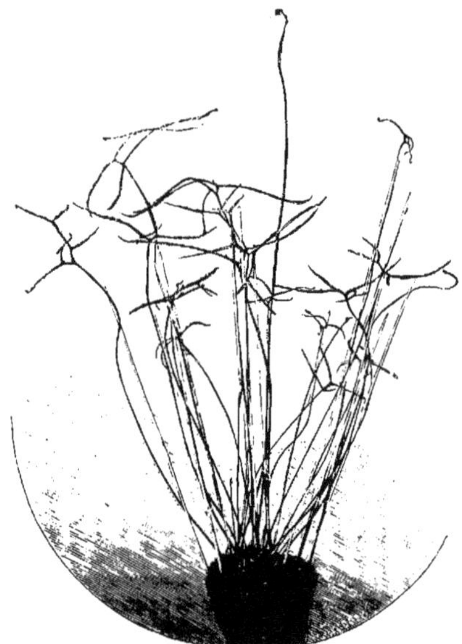

Fig. 766. — *Drosera dichotoma.*

« Je plaçai, sur deux feuilles, 2 cubes d'albumine ayant 1/20ᵉ de pouce (1ᵐᵐ,27) de côté. Au bout de quarante-six heures, un de ces cubes était complètement dissous et la plus grande partie de la matière liquéfiée était absorbée ; le liquide qui restait encore, dans ce cas comme dans tous les autres, était très acide et très visqueux. L'autre cube disparut plus lentement.

« Je plaçai sur deux feuilles des cubes d'albumine ayant la même grosseur que dans l'expérience précédente ; au bout de cinquante heures, ils s'étaient transformés en deux grosses gouttes de liquide transparent. J'enlevai ces gouttes de dessous les tentacules infléchis et je les observai au microscope au moyen de la lumière réfléchie ; je pus observer, dans l'un, des filaments très fins de matières blanches opaques et, dans l'autre, des traces de filaments semblables. Je replaçai alors les gouttes sur les feuilles ; celles-ci se redressèrent au bout de dix jours ; il ne restait alors sur elles qu'un peu de liquide transparent acide. »

La nutrition de la plante qui résulte de cette digestion paraît assez importante ; en tout cas, elle n'est pas accidentelle ; c'est ainsi que sur une douzaine de plantes portant cinquante-six feuilles ouvertes, Darwin a trouvé des débris d'insectes sur trente et une d'entre elles.

« Sans aucun doute, ces mêmes feuilles auraient saisi encore un grand nombre d'insectes, et les feuilles qui n'étaient pas développées au moment où je les vis en auraient infailliblement pris un plus grand nombre encore. Les six feuilles que portait l'une des plantes avaient saisi chacune sa proie ; sur d'autres plantes, beaucoup de feuilles avaient attrapé plus d'un insecte. Je trouvai, en effet, sur une grande feuille, les restes de treize insectes différents. »

Avec le *Drosera dichotoma*, dont la figure 766 donne une idée suffisante, nous abordons de plus grands végétaux. Les tiges des feuilles de cette espèce australienne ressemblent à un jonc ; elles ont 50 centimètres de longueur, et se terminent par un limbe bifurqué, une, deux, même trois fois, et recourbé de la façon la plus irrégulière. Les phénomènes de digestion que présente cette plante sont du reste comparables à ceux qui ont été décrits précédemment.

CARACTÈRES PHYSIOLOGIQUES

L'examen rapide que nous avons fait des plantes carnivores, au point de vue de leurs caractères morphologiques et anatomiques, nous permet d'entreprendre l'étude de leurs propriétés spéciales. Les divers points de cette étude sont épars dans les chapitres consacrés aux plantes examinées, nous les réunirons en les complétant.

Les plantes carnivores, à quelque groupe botanique qu'elles appartiennent, sont toujours remarquables par les conditions où elles végètent; ainsi la Lathrée, la Bartsie sont parasites, le Céphalote a un rhizome court pour toute racine, l'Utriculaire est dépourvue de racines, et de même l'appareil radiculaire des Pinguicules, des Drosères est rudimentaire; dans tous les cas, il semble bien que le mode de nutrition de ces plantes par l'absorption des matériaux du sol ou de l'eau soit insuffisant. Joignons à ce caractère commun des plantes carnivores leur habitat dans des terrains souvent pauvres où toute autre plante trouverait difficilement à vivre; ainsi les Drosères ne sont guère accompagnés que des Mousses dans les stations où on les rencontre.

Les régions humides, les marais vaseux que ces plantes préfèrent sont les lieux où vivent en grande quantité les petits animaux, tels que les Infusoires, les Rhizopodes, les Crustacés nains, les petits insectes, et il est probable que la fonction particulière des plantes carnivores est le résultat d'une adaptation lente de ces plantes au milieu.

Ainsi nous sommes amenés à considérer ces plantes si curieuses comme des plantes transformées, peu à peu évoluées par un perfectionnement de leur appareil foliaire spécialisé en appareil de nutrition, et par une régression de leur appareil radiculaire.

L'opinion inverse par laquelle toute plante aurait possédé le mode de nutrition carnivore, pour le perdre dans la plupart des cas, et le conserver seulement dans le cas qui nous occupe, est peu défendable. Il ne paraît pas rationnel d'attribuer aux végétaux une place qu'ils n'occupent dans la nature qu'accidentellement; les végétaux étant la proie des animaux, nous admettons plus facilement la préexistence sur le globe de ces végétaux et l'apparition ultérieure, sinon simultanée, des animaux.

Plantes humivores et plantes carnivores. — Diverses étapes de l'évolution vers le mode de nutrition carnivore peuvent être établies. Comme dans tous les cas la plante ne peut pas effectuer une digestion interne de ses proies, nous devons seulement enregistrer la part plus ou moins grande que la plante prend à la préparation de sa nourriture.

Dans les *Drynaria*, dans l'*Asplenium nidus*, le végétal constitue seulement des réceptacles pour l'humus qui s'y forme et s'y accumule; quelque chose d'analogue se produit chez les Sarracéniées, Céphalotées et Népenthées, mais la plante n'est plus seulement passive, se contentant de ce qui choit dans ses cavités; elle dispose des appareils ingénieux pour conduire les proies là où elles trouveront la mort.

De plus, en outre des sucs formant appât, les urnes contiennent un liquide de sécrétion, dont l'action digestive est certaine, quoique faible. Cet ensemble de dispositions est présenté au maximum par les Utriculaires; et il s'introduit même un perfectionnement nouveau représenté par les processus quadrifides destinés à l'absorption des matériaux préparés dans l'outre.

C'est même ce perfectionnement qui seul peut être le critérium de la carnivorité d'une plante; il ne suffit pas en effet qu'une plante capture des proies, qu'elle détermine leur mort, ce qui se pourrait comprendre simplement comme une défense contre un ennemi, il faut en outre que cette plante tire un parti utile de la matière produite par transformation de ses proies.

Pour ce qui est de la capture des petits animaux, les travaux de nombreux observateurs [1], et en particulier ceux de Darwin, nous ont abondamment prouvé l'adaptation spéciale de certaines plantes. Ce premier point acquis, le deuxième, c'est-à-dire la digestion des proies, est également élucidé. Nous avons vu, en effet, que si on peut attribuer dans quelques cas la désintégration des composés albuminoïdes au développement de microorganismes (Bactéries), il est des cas où le doute n'est pas permis; quelques observations que nous avons citées d'après Darwin suffisent à le montrer.

Reste la troisième question : les plantes réputées carnivores tirent-elles un parti important des produits qu'elles élaborent. La réponse à cette question est moins facile à faire; cependant, si on songe à la complexité des appareils

---

(1) Voy. Dr Hooker, *Discours sur les plantes carnivores* (*British association*, Bedford, 1874).

spéciaux que porte la plante, si on énumère les moyens que la plante emploie pour préparer ce résultat, on sera disposé à croire que ce résultat ne lui échappe pas.

Quelles seraient alors les voies de l'absorption. Ces voies de pénétration des produits solubilisés seraient, ou les processus quadrifides des Utriculaires, ou les glandes des Droséracées, ou les larges stomates qu'Ed. Morren a décrits chez les Pinguicules. Ces organes ne pouvant être définis comme voies d'absorption que par la présence à leur intérieur de granulations plus ou moins brunâtres, on comprend l'incertitude des résultats acquis ; dans la plupart des cas, il semble que les cellules sécrétrices elles-mêmes jouent le rôle d'organes d'absorption.

Résumé. — Une plante carnivore, au maximum de différenciation, comporte les parties spéciales suivantes : des organes de préhension des proies, des glandes sécrétant un suc digestif, plus ou moins analogue à la pepsine ou mieux à la papaïne (1), et dissolvant les matières albuminoïdes ; des organes sensibles destinés à assurer la capture de la proie et à déterminer la sécrétion du suc digestif ; remarquons que ces organes présentent une sensibilité extrême pour les albuminoïdes et les sels azotés, ce qui prouve leur adaption parfaite à la fonction pour laquelle ils ont été spécialisés ; enfin des organes susceptibles d'absorber lentement les produits azotés solubles.

Un très petit nombre de plantes, présentant ces dispositions mérite le nom de plantes carnivores ; ce sont les Lathrées, les Bartsies, les Pinguicules et les Droséracées.

Phénomènes de digestion chez les plantes. — Les phénomènes de digestion, c'est-à-dire de transformation chimique de l'aliment, que présentent les plantes carnivores sont loin d'être les seuls que présente le monde végétal. Nous savons, en effet, que l'action digestive s'exerce sur les réserves nutritives (2) constituées dans la plante ; ou bien dans les cellules qui emploient la réserve : la digestion

est alors dite *digestion intracellulaire* ; ou bien dans des cellules spéciales : la digestion est extérieure.

Ainsi, la Levure de bière, nourrie avec du saccharose, transforme ce sucre en deux autres dont l'ensemble constitue le sucre interverti, et cette transformation est préalable à l'emploi de sucre interverti que doit faire la Levure pour sa nutrition ; c'est donc bien une digestion, précédant l'assimilation. Le ferment digestif est ici l'invertine.

De même des Moisissures liquéfient la gélatine par une digestion avant de s'en nourrir, et l'on sait que la gélatine est un excellent milieu de culture pour nombre de Moisissures.

Une digestion plus importante encore est de règle dans les graines possédant un albumen de réserve, et elle peut être observée au début de la germination ; dans le cas d'un albumen féculent, le ferment digestif est une amylase, que l'on trouve très abondamment dans l'Orge germé et par suite dans le malt.

Rappelons aussi que nous avons eu l'occasion de mentionner des exemples de digestion externe par les racines (1) ; ces digestions effectuées sur des matières minérales sont produites par des sucs acides. Enfin, toute radicelle ou racine adventive qui sort d'une racine ou d'une tige doit digérer les tissus extérieurs qui la séparent du dehors au moment de sa naissance ; la radicelle se conduit dans ce cas vis-à-vis des cellules préformées comme vis-à-vis de cellules étrangères. Il en est ainsi dans la pénétration des racines d'un parasite, comme le Gui, dans les tissus de l'hôte.

Ces quelques exemples suffisent à montrer que le phénomène de digestion est fréquent dans le monde végétal, et que ce qui fait la singularité des plantes carnivores est la réunion, chez une même plante, de propriétés plus difficiles à observer chez d'autres et dans tous les cas presque isolées. Une plante carnivore se distingue au contraire par son aspect, par ses mouvements, par la digestion des proies, tous phénomènes curieux en eux-mêmes, et dont la réunion a fait considérer ces plantes comme extraordinaires.

---

(1) La papaïne, extraite du latex du *Carica papaya*, est un bon dissolvant des viandes et peut remplacer la pepsine.

(2) Voy. p. 302.

(1) Voy. p. 235.

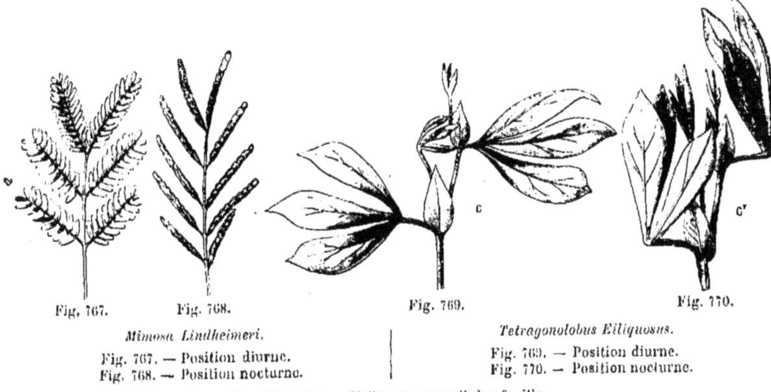

Fig. 767.   Fig. 768.

Mimosa Lindheimeri.

Fig. 767. — Position diurne.
Fig. 768. — Position nocturne.

Fig. 769.

Tetragonolobus Eilliquosus.

Fig. 769. — Position diurne.
Fig. 770. — Position nocturne.

Fig. 770.

Fig. 767 à 770. — Veille et sommeil des feuilles.

SENSIBILITÉ ET MOUVEMENT DE LA PLANTE

Les plantes ne paraissent pas, comme les animaux, douées de sensibilité et de mouvement, et l'absence de ces deux caractères fut pendant longtemps considérée comme suffisante pour la division du monde organique en ses deux règnes, le règne animal et le règne végétal (1).

Cependant, certaines plantes, paraissant faire exception à la règle générale, présentent des mouvements facilement observables et causés par un attouchement, même léger, ce qui rappelle les phénomènes de sensibilité présentés par les animaux ; telle est la Sensitive. Aussi les Anciens avaient-ils réuni dans un même groupe les plantes douées de cette remarquable propriété et en avaient-ils constitué la division des Sensitives, comprenant surtout les plantes de la famille des Légumineuses. Ils les nommaient plantes *eschynoméneuses* (plantes honteuses) et c'est une dénomination de ce genre que porte encore la Mimose pudique.

Plus tard, ces végétaux, qui semblaient donner quelques marques de sentiment, furent nommés plantes vivantes ou mimiques ; mais les auteurs de ces classifications ne manquaient pas de faire remarquer que ces divisions étaient plutôt populaires que justes et philosophiques.

Ce qui semblait aux anciens naturalistes une anomalie, un cas particulier, ne saurait actuellement être considéré comme tel ; nous

savons, en effet, que les mouvements peuvent s'observer chez la plupart des plantes, que ces plantes réagissent à presque tous les excitants comme si elles étaient douées d'une sensibilité inconsciente. Enfin, depuis que la théorie cellulaire est édifiée sur des bases certaines, nous sommes habitués à faire dépendre les propriétés des êtres des propriétés de leurs cellules, et nous savons que les cellules sont formées du protoplasma, qui est une matière sensible et mobile. Nous ne saurions donc nous étonner de constater des mouvements chez des végétaux, formés de cellules.

Ayant ainsi ramené l'étude de la sensibilité et du mouvement des plantes à l'étude de ces propriétés dans la cellule, il est aisé de définir, *a priori*, les mouvements qui seront possibles, en étendant à la colonie cellulaire qu'est la plante adulte les résultats fournis par la considération de l'élément cellulaire. Nous verrons alors que cette extension est la constatation de l'affaiblissement des propriétés motrices élémentaires, par la présence de parties résistantes formant obstacle au déplacement des cellules. Et c'est là que nous trouverons la raison de la différence première observée entre la faculté motrice chez les animaux et chez les végétaux.

Ce rapide exposé fait entrevoir la division de cette étude, dont le début sera l'étude du mouvement cellulaire, et dont la conclusion sera l'examen des mouvements des végétaux supérieurs.

(1) Voy. à ce sujet : *Caractères des végétaux*, p. 7.

Diverses catégories de mouvements. — Les mouvements observés chez les plantes sont, les uns actifs, c'est-à-dire dus au protoplasme vivant, les autres passifs, c'est-à-dire subis par la cellule et causés par l'action de la sécheresse ou de l'humidité sur les membranes végétales, inertes en elles-mêmes. Ces derniers mouvements, rappelant ceux que présentent les matières hygroscopiques en général, seront étudiés dans un chapitre spécial, qui terminera cet exposé ; leur manifestation est sans aucun rapport avec la sensibilité et les propriétés de la plante ou partie de plante qui les présente.

MOUVEMENTS PROTOPLASMIQUES

Le protoplasme est formé de petits granules, plus ou moins adhérents les uns aux autres, baignés dans un liquide ; c'est du moins ce que montrent les figures de protoplasme observées aux plus forts grossissements de nos microscopes ; les granules sont nommés *microsomes*, leur ensemble forme le spongioplasme, la partie fluide étant le hyaloplasme (1).

Toutes les préparations de protoplasme vivant montrent que le repos ne peut être observé dans cet ensemble si complexe ; les microsomes sont en perpétuelle agitation autour d'une position moyenne d'équilibre qui n'est jamais atteinte, et il semble que la cessation de ce mouvement soit corrélative de la cessation de la vie. Ces mouvements de très petite amplitude rappellent ceux que l'on observe dans certaines inclusions des roches cristallines et qui ont été nommés mouvements browniens. Ils peuvent aussi être remarqués dans les émulsions savonneuses du genre de celles que Butschli constitua pour tenter de réaliser artificiellement certains phénomènes protoplasmiques.

Ces mouvements paraissent dus aux échanges incessants qui se produisent entre les microsomes et le hyaloplasme ; ils sont donc la conséquence de la nutrition et par suite sont intimement liés à la vie.

Courants protoplasmiques. — En dehors des mouvements propres des microsomes, on observe dans toute cellule des mouvements d'ensemble qui portent les granules protoplasmiques, suivant des directions privilégiées, dans des régions déterminées de la cellule. Ainsi, ces mouvements se font souvent du noyau vers

(1) Voy. p. 25.

la périphérie du corps cellulaire, ou inversement de la membrane vers le noyau ; ils paraissent dans ce cas être en rapport avec la présence d'aliments sur la face de la cellule où ils prennent naissance.

Ces mouvements s'observent très bien dans les cellules qui présentent des vacuoles séparées par des travées protoplasmiques, car il est alors facile de remarquer les granules en progression dans ces linéaments ténus entourés du suc cellulaire des vacuoles. L'observation de ces mouvements est rendue plus facile quand le protoplasme contient des produits inclus, grains de chlorophylle, grains d'amidon, ces produits étant entraînés par le courant protoplasmique général.

Ces mouvements se combinent avec les déformations continuelles du réseau des trabécules plasmiques ; en un point, une bandelette rayonnante s'amincit, se brise, se rétracte ensuite ou dans la couche pariétale ou dans celle qui entoure le noyau, et disparaît. En un autre point, il pousse au contraire un bras nouveau qui se ramifie et s'anastomose avec les autres ; ou bien c'est une branche persistante qui émet un prolongement pour s'unir à ses voisines. Le développement des nouveaux bras peut être assez rapide ; il demande environ cinq minutes par millimètre chez l'*Ecbalium*.

Dans les travées protoplasmiques, le courant peut être général et de sens unique ; il peut au contraire se décomposer en deux courants de sens contraires, laissant dans la région médiane une ligne de repos, avec des modifications possibles et rapides de l'une de ces dispositions à une autre. La vitesse de ces courants est variable avec les plantes et les parties de plantes observées, mais oscille autour d'une vitesse moyenne de un demi-millimètre à un millimètre par minute. Des courants de même genre peuvent être remarqués dans la couche pariétale du protoplasme, et dans ce cas leur direction est souvent parallèle au grand axe de la cellule ; il peut même avoir cette direction tout en contournant la cellule en hélice ; ainsi le courant observé dans une cellule de *Chara* fait trois tours pour la parcourir tout entière.

Ces déplacements doivent être attribués à l'inégalité de composition de la matière protoplasmique dans l'étendue d'une cellule ; si, par exemple, une face de cette cellule est humectée d'eau, l'hydratation des parties voisines détermine une turgescence qui n'est pas contrebalancée dans les parties non mouillées; d'où une tension inégale et une tendance au déplacement. Ainsi se fait la répartition de l'aliment dans le protoplasme.

Une autre cause à ce mouvement rentre dans la catégorie des tactismes et des tropismes. Nous savons que la lumière détermine un déplacement des granules chlorophylliens (1) dans les cellules vertes, et que le protoplasme réagit aux contacts par des déplacements de ses granules élémentaires, pouvant ou non se traduire au dehors par des mouvements d'ensemble. On peut donc dire que le repos dans la cellule est incompatible avec la vie, que l'une des propriétés fondamentales du protoplasme est de réagir aux excitants par des mouvements qui manifestent sa sensibilité, et que ces déplacements peuvent entraîner toute la masse de matière vivante, soit dans des mouvements particuliaires, soit dans un mouvement général qui s'effectue à l'intérieur de la cavité que définit la membrane.

Ces données, susceptibles d'être appliquées aux cellules animales comme aux cellules végétales, conduisent dans les deux cas à des conclusions différentes, et cela résulte de la nature, différente, de la membrane qui limite ce protoplasme toujours irritable et mobile.

Si, comme cela a lieu chez les animaux, et accidentellement chez les végétaux, la membrane est molle, les mouvements internes se traduiront au dehors par des déplacements observables; pour tous, l'être sera doué de mouvement, il ira au-devant de sa nourriture, il réagira plus ou moins rapidement aux excitants, il sera dit sensible.

Si, au contraire, comme cela a lieu chez les végétaux, la membrane est assez résistante, les mouvements internes seront sans conséquence pour l'ensemble de l'être, au moins pour sa forme, et cet être sera dit insensible et immobile. Pour observer des mouvements chez ces végétaux, il faudra les considérer dans leur jeune âge, tandis que cette sorte d'enkystement produit par la membrane est insuffisant à annuler les effets du mouvement interne, ou bien choisir des parties du végétal où l'enkystement n'a pas eu lieu; c'est par ces derniers cas que nous commencerons l'étude des mouvements de la cellule.

Remarquons, dès l'abord, que la présence de la membrane de cellulose chez les végétaux

(1) Voy. p. 251, fig. 400 à 402.

est la cause première de la limitation des mouvements et que ce caractère est assez important pour justifier son emploi comme critérium dans la séparation de ces végétaux et des animaux. Il n'est pas à dire que certains animaux ne pourront posséder une membrane résistante à leurs cellules; mais, dans ce cas, quelques cellules seules seront rendues rigides (ainsi celles du tégument des Arthropodes, Crustacés, Insectes), et l'ensemble des autres éléments de l'organisme produira, par ses modifications, des mouvements de tout l'être (1).

<h3 style="text-align:center">MOUVEMENT CILIAIRE</h3>

On nomme *cils* ou mieux *cils vibratiles* des prolongements filiformes du corps protoplasmique que possèdent quelques cellules, tant animales que végétales. Dans ces prolongements, le protoplasme présente une disposition linéaire de ses granules, et les courants protoplasmiques y sont dirigés dans le sens de la longueur du cil.

Puisque nous savons que les mouvements internes du protoplasme créent une inégalité dans la turgescence des parties de la cellule où ces déplacements s'observent, il nous est facile de comprendre que, l'une des faces d'un cil devenant plus turgescente que la face opposée, ce cil s'incurvera en s'infléchissant du côté où la pression interne est faible. Que la turgescence se produise sur la face opposée à la première, et nous constaterons une incurvation du cil en sens inverse, ce qui créera un mouvement oscillatoire, un mouvement de fouet.

Mais, le plus souvent, le mouvement n'est pas aussi simple; si le cil est assez long, l'action motrice ne se produira pas simultanément dans toute sa longueur; elle mettra un certain temps à se propager, et aura pour conséquence un mouvement ondulatoire du cil, rappelant celui d'un fouet assez long présentant plusieurs courbures alternantes. Ce mouvement, qui est celui que possède le corps du poisson en déplacement dans l'eau, suffit, par les réactions qu'il provoque dans le liquide, à

(1) Aux mouvements protoplasmiques, il faut rattacher les mouvements si complexes qui accompagnent la division cellulaire, et qui affectent non seulement les microsomes protoplasmiques, mais les microsomes nucléaires. Leur étude a été faite page 33.

A ces mouvements il faut aussi joindre ceux que présentent les vacuoles contractiles, vacuoles peu fréquentes, il est vrai, dans les cellules végétales; et les déplacements du noyau dans la cavité cellulaire.

déterminer le cheminement du cil et de la masse protoplasmique adhérente.

Enfin, on peut concevoir les flexions du cil comme se produisant dans des directions variables, non plus dans un plan, mais dans l'espace ; la région en mouvement se déplaçant ordinairement dans le sens du cil, mais en tournant, le point fléchi décrit une spirale allongée de la base du cil jusqu'à son sommet ; il en résulte un mouvement d'ensemble qui rappelle celui d'un tire-bouchon ou d'une hélice ; on dit que le cil et la masse dont il fait partie se déplacent par un mouvement de *vis a tergo*.

On voit, par ces préliminaires, que le mouvement ciliaire, observable dans des cellules spéciales, peut : ou bien laisser la cellule fixe et déterminer le renouvellement de l'eau, des particules alimentaires à son voisinage, ou bien permettre le déplacement de la cellule entière. Rappelons que les cils, par la constance de leur nombre et de leur disposition, doivent être distingués des simples prolongements protoplasmiques que nous étudierons sous le nom de pseudopodes.

Cellules somatiques ciliées. — Dans cette étude du mouvement des éléments végétaux, il est de toute première importance de connaître la nature des cellules auxquelles on s'adresse ; il faut en particulier déterminer s'il s'agit de cellules adultes composant le végétal et nommées cellules somatiques, ou s'il s'agit des éléments reproducteurs. Les cellules de ces deux catégories sont en effet souvent très différentes, non seulement par leur rôle, mais aussi par leur constitution et par la nature de leur membrane d'enveloppe. C'est ainsi que les cellules somatiques étant toujours entourées d'une membrane cellulosique, les cellules reproductrices n'en possèdent pas, ou bien au contraire sont enkystées fortement par des matières d'imprégnation, et on comprend l'intérêt de cette différence pour ce qui touche à la mobilité de l'élément étudié.

Les végétaux formés de cellules normalement ciliées sont assez nombreux ; ils appartiennent tous à la classe des Algues et sont, les uns unicellulaires, les autres pluricellulaires.

Dans la famille des Palmellacées, citons les Diselmes et les Euglènes :

La cellule des *Diselmis* est ovoïde ; elle contient une vacuole, un point rouge et est munie de deux cils. Par des mouvements flagelli-

formes de ses deux cils, la plante se déplace ; bientôt elle se divise longitudinalement en deux, et les deux moitiés se séparent aussitôt, emportant chacune un cil ancien et en produisant un nouveau à côté. Chez d'autres Diselmes, le nombre des cils est différent ; il est de quatre pour *Pyramimonas*, cinq pour *Chloraster* ou plus pour *Polyblepharides*. Chez *Dimystax*, la cellule est sphérique et pourvue au pôle antérieur d'une touffe plus ou moins large de cils indépendants ; sur l'équateur, en deux points diamétralement opposés, une bande épaisse traverse la membrane, se replie en avant et se divise sur tout son pourtour en franges fines qui sont autant de cils vibratiles, ce qui donne l'apparence de deux moustaches.

Les Euglènes ont une cellule ovale, souvent pointue en avant où elle porte un long cil ; près de l'insertion du cil est un point rouge que l'on nomme aussi point oculiforme, sans du reste rien préjuger de ses propriétés. Le cil sert à la progression, mais celle-ci résulte surtout des mouvements métaboliques du corps cellulaire tout entier, comme nous le verrons plus loin.

La famille des Algues Cénobiées va nous fournir des exemples de colonies cellulaires ciliées et mobiles ; cette famille comprend des petites Algues d'eau douce formées par la réunion de cellules toutes ciliées ; mais il peut arriver que la réunion des éléments détermine la perte des cils : c'est le cas des Hydrodictyées, tandis que ces cils se conservent chez les Volvocées, que seules nous considérerons.

Les cellules des Volvocées présentent une forme ovoïde, terminée par un bec qui porte les deux cils vibratiles et contient un point rouge : ces cellules, d'abord libres, s'associent en nombre variable, perdent leur forme pour devenir polyédriques, mais gardent leurs cils invariablement dirigés vers l'extérieur de la colonie formée.

Chez les *Gonium*, l'association (ou cénobe) contient de quatre à huit ou même seize éléments et ceux-ci sont disposés dans un plan portant tous les cils à sa face supérieure. Le déplacement qui résulte des mouvements coordonnés des cils est un mouvement de glissement ou de reptation du Gone à la surface de son support.

Chez les *Stephanosphæra*, les huit cellules constituant le cénobe se placent dans un plan en groupant les cils de leurs extrémités aux deux bouts d'un diamètre du cercle ainsi formé :

puis, un développement des éléments en épaisseur donne à l'ensemble une forme sphérique dont les deux pôles sont marqués par les bouquets de cils. Le mouvement de la colonie est une rotation de la sphère autour d'un axe perpendiculaire au plan primitif contenant les cils; il résulte de la coordination des mouvements ciliaires.

Chez les *Volvox* (fig. 771), le cénobe peut

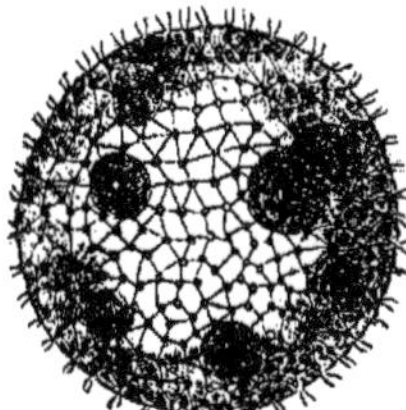

Fig. 771. — *Volvox globator.*

contenir jusqu'à 20 000 cellules et plus, associées en une sphère creuse, dont la cavité est emplie par une matière gélatineuse unissante ; tous les cils étant portés à la surface extérieure, leurs mouvements combinés produisent une rotation de la sphère coloniale dans un sens déterminé, variable avec les conditions ambiantes, et pouvant se combiner avec une progression, toujours lente, du reste.

Dans tous ces cas où un mouvement général résulte de la somme de mouvements particuliers, on constate une réelle harmonie dans ces actions élémentaires, une coordination qui fait que les efforts tendent vers un but commun. Il y a une simultanéité dans les oscillations des cils voisins, en même temps qu'une continuité dans la propagation de ces mouvements ; mais nulle part on ne peut trouver la manifestation d'une volonté. Il ne faut donc pas conclure de l'observation d'une généralisation à tout un organisme des phénomènes élémentaires, à la présence d'une volonté directrice, à l'existence d'un organite régulateur des fonctions de l'être. Chaque cellule semble porter en soi la propriété de s'harmoniser avec les cellules auxquelles elle est normalement unie, elle subit leur influence, mais elle influe sur elles ; de cette action réciproque naît l'harmonie que nous avons constatée et que nous trouverons dans l'étude des mouvements des plantes supérieures.

Cellules reproductrices ciliées. — Le mouvement ciliaire s'observe avec facilité chez certains éléments reproducteurs et il est si net qu'il a valu à toute une catégorie de ces éléments les noms de *zoospores*, d'*anthérozoïdes* qui indiquent le rapprochement qu'on a établi d'emblée entre ces cellules et les animaux.

GAMÈTES CILIÉS. — On nomme gamètes des cellules détachées de deux organismes ou de deux parties d'un même organisme, et dont la fusion (ou mariage) détermine la naissance d'un végétal fille, dont les parents sont les organismes producteurs des gamètes. Il y a isogamie quand les caractères des gamètes sont identiques ; dans le cas contraire d'hétérogamie, on distingue un gamète mâle et un gamète femelle plus volumineux. Ces deux éléments sont des cellules isolées, présentant ce caractère exceptionnel de ne pas être entourées de la membrane cellulosique dont la présence est de règle pour les éléments végétaux. Ce caractère paraît être en rapport avec la nécessité de la fusion des gamètes et aussi avec le besoin de déplacement sans lequel la rencontre serait impossible.

Les gamètes sont produits par de nombreuses Algues, et il nous suffira de les considérer dans quelques-unes.

Chez *Monotroma bullosum*, petite Algue de la famille des Confervacées, on voit au printemps certaines cellules végétatives produire, par des divisions répétées, 8, puis 16, enfin 32 gamètes qui s'échappent par un orifice latéral. Ces gamètes sont des cellules ovales, présentant un point rouge et un bec sur lequel sont implantés deux longs cils vibratiles. Par des mouvements de ces cils, les gamètes se déplacent, ils ne tardent pas à se rencontrer, d'autant mieux qu'ils semblent guidés par une attraction réciproque ; ils se touchent d'abord par leur bec, puis ils se placent à côté l'un de l'autre et s'accolent, donnant un corps à quatre cils qui reste quelque temps mobile. Bientôt cet œuf perd ses cils, s'entoure d'une membrane de cellulose et attend l'automne pour évoluer.

Chez les Siphonées, on observe des phénomènes de même genre, mais on peut aussi trouver des gamètes inégaux ; ainsi, chez *Bryopsis* et chez *Codium*, le gamète femelle est vert, tandis que le gamète mâle est jaune et plus petit ; tous deux possèdent deux cils, comme la plupart des gamètes.

ANTHÉROZOÏDES. — Dans un grand nombre de plantes, certains Champignons et Algues Mousses, Cryptogames vasculaires, le gamète

Fig. 772.   Fig. 773.   Fig. 774.    Fig. 775.

Fig. 772. — Anthéridie de *Fucus vesiculosus* d'où
s'échappent les anthérozoïdes, *az*.
Fig. 773. — Anthérozoïde de *Chara fragilis*.

Fig. 774. — Anthérozoïde de *Pteris serrulata*.
Fig. 775. — Zoospore *z*, s'échappant d'une cellule
d'*Œdogonium ciliatum*.

femelle étant immobile, le gamète mâle est
doué d'une très grande agilité ; il porte alors
le nom d'anthérozoïde.

Par sa forme générale, par ses appendices
mobiles, l'anthérozoïde présente l'ensemble des
caractères les mieux adaptés à une progression
rapide dans un milieu liquide.

Le cas le plus simple et qui rappelle celui des
zoospores, que nous étudierons plus loin, est
présenté par les Monoblépharidées, famille de
Champignons aquatiques. Dans *Monoblepharis spharica*, par exemple, les anthérozoïdes
sont ovales triangulaires ; ils possèdent un cil
unique, postérieur, dressé et rapidement mobile par des mouvements d'ensemble imitant
celui d'un fil rigide articulé. Le mouvement de
l'anthérozoïde qui en résulte est saccadé ; il
porte cet élément reproducteur vers l'organe
femelle sur lequel l'anthérozoïde continue à se
mouvoir, mais par des mouvements amiboïdes.

Ailleurs, chez les Fucacées (fig. 772), les anthérozoïdes possèdent deux cils ; ils sont incolores, munis latéralement d'un globule orangé,
près duquel sont attachés les deux cils : l'un en
avant est considéré comme une rame, l'autre
en arrière serait le gouvernail ; ces deux cils
semblent accolés, dans le prolongement l'un
de l'autre, sur la face de l'anthérozoïde ; ils lui
communiquent un mouvement par côté qui le
porte vers l'organe femelle.

La différenciation des anthérozoïdes en vue
de la natation est poussée plus loin chez les
Algues de la famille des Characées, chez les
Mousses et chez les Fougères ; on observe alors
la forme en tire-bouchon et les mouvements
de progression par giration.

L'anthérozoïde des Characées (fig. 773) est

un filament grêle, enroulé en spirale, épaissi
en arrière ; son extrémité antérieure est effilée
et porte deux longs cils très fins.

L'anthérozoïde des Mousses est constitué de
la même façon, tandis que celui des Fougères
est armé d'une plus grande quantité de cils
formant une touffe. Ce dernier gamète est enroulé en une spirale dont les tours se déten-
dent vers la partie caudale, partie qui porte
pendant quelque temps une gouttelette contenant des grains d'amidon. Les cils, dont le
nombre est variable, sont toujours nombreux ;
ils forment soit une touffe, soit une sorte de
gerbe dont les parties admettent pour direction des lignes tangentes à la première spire
(fig. 774).

ZOOSPORES. — Les spores étant des corps assurant la multiplication des espèces végétales,
on donne le nom de zoospores à ces mêmes
corps quand ils sont doués de mouvement
(fig. 776, B). Ces spores se rencontrent chez les
Algues et chez les Champignons.

Tantôt il n'y a qu'un seul cil, qui est en
avant, comme dans les zoospores des Myxomycètes, des Euglènes, du *Botrydium*, ou en
arrière, comme dans les zoospores des Monoblépharidées et des Chytridiacées ; le mouvement résultant rappelle la progression d'un
canot sous l'action d'une godille, sorte d'avi-
ron placé à l'avant ou plus souvent à l'arrière.
Tantôt il y a deux cils attachés latéralement
et dont l'un, dirigé en avant, sert de rame, pendant que l'autre traîne en arrière et forme
gouvernail, comme dans les zoospores des
Algues brunes ; tantôt les deux cils sont attachés
en avant comme chez les Saprolègnes, les Cladophores.

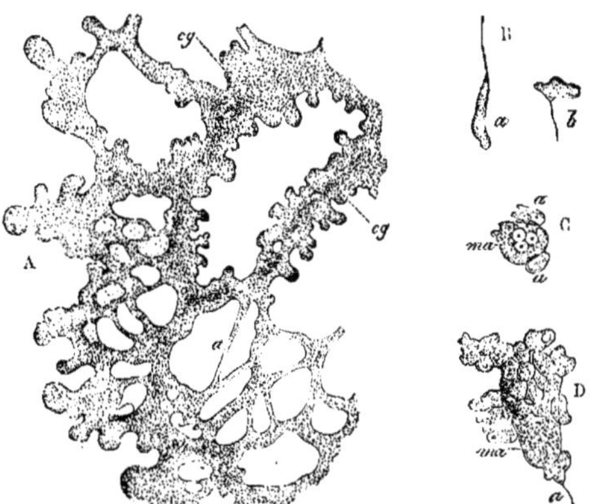

Fig. 776. — *Didymium Leucopus* (d'après Cienkowski). — A, portion d'un plasmode bien formé ; *cg*, courant de granules ; *a*, rameau extrêmement délié (100/1) ; B, deux zoospores ; *a, b*, avec leur cil ; C, une myxoamibe, *ma*, résultant de la fusion de plusieurs zoospores et à laquelle il vient s'en joindre deux autres, *a, a* ; D, une myxoamibe, *ma*, beaucoup plus développée, à laquelle il vient se réunir beaucoup de zoospores sans cils, mais dont une, *a*, conserve encore son cil.

Ailleurs il y a quatre cils, comme dans les zoospores des Ulotriches, ou une couronne de cils comme chez les Œdogones (fig. 775), ou un revêtement complet de cils comme dans les zoospores des Vauchéries.

VITESSE DU MOUVEMENT CILIAIRE. — Le mouvement ciliaire est en général rapide : ainsi les zoospores de Vauchérie parcourent $0^{mm},10$ à $0^{mm}.14$ par seconde, celles d'Œdogone $0^{mm},20$ et celles de *Fuligo* près d'un millimètre par seconde. Le sens de la rotation est assez souvent constant vers la gauche ou vers la droite, mais il varie pour certaines plantes, par exemple pour les *Volvox*. Si le corps cilié rencontre un obstacle, il recule jusqu'à une certaine distance, et en rétrogradant il tourne en sens contraire du mouvement primitif ; bientôt il reprend sa course en avant dans une autre direction, en même temps que sa rotation normale.

MOUVEMENT AMIBOÏDE

On nomme Amibes (*Amœba*) des organismes protozoaires munis de prolongements ou rhizopodes qui émettent des pseudopodes ordinairement larges, à contours nets, et servant à la locomotion. On voit, par l'emprunt du nom d'amiboïde fait à la Zoologie, la ressemblance que présentent, dans la partie inférieure des Règnes, les végétaux et les animaux.

Le mouvement amiboïde ne peut être observé que chez les cellules dépourvues de membrane cellulosique, comme cela a lieu chez les Myxomycètes et chez les spores de quelques Algues floridées.

Une masse de protoplasme (fig. 776, A) étant en mouvement amiboïde, on voit la partie hyaline pousser un prolongement, simple protubérance de l'ensemble, dans lequel les granules se portent bientôt. Cette branche en produit d'autres à sa surface, celles-ci forment à leur tour des rameaux qui se rencontrent et s'unissent ; comme une partie de la masse primitive passe à chaque fois dans les rameaux, le transport du protoplasme en résulte, puisque la confluence des parties nouvellement arrivées se fait en un point différent de leur position d'origine. De cela il résulte une sorte de reptation de la cellule à la surface du support, avec une vitesse d'environ 1 millimètre en trois ou quatre minutes.

La progression n'est, du reste, pas continue, les mouvements partiels se faisant successivement en avant et en arrière, la marche est saccadée, oscillante. Ainsi le plasmode du Fulige de la tannée (*Fuligo septica*), qui est souvent large comme la main, se déplace par oscillations et rampe à la surface du tan.

C'est à ce genre de mouvement que nous rapporterons le déplacement du tube pollinique des plantes phanérogames, qui sera étudié plus loin.

Le mouvement amiboïde, qui appartient à toute cellule libre dont la membrane est flexible, paraît être une conséquence directe des mouvements internes du protoplasme ; il est sous sa dépendance, quoiqu'il s'effectue avec une vitesse moindre ; la progression de la cellule qu'il détermine est environ 25 fois plus lente que celle des granules plasmiques. Mais il n'en reste pas moins acquis que ces deux manifestations de l'irritabilité de la matière vivante ont la même cause, la réaction du plasma aux excitations extérieures. Le mouvement de locomotion porte la cellule dans le milieu le plus favorable à sa végétation, tandis que les mouvements internes réalisent le même desideratum pour les microsomes.

Dans le cas des cellules reproductrices, une excitabilité spéciale porte la cellule, par des mouvements quelquefois amiboïdes, vers l'élément avec lequel la cellule doit copuler, réalisant ainsi l'union nécessaire à la conservation des espèces végétales.

MOUVEMENT DE CONTRACTION

Les déplacements que nous avons relatés sont lents et sont dus au jeu d'organites comme cils, pseudopodes ; ceux qu'il nous reste à étudier sont dus à la masse protoplasmique même, qui manifeste alors une propriété de contractilité appartenant en propre à la matière vivante. Cette propriété est distincte de l'élasticité, elle est résultante de l'action des excitants, et elle détermine des variations de forme du protoplasme, sans variation corrélative de volume.

Si un corps protoplasmique, dont la forme est déterminée, est animé de contractions, il se déplacera à la surface de son support ou bien dans l'eau, à la façon d'un poisson ou d'un ver ; ce genre de locomotion est observable chez un grand nombre d'Algues : Oscillaires, Bactéries, Diatomées, Desmidiées.

Les Oscillaires sont des Algues d'eau douce qui doivent leur nom au mouvement constant que présentent leurs filaments ; un filament est formé de cellules placées bout à bout, faiblement unies par leurs membranes mitoyennes et par une gaine gélatineuse mince. Dans ces filaments on observe un mouvement en crochet de l'extrémité, qui se combine avec un mouvement oscillatoire de l'ensemble ; les oscillations ne se produisant pas toujours dans la même direction, il en résulte un mouvement giratoire autour d'un axe fictif qui serait la position d'équilibre du filament. Si ce n'était la dimension relativement grande du filament et l'amplitude du mouvement, on croirait assister à la vibration d'un cil.

Parmi les Bactériacées, il en est un assez grand nombre qui sont mobiles et se déplacent dans les liquides avec une très grande agilité ; certaines peuvent d'ailleurs être mobiles et plus tard immobiles, comme c'est le cas pour le Bacille subtil, pour le *Bacillus amylobacter* dont une des formes est représentée par de courtes baguettes droites ou enroulées en hélice, mobiles. Le mouvement de ces Bactéries peut être une simple oscillation sur place ou un déplacement par oscillations successives, à travers le liquide de culture. Les Spirilles sont, avec les Spirochètes, les plus agiles et progressent par un mouvement ondulatoire rapide.

Les cellules des Diatomées sont très curieuses à cet égard ; elles sont ou libres, ou associées en filaments, chacune d'elles étant de forme aplatie et munie d'une coque silicifiée formée de deux parties. Les deux parties ou valves peuvent être comparées l'une au couvercle d'une boîte, l'autre à la boîte elle-même, ces deux valves pouvant jouer l'une dans l'autre. Le mouvement de reptation, que l'on observe surtout après la division des cellules, a toujours lieu sur la face des valves, et non pas sur les côtés emboîtés ; il a pour but la dissémination des éléments dans une direction perpendiculaire à l'axe du filament dont ces éléments faisaient partie.

Les Desmidiées sont des Algues des eaux stagnantes, principalement des tourbières où elles abondent : la plus remarquable est la Clostérie. Considérons *Closterium moniliferum*, dont les cellules ont la forme de fuseau arqué, placée dans une petite cuve de verre que l'on peut éclairer dans diverses directions. La cellule, plaçant l'une de ses extrémités contre le fond de la cuve, s'oriente dans le sens du rayon lumineux, et tout déplacement de la lumière a pour résultat l'orientation nouvelle de la Clostérie. Si l'on éclaire la cuve par le fond, la cellule se dispose verticalement ; mais si on déplace vivement la lumière pour la porter au-dessus de la cuve, la cellule exécute un brusque mouvement de culbute qui la rétablit verticale sur l'extrémité d'abord libre.

Une observation plus longue est tout à fait curieuse. Ayant éclairé la cuve dans une direction constante, on voit la cellule en fuseau se déplacer vers la lumière, en suivant une ligne brisée qu'elle décrit en combinant un mouvement de glissement sur le fond de la cuve et un mouvement de pirouette caractéristique. Une pirouette se fait ainsi : la cellule place une de ses extrémités sur le support, elle oscille autour de ce point fixe, jusqu'à se coucher en s'arquant ; la deuxième extrémité touche alors le support et s'y fixe, tandis que la première se relève et esquisse le mouvement d'oscillation qui la portera à son tour sur le sol ; l'ensemble de ces mouvements exige environ huit minutes.

MOUVEMENTS ORGANIQUES

Les mouvements qui ont été décrits affectent tout ou partie d'une cellule, ou d'une colonie cellulaire simple ; ils peuvent donc être qualifiés de mouvements élémentaires. Leur connaissance nous permet de concevoir qu'un végétal possédant ces organites comme éléments sera également doué de mouvement ; et celui-ci résultera de la totalisation des déplacements que chaque cellule peut effectuer, par une sorte de synthèse dont la perfection dépendra surtout de l'harmonie des actions élémentaires.

Les végétaux polycellulaires, plus ou moins élevés en organisation, peuvent présenter plusieurs catégories de mouvements ; les uns, dont la présence est partout constatée, sont des mouvements de croissance, permettant au végétal de constituer sa forme type, malgré les obstacles mécaniques que lui offre le milieu où il se développe ; les autres auront pour but d'accommoder la plante aux conditions variables du milieu ; tels sont les mouvements de veille et de sommeil des feuilles, les mouvements d'ouverture et de fermeture périodiques des fleurs ; enfin certains mouvements seront déterminés accidentellement, par des causes non ordonnées, comme les mouvements des feuilles de Sensitive sous l'action d'un contact.

On remarquera que les mouvements des organes végétaux, quels qu'ils soient, peuvent être classés d'une façon différente, en tenant compte de ce fait que les uns sont spontanés, les autres étant provoqués. Tout en accordant à ce caractère l'importance qu'il mérite, nous étudierons successivement :

Les *mouvements de croissance* ;

Les mouvements de veille et de sommeil (*mouvements nyctitropiques*), auxquels nous joindrons les mouvements de même nature dus à des causes différentes ;

Les mouvements dus à l'irritabilité, c'est-à-dire *provoqués* par une excitation directe.

MOUVEMENTS DE CROISSANCE

Tandis que les mouvements nyctitropiques et les mouvements provoqués peuvent être étudiés dans les organes adultes d'un végétal, les mouvements de croissance ne sauraient être observés que dans les parties jeunes de la plante. Nous chercherons donc leur manifestation, soit dans la racine, au-dessus de la coiffe, soit dans la tige, au-dessous du bourgeon, soit, pour les feuilles, dans le bourgeon même ou encore dans la jeune feuille.

NUTATION

On désigne sous le nom de nutation ou de *circumnutation* (nutation tournante ou révolutive) un mouvement effectué par l'extrémité de l'axe (partie jeune) d'un végétal, autour d'un axe fictif, représenté par les parties plus âgées. Ce mouvement étant général pour toutes les parties d'un végétal et pour tous les végétaux, nous le décrirons avec soin, et nous essaierons de faire comprendre que les mouvements des diverses catégories sont des mouvements de nutation modifiés.

Imaginons une cellule cylindrique reposant sur l'une des bases du cylindre, libre par sa partie supérieure, et placée dans un milieu nutritif homogène ; supposons que cette cellule, considérée à l'état jeune, possède une paroi extensible. L'observation d'un point de repère choisi sur la base supérieure du cylindre nous montre que cette base est constamment en mouvement. D'abord projeté de côté, le point mobile revient sur ses pas, mais sans atteindre sa position de départ ; ce point est lancé à nouveau dans une direction très peu différente de la première, puis il revient en arrière ; le même mouvement se reproduit incessamment. L'ensemble de ces déplacements en zigzag du point mobile lui fait parcourir une trajectoire circulaire autour de l'axe de la cellule, et, la croissance de la cellule aidant, la résultante de tous ces mouvements est un mouvement général hélicoïdal, c'est-à-dire une circumnutation.

Nous passerons facilement de ce cas simple au cas ordinaire en prenant un état intermédiaire. Soit une rangée ou file des cellules cylindriques reposant sur la base de la cellule inférieure, première de la file, étudions le mouvement d'un point de la base supérieure de la dernière cellule. Chaque élément de cet ensemble, prenant un point d'appui sur l'élément sous-jacent, fera circumnuter sa partie supérieure, entraînant dans ce mouvement les éléments qu'il supporte, et les déplacements partiels ajouteront leurs effets pour créer un déplacement général qui sera encore une circumnutation, à la condition qu'une coordination mette en harmonie les actions élémentaires.

Enfin, dans le cas général, considérons un massif cellulaire tel que celui qui constitue le sommet d'une racine ou d'une tige, et homologuons-le à un faisceau de files cellulaires identiques à celle qui a été décrite. Nous trouverons encore la circumnutation, propre à chaque file, et nous observerons la nutation de l'ensemble, toujours à la condition qu'une harmonisation des actions élémentaires ait lieu.

Causes de la nutation. — On a voulu considérer la nutation, soit comme dépendant exclusivement de la variation de turgescence du protoplasme, soit comme causée par la variation de l'élasticité de la membrane cellulosique. La cause probable du phénomène paraît être dans la réunion des deux hypothèses.

La nutrition, propriété fondamentale du protoplasme, a pour conséquence directe l'accroissement de la cellule, accroissement provoqué par l'augmentation de turgescence de la matière vivante ; et ceci est nécessaire, puisque la cellule qui s'accroît doit effectuer un travail contre la pression atmosphérique ; c'est ainsi qu'un végétal qui allonge l'une de ses parties d'un centimètre, sur une largeur d'un centimètre carré, dépense un travail d'un centième de kilogrammètre. Le résultat le plus direct de cette augmentation de turgescence dans la cellule est sa tendance à l'élongation, mais celle-ci, au lieu de se manifester sur toute la section, se produit d'un seul côté, ce qui rejette la partie libre de la cellule du côté opposé. Sous l'effort de cette poussée interne, la membrane a donc cédé, elle est élastique, et revient quelque peu en arrière, ce qui achève le mouvement d'os-

cillation que nous avons décrit comme un composant du mouvement de nutation.

Bientôt, la région turgescente est entrée dans la phase de repos, tandis qu'une région voisine est le siège des mêmes phénomènes, une nouvelle oscillation en résulte. Et ainsi, de proche en proche, jusqu'à ce que la première région active soit à nouveau la cause du mouvement ; une périodicité s'établit, la nutation en résulte.

A dire vrai, les choses ne sont pas aussi simples, ni aussi régulières ; cependant, les résultats de l'observation et les données précédentes sont en parfait accord.

MODIFICATIONS DE LA NUTATION. — Toutes les causes qui agissent sur la croissance des organes de la plante sont des causes modificatrices de la nutation, puisque celle-ci dépend de la croissance.

Parmi ces causes, signalons : le géauxisme et le géotropisme, étudiés page 173 ; les actions de l'humidité, de la pesanteur et de la lumière, étudiées pages 180 et 181 ; enfin l'action du contact d'un corps étranger, étudiée page 184. C'est sous les effets combinés de ces diverses causes qu'un végétal acquiert sa forme définitive, qui est une forme type pour chaque espèce, avec des variations qui dépendent des causes extérieures.

Méthodes d'observation. — Nous empruntons aux beaux travaux de Ch. Darwin les indications des admirables procédés qui lui ont permis de constater la grande généralité des phénomènes de circumnutation (1).

Soit à étudier le mouvement de nutation d'une jeune tige ; nous disposons le végétal, en pot, dans une chambre recevant la lumière diffuse uniformément, puis nous fixons à la tige, au moyen d'un vernis à la gomme-laque, un fil de verre fin comme un cheveu, long d'un centimètre et portant une petite goutte de cire noire à son extrémité libre. A côté, nous plaçons un petit carton blanc, portant un point noir élevé à la hauteur de la goutte de cire, et nous le fixons par une fiche de bois plantée en terre.

Une lame de verre étant placée devant la plante nous permet de viser à la fois la goutte de cire noire et le point fixe du carton, puis de marquer sur le verre, avec de l'encre de Chine gommée, un point de repère. Cette opération, répétée à des intervalles de temps égaux, lais-

(1) Ch. Darwin, *La faculté motrice dans les plantes*, trad. Ed. Heckel, 1882.

sera pour résultat un ensemble de points numérotés indiquant, avec une amplification facile à connaître, la nature du mouvement de la goutte de cire et par suite celui de la jeune tige. Remarquons que plusieurs tracés du même genre peuvent être obtenus simultanément en disposant une lame de verre orientée perpendiculairement à la précédente, et en plaçant une troisième lame horizontale au-dessus de la plante en expérience. Les tracés seront reportés sur une feuille de papier et un trait continu joindra les points successifs du diagramme.

Une autre disposition est réalisée dans la méthode graphique ou d'inscription directe du mouvement. Soit une jeune racine en expérience ; on la dispose de façon que son extrémité inférieure soit libre, et on place près d'elle une lame de verre enduite de noir de fumée, inclinée d'environ 70 degrés. La racine, pressant sur la lame de verre qu'elle côtoie, laisse une trace dont la largeur est en rapport avec la pression exercée et dont le chemin indique les mouvements parallèles à la lame. Ces tracés sont conservés après fixation ou report sur papier.

Les résultats obtenus par l'observation directe et par les méthodes précédentes sont relatifs aux jeunes plantes, ainsi qu'aux plantes adultes ; nous les exposerons brièvement en suivant cette division.

Nutation des plantules. — La nutation est universelle ; elle peut être observée chez tous les végétaux et à tout âge du végétal, dans les parties jeunes. Les plantules, sortant de la graine, se montrent surtout très favorables à cette étude.

Une graine étant placée dans des conditions convenables, germe, c'est-à-dire donne naissance à une jeune plante dont les parties tant aériennes que souterraines se développent en cherchant dans le milieu une fixation et un soutien. Dans cette recherche, la nutation joue un rôle fondamental. Dès que la radicule est sortie de la semence, elle commence à circumnuter, mais son mouvement est modifié par la pesanteur et devient géotropique, ce qui détermine le changement de direction de la radicule et sa pénétration dans le sol. Comme le plus souvent les graines sont plus ou moins enfouies dans la terre, elles servent de point d'appui à la plantule et l'extrémité radiculaire, tout en tournant par petites saccades, s'insinue entre les particules du sol.

Bientôt les poils radicaux se développent, ils profitent des moindres espaces pour s'étendre entre les grains de sable auxquels ils adhèrent.

Lorsque la radicule a pénétré à une petite profondeur dans le sol, elle agit comme un coin, poussée en avant par son accroissement terminal, tandis que sa croissance transversale écarte la terre ; ainsi emprisonnée, la radicule a quelque difficulté à circumnuter ; mais trouve-t-elle quelque fissure, quelque trou de Ver, alors le mouvement de nutation reprend son importance, et lui permet de profiter de la ligne de moindre résistance que le sol offre à sa pénétration.

A cet état du développement de la graine, la fixation est déjà suffisante pour assurer la stabilité de la jeune plante, et l'absorption des liquides du sol. La partie supérieure de la plante sort alors du tégument séminal, qui va se flétrir. Chose remarquable, ces organes sont

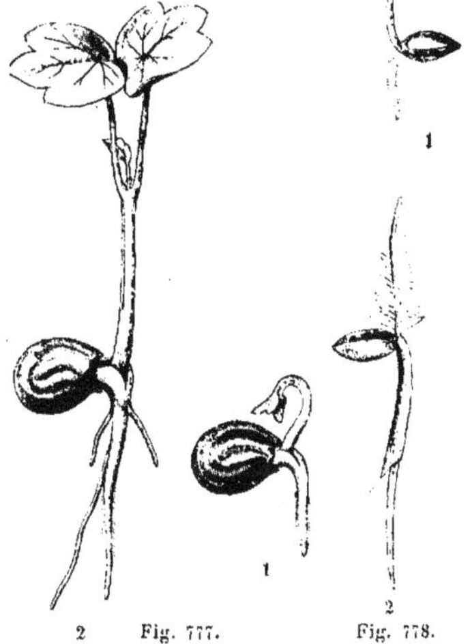

Fig. 777. — 1 et 2, Capucine (*Tropaeolum majus*). | Fig. 778. — 1 et 2, Carex (*Carex vulgaris*).

Fig. 777 et 778. — Plantules en développement.

invariablement courbés (fig. 777, 1) et leur partie terminale se dirige vers le bas. Tandis qu'ils sont souterrains, ces organes conservent leur courbure en crosse ; ils ne se redressent complètement qu'à l'air libre (fig. 777, 2).

Quand les cotylédons restent en terre, les

premières feuilles vraies sortent du sol de la même façon, leurs pétioles étant arqués. Cette disposition, par sa constance, doit présenter de grands avantages pour la plante. Haberlandt pense que l'extrémité, encore tendre, est ainsi protégée ; on peut aussi penser, avec Darwin, que la croissance simultanée des deux branches de l'arc augmente la force avec laquelle cet arc pousse le sol qui le surmonte, et qu'ainsi est facilitée la sortie des parties aériennes.

Chez les Monocotylédones, la plumule ou le cotylédon sont rarement arqués ; chez les Graminées et Carex (fig. 778), le sommet du cotylédon droit, en fourreau, se développe en une crête blanche, dure, qui sert à vaincre la résistance du sol.

Les divers organes arqués dont nous venons de parler sont en circumnutation continuelle, ou s'efforcent constamment de circumnuter, même avant de sortir de terre. Ces efforts continuels favorisent leur émergence, par une tendance assez forte à refouler de tous les côtés le sable humide qui les environne. Dès qu'un rayon de soleil peut atteindre la plantule, l'héliotropisme la guide à travers les fentes du sol, ou au milieu du réseau de la masse de végétation environnante.

Quel que soit le mode de germination de la graine, les enveloppes séminales, ou bien sont restées en terre, ou bien, élevées au-dessus du sol, ont quitté les cotylédons ; les parties aériennes de la plantule peuvent se développer librement et leurs mouvements ne seront plus gênés. On observe facilement la nutation du sommet de la tige ; elle est rapide et de grande amplitude ; de même, les cotylédons sont en nutation continuelle. Ces mouvements, modifiés par l'influence combinée de la lumière et de la pesanteur, ont pour résultat d'adapter la plantule aux conditions de vie les plus favorables dans le milieu où elle végète.

Nutation des parties d'une plante adulte. — « Notre semis (1) possède maintenant une tige portant des feuilles, et souvent des branches, qui circumnutent toutes, tandis qu'elles sont encore jeunes. Si nous considérons, par exemple, un grand Acacia, nous pouvons être assurés que chacune de ses innombrables pousses décrit constamment de petites ellipses ; de même pour chaque pétiole, principal ou secondaire, et pour chaque foliole. Ces dernières, comme les feuilles ordinaires, se meuvent en

général verticalement, à peu près dans le même plan, de manière à décrire des ellipses très étroites. Les pédoncules floraux sont également en circumnutation continuelle. Si nous pouvions voir au-dessous du sol, et si nos yeux étaient aussi puissants que des microscopes, nous apercevrions l'extrémité de chaque fibrille radiculaire s'efforçant de décrire de petites ellipses ou des cercles, autant que le lui permet la pression du sol. Tous ces mouvements étonnants se sont produits d'année en année, à partir du moment où l'arbre a apparu au-dessus de la surface du sol. »

Cas particuliers de nutation. — Dans quelques végétaux, comme le Fraisier, les tiges se développent en longs filaments flexibles ou stolons, qui rampent sur le sol et qui, de place en place, émettent des racines adventives, produisant ainsi des plantes nouvelles ou marcottes.

Ces stolons présentent des mouvements de circumnutation très nets, mais très complexes ; les lignes décrites s'étendent dans un plan vertical, quoique les déplacements latéraux puissent être observés. Ce qui frappe dans ces mouvements, c'est leur grande amplitude, qui permet à l'extrémité du stolon, c'est-à-dire à la partie en croissance, de se déplacer aisément sur le sol, en surmontant les obstacles, et en se frayant un chemin au travers du tapis végétal qui recouvre le sol.

Chez d'autres plantes, comme le Haricot, la tige présente des mouvements de nutation de grande amplitude, et ces mouvements faciles à observer ont fait donner à la tige le nom de tige volubile (1). Assez souvent, les tiges volubiles s'enroulent autour d'un support, imitant en cela les vrilles ; mais, tandis que ces dernières ne présentent leurs incurvations que par suite des modifications que le support apporte à leur croissance, les tiges volubiles ont en elles-mêmes la cause de leurs mouvements.

L'enroulement a donc une cause interne, et il se manifeste dès que la tige sort de terre ; il aide celle-ci à trouver le support nécessaire ou simplement avantageux ; le sens de l'enroulement est, le plus souvent, constant dans une espèce donnée, mais il peut changer sur le même individu ou d'un individu à un autre dans la même espèce. On définit ce sens par les expressions de *dextrorsum*, enroulement vers la droite, ou de *sinistrorsum*, enroulement

---

(1) Ch. Darwin, *loc. cit.*, p. 565.

(1) Voy. p. 188.

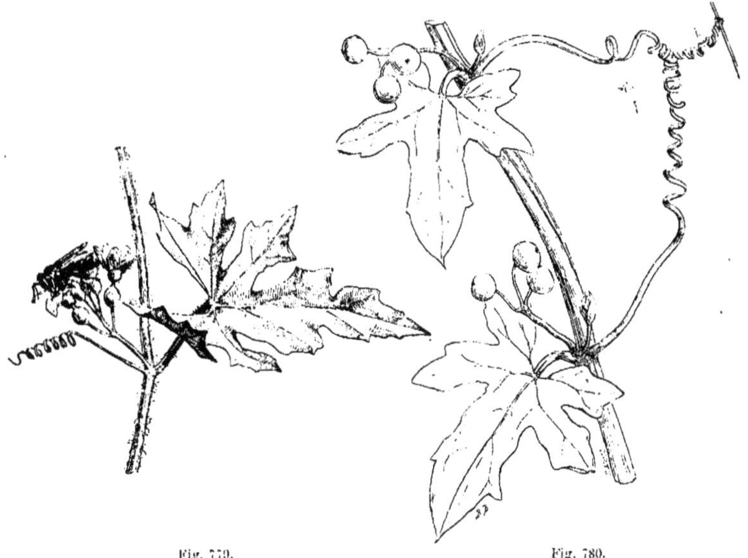

Fig. 779.   Fig. 780.

Fig. 779. — Rameau fleuri (fleurs femelles), avec vrille libre.   Fig. 780. — Rameau portant des fruits, avec vrille fixée.

Fig. 779 et 780. — Bryone (*Bryonia dioica*).

vers la gauche; le premier est fréquent (Haricot, Liseron), le deuxième est plus rare (Houblon, Chèvrefeuille).

Dans les tiges volubiles, comme dans les vrilles (fig. 779 et 780), la spire est large et lâche à sa base; plus près du sommet, les tours de spire se font plus petits, ils s'éloignent les uns des autres et la tige tend à se redresser entièrement.

NUTATION PLANE

Dans le cas général de nutation que nous avons étudié, nous avons supposé les phénomènes parfaitement symétriques autour de l'axe de l'organe en mouvement, ce qui nous a conduit à une nutation révolutive. Si la cause du mouvement est orientée, si elle agit dans un plan, les mouvements seront simplement des oscillations planes; ce cas de nutation est un cas particulier, très fréquemment rencontré, du cas général de circumnutation; il se traduit par des abaissements et des relèvements alternatifs des organes.

On observe ces mouvements dans le pédicelle floral du Pavot (fig. 781 et 782), de la Pâquerette (fig. 783) et de quelques autres plantes. Tandis que la fleur est à l'état de bouton, le pédicelle est incurvé et le bouton est suspendu; bientôt, par suite d'un allongement plus rapide sur la face interne du pédicelle, celui-ci se redresse et la fleur se relève; ce mouvement est encore accentué, chez le Pavot, après la formation du fruit qui est porté par un pédicelle complètement rectiligne.

Épinastie. — Hyponastie. — Parmi les mouvements que l'on peut rattacher à la nutation plane sont les mouvements désignés par de Vries sous les noms d'épinastie et d'hyponastie. Il y a épinastie quand la face supérieure d'un organe s'accroît plus rapidement que sa face inférieure, ce qui détermine une courbure générale de l'organe vers le bas. Il y a hyponastie dans le cas contraire.

Ces mouvements sont très fréquents; ainsi, les jeunes feuilles, encore enfermées dans le bourgeon, sont hyponastes, et restent étroitement appliquées les unes sur les autres, en pré-

Fig. 781.

Fig. 782.

Fig. 781 et 782. — Pavot (*Papaver somniferum*).

Fig. 783. — Pâquerette (*Bellis perennis*).

sentant une courbure telle que leur partie concave regarde le centre du bourgeon. Mais ces feuilles deviennent bientôt épinastes, elles s'écartent peu à peu les unes des autres, en même temps que de la tige ; elles sont alors presque planes. Plus tard, toujours sous l'influence de l'épinastie, elles s'infléchissent vers le bas, présentant leur face convexe du côté qui regarde la tige.

Les feuilles en aiguilles des Pins forment un faisceau dans leur jeunesse ; elles s'écartent ensuite lentement (fig. 784), de telle sorte que celles placées sur les branches verticales deviennent horizontales ; le mouvement de descente est d'abord presque rectiligne et il est dû à l'épinastie, mais, au bout d'un temps variant entre deux et cinq jours, ce mouvement devient nettement une circumnutation.

Les boutons floraux, qui sont de réels bourgeons, comme nous le verrons plus loin, se meuvent de la même façon ; et souvent, leurs pédoncules sont le siège de mouvements identiques qui s'ajoutent aux premiers. Dans le Pissenlit (*Leontodon*), le pédoncule floral reste vertical aussi longtemps que la fleur reste épanouie, c'est-à-dire pendant quatre jours environ. Il s'abaisse ensuite et se couche sur le sol pendant une douzaine de jours, temps nécessaire à la maturation des fruits. Il s'élève

alors de nouveau quand ces derniers sont mûrs. Le pédoncule qui porte la fleur du Cyclamen (1) s'enroule en spirale lorsque la fleur est fanée. La fleur de la petite Linaire des murailles (*Linaria cymbalaria*) s'épanouit à la lumière et surtout au soleil, mais, aussitôt la fécondation opérée, le pédoncule qui la supporte se met en mouvement et la fleur va se loger dans une crevasse où elle reste jusqu'à ce que la graine soit mûre. Dans beaucoup d'espèces de *Trifolium*, lorsque les petites fleurs séparées se flétrissent, les pédoncules secondaires se courbent vers le bas, jusqu'à pendre parallèlement à la partie supérieure du pédoncule principal. Dans le *Trifolium subterraneum*, le pédoncule principal se courbe vers le bas, afin d'enterrer ses capsules et, dans cette espèce, les pédoncules secondaires des fleurs séparées se courbent vers le haut, pour venir occuper la même position, relativement à la partie supérieure du pédoncule principal, que dans *Trifolium repens*.

Dans ces mouvements, le chemin décrit par un point de l'organe mobile est un zigzag, et on peut observer de petits déplacements latéraux, ce qui montre bien que nous assistons là à une circumnutation particulière. De plus,

(1) Voy. *Le Monde des Plantes*, t. II, fig. 1246, p. 222.

Fig. 784. — Pin sylvestre (*Pinus sylvestris*).

Fig. 785. — Plantule de Hêtre (*Fagus sylvatica*). — 1, plantule au début de la germination; 2, cotylédons s'épanouissant; 3, plantule plus âgée.

ces mouvements peuvent être modifiés par la pesanteur et la lumière, tout comme les nutations ordinaires.

En ce qui concerne plus particulièrement les feuilles, on voit que ces organes sont constamment en mouvement, même s'il s'agit des cotylédons. Qu'elles soient pliées (fig. 785) ou non, les feuilles s'épanouissent par une série de mouvements dus à la croissance, et elles ne prennent le repos que quand cette croissance est terminée. Des changements dans leur orientation peuvent accompagner les mouvements des feuilles, comme cela a lieu chez les Plantes-compas étudiées page 273 ou chez les Eucalyptus, dont les feuilles, d'abord horizontales, deviennent lentement verticales.

MOUVEMENTS SPÉCIAUX

Aux mouvements précédemment étudiés, nous rattacherons les déplacements que présentent certains organes végétaux et principalement les pièces florales, en vue de réaliser des dispositions spéciales; ces mouvements, souvent qualifiés de mouvements spontanés, diffèrent de ceux que nous mentionnerons plus loin par l'absence d'une disposition anatomique particulière destinée à les provoquer; ils peuvent donc être considérés comme des cas particuliers de l'épinastie ou de l'hyponastie, et par là se rattachent à la nutation.

Épanouissement périodique des fleurs. — La plupart des fleurs, même par le beau temps,

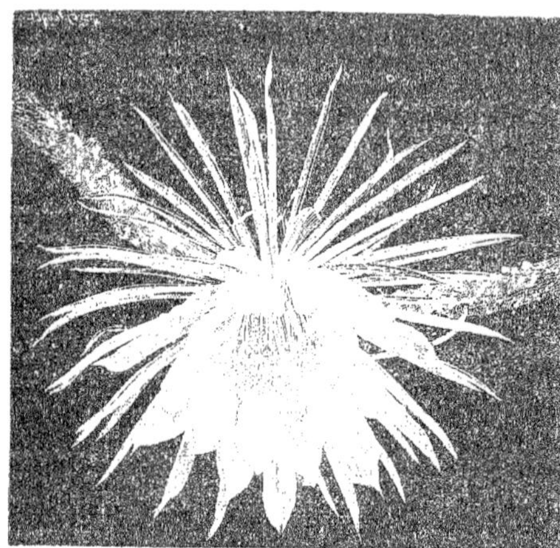

Fig. 786. — La Reine de la nuit (*Cereus grandiflorus*).

s'ouvrent et se ferment à des heures particulières; ainsi l'Ornithogale, de la famille des Liliacées, s'ouvre régulièrement vers onze heures du matin, ce qui lui a valu le nom de *Dame de onze heures*. Ce mouvement est dû à une élongation qui survient à la face interne des enveloppes florales, puis à un raccourcissement de la même face, quand vient le soir; ces incurvations des sépales et des pétales rappellent les mouvements d'épinastie et d'hyponastie, et ils paraissent déterminés par des variations de turgescence, dues à une inégale répartition dans les tissus de substances très osmotiques, comme les matières sucrées ou les sels minéraux.

Le Pourpier (*Portulaca oleracea*) épanouit ses fleurs vers midi et les referme déjà une heure après.

La *Marguerite* s'ouvre au soleil levant et se ferme quand il se couche. De là son nom anglais: *daisy* (de *day*, jour, et *eye*, œil).

Le *Pissenlit* s'ouvre à sept heures et se ferme à trois heures.

L'*Arenaria* est ouverte de neuf heures à trois heures.

L'*Hieracium pilosella* s'ouvre à huit heures et se ferme à deux heures.

La *Pimprenelle écarlate* s'éveille à sept heures et s'endort après deux heures.

Le *Tragopogon pratensis* s'ouvre à quatre heures du matin pour se fermer juste à midi, d'où son nom anglais: *John go to bed at noon* (Jean qui se couche à midi). Les ouvriers des champs, dans quelques contrées, règlent l'heure de leur dîner sur cette fleur.

D'autres fleurs, par contre, s'ouvrent dans la soirée.

De ce genre sont certaines Silènes (*Silene nutans, S. noctiflora*) qui ouvrent leur corolle le soir, pour la fermer le matin. De même certains Cierges, en particulier le *Cereus nycticalus*, ne s'ouvrent que la nuit; cette dernière fleur, dont la largeur peut atteindre 15 à 20 centimètres et la longueur 30 à 35, ne s'ouvre qu'une seule fois et encore ne reste-t-elle épanouie que quelques heures au milieu de la nuit; cette fleur géante présente alors un aspect magnifique (fig. 786), et la curiosité qu'elle excite est très vive (1).

Les fleurs nageantes du Victoria (*Victoria regia*), dont le diamètre peut atteindre 35 centimètres (2), s'ouvrent le soir vers cinq heures, et montrent une superbe corolle blanche; elles se ferment le lendemain matin vers huit ou neuf

(1) Cette particularité offerte par le *Cereus nycticalus* n'est qu'une des nombreuses curiosités que présentent les plantes grasses, et les amateurs qui se passionnent pour ces belles plantes sont amplement récompensés de leurs peines. Il serait désirable que la mode revînt vers ces plantes, qu'elle semble avoir quittées.

(2) Voy. *Le Monde des Plantes*, t. I, p. 85.

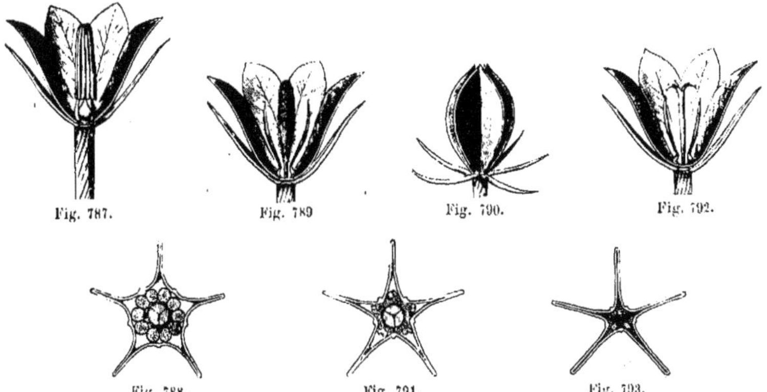

Fig. 787.   Fig. 789   Fig. 790.   Fig. 792.

Fig. 788.   Fig. 791.   Fig. 793.

Fig. 787. — Fleur ouverte : 1er état, section longitudinale.
Fig. 788. — Fleur ouverte : 1er état, section transversale.
Fig. 789. — Fleur ouverte : 2e état, section longitudinale.

Fig. 790. — Fleur fermée ; vue.
Fig. 791. — Fleur fermée, section transversale.
Fig. 792. — Fleur ouverte : 3e état, section longitudinale.
Fig. 793. — Fleur ouverte : 3e état, section transversale.

Fig. 787 à 793. — *Specularia speculum.*

heures. Une deuxième fois, la fleur s'épanouit en montrant une corolle rouge-carmin, ensuite elle se referme et se flétrit.

Mouvements des pièces florales. — En dehors des mouvements d'épanouissement, on observe très fréquemment dans les fleurs des mouvements particuliers, qui ont pour but, ou la protection des anthères contenant le pollen fécondant, ou la pollinisation, c'est-à-dire le transport du pollen sur le stigmate ; l'étude de la pollinisation faisant partie de l'étude de la fleur, nous ne donnerons ici que quelques exemples destinés à montrer les dispositions assurant certains mouvements spontanés.

MOUVEMENTS DES ENVELOPPES FLORALES. — Les mouvements des sépales et des pétales sont très remarquables chez l'*Argemone mexicana* de la famille des Papavéracées, chez l'*Hyperoum grandiflorum* du groupe des Fumariacées, et chez la Spéculaire (*Specularia speculum*) de la famille des Campanulacées, dont les figures 787 à 793 représentent les différents états.

Dans la fleur de cette plante, les étamines laissent échapper les grains de pollen avant que le stigmate soit prêt à les recevoir, et une disposition curieuse assure le transport de la poussière fécondante. La fleur s'épanouit d'emblée presque entièrement (fig. 787), tandis que les étamines forment un tube entourant complètement le stigmate ; bientôt les étamines mûrissent, le pollen s'en échappe et on peut observer un rapprochement des cinq pétales qui viennent embrasser les organes mâles (fig. 788). Le pollen se fixe sur le style (fig. 789) et les étamines se réduisent à leurs filets ; au stade suivant, les pétales se replient suivant leur ligne médiane en présentant des angles rentrants et en enserrant étroitement le style. Dans ce mouvement, les pétales se sont chargés de la poussière fécondante, comme on le voit sur la figure 792, et un rapprochement ultérieur leur permettra de porter cette poussière sur le stigmate trifide, à ce moment développé (fig. 793). La fleur présente donc des alternatives d'ouverture et de fermeture qui se produisent ordinairement le matin, et qui assurent une auto-fécondation.

MOUVEMENTS DES ÉTAMINES ET DU PISTIL. — On observe des mouvements des étamines chez un grand nombre de plantes, Gentianées (*Gentiana asclepiada, G. ciliata*), Malvacées (*Abutilon, Malva*), Rutacées (*Ruta, Dictamnus*), chez *Aconitum, Funkia, Centranthus teucrium.*

Dans la Rue (fig. 794 à 800), les fleurs possèdent quatre, quelquefois cinq pétales (fig. 796) ; les étamines sont au nombre de huit ou dix et

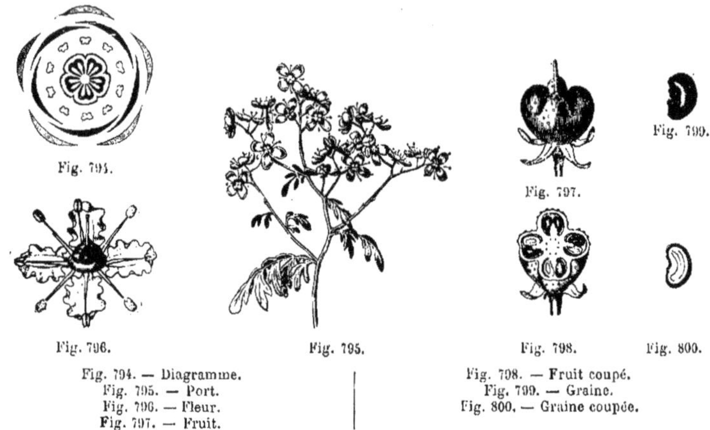

Fig. 794. — Diagramme.
Fig. 795. — Port.
Fig. 796. — Fleur.
Fig. 797. — Fruit.

Fig. 798. — Fruit coupé.
Fig. 799. — Graine.
Fig. 800. — Graine coupée.

Fig. 794 à 800. — *Ruta graveolens.*

forment deux verticilles. Quand la fleur s'épanouit, les étamines sont placées dans la partie concave. des pétales ; puis, elles se meuvent une à une en se redressant et se dirigeant vers le pistil, de façon à appliquer leur anthère sur le stigmate, ce qui réalise la pollinisation ; enfin, vers le soir, elles reprennent lentement leur position première, leur rôle accompli.

Fig. 801. — Dictame blanc ou Fraxinelle.

Les choses se passent de la même façon dans la Fraxinelle (*Dictamnus albus*) (fig. 801).

Dans la fleur du *Centranthus ruber*. de la famille des Valérianées, la corolle est tubuleuse et longuement éperonnée (fig. 802 et 804).

L'unique étamine se tient, dans la jeune fleur épanouie, à l'entrée du tube de la corolle (fig. 803), et tout insecte qui vient butiner la fleur ne peut éviter de la frôler; ainsi cet insecte se couvre de pollen. A cet état, le style n'a pas encore acquis sa longueur définitive; bientôt, il se développe complétement et épanouit son stigmate bifide, tandis que l'étamine, dépouillée de son pollen, est relevée (fig. 804) pour permettre aux insectes de pénétrer dans la fleur et de déposer sur le stigmate les grains de pollen dont ils sont chargés.

Une disposition plus compliquée est réalisée chez la Germandrée (*Teucrium orientale*), représentée dans les figures 805 à 807. Au moment de l'épanouissement de la fleur, les étamines sont recourbées vers l'entrée de la cavité florale, elles sont recouvertes du pollen et un insecte ne peut pénétrer dans la fleur sans les rencontrer, ainsi qu'on le voit sur la fleur de la figure 805, à gauche; le chemin que l'insecte doit parcourir est simulé par une flèche dans la figure 806. Bientôt, les étamines se redressent, puis se recourbent en arrière (fig. 805, à droite), tandis que le stigmate, qui jusque-là était dressé, vient occuper la place que les étamines occupaient tout d'abord, cela par un mouvement de flexion assez lent. Si maintenant un insecte veut pénétrer dans la fleur, il ne peut éviter le stigmate (fig. 807) et dépose sur lui le pollen dont il s'était chargé sur une autre fleur.

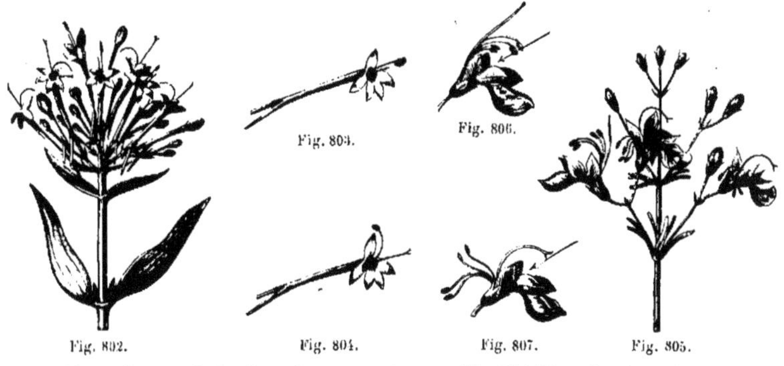

Fig. 803.

Fig. 806.

Fig. 802.

Fig. 804.

Fig. 807.

Fig. 805.

Fig. 802 à 804. — *Centranthus ruber*.

Fig. 802. — Inflorescence (gr. nat.).
Fig. 803. — Fleur à son épanouissement.
Fig. 804. — Fleur à un état plus avancé.

Fig. 805 à 807. — *Teucrium orientale*.

Fig. 805. — Inflorescence (gr. nat.).
Fig. 806. — Fleur à son épanouissement.
Fig. 807. — Fleur à un état plus avancé.

Fig. 802 à 807. — Mouvements des étamines pour assurer la fécondation croisée.

Des mouvements isolés du pistil sont observables dans les fleurs de certains Œillets (*Dianthus glacialis, D. neglectus*), dans *Ballota nigra, Salvia viridis*, et chez quelques Composées (*Arnica montana, Senecio viscosus*).

Chez les Composées (1), les étamines ont leurs anthères soudées en un tube au milieu duquel peut passer le stigmate ; cette disposition rendrait la pollinisation difficile si le stigmate lui-même ne transportait le pollen. Au moment de la déhiscence des anthères, (fig. 808), le style est peu développé, et comme il croît à ce moment, sa houppe terminale, traversant le tube que forment les étamines, entraîne le pollen.

Bientôt, le stigmate se divise en deux lobes allongés (fig. 809), ce qui provoque la chute du pollen sur les poils qui entourent la fleur et qui sont nés sur le pourtour de l'ovaire. Les grains de pollen se fixent momentanément aux aspérités de ces poils, mais ils n'y adhèrent cependant pas assez pour qu'ils ne puissent s'en détacher.

C'est à ce moment que les lobes du stigmate, en augmentant le mouvement qui les a séparés, se recourbent de plus en plus (fig. 810) et viennent présenter leurs surfaces villeuses aux grains de pollen ; ceux-ci, comme on le voit très bien sur la figure 811, se détachent alors des poils de la collerette et se fixent définiti-

(1) Voy. *Le Monde des Plantes*, t. II, p. 145.

vement sur le stigmate pour y germer.

Les fleurs de *Senecio viscosus* (fig. 812 à 827) sont le siège de phénomènes rappelant beaucoup les précédents, mais la collerette de poils ne joue plus aucun rôle et le mouvement du pistil réalise seul le transport du pollen. Au premier stade, le style traverse le tube formé par les anthères des étamines (fig. 812 et 815) ; la déhiscence des anthères, ainsi provoquée, met le pollen en liberté et celui-ci charge la houppe terminale du style, mais sur ses faces extérieures.

Au deuxième stade, le relèvement du style, ainsi que l'écartement des deux lobes du stigmate, provoquent la chute des grains de pollen qui sont retenus momentanément par les parties supérieures du tube des étamines (fig. 813 et 816).

Enfin, dans un troisième état, on observe un mouvement d'incurvation très net des deux lobes stigmatiques qui affectent la forme d'arcs, puis de circonférences presque complètes ; c'est dans ce mouvement que les parties intérieures des stigmates, devenues parties extérieures, prennent contact avec les sommets des étamines où siège le pollen, ce qui réalise une auto-fécondation.

La Crucianelle (*Crucianella stylosa*), de la famille des Rubiacées, nous offre un exemple d'une disposition encore plus remarquable, dont les figures 818 à 823 donnent une excellente idée. L'inflorescence contient un assez grand

Fig. 816. Fig. 815. Fig. 817.

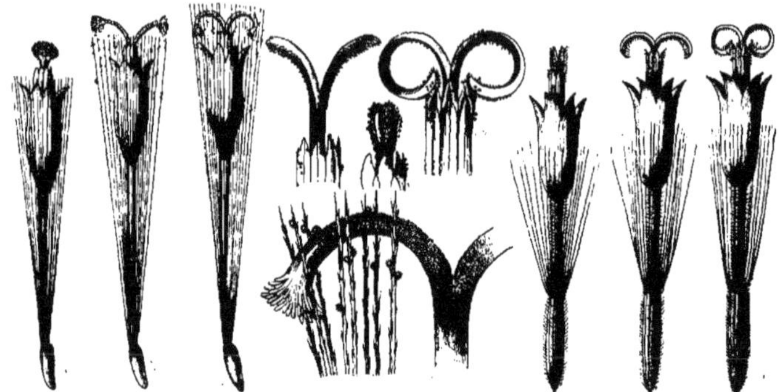

Fig. 808. Fig. 809. Fig. 810. Fig. 811. Fig. 812. Fig. 813. Fig. 814.

Fig. 808 à 811. — *Arnica montana.*

Fig. 808 à 810. — États successifs de la fleur depuis l'apparition du stigmate (fig. 808), jusqu'à sa division (fig. 809) et son incurvation (fig. 810).

Fig. 811. — Stigmate très grossi. L'un des lobes est recourbé au milieu d'un pinceau de poils portant les grains de pollen.

Fig. 812 à 817. — *Senecio viscosus.*

Fig. 812 à 814. — États successifs de la fleur, depuis l'apparition du stigmate (fig. 812), jusqu'à sa division (fig. 813) et son incurvation (fig. 814).

Fig. 815 à 817. — États correspondants du stigmate, à un plus fort grossissement.

Fig. 808 à 817. — Mouvements du pistil, pour assurer l'auto-fécondation.

nombre de fleurs, et parmi ces fleurs, les unes sont ouvertes, tandis que les autres sont encore closes ; considérons tout d'abord les fleurs closes.

Avant son épanouissement, la fleur présente les dispositions suivantes : la corolle, formée de cinq sépales soudés, constitue un tube terminé à sa partie supérieure par une sorte de dôme (fig. 818 et 819); les étamines, fixées aux pétales, commencent à entrer dans la phase de maturité, et le stigmate s'insinue entre elles, comme dans le seul espace qui lui permette de se développer en s'allongeant. Ce stigmate est porté par un style qui constitue la partie curieuse de la fleur et qui a une longueur supérieure à celle de la cavité où il est placé, ce qui a déterminé sa torsion en une spirale, d'abord lâche, mais bientôt de plus en plus tendue.

Sous l'effort continu de ce style, jouant ici le rôle d'un ressort, le stigmate a traversé le passage que lui offraient les étamines, et il a provoqué leur déhiscence, ce qui l'a garni de pollen (fig. 820); il atteint à ce moment le sommet du bouton floral et reste quelque temps sous le dôme des pétales. Ordinairement, la déhiscence n'est pas spontanée, surtout à

cause du grand nombre d'insectes qui viennent butiner ces fleurs. Quand l'insecte s'approche de l'inflorescence, il frôle plusieurs fleurs dont quelques-unes sont à l'état où nous avons laissé la fleur étudiée, le stigmate pressant sous le dôme des pétales ; aussi le moindre attouchement va-t-il provoquer la rupture de ce dôme, rupture qui sera suivie immédiatement du lancement du pollen sur le corps de l'insecte, car, la résistance cessant devant le stigmate, le style se déroule brusquement (fig. 821).

La fleur prend alors l'aspect que représente la figure 822: le stigmate dressé a entr'ouvert son sommet en produisant deux lobes villeux, et il suffit du passage d'un insecte, plus ou moins couvert du pollen des fleurs voisines, pour assurer la fécondation.

Dans quelques fleurs la pollinisation résulte de mouvements de parties différentes de la plante et une coordination est nécessaire pour que ces mouvements, de nature et de durée différentes, concourent au même but utile.

La Pirole uniflore (*Pirola uniflora*), représentée par les figures 824 à 828, permet l'observation de mouvements combinés des étamines et du pédoncule floral. Dans la fleur

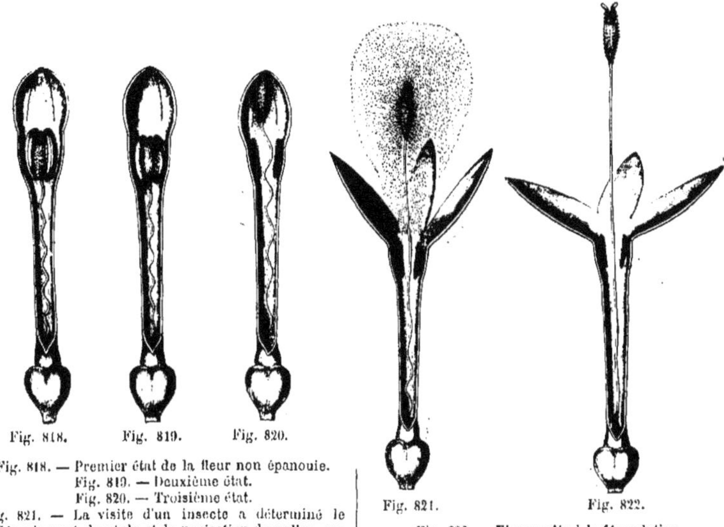

Fig. 818.   Fig. 819.   Fig. 820.

Fig. 818. — Premier état de la fleur non épanouie.
Fig. 819. — Deuxième état.
Fig. 820. — Troisième état.
Fig. 821. — La visite d'un insecte a déterminé le
déroulement du style et la projection du pollen sur
le corps de l'insecte (fig. 818).

Fig. 821.   Fig. 822.

Fig. 822. — Fleur prête à la fécondation.
(Les figures 819 à 823 sont grossies 4 fois.)

Fig. 818 à 823. — *Crucianella stylosa.*

Fig. 823. — Inflorescence butinée par un insecte.

encore en bouton (fig. 824), les sépales, au
nombre de cinq, forment une sorte de globe,
sensiblement sphérique. Chaque étamine se
compose d'un filet et d'une anthère ; le filet
est attaché près du pédoncule floral, il est
recourbé en S, et supporte l'anthère ; celle-
ci comporte deux lobes affectant chacun la
forme d'une petite outre dont le col occuperait
une position supérieure par rapport à la panse.
Au milieu de cet ensemble est le style, plus
long que les étamines et terminé par un stigmate divisé.

Au moment où la fleur s'ouvre, elle est pendante, ce qui tient à la courbure en demi-cir-
conférence que présente son pédoncule (fig. 825).
Un premier mouvement des filets staminaux
éloigne les étamines du centre de la fleur en
élevant les petites outres (fig. 826) ; cela résulte
du redressement des filets dans leur partie
fixée. Un deuxième mouvement ne tarde pas
à suivre le premier ; il est dû au redressement complet des filets staminaux, puis à leur
enroulement vers l'intérieur de la fleur ; ainsi
enroulés, les filets présentent, dans leur partie
terminale, une courbure inverse de celle qu'ils
présentaient au début ; ce dernier mouvement

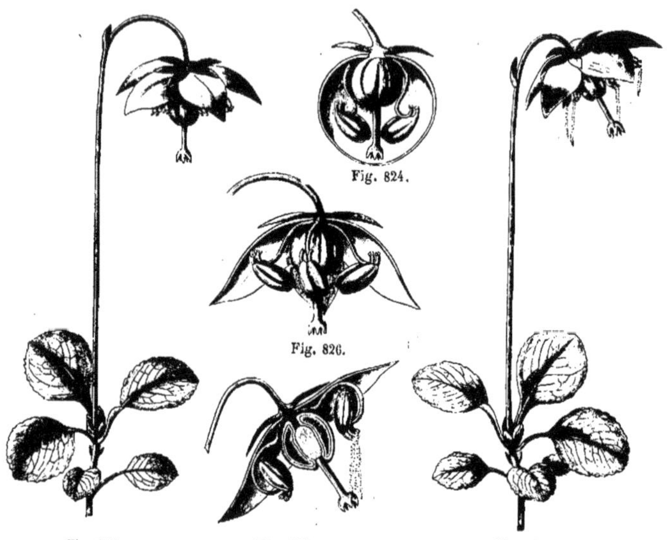

Fig. 824.

Fig. 826.

Fig. 825.   Fig. 827.   Fig. 828.

Fig. 824. — Section longitudinale d'une fleur peu avant son épanouissement.
Fig. 825. — La plante entière, avec une fleur épanouie, pendante.
Fig. 826. — Section d'une fleur. Les étamines ont fait un premier mouvement.

Fig. 827. — Même section. Les étamines ont fait un deuxième mouvement.
Fig. 828. — La plante entière; sa fleur est penchée grâce au mouvement du pédoncule floral.

Fig. 824 à 828. — *Pirola uniflora.*

a pour conséquence le retournement des petites outres chargées de pollen, et comme à ce moment la déhiscence des anthères a provoqué l'ouverture de ces outres, le pollen s'en échappe.

Pendant que ces mouvements ont eu lieu dans la fleur, un changement de position de la fleur entière s'est produit par un redressement du pédoncule floral qui a fait de la fleur pendue une fleur penchée (fig. 827). Par ce moyen, le stigmate est placé au-dessous de certaines étamines et reçoit les grains du pollen.

Les mouvements que nous venons d'observer, et surtout les derniers, rappellent les mouvements d'épinastie et d'hyponastie, mais ils ont une cause différente ; cependant, comme eux, ils ne résultent pas du fonctionnement d'organes spéciaux, et c'est ce qui nous a permis de les séparer des mouvements que nous allons maintenant étudier.

MOUVEMENTS NYCTITROPIQUES

Le mouvement des parties d'un végétal, ainsi que nous l'avons compris, résulte d'une augmentation de turgescence dans des cellules jeunes, ce qui détermine toujours un accroissement. Une longue série de mouvements s'effectuant dans ces conditions est donc impossible, et ne peut se rencontrer dans les parties adultes d'une plante.

Pour réaliser ces mouvements, une disposition spéciale se crée en des endroits déterminés, au sommet du pétiole des cotylédons, sous le nom de *coussinet*, *articulation* ou *pulvinus*, ou encore à la base des pétioles de certaines feuilles, sous le nom de *renflement moteur*.

Dans les deux cas, l'organe moteur est formé de cellules arrêtées dans leur développement, et de dimensions plus faibles que les cellules voisines, de sorte que dans un même espace le nombre des petites cellules est supérieur à celui des éléments ordinaires ; de plus, les cellules contiennent abondamment des sels minéraux. Dans un ensemble ainsi disposé, toute inégalité dans la répartition de l'eau déterminera une turgescence inégale sur les deux faces du coussinet, le groupe de cellules supérieur étant par exemple plus turgescent que le groupe inférieur, et on observera un abaissement de la partie libre de l'organe. Une distribution inverse de l'eau relèvera cette partie et le mouvement produit sera une oscillation. On comprend que des mouvements de ce genre puissent se répéter aussi longtemps que les parties sont normales, car ils ne sont pas corrélatifs d'un accroissement de ces parties.

Les causes qui font varier la turgescence dans les organes moteurs sont variées, mais la plus importante est la chute du jour qui fait prendre à certains végétaux une position de sommeil assez différente de la position de veille ; c'est pourquoi nous avons groupé ces phénomènes sous le nom de mouvements nyctitropiques.

Fig. 829. — Feuille de l'*Hedysarum gyrans* L. pennée-trifoliolée à foliole impaire. *f*, incomparablement plus grande que les latérales *f'*.

MOUVEMENTS DU DESMODE OSCILLANT

L'*Hedysarum gyrans* L. (*Desmodium gyrans* DC.), vulgairement nommé Sainfoin oscillant ou gyratoire, est une Légumineuse herbacée-vivace, qui croît au Bengale, et qui présente à la fois deux mouvements différents. Ses feuilles (fig. 829) sont pennées-trifoliolées à folioles entièrement dissemblables : la terminale impaire, *f*, est ovale-allongée et atteint jusqu'à 0^m,08-0^m,10 de longueur, tandis que les deux latérales, *f'*, qui s'attachent l'une vis-à-vis de l'autre, à quelques millimètres au-

dessous du sommet du pétiole commun, sont étroites, oblongues, et ne dépassent pas 0^m,02 de longueur.

Historique. — La découverte de cette curieuse espèce est due à lady Monson, qui la vit près de Dacca, au Bengale. Cette dame en examina les mouvements avec attention, et ses manuscrits, ayant été remis, après sa mort, par Banks à Broussonet, fournirent à ce dernier les principaux éléments de la description qu'il communiqua, en 1784, à l'Académie des sciences de Paris. Dès 1775, le Sainfoin oscillant était cultivé en Angleterre ; en 1779, Pohl en parla en Allemagne ; en 1781, Linné fils le décrivit, à la fleur près, qu'il n'avait pas eue sous les yeux ; en 1794, le médecin allemand Hufeland en fit l'objet d'un travail spécial, tandis que, à la même époque, Sylvestre, Hallé et Cels l'observaient à Paris et faisaient connaître à la Société philomathique les résultats de leurs études. Depuis cette époque, on n'a guère fait que reproduire les faits signalés par ces divers auteurs.

Cet *Hedysarum* n'est pas le seul dont les feuilles soient susceptibles de mouvements, car on en observe, mais de beaucoup plus lents, chez l'*Hedysarum Vespertilionis*, de Cochinchine, lorsque ses deux très petites folioles latérales n'avortent pas, et aussi chez l'*Hedysarum cuspidatum* W. (*Desmodium bracteosum* β DC.). Il ne sera question ici que du Sainfoin oscillant.

Mouvements de la foliole impaire. — Les feuilles de cet étrange végétal exécutent deux sortes de mouvements différents. La grande foliole impaire (*f*, fig. 829) exécute des mouvements analogues à ceux de la veille et du sommeil et, le pétiole commun y participant, la feuille entière change entièrement de position le jour et la nuit. Cette foliole est tellement sensible sous ce rapport, qu'elle modifie sa direction à presque toutes les heures de la journée. A la lumière, elle s'élève et finit, dans le milieu d'un beau jour avec soleil, par se trouver en ligne droite avec le pétiole ; elle s'abaisse, au contraire, dès que le ciel se couvre ou que la lumière diminue, et pendant la nuit elle pend au point d'appliquer sa face inférieure contre la tige. Cette tige elle-même semble ressentir l'influence de la lumière, puisqu'elle prend une obliquité visible pour se porter vers le soleil, dans le milieu de la journée. Enfin le pétiole commun se relève aussi au soleil. Hufeland a remarqué qu'au moment de son plus grand redressement, vers midi, cette grande foliole a un tremblotement très appréciable si la chaleur est considérable.

Mouvement des deux folioles latérales. — Le phénomène le plus étonnant est celui des deux petites folioles (*f'*, fig. 829). Leur mouvement est continu et uniforme le jour et la nuit, tant que la température reste également élevée; aussi Hufeland le qualifie-t-il de spontané, et De Candolle, d'autonomique.

Il consiste en ce que l'une des deux petites folioles se relève avec lenteur en dirigeant son sommet visiblement vers la tige ou en dedans, et, dès qu'elle est arrivée vers le terme de sa course ascendante, l'autre foliole, qui lui est opposée, s'abaisse en tournant sa face supérieure en dehors, et en éloignant notablement son sommet de la tige ; de là, selon l'expression de Sylvestre, Hallé et Cels, le sommet des folioles décrit une ellipse dont le plan est incliné sur l'axe de la feuille. Dès que cette seconde foliole est parvenue au point le plus bas, la première commence à s'abaisser à son tour, et ainsi de suite. La marche ascendante est beaucoup plus lente que la marche descendante, et elle s'opère souvent par secousses ou saccades tellement multipliées que, dans l'Inde, on a pu en compter jusqu'à soixante par minute. Dans le pays natal de la plante, deux minutes au plus suffisent pour faire exécuter aux folioles tout leur mouvement; mais, dans nos serres, elles se meuvent d'ordinaire beaucoup plus lentement. Cependant Meyen dit que, dans une serre très chaude, on voit quelquefois une foliole parcourir tout son trajet en une minute ; après quoi elle reste plusieurs minutes avant de reprendre sa marche en sens inverse.

La cause des mouvements de ces folioles latérales est inconnue ; aussi se borne-t-on à y voir un effet de la nutation. Quant à leur siège, Sylvestre, Hallé et Cels ont reconnu depuis longtemps qu'ils s'opèrent par une simple flexion du pétiole propre à ces folioles. Les mêmes observateurs avaient constaté que la chaleur réunie à l'humidité agit puissamment sur la production et l'intensité du phénomène. C'est surtout la chaleur qui influe sur la rapidité de ce mouvement; si, par une température de 35 degrés centigrades, quatre-vingt-cinq à quatre-vingt-dix secondes suffisent pour que sa révolution soit complète, il faut quatre minutes pour qu'elle s'effectue à 28-30 degrés et le phénomène cesse d'avoir lieu à 22 degrés.

Quant à la lumière, elle n'exerce aucune action, puisque les folioles oscillent également la nuit et le jour. Enfin Hufeland a constaté que l'électricité est entièrement inactive sur la plante, de même que les excitants de toute sorte.

Un autre fait remarquable, c'est que, même sur des portions détachées et sur des feuilles coupées, les oscillations des folioles latérales continuent d'avoir lieu, pendant assez longtemps, tant que le pétiole est intact.

SOMMEIL DES COTYLÉDONS

Les cotylédons de la plupart des plantes présentent des mouvements de nutation, et quelques-uns sont en outre animés de mouvements nyctitropiques. Ainsi, chez la Tomate (*Solanum lycopersicum*) les cotylédons, après une chute matinale, décrivent des zigzags de droite à gauche entre midi et quatre heures du soir, puis commencent à s'élever. C'est ce qui a lieu le plus souvent : les cotylédons descendent un peu dans la matinée et s'élèvent l'après-midi ou le soir. Ce mouvement périodique, qui oriente les feuilles cotylédonaires horizontalement dans la journée et très obliquement le soir, est déterminé par les alternances quotidiennes de lumière et d'obscurité. Dans des cas particuliers, ces mouvements peuvent être assez étendus pour redresser complètement les cotylédons, quelquefois au contraire pour les laisser retomber verticalement le long de leur axe commun. On peut dire que les cotylédons sommeillent.

Ce phénomène paraît beaucoup plus commun dans les cotylédons que dans les feuilles et il a été observé par Darwin dans 153 genres (1) diversement répartis au milieu de la série des plantes dicotylédones, et, dans 26 de ces genres, une ou plusieurs espèces amenaient la nuit leurs cotylédons dans une position verticale ou presque verticale en leur faisant décrire un angle d'au moins 60 degrés.

Les familles les plus remarquables à cet égard sont les Oxalidées et les Légumineuses, dont les feuilles sont aussi sommeillantes. Et dans ce cas, les mouvements des deux sortes d'organes ne sont pas nécessairement identiques; ainsi, dans le genre *Cassia*, les cotylédons s'élèvent verticalement la nuit, tandis que les feuilles descendent et tournent sur elles-

(1) On trouvera dans l'ouvrage de Darwin, *La faculté motrice dans les plantes,* une liste des semis dont les cotylédons sommeillent (Ch. Darwin, traduct. Heckel, p. 503).

mêmes de manière que leurs faces inférieures regardent en dehors. Chez l'*Oxalis Valdiviana*, la plante se prépare au sommeil en dressant verticalement ses cotylédons, en faisant tourner ses feuilles et les faisant descendre dans la position verticale.

Les mouvements de sommeil des feuilles et des cotylédons sont donc indépendants; de plus, ils varient d'une plante à l'autre dans le même genre et ils paraissent remplir de façon spéciale un même but, la protection de la face verte supérieure des organes foliaires, aussi la protection de la plumule, petit bourgeon situé entre les cotylédons.

SOMMEIL DES FEUILLES

Le changement d'aspect que prennent certains végétaux (1) quand vient le soir a depuis longtemps été remarqué et a été considéré comme un phénomène très remarquable. Pline en parle dans ses écrits, Linné a publié sur ce sujet son célèbre *Somnus plantarum*, et beaucoup d'autres mémoires ont été publiés depuis cette époque.

On fait remonter la découverte de ce phénomène à Valerius Cordus, qui l'observa en 1581 sur la Réglisse, ou même à Garcias de Horto, qui le remarqua, dès 1567, dans l'Inde, sur les feuilles du Tamarinier (*Tamarindus indica* L.); mais en réalité c'est Linné qui en a fait le premier la constatation précise, et voici dans quelle circonstance :

Il avait reçu de Sauvagea, professeur à Montpellier, un pied de *Lotus ornithopodioides* L., qui vint à fleurir dans une serre du jardin d'Upsal. L'ayant examiné pendant le jour et étant retourné de nuit dans la serre, il fut surpris de ne plus en voir la fleur. Il crut qu'elle avait été enlevée par mégarde, mais il revint de son erreur, lorsqu'elle redevint visible le lendemain. Il reconnut enfin que la disparition apparente de cette fleur pendant la nuit tenait à ce que les feuilles voisines se serraient autour d'elle pour l'abriter. Il chercha si le même fait se produisait chez d'autres plantes, et il réunit ainsi les éléments de sa dissertation intitulée : *Somnus plantarum* (Sommeil des plantes), dans laquelle il classa les diverses positions de sommeil qu'il avait observées. Voici, d'après lui et d'après De Candolle, un tableau de ces dispositions.

(1) Voy. p. 7 et 8, et fig. 5 et 6.

Diverses positions des feuilles pendant la nuit.

Feuilles simples.
- *face à face* (folia *conniventia*), feuilles opposées, se relevant pour se toucher par la face supérieure; exemple : *Atriplex*.
- *enveloppantes* (f. *includentia*), feuilles alternes, se relevant et s'arquant pour envelopper la tige; ex. : *Sida*.
- *en entonnoir* (f. *circumsepientia*), différant des précédentes parce que leur portion supérieure s'écarte de la tige, en entonnoir; ex. : Mauve du Pérou.
- *protectrices* (f. *munientia*), se déjetant en bas; ex. : *Impatiens noli tangere*.

Feuilles composées trifoliées.
- *en berceau* (f. *involventia*), folioles redressées et venant se toucher par le sommet seulement; ex. : Trèfle incarnat.
- *divergentes* (f. *divergentia*), folioles rabattues et divergeant dans leur moitié supérieure; ex. : Mélilots.
- *pendantes* (f. *dependentia*), folioles rabattues de manière à se toucher par leur face supérieure; ex. : *Oxalis*.

Feuilles composées pennées.
- *dressées* (f. *conduplicantia*), folioles redressées au-dessus du pétiole commun, pour se toucher par les faces supérieures, ex. : *Colutea*.
- *rabattues* (f. *invertentia*), folioles rabattues pour se toucher par les faces inférieures; ex. : *Cassia* (fig. 842).
- *imbriquées* (f. *imbricantia*), folioles couchées le long du pétiole commun, vers son sommet; ex. : *Mimosa*.
- *rebroussées* (f. *retrorsa*), folioles couchées le long du pétiole et vers sa base; ex. : *Tephrosia caribæa*.

Linné n'avait tenu compte que des mouvements exécutés par les feuilles simples et par les folioles des feuilles composées; mais Dassen a reconnu que les pétioles, dans ces dernières, ont aussi leurs mouvements propres, et de là il a établi des distinctions nouvelles.

Certains auteurs ont même été jusqu'à comparer le sommeil des plantes et celui des animaux et, quoique ces sortes d'études ne reposent sur aucune base sérieuse, nous citerons les curieuses lignes que Cl. Royer a écrites :

« Le sommeil des plantes (1) est un acte réparateur assimilable jusque dans certaines limites au sommeil des animaux. Pourquoi les plantes n'obéiraient-elles pas à la loi de repos et de réparation, qui régit tous les autres êtres?

« Quand on voit la végétation s'interrompre durant les mois d'hiver et n'être entretenue pendant cette saison qu'à l'état latent, est-il illogique de conclure que, même pendant la période active, il faille que le repos succède à l'activité?

« Ainsi qu'on le voit pour l'homme et pour les

(1) *Ann. des sciences nat. bot.*, Vᵉ série, t. IX, 1868, p. 378.

animaux, une forte chaleur provoque chez les plantes un sommeil diurne. Le froid prédispose encore les animaux au sommeil ; les plantes, de leur côté, sont très dociles à cette loi. Malgré une obscurité factice, feuilles et animaux ont une veille pendant le jour, mais avec des symptômes de somnolence pour ceux-ci, et d'affolement pour celles-là.

« Pendant le sommeil, les corolles reviennent à l'estivation qui leur est propre, contournée dans la Gentiane ciliée (*Gentiana ciliata*), chiffonnée dans la Pomme de terre,

Fig. 830.

Fig. 831.

Fig. 830. — Feuille digitée-trifoliolée isolée.

Fig. 831. — Rameau fleuri.

Fig. 830 et 831. — Trèfle des prés (*Trifolium pratense*).

imbriquée dans le *Crocus*, etc... C'est ainsi que, pour dormir, les animaux ramènent et plient leurs membres, comme le fait le fœtus au sein de sa mère. Enfin, la plupart des corolles, avant de se flétrir et de tomber, prennent la position de sommeil à l'instar des animaux qui passent de la somnolence à l'agonie et à la mort. »

Lorsque les feuilles prennent leur position de sommeil, elles se dirigent vers le haut ou vers le bas ; si la feuille est composée, les folioles se disposent de la même façon en se déplaçant dans un plan perpendiculaire à la nervure principale de la feuille, ou bien en combinant ce mouvement avec un rapprochement soit de l'extrémité de la feuille, soit au contraire de sa base.

De plus, dans quelques cas, la face supérieure de chaque feuille ou foliole est amenée en contact avec la feuille ou foliole opposée, ce qui diminue de beaucoup la surface foliaire exposée à l'air. Dans le cas du Trèfle, les mouvements sont encore plus compliqués ; la feuille de Trèfle (fig. 830 et 831) se compose de trois folioles, dont deux sont latérales et une terminale. Dans la journée, la feuille est complètement étalée et horizontale ; quand vient le soir, les deux folioles latérales se relèvent et viennent s'appliquer l'une contre l'autre, tandis que la foliole terminale s'élève doucement, puis, dépassant la position verticale, continue à s'incliner en s'abaissant sur les folioles latérales, leur constituant une sorte de toit protecteur ; par ce moyen, la face inférieure de la foliole terminale regarde seule le ciel.

Plantes sommeillantes. — Le nombre des plantes sommeillantes observées est assez grand et, ne pouvant en donner la liste complète (1), nous signalerons celles où les mouvements sont facilement observables. Parmi les 90 genres connus, la moitié appartiennent à la famille des Légumineuses, et se distinguent par la grande énergie des mouvements, ainsi que les Oxalidées et les Marsilies. Dans l'embranchement des Gymnospermes, le Sapin (*Abies*) paraît seul posséder des feuilles sommeillantes.

Les folioles du Lotier (*Lotus*), du Trèfle (*Trifolium*), de la Luzerne (*Medicago*), de la Vesce (*Vicia*), de la Gesse (*Lathyrus*), du Baguenaudier (*Colutea*), de la Marsilie (*Marsilia*), prennent leur position nocturne en se tournant vers le haut, de manière à appliquer leurs faces supérieures l'une contre l'autre ; c'est le cas le plus fréquent. Le Tabac (*Nicotiana tabacum*), le *Strephium* relèvent leurs feuilles simples en les appliquant contre la tige. Au contraire, les feuilles du Lupin (*Lupinus*), du Robinier (*Robinia*), de la Réglisse (*Glycyrrhiza*), de l'Oxalide (*Oxalis*) (fig. 832 à 835), de la Casse (*Cassia*), de l'*Amorpha* (fig. 836 à 838), de la Glycine (*Wistaria*), du Haricot (*Phaseolus*), pendent vers le bas de manière à se toucher par leurs faces inférieures. Les folioles de la Coronille (*Coronilla*) (fig. 839 et 840),

(1) Voy. dans Darwin la liste des genres qui comprennent des espèces à feuilles sommeillantes (Ch. Darwin, *loc. cit.*, p. 323).

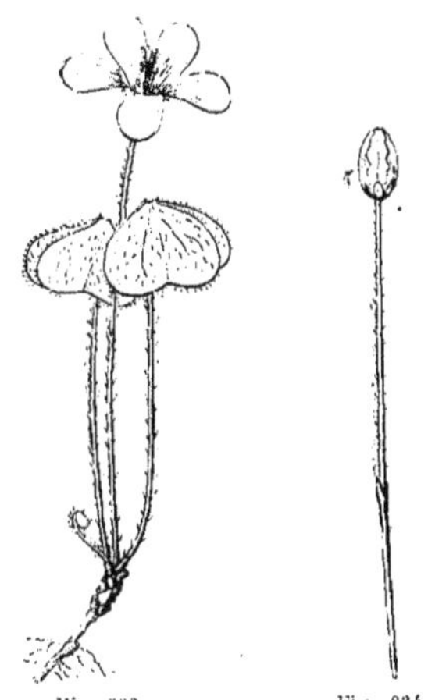

Fig. 832.   Fig. 833.   Fig. 834.

Fig. 832. — Plantes dont les feuilles sont épanouies.
Fig. 833. — Plante à feuilles sommeillantes.

Fig. 834. — Fruit.

Fig. 832 à 834. — Surelle (*Oxalis acetosella*).

en se relevant la nuit, se dirigent vers la base du pétiole, pendant que celles de l'Arachide (*Arachis*) s'inclinent vers son sommet. Ailleurs, le mouvement latéral existe seul; ainsi les

Fig. 835. — *Oxalis corniculata* dont certaines feuilles sont épanouies et dont les autres sommeillent.

feuilles de la Mimose pudique (*Mimosa pudica*), du Tamarin (*Tamarindus*), prennent leur position nocturne en s'appliquant en avant le long du pétiole qui les porte.

Quand le pétiole primaire et d'autres parties de la même feuille sont mobiles à la fois, les courbures contractées par les divers renflements moteurs peuvent être différentes. Ainsi, le pétiole commun des Haricots et des Casses (fig. 841 et 842) se relève le soir, pendant que les folioles s'abaissent. Le pétiole primaire des Mimoses, au contraire, s'abaisse, tandis que les pétioles secondaires se rapprochent et que les folioles se tournent en haut et en avant de façon à se recouvrir en partie comme les tuiles d'un toit.

Causes du sommeil des feuilles. — Les hypothèses n'ont pas manqué pour l'explication de ce phénomène. Bonnet supposait que l'une des faces de la feuille se contractait, le jour, par la sécheresse, tandis que l'autre éprouvait le même effet, la nuit, de la part de l'humidité. Mais il faudrait que la même face se contractât, chez certaines feuilles, par la sécheresse, et, chez d'autres, par l'humidité. D'ailleurs, dans chaque espèce, la position nocturne est la même quel que soit l'état hygrométrique de l'air, à découvert comme en serre, dans une atmosphère saturée d'humidité et même sous l'eau, comme l'a montré M. Hoffmann.

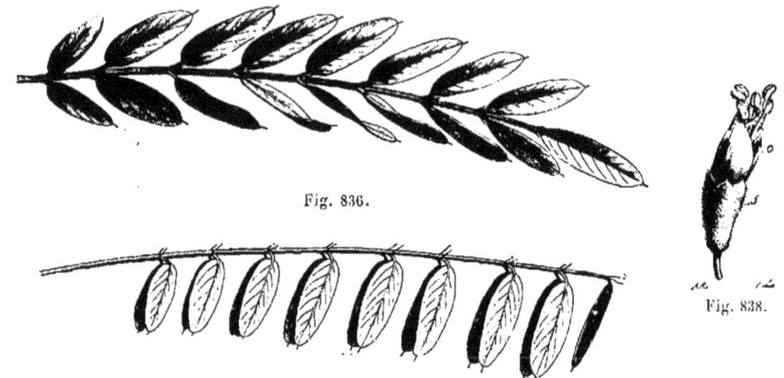

Fig. 836.

Fig. 838.

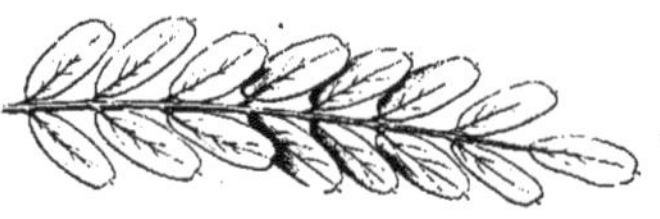

Fig. 837.

Fig. 836. — Feuille composée; position diurne.
Fig. 837. — La même feuille; position nocturne.
Fig. 838. — Fleur de l'*Amorpha fruticosa*. — *s*, calice
obconique terminé par cinq dents un peu inégales;
c, corolle réduite à un pétale unique.

Fig. 836 à 838. — *Amorpha fruticosa.*

Fig. 839.

Fig. 840.

Fig. 839. — Position diurne.

Fig. 840. — Position nocturne.

Fig. 839 et 840. — *Coronilla varia.*

Fig. 841.

Fig. 842.

Fig. 841. — État de veille, pendant le jour.

Fig. 842. — État de sommeil, pendant la nuit.

Fig. 841 et 842. — Portion de tige feuillée du *Cassia floribunda.*

Hill, et plus récemment De Candolle, ont vu dans la lumière la cause essentielle du phénomène. Ce dernier a même exécuté à ce sujet des expériences d'un grand intérêt. Il a placé diverses plantes dans une chambre obscure dans laquelle il produisait une clarté équivalente aux 5/6es de celle d'un jour sans soleil, avec six fortes lampes qui étaient allumées pendant la nuit et éteintes pendant le jour. Dans ces conditions, des Sensitives ont d'abord exécuté irrégulièrement leur contraction nocturne et leur expansion diurne;

puis, au bout de quelques jours, elles s'étaient accommodées à ce nouvel état de choses : elles prenaient leur position de sommeil pendant le jour, la chambre restant alors obscure, et épanouissaient leurs feuilles pendant la nuit, sous l'action de la lumière des lampes. A côté des Sensitives, les *Oxalis incarnata* et *stricta* se montrèrent insensibles à l'influence de la lumière artificielle ; ils continuèrent à rabattre leurs folioles pendant la nuit naturelle, malgré l'éclairage, et à les relever pendant le jour naturel, malgré l'obscurité. Une lumière continue raccourcit, pour les Sensitives, les périodes de veille et de sommeil, tandis qu'une obscurité non interrompue les rendit fort irrégulières. Au total, de Candolle conclut de ses expériences que les végétaux ont une disposition naturelle à des mouvements périodiques et que cette disposition est mise en activité par l'action stimulante de la lumière.

D'après les observations de M. Hoffmann, les différents rayons qui constituent la lumière blanche n'agissent pas avec la même intensité sur les feuilles sommeillantes : c'est le rayon indigo qui les endort le plus tard et les éveille le plus tôt ; un effet contraire est produit par le rayon rouge.

Mustel avait vu dans la chaleur la cause du sommeil des feuilles ; M. Hoffmann a repris cette hypothèse et a cherché à la justifier par l'expérience. « La cause du sommeil et de l'éveil des plantes est due à la chaleur, dit-il, et la lumière n'influe sur ces phénomènes qu'en tant qu'elle contient elle-même des rayons calorifiques. » Il est difficile d'expliquer au moyen de cette théorie seule pourquoi la même espèce de plante s'endort et s'éveille à la même heure en serre et en plein air, même dans des espaces inégalement échauffés.

Cependant, on ne peut douter que la chaleur n'intervienne dans ce phénomène complexe, quand on voit que les mouvements qui le constituent se ralentissent beaucoup, ou ne s'exécutent qu'incomplètement au-dessous de + 10 degrés, qu'ils cessent entièrement à + 5 degrés, et que, par contre, ils se produisent souvent, au milieu du jour, en été, quand la chaleur est le plus forte, pour cesser ensuite et laisser les feuilles revenir à leur position de veille peu après que la température s'est abaissée ; que même, comme l'a constaté M. Ch. Royer, la chaleur obscure d'un four influe puissamment sur eux.

Au total, le sommeil des plantes doit être attribué avant tout à l'influence de la lumière ; ensuite, à un degré subordonné, à celle de la chaleur, sans doute aussi à des causes internes, inhérentes à l'organisme. Mais par quel mécanisme des influences externes peuvent-elles déterminer, au moins pour la plus forte part, les mouvements qui font passer une feuille de la position diurne à la position nocturne, c'est-à-dire de l'état de veille à l'état de sommeil ?

Le siège de ces mouvements se trouve le plus souvent à la base des feuilles et des folioles, dans une certaine étendue où les pétioles commun et secondaires sont épaissis en un *renflement moteur*. Or divers botanistes, notamment Ratchinski, ont montré que chacun de ces renflements offre une structure caractérisée surtout par l'existence d'un parenchyme externe qui, grâce à la turgescence de ses cellules, tend à se courber en dedans. Ce tissu, considéré sur les deux côtés supérieur et inférieur de chaque renflement, y représente deux ressorts à tensions opposées. Ratchinski a constaté que, dans diverses plantes qui rabattent leurs feuilles pendant la nuit (Lupin et autres Légumineuses, *Malva rotundifolia, Impatiens*, etc.), ce parenchyme est plus serré, a les parois cellulaires plus épaisses au côté supérieur du renflement moteur, tandis que c'est au côté inférieur de celui-ci qu'il possède ces caractères dans les feuilles que le sommeil relève. Le ressort formé par le tissu ainsi caractérisé est donc plus fort de sa nature que son antagoniste ; mais ce dernier acquiert une force supplémentaire quand la lumière et la chaleur, dans une certaine mesure, amenant dans ses cellules un plus grand afflux de sucs, augmentent leur turgescence ; il peut alors faire équilibre au premier, et la feuille est à l'état de veille ; puis, quand cette excitation cesse, l'équilibre est rompu, et le ressort qui est naturellement le plus puissant abaisse ou relève la feuille, selon la position qu'il occupe.

Veille et sommeil de la Sensitive. — La sensibilité des feuilles soumises à l'alternance du jour et de la nuit est réalisée à un très haut degré par le Mimose pudique (*Mimosa pudica*), ou Sensitive, et c'est chez cette plante que l'on a observé avec le plus de soin la série continue des mouvements nyctitropiques.

Les folioles de la Sensitive sont repliées la nuit, à la façon de celles des Acacias, et étalées le jour, mais le pétiole primaire y est jour et nuit en mouvement continuel. Fortement abaissé le soir, il commence à se relever avant minuit et atteint, avant l'aurore, son maximum de redressement. Au lever du soleil, il s'abaisse rapidement pendant que les folioles s'étalent, et sa marche descendante continue jusqu'au soir pour atteindre à la tombée de la nuit son maximum d'affaissement, en même temps que les folioles se replient. Le matin et l'après-midi, la descente du pétiole est interrompue par un faible relèvement.

Ce qui frappe tout d'abord, c'est que l'apparition de la lumière coïncide avec un brusque abaissement du pétiole commun. Elle semble donc agir comme l'obscurité, quand on y place subitement la plante au milieu du jour. Remarquons aussi que, tandis que l'intensité lumineuse va d'abord en croissant le matin, puis décroissant le soir, le pétiole n'en continue pas moins à s'abaisser constamment du matin au soir. Enfin, notons que le pétiole, fortement abaissé le soir, se relève progressivement pendant la nuit et, deux fois par jour, il remonte faiblement.

Plusieurs causes déterminent ces mouvements et l'explication que l'on peut donner de leur action est résumée dans les lignes suivantes :

Le soir, au moment du coucher du soleil (1), la transpiration étant fortement ralentie, l'eau absorbée par les racines s'accumule dans les parenchymes, spécialement dans le renflement basilaire de la feuille ; cette accumulation est sans doute favorisée à ce moment par une proportion assez forte de substances très osmotiques, telles que des sucres, issus d'une assimilation chlorophyllienne antérieure et qui ajoutent leur action attractive à celle du protoplasme. Comme la turgescence prédomine en définitive dans la moitié inférieure, plus extensible, du renflement, il en résulte que le pétiole s'élève peu à peu pendant la nuit.

Les cellules consommant pendant ce temps une partie tout au moins de leurs réserves dissoutes, leur pouvoir osmotique et par suite leur turgescence vont en diminuant : une certaine quantité d'eau s'échappe de la moitié inférieure du renflement, en se diffusant, soit vers le haut dans le pétiole, soit vers le bas dans la tige ; cette diffusion s'opère lentement, parce que la température relativement basse de la nuit retarde l'exosmose. Un moment

vient donc où le mouvement ascensionnel du pétiole prend fin. Comme cet arrêt se réalise déjà avant le jour, c'est-à-dire avant le début d'une nouvelle assimilation, la turgescence ne peut que continuer à s'affaiblir ; dès qu'elle prédomine dans la moitié supérieure, le pétiole commence son mouvement de descente.

Après le lever du soleil, la transpiration reprend à nouveau avec activité : la moitié inférieure du renflement étant beaucoup plus riche en eau que l'autre, le mouvement de descente se prononce de plus en plus. Peut-être même la lumière augmente-t-elle la perméabilité du protoplasme, le rend-elle plus filtrant ; ce qui est certain, c'est que l'élévation de température favorise l'exosmose et par suite la vaporisation d'eau.

Mais alors l'assimilation chlorophyllienne est rétablie, et les principes organiques qui en dérivent tendent à s'accumuler de nouveau dans les cellules, d'autant plus qu'à ce moment les combustions sont faibles, par rapport à ce qu'elles deviennent au milieu du jour, la température étant encore peu élevée. Les pertes d'eau croissantes, dues à la transpiration et à la perméabilité plus grande des membranes, se trouvent ainsi contre-balancées plus ou moins vite par le pouvoir osmotique de plus en plus grand du suc. On comprend ainsi que, vers le milieu du jour, la feuille puisse rester étalée.

A l'approche du soir, les conditions de l'assimilation deviennent moins bonnes, faute de lumière ; la respiration, encore très intense, à cause de la température relativement élevée, contribue de son côté à appauvrir le suc en principes osmotiques : la turgescence diminue donc, et le pétiole de la feuille finit par s'abaisser entièrement.

C'est alors que la cessation presque complète de la transpiration, jointe peut-être à un apport de substances osmotiques, issues du limbe ou de la tige, intervient à nouveau pour ramener au maximum la turgescence de la moitié inférieure du renflement moteur et préluder à une nouvelle ascension du pétiole.

SOMMEIL DES FLEURS

Sommeil des fleurs. — Les fleurs présentent aussi, assez souvent, le phénomène de veille et de sommeil ; Linné les a qualifiées d'équinoxiales, les unes diurnes, les autres nocturnes. Par exemple, l'Ornithogale (*Ornithogalum*

(1) E. Belzung, *loc. cit.*, p. 737.

umbellatum), ou Dame de onze heures, est une équinoxiale diurne, ses fleurs s'ouvrant, quelques jours de suite, à onze heures du matin, pour se fermer vers trois heures de l'après-midi, tandis que le *Mesembryanthemum noctiflorum* est une équinoxiale nocturne, sa fleur s'ouvrant pendant plusieurs jours de suite à sept heures du soir pour se fermer de six à sept heures du matin.

Ces mouvements sont dus aux variations d'éclairement et de température, mais ils peuvent être compliqués de mouvements spontanés dus à d'autres causes. C'est ainsi que les fleurs

Fig. 843. — Fleur d'une variété composée de la Tulipe des jardins (*Tulipa gesneriana*).

de Tulipe (fig. 843) et de Safran sont surtout sensibles aux variations de température et s'ouvrent ou se ferment très facilement. Si on laisse constante la température, on peut encore provoquer la fermeture de la fleur en la plaçant dans l'obscurité, mais il suffit alors d'élever la température de quelques degrés pour épanouir la fleur à nouveau. Inversement, si on refroidit une fleur ouverte à la grande lumière, elle se ferme.

Ces mouvements, que l'on observe aussi bien dans les pétales et les sépales de la fleur, ont leur siège à la face interne de la base des pièces florales ; ils ont pour but, en fermant les fleurs le soir, de protéger le pollen contre le refroidissement ; en les ouvrant le matin, de permettre la pollinisation. Nous reprendrons leur examen en étudiant l'épanouissement des fleurs, au chapitre spécial de la fleur.

Importance des mouvements nyctitropiques. — Dans les conditions habituelles de sa vie, une plante sommeillante présente des mouvements d'une très exacte périodicité et dépendant de l'alternance quotidienne du jour et de la nuit, ainsi que l'a montré Pfeffer. Si on place ces plantes dans des conditions nouvelles, à l'obscurité par exemple, la périodicité des mouvements est gravement troublée et peut même cesser. L'action de la lumière est donc évidente ; cependant, elle ne détermine pas toutes les conditions du phénomène, car les mouvements qu'elle provoque sont de nature très différente chez les diverses plantes, ou dans les parties diverses d'une même plante ; c'est ainsi que les feuilles des Casses s'abaissent en se retournant, tandis que les folioles de Trèfle s'élèvent et se couvrent les unes les autres.

Nous pouvons donc, avec Darwin, admettre que les mouvements sont sous la dépendance de causes innées, et que leur nature est essentiellement adaptive ; les alternances de lumière et d'obscurité ne faisant qu'annoncer à la feuille que le moment est venu pour elle de se mouvoir d'une certaine façon.

« Les feuilles de la plupart des plantes prennent le matin leur position diurne caractéristique (1), bien que la lumière soit encore absente, et beaucoup continuent à se mouvoir selon leur habitude, dans l'obscurité, pendant une journée entière ; nous devons en conclure que la périodicité de leurs mouvements est héréditaire jusqu'à un certain point. La puissance de cette hérédité diffère beaucoup dans des espèces distinctes, et ne paraît jamais bien inflexible.

« Des plantes ont en effet été apportées de toutes les parties du monde dans les jardins et dans les serres, et si leurs mouvements étaient en relation étroite et immuable avec les alternances du jour et de la nuit, elles devraient sommeiller, dans notre pays, à des heures fort différentes, ce qui n'arrive pas. De plus, on a observé que, dans leur pays natal, les plantes sommeillantes changent leurs heures de sommeil avec les saisons. »

Comme on le voit, le sommeil des feuilles est déterminé par la chute du jour ; il faut maintenant nous demander quel est le résultat acquis par ces mouvements nyctitropiques.

Pour le déterminer, remarquons que les feuilles de certaines plantes peuvent présenter des mouvements qu'on a quelquefois qua-

(1) Ch. Darwin, *loc. cit.*, p. 410.

lifiés de sommeil diurne, et cela, dans les conditions suivantes. Les feuilles de *Porlieria hygrometrica* demeurent fermées pendant la journée, comme si elles sommeillaient, tant que la plante manque d'eau; de même, certaines Graminées replient en dedans leurs feuilles étroites quand elles sont exposées au soleil par un temps sec.

Ainsi, les mouvements de sommeil des feuilles semblent avoir pour but de protéger la plante à la fois contre l'évaporation qui ne manquerait pas de se produire sur toute la surface foliaire, et contre la radiation nocturne. Ces deux phénomènes sont amoindris dans les mêmes circonstances et la double protection du végétal est réalisée.

Si l'on examine une plante sommeillante, choisie parmi celles qui présentent les mouvements les plus nets, Casse ou Trèfle, on peut réduire l'ensemble des mouvements de la feuille ou des folioles à un déplacement qui dispose la feuille verticalement, la face supérieure étant protégée, ou à des déplacements combinés qui affrontent les folioles opposées en cachant leurs faces supérieures; ainsi est toujours atteint un même but : la protection de la face foliaire supérieure.

Or, nous savons que cette face supérieure est toujours plus lisse que la face opposée, souvent terne ou velue, et que, par suite, son pouvoir émissif est plus grand. Une plante délicate qui conserverait ses feuilles étendues, leur face supérieure regardant le ciel, perdrait ainsi, et dès la chute du jour, une très grande quantité de chaleur, conséquence de l'émission de vapeur d'eau et de l'irradiation; la plante, par un temps clair et froid, aurait ses feuilles brûlées et ne tarderait pas à périr. Au contraire, si cette plante dispose ses feuilles dans la position de sommeil, la perte de calorique qu'elle subit est réduite au minimum, le refroidissement nocturne n'a pas lieu et la plante résiste à la fraîcheur des nuits.

Des expériences très ingénieuses de Ch. Darwin ont nettement montré que toute feuille maintenue étalée la nuit est plus froide que toute feuille voisine sommeillante; et la première conséquence de ce fait est l'apparition de la rosée sur les feuilles étendues, tandis que cette rosée fait défaut sur les feuilles à l'état de sommeil. Ainsi nous est révélée l'une des dispositions les plus ingénieuses que la nature emploie pour permettre aux végétaux de résister à des conditions extérieures qui pourraient être mortelles pour eux.

Des remarques du même genre peuvent être faites à propos des fleurs, mais ici le phénomène se complique à cause de la protection très spéciale que réclame le pollen et dont nous parlerons plus loin.

L'influence protectrice des mouvements nyctitropiques des fleurs résulte de nombreuses constatations : il existe une variété de la Groseille à maquereau dont les fleurs, placées loin et au delà des feuilles, n'étant plus garanties par ces dernières contre la radiation, ne parviennent souvent pas à produire des fruits. Et on a remarqué qu'une variété de Cerise, dont les pétales sont fortement enroulés vers le bas, a tous ses stigmates brûlés après un froid un peu vif; tandis que, par le même temps, une autre variété à pétales droits conserve ses stigmates absolument indemnes.

MOUVEMENTS PROVOQUÉS

Sous ce nom, nous réunirons les mouvements qui sont déterminés par des excitations mécaniques extérieures à la plante, et autres que celles qui ont été reconnues comme les causes des mouvements nyctitropiques. A vrai dire, si on tient compte de tous les phénomènes, on constate facilement que tous les mouvements sont provoqués et que leur apparente spontanéité est une illusion, car tous ces phénomènes ont des causes. Mais, dans certains cas, la relation de la cause et de l'effet produit est lointaine, ou simplement difficile à connaître, le mouvement paraît spontané; dans d'autres cas, au contraire, la relation de cause à effet est directe et le mouvement est dit provoqué.

Ainsi, nous nommerons mouvement spontané la fermeture d'un rameau de Sensitive ou d'*Oxalis sensitiva* provoquée par un contact, par l'action de secouer le rameau.

Plantes sensibles. — Les feuilles d'un certain nombre de plantes possèdent une irritabilité ou, selon l'expression usuelle, une sensibilité qui, chez quelques-unes, approche de celle de la Sensitive, tandis qu'elle est très faible chez d'autres. En tête des premières sont quelques *Mimosa*, surtout le *M. sensitiva* L., et, après lui, les *M. viva* L., *casta* L., *speciosa* Jacq., *spegazzini* (fig. 844), *asperata* L., etc.; puis le *Smithia sensitiva* Ait., de l'Inde, les *Æschynomene sensitiva* Sw., des Antilles et du Brésil, *indica* L. et *pumila* L., l'un et l'autre de l'Inde, le *Desmanthus stolo-*

nifer DC., du Sénégal, etc. On arrive ainsi, parmi les Légumineuses, à des plantes dont les feuilles ne meuvent leurs folioles que sous des actions particulières; tels sont notre Faux-Acacia (*Robinia Pseudacacia* L.), les *Robinia*

Fig. 844. — *Mimosa spegazzini* de la République argentine.

viscosa Vent. et *hispida* L., chez qui H. Mohl a reconnu, après Autenrieth, que les folioles s'abaissent pour s'appliquer l'une contre l'autre, par leur face inférieure, lorsqu'on en secoue vivement et brusquement une branche.

En dehors du groupe naturel des Légumineuses, le *Biophytum sensitivum* DC. (*Oxalis sensitiva* L.), petite herbe annuelle de l'Inde, à feuilles brusquement pennées, jouit dans son pays natal d'une sensibilité presque égale à celle de la Sensitive. Dans nos serres, il est beaucoup moins sensible.

S'il est une plante qui ait fixé à juste titre l'attention des physiologistes, c'est sans contredit la Sensitive (*Mimosa pudica* L.). Au Brésil, cette Légumineuse annuelle couvre souvent de vastes surfaces de terrain et là, sous l'influence d'une forte chaleur, ses feuilles sont tellement irritables, qu'il suffit souvent du galop d'un cheval sur une route, ou même des pas d'un homme marchant à côté pour que toutes ses feuilles se ferment et propagent ensuite l'excitation par leur mouvement.

On a beaucoup écrit sur la Sensitive depuis Duhamel jusqu'à nos jours; il importe donc de résumer succinctement les connaissances acquises à son sujet.

Description des mouvements. — Les mouvements de la Sensitive reproduisent instantanément, et sous l'influence d'une irritation, la position que ses feuilles prennent d'elles-mêmes pendant leur sommeil, dès lors, la feuille irritée se déjette tout entière vers le bas par l'abaissement de son pétiole commun; ses quatre pétioles secondaires se rapprochent; enfin ses folioles s'appliquent l'une contre l'autre par leur face supérieure en se relevant en dessus et vers le sommet du pétiole secondaire qui les porte. Elle passe ainsi de l'état d'expansion (fig. 845), à celui de contraction que reproduit la figure 846; elle semble alors toute fanée. Toutefois, il n'y a pas identité complète entre une feuille sommeillante et celle qui s'est rabattue à la suite d'une irritation, car une nouvelle excitation ne modifie pas l'état de celle-ci, tandis qu'un choc, par exemple, amène la première à se rabattre encore davantage.

L'état d'une feuille excitée ne dure pas longtemps; bientôt, la cause d'irritation ayant disparu, les folioles s'étalent, les pétioles secondaires reviennent à leur espacement normal, le pétiole commun se relève, et la feuille entière reprend sa situation habituelle d'expansion.

Siège et étendue des mouvements de la Sensitive. — Les mouvements des folioles et des pétioles s'opèrent dans un renflement moteur situé à la base des uns et des autres. Ils s'exécutent sur une portion plus ou moins considérable de la feuille entière, selon que l'excitation a été plus ou moins violente. Une secousse très légère appliquée à une foliole peut ne faire

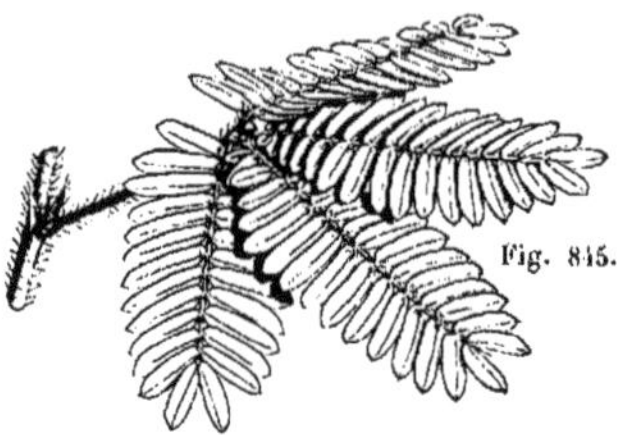

Fig. 845. — Feuille à l'état de veille.

Fig. 846. — Feuille sommeillante.

Fig. 845 et 846. — Mimose pudique (*Mimosa pudica*).

mouvoir que celle-ci, généralement avec celle qui est placée vis-à-vis d'elle; un peu plus prononcée, elle détermine le mouvement de plusieurs paires de folioles au-dessus de celle qui l'a subie; plus forte encore, elle agit sur toutes les folioles que porte un pétiole secondaire; elle gagne même les pétioles secondaires adjacents et jusqu'à la feuille entière. Enfin, une action violente étend son influence jusqu'aux feuilles voisines.

Sens dans lequel se propage l'irritation. — L'irritation se propage de haut en bas ou de bas en haut; elle peut même s'étendre d'abord de haut en bas, pour gagner ensuite à côté de bas en haut, comme le prouve l'expérience suivante. Avec un petit scalpel, on fend par son milieu le pétiole commun d'une feuille. Dès que l'instrument est appliqué au point d'où partent les deux premiers pétioles secondaires, les folioles portées sur chacun d'eux se ferment successivement de la base vers le sommet de ces deux pétioles. L'instrument pénétrant ensuite au point d'où partent les deux autres pétioles secondaires, le même fait se reproduit. La division peut être menée jusqu'à la base du pétiole commun, en respectant le renflement moteur basilaire, et la feuille ne meurt pas pour cela; bientôt même ses folioles s'étalent. Si l'on exerce alors une action un peu énergique sur l'une des deux moitiés de feuille ainsi séparées, l'irritation se propage à partir du point irrité et de haut en bas, puis s'étend à l'autre moitié en y manifestant ses effets de bas en haut.

La Sensitive semble s'habituer à l'irritation. — Un fait des plus remarquables a été observé par Desfontaines, qui l'a vue s'habituer, s'il est permis de le dire, à une irritation. Ce botaniste plaça dans une voiture un pied vigoureux de Sensitive. Aussitôt que la voiture

roula sur le pavé, les secousses firent immédiatement fermer toutes les feuilles; mais, la marche continuant, elles finirent par s'habituer aux secousses et étalèrent leurs folioles comme si elles étaient devenues insensibles à l'irritation. La voiture fut alors arrêtée pendant quelque temps; après quoi on la remit en marche. Redevenue sensible par ce repos, la plante ferma de nouveau ses feuilles, pour les rouvrir après qu'elle se fut une seconde fois habituée aux secousses.

Action des changements brusques de température. — La Sensitive ressent l'action des changements brusques de température. Si elle se trouve soumise à une forte chaleur, dans un coffre de jardin fermé, et qu'on enlève le châssis sans produire de secousse, elle rabat ses feuilles dès qu'elle ressent l'influence de l'air extérieur plus frais. Il en est de même dans le cas inverse, si l'on fait arriver subitement les rayons du soleil sur un pied tenu jusqu'alors à l'ombre.

Action des brûlures et des substances caustiques. — Mais l'action la plus violente qu'on puisse exercer sur cette plante est celle d'une brûlure. Si l'on brûle les folioles supérieures d'une feuille, l'irritation se propage dans toute cette feuille et gagne ensuite les feuilles voisines, dans un espace de temps proportionné à la vigueur du pied, à la température et à la saison. Parfois elle produit tous ses effets en quatre ou cinq minutes; mais en général il lui faut plus de temps et jusqu'à un quart d'heure; ensuite quatre, cinq et parfois jusqu'à huit heures sont nécessaires pour le retour à l'état d'expansion. Les pieds les plus vigoureux ne peuvent subir une pareille action quatre ou cinq fois de suite sans en souffrir beaucoup.

Les substances caustiques et les acides exercent une action analogue.

Influence des circonstances extérieures et de l'âge. — La chaleur surtout humide augmente beaucoup, avec la vigueur de la plante, sa sensibilité dont les effets se produisent rapidement à 24 ou 25 degrés centigrades ; à quelques degrés plus bas, son irritabilité diminue beaucoup et elle ne se manifeste que faiblement vers 18 degrés. D'un autre côté, ses parties jeunes et vigoureuses sont les plus sensibles, et le contraire a lieu pour ses feuilles vieilles.

Distinction des deux mouvements de la Sensitive. — Dans ce qui précède, il n'est question que des mouvements déterminés par un choc, une brûlure ou une irritation quelconque. Or on distingue deux ordres de mouvements dans la feuille : 1° ceux que provoque une irritation, qui sont dès lors *provocables* ou *provoqués*, et ceux qui constituent le sommeil et la veille, et qui sont *périodiques*. P. Bert a prouvé qu'il existe une indépendance complète entre ces deux ordres de mouvements, à ce point que l'action des vapeurs d'éther, de chloroforme et, en général, des anesthésiques, abolit les premiers, en rendant la plante insensible à toute excitation, sans altérer en rien la marche des derniers. M. Masters a même vu qu'une goutte d'éther posée sans secousse sur une feuille la paralyse et la rend insensible à tout contact, sans influer, bien entendu, sur ses mouvements périodiques.

Mécanisme des mouvements. — Le mécanisme qui détermine les mouvements dans la Sensitive est le même pour ceux des deux ordres. D'abord, tout ce mécanisme réside dans les renflements moteurs, car eux seuls se courbent de haut en bas ou de bas en haut, la feuille restant passive dans le reste de son étendue.

En second lieu, dans ces renflements, l'expérience a montré que l'axe fibro-vasculaire est purement passif. C'est donc à son épaisse zone parenchymateuse externe que le renflement doit sa motilité. Après Lindsay (en 1790), Brücke et divers autres observateurs ont prouvé, par des expériences ingénieuses, que la portion de ce tissu qui forme le dessous du renflement primaire, dont il s'agit particulièrement ici, agit comme un ressort qui tend à relever le pétiole, tandis que sa portion située en dessus du même renflement constitue un ressort agissant de haut en bas.

On a constaté, en effet, que l'ablation de toute la partie du renflement principal située immédiatement au-dessus de l'axe fibro-vasculaire, tout en diminuant la sensibilité, n'empêche pas le pétiole primaire, une fois abaissé, de se relever à nouveau, tandis que l'ablation du parenchyme mince et extensible, situé au-dessous de l'axe fibro-vasculaire, laisse le pétiole rigide et inerte, dans la position de sommeil.

Le mécanisme du mouvement provoqué paraît être le suivant (1) :

L'impression de contact entraîne une contraction brusque du réseau protoplasmique, et par suite un retour élastique des membranes, jusqu'alors distendues, dans le parenchyme de la moitié inférieure du renflement principal. L'eau expulsée par cette contraction envahit les espaces intercellulaires et s'échappe en partie dans le pétiole et dans la tige ; car il y a diminution de volume du renflement.

Cette diminution de turgescence entraîne l'abaissement immédiat de la feuille, qui tombe en quelque sorte par son propre poids et aussi par suite de la légère extension qu'éprouve alors la moitié supérieure du renflement.

Cela étant, il faut un certain temps pour qu'une nouvelle absorption d'eau rétablisse la turgescence dans les cellules de la moitié inférieure et amène cette turgescence à redevenir supérieure à celle de la moitié opposée, ce qui provoquera le redressement du pétiole, en même temps que l'épanouissement de la feuille entière. La durée de cette période est d'autant plus courte que la transpiration est plus faible.

Mouvements de la Dionée et du Rossolis. — Ces mouvements, tout à fait remarquables, ont été étudiés dans les pages 430 à 432, et il nous suffit de rappeler que les causes de ces mouvements sont multiples, depuis le simple attouchement, même léger, jusqu'à l'action irritante de certaines matières chimiques.

MOUVEMENTS DES PIÈCES FLORALES

Nous avons déjà constaté les mouvements spontanés dont les pièces florales de certaines fleurs peuvent être le siège ; nous allons maintenant y joindre les mouvements provoqués que l'on observe, dans quelques étamines et pistils, plus rarement.

Mouvements du pistil du Mimule. — Le Mi-

---

(1) Belzung, *loc. cit.*, p. 743.

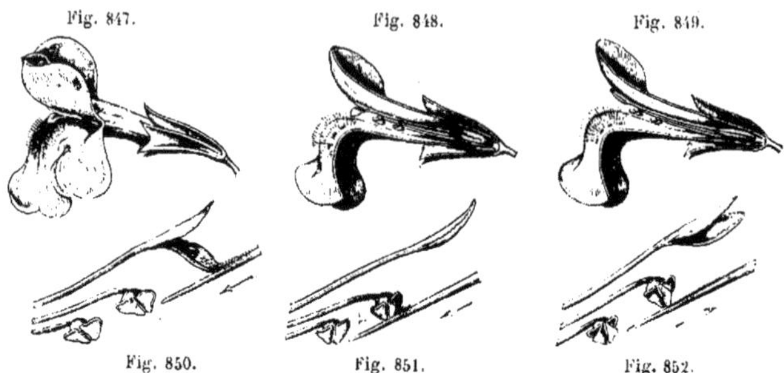

Fig. 847.   Fig. 848.   Fig. 849.

Fig. 850.   Fig. 851.   Fig. 852.

Fig. 847. — Fleur éclose.
Fig. 848. — La même fleur coupée longitudinalement :
Le stigmate est ouvert.
Fig. 849. — Même coupe : Le stigmate est fermé.
(Grand. nat.).

Fig. 850 à 852. — Mouvements des deux lobes du
stigmate sous l'action d'un attouchement.
Fig. 850. — Stigmate ouvert.
Fig. 851. — Stigmate fermé.
Fig. 852. — Stigmate entr'ouvert.

Fig. 847 à 852. — Mimule jaune (*Mimulus luteus*).

mule (*Mimulus*) de la famille des Scrofularinées, est une très jolie plante de la Californie, d'un vert gai, légèrement velue. Sa fleur est formée d'un calice oblique (fig. 847 à 852), campanulé, à cinq dents; d'une corolle jaune, en forme de mufle, longue de 3 à 4 centimètres, à tube évasé, s'épanouissant en un limbe à deux lèvres : la supérieure à deux lobes dressés arrondis, l'inférieure, plus longue, plissée en dessous, porte trois lobes arrondis. La gorge est presque fermée par deux bandes longitudinales de la lèvre inférieure, qui sont proéminentes, couvertes de papilles jaunes entremêlées de fines ponctuations pourpres. Les quatre étamines sont incluses, deux sont plus hautes ; elles sont insérées à la base du tube de la corolle et placées sous la lèvre supérieure. Le style est plus long que les étamines ; il se termine par un stigmate à deux lèvres qui présente les mouvements suivants.

A l'époque de la fécondation, les deux lobes stigmatiques sont normalement écartés l'un de l'autre (fig. 848). Quand un insecte vient visiter la fleur, il cherche à introduire sa trompe, qui est déjà chargée du pollen d'une fleur visitée; au moindre attouchement, et tandis que le pollen se dépose dans la cavité que forme l'entre-bâillement des lobes du stigmate, ces lobes se referment et la trompe de l'insecte peut atteindre le fond de la fleur; elle se charge alors de pollen frais (fig. 851). L'insecte retire bientôt sa trompe (fig. 852) et le stigmate s'ouvre à nouveau jusqu'à la visite d'un autre insecte.

Mouvements des étamines du Chardon. — Chez plusieurs Composées, les mouvements des étamines sont provoqués par la déhiscence des anthères, ou par la visite des insectes. Dans le Chardon (fig. 853), les cinq étamines sont réunies par leurs anthères, tandis que leurs filets sont libres jusqu'à leur insertion sur la corolle ; de cette façon, les anthères forment un manchon mobile, au milieu duquel passe le style surmonté de son stigmate bifide. Au repos, les filets des étamines sont arqués et maintiennent le manchon des anthères à un niveau inférieur à celui qu'il occuperait normalement. Après un contact ou une agitation de la fleur, les filets des étamines se redressent et mettent en mouvement les anthères chargées de pollen, ce qui favorise la pollinisation.

MOUVEMENTS MÉCANIQUES

Les membranes végétales, étant composées de cellulose, peuvent, dans des conditions de sécheresse ou d'humidité variables, être le siège de forces de tension dont les effets combinés déterminent des mouvements variés.

En général, toute membrane épaissie et imprégnée, soit de cutine comme dans les épidermes, soit de subérine ou de lignine comme dans les écorces ou les fibres, est peu sensible aux variations de l'état hygrométrique ambiant; cette membrane se comporte donc comme une lame rigide. Au contraire, toute membrane restée mince et cellulosique sera sujette à des variations de tension consécutives

Fig. 853. — Chardon penché (*Carduus nutans*), visité par un Anthophore.

aux changements de l'humidité de l'air. Si un organe ou une partie d'organe végétal contient une lame dont une face est constituée par la première membrane, tandis que l'autre face est formée de la deuxième, toute variation d'état hygrométrique déterminera une déformation de la lame ; celle-ci deviendra convexe du côté simplement cellulosique, par une grande humidité ; elle deviendra concave du même côté par la sécheresse.

Dans le cas où la lame étudiée serait dans l'impossibilité de se mouvoir à cause des rapports très étroits qu'elle aurait contractés avec les parties adjacentes, la tendance au mouvement se traduirait par l'établissement d'une force de tension dont l'augmentation aurait pour conséquence la rupture des relations de la lame et des parties voisines, rupture qui occasionnerait la déchirure brusque de l'organe étudié.

C'est à une cause de ce genre qu'il faut rattacher les mouvements de déhiscence (ouverture) des anthères des étamines pour le départ du pollen, la déhiscence du sporange des Fougères, la déhiscence de la plupart des fruits secs.

Ces questions seront étudiées aux chapitres spéciaux qui traiteront des étamines, ou des fruits ; nous retiendrons ici quelques exemples, destinés surtout à montrer la diversité des mouvements mécaniques que nous offrent les végétaux.

Mouvements de la feuille de « Seslerla tenuifolia ». — La Seslérie, plante de la famille des Graminées (fig. 854 à 856), possède des feuilles douées de curieux mouvements en rapport avec l'état de sécheresse ou d'humidité de l'air. La feuille est étalée quand l'humidité de l'air est suffisante, et elle replie ses deux moitiés selon la nervure médiane quand la sécheresse est continue, ce qui lui permet de lutter contre une transpiration trop intense.

Les mouvements sont dus à un petit groupe de cellules formant une plage linéaire bordant la nervure, à droite et à gauche (*r*, fig. 856). Ces cellules, dont la dimension est plus grande que celle des éléments voisins, sont limitées vers l'extérieur par une membrane mince, cellulosique. Par la sécheresse, la membrane mince se tend, et détermine le relèvement de la moitié du limbe (fig. 855), cette moitié venant s'appliquer contre la moitié opposée

Fig. 854.

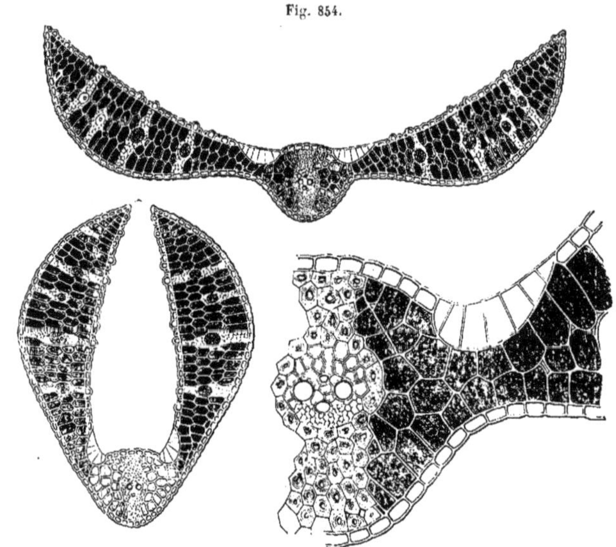

Fig. 855.

Fig. 856.

Fig. 854. — Section d'une feuille ouverte (gr. 40).
Fig. 855. — Section d'une feuille fermée (gr. 40).

Fig. 856. — Partie d'une section faite dans la région médiane (gr. 300).

Fig. 854 à 856. — Mouvement de la feuille de *Sesleria tenuifolia*.

et constituant ainsi une sorte de gouttière où l'air se renouvelle difficilement et où règne une humidité suffisante pour que le dessèchement de la feuille ne se produise pas.

Mouvements des spores de l'« Equisetum ». — Les spores des Prêles ou *Equisetum* sont très singulières. Chacune d'elles est formée d'une masse sensiblement sphérique, centrale, dont la paroi cutinisée s'est divisée par quatre

Fig. 857. — Une spore, *sp*, d'*Equisetum arvense*, avec ses deux élatères en croix, *el*, *el*.

Fig. 858. — Une spore, *sp*, mûre, d'*Equisetum limosum*, avec ses deux élatères, *el*, enroulés autour.

sillons en autant de filaments ou élatères (fig. 857 et 858). Ces filaments sont attachés à

l'un des pôles de la spore, au même point ; tout d'abord, les élatères sont enroulés autour de la spore, dans la position où ils se sont formés (fig. 858), puis ils se déroulent et se disposent comme les bras d'une croix au centre de laquelle la spore se montre avec son sommet faiblement relevé en mamelon (fig. 857).

Ces quatre filaments sont très sensibles aux moindres variations de l'état hygrométrique ambiant ; sous l'action de la sécheresse ou de l'humidité, ils se contournent et se recroquevillent de la façon la plus bizarre, et comme les mouvements des quatre filaments ne sont pas exactement concordants, il en résulte pour la spore des soubresauts, des bonds, ou simplement des mouvements lents qui déterminent son déplacement. Rien n'est aussi curieux que l'observation d'une petite quantité de spores d'*Equisetum* (fig. 859) posées sur une feuille de papier et soumises à l'action de l'haleine. Les mouvements des spores isolées peuvent déterminer leur rapprochement, et on assiste au spectacle d'une masse grouillante d'où s'échappe de temps à autre une spore, qui

Fig. 859. — Spores de l'*Equisetum Telmateja*, montrant les mouvements des rubans spiralés par dessiccation (à gauche), par hydratation (à droite).

se meut alors par bonds ou semble marcher comme le ferait une petite araignée.

Mouvements des graines d' « Erodium » et de « Stipa ». — « Le fruit des *Erodium* (1) est une capsule s'ouvrant élastiquement et qui, chez quelques espèces, lance les graines à une petite distance. Ces graines sont fusiformes, plus ou moins couvertes de poils, et se terminent par une sorte d'appendice, à base spiralée, semblable à une moitié longitudinale de plume d'oiseau

Fig. 860. — *Erodium glaucophyllum*, d'après Sweet.

(fig. 860, *Erodium glaucophyllum*). Le nombre des spires dépend de l'état hygrométrique de l'atmosphère. Si l'on fixe ces graines verticalement, l'appendice s'enroule et se déroule

(1) Sir John Lubbock, *La Vie des Plantes*, traduct. Ed. Bordage, p. 101.

suivant le degré d'humidité de l'air ; et on peut faire mouvoir l'extrémité de cet appendice sur un cadran gradué, absolument comme l'aiguille d'un hygromètre. La chaleur agit aussi sur ces graines. Si, maintenant, on fixe l'extrémité supérieure de l'aigrette, la graine sera déplacée de haut en bas, pendant le déroulement de la spirale ; et, ainsi que l'a montré M. Roux, ce mouvement contribuera à enfoncer la graine dans le sol. Cette observation a été faite sur les graines de l'*E. cicutarium* (fig. 862), qui sont d'une certaine grosseur. M. Roux a remarqué que si l'on place une de ces graines sur le sol, elle reste intacte, tant que l'air reste sec ; mais, si l'atmosphère devient humide, la partie effilée qui porte les poils de l'appendice se contracte, les poils de la graine se meuvent en éloignant leur extrémité de cette dernière, qui peu à peu est relevée verticalement, sa pointe demeurant fixée dans le sol (*c*, fig. 862). C'est alors que la base de l'aigrette commence à se dérouler et à s'allonger ; si elle vient à rencontrer quelque brin d'herbe ou quelque autre obstacle, son mouvement de bas en haut sera entravé grâce à la disposition de ses poils, et elle s'allongera alors en sens contraire, ce qui tendra à dégager la graine du sol. Mais, comme l'a remarqué M. Roux, l'aigrette, grâce à la disposition des poils, glissera facilement sur l'obstacle, se raccourcira de haut en bas, et la graine proprement dite ne sera pas déplacée. Quand l'atmosphère redeviendra humide, la graine sera enfoncée un peu plus profondément dans le sol, grâce au mécanisme que nous avons indiqué plus haut, et cela jusqu'à ce qu'elle ait atteint une profondeur convenable pour son développement.

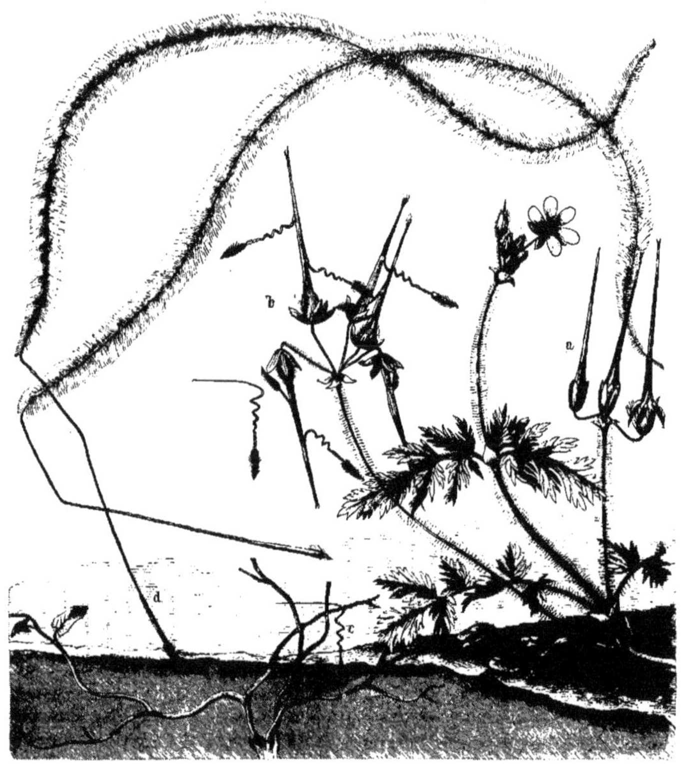

Fig. 861.   Fig. 862.

Fig. 861. — *Stipa pennata*. | Fig. 862. — *Erodium cicutarium*.

Fig. 861 et 862. — Projection des fruits, leur pénétration et leur fixation en terre.

« La graine de l'*Anemone montana* est enfoncée dans le sol, de la même façon.

« Le *Stipa pennata* (fig. 861), plante de l'Europe méridionale, nous offre également un cas semblable. Cette plante a été décrite par Vaucher et plus récemment par Frank Darwin. La graine est petite, munie de poils raides dirigés d'avant en arrière, et son extrémité antérieure est effilée (*d*, fig. 861). Son extrémité postérieure se prolonge en une longue partie spiralée, semblable à un tire-bouchon, et se termine enfin par un appendice ayant la forme d'une longue plume d'oiseau. Le tout représente une longueur supérieure à 30 centimètres. Il est évident que l'appendice facilite la dissémination des graines par le vent. Lorsque ces dernières tombent à la surface du sol, leur extrémité antérieure s'y fixe, et elles restent dans cette situation si l'atmosphère n'est pas humide. Mais, s'il vient une ondée ou s'il se produit un dépôt de rosée, la spirale se déroule; et, comme dans le cas de l'*Erodium*, l'extrémité terminée sous forme de plume rencontre ordinairement un brin d'herbe ou un obstacle quelconque qui l'empêche de se déplacer de bas en haut. Puis, lorsque l'air perd de son humidité, les spires deviennent plus serrées et la graine est poussée peu à peu dans le sol. »

Projection des graines des Géraniums. ----

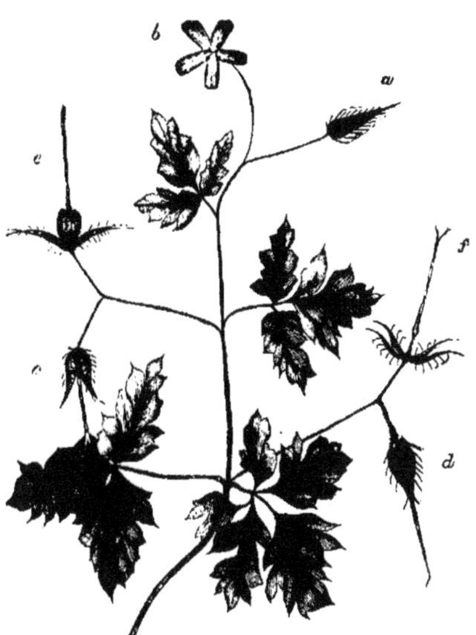

Fig. 863. — Herbe à Robert (*Geranium Robertianum*). — *a*, bouton ; *b*, fleur ; *c*, la même après la chute des pétales ; *d*, fleur et graines presque mûres ; *e*, graines mûres ; *f*, ce qui reste de la fleur après la dissémination des graines.

Dans le *Geranium Robertianum* ou Herbe à Robert (fig. 863), lorsque la fleur s'est flétrie, l'axe central, ou, pour parler plus exactement, le style, croît graduellement (fig. 863, *a*, *c*, *d*). Les cinq graines sont situées à la base de cette sorte de petite colonne, et chacune d'elles est entourée d'une enveloppe se terminant à sa partie supérieure par une petite tige effilée (1) qui adhère d'abord à l'axe central, mais qui s'en détache ensuite graduellement. Lorsqu'elles sont mûres, l'ovaire se relève verticalement, (fig. 863, *c*) ; les couches externes de la partie effilée qui surmonte l'enveloppe de chacune d'elles se trouvent dans un état de tension très

(1) Le fruit du Géranium est une capsule septifrage à cinq loges et à cinq valves. La petite colonne centrale est formée par le style accru. Ce style a la forme d'un bec d'oiseau, d'où le nom de *Géranium bec-de-grue* donné à certains Géraniums. A l'époque de la maturité, le fruit se divise en autant de coques qu'il y a de loges. Des deux ovules que contenait chacune de ces loges, un seul se développe en graine. Par *enveloppe de la graine*, expression employée assez fréquemment dans le texte, il faut entendre la valve ou coque qui contient la graine et non le tégument propre de cette graine. Quant à l'appendice qui surmonte chaque coque et que l'on pourrait comparer à une petite lumière, il provient du style accru et divisé.

prononcé. C'est alors que cette petite tige se détache en produisant une secousse qui lance les graines à une certaine distance. La figure 863, *f*, représente l'axe central de la fleur après la dispersion des graines. Chez quelques espèces, dans le *Geranium dissectum*, par exemple (fig. 864), l'enveloppe de la graine et la petite tige effilée restent attachées à l'axe central et la graine seule est projetée.

Dans le Géranium, l'enveloppe de chaque graine s'ouvre sur son côté interne. Dans le *G. dissectum* et quelques autres espèces, peu de temps avant la déhiscence du fruit, l'enveloppe de la graine se place à angle droit avec l'axe central (fig. 864, *a*). Les bords de cette enveloppe s'écartent l'un de l'autre ; ils sont garnis d'une rangée de poils qui maintiennent la graine en place, mais qui sont cependant assez élastiques pour lui permettre de s'échapper de son enveloppe, lorsque cette dernière se relève brusquement pour prendre la position *c* (fig. 864). Dans ce cas, la graine seule est projetée.

Dans l'Herbe à Robert (fig. 865) et quelques autres espèces de Géraniums, la graine et son

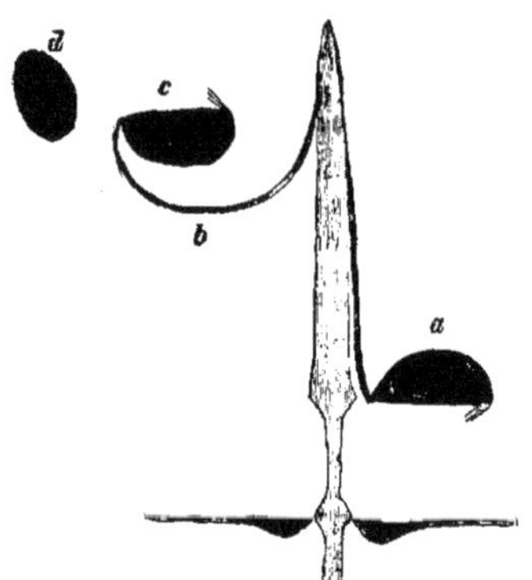

Fig. 864. — *Geranium dissectum* (figure schématique); — *a*, la graine n'est pas encore lancée ; *c*, l'enveloppe de la graine reste attachée à la partie qui la porte; *d*, la graine.

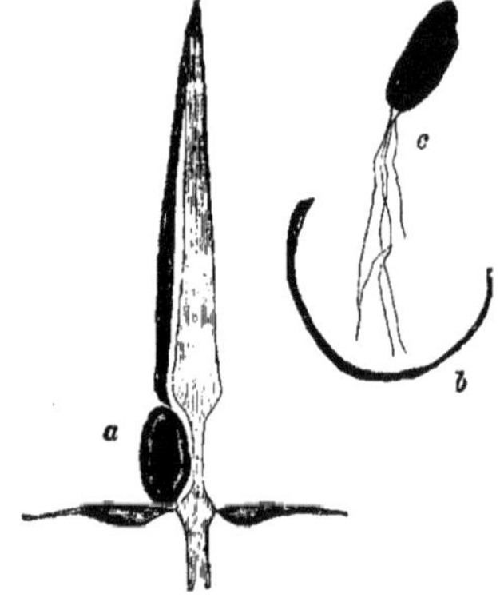

Fig. 865. — *Geranium Robertianum* (figure schématique). — *a*, la graine n'est pas encore lancée ; *b*, la partie qui surmontait l'enveloppe de la graine ; *c*, la graine enfermée dans son enveloppe.

enveloppe sont lancées à une grande distance. L'enveloppe se détache de la partie effilée qui la termine (fig. 865 *a*), et est lancée, sans abandonner son contenu, par le relèvement brusque de ce prolongement. Elle était maintenue en place par une courte languette qui prolonge sa base. Elle possède aussi une touffe de poils à son sommet. L'extrémité inférieure de l'appendice (fig. 865) est située à peu près entre l'axe central et la partie supérieure de l'enveloppe de la graine. Les graines sont lancées à une distance surprenante, malgré le peu de longueur de la petite tige qui joue le rôle de ressort. Lorsque la plante croît en plein air, il est pres-

que impossible de retrouver les graines quand elles ont été disséminées.

Mouvements de la Rose de Jéricho. — L'Anastatice (*Anastatica hierochuntica*), ou Rose de Jéricho est une petite plante annuelle à gousses arrondies, qui croît dans les sables de l'Égypte, de la Syrie et de l'Arabie. Lorsqu'elle a été desséchée par un soleil ardent, elle s'enroule sur elle-même et est transportée par le vent jusqu'à ce qu'elle ait rencontré un endroit humide. Alors elle se déroule, ses gousses s'ouvrent et ses graines sont semées ; ainsi est assurée la conservation de la plante et sa multiplication.

SENSIBILITÉ OU IRRITABILITÉ

« La propriété la plus remarquable du protoplasme (1), et par suite des êtres, est l'irritabilité, c'est-à-dire, comme l'entendait Sachs, « la façon propre aux seuls organismes vivants de réagir de telle ou telle manière aux influences les plus diverses du monde extérieur». L'irritabilité est le caractère le plus distinctif qui existe entre la nature vivante et la nature inerte; aussi les anciens naturalistes voyaient-ils dans cette propriété une force vitale n'appartenant qu'à la nature organique.

« La science moderne a abandonné la théorie

(1) O. Hertwig, *La cellule et les tissus.* Trad. Ch. Julin, p. 86.

du vitalisme ; au lieu d'admettre l'existence d'une force vitale spéciale, elle considère l'irritabilité comme un phénomène physico-chimique très complexe. Dans cette interprétation, il faut se garder de l'erreur qui consiste, en raison des analogies que présentent maints phénomènes de la nature inanimée avec les phénomènes de la vie, à vouloir donner de ces derniers une explication directement mécanique. Il ne faut pas oublier que la substance vivante est parmi les plus complexes, et que ses réactions doivent avoir un caractère de très grande complexité.

« L'ensemble des phénomènes d'irritation est

très vaste, car il comprend tous les rapports réciproques qui existent entre les organismes et le monde extérieur. Les causes externes d'excitation qui agissent sur les êtres sont innombrables. Pour les examiner, nous les diviserons en cinq groupes comprenant les excitants thermiques, lumineux, électriques, mécaniques et chimiques.

« La façon dont un organisme réagit sur l'un ou sur l'autre de ces excitants est sa *réaction*, qui est variable, pour un même excitant, dans les divers organismes. Cela dépend absolument de la structure de l'organisme ou de la constitution intime de la substance irritable, constitution que nos sens ne peuvent pas toujours percevoir. Suivant une expression de Sachs, les organismes sont comparables, sous ce rapport, à des machines de construction différente, qui, mises en mouvement par une même force extérieure, la chaleur, fournissent cependant, selon leur constitution interne, tantôt l'un, tantôt l'autre effet utile. De même, les différents organismes réagissent souvent, vis-à-vis d'une même cause d'excitation, d'une façon absolument différente, selon leur propre structure spécifique. »

Mais ce qui, entre toutes les réactions que la physique et la chimie étudient, caractérise l'irritabilité, c'est qu'une excitation relativement faible se traduit par une réaction relativement considérable. Ainsi, l'attouchement délicat du renflement moteur de la Sensitive représente une quantité très petite d'énergie, en comparaison de celle qui est dépensée par le changement de position de la feuille entière. Il semble que l'on assiste là à quelque chose d'analogue aux réactions explosives où un ensemble chimique représentant une certaine quantité d'énergie potentielle est modifié par une petite excitation, qui permet la transformation de l'énergie latente en énergie visible ou actuelle. L'état de tonicité dans lequel sont les organes à l'état normal correspondrait, dans cette comparaison, à l'état du système chimique contenant l'énergie en puissance, l'irritabilité serait la possibilité de déterminer la transformation du système et la dépense de l'énergie ; cette dépense serait alors la réaction même.

De plus, l'excitation peut se propager sur une plus ou moins grande étendue dans la plante, à partir du point excité, ce qui paraît ressembler à la propagation d'une cause de réaction chimique de proche en proche,

dans un système faiblement endothermique.

Il y aurait là quelque chose de comparable à la propagation de l'inflammation le long d'une mèche poudrée, jusqu'à la matière explosive qui réaliserait la réaction proprement dite.

Enfin, la substance organique jouit du pouvoir de reprendre plus ou moins son état primitif si, la cause d'excitation ayant cessé, elle reste au repos pendant un certain temps. La restriction du plus ou moins, que nous avons faite, est nécessaire, car souvent, lorsque l'excitant a agi longtemps ou que l'on a répété son action plusieurs fois de suite, la structure de la substance organique et son pouvoir de réaction sont modifiés d'une façon durable. Il se produit alors des phénomènes que l'on réunit sous la dénomination générale d'accoutumance à l'excitation.

EXCITANTS THERMIQUES

La température ambiante est l'une des conditions essentielles de l'activité des êtres. Il y a une limite inférieure et une limite supérieure de température, au delà desquelles les actions protoplasmiques cessent de se produire, le protoplasme étant frappé de mort.

La température maximum est voisine de 40° ; cependant des cellules de *Tradescantia* et de *Vallisneria* ne meurent qu'à 47°. Des Oscillaires ont été trouvées dans des sources chaudes, à 53°, et nous savons que des spores de Bacilles peuvent supporter des températures de 105 et même de 130 degrés.

La limite inférieure de température déterminant la mort par le froid est plus difficile à déterminer, les cellules supportant bien mieux des températures basses que des températures élevées ; c'est ainsi que des cellules végétales peuvent être refroidies au point que des cristaux de glace se déposent dans leur suc cellulaire ; lorsqu'ensuite on les dégèle lentement, la circulation protoplasmique se rétablit. Des cellules de *Tradescantia* peuvent rester pendant plus de cinq minutes dans un mélange réfrigérant à 14° au-dessous de zéro ; les graines sèches et les bourgeons hivernants peuvent supporter des températures très basses ; le développement du *Bacillus anthracis* n'est pas modifié par une température de 110° au-dessous de zéro, maintenue pendant quelques instants.

Entre ces deux limites extrêmes, déterminant

soit la rigidité par le froid, soit la rigidité par la chaleur, les phénomènes de la vie se manifestent avec une intensité variable selon la température, et ces variations sont surtout observables sur les mouvements. Ils augmentent en même temps que la température jusqu'à un maximum déterminé, correspondant à une température appelée *température optimum*. La température optimum est de plusieurs degrés inférieure à la température limite supportée, elle est souvent voisine de 35 degrés.

D'après les calculs de Max Schultze, les granulations du protoplasme qui, à la température ordinaire, dans les cellules des poils de *Tradescantia*, circulent avec une vitesse de $0^{mm},005$ par seconde, circulent à $35°$ avec une vitesse de $0^{mm},009$. Entre le mouvement lent et le mouvement accéléré, la différence peut être assez considérable pour qu'une longueur d'un pied soit parcourue, dans le premier cas en cinquante heures environ, et dans le second en une demi-heure seulement.

Une élévation inégale de la température produit souvent des effets intéressants : Stahl a montré que, si l'on soumet un plasmode de Myxomycète à des températures inégales, la partie refroidie du plasmode émigre peu à peu vers la partie plus chaude, de telle sorte qu'une partie du réseau se rétracte, tandis que l'autre grandit. De cette façon, les corps protoplasmiques vivant librement exécutent des mouvements qui semblent conformes à un but utilitaire, parce qu'ils servent en même temps à la conservation de l'organisme. En automne, lorsque l'air se refroidit, la Fleur de tan (*Æthalium*) s'enfonce à plusieurs pieds de profondeur dans les couches plus chaudes du tan pour hiverner. Au printemps, lorsque la température de l'air s'est élevée, elle se meut en sens inverse vers les couches superficielles devenues plus chaudes.

EXCITANTS LUMINEUX

La lumière, de même que la chaleur, agit souvent comme excitant sur les êtres; ainsi, la Fleur du tan ne s'étale à la surface du tan que dans l'obscurité, tandis qu'à la lumière elle s'y engage profondément. Si sur un plasmode étalé en réseau on fait tomber, en un point déterminé, un rayon lumineux, le protoplasme se retire aussitôt du point éclairé et s'accumule dans la partie du réseau qui se trouve dans l'obscurité.

Une foule d'organismes, tels que les zoospores d'Algues, qui se meuvent à l'aide de cils ou de fouets vibratiles, recherchent ou fuient la partie du vase qui les contient dirigée vers la lumière diffuse, ce dont on peut se convaincre par l'expérience de Naegeli : un tube de verre, long d'un mètre, est rempli d'eau et maintenu verticalement; des Algues vertes mobiles (*Tetraspora*) y sont placées; si alors on enveloppe le tube de papier noir, à l'exception de son extrémité inférieure sur laquelle on laisse tomber la lumière, on constate, après quelques heures, que toutes les Algues vertes se sont accumulées dans la partie éclairée, tandis que tout le reste du tube est incolore; si maintenant on enveloppe de papier noir cette extrémité du tube en laissant tomber la lumière sur sa partie supérieure, aussitôt toutes les Algues se déplacent et s'accumulent à la surface de l'eau.

L'action de la lumière sur les zoospores a été très bien étudiée par Stahl, qui résume ses travaux de la manière suivante : « La lumière exerce une action dirigeante sur les zoospores (1) : l'axe longitudinal de ces organismes se place peu à peu dans la direction du rayon lumineux. Leur extrémité incolore, flagellée, peut être tournée vers la source ou en sens inverse; ces deux positions peuvent varier selon le degré d'intensité de la lumière. Lorsque la lumière est intense, les zoospores détournent leur extrémité antérieure de la source lumineuse, elles s'en éloignent; lorsque la lumière est faible, elles se tournent, au contraire, vers elle. »

La réaction des zoospores vis-à-vis de la lumière est souvent très délicate et rapide. Une expérience de Strasbürger le prouve :

« Pendant que les zoospores se meuvent dans une goutte d'eau inégalement éclairée (1), d'un bord vers l'autre, on interpose une feuille de papier entre le microscope et la source lumineuse : alors aussitôt les zoospores font une conversion; un grand nombre d'entre elles même se mettent à tourner en cercle, mais cela ne dure qu'un instant et elles reprennent le chemin qu'elles avaient abandonné (mouvement d'effroi). »

Tous les rayons du spectre n'exercent pas une influence sur la direction du mouvement des spores; il n'y a guère que les rayons les plus réfrangibles, les rayons bleus, indigos

(1) Expériences citées par O. Hertwig, *loc. cit.*, p. 95 et 97.

et violets, qui agissent comme excitants.

La lumière exerce encore une autre action importante sur la chlorophylle des cellules végétales. Elle agit comme excitant sur le protoplasme chargé de chlorophylle qu'elle fait s'accumuler, par des mouvements lents, en certains points de la face interne de la membrane cellulosique.

Dans les cellules cylindriques du *Mesocarpus*, Algue filamenteuse, s'étend longitudinalement un mince ruban de chlorophylle ; selon la direction de la lumière incidente, ce ruban change de position. Lorsqu'il est atteint directement, soit par le haut, soit par le bas, par la lumière diffuse, il tourne sa face vers la lumière ; par contre, si l'éclairement est réglé de telle sorte que les rayons tombent latéralement sur la préparation, le ruban chlorophyllien tourne et vient occuper une position à peu près verticale et apparaît de profil comme une ligne vert foncé. Pendant les chaudes journées d'été, ces déplacements s'effectuent en quelques minutes, ce qui est dû à l'activité des mouvements qu'exécute le protoplasme à l'intérieur de la membrane cellulaire.

Le ruban chlorophyllien est donc orienté par la radiation ; il se tient perpendiculaire aux rayons lumineux, si ceux-ci ne sont pas intenses ; il prend la position parallèle dans le cas d'une lumière trop vive ; nous retrouvons là les deux positions dites de face et de profil que nous avons signalées pour les corps chlorophylliens dans les cellules des feuilles (1).

Ainsi que Sachs l'a le premier découvert, à la lumière solaire intensive les feuilles sont d'un vert plus clair qu'à la lumière diffuse ou dans l'ombre ; Sachs a même pu produire artificiellement sur des feuilles vivement éclairées des images photographiques, en soustrayant à l'action de la lumière certaines parties des feuilles, à l'aide de bandelettes de papier ; en enlevant ces dernières après un certain temps, on observe que les parties non éclairées ont pris une teinte vert foncé, tranchant sur un fond vert clair.

Nous voyons donc que les corps chlorophylliens se protègent contre un éclairage trop intense, tout en offrant la surface maximum à une radiation faible, le tout par des mouvements de rotation, ou des déplacements, ou même des changements de forme.

(1) Voy. p. 251, et fig. 400 à 402.

Les réactions des végétaux soumis à des actions électriques sont souvent nulles, quelquefois confuses ; cependant, on peut dire que les courants galvaniques, continus ou alternatifs, agissent comme des excitants du protoplasme, lorsqu'ils le traversent directement.

Fig. 866. — *Tradescantia virginica*.

Si l'on place des poils staminaux de *Tradescantia* (fig. 866) entre des électrodes impolarisables très rapprochées, et si on les irrite par de faibles chocs d'induction, on voit, dans la partie du réseau protoplasmique traversée par le courant, la circulation du protoplasme s'arrêter subitement ; après un temps de repos, la circulation recommence.

Si des chocs d'induction puissants et répétés ont frappé la cellule, la circulation cesse complètement, le corps protoplasmique s'étant transformé, par coagulation partielle, en un ou plusieurs amas opaques.

La pression, l'ébranlement agissent comme excitants sur le protoplasme ; lorsque les excitations mécaniques sont faibles, leur action reste limitée. aux points excités ; quand elles sont énergiques, elle se propage à une plus grande distance et plus ou moins rapidement. Lorsqu'une cellule de *Tradescantia* ou un plasmode de Fleur de tan est ébranlé en un point, le mouvement du protoplasme s'arrête longtemps ; c'est ainsi que souvent, en faisant une préparation, le seul fait de poser sur elle une très fine lamelle de verre nécessaire pour l'observation suffit pour arrêter les mouvements protoplasmiques ; après un certain temps de repos, ils se rétablissent peu à peu.

Nous avons examiné dans les chapitres précédents des mouvements généraux déterminés par des contacts ou des pressions : chez certaines plantes carnivores, Dionée, Rossolis ; chez certaines plantes Légumineuses, Sensitive ; et dans les pièces de certaines fleurs, stigmate de Mimule. Dans ces divers cas, l'excitation produite par action mécanique a dû se propager dans les éléments voisins du point touché, afin d'y déterminer la réaction motrice.

Pour montrer l'exquise sensibilité à la pression de certaines parties végétales, nous noterons cette expérience de Darwin, relative à l'inflexion des tentacules du *Drosera rotundifolia* (1).

« J'ajoutai à de l'eau distillée une pincée d'une substance très innocente, c'est-à-dire un précipité de carbonate de chaux qui, comme on le sait, consiste en une poudre impalpable ; j'agitai le mélange et j'obtins ainsi un liquide ressemblant à du lait très étendu d'eau. Je plongeai deux feuilles dans ce liquide et, au bout de six minutes, presque tous les tentacules étaient infléchis. Je plaçai une de ces feuilles sous le microscope, et je pus m'assurer que d'innombrables atomes de chaux adhéraient à la surface extérieure de la sécrétion. Quelques autres l'avaient traversée et reposaient sur la surface des glandes ; c'étaient sans doute ces dernières parcelles qui avaient provoqué l'inflexion des tentacules.

« Quiconque a écrasé entre ses doigts de la chaux précipitée a pu se rendre compte de l'excessive finesse de cette poudre. Sans doute, il doit y avoir une limite au delà de laquelle une molécule serait trop petite pour agir sur la glande ; mais je ne saurais dire quelle est cette limite.

« Enfin, n'est-ce pas un fait extraordinaire qu'un petit morceau de fil ayant 1/50ᵉ de pouce

(0,508 de millimètre) de longueur, et pesant 1/8197ᵉ de grain (0,00793 de milligramme), qu'un cheveu humain ayant 8/1000ᵉˢ de pouce (0,203 de millimètre) de longueur et ne pesant que 1/78740ᵉ de grain (0,000822 de milligramme), ou que des molécules d'un précipité de chaux, après avoir reposé quelque temps sur une glande, amènent quelque changement dans ses cellules, et les provoquent à transmettre une impulsion à travers toute la longueur du pédicelle, qui comprend environ vingt cellules, jusque vers la base, fassent fléchir cette base et fassent décrire aux tentacules un angle de plus de 180° ?

« Il est impossible d'exprimer combien doit être minime la pression exercée par un morceau de cheveu, ne pesant que 1/78740ᵉ de grain (0,00082 de milligramme), supporté qu'il est en outre par un liquide dense. Nous pouvons supposer que cette pression peut à peine égaler un millionième de grain ; nous verrons d'ailleurs bientôt que moins d'un millionième de grain de phosphate d'ammoniaque en solution, absorbé par une glande, agit sur elle et provoque un mouvement du tentacule. J'ai placé sur ma langue un morceau de cheveu ayant 1/50ᵉ de pouce de longueur, morceau par conséquent beaucoup plus gros que ceux employés dans les expériences précédentes ; or, il m'a été impossible de m'apercevoir de sa présence. Il est très douteux, je crois, que le nerf le plus sensible du corps humain, en admettant même que ce nerf soit le siège d'une inflammation, puisse être affecté par une substance aussi petite, supportée par un liquide dense qui l'amène lentement en contact avec lui. Cependant ces parcelles suffisent à irriter les glandes du *Drosera* et à provoquer une impulsion qui se transmet à un point éloigné et qui se traduit par un mouvement apparent. Il me semble que c'est là un des faits les plus remarquables qu'on ait observés jusqu'à présent dans le règne végétal. »

EXCITANTS CHIMIQUES

La propriété fondamentale de la matière vivante étant de maintenir sa composition constante, quelles que soient les variations de la composition du milieu extérieur, le corps d'une cellule peut s'adapter jusqu'à un certain point aux changements chimiques du milieu dans lequel il vit. Pour cela, une condition est essentielle : c'est que ces changements ne soient pas subits, mais progressifs.

(1) Ch. Darwin, *loc. cit.*, p. 35.

Les plasmodes de Fleur de tan se développent parfaitement dans une solution de sucre à 2 p. 100, à la condition que le sucre ne soit ajouté à l'eau que peu à peu. Si on les transportait subitement de l'eau pure dans la solution sucrée, ce changement brusque entraînerait la mort ; et il en serait de même si, habitués à vivre dans la solution à 2 p. 100, on les replaçait subitement dans l'eau pure.

En s'adaptant à un nouveau milieu chimique, les cellules subissent dans leur structure et dans leur activité des changements plus ou moins importants. Si ces changements sont appréciables, nous disons que l'excitation chimique a provoqué une réaction.

Actions chimiques s'exerçant sur tout le corps végétal. — Dans les cellules végétales, le mouvement du protoplasme cesse rapidement si, au lieu de les déposer dans l'eau, on les dépose dans de l'huile d'olive, ce qui empêche la pénétration de l'air. On peut aussi déterminer un ralentissement et finalement un arrêt de la circulation du protoplasme en remplaçant l'air atmosphérique par des gaz non respirables : dans ce cas, il y a une réelle action asphyxique exercée par les gaz autres que l'oxygène, et si l'expérience n'a pas duré trop longtemps, on peut faire disparaître la paralysie du protoplasme en lui fournissant à nouveau de l'oxygène.

Anesthésiques. — Le chloroforme, l'hydrate de chloral, l'éther, qui sont des anesthésiques pour les cellules animales, ont une action analogue sur les éléments des végétaux. Ces substances agissent directement sur les protoplasmes.

Claude Bernard, ayant déposé de la levure de bière dans une solution sucrée additionnée d'un peu de chloroforme, constata qu'il ne s'y produisait pas de fermentation. Ayant ensuite enlevé de cette solution chloroformée les éléments de la levure, il les lava à l'eau pure, puis les déposa dans une solution sucrée pure, et bientôt la fermentation se produisit. Le pouvoir de la levure de transformer le sucre en alcool avait donc été momentanément aboli, par l'action de l'anesthésique. On peut de la même manière arrêter, à la lumière solaire, l'action chlorophyllienne des plantes vertes et l'élimination d'oxygène qui en est la conséquence (Claude Bernard).

Nous avons aussi étudié l'action du chloroforme sur les mouvements provoqués de la Sensitive ; l'irritabilité disparaît totalement après environ une demi-heure d'action des vapeurs anesthésiantes.

Actions chimiques s'exerçant inégalement sur le corps végétal. — Quand les substances chimiques agissent sur le corps végétal dans une direction déterminée, elles déterminent souvent des changements de forme et des mouvements, ceux-ci étant dirigés vers la source ou bien en sens contraire. Dans le premier cas, l'action chimique est attractive ; dans le second cas, elle est répulsive.

L'expérience d'Engelmann, citée page 238 (fig. 410), montre l'action attractive que l'oxygène exerce sur des Bactéries mobiles.

Stahl a montré que l'eau peut agir comme excitant sur la Fleur de tan. Quand un plasmode d'*Æthalium* est uniformément étalé sur une bande de papier à filtrer humide, et que le papier commence à se dessécher, le plasmode se retire toujours vers les points les plus humides.

Diverses substances chimiques exercent sur ces plasmodes une action attractive ; d'autres une action répulsive ; parmi les premières est l'infusion de tan, parmi les secondes se trouvent les sels de cuivre, le salpêtre, la glycérine. Les plasmodes nus, si facilement destructibles, possèdent donc cette remarquable propriété de fuir les substances nuisibles et de rechercher les substances qui leur conviennent. C'est ainsi que, si l'une des nombreuses ramifications d'un plasmodium rencontre accidentellement un milieu riche en matières nutritives, aussitôt le protoplasme afflue vers ce milieu favorable.

Les anthérozoïdes des Fougères sont attirés énergiquement par l'acide malique ; ceux des Mousses par une solution de sucre de canne à 0,1 p. 100. Une solution à 1 p. 100 d'extrait de viande ou d'asparagine exerce une puissante action attractive sur le *Bacterium termo* et quelques autres organismes monocellulaires. Et, ainsi que le remarque Pfeffer, on peut faire servir de pièges à Bactéries des tubes de verre pourvus de diverses amorces, que l'on plonge dans des liquides de culture.

Notons aussi que toutes les substances qui exercent sur les organismes une action attractive n'ont pas pour eux une valeur nutritive. Il en est même qui tuent immédiatement les organismes qu'elles attirent, comme le salicylate de soude, la morphine.

Enfin, les substances chimiques agissent sur des groupes cellulaires auxquels elles ne paraissent pas directement utiles ; c'est ainsi que les excitants des éléments moteurs des plantes carnivores peuvent être des substances non utiles à la plante ; cependant, nous avons vu que les matières azotées étaient celles qui, avec le phosphate d'ammonium, provoquaient les mouvements caractéristiques des tentacules du *Drosera*.

Les plantes sont-elles sensibles ? — La Sensitive est très sensible au contact. Si on touche légèrement une feuille de Sensitive, aussitôt elle se ferme et s'infléchit vers le bas. C'est en même temps un très bel exemple de la rapidité de la propagation de l'excitation chez les plantes, propagation qui s'accomplit sans intervention de nerfs, par simple transmission d'une impulsion excitante, d'un corps protoplasmique aux corps voisins. Il en résulte que, selon l'énergie plus ou moins grande du choc mécanique, non seulement les feuilles situées au voisinage de la feuille touchée se plient, mais aussi toutes les feuilles d'une même branche et même éventuellement toutes les feuilles de la plante.

Cet exemple, choisi il est vrai, montre que les réactions des végétaux aux excitants sont, en bien des points, comparables aux réactions que manifestent les animaux placés dans les mêmes conditions. Faut-il en conclure à la sensibilité des végétaux.

Pour répondre à cette question, examinons les diverses phases d'un acte réflexe observé chez les animaux. L'acte réflexe comprend : l'excitation, phénomène purement physique, contact, pression, variation de température, de lumière, de composition chimique du milieu ; puis l'impression qui est la trans-formation de l'énergie extérieure en énergie propre à l'être, c'est-à-dire la production d'influx nerveux chez un animal supérieur ou la mise en mouvement du point excité chez un animal inférieur. A ces phénomènes succède une transmission de cette énergie interne, effectuée par les nerfs ou simplement par les particules plasmiques ; si un organe central existe, c'est là que siège le pouvoir de transformation de l'énergie sensible en énergie motrice ; sinon, toute partie du protoplasme possède cette propriété ; et l'énergie motrice, après une transmission plus ou moins nette, va produire, en se dépensant, la mise en liberté d'une quantité très variable d'énergie accumulée dans l'organe moteur : ce dernier phénomène constitue la réaction de l'être à l'excitant ; elle seule peut permettre de définir l'irritabilité.

Or, dans cet ensemble de manifestations, rien ne fait défaut chez les plantes ; la plante est donc irritable.

Mais, étant donné qu'une excitation atteint un animal, la réaction produite est très variée ; un infusoire même réagit de façon souvent très différente à des excitants identiques, ou presque identiques. Au contraire, la plante réagit de façon toujours semblable à des excitants souvent bien différents, comme si elle était automate, incapable de modifier le mouvement spécial que chaque organe peut produire à l'exclusion de tout autre.

Chez l'animal, même inférieur, il semble exister un rudiment de perception, de sensation, et par suite de volonté, tandis que chez le végétal il est impossible de constater autre chose que l'irritabilité simple, sans indication d'aucune sensibilité.

Fig. 867. — Composition décorative formée de fleurs et de fruits. Dans le vase sont des Marguerites et des Tomates, à côté de lui se voient une Courge et une Calebasse.

REPRODUCTION DE LA PLANTE

Tout organisme, arrivé à cette phase de son développement que l'on est convenu d'appeler l'état adulte, se reproduit, c'est-à-dire donne naissance à un organisme semblable à lui, capable par la suite de vivre seul. Ce phénomène est très général, il ne souffre aucune exception, et nous l'avons choisi comme l'une des caractéristiques des êtres vivants (1).

La reproduction ainsi définie peut se faire suivant des procédés multiples dont nous aurons à faire l'étude, mais dont il nous faut connaître de suite la nature ; pour cela, nous choisirons un exemple bien connu, celui de la reproduction du Fraisier, parmi ceux que nous offre la nature.

Considérons un jeune Fraisier au milieu d'une plate-bande : nous le voyons constitué par un bouquet de feuilles, paraissant émerger du même point du sol, et nous savons d'autre part que ses racines forment un chevelu au-dessous d'une petite masse qui est la tige. Après quelques jours de développement, nous observerons un ou plusieurs cordons grêles, ressemblant à des tiges, et s'échappant du milieu des feuilles. Ces cordons, nommés encore *filets* ou *coulants*, sont flexibles ; ils vont, en s'allongeant, se courber et reposer sur le sol, ils auront l'air de ramper. Bientôt,

(1) Voy. p. 6.

Fig. 868.

Multiplication végétative.

Fig. 868. — Un pied de Fraisier non fleuri muni d'un coulant qui s'est enraciné et a donné une pousse à deux nœuds successifs.

Fig. 869.　　Fig. 870.　　Fig. 871.

Reproduction.

Fig. 869. — Fleur épanouie.

Fig. 870. — Un pistil dont l'ovaire a été ouvert pour montrer son ovule (gr. 12).

Fig. 871. — Fraise montrant de petits fruits nichés dans des fossettes de la masse succulente.

Fig. 868 à 871. — Fraisier quatre-saisons (*Fragaria vesca* L., var. *semperflorens*).

sur ces rameaux étendus autour de la plante, nous verrons se former de petites feuilles, souvent une seule sur un rameau et, au nœud ainsi produit, s'ajouteront des racines, nées au contact du coulant et de la terre humide (fig. 868).

Au bout de quelques jours, nous trouverons la plante originelle avoisinée de petites plantes identiques, quoique réduites dans leur dimension ; un lien unira encore tous ces végétaux, ce qui pourrait faire croire à une colonie. Laissons croître les petits Fraisiers, et nous constaterons la disparition des liens existants entre la plante mère et les plantes filles, que l'on appelle des *marcottes*. Ces marcottes, isolées, sont en tout semblables à la plante qui les a produites ; elles peuvent à leur tour donner des Fraisiers par le même procédé.

Considérons maintenant un Fraisier isolé, au moment où, sous l'influence de conditions favorables, les fleurs commencent à apparaître parmi les feuilles ; nous verrons les fleurs s'épanouir (fig. 869) et nous trouverons dans chacune d'elles des petits corps jaunes (ou étamines), desquels s'échappera une fine poussière (ou pollen) et, au milieu de cet ensemble, d'innombrables petits corps brunâtres (ou pistils) faisant partie d'une masse en forme de bouton. Tandis que le pollen tombant sur les pistils

provoque leur développement, le bouton central s'accroît et devient la fraise.

Plus tard, nous constatons que la fraise mûrie est constituée par une masse succulente (fig. 871) qui est garnie d'innombrables petits corps noirs (ou fruits) provenant chacun d'un pistil. Or, tandis que le pistil contenait un ovule (fig. 870) que le pollen a fécondé, chaque fruit contient une graine.

Récoltons la graine mûre et plantons-la, ou bien attendons que, la fraise étant tombée sur le sol, les graines soient mises en terre accidentellement. Nous ne tarderons pas à observer, dans des conditions convenables, une germination et un développement dont le résultat sera la production d'une plante nouvelle, en tout semblable à la plante première; la plante fille sera identique à la plante mère.

Multiplication végétative et reproduction. — Le double exemple que nous avons relaté nous a conduit au même résultat, à savoir la production de nombreux Fraisiers identiques au premier et, dans les deux cas, la plate-bande n'a pas tardé à être complètement envahie par le développement de rejetons de plus en plus nombreux.

Cette ressemblance des phénomènes n'est pourtant pas complète, et l'apparence nous trompe encore une fois.

Analysons de plus près les stades de l'évolution d'un Fraisier. Nous trouvons au début une graine, c'est-à-dire une plante en miniature, entourée de réserves nutritives concrètes, et protégée par un tégument assez résistant. Cette graine peut passer l'hiver, elle peut supporter une sécheresse même prolongée, elle est à l'état de vie ralentie. Vienne le printemps, la graine germe, une plante apparaît, avec deux petites feuilles très particulières (ou cotylédons), et ce n'est que petit à petit que, par l'apparition des feuilles normales, le végétal présente les caractères d'un Fraisier adulte. A son tour ce Fraisier pourra donner des graines et assurer la persistance de l'espèce à laquelle il appartient. L'évolution d'une telle plante est bien complète, elle forme un cycle fermé, et l'ensemble des aspects que l'on connaît pour le Fraisier a été acquis sans omission.

Cela étant, on voit que le cycle évolutif du Fraisier né comme marcotte est incomplet, tronqué, car la plante ne présente jamais les états compris entre la fleur et la plantule de germination, en passant par ceux de fruit et de graine. Un état seul semble être acquis : c'est celui de plante adulte, avec ses feuilles ordinaires et son port particulier. Une jeune marcotte de Fraisier n'est pas un Fraisier à l'état jeune, comme la plante sortant de la graine : ce n'est qu'une forme réduite d'un Fraisier adulte ; cette marcotte n'est pas réellement née, elle est la continuation d'une autre plante plus âgée. Remarquons aussi que les racines de la marcotte sont des racines adventives, produites par une tige, le coulant ; elles ne sont pas, comme les racines du Fraisier d'origine, nées de la radicule contenue dans la graine.

Mais, à part les différences signalées, il en est une autre d'importance plus grande, car racines primitives et racines adventives sont toujours racines, et ont toujours le même rôle.

Tandis que la marcotte reproduit invariablement le Fraisier d'origine, dont elle n'est du reste qu'une partie détachée, le Fraisier né de graine peut reproduire un Fraisier quelque peu différent du Fraisier parent ; la fécondation qui a produit la plantule de la graine a permis l'introduction d'éléments de variation. Les variations de cette nature ne déformeront jamais le type originel au point de le rendre méconnaissable et, dans tous les cas, les caractères nouvellement acquis seront des caractères appartenant en tout ou en partie à l'un des reproducteurs ou à l'un de ses ancêtres. Ainsi est mise en lumière la nature du phénomène de reproduction, qui est la création d'êtres nouveaux possédant les caractères de leurs parents, ces êtres pouvant alors se nommer des *descendants* ou des *fils*, la transmission des caractères ancestraux étant nommée *hérédité*.

La reproduction est une filiation.

Tout au contraire, les rejetons nés par le procédé de la marcotte ne portent pas les caractères ancestraux dans leur totalité ; leur évolution est tronquée ; ils ne sont pas réellement des fils, ils ne sont que des tronçons des parents, devenus autonomes. Pour ces rejetons, nous n'emploierons pas le terme de reproduction, nous dirons qu'il y a eu multiplication végétative.

Ces deux modes de conservation et d'extension des espèces végétales sont souvent associés, comme dans l'exemple choisi, pour concourir au même but : la multiplication végétative simple augmentant l'aire de distribution d'une espèce pendant les périodes de végétation, la reproduction permettant à la plante de passer la mauvaise saison sous un état spécial, et assurant sa prolifération par le très grand nombre des corps reproducteurs engendrés à la fois.

Multiplication végétative et reproduction seront étudiées dans des chapitres distincts ayant ces vocables pour titres respectifs.

Fig. 872. — *Kleinia articulata*. — Formation et désarticulation de portions de tiges susceptibles de multiplier la plante par bouturage naturel.

MULTIPLICATION VÉGÉTATIVE

Les procédés de multiplication peuvent être rapportés à trois principaux, dont nous pourrions choisir les types, soit dans la nature, soit dans la pratique culturale, et que nous nommerons : bouturage, marcottage, greffe.

Dans tous les cas, la multiplication consiste dans la production sur le végétal mère d'une partie, spéciale ou non, susceptible d'en être détachée et de constituer une plante nouvelle. Si la partie dépendante prend racines avant qu'une section la sépare de la plante mère, on dit qu'il y a marcottage. Si, au contraire, cette partie est détachée tout d'abord, puis plantée, il y a bouturage. Enfin, dans le cas où cette partie est détachée, puis associée à un végétal différent, choisi, il y a greffe ; la greffe est donc une sorte de bouturage particulier dans lequel la partie greffée doit s'unir au végétal porte-greffe, au lieu de développer des racines propres, comme dans le bouturage ordinaire.

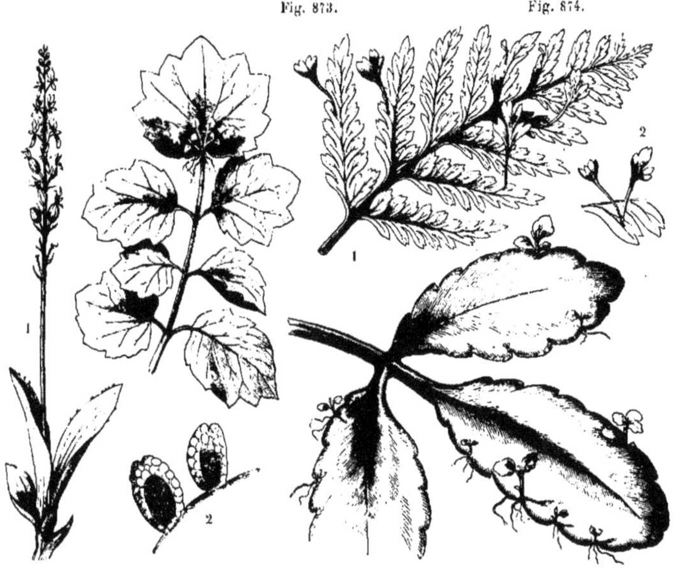

Fig. 873.

Fig. 874.

Fig. 875.

Fig. 876.

Fig. 873. — Sur le feuillage d'une *Cardamine pratensis*.

Fig. 874. — 1. 2, sur un fragment de feuille d'*Asplenium bulbiferum*.

Fig. 875. — 1, sur les bords des feuilles du *Malaxis paludosa*. — 2, deux bourgeons sur le bord d'une feuille de *Malaxis paludosa*.

Fig. 876. — Sur le pourtour d'un fragment de feuille de *Bryophyllum calicinum*.

Fig. 873, 874, 1, 875, 1, et 876, grandeur naturelle.

Fig. 874, 2, gr. 2 fois. — Fig. 875, 2, gr. 20 fois.

Fig. 873 à 876. — Formations de bourgeons adventifs foliaires.

BOUTURAGE

Sous le nom de bouturage, nous comprendrons, non seulement les formations artificielles de végétaux par boutures, mais toutes les multiplications opérées par dissociation, c'est-à-dire par séparation d'une partie d'une plante effectuée sur cette plante.

Dans les cas de dissociation naturelle, les parties détachées sont des parties spéciales souvent créées en vue de cette dissociation. Dans les cas de bouturage artificiel, la partie détachée est choisie, comme nous le verrons plus loin.

MULTIPLICATION PAR DIVISION

Le corps d'un végétal, par le fait même de la nutrition, augmente ses dimensions, et il arrive le plus souvent que l'acquisition de la taille maximum détermine une séparation de l'individu en deux parties ; ainsi se divisent les cellules des Levures, ainsi se double une Diatomée, et c'est là un mode de multiplication très répandu chez les végétaux inférieurs. Mais, de ce fait que les deux parties produites possèdent les mêmes caractères, qui sont aussi ceux de l'être parent, on peut conclure qu'il y a eu reproduction, et ce mode de division devra être rattaché au chapitre de la reproduction, dans l'étude de la *scissiparité*.

Considérons maintenant un Champignon, une Algue ou une Fougère au moment où s'échappent, des appareils spéciaux, ces petits grains nommés spores. Là encore nous assistons au départ de parties détachées d'un organisme,

Fig. 877. — *Dentaria bulbifera*. — Formation de bourgeons axillaires. — *a*, sommité d'une tige fleurie normale ;
b, rameau portant deux fruits mûrs, les bourgeons axillaires sont petits et peu nombreux ; *c*, rameau dont
l'inflorescence a avorté ; à l'aisselle de chaque feuille existe un bourgeon axillaire bien développé ; *d*, développement d'un bourgeon ; *e*, rhizome né d'un bourgeon.

et nous savons que, par leur germination, ces spores donneront naissance à de nouveaux végétaux semblables aux producteurs, directement ou par l'intermédiaire d'une forme de passage. Ce qui nous fera dire que la production des spores n'est pas un mode de reproduction comparable à la formation des œufs et des graines, mais qu'il est un mode de multiplication végétative. A ce titre, l'étude de la *sporulation* devrait se placer ici ; cependant, comme l'état de spore est souvent pour un végétal une forme nécessaire, formant un chaînon de l'évolution complète, nous traiterons de ce sujet au chapitre de la reproduction proprement dite.

Et il nous reste à examiner les cas où un végétal détache de sa masse une partie plus petite que lui et susceptible de fournir par un développement ultérieur une nouvelle plante, ce qui constitue réellement une multiplication par division.

Sorédies des Lichens. — La multiplication des Lichens par sorédies a été mentionnée pages 393 et 394.

Une sorédie se compose d'une ou plusieurs cellules vertes de l'Algue nourricière, enveloppées de toutes parts par une couche de filaments du Champignon ; le tout se détache du thalle et, comme une bouture, produit un Lichen nouveau.

Propagules des Mousses. — Les Mousses sont de tous les végétaux ceux qui présentent le plus grand nombre de moyens de multiplication. Chez elles, le marcottage naturel est fréquent ; chaque partie peut en outre produire des filaments qui, sous le nom de protonème, deviennent l'origine de nouveaux individus. Des bourgeons adventifs peuvent, dans quelques cas, se produire sur les poils rhizoïdes et se comporter plus tard comme un protonème.

Mais le mode de multiplication le plus fréquent est la production de propagules, petits corps fusiformes ou lenticulaires, avec ou sans pédicelle, qui naissent sur la tige, à son sommet, plus rarement sur les feuilles ou sur le protonème. Formés de plusieurs cellules, ces propagules tombent sur le sol ; ils peuvent résister aux intempéries et émettent des filaments qui constituent un protonème nouveau.

Dans quelques Mousses, la formation des propagules est le seul procédé de multiplication de la plante, qui ne donne ni spores, ni œufs, et qui est pour cela qualifiée de plante apogame. Tel est le cas de la *Barbula papillosa*.

Propagules des Fougères. — Le prothalle des Fougères, qui est une petite lame verte portant ordinairement les organes reproducteurs, peut donner naissance à des propagules rappelant ceux des Mousses.

Ces propagules sont des petits massifs cellulaires fusiformes, attachés au prothalle au moyen de filaments également verts. En se détachant et se disséminant, ces corps sont l'origine de nouveaux prothalles identiques au premier.

Bourgeons adventifs. — La propriété que possèdent les parties d'une plante de s'accroître en se ramifiant permet de comprendre la formation de tiges ou de bourgeons adventifs, sur des organes où ces sortes de production sont rares et semblent anormales. Le plus souvent, l'aspect que donne une partie adventive développée, mais jeune, sur une partie âgée est très original et fixe l'attention, comme le montrent les figures 873 à 876.

Ce mode de multiplication est fréquent chez les Fougères, où l'on voit souvent des tiges adventives sur les feuilles. Le lieu de naissance des bourgeons est variable ; tantôt il est sur une nervure du limbe foliaire, comme chez l'*Asplenium bulbiferum* de la figure 874 (1 et 2), tantôt il est à l'insertion des parties de feuille sur le pétiole principal, comme chez l'*Asplenium decussatu* .

Quelquefois ces bourgeons naissent sur le prothalle, qui peut ne jamais porter d'organes reproducteurs ; la plante est donc apogame. Il en est ainsi chez *Todea africana*, *Pteris cretica*, et chez la variété crêtée d'*Aspidium filix mas*. Ces bourgeons adventifs émettent des racines qui se fixent dans le sol, soit d'emblée, soit après la chute sur le sol de l'organe qui les a produits.

Les bourgeons adventifs s'observent plus rarement chez les plantes supérieures ; cependant, on les trouve très répandus chez quelques Crassulacées, telles que les Bryophylles et les Kalanches. Le *Bryophyllum calicinum*, remarquable à cet égard, porte ses bourgeons sur le pourtour et dans les échancrures du limbe foliaire (fig. 876).

Sur les feuilles de la Cardamine des prés (fig. 873), on trouve des bourgeons adventifs à la naissance des nervures du limbe foliaire, tandis que ceux du Malaxide des marais (fig. 875) sont situés sur le bord de la feuille.

Une plante dont la biologie est curieuse est le *Streptocarpus polyanthus*, de la famille des Gesnéracées. A la germination de la graine, il se forme une plantule comportant une tige et deux cotylédons ; or, tandis que la tige et l'un des cotylédons avortent, l'autre se développe en une feuille très longue et large. Plus tard, cette feuille voit son pétiole porter des racines adventives, puis une tige et une hampe florale de même origine. On ne saurait ici, comme dans bien des cas du reste, déterminer l'avantage que peut trouver la plante à créer ainsi des organes qu'elle avait tout d'abord possédés, et il faut se contenter d'enregistrer les phénomènes, en attendant que l'on puisse les comprendre.

Chez la Dentaire (*Dentaria bulbifera*) représentée dans la figure 877, on observe la curieuse formation de bulbes ou bourgeons adventifs, susceptibles de multiplier la plante, particulièrement quand la fructification a été mauvaise ; il s'établit là un remplacement organique qui ne laisse pas la plante sans progéniture. A l'aisselle d'un grand nombre de feuilles et même à l'aisselle de toutes les feuilles, on remarque des petits bourgeons formés de deux préfeuilles et d'un massif cellulaire central. Au commencement de la mauvaise saison, alors que les feuilles de la Dentaire se détachent, les bourgeons subissent le même sort et tombent sur le sol. Plus tard ils germent (fig. 877, *d*) et donnent naissance à une petite racine et à un rhizome (fig. 877, *e*). Sur

Fig. 878. — Morrène aquatique (*Hydrocharis morsus ranæ*). — 1. bourgeon d'hiver montant du fond de l'étang à la surface; 2. jeune plante née d'un bourgeon; 3. plante adulte ayant déjà produit une marcotte.

celui-ci, on peut pendant quelque temps retrouver le bourgeon d'origine, et à côté de lui se développe la tige aérienne.

Ce mode de multiplication n'est pas sans analogie avec celui que donnent les propagules des Mousses, si l'on compare le rhizome de Dentaire au protonème d'une Mousse.

Des bourgeons d'une nature peu différente se rencontrent chez la Morrène aquatique (*Hydrocharis morsus ranæ*) représentée par la figure 878 (1). Cette plante se compose d'un bouquet de petites feuilles submergées duquel partent les principaux organes : d'une part des feuilles nageantes, étalées à la surface de l'eau des mares; d'autre part des racines grêles, non ramifiées. En outre, du pied de la plante se développent des tiges assez fortes, ou stolons, qui se dirigent presque horizontalement et se terminent par une nouvelle plante ou marcotte, ainsi qu'on le voit sur la figure 878, 3, un peu à gauche.

Au commencement de la mauvaise saison, des tiges spéciales, nées près des stolons et

(1) Voy. *Le Monde des Plantes*, t. II, p. 536, et fig. 1519.

plus grêles qu'eux, portent à leur extrémité des bourgeons ou corps de multiplication, qui tombent au fond de l'eau et y passent l'hiver, tandis que les tiges qui les ont produits et même la plante entière se flétrissent et meurent. Au printemps, ces bourgeons reviennent à la surface de l'eau (fig. 878, 1, à droite) : ils se développent alors et donnent naissance à une plante nouvelle (fig. 878, 2, à gauche). Bientôt, cette plante deviendra adulte, elle produira à son tour des marcottes et des bourgeons d'hiver, assurant ainsi, par un double procédé, la conservation de l'espèce et sa multiplication.

BOUTURAGE PROPREMENT DIT

Tandis que dans tous les exemples cités précédemment, les parties détachées des plantes avaient une conformation particulière, une prédestination, dans la plupart des cas de bouturage artificiel les parties détachées ou *boutures* sont des portions, souvent quelconques, d'organes végétatifs. Dans les premiers cas, il y a autotomie déterminée : dans tous les autres, il y a ablation indéterminée.

Le choix de la partie du végétal que l'on doit détacher n'est pas indifférent, mais on peut cependant dire que la plupart des organes peuvent fournir des boutures, car l'expérience prouve que la possibilité de régénération intégrale de la forme entière existe presque dans toutes les parties d'une plante. Les bourgeons qui contiennent un résumé de la partie aérienne d'une plante sont tout spécialement aptes à la formation des boutures.

La définition générale d'une bouture serait donc la suivante : une bouture est une partie d'un végétal susceptible de régénérer les parties manquantes, de se compléter, pour reconstituer la forme entière. Un examen, même rapide, montre que les parties aériennes sont les plus capables de se compléter en se constituant des racines, tandis que l'achèvement de la forme aux dépens d'une partie radiculaire est seulement réalisable dans quelques cas.

Si la bouture est une tige, un rameau ou même une feuille, il s'y développe des racines adventives; si, au contraire, la bouture est une racine, il s'y développe un bourgeon adventif. Certaines feuilles, comme celles du *Ficus elastica*, de l'*Hoya carnosa*, développent bien des racines adventives, mais ne forment aucun bourgeon, ce qui ne permet pas de les employer pour le bouturage.

Reprise des boutures. — Dès qu'on a sectionné une partie d'un végétal pour en faire une bouture, il tend à se constituer un tissu cicatriciel capable de mettre cette bouture en état de défense contre les actions extérieures ; on nomme *bourrelet* ou *callus* ce tissu cicatriciel, tout d'abord constitué par des cellules de la bouture, indifférenciées, paraissant susceptibles d'absorber l'eau du sol. Bientôt, dans cette zone spéciale se crée un tissu de protection, un liège, qui isole définitivement la bouture, et la laisse dans l'obligation de vivre de ses réserves, amylacées ou azotées. Ensuite, sous l'action du stimulus déterminé par le traumatisme, et surtout par l'humidité du sol, les cellules de la bouture qui surmontent le bourrelet deviennent génératrices et produisent des tissus nouveaux, des racines en particulier; celles-ci traversent le bourrelet, comme une radicelle traverse les tissus de la racine mère lors de sa formation, et c'est ainsi que se constitue la plante de bouture.

La formation du bourrelet paraît nécessaire, et la reprise d'une bouture est souvent subordonnée à sa formation. Ainsi, les plantes grasses, dont la reproduction par graines est souvent fort longue, sont multipliées par boutures, et on doit, après avoir détaché une raquette d'*Opuntia* ou de *Phyllocactus*, laisser se former à l'air un callus de cicatrisation ; abandonnée à elle-même pendant quelques jours, puis plantée, la raquette reprend aisément. Au contraire, si on plante une raquette fraîche dans la terre humide, on observe presque toujours un ramollissement des tissus voisins de la section, et une pourriture progressive, ne laissant aucun espoir de voir réussir l'opération.

La facilité de l'enracinement diffère beaucoup d'une plante à l'autre. En général, elle est grande pour les végétaux à bois mou, difficile pour ceux à bois dur; aussi multiplie-t-on aisément par ce moyen les Saules, les Peupliers, la Vigne. C'est pour cette raison que, dans certains végétaux, la reprise est difficile sur des fragments bien lignifiés, mais facile avec de jeunes pousses. On a donc intérêt à obliger certaines espèces à produire un grand nombre de pousses, chacune d'elles devenant une bouture.

Pratique du bouturage. — « Choisir un rameau d'un an bien conformé (1), le couper immédiatement au-dessus d'un bourgeon, et l'enterrer de manière qu'un ou deux bourgeons seulement apparaissent au dehors; donner la préférence à un sol riche, meuble et exposé au nord, afin que la bouture ne se dessèche pas avant de s'enraciner; la question d'humidité est capitale dans l'opération du bouturage. Nous savons, en effet, que l'eau seule charrie les matières nutritives, et qu'il ne peut se produire aucune formation nouvelle lorsque les cellules génératrices ne sont pas turgescentes ; on prévient la dessiccation en recouvrant le sol d'un paillis, et en abritant la partie aérienne de la bouture au moyen de cloches, de claies, etc.

« Avec un sol de fraîcheur moyenne, il vaut mieux, surtout dans le Midi, effectuer les boutures en automne, précisément pour empêcher la dessiccation, dont nous venons de signaler les inconvénients. Si le sol est trop humide, on doit préférer le printemps, car pendant l'hiver, l'extrémité enterrée de la bouture pourrait se décomposer. Dans ce cas, les rameaux à bouturer sont mis en bottes dès le mois de décembre, et placés verticalement,

(1) Schribaux et J. Nanot, *Éléments de botanique agricole*, p. 152.

le sommet en bas, dans une tranchée ayant une profondeur égale à la longueur des boutures ; on recouvre le tout de terre, de manière à former un petit billon qu'on abandonne ainsi jusqu'au printemps, époque de la mise en place. Chaque bouture, munie alors d'un bourrelet, s'enracine bien plus rapidement que si on l'isolait du pied mère immédiatement avant la plantation.

« **Différentes sortes de boutures**. — I. BOUTURES PAR RACINES. — Certaines essences se multiplient facilement par racines ; exemples :

Fig. 879. — Bouture par racine. — *a*, partie extérieure ; *b*, partie enterrée.

le *Paulownia*, le Néflier du Japon et autres arbres d'ornement. Il suffit de planter des tronçons de racines (fig. 879) d'environ 0ᵐ,15 de longueur et de les enterrer en ne laissant hors de terre qu'une longueur de 0ᵐ,02 ou 0ᵐ,03.

« II. BOUTURES PAR RAMEAUX. — *Bouture simple*. — Prendre un rameau d'un an, long de 0ᵐ,20 environ, et muni d'un bourgeon à chacune de ses extrémités ; l'enterrer de ma-

Fig. 880. — Bouture simple faite avec un rameau feuillé de Verveine.

nière qu'un ou deux bourgeons seulement apparaissent au dehors (fig. 880).

« *Bouture à crossette*. — Elle se compose d'un rameau portant à sa partie inférieure un tronçon de vieux bois (fig. 881) qui a simplement pour but d'empêcher les boutures de se dessécher quand elles doivent être transportées à une certaine distance.

« *Bouture à talon*. — On sépare par arrachement le rameau du vieux bois. Ce dernier est représenté dans la bouture par une petite masse appelée *talon*, ce qui lui a valu son nom.

« *Bouture écorcée*. — Dans les boutures de Vigne, on enlève près de la base du sarment, à

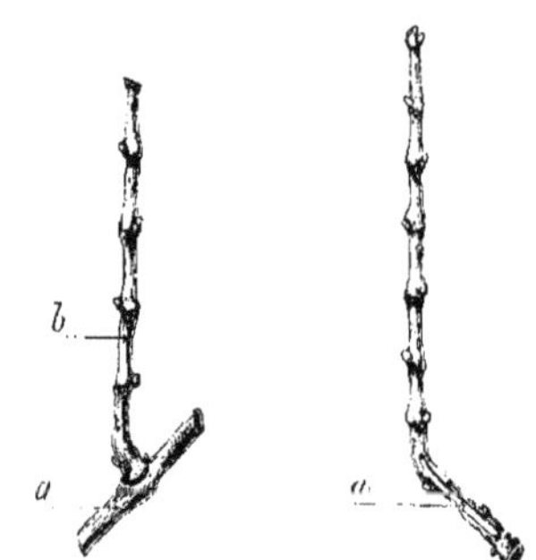

Fig. 881. — Bouture à crossette. — *a*, tronçon de vieux bois ; *b*, rameau.

Fig. 882. — Bouture écorcée en *a*.

droite et à gauche (fig. 882), une lanière d'écorce de 0ᵐ,05 de longueur environ.

« *Bouture par plançons*. — Pour multiplier les essences à bois tendre telles que Peupliers, Saules, Aulnes, on prend des rameaux de trois à cinq ans, bien droits, longs de 2 à 3 mètres et débarrassés de leurs ramifications : on les taille en pointe à leur extrémité inférieure, puis on les enfonce de 0ᵐ,50 dans un sol humide.

« *Bouture semée*. — Il y a quelque temps, on essaya de multiplier la Vigne et le Mûrier en semant des tronçons de rameaux longs de 0ᵐ,01 à 0ᵐ,02 et pourvus chacun d'un bourgeon

Fig. 883. — Bouture semée.

(fig. 883) ; ce mode de multiplication donne des résultats peu satisfaisants avec la Vigne cultivée en grand. Il est avantageux d'y recourir, quand on veut multiplier des Vignes précieuses dont on ne possède qu'un petit nombre de sarments ; mais alors les boutures sont semées sur couche, exactement comme celles qui servent à reproduire les plantes de serre. Dans le Midi, ce procédé réussit bien avec le Mûrier quand le sol peut être facilement irrigué.

« III. BOUTURES PAR FEUILLES. — Certaines feuilles, telles que celles du *Ficus elastica*, appelé vulgairement Caoutchouc, développent des racines lorsqu'on les applique sur le sol après avoir brisé leurs nervures en certains points; mais comme il n'existe pas de bourgeons sur ces feuilles, il est rare qu'après s'être enracinées elles donnent naissance à une tige. Les feuilles de *Begonia* développent des bourgeons à la base de leur pétiole et quelquefois sur le limbe lui-même. »

Propriétés de la plante née de bouture. — La bouture, étant une partie de plante détachée et devenue autonome, peut être considérée comme une partie de l'individu premier qui a continué à vivre dans des conditions spéciales ; elle présente donc tous les caractères du pied mère. Par ce moyen de multiplication, la variation ne peut trouver place, et la fidèle reproduction de la plante d'origine que l'on constitue, à de nombreux exemplaires, est le principal avantage du bouturage.

MARCOTTAGE

Pour certaines espèces végétales, particulièrement pour les essences à bois dur, les insuccès auxquels conduit le bouturage ont conduit à la pratique du marcottage, c'est-à-dire à la multiplication de l'individu par ses rameaux, en ne détachant ceux-ci qu'après le développement des racines adventives de la nouvelle plante ou marcotte.

MARCOTTAGE NATUREL

La découverte du marcottage résulte de l'observation de ce qui a lieu fréquemment dans la nature.

Chez un grand nombre de plantes, le marcottage s'effectue naturellement. Ainsi les racines adventives, nées sur les rameaux du Figuier des Banyans (*Ficus benghalensis*), descendent souvent d'une hauteur considérable, s'enfoncent dans la terre, grossissent rapidement et figurent autant de troncs nouveaux, de telle sorte que l'arbre primitif se trouve former le centre d'une petite forêt, dont tous les membres sont reliés à lui. Dans les plantes drageonnantes, stolonifères ou pourvues de coulants, la production de racines et la séparation ultérieure de la formation nouvelle sont la règle. C'est ainsi que le Vernis du Japon (*Ailantus glandulosa*) et l'Acacia se multiplient par des drageons ; l'Epervière piloselle (*Hieracium pilosella* L.), par des stolons; le Fraisier et la Violette odorante, par des coulants.

Nous avons rapporté plus haut l'exemple du Fraisier dans lequel les coulants sont aériens ; chez d'autres plantes, le coulant est souterrain. Tantôt alors il devient charnu dans toute sa longueur, comme dans le Liseron, tantôt il se renfle seulement à son extrémité et porte une masse ovoïde ou arrondie, qu'on a nommée tubercule (fig. 884). En général, les tubercules sont dus à un développement exagéré de la moelle, qui s'est gorgée d'amidon et parfois d'inuline. Ils sont portés par des rameaux longs ou courts et tantôt isolés ou peu nombreux, tantôt réunis en un même point et figurant une racine fasciculée.

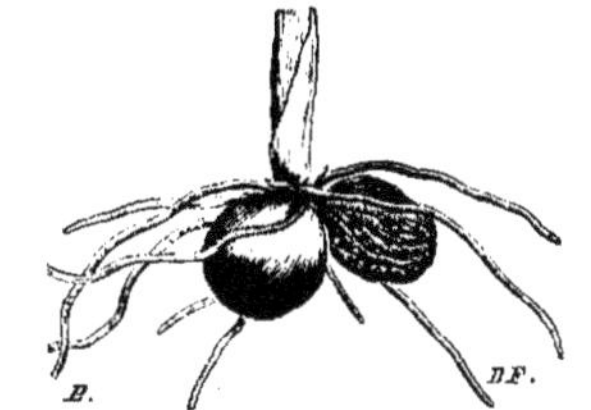

Fig. 884. — Tubercules de l'*Anacamptis pyramidalis*.

Chacun d'eux étant susceptible de se développer en une plante entière, ces tubercules constituent un moyen de multiplication important.

Les exemples de la figure 883 montrent très nettement la disposition de ces organes de multiplication dans divers cas, et l'examen des tubercules de *Thladiantha*, qui y sont représentés, montre aussi que chaque tubercule est capable de fournir plusieurs pousses. On sait du reste que les yeux de la Pomme de terre sont des bourgeons, et que la fragmentation de ce tubercule permet d'obtenir autant de plantes nouvelles qu'il y a d'yeux ; dans ce cas, la division préalable de la Pomme de terre doit se faire de façon que chaque œil soit en rapport avec une quantité suffisante de réserves.

« On doit à Duhamel (1) une curieuse expérience qui met en évidence la faculté que possèdent les racines de se couvrir de bourgeons adventifs et la tige et ses ramifications de pro-

(1) Schribaux et Nanot, *loc. cit.*, p. 100.

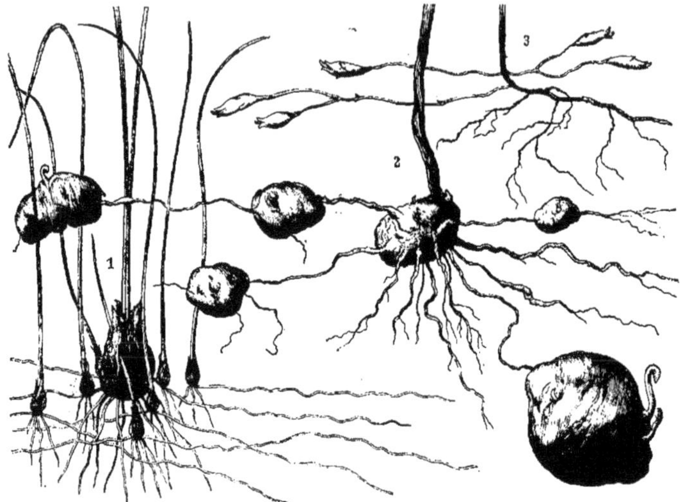

Fig. 885. — Multiplication des plantes par des tubercules ou des bulbes. — 1, *Muscari racemosum*;
2, *Thladiantha dubia*; 3, *Circæa alpina*.

duire des racines adventives. Il recourba la tige flexible d'un jeune Saule, de manière que ses branches puissent être recouvertes de terre; l'arbre fut abandonné dans cette situation jusqu'à l'apparition de racines adventives sur la partie enterrée; à ce moment, les véritables racines furent déterrées et la tige ramenée dans une position verticale; le Saule se trouvant ainsi complètement retourné, les racines exposées à l'air ne tardèrent pas à se couvrir de bourgeons adventifs, et bientôt elles offrirent l'aspect d'une véritable cime feuillée.

« Cette production de bourgeons adventifs s'observe fréquemment sur les racines mises à nu par une cause quelconque, et même sur les racines enterrées. Les pousses émises par ces dernières loin de la tige principale portent le nom de *drageons* (fig. 886). On peut citer comme espèces drageonnantes le Charme, le Coudrier, le Saule, le Tremble, le Robinier ou Faux Acacia, le Chêne kermès. Grâce aux drageons qui deviennent un nouveau foyer d'activité, les racines des espèces qui en sont pourvues s'étendent fort loin du pied mère et soutiennent les sols mouvants; le Robinier Faux Acacia est précieux dans le Nord pour retenir les talus de chemins de fer; le Chêne kermès dans le Midi joue le même rôle; le

Tremble est tellement envahissant qu'on l'appelle souvent le Chiendent des forêts. »

Un phénomène qui rappelle ceux que nous avons cités plus haut est la multiplication de certaines espèces végétales par leur rhizome;

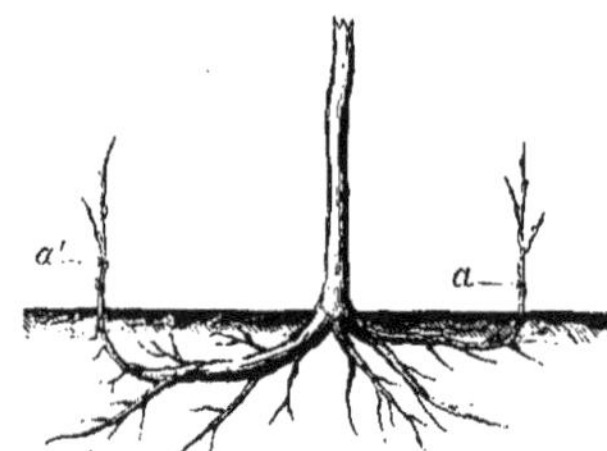

Fig. 886. — Arbre à racines drageonnantes
a, a', drageons.

celui-ci pouvant présenter de place en place des bourgeons plus ou moins indépendants, chacun de ces bourgeons est apte à produire une plante nouvelle. Ce fait est général dans les plantes à rhizome et ne constitue un mode de multiplication que quand il y a simultanément plusieurs bourgeons en développement, comme cela a lieu par exemple dans la Canne (fig. 887); on peut alors profiter de cette dis-

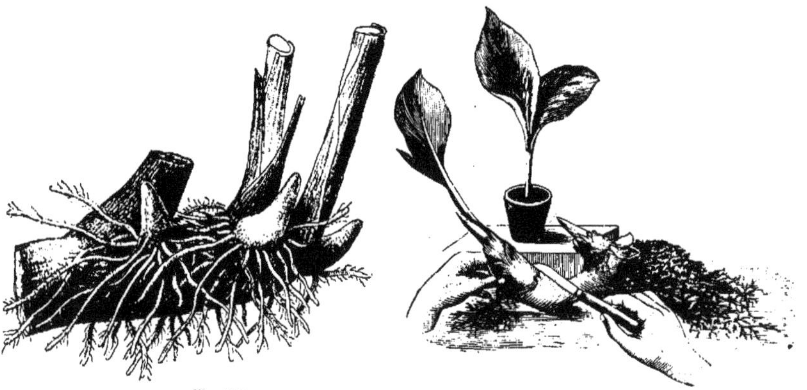

Fig. 887.

Fig. 888.

Fig. 887. — Rhizome de *Canna* montrant des bourgeons
à divers états de développement.

Fig. 888. — Multiplication artificielle par fractionne-
ment du rhizome.

Fig. 887 et 888. — Multiplication de la Canne (*Canna*).

position pour obtenir à la fois plusieurs pieds,
en sectionnant le rhizome entre les bourgeons
et en plantant ceux-ci séparément (fig. 888).

Marcottage de plantes inférieures. — La
multiplication des végétaux par marcottage
n'est pas seulement observable dans les plantes
élevées en organisation; on la retrouve dans
certaines Thallophytes; ainsi, dans la famille
des Algues siphonées, les Caulerpes, les Botrydes, les Valonies sont de bons exemples de
ce mode de multiplication.

Dans les Caulerpes, qui habitent les mers
tropicales et dont une espèce, *Caulerpa pro-
lifera*, vit dans la Méditerranée, le corps est
formé d'un tube cylindrique qui rampe en
se ramifiant et qui peut atteindre un mètre
de longueur. De sa face inférieure partent des
branches incolores, ramifiées en crampons; de
sa face supérieure partent des branches vertes,
aplaties en lames et parfois rameuses; on dirait
d'un rhizome avec ses racines et ses feuilles.
Le tube principal se détruit à sa base, dans ses
parties âgées, à mesure qu'il s'allonge au
sommet; le thalle va se multipliant de la sorte,
à la façon d'un Fraisier.

Dans les Botrydes, le thalle se compose d'une
partie aérienne et d'une partie souterraine;
la première est une grosse ampoule verte,
large de 1 à 2 millimètres, rétrécie vers le bas
où elle se prolonge en un système de tubes
grêles et incolores, qui constituent la partie
souterraine et absorbante de la plante. L'ampoule pousse de temps à autre, latéralement,
une courte branche renflée, qui enfonce dans
le sol un rameau en forme de racine, puis se
sépare par une cloison et s'affranchit de la
plante mère.

MARCOTTAGE ARTIFICIEL

Pratique du marcottage. — On marcotte
des rameaux vigoureux, âgés de deux ans au
plus, rarement plus vieux. On les couche dans
une rigole creusée dans une terre préalablement
bien préparée. On en laisse sortir de terre, en la
redressant, l'extrémité qu'on maintient verticale. La portion enterrée a été privée de feuilles
et de pousses. Il ne reste plus ensuite qu'à maintenir la terre constamment humide. Lorsque des
racines adventives se sont produites, on isole
la marcotte en la coupant entre sa portion
enracinée et le pied mère, soit d'un seul coup,
soit souvent en la *serrant*, c'est-à-dire en
faisant d'abord une section peu profonde qu'on
approfondit davantage ou complète au bout de
quelques jours. Ce sevrage oblige le nouveau
pied à se passer de plus en plus de la sève du
pied mère et à se suffire à lui-même.

Souvent la branche à marcotter n'est point
placée assez bas, ou n'a pas assez de longueur
pour être couchée en pleine terre. On en introduit alors une portion plus ou moins éloignée

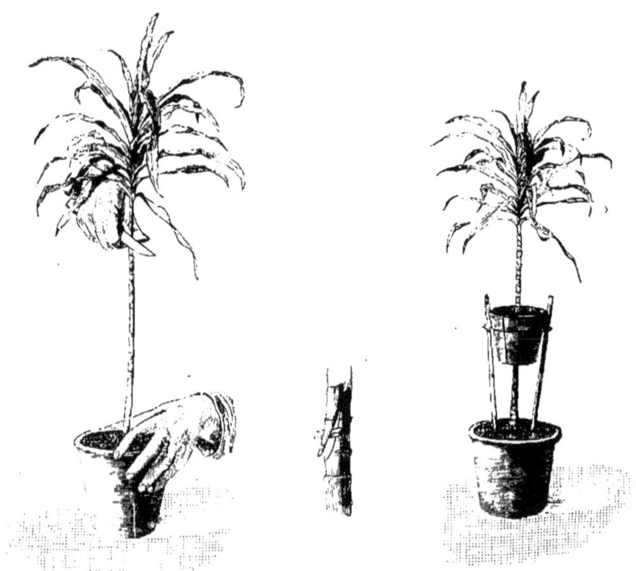

Fig. 889. — Marcottage d'un *Dracæna* ayant pour but de raccourcir sa tige.
(Marcottage par élévation.)

du sommet, soit dans un cornet de plomb laminé, soit dans un petit pot de terre muni d'une entaille qui en suit tout un côté et qui se continue jusqu'à la moitié du fond (fig. 889). Ce cornet métallique, ce petit pot à marcottes, est ensuite rempli de terre qu'on maintient humide et dans laquelle se développeront les racines. Quand l'enracinement a lieu, on coupe la marcotte au-dessous du pot ou du cornet, en la sevrant.

On peut marcotter toute l'année, excepté pendant les gelées ; mais l'époque la plus favorable est la fin de l'hiver, peu avant la reprise de la végétation.

« MARCOTTAGE PAR CÉPÉE. — Quand les tiges (1) des essences à marcotter se dégarnissent de rameaux à leur pied, on les recèpe à 0ᵐ,25 du sol (fig. 890) ; il se développe bientôt une cépée ou buisson de jeunes pousses, à la base desquelles il suffit de former un petit monticule de terre pour les forcer à s'enraciner.

« MARCOTTAGE EN SERPENTEAUX. — Les rameaux

(1) Schribaux et Nanot, *loc. cit.*, p. 159.

LA VIE DES PLANTES.

des espèces sarmenteuses (Vignes, Glycines) sont parfois très longs, de sorte qu'il est possible de les enterrer en plusieurs points et d'obtenir ainsi plusieurs marcottes ; la forme affectée

Fig. 890. — Marcottage par cépée. — *a*, tige recépée ; *b*, *b*, jeunes pousses qui développent des racines à leur base ; B, monticule de terre.

par les rameaux enterrés fait donner à ce procédé le nom de marcottage en serpenteaux.

« MARCOTTAGE SIMPLE ET MARCOTTAGE COMPLIQUÉ. — Les *marcottes simples* sont celles dont la partie enterrée ne présente aucune mutilation ; dans les *marcottes compliquées*, le rameau est incisé sur un ou deux points de sa longueur ; la sève afflue alors aux parties blessées, et les

I. — 63

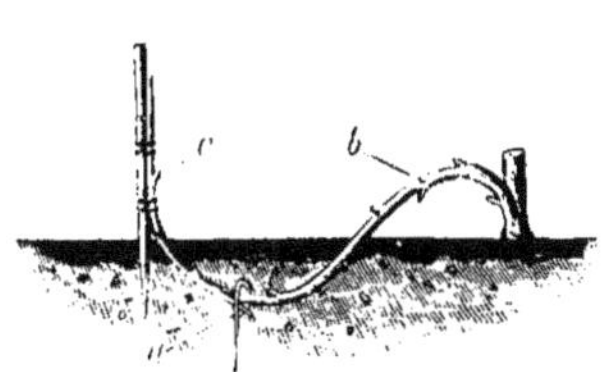

Fig. 891. — Marcotte compliquée. — *b*, rameau marcotté ; *c*, extrémité redressée ; *a*, incision.

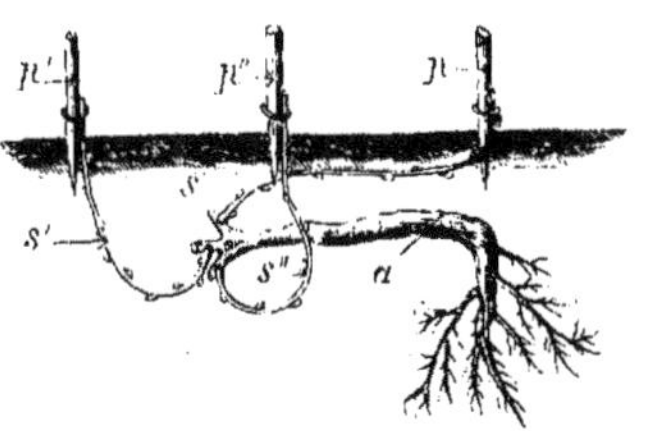

Fig. 892. — Provignage. — *a*, souche couchée ; *s*, *s'*, *s"*, sarments ; *p*, *p'*, *p'*, piquets maintenant les extrémités des sarments relevés hors de terre.

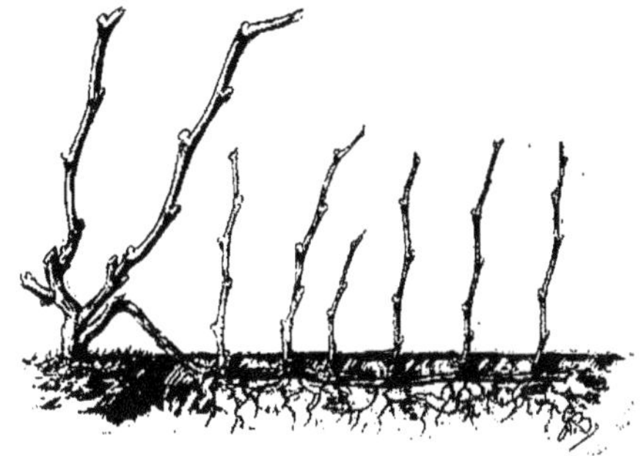

Fig. 893. — Marcottage chinois.

recouvre d'un épais bourrelet qui favorise la sortie des racines (fig. 891). Le marcottage compliqué s'emploie pour multiplier les essences dont les branches s'enracinent difficilement ; exemple : le Magnolia.

« **Provignage ou couchage.** — Le provignage se pratique dans les vignobles pour enrajeunir les vieilles souches. Celles-ci sont couchées dans une tranchée et de leurs sarments les plus vigoureux, au nombre de un, deux et quelquefois de trois, on forme autant de marcottes (fig. 892).

« Les provins donnent beaucoup de vin, mais de médiocre qualité. Les vignobles des grands crus de la Bourgogne et du Bordelais sont plantés de vieux ceps peu productifs ; par contre, le vin qu'on en retire est de qualité supérieure. »

Le marcottage chinois (fig. 893) n'est qu'une transformation du provignage dans laquelle on fait produire au sarment couché plusieurs marcottes.

Propriétés de la plante née de marcotte. — Les marcottes étant, comme les boutures, des parties détachées des végétaux, possèdent toutes les propriétés des végétaux qui leur donnent naissance ; là encore, il n'y a aucune place pour la variation. Ces deux modes de multiplication, différents dans leurs procédés, sont donc identiques dans leurs résultats.

GREFFE

« La *greffe* ou *ente* (*insertio, inosculatio*) est une opération de la plus haute importance basée sur des faits physiologiques (1). Elle consiste à transporter sur un végétal une portion d'un autre végétal (fig. 894) qui puisse faire corps avec lui et s'y développer comme si elle était restée à sa place naturelle.

« C'est ce qui a eu lieu pour le Pommier en cordon que représente la figure 895.

« Cet arbre avait été greffé en A sur le tronc BC

(1) Duchartre, *loc. cit.*

Fig. 891. — Effet curieux obtenu avec le *Solanum melongena*, sur lequel sont greffées deux Pommes de terre.

d'un pied voisin. Sa propre tige ayant été endommagée gravement par un chancre, on la supprima dans toute l'étendue qu'indiquent les deux lignes ponctuées. Sa portion supérieure conservée seule continua de végéter et de fructifier, pendant plusieurs années, nourrie par la tige avec laquelle elle était unie par une greffe en approche, non loin de son extrémité.

« Le végétal sur lequel on implante une portion d'un autre végétal s'appelle *sujet*, et cette portion elle-même est appelée *greffe* ou *greffon*. Les plantes venues de graine et qui n'ont pas été greffées sont des *sauvageons*; enfin si, par un procédé de multiplication autre que le semis, on multiplie des plantes antérieurement greffées, les individus ainsi obtenus sont *francs de pied*.

« HISTORIQUE. — L'art de greffer date de la plus haute antiquité. Les Phéniciens le connaissaient; d'eux il passa aux Carthaginois et aux Grecs, qui le transmirent aux Romains.

Ceux-ci en firent un fréquent usage, mais leurs idées à ce sujet étaient mêlées de nombreuses erreurs et de croyances absurdes.

« Au moyen âge, la pratique de cet art fut délaissée, et c'est à La Quintinie, le célèbre jardinier de Louis XIV, qu'appartient le mérite de l'avoir remise en honneur.

« Il y eut même alors une vive réaction qui porta beaucoup de cultivateurs à lui demander ce qu'ils n'étaient pas en droit d'en attendre. C'est depuis cette époque qu'on est arrivé à des idées saines sur ce sujet. »

Greffe naturelle. — Les exemples de greffe que nous offre la nature ne sont pas très rares, et cependant leur réalisation demande un concours de circonstances déterminées ; il est même probable que l'observation des greffes naturelles a conduit à la pratique culturale identique.

Deux jeunes branches de deux arbres étant voisines, elles sont bientôt appliquées l'une contre l'autre par les modifications que le pre-

Fig. 895. — Restes d'un Pommier en cordon greffé en A avec la tige BC d'un autre Pommier et qui sont nourris par celui-ci.

mier contact imprime à leur croissance. Dès lors, si les deux arbres sont de même essence ou d'essences très peu différentes, leur réunion est presque fatale. Au point de contact, les deux écorces sont peu à peu détruites, le vent agitant les branches, et les tissus internes mis en contact ne tardent pas à se réunir par une blessure mutuelle faite à chaque branche, blessure qu'un tissu de cicatrisation vient entourer, mettant ainsi la région de soudure à l'abri des causes de destruction accidentelle. Bientôt, dans la zone commune aux deux végétaux, s'établit un tissu de raccordement des éléments vasculaires des deux arbres, l'union est parfaite. Que l'un des arbres vienne à mourir, la partie de sa branche qui surmonte le point de greffe continue à se nourrir et peut persister, ce qui donne l'apparence fort curieuse d'un arbre portant une branche d'un arbre différent.

Comme exemple de cette greffe naturelle, dite par approche, rappelons les fameux Chênes charmés qui font la surprise des visiteurs dans notre belle forêt de Fontainebleau.

Conditions de réussite de la greffe. — « Pour qu'une greffe, quelle qu'elle soit, réussisse, certaines conditions sont requises (1). L'une est d'ordre anatomique absolu. L'autre a trait à la parenté des individus, et est d'ordre relatif en quelque sorte.

« 1° *Pour qu'une greffe réussisse, pour que la soudure se fasse, il faut que les tissus jeunes, en voie de formation, soient en contact.* Or

(1) P. Passy. *Arboriculture fruitière*, p. 1.

ce n'est que dans la *zone génératrice* (cambium) que le tissu cellulaire a une activité assez grande pour constituer rapidement de nouveaux tissus. Ce n'est donc que par la juxtaposition des zones génératrices des deux individus que la *greffe peut être obtenue.*

« La condition essentielle, *absolue*, pour la réussite des greffes en général est donc : *la mise en contact des zones génératrices des deux individus.*

« Tous les efforts du praticien doivent donc tendre vers ce but qui, dans la plupart des cas, est assez facilement atteint.

« Les rayons médullaires peuvent dans une certaine mesure aider à la soudure par la production de cellules jeunes, mais sont insuffisants à eux seuls pour assurer la soudure.

« On dit souvent que pour réussir la greffe, il faut que les deux libers soient en contact. La vérité est que les *libers* (tel qu'on entend le liber en général, c'est-à-dire tout constitué, n'ont absolument rien à faire dans la greffe. Si, dans certaines greffes (en fente), la réussite est assurée lorsque ces deux zones sont en contact, cela tient à ce que dans ce cas particulier il est à peu près impossible que, les libers étant en contact, les zones génératrices ne le soient pas aussi. Il n'en est pas moins vrai que, dans un grand nombre de greffes, il n'existe entre les libers aucune espèce de point de contact au moment de la pose du greffon, ce qui n'empêche pas la soudure de se faire parfaitement (écusson, couronne, etc.).

« Les racines et les tiges des Dicotylédones

Fig. 896. — Greffe d'un *Epiphyllum*.

Fig. 897. — Greffe de l'Oranger.

présentant une zone génératrice, la greffe est possible sur ces deux organes. Chez les Monocotylédones, elle est, au contraire, impossible à réussir (au moins pratiquement), ces plantes ne présentant pas de zone génératrice définie comme les premières.

« 2° *Pour que la greffe réussisse, il faut encore qu'il existe entre les deux individus un certain degré de parenté, une sorte d'affinité qui rende la soudure possible.* Cette affinité n'est pas en raison directe de la parenté des deux individus, mais elle n'existe *jamais* sans une certaine parenté.

« Ainsi : il est reconnu qu'on ne peut greffer *que des plantes de même famille*, qui présentent une certaine parenté ; mais dans une même famille certaines plantes du même genre ne se greffent pas ou ne se greffent que très mal, tandis que des plantes de genres différents (plus éloignées, par conséquent) se greffent bien. Exemple : le Poirier (genre *Pyrus*) ne reprend que très difficilement sur Sorbier ordinaire ou sur Pommier, qui sont du même genre que lui ; il reprend assez bien sur Cormier, qui est encore du même genre, et sur Épine, qui est d'un genre voisin. Sur Cognassier, qui est d'un genre bien différent, le Poirier reprend parfaitement ; ce sujet est même très employé.

« Autre particularité : on a reconnu que la greffe des espèces à feuilles persistantes réussit facilement sur espèces voisines à feuilles caduques. Exemple : le Fusain du Japon se greffe bien sur Fusain d'Europe. Mais la greffe des espèces à feuilles caduques sur espèces à feuilles persistantes est au contraire impossible, et ce Fusain, qui servait de sujet, ne pourra être greffé sur Fusain du Japon, le Sainte-Lucie sur Laurier, tandis que le Laurier reprend sur Sainte-Lucie. Il y a du reste un grand nombre d'exemples où l'interversion des rôles est impossible, indépendamment de la différence de feuillage. Ainsi le Cognassier qui sert régulièrement de sujet au Poirier ne reprend que difficilement sur cet arbre. La greffe du Pommier sur Poirier n'a jamais réussi. Il est donc absolument impossible d'affirmer à l'avance, en se basant simplement sur l'étroitesse du degré de parenté, que l'union de deux individus sera possible. L'expérimentation directe seule permet de se faire une opinion à ce sujet.

« On a écrit que la greffe de la Vigne sur Noyer, du Poirier sur Chou, et autres analogues, ont été réussies. Il ne faut ajouter à ces récits aucune foi.

« Aux deux conditions que je viens d'examiner, nécessaires à la réussite de toute greffe, on en ajoute une troisième.

« *Le greffon doit porter au moins un œil.*

Ce n'est cependant pas là une condition de réussite de la greffe, mais seulement une condition nécessaire au développement futur du greffon, ce qui n'est pas la même chose. On peut parfaitement insérer sous l'écorce d'un sujet un fragment d'écorce semblable à l'écusson, mais ne présentant pas d'œil. Il y reprendra parfaitement, la soudure se fera régulièrement ; seulement, il ne pourra se développer. De même on peut placer en fente ou en couronne un greffon sans yeux, il reprend parfaitement, la soudure se fait ; mais, n'ayant pas d'yeux, il ne se développera pas ; il vivra d'une vie latente.

« La réussite des greffes dépend encore du choix de l'époque et bien entendu de l'habileté de l'opérateur. »

GREFFAGE DES MONOCOTYLÉDONES. — Le greffage des Monocotylédones avait jusqu'à ces dernières années été considéré comme irréalisable, en raison de l'absence d'une couche génératrice. Cette impossibilité n'est pas absolue, et la greffe des Monocotylédones réussit quand on l'applique de façon déterminée à quelques végétaux choisis.

Ainsi M. Daniel a pu greffer le Vanillier sur lui-même (1) en sectionnant la tige à une petite distance du sommet végétatif, en replaçant le greffon au même endroit et en le maintenant par une ligature. L'opération a également réussi avec le Philodendron.

D'autre part, des expériences entreprises en Australie ont montré la possibilité de greffer la Canne à sucre sur elle-même.

Pratique de la greffe. — Pour pratiquer un greffage, on se sert d'un greffoir, sorte de couteau à lame convexe vers l'extrémité, d'une serpette, d'une égohine ou scie à main spéciale. Pour maintenir le greffon, on fait souvent une ligature avec du Raphia, fibres provenant d'un Palmier (*Raphia tœ digera* de Madagascar), ou avec de la filasse, de l'osier fendu. Souvent aussi, il est nécessaire de protéger la plaie faite aux sujets greffés, et cela se fait avec des glus dans la composition desquelles entrent la poix, la résine et des corps gras.

DIFFÉRENTES SORTES DE GREFFE

Le nombre des greffes est très grand, il est de plus de deux cents ; cependant, on peut ramener ces variétés à quelques-unes choisies pour types.

(1) *Comptes rendus de l'Académie des sciences*, 23 octobre 1899.

« Toutes les greffes peuvent assez bien rentrer dans trois grandes classes comportant de nombreux groupes qui eux-mêmes comprennent souvent un grand nombre de genres de greffes (1) :

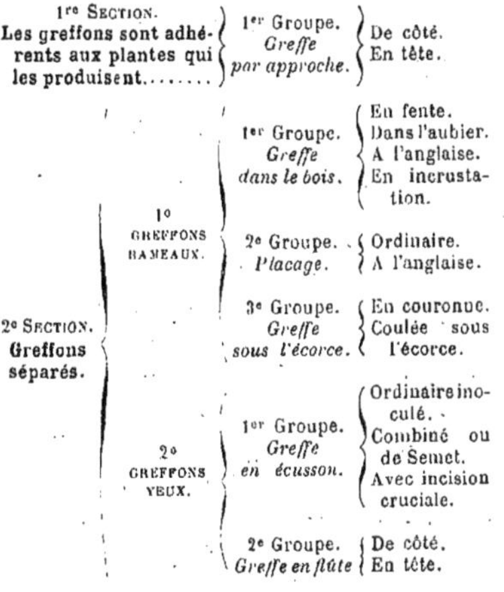

1re Section. Les greffons sont adhérents aux plantes qui les produisent.........	1er Groupe. *Greffe par approche.*	De côté. En tête.
2e Section. Greffons séparés. — 1° GREFFONS RAMEAUX.	1er Groupe. *Greffe dans le bois.*	En fente. Dans l'aubier. A l'anglaise. En incrustation.
	2e Groupe. *Placage.*	Ordinaire. A l'anglaise.
	3e Groupe. *Greffe sous l'écorce.*	En couronne. Coulée sous l'écorce.
2° GREFFONS YEUX.	1er Groupe. *Greffe en écusson.*	Ordinaire inoculé. Combiné ou de Semet. Avec incision cruciale.
	2e Groupe. *Greffe en flûte*	De côté. En tête.

Ces différents genres de greffe sont d'importance très variable et, ne pouvant les étudier tous, nous ne retiendrons que les plus importants, accompagnant leur examen rapide des figures qui en montrent les dispositions principales (fig. 896 à 916).

Greffe par approche. — « Les greffes par approche (fig. 898 et 899) pratiquées par l'homme sont de plusieurs sortes (2). La plus simple, ou GREFFE SYLVAIN, consiste à croiser deux arbres. Au point d'intersection, l'on enlève sur chaque sujet un peu d'écorce, on rapproche les deux plaies et on ligature pour maintenir le contact des deux sujets. Cette greffe, très facile à exécuter, reprendra rapidement si elle est faite au moment où la zone génératrice entre en activité (mars-avril), et ne demande aucun engluement.

« La greffe en question n'est guère du ressort de l'horticulture, mais peut rendre des services en agriculture en permettant de créer en deux ou trois ans des haies absolument infranchissables au bétail. Il suffit de planter des espèces à croissance très rapide, Saules, Peupliers, et, dès qu'ils sont assez développés, de les croiser en losange et de les greffer. Les haies en épines,

(1) P. Passy, *loc. cit.*, p. 13.
(2) P. Passy, *loc. cit.*, p. 17.

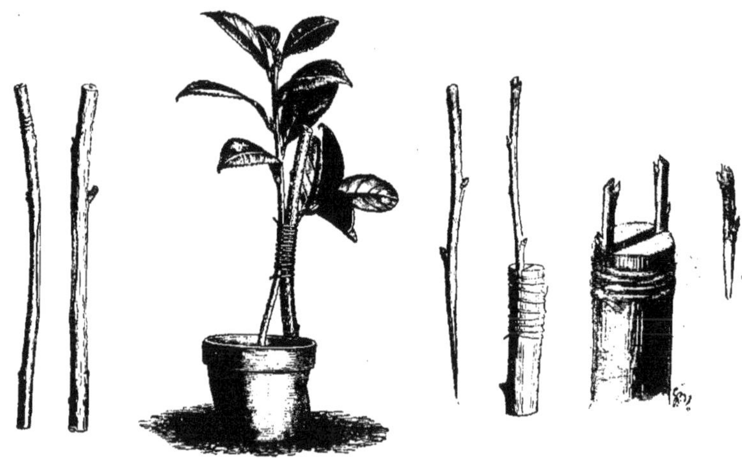

Fig. 898. Fig. 899. Fig. 900. Fig. 901.

Fig. 898. — Greffe par approche en placage; préparée.
Fig. 899. — Greffe par approche; achevée. Le greffon
a été apporté en pot. Le sujet est décapité pour que
toute la sève se porte dans le greffon.

Fig. 900. — Greffe en fente simple. — A gauche, on voit
le greffon préparé; à droite, la greffe terminée.
Fig. 901. — Greffe en fente double.

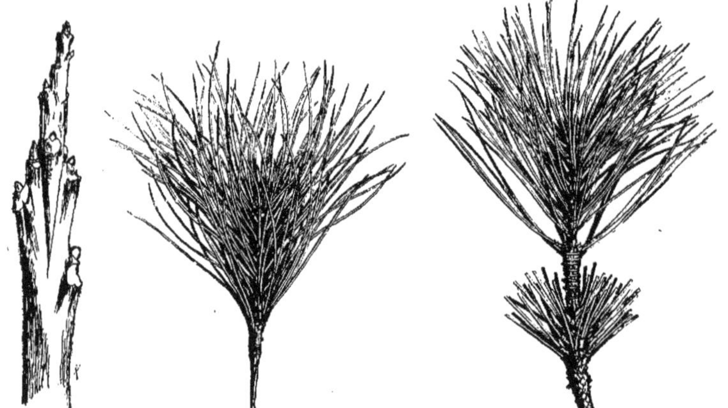

Fig. 902. — Greffe en
fente terminale.

Fig. 903 et 904. — Greffe en fente herbacée. — La figure placée à gauche représente le
greffon ; celle placée à droite, la greffe terminée.

le plus souvent employées, ne deviennent à peu près infranchissables qu'après huit ou dix ans au moins et demandent pour cela une conduite spéciale. »

L'époque où elle se pratique est à peu près indifférente ; que les plantes soient ou non couvertes de feuilles, le greffon ne craint pas d'être desséché, puisque son pied mère le nourrit pendant toute la période qui précède la reprise. Au lieu de l'isoler d'un seul coup,

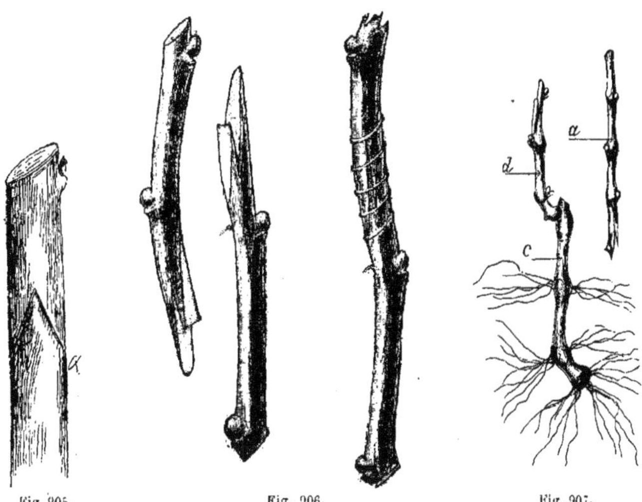

Fig. 905.　　　　Fig. 906.　　　　　　Fig. 907.

Fig. 905. — Greffe à cheval.
Fig. 906. — Fente à l'anglaise, préparée et achevée.
Fig. 907. — Greffe en fente anglaise. — a, greffon ;

c, d, sujet obtenu par bouturage du rameau c ;
d, pousse de l'année sur laquelle s'effectue la greffe.

il vaut mieux, pour certaines espèces délicates, faire une légère entaille à sa base et en augmenter progressivement la profondeur; ainsi, le greffon s'habitue à recevoir exclusivement sa nourriture du sujet.

La greffe par approche et la marcotte présentent, on le voit, une grande analogie.

Greffe en fente. — « On coupe transversalement la tête du sujet à l'aide d'une serpette ou d'une scie (1) : ce dernier instrument déchire le bois ; il faut, après s'en être servi, aplanir la plaie avec une serpette bien tranchante. Le greffon est choisi à la partie moyenne du rameau ; à la partie inférieure, les bourgeons sont peu vigoureux ; parfois même ils font complètement défaut ; au sommet, le bois n'est pas suffisamment aoûté. La tête du sujet est fendue suivant un diamètre sur une longueur de 6 à 7 centimètres environ.

« On taille en lame de couteau la partie inférieure du greffon sur une longueur de 4 à 5 centimètres et de telle sorte qu'il reste un bourgeon sur le dos au point où l'entaille commence ; la partie supérieure est coupée obliquement au-dessus du troisième bourgeon, lequel doit, autant que possible, être situé du

(1) Schribaux et Nanot, *loc. cit.*, p. 141 et suivantes.

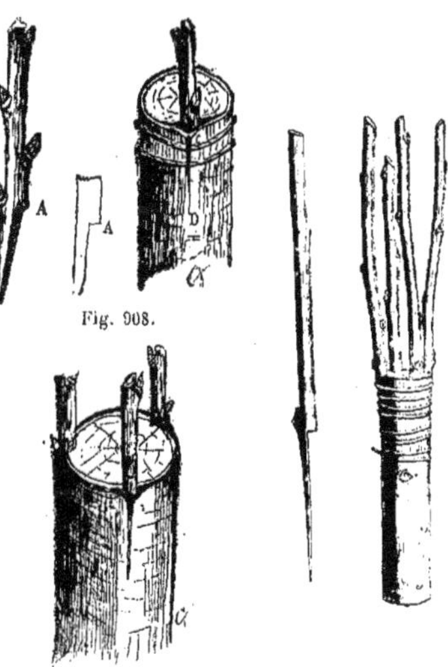

Fig. 908.

Fig. 909.　　　　　　Fig. 910.

Fig. 908. — Greffe en couronne simple. Greffon préparé et coupe théorique.
Fig. 909. — Greffe en couronne multiple.
Fig. 910. — Greffe en couronne Théophraste. — A gauche, on voit le greffon prêt à être mis en place ; à droite, la greffe terminée.

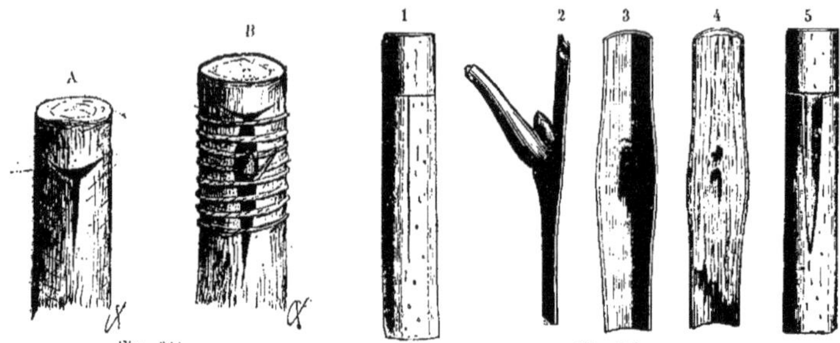

Fig. 911.

Fig. 912.

Fig. 911. — Greffage en écusson. — A, T entr'ouvert ;
B, écusson placé et ligaturé.
Fig. 912. — Greffe en écusson. — 1, sujet portant deux incisions en T ; 2, écusson d'automne vu de profil ;
3, écusson éborgné ; 4, écusson levé avec un peu de bois ; 5, sujet dont l'écorce est levée.

même côté que celui de la partie inférieure.

« Le greffon est implanté dans le sujet (fig. 900), de manière que les bords internes des deux écorces se correspondent exactement ; en pratique, le greffon est légèrement incliné vers le centre du sujet ; on est alors assuré qu'il y a contact au moins en un point, puisque les deux écorces se croisent ; on ligature, puis on recouvre les plaies d'un engluement. Il est bon d'abriter les greffons avec un cornet de papier pour les empêcher de se dessécher.

« Les oiseaux endommagent bien souvent les greffons sur lesquels ils se perchent ; on prévient cet accident en fixant ces derniers sur une baguette en forme de cerceau attachée au sommet du sujet ; elle sert de perchoir aux oiseaux, et permet d'imposer au greffon telle direction qui convient à la formation de la tête de l'arbre. »

Cette greffe est employée pour un grand nombre d'arbres, tels que Pommier, Poirier, Prunier, Cerisier.

La greffe en fente double (fig. 901) est employée pour les arbres de gros diamètre ; elle se pratique comme la précédente.

La greffe en fente terminale (fig. 902) a l'avantage de conserver la tête du sujet.

« Elle est principalement employée pour greffer les Chênes et les végétaux à feuilles persistantes, dont la reprise est assez difficile ; elle se pratique exactement comme la greffe en fente. Dans les arbres verts, Pins, Sapins, etc., avant de tailler la base du greffon, on en supprime les feuilles sur une longueur de 0ᵐ,04 environ (fig. 903 et 904) ; les greffons sont des pousses *terminales* de même grosseur que l'extrémité du sujet ; leur longueur ne dépasse pas 0ᵐ,07 à

0ᵐ,08 ; sur la partie débarrassée de feuilles, on enroule des fils de laine destinés à maintenir le contact du sujet et du greffon. On enlève les feuilles persistantes du sujet sur toute la longueur de l'entaille, en réservant toutefois les plus voisines de la section, qui servent à attirer la sève au point d'union du greffon et du sujet ; c'est dans le même but qu'on supprime les bourgeons du verticille situé immédiatement au-dessous de la section du sujet. »

GREFFE EN FENTE ANGLAISE. — « L'une des plus simples, A CHEVAL (fig. 905), consiste à tailler le sujet en biseau à deux faces égales (1). Le greffon est ensuite échancré à sa base en V renversé, de telle sorte qu'il vienne coiffer le sujet. Lorsque le greffon est en place, on ligature, puis on mastique.

« La greffe COMPLIQUÉE est aussi recommandable (fig. 906 et 907).

« *Pratique :* Tailler le sujet en biseau très allongé. Tailler le greffon de même ; autant que possible, le greffon et le sujet seront de même diamètre. Les biseaux du sujet et du greffon sont ensuite divisés par la pensée en trois parties égales. Partant de la première division inférieure du greffon, le fendre à l'aide du greffoir de bas en haut. De cette façon, le greffon est partagé jusqu'en face de la deuxième division en deux languettes. Faire de même sur le sujet, mais en partant de la division supérieure jusqu'en regard de la division inférieure. Cela fait, placer le greffon à cheval sur le sujet, de telle sorte que la languette inférieure du sujet pénètre dans la fente du greffon, tandis que la languette supérieure du greffon

(1) P. Passy, *loc. cit.*, p. 28.

I. — 64

pénètre dans la fente du sujet. Veiller à ce que les zones génératrices coïncident. Si le sujet et le greffon ne sont pas de mêmes dimensions, on fera coïncider les zones d'un seul côté. Ligaturer aussitôt; l'engluement n'est pas indispensable sur les côtés de cette greffe, mais sera toujours préférable. Comme l'accroissement au départ de la végétation est très rapide, il convient de couper la ligature dès que la soudure est bien assurée. Cette greffe, très usitée en Angleterre, est d'une exécution un peu délicate. mais elle présente le grand avantage d'être très solide, par suite de l'encastrement respectif du sujet et du greffon. Elle a en outre l'avantage de permettre la greffe de rameaux déjà vigoureux et de ne pas laisser de plaie découverte (elle est employée comme la précédente en greffes-boutures pour la Vigne). »

Greffe en couronne. — Pour cette greffe, on ne fend pas la tête du sujet, on insère le greffon entre l'aubier et l'écorce. Les figures 908 à 910 font du reste très bien comprendre cette disposition.

Greffe en écusson. — Dans ce mode de greffe, on transplante sur le sujet un greffon composé de un ou plusieurs bourgeons fixés à une lame d'écorce, dont la forme rappelle celle d'un écusson d'armoiries (fig. 911 et 912).

« Les bourgeons sont levés sur des rameaux d'un an et à peu près au milieu de leur longueur(1), car c'est là qu'ils ont le plus de vigueur. On doit conserver au-dessous de l'écorce l'amas de tissu cellulaire qui s'y trouve, lequel renferme le sommet végétatif du bourgeon. Il ne faudrait cependant pas y laisser trop de bois; la reprise serait rendue plus difficile que si le contact existait presque entièrement par l'intermédiaire du cambium.

« On pratique sur l'écorce du sujet deux incisions en croix, on la soulève ensuite avec la spatule d'un greffoir pour y introduire le greffon; enfin, on ligature avec de la laine. Les plaies ont trop peu d'importance pour qu'il soit nécessaire de les mastiquer. »

Greffe en flûte. — On nomme greffe en flûte ou en sifflet la transplantation d'un greffon formé d'un bourgeon supporté par un cylindre d'écorce détaché du rameau greffon. L'exécution de cette greffe est très difficile; cependant, on l'emploie pour le Noyer, le Châtaignier, le Chêne. Les figures 913 et 914 font suffisamment comprendre la nature de cette greffe, qui a

l'avantage d'être très solide; on peut aussi la pratiquer sans étêter le sujet, en enlevant à une hauteur quelconque l'écorce pour préparer la

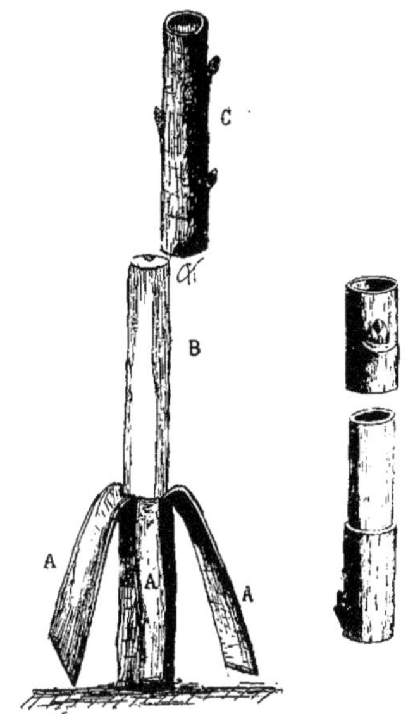

Fig. 913.   Fig. 914.

Fig. 913. — Greffe en flûte avec lanières. — C, cylindre greffon.

Fig. 914. — Greffe en flûte. — En haut, greffon muni d'un bourgeon; en bas, sujet prêt à recevoir le greffon.

place du greffon; celui-ci, après avoir été séparé du rameau, est fendu longitudinalement, puis ajusté et ligaturé.

Greffes sur racines. — « Elles peuvent se pratiquer sur le collet du pivot ou sur chaque racine individuellement (1). Ce deuxième procédé permet d'obtenir avec un seul sujet primitif un plus grand nombre de sujets greffés. Soit par exemple un arbre qui présente un assez grand nombre de racines : on peut en sectionner quelques-unes, à une certaine distance du pied, les relever légèrement et les greffer en fente, en couronne ou autrement. On aura obtenu ainsi quelques nouveaux individus. Les greffes sur racines peuvent donc rendre de grands services pour la multiplication de plantes rares, uniques de leur espèce, pour

<hr>

(1) Schribaux et Nanot, *loc. cit.*, p. 149.

(1) P. Passy, *loc. cit.*, p. 50.

Fig. 915. — Greffe de l'*Epiphyllum Gaertneri* sur un *Opuntia* cylindrique.

lesquelles on ne dispose d'aucun sujet porte-greffe et qu'il est impossible de multiplier autrement. Une racine du pied à multiplier sert de porte-greffe.

« Sur les racines de Rosier, on pratique fréquemment la greffe en écusson ; c'est même un moyen de multiplication fort employé pour cet arbuste. »

Greffe herbacée sur germination. — Les difficultés que l'on rencontre lorsqu'on veut trouver les sujets sur lesquels s'adaptent des greffons sont souvent très grandes ; souvent, le sujet fait défaut, ou il faut qu'il soit enraciné d'avance. Certainement aujourd'hui, en viticulture notamment, on a fait les plus grands progrès de ce côté, et l'on obtient avec le greffage de merveilleux résultats. Mais, pour bien des espèces horticoles, le greffage est chose fort délicate et l'on doit, pour certaines espèces, avoir recours à des sujets enracinés et en pots.

La méthode de greffe sur germination proposée par M. Cornu dispense d'avoir des sujets enracinés. On les remplace par des graines à l'état de germination, les cotylédons fournissant la nourriture nécessaire au greffon.

M. Cornu fait donc germer une graine, un marron par exemple; un pivot puissant se développe ; il exécute le greffage « en collet », un peu au-dessous de l'insertion des cotylédons, le greffon étant à l'état entièrement herbacé. Par ce procédé, M. Cornu a obtenu de très bons résultats et il a présenté, à la Société nationale d'agriculture, des Marronniers, entre autres plantes, greffés suivant cette méthode et de la plus belle venue. Cette méthode permet de pratiquer la greffe pendant une longue période, spécialement pendant la saison froide. Les greffons herbacés s'obtiennent en terre ou sur couche chaude, à l'aide de plantes enracinées ou de simples rameaux. Elle est surtout facile à employer avec les graines donnant de gros cotylédons, comme les graines de Marronnier, de Chêne ou de Châtaignier.

Greffage des plantes grasses. — Le semis étant un moyen de multiplication un peu lent, on réalise souvent pour les plantes grasses un greffage sur des sujets préparés. Ainsi les Epiphyllées sont toujours greffées sur des Cierges ou sur des Opuntiées cylindriques (fig. 915). Ces greffes se font en fente ou par approche, comme cela a lieu chez les autres plantes. Le sujet est, ou bien une plante grasse enracinée, ou bien une bouture, telle qu'une raquette d'*Opuntia*, les deux opérations du bouturage et du greffage ne devant s'opérer qu'en juin et juillet.

La forme déjà si curieuse de ces plantes permet d'obtenir les effets les plus bizarres, en réalisant des associations de végétaux de dimensions ou de formes très diverses ; tantôt la greffe est plus grosse que le sujet (fig. 916), tantôt le sujet est beaucoup plus gros que la greffe. On peut aussi réaliser des associations multiples et le plus souvent étranges.

PROPRIÉTÉS DE LA GREFFE

Examinée sans un soin minutieux, la greffe ne paraît pas différer de la plante qui l'a fournie ; elle semble ne pas subir l'influence du sujet, qui cependant la nourrit, et elle paraît encore moins influencer ce sujet.

Fig. 916. — Greffe d'un *Echinocactus denudatus* sur un Cierge.

« Ainsi un greffon détaché d'un Poirier (1), d'un Rosier, etc., qui présentent certains caractères spéciaux, ayant été implanté sur un Poirier différent, sur un autre Rosier, donnera en se développant une branche ou une cime entière qui, dans le premier cas, produira des poires, dans le second des roses identiques avec celles du pied sur lequel il a été pris. Il y a mieux : si sur dix, vingt, trente branches du même Poirier, on pose dix, vingt, trente greffes empruntées chacune à une variété différente, il se déve-

loppera dix, vingt, trente pousses dont chacune reproduira la variété à laquelle elle appartient, de sorte que l'arbre entier portera en même temps des poires de dix, vingt, trente sortes différentes.

« Une simple modification accidentelle survenue sur une branche ou un rameau peut être conservée et ensuite propagée indéfiniment par le même procédé. De là résultent tous les jours pour nos jardins des acquisitions précieuses en fleurs, fruits et même feuillages. Enfin, les horticulteurs admettent que la greffe grossit et améliore les fruits.

« Néanmoins, il y a, sous ce rapport, une limite qui ne peut jamais être dépassée, quoi qu'en aient pensé Olivier de Serres, Duhamel, Rozier, etc., qui croyaient à un perfectionnement indéfini des fruits par des greffes successives, c'est-à-dire par la *greffe sur greffe* ou *contre-greffe*. »

Influence réciproque de la greffe et du sujet. — Des expériences et des observations récentes ne laissent plus aucun doute sur la non-variation dans la greffe ; elles viennent expliquer quelques cas, dûment constatés, et qui semblaient anormaux.

D'après M. Daniel (1) : 1° il y a variation dans la greffe ; 2° il y a une influence très nette du sujet sur le greffon et du greffon sur le sujet ; 3° ces influences et les autres variations sont susceptibles de transmission héréditaire.

Tous ces phénomènes paraissent dépendre du régime de l'eau dans l'association des deux plantes, qui est plus ou moins parfaite. Les changements amenés par la greffe dans la nutrition de deux plantes peuvent influencer la vitesse et la capacité de croissance du sujet et du greffon, la résistance relative de ces deux plantes aux parasites et aux agents extérieurs, ce qui a été observé.

L'arrivée de l'eau dans le greffon est influencée par le sujet, ce que l'on constate en comparant les bois d'une même variété de Poirier, greffée sur Cognassier et sur franc ; différant anatomiquement, le bois est plus dur et moins cassant sur ce dernier sujet.

Une influence plus nette et plus importante a été observée sur le Néflier de Bronvaux, en Lorraine.

Une Aubépine (Épine blanche, *Cratægus oxyacantha*) porte depuis longtemps un rameau de Néflier (*Mespilus germanica*). Cette

(1) Duchartre, *loc. cit.* p. 547.

(1) L. Daniel, *La variation dans la greffe et l'hérédité des caractères acquis*. Paris, 1900.

Fig. 917. — *Sempervivum soboliferum*. Sur le degré inférieur du rocher sont figurées cinq boutures tombées naturellement du degré supérieur. Un limaçon, très friand de ces jeunes plantes, est aussi représenté.

association est fréquente, mais celle que nous citons est très remarquable.

L'Aubépine porte des rameaux d'Aubépine ordinaires et, *au-dessous de la greffe*, une branche que l'on rapporterait au Néflier, si ce n'était sa situation. Cette branche possède les piquants de l'Aubépine et son inflorescence en corymbe, les fleurs du Néflier étant solitaires ; les feuilles, les fleurs et les fruits sont de Néflier ; les pousses mêmes sont velues. Sur la même branche, on trouve d'ailleurs des organes intermédiaires, ce qui lui a fait donner le nom de *Cratægo-Mespilus Dardari* (Simon-Louis).

Sur cette Aubépine, on trouve aussi deux autres branches différentes, mais à caractères non mélangés de Néflier ou d'Aubépine.

Dans les expériences sur les Aubergines, Tomates, *Helianthus*, les résultats concordent avec les faits précédents. Une sorte de symbiose du sujet et du greffon s'établit, il se produit une réaction mutuelle des organismes différents, réaction qui détermine une sorte d'hybridation asexuelle, et l'on pourrait nommer les produits des *hybrides de greffe* ou emphytogènes.

Hérédité des caractères acquis par la greffe. — Les expériences de M. Daniel démontrent que la greffe peut déterminer, dès la première génération, une variation importante qu'il est possible de fixer et de diriger. C'est ainsi que les variations de nutrition générale ont été transmises, ce qui permet de produire le nanisme par la greffe. La greffe peut donc être un moyen précieux de modification et de perfectionnement des espèces végétales.

En résumé, on peut dire que la greffe rentre dans les modes de multiplication végétative, tout en permettant dans certains cas des variations de la plante greffée. Et en ce sens, elle diffère des moyens ordinaires de multiplication par boutures ou par marcottes, qui ne laissent aucune place à la variation. Ces moyens sont donc simplement des procédés de propagation, ainsi qu'on l'a vu pour les Saxifrages (1), pour les Potamots (2), pour les Joubarbes (fig. 917) et pour beaucoup d'autres plantes.

(1) Voy. *Le Monde des Plantes*, t. I, p. 723, fig. 914.
(2) Voy. p. 227, fig. 571.

Fig. 918. — Plante monoïque. Chêne pédonculé (*Quercus pedonculata*). A la partie inférieure du rameau sont des fleurs femelles, *a*; à la partie supérieure sont des fleurs mâles, *b*; *c*, fleur mâle isolée; *d*, fleur femelle.

REPRODUCTION PROPREMENT DITE

Les phénomènes par lesquels les espèces végétales se conservent sur le globe sont, nous le savons, de deux sortes (1) : les uns sont simplement des phénomènes de multiplication végétative, les autres sont des phénomènes de reproduction. Les distinctions que l'on peut établir entre ces deux ordres de phénomènes sont, en quelque sorte, artificielles; elles reposent sur l'étude de la partie de la plante mère susceptible d'engendrer la plante fille, et sur la connaissance de l'évolution de cette plante fille.

Ainsi, nous avons convenu de conserver dans les modes de multiplication végétative les phénomènes par lesquels une partie, non identique à la plante mère, se détachait de cette plante pour donner une bouture, une marcotte,

(1) Voy. p. 484.

une greffe. Mais nous avons aussi convenu de rattacher à la reproduction proprement dite les phénomènes de *scissiparité*, et ceux de production des spores, ou *sporulation*.

Pour bien montrer ce qu'une classification de ce genre, pourtant nécessaire, a d'artificiel, nous constaterons que les *propagules* des Mousses sont de tous points comparables à des boutures, et qu'ils sont en même temps fort semblables à des spores, car il ne faut pas leur retirer ce titre à cause de la pluralité des cellules qui les composent, la spore étant unicellulaire.

On voit, par cette simple donnée, que dans tous les cas on se trouve en présence de la dissociation d'un corps cellulaire parent, avec production de parties détachées, gemmes, propagules, spores, aptes à produire, plus ou moins directement, la plante mère.

REPRODUCTION MONOMÈRE

Les exemples de gemmiparité que nous connaissons, les exemples de scissiparité et de sporulation que nous relaterons plus loin rentrent donc dans un même genre de reproduction, la reproduction monomère, par laquelle une partie d'un végétal, spécialisée ou non, constitue l'état premier d'un végétal nouveau, qui n'est à vrai dire qu'une extension de l'ancien, sans qu'un élément de variation ait pu s'introduire dans ce phénomène.

Tandis que la gemmiparité et la scissiparité fournissent d'emblée des produits identiques à la plante d'origine, il peut en être différemment dans la reproduction par spores.

Spores et diodes. — Une spore est un élément monocellulaire qui, formé sur un végétal, puis détaché de lui, se développe *directement* en un végétal identique à celui dont elle provient.

Dans ce cas, l'évolution de la plante est très simple : née d'une spore, la plante a grandi, elle a acquis l'état adulte et, produisant des spores, a donné naissance à de nouvelles plantes.

Dans d'autres cas, la spore née sur le végétal mère donne un organisme particulier, différent de ce végétal, et capable de produire, soit des spores à développement direct achevant le cycle de l'évolution de cette plante, soit des organes reproducteurs engendrant par leur union un germe (ou œuf) dont la germination reproduira la plante mère. Le développement ainsi composé est dit indirect, il comprend deux états dont l'un est la plante mère (Fougère adulte par exemple), et dont l'autre est l'organisme transitoire (prothalle de cette Fougère).

La spore qui permettra le passage de l'état adulte à l'état transitoire sera dite *spore* de *passage* ou *diode*.

Il y a donc deux sortes de spores : les unes à développement direct sont les spores vraies ou *spores*, les autres à développement indirect sont les spores de passage ou *diodes*, et l'on peut représenter ainsi le cycle évolutif dans chaque cas :

1° Plante mère. Spore. Plante fille.
2° Plante mère. Diode. Organisme transitoire. Spore. Plante fille,
ou
  Plante mère. Diode. Organisme transitoire. Œuf. Plante fille.

Dans chacun de ces cas, on nommera *spo-*

range ou *diodange* la cavité spéciale où se formeront les spores ou les diodes.

Rappelons aussi que le nom de *zoospore* (1) sera donné à toute spore douée de mouvement, pour rappeler la ressemblance de cet élément et de certaines formes mobiles de cellules animales.

REPRODUCTION DIMÈRE

Le pouvoir de se multiplier par simple division continue n'appartient qu'aux organismes inférieurs et, le plus souvent, la scissiparité, la gemmiparité ou la sporulation nécessitent, après un temps plus ou moins long, l'entrée en scène d'un phénomène tout particulier : la *fécondation*.

Dans la fécondation, deux cellules d'origine différente se fusionnent, on les nomme *gamètes* ; le produit de leur union, nommé *œuf*, constitue un organisme élémentaire qui forme le point de départ, soit d'une nouvelle période de multiplication par division, soit de l'évolution d'une plante nouvelle.

Gamètes. — Nous avons défini les gamètes (2) : des cellules détachées de deux organismes ou de deux parties d'un même organisme, et dont la fusion détermine la naissance d'un végétal fille dont les parents sont les organismes producteurs des gamètes.

Les cas les plus simples de reproduction par fusion de deux éléments nous sont offerts par les organismes monocellulaires et par quelques organismes pluricellulaires. Chez les premiers, l'organisme se multiplie par divisions successives et fournit une série de descendants qui n'ont pas besoin de fécondation, jusqu'à ce qu'il arrive un moment où a lieu un acte de fécondation interposé entre les générations nées par voie agame. Chez les seconds, dont de nombreuses Algues (*Eudorina, Pandorina*) nous seront exemples, il se forme, à la suite de la division plusieurs fois répétée de la cellule fécondée, une colonie ou famille de cellules ; après avoir vécu quelque temps ensemble, toutes les cellules coloniales deviennent cellules reproductrices, qui se séparent et se fusionnent deux à deux, pour constituer le point de départ de nouveaux cycles de génération.

Dans ces cas, aucun caractère ne permet de distinguer les deux gamètes qui se fusionnent, il y a *isogamie*.

(1) Voy. p. 441.
(2) Voy. p. 440.

Le pouvoir que chaque cellule coloniale possède, dans les exemples précédents, cesse d'exister chez les organismes pluricellulaires plus hautement organisés ; chez eux, les cellules, provenant par divisions successives et nombreuses d'un même œuf fécondé, se répartissent en deux groupes : l'un comprenant les cellules somatiques formant les tissus et organes de la plante et nommé le *soma* ;

L'autre groupe, comprenant des cellules spécialisées en vue de la reproduction et nommées cellules reproductrices ; ces cellules seules se séparent de l'organisme pour constituer la souche de nouveaux cycles de génération, jusqu'à ce qu'enfin l'organisme lui-même meurt, par désorganisation de son soma ou pour une cause quelconque.

Dans ces cas, les deux cellules reproductrices ou gamètes ont des caractères différents : l'un plus petit et ordinairement mobile est dit élément mâle ou *anthérozoïde* (1) ; l'autre plus volumineux et ordinairement fixe est dit *oosphère*. Le résultat de la fusion de ces deux cellules spéciales est nommé *œuf*. Et cette différence constatée entre les deux gamètes réalise, sous le nom d'*hétérogamie*, la *reproduction sexuelle* ; il y a apparition de caractères de sexualité dans les éléments reproducteurs, quelquefois aussi dans les organismes parents.

Les dénominations d'*anthéridie* et d'*oogone* seront employées pour désigner les organes dans lesquels se forment les anthérozoïdes ou l'oosphère.

Nous pourrons, de même que nous l'avons fait pour le cycle de reproduction agame, résumer le cycle normal de reproduction sexuelle.

Plante mère. { Anthéridie.   Anthérozoïde. } Œuf. Plante fille.
            { Oogone.   Oosphère.   }

La sexualité, définie dans les éléments reproducteurs, peut imprimer aux organismes producteurs de ces éléments des caractères particuliers, dits caractères sexuels. Un organisme capable de produire des gamètes d'une seule sorte, à l'exclusion de tout autre, sera dit sexué, *mâle* ou *femelle* ; un organisme capable de produire des gamètes, les uns mâles, les autres femelles, sera dit *hermaphrodite*.

Monœcie, dioecie. — Quand on trouve sur une même plante les organes producteurs de gamètes mâles et les organes producteurs de gamètes femelles, on dit que la plante est

(1) Voy. p. 441.

monoïque. Dans le cas où ces organes sont répartis sur un pied mâle et sur un pied femelle différents, on dit la plante dioïque.

Un exemple de la première disposition est offert par le Chêne pédonculé de la figure 918 ; un exemple de la deuxième est représenté dans les figures 919 et 920, avec le Saule fragile.

Génération alternante. — L'exemple de la Fougère, considéré plus haut, nous a montré que les éléments reproducteurs formant l'œuf pouvaient ne pas naître sur la plante même, mais sur un organisme spécial (prothalle), né de diode ; ce qui nous a conduit à comprendre dans le cycle évolutif de la plante deux états distincts, l'un de plante sexuée susceptible de porter des éléments reproducteurs, l'autre de plante agame, ne pouvant engendrer que des diodes. On appelle un tel cycle de génération une génération alternante régulière, et on peut le résumer ainsi :

Plante mère.
      Diode.
            Organisme transitoire. { Anthérozoïde. } Œuf.
                                   { Oosphère.   }   Plante fille.
ou
Plante mère. { Anthérozoïde. } Œuf.
             { Oosphère.   }
                        Organisme transitoire.
                                    Diode.
                                       Plante fille.

Ces deux cycles, dont le premier est celui des Fougères et dont le second est celui des Mousses, ne diffèrent que par l'importance que nous attachons à la forme, aux dimensions, à la durée de vie de l'organisme sexué et de l'organisme diodogène ; ils ne diffèrent réellement pas dans leur nature.

Parthénogenèse et apogamie. — Dans la plupart des cas, les cellules sexuelles des végétaux sont fatalement vouées à une mort rapide lorsqu'elles ne peuvent se fusionner en temps opportun. Bien que consistant en une substance éminemment capable de se développer, elles ne peuvent néanmoins le faire quand une condition de développement fait défaut.

En exception à cette loi de la nature qui fait que les œufs sont incapables de se développer sans fécondation, il existe de nombreux cas où se forment, dans des organes sexuels spéciaux, des cellules qui, destinées à se développer comme des œufs, par fécondation, perdent la fécondabilité et se développent comme des spores.

Chara crinata est une Algue supérieure, qui ne se rencontre dans toute l'Europe septentrionale qu'à l'état femelle, et cependant, elle forme, dans des oogones, des œufs qui se

Fig. 919.   Fig. 920.

Fig. 919. — Rameau à fleurs femelles. | Fig. 920. — Rameau à fleurs mâles.

Fig. 919 et 920. — Plante dioïque. Saule (*Salix fragilis*).

développent parthénogénétiquement en des fruits normaux, capables de germination.

A la parthénogenèse, ou reproduction virginale, se rattachent les phénomènes nommés par de Bary *apogamie*.

L'apogamie, dont nous avons cité un exemple chez une Mousse (1), a été observée chez certaines Fougères. On sait que les Fougères présentent une génération alternante régulière ; or, tandis que cette génération est très constante chez la plupart des espèces, elle n'a pas lieu chez *Pteris cretica* et chez *Asplenium filix femina cristatum* et *falcatum*.

Ou bien les prothalles de ces trois espèces n'engendrent généralement pas d'organes sexuels, ou bien ils engendrent des organes sexuels rudimentaires, incapables d'entrer en fonction. Aux dépens de chaque prothalle, se forme une nouvelle Fougère par bourgeonne-

(1) Voy. p. 490.

ment végétatif. Remarquons que ces trois Fougères sont des Fougères de culture, ce qui permet de supposer que le développement des cellules reproductrices a été arrêté par une nutrition trop abondante qui a favorisé la multiplication végétative.

Résumé des principaux cycles d'évolution. — Les cycles d'évolution parcourus par les végétaux sont très variés, mais peuvent se ramener à quelques-uns choisis pour types ; nous pouvons résumer ainsi les données qui leur sont relatives.

1º Cycle de multiplication végétative simple ou direct, nommé encore cycle de reproduction agame, et pouvant être schématisé ainsi :

Plante mère.   Spore.   Plante fille.

2º Cycle de reproduction simple ou direct, nommé encore cycle de génération, et pouvant être schématisé ainsi :

Plante mère. { Anthérozoïde. / Oosphère. } Œuf. Plante fille.

3° Cycle de multiplication et de reproduction combinées, nommé encore cycle de génération alternante, et pouvant être schématisé ainsi :

Plante diodogène.
    Diode.
        Plante sexuée. { Anthérozoïde. / Oosphère. } Œuf.
                Plante diodogène.

Fréquence de ces divers cycles. — La majorité des Champignons (1), les Bactériacées, se reproduisent en suivant le premier cycle, à l'exclusion de tout autre. Diverses Algues ne se reproduisent qu'en suivant le deuxième cycle. La majorité des Algues se reproduit à la fois par le premier et par le second cycle, selon les conditions de vie que rencontrent ces végétaux.

Certains Champignons et certaines Algues présentent une évolution du troisième type, par diodes, avec une coexistence de spores vraies (premier type d'évolution).

Chez les Mousses et chez les Fougères, c'est-à-dire chez les Cryptogames les plus élevées, on ne trouve que des diodes, à l'exclusion de spores vraies ; ces plantes ne présentent donc que le cycle évolutif du troisième genre.

Pour ce qui est des Phanérogames, si étroitement liées aux Cryptogames par leur mode de développement, leur étude est d'une très grande difficulté, et ce n'est que dans ces dernières années que l'on est parvenu à bien connaître les deux états, l'un de plante diodogène, l'autre de plante sexuée, que ces végétaux présentent. La plante sexuée, issue des diodes, est en effet si petite qu'une étude intime de la plante diodogène, dont elle est partie, peut seule la faire connaître.

PHYSIOLOGIE DE LA REPRODUCTION

Aux quelques notions anatomiques simples acquises, il convient d'ajouter quelques rapides indications physiologiques, de telle façon que la nature des phénomènes de reproduction soit brièvement indiquée.

Les spores et les diodes, quelles que soient les différences anatomiques qu'elles présentent avec les cellules somatiques de la plante dont elles dérivent, ne paraissent pas différer notablement de ces cellules. Leur formation ne

(1) Voy., pour la place des groupes végétaux dans la classification, le tableau de la page 17.

résulte pas de phénomènes bien particuliers, et leur noyau paraît identique à celui des cellules somatiques de la plante ; il en est de même pour les œufs parthénogénétiques.

Les éléments sexués, au contraire, sont, par quelques caractères, notablement différents des autres cellules, et en particulier leur noyau ne possède que la moitié du nombre de filaments chromatiques (1) normal pour les cellules somatiques de la plante ; au moment de leur formation, il s'est produit une réduction chromatique, phénomène général, dont la portée, inconnue, doit être très grande.

En outre, ces éléments possèdent deux propriétés spéciales, la fécondabilité ou aptitude à la fécondation et l'affinité sexuelle.

Toute cellule d'un organisme n'est pas en état de féconder ou d'être fécondée, et une cellule sexuelle n'est apte à la génération que pendant un temps relativement court. Les gamètes des Algues meurent souvent après avoir nagé dans l'eau quelques heures à peine, lorsqu'elles ne sont pas parvenues dans cet intervalle à s'accoupler avec des gamètes déterminés. Les grands gamètes de *Cutleria* ne sont fécondables que pendant trois jours, et après ce temps les anthérozoïdes restent sans action sur eux (Falkenberg).

L'action des conditions extérieures sur la fécondabilité est quelquefois très nette. Le Réseau d'eau (*Hydrodiktyon*), dont les gamètes commencent à se former, ne donne que des zoospores asexuées si on le transporte dans une solution nutritive de 0,5 à 1 p. 100, formée de sulfate magnésien, phosphate potassique, nitrates potassique et calcique. Au contraire, dans une solution de sucre de canne à 10 p. 100, le même Réseau d'eau transforme en gamètes presque toutes ses cellules, en quelques jours.

En thèse générale, on peut dire que, chez les végétaux, une abondante nourriture favorise la multiplication végétative et diminue la production des semences, tandis qu'au contraire on favorise la production des fleurs et des semences en arrêtant l'afflux des matières nutritives.

Chez quelques organismes inférieurs, la fécondabilité n'est même que relative. Ainsi, chez l'Algue nommée *Ectocarpus*, les gamètes femelles et aussi les gamètes mâles peuvent, après un temps de repos, donner lieu à un développement parthénogénétique ; il est vrai

(1) Voy. p. 33.

de dire que les plantules provenant des gamètes mâles surtout sont très souffreteuses.

Comme on le voit, la diversité des modes de reproduction des plantes est très grande, et une étude de la totalité des cas étudiés nécessiterait un examen fort long ; aussi nous contenterons-nous de choisir quelques exemples montrant les dispositions les plus générales et les plus intéressantes des organes reproducteurs.

Dans cette étude, nous passerons en revue les divers embranchements du règne végétal, en suivant l'ordre adopté dans le tableau résumé de la page 17, mais en procédant des cas les plus simples aux cas les plus compliqués. Nous commencerons donc par l'étude de la reproduction chez les Thallophytes (Champignons et Algues), puis nous étudierons successivement ces phénomènes chez les Muscinées (Mousses), les Cryptogames vasculaires (Fougères et Prêles), pour terminer par l'examen des plantes à fleurs ou Phanérogames, comprenant les Gymnospermes et les Angiospermes (Monocotylédones et Dicotylédones).

REPRODUCTION DES THALLOPHYTES

Les Thallophytes sont les plus simples des végétaux (1) ; ils comprennent des plantes toujours dépourvues de chlorophylle, les Champignons, et des plantes ordinairement pourvues de pigment vert, les Algues. On joint à ces deux grandes classes de végétaux la classe des Lichens, dont la double origine nous est connue (2).

Tous ces végétaux se reproduisent par les modes les plus variés, depuis la simple dissociation, la formation des spores à développement direct ou indirect, jusqu'à la formation d'œufs dont le développement est lui-même direct ou indirect. Les caractères que fournit cette étude sont des plus importants pour la classification, et les groupements ainsi formés sont souvent les premières subdivisions des classes en ordres, ou celle de ces ordres en familles.

REPRODUCTION DES CHAMPIGNONS

La classe des Champignons comprend six ordres (3), dont quatre sont plus importants :

1° L'ordre des Myxomycètes, formé des végétaux les plus simples, se reproduisant uniquement par spores ;

2° L'ordre des Oomycètes, Champignons se reproduisant par spores, mais aussi par œufs et ceux-ci résultent d'une isogamie ou d'une hétérogamie ;

3° L'ordre des Basidiomycètes, auquel on peut rattacher les deux ordres des Urédinées et des Ustilaginées. Chez les Basidiomycètes, les spores naissent aux dépens et à l'extré-

(1) Voy. *Le Monde des Plantes*, t. II, p. 770.
(2) Voy. p. 393.
(3) Voy. *Le Monde des Plantes*, t. II, p. 784.

mité de cellules spéciales appelées *basides* ;

4° L'ordre des Ascomycètes, dont les représentants se reproduisent par des spores qui naissent, au nombre de quatre, huit ou plus, dans une cellule mère spéciale appelée *asque* (ou *thèque*). Tandis que beaucoup d'Ascomycètes produisent seulement des spores, quelques genres produisent aussi des œufs, par hétérogamie, réalisant ainsi un cycle de génération alternante.

Nous passerons rapidement en revue les principaux groupes de Champignons, en rappelant les mentions qui en ont été faites dans quelques chapitres précédents, et en ne signalant que les exemples importants en eux-mêmes, ou par la comparaison qui en sera faite avec des exemples différents.

REPRODUCTION DES MYXOMYCÈTES

Le thalle des Myxomycètes, dans l'exemple du *Didymium* représenté page 442, fig. 775, est

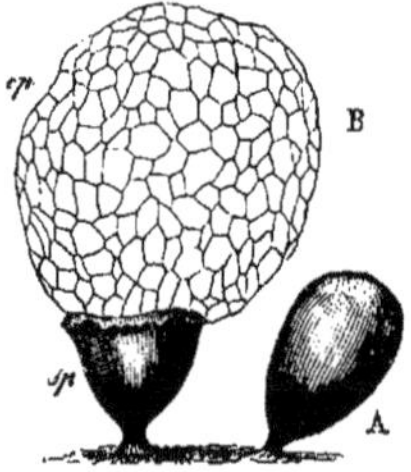

Fig. 921. — *Arcyria incarnata*. — A, sporange mûr et encore fermé ; B, sporange ouvert *sp*, avec son capillitium *cp*, étalé (d'après de Bary).

un plasmode, masse de protoplasme douée de mouvements amiboïdes à l'intérieur ou à la sur-

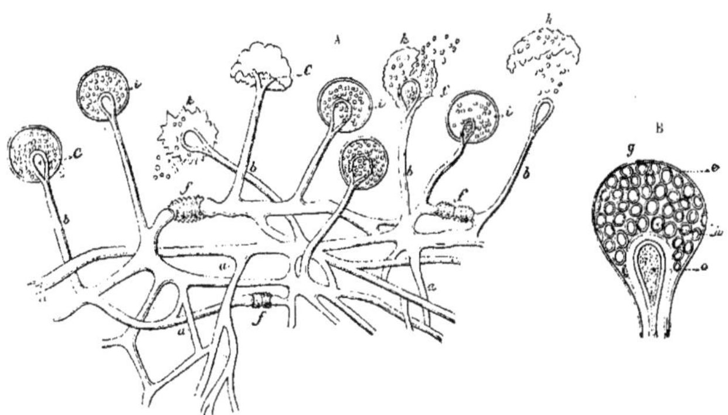

Fig. 922. — *Rhizopus nigricans*. — A. *a, a*, mycélium ; *b, b*, pédicelles des sporanges *i, i* ; *c, c*, columelle ; K, spores ; *f, f*, formation de l'œuf ; B, un sporange grossi ; *e*, sa membrane ; *o*, columelle ; *h*. spores.

face du milieu nutritif. Au moment où il se dispose à fructifier, ce thalle rampe à la surface du sol ou d'un support quelconque, il s'élève aussi haut que possible, puis s'arrête, se ramasse sur lui-même et, en durcissant sa surface par une membrane cellulosique, prend une forme caractéristique.

Ainsi se constitue une masse dans laquelle se forment les spores, c'est-à-dire un appareil sporifère, ou sporange. La forme de ces appareils est très variée ; chez *Arcyria* (1), les sporanges sont rouges et ont la forme de petites outres brièvement pédicellées. Bientôt, par une fente circulaire, le sporange s'ouvre et se montre garni d'un réseau très fin, nommé *capillitium* (fig. 921, en haut, à gauche) contenant les spores et permettant leur dissémination.

Les spores des Myxomycètes, rondes, peuvent germer dès leur sortie du sporange, mais peuvent aussi conserver, à l'état sec, leur faculté germinative pendant des années. A la germination, il s'en échappe une spore mobile, ou zoospore (fig. 775), qui se déplace à l'aide de son cil, ou en rampant, puis s'unit à une ou plusieurs autres, constituant ainsi un nouveau plasmode.

REPRODUCTION DES OOMYCÈTES

La subdivision de l'ordre des Oomycètes en sept familles est basée sur les modes de repro-

(1) Voy. fig. 84. p. 47.

duction que présentent ces Champignons. Tous possèdent des spores, mobiles ou immobiles, et tous aussi se reproduisent par œufs ; chez les uns, ces œufs proviennent d'une isogamie, chez les autres d'une hétérogamie, et chez un genre unique, *Monoblepharis*, le gamète mâle est un anthérozoïde, caractère qui rappelle ce qu'on observe chez les Algues (1).

Reproduction d'une Moisissure. — Par spores. — Le thalle d'une Moisissure est formé de filaments flexueux, plus ou moins ramifiés, mais non découpés par des membranes ou cloisons intérieures. Ce thalle, issu d'une spore, se développe à la surface du substratum nourricier ; au moment de fructifier, il élève dans l'air un appareil sporifère, porté à l'extrémité d'un pédicelle, et formé d'une sphère creuse, le sporange, séparée du pédicelle par une cloison, la columelle, et contenant les spores. Par dessiccation, le sporange s'ouvre, les spores tombent sur le sol et peuvent germer dès que les conditions sont favorables (fig. 922).

Dans des conditions particulières, telles que la submersion dans un liquide sucré, on observe la division du filament du Mucor à grappe en éléments rappelant les spores ; ces éléments peuvent du reste être l'origine de nouveaux thalles (fig. 685).

(1) Un grand nombre de faits relatifs aux Oomycètes ayant été examinés dans les pages précédentes, nous y renverrons le lecteur : sur les *Mucor mucedo* et *racemosus*, voy. page 377, et figures 681 à 685 ; sur le *Phytophtora infestans*, voy. page 353, et figure 631 ; sur le *Peronospora viticola*, voy. page 355, et figures 633 à 641.

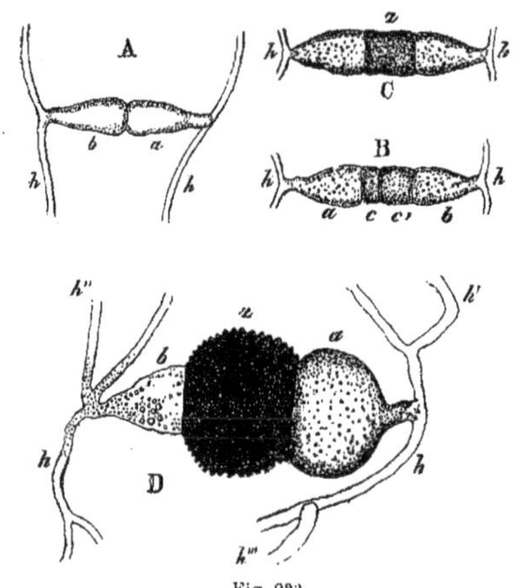

Fig. 923.

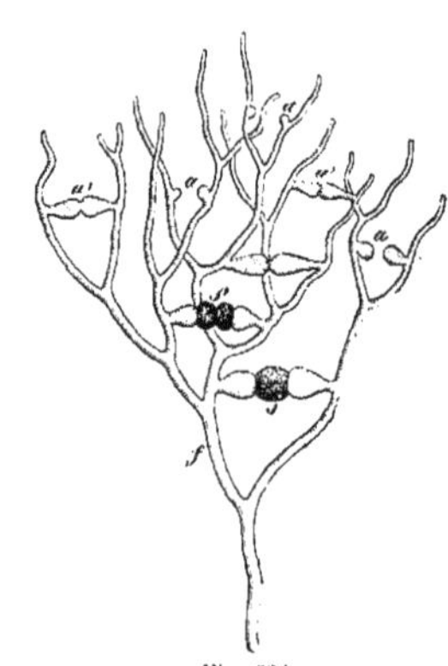

Fig. 924.

Fig. 923. — Conjugation chez le *Rhizopus nigricans* (d'après de Bary et Woronine). — A, état peu avancé, les deux processus claviformes *a, b*, au contact et soudés à leur sommet. — B, ces deux processus *a, b*, se sont divisés chacun en deux, pour produire les deux cellules élémentaires de la zygospore, *c, c'*. — C, ces deux cellules élémentaires se sont réunies en une seule *z*, qui est la zygospore jeune. — D, état à peu près adulte; la zygospore *z* est bien formée. La

cellule claviforme *a* s'est fortement renflée; *h*, filaments qui se sont conjugués (30/1).

Fig. 924. — *Sporodinia grandis* Link. — Un pied montrant la conjugaison à divers degrés; *f*, filament dichotome qui constitue le Champignon; *a, a*, mamelons de conjugaison plus ou moins développés; *a', a'*, les mêmes arrivés au contact; *s*, zygospore bien formée (fortement grossi).

Enfin, quand le milieu nutritif s'appauvrit, la matière protoplasmique se condense en quelques points des filaments et donne, par une sorte d'enkystement, des spores de conservation nommées chlamydospores, susceptibles d'attendre à l'état de vie ralentie le retour de nouvelles conditions de végétation.

PAR ŒUFS. — Quand les Moisissures ne trouvent pas l'oxygène ou les aliments dont elles ont besoin pour leur développement, des œufs naissent par isogamie, de la façon suivante. Deux filaments voisins du thalle vont à la rencontre l'un de l'autre, ils prennent contact, puis, la cloison double qui les sépare se gélifie et les deux masses protoplasmiques ou gamètes se fusionnent et donnent un œuf, nommé encore zygote ou zygospore (fig. 923 et 924).

Cet œuf, qui tire sa nourriture de deux filaments entre lesquels il est né, multiplie ses noyaux et devient une sorte d'embryon; il possède une coque cellulosique assez résistante et, tombant sur le sol par le flétrissement de la Moisissure, il peut attendre le moment propice pour germer et produire une Moisissure nouvelle.

REPRODUCTION DES BASIDIOMYCÈTES

Les Basidiomycètes, dont les formes principales sont les Champignons à chapeau, ou simplement Champignons (fig. 925), ont aussi des

Fig. 925. — Chanterelle commune.

représentants souterrains, tels que les Lycoperdons ou Vesses-de-loup; mais, dans un cas comme dans l'autre, l'appareil sporifère comprend les mêmes parties, et il ne se produit jamais d'œufs.

Appareil sporifère. — La partie la plus importante de l'appareil sporifère, celle qui est commune à tous ces Champignons, mais disposée différemment dans les principaux groupes, est l'hyménium. On nomme ainsi une sorte de membrane épidermique recouvrant les lames que l'on observe sous le chapeau des Champignons ordinaires.

Dans ces lames, les filaments mycéliens sont associés en un faux tissu lâche, ils cheminent parallèlement aux deux faces des lames, puis, vers leur extrémité, ils s'infléchissent, deviennent perpendiculaires à la surface libre de la lame et se terminent par des cellules renflées

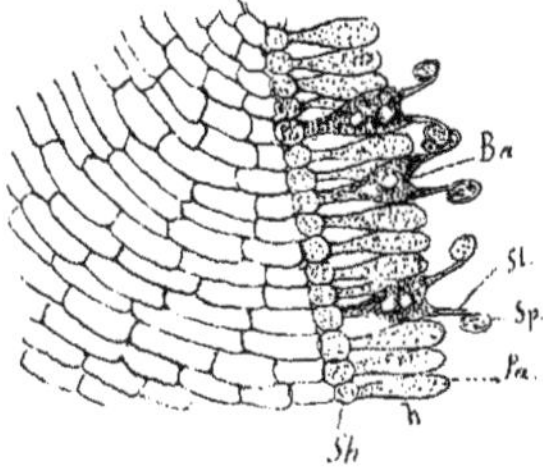

Fig. 926. — *Agaricus campestris.* Une portion de lamelle coupée transversalement. — *Sh,* couche sous-hyméniale; *h,* hyménium; *Pa,* paraphyses; *Ba,* basides; *St,* stérigmates; *Sp,* spores (Courchet).

(fig. 926). Parmi ces cellules, les unes sont stériles et nommées paraphyses, les autres sont fertiles et nommées probasides.

Une cellule probaside ou cellule mère évolue en divisant son noyau en deux ou en quatre noyaux filles, qui seront les noyaux des spores. Vers l'extrémité libre de la probaside, deux, ou quatre, prolongements se forment et reçoivent les noyaux : bientôt, on trouve la cellule mère devenue baside, surmontée de deux, ou quatre, masses ovoïdes, les spores, isolées, mais encore rattachées à la baside par les stérigmates. Les spores ne tardent pas à diviser leur noyau en deux autres et, en germant, elles donnent un nouveau thalle susceptible à son tour de fructifier.

Chez les Trémellinées, dont l'appareil sporifère est gélatineux, les cellules mères (probasides) contiennent deux noyaux, comme les cellules ordinaires du thalle; ces deux noyaux copulent, avant la double division qui doit donner les noyaux des spores, et l'on considère

cette fusion préalable, ici nécessaire, comme une rénovation nucléaire, rendant le noyau résultant capable de fournir les développements indiqués.

Reproduction d'un Agaric. — Les Agarics, qui sont les Champignons les plus communs, et dont l'étude a été partiellement faite (1), sont constitués par un mycélium ou thalle souterrain formé de filaments (ou hyphes) plus ou moins soudés entre eux ; on nomme ce mycélium le blanc de Champignon, dans le cas de l'Agaric cham-

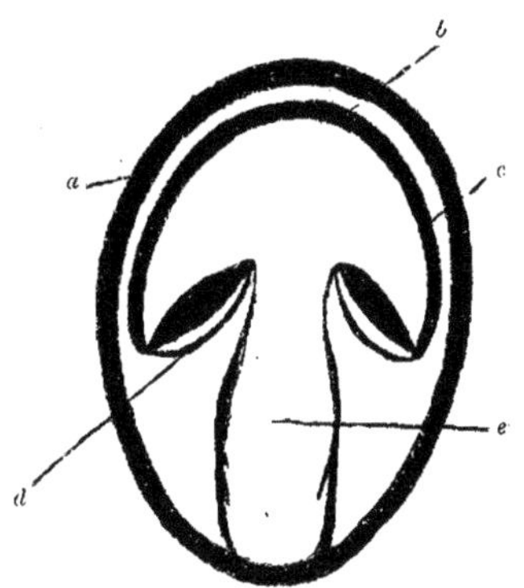

Fig. 927. — Coupe schématique d'un Agaric renfermé dans sa volva. — *a,* la volva; *b,* la cuticule; *c,* les feuillets; *d,* la cortine ; *e,* le pédicule.

pêtre. Nous savons que ce thalle montre sa présence sur le sol des prairies par des ronds privés de végétation que l'on appelle *ronds de sorcière,* et que les Champignons se trouvent tous sur la périphérie de ces ronds.

Au point où un appareil sporifère doit naître, on remarque une ramification plus abondante et très serrée des filaments du mycélium, avec un enchevêtrement de ces filaments qui constitue un tubercule. Toujours entouré d'une légère membrane, la *volve,* ce tubercule apparaît à fleur de sol ; dans les Agarics (fig. 927), la volve ne persiste pas, étant trop délicate, et on ne peut retrouver sa trace sur le Champignon développé. Dans les Amanites, par exemple, la volve laisse subsister une sorte de coque membraneuse qui semble contenir la base du Champignon (fig. 928) (2), et dans la Fausse Oronge, des débris de la volve se voient sur les parties supérieures, au bord du chapeau.

(1) Voy. p. 380 et fig. 693.
(2) Voy. fig. 694, p. 381.

Dégagé de sa volve, le Champignon, dont l'accroissement est très rapide, grossit en boule à sa partie supérieure, se divisant ainsi en un pied et un chapeau. Dans ce chapeau d'abord massif se creuse une cavité circulaire qui entoure une sorte de columelle centrale, et dans laquelle s'édifient les lamelles recouvertes de l'hyménium. Tandis que ce chapeau se constitue une enveloppe corticale protectrice, la paroi mince de la cavité annulaire commence à se fendre, elle ne tarde pas à céder, le Champignon s'ouvre, son chapeau s'étend presque horizontalement et sa partie inférieure

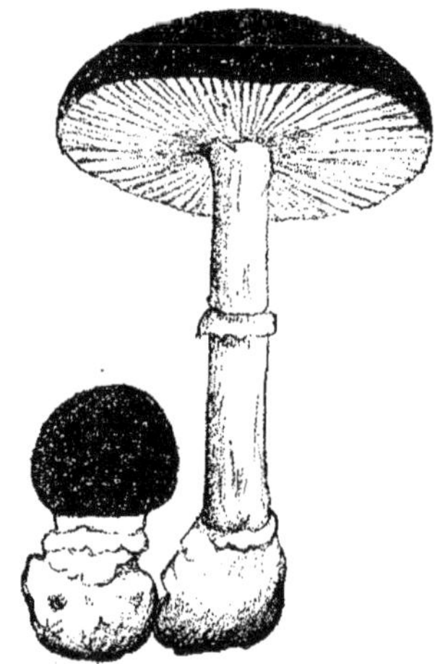

Fig. 928. — *Amanite panthère* sortie de sa volva.

découvre les lames hyménophores, permettant l'échappement des spores. La déchirure de la membrane du bord inférieur du chapeau laisse souvent sur le pied un liséré frangé nommé l'*anneau* (fig. 931 et 932).

A l'état adulte, un Agaric est donc formé des parties suivantes:

« 1° Le chapeau, réceptacle ou hyménophore (1), qui n'est que l'expansion du pédicule, dont l'existence est presque constante. Sa *consistance* est extrêmement variable; charnue, charnue-membraneuse, subéracée, coriace, charnue-coriace, subéreuse, etc.; le plus souvent fugace et *putrescible*, quand il est charnu et membraneux, le chapeau est

(1) Gautier, *Les Champignons*, p. 335.

parfois *marcescent* et *revivescent*, surtout dans les espèces coriaces et subéreuses.

« Sa *forme* est non moins variable suivant les espèces, et dans une même espèce suivant l'âge et souvent suivant les obstacles qui s'opposent à son libre développement; presque exactement *sphérique* et contigu, par sa marge, avec le pédicule à sa naissance, puis *hémisphérique* dans le jeune âge, il représente habituellement un *segment de sphère* assez mince, quand il est parvenu à son entier développement; plus tard, il devient discoïde ou *plan*, puis *déprimé* plus ou moins profondément, et même parfois *infundibuliforme*.

« Cette forme est parfois *conique, campanulée, turbinée, mamelonnée*, etc.

« Son *épaisseur*, non moins variable, va en décroissant du centre à la *marge*, qui est plus ou moins mince, entière ou divisée et lobée, droite, enroulée en dessous, ou au contraire redressée et même enroulée en dedans, ondulée, sinueuse, etc.

« Sa *face supérieure*, généralement convexe, dans le jeune âge du moins, puis plane et plus ou moins excavée dans l'âge adulte et dans la vieillesse, est tapissée par une membrane épidermique, nommée *tégument, pellicule, épiderme* ou *cuticule*, facilement séparable de la chair sous-jacente ou au contraire adnée, c'est-à-dire faisant corps avec elle.

« La cuticule offre des couleurs tellement variées que le langage manque souvent d'expressions pour les désigner exactement; sa surface est sèche, humide, gluante, visqueuse, suivant les espèces, et même, dans la même espèce, suivant l'état hygrométrique de l'air; tantôt elle est glabre, lisse, soyeuse, ou bien est veloutée, villeuse, rugueuse, écailleuse, *striée* sur les bords, etc.

« Sa *couleur*, souvent uniforme, offre non moins fréquemment des nuances variées; cette couleur est à peu près constante dans une même espèce, mais non toujours, surtout à des âges différents de la plante; généralement, même lorsqu'elle est unique, la nuance se fonce progressivement de la circonférence au centre par des gradations insensibles, de telle sorte que la couleur du centre est souvent bien différente de celle de la marge.

« La surface de la cuticule présente en outre souvent des taches, des gouttes, des points, des stries, des bandes, des zones, disposés plus ou moins régulièrement.

« Tous ces détails, qui peuvent sembler trop

minutieux au lecteur et dont nous ne donnons qu'un abrégé succinct, sont absolument indispensables à connaître pour la détermination des espèces, si souvent séparées les unes des autres par des caractères presque insensibles.

« La *face inférieure* du réceptacle, concave dans le jeune âge, devient successivement, en vieillissant, plane, convexe et même parfois résupinée; sa couleur diffère généralement de celle de la face supérieure et n'est d'ailleurs que celle de l'hyménium qui revêt les deux faces des feuillets et les intervalles, ou *vallécules*, qui les séparent.

« La *chair*, ou tissu de l'hyménophore, est d'une épaisseur très variable; elle existe quelquefois à peine dans certaines espèces; elle est de couleur variable, mais presque constamment *fixe*, contrairement à celle de certains *Bolets*, qui change si souvent de couleur quand, par la brisure ou par le froissement, elle est exposée au contact de l'air; cette couleur est généralement uniforme dans toute l'épaisseur de l'hyménophore, mais prend parfois la teinte de la cuticule dans son voisinage.

« 2° Les *feuillets* sont disposés à la face inférieure du chapeau en *rayonnant* du centre à la circonférence, ou d'un point latéral, celui d'insertion, dans les espèces sessiles, qui sont habituellement lignicoles. Tantôt très serrés, d'autres fois écartés les uns des autres, ils sont séparés par un intervalle plus ou moins large, nommé *vallécule*, tapissé, comme les feuillets eux-mêmes, par la membrane hyméniale. Insérés perpendiculairement sur la face inférieure de l'hyménophore, ils sont parfois couchés parallèlement, courbés, ondulés, sinués. Plus ou moins larges, hauts et épais, ils sont généralement *inégaux* en longueur.

« Les uns s'étendent de la marge jusqu'au pédicule sur lequel ils descendent même parfois plus ou moins bas, et sont désignés sous le nom de *lames*; d'autres s'étendent de la marge jusqu'à la moitié environ de l'espace compris entre celle-ci et le pédicule, et prennent le nom de *lamelles*; d'autres enfin sont encore plus courts et désignés sous le nom de *lamellules*. Dans la plupart des Agarics, entre deux lames se trouvent une ou plusieurs lamelles et lamellules.

« La *consistance* des feuillets est très variable; elle est, suivant les espèces, fragile, molle, rigide, flexible; tenace, coriace, subéreuse; quelquefois marcescents et même revivescents, rarement persistants, les feuillets sont le plus

souvent fugaces et putrescibles, parfois ils se liquéfient entièrement.

« Leur *couleur* est habituellement différente de celle de la face supérieure du chapeau; *elle n'est pas toujours semblable à celle des spores* qu'ils contiennent, du moins dans le jeune âge, car en vieillissant le feuillet revêt ordinairement la nuance de la spore parvenue à maturité. Ce changement de couleur des feuillets, suivant l'âge de la plante, a une grande importance dans l'étude des Agarics; c'est ainsi que certaines espèces ont les lames blanches dans le jeune âge, roses à l'âge adulte, brunes et noires dans la vieillesse; ex.: *Agaric champêtre*. Les feuillets revêtent d'ailleurs les six nuances principales suivantes: blanche, rosée, jaune, rouillée, brun pourpre et noire.

« Les *spores* sont de volume, de forme et de couleur très variables, mais à peu près constants à l'âge adulte dans une même espèce et même dans les diverses espèces d'un même *sous-genre*; ces caractères varient d'ailleurs souvent suivant l'âge; aussi doivent-ils être étudiés dans le Champignon parvenu à son entier développement. Leur volume varie de 0,01 à quelques millièmes de millimètre de diamètre. Leur forme, presque toujours sphérique dans le jeune âge, ou bien reste globuleuse, ou bien devient ovoïde, elliptique, fusiforme, réniforme, étoilée, etc.; leur surface est tantôt lisse, tantôt tuberculeuse, hérissée; d'ailleurs, ces caractères de volume, de forme et de surface, seulement appréciables à l'aide du microscope, très importants scientifiquement, nous intéresseront rarement au point de vue pratique. Leur couleur revêt cinq nuances principales: *blanche, rosée, brune, brun pourpre* et *noire* (1).

« Ces couleurs, nous le savons, sont assez différentes de celles des lames; aussi, lorsqu'on a intérêt à différencier exactement la couleur des spores de celle des lames pour la détermination d'une espèce, il suffit, sans recourir à l'emploi du microscope, de couper le pédicule d'un Agaric *adulte* au niveau des feuillets, et de placer la face inférieure du chapeau sur une feuille de papier blanc si l'espèce est à spores foncées, de papier noir si l'espèce est à spores pâles; au bout de

(1) C'est sur la couleur des spores que Fries a établi sa division des Agaricinés, car l'illustre mycologiste suédois n'adopte pas le genre unique *Agaricus* de Linné, mais le sépare en un grand nombre de genres.

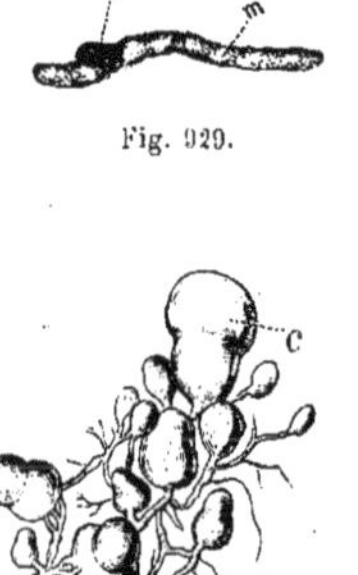

Fig. 929.

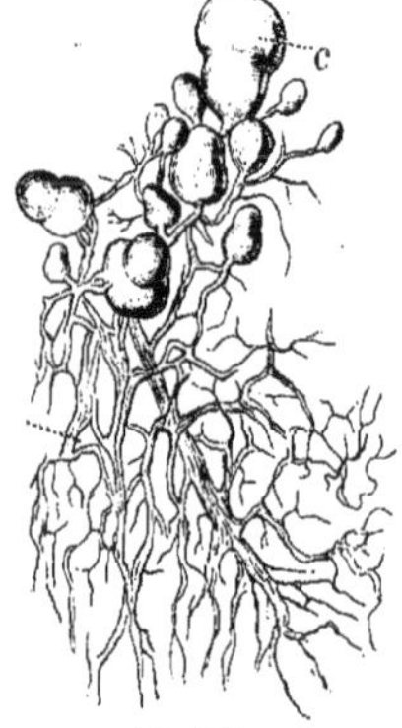

Fig. 930.

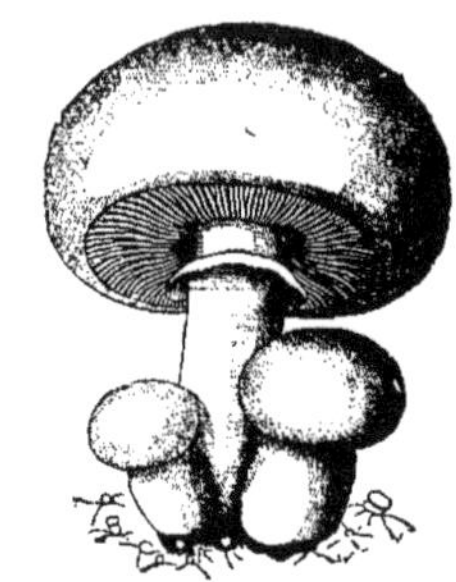

Fig. 931.

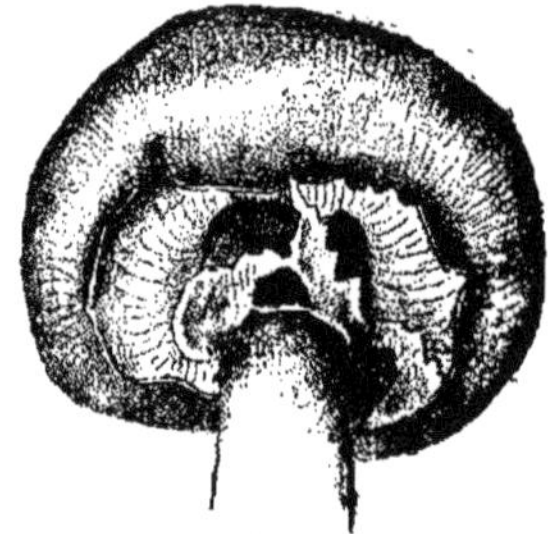

Fig. 932.

Fig. 929. — Spore d'Agaric germant. — *s*, enveloppe de la spore ; *m*, début du mycélium.
Fig. 930. — Premier développement. — *m*, mycélium produisant des appareils sporifères *c*.
Fig. 931. — Appareils sporifères développés. Les spores se forment sur les lames rayonnantes situées sous le chapeau.
Fig. 932. — Déchirure de la membrane du bord inférieur du chapeau.

Fig. 929 à 932. — Développement d'un Agaric.

quelques heures, par suite de la facilité avec laquelle elles se disséminent, les spores forment une couche uniforme qui représente exactement leur couleur.

« 3° Le *pédicule* ou *stipe*, *tige*, *pied*, est presque constant, bien qu'il manque dans certaines espèces sessiles ordinairement lignicoles. Il occupe presque toujours le centre du chapeau, et est dit alors *central* ; parfois un point plus ou moins éloigné du centre, et est dit *excentrique* ; d'autres fois un point de la marge du chapeau, et il est dit alors *latéral* ou *marginal*.

« Ses dimensions sont des plus variables, même dans une même espèce. Sa forme, généralement arrondie, est quelquefois aplatie ; ordinairement presque exactement cylindrique ; il est souvent atténué en haut, plus rarement en bas ; parfois renflé vers son milieu, ce qui le rend *fusiforme* ; il est plus souvent dilaté à la base et il est dit alors *bulbeux*. Le plus fréquemment droit, il est quelquefois fléchi, courbé, tordu sur lui-même. »

Sa couleur est variable, elle est rarement identique à celle du chapeau et n'est pas toujours uniforme. Sa consistance est charnue, molle, ou cassante ; quelquefois, le pied renferme une sorte de moelle dont la disparition laisse une fistule centrale. Ce pied peut présenter un anneau, et ce caractère est important pour la détermination des espèces et des variétés.

Comme on le voit, les caractères tirés de l'examen de l'appareil sporifère sont de première importance et leur connaissance est nécessaire à qui veut étudier les Champignons (1).

(1) Pour les Urédinées et les Ustilaginées, voy. p. 347 à 350, et fig. 622 à 624 ; p. 342 à 347, et fig. 615 à 620.

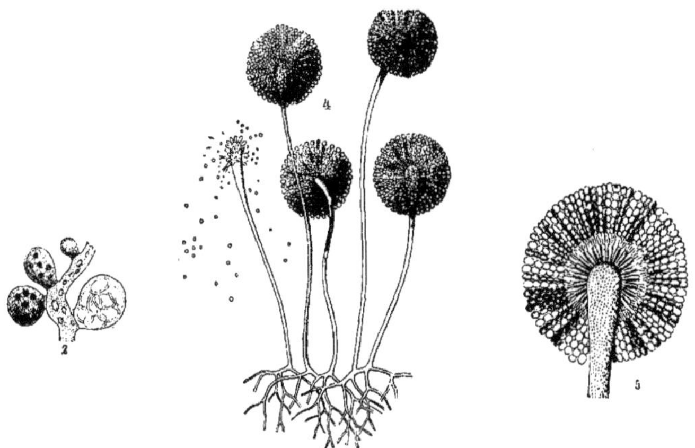

Fig. 933. — Filament portant des asques à divers états de développement (gr. 80).

Fig. 934. — Aspergille avec ses appareils conidiens pédicellés (gr. 30).

Fig. 935. — Section longitudinale d'un appareil conidien.

Fig. 933 à 935. — *Aspergillus niger*.

REPRODUCTION DES ASCOMYCÈTES

Les Ascomycètes contiennent un très grand nombre de Champignons, aux formes infiniment variées, tant dans leur appareil végétatif que dans leur appareil reproducteur. Il suffit de nommer les Levures, la Truffe, les Morilles, l'Ergot du Seigle (1), pour donner une idée des différences que présentent les Champignons de cet ordre.

Mais, au milieu de cette diversité, un caractère reste constant : la production de spores au nombre de deux, souvent huit, quelquefois beaucoup plus, dans une cavité nommée *asque* (fig. 933). En outre de ces spores caractéristiques, ou *ascospores*, on observe des spores accessoires, ou *conidies*, qui naissent, en dehors des asques, de façon exogène.

Enfin, quelques genres possèdent des œufs.

Appareil sporifère. — Sur les filaments du thalle, qu'ils soient libres comme dans les Levures (2) ou groupés en un faux parenchyme, comme dans les Pezizes, on voit apparaître des filaments fertiles terminés par un asque. Dans le cas des filaments groupés, ces filaments ascogènes constituent, avec des filaments stériles nommés paraphyses, une membrane hyménium, dont l'union au pseudo-parenchyme sous-jacent forme un appareil sporifère nommé *périthèce*.

A l'intérieur de l'asque, les spores naissent de la façon suivante : les deux noyaux présents dans la cellule mère, comme dans toutes les cellules végétatives de ces Champignons, se fusionnent, et par cette rénovation acquièrent le pouvoir de se diviser en deux, comme dans la Truffe (1), en quatre, huit noyaux, comme dans les cas les plus fréquents, ou en un nombre quelquefois beaucoup plus grand, mais multiple de huit.

Ces noyaux s'entourent de protoplasme et forment les spores.

A la maturité, ces spores sont garnies d'une membrane épaisse formée de deux couches, l'externe cutinisée, souvent colorée, munie d'un pore germinatif, l'interne, mince, cellulosique, incolore. La déhiscence de l'asque se fait par déchirure, ou par une fente circulaire et, dans quelques cas, cette rupture de la paroi détermine la projection des spores.

(1) Voy. p. 350 à 352, et fig. 625 à 629.
(2) Voy. p. 415, et fig. 734 à 738.

(1) Voy. p. 387, et fig. 704 à 709.

Appareil conidien. — Les spores nées dans l'asque ne font jamais défaut, mais elles peuvent être doublées, en quelque sorte, par des spores accessoires ou conidies, nées sur des filaments extérieurs groupés en un appareil conidien, et rappelant les spores si nombreuses des Urédinées. Les ascospores étant des spores de conservation, les conidies sont des spores de propagation.

Dans les Aspergilles, le filament principal, non cloisonné, se renfle en tête au sommet (fig. 934 et 935); cette tête bourgeonne et se recouvre de rameaux courts, terminés chacun par un chapelet de conidies.

Reproduction de l'Érysiphe. — Chez l'Érysiphe (1), que nous choisissons comme exemple, sur le mycélium naissent des éléments reproducteurs, d'une part un filament court terminé par une cellule ovoïde ou oogone, d'autre part un filament mâle ou anthéridien, dont le noyau se divise en deux autres, séparant ainsi le noyau sexuel de l'anthéridie. La fusion de ces deux éléments de sexualité différente constitue, à la place de l'oogone, un œuf.

L'œuf se développe sur place, tandis que des filaments mycéliens l'entourent et préparent la formation du périthèce. Par son développement, l'œuf donne un petit filament dont une partie seulement fournit les asques et par suite les ascospores ; aussi, voulant montrer que les spores ainsi créées ne sont pas de vraies spores, mais des *diodes*, peut-on donner le nom de diodogone au filament issu de l'œuf. Cet exemple nous montre la nature de l'alternance de génération offerte par ces Champignons; les deux états du végétal sont, l'un le Champignon sexué, l'autre le filament ou diodogone issu de l'œuf : on passe de l'un à l'autre de ces états, soit par les ascodiodes, soit par l'œuf.

Reproduction des Lichens. — Divers Champignons, Ascomycètes en particulier, peuvent vivre en communauté avec des Algues vertes et constituer des Lichens. Le mode de reproduction de ces végétaux ayant été indiqué page 393 et suivantes, nous n'y reviendrons pas ici.

REPRODUCTION DES ALGUES

La classe des Algues comprend un grand nombre de végétaux, très différents les uns des autres, par leur thalle, et par leur mode de

reproduction; on les divise en quatre ordres.

1° Les Algues bleues ou Cyanophycées, comprenant les Nostocacées qui possèdent des spores ou mieux des kystes, et les Bactériacées qui se reproduisent par scissiparité et par spores (1).

2° Les Algues vertes ou Chlorophycées, se reproduisant toujours par œufs, mais pouvant aussi posséder des spores, ordinairement mobiles (zoospores). Dans le cas de la reproduction sexuée, il y a isogamie ou hétérogamie, avec ou sans anthérozoïdes.

3° Les Algues brunes ou Phéophycées, comprenant des formes se reproduisant par des spores seulement, par des spores et des œufs, ou par des œufs seulement, comme les Fucus (Varec).

A ce groupe on rapporte les Diatomées.

4° Les Algues rouges ou Floridées, dont presque tous les représentants possèdent des spores, mais qui se reproduisent toutes par œufs. Un œuf, formé par la fusion d'un pollinide ou élément mâle immobile et d'une oosphère, donne un petit massif cellulaire dans lequel se différencient des spores de passage ou diodes ; ce massif est donc un diodogone et la plante comprend deux états, l'un sexué, l'Algue, l'autre asexué, le diodogone, réalisant un cycle de génération alternante.

Si l'on remarque que les diodes donnent souvent un thalle provisoire sur lequel s'édifie l'Algue, on trouve un ensemble de faits qui rappelle ce qui sera observé chez les Mousses ; et on peut considérer, à ce point de vue, les Floridées comme formant la liaison entre les Thallophytes et les Muscinées, lesquelles conduisent aux plantes vasculaires.

Dans cette étude rapide de la reproduction des Algues, nous choisirons les exemples suivants :

Pour les Algues vertes, les Spirogyres et Mésocarpes parmi les Conjuguées ; les Vauchéries parmi les Siphonées; les Œdogones parmi les Confervacées, les Charagnes parmi les Characées.

Pour les Algues brunes, les Diatomées, les Fucus (2).

REPRODUCTION DES CONJUGUÉES

Les Conjuguées se multiplient par dissociation de leurs filaments en tronçons, ou la sépa-

---

(1) Voy. p. 354, et fig. 631.

(1) Voy. p. 404, et fig. 710.
(2) Voy. p. 440 et 441 (fig. 771 à 775), pour les Volvox, et les cellules reproductrices mobiles.

ration de leurs cellules. Ces Algues ne possèdent pas de spores, et leurs œufs se forment par la conjugaison de deux gamètes semblables immobiles. L'œuf est nommé *zygospore* ou *zygote* ; il reste assez longtemps à l'état de vie latente, puis germe.

Mésocarpe. — Les filaments des Mésocarpes sont linéaires, formés de cellules successives,

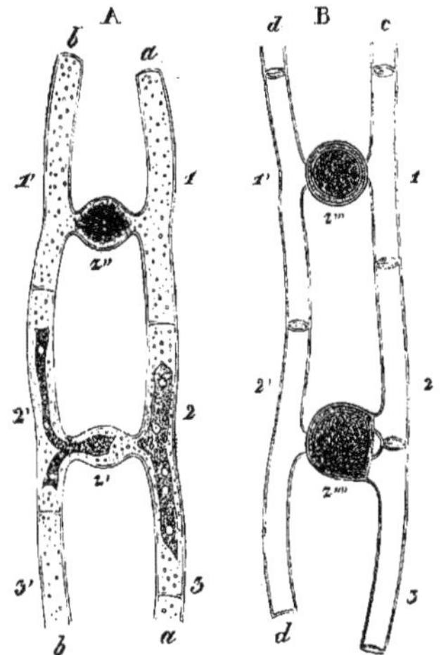

Fig. 936. — Conjugaison scaliforme chez le *Mesocarpus parvulus* (d'après de Bary). — A, premières phases du phénomène : entre les filaments *aa*, *bb*, les deux matières plasmiques cheminent l'une vers l'autre, en *z'* ; elles se sont unies en *z''*. — B, la zygospore est formée en *z'''*. La zygospore *z''''* a été formée anormalement par conjugaison de trois cellules, 2' avec 2 et 3 (190/1).

chacune d'elles contenant une plaque chlorophyllienne axile (fig. 936).

La formation des œufs comprend les phénomènes suivants. Entre deux filaments voisins, naissent des protubérances qui marchent à la rencontre les unes des autres, puis se conjuguent, ce qui donne une disposition rappelant celle d'une échelle. Quand la fusion est faite, les deux corps protoplasmiques se contractent subissent une sorte de rénovation et se réunissent, dans le canal même, pour constituer un œuf. Remarquons que la conjugaison peut avoir lieu entre deux cellules d'un même filament, après courbure de celui-ci.

Spirogyre. — Les filaments des Spirogyres contiennent un ruban chlorophyllien spiralé,

comme il a été dit page 231 (1). La multiplication du thalle se fait encore par désarticulation, et la formation des œufs par isogamie

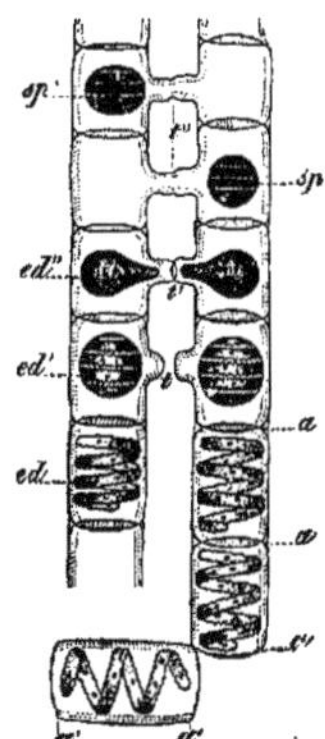

Fig. 937. — *Spirogyra quinona*. — Conjugaison : *aa*, cellules normales ; *a'*, cellule qui se désarticule pour former un nouvel individu ; *f*, mamelons de conjugaison séparés ; *a*, deux autres arrivés au contact ; *f'*, deux autres soudés en tubes ; *sp*, *sp'*, deux spores.

(fig. 937) ; mais, on peut observer une différence légère entre les deux gamètes.

Après la formation du canal entre les deux filaments, l'un des deux gamètes se contracte le premier et s'engage seul dans le canal qu'il parcourt entièrement pour se fusionner avec le deuxième gamète, qui reste dans sa cellule. L'œuf est donc formé à l'intérieur de l'une des cellules reproductrices, ce qui est l'indication d'une différence sexuelle entre les deux gamètes.

REPRODUCTION DES SIPHONÉES

Le thalle des Siphonées peut se multiplier par fragmentation ; il peut se multiplier par spores ou zoospores, et il peut se reproduire par œufs.

Vauchérie. — La Vauchérie est une Algue dont les filaments ne sont pas divisés par des cloisons cellulosiques, sauf lors de la formation de ses organes reproducteurs. Elle comprend des formes terrestres, vivant dans les prairies humides, et des formes d'eau douce.

FORMATION DES SPORES. — A l'extrémité de ses filaments, la masse protoplasmique s'isole

(1) Voy. fig. 398 et 399.

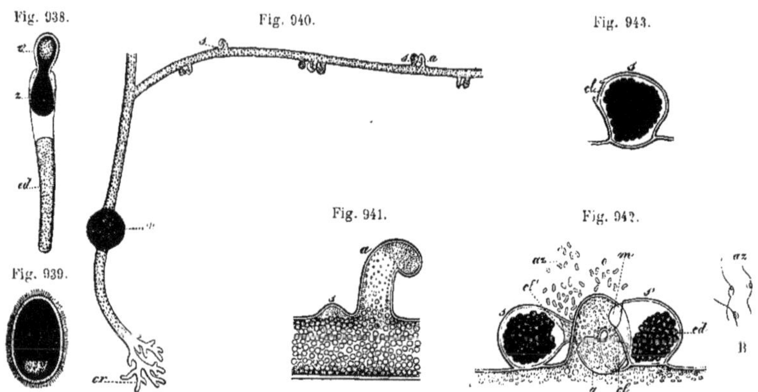

Fig. 938. — Extrémité d'un filament de *Vaucheria Ungeri* vu au moment où, par son extrémité, sort une zoospore qui se resserre, pour passer, en deux moitiés, *z, z'*, rattachées par un étranglement (50/1).

Fig. 939. — Zoospores du *Vaucheria Ungeri*, dont le rostre est faiblement accusé en haut.

Fig. 940. — Portion inférieure du *Vaucheria tovarensis* Karst. — *cr*, base radiciforme ou crampon par lequel se fixait la plante; *œ*, œuf qui l'a produit; *b, b*, rameau latéral; *s, s*, sporanges à différents degrés de développement; *a*, anthéridie (assez fortement grossi).

Fig. 941. — Portion d'un filament de *Vaucheria sessilis* DC. portant une jeune cornicule *a* et un oogone naissant *s* (200/1 ; d'après Pringsheim).

Fig. 942. — A, fécondation du *Vaucheria sessilis* DC. (d'après Pringsheim). — *a*, anthéridie ouverte au sommet et d'où sont sortis les anthérozoïdes *az*; *cl*, cloison qui la sépare du bas de la cornicule; *s'*, oogone qui vient de s'ouvrir et à l'orifice duquel ressort le mucilage *m* ; *ed*, masse de chlorophylle ; *s*, oogone venant d'être fécondé ; *cl'*, membrane naissante de la spore. — B, trois anthérozoïdes (*az*) montrant leurs deux cils (200/1).

Fig. 943. — Sporange (*s*) du *Vaucheria sessilis* DC. représenté quelque temps après la fécondation, quand la membrane de la spore, en *cl*, a gagné considérablement en épaisseur (200/1 ; d'après Pringsheim).

Fig. 938 à 943. — Reproduction de la Vauchérie.

du thalle par une cloison, et dans le segment ainsi formé se constitue, par rénovation cellulaire, une grosse spore ciliée.

La spore ne tarde pas à s'échapper du filament en s'étirant (fig. 938), et elle se meut dans l'eau ambiante au moyen de ses nombreuses paires de cils (fig. 939). Bientôt, la zoospore se garnit d'une membrane, puis donne un nouveau thalle, qui peut, à son tour, être sporifère.

FORMATION DES ŒUFS. — Le long des filaments on observe deux sortes de renflements latéraux : les uns sont des oogones ; les autres, dont le rôle ne fut pas d'abord connu, furent nommés *cornicules*.

La figure 940 montre la situation et la disposition de ces deux sortes de corps latéraux. Le long du rameau, elle en offre quatre paires et un groupe de trois, une cornicule entre deux corps reproducteurs. C'est Pringsheim qui a découvert le rôle des cornicules et la marche de la fécondation (1). Chez *Vaucheria sessilis*, la cornicule se développe d'ordinaire plus tôt que l'oogone adjacent. Ainsi, en *a* (fig. 941), la cornicule forme déjà un crochet lorsque l'oogone *s* n'est encore qu'un mamelon fort peu proéminent. La cavité de l'une et de l'autre est alors en parfaite continuité avec celle du filament dont ils sont chacun une production latérale. La cornicule continue de développer son crochet, au point de faire souvent un tour complet, comme celle que montre la figure 942 entre les deux oogones *s, s'*. En même temps, l'oogone s'accroît en un corps ovoïde qui se révèle en un fort mamelon du côté de la cornicule. Arrivés à cet état, ces deux corps séparent leur cavité de celle du tube qui les porte, grâce à l'apparition de deux cloisons transversales, l'une à la base de l'oogone, l'autre plus ou moins haut dans la cornicule (*cl*). Toute la portion terminale de celle-ci est dès lors une cellule distincte, *a*, d'où la chlorophylle disparaît à fort peu près et où bientôt

(1) *Monatsbericht*, 1855, p. 133-165, avec 1 pl. (Trad. dans *Ann. des Sc. nat.*, 4ᵉ série, III, 1855, p. 363-382, pl. XV).

se montrent de nombreux petits corps en forme de bâtonnets que leur agitation fait reconnaître pour des anthérozoïdes; la cellule *a* est donc une anthéridie. De son côté, l'oogone arrivé à sa forme définitive renferme beaucoup de grains de chlorophylle rapprochés en une grosse masse centrale *ed*, autour de laquelle règne une couche de mucilage incolore, le tout constituant l'oosphère. Ce mucilage va bientôt s'amasser vers le bec de l'oogone. Puis ce bec s'ouvre et une portion du mucilage fait d'abord saillie par l'ouverture, comme en *m*, pour se détacher ensuite en une goutte ronde dont la sortie y laisse un espace vide. L'anthéridie s'étant ouverte au sommet pendant ce temps, les anthérozoïdes en sortent en grand nombre et nagent (*az*), non loin de l'orifice de l'oogone, paraissant le chercher. Plusieurs y entrent après quelques essais, au nombre de 20, 30 ou même davantage, et on les voit s'agiter dans la portion vide du bec. Pendant plus d'une demi-heure, ils se portent vers la surface du mucilage que ne recouvre alors aucune membrane, et comme s'ils étaient repoussés par la viscosité de cette matière, ils reculent pour s'avancer bientôt de nouveau. Tout à coup on distingue à la surface libre de ce mucilage une ligne d'une extrême ténuité, *cl'*, premier indice d'une membrane-enveloppe. L'apparition de cette ligne est due à la pénétration d'un anthérozoïde; la fécondation est alors opérée. Les anthérozoïdes restés dans le bec de l'oogone s'y meuvent de plus en plus lentement; on les y voit encore, mais sans mouvement, pendant plusieurs heures. La membrane *cl'* (fig. 942), très ténue, aussitôt après la fécondation, gagne peu à peu en épaisseur (*cl*, fig. 943), et se fait reconnaître pour celle de l'œuf; celui-ci est une grosse cellule qui remplit l'oogone et dont la paroi s'épaissit graduellement, tandis que son contenu devient finalement rouge ou brun. Arrivé à son état parfait, il s'isole de la plante mère. Au printemps suivant, il donnera naissance à un nouvel individu, comme l'a fait celui que l'on voit en *œ*, sur la figure 940. — Les anthérozoïdes n'ont que 1/180ᵉ de ligne (environ 1/80ᵉ de millimètre) de longueur; ils montrent un point sombre et ils portent deux cils inégaux dirigés l'un en avant, l'autre en arrière, comme on le voit en B (fig. 942).

Les anthéridies et les oogones commencent à se développer dans la soirée; ils sont entièrement formés dans la matinée suivante, et la fécondation a lieu dans le milieu de la même journée.

REPRODUCTION DES CONFERVACÉES

Œdogone. — Les Œdogones sont des Algues filamenteuses vertes de taille très variable; chez l'*Œdogonium ciliatum*, représenté par

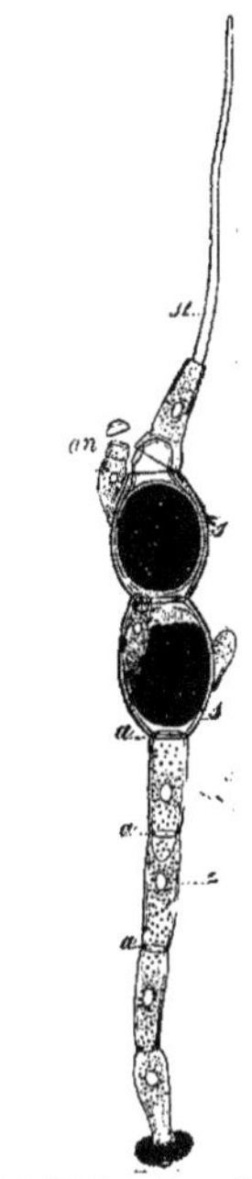

Fig. 944. — Pied d'*Œdogonium ciliatum* vu peu avant la fécondation. — *aa*, cellules végétatives; dans chacune d'elles se forme une zoospore, *z*; *ss*, deux oogones; *an*, anthéridie dont le couvercle s'est détaché; *st*, soie (200/1; d'après Pringsheim).

les figures 944 et 945, le filament comporte : une sorte de crampon inférieur, des cellules indifférenciées, ou cellules végétatives, une ou plusieurs cellules oogones, puis des cellules anthéridiales de plus en plus petites, le tout étant surmonté d'une sorte de poil terminal.

FORMATION DES ZOOSPORES. — Les spores mobiles, ou zoospores, se forment par rénovation totale du contenu des cellules du filament, dans presque toutes ses parties; puis elles s'échappent en soulevant la partie du filament située au-dessus d'elles, par une fente circulaire de la cellule où elles se sont formées. Ce mécanisme, très curieux, permet aussi le départ des anthérozoïdes, et il a été représenté dans la figure 945. Les zoospores sont ovoïdes

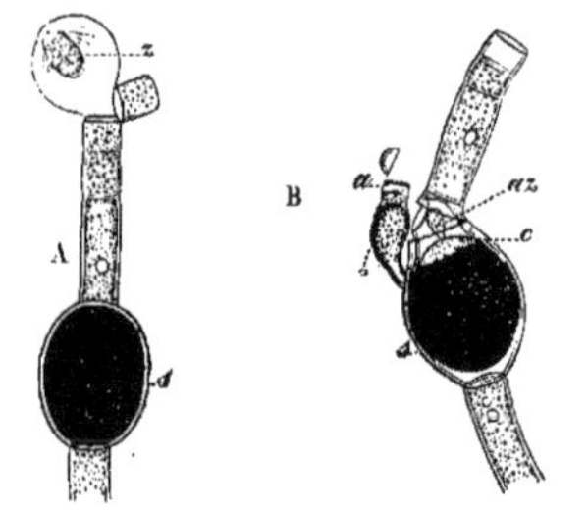

Fig. 945. — Fécondation de l'*Œdogonium ciliatum* (209/1 ; d'après Pringsheim). — A, portion d'un pied d'*Œdogonium ciliatum* sur lequel on voit un anthérozoïde, *z*, sortant de la cellule où il est produit. — *s*, l'oogone. — B, sorti de l'anthéridie *a*, dont il a soulevé le haut comme un couvercle, l'anthérozoïde *az* est entré dans le vide qu'offre le haut de l'oogone *s*, et s'est mis en contact avec le mucilage *c*, incolore, qui surmonte la masse verte.

et présentent un bec entouré d'une couronne de cils ; elles nagent quelque temps, puis perdent leurs cils, se fixent et développent un crampon, origine d'un nouveau filament.

FORMATION DES ŒUFS. — La fécondation des œdogones est la première qui fut observée et décrite (1). Elle comporte les phénomènes suivants : la formation d'anthérozoïdes nés isolément dans les petites cellules de la partie supérieure du filament, leur mise en liberté, leur arrivée près de l'oogone sphérique, leur entrée par l'ouverture étroite que présente l'oogone, enfin leur fusionnement avec l'oosphère, ce qui constitue l'œuf.

L'œuf est mis en liberté par ouverture de l'oogone ; il reste quelque temps à l'état de vie latente, puis germe en donnant un diododange, cavité dans laquelle s'organisent quatre diodes ou zoospores mobiles, dont le développement est identique à celui des zoospores ordinaires.

REPRODUCTION DES CHARACÉES

Le thalle des Characées est filamenteux, ramifié en verticilles, enraciné à sa base et dressé dans l'eau ; il est formé de parties suffi-

(1) Par Pringsheim, en 1855.

samment différenciées pour qu'on puisse lui définir des feuilles et une sorte de tige, ce qui fait que certains auteurs ont placé ces Algues dans le groupe des Mousses, ou même dans celui des Fougères.

Ces végétaux se multiplient par des portions détachées du thalle principal, ou par des rameaux adventifs ; ils ne possèdent pas de spores.

Les œufs se forment par fusion d'un anthérozoïde et d'une oosphère, éléments nés respectivement dans des anthéridies et des oogones que portent les feuilles.

Les anthérozoïdes sont ainsi produits : le noyau de la cellule mère s'approche de la

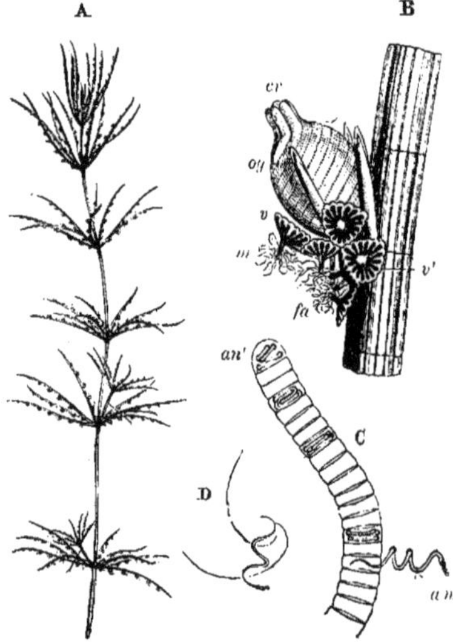

Fig. 946. — *Chara fragilis* (d'après Thuret). — A, portion supérieure de la plante montrant plusieurs verticilles de feuilles qui portent en général des organes reproducteurs (1/1). — B, portion d'une feuille portant un oogone adulte *og*, avec sa coronule *cr*, et ses cinq cellules corticales, ainsi que la plupart des valves isolées *v*, d'une anthéridie qui s'est déjà ouverte ; *v'*, une valve de l'hémisphère inférieur vue par sa face externe ; *m*, manubrie ; *fa*, filets à anthérozoïdes. — C, extrémité d'un filament anthéridien dont les cellules sont presque toutes vides : *an*, un anthérozoïde sortant ; *an'*, un anthérozoïde encore dans sa cellule mère (400/1). — D, anthérozoïde libre (400/1).

périphérie de la cellule, il s'allonge peu à peu, formant une spirale. Le protoplasme, dans sa couche périphérique, se découpe en deux longs cils qui restent attachés à la partie antérieure du noyau. L'anthérozoïde commence à se mouvoir dans la cellule, puis, à la déhiscence de l'anthéridie, il s'échappe et se porte en tournoyant vers les oogones (fig. 946, D).

Une anthéridie (fig. 947) peut contenir près

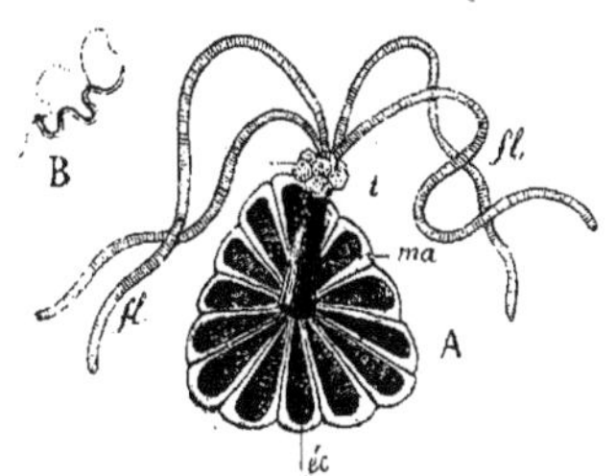

Fig. 947. — Anthéridie des *Chara*. — A, une des huit cellules en écussons qui forment l'anthéridie des *Chara*. — *éc*, écusson ; *m*, manubrium ; *t*, tête ; *fl*, flagellums. — B, un anthérozoïde (Courchet).

de deux cents filaments formés eux-mêmes de deux cents cellules mères, ce qui porte le nombre des anthérozoïdes à près de quarante mille.

L'oogone est une grande cellule ovoïde, entourée de cinq cellules tubulées dont la disposition est spiralée, et dont la partie libre forme la coronule (fig. 946). C'est dans cette région que se fait la pénétration des éléments mâles, laquelle est suivie de la constitution de l'œuf. La germination de l'œuf produit un thalle analogue à un protonème de Mousse sur lequel le thalle définitif s'édifie par bourgeonnement.

REPRODUCTION DES ALGUES BRUNES

Le thalle des Algues brunes est quelquefois dissocié en cellules isolées, comme chez les Diatomées ; ou associé en filaments, en lames ramifiées, comme chez les Fucacées. La plupart sont des Algues marines, certaines habitent les eaux douces.

La multiplication du thalle peut se faire par scissiparité, aussi par spores, sauf chez les Fucacées. La reproduction se fait par œufs qui naissent par isogamie, ou hétérogamie ; le développement de l'œuf est direct.

Diatomées. — Les Diatomées sont de petits organismes dont le nombre est immense aussi bien dans les eaux salées que dans les eaux douces ; certains genres vivent même sur la terre humide.

Les Diatomées sont très abondantes dans le

fond des ruisseaux, où on peut se les procurer aisément (1). C'est là que l'on trouve, par exemple, les Navicules, qui ont l'aspect de losanges allongés à côtés symétriques, et dont la surface est ornée de stries d'une délicatesse extrême. Elles possèdent un véritable test, formé par deux moitiés emboîtées longitudinalement

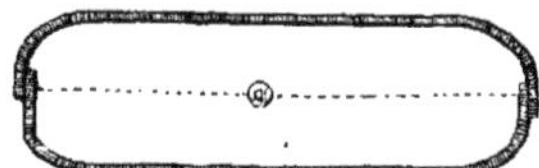

Fig. 948. — Figure théorique destinée à montrer le mode d'emboîtement des deux moitiés du test d'une Diatomée (Courchet).

(fig. 948), l'une un peu plus petite pénétrant dans l'autre comme une boîte pénètre dans son couvercle. Les deux valves ne sont pas, d'ailleurs, rivées l'une à l'autre, et leur emboîtement peut être plus ou moins complet, suivant l'état plus ou moins grand de contraction ou de dilatation du protoplasma. Ce dernier contient un noyau, deux *phéoleucites* rubanés et pariétaux, que leur teinte jaune

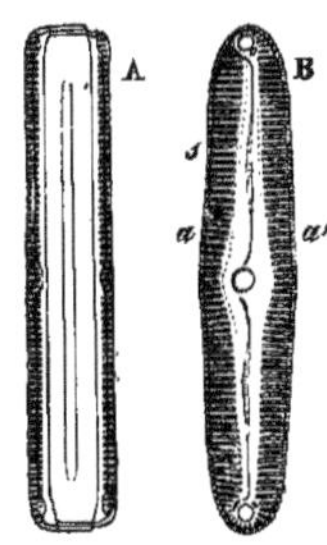

Fig. 949. — *Pinnularia viridis*. — A, vu de face, en voie de se diviser en deux valves dont on voit l'emboîtement aux deux extrémités. — B, vu de côté ou par-dessus ; *a*, *a'*, ses deux moitiés symétriques ; *s*, ses stries parallèles.

brun rend très visibles à travers le test, et des gouttelettes d'huile. On voit ces Diatomées progresser au sein du liquide, dans la direction de leur grand axe, d'un mouvement continu ou saccadé, suivant qu'elles se meuvent librement ou au milieu d'obstacles. La contractilité du protoplasma est ici la seule cause de ce déplacement, les Diatomées étant entièrement dépourvues d'appendices locomoteurs.

(1) Courchet, *Traité de botanique*, t. I, p. 217.

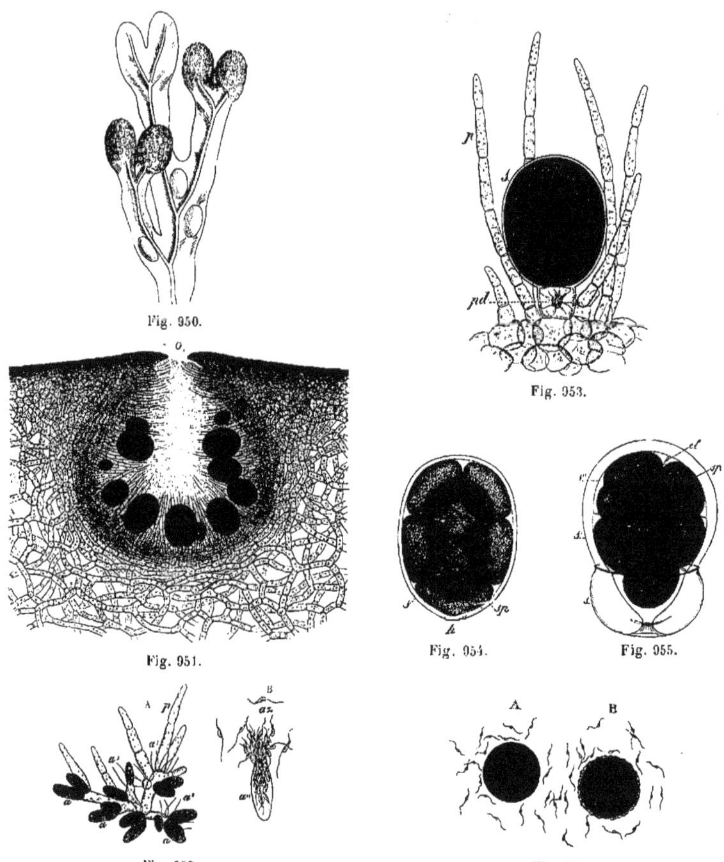

Fig. 950.

Fig. 951.

Fig. 953.

Fig. 954.

Fig. 955.

Fig. 952.

Fig. 956.

Fig. 950. — *Fucus vesiculosus.*

Fig. 951. — Coupe verticale d'un conceptacle femelle de *Fucus vesiculosus* L. montrant son ostiole *o*, de nombreux oogones, les poils pluricellulaires qui tapissent les parois de cette cavité et le tissu de la fronde qui entoure le conceptacle (50/1).

Fig. 952. — *Fucus vesiculosus* L. — A, sorte de poil rameux, *p*, qui porte plusieurs anthéridies fermées, *a*, et d'autres déjà vidées, *o'* (150/1). — B, une anthéridie, *a''*, ouverte, pour laisser sortir les anthérozoïdes, *a:* (300/1).

Fig. 953. — *Fucus vesiculosus* L. — Sporange entier, *s*, dont le contenu se montre divisé par les lignes en huit fragments; *pd*, cellule qui lui sert de pédicule; *p*, paraphyses qui tapissent les parois du conceptacle (150/1).

Fig. 954. — *Fucus vesiculosus* L. — Masse de huit oosphères, *sp*, qui est sortie du sac externe de l'oogone, encore enfermée dans les deux sacs plus internes, *s* (150/1).

Fig. 955. — *Fucus vesiculosus* L. — Masse de huit oosphères, *sp*, qui se sont sensiblement arrondies; elle s'est dégagée du sac moyen, *s*, tout en restant dans le sac interne, *s'*. De la face interne de celui-ci, *s''*, partent des lignes d'une extrême ténuité, *cl*, qui semblent être des cloisons ayant subdivisé la cavité en autant de loges qu'il y a d'oosphères (150/1).

Fig. 956. — Fécondation chez le *Fucus vesiculosus* L. — A, une oosphère dont les anthérozoïdes s'approchent. — B, une autre contre laquelle beaucoup d'anthérozoïdes se sont appliqués pour lui imprimer une rotation sur elle-même (150/1).

Fig. 950 à 956. — Fécondation chez le Fucus vésiculeux (d'après Thuret).

Scissiparité. — Ces Algues se multiplient par un phénomène particulier de division. Leur protoplasma se partage d'abord en deux masses par une cloison parallèle à leur grand axe; puis les deux valves du test se séparent, entraînant chacune une des deux masses protoplasmiques partielles, et les deux moitiés ainsi formées ont nécessairement tout d'abord un côté recouvert simplement par l'un des deux euillets de la cloison nouvellement formée. Mais chez l'un et l'autre individu, avant même qu'ils ne se soient isolés, ce feuillet cellulosique a reployé ses bords de façon à les emboîter dans la valve silicifiée ancienne, qui devient ainsi le couvercle de la Diatomée nouvelle, puis la moitié la plus récente du test se silicifie à son tour (fig. 949).

Cette division est parfois précédée d'un enkystement : le protoplasma se contracte tout d'abord dans le test, sécrète autour de lui une membrane silicifiée nouvelle en dedans de la première, puis une troisième, et ne se divise qu'après être demeuré pendant quelque temps à l'état de vie latente, protégé par cette triple enveloppe.

Formation des spores. — Il est aisé de comprendre que les deux individus issus d'une division sont l'un plus petit que l'autre, et tous deux plus petits que l'individu primitif. Le volume doit donc aller en diminuant d'une génération à l'autre, puisque, d'autre part, le test silicifié, une fois formé, est incapable de s'accroître. Aussi ce mode de multiplication est-il, de temps en temps, interrompu par la formation de spores, qui rendent à l'espèce sa taille primordiale. A un moment donné, le protoplasma tout entier sort du test en écartant les deux valves et, revêtu d'une simple membrane cellulosique très extensible, se nourrit et s'accroît, jusqu'à ce qu'il ait atteint un certain volume maximum pour l'espèce. Il sécrète alors une nouvelle membrane cellulosique qui déchire l'ancienne, se silicifie et se transforme en un test bivalve. Ces sortes de spores ont été souvent nommées *auxospores*, c'est-à-dire *spores d'accroissement*.

C'est ainsi que la taille des individus d'une même espèce oscille entre un maximum et un minimum qui ne sont jamais dépassés.

Formation des œufs. — Chez un certain nombre de Diatomées, on voit, à un moment donné, deux masses protoplasmiques ainsi débarrassées de leur test, se fusionner au sein d'une sorte de gelée. Ce sont, en réalité, deux gamètes isogames immobiles, de la conjugaison desquels résulte une *zygospore*. Le protoplasma d'une même Diatomée peut donner encore deux gamètes qui, par leur fusion avec deux autres gamètes produits par un autre individu, formeront deux *zygospores*. Celles-ci sécrètent ensuite un nouveau test.

Fucacées. — Le Varec (*Fucus*) est très abondant sur nos côtes de l'Océan, aux points que la mer abandonne à marée basse ; elle forme des bancs d'un brun olivâtre, très glissants.

Chez ces plantes, la multiplication par spores est inconnue, et la reproduction se fait par œufs, avec hétérogamie ; le gamète mâle est un anthérozoïde à deux cils, le gamète femelle une oosphère immobile. Certains Varecs étant hermaphrodites, ou monoïques, c'est-à-dire portant sur un même thalle les deux sortes d'éléments reproducteurs, d'autres Varecs sont dioïques, les thalles producteurs d'organes mâles étant différents des thalles producteurs d'organes femelles ; tel est le cas du Varec vésiculeux (*Fucus vesiculosus*).

Le Varec vésiculeux est fixé aux rochers par sa partie inférieure étalée en une sorte de plateau, où s'insèrent des crampons (1). La partie supérieure du thalle est aplatie, d'une hauteur de 15 à 20 centimètres, ramifiée dichotomiquement (fig. 950); parfois, l'une des divisions demeurant très courte, la ramification devient sympodique. L'axe principal et tous ses rameaux sont parcourus par une sorte de nervure médiane proéminente ; leur parenchyme est différencié en une zone corticale, formée de petites cellules d'un diamètre égal, et une région constituée par des cellules arrondies plus grandes, pourvues de parois épaisses. Çà et là, on voit le parenchyme se gonfler en vésicules remplies d'un gaz, qui paraît être de l'azote pur. Ces vésicules jouent le rôle de flotteurs.

Le *Fucus vesiculosus* est dioïque. Sur les individus de l'un et l'autre sexe, les organes reproducteurs sont réunis, à l'extrémité fortement renflée des rameaux, dans des cryptes ou *conceptacles* qui s'ouvrent à la surface par un étroit ostiole, et dont la paroi interne est munie de longs poils stériles ou *paraphyses* (fig. 951). Ces poils forment une sorte de pinceau, saillant par le goulot du conceptacle.

Les anthéridies occupent l'extrémité des branches de poils rameux (fig. 952, A, *a'*, *a'*);

(1) Courchet, *loc. cit.*, p. 214.

elles sont ovoïdes, et produisent chacune, par division répétée de leurs noyaux et de leur protoplasma, soixante-quatre anthérozoïdes ovoïdes, pointus à l'une de leurs extrémités, amincis à l'autre, marqués sur leur milieu d'une ponctuation rougeâtre et portant deux cils, dont l'un est dirigé en avant, l'autre en arrière (fig. 952, B, *az*).

Les oogones (fig. 953), beaucoup plus gros, globuleux, et portés par une cellule basilaire, renferment un protoplasma coloré en jaune brun ; celui-ci est enveloppé par trois membranes dont la plus interne est très délicate.

Le noyau unique de l'oogone se divise d'abord en deux, puis en quatre, enfin en huit noyaux nouveaux, autour desquels le protoplasma se trouve simultanément partagé par des cloisons en huit cellules nouvelles. Puis l'enveloppe externe se rompt pour laisser sortir les huit oosphères, encore entourées par les deux enveloppes communes internes (fig. 954). Les oosphères s'arrondissent de plus en plus et, le sac moyen se rompant à son tour (fig. 955), on les en voit sortir, protégées seulement par la délicate membrane interne. C'est ainsi qu'elles viennent flotter pendant la marée basse, par groupes de huit, jusque vers l'ouverture du conceptacle, puis, au retour du flot, l'enveloppe commune se brise, et les huit oosphères sont mises en liberté. Cet instant coïncide avec celui où les anthérozoïdes s'échappent eux-mêmes des anthéridies. S'ils rencontrent une oosphère, ils se fixent à sa surface, et lui impriment un mouvement de rotation qui peut durer jusqu'à une demi-heure, mais qui n'est ni constant ni indispensable à la fécondation.

Les anthérozoïdes, en s'unissant aux oosphères, un seul par oosphère probablement, transforment ces dernières en œufs, qui s'entourent aussitôt d'une membrane de cellulose et se développent en de nouvelles Algues.

La reproduction chez les Algues se fait, comme on l'a vu, de façon bien différente dans les diverses plantes de cette classe ; et l'on peut observer, depuis l'isogamie simple, des exemples variés d'hétérogamie, jusqu'à la reproduction par œufs à développement indirect des Floridées, qui nous conduit insensiblement aux Muscinées, c'est-à-dire aux plus inférieures des plantes non thallophytes.

REPRODUCTION DES MUSCINÉES

L'homologie que l'on peut établir entre les Algues de l'ordre des Floridées et les Muscinées est basée sur la comparaison des organes reproducteurs ; une homologie d'un autre genre peut être fixée en prenant pour terme de comparaison les Hépatiques, qui sont des Muscinées à thalle (1).

La reproduction des Hépatiques ne différant de celle des Mousses que par des caractères secondaires, nous ne parlerons que des Mousses en prenant pour exemples les Polytrics, les Funaires, les Bryes, les Sphaignes (fig. 957).

Multiplication. — Les Mousses se multiplient à l'état adulte avec une grande profusion et une grande diversité de moyens. On peut observer, soit un marcottage naturel, soit une formation de bourgeons sur les rhizoïdes, soit le développement d'un protonème sur une partie quelconque, soit une production de propagules, comme il a été dit page 489. Certaines Mousses, qui se perpétuent par ce seul moyen, sont donc apogames.

Reproduction. — Au sommet de la tige feuillée se constitue un involucre, formé de plusieurs tours de feuilles spiralées, semblables aux feuilles végétatives et de grandeur progressivement décroissante vers l'intérieur. Au milieu de cet involucre protecteur naissent les organes reproducteurs, anthéridies et archégones, entremêlés de poils nommés paraphyses (fig. 958).

Lorsque l'involucre, comme cela a lieu chez les Bryes, renferme à la fois les organes mâles et les organes femelles, il est dit hermaphrodite ; il est dit sexué, mâle ou femelle, quand il ne contient que l'un des organes reproducteurs, ainsi qu'on l'observe chez les Funaires, les Polytrics.

Anthéridie. — L'anthéridie a la forme d'un petit sac ovoïde pédiculé, comprenant une paroi d'une assise de cellules et un contenu d'abord constitué par des cellules mères d'anthérozoïdes, unies les unes aux autres, qui se transforme en un amas de cellules dissociées, arrondies, plongées dans une masse mucilagineuse résultant de la gélification des parois communes.

Dans chaque cellule mère est né un

(1) Voy. *Le Monde des Plantes*, p. 766 et 769, pour la division des Muscinées en Mousses et en Hépatiques.

Fig. 957. — Reproduction des Mousses foliacées. — 1, *Polytrichum commune*; le diodange à gauche recouvert de sa coiffe (opercule), celui de droite découvert; 2, la même Mousse à un stade antérieur de son développement; 3, diodange de *Polytrichum* avec son opercule; 4, le même après la chute de son opercule; 5, *Bryum cæspiticium*; 6, diodange de la même Mousse avec son opercule; 7, le même sans son opercule, mais encore fermé; 8, le même ouvert; le péristome visible; 9, un morceau du péristome; 10, anthéridies, archégones et paraphyses du *Bryum cæspiticium*; 11, *Hyloconium splendens*; 12, son diodange; 13, *Andreæa rupestris* avec diodange qui a opéré sa déhiscence; 14, *Sphagium cymbifolium*; les diodanges en forme de boule de cette Mousse sont formés dans l'échantillon de gauche; 15, un diodange isolé de cette Mousse. Fig. 1, 2, 5, 11, 14 en grandeur naturelle.

anthérozoïde à deux cils rappelant par sa forme celui des Charagnes, déjà décrit. La matière mucilagineuse que renferme l'anthéridie absorbant de l'eau, provoque l'éclatement de la paroi et la mise en liberté des anthérozoïdes.

ARCHÉGONE. — L'organe femelle, contenant l'oosphère, affecte la forme d'une bouteille brièvement pédonculée, dont la partie large porte le nom de *ventre*, et la partie supérieure, étroite, le nom de *col*.

Le ventre de l'archégone est formé de deux assises cellulaires constituant sa paroi, et de deux cellules centrales; l'une d'elles, la plus importante, placée au fond du ventre, est l'*oosphère*, ou cellule reproductrice femelle; l'autre, plus petite, porte le nom de *cellule de canal*.

Le col de l'archégone est formé de quatre (ou six) files de cellules entre lesquelles peut s'insinuer la cellule de canal, ce qui crée un fin canal que remplit un peu de mucilage. Ce mucilage, absorbant de l'eau, provoque l'éclatement de l'extrémité du canal et son ouverture.

FÉCONDATION. — Les phénomènes qui viennent d'être décrits se produisent surtout lors de la formation de la rosée qui remplit d'eau l'involucre. Les anthérozoïdes, mis en liberté, nagent activement, parviennent à

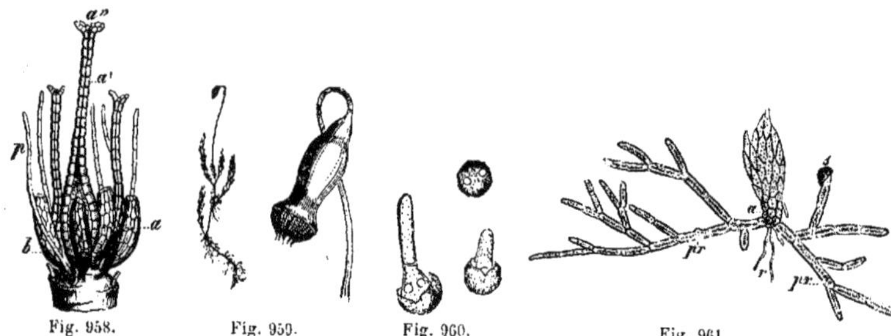

Fig. 958.   Fig. 959.   Fig. 960.   Fig. 961.

Fig. 958. — Groupe d'archégones a, a', a'', et d'anthéridies b, entremêlés de paraphyses, p, pris sur le
Bryum binum. (Fortement grossi; d'après Schimper.)
Fig. 959. — *Bryum argenteum*. — Pori, urne déhis-
cente.

Fig. 960. — *Funaria hygrometrica*. Diodes en germination.
Fig. 961. — *Funaria hygrometrica* : son protonema *pr*,
pr; *s*, la diode de laquelle il est provenu ; *a*, bourgeon émané de lui, qui a déjà donné en dessous trois
racines *r*, en dessus un commencement de pousse
feuillée. (Fortement grossi; d'après Schimper.)

l'ouverture du col de l'archégone, se collent au mucilage et parcourent le canal pour se fusionner avec l'oosphère. Ainsi se forme l'œuf, qui s'entoure d'une membrane de cellulose.

DÉVELOPPEMENT DE L'ŒUF. — L'œuf se divise aussitôt en donnant un appareil sporifère nommé *sporogone*, ou mieux *diodogone*, puisque les spores qui en seront issues ne fourniront pas directement la forme dont elles dérivent.

De la division de l'œuf naît d'abord une masse de cellules qui, d'une part, s'enfonce dans la partie supérieure de la tige feuillée à la façon d'un suçoir, d'autre part s'élève en entraînant l'archégone, dont le col s'est fermé, Tout l'ensemble, développé, prend l'aspect d'une masse en forme d'urne, la *capsule*, portée par un pédicule, la *soie*, et surmontée d'un capuchon, la *coiffe*.

C'est cet aspect que l'on est habitué à rencontrer souvent, et que représentent les figures 957 et 959. La Mousse est alors formée de deux parties, l'une sexuée, la Mousse pro-prement dite, l'autre asexuée, la soie et la capsule. Cette dernière partie (soie et capsule) représente un végétal, non autonome il est vrai, mais différent de la Mousse.

DIODANGE. — La capsule, fournissant des spores de passage ou diodes, peut être nom-mée *sporange* ou mieux *diodange*.

Ce diodange, coloré souvent en brun, est limité par un épiderme à stomates, et contient des cellules dont quelques-unes sont cellules mères de diodes ; celles-ci naissent par quatre dans une cellule mère, puis elles s'isolent par

gélification de leur membrane commune. Par la dessiccation, la partie supérieure ou *opercule* de la capsule se détache de la partie inférieure ou *urne* (fig. 959), ce qui découvre le *péris-tome*. On nomme ainsi un ou deux cercles de dents, dont le nombre varie de 16 à 32 (fig. 957, 9). Par la dessiccation, ces dents se relèvent, en se rejetant en dehors, ce qui ouvre le sac à diodes et met les diodes en liberté.

Remarquons que les diodes ne contiennent dans leur noyau que la moitié du nombre des filaments chromatiques, qui est caractéristique des cellules végétatives.

GERMINATION DES DIODES. — Après un temps de repos plus ou moins long, la diode germe sur la terre humide; sa membrane cutinisée se déchire et laisse saillir un tube ou filament qui s'allonge et se colore en vert (fig. 960). Par des ramifications de ce filament se constitue un thalle nommé *protonème*, et celui-ci porte bientôt des bourgeons, origine d'un égal nombre de tiges feuillées, c'est-à-dire de Mousses (fig. 961).

Cycle évolutif. — Si nous résumons le déve-loppement d'une Mousse, nous constatons la présence de deux organismes : la plante sexuée ou Mousse, la plante asexuée ou diodogone. On peut donc figurer ainsi le cycle de l'évolu-tion complète :

```
              ( Anthéridie.
Mousse    )     Anthérozoïde.    ) Œuf.
(sexuée). )     Oosphère.            Diodogone (asexué).
              ( Archégone.                 Diodange.
                                                Diodes.
                                                Protonème.
```

Fig. 362. — La grande serre neuve du Muséum d'histoire naturelle (fond de la serre). Sous la ramure élégante des Fougères arborescentes (*Cyathea*, *Alsophila*), on voit les gracieuses frondes des espèces à rhizome. (D'après *le Naturaliste*, 1890.)

REPRODUCTION DES CRYPTOGAMES VASCULAIRES

Les Cryptogames vasculaires, dont les meilleurs exemples sont les Fougères et les Prêles, présentent un cycle de génération alternante dont les phases peuvent être résumées ainsi :

Premier état. — La plante adulte est constituée (1) par une tige souterraine (*rhizome*),

(1) Voy. *Le Monde des Plantes*, t. II, p. 747.

souvent horizontale, présentant des racines latérales, et donnant de place en place des bourgeons qui s'épanouissent à l'air. La partie aérienne de la plante comprend une tige aérienne feuillée, comme chez les Prêles, ou simplement des feuilles, enroulées en crosse dans leur jeune âge et nommées *frondes*, comme chez les Fougères. A la différence des Fougères de nos pays, les Fougères des pays tropicaux sont arborescentes, et ces formes superbes qu'elles possèdent ont fait de ces plantes les plus beaux ornements de nos serres (fig. 962).

Sur cette plante adulte, et en rapport avec les feuilles, naissent les appareils fructifères, sous le nom de sporange, ou mieux de *diodange*. Dans les diodanges se constituent les spores de passage ou *diodes*.

Par leur germination, les diodes donnent, sur place ou sur le sol, de petits corps nommés *prothalles*.

Deuxième état. — Les prothalles, nés de diodes, qu'ils soient autonomes ou fixés sur la plante mère, se développent en formant des organes reproducteurs, les uns mâles, les autres femelles.

Les organes mâles sont des *anthéridies* donnant naissance à des *anthérozoïdes*; les organes femelles sont des *archégones*, donnant naissance à des *oosphères*.

La réunion de l'anthérozoïde et de l'oosphère détermine la formation de l'*œuf*, qui se développe sur le prothalle femelle, en une nouvelle plante, identique à la plante mère.

Le cycle ainsi parcouru est un cycle de génération alternante.

Cryptogames isodiodées et Cryptogames hétérodiodées. — Les diodes nées dans le diodange peuvent être toutes identiques et donner, par leur germination, des prothalles semblables, porteurs chacun d'anthéridie et d'archégone. La plante est alors dite isodiodée, et le prothalle hermaphrodite, il y a monœcie.

La plante peut aussi donner des diodes, en apparence identiques, mais fournissant des prothalles sexués, les uns mâles, les autres femelles. Cette plante sera dite isodiodée; il y aura diœcie.

Dans un troisième cas, on peut observer des diodes de deux sortes, les unes petites ou microdiodes, les autres plus grandes ou macrodiodes. La plante est hétérodiodée. Par germination des diodes, il se forme des microprothalles et des macroprothalles, les premiers

portant anthéridie, les autres archégone; ces prothalles sont sexués, il y a encore diœcie.

Tels sont les divers cas qui peuvent se présenter chez les Cryptogames vasculaires; nous les résumerons par les deux cycles suivants, et nous indiquerons par un tableau les exemples principaux.

1° *Reproduction d'une Cryptogame isosporée, prothalles monoïques :*

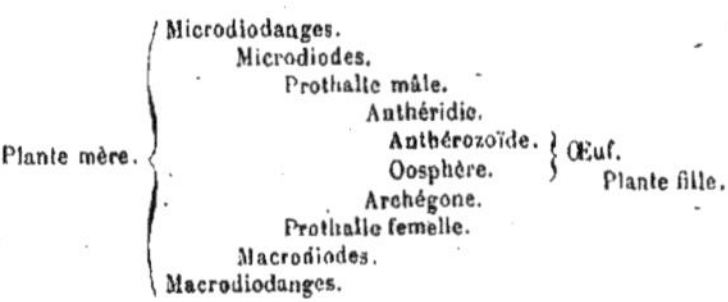

2° *Reproduction d'une Cryptogame isosporée, prothalles dioïques :*

3° *Reproduction d'une Cryptogame hétérosporée, prothalles dioïques :*

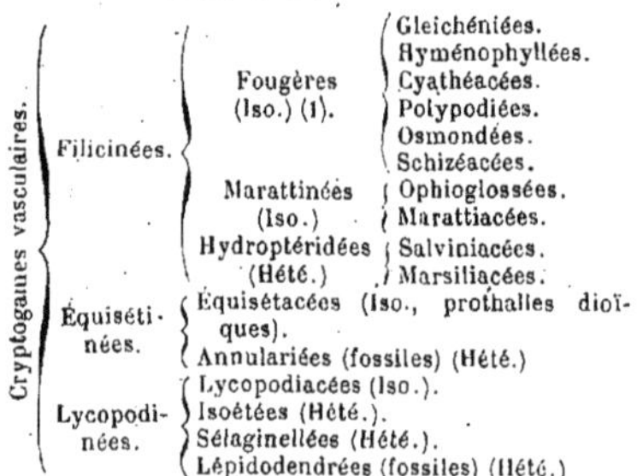

Classification résumée.

REPRODUCTION DES FILICINÉES

REPRODUCTION DES FOUGÈRES

Formation des diodes. — Si on observe les frondes d'une Fougère, en été, on remarque à la face inférieure de petites taches brunes ou jaune brunâtre, disposées plus ou moins

(1) Les abréviations *Iso.* et *Hété.* sont mises pour Isodiodées et Hétérodiodées.

Fig. 963. — *Adiantum capillus veneris* L.

Fig. 964. — Polystic.

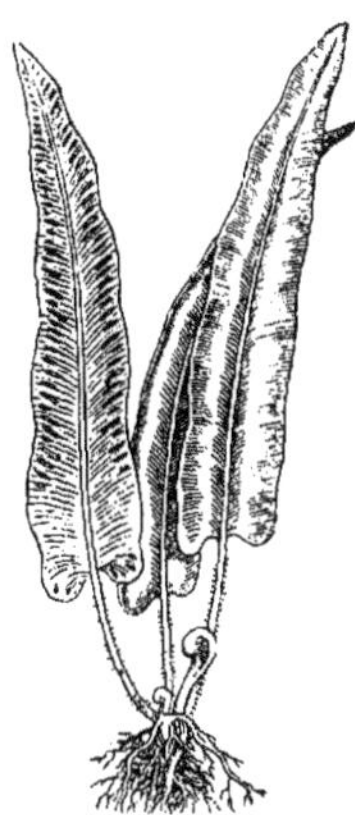

Fig. 965. — Scolopendre officinale.

symétriquement par rapport aux nervures (fig. 964 et 965), ou bien placées sur le bord des folioles, comme chez les Capillaires (fig. 963). Chacune de ces taches est un sore.

SORE. — Le plus souvent, le sore est protégé par un repli de l'épiderme foliaire, qui délimite la cavité du sore, que l'on peut alors comparer à la poche d'un vêtement. Chez les Polypodes (fig. 966) et les Osmondées, le sore est nu. Le repli épidermique porte le nom d'*indusie* (fig. 967, A).

DIODANGE. — A l'intérieur de la cavité du sore sont de petites masses pédicellées, nommées diodanges, ou cavités à diodes. Un diodange, a une forme souvent sphérique, et sa paroi, formée d'une seule assise de cellules, contient un organe fort curieux, nommé *anneau*.

L'anneau est une ligne de cellules, parmi celles de la paroi, qui forme un cercle presque complet, quelquefois équatorial (fig. 968, A, et 969, B), d'autres fois méridien (fig. 967, B, et 968, B). Les cellules de l'anneau, facilement visibles, sont fortement cutinisées sur leur face interne, et l'épaississement affecte la forme

d'un fer à cheval; il en résulte à la maturité du diodange, et par dessiccation, l'établissement d'une tension bientôt suffisante pour déterminer la rupture de la paroi, c'est-à-dire la déhiscence du diodange (1).

Si, à l'automne, on place des feuilles de Fougère dans un endroit sec, et si on les secoue au-dessus d'un papier en les froissant, on recueille une poussière noire, formée des diodes.

Ces diodes sont de simples cellules ; leur membrane est entièrement cutinisée, et sa couche externe présente des épaississements très variés. Le protoplasme peut contenir des matières de réserve et même de la chlorophylle.

GERMINATION DES DIODES. — Les diodes, tombées sur le sol, y attendent le retour de conditions favorables pour germer. Au printemps, elles absorbent de l'eau et développent un filament qui, crevant la membrane externe, s'allonge au dehors (fig. 970).

La division de ce filament en cellules fournit une lame verte nommée prothalle.

____

(1) Voy. p. 471 et 472.

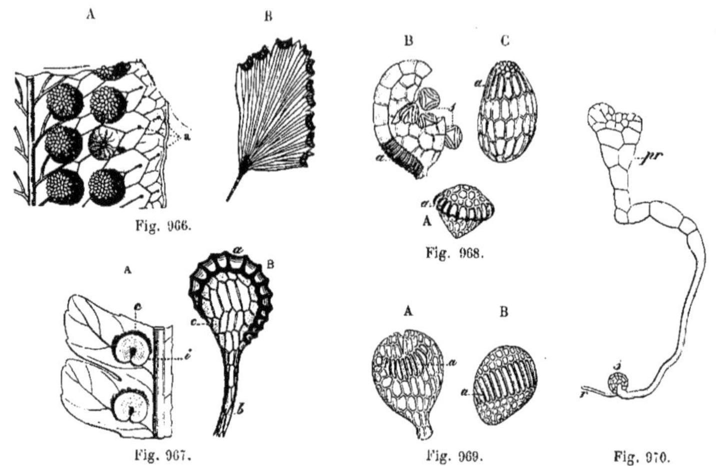

Fig. 966.

Fig. 967.

Fig. 968.

Fig. 969.

Fig. 970.

Fig. 966. — A, Polypode du Brésil et portion d'une foliole. — B, une foliole.

Fig. 967. — *Polystichum Filix-mas* DC. — A, portion d'une feuille vue par sa face inférieure, avec deux sores; *i*, indusie; *c*, capsules qui débordent (5/1). — B, un diodange entier; *b*, son pédicule; *a*, anneau; *c*, paroi membraneuse (100/1).

Fig. 968. — A, capsule du *Trichomanes elatum*; *a*, son anneau. — B, capsule du *Parkeria pteridioides*;

a, anneau; *s*, diodes. — C, capsule de l'*Aneimia fraxinifolia*; *a*, anneau (50/1).

Fig. 969. — A, capsule du *Todea africana*; *a*, anneau. — B, capsule du *Gleichenia (Mertensia) gracilis*; *a*, anneau (50/1).

Fig. 970. — *Asplenium septentrionale* Hofm. — Germination : *s*, diode dont la germination a donné déjà une radicelle, *r*, et un jeune prothalle, *pr* (100/1).

Prothalle. — Le prothalle des Fougères, ordinairement très petit, a la forme d'une lame circulaire ou vaguement cordiforme ; cette lame possède un seul plan de cellules dans presque toute son étendue; près du point où la diode a commencé à le former, on observe une échancrure avec un coussinet un peu plus épais que les autres parties. Le prothalle est étroitement appliqué sur la terre humide ; il présente à sa face inférieure des poils qui lui servent à l'absorption des sucs nourriciers.

Ainsi muni de chlorophylle et de poils rhizoïdes, le prothalle mène une vie autonome, il est un végétal particulier, très différent de la Fougère ; nous le nommons le tronçon sexué, par opposition à la Fougère même que l'on peut appeler le tronçon végétatif asexué.

A la partie inférieure du prothalle, on voit bientôt naître des proéminences de deux sortes : les unes sont des anthéridies, les autres des archégones.

Formation des œufs. — ANTHÉRIDIES. — L'anthéridie est une papille formée de quelques cellules (souvent deux) de revêtement et d'une cellule centrale, qui se divise en un assez grand nombre de petites cellules, les cellules mères des anthérozoïdes.

ANTHÉROZOÏDES. — La formation d'un anthérozoïde aux dépens de sa cellule mère rappelle ce que nous avons vu pour les anthérozoïdes des Charagnes. Le noyau se porte à la paroi de la cellule, s'y incurve, prend la forme d'un tire-bouchon à deux ou trois tours (1), tandis que le protoplasme qui l'entoure se divise en filaments ténus qui deviendront les cils vibratiles. Quelques granules amylacés, retenus près de la queue de l'anthérozoïde dans une goutte protoplasmique, ne disparaissent que lors de la mise en liberté de ce petit organisme.

L'absorption de l'eau, en même temps qu'elle détermine la gélification des membranes des cellules mères, provoque la déhiscence de l'anthéridie et la libération des anthérozoïdes. Ceux-ci étalent leurs cils, et se déplacent par un mouvement de tire-bouchon au sein du

(1) Voy. fig. 773, p. 441.

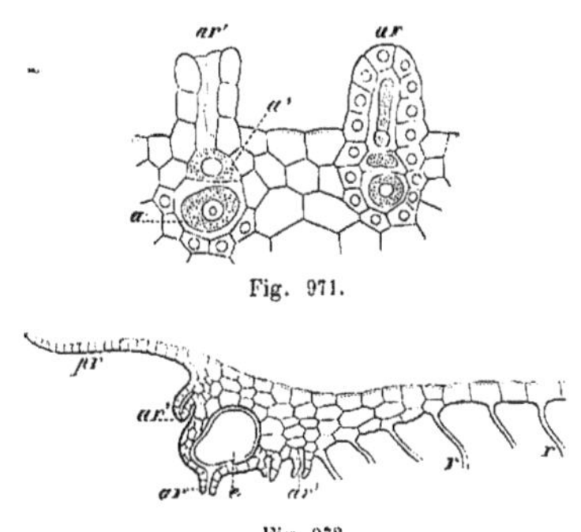

Fig. 971.

Fig. 972.

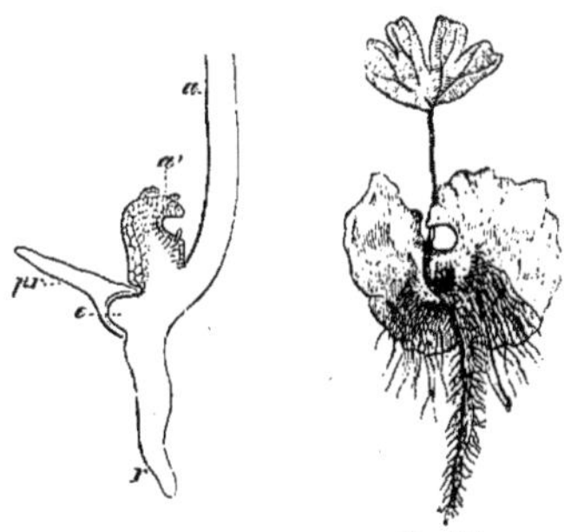

Fig. 973.   Fig. 974.

Fig. 971. — *Pteris serrulata.* — Portion de coupe longitudinale d'un prothalle, passant par deux archégones *ar*, *ar'*, ce dernier déjà ouvert au sommet ;
a, cellule oosphère qui va être fécondée ; *a'*, cellule
de canal (200/1).
Fig. 972. — Coupe d'un prothalle de *Pteris serrulata*
avec deux archégones, *ar'*, *ar'*, non fécondés, et un, *ar*,
qui, ayant été fécondé, contient un embryon développé en un corps ovoïde *e* ; *pr*, portion stérile et

très mince du prothalle ; *r*, *r*, poils radicaux (150/1 ;
d'après Hofmeister).
Fig. 973. — Coupe verticale d'une très jeune plante de
Pteris serrulata. — *pr*, prothalle ; *e*, pied de la jeune
plante ; *r*, racine ; *a*, pétiole de la première feuille ;
a', deuxième feuille naissante arquée en bec au-dessus du mamelon qui constitue l'extrémité de la jeune
tige (50/1 ; d'après Hofmeister).
Fig. 974. — *Adianthum capillus veneris.* Prothalle avec
. une plantule.

liquide contenu entre les particules du sol. La
vésicule qui alourdissait l'anthérozoïde a
peu à peu disparu, le mouvement devient
rapide et il conduit le gamète mâle vers l'archégone.

ARCHÉGONE. — Sur le coussinet du prothalle,
et à sa face inférieure, se développe l'organe
femelle, représenté d'abord par un petit
mamelon de trois cellules. L'une reste incluse
dans le prothalle, c'est l'oosphère ; l'autre,
moyenne, est la cellule de canal (fig. 971); elle
s'insinue entre les quatre files de cellules qui proviennent de la cellule supérieure et constituent
le col de l'archégone. Nous retrouvons ainsi
l'archégone déjà observé chez les Mousses,
avec son ventre, son col, son oosphère et sa
cellule de canal, avec cette différence que le
col seul émerge à la surface du prothalle.

FÉCONDATION. — Les anthérozoïdes, dans leur
course dirigée, viennent près du col de l'archégone ; ils y sont peut-être aussi portés par les
courants de liquide que provoquent les actions
osmotiques dues à la goutte mucilagineuse de
l'ouverture du col. L'un de ces anthérozoïdes
pénètre le premier dans le col, il arrive jusqu'à l'oosphère et la féconde ; les deux
noyaux, dont l'un est le corps de l'anthérozoïde, se fusionnent; les deux protoplasmes,
dont l'un est figuré par les cils du gamète mâle,

se fusionnent aussi. De cette double réunion
naît l'œuf, qui s'entoure d'une membrane de
cellulose.

Formation de la Fougère. — GERMINATION DE
L'ŒUF. — Immédiatement après sa formation,
l'œuf se divise en un petit massif cellulaire et
bientôt en une nouvelle plante (fig. 972).

La cellule-œuf se divise deux fois et, de cette
double bipartition, naissent quatre cellules;
l'une donne le *pied*, massif cellulaire qui reste
inclus dans le prothalle et qui permet à la
jeune plante de se développer en utilisant les
matériaux de ce prothalle (fig. 973); la deuxième
cellule donne la *tige*, qui reste souterraine et
devient rhizome; la troisième engendre une
première feuille, et la quatrième une première
racine.

Pendant quelque temps, on peut observer
l'association que forment le prothalle et la
jeune Fougère (fig. 974), c'est-à-dire les deux
états de la même plante, le tronçon sexué portant le jeune tronçon asexué, et cet ensemble
rappelle celui que forment la Mousse et son
diodogone, mais avec cette différence que
c'est ici le tronçon sexué le plus apparent, celui
que l'on connaît le plus facilement.

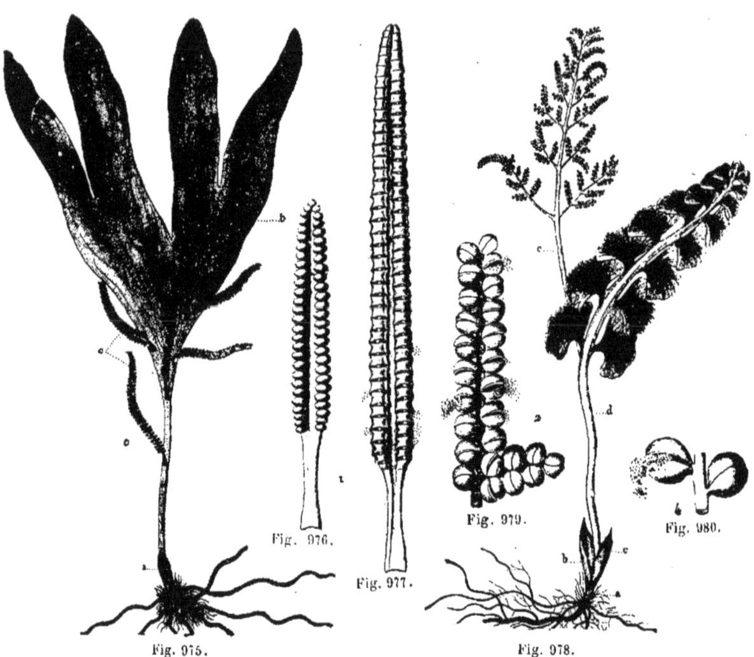

Fig. 975 à 977. — *Ophioglossum palmatum.*
Fig. 975. — Port.
Fig. 976. — Épi détaché.
Fig. 977. — Épi dont les capsules sont ouvertes.

Fig. 978 à 980. — *Botrychium lunaria.*
Fig. 978. — Port.
Fig. 979. — Portion d'une feuille fertile.
Fig. 980. — Sortie des spores de la capsule.

Fig. 975 à 980. — Reproduction des Ophioglossées.

REPRODUCTION DES AUTRES FILICINÉES

Chez les Ophioglossées (fig. 975 à 980), les diodanges sont disposés sur un lobe foliaire spécial, qui les contient tous et qui fait croire à la présence d'une sorte d'inflorescence sans fleur (fig. 978). Ces diodanges sont inclus dans le parenchyme foliaire et s'ouvrent par une fente (fig. 977 et 980).

Chez les Salviniacées (1) et les Marsiliacées, qui sont des Filicinées hétérosporées, les diodanges sont réunis dans des cavités, sortes de fructifications que l'on nomme *diodocarpes*. Les uns contiennent les diodanges à microdiodes, les autres les diodanges à macrodiodes.

Ces diodocarpes correspondent aux sores des Fougères; ils paraissent constitués en vue de la protection des organes producteurs des gamètes, et en rapport avec la station aquatique des Hydroptéridées.

La germination des diodes des deux sortes ne donne naissance qu'à des prothalles rudimentaires, inclus dans les diodanges, et d'où s'échappent les anthérozoïdes qui vont à la recherche des archégones, inclus dans les macrodiodanges et dont le col seul fait saillie.

Le développement de l'œuf, qui rappelle celui que nous avons étudié chez les Fougères, donne naissance à un pied ou suçoir, à une feuille spéciale, l'écusson, et à deux petites

(1) Voy., à ce sujet, la figure 459 de la page 287, qui montre les diverses parties de la plante adulte avec ses organes de fructification, et une jeune plante en développement. Les mots sporocarpe, sporange, spore, sont mis pour : diodocarpes, diodanges, diodes.

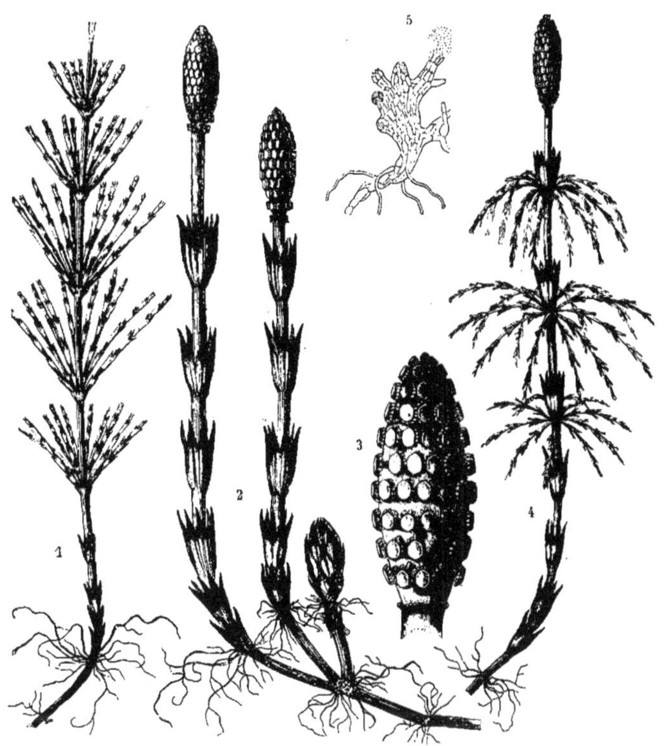

Fig. 981. — Reproduction des Prêles. — 1. Pousse d'été de l'*Equisetum arvense*. — 2. Rameau de printemps fructifère d'*Equisetum arvense*. — 3. Épi du même *Equisetum* avec écussons à diodanges disposés en verticilles. — 4. *Equisetum sylvaticum*. — 5. Prothalle d'une Prêle. — Fig. 1, 2, 4 de grandeur naturelle. — Fig. 3 grossie 3 fois; fig. 5, 30 fois.

feuilles qui précèdent les feuilles normales.

Comme on le voit, la dépendance des formations successives est complète, puisque les diodes ne se séparent pas de la plante mère ; on trouve donc, sur cette plante mère, les prothalles, et sur ceux-ci (prothalles femelles seulement) la plante fille.

REPRODUCTION DES PRÊLES

Les Prêles sont actuellement les seuls représentants de l'ordre des Équisétinées, qui a tenu une grande place dans la végétation houillère, et qui ne renferme plus que de petites espèces (fig. 981) ; cependant, l'*Equisetum giganteum* du Brésil peut atteindre 10 mètres.

Les Prêles ou Queues-de-cheval sont aussi les seules Équisétinées isodiodées, les Annulariées fossiles étant hétérodiodées, comme l'ont montré les belles études de M. Renault.

Formation des diodes. — APPAREIL FRUCTIFÈRE. — L'appareil fructifère des Prêles forme un épi oblong, qui se forme quelquefois sur des tiges spéciales, qui se forme d'autres fois sur toutes les tiges. Ainsi, dans l'*Equisetum arvense* (fig. 981), les tiges fertiles naissent au printemps, elles ont 30 centimètres environ, une couleur rousse, tandis que les pieds stériles ne se montrent qu'en été, ils ont 30 centimètres environ et sont très rameux.

Chez les *Equisetum palustre, hiemale, limo-*

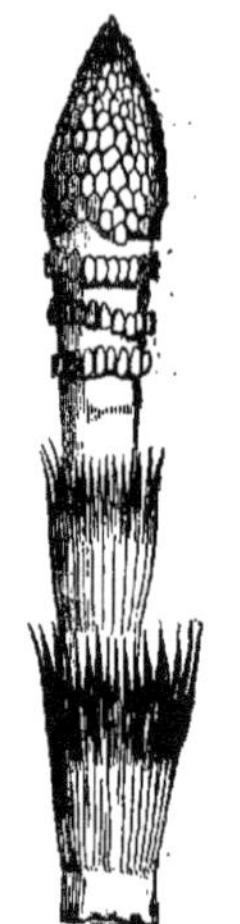

Fig. 982. — Prêle des Bourbiers. Sommet d'une tige.

sum, toutes les tiges sont semblables, qu'elles soient fertiles ou non.

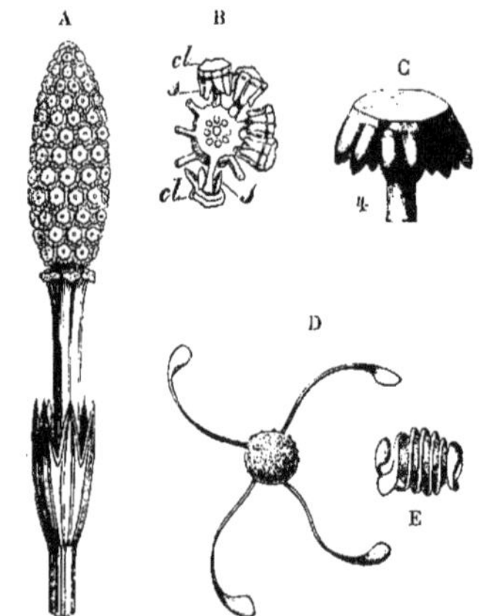

Fig. 983. — *Equisetum arvense.* — A, sommité d'une tige fertile avec sa gaine supérieure, l'anneau et l'épi. — B, coupe transversale de l'épi passant par un verticille; *cl*, clypéoles; *s*, diodocarpes. — C, un écusson isolé. — D, une diode avec ses deux élatères en croix, *cl, cl.* — E, une diode mûre d'*Equisetum limosum* avec ses deux élatères enroulées autour (800/1).

L'appareil reproducteur forme un épi terminal (fig. 982 et 983, A), serré et composé de plusieurs verticilles de petits corps ayant chacun la forme de clou, c'est-à-dire d'un court pédicule (fig. 983, C) et d'un disque. Ce disque, nommé *clypéole* ou *écusson*, est hexagonal, forme qu'il doit à la pression qu'exercent sur lui les disques voisins.

Ce n'est qu'à la maturité que l'écartement des disques permet de connaître la présence, au-dessous d'eux, de petits corps ovoïdes ou oblongs, au nombre de 5 à 10, qui sont les diodocarpes ou diodanges.

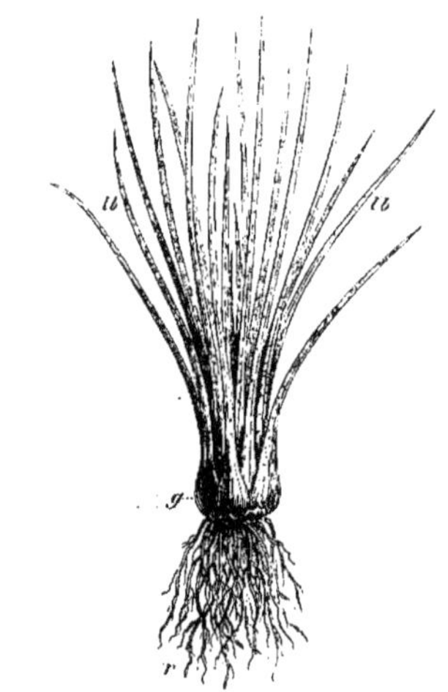

Fig. 984. — *Isoetes lacustris.* — Plante entière : *r*, racines; *g*, gaines des feuilles; *lb, lb*, leur limbe.

Une fente longitudinale ouvre le diodange, et les diodes s'échappent.

DIODES. — Malgré leur ressemblance extérieure, qui est parfaite, les diodes sont de deux sortes, puisque les unes donnent des prothalles mâles, les autres des prothalles femelles.

Une diode est un petit corps d'abord sphérique, possédant une membrane formée de trois couches, dont l'une, extérieure, se découpe en quatre lanières, les élatères. Par la dessiccation superficielle, les élatères se décollent de la diode (fig. 983, D, E), elles se recroquevillent aux moindres variations hygrométriques et communiquent à la diode des mouvements susceptibles de la fixer aux corps avoisinants (1).

GERMINATION DES DIODES. — Les diodes, par

(1) Voy. p. 473, et fig. 857 à 859.

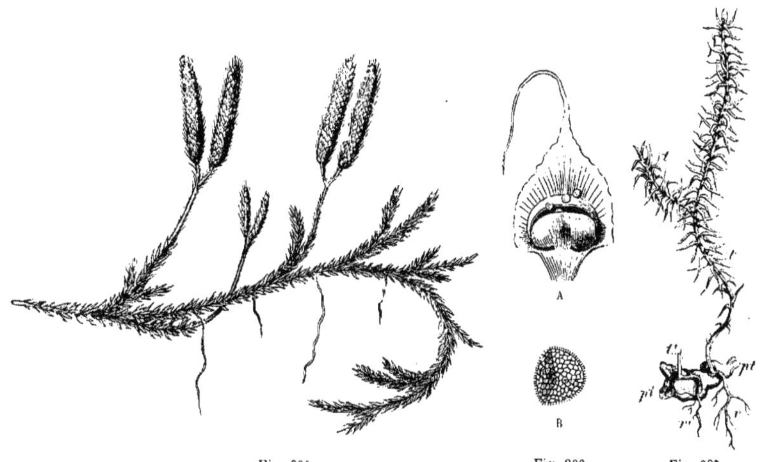

Fig. 985.   Fig. 986.   Fig. 987.

Fig. 985. — Pied en fructification de *Lycopodium clavatum* L.

Fig. 986. — A, microdiodange de Lycopode après la déhiscence. — B, microdiode de Lycopode fortement grossie.

Fig. 987. — Premier développement et prothalle du *Lycopodium annotinum*. — A, jeune pied tenant encore au prothalle *pt* : *t*, tige; *r*, racine primordiale de la jeune plante; *t'*, base de la tige, et *r'*, racine d'une autre plante que portait ce même prothalle.

Fig. 985 à 987. — Reproduction des Lycopodes.

leur germination, donnent naissance à des prothalles dioïques : les uns mâles, à anthéridies ; les autres femelles, à archégones.

Les anthérozoïdes, nés des anthéridies, sont très comparables aux anthérozoïdes des Fucacées, des Characées, des Fougères; ils fécondent les oosphères nées sur les prothalles femelles. Cette fusion, d'autant plus facile que les deux sortes de prothalles sont plus voisines, forme les œufs, qui se développeront en de nouvelles Prêles.

REPRODUCTION DES LYCOPODINÉES

En dehors des Lépidodendrées qui sont des végétaux fossiles, les Lycopodinées ne renferment que les Lycopodes, isodiodés, les Isoètes (fig. 984) et Sélaginelles, qui sont hétérodiodées.

Nous ne parlerons ici que des Sélaginelles, nous contentant de rappeler la nature de ce que l'on nomme vulgairement *Lycopode*. Le Lycopode officinal (*Lycopodium clavatum*) (fig. 985

à 987) croît surtout en Allemagne et en Suisse, il se plaît dans les bois et à l'ombre. Ses tiges très longues et rampantes se ramifient beaucoup et s'étendent toujours davantage sur la terre. De ces ramifications s'élèvent des pédoncules portant deux petits épis cylindriques (fig. 985) composés de capsules bivalves (fig. 986, A). Dans ces capsules sont les petits grains d'un jaune tendre qui forment la poudre de Lycopode. Cette poussière est très fine, très légère, elle s'enflamme avec une grande facilité et pour cela a été comparée à la fleur de soufre, sous le nom de *soufre végétal*.

Les petits grains de Lycopode sont de forme presque sphérique, mais présentant quatre plans d'aplatissement provenant de la pression que ces grains exerçaient les uns sur les autres dans le diodange. La poudre de Lycopode est employée en pharmacie pour rouler les pilules, pour dessécher les écorchures qui surviennent entre les cuisses des jeunes enfants ; on l'introduit aussi dans certains mélanges pyrotechniques pour produire de grands éclats lumineux.

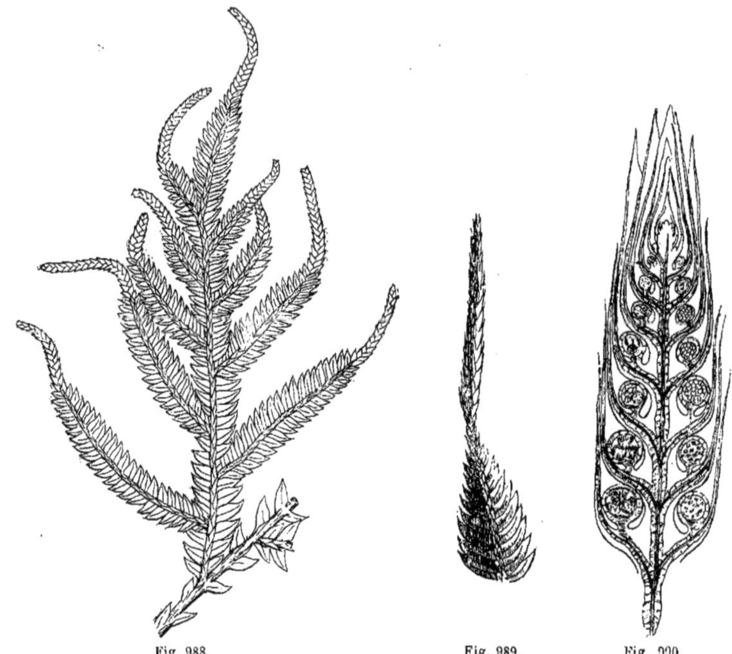

Fig. 988. Fig. 989. Fig. 990.

Fig. 988. — Port.
Fig. 989. — Extrémité d'une branche terminée par un épi fructifère.

Fig. 990. — Section longitudinale de l'épi avec des microdiodanges *à droite* et des macrodiodanges *à gauche*.

Fig. 988 à 990. — *Selaginella inæqualifolia*.

REPRODUCTION DES SÉLAGINELLES

Les Sélaginelles sont des plantes dont le port rappelle celui des Mousses ; elles ont des tiges grêles recouvertes de quatre rangées de feuilles, et quelquefois terminées par un épi fructifère (fig. 988).

Chaque feuille d'un épi diodogène produit, sur sa feuille supérieure, dans le voisinage de l'aisselle, un diodange, qui est femelle pour les feuilles inférieures, mâle pour les autres (fig. 989 et 990).

Un macrodiodange est jaunâtre et renferme quatre macrodiodes; un microdiodange donne de nombreuses microdiodes. Les diodanges mettent leurs diodes en liberté par une fente au sommet.

Germination des diodes. — La microdiode germe, sans rompre son enveloppe, en se divisant par une cloison en deux cellules. L'une représente le prothalle mâle rudimentaire, l'autre l'anthéridie. Aux dépens de cette cellule se constitue un massif de petites cellules mères d'anthérozoïdes, entouré de cellules formant la paroi de l'anthéridie. Les anthérozoïdes sont allongés, un peu arqués, et munis de deux cils.

La macrodiode germe en rompant tardivement son enveloppe, et en se divisant en deux cellules. La cellule inférieure donne un parenchyme qui sera nourricier pour l'œuf. La cellule supérieure fournit un parenchyme qui est l'homologue d'un prothalle femelle, et qui donne les archégones ; ceux-ci n'ont pas de col saillant, ils sont complètement inclus dans le prothalle (fig. 991, A et B).

Les anthérozoïdes pénétrant jusqu'à l'oosphère, l'œuf se forme.

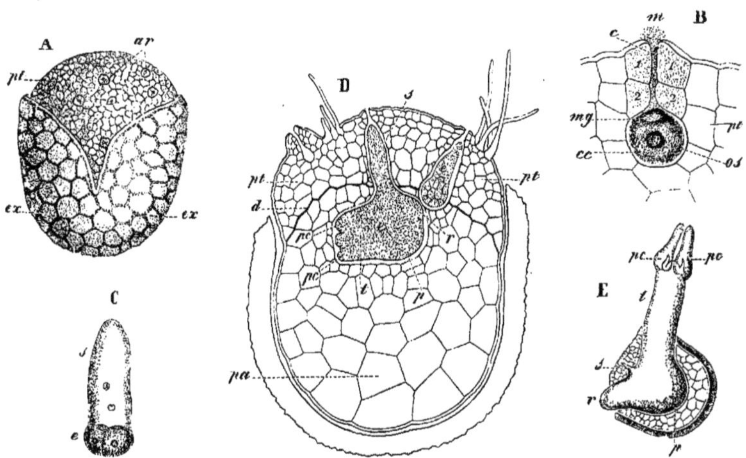

Fig. 991. — Prothalle et développement de l'embryon du *Selaginella Martensii*. — A, macrodiode germée montrant son exospore *ex* déchiré supérieurement et laissant ressortir le prothalle *pt* ; *ar*, archégones. — B, coupe longitudinale d'un archégone; *pt*, prothalle ; *cc*, cellule centrale ; *os*, oosphère, ; *c*, canal qu'entourent les deux assises du col, 1, 1, 2, 2 ; *m*, mucilage provenant de la cellule de canal qui s'est liquéfiée. — C, embryon très jeune venant de se diviser en deux cellules, *e*, et terminant inférieurement le suspenseur *s*. — D, coupe longitudinale d'une macrodiode en état de germination avancée : *pa*, parenchyme remplissant la cavité de la macrodiode ; *pt*, prothalle dans l'épaisseur duquel sont deux archégones fécondés avec deux embryons *e, e*, inégalement développés. Dans *e* : *s* est le suspenseur; *r*, la racine primaire naissante ; *p*, le pied ; *t*, la tige au bout de laquelle se voient, au centre le cône végétatif, sur les côtés les deux pseudo-cotylédons déjà apparents, *pc*. — E, embryon plus avancé ; mêmes lettres.

L'embryon des Sélaginelles. — Le développement de l'œuf mérite une mention spéciale, parce qu'il prépare pour nous la compréhension du développement des Phanérogames.

Le premier cloisonnement de l'œuf donne deux cellules, dont l'une supérieure fournira l'embryon, et dont l'autre, inférieure, donnera un *suspenseur* (fig. 991, C). Le massif cellulaire qui représente l'embryon comprend une tigelle rudimentaire, deux premières feuilles ou pseudo-cotylédons (fig. 991, D et E), et en outre un pied, sorte de suçoir permettant à la jeune Sélaginelle de se développer aux dépens du parenchyme qui l'environne et qui est une sorte d'*endosperme*, que nous avons considéré comme prothalle femelle. Cette description, quoique rapide, doit être retenue, et en la relisant après celle que l'on peut donner de l'embryon d'une plante dicotylédone, on est surpris de l'analogie qu'elles présentent.

Au point de vue particulier qui nous intéresse, les Sélaginelles forment transition entre les Cryptogames et les Phanérogames ; elles permettent de considérer les parties homologues des appareils reproducteurs de ces deux grands groupes de végétaux, et montrent que la nature des plantes est une.

Fig. 992. — Bouquet de Roses thé, *Princesse de Naples* (composition décorative).

REPRODUCTION DES PHANÉROGAMES

Les Phanérogames sont simplement définies « plantes à fleurs », par opposition aux « plantes sans fleurs » ou Cryptogames. Mais cela ne veut pas nécessairement dire que les premières de ces plantes diffèrent assez des autres, au point de vue de la reproduction, pour que l'on ne puisse trouver des parties morphologiquement ou anatomiquement homologues, ainsi que des phénomènes correspondants.

Chez les Cryptogames, les organes reproducteurs, tels que les vésicules des Varecs, les chapeaux des Champignons, les taches brunes des frondes de Fougères, les épis fructifères des Prêles, sont très apparents ; mais ces organes ne produisent que des spores, et les appareils producteurs des gamètes, quand ils existent, sont le plus souvent ou très petits, ou cachés ; tels sont les filaments des Algues qui se conjuguent, les prothalles des Fougères, avec leurs anthéridies et leurs archégones. Dans ces plantes la fusion des éléments sexuels est réellement difficile à observer ; elle ne découle d'aucune production bien apparente, elle est cachée, il y a cryptogamie.

Chez les Phanérogames, au contraire, la production des gamètes entraîne l'édification de tout un ensemble organique, assez souvent très différent de l'appareil végétatif, plus ou moins volumineux, quelquefois vivement coloré, exhalant une odeur particulière, c'est-à-dire doué de propriétés qui frappent nos sens et contraignent l'observation. Dans cet ensemble, qu'on appelle fleur, ou inflorescence s'il y a un groupement de fleurs, les gamètes sont très difficiles à connaître, et leur fusion est tout aussi bien cachée que dans le cas des Cryptogames, mais l'apparence a suffi pour que l'on qualifie les phénomènes de réunion du pollen, cette poussière jaune que contiennent la plupart des fleurs, aux petits ovules contenus dans l'ovaire, de phénomènes de phanérogamie.

Ces phénomènes apparents et leur conséquence, la formation des graines, furent du reste connus bien avant les phénomènes de reproduction des Cryptogames, et une terminologie première, indépendante de tout essai de comparaison entre les deux grands groupes de végétaux, fut adoptée par les naturalistes pour les plantes phanérogames. Les noms employés sont passés dans le langage ordinaire, ils ont le grand mérite d'être connus de tous, et d'avoir été créés pour les organes qu'ils désignent, ils n'ont pas été adaptés. Pour ces raisons, l'exposé du chapitre de la fleur sera plus clair en conservant toutes les dénominations habituelles, et nous suivrons cette règle.

Mais, puisque les connaissances actuelles permettent d'établir une homologie très étroite et très intéressante entre les phénomènes de reproduction des plantes phanérogames et cryptogames, nous aurons la possibilité de faire cette comparaison, et de désigner les organes connus de la fleur en empruntant les termes employés aux chapitres précédents.

Pour être assez difficile à fixer, cette comparaison est instructive et sa portée philosophique est grande, puisqu'elle permet de relier des phénomènes en apparence très différents, et que la conclusion de cette étude est la constatation de l'unité des manifestations de la vie dans l'ensemble du Règne végétal.

LA FLEUR

Les organes reproducteurs des Phanérogames sont groupés en un ensemble appelé fleur, qui est quelquefois, comme dans la Violette ou la Rose (fig. 992), ce que tous nous appelons une fleur, mais qui peut aussi n'en être qu'une partie, comme c'est le cas de la Marguerite ou de l'Arum. Ces deux dernières fleurs, au sens ordinaire du mot, sont en effet des groupes de fleurs, des fleurs composées, et la fleur, au sens botanique du

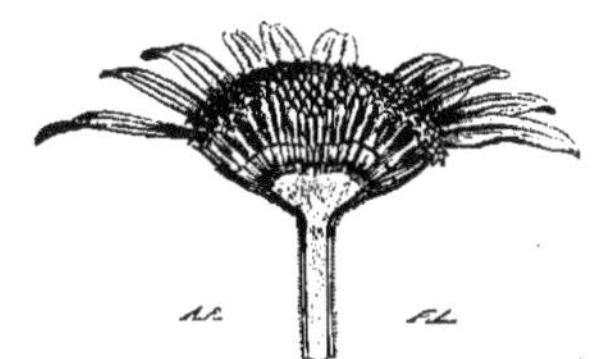

Fig. 993. — *Anthemis rigescens*, fleur composée coupée longitudinalement pour montrer les nombreuses fleurs dont elle est formée.

mot, n'est qu'une partie de cet ensemble (fig. 993).

Pour aller du simple au composé, nous commencerons donc par étudier la fleur simple, et nous la considérerons complète, telle qu'elle se présente dans un Lis, une Rose de chien ou un Coucou.

DESCRIPTION DE LA FLEUR

Une fleur complète comprend des parties essentielles, des parties accessoires protectrices, et des parties dépendantes. Toutes ces parties

Fig. 994. — Extrémité fleurie d'une tige du Mouron des champs (*Anagallis arvensis*).

peuvent être nommées, dans l'ordre où on les observe, en considérant la fleur à son attache sur un rameau végétatif, ou sur un rameau spécial

portant plusieurs fleurs et nommé axe d'inflorescence.

Examinons une fleur au début de sa formation alors qu'elle n'est qu'un bouton floral ; nous trouverons ce bouton placé dans l'angle du rameau et d'une petite feuille. Ce bourgeon floral ou bouton sera dit axillaire, et la petite feuille sera nommée *feuille florale* (fig. 994)

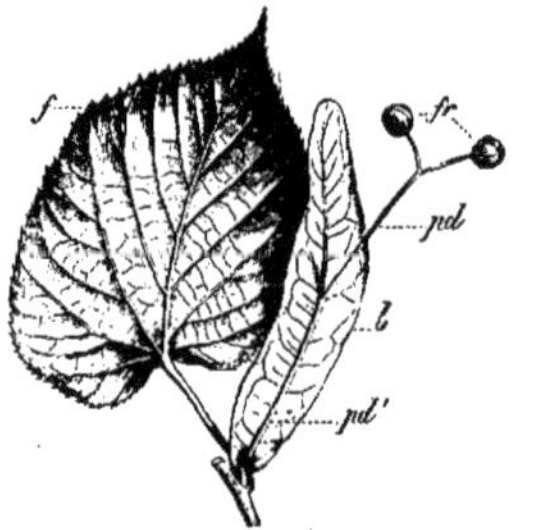

Fig. 995. — Feuille normale (*f*) et bractée (*b*) du Tilleul (*Tilia platyphylla*). — *pd*, pédoncule portant deux fruits, *fr*, et confondu avec la côte de la bractée dans toute sa portion inférieure, *pa*.

ou mieux *bractée*, si elle diffère d'une feuille ordinaire de la plante (fig. 995).

Donc à l'aisselle de la bractée le bourgeon floral se développe en une sorte de petite tige qui supporte le bouton. Cette petite tige est le *pédicelle* ou *pédoncule floral* (fig. 995), destiné à soutenir la fleur, et plus tard le fruit qui en dérivera.

Laissons le bouton s'ouvrir et observons la fleur ; nous la voyons composée de pièces de formes et de couleurs différentes, toutes attachées sur une partie commune, comme des épingles sur une pelote. Cette partie commune, qui est un élargissement du pédoncule, sera nommée le *réceptacle*. Souvent difficile à voir, ce réceptacle est net dans le Lis ; il devient même volumineux dans la fleur du Fraisier lors de son développement en fruit.

Sur le réceptacle sont disposées les pièces florales, les unes extérieures protectrices, les autres intérieures essentielles. Les premières constituent le *périanthe* (autour de la fleur) ; les autres forment la fleur proprement dite, sa partie reproductrice (fig. 996).

Périanthe. — Le périanthe est ordinairement composé de deux sortes de pièces : les unes, plus extérieures, sont vertes et ressemblent fort à des feuilles simplifiées (fig. 997) ; elles se nomment *sépales* et leur ensemble constitue le calice. Les autres, celles de la deuxième enveloppe, sont colorées et attirent les regards par leurs formes souvent gracieuses (fig. 998) ; elles se nomment *pétales* et leur ensemble constitue la *corolle*.

Fleur proprement dite. — Enlevons le périanthe à une fleur, ou bien attendons que son épanouissement nous permette de reconnaître les parties qu'il protégeait ; nous observons de petites masses jaunes soutenues par autant de filets blancs plus ou moins longs, et laissant échapper une poussière, jaune elle-même. Ces pièces sont les *étamines* (fig. 999) ; chacune d'elles est formée d'un *filet* et d'une *anthère*, anthère dont le contenu est la poussière jaune, c'est-à-dire les très petits *grains de pollen* qui iront féconder les parties femelles de la fleur, jouant ainsi le rôle d'organes mâles. Pour rappeler ce rôle, on a désigné par le nom d'*androcée* l'ensemble des étamines d'une fleur.

Les étamines enlevées, on trouve au centre de la fleur une ou plusieurs pièces verdâtres de forme simple, et cependant de construction bien complexe, que l'on nomme *pistils*. Une étude du pistil nous montrera bientôt que dans sa construction entrent une ou plusieurs pièces, les *carpelles* (fig. 1000), que nous considérerons comme homologues des autres pièces florales, mais que nous ne saurions voir dans une première observation.

Une autre division du pistil, très apparente, s'établit par un simple examen, sans aucun rapport du reste avec la division en carpelles ; c'est la division que l'on trouvera très nette chez le Coucou (fig. 1001 et 1002), le Lis, en une masse globuleuse ou ovoïde, inférieure, nommée *ovaire* (fig. 1003), en un filet ou *style* surmontant l'ovaire, et en une petite papille ou bouton, nommé *stigmate*, terminant le style. Ainsi composé de l'ovaire, du style et du stigmate, le pistil apparaît comme un organe spécial, isolable des autres organes floraux.

Ouvrons l'ovaire ou cavité ovarienne, nous trouverons inclus dans son intérieur de très petits corps en forme d'œufs, nommés *ovules*, attachés par de courts cordons ou *funicules* en des régions de la paroi interne nommés *placentas*. Ces ovules sont les corps reproducteurs femelles, ils recevront les éléments mâles nés des grains de pollen ; pour rappeler ce rôle, on a désigné par le nom de *gynécée* l'ensemble des pistils ou le pistil unique de certaines fleurs.

Ainsi, une fleur est composée des parties

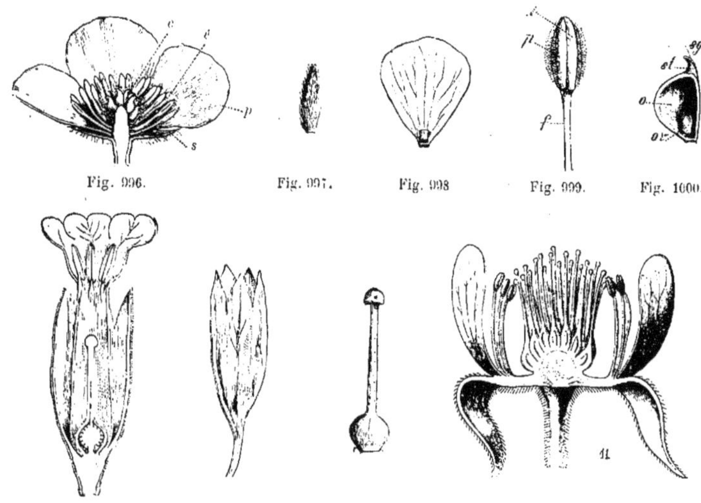

Fig. 996.   Fig. 997.   Fig. 998   Fig. 999.   Fig. 1000.

Fig. 1001.   Fig. 1002.   Fig. 1003.   Fig. 1004.

Fig. 996. — Fleur coupée de Renoncule. — *s*, sépale ; *p*, pétale ; *é*, étamine ; *c*, carpelle.
Fig. 997. — Sépale isolé de Renoncule.
Fig. 998. — Pétale isolé de Renoncule.
Fig. 999. — Étamine de Renoncule. — *f*, filet ; *a*, anthère ; *p*, pollen sortant par la fente d'une des deux loges de l'anthère.

Fig. 1000. — Carpelle de Renoncule coupé. — *o*, ovaire ; *ov*, ovule ; *st*, style ; *sg*, stigmate.
Fig. 1001. — Fleur de Primevère coupée en long (gr.).
Fig. 1002. — Calice isolé de Primevère (grossi).
Fig. 1003. — Pistil de Primevère (grossi).
Fig. 1004. — Coupe verticale de la fleur de Framboisier montrant les pièces florales disposées en quatre verticilles.

Fig. 996 à 1004. — Constitution de la fleur.

suivantes (fig. 1004) : calice, corolle, androcée, gynécée, comprenant respectivement des sépales, pétales, étamines et carpelles, ces derniers étant groupés en un ou plusieurs pistils. Le tout est fixé sur le réceptacle porté par le pédoncule floral, lui-même placé à l'aisselle de la bractée mère.

Rôle de la fleur. — Toute fleur saine, observée au printemps, est le siège des phénomènes suivants. Peu après l'épanouissement de la fleur, la déhiscence des anthères provoque le départ du pollen, dont les grains tombent en partie sur le stigmate. Un boyau pollinique se développe par la germination du pollen, et ce boyau, en s'insinuant à l'intérieur du style, parvient à la chambre ovarienne. Il se met en relation avec un ovule, fusionne deux éléments provenant de l'un de ses noyaux avec deux éléments de l'ovule. L'un des éléments fécondés est l'*oosphère*, qui devient ainsi un *œuf*, et plus tard une plantule, origine de la plante fille.

Ces phénomènes de transport du pollen et de fusion des gamètes mâles avec les gamètes femelles se nomment la *pollinisation* et la *fécondation*.

Tandis que l'oosphère devient embryon et plantule, l'ovule devient graine, et l'ovaire devient fruit. Le cycle des phénomènes de reproduction de la plante est achevé, la germination de la graine rendant libre la plantule et montrant le végétal fille, né de la fleur.

Angiospermes et Gymnospermes. — Rappelons que les conditions de formation de la graine, qui ont été brièvement indiquées page 14, ont permis de distinguer les cas où, l'ovule étant situé dans un ovaire clos, il y avait lieu de considérer les graines dans un fruit également clos, et les cas où, l'ovule naissant sur la face d'un carpelle non fermé, il n'y avait pas inclusion de la graine dans un véritable fruit.

Les plantes du premier groupe sont dites Angiospermes, les autres sont dites Gymnospermes.

Rappelons aussi la division des Angiospermes en deux grands groupes, les Monocotylédones et les Dicotylédones, conformément au nombre de feuilles adjointes à l'embryon, à l'origine de sa formation.

LOIS DE CONSTRUCTION DE LA FLEUR

Les pièces florales, considérées comme sans homologues dans la partie végétative d'une plante, ou bien considérées comme des feuilles modifiées, sont disposées dans le bouton comme des feuilles dans un bourgeon, et sont placées sur le réceptacle comme des feuilles sur une tige. Les règles de la phyllotaxie, posées plus haut (1), peuvent être appliquées à ce cas particulier, mais, en raison de la condensation produite par la nécessité de placer sur un même réceptacle un nombre de pièces souvent très grand, les lois de construction de la fleur peuvent être énoncées simplement.

Fleurs verticillées et fleurs spiralées. — Examinons un Lis ou une Tulipe, nous remarquerons la régularité des pièces florales qui fait que les trois sépales blancs semblent insérés sur un même cercle idéal que l'on pourrait tracer sur le réceptacle, les trois pétales également blancs étant insérés sur un cercle plus intérieur, trois étamines sur un autre cercle, trois étamines sur un cercle plus petit, et les trois carpelles, qu'indiquent trois sillons longitudinaux sur le pistil (fig. 1005), se trouveraient insérés sur un cercle intérieur à tous les autres.

Cette disposition des pièces florales en des cercles concentriques, étagés sur le réceptacle, rappelle celle de feuilles disposées en collerettes successives sur une tige, ce que l'on nomme des verticilles foliaires. Aussi a-t-on nommé verticilles floraux les groupements de sépales, pétales, étamines et carpelles, que nous avons énumérés, ces verticilles portant les noms de calice, corolle, androcée et gynécée.

Une autre loi, la loi d'alternance, peut être découverte en étudiant les positions relatives des pièces de deux verticilles voisins, soit sur une fleur épanouie, soit sur le réceptacle dépouillé de ses productions et montrant les cicatrices laissées par leur arrachement. Dans un Lis, les pointes des pétales apparaissent entre les sépales, les étamines extérieures entre les pétales, les étamines intérieures

(1) Voy. p. 152 à 158.

entre les premières et les carpelles ; que les trois divisions du stigmate indiquent suffisamment (fig. 1005), apparaissent entre les étamines inté-

Fig. 1005. — Pistil de Lis, à trois carpelles soudés sur toute leur longueur. — o, ovaire ; s, style ; sg, stigmate.

rieures. On peut donc dire que les pièces florales d'un verticille alternent avec les pièces du verticille précédent, et par suite concordent avec les pièces du verticille antéprécédent.

Une fleur construite sur ce type est dite fleur verticillée ; les verticilles sont dits alternants.

Considérons maintenant une fleur de Magnolier, de Renoncule, de Nénuphar, et nous ne retrouverons plus les verticilles floraux distincts ; nous passerons au contraire, par transitions insensibles, du premier sépale, le plus extérieur, successivement aux sépales, aux pétales, puis de ceux-ci aux étamines et aux pistils. Les insertions des pièces florales laisseront sur le réceptacle, après arrachement, un ensemble de cicatrices traçant une ligne spirale très surbaissée, allant de la périphérie au centre, de la base au sommet.

Ces fleurs, curieuses à ce point de vue, nous seront d'un grand profit pour l'établissement de l'homologie des diverses pièces florales.

FLEURS MIXTES. — Certaines fleurs, comme celles du Fraisier, sont verticillées pour leurs pièces extérieures, et spiralées pour leurs pièces intérieures ; dans le cas de la fleur du Fraisier, en particulier, les nombreux pistils insérés sur le réceptacle deviennent de petits fruits qui constituent les grains noirs de la Fraise, toujours insérés sur le réceptacle devenu succulent, et y dessinent une spirale très facile à observer.

Type floral. — Le nombre des pièces d'un verticille est ordinairement constant pour les divers verticilles d'une fleur, et ce nombre sert à définir la fleur ; ainsi nous dirons que le type floral des Liliacées est trois, que celui des Crucifères est quatre.

Cette remarque de la constance du nombre des pièces n'est pas sans souffrir de nombreuses exceptions ; ainsi le Lis possède deux verticilles de trois étamines, ce qui double le nombre normal de ces pièces ; les Crucifères possèdent six étamines, tandis qu'elles ont quatre sépales, quatre pétales et seulement deux carpelles. On peut même dire qu'il est peu de fleurs ne présentant pas quelque singularité à cet égard, mais, dans la plupart des cas, la fleur possède plusieurs verticilles normaux, ce qui suffit à la définition du type, et l'étude minutieuse des verticilles anormaux donne la raison de l'augmentation du nombre des pièces, dédoublement de deux étamines chez les Crucifères, établissement d'une spirale pour les carpelles de la fleur du Fraisier ; les réductions du type dans certains verticilles sont souvent très difficiles ou même impossibles à expliquer.

Le nombre des parties qui constituent les verticilles floraux distingue essentiellement les Monocotylédones et les Dicotylédones ; sauf les avortements, c'est toujours ou presque toujours trois et ses multiples pour les Monocotylédones ; chez les Dicotylédones, au contraire, on trouve le plus ordinairement cinq et ses multiples, quelquefois deux et ses multiples, et fort rarement trois. Il est à remarquer que quand ce dernier nombre se rencontre parmi les Dicotylédones, c'est souvent dans les genres d'une organisation très élevée, tels que la Ficaire et l'Anémone : mais il est alors accompagné de multiplications qui établissent une sorte de compensation.

DIAGRAMMES FLORAUX. — Les dispositions florales étant très nombreuses et en même temps importantes, on a convenu d'un mode de représentation graphique de la fleur qu'on appelle diagramme floral.

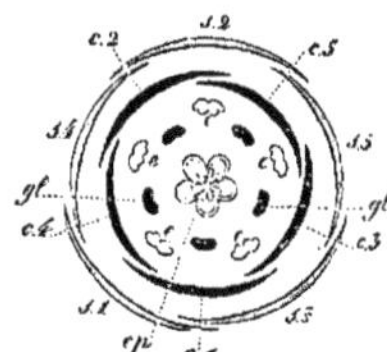

Fig. 1006. — Diagramme de la fleur du *Sedum rubens* L. — *s*, calice ; *c*, corolle ; *e*, androcée ; *gl*, disque de corps glanduleux ; *cp*, gynécée.

Pour établir un diagramme, on suppose la fleur à peine épanouie, vue du dessus, ou encore on suppose une section transversale faite dans le bouton près d'éclore. Sur un diagramme, les pièces florales sont représentées par des arcs qui font partie d'un cercle fictif indiquant le verticille correspondant, comme on le voit sur la figure 1006. Toute la figure est orientée par rapport au rameau et à la bractée dans l'aisselle de laquelle la fleur est née.

Symétrie de la fleur. — Beaucoup de fleurs, comme le Lis, la Rose, sont régulières, c'est-à-dire formées de pièces identiques dans un même verticille, et disposées suivant une même loi ; on traduit cette régularité de la fleur autour de l'axe passant par son pédoncule en disant que la symétrie est axiale.

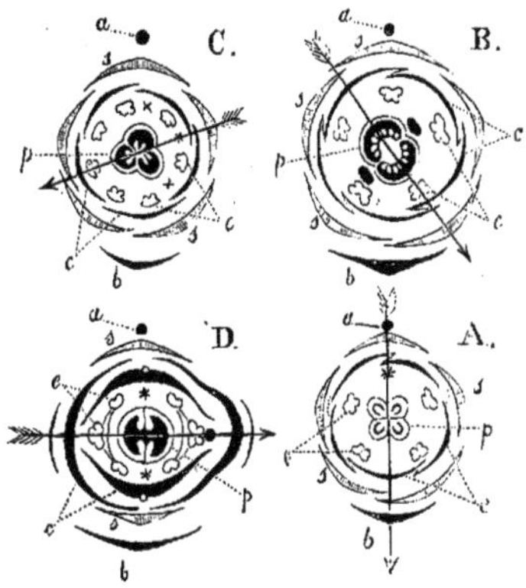

Fig. 1007. — Diagrammes de fleurs zygomorphes. — A, *Lamium album* ; fleur médio-zygomorphe ; B, *Petunia nyctaginiflora*, et C, *Æsculus Hippocastanum* ; fleur obliquement zygomorphe ; D, *Corydalis cava* ; fleur transversalement zygomorphe. La flèche représente le plan de symétrie ; *b, b*, bractée ; *s, s*, calice ; *c, c*, corolle ; *e, e*, étamine ; *p*, pistil ; *a*, axe.

Le développement particulier de certaines pièces florales, à l'exclusion de certaines autres du même verticille, détruit cette régularité, mais produit une régularité différente, parce qu'il se produit une ressemblance entre les deux moitiés de la fleur ; ainsi une Pensée, une fleur d'Orchidée ne sont plus symétriques par rapport à leur axe ; elles présentent deux côtés identiques, dont l'un paraît être l'image de l'autre dans un miroir ; il y a symétrie bilatérale, la fleur est dite zygomorphe (fig. 1007 et 1008).

Ovaire supère ou libre, ovaire infère ou adhérent. — Toutes les pièces florales, par le fait d'une croissance commune, peuvent pré-

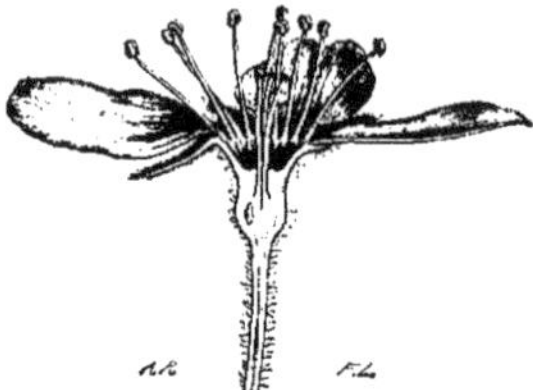

Fig. 1008. — Fleur irré-
gulière d'Aconit.

Fig. 1009. — Fleur de Cerisier à ovaire
libre d'adhérences avec le calice.

Fig. 1010. — Fleur de Pommier à ovaire
adhérent au calice.

senter des adhérences, des soudures, et ne
devenir libres que dans leurs extrémités. Nous
aurons à étudier les principales dispositions
qui sont ainsi créées; mais il en est une que
nous devons signaler de suite, parce qu'elle imprime à la fleur un caractère très particulier.

Dans la définition de la fleur donnée plus
haut, le réceptacle étant comparé à un cône
peu élevé, les pièces florales se trouvaient insérées aux étages successifs de ce réceptacle, les
sépales en bas, le pistil en haut (fig. 1009).
L'ovaire était donc libre de toute adhérence,
et, surmontant les pièces florales, donnait naissance à un fruit dans lequel la rosette des
sépales persistants est insérée entre le pédoncule du fruit et le fruit lui-même.

Supposons au contraire que le réceptacle ait
la forme d'une coupe, ou d'un entonnoir, et
insérons les sépales sur son bord : nous serons
amenés à placer les pétales plus près du centre,
c'est-à-dire plus bas dans la coupe, et les étamines, insérées plus bas encore, nous condui-
ront au pistil logé au fond de la coupe (fig. 1010).
Dans ce cas, l'ovaire est complètement enveloppé par le réceptacle avec lequel il ne fait
qu'un, et le fruit qui dérive de la fleur est surmonté de la rosette des sépales persistants,
cette rosette étant opposée au pédoncule du
fruit.

Dans le premier cas, on dit l'ovaire supère
ou libre; dans le second cas, on le dit infère
ou adhérent. L'étude de la fleur permet presque toujours la reconnaissance facile de ces
deux cas, l'arrachement du pistil se faisant
bien ou ne se faisant pas; l'examen du fruit
permet aussi la distinction de ces deux sortes
d'ovaires.

Fleurs incomplètes. — L'absence d'un ou
de plusieurs verticilles floraux produit des fleurs
incomplètes à divers degrés.

Une fleur complète étant *dipérianthée*, une
fleur qui ne possède qu'un verticille d'enveloppe est dite *monopérianthée*, et comme l'on
convient de considérer comme calice le verticille présent, la fleur est dite *apétale*. L'absence des deux verticilles d'enveloppe donne
la fleur *apérianthée*.

Toute fleur qui possède androcée et gynécée
est bisexuée ou *hermaphrodite*; une fleur qui
est simplement staminée ou pistillée est unisexuée; on la dit *fleur mâle* ou *fleur femelle*.
Dans ces derniers cas, si les deux sortes de
fleurs sont présentes sur le même pied, la plante
est *monoïque*; si les fleurs staminées sont sur
un pied, le pied mâle, et les fleurs pistillées
sur le pied femelle, la plante est *dioïque*.

On comprend, par ce rapide exposé, la grande
diversité facile à prévoir dans les types floraux
des végétaux phanérogames si nombreux sur
le globe.

L'ESTHÉTIQUE DE LA FLEUR

La fleur est, de toutes les parties des végétaux,
celle qui exerce sur l'homme le plus de séduc-
tions; par la beauté et la grâce de sa forme,
par l'élégance de ses contours, par la douceur
ou la vivacité de ses couleurs, par le modelé
de ses teintes diverses, enfin par le parfum
qu'elle exhale, la fleur est pour nous une
source de jouissances délicates ; nous aimons
l'associer aux événements de notre vie, nous
lui demandons d'être la compagne de nos joies,
et aussi de venir soulager nos douleurs.

En agissant ainsi, nous ne faisons que rechercher le renouvellement d'impressions douces ou
puissantes ressenties en face de la belle nature,
à la vue d'une prairie émaillée de Pâquerettes
et de fleurs aux mille couleurs, ou dans la
contemplation d'immenses plaines colorées
vivement par les fleurs des champs, les Bluets
et les Coquelicots. Le charme profond que

nous ressentons est par nous attribué à ce qui nous frappe le plus, et nous ne pouvons nous détacher du spectacle enchanteur sans cueillir quelques-unes des merveilleuses fleurs.

Et, chose curieuse, la fleur ainsi séparée de ses innombrables compagnes garde en elle une beauté, un charme particuliers, différents de l'harmonie des groupements. C'est que chaque fleur est une merveille de forme, de coloris, un quelque chose d'inimitable, un désespoir des peintres, comme l'on dit pour quelques-unes. Ces fleurs, que nous venons de cueillir, nous les garderons précieusement, nous en ornerons nos demeures, nous les placerons sur un fond de verdure ou parmi d'autres fleurs et, là encore, elles seront harmonieuses, elles ajouteront à la gaieté dont nous désirons nous entourer, elles se prêteront à tous nos caprices, enfin elles prendront leur place si légitime dans notre vie.

Le besoin d'associer les fleurs à nos actes est universel : les plus somptueux salons en sont ornés, l'humble chaumière est fleurie, et la tradition fait placer un pot de fleurs sur la fenêtre de la chambrette où chante Jenny l'ouvrière. ême après la mort, nous voulons que ceux que nous avons perdus soient toujours présents à notre souvenir, nous embellissons leur tombe et nous considérons comme un pieux devoir d'y entretenir des fleurs.

Toute fleur ne nous laisse pas la même impression : l'une, d'un blanc éclatant, sera offerte à la jeune fille ; telle autre, aux couleurs vives, ornera nos lieux de réjouissance ; certaine, plus sombre, sera réservée aux moments d'affliction ; et l'habitude d'associer telle fleur à tel événement nous induira dans cette pensée, que chaque fleur est liée à une sensation particulière, qu'elle exprime une idée, qu'elle a un langage.

Les qualités de la fleur, qu'elles soient réelles ou fictives, qu'elles soient innées ou acquises, sont donc bien intéressantes, et nous leur consacrerons quelques lignes, en étudiant au début l'ensemble des fleurs ordinaires, puis en citant les fleurs qui se distinguent par leur singularité.

Une petite anecdote, citée par Emm. Le Maout dans sa *Botanique*, montre à merveille qu'il n'est pas même besoin qu'une fleur soit singulière pour être attrayante.

Le moraliste La Bruyère a tracé de main de maître le portrait de l'amateur de Tulipes ; s'il vivait de notre temps, les amateurs de Dahlias

lui fourniraient sans doute un piquant paragraphe, qu'il ajouterait à son chapitre *De la mode*. Nous avons vu le Dahlia réconcilier des frères ennemis, terminer des procès de vingt ans, hâter la conclusion de plus d'un mariage ; nous l'avons vu se changer en ruban rouge à la boutonnière d'un adoniste généreux ; nous l'avons vu enfin guérir un malade dans un cas désespéré :

On avait appelé au chevet de notre malade trois des plus illustres médecins de la Faculté. Les mauvais plaisants vont s'écrier :

> Que vouliez-vous qu'il fît contre trois ?...
> Qu'il mourût !

Mais c'est précisément ce qu'il ne fit pas : il n'y en eut que deux qui signèrent la consultation, et voici pourquoi. Le troisième opinait pour la saignée ; les deux autres, quoique d'un avis contraire, ne s'y opposaient que timidement ; or, pendant la discussion, le docteur à la saignée avisa dans le parterre situé sous les fenêtres de notre malade une collection de Dahlias. Dès ce moment, le moribond, la consultation, la conviction médicale, tout fut oublié. Le docteur se précipita dans le jardin, entraîné par sa passion, et, pendant qu'il établissait un savant diagnostic entre *Ibrahim-Pacha* et *Évêque de Bayeux*, entre *Adrienne de Cardoville* et *Duchesse d'Aumale*, les deux confrères prescrivirent le traitement qui sauva le malade. Inutile d'ajouter que celui-ci, adoniste fervent, n'en fut que plus attaché à ses Dahlias, quand il apprit pendant sa convalescence le service qu'ils lui avaient rendu.

LES FLEURS DANS L'ORNEMENTATION

L'homme, dans la plupart de ses productions, est un artiste en quelque sorte inconscient, qui se laisse guider par l'impression qu'il a reçue de la vue des créations de la nature. C'est ainsi qu'on a pu regarder à bon droit certains ordres d'architecture comme la traduction des exemples fournis par le Règne végétal, comme l'adaptation à des nécessités particulières des lois de l'architectonie des plantes. Les arceaux si élégants et si gracieux de notre gothique ne sont-ils pas une imitation géniale de certains végétaux ; leur départ de la colonne qui les supporte ne rappelle-t-il pas la naissance des feuilles élancées de certains arbres.

Mais, si la Nature a inspiré l'homme qui

Fig. 1011. — Gardénia.

construit sa demeure, elle lui a fourni abondamment ses motifs de décoration ; quel merveilleux usage de l'Acanthe les Anciens ont fait, en ornant ces merveilleux chapiteaux corinthiens ; quels superbes effets les sculpteurs du moyen âge ont obtenus en stylisant la feuille du Chou frisé dans le gothique fleuri ; quelles jolies guirlandes les artistes de la Renaissance ont fait courir dans les canaux de leurs colonnes, dans les plates-bandes de leurs décorations intérieures. Quant à ces merveilleux artisans japonais, dont le goût si sûr nous a longtemps surpris, ils trouvent leur inspiration près du grand modèle qu'est la Nature.

La fleur, par ses qualités, devait aussi attirer les regards de l'ornemaniste. Nous voyons les peuples de l'ancienne Égypte et de l'Orient interpréter les fleurs du Lotus dont la feuille mystérieuse, venant s'épanouir à la surface du Nil ou du Gange, leur paraissait l'emblème du monde sorti du sein des eaux. Ces feuilles du Lotus sacré ombragent les têtes d'Isis et d'Osiris ; elles servent de siège à Brahma et de conque flottante à Vishnou. La plupart des monuments de l'Égypte représentent des tiges ou des feuilles de Lotus ; ses fleurs et ses fruits couronnent le front de l'Antinoüs antique, et sont sculptés sur la base de la statue du Nil.

D'une autre part, et en tenant compte de la signification attribuée à certaines fleurs, nous rencontrons la fleur dans les blasons dont s'ornent les demeures seigneuriales, et par suite dans les motifs nombreux de décoration auxquels ils servent de thème. Combien fut grand le rôle de la fleur de Lis des Bourbons, et avec quelle diversité de forme fut-elle stylisée sous les différents règnes.

Il semble cependant que l'emploi des fleurs comme motifs fut limité par la difficulté de trouver dans certaines d'entre elles, pourtant fort jolies, les éléments d'une symétrie indispensable à toute conception artistique. Sans nier l'emploi si heureux qui fut fait du bouquet ou de la guirlande de Roses dans les styles Louis XV et Louis XVI, on peut presque regretter l'abus qui en fut fait par la suite, en l'absence de création nouvelle. Il y a encore peu d'années que sont remplacés ces étoffes, ces papiers de tenture qui nous montraient l'inévitable semis de petites Roses, comme au temps de la Pompadour.

Émus par cette constatation, quelques artistes ont désiré, à l'imitation des maîtres d'œuvres du moyen âge, prendre leur inspiration sur la nature ; ils ont étudié la fleur, ses lois de construction, sa symétrie et même sa dissymétrie ; ils en ont conclu à la possibilité d'étendre les types de décoration, et leurs efforts ont été couronnés de succès ; ils ont créé une nouvelle ornementation florale.

Nous leur sommes redevables des magnifiques étoffes, des magnifiques papiers peints, dans lesquels les fleurs les plus diverses, stylisées avec une science de la composition souvent parfaite, concourent à la formation d'ensembles décoratifs du plus merveilleux effet (1).

LA FLEUR COMME EMBLÈME

La grande abondance de certaines fleurs, la facilité avec laquelle on peut les retrouver toujours identiques, en même temps que l'emploi qu'il est aisé d'en faire pour l'ornement du costume, ont sans doute beaucoup contribué à rendre les fleurs des signes distinctifs. L'excursionniste orne son chapeau d'une fleur rare, d'un Edelweiss ; la fillette place à son corsage un timide Bluet ; la gracieuse fiancée se pare de la fleur d'Oranger ; l'élégant fait une boutonnière d'un superbe Gardénia (fig. 1011).

Ainsi employée, la fleur put devenir un signe de reconnaissance, un indice de ralliement, un emblème ; aussi voyons-nous, dans un grand nombre de circonstances historiques, les fleurs employées par les partisans d'une même cause pour se distinguer mutuellement. La fleur prend une place très importante dans la vie, dans l'histoire des peuples, et les quelques lignes qui suivent rappelleront l'origine de quelques-unes de ces fleurs, nommées quelquefois *fleurs historiques*.

LES FLEURS HISTORIQUES

La plus célèbre de toutes est, sans contredit, la *fleur de Lis*, qui joua un rôle si important dans notre histoire. On est loin d'être d'accord sur son origine.

Tandis que la légende la fait remonter jusqu'au règne de Clovis, l'histoire signale pour la première fois ce symbole dans le sceau de la reine Constance, femme de Louis VII.

Ce n'est qu'à partir de Philippe-Auguste, vers 1180, que la fleur de Lis apparaît comme un emblème consacré dans les sceaux et autres monuments authentiques de notre histoire. Quelle est sa véritable signification ? Bien des

(1) Pour se rendre compte du charme, de la beauté, parfois même de la somptuosité de ces papiers peints, voy. les admirables compositions de W. Morris et celles de ses disciples; de Crane, *les Lis et les Roses*, *les Marguerites*, ses sujets pour nurseries; de Voysey, *les Tulipes*; de Silver, *la Mer florale*. Voy. aussi les papiers de Lewis Day et d'Ingram Taylor; et les très jolis sujets du maître Grasset, dans son *Ornementation florale*.

opinions ont été émises à ce sujet. Les uns ne veulent y voir qu'une tradition et en même temps une modification de la fleur de Lotus, que l'on rencontre fréquemment sur les médailles gauloises. Les autres croient y découvrir la figure d'un javelot ou d'une lance à branches recourbées, qui servait de sceptre aux premiers rois francs. Avec le temps, ce javelot se serait métamorphosé en fleur de Lis, dont il avait à peu près la forme.

La Rose joua un grand rôle également dans l'histoire du moyen âge. Mais — étrange destinée — cet emblème de la tendresse et de la beauté servait de symbole à la plus horrible des guerres civiles dont l'humanité ait gardé le souvenir. L'Angleterre mise à feu et à sang pendant trente années, onze cent mille hommes tués sans aucun profit pour le royaume, tel fut le résultat de la *Guerre des Deux Roses*, *Rose rouge* contre *Rose blanche*.

La fameuse *Rose* d'Angleterre ne peut en effet chercher une origine antérieure à celle de ces fameuses guerres, bien que Pline dise que le nom d'Albion vient des Roses blanches, *ob rosas albas*, qui y abondaient.

D'autres fleurs, moins éclatantes que le Lis et la Rose, eurent l'honneur de servir d'emblème à tout un peuple. C'est ainsi que le Petit Trèfle blanc devint un jour la fleur nationale de l'Irlande, et l'humble Chardon la devise de l'Écosse.

L'origine du Shamrock ou Petit Trèfle blanc, qui figure dans les armes de l'Irlande, est toute religieuse, comme il sied à ce peuple si profondément catholique. Elle remonte aux prédications de saint Patrick ou Patrice, qui convertit l'Irlande vers le milieu du Ve siècle.

Les Irlandais, paraît-il, mettaient autant d'acharnement à se défendre contre la loi nouvelle qu'ils en mettraient aujourd'hui à combattre sous sa bannière. Aussi, le saint apôtre avait-il une rude tâche à remplir.

Un jour que, prêchant dans une prairie, il se trouvait à bout d'arguments pour expliquer le mystère de la Trinité, il aperçut à ses pieds un Petit Trèfle blanc. Il en cueillit une feuille et démontra victorieusement que cette feuille était une et triple en même temps : de même un seul Dieu existait réellement en trois personnes.

La légende du Chardon rappelle l'anecdote des oies du Capitole, ou celle des cigognes de La Haye. C'était à l'époque des premières incursions des Normands sur les côtes de la Grande-

Bretagne. Des pirates danois s'étant avancés vers le Nord, avaient résolu de surprendre le château de Slains, qui était la clef de l'Écosse. Profitant d'une nuit obscure, ils avaient abordé près de la forteresse qu'ils savaient à peu près abandonnée. Mais au moment où, pleins de confiance, ils s'élançaient en groupes pressés dans les fossés du château, des Chardons qui y avaient poussé par centaines firent tout à coup l'office de chevaux de frise. Aux cris lamentables de ces malheureux qui ne pouvaient se dépêtrer de cette forêt d'épines, la petite garnison se réveilla et en fit un carnage. Les Écossais' reconnaissants adoptèrent la fleur du Chardon pour emblème.

La Violette de Napoléon nous rappelle nos gloires militaires.

Il a existé et il existe encore bien d'autres fleurs historiques, mais elles furent plutôt des signes de ralliement passagers que de véritables emblèmes.

Les fleurs servirent quelquefois aussi d'armes parlantes à certains peuples et à certaines familles. On sait que les armes ou armoiries parlantes, qui formaient une partie essentielle du blason, étaient de véritables rébus, et parfois même des calembours figurés. Un exemple d'armes parlantes, tiré du règne végétal, se trouve dans l'écu du royaume de Grenade, qui portait une grenade de gueules sur champ d'argent.

Le Père Menestrier (1) raconte que Jean de Montaigne, ministre de Charles VI, avait adopté pour emblème des feuilles de Mauve, en latin *Malva*, pour exprimer que tout *va mal* en France. Cela alla mal, en effet, pour le pauvre ministre, car il finit par être pendu, comme dilapidateur des finances de l'État, empoisonneur et sorcier.

Les fleurs, comme les arbres, eurent leur rôle dans nos fêtes religieuses et civiles : nous citerons les jeux floraux, la Baillée des Roses au Parlement de Paris, etc.

Les fleurs sacrées. — Pour les raisons qui ont lié les fleurs aux diverses circonstances de notre vie, ces mêmes fleurs ont joué un rôle dans les pratiques du culte des diverses religions, et elles se sont unies aux croyances par le symbole. Cela était d'autant plus facile que les fleurs, occupant une très grande place dans les spectacles par lesquels la nature impressionne l'homme et lui révèle la divinité, durent être

(1) Menestrier, *L'art des devises.*

associées de bonne heure au culte. Nous voyons les premiers hommes adorer le soleil, nous comprenons facilement qu'il révère les fleurs et les associe à des divinités ou à des rites païens.

La Rose, née du sang d'Adonis, était la fleur consacrée à Vénus.

C'était de Narcisse que se couronnaient les déesses païennes; mais, malgré cela, il est bien difficile de le mettre en parallèle avec la Rose.

En Islande, une sorte d'Adiante est encore connue sous le nom de *Cheveu de Freyja*, la grande vierge scandinave.

Pour tous les végétaux, nous verrons les personnifications changer avec les croyances.

LES FLEURS DU CHRIST

Les fleurs ont été souvent identifiées aux épisodes du crucifiement.

Une Orchidée, qu'on appelle Gethsemané, passe pour avoir poussé au pied de la croix et avoir reçu quelques gouttes de sang sur ses feuilles, ce qui explique l'origine des taches foncées dont elles ont toujours été marquées.

Les moines horticulteurs ont naturellement agrandi d'une façon considérable le champ des rapprochements entre les fleurs et le Christ.

Les méditations qui accompagnaient pour eux la contemplation des fleurs les amenaient à trouver toutes sortes d'emblèmes mystérieux.

C'est ainsi qu'ils virent l'image de la croix au centre du Pavot rouge et dans la Croix de Jérusalem (*Lychnis calcedonica*).

La Giroflée de muraille au parfum si pénétrant, l'Anémone écarlate qui fleurit vers le mois d'avril (Pâques) et qu'on appelle *Goutte de sang du Christ*, l'Amandier fleuri et le Souci ont inspiré les premiers décorateurs des marges de missels et de bréviaires, puis ont orné les chapiteaux des églises.

LES FLEURS DE LA VIERGE

Les plantes consacrées à la Vierge sont très nombreuses : on peut dire que toutes les fleurs lui sont consacrées. Mais il y a quelques fleurs dont le nom se rattache plus particulièrement à la mère du Christ.

C'est ainsi que l'*Herbe de Notre-Dame*, le *Sabot de la Vierge* et la Cardamine ou *Cotillon de Notre-Dame*, sont intimement liés à ce souvenir. Dans quelques endroits, la Primevère est la *Clé de Notre-Dame*, parce qu'elle *ouvre* le printemps ; la feuille gris vert de l'Alchimille est le *Manteau de Notre-Dame* ; la belle Fougère vierge chevelue porte, en maints endroits, le nom de *Cheveu de Marie*, et tant d'autres.

Les deux fleurs caractéristiques de la Vierge chrétienne sont la Rose et le Lis : « Je suis la Rose de Saron et le Lis de la vallée ».

Le Lis généralement consacré à la Vierge est le grand Lis blanc (*Lilium candidum*) de nos jardins ; sa pureté et sa blancheur en font un emblème d'innocence. On a pensé cependant que le Lis des vallées ou Muguet pourrait bien être l'emblème de la sainteté et de la pureté.

La Rose est plus sujette à caution ; on a dit souvent que la Rose de Saron n'était autre que le grand Narcisse jaune, si commun en Palestine.

LES FLEURS DES SAINTS

De même que la Vierge avait remplacé Freyja dans les croyances, de même saint Jean remplaça Bulder, le héros scandinave.

De grandes fleurs au disque en forme de soleil consacrées à Bulder devinrent la propriété particulière de saint Jean, *saint Jean le Blanc*, comme on l'appelle souvent.

Le Soleil a également été souvent consacré à saint Jean l'Évangéliste, et les images de ces fleurs sont maintes fois introduites dans l'ornementation des statues de ce saint, ainsi que le petit Œillet rouge (*Dianthus prolifer*) était dédié à saint Guillaume.

LE LANGAGE DES FLEURS

L'imagination de l'homme est vraiment grande, qui sut créer cette correspondance artificielle entre la fleur et l'idée, entre la création de la nature champêtre et la création de l'intelligence. Et pourtant, cette sorte de relation entre la fleur et l'idée existe, elle est connue de tous, elle semble nécessaire et intangible, elle paraît avoir toujours existé, et pourtant elle est notre œuvre.

Dans cet ordre de connaissances, la règle a tenté de s'introduire, le dictionnaire des symboles floraux existe ; il est même assez étendu, et il ne lui manque qu'une chose, il est vrai la plus essentielle, c'est d'exprimer des vérités. Malgré cela, nous ne pouvons résister au plaisir de signaler ce qu'on est convenu d'appeler le langage des fleurs.

Toutes nous sont de vivantes leçons, dit Henri Peacham, où se lit la volonté sacrée de Dieu. La Marguerite nous enseigne l'humilité ; la Camomille, la patience ; la Rose, la haine du vice ; le Chèvrefeuille, la fidélité dans nos affections ; la Sarriette, l'espérance au milieu des revers.

Les Chinois, dit un antique écrivain, ont un alphabet composé entièrement avec des plantes et des racines ; on lit encore sur les rochers de l'Égypte les anciennes conquêtes de ces peuples exprimées avec des végétaux étrangers.

Dans ce langage, la Rose signifie une jeune fille : blanche, elle indique la constance en amour, et jaune, l'infidélité.

Un Œillet veut dire un homme et les couleurs diverses, les variétés de la fleur caractérisent un homme au physique comme au moral.

Un écrivain moderne, se basant sur quelques considérations botaniques ou sur les récits de la mythologie, a composé un dictionnaire du langage des fleurs ; nous en transcrivons une partie.

Abandon	Anémone.
Absence	Absinthe.
Agitation	Sainfoin oscillant.
Aigreur	Épine-vinette.
Amabilité	Jasmin blanc.
Amertume, douleur	Aloès.
Amitié	Lierre.
Amour	Myrte.
Amour conjugal	Tilleul.
Amour maternel	Mousse.
Audace	Mélèze.
Austérité	Chardon.
Beauté capricieuse	Rose musquée.
Bienfaisance	Pomme de terre.
Bienveillance	Jacinthe.
Consolation	Perce-neige.
Constance	Pyramidale bleue.
Courage	Peuplier noir.
Cruauté	Ortie.
Dédain	Œillet jaune.
Délicatesse	Bluet.
Désespoir	Soucis et Cyprès.
Désir	Jonquille.
Docilité	Jonc des champs.
Élégance	Acacia rose.
Fécondité	Rose trémière.
Félicité	Centaurée.
Fierté	Amaryllées.
Franchise	Osier.
Frugalité	Chicorée.
Générosité	Oranger.
Gentillesse	Rose pompon.
Haine	Basilic.
Honte	Pivoine.
Immortalité	Amarante.
Indépendance	Prunier sauvage.
Injustice	Houblon.
Jeunesse	Lilas blanc.
Naïveté	Argentine.
Noirceur	Ébénier.

<table>
<tr><td>Prospérité</td><td>Hêtre.</td></tr>
<tr><td>Prudence</td><td>Cormier.</td></tr>
<tr><td>Pureté</td><td>Épi de la Vierge.</td></tr>
<tr><td>Reconnaissance</td><td>Agrimoine.</td></tr>
<tr><td>Sagesse</td><td>Mûrier blanc.</td></tr>
<tr><td>Silence</td><td>Rose blanche.</td></tr>
<tr><td>Simplicité</td><td>Fougère.</td></tr>
<tr><td>Sommeil du cœur</td><td>Pavot blanc.</td></tr>
<tr><td>Tranquillité</td><td>Alysse des rochers.</td></tr>
<tr><td>Vérité</td><td>Morelle douce-amère.</td></tr>
<tr><td>Vice</td><td>Ivraie.</td></tr>
<tr><td>Volupté</td><td>Tubéreuse.</td></tr>
</table>

Est-il besoin de faire remarquer que plusieurs de ces significations sont pour le moins très contestables.

LES FLEURS REMARQUABLES

La grande habitude que nous avons d'observer les fleurs communes nous donne une idée fixe de leur aspect général, et par conséquence nous conduit à trouver étranges ou même monstrueuses les fleurs exotiques que nous contemplons rarement.

Dimensions des Fleurs. — Depuis le *Brayera*, l'*Alchemilla aphanes* ou le *Pelletiera*, dont les fleurs n'ont pas une ligne de diamètre, jusqu'à cette Aristoloche des bords du Rio-Magdalena qui a deux calices assez grands pour tenir lieu de bonnets, les diverses espèces de végétaux présentent, dans leurs fleurs, toutes les dimensions possibles.

Il ne faut pas croire que les dimensions de la fleur soient en rapport avec celles des végétaux qui la produisent. Quelques arbres de l'Amérique, de l'Afrique et de l'Inde, tels que les *Magnolia*, les *Liriodendron*, les *Chorisia*, les *Bignonia*, les *Bombax* offrent, à la vérité, des fleurs aussi grandes que celles de nos Lis ou de nos Digitales ; mais la plupart des grands arbres des forêts de l'Europe portent des fleurs tellement petites qu'elles échappent ordinairement à ceux qui ne font point une étude spéciale de la botanique.

La fleur du Chêne ne peut s'étudier qu'avec une forte loupe, et celle des *Crocus* ou de Colchique, qui croissent humblement aux pieds de cet arbre majestueux, ont plusieurs centimètres de longueur.

De même le Blé de miracle (*Triticum turgidum*), qui meurt entre deux printemps, s'élève souvent plus haut que la taille d'un homme et n'a pas des fleurs dépassant 5 à 6 millimètres, tandis que la Gentiane acaule (*Gentiana acaulis*) (fig. 1012), qui souvent n'atteint pas 10 centimètres, offre dans sa fleur

seule plus de la moitié de cette longueur.

Une même famille, un même genre peuvent quelquefois présenter de très grandes différences dans les dimensions de leurs fleurs ; nous cultivons pour leur beauté la Giroflée jaune, la Julienne, le Gazon d'Olympe, plantes

Fig. 1012. — Gentiane acaule.

de la famille des Crucifères, et nous ne saurions distinguer, sans le secours de la loupe, les parties de la fleur de *Cardamine impatiens*, espèce de la même famille. Le *Dianthus caryophyllus* fait l'admiration des fleuristes : on aperçoit à peine la fleur de *Dianthus prolifer*.

Les fleurs géantes. — Les caractères par lesquels une fleur paraît singulière sont nombreux.

Au premier rang se place l'exagération de ses dimensions qui en fait une fleur géante. Les fleurs des Rafflésies, dont nous avons parlé, sont à ce point de vue les plus remarquables, leur diamètre pouvant atteindre un demi-mètre dans

Fig. 1013. Fig. 1014. Fig. 1015.

Fig. 1013. — *Echinopsis eyriesii.*
Fig. 1014. — *Stapelia grandiflora* (Asclépiadée).

Fig. 1015. — *Echinocactus horizontalis.*

Fig. 1013 à 1015. — Les fleurs des plantes grasses.

Rafflesia padma et même un mètre dans *Rafflesia Arnoldi* (1).

La plante merveilleuse que l'on a dédiée à la reine d'Angleterre sous le nom de *Victoria regia* (2), possède aussi des fleurs colossales, en rapport avec les feuilles si étendues de la plante ; ces feuilles de plus de 2 mètres de tour sont nageantes et peuvent porter un enfant de cinq ans. Les fleurs s'élèvent de 15 centimètres environ au-dessus de l'eau, et quand leur épanouissement est complet, elles ont une circonférence de près d'un mètre. Les pétales, au nombre de cent environ, protègent un nombre égal d'étamines ; ils s'épanouissent le soir et leur couleur, d'abord d'un blanc pur, passe en vingt-quatre heures par des nuances successives, d'un rose tendre à un rouge vif. Ces fleurs exhalent une odeur agréable pendant la première journée de l'épanouissement ; puis, à la fin du troisième jour, elles se flétrissent et se replongent sous les eaux pour nourrir leurs graines.

Le premier échantillon de cette plante fut

observé dans l'aquarium de la serre de Kew et la première floraison dans les grandes serres de Chatsworth. La fleur épanouie fut offerte, en 1849, à la reine, sa patronne, par Paxton, le célèbre inventeur du Palais de cristal, et tous les grands personnages de l'Angleterre vinrent admirer au château de Windsor la fleur si remarquable.

En outre de ces fleurs gigantesques, il existe un assez grand nombre de fleurs qui se recommandent à notre attention par des dimensions bien au-dessus de la moyenne. Parmi ces dernières, il faut mentionner les fleurs des plantes grasses, qui, on le sait, appartiennent à des familles botaniques diverses, les unes étant des Cactées, les autres des Asclépiadées, des Euphorbiacées, des Mésembryanthémées, etc.

Les dimensions des fleurs des Cactées sont essentiellement variables, depuis la petite fleur des *Rhipsalis*, jusqu'aux fleurs géantes des Cierges (fig. 1016), celles de *Cereus nycticalus* et *Cereus triangularis* pouvant atteindre 30 à 35 centimètres de longueur. Les fleurs de moyenne dimension se trouvent chez les *Phyllocactus* (fig. 1017), les *Echinocactus* (fig. 1015),

(1) Voy. *Le Monde des Plantes*, t. II, p. 396, et *La Vie des Plantes*, p. 336.
(2) Voy. *Le Monde des Plantes*, t. II, p. 85 et fig. 136.

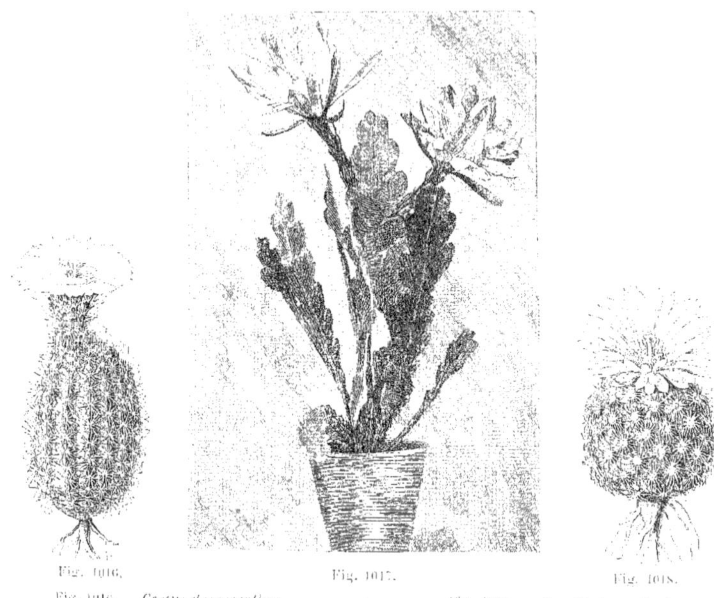

Fig. 1016.

Fig. 1017.

Fig. 1018.

Fig. 1016. — *Cereus dasyacanthus.*
Fig. 1017. — *Phyllocactus latifrons.*

Fig. 1018. — *Mamillaria pectinata.*

Fig. 1016 à 1018. — Les fleurs des plantes grasses.

les *Mamillaria* (fig. 1018), les *Echinopsis* (fig. 1013), etc. Elles ont une longueur variant de 3 à 15 centimètres environ.

Ces fleurs possèdent un calice adhérent à l'ovaire, et dont les sépales pétaloïdes viennent s'ajouter aux pétales très nombreux pour constituer un superbe ensemble. Au milieu de cette corolle brillamment colorée sont de nombreuses étamines, dont le cercle jaune vient ajouter son éclat à celui des pétales.

Les *Stapelia*, originaires du Cap, sont aussi remarquables; leurs fleurs sont belles dans la plupart des espèces (fig. 1014), mais elles exhalent une odeur nauséeuse de chair corrompue qui en éloigne l'observateur. Telle est la Stapélie velue (*Stapelia hirsuta*), dont la fleur, qui rappelle du reste celle de la figure 1013, est large de 15 centimètres, possède des pétales velus de couleur lie de vin et répand une odeur fétide.

Les fleurs curieuses. — Un deuxième caractère capable de rendre une fleur singulière est la disparition de la symétrie habituelle, accompagnée souvent de la mise en évidence d'une symétrie particulière, ou encore l'exagération de certaines parties florales, qui semble être une déformation, une anomalie. Examinons quelques exemples de ces dispositions.

« Chez l'Iris (fig. 1019 à 1022), la configuration présente déjà quelque chose de particulièrement original : le périanthe, également double, est pétaloïde ; mais on distingue le verticille inférieur à son port retombant, tandis que les trois pièces de l'étage plus élevé se redressent et se recourbent vers l'axe floral, formant berceau par-dessus les organes générateurs.

« Chez l'Aconit, la Capucine, le Pied-d'alouette, le Pélargonium, l'Ancolie, l'originalité s'accentue tantôt par la forme de coiffe que prend l'un des sépales (Aconit), tantôt par l'adjonction d'un éperon à une ou à plusieurs pièces du périanthe (Capucine, Pied-d'alouette, Ancolie). Chez deux espèces de ce dernier genre, l'éperon de chaque pétale prend un accroissement qui n'atteint pas moins de 5 à 6 centimètres de long et donne à la fleur un curieux

Fig. 1020.

Fig. 1021.

Fig. 1022.

Fig. 1019.

Fig. 1019. — Plante entière.
Fig. 1020. — Diagramme de la fleur.
Fig. 1021. — Pistil et ses trois stigmates recouvrant les
trois étamines.

Fig. 1022. — Coupe de l'ovaire montrant les trois
carpelles.

Fig. 1019 à 1022. — *Iris germanica.*

aspect. Ces deux espèces sont de l'Amérique septentrionale, vivaces et absolument rustiques, c'est-à-dire de pleine terre dans nos jardins. On les appelle l'Ancolie dorée et l'Ancolie bleue.

« Tout le monde a vu, dans les jardins, tantôt couchés sur l'arcade des tonnelles, tantôt suspendus au treillage des murailles, les sarments souples et plantureusement feuillés de l'Aristoloche siphon. En juillet, cette plante est garnie abondamment de fleurs petites dont les contours rappellent ceux d'une pipe. Cet aspect sort déjà de l'ordinaire ; mais il y a, dans le même genre, quelques espèces plus curieuses ; ce sont : d'abord celle à qui la forme de sa fleur a valu le nom d'Aristoloche tête d'oiseau ; puis cette autre, dont le calice — car la fleur n'a point de corolle — est si excentrique, si saugrenu, que les botanistes n'ont pas hésité à l'appeler Aristoloche ridicule (*Aristolochia ridicula*).

« Il n'y a pas très longtemps qu'un explorateur l'a introduite au Brésil, et on la cultive dans nos serres chaudes.

« La fleur du Céropégia de Sanderson s'écarte aussi des lignes convenues ; mais, loin d'avoir

Fig. 1023.

Fig. 1024.

Fig. 1023. — Calcéolaire hybride.
Fig. 1024. — *Calceolaria pavonii*, avec sa corolle en
forme de petit sabot. — *a*, vue latérale de la fleur
avant la déhiscence des anthères; *b*, coupe longitudinale de la fleur au même état de développement;

c, vue de la fleur, un peu plus tard; le rapprochement
du petit sabot a déterminé la déhiscence des anthères
et le dépôt du pollen sur le sabot; *d*, le sabot, en
s'éloignant, permet au stigmate de recueillir le pollen, la fécondation est assurée.

une forme qui prête à critiquer ou à rire, elle
a plutôt quelque chose qui attire et qui charme ;

Fig. 1025. — Muflier nain ou Tom-Pouce.

c'est une sorte de coupe surmontée d'une voûte
gracieusement lobée et que soutiennent cinq
supports au profil de balustres.

« Les Céropégias habitent l'Afrique tropicale,
l'Inde orientale, la Malaisie et l'Australie tropicale. En France, on en cultive quatre ou cinq
espèces dans les serres chaudes et tempérées.

« Faut-il encore citer le sabot des Calcéolaires (fig. 1023 et 1024), la tête échevelée des
Chrysanthèmes japonais, la fleur en cœur du
Dielytra, celle du Muflier, si grimaçante qu'on
l'a comparée à une gueule de loup (fig. 1025)?

« Mais voici les Orchidées qui résument toutes
les invraisemblances de formes. La première
fois qu'on voit ces étranges fleurs, on tombe
dans un grand étonnement, et, si l'on en veut
parler, on cherche quels mots pourront exprimer la souplesse ondoyante des grappes,
les découpures exquisement recherchées des
pétales, la disparité des pièces florales, la har-
diesse des couleurs, toujours prodiguées, tantôt
opposées, tantôt fondues et dégradées, tantôt
plates, où se pose, avec aisance, la note forte
des macules sombres.

« Quelle inépuisable source de modèles iné-
dits pour la décoration des panneaux, des ten-
tures, des étoffes riches !

Fig. 1026. — Calcéolaire hybride.

Fig. 1027. — Ail blanc.

« Voici, par exemple, un Cattleya avec son pétale inférieur contourné en cornet et ses deux pétales latéraux taillés en pointe ; toute la fleur est teinte d'un rose tendre, comme voilé, et dans la gorge rouge serpente un réseau délicat de fibrilles d'or.

« L'*Oncidium papilio* et sa variété, l'*Oncidium Kramerianum*, vous apparaissent comme des papillons posés sur un brin d'herbe. Rien ne leur manque des organes de ces insectes ; vous pourriez désigner les ailes, les antennes et la trompe.

« Ce cygne ébauché est encore une Orchidée : le *Cycnoches ventricosum*. Les pièces florales chassées en arrière forment le corps de l'oiseau et les ailes déployées, voile au vent. La « colonne » dégagée, gracieusement courbée, imite le cou et la tête.

« Cette fleur, qui rappelle la fleur de Lis florencée des sculpteurs, a été détachée d'une grappe d'*Angræcum elatum*, ravissante Orchidée de Maurice et dont on ne possède encore que des échantillons d'herbier. Est-il bien certain qu'on trouverait dans tout le blason de France quelque chose de plus gracieux, de plus élégant que cette fine miniature ?

« Je m'arrête, car il y a cinq mille espèces d'Orchidées, et il faudrait plusieurs volumes pour décrire toutes ces fleurs, dont le polymorphisme dépasse ce que l'imagination la plus artiste et la plus féconde peut concevoir.

« Le lecteur qu'intéresserait cette vaste et si éblouissante famille peut, à défaut d'une possession coûteuse des espèces exotiques, étudier les espèces indigènes : l'Orchis mouche, l'Ophrys abeille, l'Orchis de montagne, l'Orchis pourpré, l'*Orchis hirsina*, etc. Toutes présentent des formes aussi fines, aussi charmantes que celles des espèces d'origine lointaine ; seulement elles sont beaucoup plus petites et, pour apprécier la délicatesse de leurs lignes, il faut les regarder d'assez près.

« Abondantes à Compiègne, ainsi que dans les autres localités favorables et éloignées des grands centres, elles sont clairsemées aux environs de Paris, où la foule nombreuse des promeneurs du dimanche en a fait, trop souvent, des hécatombes pour les herbiers et les bouquets (1). »

LA COULEUR DES FLEURS

La couleur des fleurs est, de toutes leurs propriétés, celle qui les désigne aux regards quand nous les observons dans la nature, et il semble que la couleur soit si intimement liée à la fleur qu'il ne doive pas exister de fleurs non colorées, en entendant par là que ces fleurs possèdent la teinte verte des parties végétatives. Cependant le nombre de ces fleurs est très grand, mais en raison de l'absence de distinction qu'elles présentent, elles sont peu connues ; dans la verdure qui les entoure, elles n'apparaissent que par leur situation assez souvent élevée au-

(1) G. Bellair, *Magasin pittoresque*, 1895.

Fig. 1025. — Gloxinie.

dessus des feuilles et par la faible tache jaune que chacune d'elles tient de ses étamines. Quand ces fleurs sont réunies en grappes ou inflorescences compactes, elles sont plus visibles, et encore on les reconnaît-on quelquefois que lors de leur transformation en fruits, toujours plus volumineux que les fleurs qui les ont produits.

Comme on nomme pétales l'enveloppe de la fleur qui est colorée, quand une fleur est entièrement colorée, on dit que les pétales sont séparables, c'est-à-dire analogues à des pétales, comme dans le Jonc, l'Oseille, l'Érable. Il peut arriver aussi que ces pétales soient absents, comme dans les fleurs de la plupart de nos arbres.

Le plus souvent, les fleurs sont colorées de teintes diverses présentant des dispositions dont la variation est infinie (fig. 1026), tant est grand le nombre des couleurs et aussi l'arrangement des taches de teintes différentes. On peut ramener les couleurs des fleurs à quelques-unes fondamentales, dont les autres ne sont que des dégradations ou des combinaisons, par deux, trois ou plus.

Au premier ligne vient la couleur verte qui dans la plupart des cas est due à la chlorophylle que contiennent les tissus des pétales: cette teinte, qui forme le fond des autres couleurs dues à des pigments, se trouve dans la plupart des fleurs, à la naissance des pétales en particulier; elle résiste bien aux agents oxydants, même lorsque les autres couleurs sont pâlies.

Fleurs blanches. — La couleur blanche, aussi très répandue dans les pétales et dans les filets des étamines, est due, non pas à un pigment blanc, mais à l'absence de pigment. Si on observe au microscope un pétale de Lis, on trouve, entre les cellules des tissus, des petits espaces, méats, lacunes, remplis d'air, et sur les faces de ces cavités minuscules la lumière joue avec facilité; elle se réfléchit un grand nombre de fois, s'accentue et donne l'illusion du blanc. Ce phénomène rappelle celui qui se produit dans la mousse d'un liquide coloré: quelle que soit la teinte de ce liquide, si la mousse est suffisamment fine, les jeux de lumière la font paraître blanche. On peut s'assurer de la réalité de cette explication en plongeant dans un peu d'eau pure, incapable d'exercer la moindre action sur une couleur, une fleur blanche, et en faisant le vide par aspiration au-dessus du vase, pour permettre l'imprégnation des tissus par l'eau; dans ces conditions, la fleur perdra son éclat et deviendra transparente, avec une légère teinte grise.

Certaines fleurs paraissent blanches pour une raison un peu différente: ainsi, l'Edelweiss

Fig. 1029. — Narcisse jonquille à fleurs simples.

Fig. 1030. — Narcisse jonquille à fleurs pleines.

et un grand nombre de fleurs des sommets élevés doivent leur éclat au revêtement duveteux qui les protège et leur donne l'aspect velouté.

Citons quelques fleurs blanches (1) :

Ail blanc et odorant (fig. 1027).	Œillet des fleuristes.
Amaryllis blanche.	Ornithogale en ombelle.
Anthémis.	Pâquerette vivace.
Arabette des Alpes.	Pensée.
Balsamine Camellia.	Pervenche.
Chrysanthèmes.	Pétunia.
Coquelicot (var.).	Pied d'alouette (var.).
Cyclamen de Naples.	Pivoine de Chine (var.).
Fuchsia globosa.	Reines-Marguerites.
Galantine perce-neige.	Safran printanier.
Glaïeul de Colville.	Sagittaire flèche d'eau.
Gloxinie (fig. 1028).	Saxifrages.
Gnaphalium des Alpes.	Silène à bouquets.
Gynerium argenté (panicules).	Tabac blanc odorant.
	Tubéreuse des jardins.
Hellébore Rose-de-Noël.	Tulipe des fleuristes.
Iris germanique.	Tussilage blanc [de neige.
Jacinthes (var.).	Véronique à épis blancs.
Lis.	Verveine des jardins (var.).
Narcisses (var.).	Violette odorante (var.).
Nénuphar blanc.	Zinnia élégant.

A ces fleurs il faut ajouter les fleurs blanchâtres, blanc rosé, blanc-lilas, ou blanc bleuâtre :

Acanthe à feuilles molles.	Chrysanthème de l'Inde.
Amaryllis agréable.	— du Japon.

(1) Pour composer ce chapitre, nous avons eu recours à l'ouvrage si documenté de MM. Vilmorin-Andrieux : *Les fleurs de pleine terre*, qui contient des listes très complètes des fleurs rangées suivant leurs différentes propriétés

Cyclamen d'Alep ou de Perse.	Hellébore Rose-de-Noël.
	Jacinthes.
Dahlia des jardins.	Mauve d'Alger.
Datura cornu.	Mufliers (var.).
Fuchsia globosa.	Pâquerette vivace (var.).
Géranium cendré.	Pavots (var.).

Fleurs colorées. — Les couleurs des fleurs peuvent se ramener à deux fondamentales, dues à des pigments dont la teinte pure est le jaune ou le bleu ; les deux séries de tons qu'on en dérive sont désignées sous les noms de couleurs de la série xanthique ou jaune, et couleurs de la série cyanique ou bleue. Les premières renferment comme couleurs dérivées les orangés, les vermillons ; la deuxième les violets, les roses et les carmins ; et ce qui est curieux, c'est que ces deux couleurs primitives différentes conduisent, par des gradations insensibles, à des tons rouges, ces rouges étant du reste différents.

Passons en revue les fleurs colorées, en commençant par les fleurs jaunes.

FLEURS JAUNE-CITRON, CANARI, JONQUILLE, DORÉ, ORANGÉ JAUNE :

Ail doré.	Corydalle jaune.
Alysse corbeille d'or.	Crocus (Safran).
Amaryllis jaune.	Fritillaire à fleurs dorées.
Anthémis d'Arabie.	Giroflées.
Arnica des montagnes.	Glaïeul.
Calcéolaire la Pluie d'or.	Hémérocalle jaune.
Caltha des marais.	Immortelle.
Capucine grande.	Iris petit.
Centaurée.	Iris faux Acore.
Chrysanthèmes.	Jacinthes.

Fig. 1031. — Bégonias tuberculeux hybrides simples.

Fig. 1032. — Bégonias tuberculeux hybrides doubles.

Lis de Parry.
Lupin jaune odorant.
Millepertuis à grandes fleurs.
Mimule jaune.
Mimule cuivré.
Muflier.
Narcisse faux-Narcisse.
— jonquille (fig. 1029 et 1030).
Nénuphar jaune.
Primevère.
Pyrèthre.
Renoncule.
Réséda odorant.
Saxifrage.
Soleil tournesol.
Sedum brûlant.
Tanaisie vulgaire.
Tulipe des fleuristes.
Verge d'or.

Un grand nombre de variétés de ces fleurs sont jaune abricoté, nankin, jaune-souci-orange, rouge orangé ou rouge ocreux. Certaines sont saumon, chamois, isabelle ou fauve.

FLEURS ROSES, OU ROUGE ROSÉ, OU VIOLET ROUGE CLAIR :

Anémone des fleuristes.
Aster rose.
Bégonia à fleur de Rose (fig. 1031 et 1032).
Butome jonc fleuri.
Célosie crète-de-coq (fig. 1033).
Coquelicot (var.).
Cyclamen de Naples.
Epilobe (var.).
Fraxinelle commune.
Gynerium argenté (var.).
Lupin grand rose.
Muflier grand strié rose.
OEillet des fleuristes (var.)
Pied d'alouette des jardins (var.).
Pivoine officinale.
Primevère des jardins.
Reines-Marguerites.
Rose trémière.
Sauge cardinale.
Tritome faux Aloès.
Tulipe des fleuristes.
Volubilis.

FLEURS DE COULEUR ROUGE-CARMIN, CERISE, POURPRE, GRENAT, ROUGE-SANG, ROUGE VIOLET, CRAMOISI :

Adonite goutte-de-sang.
Amaranthe queue-de-renard (fig. 1034).
Balisier canne d'Inde.
Célosie crète de coq.
Cinéraire hybride.
Coquelicot.
Coquelourde des jardins.
Crucianelle à long style.
Dahlias des jardins.

Eupatoire pourpre.
Fuchsia globosa.
Géranium sanguin.
Glaïeuls.
Immortelles à fleurs rouges.
Jacinthes de Hollande.
Linaire pourpre.
OEillet des fleuristes.
— mignardise.
Pavot coquelicot.
Pourpier à grandes fleurs.
Pivoine officinale.
Pois de senteur.
Primevère des jardins.
Rose trémière (var.).
Sainfoin d'Espagne.
Sedum bâtard.
— pourpre.
Tabac géant (var.).
Tulipe de Greig (fig. 1035).
Volubilis.

De ces fleurs on peut rapprocher les fleurs lilas, violettes et de couleur violet bleu, si communes dans les Jacinthes, les Iris, les OEillets, les Pieds d'alouette et les Violettes.

FLEURS BLEUES, BLEU VIOLET ET AZUR. — Ces fleurs sont très nombreuses ; citons-en quelques unes :

Aconit Napel (fig. 1036).
Ail azuré.
Ancolie des jardins (var.).
Campanules (nombreuses).
— Miroir de Vénus.
Centaurée bleuet des jardins.
Gentiane acaule.
Héliotrope.
Iris (nombreux).
Jacinthes.
Lupin.
Myosotis des marais.
Nénuphar bleu.
Nigelle de Damas.
Passiflore bleue (fleur de la Passion).
Pervenches.
Pieds d'alouette.
Sauges.
Scabieuse.
Véroniques.
Verveine des jardins (var.).
Violette pensée.
Viscaria à œil pourpre.

FLEURS BRUNES ET DE COULEUR ROUGE CRAMOISI NOIRATRE, VIOLET CRAMOISI NOIRATRE, VIOLET BRONZÉ OU VIOLET NOIR :

Calcéolaires hybrides.
Capucines (var.).
Cinéraire hybride.
Giroflées.
Glaïeuls.
OEillet (var.).
Pavot (var.).
Pensée.

Fig. 1033. — Célosie panachée du Japon.

(Fig. 1034. — Amaranthe queue-de-renard.

Pois de senteur.
Primevère auricule (var.).
Tulipe des fleuristes.

Violette pensée.
Zinnia élégant (var.) (fig. 1037).

Enfin nommons quelques fleurs brunes de tons mordorés, acajou, ou cramoisi marron :

Calcéolaire à feuilles ru- gueuses.
Capucine d'Alger.
Chrysanthèmes (var.).

Giroflées.
Glaïeuls.
Pied d'alouette triste.
Tulipe (var.).

Cette longue énumération suffit à montrer que les coloris des fleurs sont variés à l'infini, que toutes les nuances de la magnifique gamme des lumières sont représentées, et que la diversité des effets que fournissent ces nuances, par leurs associations, compose la plus riche des palettes qu'artiste ait jamais formée.

Ajoutons à cela la transformation lente des tonalités que présentent souvent les corolles florales : ainsi la corolle de la Pulmonaire, de la Vipérine, de certains Myosotis, etc., est d'abord rose, puis bleue ; celle de la Ketmie changeante est blanche le matin, rose pâle à midi et rose vif le soir.

L'ART DE L'HORTICULTEUR

Non content de créer par tous les moyens dont il dispose les fleurs les plus curieuses, les plus diverses, l'horticulteur doit se préoccuper de la disposition des fleurs dans les jardins ; et, à cet égard, les goûts sont très variés. Une prairie naturelle, une belle pelouse émaillée de fleurs aux couleurs vives possèdent un grand charme ; une plate-bande uniquement composée de fleurs d'une même teinte et bien groupées produit sur l'œil le meilleur effet ; et il est très curieux d'observer les dessins dont les mosaïculteurs se plaisent à orner certains parcs.

A vrai dire, ces dernières créations, quoique révélant un art de la fleur très sûr dans ses méthodes, peuvent ne pas être du goût de tous, la nature paraissant trop tourmentée, trop assujettie à des règles immuables. Et ce n'est pas la vue des mosaïcultures dont les Américains ornent leurs immenses parcs qui peut gagner les amateurs non épris de ces arrangements.

Le visiteur qui, pour la première fois, se promène dans *Lincoln Park*, à Chicago, est surpris de la splendeur de la végétation, mais il est aussi tout décontenancé devant les productions que l'homme y a accumulées ; il croit rêver en voyant au milieu des pelouses les objets les plus divers faits en végétaux nains et en fleurs. Ici, c'est un gigantesque cadran solaire, dont le style, entièrement fleuri, projette sa grande ombre sur un arc de végétaux clairs portant des chiffres de couleur sombre ;

Fig. 1035. — Tulipe de Greig.   Fig. 1036. — Aconit Napel.   Fig. 1037. — Zinnia élégant double Lilliput.

au-dessous est écrit en fleurs *Sol's Clock* et tout autour est brodé un feston amplement décoré, délimitant le léger talus qui supporte cette curieuse horloge ; plus loin, c'est un globe terrestre de près de 20 mètres de hauteur, sur lequel les continents sont figurés par des fleurs (fig. 1038). Puis nos regards sont attirés par un alignement de plusieurs vases, munis de leur anse, de 5 à 6 mètres de hauteur, faits en plantes grasses et enguirlandés de fleurs contenant de superbes Aloès. Mais ce qui paraît le plus étrange, c'est la vue, au milieu d'une pelouse, d'un canot en fleurs duquel émerge une sorte de colosse assis et ramant, le tout garni de végétation ; enfin, près de là est un immense fauteuil, un fauteuil de président, colossal, aussi fleuri, et portant sur le devant de son dossier la date 1892, célèbre dans l'histoire de la ville et que l'on aperçoit de très loin. Derrière ce fauteuil est un grand arbre symbolique, dont le tronc, droit comme un I, porte deux naissances de branches, garni lui aussi de végétation.

Mais, oublions ces productions un peu extravagantes pour admirer les magnifiques parterres que nos horticulteurs savent créer. Aucune règle fixe ne saurait être donnée relativement à l'arrangement des fleurs dans un jardin ; cependant, la recherche des effets attrayants ou vigoureux permet de dire que les groupements de fleurs identiques sont souvent préférables aux mélanges de fleurs différentes.

Ainsi, rien n'est plus satisfaisant pour la vue qu'une corbeille ou un massif de Verveines, de Pétunias, de Pourpiers à grandes fleurs, de Géraniums (Pélargoniums) rouges..., se dessinant nettement sur un gazon bien vert et bien uni. Les plantes élevées et à port élancé, comme les Roses trémières, les Digitales, peuvent aussi, sur des plans éloignés, produire des effets heureux. De plus, on doit chercher à combiner les époques de floraison de façon que les plantes dont les couleurs doivent s'harmoniser arrivent à fleurir à la même époque.

L'ART DU FLEURISTE

Les fleurs, par leurs formes élégantes et leurs superbes couleurs, forment l'accessoire de toute décoration ; disséminées dans les massifs de verdure d'une serre d'hiver, répandues à profusion dans nos salons, artistement disposées sur une table, elles portent avec elles la gaieté et la joie ; il n'est pas de fête sans fleurs et certaines fêtes paraissent même être de véritables fêtes des fleurs. Qui ne connaît les réjouissances que l'on nomme « bataille de fleurs » ? Qui n'a vu ces jolies voitures enguirlandées, comme celle de la figure 1039, qui promènent les batailleurs sur la piste jonchée de fleurs ?

L'éloge des décorations florales n'est plus à faire, et chacun de nous peut voir tous les jours les merveilles qu'enfantent les doigts de

Fig. 1038. — La mosaïculture américaine. Le globe terrestre de *Lincoln Park*, à Chicago.

nos fleuristes, depuis le simple bouquet jusqu'à la décoration complète et artistique d'une salle de bal, ces combinaisons toujours variées de fleurs et de verdure s'unissant aux lumières et aux fraîches toilettes. En Amérique, il est un charmant usage qui consiste à décorer entièrement d'une même sorte de fleurs, la fleur préférée, la maison où la jeune fiancée doit devenir l'heureuse épouse. Dans tous les pays, toute fête est l'occasion de l'offre d'un bouquet, image tangible des vœux que nous formons.

Plusieurs conditions sont requises pour qu'une fleur puisse entrer dans la composition d'un bouquet (1): elle doit se bien conserver dans l'eau, son bouton doit s'y épanouir aisément, son pédoncule doit être assez long sans être trop contourné; ainsi est le Narcisse (fig. 1040 et 1041), qui est à ce point de vue, l'une des fleurs les plus faciles à disposer. A défaut de cela, la fleur ne saurait être utilisée

que montée sur un support artificiel, piquée dans la mousse ou le sable mouillé.

Culture des fleurs. — Le début de la culture des fleurs, au point de vue commercial, date pour les Alpes-Maritimes de 1850. Cette culture a pris aujourd'hui une grande extension.

On la divise en culture hivernale et en culture estivale.

La première est destinée à la vente directe et à l'exportation des fleurs coupées: l'époque de sa production est de la fin d'octobre à la fin de mai; la seconde est réservée aux fleurs de parfumerie (1) et aux plantes élevées en vue de l'obtention de la graine.

Les fleurs qui donnent la plus grande part à l'alimentation du commerce extérieur pendant l'hiver sont la Rose et l'Œillet; puis viennent, par ordre d'importance, la Jacinthe romaine, l'Anémone, le Narcisse, la Giroflée, la Violette, le Mimosa, le Réséda, l'Anthémis, le Lilas, le

(1) On trouvera dans Vilmorin-Andrieux, *loc. cit.*, p. 1126, un choix de fleurs à couper pour bouquets et guirlandes.

(1) Voy. Piesse, *Histoire des parfums*, édition française par Chardin-Hadancourt, H. Massignon et Halphen, 1890, p. 87 et suiv.

Fig. 1031. — Voiture ornée pour bataille de fleurs.

-laient, le Muguet, le Renoncule, l'Ixia, le Sparaxis, etc.

Les premières fleurs expédiées sont la Rose, l'Œillet, le Narcisse, le Mimosa, l'Anémone, la Giroflée; il faut mentionner ensuite le Glaïeul, le Lis, l'Ixia, enfin l'Anthémis [1]. L'Anthémis, toutes la fleur préférée en Angleterre, est celle qui est expédiée la dernière, c'est-à-dire jusqu'au 15 juin.

La consommation des fleurs qui se fait sur le littoral pendant les fêtes hivernales est considérable et, de plus, les principaux États de l'Europe en absorbent des quantités prodigieuses. Après la France, figurent, par rang d'importance, l'Allemagne, l'Angleterre, l'Autriche, la Suisse, la Belgique, la Russie, la Suède.

La superficie approximative des terrains employés à la culture florale est de 250 hectares à Nice, 160 hectares à Cannes, 100 hectares à Antibes, 40 hectares à Menton, 30 hectares à Bordighera, 150 hectares à San-Remo. La culture des fleurs ornementales occupe dans les environs de Grasse 60 hectares, celle des plantes à parfums plus de 200 hectares.

L'Italie est aussi un pays de grande production. San Remo, Ospedaletti, Taggia, Porto-Maurizio, Alassio possèdent plus de 300 hectares couverts de Rosiers, d'Œillets, d'Anémones et de Narcisses. La région de Nervi, à l'est de Gênes, produit 40 000 kilogrammes de Violettes par an. Notre belle colonie d'Algérie s'enrichit peu à peu de plantes à essences: commencée à Chéragas, leur culture s'est étendue sur divers points.

Aux États-Unis, la production des fleurs s'est très développée [1]; les grandes forceries de New-York opèrent par centaines de mille plantes; les cultivateurs de Glaïeuls, de Tubéreuses ou de Lis, par hectares de plantation.

Toute cette immense production est cependant écoulée par les fleuristes établis en boutique. L'Américain n'a guère le temps d'aller visiter un marché. Il faut que le produit soit amené à sa porte. Aussi les grandes villes sont-elles abondamment fournies de boutiques consacrées à la vente des fleurs, boutiques qui, très souvent, débordent largement sur les trottoirs.

Les fleurs sont employées jusqu'à la profusion dans toutes les circonstances de la vie, et, dans les maisons élégantes, elles constituent un article important de la dépense. Il n'est pas rare qu'on donne 5 000 dollars (25 000 fr.) à un fleuriste pour entretenir toute l'année les

[1] Philippe de Vilmorin, Les Fleurs à Paris, notice d'économie, accompagnée du don par Henry L. de Vilmorin. Paris, 1892, art. Culture du Midi, p. 51.

[1] Ph.-L. de Vilmorin, loc. cit., p. 10.

Fig. 1040. — Narcisse à bouquets, tout blanc. Fig. 1041. — Narcisse à bouquets, tout blanc, à grandes fleurs.

décorations florales d'une seule maison. On m'a cité un ou deux abonnements de ce genre allant même à 10 000 dollars. »

LE PARFUM DES FLEURS

Au milieu des brillantes qualités par lesquelles les fleurs nous séduisent, le parfum qu'elles dégagent est peut-être l'une des plus importantes. Ce parfum est en effet quelque chose de si particulier, de si délicat, que nous ne rencontrons dans la nature rien de plus agréable. De plus, la mémoire des parfums est l'une des plus vives, elle permet de retrouver une matière odorante sentie une seule fois, elle nous rappelle alors toutes les circonstances qui ont accompagné notre première impression et tous ces souvenirs s'imagent de la vue des fleurs qui les ont provoqués ; nous nous trouvons plongés dans une sorte de rêverie heureuse et nous reportons aux fleurs tout le plaisir éprouvé.

C'est sous l'empire de cette impression profonde que les premiers hommes ont recherché les parfums des végétaux pour les offrir à la Divinité, dans les temples ; c'est aussi l'une des raisons pour lesquelles Moïse établit des prescriptions sévères contre ceux qui emploieraient à leur usage les parfums réservés pour le sanctuaire.

Toutes les fleurs n'ont pas cependant une odeur agréable. En général, celles qui sont visitées par les Abeilles possèdent un doux parfum, tandis que celles qui sont visitées par les Mouches ont une odeur très répugnante.

Cela pourrait se comprendre ainsi : les Mouches, ayant effectué leurs métamorphoses dans des matières en putréfaction, sont surtout attirées par les odeurs qui nous sont désagréables. On peut aussi remarquer que les fleurs qui attirent les Abeilles possèdent ordinairement de brillantes couleurs ; tandis que celles qui sont visitées par les Mouches ont, le plus souvent, une couleur sombre ou rouge foncé.

HISTOIRE DES PARFUMS

« Pline place l'origine de la parfumerie dans ces belles contrées de l'Orient, où les richesses végétales se trouvent réunies comme dans un pays privilégié qui, recevant le premier les rayons du soleil, semble en épuiser toutes les vertus vivifiantes ; son opinion est confirmée par les saintes Écritures (1). Les fréquentes allu-

(1) S. Piesse, *loc. cit.*, p. 2 et suivantes.

sions de la Bible aux parfums et aux aromates prouvent que, de très bonne heure, il s'en faisait une consommation considérable chez les peuples dont le sol produit l'Aloès, la Cannelle, le bois de Santal, le Camphre, la Muscade et le Girofle, l'Arbre à encens dont les Sabéens avaient le saint privilège de recueillir la gomme-résine, le *Balsamier* ou *Baumier*, le triste *Nyctenthès*, qui répand ses riches parfums au crépuscule, le *Nilica*, dans les fleurs duquel les Abeilles, dit-on, s'endorment au bruit de leur propre bourdonnement ; tous ces végétaux et une foule d'autres non moins odorants appartiennent à l'Orient, et pendant des siècles sont demeurés inconnus au reste du monde.

Dans l'Orient, on considère, de nos jours, comme une preuve d'amitié et un acte d'hospitalité, d'asperger les visiteurs d'essence de Rose, ou de les parfumer de bois d'Aloès à la fin de chaque visite. Dans un excellent ouvrage qui peint très bien la vie domestique des peuples de l'Orient, on trouve plusieurs passages relatifs à l'usage des parfums. Telle est l'*Histoire du frère cadet du barbier*, qui, se trouvant attiré dans le palais de la femme du grand vizir pour y devenir son jouet et lui servir d'amusement, se vit *peindre les sourcils comme une femme, raser la barbe et ensuite parfumer de bois d'Aloès et d'eau de Rose.*

Quoique l'Orient fournit aux Athéniens la gomme et les essences les plus estimées, ils grossirent considérablement la liste des plantes odoriférantes déjà en usage. Apollonius, disciple d'Hérophile, a écrit un traité sur les parfums. «La meilleure Iris, dit-il, vient d'Elis et de Cyzique ; la meilleure qualité d'essence de Rose se fait à Phasales, à Naples et à Capoue ; celle qu'on tire du Crocus est supérieure à Soli, en Cilicie et à Rhodes ; l'essence de Nard à Tanius, l'extrait de feuilles de Vigne à Chypre et à Adramyttium ; l'huile de Marjolaine, l'extrait de Pomme se tirent de Cos ; l'Égypte produit le Palmier qui donne l'essence de *Cyprinus* (1) ; la meilleure après vient de Chypre, de Phénicie et enfin de Sidon. Le parfum appelé *panathénaicum* (2), se fait à Athènes ; en Égypte on prépare supérieurement ceux qu'on nomme *métopien* et *mendésien* ; toutefois la qualité de chaque parfum est due aux substances et aux opérations plutôt qu'au pays lui-même. »

(1) Glaïeul.
(2) Sorte de parfum composé.

On parfumait toujours la salle dans laquelle un repas avait lieu, soit en brûlant de l'encens, soit en répandant sur les meubles des eaux de senteur, précaution peu nécessaire quand on considère la profusion avec laquelle les convives eux-mêmes se couvraient d'essences. Chaque partie du corps avait son parfum particulier : la Menthe était recommandée pour les bras, l'huile de Palmier pour les joues et la poitrine ; dans les sourcils, dans les cheveux, on mettait une pommade faite avec de la Marjolaine ; pour les genoux et le cou, on employait l'essence de Lierre terrestre ; cette dernière était réputée utile dans les orgies comme aussi l'essence de Rose ; le Coing fournissait une essence utile dans la léthargie et la dyspepsie ; le parfum des feuilles de Vigne entretenait la lucidité de l'esprit et celui des Violettes blanches était favorable à la digestion.

Les Romains, qui avaient conquis l'Égypte, l'Inde, l'Arabie, tiraient de ces contrées d'énormes quantités de parfums, auxquels ils ajoutèrent ceux que produisaient l'Italie et la Gaule.

Le Jonc odorant était leur parfum le plus commun, et réservé exclusivement aux courtisanes ; les plus estimés étaient les Roses de Pœstum, le Nard, le Mégalium, le Telinum, le Malabathrum, l'Opobalsamum, le Cinnamome, etc. Ils les employaient avec une folle profusion pour parfumer leurs bains, leurs chambres, leurs lits ; de même que les Grecs, ils en avaient pour les différentes parties du corps ; ils en mêlaient au vin.

Ils en répandaient sur la tête des convives ; quand ils avaient une représentation scénique, le velarium qui recouvrait l'amphithéâtre était imprégné d'eau de senteur, qu'il laissait échapper sous forme de pluie parfumée sur les acteurs et sur les spectateurs, et les aigles romaines elles-mêmes étaient parfumées des plus fines essences avant la bataille, cérémonie qui se renouvelait quand la victoire leur avait été favorable.

La recherche des parfums ne mourut pas avec l'ancienne Rome ; elle reparut en Italie, puis en France, en Angleterre, et grâce à Stow, nous connaissons l'époque précise à laquelle l'usage des parfums s'y introduisit.

«Les modistes ou merciers, dit-il, ne vendaient pas alors des gants brodés ou cousus en or ou en soie, ils ne savaient faire ni lotion ni essence de prix ; ce n'est que dans la quinzième année du règne d'Élisabeth que le très honorable Édouard de Vère, comte d'Oxford, à son retour d'Italie, en rapporta des gants, des sachets, un pourpoint de peau parfumée et diverses autres nouveautés. Cette même année, la reine eut une paire de gants parfumés, ornée seulement de quatre bouffettes ou roses en soie de couleur. Élisabeth était si heureuse de cette parure nouvelle, qu'elle se fit peindre avec la main gantée, et pendant longtemps on disait « le parfum du comte d'Oxford ».

En France, les parfums furent peu employés sous Henri IV, ils furent proscrits par Louis XIV, mais avec la Régence ils rentrèrent à la cour ; c'est à cette époque que fut inventée la poudre à la maréchale, et que Jean Liebault publia des travaux importants sur la parfumerie (1). On usait des poudres, des fards et des pommades : Ninon de Lenclos gardait sa beauté jusqu'à soixante ans, et Cagliostro vendait plus tard à la Dubarry une merveilleuse recette qui la conserva jeune et belle jusqu'aux limites de la vieillesse. Le maréchal de Richelieu vivait dans ses dernières années dans une atmosphère odorante que des soufflets lançaient dans ses appartements.

Avec Marie-Antoinette, le goût des parfums s'épura ; au lieu d'odeurs vives et fortes, on préféra la senteur de la Violette et de la Rose. On a de nos jours conservé les mêmes préférences.

L'empereur Napoléon Ier était très sensible à l'action des parfums ; il versait lui-même tous les matins de l'eau de Cologne sur sa tête et sur ses épaules ; l'impératrice Joséphine avait pour les fleurs et les parfums le goût d'une créole : elle avait apporté de la Martinique des cosmétiques dont elle n'abandonna jamais l'usage. C'est à cette époque que la consommation des parfums fut le plus considérable.

Aujourd'hui, le goût des parfums est très répandu ; des magasins immenses, des usines considérables, des cultures florissantes ont été créés, et, par la qualité de ses produits, par la finesse de ses préparations, la parfumerie française est la première du monde. »

Nature des parfums. — Les parfums des fleurs sont des produits volatils, d'une grande complexité de composition, et qui sont le plus souvent des mélanges de plusieurs parfums élémentaires dont la séparation est fort difficile. Ces produits, que l'on nomme des huiles essentielles, sont très altérables par la chaleur,

(1) Jean Liebault, *Quatre livres de secrets de médecine et de la Philosophie chimique*, Rouen, 1628.

par l'eau, par l'oxygène de l'air ; aussi leur étude est-elle semée de grandes difficultés, et constitue-t-elle une science toute récente.

Une complication nouvelle vient de la présence simultanée de plusieurs parfums dans une même plante ; ainsi l'Oranger en donne trois : des feuilles et des petits fruits on extrait le *petit grain*, des fleurs le *néroli* et de l'écorce une huile essentielle nommée *Portugal*. Or, parmi les principes qui dans ces huiles essentielles jouent un rôle prépondérant pour le parfum, les uns ont un rôle propre, les autres donnent par leur ensemble un bouquet agréable.

En suivant les indications que donne la recherche des principes prépondérants, nous fixerons une classification résumée des parfums.

Parfum.	*Huiles essentielles.*
Bergamote	
Lavande	
Aspic	
Cananga	Linalol.
Néroli	
Petit grain	
Ilang-Ilang	
Palmarosa	
Géranium	Géranol et rhodinol.
Rose	
Menthe poivrée	Menthol.
Iris	Irone.
Carvi	Carvone.
Fenouil	Fénone.
Thym	Thymol.
Girofle	Eugénol.
Estragon	
Anis	Estragol et anéthol.
Badiane	
Sassafras	Safrol.
Eucalyptus	Eucalyptol.

LES PLANTES A PARFUM

« La culture délicate et charmante des plantes à parfums, ainsi que la fabrication des parfums et des essences (1), a pris un grand développement depuis près d'un siècle dans le midi de la France (2).

Le siège principal de cette industrie lucrative est aujourd'hui dans la basse Provence, Grasse et ses environs, et dans le comté de Nice. Mais cette industrie est également pratiquée avec plus ou moins d'extension à Sommières, Nîmes, Nyons, Hyères et Seillans, dans la Rivière de Gênes, San Remo, Savone, Nervi, et dans l'arrondissement d'Alger. Aux environs

(1) Sauvaigo, *Cultures sur le littoral de la Méditerranée.*
(2) D'après le rapport de M. J. Laverrière sur le Concours régional de Toulon en 1892, l'industrie des plantes parfumées rapporterait annuellement à l'État plus de 30 millions pour ses seules exportations.

Fig. 1042. — Tubéreuse des jardins simple.

Fig. 1043. — *Jasminum grandiflorum.*

d'Alger, les campagnes de Blidah, de Boufarick, de Chéragas, ont été transformées en parterres productifs, où l'on voit des centaines d'hectares couverts de plantes odoriférantes; les plus estimées sont l'Oranger, le Bigaradier, le Jasmin, la Rose, la Cassie, la Tubéreuse (fig. 1042), la Violette, et surtout le Géranium rosat dont la riche moisson alimente plusieurs usines.

Dans toutes ces contrées, la cueillette des fleurs parfumées occupe les cultivateurs pendant les trois quarts de l'année environ; la période la plus active est celle des mois de mai et de juin, lors de la cueillette des fleurs d'Oranger et de Rosier. Voici les diverses époques de la récolte des fleurs pour les besoins de la parfumerie :

Février, mars, avril. — Récolte de la Violette, de la Jonquille.

La Violette commence généralement sa floraison dès le mois de décembre.

Mai, juin. — Récolte de la fleur d'Oranger, de la Rose, de l'Héliotrope, du Réséda, de la Mélisse, de la Marjolaine, de la Sauge officinale, du Thym, du Romarin.

Juillet, août. — Récolte de la Cassie, du Jasmin (fig. 1043), de la Tubéreuse, du Géranium rosat, de la Menthe, de la Mélisse (seconde coupe), du Basilic, de la Marjolaine, de la Lavande, de la Sauge officinale, de l'Hysope,

de l'Absinthe, du Serpolet, de l'Origan, du Fenouil.

Septembre, octobre. — Récolte de la Cassie (pleine floraison en septembre, dernière floraison en novembre), du Jasmin, de la Tubéreuse, du Géranium rosat, de la Menthe (seconde coupe), de l'Absinthe.

Les plantes qui poussent à l'état spontané, dans les champs, les collines pierreuses, les montagnes alpestres, et que l'on emploie dans la distillerie, doivent être rangées parmi les produits de moindre importance.

Ce sont la Lavande, l'Hysope, l'Absinthe, l'Origan, etc. Ces plantes sont distillées dans les usines, ou sur les lieux où elles se sont développées à l'aide d'ateliers ambulants ou alambics portatifs. La Lavande est l'espèce sauvage qui est distillée sur la plus grande échelle.

La première condition essentielle pour donner aux plantes indigènes une plus grande richesse de parfum est une altitude comprise entre 200 et 800 mètres, à une exposition chaude et sèche. Elles sont alors plus aromatiques que celles que l'on récolte dans les vallons et les terrains bas et humides.

Une autre condition importante pour la plus grande partie de ces végétaux alpestres, c'est que le sol doit être abondamment pourvu d'éléments calcaires.

Dans la culture appliquée à la parfumerie,

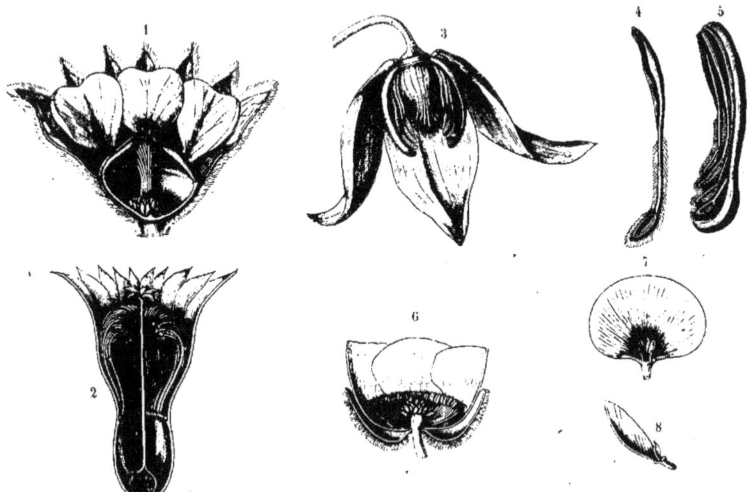

Fig. 1041. — *Nectaires.* — 1, fleur de Potentille (*Potentilla micrantha*), la partie antérieure de la fleur est enlevée; 2, fleur de *Mamillaria glochidiata*, id.; 3, fleur d'Atragène (*Atragene alpina*), id.; 4, étamine de la même fleur avec filet creusé en forme de gouttière; 5, quatre étamines de la même fleur superposées, creusées en gouttière, réunies ensemble par un pétale en forme de gouttière; 6, fleur de la Renoncule des glaciers (*Ranunculus glacialis*), partie antérieure coupée; 7, pétale isolé de cette fleur vu de haut; 8, le même pétale coupé en long et vu de profil.

on doit rejeter toutes les variétés de fantaisie ou celles qui ont été perfectionnées par l'art de l'horticulteur. Il convient de rechercher l'espèce type primordial à fleurs simples.

En général, les odeurs exhalées sont d'autant plus fortes que l'air est plus chaud. Le moment de la journée le plus propice pour apprécier les odeurs des fleurs est le soir après le coucher du soleil.

On extrait les parfums par la distillation, par la macération, par l'enfleurage (1) et par l'expression.

On distille les feuilles et les fleurs de l'Oranger, la Rose, les feuilles du Géranium rosat, les fleurs de la Lavande, du Thym, du Basilic, etc., les parties herbacées de la Menthe, de la Marjolaine, de la Mélisse, etc.

On retire par macération les parfums de la Rose, de la Cassie, de la Violette, du Réséda, de la fleur d'Oranger, de la Lavande, du Thym, du Romarin, etc.

On fixe les parfums du Jasmin et de la Tubéreuse par absorption ou par l'enfleurage; on extrait aussi le parfum du Jasmin à l'aide de *l'huile de ben.*

Enfin, par expression on obtient l'essence de l'Orange, du Citron, du Cédrat, de la Bergamote, etc.

Par un mélange habile fait avec l'huile essentielle de diverses fleurs additionnée de produits chimiques, on arrive à fabriquer de nombreuses variétés d'extraits, tels que *Patchouli, West-End, Jockey-Club*, etc.

LES NECTAIRES

Ayant étudié la couleur des fleurs, puis leur parfum, c'est-à-dire leur odeur, nous devons faire mention des matières sapides qu'elles contiennent et qui les font rechercher par grand nombre d'animaux. Les fleurs en effet ont une saveur différente de celle d'un bourgeon ordinaire, qui cependant est sucré, et le savent bien nos gourmets qui sont si friands de Violettes confites ou de beignets de fleurs d'Acacia.

(1) Sous le nom d'*enfleurage*, on désigne une opération qui consiste à mettre un lit de fleurs fraîches en contact avec de l'axonge. Celle-ci est coulée sur des verres à vitres fixés à de petits châssis qu'on empile. Tous les jours on renouvelle les fleurs pendant deux à trois semaines. Au bout de ce temps, l'axonge a fixé l'arome de ces fleurs fraîches et devient très parfumée. Voy. Piesse, *Chimie des Parfums, loc. cit.*

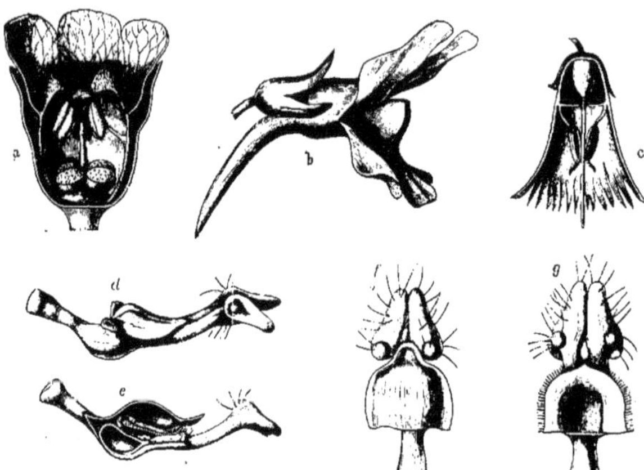

Fig. 1045. — Mise en sûreté du miel. — a, fleur de *Cynoglossum pictum*, la partie antérieure de la fleur est enlevée; b, fleur de *Linaria alpina*; c, fleur de *Soldanella alpina*, id.; d, un organe à miel de la *Nigella elata*; e, le même coupé en long; f, une feuille à miel de *Nigella sativa* vue de haut; g, la même : le toit qui cache la fosse à nectar a été enlevé.

La production de nectar n'est pas spéciale à la fleur et nous connaissons les sécrétions nectarifères qu'émettent les feuilles de certains arbres (1); mais les feuilles florales, plus que toutes les autres, accumulent en des nectaires des matières sucrées et sapides (fig. 1044).

Position des nectaires. — La place que les nectaires occupent dans la fleur est essentiellement variable, et on peut dire que toute pièce florale peut en être munie. On peut cependant ranger ces productions en les localisant, les unes sur le réceptacle de la fleur, les autres sur les pièces florales.

DISQUE. — Le réceptacle d'une fleur porte assez souvent, entre les insertions des pièces florales, des petites émergences contenant le nectar; leur ensemble constitue le disque nectarifère ou simplement disque. La place la plus fréquente du disque est entre les pétales et les sépales, et il forme alors un cercle continu ou discontinu, comme dans la Vigne, la Pervenche, le Réséda, les Labiées et les Papilionacées. Quelquefois le disque est plus central; ainsi, dans le Chou, deux tubercules nectarifères sont placés entre les sépales et les étamines, deux autres étant placés entre les étamines et l'ovaire.

Certains réceptacles, comme celui de la fleur de l'Anémone sylvie, laissent exsuder le nectar par toute leur surface, tandis que les réceptacles de Pavot, de Tulipe, de Blé, paraissent dépourvus de nectaires; mais il est facile de constater que ces réceptacles ont du nectar, et celui-ci est produit par toutes leurs cellules, sans qu'il y ait de sécrétion.

Ces données suffisent presque pour connaître le rôle du nectar, qui n'est pas, comme on le dit souvent, un simple appât pour les insectes, mais qui est une réserve plus ou moins abondante de matériaux nutritifs, principalement sucrés, que la fleur constitue près de ses pistils pour le développement de ses graines. Le nectar en effet disparaît du réceptacle et émigre vers l'ovaire aussitôt après la fécondation.

NECTAIRES FLORAUX. — De la fleur proprement dite, c'est-à-dire des pièces florales, dépendent des nectaires, et pour ceux-ci le rôle est plus difficile à désigner, quoiqu'il semble le même que celui que nous assignons au disque.

On trouve des nectaires sur les sépales dans le Trèfle, le Genêt, le Tilleul, et dans l'éperon de la Capucine; sur les pétales dans la Renoncule (fig. 1044, 6, 7, 8), l'Hellébore, et dans l'éperon de l'Aconit; sur les étamines dans la Violette; sur les carpelles dans les Solanées, dans la Pulmonaire et dans beaucoup d'autres fleurs. Nous verrons en outre que le liquide qui imprègne le stigmate est souvent fort comparable à du nectar, comme dans le Peuplier.

(1) Voy. *Miellée végétale*, p. 275.

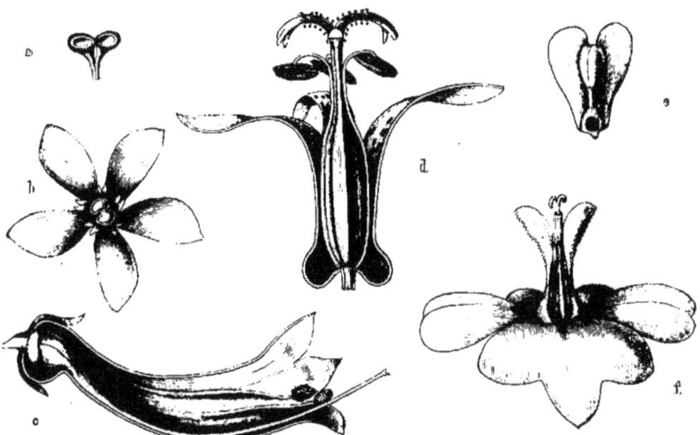

Fig. 1046. — Mise en sûreté du miel. — *a*, stigmate de *Gentiana Bavarica*, qu'enferme le tube de la corolle, isolé de la fleur; *b*, fleur de cette plante vue d'en haut; *c*, fleur de *Phygelius capensis* (partie antérieure coupée); *d*, fleur de *Tricyrtes pilosa*, id.; *e*, un des deux pétales internes d'Hypécoon (*Hypecoum grandiflorum*), vu par sa face interne voisine de l'ovaire; *f*, fleur d'*Hypecoum grandiflorum* où les deux pétales internes entourent l'ovaire.

Les figures 1045 et 1046 montrent les plus curieuses dispositions des nectaires; les pelotes nectarifères de Cynoglosse, l'éperon des Linaires, les poches à miel des Nigelles et des Hypecoons.

Rôle du nectar. — Différentes théories ont été émises autrefois pour déterminer le rôle du nectar. Patrick Blair pensait que le nectar, absorbant le pollen pour féconder l'ovaire, était un intermédiaire dans le phénomène intime de fécondation. Pontedera croyait qu'il constituait une réserve d'humidité pour l'ovaire. Linné se déclarait incompétent dans cette question. Certains botanistes considéraient le nectar comme un produit inutile que la plante rejetait pendant sa croissance; Kurr, sur cent quatre-vingts familles, n'a reconnu la présence d'organes nectarifères que dans quatre-vingt-quatre; et d'ailleurs, une foule de plantes auxquelles le même botaniste avait enlevé leurs nectaires n'en ont pas moins porté des semences fertiles.

Le nectar fut aussi considéré comme une sorte d'excrément formé par les matières surabondantes; ce liquide, dit Dunal, offre des différences selon les espèces de plantes qui le produisent, et il participe à leurs propriétés générales. De même Krünitz, ayant remarqué que les prairies fréquentées par un grand nombre d'insectes portaient des plantes très vigoureuses, en conclut que le séjour du nectar dans la fleur est nuisible et que les Abeilles ont pour rôle de l'enlever.

Kurr observa que la formation du nectar n'avait lieu qu'au moment de la maturité des étamines et du pistil, qu'il était le plus abondant au moment de la maturité des étamines, et qu'il disparaissait lorsque ces dernières se flétrissaient et que le développement du fruit commençait. Roth fut conduit aux mêmes conclusions par ses propres observations, tandis que Sprengel affirma que le rôle du nectar est d'attirer les insectes qui effectuent la fécondation croisée en transportant le pollen d'une fleur sur une fleur différente.

Les idées de ce botaniste rencontrèrent une vive opposition, et en 1833, Kurr les rejetait encore, prétendant que la sécrétion du nectar est le résultat d'un développement très rapide et ajoutant que ce surcroît de vigueur contribue au développement de l'ovaire.

La constatation faite précédemment de l'époque de la formation et de la disparition du nectar donne un grand poids à cette opinion. Les feuilles inférieures de la tige aident à la végétation des supérieures; ainsi il est bien naturel de croire que chaque verticille floral, surtout quand il est d'une consistance glanduleuse, participe au développement du verticille placé au-dessus de lui, et le quatrième verticille ou disque doit d'autant plus facilement contribuer à la nourriture du verticille voisin qu'il est généralement gorgé de substance alimentaire. Tel serait le rôle du disque et des nectaires, et il n'est pas défendu maintenant de penser que les Insectes attirés par le nectar rendent un immense service à la plante en se faisant inconsciemment les véhicules du pollen. Mais cette simple constatation n'a pas la portée que lui attribuent les naturalistes qui disent : les fleurs ont acquis le nectar pour attirer les Insectes utiles.

LES INSECTES ET LES FLEURS

Les rapports des Insectes et des fleurs sont bien difficiles à établir et les opinions des naturalistes sont partagées sur le point de savoir comment les fleurs attirent les Insectes, et aussi sur les avantages que les fleurs retirent des visites qui leur sont faites. Nous aurons l'occasion, dans un chapitre spécial, d'étudier le transport du pollen d'une fleur à une autre par l'intermédiaire des Insectes ; de suite établissons la manière dont l'Insecte profite des matières sucrées que la fleur a préparées pour elle.

Le plus souvent, la fleur est suffisamment large pour que certains Insectes puissent s'y introduire et aller puiser le nectar au fond de la corolle ; ainsi opèrent les Bourdons et les Abeilles dans les fleurs de la Digitale (fig. 1047) ; d'autres fois l'Insecte ne se pose même pas sur la fleur, comme on le voit sur la figure 853 pour les Anthophores (Insectes voisins des Bourdons), qui enfoncent leur longue trompe dans la fleur, tandis qu'ils se maintiennent fixes par un vol mesuré. Les papillons font de même pénétrer leur trompe dans les corolles, puis ils la ramènent en l'enroulant comme un ressort de montre. A ce point de vue très particulier, les fleurs offrent des dispositions bien variables (fig. 1048) dont les Insectes tirent parti au mieux de leurs intérêts.

Comment les fleurs attirent les Insectes. — Les fleurs sont désignées à l'attention des Insectes de plusieurs façons ; les unes développent des corolles de grandes dimensions et de couleurs très vives, frappant la vue de ceux dont la visite peut être de quelque utilité ; les autres exhalent de suaves odeurs dont la subtilité permet aux Insectes dont l'odorat est très délicat d'être prévenus de la présence de la fleur. Des observations d'une grande sagacité ont été faites pour essayer de démêler ce qui pourrait le mieux guider les Insectes, et des expé-

riences variant les conditions naturelles d'observation ont amené certains naturalistes à formuler des opinions, qui malheureusement sont souvent contradictoires. Pensant que ces diverses opinions contiennent une partie de la vérité, nous les mentionnerons en n'omet-

Fig. 1047. — Digitale pourprée, visitée par des Bourdons et des Abeilles.

tant pas de citer les principales expériences qui leur servent de base.

On sait que les Composées radiées (Pâquerette, Aster, Dahlia, etc...), possèdent dans leurs capitules des fleurs de deux sortes, les unes tubuleuses au centre, les autres ligulées à la périphérie ; ces dernières sont les plus apparentes et, d'après les idées de H. Müller, Delpino,

I. — 73

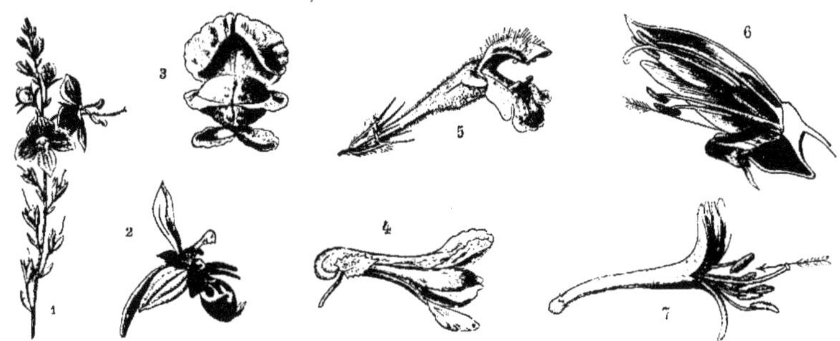

Fig. 1048. — Dispositions réalisées pour l'entrée des Insectes dans l'ouverture de la fleur. — 1, *Veronica chamædrys*; 2, *Ophrys cornuta*; 3, *Corydalis lutea*, fleur vue de face; 4, la même fleur vue de côté; 5, *Galeopsis grandiflora*; 6, fleur de *Melianthus major* vue de profil et dont on a enlevé les pétales antérieurs; 7, *Lonicera etrusca*.

Darwin, Lubbock, elles auraient été développées par la fleur dans le but de servir de signal aux Insectes; elles seraient un étendard avertisseur. Des expériences très ingénieuses de F. Plateau, faites récemment, ont montré que la forme et la couleur ne paraissent pas avoir de rôle attractif sur les Insectes, car ceux-ci butinent tout aussi bien des fleurs mutilées à la condition qu'elles soient nectarifères; l'odorat serait le meilleur guide des mellifères.

L'observation d'Insectes butinant des fleurs dont les corolles étaient tombées fut d'abord interprétée en disant, avec Errera et Gevaert, que les Insectes étaient d'abord attirés par les fleurs encore complètes, et que de là l'odeur du miel les guidait vers les fleurs fanées. Or, des expériences de Plateau, venant du reste à l'appui des observations de G. Bonnier, montrent que les Insectes continuent à visiter des fleurs isolées dans lesquelles on a enlevé tous les pétales ou dont on a masqué les parties colorées avec des feuilles vertes.

Pour ce qui est de l'influence des diverses couleurs, les avis sont encore partagés, comme on va s'en convaincre en lisant les lignes suivantes empruntées à sir John Lubbock, dont les expériences sur les Abeilles, les Guêpes et les Fourmis sont admirables :

« Les relations qui existent entre les fleurs et les Abeilles prouveront à bien des personnes que les Insectes savent distinguer les couleurs (1). Le fait n'avait été prouvé par aucune expérience vraiment concluante. C'est pourquoi j'ai tenté celles que j'indique plus loin. Lorsque je dé-

(1) Sir John Lubbock, *loc. cit.*, p. 13.

posais une Abeille sur du miel, l'Insecte le suçait tranquillement, retournait à la ruche, emmagasinait sa provision et revenait seule ou avec quelques compagnes. Chaque visite durait environ six minutes, de sorte qu'il y en avait à peu près dix par heure et une centaine environ par jour. Je dois ajouter qu'en pareil cas les habitudes des Guêpes sont les mêmes et qu'elles paraissent tout aussi industrieuses que les Abeilles.

« J'en ai fait l'expérience en habituant une Guêpe et une Abeille à venir sur du miel, et en notant les intervalles de temps qui se produisaient entre leurs visites pendant une journée entière. Sachant qu'elles viendraient de bonne heure, je me rendis dans mon cabinet de travail un peu après 4 heures du matin. La Guêpe était déjà à l'œuvre et elle n'interrompit pas sa besogne avant 7 h. 46 m. du soir. Elle avait donc travaillé sans interruption pendant seize heures, faisant au moins cent seize visites au miel. L'Abeille se mit au travail à 5 h. 45 m. et partit définitivement un peu avant la Guêpe.

« Je donne ici le compte rendu des visites effectuées par la Guêpe pendant la matinée.

« Comme je l'ai déjà dit, elle vint au miel pour la première fois :

A	4 h. 13 m.
Elle y revint à	4 h. 32 m.
—	4 h. 50 m.
—	5 h. 5 m.
—	5 h. 15 m.
—	5 h. 22 m.
—	5 h. 29 m.
—	5 h. 36 m.
—	5 h. 43 m.
—	5 h. 50 m.
—	5 h. 57 m.

« Elle y revint ainsi de huit à neuf fois par heure jusqu'à midi, heure à laquelle cessa l'observation.

« A chaque visite, elle suçait autant de miel qu'elle pouvait en emporter à son nid, et après l'y avoir déposé elle revenait immédiatement.

« Elle continua ses visites jusqu'au crépuscule. Cela se passait pendant l'automne, et il faut remarquer que pendant l'été les Guêpes font plus d'ouvrage et travaillent jusqu'à une heure du soir assez avancée.

« Pendant la belle saison, les Abeilles visitent souvent plus de vingt fleurs par minute ; et elles économisent si précieusement leur temps que si, dans une fleur possédant plusieurs nectaires, elles en trouvent un dépourvu de suc, elles ne s'amusent pas à visiter ceux qui restent sur la même plante (1). M. Darwin, ayant fixé son attention sur un certain nombre de fleurs, a vu que chacune d'elles était visitée au moins trente fois par jour par les Abeilles. Cela prouve que lorsqu'un grand nombre de fleurs se trouvent réunies, comme cela a lieu dans les champs de Trèfle et dans les terrains couverts de Bruyères, chacune d'elles est cependant visitée par les Insectes, dans le cours de la journée. M. Darwin a examiné soigneusement un grand nombre de fleurs placées dans de telles conditions, et il a vu qu'il n'y en avait pas une seule qui ne fût visitée par les Abeilles.

« Afin de montrer que les Abeilles sont capables de distinguer les couleurs, je plaçai du miel sur une lame de verre que je déposai sur du papier de couleur bleue. Lorsque l'Abeille eut fait plusieurs voyages, s'habituant ainsi à la couleur bleue, je mis une quantité supérieure de miel sur une lame de verre posée sur du papier de couleur orangée, à une distance d'environ 60 centimètres de la première lame. Pendant une absence de l'Abeille, je transposai les deux couleurs, laissant le miel à la place qu'il occupait déjà. L'Abeille retourna à l'endroit où elle avait l'habitude de venir chercher le miel ; mais, quoiqu'il y fût encore, elle ne s'y posa pas ; elle s'arrêta un moment, puis vint se poser directement sur celui qui était situé au-dessus du papier bleu. Quiconque aurait été présent à ce moment-là n'aurait pu douter un instant

de la faculté que possédait cette Abeille de distinguer la couleur bleue de la couleur orangée.

« Ayant de même habitué une Abeille à venir sur du miel déposé sur du papier bleu, je disposai à la suite les unes des autres, sur six feuilles de papier dont la première était jaune, la deuxième orangée, la troisième rouge, la quatrième verte, la cinquième noire et la sixième blanche, six lames de verre sur lesquelles j'avais mis du miel. Je transposai alors continuellement les feuilles de papier sans changer l'ordre des lames de verre. L'abeille venait toujours se poser sur la lame placée sur le papier bleu, quelle que fût la place de ce dernier. Les Abeilles semblent donc, comme nous-mêmes, préférer certaines couleurs, le bleu et le rose, par exemple, à toutes les autres. Au contraire, les Mouches sont surtout attirées par les fleurs dont la couleur rappelle celle de la chair ou par celles qui sont d'un jaune livide. D'ailleurs, tandis que les Abeilles sont attirées par des odeurs qui nous sont agréables, les Mouches préfèrent des odeurs qui souvent nous déplaisent, ce qui n'a rien d'étonnant si on tient compte des mœurs des larves de ces derniers Insectes. »

Les expériences de F. Plateau parlent dans un tout autre sens ; elles amènent leur auteur à conclure que les insectes sont complètement indifférents pour les couleurs diverses des variétés d'une même espèce de fleurs ou des espèces d'un même genre.

Mais alors, comment les fleurs attireraient-elles les Insectes ? Par l'odorat.

Une expérience due à Pérez le prouve assez bien. Les corolles des fleurs du *Pelargonium zonale* sont habituellement dédaignées par les Insectes. Or, déposons du miel dans quelques-unes de ces corolles et nous ne tarderons pas à voir les Insectes venir les visiter. A l'inverse, mettons en expérience des capitules de Dahlia, comme le fait Plateau ; enlevons les fleurons centraux nectarifères, remplaçons chaque petit disque absent par un disque semblable découpé dans une feuille de Cerisier et fixé à l'aide d'une fine épingle, et laissons venir les Insectes. Même par un beau temps, notre attente sera vaine. Maintenant, enduisons de miel, avec un pinceau, les disques ajoutés, ou bien, après les avoir retirés, enduisons de miel le réceptacle, et les insectes reviendront. Voilà qui paraît bien concluant.

Cependant, en présence d'observations toutes

(1) Il arrive aussi quelquefois que, par économie de temps, les Bourdons perforent les corolles, au lieu de chercher à écarter leurs parois. C'est ainsi qu'ils perforent, à leur base, les corolles des fleurs du Muflier. Les Abeilles profitent de ces ouvertures pour venir, à leur tour, sucer le nectar de ces fleurs. Dans ces cas-là il n'y a pas pollinisation.

bien faites, gardons-nous d'une affirmation téméraire, surtout quand l'auteur lui-même nous dit que le *Lobelia* est visité par de nombreux Insectes quand les fleurs sont garnies de leurs corolles et par un petit nombre quand ces corolles ont été enlevées. Aussi nous penserons que les Insectes sont attirés de loin par la vue des couleurs vives que possèdent les fleurs et qu'ils effectuent autour d'elles des vols d'exploration. Si la fleur est nectarifère ou bien dégage une odeur attractive, l'Insecte s'approche et butine; sinon, il s'éloigne et cherche une meilleure proie.

LES VERTUS CURATIVES DES FLEURS

Les fleurs, tout autant que les parties végétatives des plantes, peuvent contenir des principes actifs, capables d'exercer une action bienfaisante sur l'économie. On peut même penser que ces fleurs renfermeront des produits particuliers en relation avec la présence des nectaires et avec la formation de principes odorants dont elles sont le siège.

De temps immémorial les fleurs ont été employées, en infusion, en décoction, contre les affections bénignes, et il n'est personne qui ne connaisse ce qu'on nomme les *Quatre-fleurs* ou *Fleurs pectorales*, mélange des fleurs du Pied-de-chat (*Gnaphalium dioicum*), de la Guimauve (*Althœa officinalis*), du Coquelicot (*Papaver rhœas*) et du Tussilage (*Tussilago farfara*), le nom de cette dernière plante venant de l'emploi qu'on en fait ainsi contre la toux.

La médecine moderne, sans refuser les secours que lui offrent les simples, les a presque partout remplacés par des médicaments chimiques dont un assez grand nombre du reste sont retirés des plantes et des fleurs. Peut-être que la meilleure solution est entre les deux sortes de médication ; ce qui est certain, c'est qu'une bonne tisane de Tilleul ou de fleurs d'Oranger fait souvent beaucoup de bien et constitue une médecine presque agréable à prendre. Mais les tisanes ne sont pas des remèdes à tous les maux.

La Petite Centaurée même, dont les sommités fleuries contiennent un principe amer renommé dès les premiers âges de la médecine, n'est pas une panacée universelle, ainsi que nous l'apprend le bon La Fontaine. Racontant une tradition mythologique concernant l'origine de la Centaurée, fille du Centaure Chiron, habile

médecin, et d'une nymphe non moins savante que lui, le poète met en scène la Petite Centaurée, jeune fille initiée par ses parents à tous les secrets de la médecine, et très habile à guérir les maux de ses compagnes. Cependant la pauvrette fut prise à son tour d'un mal contre lequel restèrent sans effet les remèdes que lui avait enseignés son père.

Il ne s'en trouva point qui pût guérir son âme
Du ferment obstiné de l'amoureuse flamme :
Elle aimait un berger qui causa son trépas ;
Il la vit expirer et ne la plaignit pas.
Les dieux, pour le punir, en marbre le changèrent;
L'ingrat devint statue ; elle, fleur, et son sort
Fut d'être bienfaisante encore après sa mort ;
Son talent et son nom toujours lui demeurèrent.
Heureuse si quelque herbe eût sçu calmer ses feux
Car de forcer un cœur il est bien moins possible :
Hélas! aucun secret ne peut rendre sensible ;
Nul simple n'adoucit un objet rigoureux;
    Il n'est bois, ni fleur, ni racine,
    Qui dans les tourments amoureux
    Puisse servir de médecine.

LA PROTECTION DES FLEURS

Les fleurs, comme toutes les parties des végétaux, et plus encore que les parties végétatives, sont sujettes à recevoir la visite d'animaux qui, venant chercher pâture, sont nuisibles à ces fleurs et peuvent être considérés comme des ennemis. On a longuement disserté sur les adaptations que présentent certaines fleurs et certains animaux, des Insectes surtout, et nous aurons bientôt l'occasion d'examiner les curieux résultats observés par Ch. Darwin, tendant à établir cette adaptation comme une des grandes manifestations de l'harmonie des êtres dans la nature.

Sans nier cette adaptation dans quelques cas, on peut reconnaître qu'elle est loin d'être toujours réalisée, et une étude même rapide permet de se convaincre que les Insectes se conduisent le plus souvent comme des affamés, trouvant que tout leur est bon et qu'il n'est pas de mauvais moyen pour se procurer la provende.

Il paraît du reste en être ainsi pour beaucoup d'animaux dans leurs relations avec les plantes et les observations récentes de Hubbard (1) montrent, dans un cas particulier, que les animaux utilisent les plantes sans autre souci que leur bien-être ou leur commodité. Nous avons étudié la nature de l'urne des Sarracéniées et son rôle utile pour la plante qui a

(1) Hubbard (H.-G.), *Insectes bravant les dangers du Sarracenia variolaris*. Washington, 1895.

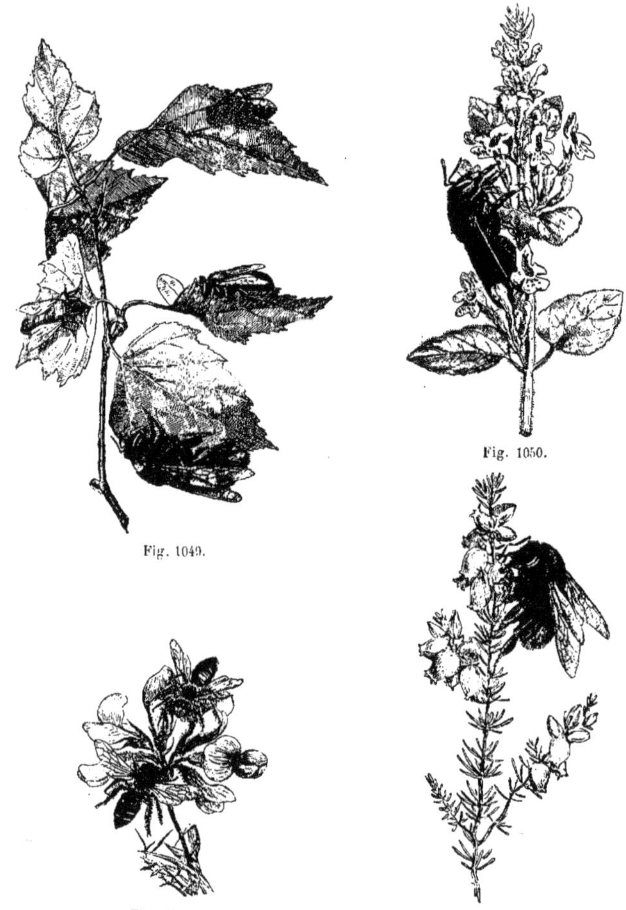

Fig. 1049.

Fig. 1050.

Fig. 1051.

Fig. 1052.

Fig. 1049. — Abeilles et Bourdons récoltant la miellée
sur les feuilles de Bouleau.
Fig. 1050. — Xylocope perçant des trous dans les
corolles du Calament.

Fig. 1051. — Fleurs de Lotus visitées par des Andrènes.
Fig. 1052. — Bourdon perçant des trous dans les corolles
de la Bruyère cendrée pour récolter le nectar.

Fig. 1049 à 1052. — Les ennemis des fleurs.

créé ce piège à Insectes ; or il se trouve que
quelques Articulés ont acquis un instinct qui
leur permet non seulement de braver le danger
que *Sarracenia variolaris* présente pour les
autres Insectes, mais encore d'utiliser à leur
profit sa disposition spéciale.

Le *Sphex philadelphica* choisit les urnes
du *Sarracenia* pour y élever sa progéniture, et
dans ce but il les prépare en établissant sur
le liquide qui en occupe le fond une sorte de
radeau formé de brins d'herbe et de fibres végétales. Une Lycose établit ses toiles et son nid

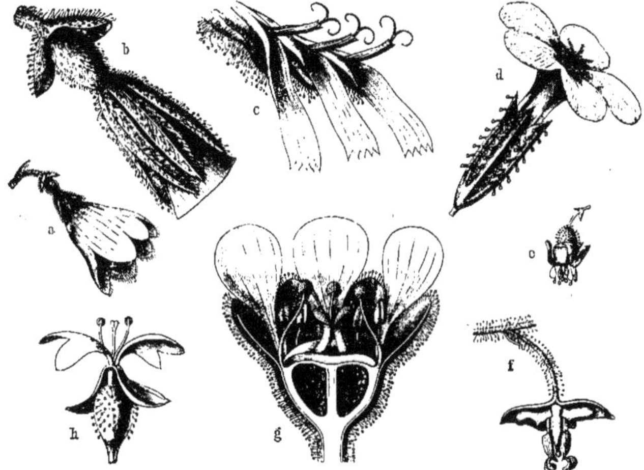

Fig. 1053. — Fleurs garnies de glandes visqueuses pour les protéger contre la visite des petits animaux qui ne peuvent les atteindre qu'en rampant. — *a*, fleur de *Linnæa borealis*; *b*, la même fleur grossie, sa corolle est coupée. On voit nettement les poils du pédoncule floral, du calice et des sépales; *c*, trois fleurons de la fleur composée de *Crepis paludosa*, avec les poils glanduleux que portent en dessous les bractées d'enveloppe de la fleur; *d*, fleur de *Plumbago europœa*; *e*, fleur de Groseillier (*Ribes grossularia*) dont l'ovaire est garni de poils glanduleux; *f*, fleur d'*Epimedium alpinum*; *g*, section d'une fleur de *Saxifraga controversa*; *h*, fleur de *Circœa alpina*. (La figure *e* est grandeur naturelle, les autres sont grossies de 2 à 10 fois.)

à leur intérieur à une très petite distance de l'eau. Et nous savons que *Sarcophaga sarracenia* a des larves qui se nourrissent des Insectes capturés par la plante, tandis que les chenilles de deux *Xanthoptera* prennent la précaution de vider les urnes en les perçant à à leur base.

Comme on le voit, les animaux agissent avec un sans-gêne inouï; et nous allons voir que les cas précités de détérioration des parties d'une plante ne sont pas les seuls.

Ce que ces animaux recherchent surtout est la matière sucrée contenue dans les nectaires de la base des feuilles, comme dans le Sureau; près des stipules comme dans les *Vicia* (fig. 443, p. 275); sur les feuilles, comme chez le Bouleau (fig. 1049); enfin dans la fleur.

Assez souvent, surtout quand la fleur présente une entrée facile, les Insectes se contentent de pénétrer dans la fleur par l'ouverture de la corolle; mais, si la fleur est trop compliquée, les Insectes ne se donnent pas tant de peine : ils percent des trous dans la corolle et puisent directement le liquide sucré; ainsi opère le Bourdon, armé de ses puissantes mandibules, avec les fleurs de la Silène, de la Bruyère (fig. 1052); et le Xylocope en fait autant vis-à-vis des fleurs du Calament (fig. 1050), les Andrènes sur les fleurs du Lotier (fig. 1051).

De plus, ces trous une fois percés, tous les autres Insectes mellifères, les Abeilles surtout, peuvent passer leur langue par cette ouverture qu'ils n'auraient pas pu percer, et puiser le nectar avec la moindre peine. Un même Insecte peut du reste visiter une fleur de plusieurs façons : une Abeille, par exemple, arrivant près d'une fleur pour la butiner, examine celle-ci avant de pénétrer dans sa cavité; si un trou est déjà percé dans la corolle, l'Abeille en profite, et si la fleur est difficile à visiter, l'Abeille déchire avec ses mandibules la corolle assez peu résistante pour céder à ses efforts. Les fleurs de *Vicia* sont visitées par les Bourdons, soit par écartement des pétales, soit par déchirure de la corolle sur le côté.

Certains Insectes s'attaquent non seulement aux nectaires, mais aux pièces florales, aux étamines, aux ovules, c'est-à-dire détruisent les parties essentielles de ces fleurs pour s'en nourrir. La fleur peut difficilement se défendre contre ces dangereux ennemis ; elle le fait cependant pour les petits animaux qui ne peuvent l'atteindre qu'en cheminant le long de son pétiole, ainsi qu'on le voit sur la figure 1053.

Pour les Fourmis, l'importance de ces poils est double, elle les empêche d'arriver jusqu'à la fleur, dont elles utiliseraient les parties succulentes, et elle rend possible la venue des Insectes qui transportent le pollen, mais qui fuiraient la fleur si les Fourmis s'y trouvaient. On sait en effet que si l'on touche une Fourmi avec une aiguille ou une soie d'animal, on est à peu près sûr de voir la Fourmi saisir cet objet entre ses mandibules. Par suite, si les Abeilles qui se posent sur une fleur couraient le risque d'être saisies par l'extrémité si délicate de leur trompe, elles ne visiteraient plus jamais cette fleur.

Les Fourmis sont très friandes de miel, elles recherchent leur nourriture avec une régularité telle que l'épuisement de la fleur en résulterait si celle-ci n'était pas défendue par divers moyens. Kerner a publié sur ce sujet un mémoire très intéressant dans lequel il signale trois sortes de dispositions ingénieuses empêchant les visites importunes des Insectes rampants dans les fleurs. Il a nommé ces dispositions des chevaux de frise, des surfaces glissantes et des barrières.

Les *chevaux de frise* forment une protection très efficace contre la venue des Insectes

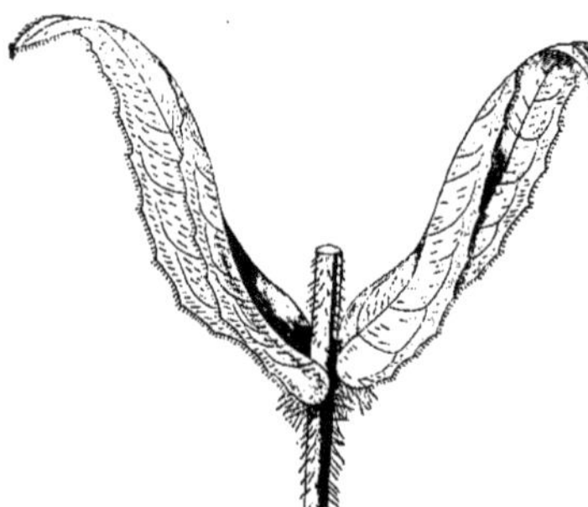

Fig. 1054. — Scabieuse des bois.

aptères et des Limaces. Ils consistent en poils dirigés de haut en bas, opposant par suite à la marche des petits animaux un obstacle insurmontable. Le *Knautia dipsacifolia* de la figure 1054, voisin de la Scabieuse com-

mune, est un bon exemple de cette disposition des poils. De même, les capitules du Bluet possèdent un involucre bordé de petits aiguillons recourbés, le reste du corps de la plante étant dépourvu de poils.

Pour empêcher les petits Insectes rampants d'atteindre la fleur, de petits poils glanduleux sécrétant un liquide visqueux se développent sur le pédoncule floral chez l'*Epimedium* (*f*) (fig. 1053), sur l'ovaire chez le Groseillier (*e*), sur les sépales chez *Linnæa* et *Saxifraga* (*b*, *g*), ou sur les bractées de l'inflorescence chez *Crepis* (*c*).

Kerner a examiné avec grand soin le cas intéressant que présente le *Polygonum amphibium*. Dans la fleur de cette plante, le stigmate dépasse la corolle d'un demi-centimètre environ, de sorte que les Fourmis ne pourraient le frôler en entrant dans la fleur et par suite ne rendraient aucun service à celle-ci. Or les pieds de *Polygonum* qui croissent en pleine terre ont une tige couverte de poils glanduleux protecteurs, tandis que les pieds qui vivent dans l'eau n'en présentent pas ; il semble donc établi dans ce cas que la plante est adaptée au milieu où elle végète.

Les *surfaces glissantes* se rencontrent dans les fleurs pendantes, de la même façon que les poils glanduleux se rencontrent dans les fleurs dressées ou disposées horizontalement. Les surfaces glissantes sont suffisamment désignées par leur nom, elles déterminent la chute de de tout Insecte aptère qui, arrivé au point d'inflexion du pédoncule floral tente de le suivre plus loin, dans sa partie descendante ; on trouve cette disposition dans le Cyclamen par exemple.

Dans ses rapports avec les plantes, l'Insecte ne cherche donc que sa propre utilité, il ne voit que la récolte de liquide sucré qui sera sa nourriture ou celle de sa progéniture. Mais souvent, il est l'artisan inconscient d'un phénomène très important pour la fleur, le transport du pollen sur le stigmate, comme on dit, la pollinisation.

Le Bourdon qui pénètre successivement dans les fleurs d'une inflorescence de Sauge (*Salvia glutinosa*) (fig. 1055) ne peut connaître la suite des actes qu'il détermine. En pénétrant dans une première fleur (1, à droite), il fait osciller les étamines, comme le montrent les coupes simplifiées 3, 4, 5, et par suite se trouve enduit de pollen sur le dos ; visitant une fleur plus avancée (2, à gauche), il frotte son dos contre le stigmate qui pend au-dessus de l'entrée de

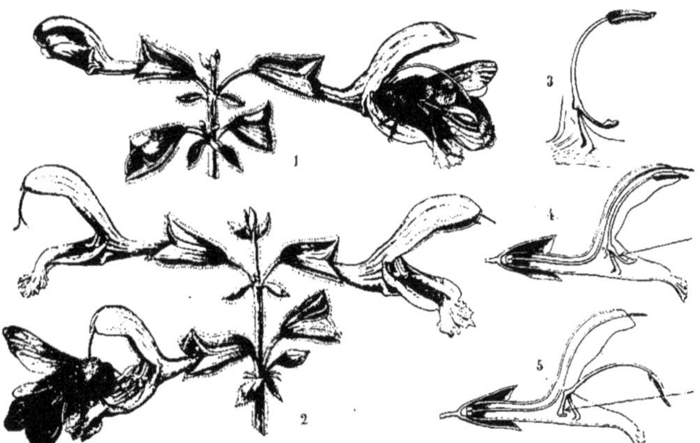

Fig. 1055. — Visite des fleurs de *Salvia glutinosa* par les Insectes. — 1, partie d'une inflorescence de *Salvia*; la fleur de droite, visitée par un Bourdon, a fléchi ses étamines et porté le pollen sur le dos de l'Insecte; 2, une autre partie de la même inflorescence; la fleur de droite est fraîchement ouverte, celle de gauche en haut est prête à la deuxième visite d'un Insecte; la fleur de gauche en bas reçoit cette visite d'un Bourdon qui apporte sur le stigmate abaissé le pollen d'une jeune fleur. Les croquis 3, 4 et 5 montrent la disposition qui assure le balancement de l'étamine lors de la visite d'un Insecte.

la fleur, et par suite permet au pollen dont il est chargé de se fixer à ce stigmate pour y germer. Cet exemple, choisi entre beaucoup d'autres, montre que les rapports des fleurs et des Insectes sont parfois très compliqués. Il sera intéressant de noter les principales dispositions assurant ces rapports au mieux des fleurs, ce que nous ferons dans un chapitre spécial.

INFLORESCENCES

L'observation même rapide de quelques fleurs montre que celles-ci sont rarement isolées sur la plante comme le sont les Violettes, mais qu'au contraire ces fleurs sont groupées en plus ou moins grand nombre sur un rameau commun et constituent des inflorescences, ainsi que le montrent les figures 1056 à 1058.

Dans ces groupements floraux, la place des fleurs, qui seule nous intéresse au premier abord, est marquée par la naissance des pédoncules sur l'axe commun; quant à l'état comparé des fleurs sur une même inflorescence, il est possible de le déterminer en détachant les fleurs, ce qui amène presque toujours à cette constatation que les fleurs de la base sont les premières formées, les plus avancées, souvent les plus volumineuses; celles du sommet étant plus récentes, moins développées et plus petites.

Une autre remarque est la relation très étroite qui lie les groupements de fleurs et les groupements de fruits, ce qui permet de déterminer ceux-là par ceux-ci; nous en profiterons pour fixer les exemples des principales dispositions, car qui connaît une grappe de raisin connaît l'inflorescence de la Vigne (fig. 1059) et l'étude des fruits est plus facile que l'étude des fleurs, à cause de l'augmentation des dimensions.

INFLORESCENCE TERMINALE OU AXILLAIRE. — Le pédicelle principal d'une inflorescence présente à sa base une feuille végétative, et ses ramifications présentent simplement des bractées; si ce pédicelle principal est constitué par la partie terminale de la tige ou d'une branche, on dit l'inflorescence terminale; si ce pédicelle provient du développement d'un bourgeon né à l'aisselle d'une feuille, on dit l'inflorescence axillaire. Cette qualité des inflorescences peut être rencontrée aussi bien dans les fleurs isolées.

Inflorescences solitaires. — Quand le pédicelle floral ne porte qu'une seule fleur, on dit que l'inflorescence est uniflore, ou solitaire. Les exemples de cette disposition ne sont pas très nombreux; la Tulipe, le Narcisse montrent

Fig. 1057.   Fig. 1056.   Fig. 1058.

Fig. 1056. — Inflorescence en chatons; à gauche,
deux chatons mâles; à droite, un chaton femelle.

Fig. 1057. — Fleur mâle isolée.
Fig. 1058. — Fleur femelle isolée.

Fig. 1056 à 1058. — Charme (*Carpinus betulus*).

des fleurs isolées terminales; la Violette, la Capucine montrent des fleurs isolées axillaires.

Les diverses inflorescences solitaires que

Fig. 1059. — *Vitis vinifera*. Inflorescence.

peut posséder une même plante sont séparées les unes des autres par des feuilles normales, comme dans l'*Anagallis*, mais il peut aussi se produire un raccourcissement des entre-nœuds et une diminution de grandeur des feuilles qui nous préparent à la connaissance des inflorescences groupées.

Un exemple de cette disposition, représenté par le *Lopezia* (fig. 1060), montre ce que cer-

Fig. 1060. — Grappe feuillée du *Lopezia racemosa*.

tains auteurs ont nommé inflorescence feuillée.

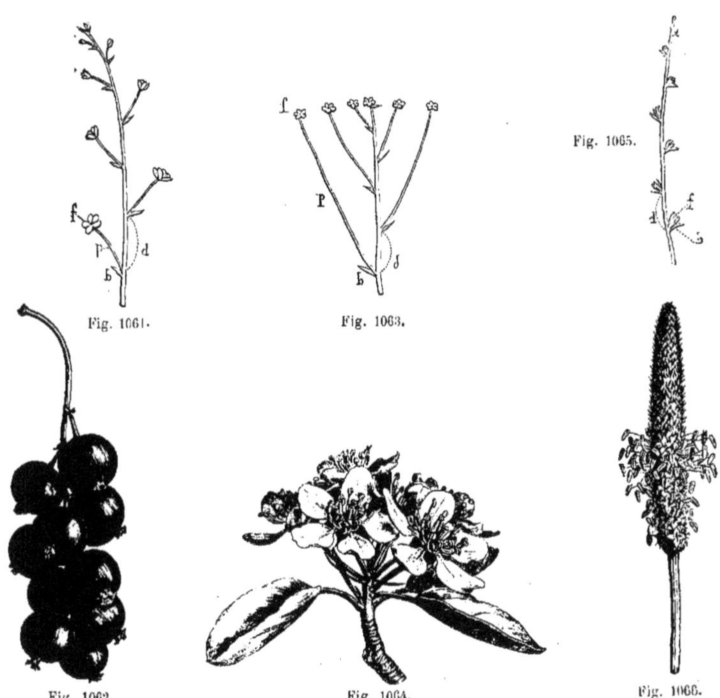

Fig. 1061.

Fig. 1063.

Fig. 1065.

Fig. 1062.

Fig. 1064.

Fig. 1066.

Fig. 1061. — Grappe simple. — *f*, fleur; *b*, bractée; *p*, longueur d'un pédoncule; *d*, distance entre deux pédoncules.
Fig. 1062. — Exemple de la grappe simple (Groseillier).
Fig. 1063. — Corymbe simple. — *f*, fleur; *p*, pédoncule; *d*, distance entre deux pédoncules; *b*, bractée.
Fig. 1064. — Corymbe simple (Poirier).
Fig. 1065. — Épi simple. — *f*, fleur; *b*, bractée; *d*, distance entre deux fleurs.
Fig. 1066. — Épi simple (Plantain).

Inflorescences groupées. — Quand les feuilles qui séparent diverses fleurs prennent un caractère spécial, que l'on résume en les nommant des bractées, et quand le groupe des fleurs donne à la portion florifère de la plante une manière d'être particulière, on dit qu'il y a formation d'une inflorescence groupée.

On reconnaît ces inflorescences aux caractères suivants : les bractées qu'elles contiennent sont plus petites, plus simples que les feuilles normales; le mode de division de l'axe principal de l'inflorescence, du rachis, est particulier, différent du mode de ramification des branches de la plante; enfin, ce rachis ou axe de premier ordre peut porter des axes de deuxième ordre, ceux-ci de troisième ordre, et ainsi de suite jusqu'à chaque fleur, l'ensemble réalisant une subdivision plus riche que celles que présente l'appareil végétatif.

INFLORESCENCES SIMPLES ET INFLORESCENCES COMPOSÉES. — Quand les pédoncules floraux sont directement insérés sur le rachis, l'inflorescence est simple; quand il y a des axes de divers ordres, l'inflorescence est composée. La connaissance des premières dispositions est la plus importante, l'énumération des cas compliqués suffisant pour les faire connaître.

Division des inflorescences. — L'étude des inflorescences présente de grandes difficultés dès que les fleurs sont très rapprochées; aussi les auteurs diffèrent quant à l'appréciation de la valeur des caractères que l'on peut tirer de l'observation directe. Les uns se fondent sur l'importance relative de l'axe principal et des

Fig. 1067. — Deux chatons mâles du Noisetier d'Amérique (*Corylus Americana*).

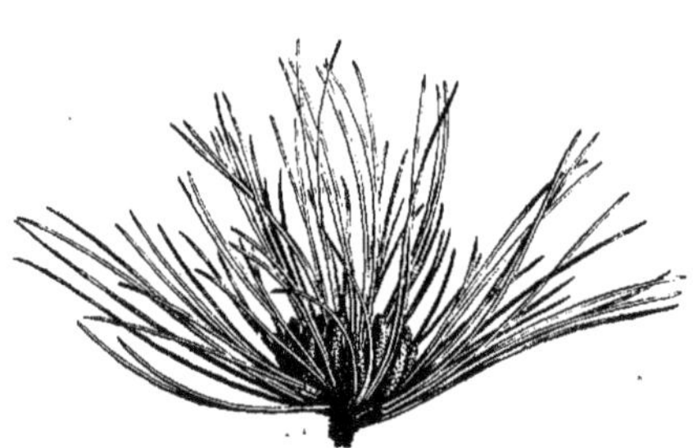

Fig. 1068. — Extrémité d'une branche feuillée et fleurie du *Pinus Laricio*.

axes de divers ordres pour établir leur classification, les autres considèrent la terminaison des divers axes ; c'est à ce caractère que nous accorderons la priorité en faisant remarquer que les conclusions auxquelles on est amené dans les deux cas sont presque toujours concordantes, et que les désaccords sont relatifs à des exemples douteux.

Inflorescences définies et inflorescences indéfinies. — La fleur est une sorte de bourgeon d'une nature particulière, placé à l'extrémité ou sur le côté d'un rameau ; et ce bourgeon présente ceci de remarquable, c'est que sa présence à l'extrémité d'un rameau en arrête le développement, sauf dans le cas très rare des fleurs prolifères. Il semble donc important de rechercher le mode de terminaison de l'axe d'une inflorescence.

Si l'axe n'est pas terminé par une fleur, son développement est continu ; des fleurs se développent au fur et à mesure près de son extrémité, jusqu'à épuisement ; l'inflorescence ainsi formée est dite *indéterminée* ou *indéfinie*. Si l'axe est terminé par une fleur, sa croissance est de suite limitée, et les fleurs nouvelles ne peuvent naître que latéralement ; l'inflorescence ainsi formée est dite *déterminée* ou *définie*.

La division des inflorescences que nous adoptons a été introduite dans la science par Rœper, puis adoptée et vulgarisée par de Candolle. L'application en est facile dans la plupart des cas, mais elle rencontre parfois de sérieuses difficultés. En effet, la présence ou l'absence d'une fleur à l'extrémité de l'axe primaire n'est pas un caractère invariable ; sur

la même plante, cet axe peut être dépourvu de fleur terminale quand son développement est vigoureux ; il peut en être pourvu dans le cas contraire. Ces deux cas s'observent dans le *Campanula ranunculoides*, le *Dictamus albus*.

INFLORESCENCES INDÉFINIES

Le type de ces inflorescences est la grappe, forme à laquelle on peut ramener les autres par des modifications de détail.

Grappe. — Une grappe est un groupe de fleurs situées sur un axe commun, en des points différents, d'autant plus rapprochés que les fleurs sont plus voisines du sommet de l'inflorescence ; les pédoncules de ces fleurs sont plus longs vers la base, ils supportent les premières fleurs formées, les plus développées (fig. 1061 et 1062). L'ensemble donne une figure que l'on peut inscrire dans un cône ou dans une pyramide.

Corymbe. — Quand les pédoncules des fleurs d'une grappe ont des longueurs telles que les fleurs soient portées au même niveau, on a un corymbe (fig. 1063). Le Poirier (*Pirus communis*) en offre un exemple (fig. 1064). Cette inflorescence comprend ordinairement peu de fleurs.

Épi. — Les fleurs d'une grappe étant sessiles, l'inflorescence est un épi (fig. 1065 et 1066). La limite entre grappe et épi est difficile à fixer, car les pédoncules floraux sont quelquefois très courts sans être nuls.

Chaton. — Un épi de fleurs unisexuées est dit un chaton ; ainsi est l'inflorescence de nos arbres forestiers, des Amentacées (de *amentum*, chaton) et des Conifères. Dans un chaton,

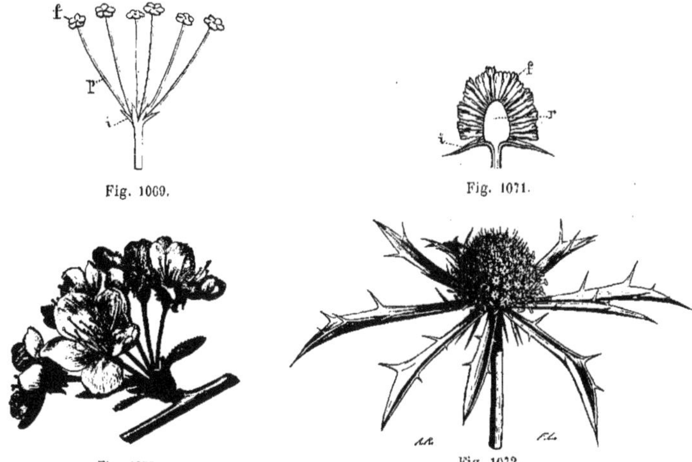

Fig. 1069.

Fig. 1071.

Fig. 1070.

Fig. 1072.

Fig. 1069. — Ombelle simple. — *f*, fleur ; *p*, pédoncule ;
i, involucre.
Fig. 1070. — Ombelle simple (Cerisier).
Fig. 1071. — Capitule coupé en long. — *i*, involucre

formé par les bractées ; *f*, fleurs ; *r*, réceptacle commun formé par l'axe de l'inflorescence.
Fig. 1072. — Capitule (Panicaut).

les fleurs ont des écailles à la place de périanthe ;
toute l'inflorescence, quand elle est mâle, tombe
ordinairement après la floraison et le départ
du pollen, par suite de la présence d'une
articulation à la base (fig. 1067). Les chatons
des Conifères sont plus raccourcis (fig. 1068)
ou même ils sont globuleux.

Spadice. — Dans le spadice, dont l'*Arum*
est un excellent exemple, un axe commun porte
les fleurs généralement unisexuées, tantôt nues,
tantôt pourvues d'un périanthe et non seulement sessiles, mais plus ou moins enfoncées
dans sa substance. Le plus souvent, les fleurs
femelles sont au bas, les fleurs mâles plus
haut, et des fleurs incomplètes réduites à des
staminodes sont au-dessus. Toute l'inflorescence
est entourée par un grand cornet nommé
spathe, qui n'est autre chose qu'une immense
bractée.

Dans les Palmiers, chaque spadice est uni-
sexué ; il est rameux et ses subdivisions portent de petites spathes ; chez certains de ces
arbres, l'inflorescence acquiert des proportions
gigantesques ; on l'appelle vulgairement *régime*.

Ombelle. — L'ombelle peut être considérée comme un corymbe dans lequel les divers
pédoncules naissent au même point, les fleurs

étant toujours portées au même niveau, ce qui
les réunit en un plan ou en une surface sphérique ; ici, les pédoncules sont égaux (fig. 1069).
On peut encore considérer qu'une ombelle est
un corymbe dont l'axe est nul, ce qui détermine
le départ commun des pédoncules nommés
encore rayons.

L'ombelle peut se réduire beaucoup par la
diminution du nombre des rayons et arriver
par là à une grande simplicité. Ainsi, tandis
qu'une ombelle de Lierre possède souvent
plus de six fleurs, les ombelles des Cerisiers
(fig. 1070) en ont souvent moins ; chaque ombelle sort d'un bourgeon à fleurs. L'ombelle
du Prunier est encore plus réduite, et n'a
généralement que deux fleurs. Enfin, dans le
Pêcher, dont les fleurs sortent isolément de
chaque bourgeon, il semble s'être opéré une
réduction extrême, qui n'a laissé qu'une fleur
par ombelle.

Capitule. — Nous avons observé la réduction du rachis dans l'ombelle ; nous allons
maintenant noter une réduction consécutive
des pédoncules dans le capitule. Une ombelle
dont les pédoncules sont courts possède
toutes ses fleurs, alors sessiles, sur l'extrémité
de la tige ; il se forme une tête, ce qui a fait

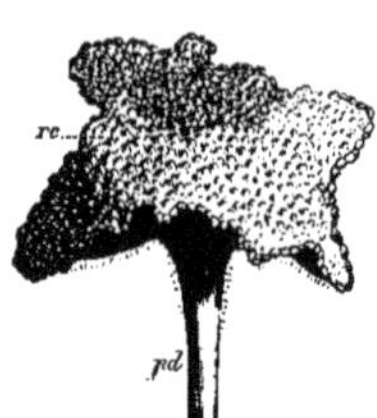

Fig. 1073.

Fig. 1074.

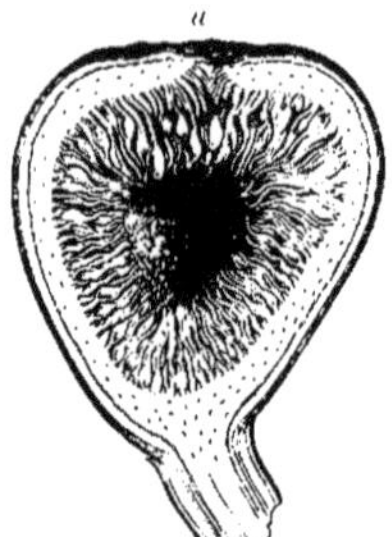

Fig. 1075.

Fig. 1073. — Inflorescence du *Dorstenia Contrayerva* L. — *pd*, son pédoncule ; *rc*, réceptacle en coupe largement évasée, à bords ondulés (1/1).

Fig. 1074. — Une figue jeune, entière (environ 1/1).

Fig. 1075. — La même figue coupée longitudinalement pour montrer les fleurs qui en tapissent l'intérieur, ainsi que l'ouverture terminale ou œil *a*, garnie de nombreuses bractéoles (environ 2/1).

donner le nom de capitule à cette inflorescence (fig. 1071). Dans cette disposition, les fleurs qui entrent dans la composition du capitule ne sont pas toutes semblables ; les unes, celles de la périphérie, sont ordinairement plus développées et forment une couronne brillamment colorée. De plus, les bractées de l'inflorescence forment un ample involucre (fig. 1072) qui fait croire à une fleur unique ; aussi, dans beaucoup de cas, donne-t-on à l'inflorescence entière le nom de fleur composée.

Dans les capitules des Composées, le réceptacle, support commun des fleurs, offre une grande diversité d'état et de dimensions. Il est tantôt convexe ou même relevé en cône, tantôt plan ou concave. Il s'élargit en raison du nombre des fleurs qu'il doit porter, et il devient ainsi parfois très large, comme chez l'*Helianthus annuus*. Sa surface porte souvent des paillettes, qui ne sont que des bractées, et dont chacune a une fleurette à son aisselle ; ailleurs il est nu, mais il présente des fossettes qui reçoivent chacune la base d'une fleur ; ou même le pourtour de ces fossettes s'allonge en filaments nombreux, sortes de poils interposés aux fleurs.

Le réceptacle de l'*Helianthus* et d'autres Composées, étendu en une large surface chargée de fleurs, peut faire comprendre des formations analogues étrangères à cette famille et dont la série a son terme extrême dans les Figuiers.

Le premier degré de cette série est fourni par le genre *Dorstenia* (fig. 1073) (Morées). Ici un large réceptacle charnu, légèrement relevé sur ses bords, a sa surface supérieure creusée de fossettes où s'enchâssent par leur base de petites fleurs, les unes mâles, les autres femelles entremêlées. Un réceptacle analogue, mais beaucoup plus concave, ressemblant à une petite poire creuse et largement ouverte par le haut, en outre tapissé de fleurs sur toute sa surface interne, se montre dans les *Ambora* Juss. (*Mithridatea* Commers.), arbres de Madagascar et de l'île de France (Monimiacées). Enfin le réceptacle, se creusant encore plus et rapprochant ses bords au point de ne laisser qu'une fort petite ouverture terminale, devient cette formation singulière qui caractérise les Figuiers (*Ficus*) et qui, dans le Figuier commun (*F. Carica* L.), constitue la *figue*. On croit généralement qu'il y a absence de fleurs dans le Figuier ; mais qu'on ouvre une figue jeune comme celle que représente la figure 1074, et on verra (fig. 1075) que ses parois épaisses, mais alors assez fermes, circonscrivent une cavité pourvue d'une ouverture terminale *a*, vulgairement appelée l'*œil* de la figue, que garnissent de petites écailles ou bractéoles. Tout le pourtour de cette cavité est tapissé de petits corps étroits et allongés, constituant autant de fleurs femelles, avec quelques mâles situées sous la voûte. On voit aussi sur les deux figures 1074, 1075, que l'extrémité du rameau que surmonte la figue porte un verticille d'autres petites écailles. Il n'est pas difficile de reconnaître dans les parois de la figue un réceptacle analogue à celui des *Ambora* et des *Dorstenia*, mais plus fermé que celui des premiers, surtout que celui des derniers.

Fig. 1076. — Cyme entière du Sureau commun
(*Sambucus nigra*) (1/4).

Fig. 1077. — *Viburnum prunifolium*.

INFLORESCENCES DÉFINIES

Le type de ces inflorescences est la *cyme*.

Une fleur terminant l'axe de l'inflorescence, son développement est arrêté, et au-dessous de la fleur première se développent des pédoncules portant des fleurs secondaires ; s'il y a un de ces pédoncules, on dit la cyme unipare ; s'il y en a deux, trois ou plus, on la dit bipare, tripare ou multipare.

Les cymes sont fréquentes, même plus qu'on l'avait pensé tout d'abord, mais leur reconnaissance est quelquefois difficile par suite de la multiplicité et surtout du rapprochement de leurs ramifications. Ainsi, dans le Sureau, que représente la figure 1076, l'inflorescence a l'aspect d'une ombelle, et cependant on peut remarquer que le pédoncule central est un axe continuant l'axe primaire, que les pédoncules droit et gauche naissent plus bas que les pédoncules antérieur et postérieur, ce qui définit une cyme bipare. Il en est de même dans la Viorne de la figure 1077.

Cyme unipare. — La cyme unipare (fig. 1078) est une inflorescence dont l'axe ma, après s'être terminé par une fleur t_1, produit latéralement au-dessus de la bractée a une branche ab qui se ramifie elle-même comme l'axe. Cette branche se termine aussi par une fleur t_2 et donne au-dessus d'une bractée b une branche bc, qui se termine par une fleur t_3 et

ainsi de suite. On a ainsi l'apparence d'une fausse grappe dont l'axe $a\,b\,c\,d$ ne serait pas droit ; mais si les bractées sont bien visibles, on distinguera toujours la cyme unipare de la grappe, car la bractée a par exemple est opposée à la fleur t_1, tandis que si l'on avait affaire à une vraie grappe, le pédoncule de la fleur t_1 serait juste au-dessus de la bractée a.

La cyme unipare que nous avons décrite est une sorte de grappe unilatérale dans laquelle la formation des fleurs marche de la base au sommet, et qui se contourne en volute ; elle est dite cyme unipare *scorpioïde*. Ses caractères essentiels sont : que son rachis n'est pas un axe unique, mais le résultat de la superposition d'un grand nombre de petits axes nés les uns des autres ; et que les fleurs sont placées sur ce rachis du côté opposé à celui qu'occupent tout autant de bractées qui peuvent du reste manquer, comme c'est le cas de la figure 1079.

Une autre disposition de la cyme unipare, réalisée chez des Monocotylédones : *Hemerocallis*, *Phormium*, *Ornithogalum*, est nommée cyme *hélicoïde*. Comme dans la précédente, le rachis est formé de la superposition d'un grand nombre de petits axes et chaque fleur est opposée à une bractée ; mais les pédoncules floraux successifs ne s'attachent plus tous d'un même côté de l'axe, il n'y a plus de contournement en volute ; les pédoncules s'attachent tantôt d'un côté de l'axe, tantôt de

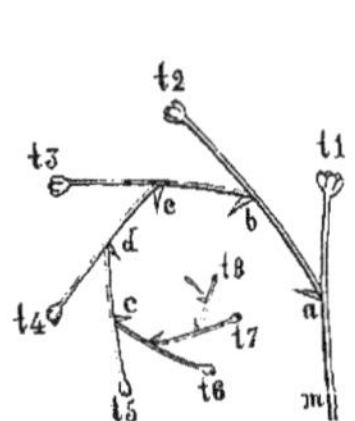  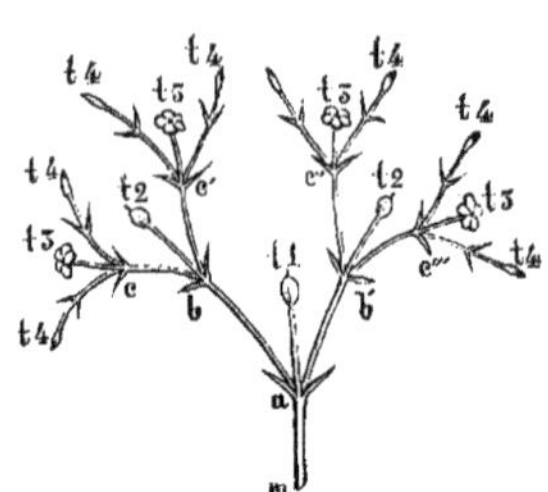

Fig. 1078. — Cyme unipare. Fig. 1079. — Cyme scorpioïde du *Symphytum asperrimum* (2/3). Fig. 1080. — Cyme bipare.

l'autre, et la forme générale de l'inflorescence rappelle bien plus celle d'une grappe. Dans le cas le plus général, les fleurs successives affectent autour de l'axe commun une disposition spiralée qui a fait donner à cette cyme le nom d'hélicoïde.

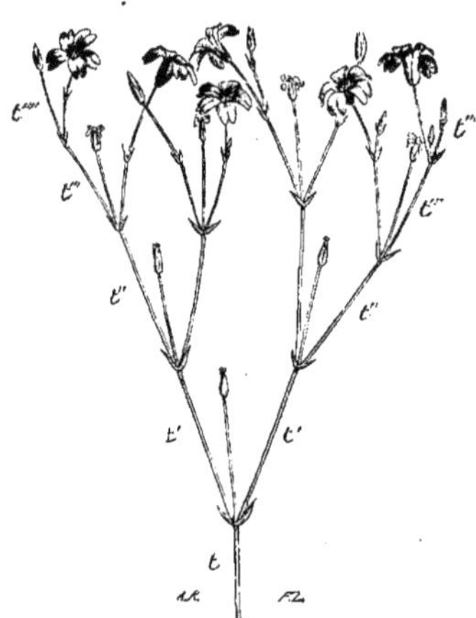

Fig. 1081. — Inflorescence déterminée ou définie du *Cerastium collinum*. — *t*, axe primaire; *t'*, deux axes secondaires; *t''*, quatre axes tertiaires; *t'''*, huit axes quaternaires; *t''''*, axes quinaires.

Cyme bipare. — La cyme bipare est ainsi formée (fig. 1080) : un axe *ma* se termine par une fleur *t*, et donne deux branches *ab*, *ab'* nées à l'aisselle de deux bractées *a*. Ces deux branches se comportent comme l'axe dont elles sont issues; chacune se termine par une fleur *t₂*, produit deux bractées *b*, *b'*, donne

naissance à des branches de troisième ordre, et ainsi de suite. L'inflorescence constituée, il y a une fleur de premier ordre, deux de deuxième ordre, quatre de troisième ordre, huit de quatrième ordre, etc. (fig. 1081).

INFLORESCENCES COMPOSÉES

Tous les exemples déjà cités sont relatifs à des inflorescences simples, c'est-à-dire à des groupements de fleurs dont les pédoncules sont nés d'un même axe. Dans un grand nombre de végétaux les fleurs sont groupées en inflorescences composées qui se laissent diviser en parties identiques à des inflorescences simples. Ainsi, une grappe de raisin est formée de grappillons, chaque grappillon étant une grappe simple, analogue à la grappe de groseilles définie plus haut. On nommera cette inflorescence une *grappe composée* ou une grappe de grappes, pour rappeler la nature des parties de l'inflorescence et le mode de réunion de ces parties.

Dissocions un épi de blé, nous le diviserons en parties analogues à des épis, que nous nommerons *épillets*. Ces épillets, à petit nombre de fleurs, sont disposés sur un axe commun ou rachis, soit selon le mode grappe, et formant une *panicule*, soit selon le mode épi, et formant un épi d'épis, c'est-à-dire un *épi composé*. La figure 1082 donne un exemple de panicule dans laquelle les épillets forment une grappe simple; la figure 1083 est encore une panicule, mais dont les épillets sont groupés en grappe composée; la figure 1084 est un exemple d'épi composé.

Le *corymbe composé* est assez rare, cependant un groupe de végétaux nommé par Jussieu

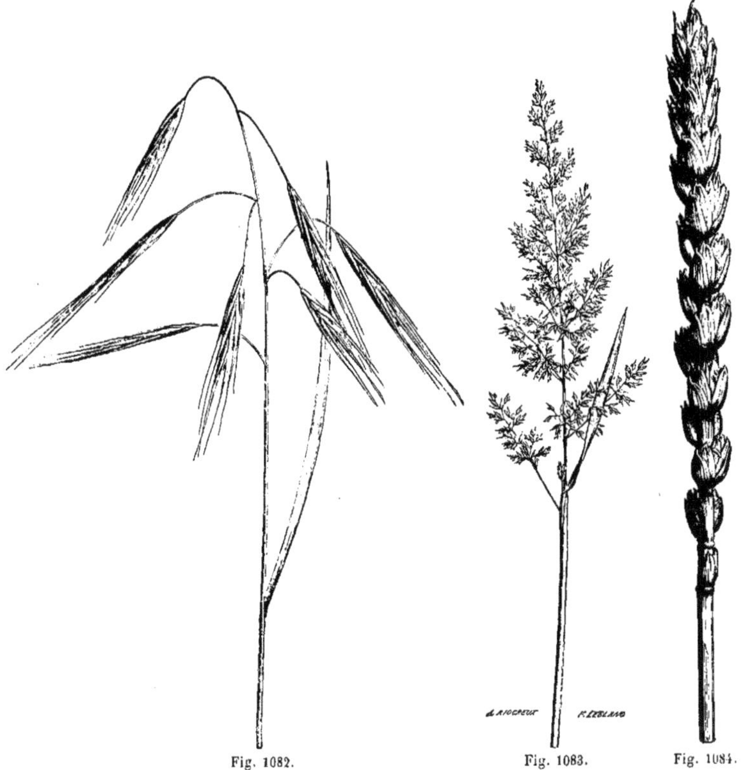

Fig. 1082.

Fig. 1083.

Fig. 1084.

Fig. 1082. — Inflorescence du *Bromus sterilis*.
Fig. 1083. — Inflorescence de l'*Agrostis alba*.

Fig. 1084. — Épi composé du Froment cultivé
(*Triticum sativum*).

Corymbifères (1) en présente quelques exemples. Ainsi, dans l'*Achillea*, on voit des rameaux subdivisés en ramules que termine, non pas une fleur, mais une petite inflorescence ou capitule comme en présentent les fleurs dites composées.

L'*ombelle composée* est beaucoup plus fréquente ; elle se rencontre souvent chez les plantes Ombellifères, Panais, Carotte, Persil, Anis. La figure 1085 montre cette inflorescence avec ses rayons disposés en ombelle sur l'axe primaire, et ramifiés à leur tour suivant le type ombelle. On a une ombelle d'ombellules.

(1) Les Corymbifères forment l'une des subdivisions des Composées.

Inflorescences mixtes. — Si les types des inflorescences indéfinies et définies se montrent souvent isolés dans la nature, plus souvent encore on les voit se combiner entre eux de façons diverses et à différents degrés, formant alors ce que de Candolle nommait des *inflorescences mixtes*. Ce botaniste rangeait toutes ces combinaisons sous deux chefs seulement : 1° celles dans lesquelles un rachis indéterminé porte sur ses côtés des inflorescences déterminées ; il leur réservait le nom de *thyrse*, dont il a été fait des applications différentes ; 2° celles dont l'axe déterminé porte des inflorescences indéterminées, auxquelles il appliquait le nom de *corymbe* dont on fait aujourd'hui un emploi différent.

Guillard a montré que les combinaisons de ce genre sont très variées dans la nature. D'après ses observations, les deux types fon-

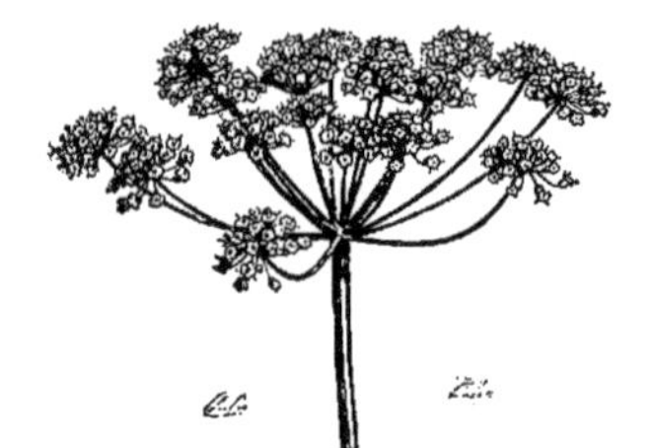

Fig. 1085. — Ombelle entière du Fenouil (*Fœniculum officinale*), sans involucre ni involucelles (1/2).

damentaux peuvent non seulement se combiner l'un avec l'autre, mais encore se répéter l'un l'autre, de sorte, par exemple, que plusieurs grappes se groupent en un ensemble offrant le type d'une grappe (*Di-botrye* Guill.) ou que des cymes se disposent en une cyme générale

Fig. 1086. — Inflorescence mixte ombelliforme du Jonc fleuri ou *Butomus umbellatus* L. (environ 1/2).

(*Di-cyme* Guill.). D'un autre côté, des cymes peuvent se grouper en forme de grappe (*Cymo-botrye* Guill.), ou des grappes en cyme (*Botry-cyme* Guill.); enfin ces groupements peuvent devenir très complexes, d'où ce botaniste a proposé, pour les désigner, une nomenclature spéciale dont la complication croît à mesure que les inflorescences gagnent en complexité.

Il importe de faire observer que souvent

la vraie nature des groupes de fleurs qui se réunissent pour former une inflorescence mixte est très difficile à déterminer sans le secours de l'observation organogénique. Ainsi, pour en citer un exemple, Linné et tous les botanistes descripteurs après lui ont regardé comme une ombelle simple l'inflorescence du *Butomus* (fig. 1086), qui a été appelé de là *Umbellatus*. Cependant l'ordre d'après lequel les fleurs qui la composent se développent et s'épanouissent comme par groupes distincts indique déjà une différence avec une vraie ombelle, et cette indication a été confirmée par l'examen de sa formation première, qui a fait reconnaître en elle un groupement ombelliforme de plusieurs petites cymes hélicoïdes.

MÉTAMORPHOSES FLORALES

La simplicité apparente des végétaux a conduit les botanistes à la recherche de l'homologie de leurs diverses parties et, dans cette étude, les indications fournies par l'examen des monstruosités (fig. 1087) a joué un très grand rôle. Que l'on observe, fût-ce une seule fois, une étamine ressemblant à un pétale de la même fleur, et on sera amené à penser que ces deux organes sont moins différents que l'indique leur forme diverse. Si une explication de cette anomalie constatée est énoncée, elle contient l'idée d'une origine commune des deux organes floraux, elle ne peut contenir aucune idée qui ne se rapporte à celle-là.

Or, l'observation de nombreuses fleurs prouve surabondamment que toutes les formes intermédiaires entre les sépales, les pétales, les étamines et les carpelles des pistils existent. Si donc nous interprétons ces coïncidences, nous sommes obligés d'admettre que les pièces florales dérivent de la transformation d'un même organe prototype selon quatre modèles différents. Une nouvelle question se pose : quel est cet organe modifiable ?

Si de la fleur, de son calice, nous passons aux bractées qui avoisinent le pédoncule floral, nous pouvons surprendre là encore une analogie de forme souvent très grande, et des bractées aux feuilles végétatives, il n'y a qu'un pas facile à franchir. Ainsi, la feuille d'une plante serait l'unité, l'organite, dont les modifications sont nommées pièces florales. Cette théorie, qui montre les fleurs comme résultant des métamorphoses qu'auraient subies des feuilles spéciales, est nommée théorie de la

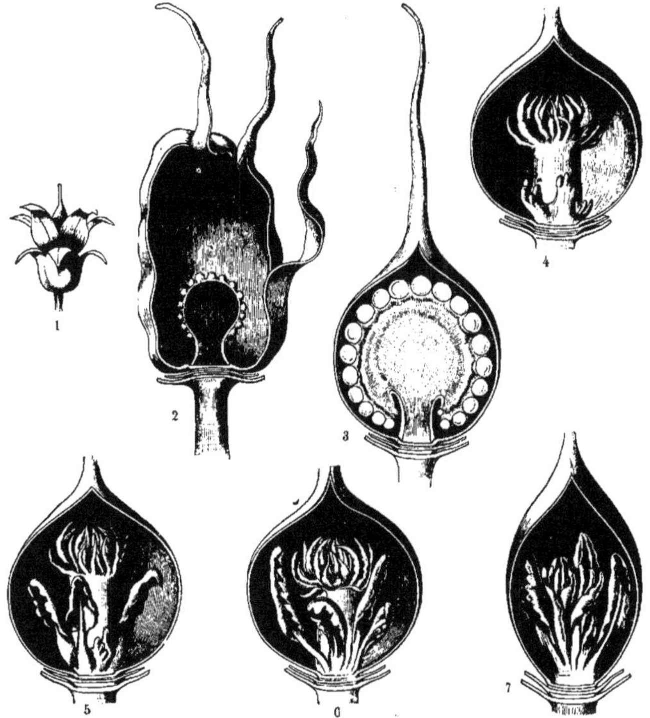

Fig. 1087. — Carpelles stériles et fertiles. — 1. Une fleur flétrie de *Primula japonica* isolée. — 2-7. Coupe longitudinale de l'ovaire d'une fleur flétrie de *Primula japonica* : Les Carpelles inférieurs forment l'enveloppe de l'ovaire et manquent d'ovules. — Les Carpelles supérieurs montrent toutes les transitions entre le support qui se continue avec la fin de l'axe et porte les ovules, et les bractées flétries et séparées dont les crénelures marginales sont dépourvues d'ovules. — 1 (gr. natur.). — 2-7 (gr. 6).

métamorphose; elle est due en grande partie aux méditations du grand naturaliste Gœthe, et elle est aujourd'hui acceptée de tous les biologistes.

Historique. — « Les premiers essais de comparaison des organes et de recherche de leurs analogies sont dus à Joachim Jung, dont l'*Isagoge phytoscopica* parut à Hambourg, en 1678 (1); mais cet ouvrage, certainement en avance sur son époque, n'influa guère sur les idées des botanistes, et passa même à peu près inaperçu. Au milieu du siècle dernier, Linné fit quelques pas dans cette voie, mais

sans améliorer l'état de la question; il en arrêta même les progrès en essayant d'introduire dans la science la théorie bizarre de l'anticipation, d'après laquelle une fleur résulterait de la réunion de productions originairement destinées, dans le bourgeon, à se développer pendant plusieurs années successives et pour lesquelles une sortie anticipée ferait, de celles qui étaient destinées à la deuxième année les bractées, de celles de la troisième année le calice, de celles de la quatrième année la corolle, de celles de la cinquième année les étamines, de celles de la sixième année le pistil. Ces idées étaient tout aussi peu fondées que celles qu'il y joignait en

(1) Ducharme, *loc. cit.*, p. 569.

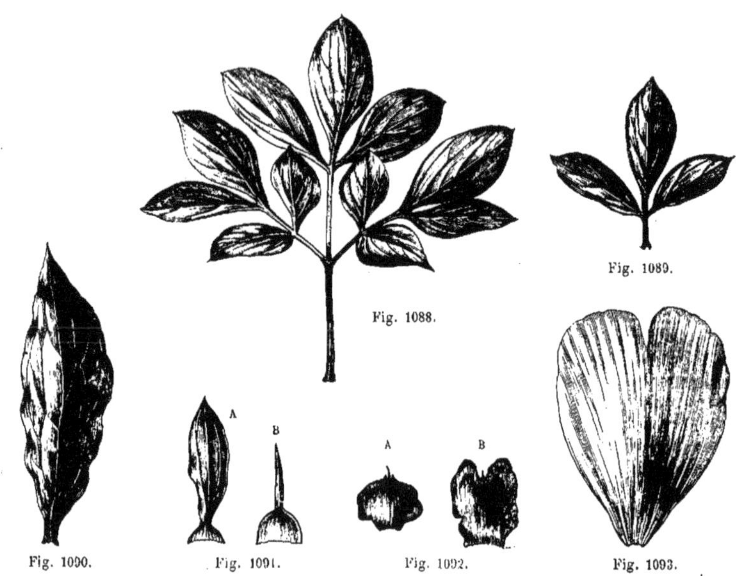

Fig. 1088.

Fig. 1089.

Fig. 1090.

Fig. 1091.

Fig. 1092.

Fig. 1093.

Fig. 1088. — Feuille placée un peu haut sur la tige; elle est beaucoup plus petite et possède beaucoup moins de segments que les inférieures.

Fig. 1089. — Feuille voisine de la fleur; trois segments simples; base à peine élargie.

Fig. 1090. — Feuille très voisine de la fleur; elle est indivise; sa base est un peu élargie.

Fig. 1091. — A, état intermédiaire entre la feuille que représente la figure 1089 et celle, B, où le limbe ne forme plus qu'une étroite languette terminale.

Fig. 1092. — Deux sépales dont l'un, A, est presque tronqué supérieurement, tandis que l'autre, B, plus intérieur, est profondément échancré; limbe réduit à un très petit filet.

Fig. 1093. — Un de ses pétales normaux.

Fig. 1088 à 1093. — Pivoine à fleurs blanches (*Pæonia albiflora*) (1/1).

attribuant la formation des bractées et du calice à l'écorce, des pétales au liber, des étamines au bois et du pistil à la moelle.

« Gasp.-Fréd. Wolff exposa presque en même temps des principes beaucoup plus sains, lorsqu'il enseigna que tous les organes portés par l'axe des végétaux sont de la même nature, quelle que soit leur forme; mais il y mêla quelques erreurs, notamment quant à l'origine des étamines. Enfin le poète allemand Gœthe publia, en 1790, ses idées sur la métamorphose, qui furent d'abord accueillies très froidement, mais qui plus tard obtinrent, au contraire, l'assentiment des botanistes, à tel point que, depuis au moins quarante années, elles sont professées partout. Aussi attribue-t-on toujours à Gœthe la théorie de la métamorphose. Ce grand poète naturaliste distinguait : 1° une métamorphose *régulière* ou *ascendante*, qui fait passer un organe à un état plus élevé dans la série, comme quand les feuilles passent à l'état des différents organes floraux; 2° une métamorphose *irrégulière* ou *descendante*, par laquelle un organe descend d'un ou plusieurs degrés dans la série, comme lorsqu'une étamine dégénère en pétale ; 3° une métamorphose *accidentelle* qui ne donne lieu qu'à des déformations accidentelles. Il disait aussi, mais cette idée n'est pas justifiée, que, dans la série des formes revêtues par les organes foliaires, ceux-ci subissent alternativement une contraction et une expansion : ainsi la feuille subirait une contraction pour former les cotylédons, une expansion pour constituer une feuille ordinaire, une contraction nouvelle pour devenir sépale, une seconde expansion pour prendre l'état de pétale, encore une contraction pour être une étamine, et une dernière expansion pour former le pistil.

Passage des feuilles aux pièces du périanthe. — « Entre une feuille normale, avec sa couleur verte, ainsi que sa texture en général assez ferme, et un pétale de Rose, de Pivoine, etc., avec ses vives couleurs et son tissu délicat, on ne voit d'abord qu'une complète dissemblance ; cependant, chez certaines plantes, la transition s'opère de l'une à l'autre par des modifications graduelles qui établissent une chaîne continue entre cès deux extrêmes. En voici un exemple dans la Pivoine à fleurs blanches (*Pæonia albiflora*).

« Les feuilles de cette plante sont divisées de manière à paraître composées au second ou même au troisième degré, tandis que ses fleurs offrent de grands pétales, d'abord rosés, puis blancs, simplement échancrés. Ces deux états extrêmes sont reliés l'un à l'autre par la série suivante d'intermédiaires.

« Les feuilles inférieures acquièrent seules la grandeur et la multiplicité de divisions qui caractérisent l'état normal de cet organe. Plus haut sur la tige, elles sont moins riches en segments, telles que celle que représente la figure 1088. Plus près de la fleur, elles sont petites et n'offrent que trois segments indivis, comme sur la figure 1089. Plus haut encore, et touchant presque à ce qu'on regarde comme le calice, elles n'ont plus (fig. 1090) qu'un limbe indivis, nettement nervé ; mais déjà leur portion basilaire ou vaginale tend à s'amplifier. Cette tendance s'est accusée davantage dans la petite feuille A (fig. 1091), très voisine des premiers sépales. En effet, le limbe de cette feuille est encore bien caractérisé, fortement nervé, mais en même temps sa portion inférieure ou vaginale, sans nervures apparentes, est déjà très prononcée. Elle le devient encore plus dans la petite feuille B (fig. 1091), dont le limbe n'est plus qu'une languette étroite. Le décroissement de ce dernier continuant en raison de l'accroissement de la partie vaginale, les sépales passent successivement par les formes A et B (fig. 1092), qui n'ont plus comme dernier vestige du limbe qu'un filet terminal de plus en plus petit, au sommet d'une expansion due à la portion vaginale de la feuille, et dont la dernière s'est même creusée à son sommet d'une profonde échancrure, tout en prenant de plus fortes proportions et en devenant sensiblement pétaloïde. Que manque-t-il à ce dernier sépale pour former un vrai pétale pareil à celui que représente la figure 1093 ? Un agrandissement qui

donnera au tissu encore plus de délicatesse, et la disparition du filet qui était le dernier vestige du limbe de la feuille.

« Il est donc démontré, par cette série de formes, que les feuilles de la Pivoine à fleurs blanches se modifient graduellement pour former les sépales et les pétales de cette plante, et que c'est leur portion vaginale, rudimentaire

Fig. 1094. — Fleur entière du *Magnolia grandiflora* L. représentée à un tiers environ de sa grandeur naturelle. — *e*, masse des étamines ; *p*, masse des pistils.

ou nulle dans les feuilles caulinaires, qui grandit à mesure que le limbe diminue pour former les folioles des deux enveloppes florales. Cependant, si les Pivoines révèlent ainsi la nature du calice et de la corolle, peut-être laissent-elles encore un léger hiatus entre

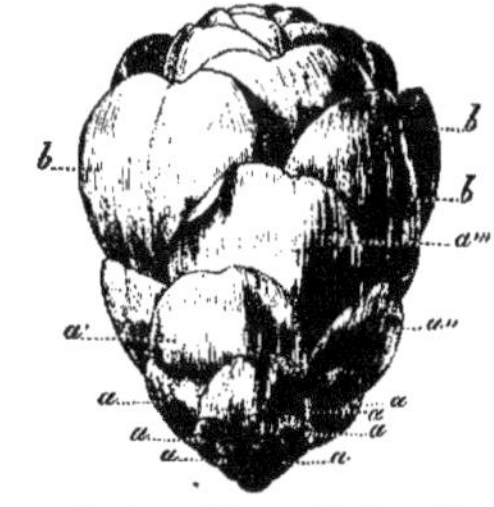

Fig. 1095. — Bouton entr'ouvert du *Camellia japonica* L. var. *Chandleri elegans*, montrant le passage graduel des sépales aux pétales (Voy. dans le texte la signification des lettres) (1/1).

leurs sépales et leurs pétales, ceux-ci se montrant tout à coup plus grands, plus colorés et plus délicats que ceux-là ; mais dans le *Magnolia grandiflora* L. (fig. 1094), le calice comprend trois folioles externes qui diffèrent si peu des internes regardées comme pétales, qu'on le qualifie de *corolliforme*.

« La distinction devient très difficile dans le

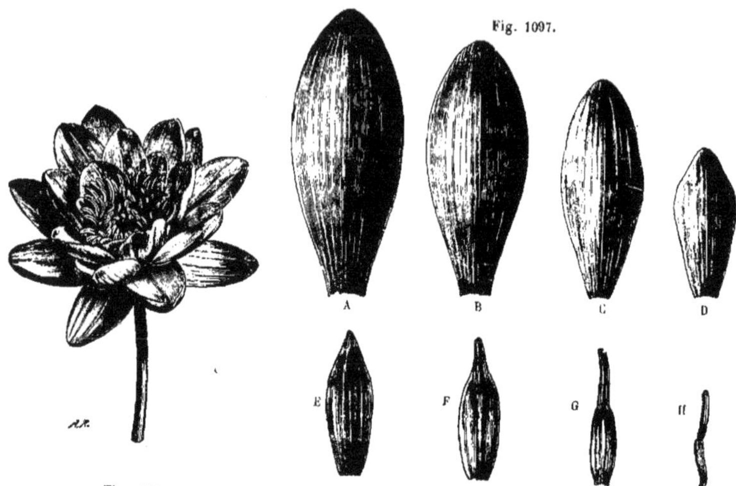

Fig. 1097.

Fig. 1096.

Fig. 1098.

Fig. 1096. — Fleur entière représentée à 1/2 de grandeur.

Fig. 1097. — Quatre pétales A, B, C, D, diminuant de grandeur et modifiant légèrement leur contour, selon qu'ils appartiennent à un rang plus interne, dans le sens des lettres.

Fig. 1098. — Série des formes par lesquelles passent les pétales E, F, G, dès l'instant où ils portent une anthère, pour arriver à l'état de l'étamine normale H (1/1).

Fig. 1096 à 1098. — Nénuphar blanc (*Nymphæa alba* L.).

Camellia japonica L., particulièrement à fleurs doubles, dont les sépales et pétales forment une spire continue, dans laquelle on ne voit pas où cesse le calice ni où commence la corolle. Par exemple, dans le bouton entr'ouvert d'une variété à fleur rouge que montre la figure 1095, les folioles extérieures *a, a, a,* vont en grandissant peu à peu de l'extérieur vers l'intérieur, en restant vertes et gardant la texture avec la consistance de sépales; *a'*, déjà plus grand, pâlit sur ses côtés et prend même à son bord une légère teinte rougeâtre ; *a''* est presque entièrement rosé avec le milieu verdâtre; *a'''* est beaucoup plus pétale que sépale par son tissu, sa grandeur et sa coloration rouge qui ne manque que sur sa portion médiane restée blanchâtre ; enfin ce dernier vestige de la nature calicinale a disparu sur les folioles plus intérieures *b, b, b,* vrais pétales bien caractérisés.

« En somme, on voit que ce sont des feuilles modifiées qui deviennent les sépales du calice et les pétales de la corolle.

Passage des feuilles aux étamines et aux carpelles. — 1° ÉTAMINES. — « Rien ne semble différer plus complètement d'une feuille qu'une étamine ; cependant l'analogie de nature de l'une et l'autre peut être mise en évidence. Ainsi la fleur du Nénuphar blanc (*Nymphæa alba*) (fig. 1096) présente, en dedans d'un calice de quatre grands sépales, verts à l'extérieur, une corolle d'environ dix-huit pétales, et de nombreuses étamines sur plusieurs rangs, autour d'un pistil. Les pétales de la fleur diminuent de grandeur de l'extérieur vers l'intérieur, comme on le voit en A, B, C, D, sur la figure 1097. Arrivés à peu près à l'état que montre D (fig. 1097), ils commencent à porter à leur sommet, et adhérant à leur face interne, un petit corps formé en général de deux moitiés adjacentes et symétriques, plus rarement impair ou non symétrique, dans lequel il est facile de reconnaître une petite anthère. Dans cet état (E, fig. 1098), c'est ce qu'on pourrait appeler un pétale-étamine, c'est-à-dire une formation principalement pétaline et tendant à devenir staminale ; mais un peu plus vers le centre de la fleur, la portion pétaloïde perd du

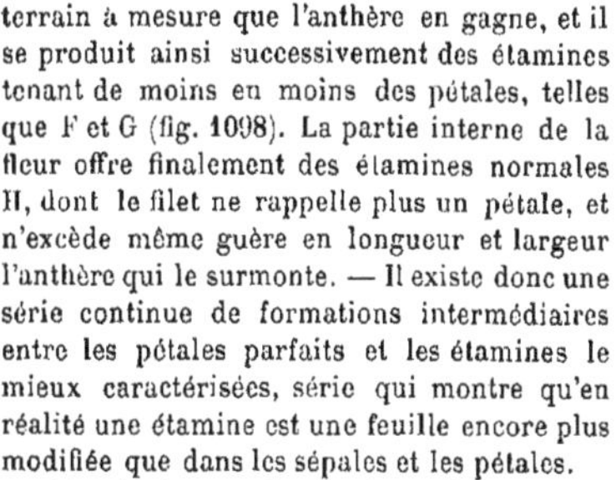

Fig. 1099. — Fleur double du *Platycodon grandiflorum* à deux corolles monopétales emboîtées l'une dans l'autre (presque 1/1).

Fig. 1100. — Fleur double de *Saponaria officinalis* L. — *s*, calice; *c, c, c*, pétales normaux; *c', c'*, pétales supplémentaires; *sl*, les deux styles (1/1).

terrain à mesure que l'anthère en gagne, et il se produit ainsi successivement des étamines tenant de moins en moins des pétales, telles que F et G (fig. 1098). La partie interne de la fleur offre finalement des étamines normales H, dont le filet ne rappelle plus un pétale, et n'excède même guère en longueur et largeur l'anthère qui le surmonte. — Il existe donc une série continue de formations intermédiaires entre les pétales parfaits et les étamines le mieux caractérisées, série qui montre qu'en réalité une étamine est une feuille encore plus modifiée que dans les sépales et les pétales.

« L'analogie entre les pétales et les étamines n'attend en quelque sorte qu'une occasion pour se révéler. Qu'est-ce, en effet, que les fleurs *doubles* ? Ce sont des fleurs dans lesquelles il s'est produit, soit deux ou plusieurs corolles monopétales emboîtées, quand la fleur est normalement monopétale, comme dans la Campanule (*Campanula grandiflora*) que représente la figure 1099, soit des pétales supplémentaires distincts, si la fleur est naturellement polypétale, comme sur la figure 1100. Or ces corolles ou ces pétales supplémentaires ne sont le plus souvent que des étamines, qui sont descendues d'un degré dans la série des formations florales pour se pétaliser. De là les fleurs les plus doubles sont en général celles qui, dans leur état naturel, possèdent le plus d'étamines, comme les Roses, les Renoncules, etc. Toutefois on voit aussi des fleurs très doubles sur des plantes peu riches en étamines, comme la Jacinthe (fig. 1101 et 1102) (à six étamines), certaines Campanules (à cinq étamines); mais alors le dédoublement se complique d'une augmentation anormale dans le nombre de ces organes.

« La pétalisation des étamines peut se faire à divers degrés dans les fleurs doubles; s'il reste des étamines à l'état normal, la fleur est *semi-double* (fig. 1099, 1100). Si, au contraire, toutes les étamines sont passées à l'état de pétales, la fleur est entièrement double ou *pleine*. Les Roses et les Camellias des jardins sont des fleurs pleines pour la plupart.

« Il existe, dans certaines Monocotylédones, des fleurs dont toutes les étamines, sauf une, sont naturellement transformées en pièces pétaloïdes souvent très bizarres de forme; les choses vont si loin chez les Balisiers (*Canna*), que leur seule étamine (fig. 1103) n'a qu'une moitié d'anthère, *e*, portée sur un bord d'un filet pétaloïde, *fl*, et que le style lui-même, *p*, forme une lame également plane et colorée.

2° PISTIL. — « Avec sa conformation spéciale, cet organe paraît aussi éloigné que possible de l'apparence d'une feuille; dès lors il peut sembler étrange de lui attribuer également une nature foliaire. Cependant, chez un certain nombre de plantes, il a une texture et une apparence foliacées. D'un autre côté, si les fleurs deviennent doubles généralement par la pétalisation des étamines, il en est aussi dans lesquelles le pistil subit la même transformation. Nous venons même de voir que, chez les *Canna*, son style est naturellement pétaloïde (fig. 1103). Enfin certaines monstruosités rendent à cet organe la nature de feuille, comme on le voit à tous les degrés sur le Cerisier à fleurs doubles. La figure 1104 en représente deux pistils plus ou moins revenus à l'état foliacé. Dans l'un, A, la forme générale n'avait presque pas été altérée; mais l'ovaire s'était ouvert dans sa longueur, et ses deux bords dissociés s'étaient épanouis en

Fig. 1101. — Jacinthe de Hollande à fleurs simples.

Fig. 1102. — Jacinthe de Hollande à fleurs doubles.

lames foliacées ; l'une des deux, *a*, formait une aile dentelée dont on voit la direction en B. Dans l'autre pistil, représenté en C, l'ovaire était devenu une petite feuille verte et dentelée, que surmontait un rudiment de style avec stig-

Fig. 1103. — L'étamine et le style du *Canna pedunculata.* — *e*, l'anthère ; *fl*, son filet pétaloïde ; *p*, style aplati en lame pétaloïde.

mate, et il y avait même deux de ces feuilles au lieu d'une.

« On voit, en outre, des monstruosités appelées *Chloranthies*, dans lesquelles la fleur est remplacée par un faisceau de feuilles vertes, et où le pistil n'échappe pas plus que les autres organes floraux à la transformation foliacée.

« Il est donc établi que les organes de la fleur ne sont que des modifications successives de la feuille, modifications légères dans les

sépales, plus marquées dans les pétales, profondes dans les étamines, plus profondes encore dans les carpelles ou éléments du pistil. Ces changements d'état d'un même organe, la feuille, ont été nommés *métamorphoses*, mot

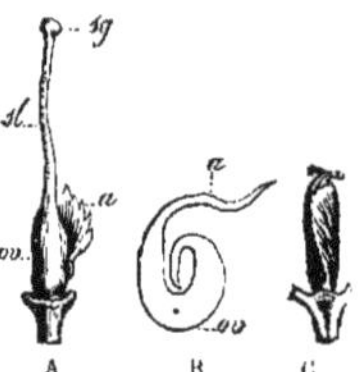

Fig. 1104. — Deux états différents du pistil observés sur le Cerisier à fleurs doubles. — A, premier état : *ov*, ovaire ; *a*, l'un de ses bords devenus foliacés ; *sl*, style ; *sg*, stigmate. — B, coupe transversale de l'ovaire de A. — C, deux petites feuilles qui ont remplacé un pistil.

qui, dans ce cas, indique une simple altération de la manière d'être fondamentale. Cette manière d'envisager les organes floraux a exercé la plus heureuse influence sur l'organographie, en montrant qu'un étroit lien rattache les uns aux autres des organes regardés jusqu'alors comme entièrement différents, et en donnant par cela même une interprétation naturelle d'une multitude de faits auparavant inexplicables. »

Coup d'œil d'ensemble sur les métamorphoses. — Si maintenant, en nous éclairant des données acquises, nous examinons un végétal entier, et si nous le réduisons à ce qu'il a d'essentiel, nous arrivons à la conception d'un végétal modèle, d'une plante primordiale, originelle, ainsi constituée : -

Un axe rectiligne, muni à sa partie inférieure de filaments radicaux, et portant étagées à des hauteurs différentes : 1° un ou deux appendices foliacés, d'abord charnus, mais vite flétris, ce sont les feuilles cotylédonaires aux contours arrondis (fig. 1105); 2° des appendices verts, les feuilles végétatives ordinaires, dont les plus basses sont assez simples de forme, relativement petites, et préparent la transition des cotylédons aux feuilles normales placées plus haut (fig. 1105). Celles-ci, placées vers le milieu de l'axe caulinaire, ont une forme caractéristique pour la plante, leurs formes et dimensions se conservent pendant plusieurs entre-nœuds, puis, par transformation graduelle, par simplification progressive, on arrive à la bractée qui précède la fleur; 3° près du sommet de l'axe, on observe une collerette de feuilles vertes, petites, les sépales; un peu au-dessus sont les feuilles colorées ou pétales, puis les étamines et enfin, à l'extrémité de la tige, les pistils ou mieux les carpelles, semblant entourer un ensemble de petites feuilles avortées, le bourgeon.

Une telle description du végétal originel est conforme aux données fournies par l'anatomie comparée, elle ne représente aucun végétal réel, elle est de pure fantaisie, mais elle possède cet avantage de réunir, de coordonner des faits, et par là elle mérite de fixer notre attention.

Entraînés dans cette voie de la simplification, les botanistes se sont alors demandé comment il fallait comprendre ce végétal originel avec sa tige et ses feuilles pour seuls organes. Il ressort de tout ce qui précède que notre végétal est formé d'un axe (qu'on l'appelle *racine* ou *tige*, son unité n'en est pas moins évidente) et d'organes appendiculaires adjoints à l'axe et que l'on peut réunir sous le nom générique de *feuilles*. Une dernière question se pose. L'axe est-il primordial et a-t-il produit les feuilles, ou bien les feuilles sont-elles les premières en importance et leur réunion en un faisceau a-t-elle produit cette partie commune à toutes, qu'on nomme *la tige*?

En présence de cette double question, que résument les noms de *théorie caulinaire* et de *théorie foliaire*, nous avouerons notre ignorance, convaincus que nous sommes de la non-existence du végétal primordial tel que nous l'avons conçu, et nous laisserons penser que le double mode d'édification des végétaux est admissible. Nous ne pouvons trouver contradictoires, d'une part, l'adjonction de feuilles à un végétal primitivement réduit à une tige herbacée, et d'autre part l'élévation d'une plante dont les premières feuilles étalées sur le sol ne peuvent augmenter la quantité d'air qui les baigne qu'en s'étageant le long d'une tige qui leur est commune.

Par ces deux procédés, tous deux possibles, le végétal réalise un ensemble de conditions nécessaires à sa vie, l'augmentation de sa surface verte assimilatrice, l'utilisation meilleure du milieu ambiant. Et la fleur, terminant la série des feuilles, est, mieux qu'elles, exposée aux rayons du soleil qui la font éclore, au vent et aux insectes qui transportent son pollen.

Une conséquence de cette manière de voir est curieuse, car elle montre sous un jour nouveau les phénomènes de reproduction de la plante. Nous observons sur le végétal originel des découpures ou même des ramifications des feuilles que nous nommons *lobes foliaires* ou *folioles*; nous observons aussi des découpures des feuilles carpellaires, que nous nommons des *ovules*. Que deviennent ces ovules?

Après avoir subi l'imprégnation du pollen, ils se développent et deviennent *graines*. Celles-ci tombent sur le sol et sont l'origine de nouvelles plantes. Ainsi, tout lobe foliaire qui devient reproducteur est frappé de déchéance, mais il a un rôle nouveau; il se gorge de matériaux de réserve susceptibles de nourrir l'embryon qu'il renferme et qu'il protège, puis il quitte la feuille dont il est partie et, devenu libre, il permet le développement de l'embryon en un végétal nouveau. Ce lobe foliaire n'est pas une greffe, non plus un prothalle, il est quelque chose de particulier qui n'est important que par la plantule qu'il a servi à édifier.

BOUTONS

On donne le nom particulier de *bouton floral* ou simplement *bouton* au bourgeon dont le développement doit donner naissance à une fleur. Le bouton est donc une fleur tout entière avant l'épanouissement; il diffère d'un bourgeon à fleurs, car celui-ci peut présenter plusieurs fleurs, ou, s'il n'en présente qu'une, il offre,

Fig. 1105. — Plantes de germination, avec leurs cotylédons et leurs premières feuilles végétatives. — *a, Cytisus laburnum; b, Koelreuteria paniculata; c, Acer platanoides.*

outre la fleur, des parties accessoires telles que feuilles, bractées, écailles qui extérireuement enveloppent la fleur avant son épanouissement.

Il faut cependant remarquer que cette distinction n'est pas toujours facile puisque les limites des organes de la fleur et des pièces qui les accompagnent souvent sont elles-mêmes difficiles à préciser.

Ainsi on regarde le calicule d'un Œillet, sorte de petit calice, comme faisant partie de son bouton, et ce calicule se compose de bractées, qui sont des feuilles peu modifiées.

Dans le langage ordinaire, on dit un bouton de Souci, de Reine-marguerite, et il n'en est pas moins vrai que dans ces cas on est en présence d'inflorescences, de fleurs composées, contenant autant de boutons qu'il y a de fleurettes.

Forme des boutons. — Les boutons présentent des formes diverses dans les différentes espèces. Ils sont globuleux dans la Mauve, ovoïdes dans la Rose, allongés dans l'Œillet, en forme de massue dans le Lilas, ou le Jasmin. En général, leur forme est déterminée par celle de la corolle et par la disposition

relative des parties avant leur entier épanouissement. Ainsi le bouton du Jonc fleuri (*Butomus umbellatus*) est ovoïde aigu parce que les parties de l'enveloppe florale s'y appliquent droites les unes sur les autres et qu'elles sont ovales et terminées en pointe ; celui du *Simaba* (fig. 1106), plante de l'Amérique tropicale, est sensiblement cylindrique parce que les pièces du périanthe sont linéaires et à bords parallèles. La Rose a aussi un bouton pointu et ovoïde, et cependant ses pétales sont obtus; mais, avant l'épanouissement, ils se recouvrent réciproquement par un de leurs bords, et de cette espèce de torsion qui se termine au-dessus de l'ensemble des organes sexuels, il doit nécessairement résulter un corps ovoïde et pointu.

Dans les plantes où la corolle présente un tube couronné par une coupe ou un limbe aplati, comme le Lilas et les Jasmins, le limbe replié sur lui-même formera le sommet d'une massue dont la partie inférieure sera le tube.

Chez les Papilionacées, où le plus grand pétale, appelé étendard, orbiculaire, ovale ou arrondi, est ordinairement arqué de dedans en

Fig. 1100. — *Simaba cedron.*

dehors, et où avant l'épanouissement il se plie en deux pour envelopper les autres parties de la fleur, le bouton aura la figure d'un croissant. Donc, en général, la forme du bouton peut être déduite de celle de la fleur.

La forme du bouton est du reste changeante pendant son développement, et cela à cause de l'accroissement souvent inégal des parties dont il se compose.

PRÉFLORAISON

De même que dans un bourgeon les feuilles se recouvrent et s'enveloppent de diverses manières, de même aussi l'arrangement des parties de la fleur dans le bouton varie avec les familles et souvent les genres. On nomme préfloraison ou estivation la disposition des organes floraux dans le bouton.

Disposition de chaque pièce florale. — Le plus souvent les sépales n'offrent aucun pli dans le bouton; quelquefois cependant le limbe tout entier se roule sur lui-même en manière de bourrelet comme dans le *Centranthus ruber.*

En général, les pétales sont également sans pli; mais, dans plusieurs plantes, telles que les Pavots, l'*Hydrocharis morsus ranæ*, le *Bignonia catalpa*, où ils ont peu de consistance et prennent un grand développement relativement à l'enveloppe calicinale, ils se chiffonnent sans aucune régularité. Dans les Ombellifères, les bords de chaque pétale se replient de dedans en dehors de manière que la rencontre des bords de deux pétales forme, à l'extérieur, une petite lame, et que l'ensemble du bouton en présente cinq. Les cinq lames extérieures du bouton des Campanules sont formées, au contraire, par le milieu des parties de la corolle pliée sur elle-même de l'extérieur à l'intérieur.

Les étamines sont souvent parfaitement droites dans le bouton; mais il arrive aussi que leur filet se courbe plus ou moins, soit en zigzag, soit en crosse, ou qu'il se plie de dehors en dedans comme chez les Plantains.

Quant aux styles, ils sont, dans le bouton, le plus souvent dressés; ceux même qui, comme chez les Caryophyllées et tant d'autres plantes, s'étalent et divergent après l'épanouissement de la fleur, se montrent avant cette époque droits et appliqués les uns contre les autres.

Disposition relative des pièces florales. — La direction que chaque pièce d'un verticille

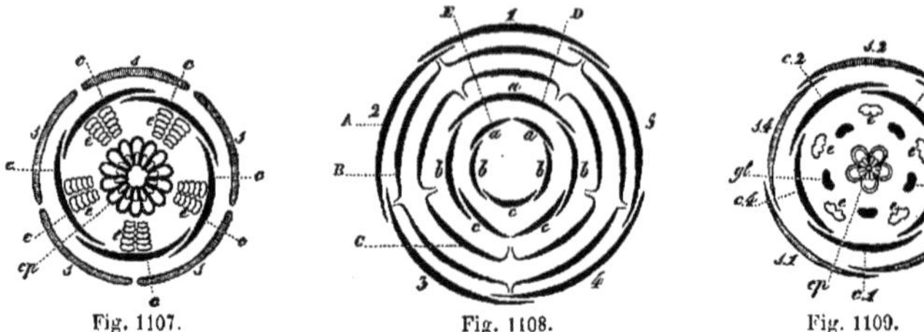

Fig. 1107. Fig. 1108. Fig. 1109.

Fig. 1107. — Diagramme de la fleur d'une Mauve (*Malva*). — *s*, calice en préfloraison valvaire; *c*, corolle en préfloraison tordue; *e*, androcée; *cp*, gynécée.

Fig. 1108. — Réunion de cinq préfloraisons différentes :

A, imbriquée; B, réduplicative; C, induplicative; D, vexillaire; E, cochléaire.

Fig. 1109. — Diagramme de la fleur du *Sedum rubens*. — *s*, calice; *c*, corolle, l'un et l'autre en préfloraison quinconciale; *e*, androcée; *cp*, gynécée.

affecte dans le bouton par rapport aux pièces du même verticille est ce qu'on nomme plus particulièrement la préfloraison.

PRINCIPALES SORTES DE PRÉFLORAISON

Les deux enveloppes florales étant formées d'organes foliacés portés par un axe, leurs pièces doivent reproduire les modes généraux de disposition des feuilles sur la tige, c'est-à-dire le verticille et la spirale. Cette différence de disposition en entraîne de correspondantes dans l'arrangement ralatif des parties d'un même verticille; mais il est difficile de dire, dans certains cas, si la préfloraison résulte du verticille ou de la spirale.

Préfloraison valvaire. — La préfloraison est dite valvaire quand les parties d'un même verticille sont placées les unes à côté des autres, sans se recouvrir en aucune manière, ainsi que cela a lieu pour le calice de la Mauve dont le diagramme est représenté dans la figure 1106 de l'*Hibiscus*, et pour la corolle des *Asclepias*. A cette préfloraison doit être rapportée celle de la plupart de fleurs de Liliacées et si on l'a quelquefois indiquée sous le nom d'alternative, c'est que l'on a pris pour une enveloppe unique deux verticilles vraiment distincts, dont les parties doivent nécessairement alterner, et qui tous les deux sont valvaires.

Ce premier mode subit deux modifications qui constituent les préfloraisons *induplicative* et *réduplicative*. Dans la première (C, fig. 1108), les folioles se touchent par une portion marginale reployée en dedans, c'est-à-dire par une certaine étendue de leur face externe; dans la seconde (B, fig. 1108), elles reploient leurs bords en dehors et se touchent ainsi par une portion marginale de leur face interne. La préfloraison est induplicative dans les *Clematis*, où les portions repliées en dedans sont plus minces et moins colorées que le reste du périanthe. Quant à la préfloraison réduplicative, de Candolle en cite pour exemple diverses Ombellifères.

Préfloraison tordue ou contournée. — Lorsque chaque partie recouvre d'un côté la partie voisine, tandis que de l'autre elle est elle-même recouverte par une autre partie, la préfloraison est dite tordue; c'est ce qui a lieu pour la corolle de la Mauve de la figure 1107, pour celle des *Nerium*, des Lins, des *Phlox*. Les deux verticilles floraux des *Anemones* ont chacun une préfloraison tordue.

Préfloraison imbriquée ou imbricative. — Ce mot est employé dans deux sens assez différents en apparence et cependant analogues : lorsque les folioles ne forment qu'un tour de spire, l'une d'elles (1 en A, fig. 1108) est extérieure et a ses bords recouvrants, une autre (5) est intérieure et a ses deux bords recouverts; les intermédiaires (2, 3, 4) sont recouvertes par un bord, recouvrantes par l'autre. Mais si les folioles spiralées sont nombreuses et d'autant plus grandes qu'elles sont plus internes, elles s'imbriquent comme les tuiles sur un toit; c'est ce qu'on voit sur le bouton de Camélia.

A l'extérieur cette disposition se caractérise ainsi : on voit deux parties extérieures, deux intérieures, et une cinquième intermédiaire, qui d'un côté est recouverte par l'une des deux extérieures, et de l'autre côté recouvre le bord de l'une des deux intérieures.

La préfloraison *quinconciale* (fig. 1109 pour le calice et pour la corolle) est la réduction, par raccourcissement extrême de l'axe, du cycle 2/5. Les folioles font deux tours de spire, et dès lors deux sont extérieures (*s* 1, *s* 2 ; *c* 1, *c* 2) ; deux autres sont intérieures (*s* 4, *s* 5 ; *c* 4, *c* 5), et la cinquième (*s* 3 ; *c* 3) est extérieure par un bord, intérieure par l'autre. Le calice des Roses, des Œillets, etc., fournit des exemples de cette disposition qui se traduit même souvent aux yeux, dans les premières de ces plantes, par la présence, seulement aux bords recouvrants, de petits prolongements foliacés vulgairement nommés barbes.

Dans la préfloraison *chiffonnée*, les folioles étant très larges et obligées de se loger dans un espace étroit, se plissent et se chiffonnent. On voit des traces de ce chiffonnement sur les pétales de la fleur entr'ouverte du Coquelicot.

Les modes précédents de préfloraison appartiennent aux périanthes réguliers. Quant aux deux modes suivants, ils ne se trouvent que dans des périanthes irréguliers.

La préfloraison *vexillaire* (D, fig. 1108) appartient aux corolles papilionacées dont l'étendard *a* (vexillum) recouvre les deux ailes *b*, *b*, qui, à leur tour, recouvrent les deux pièces de la carène *c*, *c*.

Enfin, dans la préfloraison *cochléaire* ou en cuiller, une foliole grande et fortement creusée en cuiller (*cochlear*) (ex. : *Aconitum*), ou bien (comme en E, fig. 1108), deux folioles *a*, *a*, soudées en une lèvre supérieure concave, recouvrent les autres pièces de l'enveloppe florale dont l'inférieure impaire, *c*, est recouverte par les deux latérales, *b*, *b*.

Les caractères tirés de la préfloraison ont une utilité reconnue, surtout depuis R. Brown, pour la distinction des familles de plantes.

Causes de la préfloraison. — Les différences que l'on observe dans le mode de disposition des pièces florales dans le bouton sont dues au plus ou moins d'extension que prennent les parties des enveloppes florales, à l'accroissement relatif de la corolle et du calice, ou à celui du limbe de la corolle par rapport à son tube.

Dans le bouton très jeune, les pétales du Pavot ne présentent aucun pli ; mais bientôt ils s'allongent et s'élargissent d'une manière sensible, et comme les deux folioles calicinales les tiennent étroitement renfermées, le développement ne saurait s'opérer sans qu'il se forme un grand nombre de plis.

Les pétales de la Douce-amère, étroits et soudés seulement à la base, offrent une préflo-

raison valvaire et sont à peine un peu courbés de dehors en dedans. Dans d'autres *Solanum*, où la soudure s'étend davantage et où les pétales sont fort larges par rapport au tube, il est bien clair qu'ils devraient être pliés dans le bouton.

Une foule de plantes à corolle en cloche ont un tube étroit à la base et bientôt large et dilaté ; dans le bouton qui n'offre pas de la base au sommet une différence de grosseur bien sensible, il fallait nécessairement qu'il y eût des plis.

Les parties qui, dans la préfloraison, rentrent en dedans, étant privées du contact de l'air et de la lumière, restent ordinairement plus minces, moins colorées et plus velues que les parties extérieures.

C'est ainsi que se forment les bandes roses de la fleur du Liseron des champs (*Convol-*

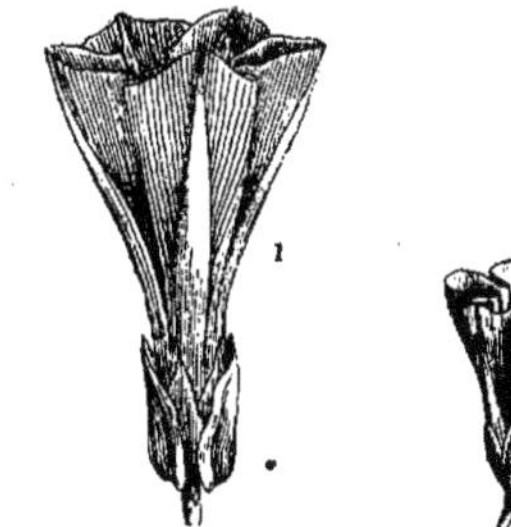

Fig. 1110. — Préfloraison des Convolvulacées. — 1, fleur du *Convolvulus scammonia* ; 2, fleur du *Convolvulus arvensis*.

vulus arvensis) (fig. 1110) celles plus bleues de la Belle-de-jour (*Convolvulus tricolor*), ou celles presque vertes et comme foliacées de la Gentiane d'automne (*Gentiana pneumonanthe*). Ces bandes ne sont que les portions de la corolle qui, dans le bouton, se montraient à l'extérieur.

ÉPANOUISSEMENT DE LA FLEUR

L'épanouissement de la fleur ou fleuraison est le phénomène par lequel le bouton s'ouvre pour mettre à nu les verticilles internes reproducteurs. Dans le bouton, en effet, les diverses parties de la fleur se sont édifiées lentement ; de l'état premier de simples mamelons du réceptacle, les sépales, pétales, étamines et pistils ont grandi et acquis leurs formes définitives, ou à peu près. Ces pièces, particulièrement les étamines et pistils, achèvent leur développement avant la fleuraison et c'est même leur maturité qui est la cause indirecte de l'ouverture de la corolle.

ÉPOQUE DE LA FLEURAISON

Dans cette étude, nous devons distinguer deux sortes de phénomènes : en premier lieu celui de la formation des boutons floraux, en deuxième lieu celui de leur épanouissement.

Une plante ne fleurit qu'à un certain âge et dans certaines conditions ; ainsi, les plantes annuelles fleurissent souvent quelques semaines après leur germination, les bisannuelles dans le courant de la seconde année, tandis que les végétaux ligneux, les arbres ne fleurissent qu'après plusieurs années de végétation, quand ils ont acquis l'état adulte. Dans ce dernier cas, la plante fleurit ordinairement chaque année si les conditions de végétation sont favorables, mais on cite aussi des exemples de végétaux ne fleurissant que de temps à autre.

De même, il semble exister une prédisposition naturelle qui avance la floraison de certaines espèces ligneuses, par exemple certains Rosiers de Bengale fleurissent si jeunes que leur tige porte encore à sa partie inférieure ses deux feuilles cotylédonaires.

Pour qu'une plante porte des fleurs, il faut qu'elle soit dans des conditions de végétation particulières, un excès de vigueur nuit à la fleuraison, comme si la plante ne sentait pas le besoin d'assurer une progéniture, étant assez bien portante pour représenter l'espèce. Au contraire, la fatigue et l'affaiblissement prédisposent un végétal à fleurir ; ainsi on a vu des végétaux se couvrir de fleurs après un voyage qui les avait beaucoup fatigués, comme si la plante, connaissant les dangers que court sa vie, voulait s'assurer une progéniture. Cependant, un affaiblissement prolongé, comme celui qui vient de l'âge, annule toute fleuraison, quoique l'on observe assez souvent de vieux arbres qui fleurissent jusqu'au moment de leur mort.

Quant à la saison de la fleuraison, il est difficile de fixer une époque, car le moment de l'apparition des fleurs n'est pas souvent celui de leur formation et on est tout surpris quand on apprend qu'une fleur qui s'épanouit en mars ou avril existe toute formée depuis octobre de l'année précédente, comme cela a lieu en particulier pour les *Paulownia*

de nos promenades publiques. Dans ces plantes, on peut observer, avant les premiers froids, au moment où tombent les dernières feuilles de l'année, de petites grappes dressées dont les grains sont des boutons ; et ceux-ci, qui devront passer l'hiver, sont admirablement protégés contre le froid par un duvet cotonneux dépendant des écailles extérieures du bouton.

Dans les plantes annuelles et dans les plantes vivaces à feuillage caduc, comme la plupart de nos arbres, l'épanouissement des fleurs préformées ne s'opère d'ordinaire qu'après le

Fig. 1111. — Campanule (*Campanula medium*).

renouvellement du feuillage. Cependant on observe quelquefois la venue première des fleurs avant tout feuillage, comme dans le Tussilage dont les tiges florifères apparaissent en mars. Il en est de même pour le Pêcher, le Peuplier, l'Orme, le Magnolier. Accidentellement, on peut voir fleurir un arbre à une époque très différente de celle où il fleurit d'ordinaire ; ainsi, la nouvelle poussée de sève que nous avons signalée en automne pour certains arbres est assez souvent accompagnée de la venue de quelques fleurs, et tout le monde a observé les Marronniers de nos avenues portant quelques inflorescences blanches ou roses aux derniers jours du mois d'octobre.

Calendrier de Flore. — La fleuraison s'opère,

pour chaque plante, à des époques particulières de l'année, à certaines heures de la journée, et dans des conditions de température ou d'humidité déterminées ; de sorte qu'on a pu établir, avec assez de raison, ce que l'on a appelé un calendrier de Flore.

« En prenant pour guide un calendrier de Flore (1), on pourra se procurer l'agrément de voir fleurir, avec une approximation variable aux environs de Paris, dans les jardins :

En janvier, l'Hellébore rose de Noël, le Safran, le Tussilage odorant ou Héliotrope d'hiver, etc. ;

En février, la Galantine perce-neige, l'Eranthe d'hiver, l'Hellébore pourpre, la Violette de Parme, etc. ;

En mars, l'Anémone sylvie, la Grande Pervenche, les Pâquerettes, la Giroflée jaune, etc. ;

En avril, le Lilas, diverses Anémones, des Scilles, des Narcisses, des Fritillaires, des Tulipes, etc. ;

En mai, la Giroflée quarantaine, la Gentiane bleue, l'Ancolie, quelques Campanules, etc. ;

En juin, les Balisiers, les Capucines, les Glaïeuls, la Digitale pourprée, etc. ;

En juillet, le Soleil Tournesol, les Trigidia,

Fig. 1112. — Amarylle pourpre. *Amaryllis* (Vallota) *purpurea.*

les Scabieuses, l'*Amaryllis belladona* et *purpurea* (fig. 1112); les Gouets, etc.;

En août, le Jonc fleuri, la Balsamine à fleurs doubles, les Belles-de-nuit, les Stramoines, les Pieds-d'alouette, etc. ;

En septembre, la Campanule pyramidale, les

Dahlia, les Ketmies, des Lupins, des Verveines, des Scabieuses, etc. ;

En octobre, des Reines-marguerites, des Mufliers, des Ricins, le Gynerium argenté, le Réséda odorant, etc. ;

En novembre, le Cobæa grimpant, la Capucine des Canaries, l'Eupatoire à feuilles molles, différentes espèces de Morelle, etc. ;

En décembre, la Jacinthe romaine blanche, le Tritelia à fleur isolée, la Tulipe dite duc de Thol, etc.

Le tableau qui précède ne doit pas être pris à la lettre. Parce qu'une plante est indiquée comme fleurissant dans le mois de mai, il ne s'ensuit pas qu'elle ne soit en fleurs que pendant ce mois, ni qu'elle ait commencé à fleurir ce mois même, ni qu'elle défleurisse le 31 de ce mois, pour être remplacée par d'autres qui se montreront précisément le 1er juin. Il est des plantes, telles que le Dahlia, les Primevères, les Violettes, le Cobæa grimpant, etc., qui produisent une longue série de fleurs pendant plusieurs mois. D'ailleurs, la variabilité dans les saisons peut avancer, retarder la floraison ou la faire cesser, dans un même endroit. »

Horloge de Flore. — La fleuraison marque donc pour la plante une époque particulière de sa vie, que l'on compte en années, que l'on date dans l'année par le calendrier de Flore, mais que l'on peut aussi repérer dans le jour sur une horloge de Flore ; ceci tient, comme nous le verrons plus loin, aux conditions de température, d'éclaircment ou d'humidité qui caractérisent les diverses heures de la journée. Voici, d'après de Candolle, une horloge de Flore que l'on pourrait nommer parisienne :

Le Liseron des haies s'épanouit entre trois et quatre heures du matin ;

La Matricaire odorante, entre quatre et cinq heures ;

Le Pavot à tige nue (*P. nudicaule* L.) à cinq heures ;

Le Liseron tricolore, la Lampsana commune ou Herbe à six mamelles, entre cinq et six ;

Les Épervières, les Laitrons, entre six et sept heures ;

Les Nénuphars, les Laitues, à sept heures,

Le Miroir de Vénus (*Specularia speculum*), de sept à huit heures ;

Le Mouron des oiseaux, à huit heures ;

La Nolane couchée, entre huit et neuf heures ;

(1) H. Bocquillou, *La vie des plantes*, p. 173.

Le Souci des champs, à neuf heures;

La Glaciale, entre neuf et dix heures;

La Ficoïde nodiflore, de dix à onze heures;

Le Pourpier à onze heures, ainsi que le Tigridia queue-de-paon (appelé, pour cette raison, Dame d'onze heures);

La plupart des Ficoïdes, à midi, et c'est même de cette remarque que vient leur nom de Mésembryanthèmes, c'est-à-dire « fleurs du milieu du jour »;

Le Silène noctiflore entre cinq et six heures du soir;

La Belle-de-nuit, entre six et sept heures;

Le Cierge à grandes fleurs, l'Onagre à quatre ailes, entre sept et huit;

Le Liseron pourpre, que les jardiniers ont nommé Belle-de-jour (sans doute parce qu'ils la trouvaient toujours ouverte avant leur lever), s'épanouit à dix heures du soir.

Les fleurs des Cistes, des Lins, qui s'épanouissent entre cinq et six heures du matin, se détruisent avant midi.

Les fleurs du Tigridia queue-de-paon, qui s'épanouissent entre six et sept heures du soir, se ferment vers minuit.

L'Ornithogalle en ombelle épanouit ses fleurs pendant quelques jours à onze heures du matin, et les ferme à trois heures du soir.

La Ficoïde noctiflore, qui s'épanouit plusieurs jours de suite à sept heures du soir, se referme vers six ou sept heures du matin.

Voici encore, d'après Linné, une table des heures d'ouverture et de fermeture des fleurs, établie pour la localité d'Upsala, au nord-est de Stockholm, par 60 degrés de latitude nord

(Dans cette table, le nom de chaque plante est inscrit deux fois; la première mention est relative à l'heure d'ouverture de la fleur, la deuxième à l'heure de fermeture.)

3-5 heures du matin :
Tragopogon pratense.

4-5 heures du matin :
Cichorium intybus.
Leontodon tuberosum.
Picris hieracioïdes.

5 heures du matin :
Hemerocallis fulva.
Papaver nudicaule.
Sonchus oleraceus.

5-6 heures du matin :
Crepis alpina.
Rhagadiolus edulis.
Taraxacum officinale.

6 heures du matin :
Hieracium umbellatum.
Hypochoeris maculata.

6-7 heures du matin :
Alyssum utriculatum.
Crepis rubra.
Hieracium murorum.
Hieracium pilosella.
Sonchus arvensis.

7 heures du matin :
Anthericum ramosum.
Calendula pluvialis.
Lactuca sativa.
Leontodon hastile.
Nymphæa alba.
Sonchus lapponicus.

7-8 heures du matin :
Mesembryanthemum barbatum.
Mesembryanthemum linguiforme.

8 heures du matin :
Anagallis arvensis.

Dianthus prolifer.
Hieracium auricula.

8-10 heures du matin :
Taraxacum officinale.

9 heures du matin :
Calendula arvensis.
Hieracium chondrilloides.

9-10 heures du matin :
Arenaria rubra.
Mesembryanthemum crystallinum.
Tragopogon pratense.

10 heures du matin :
Cichorium intybus.
Lactuca sativa.
Rhagadiolus edulis.
Sonchus arvensis.

10-11 heures du matin :
Mesembryanthemum nodiflorum.

11 heures du matin :
Crepis alpina.

11-12 heures du matin :
Sonchus oleraceus.

Midi :
Calendula arvensis.
Sonchus lapponicus.

1 heure après midi :
Dianthus prolifer.
Hieracium chondrilloides.

1-2 heures après midi :
Crepis rubra.

2 heures après midi :
Hieracium auricula.

Hieracium murorum.
Mesembryanthemum barbatum.

2-3 heures après midi :
Arenaria rubra.

2-4 heures après midi :
Mesembryanthemum crystallinum.

3 heures après midi :
Leontodon hastile.
Mesembryanthemum linguiforme.
Mesembryanthemum nodiflorum.

3-4 heures après midi :
Anthericum ramosum.
Calendula pluvialis.
Hieracium pilosella.

4 heures après midi :
Alyssum utriculatum.

4-5 heures après midi :
Hypochoeris maculata.

5 heures après midi :
Hieracium umbellatum.
Nyctago hortensis.
Nymphæa alba.

6 heures après midi :
Geranium triste.

7 heures du soir :
Papaver nudicaule.

7-8 heures du soir :
Hemerocallis fulva.

9-10 heures du soir :
Cactus grandiflorus.
Silene noctiflora.

Minuit :
Cactus grandiflorus.

DURÉE DE LA FLEURAISON

Durée de la fleuraison. — Elle est très variable, certaines fleurs ne durant qu'un jour et d'autres persistant assez longtemps ; certains végétaux ne donnant qu'une fleur, d'autres en donnant un très grand nombre, soit simultanément, soit successivement.

Une fleur qui ne dure qu'un jour est dite éphémère ; on la nomme éphémère diurne si elle s'épanouit dans la journée, éphémère nocturne si elle s'épanouit pendant la nuit. Ainsi les si belles et si volumineuses fleurs des Cierges s'épanouissent le soir en juillet et le nom de *Cereus nycticalus*, Reine de la nuit, donné à l'une d'elles rappelle cette particularité (1) ; il en est de même de la Belle-de-nuit (*Mirabilis*) tandis que les fleurs de divers Lins, des Cistes s'ouvrent quelques heures durant.

La durée pendant laquelle les fleurs restent ouvertes est très variable, et pour quelques-unes, ces durées peuvent être ainsi fixées :

NOMS DES PLANTES.	OUVERTES DE :	FERMÉES DE :
Allionia violacea	3-4 heures du matin.	11-12 heures du matin.
Roemeria violacea	4-5 —	10-11 —
Cistus creticus	5-6 —	5-6 heures du soir.
Tradescantia virginica	5-6 —	4-5 —
Iris arenaria	6-7 —	3-4 —
Hemerocallis fulva	6-7 —	8-9 —
Convolvulus tricolor (fig. 1113)	7-8 —	5-6 —
Oxalis stricta	8-9 —	3-4 —
Hibiscus trionum	8-9 —	11-12 heures du matin.
Erodium cicutarium	8-9 —	4-5 heures du soir.
Portulaca grandiflora (fig. 1114)	8-9 —	6-7 —
Calandrinia compressa	9-10 —	1-2 —
Drosera longifolia	9-10 —	2-3 —
Arenaria rubra	10-11 —	3-4 —
Portulaca oleracea	10-11 —	3-4 —
Spergula arvensis	10-11 —	3-4 —
Sisyrinchum anceps	11-12 —	4-5 —
Mirabilis longiflora	7-8 heures du soir.	2-3 heures du matin.
Cereus grandiflorus	8-9 —	2-3 —
Cereus nycticalus	9-10 —	2-3 —

Le nombre d'heures pendant lesquelles les fleurs restent ouvertes est indiqué par le tableau suivant dressé par ordre croissant de cette durée :

	Heures.
Hibiscus Trionum	3
Calandrinia compressa	4
Portulaca oleracea	5
Drosera longifolia	5
Arenaria rubra	5
Spergula arvensis	5
Cereus nycticalus	5
Sisyrinchum anceps	5
Roemeria violacea	6
Oxalis stricta	7
Mirabilis longiflora	7
Cereus grandiflorus	7
Allionia violacea	8
Erodium cicutarium	8
Iris arenaria	9
Convolvulus tricolor	10
Tradescantia Virginica	10
Portulaca grandiflora	10
Cistus creticus	12
Hemerocallis fulva	14

Une fleur qui reste épanouie plusieurs jours est dite *vivace*. Ce cas est le plus fréquent et nous en avons mentionné plusieurs exemples dans les pages 450 et 451 en parlant des mouvements spéciaux que présente le périanthe de ces fleurs. Toutes ne présentent pas ces mouvements, ainsi les fleurs de Cerisier restent constamment épanouies et cela pendant plusieurs jours.

Ces phénomènes peuvent du reste subir des variations, puisqu'ils sont sous la dépendance de conditions extérieures essentiellement variables ; c'est ainsi que les fleurs éphémères diurnes, dont l'épanouissement se fait par une belle journée ensoleillée, peuvent devenir fleurs persistantes quand la plante qui les porte est placée à l'ombre et à l'humidité.

Changement d'aspect des fleurs. — Il est peu de fleurs qui conservent un même aspect pendant leur épanouissement (2), et cela est dû aux variations atmosphériques qui produisent des courbures, des inflexions des pièces du périanthe, en même temps qu'aux causes internes

(1) Voy. p. 451 et 786.
(2) Voy. p. 405 les lignes relatives au sommeil des fleurs.

Fig. 1113. — Belle-de-jour (*Convolvulus tricolor*).   Fig. 1114. — Pourpier à grandes fleurs (*Portulaca grandiflora*).

telles que la croissance des parties et leurs mouvements nyctitropiques.

Plusieurs fleurs changent d'aspect à l'approche de la pluie et reprennent leur position première lorsque l'atmosphère cesse d'être humide. Ce fait est fréquent chez les plantes dites Composées, telles que les Pissenlits, les Chicorées, certains Soucis, les Laitrons, etc. La plupart ferment leurs fleurs et prennent un aspect triste lorsqu'il pleut. D'autres, qui ont les fleurs dressées quand le ciel est serein, les ont pendantes et renversées si l'orage survient.

L'Hélianthe annuel présente un singulier phénomène : la tige se termine par un large plateau qu'on appelle à tort sa fleur, mais qui, en réalité, est une réunion d'un grand nombre de fleurs ; tandis que les fleurs du centre ont une corolle peu apparente, celles de la périphérie ont les folioles d'un beau jaune : c'est ce qui fait donner à la plante le nom de Soleil. Le support de cette réunion de fleurs se tord sur lui-même, de manière que le matin, le plateau floral regarde l'orient ; à midi, il regarde le midi ; le soir, il regarde l'occident. Il semble, pour parler le langage ordinaire, que cette partie de la plante suive le soleil dans sa course. Ce fait, connu depuis très longtemps, a fait donner à l'Hélianthe annuel un troisième nom, celui de Tournesol. Beaucoup de plantes des champs imitent le Tournesol. « Lorsque le soir, dit Hegel, on entre dans une prairie en regardant le couchant, on n'y voit que fort peu de fleurs, parce qu'elles sont toutes tournées vers le soleil couchant ; au contraire, si l'on y arrive du côté opposé, on voit la prairie briller de

l'éclat de mille et mille corolles. De même, lorsque, de grand matin, l'on se dirige vers la prairie en regardant l'occident, on n'y aperçoit pas de fleurs, parce qu'elles sont restées inclinées du côté où le soleil s'est couché ; mais on les verra se retourner vers l'orient à mesure que le soleil s'élèvera sur l'horizon. »

Des changements d'une autre sorte peuvent se produire pendant la fleuraison. Certaines fleurs changent de couleur ; ainsi, le *Myosotis versicolor* est d'abord jaune, puis bleu ; et, d'après Müller, une variété de la Pensée des Alpes, d'abord jaune quand elle s'épanouit, devient ensuite de plus en plus bleue.

Les fleurs de certaines Pulmonaires, rouges quand elles s'épanouissent, deviennent de couleur bleu clair, puis, au moment où elles se fanent, virent au bleu foncé. Quelques auteurs, croyant voir dans ces changements de couleur de certaines fleurs un phénomène de répétition abrégée de l'évolution qu'ont dû subir les plantes dans le cours des siècles, ont conclu à la relative nouveauté des fleurs bleues, par rapport aux fleurs blanches ou jaunes ; celles-ci, d'après eux, seraient les fleurs les plus anciennes, les ancêtres. Il est à noter que cette hypothèse concorde assez bien avec la remarque du petit nombre des fleurs bleues.

CAUSES DE LA FLEURAISON

La formation des fleurs et leur épanouissement sont des phénomènes qui reconnaissent une double série de causes : les unes dites intérieures sont relatives à la plante et ont été mentionnées, les autres sont dites extérieures.

La différence des climats de deux stations suffit pour créer des différences très sensibles dans les heures d'ouverture et de fermeture d'une même fleur, ainsi que dans la durée de la période d'épanouissement, ainsi que le montrent les deux tableaux suivants, dressés à Upsala en Suède, par 60° de latitude nord, et à Innsbruck dans le Tyrol, par 47° de latitude.

Ouverture des fleurs à Upsala et à Innsbruck.

NOMS DES PLANTES.	A UPSALA.	A INNSBRUCK.	DIFFÉRENCE DES HEURES.
Cichorium intybus.	4-5 heures du matin.	6-7 heures du matin.	2
Hemerocallis fulva.	5 —	6-7 —	1-2
Sonchus oleraceus.	5 —	6-7 —	1-2
Taraxacum officinale.	5-6 —	6-7 —	1
Hypochœris maculata.	6 —	7-8 —	1-2
Sonchus arvensis	6-7 —	7-8 —	1
Lactuca sativa.	7 —	8-9 —	1-2
Nymphæa alba.	7 —	8-9 —	1-2
Anagallis arvensis.	8 —	9-10 —	1-2
Arenaria rubra	9-10 —	10-11 —	1

Fermeture des fleurs à Upsala et à Innsbruck.

NOMS DES PLANTES.	A UPSALA.	A INNSBRUCK.	DIFFÉRENCE DES HEURES.
Taraxacum officinale.	8-10 heures du matin.	2-3 heures du soir.	5-6
Cichorium intybus.	10 —	2-3 —	4-5
Lactuca sativa.	10 —	1-2 —	3-4
Sonchus arvensis.	10 —	12-1 —	2-3
Sonchus oleraceus.	11-12 —	1-2 —	2
Arenaria rubra.	1-3 heures du soir.	3-4 —	1
Hypochœris maculata	4-5 —	6-7 —	2
Hemerocallis fulva.	7-8 —	8-9 —	1
Nymphæa alba.	5 —	7-8 —	2-3

Parmi les influences extérieures qui provoquent l'ouverture des fleurs, la plus puissante est la chaleur, car il ne semble pas que les radiations lumineuses aient une action prépondérante, de même que la plus ou moins grande humidité. On peut provoquer aisément le développement normal de fleurs et de fruits en maintenant une plante, soit entièrement, soit pour ses inflorescences seulement, dans une obscurité complète, à la condition de lui fournir l'aliment suffisant et une douce chaleur. Dans ce cas, la fleur possède même les couleurs habituelles, l'étiolement se manifestant sur les feuilles seules.

Influence de la chaleur. — Cette influence est telle que l'on peut, en variant la température d'une serre, activer la floraison, *forcer* les fleurs comme on dit, ou bien retarder ce phénomène aussi longtemps qu'on le désire, même l'annuler, la fleur restant à un état de vie latente qu'elle n'abandonne qu'au retour d'une douce chaleur.

Il paraît acquis d'autre part, qu'à partir d'une certaine température au-dessous de laquelle la fleur ne saurait s'épanouir, il faille fournir à celle-ci une somme de chaleur déterminée, soit rapidement en la plaçant à une température élevée, soit lentement en la main tenant dans un milieu tempéré.

La température moyenne nécessaire pour la floraison est aussi variable, et la liste suivante empruntée à de Gasparin le montre bien :

Noisetier, Cyprès, fleurissant à	3,0 C.
Ajonc, Buis, Peuplier blanc	4,0
Pêcher	5,4
Amandier, Abricotier	6,0
Orme	7,5
Poirier, Pommier, Cerisier, Colza	8,0
Lilas	7,5
Fève	11,5
Robinier Faux-Acacia	14,0
Seigle	14,2
Avoine	16,0
Orge, Froment	16,3
Châtaignier	17,5
Vigne	18,4
Maïs, Chanvre, Olivier	19,0

A ce point de vue, une fleur est curieuse, elle a nom la Rose des neiges et l'éloge en a été fait maintes fois.

Dans sa simplicité, elle est charmante, cette *Rose des neiges* ou *Hellébore*, portée sur une tige robuste, avec ses pétales verdâtres au dehors, en dedans d'un blanc qui se fond avec le linéament rougeâtre lui servant de bordure. Elle eût attendu ses compagnes pour éclore, qu'elle ne déparerait pas leur ensemble ; à cette heure, elle est deux fois la bienvenue ; lorsque, se glissant à travers le manteau de neige sous lequel tantôt, peut-être, ses feuilles et ses tiges seront ensevelies, elle nous apportera, la vaillante, son précoce sourire de renouveau, elle sera sans prix. Ne nous dira-t-elle pas que l'œuvre souterraine n'est jamais suspendue ? Ne nous démontrera-t-elle pas que cette mort apparente de tout ce que nous aimons n'est qu'une phase du travail mystérieux de la végétation ?

L'Hellébore noir ou *Rose de Noël* est une plante vivace, dont la rusticité défie la rigueur

Fig. 1115. — Hellébore, Rose de Noël ou Rose d'hiver.

de nos hivers et qui semble singulièrement attachée au sol sur lequel elle a vécu. Comme beaucoup de plantes vivaces, l'Hellébore n'aime pas à être transplanté et ne devient jamais plus beau que lorsqu'on le laisse plusieurs années à la même place. Un de nos amis en possède, dans son jardin à la montagne, une superbe touffe qui n'a pas été dérangée depuis quelques années. C'est un spécimen magnifique, sur lequel on peut cueillir de ces roses de Noël pendant une grande partie de l'hiver, car ses admirables fleurs blanches se succèdent sans interruption, depuis le mois de décembre jusqu'au printemps. Quand le froid est rigoureux ou qu'il tombe de la neige, cette plante est simplement protégée au moyen d'une

légère couverture, une grosse caisse renversée, afin que ses boutons et ses fleurs ne soient pas endommagés par le gel et par la neige.

Outre la *Rose de Noël* proprement dite, il existe plusieurs autres belles espèces d'Hellébores, ainsi que de nombreuses variétés hybrides dont les ravissantes fleurs varient du blanc verdâtre au blanc pur, du violet foncé au rose clair et au rose pourpre, du carmin au rouge brunâtre le plus foncé, coloris parfois pointillé de jaune.

« Désintéressés et fidèles », telle devrait être la devise de ces admirables Renonculacées et fleurs des neiges.

Dans le même pays et dans le cours de l'année, les fleuraisons des différentes espèces s'échelonnent en proportion de la chaleur que chacune d'elles exige ; de même chaque espèce, végétant en différents pays, fleurit de plus en plus tard à mesure qu'elle arrive dans des contrées plus froides, et réciproquement. D'après Schübler, chaque degré de latitude retarde la fleuraison d'environ quatre jours. Ces différences deviennent surtout frappantes pour les voyageurs : ainsi lorsque Aug. Saint-Hilaire partit pour le Brésil, le 1er avril 1816, les Pêchers, à Brest, n'avaient ni feuilles ni fleurs. Le 8 avril, à Lisbonne, ils avaient entièrement fleuri ; le 25 du même mois, à Madère, il vit les pêches nouées et le froment en épis ; enfin quatre jours plus tard, à Ténériffe, on faisait la moisson, et les pêches avaient presque atteint leur maturité.

La *sécheresse* exerce une influence déterminante sur la fleuraison, tandis que l'humidité favorise, au contraire, la production des feuilles. De là des jardiniers arrosent peu les plantes faiblement florifères pour les faire fleurir.

Mettant en pratique les données acquises sur l'influence de la chaleur, les fleuristes parviennent à produire des fleurs en toute saison et à entrer en sérieuse concurrence avec les horticulteurs des rives privilégiées de la Côte d'azur et de l'Algérie. Nous avons tous remarqué ces belles branches de Lilas blanc dont on fait commerce durant tout l'hiver à Paris, et l'on sait que l'on peut faire fleurir pendant toute l'année la Tulipe, la Giroflée, la Viorne obier encore nommée Boule-de-neige.

Forçage du Lilas. — Tandis que les fleurs qui égaient nos hivers parisiens proviennent du midi de la France, les Lilas sont principalement forcés dans les environs de Paris, d'où on les expédie, même jusqu'à Nice, ce qui paraît bien un peu contradictoire. Dans la campagne de Vitry, près Paris, 200 hectares sont consacrés à cette culture et, à raison de trente mille pieds à l'hectare, cela donne six millions de pieds en culture; comme on ne force les plants qu'à partir de l'âge de cinq ans ou même huit ans, il reste encore plus d'un million de pieds pour être livrés annuellement au forçage.

« On n'arrache les plants qu'au fur et à mesure des besoins et on les enlève avec une forte motte de terre adhérente à leurs racines.

Amenées chez le forceur, les touffes sont d'abord émondées et taillées, toutes les pousses étant supprimées, à l'exception de celles qui paraissent porter des boutons à fleur. Ensuite, les plants ainsi préparés sont placés près à près, toujours munis de leur motte, dans les serres à forcer.

Un mètre carré peut en contenir de huit à douze. Les serres, très fortement chauffées, sont tenues dans une obscurité complète quand on veut obtenir du Lilas blanc.

Il paraît prouvé cependant que l'obscurité n'est pas absolument nécessaire au blanchissement du Lilas, pourvu que la température soit très élevée; mais, la couverture des châssis vitrés au moyen de paillassons a le double avantage de s'opposr à la déperdition de la chaleur en même temps qu'elle exclut la lumière. Quand on veut obtenir du Lilas rose, on chauffe moins fortement et l'on donne un peu de lumière.

Il faut à peu près six semaines pour obtenir du Lilas rose et de trois à quatre pour faire fleurir du Lilas blanc. Ce dernier s'obtient de préférence avec la variété dite *de Marly*.

L'usage du Lilas blanc forcé est tellement entré dans les habitudes, qu'on le produit actuellement à peu près toute l'année.

Le Lilas considéré comme fleur de pleine terre vient un peu plus tard dans la saison. Nous avons vu que le forçage de cette plante est l'objet d'un commerce considérable, mais la vente des fleurs venues en plein air ne laisse pas que d'être fort importante.

Comme je l'ai expliqué, en effet, le forçage produit une fleur uniformément blanche ou rosée, quelle que soit la variété employée ; les espèces de pleine terre sont, au contraire, extrêmement variées de forme et de coloris : le *Lilas blanc*, *Lilas de Marly*, le *Lilas Varin*, le *Lilas de Perse*, le *Lilas de Charles X*, fleurissent à peu près tous en même temps et

encombrent le marché dès les premiers beaux jours (1). »

On reconnaît du reste très bien les Lilas forcés à leurs feuilles délicates, d'un vert tendre, assez pâle. Les fleurs qui naissent dans une serre fortement chauffée (vers 22°) n'élaborent pas de pigment rose, mais celles qui se produisent dans une serre fraîche et qui se forment plus lentement prennent des teintes rappelant la teinte naturelle, et d'autant plus vives que la fleuraison est plus lente. Le froid, retardant l'épanouissement des fleurs, est donc indirectement un facteur de la production des pigments et l'on sait que les fleurs des stations arctiques ou des stations de montagne sont plus vivement colorées que celles de même espèce qui se forment sous des climats plus doux. Aussi grande est la joie du touriste qui peut rapporter d'une excursion souvent fatigante les belles Gentianes d'un bleu si profond, comme la *Gentiana acaulis*, la *Gentiana verna*, la *Gentiana bavarica*, mêlées à la *Gentiana purpurea* et à la *Gentiana lutea*, elles-mêmes accompagnées de la Crépide dorée (*Crepis aurea*) dont la couleur d'un orangé rutilant est peut-être une des plus chaudes que présentent les fleurs ; notons encore la petite Linaire des Alpes (*Linaria alpina*) dont la corolle rappelle celle d'une Gueule-de-loup et qui montre au milieu du brillant violet de ses pétales unis une tache d'un rouge éclatant qui surprend et qui charme.

ENVELOPPES FLORALES

Nous savons que les parties reproductrices des fleurs sont protégées par des organes d'enveloppe nommés sépales et pétales, et constituant le périanthe.

Quelquefois nul ou très peu important, ce périanthe peut constituer la partie de la fleur la plus visible, la seule visible même, ainsi que cela a lieu pour les Aristoloches (fig. 1116 et 1117). Dans ces fleurs, le périanthe joue un rôle très particulier relativement à la visite des insectes qu'il sait retenir dans sa cavité au moyen de poils disposés à son intérieur, tout en leur permettant de sortir quand ils sont chargés de pollen (4, fig. 1117).

En outre du périanthe normal, il peut exister des pièces accessoires, toutes d'origine foliaire, extérieures aux sépales ou les précédant sur le pédoncule floral.

(1) Ph. de Vilmorin, *Les fleurs à Paris, culture et commerce*, p. 283.

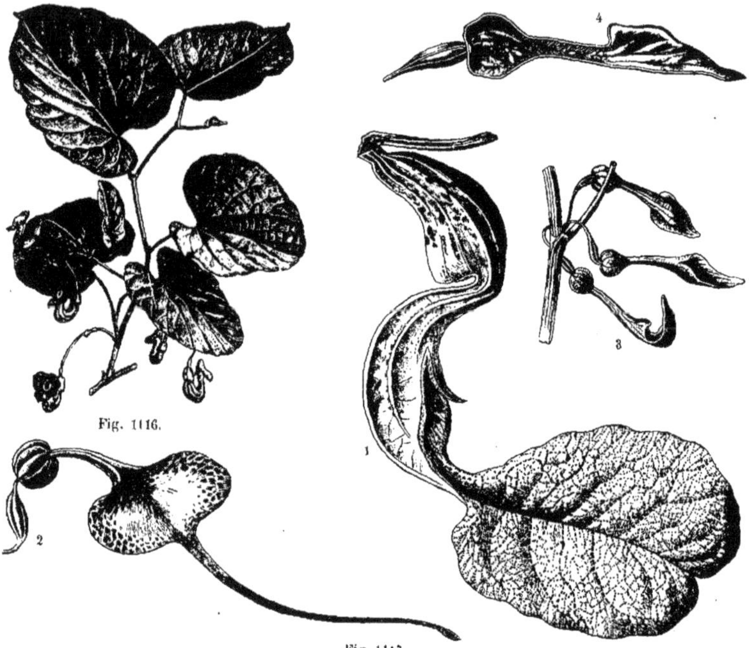

Fig. 1116. — *Aristolochia sipho*.
Fig. 1117. — 1, *Aristolochia labiosa*; 2, *Aristolochia cordata*; 3, *Aristolochia clematitis*; l'une des trois fleurs représentées est presque flétrie et déjà penchée, les deux autres sont ouvertes pour permettre l'entrée des insectes qui doivent les féconder. 4, Section un peu grossie de l'une de ces fleurs montrant deux petits insectes (*Ceratopogon*) retenus prisonniers dans la corolle.

Fig. 1115 et 1116. — Fleurs des Aristoloches.

BRACTÉES DES DICOTYLÉDONES

Le plus souvent, les feuilles à l'aisselle desquelles naissent les fleurs ont une forme différente de celle des feuilles végétatives, et il peut en être de même de quelques feuilles placées à la naissance des rameaux d'une inflorescence, ou non loin de ce point.

Toutes ces productions sont réunies sous le nom de bractées ; il arrive quelquefois que leur ensemble donne à la plante une originalité ou une splendeur remarquables. Ainsi, c'est à des bractées vivement colorées que certaines plantes d'ornement doivent leur beauté, et parmi celles-ci il faut citer les Bougainvilles, ces admirables fleurs d'un rouge magenta dont les touffes grimpantes embellissent les jardins de la blanche Alger, et jettent leur note gaie sur ses murs éblouissants.

Ce sont encore des bractées d'un genre spécial qui, dans l'Ananas, terminent la tige et surmontent sa portion florifère, comme on le voit sur la figure 1118.

Calicules. — Quelquefois à la base même du calice d'une fleur se trouvent réunies des bractées, soit en même nombre que les sépales et alternant régulièrement avec eux, soit en nombre différent. Le premier cas se voit (fig. 1119) dans la fleur du *Fragaria indica*. Là, en dehors des sépales, *s, s, s*, et alternant avec eux, existent cinq grandes bractées *i, i, i, i, i*, qui semblent former un second calice et dont l'ensemble, pour ce motif, est appelé calicule. Le Fraisier commun et ses voisins *Geum, Potentilla* ont un calicule analogue,

Fig. 1118.   Fig. 1120.   Fig. 1121.

Fig. 1118. — *Ananassa sativa*. Sommité fructifère.
Fig. 1119. — Fleur entière du *Fragaria indica*. —*s, s, s,* calice; *i, i, i, i, i* bractées (1/1).

Fig. 1120. — Fleur entière du *Dianthus barbatus* avec son calicule de six bractées (1/1).
Fig. 1121. — *Cuminum cyminum.*

mais beaucoup plus petit, dont la nature et l'origine ont été envisagées de manières diverses.

Les Mauves et la plupart des autres Malvacées ont également un calicule, mais dont les folioles sont rarement en nombre égal à celui des pièces ou des divisions du calice, et tantôt restent libres, tantôt se soudent entre elles de manière à prendre toute l'apparence d'un calice extérieur monosépale. Les calicules de cette première catégorie peuvent être qualifiés de *calici-formes,* puisqu'ils ressemblent à un second calice.

La seconde catégorie, formée des calicules *imbriqués*, existe chez les Œillets ou *Dianthus,* notamment dans l'Œillet de poète ou *Dianthus barbatus.* Ici (fig. 1120), à la base du calice en tube, se trouvent six bractées élargies infé-rieurement et plus haut linéaires, disposées en trois paires et qui forment le calicule im-briqué de la fleur. On connaît une monstruosité d'Œillet, dans laquelle les bractées du calicule deviennent fort nombreuses et forment une longue succession de paires croisées, tandis qu'en même temps la fleur se développe très mal ou s'atrophie.

Involucre. — Dans un assez grand nombre d'inflorescences en ombelles, les bractées mères des divers pédicelles, rapprochées en verticille, entourent le point de départ commun des branches en formant une collerette. Ce ver-ticille de bractées, qui enveloppe et protège l'ombelle dans le jeune âge, est un involucre. Dans les ombelles composées, il y a un invo-lucre général et des involucelles à la base des diverses ombelles simples dont se compose l'inflorescence, comme dans le Cumin (fig. 1121), la Carotte et d'autres Ombellifères.

Quand l'inflorescence est en capitule, les bractées mères de la rangée de fleurs la plus externe se développent plus que les autres, de

Fig. 1122. — Fleur et involucre, *b, b,* de la Nigelle de Damas (*Nigella damascena*); *s,* calice; *e,* étamines; *p,* pistil (presque 1/1).

manière à envelopper le capitule avant son épanouissement; ce cercle de bractées est encore un involucre, comme dans le Séneçon,

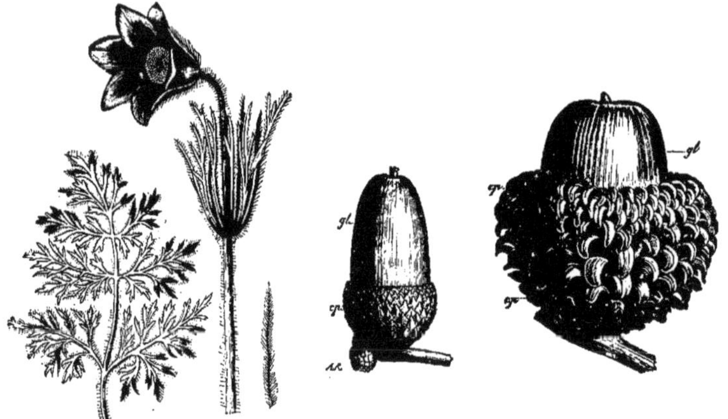

Fig. 1123.   Fig. 1124.   Fig. 1125.

Fig. 1123. — *Anemone pulsatilla.*
Fig. 1124. — Gland, *gl*, du *Quercus Robur* (var. *pedunculata*), avec sa cupule *cp* (1/1).

Fig. 1125. — Gland, *gl*, du *Quercus Ægilops*, profondément enchâssé par sa base dans sa cupule à longues bractées recourbées, *cp* (1/1).

l'Armoise. D'autres bractées, situées plus bas sur le pédicelle et stériles, viennent s'ajouter souvent en plus ou moins grand nombre aux premières et c'est l'ensemble de toutes ces bractées imbriquées, stériles et fertiles, qui constitue l'involucre, comme dans la Centaurée.

Les involucres qui ont été étudiés appartiennent à un ensemble de fleurs, ils sont pluriflores. Mais le pédicelle d'une fleur peut porter, à une plus ou moins grande distance de cette fleur solitaire, un certain nombre de bractées stériles très développées, disposées à la même hauteur et enveloppant la fleur avant son épanouissement; c'est encore un involucre, mais il est uniflore. On rencontre cette disposition dans la Nigelle de Damas (fig. 1122), dans l'Anémone (fig. 1123).

Cupule. — Une formation d'un genre un peu différent caractérise les plantes de la famille des Cupulifères. Sous la fleur et après sa formation, il se produit une excroissance de la couche périphérique du pédicelle, excroissance qui devient un bourrelet annulaire dont le relèvement crée une coupe (fig. 1124). A la surface, cette cupule présente un grand nombre d'émergences écailleuses ou épineuses, surtout développées dans le Chêne chevelu (*Quercus cerris*), et le Chêne vélani (*Quercus Ægilops*) (fig. 1125) du Levant, dont la grande

cupule est employée, sous le nom de *vélanède*, pour la teinture en noir, à cause de sa richesse en tanin.

BRACTÉES DES MONOCOTYLÉDONES

Spathe. — Les fleurs de beaucoup de plantes monocotylédones sont d'abord enfermées dans une grande bractée spéciale, qui s'ouvre ensuite pour les laisser paraître au jour; plus rarement, il y a deux bractées opposées.

Cette enveloppe, commune chez les Aroïdées et les Palmiers, est quelquefois uniflore, comme chez le Narcisse. Elle peut prendre une forme remarquable et une couleur éclatante, ou blanche comme dans la Richardie, ou rouge écarlate comme dans certains Anthures (*Anthurium scherzerianum*).

Glumes et glumelles. — Dans les plantes de la famille des Graminées et dans celles de la famille des Cypéracées, les fleurs ne sont protégées par aucun périanthe, mais par des bractées portant le nom générique de glumes et dont les diminutifs sont glumelles et glumellules.

Examinons un épillet d'Ivraie, comme ceux que représente la figure 1126. Nous trouvons à la base de chacun d'eux deux petites folioles vertes, *g*, opposées, mais attachées l'une un peu plus haut que l'autre. Ces deux bractées forment à l'épillet une enveloppe nommée la *glume*, et formée de deux valves.

Dans chaque épillet, abstraction faite de la glume, il existe encore plusieurs petites feuilles. Ainsi dans l'épillet terminal, outre les deux folioles de la glume, ou en compte sept autres, dont chacune indique une fleur distincte et

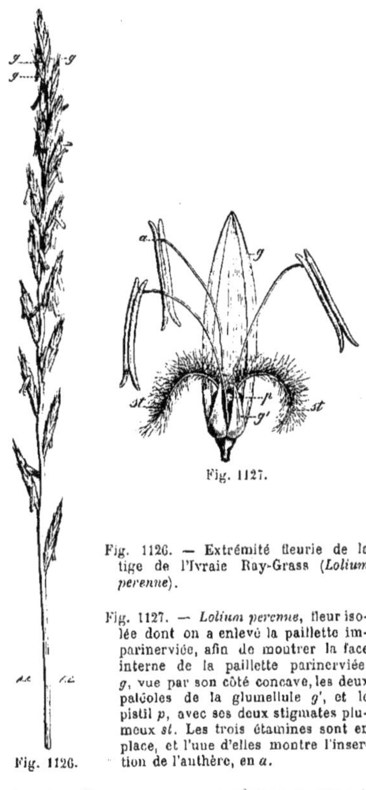

Fig. 1127.

Fig. 1126. — Extrémité fleurie de la tige de l'Ivraie Ray-Grass (*Lolium perenne*).

Fig. 1127. — *Lolium perenne*, fleur isolée dont on a enlevé la paillette imparinerviée, afin de montrer la face interne de la paillette parinerviée, *g*, vue par son côté concave, les deux palćoles de la glumellule *g'*, et le pistil *p*, avec ses deux stigmates plumeux *st*. Les trois étamines sont en place, et l'une d'elles montre l'insertion de l'anthère, en *a*.

Fig. 1126.

séparée. Chacune a une enveloppe propre à deux folioles, qui se nomme *glumelle* ou *bâle* ou *balle*, ses deux folioles se nommant les *paillettes*.

Enfin, cette structure florale se complique par la présence d'un cercle intérieur comprenant rarement trois, souvent deux petites écailles (*g'*, fig. 1127) situées alors devant la paillette externe; leur ensemble est la *glumellule*; c'est le véritable périanthe des Graminées.

LE PÉRIANTHE

Les parties les plus extérieures d'une fleur, celles que l'on remarque les premières, sont les pièces d'enveloppe et de protection (fig. 1128) formant ordinairement deux verticilles, le calice et la corolle, réunis par les botanistes descripteurs sous le nom de périanthe.

Ces enveloppes, et particulièrement le calice, furent longtemps considérées comme des organes simples à cause de la soudure fréquente de leurs parties constitutives, les sépales et les pétales, et de cette idée est né le nom de calice qui veut dire coupe; plus tard s'est introduite la notion de la composition du calice en folioles dites folioles calicinales, et le nom de sépales a remplacé, non sans lutte, cette dénomination un peu longue. Voici comment fut accueilli le nom de *sépale* par A. de Saint-Hilaire :

« Depuis un assez petit nombre d'années, on a exhumé le nom de *sépales* qui avait été imaginé par Necker pour indiquer les folioles du calice, et qui avait été longtemps oublié. Si ce mot, qui est barbare et difficile à employer, à cause de sa ressemblance avec le mot *pétale*, avait été créé par Linné ou Jussieu, avant qu'on eût les idées que nous professons aujourd'hui, on se serait bien certainement empressé de le répudier, pour mettre à sa place quelques dénominations qui rappelassent la véritable nature du calice. Mais de telles dénominations étaient déjà employées par tout le monde, celles de folioles calicinales ; elles étaient les meilleures possibles; on a voulu leur en substituer d'autres, et l'on a prouvé que changer ce n'est pas toujours mieux faire. Conservons donc la manière de s'exprimer qui avait été consacrée par les deux réformateurs de la science, et qui montre que ces grands hommes avaient pressenti, relativement à la nature de la fleur, les vérités que nous pouvons démontrer aujourd'hui ; ou, si l'exemple nous oblige à adopter le mot *sépale*, comme l'homme qui parle le mieux est souvent entraîné, par ceux qui l'entourent, à employer, dans le langage habituel, des locutions défectueuses, reconnaissons du moins qu'en ce point ceux qui nous ont précédés ont mieux fait que nous. »

Quoi qu'il en soit du nom donné aux pièces du périanthe, celui-ci est formé de feuilles modifiées dont l'apparition se fait de très bonne heure sur le réceptacle, dans le jeune bouton

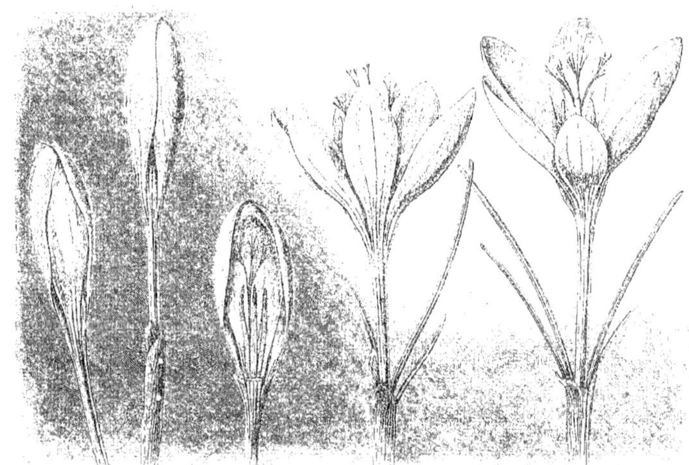

Fig. 1128. — Protection du pollen par le périanthe chez le Safran (*Crocus multifidus*). — A gauche, les fleurs sont fermées dans la nuit ou pendant la pluie. A droite, les fleurs sont ouvertes au soleil (l'un des sépales a été enlevé à une fleur fermée pour montrer l'intérieur de cette fleur).

floral. A leur origine, ces pièces sont de petits mamelons qui croissent d'abord à leur sommet, puis grandissent par une de leurs régions moyennes. Si la région d'accroissement est située dans chaque mamelon, il en résulte une conservation de l'individualité de ceux-ci, et le calice ou la corolle sont dits *polyphylles* (polysépale ou dialysépale, polypétale ou dialypétale). Si la région d'accroissement est située à la base même des mamelons d'un même verticille, elle affecte la forme d'un anneau et donne naissance à un tube que surmontent les mamelons primitifs, plus ou moins agrandis; cet aspect masque la pluralité des pièces et l'on dit le calice ou la corolle *monophylles* (gamosépale ou gamopétale).

Les caractères que l'on tire de la forme du périanthe sont de première importance pour la classification des Phanérogames; nous ne pourrions donc les rappeler tous ici sans nous exposer à de nombreuses redites, puisque l'étude des Familles qui a été faite dans le *Monde des Plantes* comprend l'examen de ces caractères; cependant, nous pouvons rechercher les règles les plus générales de la transformation des pièces du périanthe, après en avoir fait connaître la forme type et le plan de structure.

Remarquons aussi, dès l'abord, que les pièces du périanthe peuvent être toutes identiques et dans ce cas prendre l'apparence de pétales, ce qui fait dire que le périanthe est pétaloïde, comme on le voit sur les fleurs des figures 1129 à 1133, dont les unes ont des pétales distincts et dont l'autre, celle du Muguet (fig. 1131), possède un périanthe monophylle. Cela nous montre, mieux peut-être que toute autre observation, la nature identique des sépales et des pétales, toutes pièces dont le rôle est de protéger les parties centrales de la fleur.

LE CALICE

Le calice est le verticille le plus extérieur de la fleur, il est formé de sépales.

Nature des sépales. — Les sépales sont des feuilles se distinguant des feuilles ordinaires d'une plante par les caractères suivants:

Un sépale est une feuille sessile, à limbe entier ou très peu découpé, terminé en pointe, et inséré sur le réceptacle par une base assez large. Sa nervation est simple; elle comporte une nervure médiane avec quelques divisions s'en détachant suivant le mode penné; en outre, deux nervures marginales. De même que dans les feuilles végétatives, on trouve ici les deux

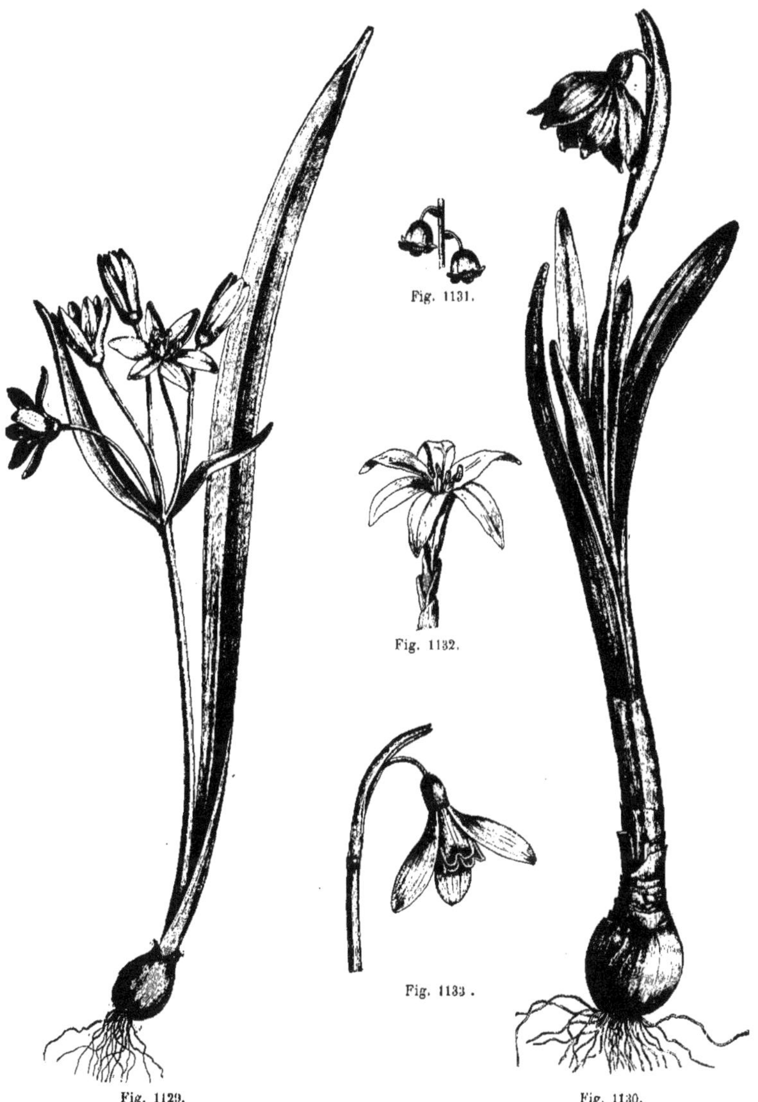

Fig. 1131.

Fig. 1132.

Fig. 1133.

Fig. 1129.

Fig. 1130.

Fig. 1129. — *Gagea lutea.*
Fig. 1130. — *Leucojum vernum.*
Fig. 1131. — Muguet (*Convallaria majalis*).

Fig. 1132. — *Bulbocodium.*
Fig. 1133. — *Galanthus nivalis.*

Fig. 1129 à 1133. — Fleurs à périanthe pétaloïde.

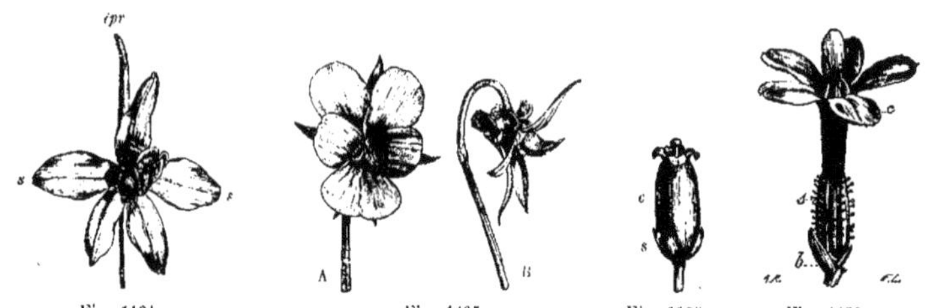

Fig. 1134.   Fig. 1135.   Fig. 1136.   Fig. 1137.

Fig. 1134. — Fleur du *Delphinium consolida* (1/1). — *s, s*, calice pétaloïde; *épr*, son éperon.

Fig. 1135. — Fleur du *Viola tricolor* var. *alpestris* DC. entière et de face en A, sans sa corolle et de profil en B (1/1).

Fig. 1136. — Fleur de l'*Erica stricta*. — *s*, calice; *c*, corolle (2/1).

Fig. 1137. — Fleur de *Plumbago europæa*. — *s*, calice tubulé quinquedenté.

Fig. 1134 à 1137. — Diverses formes de calice.

épidermes inférieur et supérieur, le parenchyme moyen chargé de grains de chlorophylle qui le colorent en vert, les stomates pour la circulation des gaz de la respiration, et souvent une garniture de poils comme dans les feuilles extérieures ou écailles des bourgeons.

Forme des sépales. — La forme des sépales diffère souvent peu de la forme simple qui vient d'être décrite ; cependant certaines déformations peuvent se produire et on les regarde comme résultant de l'inégalité de croissance des divers points de la surface. Supposons qu'en un point, souvent voisin de la base, il se fasse une croissance exagérée ; l'augmentation de surface qui en résulte détermine une bosse du sépale, et si cette bosse creuse continue à se développer, on assiste à la formation d'un éperon.

C'est ainsi que le calice des Crucifères comporte deux sépales bossus, caractéristiques de ces plantes, et que l'un des sépales de la Dauphinelle pied d'Alouette (fig. 1134), de la Capucine, est éperonné.

Certains calices, au lieu de se relever en bosses ou éperons, dilatent leur membrane même en lames ou *appendices*, qui le font qualifier de *calice appendiculé*; tantôt ces appendices résultent d'une dilatation des bords des lobes calicinaux au fond des sinus auxquels ils répondent, comme dans la Campanule des jardins (*Campanula medium*) ; tantôt ils sont une production de chaque lobe ou sépale dont ils forment un prolongement direct, comme dans les Violettes, par exemple, dans le *Viola tricolor* var. *alpestris*, dont la figure 1135 montre la fleur entière en A ; dé-

pouillée de sa corolle et de profil, de manière à présenter les appendices calicinaux, en B.

Forme du calice. — Les variations dont le calice peut être le siège dans sa forme sont de deux sortes principales : les unes tiennent au degré de soudure des pièces qui le composent, les autres à la régularité plus ou moins grande de leur disposition, de leurs formes et dimensions.

CONCRESCENCE DES SÉPALES. — L'union des sépales par la croissance commune peut se faire à divers degrés et donne des dispositions que l'on peut nommer en supposant que le calice est l'unité et que les sépales sont ses divisions, tout comme on nomme une feuille en tenant compte de ses divisions.

On a ainsi les calices partagés, ou partits, comme dans les Bruyères (fig. 1136), qui rappellent les calices dialysépales ; les calices fendus, analogues à celui du *Fuchsia* ; les calices dentés, comme celui du *Plumbago* de la figure 1137 ; enfin les calices entiers, comme dans l'*Eschscholtzia* et l'*Eucalyptus*.

L'*Eschscholtzia californica* est une jolie Papavéracée annuelle assez communément cultivée (fig. 1138) ; le bouton de cette plante montre, dans l'état jeune, un calice de deux sépales opposés, largement séparés au sommet. Mais en s'allongeant, ces deux sépales viennent se toucher par leur extrémité ; ils y contractent adhérence l'un avec l'autre, et, comme ils sont déjà soudés entre eux au-dessous de ce point, ils forment finalement une enveloppe conique au bouton (*s*, fig. 1139, A). Ce cône calicinal étant parvenu à son développement complet, la corolle continue de grandir ; elle presse sur lui, le détache au niveau *a* où il est le plus mince, le fend même et le soulève ; bientôt il tombe et laisse à découvert la corolle *c* (fig. 1139, B) enroulée, qui peut dès lors étaler ses quatre grands pétales.

Fig. 1138. — *Eschscholtzia californica.*

Les Eucalyptus doivent leur nom à l'organisation de leur fleur ; leur bouton près de s'ouvrir a dans beaucoup d'espèces la forme que montre la figure 1140, A. On y voit en *a*, sous la coupole une ligne circulaire, selon laquelle se fera, par l'épanouissement, une rupture trans-

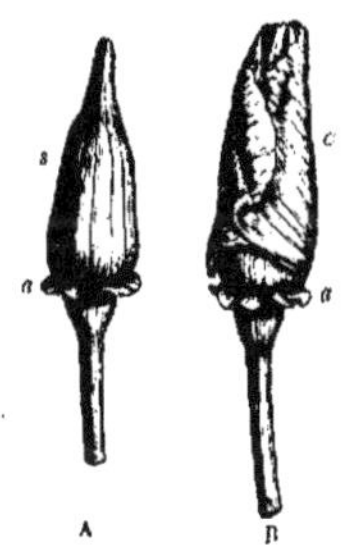

Fig. 1139. — Bouton de fleur de l'*Eschscholtzia californica.* — En A, près de s'ouvrir, mais enveloppé du calice *s*; *a*, niveau où le cône calicinal se rompra pour permettre l'épanouissement. — B, fleur non épanouie dont le calice vient de tomber et laisse voir la corolle *c*, enroulée et plissée (1/1).

versale qui détachera le couvercle calicinal à l'intérieur duquel adhèrent presque toujours les pétales. Dans quelques cas, ceux-ci se réunissent eux-mêmes en une seconde corolle plus antérieure. La chute de ce couvercle ou opercule (B, fig. 1140) permet l'épanouissement des étamines, en nombre considérable, qui, jusqu'alors, étaient abritées sous cette voûte. Chez

l'*Eucalyptus rostrata*, l'opercule forme supérieurement un grand prolongement arqué qui atteint jusqu'à 0ᵐ,03 de longueur.

Symétrie du calice. — Le calice de certaines fleurs est régulier, soit qu'il comporte des sépales de forme identique et de dimension égale, soit qu'il se constitue avec des sépales différents, mais alternant régulièrement, comme chez les Crucifères.

Quand, au contraire, l'un des sépales est plus développé que les autres qui sont ressemblants deux à deux, on observe une symétrie des deux moitiés de ce calice, qui est dit irrégulier, comme chez la Capucine, l'Aconit. Ainsi, dans la fleur du Polygala commun, représenté dans la figure 1141, le calice offre deux grands sépales égaux latéraux, colorés (*s'*, *s'*) nommés les ailes, et trois autres beaucoup plus petits (*s*, *s,*) et verts.

La fleur du Trèfle renversé (*Trifolium resupinatum*) (fig. 1142) nous montre un calice *s*, *bilabié* (de *labium*, lèvre), ainsi désigné parce que ses dents ou lobes se rapprochent en un groupe supérieur et un inférieur, qu'on a comparés à deux lèvres. Ici la lèvre supérieure a deux dents grêles et longues, tandis que l'inférieure en a trois plus courtes. Les deux fissures qui séparent ces deux lèvres descendent beaucoup plus bas que celles qui divisent les dents dans chaque lèvre. D'autres plantes (Labiées) ont un calice également bilabié, mais dont la lèvre supérieure a trois dents, l'inférieure en ayant deux.

Calicule. — Les sépales se ramifient très rarement ; cependant il en est qui forment des stipules à leur base, et les stipules de deux sépales voisins peuvent s'unir pour former des folioles nouvelles d'apparence sépaloïde. Ces folioles sont alternantes avec les sépales ; elles constituent un second calice, nommé encore calicule. L'observation du calicule est très aisée chez le Fraisier et la Potentille faux Fraisier dont le calice paraît avoir dix dents, tandis qu'il n'en possède que cinq, auxquelles s'ajoutent les cinq dents du calicule, d'un vert plus foncé.

Évolution du calice. — L'origine du calice, sa préfloraison nous sont connues ; les sépales étant appliqué les uns contre les autres dans le bouton, il nous faut assister à leur séparation, c'est-à-dire à l'épanouissement de la fleur que le calice tient prisonnière.

L'ouverture du calice peut se faire de plusieurs manières ; le plus souvent, les sépales

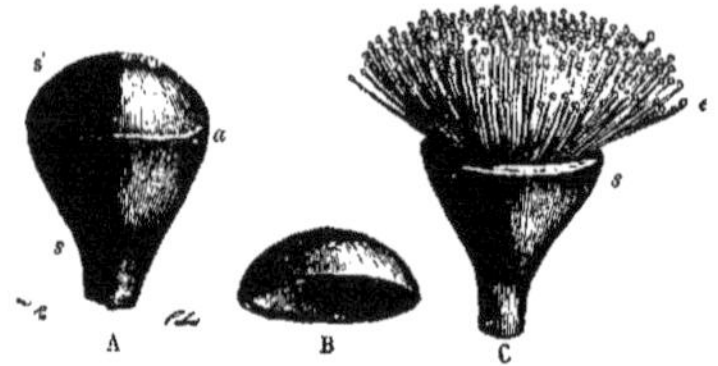
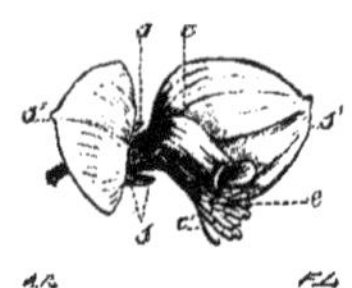

Fig. 1140.

Fig. 1141.   Fig. 1142.

Fig. 1140. — *Eucalyptus macrocarpa* Hook. — A, bouton près de s'ouvrir : *a*, cercle où le calice se rompra en une portion persistante *s* et un couvercle ou opercule *s'* qui tombera. — C, la fleur épanouie : *e*, masse des étamines que la chute du couvercle calicinal B a mise en évidence (1/1).

Fig. 1141. — Fleur de *Polygala vulgaris.* — *s, s*, les trois petits sépales dont un seul est en haut ou en arrière et les deux autres en bas ou en avant; *s', s'*, les deux grands sépales latéraux ; *c, c'*, corolle ; *e*, étamines (3/1).
Fig. 1142. — Fleur entière du *Trifolium resupinatum.* — *s*, calice bilabié; *ét, ai, cr*, corolle (environ 3/1).

se séparent en se rejetant en dehors, par le simple fait d'une croissance plus grande sur leur face interne. Dans quelques exemples, les sépales ne se séparent pas, le calice ne s'épanouit pas, ainsi que nous l'avons vu chez l'*Eucalyptus*.

Il existe même des fleurs qui ne s'ouvrent pas, c'est-à-dire dont toutes les parties restent enfermées dans le calice clos. Ainsi on trouve souvent sur un pied de Violette des fleurs plus petites que les autres, sans nectar, sans parfum, à corolle rudimentaire et ne présentant pas l'aspect de fleurs. Le Dr Kuhn les a appelées fleurs cléistogames et on a reconnu leur présence dans plus de cinquante genres de plantes.

La durée du calice est très variable, et dans

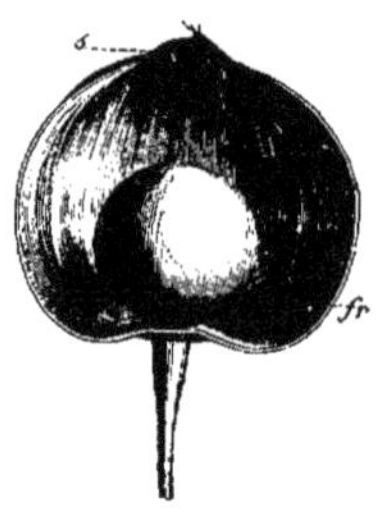

Fig. 1143. — *Physalis Alkekengi.* — Son calice accrescent, *s*, est devenu, autour du fruit, *fr*, une large enveloppe membraneuse ou *induvie*, qui a été coupée longitudinalement dans la figure (1/1).

la plupart des cas cet organe de la fleur est, avec le pistil, celui qui persiste le plus longtemps et peut se retrouver dans le fruit. Mais il arrive aussi que sa durée est bien plus courte, car il tombe au moment où la fleur

s'épanouit. Le Coquelicot est un exemple de ces calices *caducs*, le *Glaucium* en est un second exemple ; son bouton près de s'ouvrir ne montre que ses deux sépales qui tomberont bientôt, laissant la corolle à découvert.

Le cas le plus fréquent est celui des calices *passagers* qui durent à peu près autant que la corolle ; et on nomme calices *persistants* ou *marcescents* ceux qui se retrouvent dans le fruit, à l'état desséché, sans avoir subi d'accroissement, comme cela a lieu chez le Pommier, par exemple.

Si, au contraire, le calice continue à s'accroître tandis que le fruit se forme, il est dit *accrescent*, comme celui du Coqueret de la figure 1143. Dans cette fleur, le tube du calice grandit jusqu'à former une poche membraneuse rouge orangé dans laquelle le fruit est logé.

Fleurs sans calice. — La présence simultanée d'un calice et d'une corolle est fréquente, c'est le cas le plus ordinaire et le plus connu. La présence d'une seule enveloppe à la fleur peut laisser dans l'incertitude sur la nature de cette enveloppe, que l'on considère presque toujours comme un calice ; ainsi les Anémones, les Clématites ont des fleurs monopérianthées, et dans quelques-unes de ces fleurs la beauté du calice le rend très comparable à une corolle et fait rechercher la plante pour l'ornementation. Dans la grande famille des Composées, les fleurs semblent ne posséder qu'une corolle, et cependant on peut retrouver trace du calice sous forme d'une ceinture ou d'une aigrette de poils qui sont un état de désagrégation d'un tube calicinal hypothétique. Nous avons eu l'occasion de mentionner le rôle de ces poils page 434 et ils sont représentés dans figures les 808 à 814.

Fig. 1144.   Fig. 1145.   Fig. 1146.

Fig. 1144. — Fleur entière de l'*Aristolochia Sipho* — *ov*, ovaire infère (1/1).

Fig. 1145. — Fleur de la Belle-de-nuit (*Mirabilis Jalapa*). — *s*, son calice pétaloïde; *b*, involucre uniflore (1/1).

Fig. 1146. — Fleur de la Belle-de-nuit (*Mirabilis Jalapa*) ouverte par une coupe longitudinale menée par son milieu. -- *b*, involucre; *s*, calice pétaloïde; *s'*, portion basilaire du calice renflée et à parois épaisses; *e*, étamines; *p*, pistil.

Les plantes dicotylédones qui ne possèdent qu'un calice pour périanthe ont été nommées *apétales* par Jussieu ; elles sont les unes apétales seulement, les autres apétales et asépales, c'est-à-dire *apérianthées* ou *nues*.

Les manières d'être du périanthe simple varient beaucoup ; ainsi, dans l'Aristoloche siphon de la figure 1144, le périanthe forme un long tube arqué en siphon, renflé à sa base, rétréci à son orifice autour duquel s'étale un limbe presque circulaire et faiblement trilobé.

Certaines Dicotylédones apétales pourraient être, au premier coup d'œil, regardées comme possédant un calice en dehors de leur enveloppe colorée et pétaloïde. Telle est la Belle-de-nuit (*Mirabilis Jalapa*) (fig. 1145) dont le périanthe simple et pétaloïde *s* est embrassé dans le bas par une enveloppe foliacée verte *b*, qui semble être un calice quinquéfide, entourant la base d'une corolle; mais la coupe longitudinale (fig. 1146) montre que le fond *s'* de ce périanthe est renflé en une sorte de vésicule à parois fermes qui persiste après la floraison, tandis que tout le reste se flétrit et disparaît ; même, pendant que le fruit se développe, cette portion basilaire de l'enveloppe florale se comporte comme un calice accrescent, grandit, épaissit ses parois ; finalement elle forme au fruit mûr une enveloppe complète qui semble en faire partie. Cette première circonstance montre que ce n'est pas là une corolle. D'un autre côté, cette enveloppe verte *b*, propre à une seule fleur dans le genre *Mirabilis* en général, tout en restant la même, embrasse trois fleurs dans le *Mirabilis tri-*

flora ; elle accompagne de une à six fleurs dans les *Oxybaphus* ; enfin, dans la même famille des Nyctaginées, les *Abronia* la présentent à la base d'une inflorescence entière. Ce n'est donc pas un calice, puisque celui-ci ne peut appartenir qu'à une fleur, mais bien un involucre dont les trois, ou plus souvent les cinq bractées verticillées se soudent en général en une coupe caliciforme.

Rôle du calice. — Le premier rôle du calice, celui qu'il remplit toujours, est la protection du bouton et de la jeune fleur ; mais, si le calice est persistant, il peut servir à protéger ou même à défendre la fleur ou le fruit contre les causes extérieures d'altération et de destruction. Nous avons observé des fleurs défendues contre l'attaque des petits animaux aptères par une ceinture de poils glanduleux placés sur les organes floraux externes, sur le calice en particulier ; nous pouvons aussi constater le rôle protecteur des calices persistants.

La présence du calice n'est point indispensable à la conservation du fruit, puisque dans un grand nombre de fleurs ce calice tombe après la fécondation, et que dans quelques cas où il persiste ses sépales ne se pressent pas contre le fruit, mais se renversent en arrière comme chez le *Datura stramonium*. Cependant il y a une foule de cas où il est impossible de ne pas reconnaître que le calice est en rapport avec l'ovaire, et que, lui servant d'enveloppe, il le protège tandis que celui-ci devient le fruit. Durant la fécondation, le calice de la plupart des Alsinées et de beaucoup d'autres plantes est étalé horizontalement, mais bientôt

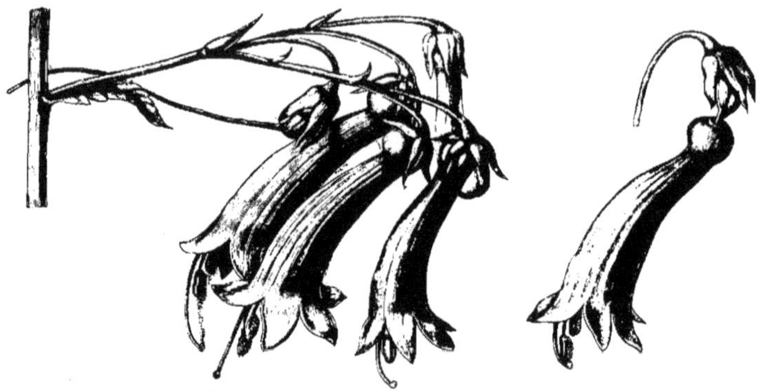

Fig. 1147.

Fig. 1148.

Fig. 1147. — Une inflorescence de quatre fleurs montrant, de droite à gauche, les diverses positions occupées par la fleur; tandis que le bouton est presque vertical, la fleur en s'épanouissant se penche, ce qui fait tomber le pollen sur le stigmate, puis elle se relève, ainsi qu'on le voit sur la fleur fanée à gauche.
Fig. 1148. — La chute du pollen n'ayant pas été déterminée par le premier moyen, la corolle en se détachant porte les anthères sur le stigmate, et assure la fécondation.

Fig. 1147 et 1148. — Fleurs de *Phygelius capensis* avec leur corolle caduque.

ses folioles se rapprochent et forment une voûte au-dessus de l'ovaire qui mûrit caché par elles.

Chez un grand nombre de Labiées, des poils naissent au sommet du tube calicinal; tant que la corolle ne tombe point, ils ont une direction forcée, retenus entre elle et la paroi du tube; mais aussitôt que la corolle se détache, ils prennent leur position naturelle, s'étendent horizontalement de tous les points de la surface à laquelle ils sont attachés, se rencontrent, s'entremêlent et rendent impénétrable aux plus petits Insectes l'entrée du tube au fond duquel reposent les portions du fruit.

Les deux folioles supérieures du calice du *Davilla rugosa*, ouvertes comme les trois autres pendant la floraison, se rapprochent peu après l'émission du pollen, s'appliquent l'une contre l'autre et recouvrent l'ovaire; elles croissent avec lui, se creusent, prennent une consistance crustacée et ont bientôt l'apparence d'une capsule bivalve; l'ovaire grossit, protégé par elles; à l'époque de la maturité, elles s'ouvrent, le fruit tombe et ensuite elles se referment.

Il arrive même que les calices participent à la dissémination des graines. Il en est qui, couverts de petits crochets, contribuent à répandre les semences après les avoir garanties. Une Urticée du Brésil présente un calice à trois parties charnues et cylindriques qui restent infléchies jusqu'à la maturité du fruit; elles se redressent alors, rencontrent le fruit et le lancent au loin.

LA COROLLE

La corolle d'une fleur complète se présente, dans l'ordre de la végétation, après le calice et avant les étamines; elle est le second verticille du périanthe et l'enveloppe immédiate des organes sexuels.

La corolle forme la partie de la fleur la plus brillante, aussi la plus apparente; son rôle est multiple, puisqu'elle est en même temps un organe de protection, un attrait pour les Insectes, et, dans quelques cas, elle peut encore servir directement à assurer la pollinisation, comme on le voit sur les figures 1147 et 1148.

Nature des pétales. — Les corolles florales sont ordinairement d'un tissu plus délicat que les calices, quoique nous ayons rencontré des calices très ténus et colorés. De plus, la corolle du *Stapelia* (fig. 1014), loin d'être mince et délicate, est épaisse et charnue; celle du Tulipier est coriace; d'autres corolles sont colorées en vert comme des calices, par exemple celle de la Vigne.

Forme des pétales. — Les pétales présentent au point de vue anatomique la disposition des feuilles ou mieux des sépales, avec de nouvelles simplifications. Entre deux épidermes, l'un supérieur, l'autre inférieur, tous deux garnis de stomates, le pétale contient un très mince parenchyme.

La corolle, pas plus que le calice, ne forme une organe simple; elle est composée de pétales, plus ou moins analogues à des feuilles. Cette analogie est souvent si frappante qu'elle n'a point échappé aux hommes les plus étrangers à la botanique; elle est en quelque sorte consacrée par les expressions vulgaires de « feuilles de la Rose, effeuiller une Marguerite », et longtemps avant qu'on eût conçu l'idée de la métamorphose des plantes, Duhamel disait déjà que les pétales étaient dans la fleur ce que sont sur la tige les feuilles ordinaires.

Les pétales sont des feuilles ordinairement formées de deux régions, l'une étroite que l'on considère sous le nom d'*onglet* comme un pé-

Fig. 1149. — Un pétale isolé de *Dianthus barbatus*. — a, onglet; b, lame (1/1).

tiole, l'autre plus large nommée le *limbe* ou la lame. L'onglet est très long et bien distinct dans les fleurs à long calice tubuleux, comme celui de l'Œillet (fig. 1149); il est fort court ou même absent dans beaucoup de fleurs, comme celle de la Rose, du Pavot.

Ainsi que le sépale, le pétale prend quelquefois en un point une croissance exagérée, ce qui détermine la formation d'une poche ou bosse et peut même donner un éperon. Cette formation se produit souvent à la base du pétale et donne un éperon plus ou moins saillant en dehors de la fleur. Citons pour exemple les pétales bossus de la Fumeterre, de la Violette, de la Gueule-de-loup, les pétales éperonnés de l'Ancolie, de la Linaire, de la Dauphinelle dont l'éperon se loge dans un éperon correspondant du sépale sous-jacent.

Dans les Borraginées, la Bourrache, la Consoude, la bosse se produit vers le milieu du pétale; elle se dirige vers l'intérieur de la corolle; tandis que cette bosse se produit au sommet du pétale de l'Aconit et lui donne la forme d'un casque ou d'un capuchon.

La disposition des nervures dans le limbe du pétale rappelle celle qui a été décrite dans les limbes foliaires, avec une simplification

presque constante; et la réduction du réseau de nervures peut aller jusqu'à la conservation des deux seules nervures marginales, comme dans les pétales des Composées.

PÉTALES ANORMAUX. — Une transformation

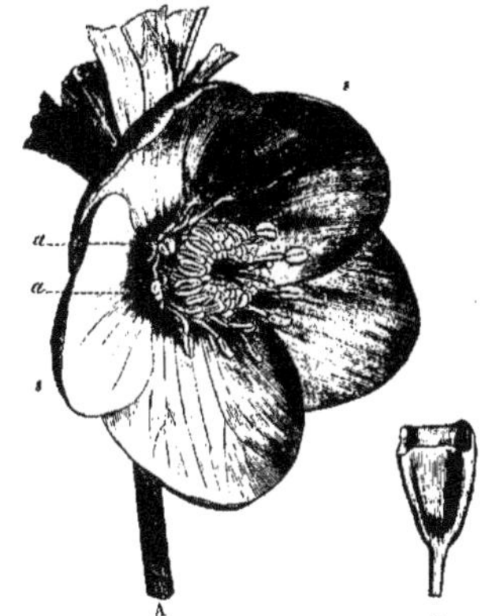

Fig. 1150. — *Helleborus odoratus*. — A, fleur dessinée en place : s, s, calice; a, a, pétales (?) anormaux (1/1). — B, un de ces pétales (?) isolé (3/1).

très curieuse des pétales peut être observée chez quelques Renonculacées, par exemple chez l'Hellébore odorant (fig. 1150).

En dedans d'un calice très développé et plus ou moins pétaloïde, formé de cinq grands sépales, on trouve un cercle de huit à dix petits

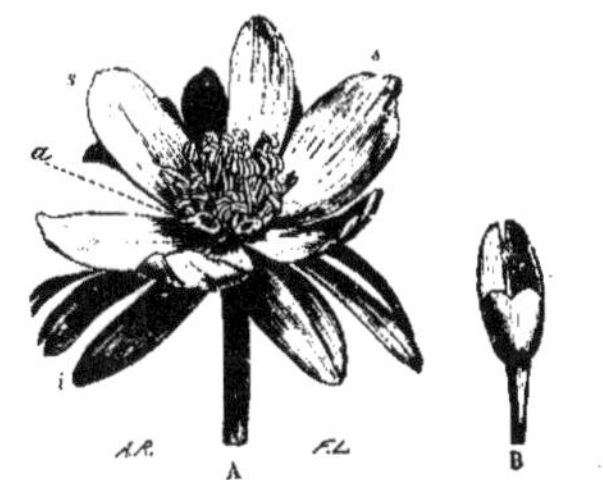

Fig. 1151. — *Eranthis hiemalis*. — A, fleur entière avec son involucre : s, s, calice; a, pétales (?) (1/1). — B, un pétale (?) isolé (3/1).

corps (a, fig. 1150) que leur forme permet de considérer comme des pétales. Chacun d'eux a la forme d'une pyramide à quatre faces, creuse, et brièvement pédiculée. De même, dans l'*Helleborus hiemalis* (fig. 1151), le calice présente six à huit sépales jaunes entourés d'un invo-

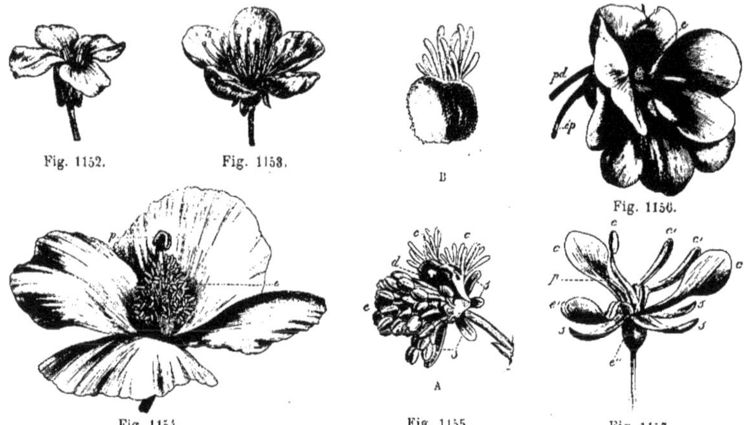

Fig. 1152.   Fig. 1153.

Fig. 1154.   Fig. 1155.   Fig. 1157.   Fig. 1156.

Fig. 1152. — Fleur du *Lunaria biennis*, à corolle cruciforme (1/1).
Fig. 1153. — Fleur du Cerisier (*Cerasus Caproniana*) (1/1).
Fig. 1154. — Fleur du *Glaucium flavum* Cr., à corolle rosacée tétrapétale. — *e*, les étamines ; *p*, pistil (1/1).
Fig. 1155. — A, Fleur du *Reseda odorata* : *s, s*, calice ; *c, c*, deux pétales supérieurs ; *d*, disque ; *e*, étamines (5/1). — B, Un des deux pétales supérieurs (vu de face) grossi.

Fig. 1156. — Fleur du *Balsamina hortensis*. — *pd*, pédoncule ; *ép*, éperon ; *e*, étamines (1/1).
Fig. 1157. — Fleur du *Lopezia racemosa*. — *s, s, s*, calice ; *c, c*, deux grands pétales spatulés ; *c', c'*, deux petits pétales linéaires et coudés ; *e'*, étamine pétalisée ; *e*, étamine normale ; *e''*, l'un des corps glanduleux latéraux ; *p*, pistil (1/1).

lucre vert à deux bractées découpées, et entourant cinq à huit petits corps (*a*, fig. 1151). Chaque petit corps est un pétale, en forme de cornet, dont le bord présente deux lèvres, la supérieure courte et l'inférieure beaucoup plus longue, toutes les deux étant échancrées.

On trouve des corps de même nature, mais encore plus singuliers, dans la Nigelle des champs, qui en contient de cinq à dix, et dans l'Aconit qui n'en contient que deux ; il est vrai de dire que dans ce dernier cas en particulier, ces deux petits corps sont plutôt ressemblants à des étamines avortées et par suite stériles.

Forme de la corolle. — Les formes des corolles florales sont innombrables, et il serait bien impossible de chercher à les connaître toutes ; mais il est seulement intéressant de connaître les principales de ces formes, c'est-à-dire les types qui ont été choisis par les botanistes descripteurs pour la classification des végétaux par l'aspect de leurs organes foliaires.

1° *Corolles polypétales régulières.* — La corolle *cruciforme* est composée de quatre pétales placés en croix grecque, et qui ont généralement, avec une lame étalée, un onglet allongé allant s'attacher au fond d'un calice à quatre sépales rapprochés en tube. Cette forme (fig. 1152) a valu son nom à la famille des Crucifères. — Si la corolle a cinq pétales à long onglet allant s'attacher au fond d'un calice tubuleux, monosépale, elle est appelée *caryophyllée*, du nom de l'Œillet ordinaire (*Dianthus caryophyllus*). L'Œillet de poète, le *Silene pendula*, etc., en présentent de bons exemples. — La corolle *rosacée*, qui tire son nom de la Rose, comprend en général cinq pétales (parfois quatre), étalés en rose et composés d'une lame grande et large, avec un onglet court. On en voit de nombreux exemples dans le groupe naturel des Rosacées, comme dans le Fraisier, et dans nos arbres fruitiers soit à noyau, tels que le Cerisier (fig. 1153), soit à pépins, comme le Poirier. La fleur du *Glaucium flavum* (fig. 1154) offre une corolle de quatre pétales larges, à onglet très court, qu'on ne peut rattacher qu'à la forme rosacée, de même que celle du Coquelicot. Les corolles rosacées sont les plus fréquentes de toutes parmi les fleurs polypétales.

Dans les corolles polypétales, on compte souvent le nombre des pétales, et l'on se sert alors des adjectifs *unipétale* (qu'il ne faut pas confondre avec monopétale), *dipétale*, *tripétale*, *tétrapétale*, *pentapétale*, etc., selon que la fleur en offre 1, 2, 3, 4, 5, etc.

2° *Corolles polypétales irrégulières.* — La plus remarquable et la plus répandue est la corolle *papillonacée*.

La Fève, les Haricots, les Pois, les Cytises, les Robiniers et la plupart des plantes du grand groupe naturel des Légumineuses en offrent de très nombreux exemples. Son nom lui vient de ce qu'on l'a comparée à un papillon. Elle présente cinq pétales dissemblables : l'un supérieur, impair, en général plus grand ou l'*Étendard (vexillum)* ; deux latéraux, symétriques entre eux, appelés *Ailes* ; enfin deux inférieurs, également symétriques entre eux, se soudant souvent en partie ou même tout à fait par leur bord inférieur, et qui alors forment comme la coque d'un navire à quille, d'où leur ensemble est nommé *Carène*. Dans les Haricots (*Phaseolus*), la carène se tortille en limaçon. C'est dans la carène que sont cachés les organes reproducteurs.

Toutes les autres formes de la corolle polypétale irrégulière sont réunies sous la qualification vague de corolles *anomales*, qui s'applique dès lors à des configurations fort diverses.

En voici, comme exemples, trois fort dissemblables, qui pourront donner une idée de la diversité des autres. Le Réséda odorant nous offrira deux pétales supérieurs (*c*, fig. 1155, A et fig. 1155, B), plus grands, plus concaves que les autres et munis d'une longue frange dorsale ; dans la Balsamine des jardins (*Balsamina hortensis, Impatiens balsamina*), nous verrons (fig. 1156), avec un calice coloré, dont les plus grandes pièces sont regardées par quelques botanistes comme appartenant à la corolle, trois pétales dissemblables, dont l'un, impair, est beaucoup plus grand que les autres et dont les deux latéraux résultent chacun de la soudure de deux pièces inégales ; enfin le *Lopezia racemosa* nous montrera, avec un calice à quatre sépales normaux (*s, s, s, s*, fig. 1157), quatre pétales, dont deux, *c, c*, sont grands, à lame ovale, tandis que les deux autres, *c', c'*, sont petits, étroits, coudés au tiers de leur longueur avec un renflement à leur coude ; et en outre, un cinquième pétale, *e'*, à onglet élastique, à lame ployée et échancrée, dans lequel on ne peut voir qu'une étamine transformée.

3° *Corolles monopétales régulières.* — Les formes en sont assez nombreuses. La corolle peut être *globuleuse*, *ovoïde*, *tubuleuse*, en forme de tube ; *campanulée* ou *campaniforme*, en forme de cloche ou s'évasant peu à peu dès sa base ; *infundibuliforme* ou en entonnoir, à tube droit et limbe oblique ; *rotacée* ou en roue, à tube très court et limbe brusquement étalé, plan, ou *étoilée*, lorsque, avec la même forme générale, elle a ses lobes aigus.

4° *Corolles monopétales irrégulières.* — Certaines d'entre elles ont reçu des dénominations spéciales. Ainsi les corolles *labiées*, et plus spécialement *bilabiées*, analogues aux calices labiés, ont à leur limbe deux *lèvres* dirigées l'une en haut, l'autre en bas. A leur tour ces lèvres sont subdivisées, en général, la supérieure en deux dents ou deux lobes, l'inférieure en trois ; dans la famille des Labiées, la lèvre supérieure est ordinairement bidentée, parfois entièrement, et lorsque, en outre, elle est concave et arquée, on l'appelle *Casque*. — Parfois une profonde fissure supérieure oblige le limbe entier à se déjeter en bas ; la corolle est alors *unilabiée*, comme dans les *Teucrium* et les *Ajuga*.

Les corolles labiées offrent des modifications secondaires. Ainsi, lorsqu'une corolle bilabiée a ses deux lèvres bien distinctes et la gorge ouverte, la comparant avec une bouche ouverte et grimaçante, on la dit *ringente (ringens*, de *ringor*, rechigner) ; telle est, parmi les Labiées, celle des Sauges. Si la base de la lèvre inférieure ou *Palais* est relevée en voûte au point de fermer l'orifice du tube, comme dans les Linaires, on a trouvé que, vue de face, elle rappelait un masque antique de théâtre, et pour ce motif, on l'a dite en masque, ou *personnée*.

Une légère modification de la forme unilabiée donne la corolle *ligulée* ou en languette, dont la Chicorée, le Salsifis et beaucoup d'autres Composées offrent des exemples. Elle revient à un tube fendu d'un côté, qui aurait été étalé de manière à former une languette dentée au bout.

A ce propos, il importe de dire que, dans les Composées, il existe trois formes de corolles qui se combinent de diverses manières dans les capitules : 1° des fleurs régulières ou *Fleurons (flosculi)* ; 2° des fleurs irrégulières à corolle ligulée ou *Demi-fleurons (semi-flosculi)* ; 3° des fleurs à corolle bilabiée, dans lesquelles les deux lobes de la lèvre supérieure sont le plus souvent linéaires et parfois se tortillent en

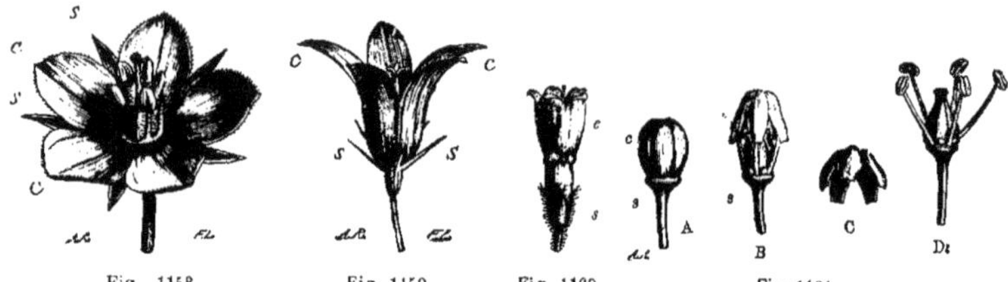

Fig. 1158.   Fig. 1159.   Fig. 1160.   Fig. 1161.

Fig. 1158. — Fleur de l'*Anagallis arvensis*, à corolle quinquépartite. — *s*, calice (3/1).
Fig. 1159. — Fleur de la Campanule Raiponce (*Campanula Rapunculus*), à corolle quinquéfide *c*. — *s*, calice (1/1).
Fig. 1160. — Fleur du *Symphytum asperrimum*, à corolle, *c*, quinquédentée. — *s*, calice (1/1).

Fig. 1161. — Bouton et fleur de la Vigne (*Vitis vinifera*). — A, bouton encore fermé; *s*, calice; *c*, corolle. — B, fleur coiffée de sa corolle *c*, soulevée; *s*, calice. — C, corolle venant de tomber. — D, fleur entièrement épanouie ou dont la corolle est tombée (environ 2/1).

volute ou en spirale, tandis que la lèvre inférieure est simplement tridentée ; plus rarement elles ont un lobe en haut et quatre en bas. — Dans certaines Composées, les capitules ne comprennent que des fleurons, d'où on les dit *flosculeuses*, *fleuronnées* ou *tubuliflores* ; tels sont les Chardons. Ceux de certaines autres sont composés uniquement de demi-fleurons, ce qui les a fait appeler *semi-flosculeuses* ou *demi-fleuronnées* ou *liguliflores* : les Chicorées, les Scorsonères. Pour les autres, chaque capitule réunit deux sortes de corolles : le plus souvent, le centre de l'inflorescence ou son *Disque* est une réunion de fleurons, tandis que son pourtour offre un cercle de demi-fleurons qui dirigent en dehors leur languette et rayonnent en quelque sorte tout autour, formant ainsi le *rayon* du capitule qui dès lors est *rayonné*.

On nomme parfois *gantelée* ou en doigt de gant la corolle des Digitales. Enfin les autres corolles monopétales irrégulières sont désignées par cette dernière qualification. Citons comme exemples celle de la Scabieuse Fleur-de-Veuve, qui est presque bilabiée; celle des Molènes ou Bouillon-blanc, dont les lobes diminuent faiblement d'ampleur, de l'inférieur aux deux supérieurs; celle des Véroniques, qui a quatre lobes, l'inférieur étroit, le supérieur large, les deux autres intermédiaires en grandeur comme en situation.

Comme pour le calice, les variations dont la corolle peut être le siège dans sa forme sont de deux sortes principales ; les unes tiennent au degré de soudure des pièces qui la composent, les autres à la régularité plus ou moins grande de leur disposition, de leurs formes et dimensions.

CONCRESCENCE DES PÉTALES. — Ce que nous avons dit relativement à l'union des sépales entre eux s'applique à celle que peuvent aussi contracter les pétales. De là on distingue des corolles *polypétales* ou *dialypétales*, et des corolles *monopétales* ou *gamopétales*.

Dans ces dernières, la fusion des pétales en un tout continu peut se faire aux mêmes degrés que celle des sépales : 1° à leur base seulement, ce qui donne les corolles *partagées* ou *partites*, comme celle de l'*Anagallis arvensis* (fig. 1158) ; 2° jusque vers le milieu de leur longueur, d'où résultent les corolles *fendues* ou *lobées*, comme celle de la Raiponce (*Campanula Rapunculus*, fig. 1159); 3° jusque près de leur sommet, ce qui rend la corolle dentée, comme celle du *Symphytum asperrimum* (fig. 1160) ; 4° dans toute la longueur des pétales, à ce point que la corolle entière forme une voûte continue, comme dans les *Syzygium* ; 5° par le sommet seulement, la portion inférieure restant libre ; c'est ce qui a lieu dans le Giroflier, et surtout dans la Vigne (*Vitis vinifera* L.) Dans cette dernière espèce, les cinq pétales, distincts et séparés à l'état jeune, contractent bientôt adhérence entre eux par leur sommet, et le calice, *s* (fig. 1161, A et B), ne formant qu'un court rebord basilaire, c'est la corolle, *c*, qui constitue l'enveloppe verdâtre du bouton (fig. 1161, A). Cette enveloppe étant cohérente à sa voûte ne permettrait pas aux étamines de sortir, si, par l'allongement de leurs filets, elles ne la soulevaient en l'obligeant à se détacher par sa base. La voûte corolline ainsi détachée forme pendant quelque temps (B, fig. 1161), au-dessus des organes reproducteurs, une sorte de dais sous lequel les anthères, desséchées par l'air, ne tardent pas à s'ouvrir et laissent sortir leur pollen qui tombe sur le stigmate. Bientôt cette corolle est enlevée mécaniquement avec l'aspect d'une étoile à cinq rayons (fig. 1161, C), et dès lors la fleur se montre comme en D (fig. 1161); 6° enfin, dans les *Phyteuma* (Campanulacées), les cinq pétales sont soudés entre eux à la base et pendant longtemps aussi au sommet, tout en restant séparés dans leur portion intermédiaire; mais ils finissent par se séparer au sommet, excepté dans le *P. comosum*, dans lequel l'adhérence persiste.

La présence, dans la fleur, d'une corolle monopétale ou polypétale fournit un caractère d'une haute valeur; les plantes dicotylédones monopétales forment une grande division nettement distincte de celle des Dicotylédones polypétales; cependant quelques familles polypétales renferment des plantes monopétales et réciproquement. Ainsi, parmi les Trèfles (*Trifolium*) polypétales, se trouvent quelques espèces monopétales; parmi les Rutacées polypétales, les *Correa* sont les uns polypétales, les autres monopétales (*C. speciosa*); réciproquement les familles essentiellement monopétales des Primulacées, des Cucurbitacées, renferment, la première le *Pelletiera*, la seconde le *Momordica senegalensis* à pétales séparés.

SYMÉTRIE DE LA COROLLE. — La corolle, comme le calice, peut être régulière ou irrégulière; et dans ce cas, l'irrégularité résulte, soit de l'inégalité des pétales, soit du manque de symétrie de leur position déterminé souvent par l'absence de certaines d'entre elles.

Comme exemple de corolle irrégulière, nous décrirons celle de Fumeterre : l'inégalité des pétales est très marquée dans la fleur de la Fumeterre officinale (*Fumaria officinalis*). On voit, en A (fig. 1162), que, portée sur un court pédoncule qui sort de l'aisselle d'une bractée *b*, elle a un calice de deux sépales *s*, symétriques entre eux et latéraux, mais assez irréguliers (B). Sa corolle comprend : un pétale supérieur *c* (isolé en C), qui se prolonge à sa base en une poche profonde; un pétale inférieur *c'* (isolé en D); enfin deux pétales latéraux symétriques entre eux, presque entièrement cachés par les deux premiers et dont l'un est vu en E. Une irrégularité ana-

logue, mais encore plus prononcée, existe dans le *Corydalis ochroleuca* (fig. 1163).

L'avortement de certains pétales entraîne la disposition non symétrique de ceux qui restent. Ainsi le *Cuphea lanceolata* a six pétales dont ses quatre inférieurs sont notablement plus petits que les deux supérieurs; ceux-ci existent seuls, à leur place normale, dans le *Cuphea purpurata*. De même, tandis que le Marronnier d'Inde (*Æsculus hippocastanum*) a cinq pétales à sa fleur, le Marronnier rouge, qui en est voisin, n'a généralement à sa fleur que les trois pétales inférieurs. Enfin un exemple extrême nous est offert par l'*Amorpha*, dont la fleur n'a qu'un pétale sur les cinq que possède la corolle des autres Légumineuses-Papillonacées.

COURONNE. — La ramification des pétales est plus fréquente que celle des sépales, elle peut se manifester de deux manières, soit par la formation de dents, de lobes, de segments latéraux, soit par l'édification de dépendances internes rappelant les dépendances externes du calice et constituant la couronne, qui rappelle le calicule.

Le grand pétale ou labelle de certaines fleurs d'Orchidées est un très bel exemple de pétale denté ou lobé; parmi les Alsinées, la Stellaire a des pétales bifides, ce qui fait croire que leur nombre est doublé; le pétale du Réséda est découpé en franges.

Le deuxième mode de ramification du pétale est représenté le plus souvent par des franges, analogues à des ligules de feuilles de Graminées, insérées au point d'union de l'onglet et du limbe (fig. 1164). Les productions ligulaires d'une corolle constituent à son intérieur une sorte de cercle que l'on nomme la couronne ou paracorolle.

Le Lychnis, la Saponaire sont de beaux exemples de cette formation.

Dans les Narcisses (fig. 1165), où le calice est pétaloïde et concrescent avec la corolle, les sépales et les pétales portent tous la même production ligulaire, et toutes ces ligules sont concrescentes, formant ainsi une couronne assez étendue qui contribue beaucoup à l'éclat de la fleur, comme dans le *Narcissus pseudonarcissus*.

Évolution de la corolle. — La disposition des pétales dans le bouton ayant été étudiée, il nous faut observer l'épanouissement de la corolle.

Après l'ouverture du calice, la corolle con-

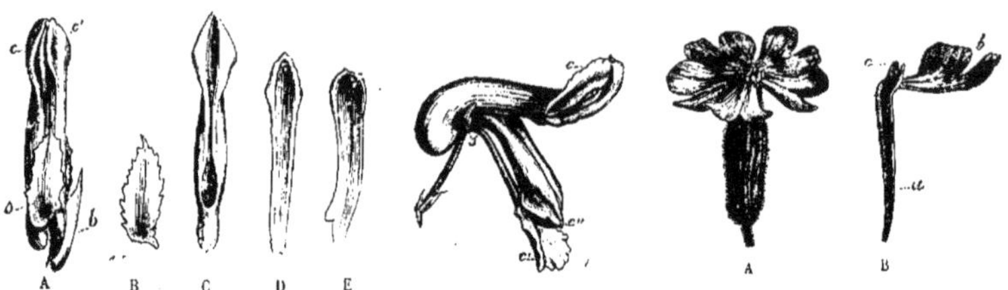

Fig. 1162.   Fig. 1163.   Fig. 1164.

Fig. 1162. — *Fumaria officinalis*. — A, fleur entière sur son pédoncule et accompagnée de sa bractée *b* ; *s*, calice ; *cc'*, corolle. — B, un sépale. — C, D, E, pétales isolés pour montrer la configuration de chacun d'eux (6/1).
Fig. 1163. — Fleur entière du *Corydalis ochroleuca*.

— *s*, calice ; *c*, pétale supérieur éperonné ; *c'*, pétale inférieur ; *c"* les deux pétales latéraux.
Fig. 1164. — *Silene pendula*. — A, fleur entière. — B, pétale isolé montrant sa lamelle *c*, située au sommet de l'onglet *a* et à la base de la lame *b* (1/1).

tinue sa croissance et s'ouvre à son tour, phénomène provoqué par la croissance plus active de la face interne des pétales. Quelquefois, cependant, les pétales ne se séparent pas au

Fig. 1165. — Narcisses (diverses variétés).

sommet de la corolle et se détachent tout d'une pièce par une déchirure circulaire à la base, comme dans la Vigne ; la corolle est dite caduque.

La durée des corolles est fort inégale ; il y en a qui se conservent plusieurs jours sur leur réceptacle et qui, pendant cet intervalle, restent toujours ouvertes, ou s'ouvrent et se ferment tour à tour ; d'autres, au contraire, tombent le jour même où elles se sont épanouies.

Celles des Lins et des Cistes durent à peine quelques heures.

L'*Helianthemum guttatum*, plante extrêmement commune dans les champs de la Sologne, produit un grand nombre de fleurs dont les jolis pétales s'étalent au matin et, vers midi, couvrent déjà la terre, ce qui leur a valu dans le pays le nom de *Grille-midi*.

Tandis que la plupart des calices se dessèchent autour d'un fruit, presque toutes les corolles, étant articulées à leur point d'attache, tombent plus tôt ou plus tard après la fécondation. Le plus souvent, elles paraissent encore fraîches quand elles se détachent, mais il arrive aussi qu'alors elles sont déjà flétries, comme dans les Gesses, les Pois. En général, le moment où la fécondation du pistil s'effectue marque celui où la corolle se flétrit ; c'est l'un des motifs pour lesquels les fleurs doubles, qui sont stériles, durent plus que les simples. C'est aussi probablement pour le même motif que les fleurs des Orchidées exotiques, qui restent stériles dans nos serres, si elles ne sont fécondées artificiellement, ont une durée en général assez longue, quelquefois même très longue. — Dans quelques plantes, la corolle se flétrit et sèche sans tomber ; elle est alors *marcescente*. Cependant sur certains Fraisiers cultivés, les pétales à peu près frais accompagnent parfois les fruits jusqu'à la maturité.

Cette concordance de la fécondation du pistil et de la chute fréquente de la corolle est une indication qui vient à l'appui du rôle que nous avons assigné aux pièces du périanthe : celui de nourrir les organes reproducteurs. La fécondation du pistil déterminerait un appel de matière nutritive, une migration des sucs contenus dans les pétales vers l'ovaire, et il en résulterait une déchéance de ces pétales.

Rôle de la corolle. — On peut assigner à la corolle plusieurs rôles, assez souvent peu importants, il est vrai. La corolle est un organe protecteur qui agit aussi bien pour le bouton que pour la fleur ; la protection qu'il assure aux étamines et aux pistils est faible à cause de la délicatesse de son tissu, mais elle suffit.

La corolle, par son éclat, joue le rôle d'un étendard avertisseur pour certains Insectes, tandis que le nectar qu'elle produit souvent les détermine à pénétrer dans la fleur, ce qui assure la fécondation croisée.

Enfin, qu'il nous soit permis de dire que les corolles servent à classer les végétaux, ce qui peut paraître une boutade, quoique rappelant la réponse d'un botaniste distingué à l'un de ses amis qui n'avait jamais pu comprendre l'utilité des petites dents qui ornent les capsules des Mousses : « Je ne vois aucune difficulté à résoudre la question, répondit l'autre botaniste : sans la présence de ces petites éminences, comment pourrions-nous distinguer les espèces ? »

L'ANDROCÉE

L'androcée est l'ensemble des organes mâles de la fleur des Phanérogames ; elle ne constitue qu'une partie de cette fleur dans les cas où celle-ci est hermaphrodite ; elle constitue toute la fleur quand celle-ci est unisexuée mâle ; et dans les plantes monoïques, comme le Pin de la figure 1166, les fleurs mâles réunies forment à elles seules des inflorescences (fig. 1166, 2), distinctes des inflorescences femelles (5, même figure).

Avec l'androcée, nous pénétrons plus avant dans la fleur : nous trouvons l'un des organes fondamentaux des Phanérogames, l'étamine, qui représente l'organe mâle, l'organite producteur du pollen.

Nous savons déjà que l'étamine comprend un filet porteur d'une anthère, elle-même formée de deux parties symétriques nommées lobes, plus ou moins séparées par un sillon et réunies au filet par le connectif ; nous avons en outre appris à considérer l'étamine comme une feuille modifiée, et c'est en partant de la feuille que nous arriverons à déterminer les parties de l'étamine.

Voici comment s'exprimait Hugo Mohl, (en 1837) à ce sujet :

« Il n'existe guère de doute chez la plupart des botanistes de nos jours sur le fait que les étamines sont nées par une métamorphose des feuilles. C'est Gœthe qui le premier exprima cette vérité. Robert Brown, de Candolle, Rœper et d'autres savants l'ont admise ; ils diffèrent seulement entre eux dans la manière d'expliquer le phénomène. »

Les deux manières différentes d'interpréter la métamorphose peuvent être résumées ainsi : dans l'une, on considère le filet comme représentant le limbe foliaire réduit à sa nervure, et l'anthère comme une nouvelle formation sans correspondant dans la feuille. Dans une deuxième manière de voir, on considère le filet comme l'équivalent d'un pétiole et l'anthère comme un limbe foliaire modifié. Nous adopterons cette dernière hypothèse et nous comprendrons l'étamine comme une feuille qui a évolué ainsi.

Soit une feuille dont le pétiole est filiforme et assez allongé, dont le limbe est ovale et parcouru par une nervure médiane continuant les éléments vasculaires du filet.

A droite et à gauche de cette nervure sont deux lames de parenchyme dans lesquelles nous observons un développement inusité suivant quatre bandes ou plages allongées, parallèles entre elles et à la nervure (fig. 1167). Tandis que les cellules centrales de ces bourrelets subissent l'évolution particulière qui crée les grains de pollen, les deux bourrelets situés d'un même côté fusionnent et produisent un massif unique qui se traduit à l'extérieur par une bosse allongée. A ce moment, la feuille a acquis l'aspect d'une étamine, avec son filet et son anthère à laquelle les deux lobes donnent l'apparence d'un petit pain fendu. Ces phénomènes sont accompagnés de changements dans la nature de la paroi des lobes de l'anthère, sur l'une des faces seulement, et une assise, nommée assise mécanique, se produit, qui sera capable de provoquer la déchirure de cette paroi, c'est-à-dire la déhiscence de l'anthère ; à ce moment, le pollen sera mûr, il sortira de la cavité dans laquelle il était jusque-là contenu, et sous l'aspect d'une poussière jaune il quittera l'étamine pour être transporté sur les organes femelles de la fleur.

Une différence dans la position des loges ou sacs polliniques doit être signalée de suite ; ces sacs se forment sur la face supérieure de l'anthère chez les Angiospermes, sur la face inférieure chez les Gymnospermes.

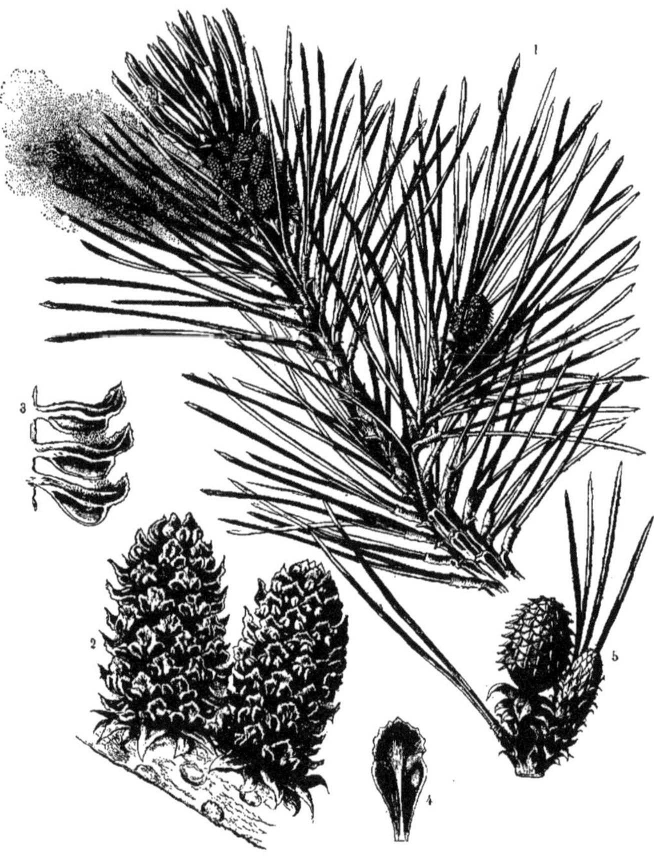

Fig. 1166. — **Fleurs du Pin** (*Pinus pumilio*). — 1, un rameau dont les épis terminaux laissent échapper la poussière pollinique (gr. nat.); 2, deux épis d'étamines (gr. 8); 3, trois étamines superposées, vues de profil (gr. 10); le pollen qui s'échappe de l'une des étamines supérieures se répand sur l'étamine située au-dessous; 4, une étamine vue d'en haut (gr. 10); 5, un cône femelle, formé de fleurs pistillées (gr. 2).

Dans ces deux embranchements du règne végétal, les organes reproducteurs mâles présentent du reste des caractères assez différents pour que nous puissions séparer leur étude.

ÉTAMINES DES ANGIOSPERMES

FORME DES ÉTAMINES

La forme type que nous avons considérée pour faire connaître l'étamine est assez souvent réalisée, mais elle peut admettre des mo-

difications dans ses trois parties, le filet, le connectif et l'anthère.

Filet. — Le filet des *Canna* est un véritable pétale chargé d'une anthère, celui de l'*Ornithogalum nutans* est dilaté dans toute sa longueur, celui des Campanules, des Asphodèles, élargi seulement à sa base, forme une voûte au-dessous de l'ovaire, celui des *Erodium* est plan et peu élargi.

Dans beaucoup d'autres fleurs, le filet est au contraire grêle et menu : ainsi il est filiforme chez l'Œillet, capillaire dans les Graminées et les Plantains.

Chez plusieurs espèces d'Ail, le filet élargi est divisé au sommet en trois pointes dont l'une seulement porte l'anthère. Enfin on peut observer des filets munis d'un éperon comme dans le Romarin, ou d'un nectaire comme dans le Laurier noble, ou d'une expansion ailée, ou d'un bec externe comme dans la Bourrache.

La longueur du filet staminal est très variable; quelquefois fort long comme dans le Lis, le Fuchsia, l'Œillet, il est court dans le Jasmin, la Bourrache, et nul dans la Violette, ce qui fait paraître l'anthère sessile. La longueur du filet déterminant celle de l'étamine est importante à considérer pour la connaissance du mode de transport du pollen sur le stigmate; aussi nous en parlerons plus loin, mais en comparant cette longueur à celle du style de la même fleur.

La direction du filet est aussi déterminante pour celle de l'étamine. Ce filet est souvent rectiligne, quelquefois courbé, flexueux; il devient pendant, comme dans les Graminées, quand il est entraîné par le poids de l'anthère.

La couleur du filet est moins importante à considérer, cependant elle ajoute à la beauté de la fleur. Cette couleur est souvent le blanc, mais peut être celle de la corolle, rouge dans le *Fuchsia coccinea*, bleue dans le *Scilla campanulata*, jaune dans quelques Renoncules.

L'anthère. — Le filet et l'anthère forment un tout, et la séparation que nous en faisons a simplement pour but d'en faciliter l'étude; il en est de même des deux loges de l'anthère qui ne peuvent être considérées sans le connectif qui est leur partie réunissante, et qui se lie intimement au filet.

Dans la forme générale de l'anthère que nous avons décrite, le connectif est seulement une sorte de prolongement du filet, formant une petite cloison entre les deux lobes de l'anthère; mais il peut se produire, par l'accroissement de ce connectif, des formes bien différentes et quelquefois assez singulières.

Le connectif s'élargit en feuille, en écartant les deux paires de sacs polliniques, dans l'Asaret, les Asclépiadées; il est court et les sacs le dépassent en haut et en bas, dans les Graminées, de sorte que par la dessiccation ces sacs deviennent concaves vers l'extérieur, ce qui donne à l'anthère la forme d'un X (fig. 1169). Dans d'autres plantes, comme le Tilleul, la

Mercuriale (fig. 1170), il prend la forme d'un fléau de balance; et cette forme s'accentue dans la Sauge où l'un des bras du connectif porte deux sacs polliniques pendant que l'autre s'élargit et reste stérile.

Le mode d'insertion de l'anthère sur le filet est aussi variable. Le plus souvent, le filet semble se prolonger par le connectif, mais il arrive que le filet s'amincit au point d'insertion de l'anthère, ce qui fait que celle-ci paraît reposer sur une pointe autour de laquelle elle oscille; l'anthère est dite oscillante, comme dans le Lis, quand son point d'attache est vers son milieu; elle est dite pendante, comme dans l'Arbousier, quand son attache se fait vers son sommet.

LES SACS POLLINIQUES. — De chaque côté du connectif nous avons mentionné, dans les deux lobes de l'anthère, la présence de deux paires de sacs polliniques. Ces sacs sont nés sur place, par différenciation de leurs cellules centrales qui formaient dès l'abord un massif cellulaire, et qui en s'isolant ont créé une cavité dans laquelle elles sont restées enfermées sous le nom de grains de pollen.

Ordinairement égal à quatre, le nombre des sacs polliniques est de deux dans les Polygalées, de trois dans le Genévrier, de huit dans l'Acacia, et il est considérable dans le Gui. Dans le cas le plus fréquent où ce nombre de sacs est de quatre, les deux sacs d'un même côté fusionnent et, à sa maturité, l'anthère devient biloculaire; mais on connaît de nombreux exemples d'anthères possédant une, trois ou quatre loges (fig. 1171).

ANTHÈRES INTRORSES ET ANTHÈRES EXTRORSES. — La plupart des anthères ont la face tournée du côté du pistil; cependant il en est aussi qui l'ont vers les pétales; dans le premier cas, on dit les anthères introrses, dans le second on les dit extrorses. Il est essentiel de les étudier à une époque encore peu avancée pour savoir quelle est leur véritable position relative, car elle peut changer par la torsion ou la courbure du filet.

Ainsi, lorsqu'on observe la fleur ouverte d'une Passiflore, on y voit des anthères extrorses, mais qu'on se donne la peine d'ouvrir un bouton, on reconnaîtra qu'elles sont introrses: la partie supérieure du filet est beaucoup plus grêle que l'inférieure, et en même temps la portion de l'anthère qui se trouve au-dessus du point d'attache est plus longue et plus lourde que celle qui se trouve au-dessous; avant l'épa-

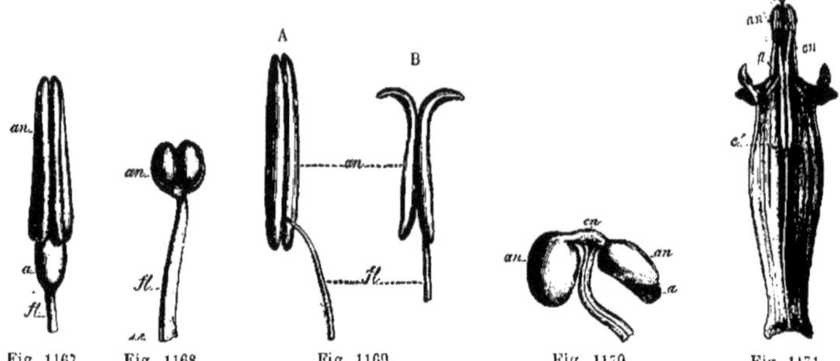

Fig. 1167. Fig. 1168. Fig. 1169. Fig. 1170. Fig. 1171.

Fig. 1167. — Étamine jeune de *Dianella*. — *fl*, filet ; *a*, son épaisissement terminal ; *an*, l'anthère (15/1).

Fig. 1168. — Étamine du Persil (*Petroselinum sativum*). — *fl*, filet ; *an*, anthère (15/1).

Fig. 1169. — Étamine du *Lolium perenne*. — A, avant la sortie du pollen, ses deux loges appliquées l'une contre l'autre ; B, après la sortie du pollen, les deux loges écartées aux deux bouts où ne s'étend pas le connectif (15/1).

Fig. 1170. — Étamine du *Mercurialis annua*. — *an*, *an*, les deux loges de l'anthère, dont l'une est ouverte en *a*, portées par un long connectif transversal, *cn*. On a dessiné, vu par transparence, le faisceau vasculaire qui parcourt le filet (24/1).

Fig. 1171. — Tube de la corolle du *Salvia splendens* fendu et étalé pour montrer les quatres étamines dont deux, *e'*, sont rudimentaires ; dans les deux autres, *fl* est le filet ; *cn*, le connectif ; *an*, la seule loge pollinifère (à peu près 1/1).

nouissement de la fleur, l'anthère est maintenue dans sa position naturelle par l'enveloppe florale ; mais aussitôt que cette enveloppe s'étale, la partie de l'anthère supérieure au point d'attache agit par son poids sur le sommet aminci du filet ; un mouvement de bascule s'opère, le sommet du filet se renverse, la portion supérieure de l'anthère se jette en arrière, se tourne vers le sol, et alors celle-ci devient extrorse.

C'est aussi par la courbure de l'extrémité supérieure du filet que les anthères des *Oxalis*, qui naturellement sont tournées vers le pistil, finissent par regarder les pétales.

DISPOSITION DES ÉTAMINES

Chaque étamine nous étant connue, considérons l'ensemble qu'elles forment, c'est-à-dire étudions les rapports des étamines entre elles ainsi que les rapports des étamines et des autres parties de la fleur.

Nombre des étamines. — Le nombre des étamines dans chaque fleur varie beaucoup selon les plantes, mais il reste généralement constant dans toutes les fleurs d'une même espèce végétale ; toutefois il n'est guère fixe que lorsqu'il est faible, et il perd sa constance à mesure qu'il s'élève.

Linné, qui a tiré de ce nombre le principal caractère des classes dans son système de classification des végétaux, a reconnu que les fleurs qui possèdent depuis une étamine jusqu'à une douzaine de ces organes en offrent toujours, à peu d'exceptions près, la même quantité ; mais que celles qui en renferment plus d'une douzaine varient assez fréquemment sous ce rapport, et que dès lors on n'a plus intérêt à compter ces organes.

L'étude que nous devrons faire des principales méthodes de classification des végétaux nous permettra de parler plus longuement de ces caractères dans un chapitre spécial.

Le verticille staminal. — Les étamines sont associées de bien des manières dans le verticille mâle, et il est intéressant de noter les principales dispositions que l'on rencontre en comparant les étamines entre elles.

Les étamines d'une fleur sont souvent égales ou presque égales en longueur ; quand elles sont inégales, leur inégalité résulte essentiellement de celle des filets. Parmi les cas d'inégalité, deux sont particulièrement importants à signaler. Dans le premier, la fleur a quatre étamines dont deux sont plus longues que les deux autres, d'où on les dit *didynames* (δύο, deux, et δύναμις, puissance, grandeur) ; dans le second, les étamines sont *tétradynames* (τέτρα, quatre), parce que, sur six, il en est quatre plus longues que les deux autres. Presque toutes les Labiées,

Scrofularinées, etc., ont des étamines didynames ; les Crucifères doivent l'un de leurs caractères les plus essentiels à leurs étamines tétradynames. Dans la plupart des fleurs, les étamines sont distinctes et séparées les unes des autres ; mais, dans certaines, elles font corps entre elles, tantôt par les filets, tantôt par les anthères, tantôt enfin, et beaucoup plus rarement, par ces deux parties à la fois.

Les étamines cohérentes par les filets sont qualifiées d'*adelphes* (ἀδελφός, frère, c'est-à-dire unies comme des frères) ; de là on les dit *monadelphes* quand tous les filets sont unis en un seul corps, de longueur plus ou moins grande, comme dans les Malvacées. Elles sont diadelphes quand leur fusion détermine la formation de deux faisceaux ou phalanges, comme dans la Fumeterre commune.

Dans les Légumineuses, la fleur a le plus souvent dix étamines, parfois monadelphes, plus ordinairement diadelphes, dont alors neuf forment une phalange, la dixième située en dessus, constituant seule l'autre. Lorsqu'il existe plus de deux phalanges, soit trois comme chez la généralité des Millepertuis, soit cinq, soit davantage, les étamines sont dites polyadelphes.

Les étamines peuvent s'unir par les anthères, leurs filets restant libres ; on les dit alors *synanthérées*. Déjà les cinq anthères des Violettes ont entre elles une certaine adhérence ; cette adhérence devient un peu plus prononcée entre celles de la Balsamine et surtout entre celles de toutes les Composées, pour lesquelles c'est là un caractère essentiel. Dans celles-ci, les cinq anthères, généralement oblongues ou même linéaires, forment par leur union un tube que traverse le style surmonté des stigmates ; ces anthères s'ouvrent en dedans et versent ainsi leur pollen sur les stigmates qui passent à travers ce tube, à mesure que les soulève l'allongement graduel du style.

L'adhérence des anthères n'est jamais très forte et, dans tous les cas, elle ne constitue pas une confluence complète, comparable à celle des filets dans les étamines adelphes. Elles ont été d'abord libres et distinctes ; venant plus tard à se toucher, elles se sont collées, mais sans confondre leurs tissus, de telle sorte qu'on peut toujours les décoller artificiellement sans les déchirer.

Union du verticille staminal et du périanthe. — Les jeunes étamines sont ordinairement plus rapprochées des pétales et des sépales qu'elles ne le sont entre elles, de sorte qu'une croissance commune s'établit plus facilement entre les étamines et les pétales qu'entre les étamines.

Ainsi, dans la Jacinthe des bois, trois étamines sont unies aux trois sépales, trois étamines sont unies aux pétales ; la fleur paraît réduite à six pièces pétaloïdes portant anthère, et à un pistil. Une réduction plus grande encore a lieu dans beaucoup de Liliacées, la Jacinthe, le Muguet, l'Asperge, puisque la concrescence a envahi les trois verticilles, calice, corolle, androcée, formant un ensemble au milieu duquel on ne remarque rien autre que le pistil.

En général, quand la corolle est gamopétale, les étamines sont unies à la corolle de façon à paraître insérées sur elle ; cette règle ne souffre qu'un petit nombre d'exceptions. Cette union des étamines et des pièces du périanthe peut n'intéresser que les parenchymes, mais peut aussi opérer la soudure des nervures des organes soudés.

Les étamines ramifiées. — Une étamine étant considérée comme une feuille modifiée, doit pouvoir présenter des exemples de ramification ; c'est en effet ce qu'on observe chez quelques plantes où la ramification se fait de deux manières différentes. Tantôt les branches émanées du filet se comportent autrement que lui et sont stériles ; tantôt chaque branche se termine par un petit limbe porteur de sacs polliniques, tout comme l'anthère principale. La première disposition est celle d'une étamine portant des appendices, la deuxième seule fournit l'étamine composée.

On observe ces sortes d'étamines dans les Ricins, où la division du filet se fait suivant le mode dichotomique, dans la fleur du Tilleul, dans celle de quelques Myrtacées où les étamines sont ramifiées suivant le type des ombelles.

Dans la Mauve, les phénomènes sont plus compliqués. L'androcée des Mauves comprend cinq feuilles staminales, soudées entre elles, et par les parties inférieures unies aux pétales. Le tube staminal ainsi formé entoure le pistil, il présente sur sa face externe cinq doubles rangées de filets staminaux bifurqués portant ainsi chacun deux demi-anthères à deux sacs polliniques seulement. Tout cet ensemble constitue un organe difficile à analyser, et l'étude du développement peut seule nous faire bien connaître l'androcée de ces plantes.

Staminodes. — Il arrive fréquemment que les étamines d'une fleur ne se développent pas

Fig. 1172.   Fig. 1173.   Fig. 1174.   Fig. 1175.   Fig. 1176.

Les figures de la rangée supérieure montrent les chatons mâles de *Picea vulgaris* (fig. 1172), d'*Abies pectinata* (fig. 1173), de *Larix Europæa* (fig. 1174, coupe
longitudinale), de *Cupressus sempervirens* (fig. 1175),
de *Zamia montana* (fig. 1176). — Les figures de la
rangée inférieure montrent les étamines des mêmes
plantes. Dans ces figures, les lettres A et B indiquent
les parties correspondantes d'une même plante.

Fig. 1172 à 1176. — Inflorescences mâles et étamines des Gymnospermes.

également et même que quelques-unes d'entre
elles avortent. Dans ce cas, l'avortement porte
surtout sur les sacs polliniques et l'étamine se
réduit à son filet accompagné d'un limbe
stérile, toujours déformé, quelquefois diminué,
quelquefois agrandi. Cet avortement partiel
laisse cependant marqué l'organe staminal à
sa place et ne rompt pas complètement la
symétrie florale. Il en est autrement dans le
Romarin et la Véronique où trois des cinq
étamines avortent complètement, et dans les
Orchidées qui ne possèdent qu'une des six
étamines que comporte leur type floral (1).

ÉTAMINES DES GYMNOSPERMES

L'androcée des Gymnospermes mérite une
mention spéciale en raison des différences assez
importantes qu'il présente avec celui des
Angiospermes. Ici, comme on le voit sur les
figures 1166, 1, pour le Pin et 1172 à 1175 pour
l'Epicea, le Sapin, le Mélèze, parmi les Abiétinées, sur la figure 1176 pour le Zamia parmi

(1) Voir plus loin l'étude détaillée de la fleur des
Orchidées.

les Cycadées, les organes mâles sont groupés
en inflorescences allongées nommées chatons,
comprenant un axe sur lequel sont insérées des
feuilles fertiles, nommées étamines ou écailles,
dont les figures indiquées donnent une bonne
idée.

Les étamines du Pin et du Sapin forment
une spirale autour de l'axe de l'inflorescence,
qui affecte alors la forme d'un cône ; celles des
Cycadées forment des cônes compacts ; tandis
que celles de l'If se groupent en petits glomé-
rules axillaires. Ces inflorescences sont le plus
souvent disposées à l'extrémité de rameaux
courts, elles produisent une énorme quantité
de pollen et celui-ci s'en échappe en formant
de réels nuages de poussière jaune qui couvre
le sol sous les bois de Pins, et qui fait croire à
une pluie de soufre. Au moment où cette émission a lieu, ce qui correspond au printemps à
la reprise de la végétation, les Pins laissent
dégager de fortes odeurs balsamiques et l'on
attribue à ces effluves une influence salutaire
sur les organes de la respiration.

Si nous dissocions l'un de ces cônes mâles,
nous pouvons en détacher de très nombreuses

étamines affectant la forme d'une lame de contour simple, attachée par un filet ordinairement court. Le limbe prolonge le filet dans les Cycas, il lui est perpendiculaire dans le Sapin (fig. 1173) et il s'étale en une sorte d'écaille coiffant le filet dans l'étamine peltée de l'If.

Dans toutes ces étamines, les sacs polliniques naissent toujours à la face inférieure, ils sont en nombre variable; il y en a jusqu'à vingt dans l'Araucarier, huit dans l'If, trois dans le Genévrier et le Cyprès, deux seulement dans le Pin et le Sapin. Chez les Cycadées, où ce nombre est très grand, il n'est pas fixe et la face inférieure des étamines des Cycas porte souvent plus de cent sacs polliniques.

LE POLLEN

Le pollen, nommé encore la poussière fécondante, est une poudre à grains très fins, ordinairement jaunes, qui présentent chacun une organisation remarquable, avec une forme, un aspect, des dimensions caractéristiques du végétal qui les a produits (fig. 1177). Dans l'étude que nous allons faire de ces petits corps fécondants, nous devrons examiner la genèse du pollen dans les loges de l'anthère, sa sortie des sacs polliniques par la déhiscence de l'anthère, mais ce n'est que plus tard que nous rechercherons par quels moyens cet élément mâle peut arriver jusqu'à l'élément femelle qu'il doit féconder, et ce qui résulte de la fécondation. Nous préparerons cette étude par la considération du phénomène de germination du pollen faite expérimentalement.

GENÈSE DU POLLEN

Origine des cellules mères des grains de pollen. — Les grains de pollen, dont le rôle est si particulier, ne naissent pas comme les autres cellules de la plante, et se constituent par quatre aux dépens de cellules que l'on nomme les cellules mères des grains de pollen; il nous faut donc commencer par déterminer l'origine des cellules mères. Pour cela, observons de très jeunes étamines de Lys, choisies dans des boutons de plus en plus développés.

Au début, le limbe staminal est presque plat et sa face intérieure ne montre aucun bourrelet; mais bientôt se dessinent les quatre bandes saillantes que nous savons être les précurseurs des sacs polliniques. Si, à ce moment, nous pouvions soulever l'épiderme, nous verrions sous chaque bande saillante une plage de cellules (donc sous-épidermiques) en voie d'actif développement. Ces cellules se dédoublent en épaisseur et constituent plusieurs bandes cellulaires superposées.

Nous réduirons typiquement le nombre des épaisseurs ainsi formées à trois : une première lame placée sous l'épiderme donnera l'*assise mécanique* assurant la déhiscence de l'anthère à la maturité du pollen; une deuxième lame sera tôt ou tard digérée par le pollen en voie de développement et portera le nom d'*assise nourricière*; enfin la troisième lame, plus profonde, sera formée de cellules qui, en se divisant, constitueront un massif, l'ensemble des cellules mères du pollen. En arrière de ces formations, nous trouverons le parenchyme ordinaire de l'anthère et son épiderme postérieur, mais il faut signaler la transformation des cellules qui avoisinent directement le pollen en cellules nourricières. C'est ainsi qu'on comprendra que la différenciation sur place du pollen, dans un espace dont les parois sont nourricières, soit possible et laisse bientôt le pollen dans une cavité, le sac pollinique.

Origine des grains de pollen. — Les cellules mères des grains de pollen étant formées, elles se distinguent par leur protoplasme dense, leur noyau gros et facilement observable; leur contour est polyédrique en raison de leur disposition en massif et de la pression réciproque qui en résulte.

Bientôt une double division du noyau s'opère; la première division fournit deux noyaux fils qu'une membrane diamétrale sépare quelquefois, comme dans le Lys; la deuxième division fournit quatre noyaux petits-fils, et une nouvelle cloison perpendiculaire à la première les sépare. Chez les Dicotylédones, en général, les deux cloisons se forment en même temps, alors que les quatre noyaux sont constitués. Mais, dans tous les cas, le résultat est le même, la cellule mère a engendré quatre cellules de deuxième génération, qui sont aptes à devenir des grains de pollen.

Un phénomène tout particulier accompagne la double division du noyau de la cellule mère; la première bipartition accomplit la réduction à moitié du nombre des bâtonnets chromatiques du noyau (1), c'est-à-dire transforme les noyaux en demi-noyaux d'une nature spéciale. Ce changement est en rapport étroit avec la sexua-

(1) Voy. p. 33.

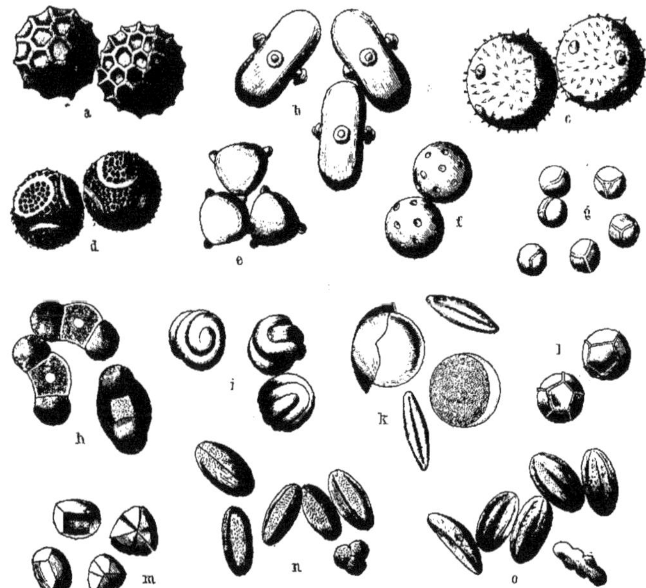

Fig. 1177. — Grains de pollen. — a, *Cobæa scandens;* b, *Morina persica;* c, *Cucurbita pepo;* d, *Passiflora ker-mesina;* e, *Circæa alpina;* f, *Convolvulus sepium;* g, *Cannabis sativa;* h, *Pinus pumilio;* i, *Mimulus moschatus;* k, *Albucca minor* (sec et humide); l, *Dianthus carthusianorum;* m, *Corydalis lutea;* n, *Gentiana rhætica;* o, *Salvia glutinosa.*
(*a, b, c,* gros. 80 à 90; *d, e, g, h, k,* gros. 120 à 150; *l, m,* gros. 180; *f, i, n, o,* gros. 120 à 250.)

lité, il ne s'observe normalement nulle autre part, si ce n'est dans le noyau femelle, et la réduction que nous avons constatée se conserve dans les noyaux qui dérivent de celui du grain de pollen, jusqu'au phénomène de fécondation. Ce n'est qu'à ce moment que le nombre des bâtonnets chromatiques caractéristique d'une espèce végétale peut être de nouveau observé.

Les quatre cellules nées de la cellule mère du pollen subissent des transformations qui en font des grains de pollen. D'abord unies et appliquées les unes contre les autres comme les quartiers d'un fruit, ces cellules tendent à se séparer les unes des autres, à s'isoler, par gélification de leur paroi commune; elles prennent bientôt la forme sphérique et sont libres dans le sac pollinique.

Il est cependant des cas où ces cellules restent unies par quatre, donnant les pollens en tétrades, ou même restent toutes associées dans un sac pollinique, donnant une pollinie.

Les grains de pollen, naissant dans l'anthère, ne peuvent être mis en liberté que par la rupture des parois des sacs polliniques, phénomène que l'on nomme la déhiscence de l'anthère. Cette déhiscence crée des ouvertures de forme très variable, depuis une simple fente, jusqu'à des orifices dont la disposition est très curieuse; ainsi les anthères du Ray-grass représentées à la figure 1178 s'ouvrent près de leur sommet par un orifice double qui donne issue au pollen.

Déhiscence des anthères. — Examinons une anthère au moment de sa maturité, nous la verrons composée d'un épiderme, d'une assise de déhiscence ou assise mécanique et des deux sacs polliniques. Entre ces deux sacs, on peut aussi trouver une cloison de parenchyme plus ou moins mince, et le connectif. Comme on le

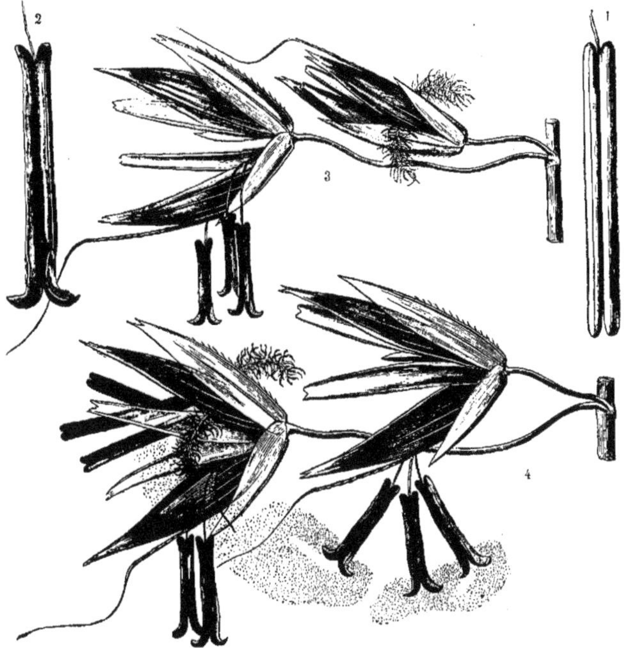

Fig. 1178. — Ray-grass de France (*Arrhenatherum elatius*). — 1, une anthère fermée ; 2, une anthère ouverte ;
3, épillets avec glumes divariques (qui s'écartent l'une de l'autre à partir de la base), dans un air calme ;
4, épillets à l'air agité. La fleur de droite présente des anthères pendantes qui laissent échapper le pollen. La
fleur de gauche, plus avancée, a perdu une de ses anthères, et les deux autres sont vides de pollen. Cette fleur
en cache partiellement une autre dont les étamines commencent à s'avancer.

voit, il s'est opéré des simplifications qui portent surtout sur les cellules nourricières dont le pollen a absorbé la substance.

L'assise mécanique, la plus intéressante au point de vue de la déhiscence de l'anthère, est formée de cellules dont les parois se sont épaissies de façon particulière. Le plus souvent, l'épaississement, accompagné d'une lignification, s'est fait sur la paroi cellulaire la plus profonde, celle qui regarde le sac pollinique, et aussi sur les parois radiales, de sorte que cet épaississement affecte la forme d'un fer à cheval ; il n'est du reste pas homogène et comporte de nombreuses bandes ligneuses, des anneaux ou des spirales.

Au moment de l'épanouissement de la fleur, les anthères qui jusque-là étaient protégées se trouvent soumises à l'action des agents atmosphériques, et tout particulièrement à l'action desséchante du vent et du soleil. L'épiderme se dessèche bientôt et il en est de même de la surface de l'assise mécanique ; par suite, une tension s'établit sur la paroi de l'anthère et ne tarde pas à provoquer sa rupture. La région qui se rompt est toujours déterminée par la moindre résistance qu'elle présente par rapport aux parties voisines, et sa place est caractéristique de chaque anthère.

Très souvent, les anthères se fendent suivant deux lignes voisines du sillon médian, de sorte que les deux lames superficielles qui forment la paroi des deux sacs polliniques se trouvent brusquement libres par un de leurs bords ; elles se tendent brusquement, puis se recroquevillent et même s'enroulent en arrière.

Dans d'autres cas, il se produit deux fentes de déhiscence sur le milieu de chaque loge de l'anthère, et des deux côtés de ces fentes les

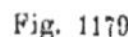

Fig. 1179.

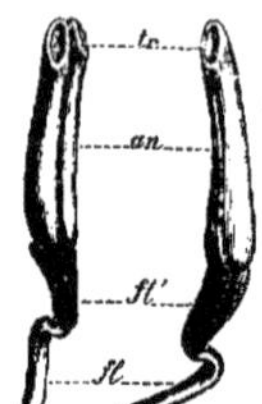

Fig. 1180.

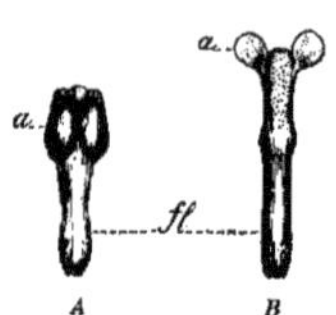

Fig. 1181.

Fig. 1179. — Étamine du Cannelier (*Cinnamonum Zeylanicum*), quadriloculaire, accompagnée à sa base de deux étamines imparfaites *e'*, *e'*; *a*, *a'*, valvules par lesquelles s'ouvrent les loges (15/1).

Fig. 1180. — Étamine adulte du *Dianella cærulea*, vue dans deux positions. — *tr*, les deux pores terminaux de son anthère *an*; *fl*, filet aplati et formant crochet sous son épaississement supérieur velu, *fl'*.

Fig. 1181. — Étamine du *Berberis vulgaris*. — A, étamine entière montrant, en B, ses deux valvules, *a*, soulevées; *fl*, filet (4/1).

membranes se rejettent en arrière, ouvrant largement les sacs polliniques.

Il est des étamines dans lesquelles la déhiscence des anthères ne se fait plus longitudinalement, mais transversalement, ou par un orifice circulaire, comme dans la Pomme de terre, ou par deux pores comme dans le Dianelle (fig. 1180), ou par quatre orifices munis de valves, comme dans le Cannelier (fig. 1179), ou par deux orifices identiques, comme dans l'Épine-vinette (fig. 1181).

Ces divers modes de déhiscence peuvent être qualifiés de longitudinale, transversale, poricide ou valvulaire. Ils ne sont que des aspects divers d'un même phénomène, l'ouverture mécanique de la cavité pollinifère. Une mise en liberté toute particulière du pollen se rencontre dans quelques Bruyères, Azalées et Rhododendrons, elle résulte de la résorption de la paroi de l'anthère suivant une petite plage par où le pollen peut s'échapper.

Le pollen, une fois sorti des anthères, doit le plus souvent s'échapper de la fleur pour être transporté, soit par le vent, soit par les Insectes. Pour réaliser ce départ, un grand nombre de dispositions sont possibles, mais certaines, par leur ingéniosité et leur curiosité, méritent une mention spéciale.

Projection du pollen. — La projection des grains de pollen peut être causée par l'ouverture brusque des anthères, ou par le redressement brusque du filet de l'étamine, comme on l'observe chez la Pariétaire officinale dont nous parlerons plus loin. D'autres fois, le simple écartement des anthères voisines, déterminé par la visite des Insectes ou bien spontané, produit le même effet, grâce à des dispositions spéciales. Dans l'*Acanthus longifolius*, que représente la figure 1182 (1, 2, 3), on voit les anthères garnies de poils qui s'entrecroisent avec ceux de l'anthère opposée, comme deux brosses placées l'une sur l'autre; l'écartement de ces anthères provoque la chute du pollen.

Un arrangement analogue est représenté par la figure 1182 (4, 5, 6), avec la fleur de *Rhinanthus angustifolius*. Ici, l'écartement des anthères n'est plus total et se borne à la séparation des parties inférieures pendantes, par un mouvement léger de bascule. Dans la Pirole (fig. 1182, 7, 8), la chute du pollen est causée par l'arrivée d'un Insecte, qui, écartant un pétale pour atteindre les nectaires, permet à l'étamine de pivoter et de renverser le pollen qu'elle contient.

Dans les fleurs de la *Crucianella stylosa*, c'est l'éclatement de la voûte corolline qui projette le pollen, et nous savons que ce phénomène est dû à la forme, aux dimensions du style qui tend à ouvrir la corolle et qui est souvent aidé dans cette action par la venue des Insectes butineurs (Voy. p. 455, 456 et fig. 818 à 823).

Les fleurs de quelques Papilionacées, le *Spartium scoparium* par exemple, présentent un double faisceau staminal qui, avec le style, est caché par les ailes et la carène. Dès qu'un Insecte vient à se poser sur la fleur, ces pièces florales s'écartent sous l'effort, et le faisceau staminal rendu libre se redresse en venant heurter l'abdomen de l'Insecte, ce qui rend libre le pollen. Nous verrons bientôt les curieux phénomènes auxquels donne lieu la visite des fleurs des Asclépiadées et des Orchidées par les Insectes.

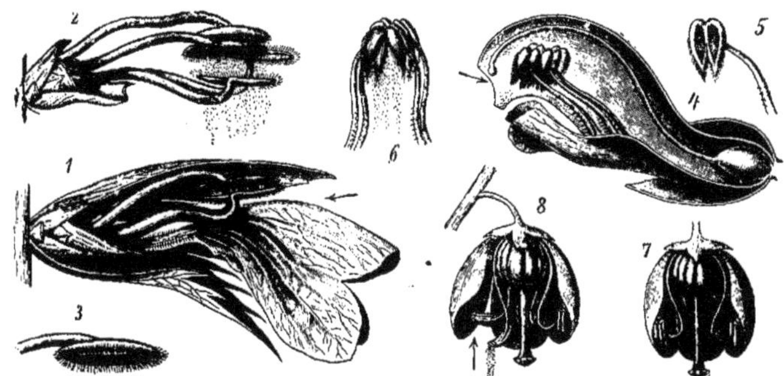

Fig. 1182. — Projection du pollen. — 1, fleur d'*Acanthus longifolius;* une partie des étamines a été coupée;
2, les étamines d'Acanthe, semblables à des *tenailles à litière*, s'écartent l'une de l'autre, si bien que le pollen
tombe; 3, une anthère d'Acanthe; 4, coupe longitudinale d'une fleur de *Rhinanthus angustifolius*; 5, une étamine de cette fleur; 6, les quatre étamines de *Rhinanthus* vues de face. Les anthères réunies au sommet s'écartent
par la base et le pollen tombe; 7, fleur de *Pirola secunda*, corolle et étamines coupées en partie; 8, la même
fleur. Par suite de l'écartement d'un pétale, l'anthère qu'il retenait et qui présente la forme d'une poivrière
bascule, et le pollen s'échappe. La flèche montre, dans les figures 1, 4 et 8, la direction suivant laquelle un
Insecte cherche à pénétrer dans le fond de la fleur.

Un autre mode d'échappement du pollen, que l'on peut nommer le pompement, est réalisé chez quelques Papilionacées ; nous en prendrons comme exemple le *Lotus cornicu-latus*, représenté par la figure 1183.

Dans cette fleur, les pièces de la corolle forment une cavité relativement close ne communiquant avec l'extérieur que par un petit orifice terminal. Or, vers l'extrémité de la cavité corolline, les étamines limitent une petite cavité accessoire dans laquelle saillit le style, et dans laquelle le pollen échappé des anthères s'accumule. Bientôt un léger allongement du stigmate et un mouvement d'inflexion de la carène déterminent le pompement du pollen qui s'échappe de la fleur.

PROTECTION DU POLLEN

L'importance très grande que présentent les grains de pollen pour les fleurs nous permet de prévoir que la Nature, prévoyante, a assuré la protection du pollen, pendant sa maturation et au moment de son émission. Les causes de destruction ou de transformation du pollen sont nombreuses et parmi elles il faut surtout retenir l'humidité, la pluie et aussi le froid ; les premières causes surtout sont importantes, car elles pourraient provoquer la germination du pollen avant son départ de l'étamine, ou faciliter son altération. Mais, par bien des

moyens, la plante peut protéger son pollen.

La conformation de la fleur, sa position, peuvent suffire à la protection du pollen, ainsi la figure 1131 (page 618) montre les fleurs pendantes du Muguet (*Convallaria majalis*) abritées sous la petite coupole que forme leur périanthe, et les trois étamines de l'Iris protégées par les stigmates qui sont devenus pétaloïdes, tandis que la figure 1184, *a*, montre les fleurs de la Balsamine jaune (*N'y touchez pas*) abritées sous les feuilles à l'aisselle desquelles elles sont nées.

Le procédé de protection le plus simple peut-être, tout en étant très efficace, consiste dans la courbure du pédoncule floral qui transforme la fleur dressée du jour en une fleur penchée pendant la nuit, qui laisse la fleur exposée aux rayons du soleil tout en la garantissant de la pluie. Nombreuses sont les plantes où ces mouvements s'observent ; citons le *Geranium robertianum*, la *Campanula patula*, quelques Oxalis, Pavot, Renoncule, Anémone, Potentille, Stellaire, Saxifrage, Tulipe, etc. Parmi les fleurs composées, nous rencontrons la Pâquerette, la Scabieuse, le Laitron, le Tussilage.

Dans l'Argoussier (*Hippophaë rhamnoides*), qui est un arbrisseau indigène de la famille des Éléagnées, du groupe des apétales, on observe les fleurs mâles à l'angle de bractées écailleuses, et elles sont groupées en épis à la base de jeunes rameaux latéraux (fig. 1184, *b*).

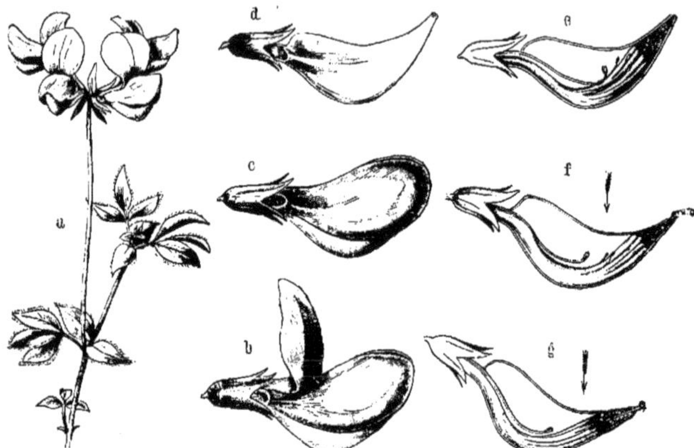

Fig. 1183. — Sortie du pollen par pompement. — *a*, *Lotus corniculatus*; *b*, une fleur de cette plante; *c*, la même fleur dont on a enlevé l'étendard; *d*, la même fleur où on a enlevé étendard et ailes de telle façon que la carène est isolée; *e*, un pétale de la carène est enlevé; à l'intérieur de la carène on aperçoit les étamines dont les plus grandes se renflent en forme de massue à leur extrémité libre; la cavité qui surmonte les anthères est remplie du pollen qu'elles ont dégorgé, et dans le pollen plonge le style avec le stigmate; *f*, la carène s'approche dans la direction de la flèche, mouvement à la suite duquel le pollen sera pompé vers l'extérieur à travers l'ouverture de la cavité; *g*, la carène se déplace encore plus dans le sens de la flèche, si bien que le stigmate vient à sortir par l'orifice de sa cavité.

Chaque fleur renferme quatre étamines (*d*, fig. 1184) dont les anthères laissent abondamment tomber le pollen en fine poussière d'un rouge orangé, poussière qui s'accumule au fond de la fleur en attendant que le vent la transporte sur les fleurs femelles qui sont quelquefois éloignées de plus de 100 mètres. Avant que ce vent souffle, ce qui peut tarder plusieurs jours, il y a grand risque pour le pollen de se trouver mouillé par la pluie ou la rosée, ou même d'être entraîné par un vent humide non favorable. Pour conjurer ce péril, les deux pétales en forme d'écuelle qui tournent l'un vers l'autre leur concavité, restent unis à leur sommet, formant ainsi une outre contenant les anthères et le pollen tombé au fond de la fleur ; mais ces deux pétales s'entr'ouvrent sur leurs côtés, de façon à former latéralement deux ouvertures en forme de fentes, comme on le voit en *d* et *e* (fig. 1184). Le toit que forment les deux écailles protège le pollen contre l'humidité atmosphérique, mais il permet à un vent sec et favorable d'enlever le pollen par les fentes latérales et de le conduire jusqu'au stigmate d'une fleur femelle.

Une protection d'un genre tout différent est réalisée dans les fleurs dont la corolle est hypocratériforme, c'est-à-dire dont le tube corollin forme une cavité incomplètement close, renfermant les organes fertiles et ne communiquant à l'extérieur que par la gorge de la corolle, comme on le voit sur la fleur de la figure 1184, *g*. Dans ces fleurs, l'ouverture de la corolle est béante, toujours tournée vers le ciel, et il semble que l'eau puisse y pénétrer facilement, les Insectes y entrant sans difficulté. Il n'en est rien cependant, en raison de l'étranglement de la corolle et des petits poils ou écailles qui, sans s'opposer au passage des insectes assez forts pour les écarter, maintiennent suspendue la gouttelette d'eau qui obstrue l'orifice. C'est ainsi que l'on peut observer après chaque pluie, ou après la formation de rosée, la présence d'une goutte d'eau dans la partie supérieure de la corolle, mais cette goutte, comprimant l'air qui est logé dans la cavité inférieure et étant retenu par la collerette de poils, ne peut que disparaître, soit quand la fleur sera secouée par le vent, soit quand le soleil en déterminera l'évaporation.

Sur cette disposition est réalisée la protection du pollen des *Phlox*, des *Daphne*, des *Androsace*, des *Aretia* (fig. 1184, *f*) et de plusieurs

Fig. 1184. — Protection du pollen contre la pluie. — *a, Impatiens noli tangere*; *b, c, d, e, Hippophaë rhamnoides*; *f, Aretia glacialis*; *g*, une fleur d'*Aretia* sectionnée; *h, Euphrasia officinalis*.

Primulacées à tiges dressées, toutes plantes que l'on trouve dans des stations humides ou élevées ; ainsi l'*Aretia* végète sur les moraines glaciaires.

Un autre mode de protection particulièrement efficace consiste dans le reploiement des pièces du périanthe, principalement des pétales au-dessus du centre de la fleur, comme on le voit dans la figure 1128, page 617.

Un assez grand nombre de Composées offrent cette disposition, et ce sont alors les fleurs périphériques, les seules dont la corolle soit étendue, qui protègent toutes les fleurs du capitule. L'examen des figures 1186 et 1187, relatives à l'Épervière et au Cupidone, suffira pour faire comprendre le reploiement des corolles.

Un reploiement bien plus curieux est observable dans l'Eschscholtzie, que représente la figure 1188 ; il consiste en un enroulement de chaque pétale, lui donnant la forme d'un cornet et lui permettant de mettre à l'abri un certain groupe d'étamines.

Mais, en outre de ces moyens de protection, les fleurs peuvent garantir leur pollen par des mouvements spéciaux des anthères, qui équivalent à des ouvertures et des fermetures des loges contenant les sacs, mouvements commandés, comme la déhiscence, par les variations de l'état d'humidité de l'air. La figure 1189 montre les deux états extrêmes que présentent les étamines et les fleurs de quelques plantes choisies, puis étudiées, soit à l'air sec ou au soleil, soit à l'air humide ou pendant la pluie.

Dans la première de ces plantes, la Colchique, (*a, a'*), la protection du pollen est assurée par les mouvements combinés du périanthe et des anthères : tandis que le périanthe se ferme par la pluie, les loges des anthères rapprochent leurs bords (*b*), puis les ouvrent (*b'*) par un mouvement équivalent à une nouvelle déhiscence. Dans la fleur de l'Alchemille vulgaire, les anthères ont une forme très curieuse, rappelant celle d'un grain de mil (*d, e*) porté par un mince pédicelle ; elles s'ouvrent par une fente transversale (*d', e'*) pendant les phases de beau temps et laissent échapper le pollen. La fleur du Laurier noble (*g, g'*) présente quelque chose d'analogue, mais la déhiscence des anthères se fait au moyen de deux sortes de couvercles, dont l'abaissement (*h*) ou le relèvement (*h'*) provoque la fermeture ou l'ouverture des loges de l'anthère. Enfin, dans le Genévrier, on observe des mouvements des écailles fertiles, susceptibles de garantir le pollen de la pluie (*i, k, i', k'*).

NATURE DU POLLEN

Le pollen, l'élément fécondant de la fleur, mérite de fixer notre attention, car, malgré sa

Fig. 1185.   Fig. 1186.   Fig. 1187.   Fig. 1188.

Fig. 1185. — *Ariopsis peltata.*
Fig. 1186. — *Catananche cærulea.* — 1, coupe longitudinale faite avant l'épanouissement de la fleur; 2, un fleuron, après son épanouissement.
Fig. 1187. — *Hieracium pilosella.* — 1, fleur entière non

épanouie; 2, un fleuron isolé; 3, fleur entière ouverte.
Fig. 1188. — *Eschscholtzia californica.* — 1, la fleur épanouie au soleil; 2, la fleur fermée pendant la pluie.

Fig. 1185 à 1188. — Protection du pollen contre la pluie.

petitesse, il est de nature complexe, et nous ne saurions bien comprendre son rôle si nous ne connaissions sa composition.

Dans tous les cas, chaque grain de pollen est formé d'un contenu et de deux membranes limitantes, l'une interne et mince nommée *intine*, l'autre externe et plus épaisse nommée *exine*.

Morphologie du pollen. — Les grains de pollen se présentent assez souvent isolés et l'observation de leur forme est facile, ces grains sont dits grains simples. Dans quelques plantes, les grains restent unis par groupes de quatre nommés *tétrades*, ou par groupes de tétrades; ainsi sont composés les pollens des Bruyères, de certaines Mimosées, des Orchidées de nos pays. On trouve des pollens composés de huit grains chez quelques Acacias et Mimosas, de douze et de seize grains chez les *Acacia pulchella* et *A. lophantha*; de trente-deux à trente-six grains chez l'*Inga spectabilis*.

Les grains de pollen qui naissent dans les logettes des anthères des Asclépiadées et des Orchidées restent au contraire unis en une masse cohérente, assez volumineuse, qui est quelquefois isolée pour chaque logette, quelquefois

réunie à celle de la logette voisine. On donne le nom de *pollinie* à cet ensemble, et chaque étamine en possède deux ou quatre, rarement huit; nous aurons l'occasion de décrire soigneusement ces masses polliniques des Orchidées quand nous relaterons les curieux phénomènes de fécondation que présentent ces fleurs si étranges à beaucoup d'égards.

Formes du pollen. — Les formes du pollen sont très diverses et leur énumération serait très longue, aussi nous suffira-t-il de noter les formes principales.

Beaucoup de pollens ont l'aspect de petites sphères, ou de petits œufs; ceux des Monocotylédones rappellent le grain de Blé, forme qu'ils doivent à un pli de leur membrane externe; ceux de quelques Polygalées ressemblent à un tonnelet; celui de *Morina persica* (*b*, fig. 1177) est comparable à un très court bâtonnet cylindrique terminé par deux calottes, et portant sur son milieu trois proéminences identiques à de petits goulots de bouteille et terminées chacune par un pore. Une forme curieuse est celle du pollen des *Thunbergia*, qui présente à sa surface des circonvolutions, comme si un ruban demi-

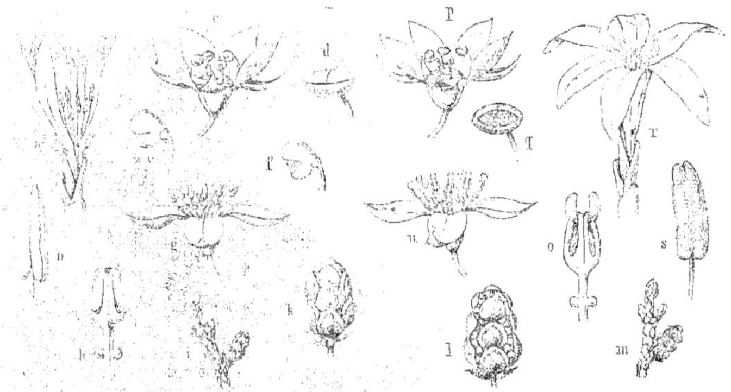

Fig. 1189. — Préservation du pollen. — *a*, fleur de Colchique à l'humidité, le périanthe est à moitié ouvert, les anthères sont fermées ; *b*, une anthère de cette fleur ; *c*, fleur du Mantelet des Dames (*Alchemilla vulgaris*), pendant la pluie, avec ses anthères fermées ; *d*, *e*, anthères de cette fleur ; *g*, fleur de Laurier en temps de pluie, les anthères sont fermées ; *h*, une anthère de cette fleur ; *i*, fleur mâle de Genévrier (*Juniperus virginica*), pendant la pluie ; *k*, une fleur grossie. Toutes les figures de droite correspondent à celles de gauche et montrent les anthères ouvertes, au soleil, à la lumière ou à l'air sec.

cylindrique et tantôt simple, tantôt à deux branches parallèles, réunies par les deux bouts. s'était entortillé autour d'une sphère centrale ; l'acide sulfurique permet de dérouler ce ruban formé par l'exine. Certains pollens affectent la forme de solides géométriques à plusieurs faces : celui des *Basella* est un cube dont chaque face porte un grand pore dans son milieu ; et celui des Chicoracées affecte la forme d'un polyèdre à faces souvent au nombre de douze, circonscrites par des bandes saillantes. Enfin un pollen très anormal est celui de la Zostère (*Zostera marina* L.) dont les grains sont conformés en longs tubes déliés, placés l'un à côté de l'autre parallèlement, en faisceau, dans la loge unique de l'anthère. Généralement tous les grains de pollen d'une plante ont la même forme ; cependant, dans des cas rares, une seule espèce en réunit deux ou même trois formes différentes, dans la même anthère.

DIMENSION DU POLLEN. — Les grains de pollen sont toujours très petits ; cependant ils offrent entre eux des différences de grandeur notables, suffisantes pour les reconnaître, à défaut d'autres caractères d'application plus aisée.

Ainsi on doit compter de 120 à 150 grains du pollen de Figuier (*Ficus elastica*) sur une longueur d'un millimètre, 25 grains du pollen de Fumeterre (*Fumaria*) et 5 grains seulement du pollen de Lavatère (*Lavatera*) sur la même longueur. Ce dernier pollen est, du reste, choisi parmi les plus volumineux.

COULEUR DU POLLEN. — Le pollen est généralement jaune ; néanmoins sa couleur peut varier, quelquefois dans un même genre. Un exemple remarquable à cet égard est celui des Lis. Le Lis blanc (*Lilium candidum*), le *L. longiflorum* et d'autres espèces à fleur blanche l'ont jaune : il passe au jaune safran dans le *Lilium croceum*, au roux dans les *L. bulbiferum* et *Brownii*, au rouge dans les *L. chalcedonicum, concolor.*, au brun rouge dans le *L. fulgens* : aussi, dans ce genre de plantes, la couleur de poussière peut-elle aider à distinguer certaines espèces. On trouve le pollen blanchâtre dans l'*Actœa spicata*, et il est bleuâtre dans certains Épilobes.

Nous avons signalé la ressemblance des pollens des Pins et des Sapins avec la fleur de soufre, ce qui dans les croyances populaires a fait attribuer une origine mystérieuse à la chute de cette poussière jaune, là où les arbres *pollinifères* étaient très éloignés du lieu du météore.

ORNEMENTS DU POLLEN. — Il ne semble pas que les petits grains échappés des étamines puissent fixer notre attention bien longtemps, et cependant, quand on fait passer sous le microscope des mélanges de pollen de différentes fleurs, on est tout surpris de leur beauté.

de leur variété, de la richesse des ornements que présente leur surface.

Les ornements que présente la surface des grains de pollen sont de deux sortes et leur rôle est différent. Les uns sont des espaces clairs, de petites plages réservées, ordinairement circulaires, où la membrane externe est plus mince; les autres sont au contraire des aspérités, des épines, des émergences, des tubercules, correspondant à des régions plus épaisses de la paroi. Toutes ces aspérités sont destinées à permettre au pollen de s'arrêter sur la surface stigmatique après y avoir été transporté; il faut donc voir dans ces ornements une complication utile à la plante, un perfectionnement fixé par la sélection.

La description complète d'un grain de pollen comprendrait encore l'examen des plis que peut présenter sa surface. Ainsi, tandis que le pollen de la Fumeterre est lisse, celui de la plupart des Dicotylédones est parcouru dans sa longueur par trois sillons, et celui des Monocotylédones n'en présente ordinairement qu'un. Ces plis sont du reste observables quand le grain de pollen est sorti de l'anthère et a subi l'action desséchante de l'air ; il disparaît presque à l'humidité.

Le tableau suivant, emprunté au grand travail de Hugo Mohl, donnera une idée de la variété des aspects que peut revêtir le pollen.

Pollen sans pores ni plis.		Beaucoup d'Aroïdées, *Musa*, *Strelitzia Reginæ*, *Canna*, *Laurus*, beaucoup d'Euphorbiacées, *Phlox*, *Ranunculus*, *Tribulus*, etc.
Pollen à plis sans pores.	1 pli.......	Beaucoup de Monocotylédones : de plus *Salisburia*, *Magnolia*, *Nymphæa*.
	2 plis......	Rare : Dioscoréacées, *Tigridia*, *Cypripedium*, *Calycanthus*.
	3 plis......	Beaucoup de Dicotylédones : Chêne, *Cereus*, Gui, etc.
	4 plis......	Rare : *Sideritis scordioides*, *Houstonia coccinea*.
	6 plis......	Diverses Labiées et Passiflorées.
	Plis plus nombreux.	Beaucoup de Rubiacées, *Penæa*, *Sesamum*.
Pollen à pores sans plis.	1 pore.....	Graminées, Cypéracées : *Anona Cecropia*.
	2 pores....	Rare : *Colchicum*, *Broussonetia*.
	3 pores....	Onagrariées, Protéacées, Urticées, Dipsacées.
	4 pores....	Balsaminc, *Phyteuma*, *Trigonia*.
	Pores plus nombreux.	Situés à l'équateur du grain. { Aune, Bouleau, Orme, *Collomia*. Épars... { Nyctaginées, Convolvulacées, Caryophyllées, Cucurbitacées, Malvacées, *Cobæa*.
Pollen avec des pores et des plis.	3 plis et 3 pores.	Beaucoup de Dicotylédones, notamment Composées.
	Plusieurs plis et autant de pores.	La plupart des Borraginées et des Polygalées.
	6-9 plis et seulement 3 pores.	6 plis et 3 pores : Lythrariées, Mélastomacées, Combrétacées. 9 plis et 3 pores : *Ammannia sanguinea*.

Anatomie du pollen. — La connaissance complète du pollen nécessite maintenant l'étude de ses membranes, l'exine et l'intine, puis celle de son contenu.

LES MEMBRANES DU POLLEN. — Les membranes du pollen, ou si l'on veut les deux parties de la membrane, sont dérivées de la membrane de la cellule mère du pollen située dans l'anthère. Cette membrane, en exception à ce qui se produit pour les autres cellules, s'épaissit en se lignifiant, suivant des dessins spéciaux, ceux que nous avons observés sur le grain, et dont nous n'avons pas d'exemple pour les éléments ordinaires de la plante. L'irrégularité de l'épaississement donne naissance aux reliefs extérieurs, et les pores sont les régions restées minces.

Lorsque la membrane est entièrement constituée, l'exine jaune et cutinisée est nettement différente de l'intine. Celle-ci est mince, extensible, formée de cellulose non imprégnée, et partout protégée par l'exine, est restée vivante. Le plus souvent, aux points qui correspondent aux pores de l'exine, l'intine présente des épaississements de cellulose, sortes de bouchons de matière de réserve, susceptibles de fournir plus tard la substance nécessaire au développement du noyau pollinique.

LE CONTENU DU POLLEN. — Au moment où nous avons laissé le pollen, il était accompagné de trois grains de même génération et contenait un noyau, ou plutôt un demi-noyau spécial. Pendant sa maturation, le grain est le siège d'un nouveau phénomène de division nucléaire, et on peut bientôt observer à son intérieur deux noyaux réduits. L'un, assez volumineux, occupe avec le protoplasme qui l'entoure une grande partie de la cavité du pollen, l'autre, plus petit et un peu aplati, est entouré de peu de protoplasme et est rejeté sur le côté du grain.

Le premier noyau est considéré comme destiné à nourrir le deuxième, il est appelé noyau végétatif, tandis que le petit noyau est destiné à quitter le pollen et à se diviser en deux corps allongés comparables à des anthérozoïdes. Il sera intéressant de nous rappeler ces générations successives des éléments reproducteurs dans les comparaisons que nous devrons faire des phénomènes analogues observés dans les organes femelles, et aussi dans l'interprétation de tous ces faits par analogie avec ceux que l'étude des plantes Cryptogames nous a fourni.

Pollen des Gymnospermes. — Le pollen des Gymnospermes diffère de celui des Angiospermes par deux caractères d'importance très inégale. L'un est une simple différence de forme extérieure, l'autre est une complication plus grande du contenu du pollen.

Chez les Cycadées, les Cyprès, les grains sont arrondis ou ovoïdes ; chez les Ginkgo, ils sont ridés ; mais chez les Pins, Sapins, Epicea, (fig. 1190), Cèdres, Mélèzes, chaque grain prend la forme d'une petite sphère à laquelle seraient accolés deux ballonnets remplis d'air. Ces deux sortes d'ampoules font ressembler le grain à une triade, et l'examen optique suffit à montrer que le soulèvement de l'exine a formé ces deux renflements, sortes d'organes de flottaison qui permettent au vent d'emporter plus facilement le pollen.

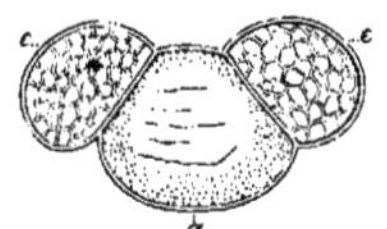

Fig. 1190. — Pollens d'*Epicea* et de Cyprès.

Le contenu du grain est quelquefois, comme dans le Thuya, le Cyprès (fig. 1190) identique au contenu d'un grain de pollen d'Angiosperme, c'est-à-dire formé de deux cellules, l'une grande végétative, l'autre petite reproductrice et fournissant les deux anthérozoïdes non ciliés. Par contre, chez le Sapin, le Mélèze, la grande cellule se divise en donnant deux, quelquefois trois cellules nouvelles. Cette différence n'est pas fondamentale, car dans ces grains de pollen à trois ou quatre cellules, l'une seulement persiste et représente la cellule reproductrice fournissant les deux anthérozoïdes, toujours privés de cils.

Un Conifère fait exception à cette dernière remarque, le Ginkgo, dont la cellule fertile donne naissance à deux anthérozoïdes abondamment pourvus de cils vibratiles.

LE GYNÉCÉE

Sous le nom de gynécée on comprend l'ensemble des organes femelles des fleurs, c'est-à-dire le verticille fertile le plus interne des fleurs hermaphrodites ou le seul verticille fertile des fleurs unisexuées femelles. Le gynécée peut comporter un seul ou plusieurs pistils, et cette indication est des plus faciles à recueillir ; ainsi on ne trouve qu'un pistil au centre de la fleur de la Primevère, tandis que plusieurs pistils se voient au milieu des étamines d'une fleur de Fraisier.

Dans cette étude, plus encore que dans celle de l'androcée, nous devrons séparer les plantes Angiospermes et Gymnospermes, car le principal caractère différentiel, celui qui a donné ces noms aux deux groupes végétaux, est une conséquence de la disposition différente des ovaires, qui sont partie des pistils.

PISTIL DES ANGIOSPERMES.

Un pistil est un organe composé dont la forme extérieure permet de reconnaître trois parties : l'une inférieure, globuleuse dans le Coucou, ovoïde dans le Framboisier (fig. 1191, 11), allongée dans le Lys, porte le nom d'ovaire ou cavité ovarienne ; l'ovaire est surmonté d'une deuxième partie, plus ou moins allongée, nommée style ; enfin, le style est terminé par une papille ou bouton, nommé stigmate, qui est l'épanouissement du style et qui peut être divisé. Le nom de pistil (*pistillum*) pilon de mortier, a été donné à cet organe de la fleur à cause de la ressemblance très fréquente qu'il présente avec un pilon. Le pistil du Tabac que l'on voit sur la figure 1192 possède une forme générale justifiant bien l'étymologie de ce mot.

Sur le stigmate s'arrêtera le pollen ; dans le style, les tubes polliniques émis pourront cheminer jusqu'à l'ovaire, et dans l'ovaire, ces mêmes tubes féconderont les ovules qui y sont contenus. Tels sont, rapidement indiqués, les rôles fondamentaux de ces parties du pistil.

Composition du pistil. — Quelle que soit sa forme, un pistil est toujours composé de un ou plusieurs organes primitifs nommés carpelles ou feuilles carpellaires. Ce dernier nom présume il est vrai de la nature du carpelle, mais nous savons que la théorie des métamorphoses est solidement établie et nous édifierons l'étude du pistil en prenant comme point de départ une feuille type dont nous varierons la forme à notre gré, tout en suivant les indications très précieuses que fournit l'étude de quelques pistils anormaux, comme ceux que représente la figure 1190 (1 et 2). L'appui que nous apporte ici l'observation des monstres est parfaitement légitime, puisque ces monstres sont reliés par des intermédiaires aux types normaux et que les organismes qui les portent sont sains ; de plus, la parole autorisée de Hugo Mohl nous encourage dans cet examen.

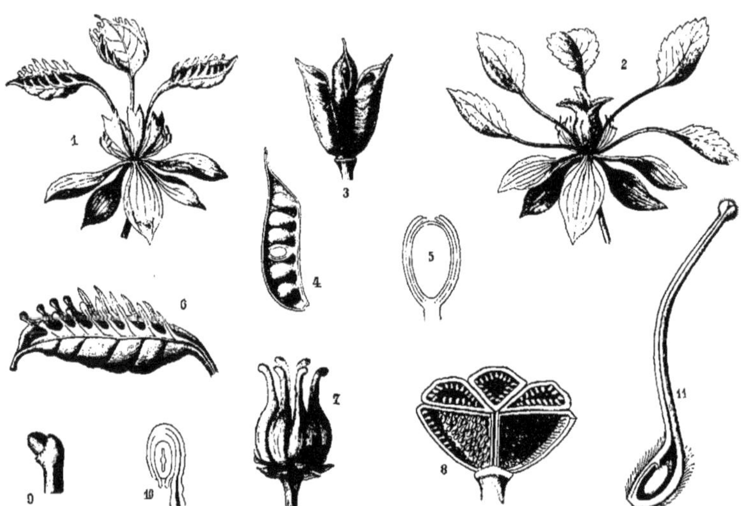

Fig. 1191. — Plan de structure de l'ovaire des Phanérogames. — 1, 2, carpelles stériles d'un Pied-d'alouette (*Delphinium caschmirianum*); 3, un fruit mûr ouvert de la même plante; 4, coupe longitudinale d'un des follicules du fruit de cette même plante; 5, coupe longitudinale de l'ovule de cette plante; 6, un carpelle isolé et flétri de la même plante; 7, pistil du *Butomus umbellatus*; 8, ovaire de cette plante coupé en long et en large; 9, ovule de cette plante; 10, coupe longitudinale d'un ovule anatrope de cette plante; 11, coupe longitudinale d'un carpelle isolé du Framboisier (*Rubus Idæus*) (1, 2, 3, grandeur naturelle; 4, 6, 7, gross. 2 à 5 fois; 5, 8, 9, 10, 11, gross. 6 à 8 fois).

« Dans les fleurs régulièrement développées, n'arrive que rarement, comme par exemple

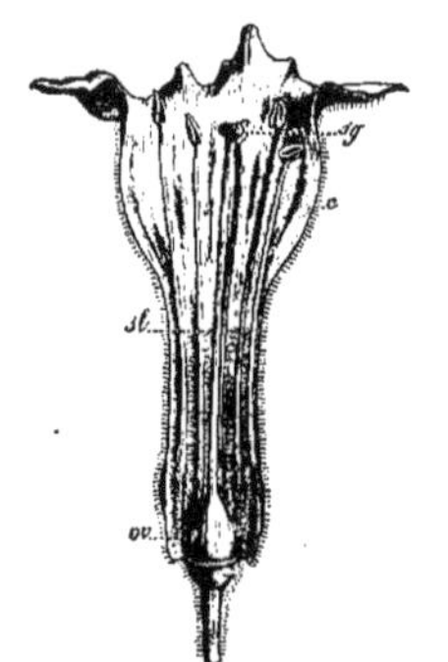

Fig. 1192. — Fleur du Tabac (*Nicotiana Tabacum*) dans laquelle on a ouvert la corolle *c* sur toute sa longueur, pour montrer les organes reproducteurs qu'elle entourait; *ov*, ovaire; *sl*, style; *sg*, stigmate.

dans les pétales et étamines de *Nymphæa*, qu'un passage successif d'un organe à un autre

se présente. Dans les fleurs monstrueuses, au contraire, il existe souvent un retour d'un organe à celui qui le précède et des formes intermédiaires nombreuses, s'approchant tantôt de l'un, tantôt de l'autre des deux organes, permettent de reconnaître le passage successif d'une forme à l'autre. Ce sont les monstruosités qui, depuis le temps de Linné, ont fourni aux auteurs les faits les plus importants pour le développement de la théorie des métamorphoses; et on peut affirmer que, sans l'examen des fleurs monstrueuses, la sagacité de l'homme aurait été difficilement à portée de trouver la route pour l'explication de la structure des fleurs. »

Soit donc une feuille carpellaire dans la forme suivante : un limbe sessile, ovale allongé, parcouru par une nervure médiane d'où se détachent de fines nervures disposées suivant le mode penné. Comme dans les feuilles végétatives, ces nervures secondaires se réunissent, s'anastomosent, mais forment principalement deux nervures marginales, courant le long de chacun des bords foliaires, comme on le voit très bien sur la figure 1191 (6). Sur le bord du limbe, ajoutons des divisions ou folioles, quelque peu massives, ressemblant à de petits œufs brièvement pédicellés. Enfin, pour achever notre feuille cerpellaire, terminons son limbe par une pointe assez longue dont nous élargirons l'extrémité.

De cette feuille nous allons maintenant faire un pistil en la recourbant en forme de gouttière, puis rapprochant ses deux bords de façon que les petits œufs soient placés dans la cavité, tandis que la pointe se garnira d'un plateau par le contournement de son élargissement terminal.

Ainsi compris, le pistil sera dérivé d'un carpelle dont la face supérieure sera devenue interne, la face inférieure externe, dont le limbe aura constitué l'ovaire, dont les bords parcourus par les nervures marginales auront fourni les placentas, c'est-à-dire les surfaces d'attache des petits œufs ou ovules. Dans cette conception du pistil, le style et le stigmate sont des dépendances du limbe.

Ainsi, le pistil des Angiospermes est une feuille repliée et fermée, dans la cavité de laquele les ovules, à l'abri, se disposent au mieux et se développent en attendant l'arrivée du pollen fécondant ; celui-ci les transformera en des graines que contiendra le fruit, dérivé de la paroi ovarienne, c'est-à-dire du carpelle.

Très nombreuses sont les formes du pistil, très importantes sont les variations de ses parties constituantes, et à ces questions nous consacrerons les lignes suivantes :

FORME DES PISTILS

Un pistil étant formé d'un seul carpelle, ou, comme on dit, unicarpellaire, les différentes formes qu'il peut présenter tiennent au degré d'importance relative de ses parties. Un pistil étant formé de plusieurs carpelles, ou, comme on dit, pluricarpellaire, à la cause de variation précédente viennent s'en ajouter d'autres : le nombre des carpelles, le degré de soudure des carpelles entre eux, observé sur une section tranversale, et le degré de soudure de ces carpelles observé à des hauteurs diverses, de la région ovarienne à la région stigmatique.

Genèse du pistil. — Tous les cas de figure qui peuvent se présenter peuvent être prévus en quelque sorte dès que l'on observe la naissance des carpelles. Au début de leur formation, ces carpelles sont de petits mamelons indépendants qui se développent selon l'une des manières suivantes ; dans un premier exemple, ces mamelons restent indépendants, chacun d'eux s'accroît en prenant la forme d'un arc ou croissant de lune dont les pointes seraient dirigées vers le centre de la fleur ; il en résulte, par rapprochement et soudure des bords du croisssant, la formation d'une cavité en cornet. Le gynécée comprend alors un ou plusieurs carpelles et chacun d'eux est uniloculaire, au moins primitivement.

Dans un deuxième exemple, les carpelles croissent de la même façon, mais ils se soudent ultérieurement par leurs parties voisines et donnent lieu à la formation d'un pistil pluricarpellaire et en même temps pluriloculaire, puisque chaque carpelle comporte une loge. Dans un troisième cas, les mamelons originels se soudent de très bonne heure, lorsqu'ils sont représentés par un arc du cercle général qu'est le verticille femelle ; par leur croissance commune, ces carpelles formeront un pistil pluricarpellaire, mais ne présentant qu'une cavité, donc uniloculaire.

De tout cela il résulte que les formes types des pistils sont réductibles à trois :

1° Le pistil uni ou pluricarpellaire, à carpelles distincts.

2° Le pistil pluricarpellaire à carpelles fermés et soudés, mais pluriloculaire.

3° Le pistil pluricarpellaire à carpelles ouverts, donc uniloculaire.

C'est en suivant cet ordre que nous étudierons les pistils, nous attachant à mettre en lumière les principales caractéristiques que l'on peut déduire de leur forme, aussi du mode d'insertion des ovules, comme on dit, de la placentation.

Ainsi, trois caractères dominent tous les autres dans l'étude des pistils : le nombre des carpelles, celui des loges, enfin le mode de placentation. Il est beaucoup moins important d'étudier le nombre des ovules que contient le pistil, ou chacune de ses cavités ; cependant, nous aurons soin de signaler, par les adjectifs d'uniovulé ou pluriovulé, cette dernière indication.

Une autre remarque doit être faite, relativement à l'aspect du pistil jeune et du pistil mûr, car il arrive fréquemment que le développement de cloisons ou de parties accessoires modifie l'état premier. On comprendra sans peine cette plasticité extraordinaire du pistil en se rappelant sa complexité, opposée à la simpli-

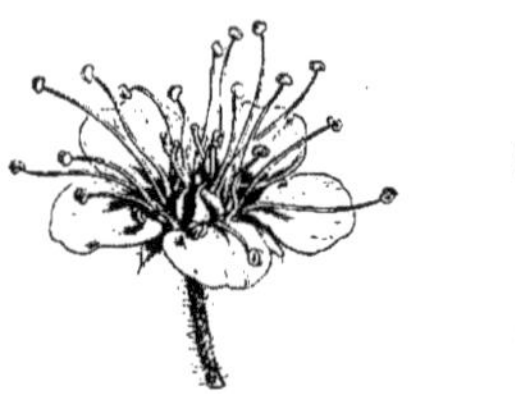

Fig. 1193. — *Spiræa Fortunei.* — A, fleur entière (5/1); B, gynécée isolé (8/1); C, l'un des cinq pistils ouverts, montrant et son profil et son intérieur (12/1).

cité de son développement; des organes aussi simples que des mamelons carpellaires, naissant en nombre variable, en même temps, pouvant croître ensemble ou séparément, sont aptes à fournir les résultats les plus divers, surtout si viennent à cela s'ajouter des formations accessoires. Mais, au milieu de cette infinité de formes des pistils, il est à remarquer que chaque forme est propre à un genre ou même à une famille, ce qui fait l'importance qu'on attache à ces caractères pour établir les groupements de végétaux.

Pistil unicarpellaire. — Dans un pistil simple, le reploiement de la feuille carpellaire ne peut se faire que d'une seule façon, en constituant une seule cavité ou loge, ce qui fait nommer le pistil *uniloculaire.* La gousse du Haricot est un excellent exemple d'un pistil de ce genre, après sa transformation en fruit; les deux valves de la gousse sont les deux moitiés du limbe foliaire, la ligne d'insertion double des graines est la double région placentaire contenant une double nervure (l'un des fils des haricots verts), la ligne opposée est la nervure médiane (l'autre fil).

Un exemple de cette disposition est représenté dans la figure 1193, avec une fleur de Spirée, mais ici, le gynécée comprend cinq de ces pistils unicarpellaires. L'examen attentif de cette figure montre en outre le mode de placentation (en C); les ovules sont attachés sur le bord placentaire interne, dont la situation est très voisine de l'axe idéal de la fleur, et on exprime cela en disant que la placentation est axile. Par extension, on donnera le même nom au mode de placentation du Haricot dont le gynécée ne contient qu'un pistil.

Dans ces pistils unicarpellaires, possédant tous primitivement une seule cavité, il peut se faire un cloisonnement ultérieur, soit au moyen d'une lame réunissant le bord placentaire à la nervure médiane qui lui est opposée, comme cela a lieu dans les Astragales, soit même au moyen de plusieurs cloisons transversales qui forment des cavités étagées ne contenant souvent plus chacune qu'un ovule, ainsi qu'on l'observe chez quelques espèces du genre Cassia.

Pistil pluricarpellaire. — Lorsque deux ou plusieurs carpelles se soudent les uns aux autres en un pistil composé, ils contractent adhérence entre eux sur une longueur plus ou moins grande, selon les plantes. La soudure, commençant à la base de l'ovaire, peut s'élever plus ou moins haut ou même jusqu'au sommet de cet organe, sans s'étendre aux styles, qui restent alors séparés. Ainsi, parmi les trois espèces de Nigelles qui ont fourni les figures 1194, 1195 et 1196, l'adhérence atteint à peu près le milieu de la hauteur de l'ovaire dans la première; elle en dépasse les trois quarts dans la seconde; elle est complète dans la troisième. Ces mêmes figures montrent encore que, dans le sens horizontal, la soudure peut s'opérer aussi à divers degrés. Par suite, à l'extérieur l'ovaire est *lobé,* quand la soudure ne s'est pas étendue dans toute la largeur des carpelles (fig. 1194 et 1195), tandis qu'il est uniformément arrondi et sans saillies dans le cas contraire (fig. 1196). Lorsque les carpelles ont entièrement uni leur ovaire en laissant leurs styles distincts, le pistil présente en général la configuration qu'on voit chez l'*Armeria maritima* (fig. 1197).

Pour les styles il en est comme pour les ovaires : ceux des différents carpelles peuvent de même s'unir en une seule colonne, soit uniquement dans le bas, soit jusque vers le milieu de leur longueur, soit plus haut encore. Le style résultant de cette union plus ou moins complète est *biparti, triparti,* etc., dans le premier cas, *bifide, trifide,* etc., dans

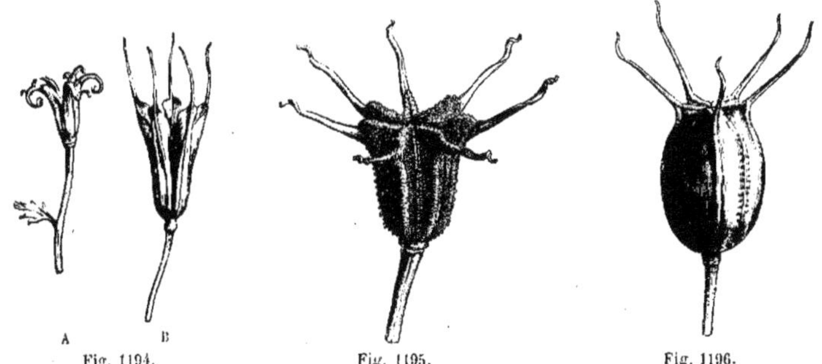

Fig. 1194.   Fig. 1195.   Fig. 1196.

Fig. 1194. — *Nigella arvensis.* — A, pistil entier; B, fruit mûr et s'ouvrant (1/1).

Fig. 1195. — *Nigella hispanica.* — Fruit presque adulte (1/1).

Fig. 1196. — *Nigella damascena.* — Fruit avancé dans son développement (1/1).

le second. — Enfin il peut y avoir union complète des styles, les stigmates élémentaires restant plus ou moins distincts ; le stigmate est

Fig. 1197. — Pistil entier de l'*Armeria maritima*, à ovaire unique et à cinq styles distincts (5/1).

alors *lobé*. On en voit un exemple sur la Tulipe (fig. 1198), dont le stigmate trilobé indique la réunion de trois carpelles dans le pistil de cette plante. Enfin le stigmate lui-même peut ne conserver aucun vestige de division, comme dans le pistil du *Lysimachia vulgaris*, dans lequel cinq carpelles se sont complètement unis (fig. 1199).

DISPOSITION INTÉRIEURE. — C'est dans l'étude de la disposition intérieure des pistils pluricarpellaires que nous allons trouver les deux cas déjà indiqués du pistil pluriloculaire, dont le Lys nous servira d'exemple, et celui du pistil uniloculaire, ayant pour type la Violette ; ces deux pistils étant chacun tricarpellaires.

Le pistil du Lys, de la Tulipe (fig. 1198) ou de l'Iris (fig. 1022, p. 560) est formé de carpelles unis dans toute leur longueur, chacun étant fermé et possédant sa loge, le pistil est triloculaire. De plus, chaque carpelle présente deux bords placentaires, garnis de deux rangées correspondantes d'ovules et regardant le centre du gynécée; dans leur réunion, ces carpelles ont formé un ovaire à trois loges séparées par trois cloisons, tandis que le centre

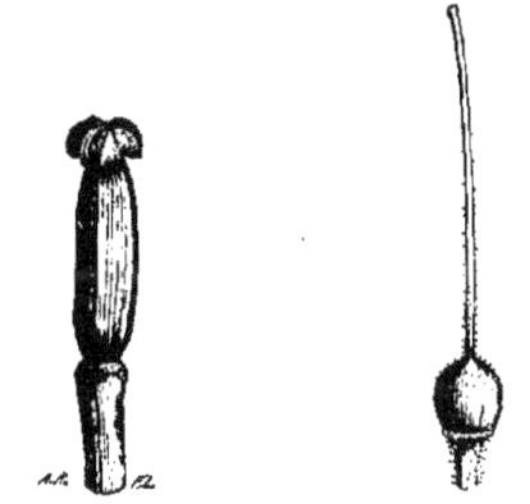

Fig. 1198. — Pistil du *Tulipa Gesneriana*, à stigmate trilobé (1/3).

Fig. 1199. — Pistil indivis dans toutes ses parties du *Lysimachia vulgaris* (5/1).

comprend les trois placentas doubles, donc les six rangs d'ovules. La placentation est axile.

Dans quelques cas, très rares il est vrai, la résorption des cloisons laisse au milieu de l'ovaire un axe ou columelle, qui imite une disposition dont nous ferons mention plus loin, et pour cela a reçu le nom de fausse placentation centrale.

Le pistil de la Violette est différent ; il comporte trois carpelles ouverts, simplement recourbés en arc et unis entre eux par leurs

bords libres. De cette union résulte la formation d'un pistil tricarpellaire uniloculaire, et
les bords placentaires soudés deux à deux ont
produit trois doubles placentas placés sur la
paroi ; on dit la placentation pariétale.

Dans quelques cas, ici assez nombreux, des

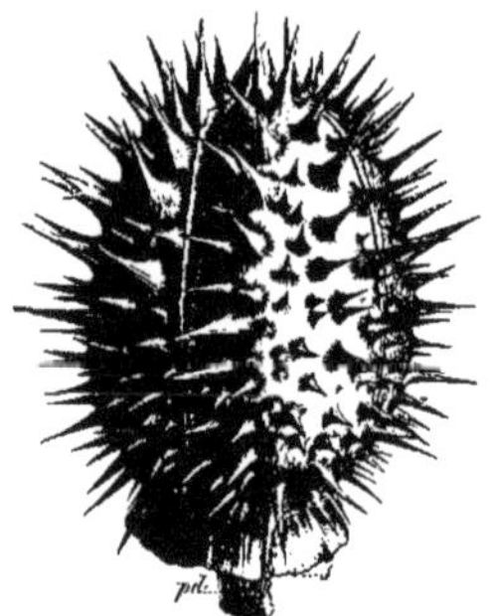

Fig. 1200. — Fruit mûr de la Pomme épineuse (*Datura
stramonium*). — *pd*, portion supérieure du pédoncule ; *s*, portion inférieure et persistante du calice
dont toute la partie supérieure est tombée par une
rupture nette ou une sorte de désarticulation (1/1).

cloisons de nouvelle formation peuvent venir
recouper la cavité ovarienne primitivement
unique. Ainsi, l'ovaire des Crucifères est formé
de deux carpelles dont les lignes placentaires
opposées sont réunies secondairement par une
cloison médiane qui transforme l'ovaire uniloculaire en ovaire biloculaire.

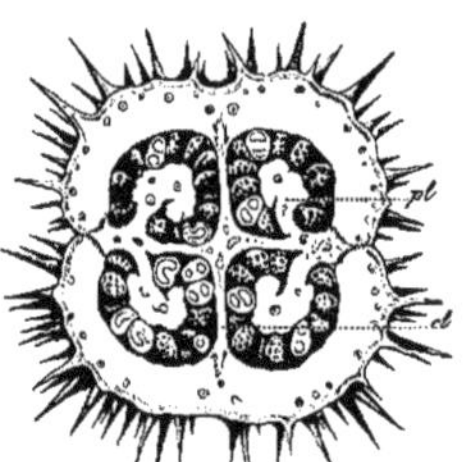

Fig. 1201. — *Datura stramonium*. — Coupe transversale de l'ovaire passé à l'état de fruit à peu près mûr ;
pl, les placentas ; *cl*, vraie cloison (1/1).

Dans le *Datura stramonium* de nos pays,
le fruit, nommé vulgairement *Pomme épineuse*, que représente la figure 1200, provient
d'un pistil à deux carpelles comme celui du
Tabac ; et cependant une section transversale
de l'ovaire de ce pistil (ou du fruit qui lui succède) y montre (fig. 1201) quatre loges et non

pas deux comme dans celui du Tabac.

C'est que deux fausses cloisons sont venues
se joindre à la cloison vraie (*cl*) formée par l'u-
nion des parois contiguës des deux carpelles.
Du milieu de ces parois s'élèvent les deux
vraies cloisons, *cl*, qui se portent ensuite à
droite et à gauche pour se terminer en placentas *pl* ; elles n'atteignent pas la paroi externe
de l'ovaire, et dès lors elles ne subdivisent
qu'à moitié chacune des deux loges ; mais une
épaisse production, partant de la ligne médiane de chaque carpelle, vient rejoindre la
lame placentifère voisine et complète avec elle
la subdivision de chaque loge carpellaire en
deux. Il y a donc, dans le *Datura*, deux vraies
et deux fausses cloisons.

Modes particuliers de placentation. — Les
ovules ne sont pas toujours insérés sur les
bords carpellaires comme il vient d'être dit,
et on peut observer quelques autres dispositions, dont deux surtout sont intéressantes : la
placentation diffuse et la placentation centrale.

Sous le nom de placentation diffuse, on réunit les cas où les ovules sont insérés sur la
paroi ovarienne en des points très nombreux,
comme cela a lieu chez le Pavot. Les placentas
sont ici diffus, mais toujours en rapport avec
les nervures qui courent dans la paroi de
l'ovaire.

La placentation centrale est toute différente,
elle consiste dans la réunion des ovules sur
une colonnette centrale, nommée columelle,
qui paraît provenir de la fusion de petits appendices ligulaires que présenteraient les carpelles. Cette disposition est caractéristique
des Primulacées, et la figure 1202 montre l'apparence qu'elle fournit. Sur la figure de gauche,
on voit les ovules appliqués sur la columelle
globuleuse, à l'intérieur de l'ovaire ; sur la
figure de droite, les ovules et la columelle ont
été sectionnés pour mieux faire comprendre
leurs rapports.

LE STYLE ET LE STIGMATE

Le stigmate et le style d'un pistil sont les
intermédiaires obligés que devra parcourir le
tube pollinique pour arriver jusqu'à l'ovaire
et féconder les ovules. A ce point de vue, il
est intéressant de noter les principales dispositions que présentent ces organes.

Nombre des styles et des stigmates. — Le
mode de formation des pistils permet de prévoir que le nombre des styles sera en exacte

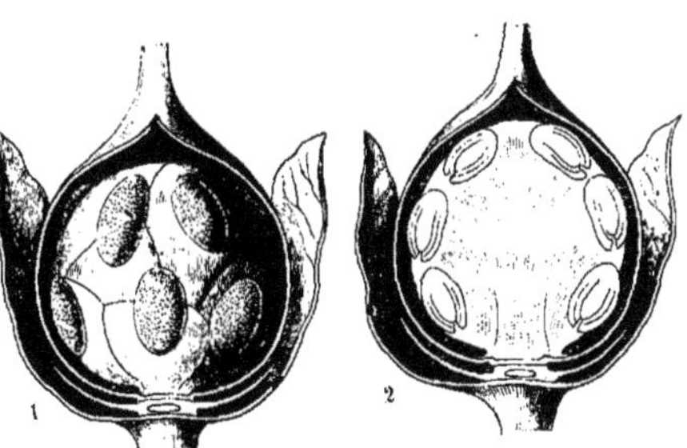

Fig. 1202. — Pistil de *Glaux maritima*. — 1, vue de l'ovaire dont la paroi antérieure a été partiellement enlevée ; 2, section de l'ovaire montrant la columelle et ses ovules.

concordance avec celui des carpelles distincts, et se réduira à un seul style quand les carpelles seront unis. Cependant, quelques plantes ont plus de stigmates ou de styles que de carpelles ; ainsi, les Graminées ont un carpelle à deux styles ; les Composées ont un carpelle surmonté d'un style à deux stigmates ; les Euphorbiacées ont souvent deux stigmates par carpelle.

Forme des styles et des stigmates. — Le plus souvent, le style n'occupe qu'une faible partie de la surface de l'ovaire et en est parfaitement distinct (fig. 1203, 4 et 5) ; mais quelquefois, comme dans l'*Impatiens noli me tangere* et les Tulipes, tous les deux se fondent pour ainsi dire l'un dans l'autre, et l'on dit que le style est continu avec l'ovaire.

Le stigmate est toujours placé sur le style quand celui-ci existe ; il naît immédiatement sur l'ovaire et on le dit sessile quand il n'y a pas de style, c'est-à-dire quand la nervure médiane de la feuille carpellaire ne s'est point prolongée. Une forme très particulière de style et de stigmate, que l'on rencontre dans les Pavots (fig. 1203, 12) peut être confondue avec le stigmate sessile. Dans ces plantes, l'ovaire globuleux est surmonté d'une sorte de calotte ou bouclier, dont les rayons présentent des glandes rayonnantes en nombre égal à celui des placentas. Ces surfaces glandulaires sont seules stigmatiques, donc le bouclier n'est point lui-même un stigmate, et puisqu'il supporte les stigmates véritables il est un style.

Le style de certaines fleurs pouvant porter des poils, il ne faut pas, par analogie, considérer comme stigmatiques ces surfaces velues ; ainsi, les deux bords du long style

aplati des *Plantago* et *Littorella* sont pilifères, mais le stigmate est tout à fait terminal. De même, les poils que l'on voit dans les Composées, et qui ont été nommés poils balayeurs à cause des fonctions qu'ils remplissent pendant la fécondation, ne sont pas des poils stigmatiques.

L'insertion du style, modifiant les rapports de ce style et de l'ovaire, est un caractère assez important. Le plus souvent, le style répond à l'axe géométrique de la fleur, il est central ; dans les pistils unicarpellaires, le style est un peu latéral, comme dans les Rosacées. Dans l'Alchemille, le style prend naissance presque à la base de l'ovaire, on le dit basilaire ; alors, le sommet géométrique de l'ovaire n'en est pas le sommet organique.

Il existe fréquemment une relation de forme entre le style et la corolle, c'est ainsi qu'on trouve souvent des styles droits dans les fleurs régulières, et des styles courbés dans les fleurs irrégulières. La carène des Papilionacées force le style qu'elle enveloppe à s'incliner ; celui de la plupart des Orobanchées, des Labiées et des Scrofularinées se courbe avec la lèvre supérieure de la corolle qui gêne ses développements et, dans les *Dolichos* et les *Phaseolus*, où la carène se contourne en spirale, le style est forcé de se contourner comme elle. Quelques styles ont la forme d'un S (fig. 1203, 4 et 5), d'un hameçon, ou bien se contournent sur eux-mêmes.

La partie supérieure du style est le stigmate, ou surface stigmatique, reconnaissable par son velouté, et par la présence de matière sucrée, comparable à un nectar.

Quelquefois réduits à un bouton, à des bandes ou à des bourrelets couverts de pa-

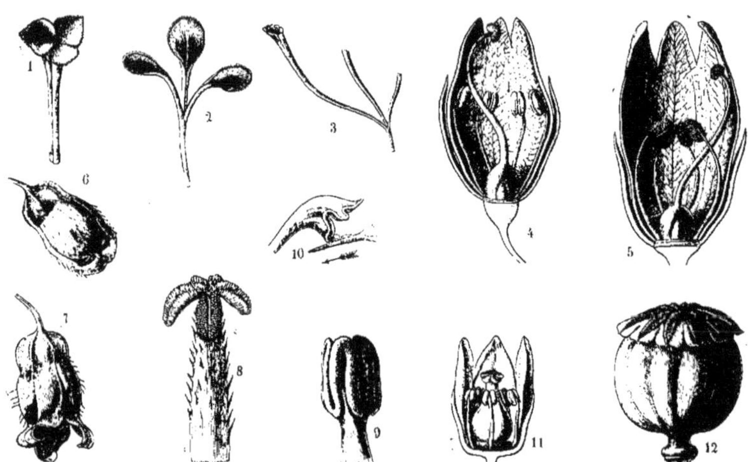

Fig. 1203. — Dispositions des pistils pour recueillir le pollen. — 1, stigmate du Narcisse (*Narcissus poeticus*) à bords dentés ; 2, stigmate du Glaïeul (*Gladiolus segetum*) à bords ciliés ; 3, stigmate en entonnoir du Safran (*Crocus sativus*) (2 stigmates sont enlevés) ; 4, fleur de la Mandragore (*Mandragora vernalis*) au premier état de la floraison ; 5, la même fleur à un état plus avancé (le calice et la corolle sont partiellement coupés) ; 6, fleur d'Asaret d'Europe (*Asarum europæum*) au premier stade de floraison ; 7, la même fleur à un stade plus avancé ; 8, stigmate de *Rœmeria* ; 9, stigmate d'*Opuntia nana* ; 10, stigmate de *Thunbergia grandiflora*, la lèvre supérieure est fécondée par le pollen d'une pointe qui se déplace dans le sens de la flèche ; 11, fleur d'*Azalea procumbens*, une partie de la corolle est enlevée ; 12, pistil de Pavot (*Papaver somniferum*).
(La figure 12 est grandeur naturelle, les autres sont un peu grossies.)

pilles (fig. 1203, 4, 12, 9), les stigmates sont aussi des organes particuliers, ainsi qu'on le voit dans le Narcisse (fig. 1203, 1), dans le Glaïeul (2), dans l'Iris où ces stigmates sont pétaloïdes, dans le Safran (3) dont les trois styles, élargis supérieurement, se terminent par trois cornets réceptaculaires, formant le safran du commerce.

Toutes ces dispositions peuvent se résumer en des augmentations de surface, des dispositions propres à assurer le dépôt et la retenue des grains de pollen. La figure 1203, 10, montre comment le stigmate peut retenir au passage les grains de pollen apportés par un Insecte ou un stylet pénétrant dans la fleur.

Les cellules superficielles du stigmate se développent le plus souvent en papilles de configurations diverses ou mêmes piliformes. Un cas particulier et curieux est celui où la surface étendue, qui alors est assez abusivement qualifiée de stigmate, est toute hérissée de poils longs et raides. C'est ce qu'on voit, par exemple, chez le *Clarkia elegans*, où, en outre, ces poils recouvrent en réalité la face

inférieure d'un large entonnoir stylaire. L'extrémité du style de cette plante prise dans une fleur encore fermée est renflée et terminée par quatre mamelons (fig. 1204, A). Si on la coupe alors longitudinalement, on reconnaît (B, fig. 1204) que son intérieur est creux et forme un entonnoir à parois très velues. Dans la fleur épanouie, les quatre mamelons, qui semblaient précédemment former un stigmate lisse, se sont ouverts, étalés et se montrent comme autant de lobes ovales, hérissés, sur leur face auparavant externe, d'une grande quantité de poils raides, tels qu'on voit en C, (fig. 1204). Quant à l'entonnoir stigmatique, il se perd peu à peu dans le canal stylaire (fig. 1204, D).

La longueur des styles est excessivement variable ; nulle dans quelques fleurs, cette longueur peut atteindre jusqu'à 20 et même 25 centimètres dans les fleurs de *Cerus triangularis*.

La longueur des styles, peu intéressante en elle-même, quoique le style soit le chemin à parcourir par le tube pollinique, est à consi-

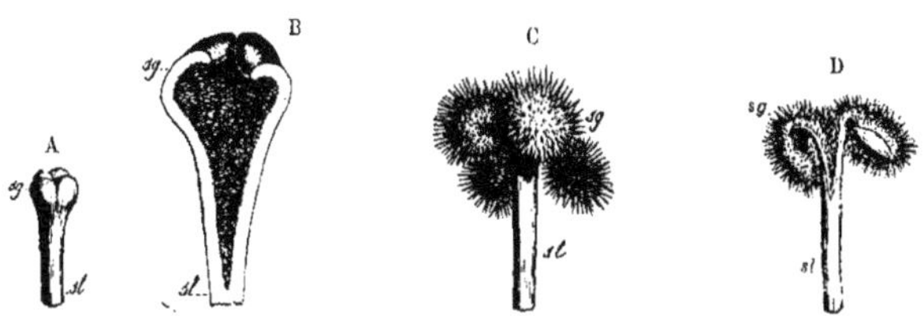

Fig. 1204. — *Clarkia elegans.* — A, extrémité supérieure du style, *st*, et stigmate, *sg*, non adultes (5/1); B, coupe longitudinale des mêmes (20/1); C, extrémité du style, *st*, et stigmate, *sg*, adultes; D, coupe longitudinale des mêmes, mêmes lettres (5/1).

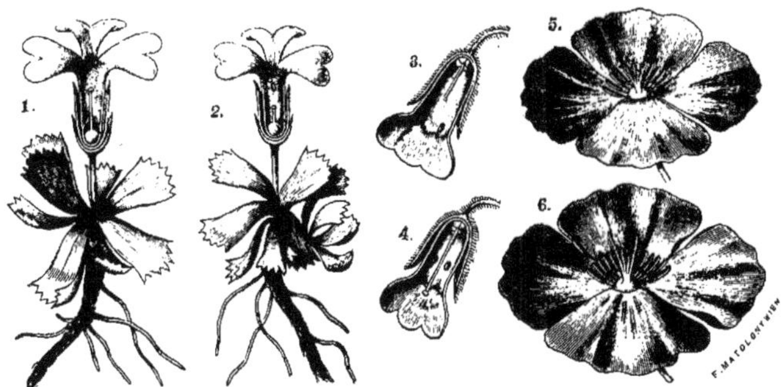

Fig. 1205. — Fleurs hétérostyles. — 1, pied de *Primula minima* avec une fleur à long style; 2, pied de la même plante avec une fleur à style court; 3, fleur de Pulmonaire (*Pulmonaria officinalis*) à style court; 4, la même fleur à style long; 5, fleur d'*Eschscholtzia* à style court; 6, la même avec un long style.

dérer relativement à la longueur des étamines de la même fleur ou des fleurs de la même plante. A ce point de vue, on rencontre des fleurs dites homostylées ou à styles égaux, ce sont les plus nombreuses, et des fleurs dites hétérostylées, c'est-à-dire à styles inégaux, comme les Primevères (fig. 1205, 1 et 2), les Salicaires, le Lin à grandes fleurs, le Sarrasin, la Pulmonaire, l'*Eschscholtzia* (fig. 1205, 3, 4, 5 et 6).

Chaque espèce de Primevère porte des fleurs de deux sortes, les unes à style court ou brachystylées, les autres à style long ou dolichostylées. Chaque espèce de Salicaire porte trois sortes de fleurs, les unes à style moyen, les autres à style long ou court. Dans tous les cas, ces dispositions paraissent être en rapport avec la visite des Insectes, et le transport du pollen qu'ils effectuent. L'Insecte qui visite une fleur brachystylée emporte sur son dos le pollen des longues étamines, et à sa bouche le pollen des étamines incluses, si c'est une fleur dolichostylée. Comme ses mouvements restent les mêmes à chaque visite, il communique le premier pollen au stigmate d'un long pistil et le deuxième au stigmate d'un pistil inclus, opérant ainsi inconsciemment le croisement des fleurs qui paraît avantageux à la sélection.

PISTIL DES GYMNOSPERMES.

Le pistil des Gymnospermes est notablement différent de celui des Angiospermes; pour l'étudier, nous considérerons tout d'abord le pistil des Cycadées.

Les Cycadées forment, en quelque sorte, les intermédiaires entre les Cryptogames vasculaires et les Phanérogames; ce sont des plantes dioïques, c'est-à-dire dont les fleurs mâles et les fleurs femelles sont portées par des pieds différents.

Pistil des Cycadées. — Dans le genre Cycas, les carpelles qui composent la fleur femelle sont disposés en rosette autour d'un rameau, ils ont la forme générale des feuilles, leurs folioles étant disposées suivant le mode penné. Mais, tandis que les folioles supérieures restent végétatives (fig. 1206), les folioles inférieures se différencient en gros ovules droits, pouvant

Fig. 1206. — 1, Carpelle de Cycas (*Cycas revoluta*) dont la partie inférieure fertile porte des ovules, et dont la partie supérieure pennée est végétative ; 2, coupe d'un ovule orthotrope de Cycas.

atteindre 2 centimètres de long. Ici, mieux que dans toute autre plante, on surprend la nature de l'ovule, qui est bien une foliole très différenciée en vue de la fonction reproductrice.

La gymnospermie est évidente dans ce cas,

le carpelle restant une feuille étalée ; il ne peut être question de stigmate, puisque le sommet du carpelle est foliacé et non différencié.

Pistil des Conifères. — Du genre Cycas, nous passerons aux Conifères par les Cycadées dont les fleurs femelles ont l'apparence d'un épi composé de nombreux carpelles.

Dans les Conifères, un grand nombre de fleurs femelles sont réunies en une réelle inflorescence que l'on nomme cône femelle (fig. 1207, 1).

Une fleur de cet ensemble se compose des parties suivantes : une bractée mère de la fleur (fig. 1207, 2) dont la position est inférieure ; à l'aisselle de cette bractée, un axe très court, rudimentaire, intéressant à considérer pour l'orientation des parties ; puis, au-dessus de cet axe, et en opposition avec la bractée, deux carpelles soudés en une écaille unique, ayant l'apparence d'une formation simple (fig. 1208).

Les ovules, au nombre de deux (donc un pour chaque carpelle), sont situés sur la face dorsale de l'écaille, ils sont nus, il y a gymnospermie. Par opposition avec ce qui a lieu chez les Angiospermes, les ovules sont situés sur la face dorsale ou libérienne des carpelles, ils ont leur ouverture dirigée vers le bas (fig. 1208, et fig. 1209, 2). Les figures 1207, 3 et 4, et 1209, 1, montrent admirablement les parties de la fleur des Conifères, la bractée mère, l'écaille et ses deux ovules, devenant plus tard les deux graines.

L'OVULE

L'ovule ou petit œuf est un corps dépendant du carpelle comme une foliole dépend d'une feuille ; l'ovule contient l'élément reproducteur femelle, et par sa fécondation, donnera une graine qui, de la même façon, contient un embryon.

Ainsi défini, l'ovule est considéré comme une production foliaire très différenciée, en vue de la reproduction. Il nous faut étudier cet ovule dans sa forme, puis dans ses fonctions ; or, pour cela, rien ne sera plus facile que de suivre son développement, depuis le moment où le placenta se soulève en un léger mamelon, jusqu'au moment où l'ovule est apte à recevoir la visite de l'élément mâle ; ce n'est que plus tard que nous pourrons connaître le résultat de la fécondation et la formation de la graine.

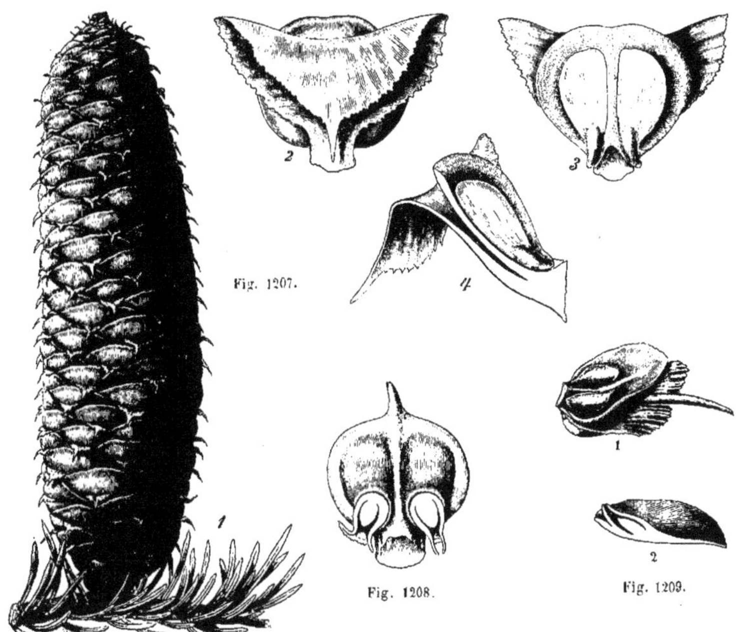

Fig. 1207.

Fig. 1208.

Fig. 1209.

Fig. 1207. — 1, cône de Sapin argenté (*Abies pectinata*);
2, écaille carpellaire de Sapin, vue de dos; 3, la
même, vue de face, les ovules étant remplacés par
les graines; 4, la même, vue de profil, et sectionnée
par le milieu.
Fig. 1208. — Écaille carpellaire de Pin sylvestre (*Pinus
sylvestris*), vue de face, avec ses deux ovules dont le
micropyle est dirigé en bas.
Fig. 1209. — 1, écaille carpellaire de Mélèze (*Larix
europæa*), avec sa bractée mère et ses deux ovules;
2, la même écaille en section longitudinale et vue de
profil.

Fig. 1207 à 1209. — Fleurs femelles des Conifères.

GENÈSE DE L'OVULE

Dans le cas le plus général, l'ovule se développe ainsi. En un point du placenta, on remarque une légère protubérance, un *mamelon ovulaire*, qui augmente peu à peu en s'allongeant,
puis s'élargit vers son extrémité, se divisant
ainsi en deux parties, l'une terminale quelque
peu renflée, l'ovule, l'autre basilaire filiforme,
rattachant l'ovule au placenta et nommée funicule.

Bientôt, suivant une ligne annulaire située
près de la base de l'ovule, se fait un bourrelet
n'intéressant que l'épiderme (fig. 1210); ce
bourrelet, analogue à celui que l'on obtiendrait
en pinçant une étoffe peu tendue, s'élève de
plus en plus; il s'appuie constamment sur
l'ovule qu'il enveloppe et finit par le recouvrir
entièrement, laissant seulement près du sommet
ovulaire un petit orifice circulaire.

En même temps, un second bourrelet analogue au premier se constitue et recouvre le
tout, laissant aussi vers le sommet ovulaire un
petit orifice. Ainsi se forme l'ovule avec ses
différentes parties : le *funicule* ou cordon
d'attache avec le placenta ; le *nucelle* ou ovule
proprement dit ; les deux enveloppes ou téguments ovulaires, l'un extérieur ou *primine*,
l'autre intérieur ou *secondine*. Les deux orifices
des téguments, nommés exostome et endostome, se correspondent et forment un pertuis
ou *micropyle* (petite porte), par lequel le nucelle est resté en rapport avec l'extérieur et

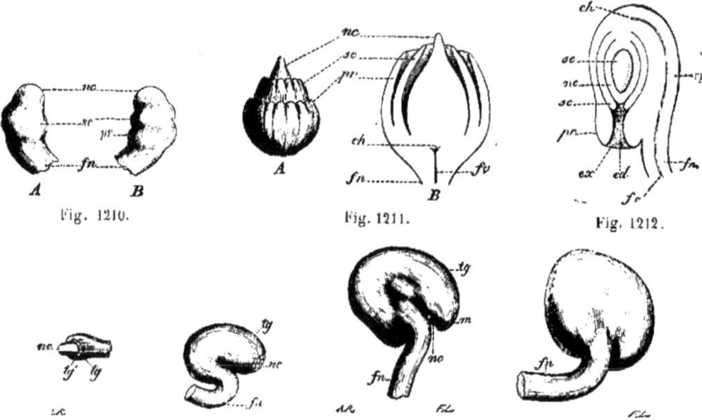

Fig. 1210.

Fig. 1211.

Fig. 1212.

Fig.)213.

Fig. 1210. — Deux ovules très jeunes, à deux degrés successifs de développement, montrant la formation des deux téguments.

Fig. 1211. — A, ovule entier jeune, orthotrope, de *Polygonum orientale* ; B, ovule plus avancé, en section longitudinale.

Fig. 1212. — Coupe longitudinale d'un ovule anatrope (ou renversé).

Fig. 1213. — Ovule campylotrope (ou courbé) de Giroflée. — Quatre états successifs depuis l'extrême jeunesse jusqu'au développement complet.

Dans ces figures : *pr*, primine ; *sc*, secondine ; *nc*, nucelle ; *fn*, funicule ; *ch*, chalaze ; *fv*, faisceau vasculaire du funicule ; *ed*, endostome ; *ex*, exostome ; *m*, micropyle.

par où arrivera souvent le tube pollinique.

Ovule droit ou orthotrope. — La description précédente donne à penser que l'ovule est, en toutes ses parties, symétrique par rapport à un axe, comme une figure faite au tour (fig. 1211). Ceci a lieu quelquefois, et l'on qualifie cette régularité en nommant l'ovule orthotrope. Dans ce cas, si l'on appelle *hile* (ombilic, cicatrice), le point d'insertion de l'ovule sur son funicule, et *chalaze* le point d'insertion du nucelle, ces deux points étant séparés par l'épaisseur des téguments à leur naissance, on trouve sur une même ligne droite et successivement : le hile, la chalaze et le micropyle.

Cette disposition, peu fréquente, a l'inconvénient de dresser l'ovule dans la cavité ovarienne, de placer son micropyle au milieu de cette cavité et de rendre d'autant plus difficile l'entrée du tube pollinique qui, nous le verrons, arrive par la paroi de l'ovaire. On trouve des ovules droits dans le Noyer, le Poivre, l'Ortie, et les Gymnospermes.

Ovule renversé ou anatrope. — Supposons qu'un ovule droit tourne autour de son hile de façon à s'appliquer contre son funicule, et réalisons la soudure du tégument ovulaire externe et de ce funicule ; nous aurons un ovule

renversé, dans lequel le hile apparent sera le point où le funicule deviendra libre. Une ligne réunissant nos trois points de repère sera courbée en U, présentant le hile et le micropyle voisins, tandis que la chalaze leur sera opposée (fig. 1212). La partie commune à l'ovule et au funicule porte le nom de *raphé*.

A la vérité, cette disposition est due à l'accroissement inégal des parties de l'ovule ; elle est assez souvent réalisée, chez la plupart des Angiospermes. Dans ce cas, le micropyle est porté près de la paroi ovarienne et tout disposé à recevoir les tubes polliniques qui rampent le long de cette paroi.

Ovule courbé ou campylotrope. — Le corps de l'ovule s'accroissant plus fortement d'un côté que de l'autre, l'ensemble du nucelle et des téguments se courbe en arc ou en fer à cheval, ce qui rapproche le micropyle du hile et de la chalaze. On dit que l'ovule est courbé. Cette disposition n'est pas très fréquente ; on la rencontre chez les Crucifères (fig. 1213), Caryophyllées, Solanées, et chez quelques Graminées.

Entre ces trois formes d'ovules, il existe de nombreuses formes intermédiaires, et il peut exister des ovules de forme plus compliquée, par exemple des ovules à double courbure, nommés ovules amphitropes.

DISPOSITION DES OVULES

Dans la cavité ovarienne, les ovules peuvent être disposés de bien des manières différentes, et cela est en raison de leur nombre, de leur forme, et de la forme de la cavité qui les contient. Ainsi, l'ovaire de la Rhubarbe contient un seul ovule orthotrope dressé, celui du Cannellier contient un ovule anatrope pendant, celui du Haricot contient une rangée d'ovules horizontaux.

Le nombre des ovules que contient un ovaire est très variable; égal à un chez les Composées, les Graminées, à quatre chez les Labiées et Borraginées, ce nombre est souvent très élevé, et à ce point de vue, la fleur des Cactées est intéressante, car elle montre dans son ovaire de nombreuses dispositions.

Dans le premier cas, le mamelon ovulaire produit un seul ovule. Chez l'*Opuntia glaucophylla*, les funicules sont presque rectilignes, non ramifiés, et insérés par petits groupes de quatre à six dans une cavité ovarienne ellipsoïde. Chez l'*Opuntia Salmiana*, la cavité ovarienne, presque sphérique, contient environ vingt ovules insérés séparément par des funicules courts. On observe les mêmes faits chez le *Cereus flagelliformis* et chez l'*Epiphyllum Gærtneri*.

Dans un deuxième cas, les groupes d'ovules forment des ramifications simples. — Le premier mamelon qui se développe sur le placenta se divise et présente à sa surface plusieurs mamelons dont chacun formera un funicule avec un ovule. Suivant l'époque du second mamelonnement, la branche funiculaire commune est plus ou moins importante. Elle l'est très peu chez les *Phyllocactus* (fig. 1214, 1), elle l'est plus chez le *Cereus speciosissimus* (fig. 2). Chez le *Cereus triangularis*, les funicules sont placés côte à côte, à cause d'un allongement simultané des mamelons ovulaires (fig. 3), ou bien ils sont disposés comme dans une grappe (fig. 4). L'*Echinopsis Rollandi* montre mieux cette ramification en grappe simple (fig. 5).

Dans un troisième cas, les groupes d'ovules forment une ramification composée. — Le premier mamelon qui se développe sur le placenta produit plusieurs mamelons (de 2° ordre) qui à leur tour fournissent des mamelons de 3° ordre

donnant les ovules. Suivant l'époque de ces formations successives, l'aspect de la ramification obtenue est fort variable, mais répond toujours au type grappe (fig. 1213, 6).

Les trois cas ainsi définis souffrent de nombreuses transitions et l'on trouve ordinairement plusieurs dispositions dans un même ovaire. Ainsi, chez le *Phyllocactus phyllantoides*, les ovules placés à la base de la cavité ovarienne sont isolés; ceux placés un peu plus haut sont réunis en grappes simples, de

Fig. 1214. — 1, 2, 3, 4, 5, 6. Ramification du funicule des ovules. — 1, *Phyllocactus;* 2, *Cereus speciosissimus;* 3, 4, *Cereus triangularis;* 5, *Echinopsis Rollandi;* 6, *Cereus nycticalus.*

2, puis de 3, 4..., ovules. Enfin, au sommet de la cavité ovarienne on observe des ovules groupés en grappes composées. Or, la cavité ovarienne est étroite à la base et va s'élargissant vers le sommet. La comparaison des cavités ovariennes des fleurs citées plus haut permet aussi de remarquer que les funicules les plus ramifiés sont placés dans les cavités ovariennes les plus volumineuses, surtout les plus larges.

Chez les Cactées, les ovules sont disposés de façon à occuper le mieux possible la cavité ovarienne de la fleur. Ils sont insérés séparément dans les cavités ovariennes peu larges et dans les portions peu larges des cavités ovariennes. Ils sont groupés en grappes, simples ou composées, dans les autres cas. Ces dispositions sont en rapport avec le nombre, souvent très grand, des ovules dans un même ovaire (1).

Protection de l'ovule. — Placé à l'intérieur de l'ovaire, l'ovule est encore protégé par une, deux, ou même trois enveloppes.

On trouve des ovules à un seul tégument (ovules unitegminés) chez les Dicotylédones gamopétales, quelques dialypétales et apétales,

(1) J. Kruttschnitt a observé 3 000 ovules environ dans une fleur de *Cereus grandiflorus*. — J'ai souvent compté 1 000 ovules environ chez les *Phyllocactus*, et 1 800-2 500 ovules chez les *Cereus triangularis* et *Cereus nycticalus*. (E. D.)

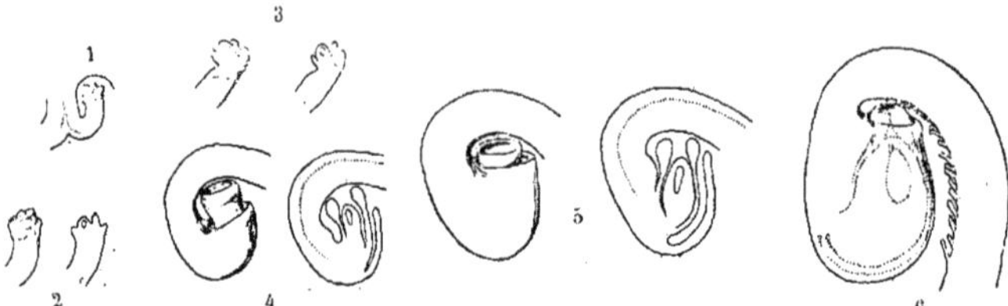

Fig. 1215. — Développement de l'ovule des Cactées. — 1, ovule des *Rhipsalis*; 2, ovule des *Cereus*; 3, même ovule à un état plus avancé; 4, ovule de *Phyllocactus*; 5, même ovule à un état plus avancé; 6, le même complètement développé ; par transparence on voit le sac embryonnaire.

aussi chez les Gymnospermes. Toutes les autres Phanérogames possèdent des ovules à deux téguments (ovules bitegminés) ; enfin, parmi les Cactées, quelques genres ont des ovules enroulés dans leur funicule, ce qui leur constitue une troisième enveloppe protectrice.

Le funicule ovulaire, presque rectiligne chez les *Epiphyllum* où sa base est un peu élargie, est légèrement courbé chez les *Rhipsalis* (fig. 1215, 1). Chez les autres Cactées, il forme autour de l'ovule une boucle plus ou moins étendue, et sa base s'insère sur l'ovule suivant une large surface. Cette base du funicule est simplement élargie chez les *Phyllocactus* (fig. 1215, 4, 5, 6); elle est élargie et fortement épaissie chez les *Cereus*, où elle forme un bourrelet. Le funicule a une section circulaire lorsqu'il se détache du placenta ou du groupe des funicules dont il fait partie. Il conserve cette forme jusque vers le bord supérieur de l'ovule, où il commence à s'élargir en s'aplatissant sur sa face concave ; puis, en face du micropyle, il creuse cette face en forme de gouttière et s'élargit rapidement pour embrasser l'ovule le long du raphé. Cet élargissement se voit très bien chez les *Cereus*.

Chez les *Opuntia*, le développement de l'ovule se fait de la même façon que chez les *Phyllocactus*, mais l'ovule s'enroule plus fortement dans le funicule, de façon à s'y trouver complètement enveloppé. Le funicule se creuse en une gouttière profonde, et forme, en outre du raphé, un circuit d'un tour chez les *Opuntia Salmiana, Opuntia glaucophylla, Opuntia tomentosa*, d'un tour et demi chez l'*Opuntia missouriensis* où il y a soudure complète de la coque funiculaire et du funicule.

Cet enroulement est symétrique et fait ressembler l'ovule à la coquille d'un Nautile (fig. 1216). La portion du funicule ainsi enroulée est assez large pour former une enve-

loppe complète à l'ovule qui se trouve ainsi protégé par ses deux téguments et par cette nouvelle formation. Elle s'applique exactement sur l'ovule chez l'*Opuntia ficus indica* ; elle en est un peu distante chez les autres *Opuntia*.

Fig. 1216. — Ovule d'*Opuntia Salmiana*. Vue extérieure (G. = 20).

Un autre mode de protection est propre aux ovules des Euphorbiacées. Cet ovule tire sa particularité la plus intéressante de la présence d'un « opercule » qui vient, par l'ouverture micropylaire, s'appliquer directement sur le nucelle. Suivons le développement de cet ovule et de son opercule. L'ovule est anatrope ; ses deux téguments naissent en même temps, et le tégument externe se développe plus vite que le tégument interne. A ce moment, un bourrelet placentaire développé au-dessus de l'ovule s'applique sur le nucelle ; ce bourrelet est villeux à sa périphérie. Il limite ainsi le développement des deux téguments ovulaires et conserve ses rapports avec le nucelle. A l'époque de la maturité de l'ovule, l'opercule est presque entièrement recouvert de longs poils provenant de la transformation de ses cellules épidermiques. Ces poils contiennent une grande quantité d'amidon. Ils forment un tissu conducteur nourricier pour les tubes polliniques.

LE SAC EMBRYONNAIRE

La partie la plus importante d'un ovule, celle que porte le funicule, celle qu'entourent la primine et la secondine, est le nucelle, petit massif ovoïde constitué par des cellules de parenchyme, pouvant contenir des réserves nutritives. A l'intérieur de ce nucelle on observe une cavité contenant des éléments très particuliers dont l'un, nommé osphère, recevra l'élément mâle et donnera l'embryon. Ce fait que l'embryon se développe dans la cavité du nucelle a fait donner le nom de sac embryonnaire à cette formation. Ce sac est une sorte de cavité incubatrice, très petite au début, mais pouvant s'agrandir jusqu'à occuper tout le nu-

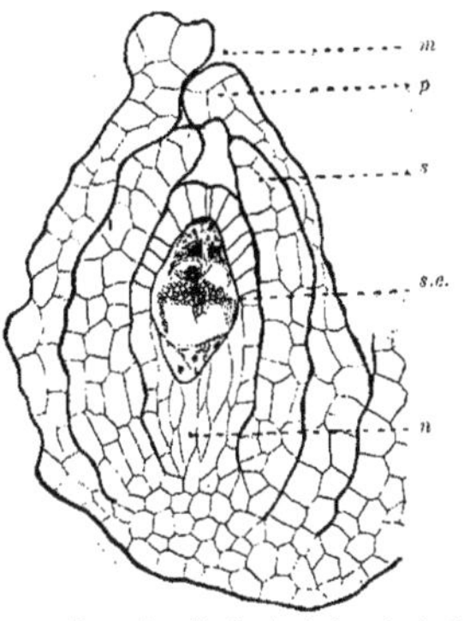

Fig. 1217. — Coupe longitudinale de l'ovule de *Crassula sarcolipes* (G. = 400). — *m*, micropyle; *p*, primine; *s*, secondine; *s.e.*, sac embryonnaire; *n*, nucelle.

celle quand l'embryon est développé (fig. 1217).

Pour bien saisir la valeur de cette formation, nous l'étudierons dès le début de la différenciation de la cellule dont il dérive.

Genèse du sac embryonnaire. — Parmi les cellules du nucelle, de très bonne heure, alors que l'ovule est encore à l'état de simple mamelon, une cellule appartenant à la rangée centrale, et placée sous l'épiderme, se distingue déjà par son volume plus grand que celui de ses voisines, par son contenu plus dense et réfringent, par son noyau plus gros. Cette cellule est la *cellule mère* du sac embryonnaire. Remarquons qu'elle est d'origine sous-épidermique, absolument comme la cellule mère des grains de pollen.

Par son cloisonnement, la cellule mère donne quelquefois des éléments accessoires, mais peut donner directement le sac embryonnaire. Nous choisirons ce cas, plus simple, et observé dans le Lys, la Tulipe, les Cactées ; nous réduirons aussi les phénomènes à ce qu'ils ont d'es-

sentiel, omettant les complications de détail et les anomalies que l'on remarque assez souvent.

Développement du sac embryonnaire. — Au moment où le mamelon ovulaire, légèrement incurvé, atteint $0^{mm},1$ de longueur environ, la cellule sous-épidermique axile se différencie de ses voisines par son volume légèrement plus grand et son noyau plus facilement colorable. Pendant que l'ovule se développe et acquiert sa forme définitive, la cellule sous-épidermique s'allonge ; son contenu est un protoplasme très granuleux, avec un noyau de plus en plus volumineux. Quand l'ovule est complètement développé, la cellule sous-épidermique donne le sac embryonnaire par trois bipartitions successives de son noyau (fig. 1218).

Le développement du sac embryonnaire se fait ainsi : Le noyau de la cellule mère se divise en orientant son fuseau selon l'axe du sac et les deux noyaux filles se portent aux quarts de la longueur de ce sac. Tandis que le protoplasme se dispose autour d'eux, une vacuole se forme dans l'intervalle qui les sépare. A ce moment, le sac embryonnaire est assez exactement ovoïde, il est symétrique par rapport à l'axe du nucelle.

La deuxième bipartition se fait : pour le noyau inférieur, dans le plan de symétrie de l'ovule ; pour le noyau supérieur, dans le plan perpendiculaire. Ces deux bipartitions se font perpendiculairement à l'axe du sac embryonnaire. Le sac embryonnaire possède maintenant une symétrie bilatérale ; sa vacuole centrale est fort agrandie.

La troisième bipartition se fait : pour les deux noyaux inférieurs, perpendiculairement au plan de symétrie ; pour les deux noyaux supérieurs, parallèlement à l'axe du sac embryonnaire. De sorte que la tétrade inférieure forme un quadrilatère perpendiculaire à l'axe du sac, la tétrade supérieure formant un parallélogramme dans un plan perpendiculaire au plan de symétrie et passant par l'axe.

Jusqu'ici, tous les phénomènes ont obéi à une symétrie parfaite ; il n'en sera plus de même désormais.

Évolution de la tétrade supérieure. — Les deux noyaux les plus élevés s'entourent d'une masse protoplasmique limitée et vont peu à peu se placer dans le plan de symétrie du sac embryonnaire par une rotation d'un quart de cercle autour de l'axe du sac. Ces deux cel-

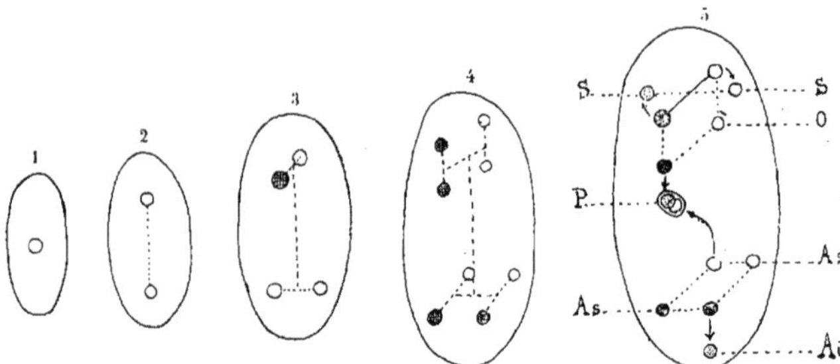

Fig. 1218. — *Résumé de la marche des noyaux dans le sac embryonnaire.* — Les figures 1, 2, 3 et 4 montrent sous forme schématique la naissance des huit noyaux du sac et les chemins qu'ils décrivent pour occuper leurs places définitives. Les figures 2, 3 et 4 sont relatives aux trois bipartitions successives ; la figure 4 les résume toutes les trois. Enfin la figure 5 montre la rotation des synergides, la marche de l'antipode inférieure et des noyaux polaires. Le plan de ces figures est le plan de symétrie du sac embryonnaire. — S, S, synergides ; O, oosphère ; P, noyaux polaires ; As, As, antipodes supérieures ; Ai, antipode inférieure.

lules ont acquis leur place définitive ; elles se différencieront en *synergides.*

Des deux noyaux inférieurs de cette tétrade, l'un se rapproche du plan de symétrie en restant au même niveau, c'est le *noyau de l'oosphère* ; l'autre, voisin de la paroi du sac embryonnaire, s'abaisse un peu le long de cette paroi, c'est le *noyau polaire supérieur* qui est rejoint plus tard par l'un des noyaux de la tétrade inférieure.

Évolution de la tétrade inférieure. — L'un des noyaux de cette tétrade, presque diamétralement opposé au noyau polaire supérieur, s'élève un peu le long de la paroi du sac embryonnaire, puis se porte à la rencontre du noyau polaire supérieur pour se placer à côté de lui ; c'est le *noyau polaire inférieur.*

Le noyau de la tétrade inférieure diamétralement opposé au précédent s'abaisse le long de la paroi du sac embryonnaire et se place peu à peu dans la partie inférieure de ce sac ; c'est le noyau de l'*antipode inférieure.*

Enfin, les deux derniers noyaux de cette tétrade conservent leurs positions ; ce sont les *noyaux des deux antipodes supérieures.*

Remarquons que les trois bipartitions successives ont porté six noyaux près de la paroi du sac embryonnaire, et ont placé deux noyaux dans des conditions spéciales : ce sont le noyau polaire supérieur et le noyau de l'oosphère.

Tous ces phénomènes, bien curieux, fournissent donc huit noyaux entourés de protoplasme, c'est-à-dire des cellules, aux dépens d'un seul noyau parent. Les trois générations de noyaux donnent huit cellules sœurs paraissant avoir la même valeur, mais en réalité différant par leur forme, leur position et leur rôle. Les noms que les botanistes leur ont donnés font même prévoir ces rôles : l'oosphère est la sphère-œuf destinée à être fécondée ; les synergides semblent être des aides dans le phénomène de fécondation ; les deux noyaux polaires fusionnent, puis reçoivent un élément venu du pollen pour constituer un noyau terné, origine des réserves nommées *albumen* ; enfin les antipodes, opposées aux cellules actives, disparaissent sans que l'on connaisse leur rôle.

Les différences entre ces cellules sœurs ne sont cependant pas telles que, dans quelques cas, on ne puisse observer une suppléance entre elles ; ainsi, une synergide peut être fécondée et devenir l'œuf, jouant ainsi le rôle d'oosphère.

Réduction chromatique. — Un phénomène très remarquable, que nous avons déjà signalé à propos du pollen, est la réduction des éléments chromatiques ou bâtonnets que l'on observe dans les divisions des noyaux du sac embryonnaire. C'est au moment de la première bipartition du noyau de la cellule mère que se fait cette réduction, et elle reste constante dans les divisions successives ; tous les noyaux du sac sont donc, à ce point de vue, des demi-noyaux.

L'OVULE DES GYMNOSPERMES

Nous avons déjà fait la connaissance des particularités qui distinguent le pistil des Gymnospermes de celui des Angiospermes ; il nous faut maintenant comparer les ovules de ces deux sortes de plantes.

L'ovule est généralement orthotrope, il est formé d'un nucelle et d'un tégument unique qui le dépasse fortement : on observe cependant, chez le Podocarpe, des ovules anatropes à deux téguments ; même, dans le *Gnetum*, le nucelle est protégé par trois enveloppes, dont l'interne dépasse les deux autres.

Les ovules sont situés à la face supérieure d'une écaille, qui est un carpelle ouvert, mais sans stigmate. Le micropyle de l'ovule est tourné vers la base de l'écaille chez les Sapins, vers son sommet, au contraire, chez les Cyprès. A l'état adulte, une petite goutte de liquide est présente au micropyle, elle retient le pollen, et par son retrait entraîne celui-ci dans une petite cavité qui surmonte le nucelle et que Brongniart a nommée chambre pollinique. C'est là que le pollen germe.

Au moment où ces phénomènes se produisent, le nucelle n'est pas organisé, et comme le cheminement du tube pollinique est très lent, comme il peut durer de plusieurs semaines à un an (Genévriers, Pins), pendant ce temps, le nucelle constitue ce que l'on a quelquefois appelé le sac embryonnaire, par comparaison avec la formation de nature identique chez les Angiospermes.

Dans le nucelle, assez profondément située, est la cellule mère du sac embryonnaire. Celle-ci grandit, puis divise son noyau en deux, puis quatre, puis huit noyaux fils, comme cela a lieu chez les Angiospermes, mais les phénomènes de division ne s'arrêtent pas là et il se constitue plusieurs centaines de noyaux. On donne le nom d'*endosperme* à cette formation cellulaire, pour rappeler sa présence dans le sac. Nous observerons quelque chose d'analogue chez les Angiospermes, mais seulement après la fécondation, et nous emploierons le même nom d'endosperme dans ce nouveau cas. (On considère comme équivalentes les deux dénominations d'endosperme et d'albumen.)

Dans l'endosperme, né de la paroi du sac embryonnaire et le remplissant complètement, quelques cellules prennent une grande importance ; leur nombre est de trois à cinq chez le Pin, mais peut être de quinze chez le Cyprès. On les nomme cellules mères des oosphères.

Une cellule mère d'oosphère évolue ainsi : Elle se divise en deux cellules filles, dont une petite supérieure qui, par deux cloisons en croix, formera quatre cellules de même niveau surmontant la grosse cellule ; on nomme ce groupe de quatre cellules la *rosette*. La rosette peut même, chez le Pin, par exemple, être formée de quatre rangées de cellules, imitant ainsi parfaitement le col de l'archégone que nous avons observé chez les Cryptogames vasculaires.

La grande cellule restante est l'*oosphère* qui a détaché, entre elle et la rosette, une très petite cellule, la cellule de canal, susceptible de s'insinuer entre les cellules de rosette et de former un petit pertuis pour le passage du tube pollinique. Ainsi se constitue un ensemble, l'oosphère et la rosette, que l'on nomme *corpuscule* et qui ressemble à l'archégone des Cryptogames vasculaires.

Nous aurons, du reste, l'occasion de reprendre ces données pour établir les analogies nombreuses entre les divers groupes de plantes.

POLLINISATION

La connaissance que nous avons acquise des deux éléments reproducteurs, le pollen d'une part, l'ovule d'autre part, nous prépare admirablement à la connaissance du résultat de la réunion de ces deux éléments (ou phénomène de fécondation), duquel doit résulter la formation d'un embryon, contenu dans une graine, elle-même enfermée dans un fruit.

Mais un phénomène préparatoire doit encore être étudié, le transport du pollen jusqu'au stigmate et ensuite jusqu'à l'ovule. Ce dernier trajet est inclus dans le style et le stigmate, et est ordinairement court ; il n'en est pas de même de la distance de l'étamine au stigmate, surtout quand ces deux organes appartiennent à des fleurs différentes et par suite plus ou moins éloignées. Le pollen doit donc franchir cette distance, à travers l'atmosphère, quelquefois même au milieu de grands périls, car ses grains sont très petits, ils craignent l'humidité, même une grande sécheresse, et comme ils n'ont aucun organe directeur, force leur est de rester passifs et de se laisser entraîner par les forces qui leur sont extérieures, le vent, les Insectes souvent, la main de l'homme quelquefois.

De nombreux grains de pollen sont nécessairement perdus, mais la nature, prévoyante, en a multiplié le nombre de telle façon que certains d'entre eux puissent arriver à destination. En même temps, par des procédés dont l'ingéniosité est inouïe et dont l'examen arrache

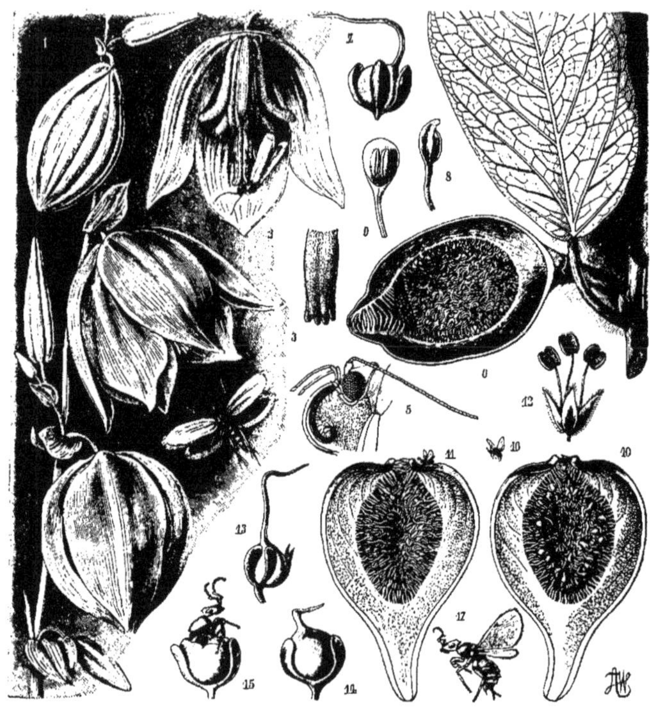

Fig. 1219. — **Transport du pollen par les Insectes pondant des œufs.** — 1, une branche de l'inflorescence de *Yucca Whipplei*; la fleur du milieu est ouverte, celle de dessus qui était ouverte les jours précédents est déjà fermée; les fleurs supérieures sont encore en boutons; 2, une fleur isolée de la même plante visitée par le *Pronuba yuccasella*, les trois pétales antérieurs sont enlevés; 3, stigmate du *Yucca Whipplei*; 4, *Pronuba yuccasella* volant vers un *Yucca Whipplei* à la lueur de la lune; 5, tête de *Pronuba yuccasella* dont les palpes maxillaires en forme de trompe retiendront un amas de pollen; 6, rameau avec inflorescence de *Ficus pumila*, l'inflorescence en forme d'urne est coupée en long; 7, un carpelle du fond de l'urne de *Ficus pumila* isolé; 8, 9, étamines de la même plante situées à la partie supérieure de l'urne; 10, urne de *Ficus carica* remplie de galles produites par le *Blastophaga* (coupe longitudinale), près de l'ouverture de l'urne, un *Blastophaga grossorum* qui est sorti d'une galle; 11, inflorescence en forme d'urne de *Ficus carica* remplie de carpelles (coupe longitudinale), à l'ouverture deux guêpes du Figuier, dont l'une est déjà presque entrée à l'intérieur tandis que l'autre s'apprête à entrer; 12, fleur staminée; 13, carpelle macrostyle du *Ficus carica*; 14, galle produite dans une fleur brévistylée; 15, *Blastophaga grossorum* sortant d'une galle; 16, un *Blastophaga* sorti; 17, le même grossi.

un cri d'admiration, la nature a multiplié les dispositions favorables à la destinée heureuse des petits grains fécondants (fig. 1219).

Darwin (1), émerveillé des procédés employés par la Nature pour réaliser la fécondation des fleurs de certaines plantes, dit: « Les procédés qui servent à la fertilisation des Orchidées sont aussi variés et presque aussi parfaits que les plus beaux mécanismes du règne animal... »

« Ces procédés ont aussi pour objet propre la fécondation de chaque fleur par le pollen d'une autre fleur. Ceci vient à l'appui de mon opinion que tout être organisé, sans doute d'après une loi universelle de la nature, demande à être accidentellement croisé avec un autre individu, ou, en d'autres termes, qu'un hermaphrodite ne se féconde pas indéfiniment. »

(1) Darwin, *Les Orchidées*, introduction.

On aura une idée de la richesse reproductrice des fleurs en répétant pour quelques fleurs le calcul que fit Ch. Darwin pour l'*Orchis mascula*. Dans cette plante, chaque fleur contient deux masses polliniques possédant chacune 153 paquets de pollen, et chaque paquet est de 100 grains composés de 4 grains simples. On arrive à un nombre total de 120 000 grains par fleur ! Or, dans l'*Orchis maculata*, espèce voisine, l'ovaire renferme 6 200 ovules, ce qui donne un nombre de 20 grains de pollen par ovule, encore suffisant puisque le transport est ici guidé de façon très précise par les Insectes.

Autogamie et fécondation indirecte. — Il est très intéressant de rechercher la destinée d'un pollen, de connaître la fleur dont il provient, aussi la fleur qu'il féconde. Si un pollen féconde la fleur dont il tire origine, on dit qu'il y a fécondation directe, ou autofécondation, ou encore autogamie. Si, au contraire, un pollen féconde une fleur différente de celle dont il dérive, on dit que la fécondation est indirecte, il y a fécondation croisée.

Il semble aujourd'hui bien établi que le croisement est de beaucoup préférable à l'autogamie ; les produits qui en dérivent sont plus vigoureux et plus nombreux. Un ouvrage de Conrad Sprengel, paru à la fin du xviiie siècle, ayant attiré l'attention des savants sur les fleurs et leurs rapports avec les Insectes, quelques observations précisèrent peu à peu ces rapports, mais ce n'est que par les sagaces recherches de Ch. Darwin que l'on comprit tout le fruit que les fleurs retiraient de la visite des Insectes.

« Notre illustre compatriote aperçut clairement, le premier, que le principal service rendu aux fleurs par les Insectes, ne consistait pas seulement à transporter le pollen des étamines d'une fleur sur son pistil ; mais encore à transporter ce pollen sur le pistil d'une autre fleur. Sprengel, il est vrai, avait observé cela plus d'une fois, mais il ne sut pas apprécier complètement l'importance du fait [1].

Ch. Darwin a jeté une vive lumière sur ce sujet, non seulement par des considérations théoriques, mais aussi au moyen de la méthode expérimentale elle-même, employée dans différents cas. Plus récemment, Fritz Müller a même montré que, dans quelques cas, le pollen placé sur le stigmate de la fleur dont il pro-

vient, ne produisait pas plus d'effet qu'une quantité égale de poussière inorganique ; tandis que, ce qui est peut-être même plus extraordinaire, dans d'autres cas, le pollen agissait comme un poison. Il observa ce fait pour plusieurs espèces de plantes ; les fleurs se fanaient et se détachaient, les masses polliniques elles-mêmes et le stigmate avec lequel elles étaient en contact se ratatinaient, prenaient une couleur foncée et dépérissaient ; tandis que des fleurs de la même plante, mais qui n'avaient point subi la pollinisation, conservaient leur fraîcheur.

L'importance de cette « fécondation croisée », comme on l'appelle, par opposition avec la « fécondation directe », fut prouvée d'une façon concluante par M. Darwin [1], sur la Primevère, et depuis sur les Orchidées, le Lin, la Salicaire et un certain nombre d'autres plantes. Une fois que cette nouvelle impulsion eut été donnée à l'étude des fleurs, la question fut traitée, en Angleterre, par Hooker, Ogle, Bennett et par d'autres naturalistes ; et, sur le continent, par Axell, Delpino, Hildebrand, Kerner, F. Müller. Le Dr H. Müller s'en est occupé tout spécialement, et aux observations des autres botanistes qu'il a réunies, il a ajouté un nombre considérable de ses propres remarques. »

AUTOGAMIE

Le nombre des fleurs hermaphrodites étant très grand, il semble que les cas d'autogamie soient nombreux, et cependant il n'en est rien, parce qu'un concours de circonstances, rarement réalisé, est nécessaire. Les trois principales conditions nécessaires à la fécondation directe sont : des rapports convenables de position et de dimension des étamines et du pistil ; une maturité contemporaine des anthères et du stigmate, du pollen et de l'ovule ; la possibilité pour le pollen de germer sur le stigmate et de féconder l'ovule.

L'autogamie est normalement réalisée dans les fleurs dites cléistogames, dont nous avons déjà fait mention, et qui sont des fleurs ne s'ouvrant jamais. Telle est la Violette, dont certaines fleurs larges sont visitées par les Insectes et dont d'autres fleurs, plus petites, peu connues, ont une corolle rudimentaire, ne possèdent ni parfum, ni nectar. On a reconnu des fleurs de cette sorte dans plus de cinquante

____

[1] Sir John Lubbock, *loc. cit.*, p. 3.

[1] Darwin, *Mémoire sur la Primevère* (*Linnean Journal*, 1862).

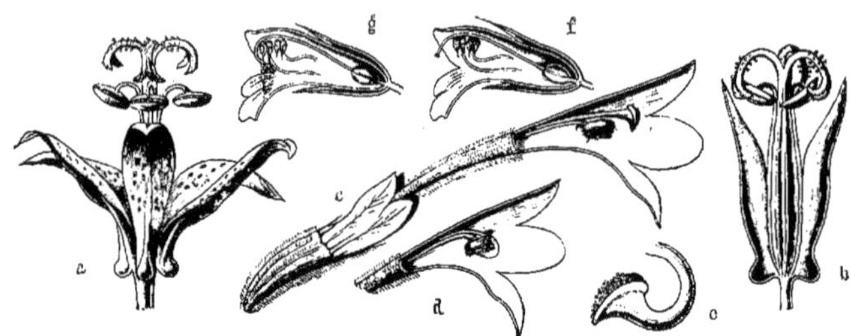

Fig. 1220. — Autogamie par accroissement du style. — *a*, fleur de *Tricyrtes pilosa* au premier stade ; *b*, à un dernier stade de son développement ; *c*, fleur de *Morina Persica* à un premier stade ; *d*, à un dernier stade de développement ; *e*, le stigmate de *Morina* couvert du pollen de l'anthère sous-jacente ; *f*, fleur d'*Euphrasia minima* à un premier stade ; *g*, à un dernier stade de développement.

genres de plantes, et on les a considérées comme destinées à assurer la conservation des espèces, dans le cas où, par suite du mauvais temps ou pour une autre cause, la visite des Insectes n'aurait pas lieu ; comme, dans ce cas, le nectar, le parfum et la couleur seraient inutiles, il y a tout avantage pour la plante à ne pas travailler à produire des éléments qui ne lui seraient d'aucune utilité.

A la vérité, il n'y a pas de pollinisation dans les fleurs cléistogames, puisque le pollen germe le plus souvent dans l'anthère, pour de là atteindre le stigmate.

Il y a encore autogamie dans les fleurs hermaphrodites dont le pollen et les ovules sont mûrs en même temps, comme cela a lieu chez les Papilionacées (Pois, Haricot). Le transport du pollen est surtout déterminé par le contact direct du stigmate lobé et des étamines, il est aidé par le secouement des fleurs déterminé par le vent ou par les Insectes butineurs.

L'autogamie ne paraît pas favorable aux plantes, elle ne doit pas se produire sans entraîner une sorte de déchéance organique ; en tous cas, elle ne laisse aucune place aux variations, et elle est moins fréquente que la fécondation croisée.

PROCÉDÉS DE L'AUTOGAMIE

Le transport du pollen d'une fleur sur le stigmate de la même fleur paraît chose facile, et cependant, il est très rare que ce transport ne soit pas accompagné de la mise en jeu de moyens particuliers, toujours intéressants à observer.

Dans le cas le plus simple, et en dehors de ce qui a lieu chez les fleurs cléistogames, le transport est dû à la chute du pollen qui, quittant les anthères, parvient par sa pesanteur sur les parties inférieures de la fleur, sur le stigmate en particulier. Dans ce cas, si la fleur est dressée, le style est plus court que les filets staminaux ; si la fleur est pendante, l'inverse a lieu.

Autogamie par contact des anthères et du stigmate. — Au moment de l'ouverture de la fleur, et aussi de la déhiscence des étamines, les sacs polliniques peuvent être en contact avec le stigmate, comme chez les Pois, et les pollens passent directement de ces sacs au stigmate.

Ailleurs, ce contact n'a pas lieu, soit à cause des longueurs différentes des pièces florales, soit à cause de leur position courbée dans le bouton. Il est alors nécessaire que des mouvements, dus à la croissance, ou provoqués, viennent causer le rapprochement des anthères et du stigmate. Ces mouvements sont divers, et nous en étudierons quelques exemples.

AUTOGAMIE PAR INFLEXION DES FILETS STAMINAUX. — Chez le Peigne de Vénus (*Scandix pecten veneris*), la fleur possède cinq étamines repliées dans le bouton de manière à présenter leurs anthères au voisinage de l'ovaire du pistil qui ressemble à une sorte de bouteille à double goulot. Au moment de l'épanouissement de la fleur, les cinq pétales, en s'écartant, laissent libres les étamines qui se redressent en divergeant par rapport au centre de la fleur ; puis, les anthères ainsi éloignés du stigmate double entrent en déhiscence et sont ramenés vers lui par un mouvement de flexion des filets.

Un phénomène tout à fait analogue se pro-

I. — 84

duit chez *Æthusa cynapium*, mais sans que les anthères touchent le stigmate ; elles sont seulement portées au-dessus de lui et laissent tomber le pollen.

Chez *Circæa alpina*, la fleur possède quatre étamines et un style terminé par un stigmate bifide, ces trois organes étant écartés dès l'épanouissement de la fleur. Bientôt après, les deux étamines portent leurs anthères déhiscentes sur les divisions du stigmate et les y appliquent par un curieux mouvement d'incurvation des filets, tandis que le style reste rectiligne.

A ce mouvement des étamines vient s'ajouter un léger mouvement des styles dans la fleur de l'*Agrimonia eupatoria*. Les deux styles s'écartent et se placent chacun au voisinage de deux étamines, tandis que celles-ci courbent leurs filets et appliquent leurs anthères sur les stigmates. Le mouvement s'accentue du reste après le dépôt du pollen et les quatre étamines arquées forment comme un abri au jeune fruit en formation.

AUTOGAMIE PAR ACCROISSEMENT DU PISTIL. — Nous prendrons comme exemple de ce procédé de pollinisation la fleur de l'Épimède des Alpes (*Epimedium alpinum*), intéressante à bien des égards. Cette fleur, penchée et presque pendante, possède un périanthe en forme de large coupe, protégé de la venue des petits animaux grimpeurs par les poils glutineux du pédoncule, et abritant deux étamines massives, entre lesquelles le pistil est placé. Chaque étamine est formée d'un filet court et robuste, supportant une anthère à deux lobes dont la déhiscence se produit par un soulèvement de toute la face externe ; les lames ainsi soulevées, au nombre de deux par anthère, se recourbent en casque, ou mieux en pompon, et tout en entraînant le pollen des loges qu'elles recouvraient, elles viennent rejoindre les deux lames de l'étamine opposée, se plaçant ainsi devant l'intervalle que le stigmate devra parcourir par l'accroissement du style. Dans ce mouvement, lent du reste, le pollen quitte les lames en casque et adhère au stigmate.

Des phénomènes un peu différents, mais dus encore au pistil, peuvent être observés dans les fleurs de *Tricyrtes pilosa*, *Morina Persica*, *Euphrasia minima*, que représentent les parties de la figure 1220. Mais, dans ces exemples, l'accroissement du style est accompagné d'une flexion et d'une torsion qui amènent les stigmates, ici supérieurs aux étamines, en

contact avec les anthères. Chez le *Tricyrtes* même, le recourbement des lobes stigmatiques est le phénomène le plus important.

Dans l'*Epilobium angustifolium*, le stigmate est pyriforme, et il rappelle par son aspect un bouton de Lys. Placé au milieu des huit étamines que possède la fleur, ce stigmate s'ouvre dès que les étamines sont déhiscentes ; du bouton stigmatique se détachent ainsi quatre lobes linéaires, d'abord droits, puis recourbés de plus en plus nettement, et qui sont entraînés par cette croissance en arc au contact des anthères qu'ils frôlent en emportant le pollen.

AUTOGAMIE PAR ENROULEMENT EN SPIRALE DES FILETS STAMINAUX. — La fleur de *Comelyna cœlestis* porte un pistil dont le style est très allongé et prend la forme d'un S dont la petite boucle avoisine l'ovaire, tandis que la grande boucle, par son allongement, se recourbe de plus en plus jusqu'à faire près de deux tours sur elle-même. Les trois étamines fertiles de cette fleur présentent une forme assez ressemblante à celle du style, les filets s'enroulant et même se bouclant. Tous ces mouvements, se produisant dans le plan de symétrie de la fleur et étant limités en hauteur par le rapprochement des deux pièces supérieure et inférieure de la corolle, il arrive toujours un moment où les anthères rencontrent le stigmate ; alors a lieu la pollinisation.

AUTOGAMIE PAR ENROULEMENT DES RAMIFICATIONS DU STYLE OU DES STIGMATES. — Les fleurs des Composées et quelques autres dont les anthères sont soudées en un tube présentent un mode de pollinisation dans lequel les stigmates, après avoir traversé le tube staminal, se meuvent de diverses manières pour prendre le pollen qui a été détaché dans le passage.

L'examen de la figure 1221, où sont réunies les fleurs de l'Aster des Alpes (1, 2, 3), de la Centaurée des montagnes (4, 5, 6, 7), parmi les Composées d'un *Phyteuma* (10, 11), suffira à montrer la sortie du stigmate, la division et les contournements de ses deux lobes. Dans la *Campanula persicifolia* représentée (8, 9), les étamines ont de bonne heure déposé le pollen sur le style, et les trois lobes stigmatiques viennent le chercher par un recourbement analogue à celui que montrent les fleurs précédentes.

Quelque chose de semblable est observable dans les fleurs de l'*Arnica montana* et du *Senecio viscosus* dont il a été fait mention à

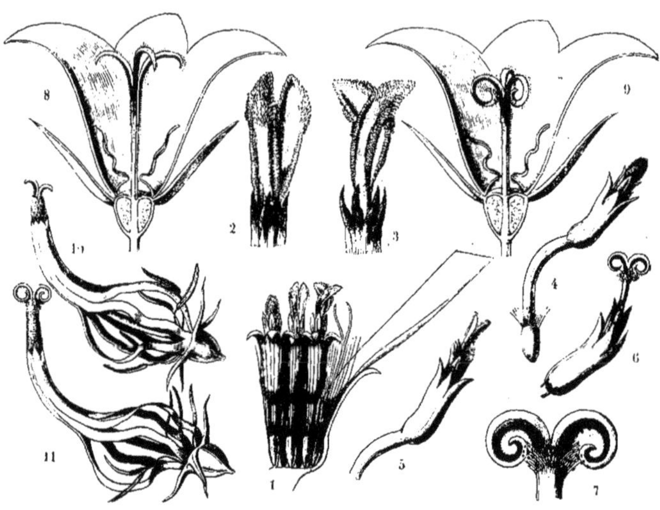

Fig. 1221. — Autogamie par entrecroisement et enroulement en spirale des ramifications du style. — 1, *Aster alpinus*, fragment du capitule contenant une fleur ligulée du pourtour et trois fleurs flosculeuses du disque, ces dernières à des stades successifs conduisant à l'autogamie ; 2, ramifications du style d'*Aster alpinus* qui viennent de se séparer, mais aux poils desquels est fixé un peu de pollen ; 3, les ramifications du style s'entrecroisent si bien que le pollen des poils de l'un sera déposé sur le tissu stigmatique de l'autre ; 4, 5, 6, fleurs du milieu du capitule de *Centaurea montana* à des stades successifs aboutissant à l'autogamie ; 7, les deux appendices stigmatiques s'enroulent de telle sorte que le tissu stigmatique vient en connexion avec le pollen recueilli sur le bouquet de poils collecteurs ; 8, *Campanula persicifolia*, coupe longitudinale à travers une fleur ouverte depuis peu ; 9, la même, les ramuscules stigmatiques se sont enroulés de telle sorte que le tissu du stigmate se met en rapport avec le pollen sur les parties latérales du style ; 10, fleur de *Phyteuma orbiculare* dans l'intervalle du premier et du deuxième stade ; 11, au dernier stade de l'évolution.

propos de mouvements des pièces florales (Voy. p. 454 et fig. 808 à 817) ; mais ici, le pollen avait été porté par la sortie du style, soit sur les poils de la collerette, soit sur le rebord du tube staminal, où les stigmates viennent le prendre.

Autogamie par l'intermédiaire de la corolle. — Dans une fleur complète, les pétales sont les pièces qui, le plus directement, protègent les parties reproductrices et peuvent, par leurs mouvements, modifier les rapports de position des étamines et du pistil. Il paraît donc assez naturel de voir les pétales associer et combiner leurs mouvements en vue de la pollinisation. Deux types principaux de ces mouvements seront décrits dans les uns, les pétales s'écartent et se rapprochent comme dans le phénomène d'épanouissement ou de fermeture des fleurs ; dans les autres, la corolle dans son ensemble présente des mouvements combinés plus compliqués.

L'Argémone du Mexique, de la famille des Papavéracées (1), présente de grandes fleurs solitaires jaunes, dressées à l'extrémité de courts pédoncules et rappelant les fleurs des Pavots. La corolle de ces fleurs, formée de six pétales, prend la forme d'une coupe au centre de laquelle se dressent les multiples étamines et un pistil massif dont le stigmate est multilobé. Après l'ouverture de la fleur, les étamines laissent tomber le pollen fécondant sur les pétales qui s'en chargent ainsi au lever du jour. Vienne maintenant un soleil ardent, et les pétales, les uns après les autres, reprendront une position voisine de celle qu'ils avaient dans le bouton ; l'un d'eux, relevé le premier, s'appliquera sur le stigmate, tandis que les autres le recouvriront, constituant ainsi une voûte complète au-dessus des organes reproducteurs.

(1) Voy. *Le Monde des Plantes*, I, p. 122 et fig. 174, 175.

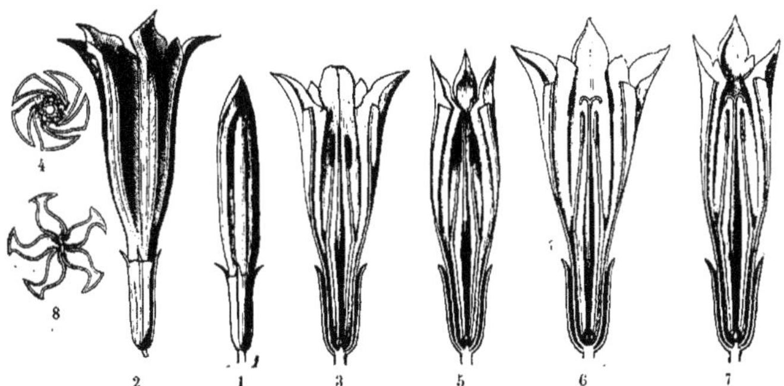

Fig. 1222. — Autogamie par l'intermédiaire de la corolle. — *Gentiana asclepiadea*. — 1, fleur peu de temps avant son éclosion; 2, fleur ouverte à son dernier stade de développement; 3, coupe longitudinale d'une fleur ouverte pour la première fois; 4, coupe transversale de cette fleur; 5, coupe longitudinale d'une fleur fermée pour la première fois. — Le pollen se colle dans les replis rentrants de la corolle. — 6, coupe longitudinale d'une fleur ouverte pour la dernière fois; 7, coupe longitudinale d'une fleur fermée pour la dernière fois. — Le pollen sera porté des replis de la corolle sur les stigmates recourbés. — 8, coupe transversale de cette fleur. — Les tubes des anthères sont en coupe optique dans les figures 3, 5, 6 et 7.

Des mouvements d'ouverture et de fermeture de la corolle ayant pour résultat la pollinisation sont encore observables dans les fleurs des Spéculaires, et nous les avons relatés dans le chapitre des mouvements des pièces florales (Voy. p. 452, et fig. 787 à 793) (1).

Ces mouvements nous amènent insensiblement à des mouvements plus compliqués, tels que ceux que l'on observe chez la *Gentiana asclepiadea*, représentée par la figure 1222. Dans cette fleur gamopétale, le bouton (1) et la fleur complètement épanouie (2) diffèrent notablement et sont séparés par une phase d'ouverture et de fermeture transitoires. Dans un premier épanouissement (3 et 4), les étamines entrent en déhiscence, elles se garnissent extérieurement de pollen; un premier rapprochement de la corolle tordue fait adhérer ce pollen aux plis internes des pétales (5); la fleur s'ouvre alors de nouveau, laissant le stigmate déployer ses deux lobes (6), et un dernier rapprochement des pétales transporte le pollen sur ce stigmate (7 et 8).

La fleur du *Pedicularis incarnata* est un exemple des mouvements qui se produisent pour assurer l'autogamie quand la visite des Insectes n'a pas eu lieu, ou n'a pas eu de résultat. Ainsi que le montre la figure 1223, les

fleurs du sommet de l'inflorescence (*a*) sont peu arquées, elles forment de petites outres contenant deux étamines, un pistil, et présentent une petite ouverture antérieure par laquelle les Insectes peuvent pénétrer. Une fleur de ce genre est représentée en *b'* (même figure). Si la visite des Insectes n'a pas lieu, les fleurs se disposent comme celles de la partie inférieure de l'inflorescence (*a*); elles se courbent par un mouvement des pétales (*c'*, *d'*) et il se constitue un cornet ou entonnoir dans lequel est conduit le pollen échappé des anthères (*c'*, *d'*); ce pollen est ainsi amené sur le stigmate pendant placé à l'ouverture de la corolle.

Autres procédés de l'autogamie. — Les exemples précédents ayant suffisamment fait comprendre les moyens ingénieux par lesquels l'autogamie est assurée dans un grand nombre de fleurs, nous signalerons encore quelques procédés d'autogamie particuliers et moins fréquents.

La courbure du pédoncule floral, amenant un changement dans les positions relatives des pièces de la fleur, assure l'autogamie des Calcéolaires (Voy. la fig. 1024, p. 561). Le même phénomène est déterminé dans les fleurs de la Pirole uniflore par une courbure simultanée du pédoncule et du filet des étamines, dont il a été fait mention pages 456 et 457 (fig. 824 à 828). Un recourbement du pédoncule floral occasionnant la chute de la corolle

(1) A ce sujet, voir l'étude des *Hypecoums* qui a été faite dans *Le Monde des Plantes*, I, p. 128 et fig. 181 à 187; rapprocher de ces figures, la figure 1046, *e*, *f*, de *La Vie des Plantes*, p. 576.

Fig. 1223. — Autogamie par l'intermédiaire de la corolle. — *a*, *Pedicularis incarnata*; *b*, fleur de cette plante accessible aux insectes; *b'*, coupe longitudinale de cette fleur; *c*, cette fleur à un stade ultérieur de son développement; *c'*, sa coupe longitudinale; *d*, la même fleur peu de temps avant que la corolle se flétrisse. La lèvre supérieure est courbée vers le bas et le pollen tombé des anthères ruisselle le long des parois du tube formé par cette lèvre supérieure et tombe sur le stigmate situé devant l'ouverture de ce tube; *d'*, coupe longitudinale de cette fleur.

assure la pollinisation des fleurs de *Phygelius capensis* que les Insectes n'ont pas visitées; nous avons relaté ces phénomènes page 623 (fig. 1147 et 1148).

Enfin, signalons la curieuse concordance de la courbure du pédoncule et de l'inclinaison du style, pour assurer l'autogamie, dans les fleurs d'*Allium chamaemolyde*, *Gentiana acaulis*, *Gentiana clusii*, etc. Quand, dans ces plantes, la fleur est dressée, les étamines entourent le pistil et le dépassent; quand la fleur est horizontale, toutes ces pièces ont même longueur et les anthères touchent le stigmate; quand la fleur touche la terre, le style s'infléchit et porte le stigmate sur le pétale rampant, c'est-à-dire là où le pollen doit tomber de toutes les étamines; si même la fleur est tombante, le style dépasse les étamines, de telle façon que le pollen doive nécessairement atteindre le stigmate.

Malgré ces multiples dispositions, bien des fleurs ne sont pas fécondées et la prodigalité avec laquelle ces fleurs sont réparties sur les plantes est une dernière garantie à la survie des espèces végétales.

POLLINISATION INDIRECTE

Dichogamie. — A la dichogamie est liée la fécondation croisée; les variations peuvent s'introduire dans la descendance des plantes par ce mode de reproduction, qui est le résultat du transport du pollen d'une fleur sur une autre fleur.

La fécondation croisée est quelquefois nécessaire, quelquefois facultative. Elle est nécessaire chez les plantes à fleurs unisexuées, que ces plantes soient monoïques ou dioïques, c'est-à-dire que les fleurs différentes soient présentes sur un même pied ou sur deux pieds distincts. Elle est aussi nécessaire pour les fleurs hermaphrodites qui sont protandres ou bien protogynes, c'est-à-dire dans lesquelles les organes mâles sont mûrs les premiers (fleurs protandres), ou bien les organes femelles (fleurs protogynes).

La fécondation croisée est facultative dans les fleurs dont les organes sexués sont mûrs à la même époque et où l'autogamie est possible; mais, pour des raisons diverses, le croi-

Fig. 1224. — *Dichogamie parfaite.* — *a*, Géranium des bois avec fleurs protandres parfaites; *b*, Pariétaire officinale avec fleurs protogynes parfaites; *c*, fleur isolée de Pariétaire avec stigmate en forme de pinceau susceptible
d'être fécondé et anthères fermées, rabattues; *d*, la même fleur à un stade ultérieur du développement; le
stigmate est tombé, les filets staminaux se sont redressés et les anthères ont évacué le pollen.

sement est plus souvent réalisé que l'autogamie.
La division quelquefois faite en fleurs dichogames parfaites et en fleurs dichogames imparfaites est dès lors facile à comprendre.

DICHOGAMIE PARFAITE. — Il y a dichogamie parfaite quand la fleur, protandre ou protogyne,
ne présente ses organes reproducteurs mâles
et femelles simultanément mûrs, à aucun
instant. Il en est ainsi du Géranium des bois
(fig. 1224) dont les fleurs sont protandres; la
fleur de droite possède des étamines mûres tandis que le pistil ne l'est pas; la fleur de gauche,
plus avancée, montre un stigmate prêt à recevoir
le pollen, mais les étamines sont dépouillées
de leurs anthères.

Le cas inverse est offert par la Pariétaire
officinale (fig. 1224) dont les fleurs sont protogynes. La fleur *c* possède un style surmonté
d'un stigmate fécondable, tandis que la fleur *d*,
dont le pistil est fécondé, laisse échapper de
ses étamines, alors mûres, la poussière pollinique. On comprend bien que, dans ces cas, la
fécondation soit nécessairement croisée; il n'y
a aucune possibilité à l'autogamie.

DICHOGAMIE IMPARFAITE. — Il y a dichogamie
imparfaite quand, dans une fleur protandre ou
protogyne, les deux organes sexués sont mûrs
simultanément, au moins pendant quelques
instants. A ce moment, l'autogamie est possible; avant ou après, la dichogamie seule
peut être réalisée.

Ainsi l'*Epilobium angustifolium* (fig. 1225, *a*),
dont nous avons parlé à propos de l'autogamie,
présente des fleurs protandres que les Insectes
butinent, emportant le pollen des fleurs jeunes
à étamines mûres, sur les fleurs plus âgées,
dont les étamines sont flétries mais dont le
stigmate est encore fécondable.

Dans les fleurs de l'*Eremurus Causasius* que
représente la figure 1224, *b*, et qui sont protogynes, on observe de même des phénomènes
d'autogamie, mais surtout des phénomènes de
croisement par mise en contact des étamines
d'une fleur avec le stigmate d'une fleur voisine
placée au-dessous; c'est, dans ce cas, la persistance du stigmate qui permet ces croisements entre fleurs d'une même inflorescence.

Ce qui précède nous fait voir qu'une plante
dichogame parfaite est hermaphrodite seulement en apparence, au point de vue morphologique. En réalité, au point de vue physiologique, de telles fleurs sont unisexuées, et elles
font considérer la plante comme monoïque si
les fleurs d'une même plante peuvent se féconder, comme dioïque si cela ne peut avoir lieu.
Nous verrons plus loin, en étudiant le rôle des
Insectes dans ces phénomènes, que le plus souvent ce dernier cas est réalisé, ce qui détermine
un croisement efficace.

**Pollinisation dans les plantes monoïques ou
dioïques.** — Les plantes dont les fleurs sont
hermaphrodites peuvent donc présenter trois
modes de pollinisation; la pollinisation directe
seule (autogamie), la pollinisation indirecte
seule (dichogamie), enfin une combinaison
des deux phénomènes (dichogamie imparfaite).

Fig. 1225. — *Dichogamie imparfaite.* — a, *Epilobium angustifolium* à fleurs protandres ; b, *Eremurus Caucasius* avec ses fleurs protogynes.

Dans le deuxième cas, les plantes se comportent comme si elles étaient, avec des fleurs unisexuées, monoïques ou même dioïques.

Il est nécessaire que, dans les plantes dont les fleurs sont réellement unisexuées, le croisement soit le seul mode de pollinisation, et là encore on constate des différences entre les plantes monoïques et les plantes dioïques. Dans tous ces cas, le pollen doit franchir la distance qui sépare les fleurs de sexes différents, et une perte presque totale de la poussière fécondante en résulterait souvent si, par des moyens variés à l'infini, le transport n'était pas déterminé.

Les chances de pollinisation sont quelquefois augmentées dans les plantes monoïques par le rapprochement des fleurs mâles et des fleurs femelles dans une même inflorescence comme cela a lieu chez beaucoup d'Aroïdées ; ou bien par la situation élevée qu'occupent les fleurs mâles par rapport aux fleurs femelles, comme chez le Maïs.

Chez les plantes dioïques, où la pollinisation est encore plus difficile, il est nécessaire que des dispositions spéciales facilitent le transport du pollen. Parmi ces plantes, la Vallisnérie spirale mérite sous ce rapport une mention spéciale ; cette espèce, seule du genre, est en effet célèbre par les phénomènes qui accompagnent sa fécondation. Cette plante est très commune dans quelques lacs et étangs du midi de la France, et en particulier dans le canal du Languedoc. Comme le Saule, comme l'If, elle a des pieds mâles et des pieds femelles. Les fleurs pistillées sont à l'extrémité de pédoncules qui peuvent s'allonger assez pour les amener à la surface de l'eau ; elles ne s'épanouissent que lorsqu'elles sont arrivées en cette position. Les fleurs staminées sont groupées, protégées par des écailles et placées au fond de l'eau sur de courts pédoncules qui ne peuvent s'allonger. Lorsque le moment de l'union est arrivé, ce qui est indiqué par l'épanouissement des fleurs pistillées, le groupe des fleurs staminées se détache brusquement du pied qui le porte, monte à la surface de l'eau, et, à l'aide des mouvements d'onde, se

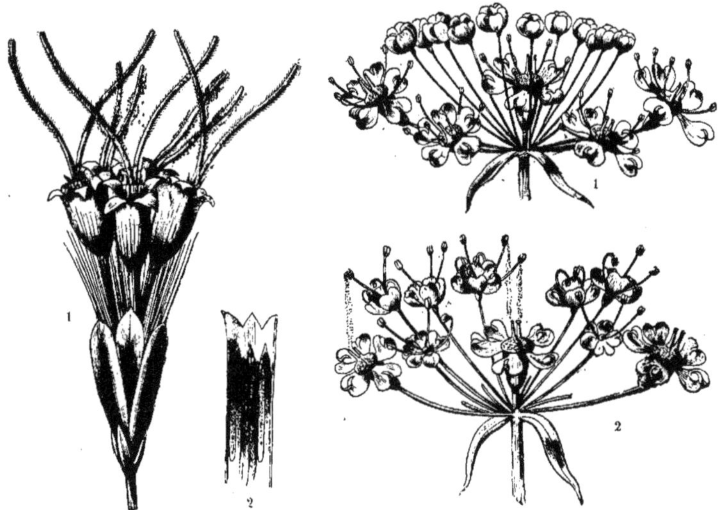

Fig. 1226. — *Eupatorium cannabinum*. — 1, un capitule de cinq fleurs dont les ramuscules stigmatiques sont croisés; 2, coupe longitudinale de la partie supérieure d'une fleur. Les deux ramuscules stigmatiques sont parallèles et enfermés dans le tube que forment les anthères.

Fig. 1227. — *Chaerophyllum aromaticum*. — 1, ombellule dont les vraies fleurs hermaphrodites sont seules ouvertes; 2, ombellule à un état plus avancé; les fleurs mâles (en apparence hermaphrodites) sont ouvertes.

Fig. 1226 et 1227. — Pollinisation par geitonogamie.

rapproche en s'épanouissant de chaque fleur pistillée. L'acte est accompli, le long pédoncule se raccourcit en spirale et ramène au fond de l'eau la fleur femelle qui mûrit son fruit.

Ce phénomène curieux est connu depuis longtemps ; Castel le raconte (1797) dans son poème *les Plantes*, l'abbé Delille le chante à sa manière pompeuse dans *les Trois Règnes* (1809).

PROCÉDÉS DE LA POLLINISATION INDIRECTE

Le phénomène de fécondation croisée peut être réalisé de façons bien différentes dans les plantes; tandis que le voisinage des fleurs d'une même inflorescence suffit pour le croisement, des circonstances diverses permettent ce même phénomème entre fleurs appartenant à des pieds différents.

Phénomènes de geitonogamie. — Quand les fleurs entre lesquelles le croisement a lieu appartiennent à une même plante, à une même inflorescence, ce phénomène reçoit le nom de geitonogamie. On l'observe fréquemment, et ses procédés sont assez variés.

Si on étudie un capitule d'*Eupatorium cannabinum*, plante de la famille des Composées, comme celui que représente la figure 1226, on remarque que les longs stigmates bifides sortent du tube staminal, que forment les anthères soudées, tout couverts de pollen, et que ces stigmates entrent en rapport les uns avec les autres, permettant ainsi aux nombreux grains de pollen dont ils sont imprégnés de passer d'un stigmate sur l'autre.

Le même résultat est atteint différemment chez *Chaerophyllum aromaticum*, de la famille des Ombellifères, que représente la figure 1227. Sur chaque Ombelle on remarque des fleurs hermaphrodites parfaites, situées sur les rameaux inférieurs, et des fleurs en apparence hermaphrodites, mais en réalité seulement mâles, sur les rameaux supérieurs. Or, tandis que les fleurs mâles sont encore fermées, les fleurs inférieures hermaphrodites sont le siège de phénomènes d'autogamie, puis perdent leurs étamines. Alors, pour parer à l'insuffisance possible des phénomènes autogames, les fleurs supérieures s'ouvrent, laissent tomber leur pollen et assurent, par fécondation croisée, la formation de graines dans les fleurs inférieures.

Un résultat analogue est atteint dans quelques autres fleurs par la simple disposition de ces fleurs sur l'axe de l'inflorescence, et par l'arrangement du style. Ainsi, dans les Lathrées (fig. 757, p. 429) les fleurs supérieures ont un style court et un peu arqué, les étamines se touchent et bientôt laissent échapper le pollen. Celui-ci tombe sur les fleurs placées plus bas, dont le style est plus allongé, redressé, et présente son stigmate à la poussière fécondante. On observe les mêmes arrangements dans l'*Erica carnea* de la figure 1228, avec,

Fig. 1228. — Fécondation croisée entre deux fleurs situées sur le même individu par suite de pollen projeté en poussière. — 1, *Erica carnea*, rameau avec fleurs d'un seul côté; 2, fleur de cette plante au premier stade du développement; 3, la même plante au dernier stade de son développement. — Étamine isolée.

en plus, une inflexion lente de chaque fleur qui, de penchée qu'elle était au début, devient pendante.

Plantes anémophiles, plantes entomophiles. — Dans un très grand nombre de plantes, l'autogamie n'est pas possible, non plus le croisement par transport direct du pollen, et la pollinisation doit s'effectuer par des intermédiaires qui sont, soit le vent, soit l'Insecte butineur. On nomme plantes anémophiles celles dont le pollen est transporté par le vent,

et plantes entomophiles celles où ce transport est effectué par les Insectes.

Assez rarement la pollinisation se fait par l'intermédiaire des Oiseaux, ou même par l'eau, comme dans la curieuse Vallisnérie.

PLANTES ANÉMOPHILES. — Il n'est aucun caractère qui puisse permettre de reconnaître *a priori* une plante anémophile, et cependant, la plupart de ces plantes possèdent des qualités communes ; leurs fleurs sont petites, unisexuées, souvent apétales, sans couleur ni parfum, ni nectar. Pour le vulgaire, ces plantes ne paraissent pas posséder de fleurs, au sens ordinaire du mot. Sous cet aspect, on reconnaît les arbres de nos forêts, Hêtre, Bouleau, Sapin, et aussi quelques Palmiers, toutes espèces végétales élevées, dont la floraison est faite tandis que le feuillage est encore peu développé, et qui sont admirablement disposées pour que le vent entraîne la poussière fécondante et la transporte à de grandes distances sur les organes femelles de végétaux semblables.

Aucun caractère général ne permet non plus de reconnaître les pollens de ces plantes ; tout ce que l'on peut dire, c'est que ce pollen est très abondant, comme si la Nature avait prévu la perte possible et même certaine d'une grande partie de ces grains. Remarquons que le pollen des Sapins est facile à transporter par le vent à cause des deux ballonnets latéraux, remplis d'air, qui ont été signalés plus haut.

POLLINISATION PAR LES INSECTES

Tandis que les petites fleurs si nombreuses des arbres de nos forêts laissent échapper des nuages de pollen que le vent emporte au loin, sous la ramure de ces arbres des phénomènes bien curieux se produisent dans le plus grand calme ; la belle Violette admirable (*Viola mirabilis*) produit ses fleurs cléistogames, les plus modestes de toutes, puisqu'elles ne s'ouvrent pas, cachant ainsi aux regards l'intime fécondation dont elle est le siège.

Mais, la surprise que l'on éprouve en trouvant des graines dans ces petites fleurs qui ont échappé à toute action extérieure, est augmentée quand on examine des fleurs de plantes différentes, telles que le Lychnis blanc (*Lychnis dioica*). Là, nous trouvons parsemés des pieds dont les fleurs sont exclusivement staminées, et, souvent beaucoup plus loin, nous observons des pieds à fleurs exclu-

Fig. 1229. — Abeilles à l'entrée d'une ruche. — L'Abeille qui rentre dans la ruche, à droite, rapporte du pollen qu'on voit sur ses pattes de derrière; l'Abeille qui rentre dans la ruche, au milieu, rapporte du miel; les deux autres font l'office de gardiennes.

sivement pistillées. Examinons attentivement ces dernières, et nous remarquerons la poussière jaune, le pollen, sur le stigmate; au milieu des fleurs, nous pourrons aussi compter quelques fruits dont les graines sont parfaites.

Le pollen a donc été transporté d'une fleur sur l'autre, à travers les végétaux indifférents, puisque étrangers, au milieu de difficultés qui semblent insurmontables, et à une distance assez grande. Le vent pourtant n'a pas déterminé ce transport, il n'aurait pu saisir le pollen dans la fleur mâle et, eût-il pu le faire, il l'aurait égaré en route. Ces grains fécondants, peu nombreux, en somme, auraient couru une chance favorable contre mille autres défavorables, et il en serait résulté un nombre de graines bien insuffisant pour assurer le maintien de ces Lychnis dans la station où nous les observons.

Si maintenant, continuant nos recherches, nous allons visiter une ruche d'Abeilles au matin d'un beau jour, nous voyons de nombreuses ouvrières accourir, tomber lourdement sur le plateau de la ruche, comme si elles étaient fatiguées et trop chargées (fig. 1229). Les unes portent sur leurs pattes de derrière deux petites pelotes jaunes ou orangées, quelquefois roses; les autres semblent ne rien apporter, et cependant, si on presse sur le

côté le corps de l'Abeille, on voit sortir de sa bouche une gouttelette brillante, dont le goût

Fig. 1230. — Abeille récoltant du pollen sur une fleur de Coquelicot.

est sucré, et qui était contenue dans une poche du tube digestif de l'insecte.

Fig. 1231.

Fig. 1232.

Fig. 1233.

Fig. 1231. — Extrémité d'une patte d'Abeille, vue en dessus (grossie).

Fig. 1232. — Extrémité d'une patte d'Abeille, vue en dessous (grossie).

Fig. 1233. — Patte d'Abeille (grossie). — *a*, corbeille dont on voit le côté creux, à gauche ; *b*, brosse.

Le butin des Abeilles est du nectar, il provient des fleurs, il est butiné par petites quantités prises successivement sur des fleurs différentes, mais appartenant souvent à un même genre de plantes que l'Insecte préfère, qu'il reconnaît, dans lesquelles il opère toujours de façon identique, et pour lesquelles il est un agent inconscient de la pollinisation. En effet, en butinant, l'Insecte est amené à frotter les anthères, il enduit certaines parties de son corps de la poussière pollinique, et s'arrêtant ensuite sur une autre fleur, il la dépose sur le stigmate, qui la retient.

Mais, loin de rendre toujours service aux plantes, les Insectes leur portent quelquefois de graves préjudices. Si, par une belle matinée, nous observons un champ rempli de Coquelicots, nous voyons les belles fleurs rouges butinées par les Abeilles qui récoltent le pollen, car le Coquelicot ne produit pas de nectar (fig. 1230).

« Regardons attentivement l'une (1) des Abeilles, nous la verrons saisir le pollen verdâtre des étamines avec ses pattes de devant, puis le passer à ses pattes du milieu et enfin le placer sur ses pattes de derrière dont un article est élargi et creusé en une sorte de cuiller ; cette pièce (fig. 1231 à 1233) est appelée la *corbeille*, et grâce à la substance grasse qui imprègne les poils de la patte, le pollen est aggloméré, retenu, fixé sur la patte. A d'autres moments, les Abeilles réunissent la poussière pollinique en se servant d'un autre article de leurs pattes auquel on a donné le nom de *brosse* (*b*, fig. 1233). Ce manège, répété par la même ouvrière un grand nombre de fois, finit par accumuler sur les corbeilles de ses deux der-

(1) G. Bonnier. *Les Plantes des champs et des bois*, p. 399.

nières pattes deux pelotes de matière pollinique de plus en plus grosses. Lorsque l'Abeille juge qu'elle est suffisamment chargée, elle prend son vol (fig. 1230) et retourne à la ruche pour se débarrasser de sa provision, puis elle repart immédiatement après pour une nouvelle récolte. Il est très curieux d'examiner les Abeilles qui rencontrent les étamines de Coquelicot non encore ouvertes ; elles les fendent souvent avec leurs mandibules pour prendre le pollen renfermé dans les anthères.

Ce premier exemple très simple nous fait déjà voir que les Abeilles, en cherchant la nourriture qui doit servir à leurs larves, peuvent être, suivant les cas, utiles ou nuisibles à la plante qu'elles visitent. En effet, le Coquelicot a, nous le savons, de nombreuses étamines qui entourent un pistil recouvert de stigmates en bandes rayonnantes (fig. 1230, au milieu de la fleur) ; or, si l'Abeille va récolter le pollen des étamines extérieures sans toucher au pistil, comme cela se voit très souvent, elle emporte dans sa ruche une substance utile à la plante ; car le rôle du pollen, nous le savons, est de germer sur le stigmate, et si l'Abeille l'enlève avant même qu'il ait pu sortir de l'anthère, le pollen ne pourra remplir sa fonction. D'autre part, s'il arrive par hasard que l'Abeille, déjà couverte de pollen, vienne à toucher l'une des bandes stigmatiques avec ses pattes, une partie du pollen reste attachée à la substance visqueuse du stigmate ; par suite, l'ouvrière en faisant sa récolte peut contribuer accidentellement à transporter le pollen des étamines sur les stigmates de la même fleur ou même sur les stigmates d'une fleur voisine, lorsque l'Abeille passe d'une fleur de Coquelicot à une fleur de la même espèce.

Remarquons toutefois que l'intervention

des Insectes qui peut, comme nous venons de le voir, aider dans une certaine mesure au transport du pollen, n'est pas ici essentiel. Le vent suffit très bien pour cet office : il est facile de s'en rendre compte par un temps brumeux, alors que les Abeilles sont restées dans leurs ruches. D'ailleurs on peut entourer plusieurs pieds de Coquelicot d'une caisse dont les parois sont faites d'une toile à mailles assez lâches pour laisser passer la lumière et assez serrées pour empêcher les Insectes mellifères d'y entrer. On constate que sous cette caisse de toile, le pollen des étamines peut être transporté sur les stigmates des Coquelicots et que leurs fleurs se transforment en fruits, comme ceux qui sont visités par les Insectes. »

Rôle des Insectes butineurs. — Nous avons examiné, dans un chapitre précédent, les rapports des Insectes et des fleurs, nous avons recherché comment celles-ci attirent les hôtes passagers dont la visite peut être utile, et nous avons montré les quelques moyens employés par les végétaux pour défendre l'accès de leurs fleurs aux petits animaux aptères qui sont friands du nectar, mais qui ne sauraient polliniser, étant trop petits ou bien étant mal conformés pour cette fonction. Il faut maintenant étudier le rôle utile des Insectes attirés, la façon dont ils transportent le pollen, et les résultats de ce transport.

Cette question, très vaste, a fait l'objet de nombreux travaux, presque tous marqués par des observations d'une grande sagacité ; nous ne saurions les résumer tous, mais nous pouvons au moins énoncer les principaux résultats dont la science leur est redevable.

Étudions d'abord la fréquence et l'importance numérique des visites faites aux fleurs par les Insectes.

Les Insectes butineurs sont très nombreux, ils appartiennent à des groupes divers, depuis les Abeilles jusqu'aux Papillons ; cependant les plus actifs et aussi les plus connus sont les Abeilles, les Bourdons, les Guêpes, les Anthophores, les Halictes, les Andrènes, les Polistes, enfin les Papillons.

La fréquence des visites faites par un même Insecte est souvent grande, un Bourdon visitant 24 fleurs de Linaire par minute, une Abeille 22 fleurs de Lobélie ou 17 fleurs de Dauphinelle dans le même temps.

On peut, du reste, établir avec une précision relative la liste des Insectes qui butinent une fleur à l'exclusion des autres Insectes aussi bien qu'une liste des fleurs qu'un Insecte visite tour à tour. De semblables listes ont été faites et nous en citerons quelques-unes, relatives aux Insectes les plus connus (1).

Asparagus officinalis. — Hyménoptères : *Apis mellifica* (très souvent), *Osmia rufa, Megachile, Prosopis annularis, Halictus.*

Orchis maculata. — Hyménoptères : *Bombus hortorum, B. lapidarius, B. confusus, B. terrestris, B. agrorum, B. pratorum, B. campestris, B. muscorum.*

Orchis maculata. — Hyménoptères : *Bombus pratorum.*

Diptères : *Empis livida, E. pennipes, Volucella bombylans, Eristalis horticola.*

Heracleum sphondylium visitée par 118 Insectes.

Daucus carota visitée par 19 Diptères, 10 Coléoptères, 28 Hyménoptères, 4 Lépidoptères.

Ranunculus acris, R. repens, R. bulbosus, visitées par 62 Insectes.

Papaver rhœas. — Hyménoptères : *Halictus sexuolatus* (très souvent). *H. flavipes, H. longulus, H. cylindricus, H. maculatus, Andrena dorsata, A. fulvicrus.*

Diptères : *Cheilosia.*

Coléoptères : *Meligethes.*

Orthoptères : *Forficula auricularia.*

Viola odorata. — Hyménoptères : *Apis mellifica, Anthophora pilipes, Bombus hortorum, B. lapidarius, B. rajellus, Osmia rufa.*

Diptères : *Bombylius discolor.*

Lépidoptères : *Vanessa urticæ, Rhodocera rhamni.*

Evonymus europæa, visité par 13 Insectes.

Æsculus hippocastanum, visité par 7 Insectes.

Linum usitatissimum. — Hyménoptères : *Apis mellifica, Halictus cylindricus.*

Lépidoptères : *Plusia gamma.*

Malva sylvestris visitée par 31 Insectes.

Cratægus oxycantha visitée par 57 Insectes, 24 Diptères, 14 Coléoptères, 19 Hyménoptères.

Rosa canina visitée par 20 Insectes.

Rubus fruticosus visitée par 67 Insectes.

Fragaria vesca visitée par 25 Insectes.

Parmi les Trèfles, tous visités par les Abeilles, nous trouvons :

Trifolium repens visité par 11 Insectes.

T. pratense visité par 38 Insectes.

T. arvense visité par 13 Insectes.

T. rubens visité par 2 Insectes seulement.

T. montanum visité par 1 Insecte.

Signalons encore les plantes suivantes :

Genista tinctoria (24 Insectes) ; *Sarothamnus scoparius* (9) ; *Vicia faba* (11) ; *Echium vulgare* (67) ; *Myosotis palustris* (deux Lépidoptères : *Lycæna icarus* et *Empis opaca*) ; *Lamium album* (17) ; *Lamium maculatum* (12) ; *Lamium purpureum* (10) ; *Mentha arvensis* (12) ; *Calluna vulgaris* (17) ; *Sambucus nigra* (8) ; *Scabiosa arvensis* (76 Insectes, dont 38 Hyménoptères, 15 Diptères, 13 Lépidoptères et Coléoptères) ; *Centaurea cyanus* (8 Insectes, dont 4 Hyménoptères, 3 Diptères

(1) Voy. à ce sujet : Dr Hermann Müller, *Die Befruchtung der Blumen durch Insekten,* Leipzig, 1873.

et 1 Lépidoptère); *Chrysanthemum leucanthemum* (72); *Bellis perennis* (27); *Taraxacum officinale* (93) et *Cichorium inthybus* (13 Insectes).

Manière dont les Insectes visitent les fleurs. — Les procédés qu'emploient les Insectes pour se procurer le nectar sont variés à l'infini, et cela se conçoit aisément si l'on songe à la grande diversité de forme des uns et des autres, si l'on se rappelle les nombreuses situations que possèdent les nectaires et si l'on tient compte de l'appétit et des goûts souvent très différents des Insectes. Tandis que les Anthophores visitent les fleurs des Chardons en se maintenant devant la fleur par un vol mesuré, et en enfonçant leur longue trompe dans la corolle, les Bourdons se posent lourdement sur les fleurs d'*Epilobium*, et les abeilles pénètrent presque entièrement dans la corolle des Digitales. Nous savons aussi que certains Insectes brisent les parties délicates de la fleur, les anthères le plus souvent, avec leurs puissantes mandibules, pendant que les autres percent le tube des corolles pour puiser le nectar.

Cependant, dans la plupart des cas, l'Insecte n'est pas maître de la façon dont il parviendra au nectar ; il doit tenir compte de la forme de la fleur à son entrée, puis de la grandeur et de la direction des parties internes, il doit éviter les obstacles qui semblent dressés tout exprès sur sa route ; enfin, il est comme victime des mouvements qu'il détermine par son approche ; il fait éclater la corolle des Crucianelles et il peut être frappé par le style qui se détend ; il reçoit sous son abdomen le contact des étamines des fleurs de quelques Papilionacées parce qu'il a écarté les pièces de la corolle ; il est heurté par les étamines des Sauges qu'il a fait basculer.

A ce point de vue, l'Aristoloche clématite se distingue par une série de dispositions très singulières (Voy. la figure 1117, 3 et 4). La fleur forme une grande cavité au fond de laquelle est situé le pistil accompagné des étamines. Quand la surface stigmatique arrive à maturité, les anthères sont encore fermées; une petite mouche, portant sur le dos quelques grains de pollen provenant d'une fleur plus âgée, s'introduit par la gorge étroite de la fleur et parvient sans difficulté dans la portion dilatée où elle reste prisonnière. On peut rencontrer jusqu'à une dizaine de mouches dans certaines fleurs ; elles sont retenues grâce à de longs poils mobiles qui hérissent la gorge du périanthe, et qui ont permis l'entrée des Insectes en s'infléchissant. Les petites mouches, obligées de rester dans la partie basse de la fleur, s'agitent, rencontrent de nombreuses fois la surface stigmatique et y déposent le pollen qu'elles portent sur leur dos. A ce moment, les lobes du stigmate qui cachaient les anthères se redressent, ils ne pourront plus être effleurés par les Insectes, et les anthères qui ont été découvertes entrent en déhiscence. Les mouches viennent ramper près des anthères rendues accessibles par un élargissement de la cavité florale, elles se couvrent de pollen frais et profitant de la chute des poils du tube du calice, phénomène consécutif à la fécondation, elles reprennent leur vol. Mais, ne sachant pas profiter de l'expérience acquise, les petites mouches vont s'introduire dans les fleurs jeunes et les fécondent en se rendant prisonnières une fois de plus. Il faut dire que ces fleurs d'Aristoloche sont d'admirables pièges, présentant une position dressée et une ouverture libre quand elles sont jeunes ; au contraire, s'infléchissant sur leur pédoncule, et se fermant partiellement par abaissement de la lèvre du calice quand elles ont laissé partir les Insectes pollinisateurs.

Dans nos Arums communs, la spathe entoure un support charnu, à la partie inférieure duquel sont situés quelques stigmates (*p*, fig. 1234).

Fig. 1234. — Coupe schématique d'une fleur d'*Arum* : *h*, poils ; *a*, anthères ; *p*, stigmates.

La partie supérieure du même support présente plusieurs rangées d'anthères (*a*). On pourrait croire que le pollen des anthères tombe directement sur l'organe femelle et que la fécondation est ainsi accomplie. Il n'en est pas ainsi. Les stigmates mûrissent les premiers et sont complétement desséchés au moment de la maturité des anthères. Le pollen doit donc être transporté par des Insectes. Cette tâche incombe à de petites mouches qui pénètrent dans la fleur pour y trouver du nectar ou un abri, et qui y sont retenues prisonnières par une rangée de poils (*h*). Lorsque les anthères sont mûres, leur pollen tombe sur les mouches qui s'en recouvrent dans leurs efforts pour sortir de leur prison. C'est alors que les poils se dessèchent, et les mouches rendues à la liberté vont porter le pollen sur une autre fleur.

Manière dont les Insectes visitent les inflorescences. — Lorsqu'un Insecte vole vers une plante pour butiner ses fleurs, il ne s'arrête jamais à une seule fleur et ordinairement en visite un grand nombre, mais dans un ordre souvent déterminé. Ayant fait un vol d'exploration autour d'une inflorescence, l'Insecte commence quelquefois par les fleurs basses et s'élève peu à peu, soit dans une même visite, soit plus rarement dans des visites successives faites à la plante; l'Insecte, s'il est mellifère, doit limiter la charge qu'il emporte, sinon, il limite son travail à son appétit.

Voici comment Sir John Lubbock explique l'harmonie des visites (1) :

« Dans les espèces où la fécondation directe est empêchée, parce que la maturité des étamines ne concorde pas avec celle du pistil, ce sont, en général, les étamines qui sont les premières mûres. Il y a probablement une relation entre ce fait et les visites des Insectes. Dans les fleurs qui forment des inflorescences groupées, les premières épanouies sont ordinairement celles qui sont situées le plus bas. Si nous considérons une de ces inflorescences, nous voyons qu'au début, les fleurs épanouies ont déjà leur pollen mûr, lorsque leurs stigmates n'ont pas encore atteint leur complet développement. Mais les fleurs inférieures étant les plus âgées, il se fera que leurs stigmates arriveront à maturité au moment où chez les fleurs supérieures, les anthères seules seront complètement mûres. On a pu remarquer que, lorsque les Abeilles visitent les fleurs d'une inflorescence, elles commencent par les fleurs les plus inférieures et continuent leur besogne en allant de bas en haut. C'est pourquoi une Abeille qui s'est déjà couverte de pollen sur les fleurs

d'une autre plante, lorsqu'elle arrivera à l'inflorescence qui nous occupe, commencera par visiter les plus inférieures dont le stigmate est déjà mûr. Elle couvrira ce stigmate du pollen dont elle est couverte elle-même, et la fécondation sera assurée. D'un autre côté, les fleurs situées à la partie supérieure de l'inflorescence couvriront l'Insecte de leur pollen et ce pollen servira à féconder les fleurs d'une autre plante.

Il y a cependant un petit nombre d'espèces végétales chez lesquelles le stigmate mûrit avant les étamines. Nous pouvons citer comme exemple le *Scrophularia nodosa*. M. Wilson a donné l'explication de ce fait. Le *S. nodosa* est une de nos rares fleurs visitées par les Guêpes seulement. Son nectar déplaît aux Abeilles. Ordinairement les Guêpes, lorsqu'elles visitent les fleurs d'une plante, commencent par celles qui sont placées le plus haut et continuent leur besogne en bas; tandis que les Abeilles, comme nous l'avons déjà dit, font tout le contraire. Par conséquent, il y a tout avantage pour les fleurs visitées par les Guêpes, à ce que, dans les fleurs placées le plus haut, la maturité du stigmate ait lieu avant celle des étamines. »

Résultats de la visite des Insectes. — Il semble que les dispositions florales, dont nous admirons la beauté à bien des points de vue, qui sont nôtres, aient été créées pour la réalisation de certains effets, et en particulier pour attirer les Insectes, les retenir momentanément, les guider de certaine façon dans la fleur, les contraindre à y pénétrer et à en sortir suivant une manière convenable ; et tout cela pour réaliser, dans la majorité des cas, un croisement des plantes qui paraît très profitable.

Certains auteurs, et non des moins autorisés, vont même jusqu'à penser que les Insectes, de leur côté, ont été modifiés de façon à tirer le meilleur parti des dispositions florales, non pas pour eux, mais pour la fleur. Ainsi serait révélée une splendide harmonie de la Nature, accordant les fleurs et les Insectes, pour la réalisation du grand phénomène de la fécondation végétale.

La fleur est un appât pour l'Insecte, par sa couleur, son parfum, son nectar ; elle est un piège en ce sens que l'Insecte est guidé dans sa marche vers les nectaires. Ainsi, certaines fleurs possèdent des poils qui contraignent l'Insecte à toucher les organes reproducteurs, comme cela a lieu dans la fleur du *Leonurus* (fig. 1235) ;

(1) Sir John Lubbock, *loc. cit.*, p. 19.

certaines lignes ou bandes qui ornent quelques fleurs indiquent la position du nectar et on peut remarquer que ces indices ne se présentent jamais sur les fleurs qui éclosent la nuit, comme le *Lychnis vespertina* ou le *Silene nutans*.

Dans sa visite, l'Insecte n'est donc pas libre, et inconsciemment il provoque des phénomènes variés, dont nous pouvons résumer les principaux.

Premier cas. — L'Insecte détermine une fécondation directe.

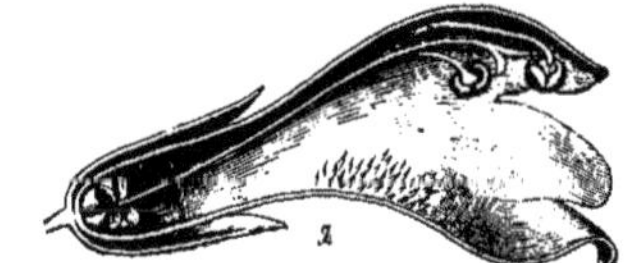

Fig. 1235. — Coupe longitudinale d'une fleur de *Leonurus heterophyllus*.

Lorsqu'un Insecte se pose sur une fleur hermaphrodite (non dichogame), il peut déterminer une agitation des parties qui projette le pollen sur le stigmate, comme on le voit dans le Haricot multiflore ; s'il entre dans la fleur, il frotte les anthères par une certaine partie de son corps qui se charge de pollen, puis en sortant il touche le stigmate par la même partie de son corps et y laisse adhérer les grains.

Deuxième cas. — L'Insecte détermine une fécondation croisée.

La fécondation croisée est de règle pour les fleurs des plantes dioïques ou monoïques, pour les fleurs protandres ou protogynes, mais elle peut être réalisée dans les fleurs hermaphrodites de plusieurs manières selon que la fleur est homostylée (c'est-à-dire possède des étamines et un style de même longueur), ou hétérostylée.

Fécondation des Primevères. — « Si nous examinons des fleurs de Primevères, nous verrons qu'on peut faire deux séries distinctes (1). Chez quelques-unes le style est aussi long que la corolle ; le stigmate, qui a la forme d'un petit bouton (fig. 1236, *st*), est situé à l'entrée de la fleur et les étamines (*a, a*) ont leurs anthères attachées au milieu du tube de la corolle. Chez les autres, au contraire, les anthères sont situées à l'entrée de la corolle ; le style est court et le stigmate n'arrive que vers le milieu du tube. On avait remarqué depuis longtemps ces

(1) Sir John Lubbock, *loc. cit.*, p. 35.

deux sortes de fleurs, mais c'est Darwin qui, le premier, a montré leur utilité.

Si une Abeille visite une fleur à style court, sa trompe sera couverte de pollen en un point assez rapproché de sa base et lorsqu'elle viendra sur une fleur à long style, la partie de sa trompe couverte de pollen se trouvera précisé-

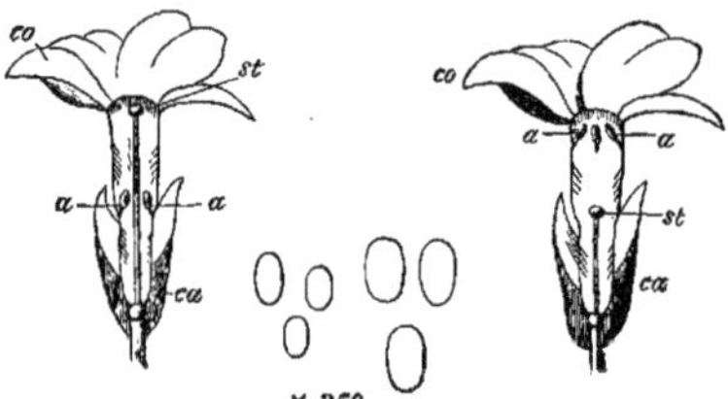

Fig. 1236. — Primevère à long style.

Fig. 1237. — Primevère, fleur à style court.

ment en contact avec le stigmate (fig. 1236, *st*). A ce moment-là, les anthères des étamines de cette seconde sorte de fleur couvriront de pollen un point de la trompe voisin de son extrémité. Lorsque l'Insecte retournera visiter une fleur à court style, le stigmate de cette fleur se trouvera juste en contact avec la partie de la trompe qui est recouverte de pollen (1) (fig. 1237, *st*). On ne rencontre jamais ces deux sortes de fleurs sur une même plante, et les deux formes caractérisées par cette différence croissent dans le voisinage l'une de l'autre, en nombre à peu près égal. Ces deux formes de fleurs diffèrent aussi sous d'autres rapports. Dans la forme à long style, le stigmate (*st*) est arrondi et rugueux ; tandis que dans la forme à style court, il est plus uni et légèrement aplati. Ces différences ne sont cependant pas assez sensibles pour que la figure puisse en rendre compte. Le pollen de la fleur à long style est bien plus petit que celui de la fleur à style court (2), ce

(1) Quatre unions essentiellement différentes sont possibles ; ce sont : 1° la fécondation du stigmate de la forme à long style par son propre pollen et, 2° par celui de la forme à court style ; 3° celle du stigmate de la forme à court style par son propre pollen et, 4° par celui de la forme à long style. Ch. Darwin a donné à la fécondation de chaque forme opérée par le pollen de l'autre, le nom d'*union légitime*, et à celle de chaque forme réalisée par le pollen qui lui est propre, le nom d'*union illégitime*.

(2) Chez le *P. vulgaris* ou Primevère commune, les grains de pollen de la fleur à court style, lorsqu'ils sont gonflés par l'eau, ont un diamètre de 0^{mm},038, ceux de la fleur à long style également gonflés par l'eau ont un diamètre de 0^{mm},0254, chiffres qui sont dans le rapport de 100 à 67.

qui s'explique facilement, car chaque grain de pollen doit donner naissance à un tube pollinique qui pénétrera dans la longueur du style ; et l'une de ces variétés de pollen devra produire un boyau pollinique environ deux fois plus long que celui que produira l'autre variété. Darwin a prouvé par des expériences faites avec le plus grand soin que, pour qu'une fleur de Primevère produise la plus grande quantité possible de graines, il faut qu'elle soit fécondée par le pollen d'une fleur appar-

Fig. 1238. — *Lythrum salicaria.* — 1, port; 2, fleur ; 3 et 4, coupe des fleurs polymorphes.

tenant à l'autre forme. Bien plus, le célèbre naturaliste a aussi montré que, dans certains cas, les fleurs des Primevères produisent beaucoup plus de graines quand elles sont fécondées par le pollen provenant d'une autre espèce, que lorsqu'elles le sont par du pollen provenant d'une fleur de la même espèce et de forme différente.

Cette curieuse différence, qui existe dans la structure des fleurs des Primevères et que Darwin désigne par le nom de *dimorphisme*, se rencontre dans un grand nombre d'espèces du genre *Primula*, mais non dans toutes.

La Primevère commune (*Primula vulgaris*) et le Cowslip (*P. veris*) se ressemblent à plusieurs égards ; mais les fleurs de ces plantes doivent sécréter un nectar très différent; car, tandis que le *P. veris* est ordinairement visité pendant le jour par des bourdons, le *P. vulgaris*, d'après Ch. Darwin, ne serait visité que la nuit par des Lépidoptères nocturnes. »

Le genre *Lythrum* possède trois sortes de fleurs (fig. 1238). Les étamines forment deux groupes : on trouve des plantes dont les fleurs sont à long style (le stigmate est au-dessus des deux groupes d'étamines); d'autres, dont les fleurs sont à style court (le stigmate est au-dessous des deux groupes d'étamines); d'autres enfin dont les fleurs sont à style moyen (le stigmate est situé entre les deux groupes d'étamines).

FÉCONDATION DES ORCHIDÉES

Les Orchidées, qui peuvent compter à bon droit comme les fleurs les plus curieuses, les plus étranges, intéressent le biologiste peut-être plus que toute autre fleur au point de vue de la pollinisation. Chez ces plantes, en effet, la fleur présente des arrangements très variés et très compliqués, d'où résulte à la fois l'impossibilité d'une pollinisation directe et la réalisation d'une pollinisation indirecte par les Insectes.

L'étude de cette pollinisation indirecte a été tentée par quelques auteurs, mais elle fut pour Ch. Darwin le sujet de recherches admirables qui sont consignées dans le fameux ouvrage intitulé *De la fécondation des Orchidées par les Insectes et des bons résultats du croisement.* Nous ne saurions choisir un guide plus sûr dans l'examen des phénomènes si intéressants que Darwin sut découvrir, et nous commencerons par suivre l'auteur dans la description succincte, mais parfaite, qu'il donne de la fleur de ces curieuses Orchidées (1).

Quelques mots sur la fleur des Orchidées. — « Dans la plupart des fleurs, les étamines entourent comme d'un anneau un ou plusieurs organes femelles, qu'on nomme carpelles (2). Dans toutes les Orchidées ordinaires, il n'y a qu'une étamine, et elle se soude au carpelle pour former la *colonne.* Les étamines se com-

(1) Ch. Darwin, *De la fécondation des Orchidées par les Insectes et des bons résultats du croisement,* traduction L. Rerolle, 1870.

(2) Ch. Darwin, *loc. cit.,* Introduction, p. 4 et suiv.

posent d'un filet servant de support à une anthère (ce filet manque souvent dans les Orchidées d'Angleterre) ; dans l'anthère se trouve le pollen, élément mâle et fécondateur. L'anthère se divise en deux loges, très distinctes chez la plupart des Orchidées, et qui semblent même dans quelques espèces former deux anthères séparées. Chez toutes les plantes ordinaires, le pollen consiste en une poussière fine et granuleuse ; mais chez beaucoup d'Orchidées, les grains sont unis en *masses*, qui ont souvent pour support un très curieux appendice, le *caudicule* ; nous l'expliquerons dans la suite avec plus de détails.

« Les masses de pollen, avec leurs caudicules et autres appendices, ont reçu le nom de *pollinies*.

« Rigoureusement, il y a chez les Orchidées trois carpelles soudés. Au sommet de ce verticille femelle est une surface antérieure, molle et visqueuse, constituant le stigmate. Les deux stigmates inférieurs sont si complètement soudés qu'ils ne semblent en former qu'un seul. Dans l'acte de la fécondation, de longs tubes émis par les grains de pollen pénètrent dans le stigmate et conduisent le contenu des grains jusqu'aux ovules, jeunes graines contenues dans l'ovaire.

« Des trois stigmates qui doivent exister, celui du carpelle supérieur seul est modifié en un organe extraordinaire nommé *rostellum* qui, dans beaucoup de cas, est tout à fait différent d'un vrai stigmate. Ce rostellum est rempli ou formé d'une matière visqueuse, et dans un très grand nombre d'Orchidées les masses polliniques sont fortement attachées à une portion de sa membrane extérieure, destinée, comme les masses de pollen, à être enlevée par les Insectes. Cette portion qui sera transportée consiste généralement chez les Orchidées d'Angleterre en une petite pièce membraneuse, portant sous elle une couche ou balle de matière visqueuse que je nommerai *disque visqueux* ; mais, dans beaucoup d'Orchidées exotiques, elle est si grande et si importante, qu'une de ses parties doit, comme dans le premier cas, s'appeler le disque visqueux, l'autre prenant le nom de *pédicelle* du rostellum ; c'est alors au sommet du pédicelle que sont fixées les masses polliniques. Le pédicelle, prolongement du rostellum sur lequel, chez beaucoup d'Orchidées étrangères, les pollinies sont fixées, paraît avoir été généralement confondu, sous le nom de caudicule, avec le vrai caudi-

cule des masses polliniques ; ces deux organes sont pourtant tout à fait différents de nature et d'origine. On nomme quelquefois *bursicule*, *fovea* ou *poche* (1), la partie du rostellum qui n'est pas enlevée et qui entoure la matière visqueuse. Mais il me paraît plus convenable d'appeler tout le stigmate modifié *rostellum*, sauf à ajouter parfois un adjectif pour déterminer sa forme ; et de nommer la portion de

Fig. 1239. — *Odontoglossum Rossii*.

cet organe qui adhère aux pollinies et est enlevé avec elles, le *disque visqueux*, disque quelquefois muni d'un pédicelle. »

« Les sépales, au lieu d'être verts, comme dans la plupart des autres fleurs, sont généralement colorés comme les trois pétales (fig. 1239). Un des pétales, qui est ordinairement au bas de la fleur, est plus développé que les autres et revêt souvent les formes les plus bizarres ; on l'appelle lèvre inférieure ou *labellum*. Il sécrète le nectar, liqueur qui attire les Insectes, et souvent il est muni à cet effet d'un long nectaire en forme d'éperon (fig. 1240). »

Ces quelques données peuvent nous suffire pour bien comprendre les dispositions particulières que présentent les diverses Orchidées

(1) Dans les principaux Traités de botanique français, on appelle le disque visqueux *rétinacle* et le rostellum *bursicule*.

1. — 86

que nous étudierons successivement et dont les figures sont, d'après Darwin, parfaitement concordantes avec les descriptions données.

FÉCONDATION DES OPHRYDÉES

Orchis mascula. — « Chez ces plantes, les pollinies sont pourvues à leur extrémité inférieure d'un caudicule attaché dès l'origine à un disque visqueux ; l'anthère est placée au-dessus du rostellum (1). A ce groupe appartiennent la plupart de nos Orchidées communes. Les figures ci-jointes (fig. 1240, 1) montrent la position relative des principaux organes de la fleur de l'*Orchis mascula*. Les sépales et les pétales sont enlevés, à l'exception du labellum et de son nectaire. Le nectaire se voit seulement de côté, car son large orifice est tout à fait caché sur la fleur qu'on voit de face; le stigmate est bilobé et consiste en deux stigmates presque entièrement soudés ; il est au-dessous d'un rostellum en forme de poche ; l'anthère consiste en deux loges entièrement séparées, s'ouvrant en avant par une fente longitudinale, dans chacune d'elles se trouve une masse de pollen ou pollinie.

La figure 1240, 2 représente une pollinie retirée d'une des deux loges de l'anthère. Elle consiste en une grande quantité de grains de pollen groupés en paquets cunéiformes, que relient des fils excessivement minces et élastiques. Ces fils se réunissent à l'extrémité inférieure de chaque pollinie, et forment ainsi un caudicule élastique et droit. L'extrémité du caudicule est fermement attachée au disque visqueux, qui consiste en une petite pièce membraneuse, à contour ovalaire, portant sous sa face inférieure une balle de matière visqueuse. Chaque pollinie a son disque propre, et les balles de matière visqueuse sont enfermées l'une et l'autre dans le rostellum.

Le rostellum est une saillie presque sphérique, légèrement aiguë, suspendue au-dessus des deux stigmates soudés; il mérite d'être décrit avec soin, car chaque détail de sa structure est d'une haute importance. La figure 1240, 3, représente une coupe de l'un des disques et de l'une des balles visqueuses ; et sur la face antérieure de la fleur, on voit les deux disques dans le rostellum. (Dans cette dernière figure, on remarquera que la lèvre antérieure du rostellum y est considérablement abaissée.) La

partie inférieure de l'anthère est unie à la partie postérieure du rostellum, comme l'indique la figure 1240, 1. Le rostellum se compose de deux balles d'une substance demi-fluide, extrêmement visqueuse et homogène ; ces masses visqueuses sont un peu allongées, presque planes à leur sommet, mais convexes en dessous. Elles sont parfaitement libres dans le rostellum, car elles baignent de toutes parts dans un fluide, excepté en arrière, où chaque balle adhère fortement à un disque, petite portion de la membrane extérieure du rostellum. Les extrémités des deux caudicules sont fermement liées à ces deux petits disques membraneux.

La membrane qui forme toute la surface extérieure du rostellum est d'abord continue ; mais dès que la fleur est ouverte, au plus léger contact elle se rompt transversalement suivant une ligne sinueuse, en avant des loges de l'anthère et de la petite crête ou repli membraneux qui s'étend entre elles. Cette rupture n'altère pas la forme du rostellum, mais elle convertit sa partie antérieure en une lèvre qu'on peut facilement abaisser. Quand la lèvre est complètement abaissée, les deux balles de matière visqueuse sont à découvert. Grâce à l'élasticité de sa partie postérieure, jouant le rôle de charnière, la lèvre ou poche qui vient de se former, dès qu'elle n'est pas abattue par la pression, se relève et recouvre de nouveau les deux balles gluantes.

Comme les loges de l'anthère s'ouvrent en avant, de la base au sommet, même avant l'épanouissement de la fleur, dès que le *rostellum*, à la suite de la plus légère secousse, s'est convenablement rompu, sa lèvre peut aisément s'abaisser; les deux petits disques membraneux étant déjà séparés, les deux pollinies deviennent absolument libres, mais sont encore couchées côte à côte dans leurs premières places. Ainsi les paquets de pollen et leurs caudicules restent dans les loges de l'anthère ; les disques font encore partie de la face postérieure du rostellum, mais en sont isolés ; les balles de matière sont encore cachées dans la cavité de ce dernier organe.

Voyons maintenant comment fonctionne un mécanisme si complexe. Supposons qu'un Insecte s'abatte sur le labellum, vestibule de la fleur très propre à le soutenir, et qu'il introduise sa tête dans la chambre au fond de laquelle se cache le stigmate, dans l'espoir d'atteindre avec sa trompe l'extrémité du nectaire, ou, ce

---

(1) Ch. Darwin, *loc. cit.*, p. 6 et suiv.

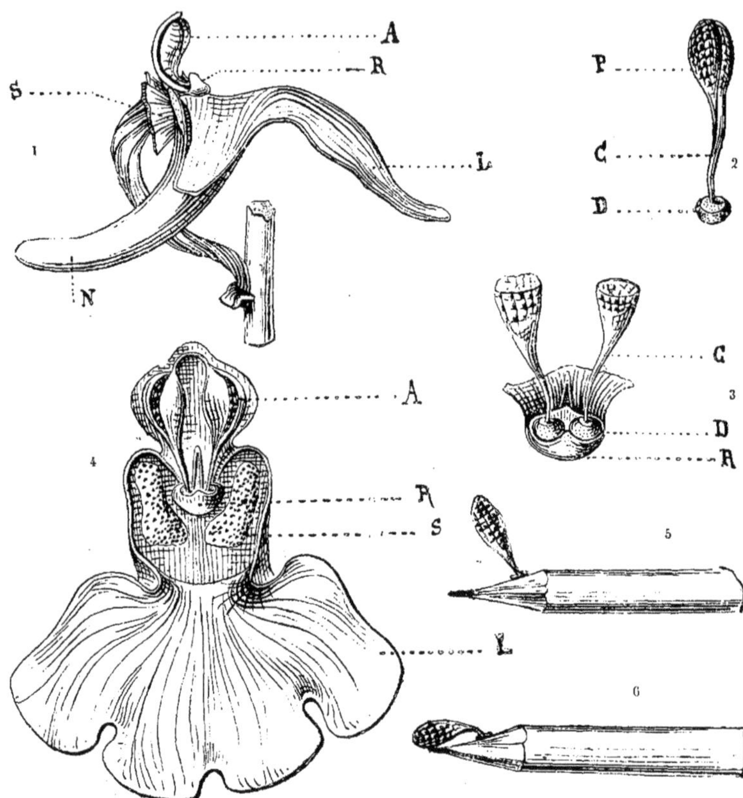

Fig. 1240. — *Orchis mascula.* — A, anthère ; R, rostellum ; S, stigmate ; L, labellum ; N, nectaire ; P, pollinie ou masse pollinique ; C, caudicule de la pollinie ; D, disque visqueux de la pollinie. — 1, vue latérale de la fleur : tous les sépales et pétales sont enlevés, sauf le labellum ; on a coupé seulement la moitié du labellum et de la partie postérieure du nectaire ; 2, une pollinie ou masse pollinique ; 3, les disques et les caudicules des deux pollinies, vus par devant. dans le rostellum dont la lèvre est abaissée ; 4, face antérieure de la fleur : les pétales et les sépales sont enlevés, sauf le labellum ; 5, masse pollinique d'*Orchis mascula*, venant d'être attachée au crayon ; 6, Id. après l'abaissement (d'après Ch. Darwin).

qui rend également compte du fait, qu'on fasse pénétrer très doucement dans le nectaire un crayon finement taillé en pointe. Comme le rostellum, qui a la forme d'une poche, fait saillie dans l'étroite entrée du nectaire, il est impossible d'introduire un objet dans ce canal sans le toucher. La membrane du rostellum se rompt alors suivant les lignes convenables et sa lèvre ou poche s'abaisse très aisément ; cela fait, une ou deux des balles visqueuses atteindra presque infailliblement le corps qui vient de s'introduire. Telle est la viscosité de ces balles qu'elles s'attachent fortement à tout ce qu'elles touchent. De plus, la matière visqueuse a la propriété chimique spéciale de se prendre en une masse sèche et dure, comme le ciment, après quelques minutes. Les loges de l'anthère étant ouvertes le long de leur face antérieure, quand l'Insecte retire sa tête, ou lorsqu'on retire le crayon, les deux pollinies (ou seulement l'une d'elles) sont entraînées et fortement unies à l'objet au-dessus duquel elles s'élèvent comme de petits cornets ; on peut le voir sur la figure 1240, 5. Il est très nécessaire que la force d'adhésion du ciment soit grande, comme nous allons le voir de suite ; en effet, si les pollinies s'abattent, soit de côté, soit en arrière, elles ne pourront jamais polliniser une fleur. Par suite de la position qu'elles avaient dans leurs loges, elles divergent un peu lorsqu'elles sont fixées à un objet. Supposons maintenant que notre Insecte s'envole et se pose sur une autre fleur, ou qu'on insère le crayon avec la pollinie qui lui est attachée, dans le même ou dans un autre nectaire ; en jetant les yeux sur le dessin (fig. 1240, 4), on se convaincra que la pollinie fortement attachée sera tout simplement poussée contre ou dans son ancienne place, l'une des loges de l'anthère. Comment donc pourra-t-elle féconder la fleur ? Grâce à un merveilleux artifice. Bien que la surface visqueuse reste immobile et adhérente, le disque membraneux auquel est fixé le caudicule, disque petit et insignifiant en apparence, est doué d'un remarquable pouvoir de contraction (ce mouvement sera décrit plus loin) grâce auquel la pollinie s'abaisse en décrivant un arc d'environ 90° toujours dans la même direction, vers la pointe du crayon ou de la trompe ; ce qui a lieu en moyenne dans l'espace de trente secondes. On peut voir en consultant le dessin (fig. 1240, 6 et 4) qu'après ce mouvement (et un espace de temps qui aura permis à l'Insecte de voler sur une autre fleur), si le crayon est introduit dans le nectaire, le gros bout de la pollinie viendra frapper précisément la surface du stigmate.

Ici, de nouveau, la nature met en jeu un ingénieux mécanisme, depuis longtemps signalé par Robert Brown (1). Le stigmate n'est pas assez visqueux pour pouvoir, au contact de la pollinie, la détacher toute entière de la tête de l'Insecte ou du crayon ; mais il l'est assez pour briser les fils élastiques qui relient entre eux les paquets de grains de pollen, dont quelques-uns restent à sa surface. Il suit de là qu'une pollinie attachée au crayon ou à l'Insecte pourra être transportée sur plusieurs stigmates et les fécondera tous. J'ai vu des pollinies d'*Orchis pyramidalis* adhérant à la trompe d'un papillon ; les caudicules y restaient seuls, tous les paquets de pollen ayant été

collés aux stigmates des fleurs que l'Insecte avait successivement visitées. »

« J'ai montré qu'après avoir été abaissée, la lèvre se redresse et reprend sa position primitive, ce qui très utile ; en effet, si cela n'avait pas lieu, et qu'un Insecte, après avoir abaissé la lèvre, manquât d'enlever les balles visqueuses, ou s'il n'en enlevait qu'une seule, dans le premier cas, les deux balles, et dans le second l'une d'elles, demeureraient exposées à l'air ; elles perdraient leur force adhésive, et les pollinies deviendraient absolument inutiles. Il est hors de doute que, souvent, dans plusieurs espèces d'Orchis, les Insectes n'enlèvent à la fois qu'une seule pollinie ; il est même probable qu'il en est généralement ainsi, car dans un épi les fleurs les plus basses et les plus anciennement écloses ont presque toujours leurs deux pollinies enlevées, tandis que les fleurs plus jeunes situées immédiatement au-dessous des boutons, ayant été plus rarement visitées, n'en ont perdu qu'une seule. Dans un épi d'*Orchis maculata*, je n'ai pas trouvé moins de dix fleurs, surtout parmi les plus élevées, qui n'avaient perdu qu'une seule pollinie ; l'autre pollinie était à sa place, la lèvre du *rostellum* s'étant très bien redressée, et tout était parfaitement disposé en vue de son prochain enlèvement par un Insecte. »

Ce qui vient d'être dit de l'*Orchis mascula* s'applique également aux *Orchis morio, O. fusca, O. maculata, O. latifolia* et à l'*Aceras anthropophora* (1).

Fécondation de l'Orchis pyramidalis. — La position relative des organes (fig. 1241, 1) diffère ici considérablement de ce qu'elle est chez l'*Orchis mascula* et les autres espèces (2).

« Le stigmate se compose de deux surfaces arrondies et parfaitement distinctes (*s, s*, A) placées de chaque côté d'un rostellum en forme de poche. Ce dernier organe, au lieu de rester un peu au-dessus du nectaire, est tellement déjeté vers le bas, qu'il s'avance au-dessus de lui et ferme en partie son orifice. Le vestibule qui conduit au nectaire, formé par la colonne unie aux bords du labellum, est moins vaste que chez l'*Orchis mascula* et les espèces voisines. Le rostellum, en forme de poche, est creusé d'un sillon vers le milieu de sa face inférieure ; il est plein d'une matière fluide. Il n'y a qu'un seul disque visqueux, de la forme d'une selle, portant sur son côté presque plat,

---

(1) R. Brown, *Transactions of the Linnæan Society*, vol. XVI, p. 731.

(1) Voy. fig. 1525 du *Monde des Plantes*, II.
(2) Ch Darwin, *loc. cit.*, p. 10 et suiv.

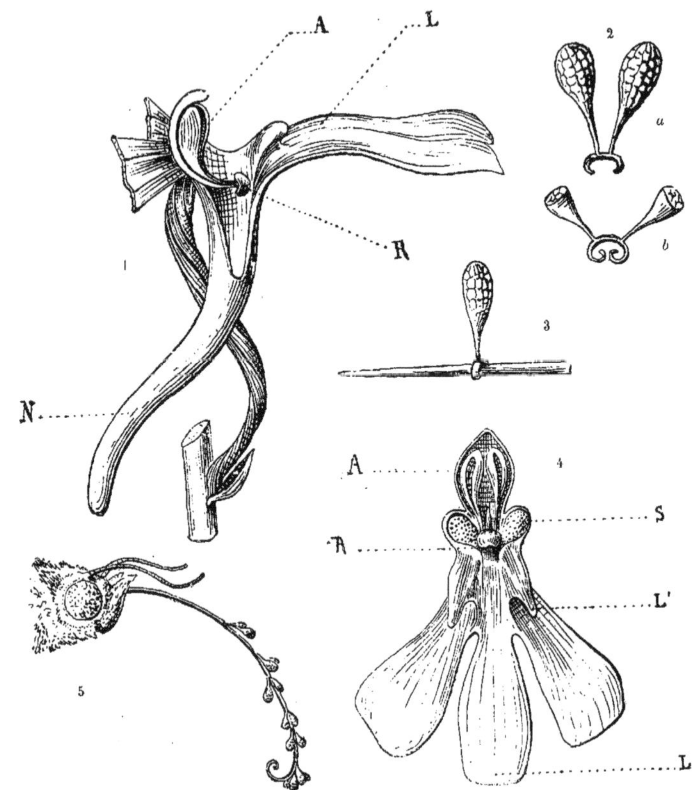

Fig. 1241. — *Orchis pyramidalis* (d'après Ch. Darwin). — A, anthère; S, stigmate; R, rostellum; L, labellum; L', crête-guide du labellum; N, nectaire. — 1, fleur vue de côté : les sépales et pétales sont enlevés; le labellum est fendu en deux dans le sens de sa longueur; l'une des parois de la partie supérieure du nectaire est coupée; 2, *a*, les deux pollinies, attachées au disque visqueux en forme de selle; *b*, le disque ayant exécuté son premier mouvement sans saisir aucun objet; 3, pollinie ayant embrassé une aiguille introduite dans le nectaire; 4, fleur vue en face : les sépales et les pétales sont enlevés, sauf le labellum; 5, tête et trompe d'un *Acontia luctuosa*, avec sept paires de pollinies d'*Orchis pyramidalis* attachées à sa trompe.

les deux caudicules des pollinies; les extrémités tronquées de ces caudicules adhèrent fortement à sa surface supérieure. Avant la rupture de la membrane du rostellum, le disque en forme de selle, on peut le voir sans peine, fait partie de la surface continue de cet organe. Les membranes qui forment la base des loges de l'anthère, se repliant largement au-dessus du disque, le couvrent en partie et lui conservent sa fraîcheur, ce qui est d'une grande importance. La membrane supérieure du disque se compose de plusieurs couches de petites cellules, et par conséquent son épaisseur est assez grande; elle est enduite en dessous d'une couche de matière très adhésive, qui s'élabore dans le rostellum. Ce disque unique, en forme de selle, correspond exactement aux deux disques membraneux séparés, petits et ovales, auxquels sont fixés les caudicules chez l'*Orchis mascula* et les espèces voisines : ici, deux disques primitivement distincts se sont complètement soudés.

« Quand la fleur s'ouvre et que le rostellum, soit spontanément, soit à la suite d'un contact, s'est rompu suivant des lignes symétriques, il suffit de le toucher aussi légèrement que possible pour abaisser la lèvre, portion inférieure et bilobée de sa membrane extérieure qui s'avance dans l'orifice du nectaire. Lorsque la lèvre s'est abaissée, la surface inférieure et visqueuse du disque, bien que restant dans sa position première, est à découvert, et il est presque sûr qu'elle s'attachera à l'objet qu'elle touche. Un cheveu d'homme introduit dans le nectaire est assez raide pour abaisser la lèvre, et la surface visqueuse de la selle s'attache à lui. Néanmoins, si la lèvre est trop légèrement touchée, elle se redresse et recouvre de nouveau le bord inférieur de la selle.

« Pour bien juger de la parfaite adaptation des parties, on peut couper l'extrémité du nectaire et insérer une soie de porc dans l'ouverture ainsi faite, c'est-à-dire dans une direction inverse de celle que la Nature s'est proposé de faire suivre aux Papillons, quand ils engagent leur trompe dans la fleur ; on peut ainsi percer ou déchirer aisément le rostellum, sans jamais atteindre ou en atteignant rarement la selle. Aussitôt que la selle, s'attachant à la soie, est enlevée avec ses pollinies, la lèvre inférieure s'enroule rapidement de dehors en dedans, et laisse l'orifice du nectaire plus largement ouvert qu'il ne l'était d'abord. Cet acte est-il réellement utile aux petits Papillons qui visitent fréquemment ces fleurs, et par suite à la plante elle-même ? Je ne prétends pas l'affirmer.

« Enfin, le labellum est muni de deux crêtes proéminentes, inclinées en bas vers le centre et s'étalant au dehors comme l'ouverture d'un piège. Ces crêtes sont très propres à diriger tout corps souple, un cheveu ou un crin, par exemple, vers l'entrée étroite et arrondie du nectaire qui, bien que déjà peu spacieuse, est encore en partie fermée par le rostellum. Ces crêtes, entre lesquelles glissent les trompes des Insectes, peuvent être comparées au petit instrument dont on se sert parfois pour guider un fil dans le mince trou d'une aiguille.

« Voyons maintenant comment agissent ces organes. Qu'un Papillon engage sa trompe (et nous allons voir de suite combien fréquemment les Lépidoptères visitent ces fleurs) entre les deux crêtes-guides du labellum, ou qu'on insère dans ce passage une soie très fine, l'objet sera sûrement conduit à l'entrée étroite du nectaire, et ne pourra guère manquer d'abaisser la lèvre du rostellum ; cela fait, la soie entre en contact avec la face inférieure du disque en forme de selle qui est suspendu à l'entrée du nectaire, surface gluante et qui vient d'être mise à nu. Si on retire la soie, on retire avec elle la selle et les pollinies qui lui sont attachées. Presque instantanément, dès que la selle est exposée à l'air, il se produit un mouvement rapide ; les deux ailes du disque se recourbent en dedans et embrassent la soie. En enlevant les pollinies par leurs caudicules à l'aide d'une paire de pinces de telle sorte que la selle n'ait rien à embrasser, j'ai vu ses deux bouts se recourber en dedans pour venir se toucher l'un l'autre, suivant mes observations, en neuf secondes, et après neuf autres secondes, le mouvement continuant, la selle prit l'apparence d'une balle compacte. J'ai examiné les trompes de plusieurs Papillons, auxquelles étaient attachées des pollinies de cet Orchis ; elles étaient si menues que les bouts de la selle se rencontraient juste sous elles. Un naturaliste qui m'envoya un Papillon avec quelques pollinies attachées à sa trompe, et qui ignorait ce mouvement, fut très naturellement amené à cette conclusion surprenante, que l'Insecte avait été assez adroit pour percer le centre de la glande visqueuse de quelque Orchidée.

« Sans doute, par cet enlacement rapide, le disque s'affermit sur la trompe et maintient les pollinies dressées, ce qui est très important ; toutefois le durcissement si prompt de la matière visqueuse suffirait probablement pour atteindre ce but, et l'avantage réel ainsi obtenu est la divergence des pollinies. Les pollinies attachées au sommet, ou côté plat de la selle, sont d'abord dirigées directement en haut et presque parallèles l'une à l'autre ; mais dès que ce côté plat s'enroule autour de la trompe fine et cylindrique de l'Insecte ou autour d'une soie de porc, les pollinies divergent forcément. Aussitôt que la selle a embrassé la soie et que les pollinies divergent, commence un second mouvement : comme le premier, il est exclusivement dû à la contraction du disque membraneux qui a la figure d'une selle ; ce mouvement est celui que nous avons constaté chez l'*Orchis mascula* et les espèces voisines ; les deux pollinies divergentes qui d'abord étaient perpendiculaires à l'aiguille ou à la soie, décrivent un arc d'environ 90° en s'abaissant vers le bout de l'aiguille et viennent finalement s'abattre dans la même direction qu'elle. Trois fois j'ai vu ce mouvement s'effectuer trente ou trente-quatre secondes après que les pollinies avaient été enlevées des loges de l'anthère, et par conséquent quinze secondes après l'enlacement du disque autour de la soie.

« L'utilité de ce double mouvement devient évidente si l'on fait glisser une soie portant des pollinies qui ont divergé et se sont abaissées, entre les crêtes-guides du labellum, jusque dans le nectaire de la même ou d'une autre fleur; on voit alors que les extrémités des pollinies ont pris exactement une position telle que l'une vient frapper un des stigmates, et qu'au même instant l'autre s'applique sur celui du côté opposé. Les stigmates sont assez visqueux pour briser les fils élastiques qui relient les paquets de pollen, et on peut voir, même à l'œil nu, quelques grains d'un vert sombre retenus sur leurs surfaces blanches. J'ai montré cette petite expérience à plusieurs personnes, et toutes ont exprimé la plus vive admiration pour la manière merveilleuse dont se fertilise cette Orchidée.

« Comme il n'est aucune plante, peut-être même aucun animal, chez qui les organes soient mieux adaptés les uns aux autres, et qui dans son ensemble soit plus en harmonie avec d'autres êtres organisés très éloignés dans l'échelle de la nature, il serait juste que je résume en quelques mots les principaux traits de cette harmonie. Les fleurs recevant tour à tour la visite des Lépidoptères diurnes et celle des nocturnes, ce n'est point, je pense, un caprice de l'imagination de croire que leur brillante livrée pourpre (qu'elle leur soit ou non donnée dans ce but) attire ceux qui volent le jour, et que la forte odeur de renard qu'elles exhalent fait accourir les nocturnes. Le sépale et les deux pétales supérieurs forment un capuchon qui protège l'anthère et les surfaces des stigmates contre le mauvais temps. Du labellum naît un long nectaire chargé d'attirer les Papillons, et, comme des raisons que nous allons bientôt donner tendent à le prouver, le nectar est logé de telle manière qu'il ne peut être aspiré qu'avec lenteur (ce qui est tout différent dans plusieurs fleurs appartenant à d'autres tribus), afin que la matière visqueuse formant la partie inférieure de la selle ait le temps de devenir, grâce à sa curieuse propriété chimique, dure, sèche et adhérente. Il suffit d'introduire une soie de porc fine et flexible dans l'orifice ouvert entre les crêtes inclinées du labellum, pour se convaincre qu'elles guident la soie ou la trompe et

l'empêchent effectivement de descendre obliquement dans le nectaire. Cette disposition est d'une importance évidente ; car si la trompe entrait obliquement, le disque en forme de selle s'attacherait obliquement à elle, et, après les mouvements combinés des pollinies, celles-ci ne s'appliqueraient pas exactement sur les deux surfaces latérales du stigmate.

« Voyons maintenant le rostellum qui ferme en partie l'entrée du nectaire, semblable à un piège placé sur le passage de l'Oiseau ; piège si compliqué, si parfait, se rompant suivant des lignes symétriques pour former en haut le disque en forme de selle, en bas la lèvre de la poche ; enfin cette lèvre si facile à abaisser, que la trompe d'un Papillon peut à peine manquer de découvrir le disque visqueux et de s'attacher à lui ; si cependant elle ne le découvre pas, la lèvre, qui est élastique, se redresse, couvre de nouveau et conserve fraîche la surface gluante du disque. Voyons la matière visqueuse qui est dans le rostellum, n'adhérant qu'à la selle et entourée de fluide, afin qu'elle ne durcisse pas avant l'enlèvement du disque ; puis la face supérieure de la selle avec les caudicules qui lui sont attachés, également préservée de la dessiccation par la base des loges de l'anthère, jusqu'à ce qu'étant enlevée, elle commence aussitôt son curieux mouvement d'enlacement et fasse ainsi diverger les pollinies ; vient ensuite le second mouvement qui les abaisse, et ces mouvements ont exactement pour résultat de permettre que les bouts des pollinies viennent frapper les deux surfaces du stigmate. Ces surfaces ne sont pas assez visqueuses pour tirer à elles, en l'arrachant à la trompe de l'Insecte, une pollinie tout entière, mais elles le sont assez pour rompre les fils élastiques et s'emparer de quelques paquets de pollen en en laissant un grand nombre pour d'autres fleurs.

« Il faut observer que, bien que l'Insecte mette probablement un temps considérable à aspirer le nectar de chaque fleur, cependant le mouvement abaisseur des pollinies ne commence pas (je le sais par une expérience) avant qu'elles soient tout à fait enlevées de leurs loges ; ce mouvement ne sera pas achevé, et les pollinies ne seront pas prêtes à couvrir les surfaces du stigmate, avant qu'une demi-minute ne se soit écoulée ; ce qui donnera largement au Papillon le temps de voler sur une autre fleur, afin que l'union ait lieu entre deux individus distincts. »

« ... Pour m'assurer de la nécessité de l'intervention des Insectes, j'ai mis un pied d'*Orchis morio* sous une cloche, avant qu'aucune pollinie n'ait été enlevée, laissant à découvert trois pieds voisins de la même espèce. Chaque matin, j'examinai ces derniers et constatai l'enlèvement de quelques pollinies. A la fin, toutes furent enlevées, sauf celles d'une fleur située au bas d'un épi et d'une ou deux fleurs au sommet de chaque épi, qui ne le furent jamais. Je regardai alors la plante très bien portante que j'avais couverte d'une cloche, et, comme de juste, toutes ses pollinies étaient dans leurs loges...

« ... De ce fait, je conclus aussi qu'il existe un temps favorable à la fertilisation pour chaque espèce d'Orchidée; les Insectes mettent fin à leurs visites dès que ce temps est passé et que la sécrétion régulière du nectar n'a plus lieu.

« Depuis vingt ans j'observe les Orchidées, et

Fig. 1242. — 1, fleur de *Platanthera bifolia*; 2, la même fleur visitée par le *Sphinx pinastri*; du *sphinx pinastri* la tête est seule visible, la trompe est introduite dans la longueur de la fleur; 3, tête du *sphinx pinastri* avec sa trompe dressée en avant.

je n'ai jamais pu voir un Insecte visiter une fleur, excepté deux Papillons qui aspiraient le nectar d'un *Orchis pyramidalis* et d'un *Gymnadenia conopsea*. Je suis sûr que les Abeilles visitent quelquefois les Orchidées, car le professeur Westwood m'en a envoyé deux, l'une de ruche et l'autre sauvage, chargées de pollinies ;... on peut, je crois, sûrement admettre que les Orchidées à très longs nectaires, telles que l'*Orchis pyramidalis*, les

Gymnadenia et les *Platanthera* (fig. 1242), sont habituellement fertilisées par des Lépidoptères, et que celles dont les nectaires ont une dimension plus ordinaire, sont fécondées par des Abeilles et des Diptères ; de sorte qu'il y a un rapport entre la longueur du nectaire et celle de la trompe de l'Insecte qui fertilise la plante. J'ai vu maintenant l'*Orchis morio* fertilisé par diverses espèces d'Abeilles, notamment par l'Abeille domestique (*Apis mellifica*) que j'ai vue parfois porter de dix à seize masses polliniques, par le *Bombus muscorum* (il avait plusieurs masses polliniques attachées à la surface nue qui est immédiatement au-dessus de ses mandibules), par l'*Eucera longicornis* (onze masses polliniques étaient fixées à sa tête) et par l'*Osmia rufa*.

« ... Mon fils, M. Georges Darwin, a vu plusieurs fois une mouche (*Empis livida*) insérer sa trompe dans le nectaire de l'*Orchis maculata*. Il a recueilli six mouches de cette espèce qui portaient des pollinies attachées à leurs yeux sphériques, au niveau de la base des antennes... Une des mouches portait six pollinies ainsi attachées, et une autre en portait trois. Mon fils vit aussi une mouche plus petite et d'une autre espèce (*Empis pennipes*) insérer sa trompe dans le nectaire ; mais elle ne parut pas agir aussi bien et aussi régulièrement que la première ; une mouche de cette seconde espèce avait cinq pollinies, et une autre en avait trois ; elles étaient fixées à la face dorsale convexe de leur thorax.

« Voici les noms de 24 espèces différentes de Lépidoptères, qui portaient attachées à leurs trompes les pollinies de l'*Orchis pyramidalis* :

Pieris brassicæ (Papillon du chou).	*Caradrina alsines.*
Polyommatus alexis.	*Agrotis cataleuca* (Noctuelle).
Lycœna phlœas.	*Eubolia mensuraria.*
Arge galatea.	*Heliothis marginata.*
Hesperia sylvanus.	*Euclidia glyphica.*
Hesperia linea.	*Xylophasia sublustris.*
Syrichthus alveolus.	*Hadena dentina.*
Anthrocera filipendulae.	*Toxocampa pastinum.*
Anthrocera trifolii.	*Melanippe rivaria.*
Lithosia complana.	*Spilodes palealis.*
Leucania lithargyria.	*Spilodes cinctalis.*
Caradrina blanda.	*Acontia luctuosa.*

« La grande majorité de ces Papillons portaient deux ou trois paires de pollinies, invariablement attachées à leur trompe. L'*Acontia* en avait sept paires et le *Caradrina* pas moins de onze! Les trompes de ces Papillons avaient un aspect étrange, arborescent (fig. 1241, 5). Les disques en forme de selle adhéraient à la

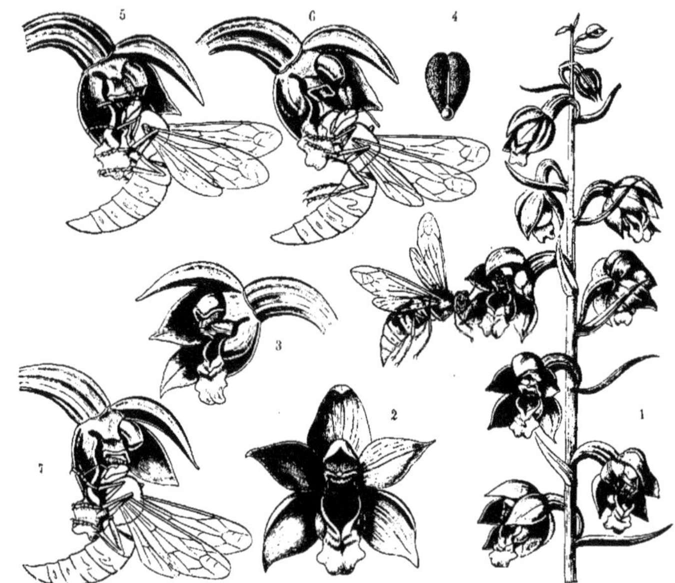

Fig. 1243. — Transport des pollinies d'une fleur à l'autre chez une Orchidée. — 1, épi floral d'Epipactide à larges feuilles (*Epipactis latifolia*) vers lequel une Guêpe (*Vespa austriaca*) dirige son vol ; 2, une fleur de cette plante vue de face ; 3, la même vue de côté, la moitié antérieure du périanthe en a été coupée ; 4, les deux pollinies réunies par le rostellum ; 5 et 6, la même fleur visitée par une Guêpe, qui près du nectaire se colle au front le rostellum et les deux pollinies ; 7, la Guêpe visite une autre fleur et dépose sur le stigmate les deux pollinies collées à son front.

trompe, rangés l'un devant l'autre, avec une symétrie parfaite, et chaque selle portait sa paire de pollinies. L'infortuné Caradrina, avec sa trompe ainsi encombrée, aurait eu de la peine à atteindre l'extrémité d'un nectaire et serait bientôt mort de faim. Ces deux Papillons doivent avoir visité beaucoup plus des sept ou onze fleurs dont ils portaient les dépouilles, car les pollinies les plus anciennement attachées avaient perdu beaucoup de pollen, montrant ainsi qu'elles avaient déjà porté leur tribut à plus d'un visqueux stigmate.

« Suivant M. Marshall, pas une seule pollinie ne fut enlevée sur quinze pieds d'*Ophrys mucifera* transplantés à Ely ; un *Epipactis latifolia* (fig. 1243) planté dans mon jardin, n'eut pas un meilleur sort pendant un premier été ; mais, l'été suivant, six fleurs sur dix eurent leurs pollinies enlevées par quelque Insecte. Ces faits paraissent indiquer que certaines Orchidées exigent, pour les fertiliser, des

espèces déterminées d'Insectes. Cependant un *Malaxis paludosa*, transporté dans un marais à deux milles de celui où il croissait, eut immédiatement la plupart de ses pollinies enlevées. »

Les Insectes, particulièrement les Bourdons, visitent les fleurs des *Epipogum* (fig. 1244) ; le *Bourbus bicornus* se trouve fréquemment sur l'*Epipogum aphyllum* et transporte ses pollinies.

« ... J'ai examiné des épis d'*Orchis pyramidalis* dans lesquelles chaque fleur épanouie avait ses pollinies enlevées. Les quarante-neuf fleurs inférieures d'un épi que m'envoya de Folkestone sir Charles Lyell produisirent quarante-huit belles capsules ; et des fleurs inférieures de trois autres épis, sept seulement n'en produisirent pas. Ces faits montrent d'une manière concluante avec quel succès les Insectes s'acquittent de leur rôle d'intermédiaires matrimoniaux... »

« Un lot d'*Orchis pyramidalis* croissait

Fig. 1244. — *Epipogum aphyllum*. — 1, la fleur entière ; 2, pollinie de cette fleur; 3, le centre de la fleur avec le rostellum ; 4, les pollinies détachées par la pointe d'un crayon.

sur un coteau escarpé, herbeux, s'avançant au-dessus de la mer, près de Torquay; il n'y avait là nul buisson, nul abri pour l'Insecte ; surpris du petit nombre des pollinies qui avaient été enlevées, bien que les épis fussent vieux et que plusieurs des fleurs inférieures fussent déjà flétries, je cueillis, pour les comparer aux premiers, six autres épis, dans deux vallons buissonneux et bien abrités, situés à un demi-mille de chaque côté du coteau découvert ; ces épis étaient certainement plus jeunes et auraient probablement eu dans la suite plusieurs autres pollinies enlevées, mais on voit combien, même alors, ils avaient été plus fréquemment visités par les Papillons, et par conséquent fertilisés, que ceux qui habitaient le rivage découvert. L'Ophrys abeille et l'Orchis pyramidal croissent, mêlés ensemble, sur plusieurs points de l'Angleterre ; il en était ainsi sur ce coteau, mais l'Ophrys abeille, au lieu d'être, comme de coutume, le plus rare des deux, était beaucoup plus abondant que l'Orchis pyramidal. Qui aurait soupçonné qu'une des principales causes de cette différence était probablement l'exposition de ce lieu peu agréable aux Papillons et, par suite, peu favorable à la fertilisation de l'Orchis pyramidal, mais n'influant en rien sur celle de l'Ophrys abeille qui ne dépend pas des Insectes? »

Fécondation sans croisement. — « Dans l'Ophrys abeille (*Ophrys apifera*) (fig. 1245), nous trouvons des moyens de fertilisation tout à fait spéciaux, si on le compare à toutes les autres Orchidées (1). Pour les deux poches du rostellum, le disque visqueux, la position du stigmate, il ne diffère presque pas des autres Ophrys; mais j'ai remarqué avec surprise qu'il n'en est pas de même pour l'espace qui s'étend entre les deux poches et pour la forme des masses de pollen.

(1) Ch. Darwin, *loc. cit.*, p. 61 et suiv.

« Les caudicules des pollinies sont notablement longs, minces et flexibles au lieu d'être assez fermes pour se tenir dressés. Par suite de la forme des loges staminales, ils sont

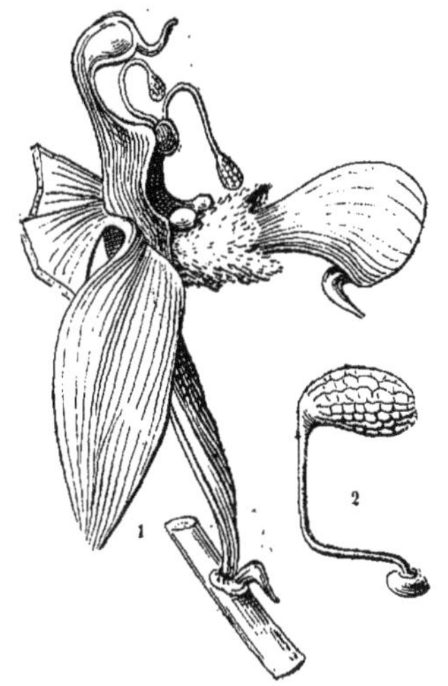

Fig. 1245. — *Ophrys apifera* ou Ophrys abeille (d'après Ch. Darwin). — 1, vue latérale de la fleur, le sépale et les deux pétales supérieurs étant enlevés. Une pollinie, dont le disque est encore dans le rostellum, est figurée au moment où elle tombe de sa loge; l'autre, dont la chute est presque terminée, regarde déjà la surface cachée du stigmate; 2, pollinie dans la position qu'elle occupe dans sa loge.

forcément courbés en avant à leurs extrémités supérieures ; les masses de pollen, dont la forme est celle d'une poire, sont logées tout à fait en haut et précisément au-dessus du stigmate. Les loges de l'anthère s'ouvrent d'elles-mêmes dès que la fleur est entièrement épanouie ; les gros bouts des pollinies s'en dégagent et tombent, mais les disques visqueux

restent toujours dans leurs poches. Quelque
faible que soit le poids du pollen, le caudicule
est si mince et devient bientôt si flexible,
qu'en peu d'heures les pollinies s'abattent
jusqu'à pendre librement dans l'air (Voy. la
pollinie la plus basse dans la figure 1245), exactement vis-à-vis de la surface du stigmate.
Qu'un léger souffle, effleurant les pétales
étalés de l'Ophrys, vienne alors ébranler leurs
flexibles et élastiques supports, et presque
immédiatement elles frapperont le stigmate ;
dès lors elles ont atteint leur but et l'imprégnation a lieu... Robert Brown a remarqué le
premier que la structure de l'Ophrys abeille
est favorable à la fécondation directe.

« Le résultat est tel qu'on pourrait le prévoir.
J'ai souvent remarqué que les épis de l'Ophrys
abeille semblent produire autant de fruits que
de fleurs. Il est bon d'observer quel contraste présente ce cas avec celui de l'Ophrys
mouche, qui demande l'intervention des Insectes, et dont quarante-neuf fleurs n'ont produit que sept capsules.

« Du reste, je n'ai jamais vu un Insecte
visiter ces fleurs. Robert Brown a imaginé
qu'elles ressemblent aux Abeilles afin que les
Insectes ne songent pas à leur faire visite ; je
ne suis pas de cette opinion. La ressemblance
de l'Ophrys mouche à un Insecte n'empêche
pas quelque insecte inconnu de la visiter : ce
qui, dans cette espèce, est indispensable pour
la fécondation. »

Fécondation de l'Herminium Monorchis. —
« Chez l'Orchis musc, le disque est d'une grandeur inusitée, car il a presque le volume de la
masse pollinique ; il est de forme triangulaire,
asymétrique, un peu semblable à un casque,
avec un côté proéminent (1). Il est formé d'une
membrane dure ; la base est concave, et c'est
la seule partie visqueuse ; une étroite bande
membraneuse la recouvre et l'abrite, peut aisément s'en détacher, et répond à la poche des
Orchis. Toute la partie supérieure du casque
répond à ce petit lambeau de membrane, de
forme ovalaire, auquel le caudicule est attaché
chez les Orchis, et qui devient plus grand et
convexe dans l'Ophrys mouche. Si quelque
objet terminé en pointe vient à ébranler la
partie inférieure du casque, la pointe glisse
si promptement dans le creux de la base, puis
y est si bien retenue par la matière visqueuse,
que cette partie semble destinée à s'attacher à

(1) Ch. Darwin, *loc. cit.*, p. 72 et suiv.

quelque point saillant de la tête d'un Insecte.
Le caudicule est court et très élastique ; il est
fixé, non pas au sommet du casque, mais à
son extrémité postérieure ; s'il avait été fixé au
sommet, son point d'attache aurait été librement exposé à l'air, et n'aurait pu se contracter
pour provoquer l'abaissement des pollinies,
lorsque celles-ci ont été retirées de leurs loges.
Ce mouvement est bien accusé ; il est nécessaire pour donner au gros bout de la masse
pollinique la position qui lui permettra de
frapper le stigmate. Les deux disques visqueux
sont éloignés l'un de l'autre. Il y a deux surfaces stigmatiques transversales se touchant
par leurs pointes sur la ligne médiane ; mais la
partie large de chacune d'elles s'étend directement au-dessous du disque.

« Le labellum est dressé, ce qui rend la fleur
à peu près tubulaire. A la base du labellum,
il y a une cavité si profonde qu'elle mérite
presque le nom de nectaire ; cependant je
n'ai point vu de nectar. Les fleurs sont très
petites et peu apparentes, mais exhalent, surtout la nuit, une forte odeur de miel. Elles
paraissent avoir beaucoup d'attrait pour les
Insectes : dans un épi qui ne contenait que
sept fleurs récemment écloses, quatre avaient
leurs deux pollinies enlevées et une avait perdu
l'une d'elles.

« Mon fils, M. Georges Darwin, a complètement expliqué le mode de fécondation de ce
petit Orchis ; il a vu différents petits Insectes
entrer dans les fleurs, et après de nombreuses
visites il n'a pas rapporté moins de vingt-
sept d'entre eux, portant généralement une
pollinie, quelquefois deux. Ces Insectes étaient
de petits Hyménoptères (le plus commun était
le *Tetrastichus diaphantus*), Diptères et Coléoptères (*Malthodes brevicollis*). Il paraît seulement indispensable que les Insectes soient
d'une taille très minime, car le plus grand
n'avait qu'un vingtième de pouce de long
(environ un millimètre et quart). Il est extraordinaire que chez tous les pollinies soient attachées à la même place, au côté externe de
l'une des deux pattes antérieures, sur la saillie formée par l'articulation du fémur avec
l'article coxal ; une seule fois, une pollinie
était attachée au côté externe du fémur, un
peu au-dessous de l'articulation. La cause
de ce mode spécial d'attachement est assez
claire ; la partie moyenne du labellum est si
rapprochée de l'anthère et du stigmate, que
les Insectes entrent toujours dans la fleur par

le même point, entre le labellum et l'un des pétales supérieurs : de cette façon, ils s'avancent avec leur dos tourné, directement ou obliquement du côté du labellum. Mon fils en a vu quelques-uns qui, s'étant engagés dans la fleur d'une manière différente, en sortirent et changèrent de position. Se tenant ainsi dans un des coins de la fleur, avec leur dos tourné vers le labellum, ils insèrent leur tête et leurs pattes antérieures dans le court nectaire qui se trouve dans le vaste espace situé entre les disques ; j'en ai eu la preuve en trouvant dans des fleurs trois Insectes morts qui étaient restés attachés aux disques. Pendant qu'ainsi placés ils aspirent le nectar, ce qui demande environ deux ou trois minutes, le renflement articulaire du fémur se trouve de chaque côté, sous le gros disque en forme de casque ; et quand l'Insecte se retire, ce disque s'adapte bien et s'attache à la jointure. Le mouvement d'abaissement du caudicule se produit alors et la masse pollinique tombe juste en dehors du tibia ; de sorte que l'Insecte, lorsqu'il entre dans une seconde fleur, ne peut guère manquer de fertiliser le stigmate, qui se trouve de chaque côté au-dessous du disque. J'aurais peine à citer une fleur dont toutes les parties soient plus merveilleusement coordonnées en vue d'un mode de fécondation plus spécial que dans cette petite fleur de l'Herminium. »

Fécondation du Spiranthes autumnalis. — « Cette Orchidée, gracieusement nommée en Angleterre *Ladies' tresses*, offre quelques particularités dignes d'intérêt (1). Le rostellum est une lame saillante, longue, mince et aplatie, que des épaules inclinées relient au sommet du stigmate. Au milieu du rostellum, on peut voir un objet brun, étroit, vertical (fig. 1246, 3), bordé de chaque côté et couvert par une membrane transparente ; je l'appellerai le disque en forme de barque. Il forme la partie médiane de la surface postérieure du rostellum, et consiste en une bande étroite de la membrane extérieure modifiée. Terminé en pointe au sommet (fig. 1246, 5), arrondi à la base, légèrement bombé, il a tout à fait l'aspect d'une barque ou d'un canot. Ce canot, placé verticalement sur sa poupe, est plein d'un fluide épais, laiteux, extrêmement adhésif, qui, exposé à l'air, brunit rapidement, puis durcit et se coagule tout à fait au bout d'environ une minute. Un objet s'attache à lui en quatre ou

cinq secondes, et lors que le ciment s'est desséché, l'adhérence est merveilleusement forte.

« Les bords transparents du rostellum, de chaque côté du disque, consistent en une membrane attachée en arrière aux bords du bateau et repliée au-dessus de lui en avant, de manière à former la face antérieure du rostellum ; cette membrane repliée sur elle-même recouvre ainsi, comme le pont, la cargaison de matière visqueuse renfermée dans le navire.

« La face antérieure du rostellum est légèrement sillonnée par une ligne longitudinale, sur le milieu du bateau ; elle est douée d'une propriété vitale remarquable : en effet, qu'on fasse glisser une soie de porc le long de ce sillon, immédiatement il se fend dans toute sa longueur, et une gouttelette de fluide adhésif et laiteux exsude au dehors. Cette action n'est pas mécanique ou due à la simple violence. La fente gagne toute la longueur du rostellum, depuis le stigmate qui est au-dessous jusqu'au sommet : au sommet, elle se bifurque et court en bas sur la face postérieure du rostellum, de chaque côté et autour de la poupe du bateau. Quand cette rupture s'est opérée, le disque se trouve tout à fait libre, mais retenu entre les branches d'une fourche dans le rostellum. La rupture paraît ne jamais se produire spontanément.

« ... Quand on laisse une soie de porc pendant deux ou trois secondes dans le sillon du rostellum et que par suite la membrane s'est fendue, la matière visqueuse qui est dans le disque en forme de bateau est si près de la surface (et même elle exsude un peu) que le disque sera presque infailliblement attaché dans le sens longitudinal à cette soie et retiré avec elle. Quand le disque est enlevé, les deux branches du rostellum demeurent en place et forment une sorte de fourche. Tel est l'état ordinaire des fleurs, deux ou trois jours après leur éclosion, lorsqu'elles ont reçu la visite des Insectes ; la fourche se flétrit bientôt.

« ... Le stigmate est au-dessous du rostellum et se termine par une surface oblique (Voy. la vue latérale fig. 1246, 2) ; son bord inférieur est arrondi et garni de poils. De chaque côté une membrane (*cl*, 2) s'étend des bords du stigmate au filet de l'anthère, formant ainsi une cupule membraneuse ou clinandre, dans laquelle s'abritent les extrémités inférieures des masses polliniques.

« Chaque pollinie consiste en deux feuilles de pollen, tout à fait disjointes à leurs bords infé-

(1) Ch. Darwin, *loc. cit.* p. 117 et suiv.

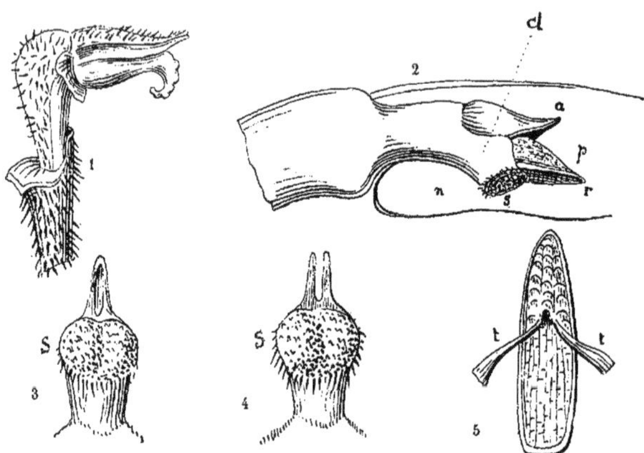

Fig. 1246. — *Spiranthes autumnalis* (ladies' tresses). — *a*, anthère; *p*, grains de pollen; *t*, fils des masses polliniques; *cl*, bords du clinandre; *r*, rostellum; *s*, stigmate; *n*, réservoir du nectar. — 1, vue latérale de la fleur dans sa position naturelle, avec les deux sépales inférieurs seuls enlevés. On reconnaît le labellum à sa lèvre frangée et réfléchie; 2, vue latérale d'une fleur arrivée à maturité, avec tous les sépales et pétales enlevés. La position du labellum (qui s'est éloigné du rostellum) et du pétale supérieur est indiquée par des points; 3, le stigmate, le rostellum et le disque visqueux qui en occupe le centre, vus par devant; 4, le rostellum et le stigmate vus de même, mais après l'enlèvement du disque; 5, le disque visqueux retiré du rostellum, très amplifié, vu par derrière, avec les fils élastiques des masses polliniques qui lui sont attachés; les grains de pollen en ont été enlevés.

rieurs, distinctes aussi à leurs sommets, mais unies par des fils élastiques sur la moitié environ de leur longueur. Les grains de pollen (chacun d'eux est composé de quatre granules) sont unis par des fils élastiques qui sont plus nombreux sur les bords des feuilles et convergent au sommet de chaque pollinie. Les lames ou feuilles de pollen sont très fragiles, et quand on les place sur le gluant stigmate d'une fleur, de larges tranches en sont aisément détachées.

« Longtemps avant que la fleur s'ouvre, les loges de l'anthère pressées contre la partie postérieure du rostellum s'ouvrent en haut et, par suite, les pollinies qu'elles renferment sont mises en contact immédiat avec le dos du disque en forme de barque; les fils qui sortent de la masse pollinique s'attachent alors fermement au dos de ce disque, un peu au-dessus de son milieu. Les loges de l'anthère s'ouvrent ensuite plus bas, leurs parois membraneuses se contractent et brunissent; ainsi, tandis que la fleur s'est complètement épanouie, les parties supérieures des pollinies sont tout à fait à découvert, leurs bases reposent dans de petites cupules formées par les loges flétries de l'anthère, et, sur les côtés, le clinandre les protège.

Dès que les pollinies sont ainsi devenues libres, elles sont facilement enlevées.

Les fleurs sont tubulaires et décrivent une élégante spirale autour de la tige, se détachant d'elle dans une direction horizontale. Le labellum est creusé d'un sillon médian et muni d'une lèvre réfléchie et frangée, sur laquelle descendent les Abeilles; à ses angles internes ou basilaires on trouve deux saillies globuleuses qui sécrètent du nectar en abondance. Le nectar s'amasse (*n*, fig. 1246) dans un petit réservoir qui est au-dessous. Grâce à la proéminence du bord inférieur du stigmate et des deux nectaires latéraux infléchis, l'orifice qui conduit au réservoir du nectar est fort étroit; il est, en outre, central. Quand la fleur commence à s'ouvrir, le réservoir est plein de nectar, et à ce moment la partie antérieure du rostellum, qui offre un sillon peu marqué, est très rapprochée du labellum; par conséquent, entre ces deux organes reste un passage, mais il est si étroit qu'une soie très fine peut seule y être introduite. Après un jour ou deux, le labellum s'éloigne un peu du rostellum et laisse ainsi, pour aller au stigmate, un plus large passage. A ce léger mouvement du labellum est absolument liée la fertilisation de la fleur.

« Chez le *Spiranthes*, la fleur est visitée par les Insectes aussitôt après son épanouissement; elle est à même d'attirer les Insectes dès qu'elle s'ouvre, car alors le réservoir contient déjà du nectar; et à ce moment le rostellum est si rapproché du labellum qu'une Abeille ou un Papillon ne pourrait introduire sa trompe dans le passage, sans toucher le sillon médian du rostellum.

« Remarquons comme tout est merveilleusement combiné pour qu'un Insecte, visitant la fleur, enlève les pollinies. Les pollinies sont dès l'abord attachées au disque par leurs fils, et comme les loges de l'anthère se fanent de bonne heure, elles restent librement pendantes, quoique le clinandre les abrite. Au contact de la trompe d'un Insecte, le rostellum se fend en avant et en arrière : ceci met à nu un disque long, mince et de la forme d'une barque, chargé d'une matière extrêmement visqueuse qui ne peut manquer de s'attacher longitudinalement à la trompe. Ainsi, quand l'Abeille reprend son vol, elle emporte sûrement avec elle les pollinies; celles-ci étant attachées parallèlement au disque, se fixent parallèlement à la trompe. Ici, cependant, surgit une difficulté : lorsque la fleur vient de s'ouvrir et que tout y est pour le mieux arrangé en vue de l'enlèvement des pollinies, le labellum est si rapproché du rostellum que les pollinies attachées à la trompe d'un Insecte pourraient peut-être ne pas pénétrer assez avant dans la fleur pour atteindre le stigmate; elles seraient renversées ou brisées ; mais nous avons vu qu'après deux ou trois jours le labellum se réfléchit davantage et s'écarte de la colonne et du rostellum, ou ce dernier organe s'écarte du labellum, et le passage devient ainsi plus large...... On peut voir par la figure B, que l'orifice conduisant au réservoir du nectar, grâce à la saillie que fait le stigmate, est situé près du bord inférieur de la fleur; les Insectes doivent donc diriger leur trompe de ce côté, et un large espace est ménagé pour que les pollinies qui leur sont attachées soient entraînées, sans se heurter contre rien jusqu'au stigmate. Il est clair que le stigmate n'est aussi proéminent qu'afin que les pollinies puissent plus sûrement le rencontrer.

« Ainsi, chez le *Spiranthes*, non seulement il faut que le pollen soit transporté d'une fleur à une autre, mais une fleur nouvellement ouverte, dont les pollinies sont dans les meilleures conditions pour être enlevées ne peut pas alors être fécondée. En général, les vieilles fleurs seront fécondées par le pollen des jeunes, qui leur sera apporté d'une autre plante...... Toutefois, une fleur qui n'aurait pas reçu de bonne heure la visite des Insectes, ne serait pas forcément condamnée à garder inutilement son pollen pendant la seconde période de sa floraison ; car les Insectes, en introduisant et en retirant leurs trompes, les courbent en avant, et ainsi peuvent souvent frapper le sillon du rostellum.

« A Torquay, j'ai examiné un certain nombre de ces fleurs qui croissaient ensemble, pendant environ une demi-heure, j'ai vu trois Abeilles sauvages de deux espèces les visiter. J'en pris une et je regardai sa trompe; sur la face supérieure, à une petite distance du bout, étaient attachées deux pollinies entières et trois disques en forme de bateau, sans pollen ; cette Abeille avait donc enlevé les pollinies de cinq fleurs, et probablement déposé sur les stigmates d'autres fleurs le pollen de trois d'entre elles. Le lendemain, j'ai observé les mêmes fleurs pendant un quart d'heure, et pris une Abeille à l'œuvre; à sa trompe étaient attachés une pollinie intacte et quatre disques, l'un placé sur le sommet de l'autre, ce qui montrait combien exactement chaque rostellum avait été touché par la même partie de la trompe.

« Les Abeilles s'arrêtaient toujours au bas de l'épi ; puis, s'élevant le long de sa spirale, puisaient à chaque fleur l'une après l'autre. Je suppose qu'elles font de même toutes les fois qu'elles visitent une grappe de fleurs très serrées, trouvant que cette marche leur convient davantage ; c'est ainsi que le Pic-vert s'élève le long d'un arbre quand il cherche des Insectes. Ceci semble une remarque très insignifiante, mais voyons ses conséquences. De grand matin, l'Abeille va faire sa ronde; supposons qu'elle s'abatte au sommet de l'épi. Sûrement elle dépouillera de leurs pollinies les fleurs supérieures, les plus récemment écloses ; mais ensuite, qu'elle visite la fleur voisine dont le labellum, selon toute probabilité ne sera pas écarté de la colonne (car ce mouvement s'effectue lentement et par degrés), et les masses polliniques seront souvent balayées hors de sa trompe et perdues. La nature ne saurait souffrir une telle prodigalité. L'Abeille va d'abord à la fleur la plus basse, puis s'élève en spirale le long de l'épi, ne fait rien sur le premier épi qu'elle visite avant d'atteindre ses fleurs supérieures, et enlève à ces dernières

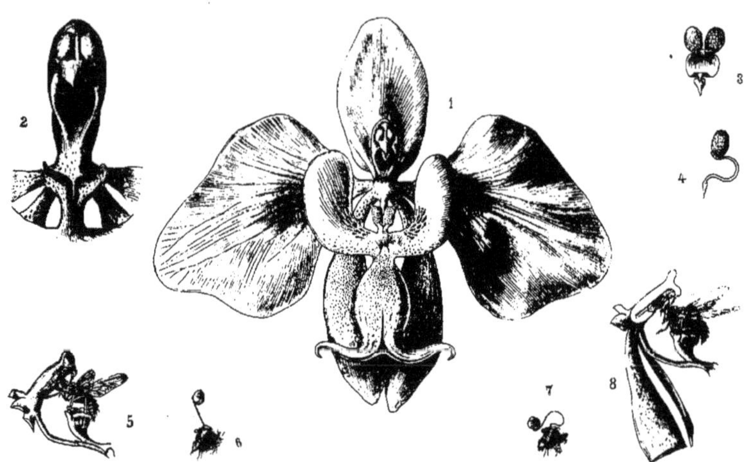

Fig. 1247. — *Phalænopsis schilleriana.* — 1, fleur complète, vue de face ; on y remarque la forme si curieuse du labellum, et la colonne qui se projette sur le sépale supérieur ; 2, la colonne de cette fleur ; on voit, à la partie supérieure, les deux masses polliniques ; au-dessous du rostellum, l'espace noir est la cavité du stigmate ; le stigmate se voit en haut de cette cavité, sous le rostellum ; 3, ensemble formé du disque visqueux du rostellum, des caudicules et masses polliniques, le tout détaché d'une seule fois par l'Insecte ; 4, même ensemble, vu de profil ; 5, première visite de l'Insecte : il détache l'ensemble figuré en trois ; 6, la tête de l'Insecte à ce moment ; 7, la même, après l'incurvation du pédicelle ; 8, deuxième visite de l'Insecte, dans une autre fleur. Les pollinies vont se fixer au stigmate.

leurs pollinies ; puis elle vole sur une autre plante, et s'abattant sur les fleurs les plus basses et les plus avancées dans lesquelles, grâce à la réflexion du labellum, elle trouve un large passage, elle fait frapper ses pollinies contre la saillie du stigmate : si maintenant le stigmate de la plus basse fleur a déjà été bien fécondé, sa surface desséchée ne retient que peu ou point de pollen ; mais sur la fleur qui suit immédiatement celle-ci, le stigmate étant visqueux, l'Insecte dépose de larges feuilles de pollen. Puis, dès que l'Abeille approche du sommet de l'épi, elle fait une nouvelle moisson de pollinies fraîches ; elle vole alors sur les fleurs inférieures d'une autre plante et les fertilise ; tandis qu'elle fait sa ronde et augmente sa provision de miel, sans cesse elle féconde de nouvelles fleurs et perpétue la race de notre Spiranthe d'automne qui, à son tour, donnera du miel aux futures générations d'Abeilles. »

Fécondation du Phalænopsis. — Cette Orchidée appartient à la tribu des Vandées, qui renferme un grand nombre des plus extraordinaires productions de nos serres chaudes. Les dispositions des parties de la fleur sont, en quelques points, différentes dans les Vandées et dans les Ophrydées. Le pollen se compose de masses cireuses, et chaque masse est munie d'un caudicule, qui s'unit de bonne heure au rostellum. L'extrémité ou la face antérieure du rostellum devient visqueuse, et, en se limitant, cette région forme un disque visqueux ; si on touche ce disque, on enlève d'un seul coup (fig. 1247, 3) ce disque, une partie du rostellum, les caudicules et les masses polliniques. Il y a donc un seul disque visqueux à découvert. Chez les *Phalænopsis* en particulier (fig. 1247), la surface du stigmate est très visqueuse, ce stigmate est logé dans une cavité peu profonde, et comme le pédicelle du rostellum est long il est nécessaire que ce pédicelle, d'abord rectiligne (6), s'incurve en se rapprochant du disque visqueux porté par la tête de l'insecte (7).

Ainsi est réalisée, dans les meilleures conditions, la fécondation de la fleur.

FÉCONDATION DES CATASETUM

Le petit groupe des Catasétidées renferme des plantes dont l'organisation florale est très particulière, et dont il faut faire une mention spéciale, à cause des phénomènes curieux auxquels donne lieu la pollinisation (1). Nous nous aiderons, dans cet exposé, des excellentes descriptions données par Ch. Darwin du *Catasetum saccatum* (fig. 1248 et 1249) et par Fritz Müller du *Catasetum tridentatum* (fig. 1250).

« Dans ces fleurs, une intervention mécanique est nécessaire pour retirer les masses polliniques de leurs loges et les transporter sur la surface du stigmate; mais le disque visqueux de la pollinie, au lieu d'être placé comme chez les autres Orchidées, de telle sorte qu'un Insecte visitant la fleur ait grande chance de l'atteindre et de l'enlever, est tourné en dedans et accolé à la surface supérieure et postérieure d'une chambre, la chambre stigmatique. »

Il n'y a rien dans cette chambre qui puisse attirer les Insectes; et lors même qu'ils y entreraient, il serait difficile que le disque s'attache à eux, car sa surface visqueuse est en contact avec la paroi supérieure de la chambre.

« Comment donc fait la Nature? Elle a doué ces plantes de ce que, faute d'un meilleur terme, j'appellerai sensibilité, et de la remarquable faculté de lancer fortement leurs pollinies à distance. C'est pourquoi, lorsque certains points déterminés de la fleur viennent à être touchés par un Insecte, les pollinies sont lancées comme des flèches qui auraient, au lieu de barbes, un renflement très gluant. L'Insecte, troublé par le brusque coup qu'il reçoit ou après s'être rassasié de nectar, s'envole et s'abat tôt ou tard sur une plante femelle (les fleurs sont ici de sexes séparés); il y reprend la position qu'il avait lorsqu'il a été frappé, l'extrémité pollinifère de la flèche est introduite dans la cavité du stigmate, et du pollen s'attache à la surface visqueuse de cet organe.

« Chez beaucoup d'Orchidées (*Orchys, Spiranthes, Listera*), la surface du rostellum est tellement sensible que, si on la touche, elle se rompt suivant certaines lignes déterminées. Il en est de même chez les *Catasetum*, mais le rostellum est très différent : il se prolonge en deux cornes recourbées et terminées en pointe, appelées les antennes; elles pendent au-dessus du labellum sur lequel les Insectes s'abattent, et l'excitation produite par le contact d'un corps est transmise le long de ces antennes

(1) Ch. Darwin, *loc. cit.*, p. 205 et suiv.

jusqu'à la membrane qui doit se rompre ; puis, quand cette rupture a eu lieu, le disque de la pollinie se trouve subitement libre. Les pédicelles sont retenus dans une position arquée, et, quand ils deviennent libres par la rupture des bords du disque auxquels ils s'attachaient, ils se redressent avec une telle force que non seulement ils entraînent hors de leurs places les masses de pollen et les loges de l'anthère, mais toute la pollinie est lancée en avant, au-dessus et au delà de l'extrémité des appendices que j'ai nommés antennes, et à la distance de deux ou trois pieds. »

Catasetum saccatum (fig. 1248 et 1249). — La fleur se tient plus ou moins inclinée d'un côté, mais le labellum en occupe toujours le bas. Une couleur sombre et cuivrée, avec des taches orangées ; une ouverture béante dans un grand labellum bordé de franges ; deux antennes, dont l'une est simplement pendante et l'autre déjetée en dehors, donnent à cette fleur un aspect étrange, sinistre, reptilien.

« Le labellum se tient perpendiculairement à la colonne ou un peu incliné vers le bas; ses lobes latéraux et basilaires se recourbent sous la portion médiane, afin qu'un Insecte ne puisse s'abattre qu'en face de la colonne. Au milieu du labellum est une cavité profonde, bordée de crêtes saillantes; les parois de cette cavité ne sécrètent point de nectar, mais sont épaisses et charnues et ont une saveur légèrement douce et succulente. Je pense que les Insectes visitent les fleurs du *Catasetum* pour ronger ces parois et ces crêtes charnues. La pointe de l'antenne gauche se trouve infailliblement atteinte par un Insecte conduit à visiter, dans un but quelconque, cette partie du labellum.

« Les antennes, qui n'existent chez aucun autre genre, sont les plus singuliers organes de cette fleur. Ce sont deux cornes rigides, recourbées, se terminant en pointe. Elles sont formées d'une étroite bande membraneuse, dont les bords se replient en dedans et viennent se toucher, mais ne se soudent pas ; chaque corne est donc un tube semblable à la dent à venin d'une Vipère, et fendu sur un de ses côtés. Les antennes sont les prolongements des côtés de la face antérieure du rostellum; de plus, elles sont mises en relation directe avec le disque visqueux.

« Dans toutes les fleurs que j'ai examinées, et qui avaient été cueillies sur trois plantes, les deux antennes avaient la même position; mais

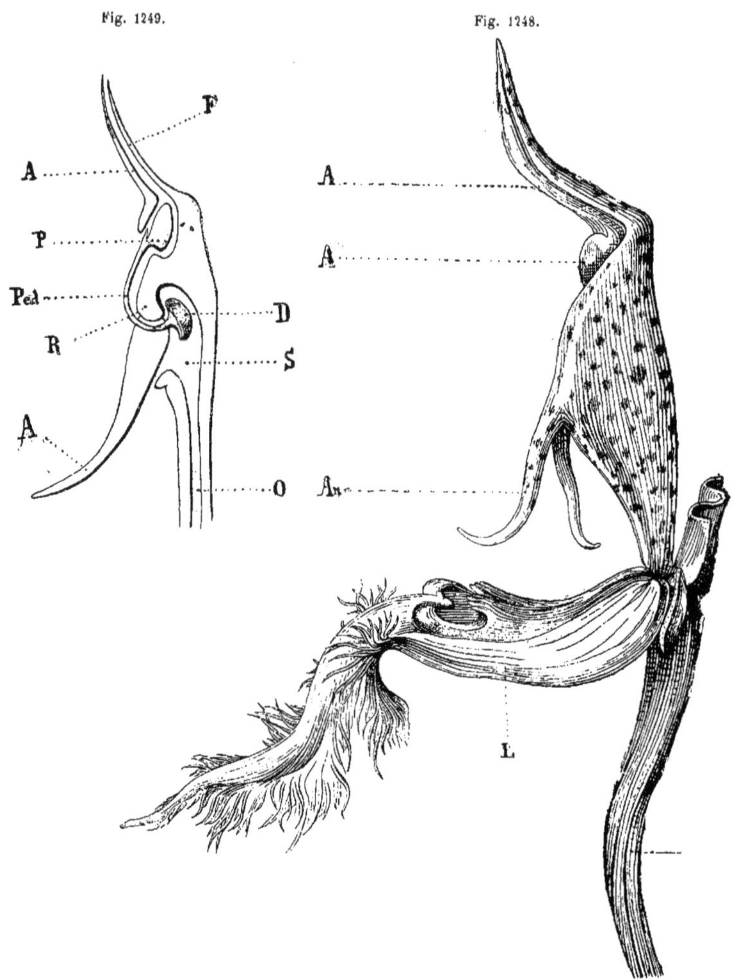

Fig. 1248 et 1249. — *Catasetum saccatum* (d'après Ch. Darwin). — A, anthère; An, antennes du rostellum; D, disque de la pollinie; F, filet de l'anthère; R, rostellum; O, ovaire; L, labellum; P, masses polliniques; Péd., pédicelle de la pollinie; S, chambre stigmatique. — Fig. 1248, vue latérale de la fleur, avec les sépales et les pétales enlevés, sauf le labellum. — Fig. 1249, coupe de la colonne, avec toutes les parties un peu disjointes.

quoique semblables, d'ailleurs, elles n'étaient pas placées symétriquement. La partie terminale de l'antenne gauche se recourbe vers le haut, et en outre un peu en dedans, de sorte que sa pointe est sur la ligne médiane et défend l'entrée de la fossette du labellum. L'antenne droite est pendante, la pointe tournée un peu en dehors ; par suite de cette position, le pli ou sillon, formé par l'union de ses deux bords, se voit à l'extérieur ; nous allons voir que l'antenne droite est un organe secondaire, presque paralysé et apparemment sans fonctions.

« Étudions maintenant l'action de tous ces organes. Si l'on touche l'antenne gauche, les bords de la membrane supérieure du disque, qui sont en continuité avec la surface environnante, se rompent instantanément, et le disque se trouve libre. Le pédicelle, qui est très élastique, lance aussitôt le disque pesant hors de la chambre stigmatique, et avec une telle force que toute la pollinie est expulsée, y compris les deux masses de pollen, et que la longue pointe lâchement attachée de l'anthère, se détache du sommet de la colonne. La pollinie est toujours lancée avec son disque visqueux en avant. L'élasticité du pédicelle, cause de ce brusque redressement qui entraîne l'expulsion des pollinies, se manifeste dans le sens longitudinal et dans le sens transversal, ses bords se recourbant en dedans... Quelques personnes m'ont rapporté qu'ayant touché des fleurs de ce genre dans leurs serres chaudes, elles ont été frappées à la figure par les pollinies. J'ai touché moi-même les antennes du *Catasetum callosum*, en tenant la fleur à 92 centimètres environ d'une fenêtre, et j'ai vu la pollinie frapper un carreau de vitre et s'attacher par son disque adhésif à la surface lisse et verticale du verre ! L'excitation déterminante de la projection de la pollinie ne peut être quelconque :

« J'ai laissé deux fleurs tomber de la hauteur de deux ou trois pouces sur la table, sans que cette projection se produise ; à l'aide d'une paire de ciseaux, j'ai coupé l'ovaire immédiatement au-dessous de la fleur, les sépales, et même dans quelques cas la masse épaisse du labellum ; mais cette mutilation n'a pas eu le résultat attendu ; des piqûres profondes dans diverses parties de la colonne et même dans la chambre stigmatique n'ont pas eu plus d'effet.

« Les antennes sont sensibles à leur pointe et dans toute leur longueur. Sur une fleur de *Catasetum tridentatum*, il m'a suffi de les toucher avec une soie de porc ; cinq fleurs de *Catasetum saccatum* ont exigé le léger contact d'une fine aiguille ; enfin, pour quatre autres, un petit coup fut nécessaire. Dans aucun cas un cheveu d'homme n'est assez fort ; du reste, une extrême sensibilité n'eût pas été utile à cette plante, car il y a lieu de croire que les fleurs sont visitées par de gros Insectes.

« Chez le *Catasetum saccatum*, l'antenne droite est invariablement pendante, et presque paralysée. J'ai violemment frappé, ployé et piqué cette antenne, sans produire aucun effet ; tandis qu'à peine avais-je touché l'antenne gauche avec une force bien moindre, la pollinie était lancée en avant.

« Dans la nature, l'expulsion résulte du contact des antennes avec un gros Insecte posé sur le labellum, et dont la tête et le thorax sont peu éloignés de l'anthère. Un objet arrondi, mis dans la même position, est toujours frappé exactement à son milieu, et si on le retire avec la pollinie qui s'est attachée à lui, celle-ci s'abat sous le poids de l'anthère à partir de son articulation avec le disque ; alors l'anthère tombe, laissant les masses polliniques libres et dans une position convenable pour la fertilisation. L'utilité d'une expulsion aussi violente de la pollinie est sans doute d'appliquer le coussin doux et gluant du disque sur le thorax velu d'un gros Hyménoptère ou le dos sculpté d'un Scarabée qui cherche sa nourriture sur les fleurs. Quand le disque et le pédicelle se sont attachés à l'Insecte, celui-ci ne peut certainement s'en débarrasser ; mais les caudicules se brisant assez aisément, les masses polliniques doivent être déposées sur le stigmate visqueux d'une fleur femelle. »

Catasetum tridentatum (fig. 1250). — L'aspect de cette fleur diffère de celui de la fleur précédente. Le labellum occupe le haut de la fleur ; il a la forme d'un casque ou d'un seau, qui serait terminé par trois petites pointes ; il ne contient pas de nectar, mais ses parois sont épaisses et ont un goût succulent et agréable. La chambre stigmatique est de grande taille ; le sommet de la colonne et la pointe effilée de l'anthère sont moins allongés que chez le *Catasetum saccatum ;* pour le reste, il n'y a pas de différence importante.

« Les antennes sont plus longues et leurs pointes, sur un vingtième environ de leur longueur, sont hérissées de cellules papilliformes. Ces antennes sont toutes les deux sensibles ; elles ne sont pas symétriques. Toutes deux se recourbent sous la voûte du labellum : l'antenne gauche s'élève plus haut, et sa pointe s'incurve en dedans vers le milieu : l'antenne droite est plus basse. Grâce à la disposition des pétales et des sépales, un Insecte visitant la fleur doit presque sûrement s'abattre sur la crête du labellum ; mais il lui sera difficile de ronger une partie quelconque de la grande cavité du labellum sans toucher une des deux

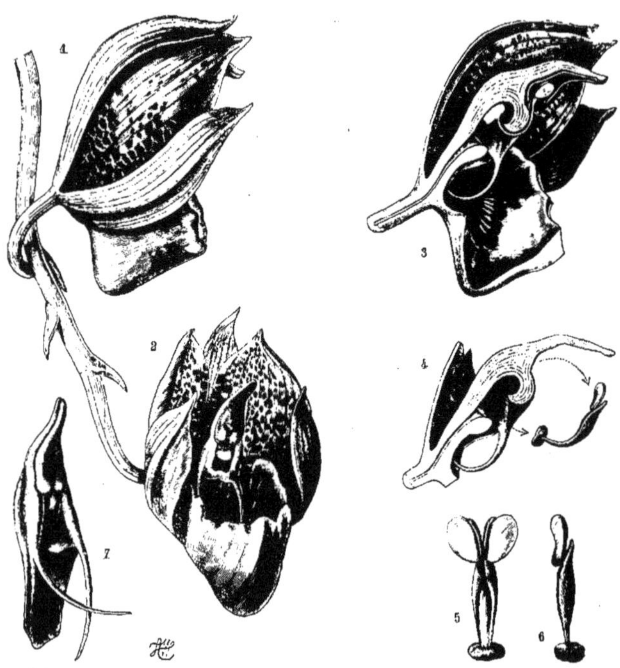

Fig. 1250. — *Catasetum tridentatum*. — 1, fleur vue de côté; 2, fleur vue du dessus et presque de face; 3, section de la fleur par un plan médian. La section de la colonne montre le rostellum proéminent, devant lequel passe le pédicelle de la pollinie; 4, même section de la colonne; la pollinie est projetée et commence à se redresser; 5, la pollinie, devenue libre, s'est redressée (vue de sa face supérieure, la face inférieure étant celle qui est en contact avec le rostellum); 6, la même pollinie vue de profil; 7, face antérieure de la colonne : en haut, filet de l'anthère; au-dessous, les deux masses polliniques; au-dessus, le pédicelle qui est une lame; plus bas, la chambre stigmatique. Les deux antennes du rostellum se croisent à la partie inférieure de la figure.

antennes, car la gauche en défend la partie supérieure, et la droite l'inférieure; et dès que l'une d'elles sera touchée, la pollinie sera infailliblement lancée et viendra frapper la tête ou le thorax de l'Insecte.

« On peut se représenter la position des antennes chez ce *Catasetum* en supposant un homme dont le bras gauche serait soulevé et plié de façon que la main soit en avant de la poitrine, et dont le bras droit croiserait ce dernier en passant plus bas, ses doigts atteignant un peu au delà du côté gauche. »

Le *Catasetum tridentatum* est une forme mâle, dont la forme femelle est le *Monacanthus* (*M. viridis*). Chez cette plante, la fleur possède un rostellum peu saillant; les antennes manquent complètement, et les masses polliniques sont rudimentaires.

A ces deux formes s'en rattache une troisième, le *Myanthus barbatus*, qui se développe souvent sur le même pied que les deux précédentes. Cette fleur, par son aspect, diffère plus des deux autres que celles-ci ne diffèrent entre elles. Elle se tient généralement dans une position opposée à la leur, le labellum en bas. Les antennes sont moins longues que dans la fleur mâle.

Ce genre est donc très intéressant par son mode de fertilisation : « Nous voyons une fleur attendre patiemment, ses antennes tendues en avant dans une position bien calculée, prêtes à donner le signal dès qu'un Insecte introduira sa tête dans la cavité du labellum. Le *Monacanthus*, forme femelle, n'ayant point de pollinies à lancer, est dépourvu d'antennes... L'Insecte vole d'une fleur à l'autre, et

Fig. 1251. — *Dendrobium gratiosissimum.*

finit par visiter une plante femelle ou hermaphrodite ; il introduit alors une des masses de pollen dans la cavité du stigmate... Qui aurait été assez hardi pour soupçonner que la propagation d'une espèce pouvait dépendre d'un mécanisme si complexe, si artificiel en apparence, et pourtant si admirable ? »

Dendrobium. — Les *Dendrobium* sont de très gracieuses Orchidées (fig. 1251) de la tribu des Épidendrées, qui font l'ornement de nos serres. Leurs fleurs, en forme de cloche (fig. 1252, 1, 2), soutiennent une seule anthère, proéminente dans la cavité centrale et en forme de capuchon (fig. 1252, 3). L'arrivée d'un Insecte butineur suffit à déterminer l'ouverture brusque de cette anthère avec projection des pollinies qui y sont contenues (fig. 1252, 4 et 5).

FÉCONDATION DES CYPRIPEDIUM

Chez les *Cypripedium*, il n'y a pas de rostellum ; les trois stigmates sont bien développés, mais soudés ensemble (1).

(1) Ch. Darwin, *loc. cit.*, p. 257 et suiv.

« La seule anthère qui soit parfaite chez toutes les autres Orchidées est ici rudimentaire et représentée par une singulière proéminence en forme de bouclier, profondément échancrée à son bord inférieur. Il y a deux anthères fertiles, qui font partie d'un verticille plus intérieur ; les grains de pollen ne sont pas composés de trois ou quatre granules réunis ; ils ne sont ni agglutinés en masses cireuses, ni liés ensemble par des filament élastiques, ni pourvus d'un caudicule ; le labellum est de grande taille ; il se recourbe autour d'une courte colonne, de telle sorte que ses bords se rencontrent presque sur la face dorsale, et sa large extrémité se replie au-dessus et en arrière d'une manière spéciale, en figurant un sabot dont le fond termine la fleur. C'est pourquoi, en Angleterre, on appelle cette fleur *Ladies'slipper* (pantoufle de dame) et en France, on nomme le *Cypripedium venustum* : sabot de Vénus. »

Comme les deux anthères sont situées au-dessus et en arrière de la surface inférieure convexe du stigmate, il est impossible que le

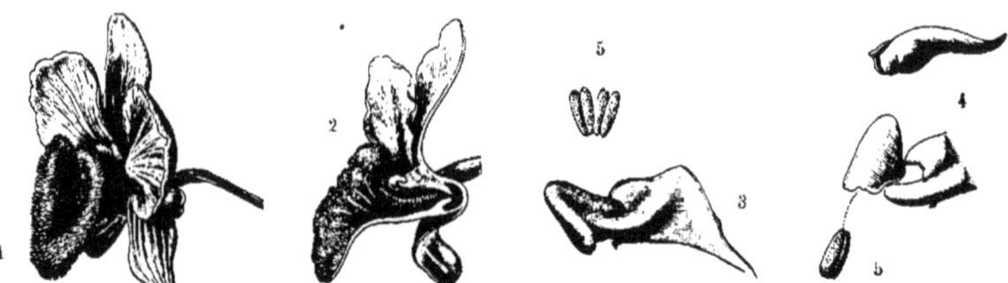

Fig. 1252. — *Dendrobium fimbriatum ;* 1, la fleur entière ; 2, la fleur en coupe longitudinale ; 3, anthère en forme
de capuchon ; 4, cette anthère s'entr'ouvre et les pollinies s'échappent ; 5, pollinies.

pollen glutineux qu'elles renferment puisse l'atteindre et la fertiliser sans une intervention mécanique.

« J'ai pris une très petite Abeille qui me semblait être de taille convenable, un *Andrena parvula* (par un hasard singulier, ce genre

Fig. 1253. — *Cypripedium calceolus.* — 1, vue de la fleur, en avant. Un petit *Andrena* est prêt à s'échapper de cette fleur, en passant par l'un des deux petits orifices latéraux voisins des anthères et du stigmate ; 2, coupe médiane de la fleur, intéressant le labellum et la colonne ; celle-ci, on le voit, est assez réduite ; 3, l'insecte fertilisant (*Andrena*) de cette fleur, vu pendant son vol.

était justement le bon), et je l'ai introduite dans la cavité du labellum par la grande ouverture de la face supérieure. Cet Insecte essaya vainement d'en sortir et retomba toujours au fond par suite du plissement du bord du labellum, qui est une des particularités les

plus importantes de la structure de cette fleur. Ainsi le labellum agit comme une de ces trappes à bords renversés qui servent à prendre les blattes dans les cuisines de Londres. A la fin, l'Abeille se fraya un chemin jusqu'à l'un des petits orifices, près de l'une des anthères (fig. 1253) et, l'ayant prise, je l'ai trouvée enduite de pollen. Ayant de nouveau mis cette même Abeille dans le labellum, je l'ai vue sortir encore par un des petits orifices ; j'ai fait la même expérience cinq fois, toujours avec le même résultat. Delpino a prévu avec beaucoup de sagacité qu'on trouverait quelque Insecte agissant comme mon Abeille... »

« On sait maintenant, par les admirables observations du docteur H. Müller, de Lippstadt (1), que, dans la nature, le *Cypripedium calceolus* (fig. 1253) est fertilisé par deux espèces du genre *Andrena*, exactement de la manière que je viens de décrire. »

FÉCONDATION DES CORYANTHES

Ces Orchidées, qui sont des plus merveilleuses, empruntent à la forme de leurs nectaires un mode de fertilisation tout spécial. L'appareil nectarifère, décrit par M. Ménière (2), est formé de deux petits cornets, près d'une sorte de courroie qui joint le labellum à la base de la colonne ; ces cornets sécrètent un nectar limpide, à saveur légèrement sucrée, et en si grande abondance (environ 28 grammes pour une seule fleur), qu'il tombe lentement goutte à goutte dans le labellum (3). Ce labellum, dont l'extrémité est profondément creusée, pend au-dessous des deux petits cornets

(1) H. Müller, *Verhandlung d. Nat. Verein, Jahr,* XXV, III, Folge V. Bd. ; p. I.
(2) *Bulletin de la Soc. bot. de France,* t. II, 1855, p. 351.
(3) Ch. Darwin, *Origine des espèces.*

et recueille les gouttes de nectar à mesure qu'elles tombent. Le liquide ainsi recueilli dans le labellum n'est pas du nectar et ne sert pas à attirer les Insectes ; quand le labellum est à demi plein, cette eau s'écoule d'un côté par une gouttière. La base du labellum est, au-dessus du godet, creusée elle-même en une sorte de chambre dans laquelle donnent accès deux ouvertures latérales ; dans cette chambre se trouvent de curieuses éminences charnues. L'homme le plus ingénieux, s'il n'avait été témoin des faits, n'aurait jamais deviné à quoi tout cela sert.

« Or le docteur Krüger (1) (directeur du Jardin botanique de la Trinité) a vu des essaims de grosses Abeilles (du genre *Englossa*) visiter les gigantesques fleurs de cette Orchidée, non pour en aspirer le nectar, mais pour ronger les éminences charnues au-dessus du godet ; souvent elles se faisaient tomber l'une l'autre dans le godet, et alors leurs ailes mouillées ne leur permettant plus de s'envoler, elles étaient forcées de sortir par la gouttière qui déverse au dehors le trop plein du réservoir.

« Le docteur Krüger voyait une « procession continuelle » d'Abeilles sortant ainsi de leur bain involontaire. Le passage est étroit, et la colonne en forme la voûte de sorte qu'une Abeille, en s'y frayant un chemin, frotte le dessus de son corps, d'abord contre la surface visqueuse du stigmate, puis contre les glandes visqueuses des masses polliniques. Ainsi, la première Abeille qui sort par cette voie d'une fleur récemment ouverte emporte les masses polliniques attachées à son corps... Quand l'Abeille, ainsi chargée, vole à une autre fleur ou s'abat une seconde fois sur la même, qu'elle est poussée par ses compagnes et tombe dans le godet, puis sort par la gouttière, la masse pollinique touche nécessairement d'abord le stigmate, s'attache à lui et le féconde. »

En présence d'observations aussi minutieuses que celles effectuées par Darwin, le scepticisme n'est pas permis, et force est de reconnaître les harmonies si nombreuses et si merveilleuses que son étude lui a fournies. Cependant, il faut se garder de conclure que la réussite de la pollinisation résulte nécessairement des dispositions qui ont en vue cette réussite. J'ai trouvé, dit Darwin, dans une fleur de *Listera ovata* (ou Tway-blade), un Hyménoptère extrêmement petit, faisant de vains efforts pour

(1) *Journ. of the Linn. Soc.* vol. 8, 1864, p. 130.

dégager sa tête, qui était ensevelie tout entière dans une goutte durcie de matière visqueuse, et par suite collée à la crête du rostellum et aux extrémités des pollinies, et après avoir fait jaillir le fluide visqueux, il n'avait pas la force d'enlever son fardeau ; il fut puni d'avoir entrepris un travail au-dessus de ses forces et périt misérablement.

Les rapports des Insectes et des plantes ont, du reste, d'autres conséquences, tout aussi inattendues ; c'est ainsi que le fils de Darwin, ayant observé un groupe de ces *Listera*, a été frappé du grand nombre de toiles d'Araignées qui se déployaient sur ces plantes ; il semble que les Araignées savent combien le *Listera* a d'attrait pour les Insectes, et combien ces derniers sont nécessaires pour le fertiliser.

FÉCONDATION DES ASCLÉPIADÉES

Les plantes de la famille des Asclépiadées présentent une fécondation tout exceptionnelle, qui rappelle celle que nous observons chez les Orchidées, et qu'il est assez facile d'étudier sur les espèces du genre d'*Asclepias*.

Dans les fleurs des *Asclepias* (fig. 1254), les cinq anthères biloculaires sont libres, introrses, et s'appliquent contre les côtés d'un stigmate à cinq angles arrondis ; chaque loge renferme une masse de pollen, dont les grains sont munis d'une seule membrane et se tiennent intimement unis. A chaque angle du stigmate, entre chaque paire d'étamines, naissent deux corpuscules visqueux, nommés rétinacles ; de ces petits corps partent deux rigoles, qui descendent vers les anthères, et aboutissent aux deux loges contiguës de deux anthères voisines ; dans ces rigoles découle une substance molle et visqueuse, qui prend sa source dans les rétinacles et parvient aux masses polliniques.

Bientôt les deux corpuscules visqueux s'unissent, se solidifient ; la matière molle émanée d'eux se solidifie aussi et devient un double filet qui, en se contractant, tire à lui les deux masses polliniques qu'il a happées et qui appartiennent à deux anthères différentes. Ces deux masses, extraites de leurs loges, restent suspendues aux filets, comme les plateaux d'une balance sont suspendus à leur fléau (fig. 1254, *d*).

Les deux corpuscules visqueux constituent un organe en forme de pince légèrement entr'ouverte, et tout Insecte qui vient butiner la fleur est presque sûr d'emporter, fixé à l'une de ses

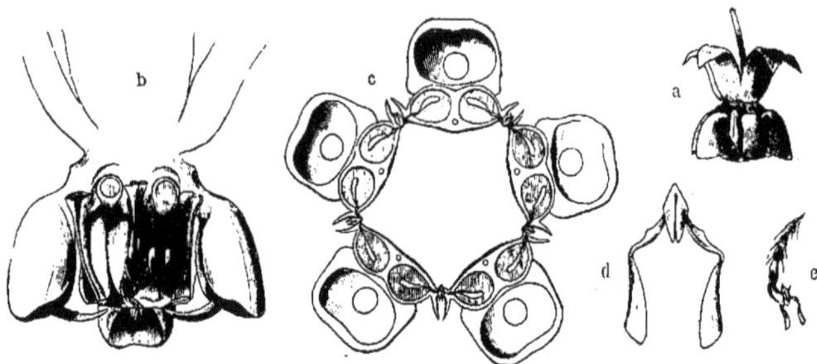

Fig. 1254. — Transport des pollinies des Asclépiadées (*Asclepias cornuti*) par les pattes des Insectes, au moyen de petits organes en forme de pince. — *a*, fleur d'*Asclepias cornuti*, vue de côté ; *b*, la même fleur grossie ; les deux pétales antérieurs ont été enlevés ; *c*, section transversale de la fleur ; *d*, deux pollinies avec le petit organe en pince ; *e*, patte d'un insecte avec deux pollinies adhérentes (la fig. *a* est grandeur naturelle, les autres sont grossies de deux à cinq fois).

pattes (fig. 1254, *e*) l'un de ces organes avec les deux pollinies correspondantes. De là, l'Insecte se rend sur une fleur différente et peut y déposer les pollinies sur le stigmate.

Un mécanisme aussi ingénieux paraît devoir assurer la pollinisation dans d'excellentes conditions, et cependant, il n'en est pas toujours ainsi.

« H. Müller, qui a étudié dans les Alpes la fécondation de *Cynanchum vincetoxicum*, distingue trois catégories de visites dans les rapports des Insectes avec cette Asclépiadée : 1° les visites utiles à la plante, mais inutiles à l'Insecte ; 2° les visites inutiles ou même nuisibles à la plante, mais utiles à l'Insecte ; 3° les visites inutiles pour la plante comme pour l'Insecte (1).

« Ces trois sortes de visites s'observent également aux environs de Paris (Compiègne, Meudon, Montmorency, forêt de Hez), mais il convient d'y ajouter une quatrième catégorie, non signalée par H. Müller, et très fréquente, à savoir : les visites nuisibles à la fois pour la plante et pour l'Insecte.

« Il arrive fort souvent, en effet, que les Insectes de petite taille (Diptères et Lépidoptères), après avoir enfoncé gloutonnement leur trompe dans les nectaires, demeurent fixés par les rétinacles, et, n'ayant pas la force de se dégager ou d'entraîner les pollinies, meurent victimes de leur gourmandise.

« Les Insectes ainsi capturés par *C. vincetoxicum*, sont surtout des *Empis* (*E. nigritarsis*, *E. pennipes*, et plusieurs autres petites

(1) A. Giard et F. Houssay. *Bulletin entomologique*, 14 juin 1893.

espèces), des *Phtiria*, des *Siphona* et deux espèces de Microlépidoptères, dont un *Grapholitha*.

« Dans les efforts qu'ils font pour se dégager, ces Insectes détériorent la fleur et la font se faner avant qu'elle ait pu être fécondée. Le dommage causé de ce chef à la plante est réparé en partie par diverses Araignées, qui, dès qu'elles entendent le bruissement des Insectes capturés, se hâtent d'accourir pour en faire leur proie et préservent ainsi la fleur pour une fécondation ultérieure.

« Ces Araignées sont : 1° *Misumena vatia* (la Thomise citron) qui, à l'état jeune surtout, imite admirablement les boutons de *Cynanchum* et se dissimule dans l'inflorescence ; 2° *Theridion lineatum*, qui se place sur la nervure des feuilles et échappe à l'œil par une ressemblance protectrice singulière ; 3° *Heliophanus cupreus*.

« Quelques-uns des Insectes habituellement capturés peuvent réussir à s'échapper. Dans ce cas, ils emportent sur leur trompe rétinacle et pollinie et peuvent devenir les agents de la fécondation d'une autre fleur. C'est ce que nous avons observé pour *Empis pennipes*, et pour *Siphona* (*Bucentes*) *testacea*. Mais, le plus souvent, la fécondation est opérée, comme l'a indiqué H. Müller, par des Muscides de plus forte taille (*Sarcophaga*, *Onesia*, *Exorista*, etc.). Contrairement à l'opinion de H. Müller, ces Muscides, en même temps qu'elles fécondent la plante, trouvent quelque profit à leur visite, bien que leur trompe soit trop volumineuse pour pénétrer dans les nectaires. En effet, soit naturellement, soit sous l'influence de l'excitation produite par les Insectes capturés, le nectar déborde souvent des réservoirs qui le contiennent et inonde parfois le plateau stigmatique. Aussi certains Insectes, rangés par H. Müller dans la catégorie de ceux dont la présence est inutile pour la plante et pour eux-mêmes, nous ont paru cependant tirer avantage de leurs visites. Tels sont *Vespa vulgaris*, et *Acmæops collaris*, qui dans nos environs, remplacent respectivement *Polistes biglumis*, et *Leptura sanguinolenta*, signalés dans les Alpes par H. Müller.

« En raison des faits exposés ci-dessus, et malgré le merveilleux dispositif qui favorise sa fécondation, *Cynanchum vincetoxicum* ne porte qu'un très petit nombre de fruits. Cinquante-trois pieds observés dans la forêt de Compiègne ont donné plus de quinze cents fleurs et seulement cinq fruits. »

Résumé du rôle des Insectes. — Les faits que nous avons examinés dans l'étude de la pollinisation par les Insectes et ceux qui ont été mentionnés dans les paragraphes intitulés : « Les Insectes et les fleurs » (page 577), puis : « La protection des fleurs » (page 580), tendent à prouver, au moins pour certains auteurs, qu'une adaptation est établie entre les plantes et les animaux, dans le but non seulement d'assurer la pollinisation, mais dans celui plus précis d'assurer la fécondation croisée.

Cette adaptation serait le résultat d'une transformation des fleurs et des Insectes, produite par sélection ; elle aurait groupé les fleurs en inflorescences visibles de loin, donné aux fleurs des parties colorées et odorantes susceptibles d'attirer les Insectes, muni ces fleurs dans leurs parties profondes du nectar dont sont friandes les Abeilles, elle aurait modifié la forme de la fleur de telle façon que l'Insecte butineur ne puisse satisfaire son appétit qu'en cheminant dans la fleur de certaine manière, rencontrant au moment propice les organes staminaux ou stigmatiques ; tandis qu'elle aurait aussi conformé l'Insecte pour que les diverses parties de son corps soient les agents serviles de la fleur. Voilà qui est merveilleux, mais aussi, voilà qui dépasse un peu les faits. Combien d'Insectes sont inutiles aux fleurs, combien surtout leur sont nuisibles. Et encore, pourquoi ces nectars extra-floraux, placés sur les stipules, les feuilles ?

« Au sujet de ces nectaires qui sont placés en dehors des fleurs et qui, par conséquent, ne peuvent être cités à propos de l'adaption réciproque des plantes et des Insectes, il faut ajouter que certains auteurs qui veulent tout expliquer ont imaginé à cet égard de singulières hypothèses. On a cherché à attribuer aux nectaires extra-floraux un but utile à la plante dans ses relations avec les Insectes, et l'on a soutenu que le pouvoir de produire un liquide sucré a été donné à ces organes pour attirer les Fourmis et les Guêpes qui auraient pour mission de défendre la plante contre ses ennemis, contre les Chenilles, par exemple.

« N'insistons pas sur cette explication compliquée et inadmissible et contentons-nous, en somme, de constater que les Insectes mellifères récoltent le liquide sucré partout où ils le trouvent, sans se préoccuper du rôle utile ou nuisible qu'ils peuvent jouer par rapport aux plantes qu'ils visitent (1). »

Les opinions des naturalistes sont, on le voit, très partagées sur ce sujet, et il serait téméraire de prendre parti dans le débat, puisqu'il est possible de trouver des arguments pour soutenir l'une et l'autre des opinions exprimées. Il faut surtout se garder de toute exagération et poursuivre l'étude des effets avant de discuter sur leurs causes. Plus tard, nous saurons peut-être si les Insectes se laissent guider dans leurs rapports avec les fleurs, par la morale de l'intérêt ou par celle du sentiment !

Cette question a du reste passionné pendant longtemps les savants et les curieux, elle a fait l'objet d'un grand nombre de remarques très judicieuses et qu'il est nécessaire de connaître. Nous terminerons en citant, d'après Lubbock, la nécessité des visites des Insectes pour l'existence de certaines plantes.

« On sait que quelques végétaux ne produisent pas de graines, s'ils ne sont pas visités par les Insectes. C'est ainsi que dans certaines de nos colonies, où il n'y a pas de Bourdons, le Trèfle rouge (*Trifolium pratense*) ne donne pas de graines.

« Un naturaliste, M. Newmann, croit que s'il n'y avait point de Chats, le Trèfle rouge disparaîtrait de l'Angleterre où les Mulots sont très abondants et détruisent, paraît-il, plus des deux tiers des Bourdons. Sans les Chats, le nombre des Mulots augmenterait, les Bourdons deviendraient de moins en moins nombreux et disparaîtraient peut-être complètement ; et, comme ces Insectes seuls peuvent polliniser

(1) G. Bonnier, *loc. cit.*, p. 417.

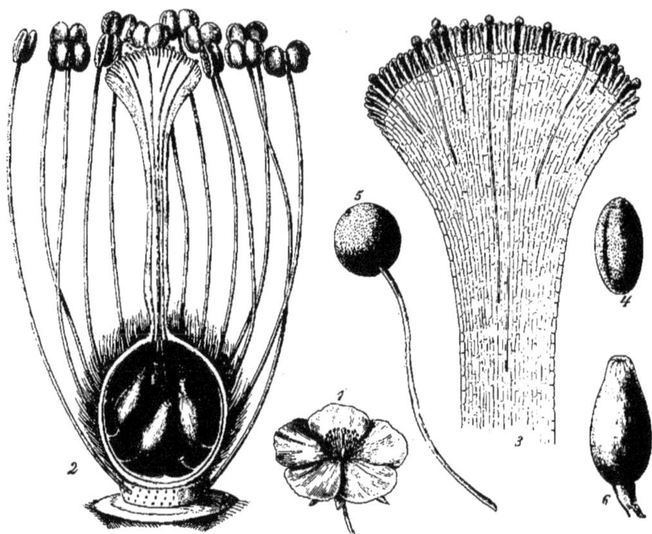

Fig. 1255. — Développement du tube pollinique. — 1, fleur d'*Helianthemum marifolium*; 2, la même fleur débarrassée de son enveloppe florale, l'ovaire, le style et le stigmate coupés en long. A travers le style les tubes polliniques s'avancent en faisceau, s'écartent les uns des autres en pénétrant dans la cavité de l'ovaire, et chacun d'eux atteint le micropyle d'un ovule ; 2, le stigmate et la partie supérieure du style. Plusieurs des grains de pollen qui sont déposés sur les papilles stigmatiques ont développé un tube pollinique qui croît à travers le tissu conducteur du style; 4, cellule pollinique sèche ; 5, grain de pollen humecté qui a poussé un tube pollinique ; 6, l'ovule.

les fleurs du Trèfle rouge, cette dernière plante deviendrait de plus en plus rare, et finirait peut-être par disparaître.

D'après M. Belt, le même fait se produit, grâce au même motif, au Nicaragua, pour le Haricot d'Espagne. »

C'est cette observation de Newmann et l'interprétation qui en fut donnée, qui constituent pour beaucoup de personnes le résumé, la condensation de toute la théorie de l'adaptation réciproque des végétaux et des animaux. Nous croyons même que des disciples pleins d'esprit ont amplifié quelque peu la donnée du maître et ont propagé l'amusante histoire dont voici le thème et le titre:

De l'influence du beau sexe sur la splendeur des campagnes.

Les campagnes doivent au Trèfle rouge une grande partie de leur beauté. Les Bourdons sont nécessaires à la fécondation des Trèfles. Les Mulots sont les ennemis des Bourdons. Les Chats font des Mulots leur proie favorite. Enfin, dernier anneau du raisonnement, le sexe aimable a les Chats pour excellents amis.

En acceptant ces prémisses, on est fatalement conduit à une conclusion facile à deviner.

POLLINISATION ARTIFICIELLE

On nomme pollinisation artificielle le transport, fait par la main de l'homme, du pollen d'une fleur sur une autre fleur.

Cette pratique a pour but d'assurer plus sûrement la fécondation de certaines espèces pour l'obtention de fruits nombreux, particulièrement pour les plantes dioïques ; les horticulteurs, par ce moyen, créent des variétés nouvelles en réalisant des croisements déterminés ; enfin, les naturalistes se servent de ce procédé pour étudier les phénomènes consécutifs à la pollinisation, le développement du tube pollinique et le résultat de sa formation, datant ainsi les phénomènes à partir de leur début.

Il n'existe aucune indication précise qui puisse assurer la réussite d'une fécondation artificielle, cependant, on cherche à réaliser les conditions suivantes : Cueillir le pollen d'une fleur à peine ouverte, ou même écarter les pétales d'un bouton près d'éclore ; provoquer la déhiscence des anthères si elle ne s'effectue pas seule : porter avec soin le pollen sur le stigmate de la fleur choisie, aussitôt après l'avoir cueilli, le déposer sans blesser le stigmate, puis recouvrir la fleur fécondée d'une gaze fine et la placer dans de bonnes conditions de végétation. Ces opérations sont de préférence pratiquées le matin, souvent entre huit et dix heures, et les fleurs soumises aux expériences sont éloignées du soleil.

Dans certaines contrées où végètent, souvent très éloignées, des plantes dioïques mâles ou femelles dont les fruits sont utiles à l'homme, celui-ci pratique régulièrement la fécondation artificielle. Ainsi opèrent les Arabes avec les Dattiers ; ils détachent d'une sommité de Dattier mâle une ou plusieurs inflorescences, et, le plus rapidement possible, ils se rendent près des Dattiers femelles. Un jeune Arabe, muni d'une de ces inflorescences, grimpe avec agilité au sommet d'un Dattier femelle, il secoue l'épi pollinifère au-dessus des fleurs femelles, tandis que les hommes de sa tribu entonnent des chants monotones, préludes des réjouissances qui accompagnent cette opération.

LA FÉCONDATION

Les organes reproducteurs ayant créé le pollen ou élément mâle et l'ovule ou élément femelle, la fécondation est la réunion de ces deux éléments sexués pour la production d'un œuf contenu dans une graine. Par la pollinisation, le grain de pollen est arrivé sur le stigmate, il doit maintenant germer, c'est-à-dire développer un tube pollinique ; et ce tube, cheminant à travers le style, déterminera la rencontre des deux noyaux sexués, il y aura fécondation.

La figure 1255 montre admirablement ces dispositions ; en premier lieu la fleur (1) ; puis le grain de pollen et l'ovule (4 et 6), le pollen germé, avec son tube pollinique (5) ; enfin la pénétration du tube pollinique dans les tissus du style (3) et l'arrivée de ces tubes dans les ovules (2).

Nous passerons en revue ces divers phénomènes, en commençant par la germination du pollen.

LA GERMINATION DU POLLEN.

Les grains de pollen germent d'ordinaire très rapidement sur le stigmate, où ces grains sont retenus par les papilles de la surface, et où ils sont humectés par le liquide stigmatique. Mais on peut provoquer la germination artificielle en fournissant au pollen les conditions de température, d'humidité et d'aération convenables.

Germination artificielle. — Cette germination est ordinairement réalisée dans des « cellules », sortes de petites chambres ainsi formées. Sur une lame de verre, on colle au baume un anneau de verre (détaché d'un tube) dont les deux bords sont exactement rodés ; dans la petite cuve ainsi constituée, on place une goutte d'eau, puis on recouvre d'une lamelle d'un verre excessivement mince, à la face inférieure de laquelle sont fixées les pollens au moyen d'une goutte de liquide sucré. Par ce moyen, l'atmosphère de la cellule est maintenue humide, le pollen germe et en plaçant le tout sous un microscope, on voit par transparence la formation du tube pollinique et son contenu.

Dans ces conditions, le tube pollinique ne se développe qu'imparfaitement, car il ne peut vivre qu'aux dépens des réserves que contient le grain de pollen, et ne peut poursuivre longtemps son accroissement.

Le temps qui s'écoule entre la mise du pollen dans l'eau sucrée et le développement du pollen est très variable ; certains pollens germent en moins d'une heure ; d'autres, appartenant surtout aux plantes anémophiles, ne germent qu'au bout de deux à trois heures.

Dans les conditions naturelles de la germination sur le stigmate, les grains de pollen entrent en concurrence vitale avec les germes que l'air a aussi apportés, mais ordinairement, les pollens ne sont aucunement gênés par ces germes et leur développement est rapide et normal ; rappelons-nous que dans certaines fleurs, les lobes du stigmate se referment sitôt après la pollinisation effectuée, mettant ainsi à l'abri le pollen déposé.

DÉVELOPPEMENT DU TUBE POLLINIQUE

Pour bien comprendre les phénomènes dont le grain de pollen va être le siège, il faut nous rappeler que ce grain contient, sous une dou-

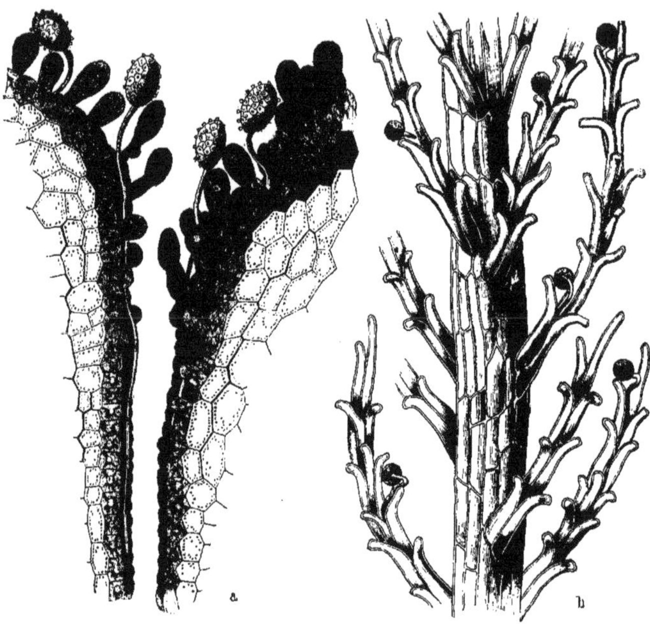

Fig. 1256. — Cheminement du tube pollinique. — *a*, coupe longitudinale du stigmate et de la partie supérieure du style du *Lis martagon*. Des cellules polliniques déposées sur les papilles stigmatiques se développent les tubes polliniques, qui, à travers les cellules gorgées de mucilage du canal du style, croissent vers le bas. — *b*, fragment du stigmate ramifié d'*Arrhenatherum elatius*. Des cellules polliniques fixées sur les papilles du stigmate se développent des tubes polliniques dont la pointe, en s'avançant, écarte les parois de deux cellules voisines et s'introduit dans la fente ainsi produite.

ble membrane, exine et intine, un protoplasme dans lequel sont deux noyaux, l'un assez volumineux et central, l'autre plus petit et périphérique. Tel est au moins le cas des Angiospermes, que nous allons tout d'abord examiner.

Cas des Angiospermes. — Un grain de pollen mis en présence d'eau sucrée absorbe l'eau petit à petit, une turgescence s'établit à son intérieur, et si l'absorption n'est pas trop rapide, le grain ne crève pas, mais développe un ou plusieurs prolongements filiformes nommés tubes ou boyaux polliniques.

Parmi ces tubes, un seul se développe complètement.

Un examen attentif montre que le tube est sorti par l'un des pores de l'exine, et que la matière de sa paroi est empruntée au bouchon de cellulose dont nous connaissons la présence au-dessous de chaque pore d'un grain de pollen mûr. Le contenu du tube est le contenu du grain qui se porte en avant. Quant à la matière nutritive utilisée dans le développement, elle est puisée au début dans le grain lui-même, plus tard, elle est empruntée par osmose aux cellules du stigmate et du style que le tube rencontrera sur sa route.

Pendant le développement du tube pollinique, les phénomènes suivants se passent à son intérieur. Les deux noyaux, entourés de protoplasme, se portent vers l'extrémité en cheminement, ils sont facilement reconnaissables, et souvent le plus volumineux est en avant, c'est le noyau végétatif, dont la vie est éphémère, car on observe bientôt ses contours moins nets, sa déformation et son évanouissement.

Le petit noyau, au contraire, conserve sa netteté, puis se divise en deux noyaux fils, absolument identiques, entourés chacun d'une

petite quantité de protoplasme. Ainsi sont constitués deux gamètes, non ciliés, il est vrai,
mais homologues des petits corps que nous
avons nommés anthérozoïdes. Ces deux gamètes, quoique identiques, n'ont jamais la même
destinée ; dans certains cas, l'un avorte tandis
que l'autre féconde l'oosphère pour donner
l'œuf ; dans d'autre cas, l'un féconde l'oosphère
et l'autre se rend dans le sac embryonnaire de
l'ovule pour féconder le noyau central, origine
de l'albumen. Dans tous les cas, l'un des deux
gamètes est réellement la cellule génératrice
mâle. Notons que la division qui a fourni les
noyaux de ces gamètes a montré un nombre
de bâtonnets chromatiques réduit à moitié.

Cas des Gymnospermes. — L'ovule des Gymnospermes étant nu, le pollen très abondant
est retenu entre les écailles du cône femelle,
il tombe dans la cavité micropylaire des ovules,
s'accumule dans la chambre pollinique qui surmonte le nucelle et germe.

Le tube pollinique s'engage dans le nucelle
et y chemine lentement, tandis que son contenu se modifie. La grande cellule végétative se
porte en avant ; parmi les autres cellules présentes à la base du tube, toutes sauf une sont
résiduelles et avortent. La cellule restante, génératrice, peut ne pas se diviser, comme chez
l'If ou se diviser en deux anthérozoïdes non
ciliés. Si le tube pollinique peut couvrir deux
corpuscules, les deux gamètes s'engagent dans
le canal de chaque rosette, puis atteignent
l'oosphère qu'ils fécondent ; si le tube pollinique
ne peut rencontrer qu'un corpuscule, comme
chez les Pins, un seul gamète est utilisé.

CHEMINEMENT DU TUBE POLLINIQUE

Les tubes polliniques étant produits en nombre proportionné à celui des ovules qui doivent
être fécondés, ces tubes descendent entre les
papilles stigmatiques, ou même ils pénètrent
parfois dans la cavité de celles-ci, après en
avoir percé la membrane (Tulasne), et arrivent
au tissu qu'elle surmonte. Lorsque le canal
stylaire vient s'ouvrir au centre du stigmate,
les tubes polliniques y pénètrent sans difficulté ; quand il est fermé supérieurement, ils
y parviennent à travers le tissu cellulaire qui
le termine en s'insinuant dans l'épaisseur des
parois gélifiées.

Dans le style, si le canal est libre, les cellules
qui en forment la paroi sécrètent un liquide
mucilagineux qui fournit aux tubes polliniques
les éléments de leur nutrition et, par suite, de
leur allongement progressif ; en outre, elles se
relèvent souvent en papilles entre lesquelles
ils se trouvent comme conduits dans leur
marche descendante. Si le canal a été rempli
par le tissu conducteur, la gélification des
parois de ce tissu fournit à la fois aux tubes
polliniques la voie qu'ils suivent et la nourriture qui leur permet de s'accroître. Dans l'un
et l'autre cas, ils arrivent jusque dans la cavité
ovarienne, où parfois ils rencontrent immédiatement les ovules, mais où plus ordinairement
ils doivent suivre encore le tissu conducteur
qui se prolonge le long des parois de l'ovaire
jusqu'au point le plus bas où s'attachent
des ovules. Le trajet total qu'ils parcourent
ainsi égale, dans certaines fleurs (*Cereus,
Mirabilis longiflora*, etc.), plusieurs milliers
de fois le diamètre du grain de pollen duquel
provient chacun d'eux. Pendant ce long trajet
ils se ramifient quelquefois (1).

Le temps nécessaire au tube pollinique pour
arriver du stigmate à l'ovule dépend de la longueur du style, surtout de l'organisation
propre à chaque plante et des circonstances
extérieures. Une forte chaleur accompagnée
d'humidité l'abrège en activant l'allongement
graduel du tube. Voici quelques données à cet
égard. M. P. Martin Duncan évalue à un pouce
anglais (0^m, 025) la quantité dont ce tube peut
s'allonger en quatre heures et demie chez le
Tigridia conchiflora, et ce temps peut être
réduit de moitié dans des circonstances très favorables. D'après Hofmeister, l'arrivée du tube
jusque dans l'ovule est rapide chez les Graminées ; elle s'effectue en douze heures chez la

(1) Chez un *Cereus nycticalus* où le style mesurait 28 centimètres de long, à partir de son insertion sur l'ovaire,
j'ai trouvé environ cent ovules (sur deux mille) contenant un tube pollinique, au bout d'un mois ; les ovules
non fécondés étaient flétris et la fécondation était pour
eux devenue impossible. Chez cinq *Cereus triangularis*
où le style mesurait de 18 à 24 centimètres, j'ai trouvé
une proportion de un ovule sur vingt ayant reçu un
tube pollinique, trois semaines après la pollinisation.
Mais ce sont les fleurs de *Phyllocactus* qui m'ont
fourni, à ce sujet, les données les plus précises ; j'ai pu
féconder comparativement des fleurs à divers états de
leur épanouissement, dans des conditions différentes,
et j'ai obtenu un nombre d'ovules fécondés égal au
quinzième du nombre total des ovules de chaque fleur.
L'arrivée des tubes polliniques aux ovules se fait douze
à quinze jours après le dépôt du pollen sur le stigmate.
— Les variations que l'on observe dans cette durée
sont en rapport avec la longueur du style dans les
différentes fleurs ; les moyennes que j'ai observées
m'ont conduit à accorder au tube pollinique un avancement moyen de trois quarts de centimètre par jour.

(E. D'HUBERT.)

Zostère, en vingt-quatre heures chez le *Naias major*, en quarante-huit heures au moins chez l'*Orchis Morio*, plus lentement encore chez la généralité des Liliacées, Amaryllidées, Iridées et Aroïdées. Schacht dit qu'il faut près de trois jours pour que les mêmes tubes atteignent les ovules, dans le *Gladiolus segetum*, dont le style a 0ᵐ, 05 environ de longueur. Chez certains végétaux, leur portion inférieure reste fraîche et vivante après que la supérieure a séché et s'est détruite avec le stigmate et le haut du style; dans ce cas, la fécondation peut ne s'opérer que longtemps après que le pollen est tombé sur le stimagte. Ainsi, dans le Noisetier, le Hêtre, l'Aune, le pollen tombe sur le stimagte de bonne heure au printemps, quand les ovules ne sont pas encore bien formés, et ceux-ci ne deviennnent adultes qu'au bout de plusieurs semaines après lesquels seulement ils sont fécondés.

LA FÉCONDATION PROPREMENT DITE

Les phénomènes de reproduction chez les êtres est l'une des plus importantes de la biologie; elle est aussi l'une des plus complexes, et elle ne peut être bien connue qu'après l'examen d'un grand nombre de problèmes. Pour ce qui est de la reproduction chez les végétaux phanérogames, on peut dire que chaque époque, chaque période d'études a comporté l'examen de l'un de ces problèmes; aussi esquisserons nous l'historique de cette question.

Historique. — L'histoire des idées et des observations relatives à la fécondation dans les plantes comprend trois périodes, qui marquent la série des progrès accomplis dans la connaissance de ce phénomène. La première période commence à l'antiquité grecque et finit aux dernières années du xviiᵉ siècle, à la publication, par Rud.-Jac. Camerarius, de sa lettre à Valentini sur les sexes des plantes; la deuxième période s'étend jusqu'à la découverte, faite par Amici et Brongniart, à la date d'une soixantaine d'années, de la formation du tube pollinique; la troisième période comprend ces soixante dernières années.

PREMIÈRE PÉRIODE. — Les Grecs, et après eux les Romains, avaient puisé dans des pratiques de la culture quelques idées sur l'existence de sexes dans certaines plantes. Hérodote rapporte que les Babyloniens distinguaient les Dattiers mâles et femelles, et que, comme le font encore les Arabes de nos jours, ils répan-

daient le pollen des premiers sur le spadice des derniers. Théophraste dit que certains d'entre ces arbres donnent des fleurs, tandis que les autres montrent d'abord leur fruit, mais qu'ils ne l'amènent pas à sa maturité, si l'on n'a secoué sur lui les fleurs des premiers. Les Romains avaient reçu des Grecs ces notions assez précises pour le Dattier, le Pistachier et quelques autres espèces dioïques, même pour certaines plantes monoïques; quant aux plantes hermaphrodites, ils savaient seulement que la production du fruit est, chez elles, une conséquence de la floraison.

Le moyen âge et la renaissance n'ajoutèrent aucune connaissance à celles des anciens, et il faut arriver à la seconde moitié du xviiᵉ siècle pour voir les notions sur les sexes des plantes se dégager peu à peu des incertitudes et des erreurs qui les avaient obscurcies jusqu'alors. C'est alors, en effet, que Bobart prouva, par ses expériences sur le *Lychnis dioica*, que le pistil ne devient pas un fruit sans l'action du pollen, et que Grew, en 1685, admit l'existence de deux sexes dans les plantes, ainsi que la nécessité, pour la formation d'une graine, de l'action du pollen sur le pistil contenant l'ovule dont il avait découvert le micropyle. Mais il restait encore du vague relativement aux organes des deux sexes, lorsque R.-J. Camerarius, professeur à Tubingue, publia, en 1694, sa lettre à Valentini.

SECONDE PÉRIODE. — Camerarius déclara dans cet écrit que les anthères (*staminum apices*) sont la partie fondamentale de la fleur et la constituent en l'absence de la corolle qui n'a qu'une importance secondaire. Il distingua exactement les fleurs mâles et les fleurs femelles de plusieurs plantes monoïques et dioïques; il montra que les étamines et les styles se trouvent tantôt dans la même fleur, tantôt sur des rameaux différents d'un même pied, tantôt sur des pieds distincts; et il affirma qu'en l'absence des anthères il n'y a pas de fruit produit. Ses idées étaient donc nettes et précises: cependant il lui restait quelques difficultés qu'il n'était point parvenu à lever.

En 1735, Linné, dans ses *Fundamenta botanica* (édition d'Amsterdam), réunit un grand nombre de faits démonstratifs au sujet de la sexualité des plantes (Voy. sa *Philos. bot.*, 132 à 150, chap. v. Sexus), et en basant sur les organes reproducteurs son système de classification du règne végétal qui eut une vogue immense, il attira l'attention sur ces organes, à ce point qu'on a cru pouvoir lui attribuer la découverte de la fécondation, bien que lui-même n'ait jamais prétendu à cet honneur.

Ce furent donc Camerarius (1694) et Linné (1735), qui firent la preuve scientifique de ce fait : une plante ne donne pas de graines si elle est à l'abri du pollen.

Cette opinion fut généralement admise, cependant une lutte mémorable s'engagea bientôt entre Spallanzani, Schelver (1812), Henschel (1821) qui contestaient l'utilité du pollen, et Volta, Treviranus (1822), Amici (1824), Gærtner (1827) et Brongniart (1827), qui établirent définitivement la théorie linnéenne. Sous l'influence de ces recherches, le problème se précisa, et Amici (1824) découvrit le tube pollinique.

TROISIÈME PÉRIODE. — En 1822, J.-B. Amici, de Modène, fit le premier pas vers la détermination de la marche de la fécondation. Il vit sur le stigmate velu du Pourpier (*Portulaca oleracea*) un grain de pollen émettre une sorte de tube très fin, transparent, qui s'étendit tout le long d'un poil stigmatique et s'y attacha dans sa longueur. Dans ce tube, qui n'était pas autre chose que le *tube pollinique* ou *boyau pollinique*, il constata une circulation de granules. Au bout de trois heures, ces granules disparurent sans qu'Amici pût reconnaître où ils étaient allés. Cette observation était incomplète et elle aurait pu ne pas faire avancer la science, plus que celles de quelques botanistes qui avaient déjà vu et même figuré le tube pollinique sans en deviner l'origine ni le rôle. Heureusement ce fut là un trait de lumière pour Brongniart qui en fit le point de départ d'une série de recherches. C'est donc Brongniart qui, le premier, a reconnu l'origine réelle du tube pollinique et qui l'a vu pénétrer dans le tissu du stigmate. Malheureusement, il ne put suivre ce tube bien loin et il admit que, s'ouvrant au sommet, dans les tissus du stigmate, il y versait la fovilla qui se portait de là, par les intervalles du tissu conducteur, jusqu'aux ovules qu'elle fécondait.

Brongniart termina ainsi ses conclusions : « Le concours de parties fournies par l'organe mâle (les granules spermatiques) et de parties fournies par l'organe femelle (la vésicule embryonnaire et les granules muqueux) pour la formation de l'embryon, me parait bien prouvé, etc. »

Il restait à déterminer le lieu de la formation de l'embryon et cette formation même.

Sous l'inspiration de Horkel, Schleiden (1837-1839) édifia une théorie, dite théorie horkélienne, d'après laquelle l'embryon naîtrait dans l'extrémité du tube pollinique pour se fixer secondairement dans le sac embryonnaire de l'ovule. Cette théorie, vivement défendue par les pollinistes : Endlicher (1838), Wydler, Schacht, Bernhardi (1839), Meyen (1841), Geleznoff (1850), fut vivement combattue par les vésiculistes, surtout par Hofmeister (1849) qui définit la vésicule embryonnaire comme organe femelle.

Depuis cette époque, la théorie de Hofmeister a reçu de nombreuses confirmations.

PÉRIODE CONTEMPORAINE. — Depuis les belles recherches de Hofmeister, les travaux sur la fécondation des Phanérogames se sont multipliés, et nous ne saurions les citer ; mais il est impossible de ne pas noter les admirables découvertes faites dans ces dernières années par Strasburger, Warming, Treub, Nawaschine et Guignard.

De l'ensemble de ces travaux résulte une connaissance très précise, si elle n'est encore parfaite, des phénomènes intimes dont le sac embryonnaire est le siège. Deux principaux résultats sont acquis : la réduction chromatique qui accompagne la maturation des noyaux sexuels, dont nous avons déjà parlé ; la formation d'éléments que l'on peut considérer comme des anthérozoïdes aux dépens du noyau générateur mâle, et la double fécondation.

Les plantes qui ont servi de sujet d'étude sont assez nombreuses, et la généralité des résultats prouve leur importance ; cependant, les plus belles préparations furent tirées des plantes Liliacées, le Lis martagon que nous représentons par la figure 1237, la Fritillaire et les Tulipes.

PHÉNOMÈNES INTIMES DE LA FÉCONDATION

Ces phénomènes peuvent être résumés par l'étude de la fécondation chez le Lis martagon, si bien décrite par M. Guignard.

Arrivé au micropyle, le tube pollinique prend contact avec le nucelle de l'ovule, puis il pénètre jusqu'au sac embryonnaire. Par la gélification de la paroi commune au tube pollinique et au sac embryonnaire, le contenu du premier passe dans le second.

Dès que le tube pollinique a pénétré dans le sac embryonnaire, les deux noyaux mâles qu'il renfermait à son extrémité s'en échappent rapidement pour aller rejoindre : l'un, le noyau secondaire ; l'autre, le noyau de l'oosphère. Ces noyaux sont allongés et courbés, en forme de crochet ou de boucle ; leur allongement s'accompagne d'une torsion qui peut être celle

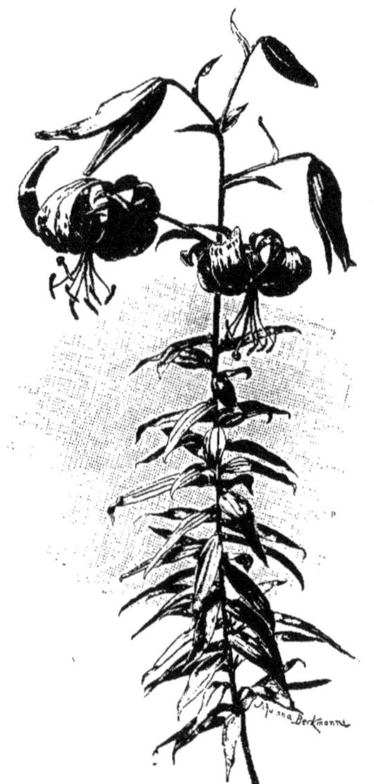

Fig. 1257. — Lis martagon.

d'une spirale comprenant un ou deux tours irréguliers. Bien qu'ils soient dépourvus de cils, par leur forme, par les aspects très divers sous lesquels ils se présentent, et qui pourraient faire supposer l'existence de mouvements, ces corps méritent le nom d'anthérozoïdes.

D'ordinaire, c'est l'anthérozoïde sorti le premier du tube pollinique qui va s'unir au noyau secondaire. Le second anthérozoïde, qui va s'unir au noyau de l'oosphère, reste plus mince et plus court que le premier. Il s'accole latéralement au noyau femelle et parfois l'embrasse dans une boucle plus ou moins complète.

Ces phénomènes ont été retrouvés, à quelques variantes près, chez un grand nombre de plantes, aussi bien Monocotylédones que Dicotylédones ; partout il existe une double fécondation. Les anthérozoïdes sont en forme de croissant renflé au centre dans la *Caltha* et le *Ranunculus*, de petits corps allongés et légèrement courbés dans l'*Anemone nemorosa* ; ils sont courts, vermiformes et plus ou moins tordus dans la *Nigella sativa*, plus ou moins grêles et en forme de virgule dans le *Reseda lutea*.

Ainsi, ces résultats obtenus chez les Dicotylédones, joints à ceux que l'on connaît chez les Monocotylédones, permettent de conclure qu'il existe dans les divers groupes de végétaux angiospermes une double fécondation : l'une donnant naissance à l'embryon, l'autre donnant naissance à l'albumen. L'albumen doit son origine à une fécondation, comme l'embryon lui-même ; il est une plante accessoire, indépendante de la plante mère, sœur de l'embryon et associée à lui pour faciliter son développement.

Ces deux fécondations sont-elles équivalentes ? Il faut penser que non, puisque l'œuf résulte de la fusion de deux noyaux seulement, tandis que l'albumen doit sa formation à la fusion de trois noyaux, les deux noyaux polaires du sac et l'un des anthérozoïdes. De plus, les deux noyaux qui fournissent l'œuf sont exactement, au point de vue du nombre de leurs bâtonnets chromatiques, des demi-noyaux ; tandis que parmi les trois noyaux concourant à la formation de l'albumen, l'un d'eux au moins présente une réduction chromatique imparfaite.

Les deux noyaux fécondés, celui de l'œuf, celui de l'albumen, donnent bientôt des formations particulières que nous aurons à examiner, sous le nom d'embryon et sous le nom d'albumen.

Homologie entre les Phanérogames et les Cryptogames. — Dans une étude antérieure, nous avons pu établir de nombreuses analogies entre les formations auxquelles donne lieu l'appareil reproducteur des diverses Cryptogames, et nous en avons conclu à l'unité des phénomènes de reproduction. Il est maintenant nécessaire de rechercher quelles sont les ressemblances des appareils reproducteurs des Cryptogames (Cryptogames vasculaires surtout) et des Phanérogames.

Les différences, assez grandes, que l'on observe entre les Cryptogames vasculaires inférieures et les Angiospermes résultent surtout de la présence d'une seule sorte de diode dans les premières plantes, tandis que les autres en possèdent de deux sortes; ces différences résultent encore de la transformation ou même de la suppression des prothalles.

Mais ces différences ne sont pas irréductibles, et on peut les expliquer en passant des Cryptogames isodiodées, comme les Fougères, aux Cryptogames hétérodiodées, comme les Sélaginelles, puis en passant de celles-ci aux Gymnospermes et enfin aux Angiospermes. Dans cette série progressive, le passage des anthérozoïdes ciliés aux corps vermiformes dérivés du noyau du tube pollinique est facile à constater, puisque le *Cycas* et le *Ginkgo*, qui sont des Gymnospermes, possèdent des anthérozoïdes ciliés.

Dans l'établissement des homologies existant entre les organes reproducteurs des végétaux, nous fixerons deux étapes, l'une des Cryptogames aux Gymnospermes, l'autre des Gymnospermes aux Angiospermes ; et nous placerons en parallèle, sur une même ligne, les noms des organes homologues en commençant par le nom de l'organe pris chez la plante supérieure.

La comparaison de phénomènes que nous avons décrits permet d'appliquer aux formations sexuelles des Gymnospermes les dénominations suivantes empruntées aux formations de même genre des Cryptogames vasculaires.

ORGANES MALES :

Sac pollinique............. Microdiodange.
Grain de pollen.... .... Microdiode.

Par germination du grain de pollen, on a :

1, 2, 3 cellules stériles..... Prothalle mâle.
1 cellule fertile ou tube pollinique................. Anthéridie, deux anthérozoïdes non ciliés.

Une grande réduction est opérée ainsi par la diminution d'importance du prothalle, représenté par une cellule stérile dans le Cyprès, par deux ou trois dans le Cycas et le Pin ; ce prothalle n'est plus autonome. La réduction porte ensuite sur l'anthéridie qui est simplement figurée par le tube pollinique.

ORGANES FEMELLES :

Nucelle.................. Macrodiodange.
Cellule mère d'endosperme. Macrodiode.
Endosperme.............. Prothalle femelle.
Corpuscules.............. Archégones.

La différence la plus importante est ici la fixité de la cellule mère d'endosperme (macrodiode) dans le nucelle (macrodiodange); il en résulte le maintien du prothalle femelle sur le macrodiodange (nucelle), et par suite on retrouve les œufs là où étaient les macrodiodes.

Arrivée à ce point de la comparaison, la suite des homologies est très simple et s'établit d'elle-même.

Chez les Angiospermes, on observe une accélération du développement, d'où résulte la suppression de certains organes, qui sont pour ainsi dire sautés. Ainsi, le prothalle mâle est supprimé et la macrodiode produit directement l'anthéridie seule, sans qu'il y ait formation de cellules stériles. De même la macrodiode offre un développement raccourci ; elle ne donne plus d'endosperme et le prothalle femelle est représenté par le sac embryonnaire :

7 cellules du sac.......... Prothalle femelle.
1 cellule du sac........... Oosphère (sans archégone).
1 cellule du sac.......... est fécondée (ternée).

Un anthérozoïde féconde l'une des huit cellules prothalliennes femelles, tandis que l'autre, au moins chez certaines plantes, est destiné à une fonction spéciale aux Angiospermes, la fécondation de la cellule mère d'albumen.

De la sorte, les phénomènes de la reproduction des plantes sont unis dans une suite continue qui montre que, malgré les différences que l'observation reconnaît, la nature végétale est une.

Fig. 1258. — Orme (*Ulmus glabra*). — A, avec fleurs ; B, avec fruits.

LE FRUIT ET LA GRAINE

Pour récolter il faut semer ; pour avoir un fruit, il faut avoir une fleur. Ainsi énoncée, cette vérité n'est pas complète, car la fleur ne donne le fruit qu'à la condition d'être fécondée. Mais, une fleur étant fécondée, comment se transforme-t-elle en fruit ?

Pour répondre à cette question, nous observerons une fleur telle que le Lis, après son épanouissement, et après la pollinisation qui la féconde. Dès que les étamines ont laissé échapper le pollen fécondant, elles perdent leurs anthères, puis elles tombent, tandis que les pétales et les sépales se flétrissent. Seul le pistil survit à cette fanaison et encore, une seule de ses parties montre nettement son état d'activité ; le stigmate se réduit, le style s'effile et se dessèche, l'ovaire, au contraire, grossit de plus en plus, devient renflé, et s'orga-

nise peu à peu en un fruit. L'amplification des dimensions qui résulte de l'accomplissement de ces phénomènes est très notable, et il suffit de comparer l'ovaire filiforme d'un Haricot à la gousse qui résulte de sa transformation pour constater cet agrandissement. Ainsi, de toutes les parties de la fleur, une seule est persistante, l'ovaire ; et si on observe, comme dans la pomme ou la poire, une rosette de feuilles représentant le calice floral, on constate de suite que ces organes sont sans aucune importance pour le fruit qu'elles ornent. La figure 1258 montre en parallèle, deux rameaux d'un Orme, l'un A couvert de fleurs, l'autre B portant des fruits.

Si le fruit est dû à la transformation de l'ovaire, les graines sont dues à la transformation des ovules, et ce phénomène primordial tient l'autre sous sa dépendance, car l'absence d'ovules fécondés dans un ovaire suffit pour que celui-ci ne se transforme pas en fruit. Cette observation nous révèle la nature et la valeur du fruit, organe destiné à protéger les graines pendant leur formation et maturation, susceptible de les laisser échapper pour permettre la germination.

LE FRUIT

La connaissance que nous avons des ovaires nous sera très utile pour la compréhension des fruits, puisque ceux-ci dérivent de ceux-là; et dès maintenant, nous pouvons prévoir la séparation à établir entre les fruits des Angiospermes et ceux des Gymnospermes; dans le premier cas, l'ovaire est clos et le fruit contient les graines; dans le deuxième cas, l'écaille carpellaire porte les ovules, comme les écailles portent les graines.

Le fruit d'une plante rappelle l'ovaire de sa fleur. — La composition organique de l'ovaire détermine celle du fruit; comme l'ovaire, le fruit peut présenter un, deux, trois, quatre, cinq, ou un plus grand nombre de carpelles; comme dans l'ovaire, ces carpelles peuvent être libres ou soudés dans une étendue plus ou moins considérable. Le fruit, résultant d'un carpelle, sera toujours à une seule loge, tel qu'était à l'origine ce carpelle lui-même; celui qui résultera de plusieurs feuilles presque étalées et seulement soudées bord à bord offrira aussi une loge unique (fig. 1259, 3 et 7); nous aurons plusieurs loges, si les feuilles repliées vers l'axe floral forment, par leurs parties rentrantes soudées deux à deux, des cloisons partageant la cavité intérieure (fig. 1259, 9).

De ce qui précède il résulte que si, décrivant une plante, on a fait connaître avec soin la composition de l'ovaire, on pourra se dispenser d'indiquer dans le fruit autre chose que les changements amenés par la maturation.

Distinction entre le fruit et la graine — La distinction que les botanistes établissent entre le fruit et la graine ne concorde pas nécessairement avec celle que fournissent les connaissances usuelles relatives à ces deux productions, et il est bon de préciser la valeur de termes aussi fréquemment employés. Puisque tout fruit a commencé par être un ovaire, et que tout ovaire se termine par un ou plusieurs styles, un ou plusieurs stigmates, un fruit doit nécessairement porter, sinon un style

entier, du moins les vestiges de cette portion d'organe. L'existence d'un style ou de sa base peut donc servir à faire distinguer un fruit d'une semence, ou même des portions de la plante auxquelles on donne improprement le nom de fruit dans le langage usuel.

Je reconnaîtrai, dit A. de Saint-Hilaire, que la châtaigne, malgré sa ressemblance extérieure avec la semence du Marronnier d'Inde, est un fruit véritable, parce qu'elle porte des styles; et d'un autre côté, je n'hésiterai pas à dire que son enveloppe épineuse n'appartient réellement pas au fruit, puisque ce n'est pas sur elle que les styles sont placés. Si dans quelques cas je pouvais concevoir des doutes, je prendrai pour pierre de touche la définition donnée du fruit, et je remonterais à la fleur, pour m'assurer si la partie sur la nature de laquelle je n'ose me prononcer a été originairement un ovaire. En procédant de cette manière je n'aurais aucune peine à reconnaître que, dans la fleur des *Anacardium*, la *noix* était l'ovaire et la *pomme* un pédoncule; que la fraise, au milieu des organes floraux, formait le sommet du réceptacle chargé des véritables ovaires pressés les uns contre les autres; enfin que le *cynorrhodon*, ou le prétendu fruit du Rosier sauvage (*Rosa canina*), n'a jamais été autre chose que le tube du calice qui, jeune encore, recouvrait les ovaires et qui, charnu et d'un jaune rouge, enveloppe les fruits mûrs.

Classification des fruits. — La diversité remarquable des fruits a frappé de bonne heure les botanistes. Dès la fin du xvie siècle, Césalpin en distingua quelques sortes auxquelles il donna des noms encore employés aujourd'hui. Linné, un peu avant le milieu du siècle dernier, en caractérisa huit espèces. — Vers la fin du siècle dernier, Joseph Gærtner, dans son important ouvrage: *De fructibus et seminibus plantarum*, en caractérisa sept espèces, parmi lesquelles deux étaient subdivisées chacune en quatre: ce qui, en réalité, donnait un total de treize.

Mais c'est surtout depuis le commencement de ce siècle que les espèces de fruit ont été multipliées et rattachées à des classements divers. Les botanistes à qui on doit les travaux les plus importants dans cette direction sont: en France, Mirbel, L.-C. Richard, Desvaux, de Candolle, Lestiboudois; en Belgique, Dumortier; en Angleterre, Lindley. Les sortes de fruits admises par eux se sont élevées à trente-six pour Lindley et pour Dumortier, à

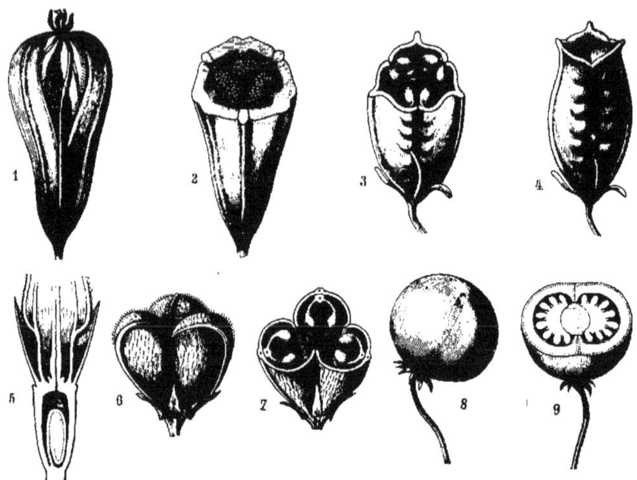

Fig. 1259. — Structure du fruit des Phanérogames. — 1, fruit ouvert de *Miltonia stellata*; 2, fruit de *Miltonia stellata* (coupe transversale); 3, fruit de Réséda (coupe transversale); 4, le même, fruit entier; 5, coupe longitudinale de l'ovaire d'*Helianthus tuberosus*; 6, ovaire de la Violette (*Viola odorata*); 7, la même, en section transversale; 8, fruit de la Pomme de terre (*Solanum tuberosum*); 9, le même, coupé transversalement. — Toutes ces figures sont grossies un peu.

quarante-trois pour Desvaux. L'élévation de ces nombres s'explique parce que, comme le disait L.-C. Richard, « rien n'est plus difficile que d'établir avec précision les diverses espèces de fruits, » et que, comme le faisait observer Dumortier « on voit les fruits les plus dissemblables en apparence se rapprocher par des nuances insensibles, tandis que, d'un autre côté, on en découvre chaque jour de nouvelles espèces qu'il est très difficile de classer parmi les anciennes ».

Dans l'étude des principaux fruits qui va suivre, nous adopterons une classification très simple et suffisante, qui repose sur l'application de deux caractères principaux. Dans le cas ordinaire où la paroi de l'ovaire devient seule, par transformation, la paroi du fruit ou *péricarpe*, il faut tout d'abord observer que cette paroi peut être mince, d'aspect papyracé, plus ou moins facile à détacher; ou bien, au contraire, être fortement épaissie, molle, souvent succulente. Dans le premier cas, nous dirons le fruit *sec*; dans le deuxième cas, nous le dirons *charnu*: tels sont les fruits du Noisetier et du Groseillier.

A la maturité du fruit, observons son départ de la plante qui l'a formé, et suivons sa destinée; nous le verrons transporté à quelque distance, reposant sur le sol, et s'y fixant pour permettre à la graine qu'il contient de germer dès le retour des conditions favorables; ou bien, au contraire, nous le verrons briser sa coque et laisser les graines s'échapper. Ces phénomènes peuvent être observés pour les fruits secs aussi bien que pour les fruits charnus; ce sont des phénomènes de déhiscence. On nomme déhiscents les fruits qui s'ouvrent, et indéhiscents les autres.

Ainsi est établie une double division dans la classification des fruits, et les quatre groupes définis sont: les fruits secs indéhiscents, Ex. : la Noisette; les fruits secs déhiscents, Ex. : la gousse des Légumineuses; les fruits charnus indéhiscents, Ex. : la Groseille et la Cerise; les fruits charnus déhiscents, Ex. le fruit vert et épineux du Marronnier d'Inde.

Nous étudierons les fruits dans cet ordre, nous réservant de faire connaître, dans un alinéa spécial, les fruits communs qui ne rentrent pas dans ce cadre simple, soit à cause de leur nature, soit à cause des parties accessoires qui les modifient.

LES FRUITS SECS·INDÉHISCENTS

Le plus simple et aussi le plus répandu des fruits secs indéhiscents est l'*akène* (ou *achaine*). Il est formé par un péricarpe et une ou plusieurs graines. Le péricarpe est la partie du fruit qui détermine sa forme, qui limite sa cavité intérieure quand il n'en existe qu'une et qui, conjointement avec les cloisons, limite ses cavités quand il y en a plusieurs ; c'est la partie qui limite les semences et leur sert pour ainsi dire de boîte. De même que la graine seule ne pourrait constituer un fruit, de même aussi on doit regarder comme un fruit incomplet le péricarpe dont les semences se sont échappées, et celui où la culture les a fait avorter.

L'akène. — L'akène, dont nous prendrons pour exemple le fruit du Sarrazin (fig. 1260),

Fig. 1260. — Akène du *Fagopyrum esculentum* avec les trois styles et le calice persistants (3/1).

est un petit corps formé d'un péricarpe mince, sec, papyracé, et d'une semence intérieure. C'est du reste le cas le plus fréquent et, à vrai dire, le cas typique des akènes, ainsi qu'on l'observe dans les fruits des Composées (Laitue, Pissenlit), des Graminées, des Cupulifères (Chêne, Noisetier, Charme).

Dans ce fruit, la paroi ou péricarpe est mince, quoique souvent résistante, elle se double intérieurement de la petite couche protectrice de la graine, le tégument séminal ; ainsi, dans une Noisette, la paroi dure, le *bois*, est le péricarpe, tandis que la pellicule brune qui entoure l'amande est le tégument séminal.

Dans un assez grand nombre de cas, le fruit sec provient d'un ovaire biloculaire, et il devient un akène double, encore nommé *diakène* ; on conçoit aussi bien la formation des *tétrakènes* et en général des *polyakènes*. Le fruit de l'Anis est un diakène, celui de la Sauge un tétrakène et celui du Radis un polyakène.

LE CARYOPSE. — Peu différents des akènes normaux sont les fruits nommés caryopses que l'on rencontre chez les Graminées. Bien que provenant d'un ovaire qui renfermait un ovule distinct de sa paroi, ce fruit a son péricarpe soudé avec le tégument séminal, de telle sorte que l'amande paraisse protégée par une seule enveloppe.

La continuité de tissu entre les deux membranes fait que, sous la meule, l'enveloppe commune se brise en fragments qui constituent le son, mélangé à la farine des céréales, et que les opérations de meunerie ont pour but de séparer.

LA SAMARE. — Une samare est un akène dans lequel l'épiderme du carpelle est dilaté en une lame qui ressemble plus ou moins à une aile, et qui sert au transport du fruit par le vent.

Quand la samare ne contient qu'une graine, on la dit une samare simple ; c'est le cas pour le fruit de l'Orme, qui est arrondi et entouré par une membrane aliforme continue. Ce fruit est assez connu sous la nom de *pain de Hanneton*, sans qu'il soit bien prouvé que les Hannetons en sont friands ; on l'observe au printemps, suspendu aux branches des Ormes, en groupes assez nombreux (fig. 1258).

L'akène du Bouleau, que représente la figure 1261, 3, est de la même forme, mais les groupements de fruits sont d'aspect très différent ; les fleurs femelles étant réunies en chatons pendants assez volumineux (fig. 1261, 2) quoique moins longs que les chatons mâles (même fig., 1), les fruits restent groupés de la même façon et chacun d'eux est protégé par la bractée de la fleur.

La samare simple de l'Orme est simple par avortement, car l'ovaire est ici bicarpellaire, mais tandis que l'une des loges est uniovulée, l'autre est stérile dès le principe. Une réduction identique se produit dans le Frêne dont l'akène est allongé ; dans l'ovaire, la cloison qui sépare les deux loges est perpendiculaire aux faces de l'ovaire, et par conséquent les deux bords aigus indiquent le dos de chaque carpelle ; après la floraison, tous les ovules moins un avortent, la cloison est refoulée, l'une des loges disparaît presque complètement et l'autre est remplie par la graine privilégiée.

Dans l'Erable, la simplification par avortement n'a pas eu lieu, les deux loges sont manifestes, et le fruit mûr se sépare, comme celui des Ombellifères, en deux coques suspendues au sommet d'un axe filiforme. Lors de la sépa-

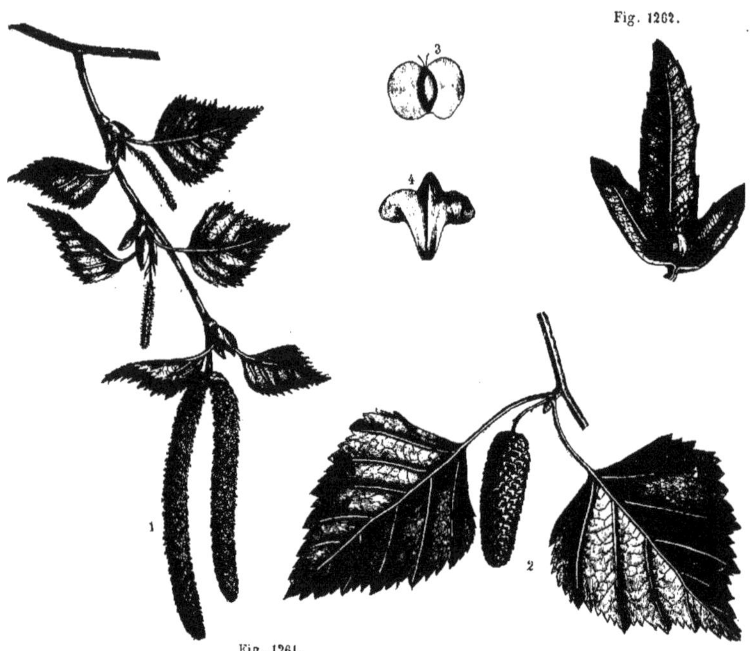

Fig. 1261.

Fig. 1261. — Bouleau blanc (*Betula alba*). — 1, épi provenant des chatons mâles ; 2, chaton femelle ; 3, une fleur femelle munie de ses deux ailes et grossie ; 4, sa bractée protectrice.

Fig. 1262. — Fruit du Charme (*Carpinus betulus*) avec sa cupule.

ration des deux parties du fruit, les sections sont enduites d'une matière visqueuse, et le savent bien les enfants qui font du fruit de l'Érable un jouet et un amusement.

Fruits composés d'akènes. — Les akènes étant des fruits, au sens véritable du mot, peuvent être accompagnés de parties accessoires, paraissant plus importantes ou plus volumineuses, et l'appellation de fruit donnée à l'ensemble peut tromper sur sa véritable nature. Tels sont les fruits du Fraisier, du Rosier sauvage, du Figuier, des Composées.

Une fraise est formée d'une partie charnue, qui n'est que le réceptacle très accru de la fleur, et qui porte un grand nombre de fruits secs, les petits points noirs, répartis en une spirale surbaissée sur le cône coloré. Malgré l'apparence, nous définissons la fraise comme un groupe d'akènes, comme un fruit sec.

Le fruit du Rosier sauvage, nommé *cynor-rhodon*, est encore formé d'akènes, mais ceux-ci sont enfermés dans une coupe, la paroi de la figue, qui est due à la transformation du réceptacle devenu charnu, rouge, et chargé d'acide malique.

La Figue est un fruit d'une complication plus grande encore ; elle est formée d'une partie charnue, comestible, représentant le réceptacle de toute une inflorescence, tandis que les petits grains qu'elle contient sont les véritables fruits, c'est-à-dire les akènes. Dans le réceptacle charnu, les fleurs étaient groupées en petites cymes unisexuées, et dans chacune d'elles, la fleur centrale est née la première ; les cymes mâles étant groupées à l'entrée de la coupe réceptaculaire, près de l'orifice par où quelques Insectes ont pu s'introduire (fig. 1219, 6 à 17), les cymes femelles occupent

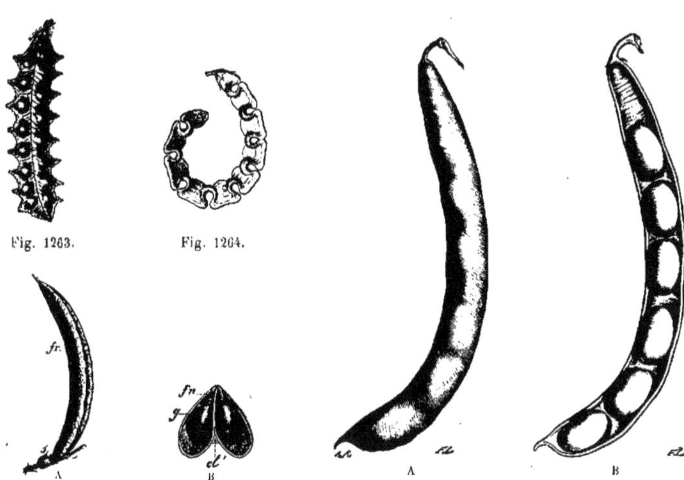

Fig. 1263.   Fig. 1264.

Fig. 1265.

Fig. 1266.

Fig. 1263. — Légume ou gousse du *Biserrula pele-cinus* (1/1).
Fig. 1264. — Légume ou gousse de l'*Hippocrepis multi-siliquosa* (1/1).
Fig. 1265. — Légume de l'*Astragaus glycyphyllos.* — En A, entier: *fr*, le légume; *s*, le calice persis-

tant (1/1). — En B, coupé transversalement: *cl'*, cloison qui le divise en deux loges; *y*, graine; *fn*, funicule (2/1).
Fig. 1266. — A, une gousse entière de Haricot flageolet. — B, la même gousse ouverte pour montrer en place les 6 graines qu'elle renfermait dans cet exemple.

le reste de la surface interne de cette coupe.

Enfin, dans le fruit des Composées, on peut reconnaître une grande quantité d'akènes ; tels sont les fruits, à tort nommés pépins du Soleil, et les fruits plumeux du Pissenlit. Tous ces petits fruits secs sont groupés en tête, comme l'étaient les fleurs dans le capitule.

LES FRUITS SECS DÉHISCENTS

Quand la paroi d'un fruit s'ouvre, soit par dessiccation, soit pour toute autre cause, on dit le fruit déhiscent; le résultat de ce phénomène est la mise en liberté, plus ou moins hâtive, de la graine.

La déhiscence des fruits s'opère de plusieurs manières, dont nous examinerons quelques-unes parmi les plus fréquentes.

Le phénomène de déhiscence s'opère par la division du péricarpe en valves, et celles-ci se détachent l'une de l'autre aux sutures. Les sutures correspondent normalement aux bords des carpelles qui se sont unis pour fermer la cavité ovarienne ; ce sont les *vraies sutures* qui séparent autant de valves qu'il existe de

carpelles. Quand la nervure médiane de chaque carpelle se fend longitudinalement en deux, à la maturité, il y a là une *fausse suture*. Cette division de la ligne médiane ou dorsale s'opère seule dans quelques cas (*Magnolia grandi-flora*); mais on voit aussi parfois des lignes de déhiscence de ces deux ordres dans un même fruit; les valves se séparent alors en nombre double de celui des carpelles. C'est ainsi que les gousses des Légumineuses, bien que formées d'un seul carpelle, s'ouvrent en deux valves. La situation de ces deux sutures, l'une le long de la ligne intérieure ou ventrale, l'autre de la ligne extérieure ou dorsale du carpelle, fait appeler la première *suture ventrale* et la seconde *suture dorsale*.

La gousse. — Le *légume* ou la *gousse* est caractérisé parce que son carpelle unique s'ouvre à la fois par sa suture ventrale et par sa ligne médiane dorsale, en deux valves qui ne portent des graines que le long de l'un de leurs bords. Le Haricot (fig. 1266, A, B) en est un exemple. Mais ce fruit, d'où est venu le nom de la famille des Légumineuses, peut subir des modifications dans sa manière d'être

normale, tant à l'extérieur qu'à l'intérieur.
A l'extérieur, il se creuse parfois, entre les
points occupés par les graines, de sinuosités,
soit des deux côtés, comme dans le *Bisserula
Pelecinus* (fig. 1263), soit d'un 'seul côté,
comme dans les *Hippocrepis* (fig. 1264). Dans
les *Medicago* ou Luzernes, le légume se contourne généralement en vis à pas serrés ;
ailleurs il se raccourcit en se renflant et s'ar-
rondissant, et en même temps ses sutures se
consolident au point de ne plus se fendre à
la maturité, et le nombre des graines y diminue jusqu'à l'unité ; il en résulte alors un
fruit ovoïde, indéhiscent, qu'on ne peut plus
que par analogie appeler légume dans les
Euchresta, dans le *Dipterix odorata,* dont
la graine odorante est la *Fève de Tonca,* etc.
— A l'intérieur, sa loge peut être divisée
longitudinalement en deux, comme dans les
Astragales, tels que l'*Astragalus Glycyphyllos*
(fig. 1265), dans le *Biserrula* et quelques
autres.

La silique. — Ce fruit appartient à la famille
des Crucifères, à laquelle il fournit l'un de ses
principaux caractères. Il offre deux loges
séparées par une cloison dont les bords tiennent aux placentas pariétaux et de laquelle se
détachent, pour la déhiscence, deux valves qui
s'écartent en général de bas en haut (fig. 1267,B).
Lorsque ce fruit est beaucoup plus long que
large, comme sur la figure 1267, il garde le nom
de silique, et on l'appelle silicule quand sa
longueur surpasse tout au plus quatre fois sa
largeur ; on éprouve souvent de l'embarras
pour appliquer l'une ou l'autre de ces dénominations.

La cloison de ce fruit paraît être indépendante des parois carpellaires : c'est en effet un
plan cellulaire souvent dédoublé en deux
lames vers ses bords et comme tendu sur un
cadre que forment les deux placentas ; de là
chacun de ceux-ci porte une rangée de graines
à droite et à gauche, c'est-à-dire dans l'une et
l'autre loge.

Ce cadre placentaire est plus apparent dans
des plantes voisines, sous ce rapport, des Crucifères, savoir les *Chelidonium* dont le fruit
(fig. 1268), qu'on appelle simplement capsule en
forme de silique, a la même forme, s'ouvre
également en deux valves de bas en haut, mais
se distingue en ce que son cadre placentaire,
rp, ne porte pas de cloison.

Le follicule. — Le *Follicule* est un fruit à
parois généralement minces, qui s'ouvre par

sa suture ventrale et qui forme ainsi une
seule valve dont les deux bords portent chacun

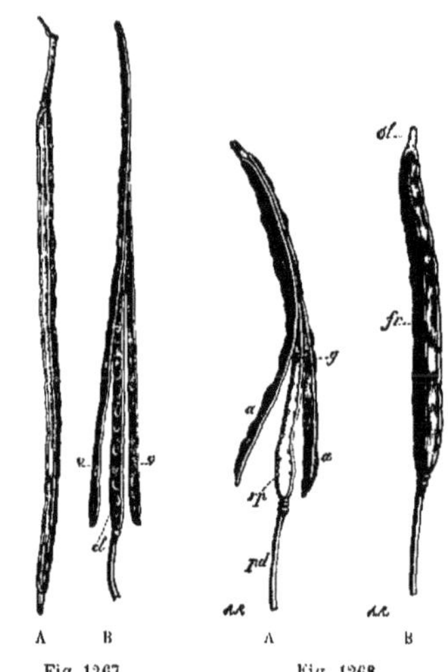

Fig. 1267.　　　　Fig. 1268.

Fig. 1267. — Silique du *Brassica arvensis*. — A, encore fermée. — B, en déhiscence : *vv,* ses deux valves ; *cl,* sa cloison, au cadre de laquelle tiennent encore les graines (1/1).
Fig. 1268. — *Chelidonium majus.* — A, fruit entier,
fr, encore fermé ; *sl,* style persistant en bec, à son
extrémité supérieure. — B, le même en déhiscence :
pd, pédoncule ; *aa,* les deux valves qui se détachent
laissant le replum *rp* ; celui-ci porte encore dans le
haut des graines *g* (1/1).

une ou plusieurs graines. Le plus souvent les
follicules succèdent, au nombre de deux, trois
ou plusieurs, à une même fleur comme ceux de

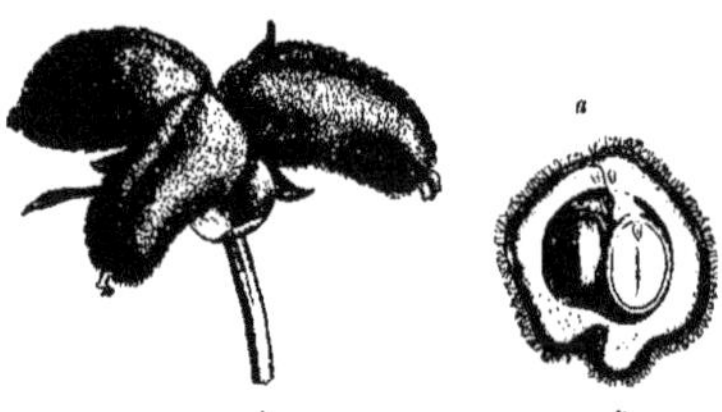

Fig. 1269. — *Pæonia officinalis*. — A, les trois follicules qu'a produits une fleur. — B, un de ces fruits
coupé transversalement pour montrer la suture *a*
par laquelle il s'ouvrira et les graines en place (1/1).

la figure 1269, A. La figure 1269, B, montre la
coupe transversale de l'un de ces fruits ; c'est

par la suture *a*, le long de laquelle s'attachent les graines, que se fera la déhiscence. D'autres Renonculacées de la tribu des Pæoniées et de celle des Helléborées, toutes les Asclépiadées et Apocynées, etc., ont pour fruits des follicules.

C'est sur le plan du follicule qu'est organisé le fruit des Protéacées, dont les parois deviennent souvent ligneuses, même très épaisses (*Hakea*, *Xylomelum*), qui ne renferme qu'une ou deux graines, parfois séparées par une fausse cloison de formation tardive, et qui s'ouvre complètement par sa suture ventrale, incomplètement par sa suture dorsale.

LES CAPSULES

Sous le nom générique de capsules on réunit les fruits déhiscents et secs, tandis que les rares fruits charnus et déhiscents sont nommés capsules charnues. Les modes de déhiscences des capsules sont très variés, et il en résulte des formes de capsules fort différentes, que l'on dénomme en ajoutant au nom de capsule des adjectifs appropriés. Pour voir, au reste, combien les fruits diffèrent quelquefois l'un de l'autre, même dans les plantes très voisines, à côté de la capsule allongée et bivalve du *Corydalis* (fig. 1270) qui renferme de nombreuses

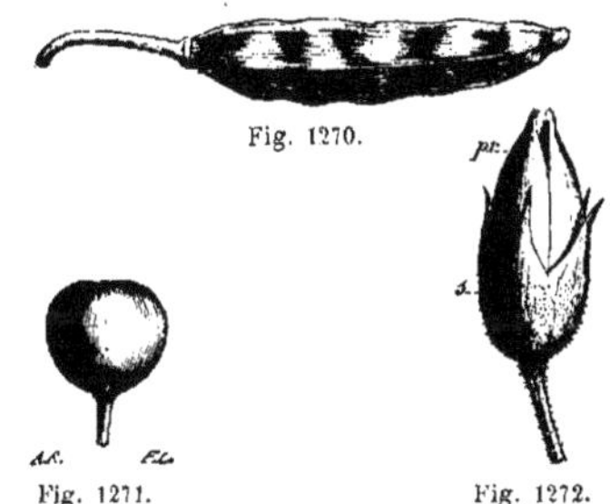

Fig. 1270.

Fig. 1271.   Fig. 1272.

Fig. 1270. — Capsule oblongue, uniloculaire, bivalve et polysperme du *Corydalis ochroleuca*.
Fig. 1271. — Fruit du *Fumaria officinalis* (6/1).
Fig. 1272. — Fruit du *Nicotiana tabacum*, s'ouvrant au sommet par déhiscence septicide. — *pr*, péricarpe ; *s*, calice persistant (1/1).

graines, il suffit de placer (fig. 1271) le fruit de la Fumeterre officinale (*Fumaria officinalis*) qui est petit, arrondi, finalement sec et à une seule graine. Or les *Corydalis* étaient, à l'origine, confondus parmi les *Fumaria*. Il

existe même plusieurs plantes qui produisent des fruits de deux ou trois formes différentes. On n'a pas compté moins de seize genres dont certaines espèces offrent cette particularité. L'un des exemples les plus remarquables à cet égard est celui du *Ceratocapnos* d'Algérie dans lequel, du même petit épi de fleurs proviennent deux natures de fruits, dont l'une rappelle les *Corydalis* par sa forme oblongue et ses parois minces, l'autre, placée plus bas, est analogue aux fruits des *Fumaria* par sa brièveté, par sa graine unique et par ses parois épaisses, dures, offrant de fortes côtes ondulées.

Capsules à déhiscence valvaire. — La division d'un fruit peut se faire par des lignes longitudinales déterminant la formation de valves, ou bien par des lignes ou plages circulaires provoquant l'ouverture de pores ; on dit dans le premier cas la déhiscence valvaire ; dans le deuxième cas, on la dit poricide.

Le déhiscence valvaire ne se rencontre que dans les fruits provenant de pistils composés de plusieurs carpelles ; on en distingue trois sortes :

DÉHISCENCE SEPTICIDE. — Un fruit de ce genre réunit deux ou plusieurs carpelles qui forment tout autant de loges, ou qui circonscrivent tous ensemble une loge unique. Dans le premier cas, la déhiscence la plus naturelle est celle qui dissocie les carpelles élémentaires par la séparation des deux lames que réunissait chaque cloison ; elle fend donc chaque cloison en deux, et de là est venue pour elle la qualification de *déhiscence septicide* (*septa scindens*, fendant les cloisons). Une fois isolés de cette manière, les carpelles s'ouvrent longitudinalement, soit par la disjonction de leurs deux bords auparavant soudés, soit en laissant ces bords mêmes, avec les placentas qui s'y rattachent, unis en une columelle centrale de laquelle ils se séparent. Dans tous les cas, chaque valve du fruit ouvert appartient à un seul carpelle. On voit des exemples de déhiscence septicide, parmi les Dicotylédones, chez le Tabac (fig. 1272), chez les *Verbascum*, *Calceolaria*, *Scrofularia*, etc. (Scrofularinées), dans les *Hypericum*, dans les Rhododendrées (Éricacées), etc. ; parmi les Monocotylédones, dans les Colchiques (fig. 1273), les Bulbocodes et presque toutes les autres Mélanthacées.

DÉHISCENCE LOCULICIDE. — La déhiscence *loculicide* (*loculos scindens*, ou fendant les loges) est celle dans laquelle l'ouverture se fait selon la nervure médiane des carpelles, par une grande fente longitudinale au milieu de la paroi externe de chaque loge. La figure 1274 montre ainsi ouvert le fruit de la Tulipe des jardins (*Tulipa Gesneriana*). Cette déhiscence, ouvrant largement les loges, met à découvert les graines *g* : chaque valve ainsi produite comprend la moitié de deux carpelles adjacents, et les cloisons correspondent au milieu de chaque

Fig. 1273. — Colchique d'automne (*Colchicum autumnale*). — A gauche, la plante entière fleurie ; à droite, l'ovaire coupé ; au milieu, le fruit ouvert.

valve. La plupart des Monocotylédones, Joncacées, Liliacées, Amaryllidées, etc., et beaucoup de Dicotylédones : les Polémoniacées, diverses Scrofularinées, les Éricacées proprement dites, etc., ouvrent leur fruit de cette manière.

DÉHISCENCE SEPTIFRAGE. — C'est le mode d'ouverture de certains fruits dans lesquels la paroi externe des loges se sépare de leurs parois latérales qui forment les cloisons, celles-ci restant unies, au moins momentanément, entre elles ; il y a donc rupture des cloisons à leur jonction avec la périphérie du fruit, d'où a été tirée la qualification de *septifrage* (*septa frangens* ou « brisant les cloisons »). La portion périphérique du péricarpe se trouve ainsi divisée en valves comprenant chacune la partie d'un carpelle qui s'étendait d'une cloison à l'autre. Cette déhiscence a lieu dans les Cédrélacées,

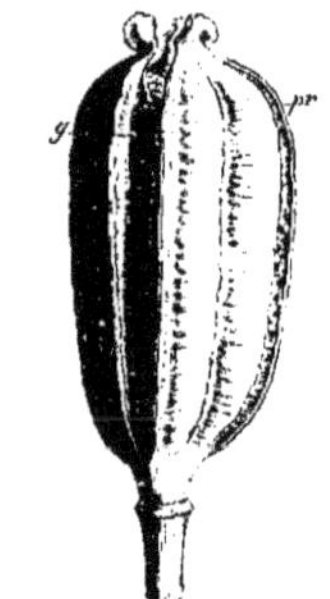

Fig. 1274.

Fig. 1274. — *Tulipa Gesneriana*. — Son fruit, *pr*, ouvert par déhiscence loculicide et laissant voir ses graines *g*, encore en place (1 1).

comme l'Acajou (*Swietenia Mahogoni*), dans les *Hydrolea*, etc. ; elle est moins fréquente que les deux premières.

Capsule à déhiscence poricide. — Quelques fruits livrent passage aux graines, soit par une ouverture naturelle, soit par des trous qui se percent dans le péricarpe. Le fruit du Réséda (*Reseda odorata*) (fig. 1275) offre un exemple de la première de ces particularités, son péricarpe étant ouvert dans le haut dès avant la maturité ; celui de l'*Antirrhinum majus* nous présente la seconde ; son fruit (fig. 1276) se perce, vers son extrémité, de deux ou trois grands pores, l'un pour le carpelle supérieur, l'autre ou les deux autres pour le carpelle inférieur. D'autres fruits s'ouvrent aussi par des pores qui sont plutôt de simples déchirures dues à des actions mécaniques (Campanulacées). On confond parfois à tort avec cette déhiscence par des pores ou *poricide* celle qui s'opère au sommet de certains fruits, nommée, pour ce motif, *apicilaire*, et qui est due à une division incomplète, ne détachant que de simples dents en nombre tantôt égal à celui des carpelles (*Lychnis*, *Viscaria*), tantôt double de celui-ci (*Cerastium*, *Holosteum*, etc.). Parfois ces déhiscences par dents et par valves sont réunies, comme dans les *Arenaria*, dont le fruit s'ouvre d'abord par des dents deux fois plus nombreuses que les carpelles, et se divise

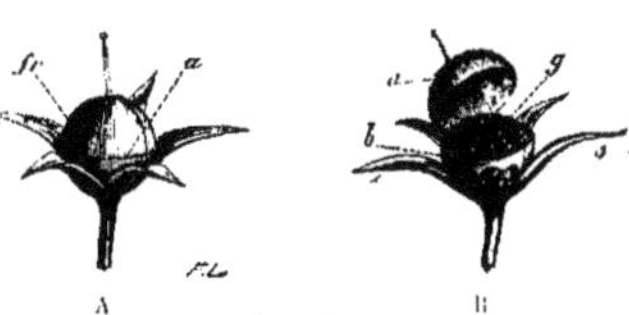

Fig. 1275.   Fig. 1276.   Fig. 1277.

Fig. 1275. — *Reseda odorata.* — Son fruit, qui présente naturellement une ouverture au sommet (1/1).

Fig. 1276. — *Antirrhinum majus.* — Son fruit percé à la maturité, peu au-dessous du sommet, de trois grands trous ou pores (2/1).

Fig. 1277. — *Anagallis arvensis.* — A. son fruit entier, *fr*, avant sa déhiscence et embrassé par le calice persistant *s*; *a*, ligne transversale où se fera la rupture du péricarpe. — B, le même fruit ouvert et laissant voir les graines *g* (2/1).

finalement jusqu'à sa base en valves en même nombre que les carpelles et par conséquent bidentées à leur sommet.

Déhiscence transversale. — Elle a lieu par la rupture transversale du péricarpe sans rapport avec la constitution du fruit par les feuilles carpellaires; on en voit un exemple sur la figure 1277.

Quel que que soit le mode de déhiscence des capsules, elle se produit, au moins dans la plupart des cas cités, avec lenteur, et sans la force suffisante pour projeter les graines. Celles-ci tombent sur le sol, et là elles germent. Dans quelques autres cas, les capsules s'ouvrent avec force, même avec une sorte d'explosion, et les graines sont lancées à des distances assez grandes de la plante qui les a produites; nous nommerons ces fruits des capsules ruptiles, et nous les étudierons dans le chapitre de la dissémination des fruits et des graines.

LES FRUITS CHARNUS INDÉHISCENTS

Les fruits charnus se distinguent des précédents par leur péricarpe plus épais, souvent succulent, et ordinairement divisé en plusieurs régions d'aspect, de consistance très variables. Ces fruits peuvent être rapportés à deux types principaux, que nous nommerons *drupe* et *baie*, et qui peuvent être qualifiés de *fruit à noyau* pour la drupe, de *fruit à pépins* pour la baie.

La drupe. — Un grand nombre de fruits répondent à la définition de la drupe; ainsi, la cerise, la pêche, l'abricot, la noix verte, l'amande, sont des drupes (1).

(1) Quelques botanistes ont distingué de la drupe la noix, fruit des Noyers (*Juglans*), et aussi de l'Aman-

Dans ces fruits, le péricarpe est divisé en trois régions d'importance très inégale (fig. 1278 et 1279). A la surface est l'épiderme, nommé encore l'*épicarpe* ou vulgairement la pelure; au-dessous est la pulpe nommée *mésocarpe*, qui est la chair du fruit, sa partie succulente; enfin, plus en dedans est le noyau, partie ligneuse, résistante, nommée *endocarpe*. Ces trois par-

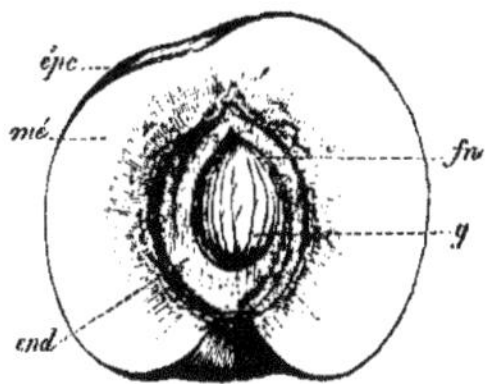

Fig. 1278. — Coupe longitudinale d'une pêche, fruit de l'*Amygdalus persica*. — *épc*, épicarpe; *mé*, mésocarpe; *end*, endocarpe; *g*, graine; *fn*, funicule de la graine (1/2).

ties, épicarpe, mésocarpe, endocarpe, composent le péricarpe.

L'importance des trois régions d'une drupe est essentiellement variable; ainsi la cerise et l'abricot présentent, avec un épicarpe mince, une pulpe épaisse; tandis que la noix possède une pulpe de peu d'épaisseur. De même, l'épicarpe d'une cerise est mince et brillant, celui d'une pêche ou d'une amande est plus épais et villeux, ce qui fait paraître le fruit velouté. Pour les noyaux, une différence semblable peut

dier (*Amygdalus communis*, fig. 1279), dans laquelle le mésocarpe, appelé vulgairement le *brou*, est ferme et presque coriace; mais cette différence de fermeté n'autorise pas une pareille distinction, puisqu'elle s'efface dans l'amande-pêche.

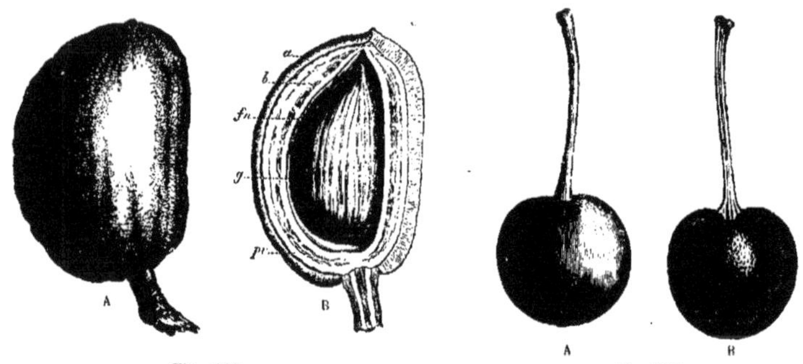

Fig. 1279.

Fig. 1279. — Fruit de l'Amandier (*Amygdalus communis*). — A, tout entier. — B, coupé longitudinalement : *a*, épicarpe ; *b*, noyau ; *g*, graine ; *fn*, funicule (1/1).

Fig. 1280.

Fig. 1280. — *Cerasus caproniana.* — Son fruit ou la cerise. — A, entière ; B, coupée longitudinalement de manière à montrer le noyau en place (1/1).

s'observer : celui de la cerise ou de l'abricot est dur et assez épais, il ne possède pas de solutions de continuité ; tandis que le noyau de la pêche est résistant et vermiculé, celui de l'amande est plus mince et fragile ; celui de la noix présente même une ligne de déhiscence, ce qui lui permet de s'ouvrir quand la partie verte est détruite.

L'examen attentif des formes d'un fruit permet de reconnaître les qualités de l'ovaire dont il provient ; c'est ainsi que sous la forme globuleuse d'une cerise, on retrouve l'unique carpelle qui l'a produite et dont les bords placentaires soudés ont laissé une légère dépression visible même sur le fruit mûr, et dirigée suivant un méridien du fruit. Rappelons à ce propos que les rosettes de sépales qui ornent certains fruits au début de leur formation ou même à leur maturité permettent de reconnaître la qualité de l'ovaire d'être supère ou infère ; dans le premier cas les sépales forment une rosette au bas du fruit, près de son point d'attache au pédoncule (cas le plus général) ; dans le second cas, ces sépales se montrent à l'opposé du pédoncule (cas de la pomme, de la groseille).

Les drupes que nous avons nommées proviennent de fleurs à ovaire supère, elles ne présentent pas d'ombilic, et leur surface est continue, sauf au point d'attache du pédoncule qui constitue un hile ou cicatrice quand on détache le fruit.

La continuité vasculaire des éléments du pédoncule et de ceux du fruit est à noter, elle permet quelquefois de détacher la pulpe d'une cerise tout en laissant le noyau adhérent au pédoncule, et cette expérience familière aux enfants comporte un enseignement ; elle montre que la partie importante du fruit n'est pas la chair succulente, mais le noyau ou plutôt son contenu, c'est-à-dire la semence. On peut cependant remarquer dans la pulpe des nervures qui servent au transport de la sève destinée à l'édification des matériaux sucrés dont cette pulpe est formée (fig. 1280, B).

Certains fruits, tels que la mûre, la framboise, paraissent dépourvus de noyau et seraient rangés dans les baies si l'on n'y prêtait attention ; pourtant ces fruits sont bien formés de drupes, ils sont des drupes multiples.

Dans les Mûriers (*Morus*), le calice des fleurs femelles épaissit sa substance, devient pulpeux, et forme ainsi un véritable fruit, devenu lui-même pulpeux extérieurement, surtout chez le *Morus nigra*, une sorte d'enveloppe qui s'applique contre le péricarpe sans se souder avec lui. Ainsi se produit l'agglomération appelée mûre (fig. 1281), qui est blanche ou rosée dans le Mûrier blanc (*Morus alba*), pourpre-noir dans le Mûrier noir (*M. nigra*). Il ne faut pas confondre la mûre, qui est le produit d'une inflorescence entière, avec le fruit de la Ronce commune (*Rubus fruticosus*) qu'on appelle souvent du même nom. Celui-ci (fig. 1282) succède à une seule fleur et résulte d'un groupe de carpelles simples, dont le péricarpe est

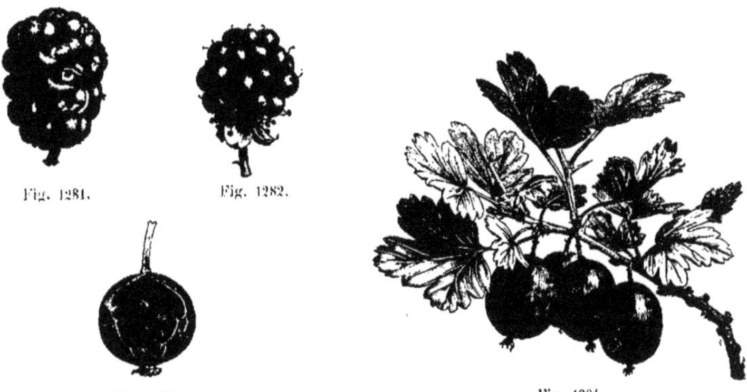

Fig. 1281.

Fig. 1282.

Fig. 1283.

Fig. 1284.

Fig. 1281. — Mûre ou réunion des fruits et des calices accrus du *Morus nigra* (1/1).
Fig. 1282. — Mûre de Ronce, ou fruit du *Rubus fruticosus*. — *s*, son calice persistant (1/1).

Fig. 1283. — Baie du Groseillier ordinaire (*Ribes nigrum*), coupée longitudinalement.
Fig. 1284. — Groseilles à maquereau.

devenu succulent et dont chacun porte encore son style desséché. Le calice *s*, rabattu sous lui, est resté étranger à sa formation. La framboise ou fruit du Framboisier (*Rubus idæus*) est dans le même cas.

La baie. — Tandis que dans la drupe le péricarpe comprend trois zones assez nettement séparables, dans la baie il n'y a plus guère que deux régions distinctes : l'une, l'épicarpe, est extérieure et forme la pelure ; l'autre, le mésocarpe, est intérieure et forme la pulpe ou chair du fruit. Dans cette pulpe sont placées directement les semences que l'on nomme alors des *pépins*.

Il existe un grand nombre de baies bien connues : la groseille, le raisin, les concombres, cornichons, melons, potirons, tomates, etc. La groseille (fig. 1283) provient d'un ovaire infère, mais la caducité du calice empêche de retrouver les sépales sur le fruit mûr, on les observe sur le fruit vert ou mieux sur la groseille à maquereau (fig. 1284).

Ce qui précède montre la différence qu'il est nécessaire d'établir entre un noyau et un pépin ; le premier est une partie du fruit, une région de l'épicarpe, le second est seulement une partie de la graine, son tégument épaissi et lignifié.

Malgré la généralité de la définition d'une baie, un fruit charnu sans noyau, un grand nombre de baies ont été étudiées par les auteurs sous des noms divers, et nous les rappelons sans cependant y attacher une grande importance.

LE PÉPON. — Le *pépon* ou la *péponide* est le fruit des Cucurbitacées, comme courge, melon, concombre, etc. Il provient d'un ovaire infère, rarement demi-infère ; dans ce dernier cas, qui est celui du giraumon turban (fig. 1285), sa portion infère est fortement renflée et à grosses côtes longitudinales arrondies, sa portion supère et libre étant plus étroite, avec trois ou quatre fortes proéminences qui indiquent les carpelles entrés dans sa formation. Le caractère essentiel du pépon est de diminuer de dureté de la circonférence au centre où se produit même un vide, dans les espèces et variétés cultivées. En outre, bien qu'il provienne d'un ovaire à plusieurs loges (généralement trois), les graines y sont éloignées de l'axe.

LA MÉLONIDE. — On nomme *mélonide*, ou mélonide à pépins, le fruit de quelques arbres : Pommier, Poirier, Cognassier. Ce fruit est une baie et une drupe, ou plutôt est intermédiaire entre la baie et la drupe. Il est le résultat de la transformation d'un ovaire infère, et à sa construction ont participé les tissus de l'ovaire et ceux du réceptacle.

La *pomme* (nom générique) est surmontée du calice (œil) et creusée de cinq loges, dont les parois sont formées par un endocarpe

Fig. 1285.

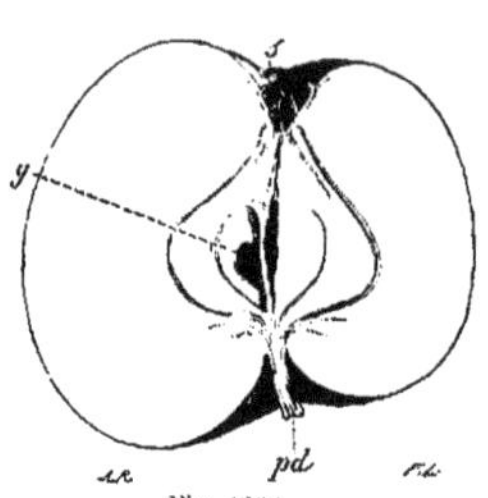

Fig. 1286.

Fig. 1285. — Potiron turban.
Fig. 1286. — Coupe longitudinale d'une pomme montrant son calice persistant et plus ou moins desséché ou œil, son pédoncule *pd*, et l'une de ses graines ou pépins en place *g* (1/2).

cartilagineux. Ce tissu corné, et non ligneux, comme le noyau des drupes typiques, est assez difficile à délimiter, et si on le considère comme une simple différenciation de la partie interne de l'endocarpe, on fait de la pomme un fruit baccien.

On distingue vulgairement la pomme de la poire à cause de la différence ordinaire de la forme; mais l'organisation de ces deux fruits étant la même, leur forme n'est pour eux qu'un caractère sans valeur; d'ailleurs ce caractère même disparaît, puisqu'il existe des poires arrondies (Crassane, Naquette, Silvange, poire du Quessoy et généralement celles qu'on nomme Bergamotes), et des pommes tout aussi allongées que les poires ordinaires, même parfois ventrues comme celles-ci (Pigeonnet, Princesse d'Orange, etc.). Quant au coing, il ne se distingue que parce qu'il a l'épicarpe duveté et plusieurs graines dans chaque loge.

De la mélonide on rapproche la *pomme à osselets*, nom que l'on donne quelquefois à la nèfle. Ce fruit présente un endocarpe durci en noyau autour de chaque semence, il est donc plutôt une drupe multiple, mais la similitude de nature qu'il présente avec les pommes le rapproche des mélonides. Le calice persistant qui forme l'œil des mélonides est ordinairement petit, il a les dimensions du calice de la fleur; dans les nèfles, au contraire, cet œil est grandement élargi après la floraison, il forme une large couronne dont les figures 1287, A et B montrent la disposition. Dans la pulpe brune que contiennent ces fruits on trouve les petits noyaux, et chacun d'eux contient une graine, comme on le voit sur la figure 1288.

LA BALAUSTE. — De Candolle a désigné sous le nom de *balauste* le fruit du Grenadier, qui provient d'un ovaire infère, que couronne le calice persistant et sensiblement accrescent, dont le mésocarpe est coriace, et qui offre cette particularité spéciale d'avoir deux (assez souvent même trois) étages, l'un de cinq, l'autre de trois loges, séparées par un endocarpe fort mince, et où se trouvent de nombreuses graines à tégument épais et succulent.

L'HESPÉRIDE. — L'*orange* ou hespéridie est le fruit des espèces du genre *Citrus*; elle est caractérisée par un péricarpe (la peau de l'orange) formé de trois couches dont deux sont unies. La partie colorée, en rouge ou en jaune, est l'épicarpe; la partie molle et blanche est le mésocarpe; l'endocarpe forme une mince pellicule entourant les quartiers et les séparant; les loges ainsi constituées se remplissent, après la floraison, d'une masse de cellules fusiformes, gorgées de suc, qui sont nées principalement de la paroi de la loge et qui se sont accrues de la périphérie vers le centre; ce sont ces cellules à membrane très délicate et pleines de jus qui forment la pulpe des oranges et des citrons.

LES FRUITS CHARNUS DÉHISCENTS

Ces fruits, que nous avons nommés des capsules charnues, sont en vérité peu nombreux, et la catégorie spéciale que nous formons avec eux a surtout pour but de montrer que les deux caractères de carnosité et d'indéhiscence sont en quelque sorte indépendants.

Nous prendrons comme exemple de ces sortes de fruits le marron d'Inde, vulgairement nommé *châtaigne de cheval*. Ce fruit est charnu par sa coque verte hérissée de pointes molles; il s'ouvre soit sur l'arbre même, soit lors de

A

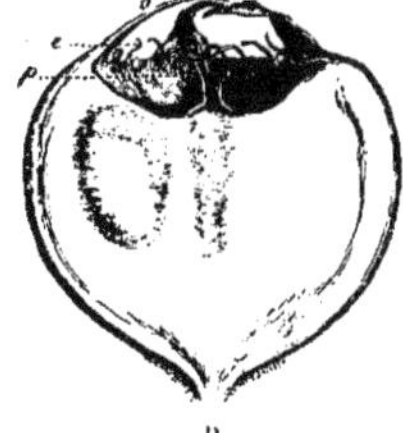
B

Fig. 1287.

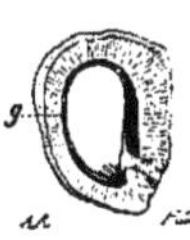

Fig. 1288.

Fig. 1287. — Nèfle, fruit du *Mespilus germanica* : en A, entière ; en B, coupée longitudinalement. — *ss*, calice persistant ou œil très large ; *e*, reste des étamines et *p* des styles.

Fig. 1288. — Coupe longitudinale d'un noyau de nèfle. *g*, graine (1/1).|

sa chute sur le sol ; à son intérieur sont placées les graines, séparées dans leurs loges respectives par des cloisons blanches et tendres qui dépendent de l'endocarpe. Chaque graine, le marron, est en outre protégée par son tégument brun et lisse, dont la surface paraît vernie, sauf en une région nommée hile, qui est la cicatrice très agrandie que laisse le funicule de l'ovule en se séparant de la graine.

Fruits particuliers. — Sous le nom de *syncarpe* on réunit diverses inflorescences fructifères dans lesquelles des fruits, tantôt secs, tantôt charnus, sont réunis en un ensemble souvent volumineux, par l'intermédiaire de parties diverses, soit du calice accru, soit de bractées devenues elles-mêmes charnues. Ce mot est employé d'une manière assez vague, comme il ne se relie pas à une organisation nettement caractérisée ; aussi l'applique-t-on également : 1° à l'inflorescence fructifère du Mûrier (fig. 1281), 2° à celle de l'Ananas (*Ananassa sativa*) dont la portion comestible comprend, outre de nombreux ovaires infères, des bractées dans lesquelles le tissu s'est épaissi, s'est gorgé de sucs après la floraison, et qui étaient, pour chaque fleur, au nombre de trois, une médiane avec deux latérales ; 3° à celle qui rend si utiles, dans les contrées intertropicales, l'Arbre à pain (*Artocarpus incisa*), le Jacquier (*Artocarpus integrifolia*), et qui réunit des parties tout aussi diverses, etc.

LES FRUITS DES GYMNOSPERMES

L'inflorescence fructifère des Pins, Sapins et autres Conifères est nommée cône ou strobile ; vulgairement elle est appelée chez les Pins, *pomme de Pin*.

Depuis Rob. Brown, on admet que, dans ces végétaux, le pistil n'est pas façonné en ovaire fermé, mais que sa feuille carpellaire unique est ouverte, étalée, sans style ni stigmate, et laisse ainsi les ovules à nu. Ces ovules non renfermés dans un ovaire deviennent des graines non contenues dans un péricarpe, ou nues ; de là les Conifères et les Cycadées, qui sont organisées de même, forment, parmi les Phanérogames, la catégorie des *Gymnospermes*

B

Fig. 1289. — Fructification du Cyprès commun (*Cupressus sempervirens*). — A, entière. — B, une des écailles qu'elle réunit et sous lesquelles les graines sont abritées (1/1).

ou à graines nues (γυμνός, nu, et σπέρμα, graine), tandis que les autres Phanérogames possédant un péricarpe autour de leurs graines, sont dites, par opposition, *Angiospermes* ou à graines enveloppées (de ἀγγεῖον, vase, et σπέρμα, graine). Les feuilles carpellaires étalées des Gymnospermes, à chacune desquelles vient presque toujours se réunir plus ou moins complètement une bractée mère externe, forment les écailles qui portent les ovules et qui, grandissant, solidifiant et épaississant leurs tissus, après la fécondation, deviennent les grandes productions ligneuses entre lesquelles sont abritées et cachées les graines. C'est cet ensemble qui constitue le cône ou strobile.

Quand ce cône n'a que peu d'écailles élargies et épaissies, à leur extrémité, en tête de clou, et qu'il est, dans son ensemble, globuleux ou un peu ovoïde, on le nomme parfois un *galbule*. Tel est celui des Cyprès (fig. 1289).

LES FRUITS UTILES

L'étude précédente est toute botanique, elle ne tient aucunement compte de l'importance plus ou moins grande que présentent les divers fruits pour l'alimentation de l'homme ou des animaux, elle doit donc être complétée par un examen des fruits les plus connus et les plus utiles.

Liste des espèces fruitières. — Les espèces fruitières arbustives cultivées à l'air libre sous le climat parisien et dans presque toute la France peuvent être classées ainsi que le font les horticulteurs, de la façon suivante (1) :

Familles.	Espèces.	Nature des fruits.
Rosacées.........	Poirier. Pommier. Cognassier. Néflier. Cormier.	Fruits à pépins.
	Abricotier. Pêcher. Prunier. Cerisier. Amandier.	Fruits à noyau.
	Framboisier.	
Viniférées........	Vigne.	
Saxifragacées (Grossulariées)..	Groseillier. Cassissier.	Fruits en baies.
Ulmacées (Artocarpées)........	Figuier.	Pseudo-fruit charnu.
Juglandacées..... Castanéacées.....	Amandier. Noyer. Noisetier. Châtaignier.	Fruits secs.

À l'inspection de ce tableau, l'on doit être frappé de voir que la majorité des fruits, les meilleurs, nous sont fournis par la famille des Rosacées. Cette famille est d'ailleurs encore des plus utiles au point de vue de l'ornementation. Entre autres fleurs elle nous fournit la rose, considérée à juste titre comme une des plus belles fleurs. Enfin la fraise est encore fournie par une plante de cette famille. Dans le midi de la France, on cultive quelques espèces fruitières appartenant à d'autres familles que celles citées ici : Orangers, Citronniers, Cédra-

(1) P. Passy, *Arboriculture fruitière*, t. II, p. 2.

tiers, Arbousiers (1), Grenadiers, Pistachiers, Kakis ou Plaqueminiers, et le Bibassier (Néflier du Japon), qui est aussi de la famille des Rosacées.

Au point de vue botanique, les fruits de nos arbres se rattachent à quatre types : *Drupes, Baies, Akènes, Faux fruits*.

1° **Drupes.** — La partie molle que l'on consomme est le mésocarpe.............	1° **Drupes à noyau :** Abricot, Pêche, Cerise, Prune, Noix, Amande.
	2° **Drupes multiples :** Framboise.
	3° **Drupes à pépins** (Loges cartilagineuses) : Poire, Pomme (fig. 1290), Coing.
	4° **Drupes à osselets** (Loges ligneuses) : Nèfles, Sorbes.
2° **Baies.** — On consomme le mésocarpe et l'endocarpe.	Raisin. Groseilles diverses.
3° **Akènes** (Fruits secs). — La partie comestible est la graine.	Châtaigne. Noisette. Fêne.
4° **Faux fruits** ou **pseudo-fruits.** — On consomme les petits fruits et le réceptacle.	Figue et aussi la fraise.

Maturation des fruits. — Dès que la fleur est fécondée, on peut dire que le fruit existe ; néanmoins, il faut pour que ce fruit soit mûr un certain temps, temps pendant lequel la texture du fruit se modifie, tandis que le contenu de ses cellules subit de profonds changements. Nous passerons en revue ces phénomènes en suivant cette division.

1° MODIFICATIONS DES TISSUS. — Dans les parties du péricarpe qui doivent devenir charnues, les cellules se multiplient, s'agrandissent en conservant des parois minces et, si le fruit doit être pulpeux, elles forment une série de couches d'épaississement gélatineuses qui constituent en majeure partie la pulpe. Les faisceaux fibro-vasculaires participent à ces modifications et ne sont plus finalement que des filaments très déliés, presque perdus au milieu de la masse de plus en plus amollie. Toutefois, même dans l'épaisseur de la substance charnue des

(1) L'Arbousier, vulgairement nommé Arbre à fraises, est un arbuste qui croît spontanément dans le midi de la France et en Algérie; ses fruits, dont la ressemblance avec des fraises est frappante, sont assez estimés, soit à l'état frais, soit transformés en confitures; ils conservent cependant une certaine acidité.

Fig. 1290. — Disposition et plan de structure du fruit des Phanérogames. — 1, disposition du fruit de la rose (*Rosa schottiana*); 2, la même, un peu grossie en coupe longitudinale; 3, un pistil isolé de ce fruit ,coupe longitudinale ; 4, disposition du fruit du Pommier (*Pirus malus*) (coupe longitudinale) ; 5, le même en coupe transversale ; 6, section transversale d'une pomme. — 1, 6, grandeur naturelle; 2, 4, 5 (gr. 3/1); 3 (gr. 8/1.

péricarpes ainsi modifiés, certaines cellules offrent parfois des phénomènes inverses et épaississent leurs parois en les durcissant fortement ; ainsi se forment les grains très durs qui se trouvent dans la chair des poires dites *pierreuses*. — Un épaississement considérable des parois cellulaires endurcies s'opère aussi dans les endocarpes, qui deviennent des noyaux.

2° CHANGEMENTS DANS LES SUBSTANCES. — Une série de modifications chimiques s'opère, pendant la maturation, dans la composition des cellules, surtout de leur contenu. L'effet le plus général, c'est que la proportion du sucre y devient de plus en plus grande, tandis que les acides, l'amidon, le tanin y diminuent corrélativement. Comme exemples, on peut citer d'abord : la banane ou le fruit des Bananiers (*Musa*) qui, avant d'être mûre, contient beaucoup d'amidon, et qui n'est plus que sucrée à sa maturité; en second lieu, les Raisins dans lesquels Fehling a constaté que, le 29 août, le jus, marquant 46° à l'aréomètre, donnait à l'analyse 5,4 de sucre et 3,1 d'acides ; que, dès le 11 septembre, marquant 59°, il renfermait 10,3 de sucre pour 1,6 d'acides ; et qu'à la maturité parfaite, le 7 octobre, il marquait 66°, contenant alors 12,6 de sucre avec 1,40 seulement d'acides. De même, MM. Saint-Pierre et Magnien, soumettant à leurs analyses, à Montpellier, la variété de Vigne à grosses grappes et gros grains noirs appelée *Aramon*, ont vu qu'un litre de jus contenait, le 31 août, 87gr,5 de sucre et 13gr,32 d'acides ; le 9 septembre, 137gr,5 de sucre et 10gr, 68 d'acides ; le 28 septembre, à la maturité, 179gr,3, de sucre, 9gr,61 d'acides.

Dans nos fruits de table, particulièrement dans les poires et les pommes, M. Fremy a signalé les changements suivants : ces fruits, avant leur maturité, renferment de la pectose que l'action des acides citrique et malique change en pectine, pendant la maturation. Quand le fruit dépasse la maturité et devient *blet*, la pectine y passe complètement à l'état d'acide métapectique. En outre, ces fruits non mûrs contiennent, en même temps que la pectose, un ferment, la pectase, susceptible d'agir sur la pectine. C'est sous l'action de ce ferment que cette dernière substance devient de l'acide pectasinique, et plus tard de l'acide pectinique. Ces acides, à leur tour, réagissent sur l'amidon pour le faire passer à l'état de sucre, et plus tard des acides plus énergiques joignent leur action à celle des premiers pour produire le même effet.

Étant donnée l'importance que certains fruits présentent pour notre alimentation, nous résumerons leur étude en indiquant leurs variétés principales, leurs qualités et aussi les ennemis contre lesquels nous devons les défendre.

LES POIRES

La poire (fig. 1291) est le fruit du Poirier commun (*Pirus communis*) (1). Ses variétés sont excessivement nombreuses ; on en compte aujourd'hui plus de deux mille. Parmi ces

(1) Voy. le *Monde des plantes*, I. p. 688.

variétés. un grand nombre sont de qualité fort médiocre et nous ne les mentionnerons pas. Les bonnes variétés peuvent se grouper en trois catégories, en tenant compte de leur nature et de l'emploi qu'on en fait : les poires à couteau ; les poires à cuire et les poires à cidre ; les deux premiers groupes se divisant en poires d'été, d'automne et d'hiver.

Les variétés les plus connues sont : la Bon-

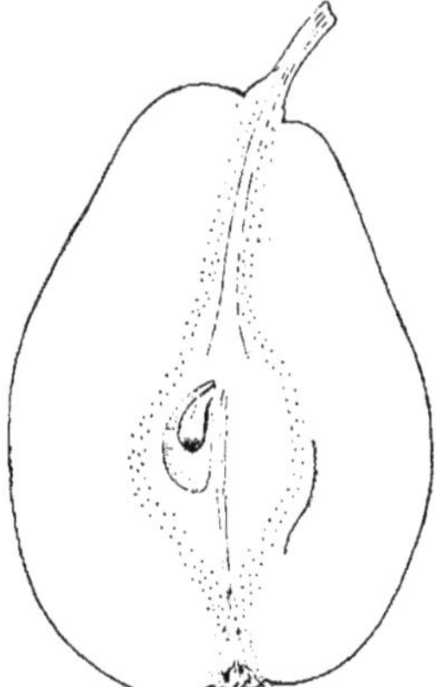

Fig. 1291. — Coupe longitudinale d'une poire.

Chrétien, la Williams, la Beurré d'Amanlis, la Louise-Bonne d'Avranches, la Beurré d'Angleterre, la Beurré gris, la Beurré d'Anjou, qui sont des poires d'été ; la Saint-Germain d'hiver, la Curé (Belle de Berry), la Doyenné d'hiver (Bergamote Pentecôte), la Doyenné d'Alençon, qui sont des poires d'hiver.

Comme poires à cuire, citons la Messire-Jean, la Bon-Chrétien d'hiver, la Belle-Angevine.

Les ennemis des poires. — Tandis que les Poiriers ont des ennemis, les fruits de ces arbres ont les leurs, souvent différents des premiers.

Les Loirs ou Lérots, les Rats, les Mulots, les Souris, parmi les Mammifères ; les Mésanges, les Pics, parmi les Oiseaux ; les Insectes, trop nombreux, hélas, attaquent les fruits, les rongent et dévastent les vergers.

Les petites Cétoines noires ayant rongé les étamines des fleurs du Poirier, la Cétoine dorée s'attaque aux fruits que les fleurs encore saines ont pu produire. Les Cécidomies noires (*Cecydomia nigra*) exercent leurs ravages de façon bien différente. « Si l'on examine au mois

de mai les petites poires, on en remarque qui sont beaucoup plus grosses que les autres et arrondies (1). Ces poires, dites *calebasses*

Fig. 1292. — Calebasse et poire saine.

(fig. 1292), que les personnes peu expérimentées pourraient être tentées de conserver sur l'arbre, comme étant les plus belles, sont destinées à tomber bientôt. Qu'on en coupe une par la moitié et qu'on l'examine attentivement, elle est remplie de petits vers mesurant 2 millimètres à peu près, à entier développement. Bientôt les petites poires noircissent, tombent et les larves pénètrent dans le sol, pour se changer en Insectes parfaits. Si la poire ne tombe pas, les petits vers se laissent tomber sur le sol pour se transformer en petites Mouches. L'année suivante, celles-ci percent les pétales, avant l'épanouissement des fleurs, et pondent sur les étamines. Les larves, qui éclosent après quelques jours, gagnent l'ovaire et s'y installent. Le meilleur moyen de défense contre ces petits Diptères consiste à ramasser les poires calebasses de bonne heure et à les brûler. »

Un grand nombre d'animaux s'attaquent encore aux poires sur l'arbre ; les Limaçons, le Colimaçon jaune (*Helix hortensis*) et le Colimaçon gris (*Helix aspera*) ; les Forficules ou Perce-oreilles ; et aussi les Guêpes et les Frelons.

Le fruit étant cueilli, sa sécurité n'est pas plus grande, sa conservation est loin d'être assurée. Sans tenir compte des infiniment petits qui tentent de se fixer sur son épiderme, la poire est attaquée par des vers, dont le principal est le Carpocapse des pommes (*Carpocapsa pomonella*) ou *ver du fruit*.

« Ce ver donne un Papillon, petit, de 6 à 10 millimètres (2). Les ailes supérieures sont grises, rayées transversalement et marquées d'un point noir. La larve est rougeâtre, à tête noire,

(1) Passy, *loc. cit.*, p. 111.
(2) Id., *ibid.*, p. 99.

I. — 92

et mesure 12 millimètres à entier développement. Aussitôt que la femelle est fécondée, elle va d'un fruit à l'autre, déposant un œuf sur chaque fruit, généralement près de l'œil, jamais deux dans le même. La larve éclôt bientôt et pénètre petit à petit dans le fruit, mangeant le plus souvent en premier la substance qui entoure les pépins; elle se dirige ensuite presque perpendiculairement à l'axe du fruit et vient ouvrir sa galerie sur un côté

Fig. 1293. — 1, Carpocapse des pommes ; 2, sa chenille.

de la poire (fig. 1293). Si deux fruits sont exactement contigus, la larve, continuant sa marche, passe du fruit dans lequel elle était éclose dans le fruit voisin et le détériore. Pour éviter cet accident, on place entre deux fruits voisins un objet qui les écarte de quelques millimètres. La larve ne sort pas aussitôt du fruit, mais continue à se nourrir de la pulpe, rejetant ses excréments par l'ouverture, qui ainsi reste bouchée en partie, tant que la larve est dans le fruit. Les fruits attaqués continuent à se développer, comme s'ils étaient sains, mais mûrissent prématurément et tombent facilement. La larve sort alors du fruit, par le trou pratiqué précédemment, qui reste ouvert après la sortie. Si le fruit tient encore à l'arbre lorsque la chenille a atteint tout son développement, elle en sort cependant et se laisse tomber à terre, puis se cache dans le sol ou sous les écorces, se tisse un cocon solide et passe ainsi l'hiver, pour donner, en mai ou juin suivant, un papillon qui va pondre de nouveau dans les fruits.

« Sa destruction est difficile. Ramasser et brûler les fruits attaqués ou les faire fermenter, avant que la larve n'en soit sortie. Gratter les écorces pendant l'hiver pour déranger et détruire les cocons et brûler les produits de ces grattages. On prévient la ponte dans les fruits en enveloppant ceux-ci, dès qu'ils ont atteint la grosseur d'une prune, dans des sacs en papier blanc. On peut parfois retirer la jeune larve du fruit peu après son éclosion en incisant le fruit à l'endroit où elle vient de pénétrer. Si, à ce moment, le fruit est encore peu avancé, il se cicatrise et grossit régulièrement. Dans certaines années (1893 et 1896), les dégâts de ce papillon sont considérables. En 1893, dans certaines régions, il y a eu jusqu'à 80 p. 100 de poires véreuses. »

Malgré tous les ennemis qui attaquent ses fruits, le Poirier est sans contredit le plus précieux des arbres fruitiers. A lui seul il peut nous fournir des fruits pendant toute l'année.

Il produit en abondance, et avec des soins relativement faibles, des fruits exquis et du plus bel aspect. Envisagé à ce dernier point de vue, il n'est peut-être pas le premier ; le Pêcher nous donne des fruits encore plus délicats et peut-être plus beaux. Mais il n'en donne que pendant trois mois et demande plus de soins que le Poirier. Le Poirier nous fournit encore des fruits de première qualité pour les compotes et les confitures, son fruit sert aussi à la fabrication du cidre poiré.

LES POMMES

Les pommes sont les fruits de deux espèces de Pommier, le Pommier commun (*Malus communis*) dont proviennent les pommes à couteau, et le Pommier acerbe (*Malus acerba*) que l'on considère comme type des Pommiers dont proviennent les pommes à cidre amères. Ces deux espèces ont, du reste, donné de nombreux hybrides (1).

Variétés de pommes. — « Elles peuvent nous fournir des fruits pendant presque toute l'année, mais il convient de dire à ce sujet que les variétés précoces sont en général fort médiocres (2).

« D'une manière générale, la pomme est considérée comme étant de qualité inférieure à la poire. Cependant, quelques variétés sont assurément des fruits de première qualité (Calville, Canada, Reinette grise, Reine des Reinettes, etc.). Mais on ne rencontre pas chez ce fruit une diversité aussi grande que chez la poire. La chair de la pomme, moins riche en eau et en sucre que celle de la poire, est moins fondante, moins froide et plus facile à digérer. Un assez grand nombre de cellules renferment

(1) Voy. le *Monde des plantes*, I, p. 697.
(2) Passy, *loc. cit.*, p. 141.

des gaz, ce qui donne à la chair cet aspect nacré et brillant qu'on lui connaît et explique la légèreté du fruit.

« Le moment exact de la maturité, au point de vue de la consommation, n'est pas aussi précis que pour les poires ; la plupart des pommes se conservent longtemps bonnes pour la consommation. Ce fruit blettit rarement, mais se dessèche et la peau se ride. Dans certaines années et lorsqu'elles sont cueillies trop tard, les pommes blettissent cependant, quoi qu'en aient dit certains auteurs. La chair devient cotonneuse et sèche, puis brunit, mais ne se liquéfie pas comme celle de la poire. La peau de la pomme est très tendre, se blesse facilement et peut être traversée par les germes de décomposition sans blessures préalables (ce qui explique la facilité avec laquelle ce fruit pourrit).

« Les variétés de pommes se partagent, comme les poires, en : *pommes d'été, d'automne et d'hiver*.

« On doit aussi les envisager au point de vue de la forme sous laquelle on peut les cultiver.

Variétés pour hautes tiges (fruits de table).

Royale d'Angleterre.	Reinette de Caux.
Doux d'argent.	Reinette de Hollande.
Ribston Pippin.	Linnæus Pippin.
Reine des Reinettes.	Court pendu.
Reinette franche.	Cox's orange.
Reinette tardive.	

Fuseaux, vases, cordons, contre-espaliers.

Grand Alexandre.	Reinette de Caux.
Belle de Pontoise.	Pigeon d'hiver.
Doux d'argent.	Linnæus Pippin.
Reine des Reinettes.	Calville rouge.
Royale d'Angleterre.	— Saint-Sauveur.
Reinette dorée.	— blanc.
— franche.	— Rivière.
— du Canada.	— Madame Lessans.
— grise.	Api.

Variétés qui seront avantageusement placées en espalier.

Reine des Reinettes.	Calville Rivière.
Reinette du Canada.	— Madame Lessans.
Linnæus Pippin.	Api.
Calville blanc.	

« Tant au point de vue de leurs qualités pour la consommation que de la culture industrielle, le choix de pommes de table est assez limité.

« Parmi les variétés d'été, il en est peu qui méritent véritablement d'être cultivées. Elles ne pourraient lutter avantageusement avec les pêches, les poires, le raisin, dont on dispose à cette saison. »

Les ennemis des pommes. — Les animaux qui ravagent les Pommiers et les Poiriers sont presque les mêmes, cependant il est des ennemis propres à chacun de ces arbres, et certains ennemis communs font plus de mal à l'un ou à l'autre de ces arbres.

Les fruits mûrs sont souvent attaqués par divers Champignons qui les désorganisent ; un des plus fréquents est le *Glœosporium fructi-*

Fig. 1294. — Pomme attaquée par le *Glœosporium fructigenum* (d'après Galloway, (1/1).

genum (fig. 1294) qui occasionne la pourriture amère des pommes.

Conservation des poires et des pommes. —

« Les poires et les pommes se cueillent avant le moment de leur complète maturité, par conséquent avant que ces fruits ne soient aptes à être consommés (1). Il est donc nécessaire de les conserver jusqu'au moment où, par suite des dernières modifications survenues au sein de leur pulpe, ils seront comestibles. Le lieu où cette conservation se fait est dit fruitier.

« La maturité des fruits en général, et en particulier de ceux dont il est question ici, s'indique par un ensemble de modifications extérieures. Le fruit perd de densité, la coloration verte de la peau disparaît pour être remplacée par une teinte plus ou moins accentuée ; il dégage une odeur prononcée. Les cellules deviennent très fragiles, laissent facilement échapper les liquides qu'elles contiennent, tout le fruit s'amollit. On sait, par exemple, qu'une poire verte résiste sous la dent et ne laisse écouler aucun liquide, tandis qu'arrivée à entière maturité elle est juteuse, fondante, savoureuse et que sa pulpe cède sous la plus légère pression. Une très légère pression du doigt permet de reconnaître le degré exact de maturité. Si la pulpe résiste, le fruit n'est pas encore mûr ; si elle cède modérément, le fruit est à point ; si elle cède complètement, cela

____
(1) Passy, *loc. cit.*, p. 359.

indique que le fruit est en train de blettir. Il faut ici tenir compte de la manière dont se comportent les diverses variétés. Certaines poires restent toujours un peu fermes, tandis que d'autres deviennent absolument fondantes. Il est aussi à remarquer que les poires cueillies trop tard ne deviennent jamais parfaitement fondantes et passent de l'état de dureté à l'état blet sans être jamais à point.

« Pour les pommes, la pression du doigt ne peut être employée, et du reste ce fruit reste longtemps à point. En tous cas, le « tâter » ne doit être employé que si les signes extérieurs décèlent déjà la maturation presque complète et seulement comme vérification définitive, au moment de la consommation, car il en résulte de petites meurtrissures qui déparent et gâtent le fruit.

«Suivant la saison et suivant les espèces, les fruits demeurent plus ou moins longtemps à l'état de maturité, puis une transformation particulière se produit, le fruit se passe, il *blettit*. En été, les fruits passent plus vite qu'en hiver, les pommes blettissent moins que les poires.

Blettissure. — « Cette modification très profonde de la pulpe de certains fruits (poires, pommes, nèfles, cormes) est caractérisée à l'œil par un changement de couleur. La pulpe, de blanche qu'elle était auparavant, devient plus ou moins brune et comme pâteuse ; elle peut même se ramollir complètement et finit souvent par devenir liquide, sirupeuse, par suite de la résorption et de la dissolution des parois cellulaires.

« On a pendant longtemps considéré la blettissure comme ne différant pas de la pourriture. C'est là incontestablement une erreur et ces deux modifications de la pulpe diffèrent visiblement l'une de l'autre. Dans la pourriture, la modification commence toujours à l'extérieur du fruit, pour pénétrer petit à petit vers le centre, tandis que dans la blettissure la modification commence toujours dans l'intérieur du fruit, le plus souvent immédiatement autour des loges, et suit une progression centrifuge, en sorte que l'extérieur du fruit peut être encore parfaitement sain, alors que le centre est déjà blet ; la peau n'est pas attaquée. En outre le blettissement est caractérisé par la production d'*aldéhyde* et d'*alcools bon goût*, tandis que pendant la pourriture il y a surtout production d'acides, particulièrement d'acide butyrique, à odeur repoussante, comme l'on sait.

« Aujourd'hui il est parfaitement établi que le blettissement des fruits est une *fermentation* spéciale, s'établissant à un moment donné sous l'action d'un ferment non figuré (encore inconnu d'ailleurs) produit par la cellule même au sein de son *protoplasme*.

« La pourriture, au contraire, ne peut s'établir que sous l'action d'organismes destructeurs figurés et connus, qui ne sont autres que des champignons microscopiques et des *bactéries*, lesquels, en se développant, désorganisent petit à petit le fruit.

« Il résulte de ce qui précède qu'en lavant un fruit sain avec une solution antiseptique, puis en l'introduisant dans un récipient dont l'air a été stérilisé, la pourriture est rendue absolument impossible ; la blettissure, au contraire, apparaîtra. La blettissure est une *modification normale* de la pulpe, la pourriture est une *maladie*, provenant de l'extérieur.

« La pénétration des germes de pourriture est assez difficile et ne peut guère se faire (dans des conditions ordinaires) qu'à la suite d'une blessure, si petite soit-elle, qui amène une solution de continuité dans l'épiderme protecteur.

« On évitera donc soigneusement, pendant les diverses manipulations auxquelles les fruits sont soumis, les blessures qui deviennent la porte d'entrée des champignons et le point de départ de la décomposition.

« Je crois que (pratiquement, tout au moins, et dans les conditions normales, dans un endroit qui n'est pas humide à l'excès) la pourriture ne s'établit *jamais* sur les poires, sans que l'épiderne entamé permette l'introduction des germes. Que l'on examine bien sur ce fruit une tache de pourriture, on trouvera, au centre, une blessure souvent parfaitement invisible sur le fruit sain, mais qui devient visible plus tard. Pour les pommes, l'épiderme est moins résistant, et quoique la majeure partie des cas de pourriture se déclarent à la suite de blessures, les germes peuvent vraisemblablement pénétrer au travers de la peau et causer la pourriture sans blessures préalables. »

Les fruits monstrueux. — Les anomalies que l'on rencontre dans les fruits sont assez nombreuses, sans être bien importantes ; beaucoup se réduisent à des changements de forme, à des augmentations de parties, à des régressions ou à des disparitions de graines. Beaucoup moins nombreux sont les cas de fruits conte-

Fig. 1295. — Branche de Cognassier montrant les fleurs à l'extrémité des bourgeons.

nant, inclus à leur intérieur, un fruit plus petit.

La plupart de ces cas se rapportent au genre *Citrus* et on connaît les *oranges doubles* de Nice et les *naranjas pregnadas* des Canaries. Dans la description du fruit intérieur, les cas qui se présentent dans les autres familles de plantes ne s'accordent pas les uns avec les autres. Quelquefois le fruit intérieur porte des graines, quelquefois c'est le fruit extérieur, enveloppant; on en trouve pourvus et dépourvus de péricarpe. Le phénomène n'est pas toujours le même et une explication fait ordinairement défaut.

Pomum in Pomo. — C'est sous ce titre que fut présentée récemment, à l'Académie des sciences d'Amsterdam, une communication relative à une pomme monstrueuse.

Cette pomme, encore conservée dans l'alcool, a un diamètre de 12 centimètres, et consiste en une enveloppe décomposée en trois parties (probablement pendant qu'on la coupait, et

en une pomme intérieure coupée en deux et dont les deux parties sont tout à fait libres de l'enveloppe. La structure de cette pomme intérieure s'accorde avec celle de l'enveloppe en ce qu'elle consiste en un tissu parenchymateux décousu de cellules à parois minces et cellulosiques. Seulement, le tissu intérieur est tout à fait rempli d'un mycélium (Champignon) dont les hyphes sont si nombreux que quelquefois on ne retrouve les cellules de parenchyme (dans la matière en glycérine) qu'avec beaucoup de peine.

La densité de ce mycélium diminue en pénétrant dans la pomme intérieure; à la surface de cette partie, les hyphes s'accumulent de manière à y former une couche visible à l'œil nu.

Ainsi la pomme qui nous occupe diffère d'une pomme normale, non seulement par sa structure monstrueuse, mais aussi par la présence d'un Champignon dans sa partie intérieure et l'absence de ce Champignon dans l'enveloppe. D'après l'auteur de l'étude, cette dernière particularité explique la monstruosité tout entière. Le Champignon a dû se développer dans la pomme d'abord normale en s'emparant de la partie intérieure pour s'en nourrir ; la partie ainsi épuisée de l'endocarpe a eu la tendance à se rétrécir, et la tension entre les tissus sains et les tissus malades s'est augmentée suffisamment pour déterminer le dégagement de la partie centrale par rapport à la périphérie. L'accumulation des hyphes à la surface de la pomme intérieure a dû se produire après la séparation des deux parties, ce qui semble bien établi.

Il semble que cette explication soit satisfaisante, et il faut encore se demander, avec l'auteur, comment le Champignon a pénétré dans le fruit, où son développement a commencé, et à quel état de développement du fruit l'intérieur du fruit s'est séparé pour constituer la fausse pomme intérieure. Autant de questions qui restent sans réponse, sans enlever l'intérêt que présente une observation bien faite.

LES COINGS

Le coing est le fruit du Cognassier (*Cydonia vulgaris*) (1) qui est un arbre de moyenne grandeur, à grandes et belles fleurs rosées, solitaires (fig. 1295).

Le fruit du Cognassier ou *coing* exhale, à l'état de maturité, une odeur pénétrante et particulière. Sa chair, ferme, très riche en tanin, est âpre et ne peut être consommée à l'état cru. Mélangée en petite quantité aux compotes de poires et de pommes, elle leur communique un goût agréable. Le coing sert aussi à préparer des pâtes et des gelées spéciales (cotignac d'Orléans) assez prisées, et des sirops pharmaceutiques, astringents, employés contre la diarrhée. Les graines, mises dans l'eau, abandonnent leur principe mucilagineux et servent ainsi à la préparation de boissons calmantes.

En Grèce et en Turquie on cultive certaines variétés dont les fruits, plus doux que les nôtres, sont consommés à l'état cru. Ils sont en somme d'un goût peu délicat.

Le coing ne peut se conserver longtemps, il est envahi très rapidement par la pourriture ; on doit donc le cuire presque aussitôt après la récolte. Jamais on ne le rentrera au fruitier

(1) Voy. le *Monde des Plantes*, I, p. 709.

avec les autres fruits. On lui reproche de les faire mûrir, ce qui est possible, et en tous cas son odeur pénètre les fruits des autres espèces et leur communique un goût désagréable.

Le Cognassier est surtout utilisé comme porte-greffe du Poirier.

Variétés. — Les coings proviennent de deux espèces de Cognassier : le Cognassier commun (*Cydonia vulgaris*), qui donne des fruits en forme de toupie, nommé coing piriforme ou femelle, et coing mâle oblong ; le Cognassier du Portugal (*Cydonia lusitanica*), qui donne des fruits plus allongés et plus volumineux.

LES PÊCHES

Les pêches sont les fruits du Pêcher (*Amygdalus persica* ou *Persica vulgaris*), dont les fleurs d'un rose tout particulier sont très jolies, et tantôt grandes, tantôt petites, ce qui a fait classer les Pêchers en deux catégories (1).

« La pêche est considérée en général comme le meilleur et le plus beau fruit de table (2). C'est assurément, en tout cas, le premier des fruits à noyau. Les usages n'en sont cependant pas aussi étendus que ceux de la poire ou de la pomme ; on ne dispose d'ailleurs de ce fruit que pendant quatre mois de l'année. L'arbre est en outre d'un tempérament un peu délicat, en sorte que sa culture ne réussit pas partout.

« Les fruits des variétés primitives étaient petits et amers. D'ailleurs les graines, les feuilles, toutes les parties herbacées, et quelquefois les fruits mêmes de nos variétés, renferment, dans des cellules distinctes, les éléments constitutifs de l'*acide prussique* qui est un poison violent. Ces éléments ne deviennent libres et ne peuvent se combiner que si une action mécanique quelconque amène la rupture des cellules. Les diverses parties de l'arbre sont donc inodores lorsqu'elles sont intactes, tandis qu'elles exhalent l'odeur caractéristique, dès qu'on les froisse. »

Variétés. — « Toutes les pêches doivent être rapportées à un type unique, le Pêcher commun (3). — D'après quelques amateurs, le Pêcher devrait être rattaché à l'Amandier, dont il ne diffère que fort peu. La seule véritable différence réside dans la structure du noyau et dans le péricarpe, qui est très charnu dans la pêche, tandis qu'il se dessèche chez l'amande. Or mon

(1) Voy. le *Monde des Plantes*, I, p. 604.
(2) Passy, *loc. cit.*, III, p. 3.
(3) Id., *ibid.*, p. 36.

grand-père, M. Sageret, avait obtenu, par semis, des variétés d'amandes à péricarpe beaucoup plus charnu que les variétés ordinaires. Cependant ces deux arbres semblent bien constituer *deux espèces distinctes*, mais très voisines. Toujours est-il que le type primitif a donné, par culture et par semis, un nombre considérable de variétés. Celles-ci sont rangées en deux catégories d'après l'aspect extérieur de l'épiderme, savoir :

« 1° Pêches duveteuses ou *pêches proprement dites*;

« 2° Pêches glabres, connues en général sous le nom de *brugnons*, dont quelques botanistes ont fait une espèce (*P. lævis*).

« On a ensuite tenu compte de l'adhérence de la chair au noyau, pour diviser ces groupes en deux groupes secondaires :

Pêches duveteuses ou Pêches proprement dites.	A noyau non adhérent.	Pêches vulgaires.
	A noyau adhérent.	Pêches Pavie ou Persèques.
Pêches glabres ou Brugnons.	A noyau libre.	Nectarines ou Pêches violettes.
	A noyau adhérent.	Brugnons proprement dits.

« Les brugnons sont, en général, moins estimés en France que les pêches duveteuses; leur chair présente souvent une légère amertume et la peau se détache souvent moins bien de la pulpe. Ils sont très estimés des Anglais qui les désignent sous la dénomination générale de nectarines. »

Les ennemis des pêches. — Les animaux qui attaquent les pêches sont presque tous ceux qui dévorent les poires; ce sont surtout les Loirs, les Mulots, les Souris, les Limaces et les Colimaçons, les Perce-oreilles.

Les moyens de défense contre ces frugivores est toujours le même : tendre des pièges aux Mammifères, faire une chasse active aux Limaçons, et protéger les Oiseaux, les Hérissons, les Lézards, les Orvets, qui font leur proie des ennemis des vergers.

LES ABRICOTS

Les abricots sont les fruits de l'Abricotier (*Prunus armeniaca* ou *Armeniaca vulgaris*) (1).

L'abricot possède une peau légèrement cotonneuse, il est divisé en deux joues par un sillon plus profond que chez la pêche; sa chair est jaune, sucrée, juteuse et fondante, son noyau est lisse.

Ce fruit est excellent cru, il est très parfumé. Il est aussi employé à la préparation de compotes et de confitures de premier choix; on peut même le conserver entier.

Variétés. — Les variétés d'abricots sont beaucoup moins nombreuses que celles de pêches. Les plus estimées sont l'abricot hâtif du Clos, l'abricot commun, l'Alberge, le Royal, l'Angoumois et la Pêche de Nancy dont le fruit volumineux a une chair fine, fondante et excellente, c'est le meilleur des abricots. On emploie pour les confitures l'abricot de Hollande.

LES PRUNES

Les prunes de France paraissent provenir de deux espèces botaniques de Prunier, le Prunier domestique ou Prunier de Damas (*Prunus domestica*), et le Prunier enté ou sauvage (*Prunus insititia*) nommé encore Prunier Sainte-Catherine (1).

La prune est un fruit charnu, globuleux ou allongé, à peau fine et *très glabre*, de couleur variable, *recouvert d'une efflorescence glauque*, « fleur », constituée par une substance cireuse qui se détache au moindre attouchement; le fruit est dit *pruineux*. Le noyau aplati, plus ou moins allongé suivant les variétés, est terminé par une pointe; sensiblement uni, sillonné sur les bords, qui sont un peu ailés, il ne renferme généralement qu'une amande (par avortement).

Les prunes sont d'un usage très répandu. Pour le Prunier, comme pour quelques arbres fruitiers, les horticulteurs savent produire des arbres de petites dimensions qui cependant portent des fruits très beaux et nombreux, comme celui que représente la figure 1296. Ces arbres sont destinés à l'ornement et permettent, à la table même, la cueillette directe des fruits.

Certaines variétés sont consommées surtout à l'état cru, comme fruit de dessert (*Reines-Claude*); d'autres sont surtout employées à la confection de confitures (Mirabelles, certaines *Reines-Claude*), ou conservées à l'eau-de-vie. D'autres enfin sont séchées, transformées en pruneaux et livrées au commerce pendant l'hiver. Le Prunier est donc une essence fruitière d'une haute importance.

(1) Voy. le *Monde des Plantes*, I, p. 609.

(1) Voy. le *Monde des Plantes*, I, p. 610.

ces dernières, on doit alors détacher le fruit avec son pédoncule, en saisissant celui-ci dans les doigts, sans toucher au fruit pour ne pas enlever la fleur, et en exerçant une légère traction qui sépare la queue de la branche. Les fruits sont ainsi d'un aspect plus agréable si l'on évite les meurtrissures qu'éprouvent les fruits en tombant.

« On opère toujours ainsi pour les fruits destinés à être confits entiers (*prunes à l'eau-de-vie*). Mais, dans ce cas, la cueillette doit être faite trois ou quatre jours avant la maturité. Il en sera de même pour les prunes destinées à l'exportation.

« Pour les fruits destinés à être confits aussitôt après la récolte, pour la préparation des confitures et des compotes, on pourra secouer les arbres modérément et ramasser ensuite tous les fruits tombés. On peut opérer de même pour les prunes à pruneaux. Pour empêcher les fruits de se salir et, dans une certaine mesure, de se meurtrir, on étend alors sous les arbres des toiles ou de la paille.

« Le moment le plus favorable à la récolte est le matin, sitôt l'évaporation de la rosée, alors que les fruits sont à une température basse. Cela est surtout nécessaire pour les fruits qui doivent voyager longtemps. Emballés chauds, ils fermentent presque immédiatement.

« Lorsqu'on est obligé de cueillir pendant la journée, ce qui arrive souvent, il sera utile de rafraîchir les fruits avant l'expédition, en les plaçant pendant quelque temps dans une cave très fraîche.

« La conservation des prunes est toujours de très faible durée : trois à quatre jours au plus, sauf la prune *Goutte-d'or*, étendue soigneusement au fruitier, se conserve pendant cinquante ou soixante jours en se ridant un peu, ce qui n'enlève rien à sa qualité. »

LES CERISES

Les cerises de France proviennent de deux espèces de Cerisier, le Cerisier merisier (*Cerasus avium*) et le Cerisier acide (*Cerasus vulgaris*).

La première est un fruit charnu, présentant un sillon peu marqué, longuement pédonculé; l'épiderme est entière, mais non pruinée. La chair est succulente, de couleur jaune, rouge ou même noire, dans le noyau, qui est rond, il n'y a qu'une seule amande.

Variétés. — Les variétés de cerises appartiennent à deux types primitifs :

1° Le Merisier, que l'on considère comme l'ancêtre des variétés à fruits doux et fermes, *bigarreau, guigne.*

2° Le Cerisier commun, parent des cerises acides.

Chaque type comporte deux groupes.

Parmi les cerises acides, nous citerons : les cerises proprement dites, la Belle d'Orléans, l'Anglaise hâtive, la Belle de Sceaux ; les cerises dites *griottes*, la Montmorency à courte queue ou à longue queue, et la Griotte du nord seulement bonne à confire.

Parmi les cerises douces, mentionnons les *bigarreaux*, les *guignes*, qui sont moins estimés que les cerises proprement dites. Dans les bigarreaux on recherche la chair pour sa fermeté et sa douceur, et on tient compte de leur bel aspect dans l'ornementation des tables.

Récolte. — « Les cerises doivent être cueillies à la main, lors de leur maturité, et de préférence le matin (1). On peut consommer les cerises avant complète maturité, les variétés peu acides du moins ; en les laissant sur l'arbre, elles grossissent et ne font que gagner. Leur coloration devient de plus en plus intense ; les cerises rouges deviennent presque noires. Si on les laisse davantage, elles ne se détachent pas, comme les prunes ou les abricots, mais se rident et se dessèchent lentement, tout en restant aptes à la consommation. Ce n'est même qu'en cet état que les Montmorency sont véritablement agréables à manger. En préservant les cerises des ravages des Oiseaux et des Guêpes, on peut les conserver longtemps sur les arbres.

« Lorsqu'il survient des pluies au moment de la maturation, les cerises pourrissent rapidement. Quelques orages peuvent ainsi compromettre les plus belles récoltes. »

Les ennemis des prunes et des cerises. — Il semble que les couleurs vives et brillantes des cerises soient un excellent indicateur pour les animaux frugivores, et tout le monde sait avec quel entrain les petits Oiseaux, les gourmands Moineaux, se précipitent sur les Cerisiers pour en becqueter les fruits. Aussi les cerises ont-elles beaucoup d'ennemis ; parmi la gent ailée il convient de citer les Pics, les Sansonnets, les Fauvettes et les Merles, sans compter les Insectes, les Mouches et les Guêpes ; parmi la

(1) Passy, *loc. cit.*, p. 77.

gent trotte-menu, les Loirs sont les plus friands des cerises de nos espaliers.

Les bigarreaux et les guignes sont attaqués par la larve de la Mouche des cerises (*Ortalis cerasi*), qui se rencontre surtout dans le midi de la France. La larve du Carpocapse des

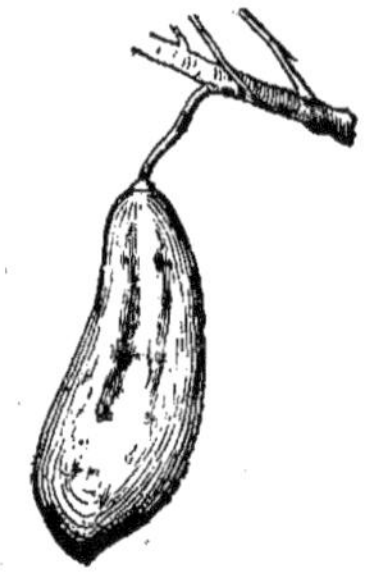

Fig. 1297. — Prune transformée en pochette par l'*Exoascus.*

des prunes (*Carpocapsa funebrana*) creuse ses galeries dans les prunes et les abricots et remplit ceux-ci, à mesure, de ses excréments bruns ; le fruit atteint tombe avant sa maturité.

Deux maladies cryptogamiques atteignent

Fig. 1298. — Cerise détruite par le *Monilia fructigena* et Cerise saine.

l'une les prunes, l'autre les cerises. Le Blanc du prunier (*Exoascus pruni*) est un Champignon dont les filaments envahissent les prunes, transformant le fruit en une *pochette* allongée qui a fait donner ce nom à la maladie (fig. 1297). Ce mycélium vivace envahit les ramifications et se conserve ainsi pendant la mauvaise saison pour envahir de nouveaux fruits au printemps suivant. Cette maladie est rare en France.

Un autre Champignon, le *Moliania fructi-*

I. — 93

gena, attaque les cerises qui pourrissent et se dessèchent (fig. 1298).

LES RAISINS

L'ancêtre de toutes nos anciennes variétés françaises de Vigne est la Vigne vinifère (*Vitis vinifera*). Ses fruits sont des baies groupées en grappes composées (1). Chaque baie ou grain de raisin renferme quatre graines (pépins) allongés en forme de larme; par avortement, le nombre des pépins peut être moindre, ils peuvent même manquer dans le raisin de Smyrne.

La grosseur, la forme et surtout les dessins qu'on remarque à la surface des graines sont autant de caractères qui servent à distinguer les espèces.

La couleur du fruit varie suivant les variétés : elle est verte, ambrée, rose plus ou moins foncé, noire. La forme en est de même fort variable et le fruit est tantôt rond, ovoïde ou plus ou moins allongé. Chez la variété dite « cornichon », la forme rappelle assez celle de ce fruit. La chair est pulpeuse, sucrée, juteuse, tantôt presque incolore, d'autrefois présentant une coloration plus ou moins accentuée.

Variétés. — Les variétés de Vigne sont très nombreuses, puisqu'on en connaît plus de deux mille, mais un petit nombre est cultivé pour la table sous le climat parisien.

Les quatre grands groupes de raisins sont : les Chasselas, les Muscats, les Raisins précoces et quelques autres tels que le Frankenthal, le Bondelas et le Perrier.

Récolte. — « La récolte du raisin ne doit se faire qu'à pleine maturité (2). Le raisin mûr peut rester sur les ceps, il ne fait qu'y gagner et les grains de nos Vignes ne tombent pas.

« Lorsqu'il s'agit de raisins à conserver, le temps passé sur l'arbre est autant de gagné sur la conservation à la chambre, mais il faut bien remarquer que les ceps sont ainsi fatigués.

« La maturation se reconnaît à la teinte uniformément blonde et presque transparente que prennent les raisins blancs. Pour les raisins de couleur, le degré de maturité est un peu plus difficile à apprécier. La couleur que doit avoir le raisin devient plus intense, le grain s'attendrit et sa pulpe prend l'apparence d'une gelée.

« La récolte doit être faite lorsque les grains sont bien secs. Les grappes sont séparées du sarment à l'aide du sécateur, disposées sur un lit, dans des paniers et portées au fruitier. Si le raisin doit être conservé frais, on ne doit pas séparer la grappe du sarment, mais couper celui-ci à 10 centimètres au moins, au-dessous de la grappe inférieure, plus si l'on peut. Le sarment est ensuite raccourci à environ 5 centimètres au-dessus de la grappe supérieure et toutes les feuilles immédiatement arrachées. Les grappes et sarments, disposés à plat dans des paniers, sont rentrés avec précaution.

« La récolte commence par les grappes inférieures, ce sont les plus exposées, tandis que les grappes du haut peuvent rester huit à quinze jours de plus. Les gelées d'automne doivent guider dans ce travail; tant qu'elles ne sont pas à craindre, le raisin peut demeurer sur les treilles. Mais, lorsque les gelées commencent, il faut le rentrer, car le grain est très sensible et facilement désorganisé. Les très légères gelées, qui ne seraient pas assez fortes pour désorganiser les tissus, nuisent à sa conservation.

« Il est de la plus haute importance, pour assurer la conservation du raisin, que celui-ci ne soit pas mouillé lorsqu'il commence à mûrir. On doit donc replacer les auvents sur les murs dès que le raisin commence à tourner. Les auvents auront en outre l'avantage de garantir les grappes de la gelée. Dans ce but, on peut aussi tendre le long des espaliers des toiles, comme pour protéger la floraison du Pêcher, ce qui permet de prolonger la récolte. Dans les endroits peu exposés aux gelées d'automne, la récolte peut être reculée jusqu'au milieu de novembre. Mais si le temps devient brumeux et humide, on doit récolter plus tôt, car les raisins absorbent alors l'humidité de l'air et se conservent mal. »

Conservation. — « Une chambre analogue au fruitier indiqué pour les poires pourra servir à la conservation du raisin (1). Cependant, pour être véritablement bonne, la chambre doit être lambrissée. Il est aussi très important que la température y soit constante; les murs doivent donc être *très épais*. Il faut éviter la lumière et maintenir au moins une demi-obscurité. Si le local se refroidissait trop, l'on doit le réchauffer, mais il est mauvais d'y faire du

---

(1) La Vigne ayant fait l'objet d'une étude très documentée dans le *Monde des plantes*, I, pages 378 à 419 (fig. 477 à 535), nous y renvoyons le lecteur. Voy. aussi les lignes consacrées aux maladies de la Vigne, dans la *Vie des plantes*, pages 854 et suivantes.

(2) Passy, *loc. cit.*, p. 134.

(1) Passy, *loc. cit.*, p. 136.

feu et, dans les endroits exposés à la gelée, la chambre à raisins doit être entourée d'une sorte de couloir que l'on peut alors chauffer. Le local ne doit être ni trop sec, ni trop humide. Dans un local sec, les grains se rident, tandis qu'ils moisissent dans un local trop humide. La moisissure, connue sous le nom de « eurdry » ou « d'œil-de-perdrix », occasionne parfois des pertes sérieuses. Pour prévenir cette maladie, causée par des Champignons, l'on brûle dans la chambre à raisin, avant la *rentrée*, des mèches soufrées. L'acide sulfureux détruit les spores déposées dans les chambres et la maladie se déclare moins facilement. »

Lorsqu'on veut conserver les raisins pendant deux ou trois mois seulement, on peut employer le procédé par dessiccation, le plus simple. On dispose les raisins sur des tablettes préalablement couvertes de feuilles de Fougères et on les surveille attentivement, en coupant tous les grains qui ne paraissent pas sains aussitôt qu'on les remarque.

Lorsqu'on veut conserver les raisins jusqu'en mai, il faut les cueillir avec un fragment de sarment. Ce sarment est bouché à la cire à son sommet, et sa base est adaptée dans le goulot d'un flacon rempli d'eau aux trois quarts ; il est bon de mettre un morceau de charbon de bois dans l'eau pour empêcher celle-ci de se corrompre. Les grappes ne doivent toucher ni le flacon, ni les autres grappes.

Les ennemis des raisins. — Laissant de côté les ennemis de la Vigne, dont l'étude a été faite, nous signalerons seulement les Ephippigères, sortes de Sauterelles dévorant les grains, et les *Cochylis ambiguella* ou Vers de la grappe, qui causent des dégâts assez importants. Le Ver de la grappe est une espèce de Pyrale ; sa chenille, jaune verdâtre, puis rosée, atteint 8 millimètres environ. Il y a deux générations par an ; les premiers papillons apparaissent fin avril et pondent sur les grappes ; les chenilles rongent les fleurs et les très jeunes grains, aussitôt après leur éclosion. Les papillons de deuxième génération apparaissent en juin et pondent sur les grappes plus âgées ; les chenilles rongent les grains, puis, à l'automne, se chrysalident sous les écorces, pour éclore au printemps.

LES FRAISES ET LES FRAMBOISES

Les fraises. — Les fraises sont toutes produites par le *Fragaria vesca*, dont il existe un très grand nombre de variétés. La fraise sauvage est déjà un excellent fruit, très parfumé, particulièrement lorsqu'elle vient des bois de Sapins. Les principales variétés cultivées du Fraisier sont le *Fragaria indica* et le *Fragaria chilensis*.

La culture maraîchère reconnaît trois classes de fraises : les petites fraises, les grosses fraises et les caprons. Les petites fraises ont pour type la fraise des quatre saisons ou fraise de tous les mois ; les grosses fraises sont, par ordre de précocité : la Ricart (Héricart de Thury), la Marguerite, la Victoria, la Lucas, la Chalonnaise, etc. La variété la plus répandue des caprons est la Belle Bordelaise, de couleur rouge vineux, vernissée, à chair beurrée, sucrée, très parfumée.

Les framboises. — Les framboises proviennent du Framboisier (*Rubus idæus*), qui est une Ronce à tige souterraine. Les fruits, rouges ou jaunâtres, sont des drupes associées et unies à un réceptacle en forme de cône allongé.

Les variétés principales sont groupées en

Fig. 1299. — Grappe de framboises. Chaque fruit est un assemblage de petites drupes, surmontées par le style desséché.

deux catégories : les variétés à une récolte, non remontantes, et les variétés remontantes, à deux récoltes ou bifères.

Les variétés de cette catégorie produisent des fruits à l'automne à l'extrémité des bourgeons de l'année ; puis, l'été suivant, sur les ramifications latérales de ces mêmes bourgeons taillés pendant l'hiver. Au jardin de l'amateur, du propriétaire récoltant pour sa table, ces variétés sont à leur place. Les producteurs récoltant pour vendre préfèrent, en général, les variétés non remontantes, car les premières donnent une moins bonne récolte en été que les variétés ordinaires et leurs fruits d'automne sont petits, peu abondants, et manquent de débouché régulier, arrivant à une époque où les autres fruits sont abondants.

Pour la grande culture, il faut des variétés rustiques et produisant abondamment, surtout lorsqu'on cultive en vue de la confiserie.

Comme variétés non remontantes, citons la framboise commune ou de Hollande, la Pilate, la Grosse de Tours. Parmi les variétés remontantes : la Belle de Fontenay, la Merveille des quatre saisons, blanche et rouge, et la Surprise d'automne.

Les framboises se récoltent de préférence le matin, dès qu'elles sont arrivées à entière maturité, car elles passent vite et se détachent spontanément de leurs réceptacles. Elles seront consommées ou traitées de suite, leur conservation étant impossible.

Pour la table, on doit les cueillir avec leur pédoncule et sans toucher au fruit, qui s'écrase très facilement. Pour les confiseurs les fruits sont arrachés de leur réceptacle. Comme ils sont toujours plus ou moins meurtris de la sorte et pour ne point perdre de jus, on les cueille et on les expédie dans des seaux en bois, jamais en métal, qui serait attaqué et communiquerait un goût désagréable au jus.

Le rendement peut atteindre de 4 000 à 6 000 kilos par hectare.

Les framboises sont peu attaquées par les animaux; seuls les fruits mûrs peuvent se remplir de petits vers, qui sont les larves du *Biturus tomentosus*, petit Coléoptère.

LES AUTRES FRUITS

Les groseilles. — On cultive trois espèces de Groseilliers : le Groseillier épineux (*Ribes uva-crispa*), qui produit les groseilles à maquereau ; le Groseillier à grappes (*Ribes rubrum*) et le Groseillier noir (*Ribes nigrum*) ou Cassissier. Les deux premières se rencontrent à l'état sauvage dans les bois et dans les haies, mais leurs fruits n'ont aucun parfum.

GROSEILLIER ÉPINEUX. — Le Groseillier épineux a donné naissance à deux variétés principales : le Groseillier blanc et le Groseillier rouge.

Le Groseillier à maquereau est cultivé pour la table ; de ses fruits on fait quelquefois des confitures ; en France on l'estime peu, il n'en est pas de même en Angleterre où ses fruits sont très appréciés.

GROSEILLIERS A GRAPPES. — On cultive deux variétés de Groseilliers à grappes : le Groseillier rouge et le Groseillier blanc.

Les groseilles blanches sont plus douces que les groseilles rouges. Les unes et les autres sont consommées fraîches ou employées à la confec-tion de confitures. Le vin de groseilles est une boisson que les Anglais préparent avec le jus des groseilles soumis à la fermentation.

GROSEILLIER NOIR. — Le Groseillier noir ou *Cassissier* est uniquement cultivé pour la préparation du cassis, que l'on obtient en laissant infuser ses fruits dans l'alcool. Une faible quantité de la production des Cassissiers est consommée fraîche.

Les oranges et les citrons. — Les oranges sont les fruits du *Citrus aurantium*, dont on distingue plusieurs variétés : l'Oranger franc ou Oranger sauvage, qui sert principalement pour greffer les autres variétés ; l'Oranger de Nice, de Gênes, de Malte, de Portugal, de Valence, etc. Au Japon, on cultive l'Oranger du Japon dont les fruits sont assez petits. Les oranges amères proviennent du Bigaradier (*Citrus bigaradia*) ; elles sont seulement utilisées pour la préparation des confitures d'oranges et pour celle du curaçao.

Les citrons sont les fruits du Limonier (*Citrus limonium*) ; ils ne sont pas consommés à la façon des oranges à cause de leur acidité, mais ils servent en cuisine, en pharmacie et aussi à la préparation de boissons rafraîchissantes.

Les figues. — Le Figuier (*Ficus carica*) fournit des fruits composés d'un grand nombre de fruits élémentaires enfermés dans un sac réceptaculaire succulent. La figue est un fruit apprécié surtout à l'état frais; elle supporte mal les voyages et doit être récoltée mûre pour être bonne. Pendant une partie de l'été, elle sert de nourriture aux habitants de certaines contrées méridionales; desséchée, elle donne lieu à un important commerce.

« La récolte des figues doit se faire lorsqu'elles sont parfaitement mûres, on voit alors de légères fentes se produire dans la peau du fruit (1). — Dans cet état le fruit est fragile, fermente rapidement et ne peut voyager. Les figues qui doivent voyager seront cueillies un peu vertes, mais même dans cet état elles se détériorent rapidement ; elles n'acquièrent du reste jamais grande qualité. Aussi la figue fraîche ne donne-t-elle lieu qu'à un faible commerce d'expédition. Les figues destinées au séchage sont récoltées très mûres. »

Toucher. — « Pour hâter la maturation des figues l'on peut appliquer, le soir après le coucher du soleil, une goutte d'huile d'olive fine sur l'œil du fruit. Cette opération, connue sous

(1) Passy, *loc. cit.*, p. 211.

le nom de *toucher*, doit être pratiquée lorsque l'œil a pris une teinte rouge. La figue, qui, au moment de l'application, était encore dure, est dès le lendemain gonflée. On peut cueillir les fruits huit à dix jours après, alors que les graines ne sont pas encore formées. Le fruit est ainsi plus agréable à consommer, quoique moins sucré ; sa maturation est avancée de huit à dix jours.

« L'arbre étant ainsi débarrassé prématurément, les fruits restants en profitent et à leur tour mûrissent mieux et plus tôt. »

Les variétés de figues sont très nombreuses, mais toutes ne peuvent être cultivées sous le climat parisien ; les unes sont blanches, les autres rougeâtres ou noires.

Les nèfles du Japon et les kakis. — Les nèfles du Japon sont produites par le Bibacier (*Eriobotrya Japonica*) de la famille des Rosacées, un arbuste originaire du sud du Japon et de la Chine. Le Bibacier est un arbuste très ornemental par ses feuilles, par ses fleurs blanches à forte odeur d'amande et par ses fruits dorés semblables à des abricots. On le cultive beaucoup en Algérie, ainsi que dans le midi de la France.

Les fruits sont délicieux, au goût acidulé, et la confiserie en fait une grande consommation pour fruits confits. Ils sont très délicats, doivent être consommés aussitôt cueillis et ne peuvent pas voyager. Le moindre froissement fait noircir leur belle chair jaune et ils perdent alors toute leur saveur. C'est ce qui explique pourquoi ce bon fruit est encore si peu connu et pourquoi on ne le trouve pas en vente chez les marchands de comestibles de nos grandes villes.

Les kakis, au contraire, sont produits par les diverses espèces de Plaqueminiers ou *Diospyros Kakis* de la famille des Ébénacées. Ce sont également des arbres ou arbustes originaires du Japon, mais des contrées élevées.

Ils prospèrent et mûrissent leurs fruits, partout où l'on peut cultiver et récolter des pêches, mais à la condition expresse de ne les planter qu'à des expositions bien ensoleillées.

Ne pouvant étudier dans ce chapitre tous les autres fruits, nous les nommerons seulement (1).

Certains fruits sont utilisés pour eux-mêmes, d'autres pour leurs graines. Parmi les premiers sont les *cormes* qui ne se mangent qu'à

l'état blet, les *grenades*, les *goyaves*, les *bananes*, les *mangues*, les *olives*, les *dattes*, les *noix de coco*, et les *ananas*. Parmi les fruits utilisés pour les graines qu'ils contiennent sont les *pistaches*, les *noix*, les *amandes*, les *noisettes*, etc.

A ces fruits il faut ajouter les *melons*, les *pastèques* ou melons d'eau, les *potirons*, les *concombres*, les *aubergines*, les *piments* qui sont bien des fruits, au sens botanique du mot.

On voit, par cette énumération, que le nombre des fruits utiles est très grand et que leur étude, des plus intéressantes, mérite mieux qu'une simple mention ; mais nous allons en retrouver quelques-uns dont les graines sont très employées, et nous pourrons ajouter aux renseignements qui précèdent des indications nouvelles.

VALEUR ALIMENTAIRE DES FRUITS

Les fruits mûrs peuvent, sans aucun doute, exercer une favorable influence sur la santé des hommes en contribuant à varier et à rendre plus agréable leur nourriture, en introduisant d'ailleurs des principes sucrés, aromatiques, azotés et sains dans leurs rations alimentaires. Mais ces diverses substances, réparties en faible proportion dans les sucs et les tissus, accompagnées toujours de produits acides et de ferments, ont des inconvénients réels lorsque l'on veut, bien à tort, faire servir les fruits à remplacer une trop grande partie, quelquefois même presque la totalité de la nourriture habituelle.

On se trouve alors conduit à ingérer un volume considérable de ces aliments peu substantiels, plus ou moins acides, pour atteindre l'équivalent nutritif indispensable. Si une proportion modérée des mêmes aliments peut être favorable à la santé, en ajoutant un complément utile de sucs aqueux, de sels alcalins et de matières sucrées, une consommation trop forte et presque exclusive ne peut offrir, au contraire, que des inconvénients. L'excès d'eau concourt, dans ce cas, avec l'acidité, la disposition de ces sucs à la fermentation et la qualité indigeste des tissus végétaux même les plus faibles, à fatiguer les organes digestifs : les substances solides azotées (la viande ou ses congénères) et les aliments farineux manquent pour utiliser le suc gastrique, les agents de la digestion des matières amylacées et ceux qui sont propres à la digestion des substances grasses.

(1) Ces fruits ont, du reste, fait l'objet de mentions spéciales dans les chapitres du *Monde des Plantes* relatifs aux végétaux dont ils proviennent.

Ainsi donc il y a trouble dans l'économie, par suite du défaut d'aliments solides azotés, gras, féculents et de l'excès des agents naturels des organes digestifs destinés à effectuer la désagrégation, l'émulsion et la dissolution de ces aliments ; par suite, enfin, d'un excès d'aliments aqueux n'offrant que des qualités alimentaires insuffisantes. Telles sont les causes principales des désordres que l'on observe si généralement dans les fonctions digestives durant la saison des fruits. De là ces dictons populaires répandus dans les campagnes, où les habitants comptent sur le retour de la saison des fruits pour être purgés spontanément. Les fruits mangés verts ou avant leur maturité et crus aggravent tous ces inconvénients.

Malheureusement, ces sortes de purgations intempestives, ou trop souvent répétées, diminuent les forces et affaiblissent la santé des populations ; sauf, bien entendu, les circonstances exceptionnelles où les médecins conseillent, à juste titre, un régime alimentaire où domine passagèrement la consommation des fruits ; comme cela se voit, par exemple, dans la cure de raisin.

Dans plusieurs localités viticoles de la Côte-d'Or, on avait autrefois l'habitude de limiter la nourriture des vendangeurs à un peu de soupe et de pain, supposant qu'ils trouveraient un ample et économique complément dans le raisin, qu'ils consommaient à discrétion.

On s'aperçut enfin que ce régime alimentaire était insuffisant pour soutenir leurs forces et ne leur permettait d'accomplir que peu de travail. On essaya d'ajouter une ration convenable de viande, et bientôt il fut constaté que, sous l'influence d'une alimentation plus réparatrice et moins volumineuse, leur travail produisait davantage et réalisait une véritable économie.

Nous devons ajouter d'ailleurs que les qualités organoleptiques des fruits varient beaucoup suivant les climats et les soins de la culture ; que toutes choses égales, d'ailleurs, les plus savoureux, ceux qui sont doués du parfum le plus doux, se récoltent sous les climats tempérés, où la maturation n'est pas trop favorisée par une chaleur surabondante : on ne trouve, par exemple, nulle part, ni en Italie ni même dans la Provence, des pêches comparables à celles de Montreuil pour le coloris et la finesse de leur pellicule, la délicatesse et le parfum de leur chair.

On rencontre en Espagne, en Italie, comme dans le midi de la France, des raisins très sucrés et aromatiques, trop sans doute, car il serait impossible d'en consommer avec plaisir d'aussi grandes quantités que des délicieux et tendres chasselas de Thomery, de Fontainebleau et même des environs de Paris.

A cette occasion, rappelons une anecdote historique. Lorsque pour la première fois le célèbre chimiste Davy vint, en 1817, visiter Montpellier et ses environs, il manifesta dans une excursion le désir de goûter les excellents muscats d'une vigne, sur son chemin. M. Bérard, doyen de la Faculté des sciences de cette ville, s'empressa de lui en offrir deux belles grappes. « Ce n'est pas assez, mon cher ami, pour les bien goûter, j'en voudrais davantage. » On comprend que son désir fut à l'instant satisfait, et environ 2 kilogrammes du fruit envié furent mis à sa disposition ; mais il ne put même achever les deux premières grappes sans éprouver une complète satiété, en raison même du goût excessivement sucré et du parfum exquis à l'excès de ce trop délicieux raisin.

LA DÉFENSE DES FRUITS CONTRE LES ANIMAUX

Les animaux, et en particulier les Insectes, rendent des services aux végétaux, surtout en transportant leur pollen, et assurant ainsi leur fécondation ; mais, en revanche, les animaux prennent aux végétaux tout ce que ceux-ci

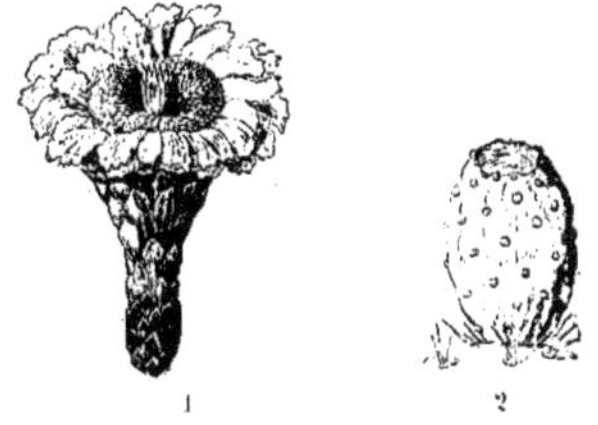

Fig. 1300. — *Cereus giganteus* : 1, fleur ; 2. fruit.

peuvent leur fournir d'utile, la nourriture surtout. Les plantes, assimilatrices de carbone, paraissent destinées à nourrir, directement ou indirectement, le règne animal tout entier ; cela ne va pas toutefois sans une lutte très âpre, lutte dans laquelle les plantes se montrent munies d'armes nombreuses et puissantes.

Les fruits, plus que toute autre partie d'un

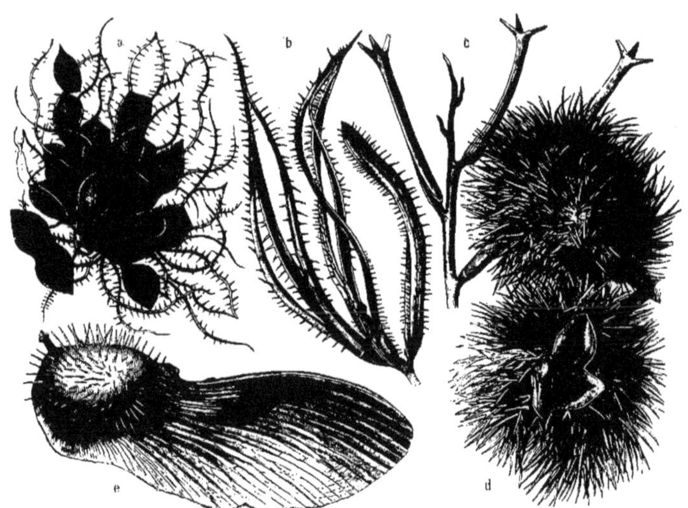

Fig. 1301. — Défense des fruits et des graines contre les animaux ; a, *Mimosa hispidula;* b, *Schrankia;* c, *Matthiola tricuspidata;* d, *Castanea vesca;* e, *Centrolobium robustum.*

végétal, sont la convoitise des animaux, car ils représentent d'abondantes réserves de matière féculente et sucrée, dont sont friands des animaux de toute sorte. Les armes des plantes sont de deux sortes, les unes étant des moyens de protection physique, tels que des aiguillons destinés à éloigner l'animal herbivore ; les autres étant des moyens chimiques, résultant de la présence de matières toxiques, ou simplement de saveur désagréable.

Ces deux moyens de protection se retrouvent dans les fruits, et tout le monde connait la *figue de Barbarie* (fig. 1300), ou fruit des Cactus (*Opuntia* ou *Nopal*), dont les multiples piquants constituent une défense naturelle puissante. Prises sans précaution, ces fines aiguilles s'introduisent dans les plis de la peau, entre les doigts, sous les ongles, et sont la cause de démangeaisons insupportables qui laissent supposer les douleurs qu'elles déterminent chez l'herbivore qui les aurait saisies pour les manger. C'est à un moyen de défense identique qu'il faut rattacher les piquants dont sont munis les fruits de certains *Mimosa, Schrankia, Matthiola, Centrolobium* que représente la figure 1301, ainsi que les châtaignes (même figure, *d*).

La protection chimique des fruits est assurée par les matières acides, par le tanin que contiennent les fruits avant leur maturité ; et ce n'est que plus tard, quand le sucre a remplacé les acides, que les animaux commencent à se nourrir des fruits ; c'est alors le moment où la plante rejette ses graines, ce qui fait que celles-ci échappent à la destruction et peuvent, en germant, donner des plantes nouvelles.

LA GRAINE

La graine est le résultat des changements qui surviennent dans l'ovaire, après la fécondation, et pendant que cet ovaire se transforme en fruit. On peut donc dire que la graine est à l'ovule ce que le fruit est à l'ovaire ; et, tandis que l'ovule est situé dans l'ovaire, la graine est située dans le fruit.

Bien souvent on confond ces deux termes, graine et fruit, en raison de la faible différence qu'ils présentent quelquefois. Ainsi le grain de blé est un fruit; ainsi la châtaigne d'eau est le fruit du *Trapa natans* (fig. 1302), et lors de la germination, la plantule née de la graine sort du fruit (fig. 1303).

Au moment où nous avons laissé l'ovule, la

Fig. 1302. — Les Châtaignes d'eau, fruits du *Trapa natans*.

fécondation opérée, celui-ci contenait, à l'abri de ses deux téguments, un massif de cellules

Fig. 1303. — Germination de la Châtaigne d'eau : 1, première phase ; 2, état plus avancé (coupe).

nomme le nucelle, contenant à son intérieur le sac embryonnaire. Ce sac renfermait, à son tour, plusieurs noyaux ou cellules dont deux seulement persistent : l'un de ces éléments, le noyau secondaire, a été fécondé par l'un des anthérozoïdes provenant du pollen et donnera l'*albumen* ; l'autre élément a été fécondé par le deuxième anthérozoïde et donnera l'*embryon*, plus tard la plantule. Les autres cellules du sac embryonnaire ont déjà disparu au moment de la fécondation, ou disparaissent aussitôt ce phénomène opéré, sans qu'on sache leur rôle.

De toutes ces parties, les unes ont une très grande importance pour la graine ; ainsi est l'embryon, sans lequel la graine ne saurait se constituer, ainsi est le tégument protecteur qui dérive des deux téguments de l'ovule. Les autres parties ont une importance variable, en ce sens qu'elles représentent des matériaux de réserve destinés à la nutrition de l'embryon et plus tard de la plantule de germination, ces matériaux pouvant se concentrer en plusieurs endroits, même dans l'embryon.

Nous aurons ainsi les divers états suivants par lesquels nous caractériserons les graines mûres :

1° L'embryon se développe dans le sac embryonnaire en même temps que l'albumen (que nous nommerons aussi *endosperme* à cause de sa position dans le sac), mais le développement du sac embryonnaire qui en résulte ne suffit pas à la disparition du nucelle dont il reste une certaine quantité, sous le nom de *périsperme* pour rappeler sa position hors du sac. La graine comprend alors, sous un tégument protecteur : l'embryon, l'endosperme et le périsperme.

2° L'embryon se développe encore de telle façon que l'endosperme constitué ne soit pas absorbé au moment de la maturité de la graine,

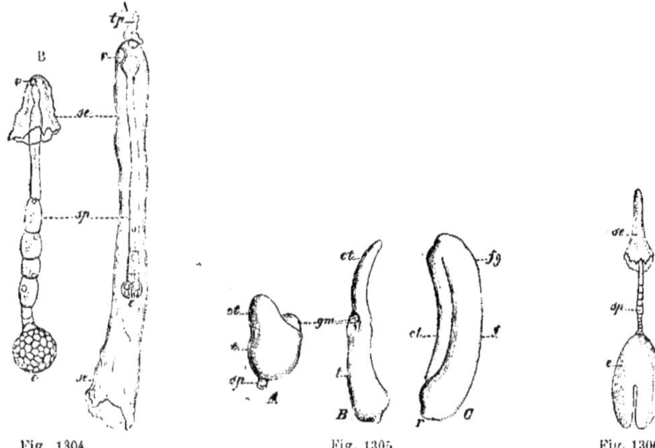

Fig. 1304.   Fig. 1305.   Fig. 1306.

Fig. 1304. — Suspenseur et embryon. — A, premier état chez le Pastel (*Isatis tinctoria*) : *e*, embryon ; *sp*, suspenseur ; *v*, point où celui-ci s'attache à la paroi du sac embryonnaire, *se* ; *tp*, extrémité du tube pollinique qui a opéré la fécondation. — B, état plus avancé chez le *Matthiola tricuspidata* ; mêmes lettres (A, 150/1 ; B, 180/1).

Fig. 1305. — Développement de l'embryon du *Zannichellia palustris*. — A, embryon très jeune, montrant le cotylédon, *ct*, encore court et large, qui embrasse la gemmule naissante, *gm* ; *t*, tigelle ; *sp*, portion du suspenseur. — B, état plus avancé ; mêmes lettres ; *r*, extrémité radiculaire. — C, état adulte ; mêmes lettres (A, 90/1 ; B, C, 20/1).

Fig. 1306. — *Iberis umbellata*. — Embryon *e*, ayant ses deux cotylédons bien formés, porté par un suspenseur, *sp*, à onze cellules en file. On n'a conservé que le haut, *se*, du sac embryonnaire qui renfermait le tout (20/1).

---

mais l'accroissement du sac embryonnaire est tel que le nucelle est résorbé, le sac venant s'appliquer directement sous le tégument. La graine comprend alors, sous un tégument protecteur : l'embryon et l'endosperme.

3° L'embryon se développe assez rapidement et assez complètement pour assimiler, non seulement l'endosperme, mais le nucelle, restant ainsi seul dans la graine. La graine comprend alors, sous un tégument protecteur, l'embryon seul.

Sous une apparence plus ou moins uniforme, la graine contient donc des parties souvent différentes, en nombre et en nature ; une étude de ces parties est nécessaire, elle nous fera connaître l'embryon, puis les matières qui l'accompagnent, et nous en tirerons cette conclusion, que les différences déjà signalées sont surtout des différences anatomiques ; on se convainc facilement, en effet, que sous les noms différents de périsperme, d'endosperme ou d'embryon charnu, on retrouve les même matériaux nutritifs, les uns gras, les autres féculents ou cellulosiques.

Une définition de la graine en résulte : la graine se compose d'un embryon et de parties nutritives, le tout enfermé sous un tégument.

L'embryon. — L'embryon, dont les formes réduites rappellent celles d'un végétal, est composé d'un petit axe dont l'une des parties est la radicule, dont l'autre est la tigelle terminée par la gemmule ou bourgeon ; et sur cet axe s'insèrent un ou deux cotylédons, premières feuilles de la plantule, à peine ébauchées dans leur forme. Comment se forment ces parties ?

Après la fécondation de l'oosphère, cette cellule s'entoure d'une membrane de cellulose, et sa nutrition active est corrélative de son rapide développement. Elle reste, sous le nom d'œuf, fixée à la partie supérieure du sac embryonnaire, sous le micropyle, qui du reste s'est obturé.

L'œuf se divise tout d'abord par une cloison transversale en deux cellules qui, dans quelques cas, concourent presque également à la formation de l'embryon, et qui, le plus souvent, ont des destinées très différentes ; l'une, la plus inférieure, donnera l'*embryon*, dont l'accroissement se fera vers le centre du sac ;

l'autre, supérieure, se divisera en fournissant un simple massif cellulaire, le *suspenseur*. Plus ou moins volumineux, ce suspenseur laissera l'embryon attaché au micropyle fermé et le plongera dans la matière nutritive du sac ; avec l'embryon il constituera ce que l'on a appelé le *proembryon*.

Le suspenseur est quelquefois assez volumineux, gorgé de matières nutritives que l'embryon absorbe peu à peu, et tôt ou tard il est résorbé, ce qui laisse l'embryon adhérent au micropyle par sa partie radiculaire. Les figures 1304 et 1305 font suffisamment comprendre la disposition des pièces du proembryon dans le cas des Dicotylédones et dans celui des Monocotylédones pour qu'il soit inutile de décrire en détail les formations cellulaires successives. On y remarque très nettement l'embryon (*e*) et son suspenseur (*sp*). Dans les figures 1305 et 1306 la formation de l'unique cotylédon ou des deux cotylédons est assez avancée pour qu'on puisse bien en saisir la genèse.

L'albumen. — En général, dès l'instant où la fécondation a lieu, le sac embryonnaire est le siège de la formation de l'albumen par les procédés suivants.

Dans le premier cas, le noyau secondaire du sac, se divisant comme d'ordinaire, amène la formation d'une cloison transversale qui partage la cavité de ce sac en deux autres, c'est-à-dire en deux cellules secondaires, dont l'une est généralement plus grande que l'autre et se trouve tantôt au-dessus, tantôt au-dessous de celle-ci. Quelquefois ces deux cellules subissent ensuite également une série de divisions binaires, et concourent ainsi de même à la formation du tissu albumineux ; mais plus fréquemment ces divisions n'ont lieu que dans la plus grande des deux, qui seule par conséquent produit l'albumen. Ce premier mode de formation a été reconnu chez beaucoup de Dicotylédones gamopétales (Labiées, Verbénacées, Scrofulariacées, Campanulacées, Éricacées, etc.), chez les Loranthacées et les Santalacées. Il paraît être en rapport avec la configuration étroite et allongée du sac embryonnaire.

Dans le second cas, qui est le plus fréquent, le noyau secondaire se partage, par le procédé normal, en deux noyaux qui se divisent de même à leur tour, et ainsi de suite. Il se produit ainsi dans la cavité indivise du sac un grand nombre de noyaux qui viennent se placer dans la couche de protoplasma dont est revêtue la paroi de celui-ci, en formant au milieu de cette matière une assise unique sur la plus grande partie du pourtour du sac, souvent plus épaisse à ses deux extrémités. Des filaments plasmiques se dessinent bientôt, rattachant entre eux ces divers noyaux dont chacun prend ainsi l'apparence d'un petit soleil ; puis à égale distance entre eux apparaissent des plaques cellulaires se joignant en angle chacune avec ses voisines immédiates d'où résultent les parois latérales de tout autant de cellules fermées extérieurement par la membrane du sac, mais ouvertes intérieurement, qui compose une couche périphérique continue. Le noyau de chacune de ces cellules se partage ensuite à son tour, et la cloison ainsi produite ferme intérieurement cette cellule ; après quoi, une série de divisions successives augmente graduellement de dehors en dedans l'épaisseur de cet albumen, qui presque toujours finit par remplir entièrement la cavité du sac embryonnaire ; toutefois dans des plantes où cette cavité est très grande, le tissu albumineux n'en atteint le centre que tard ou même pas du tout, auquel cas il reste à ce centre une cavité remplie de liquide. C'est ce qui a lieu chez plusieurs Aroïdées, surtout dans l'énorme graine du Cocotier où le liquide restant est connu sous le nom de *lait de coco*.

Quand l'albumen se produit par formation cellulaire libre, son développement est hâtif et souvent il remplit déjà le sac avant que l'embryon soit arrivé à l'état de globule cellulaire.

Nature de l'albumen. — Pendant le développement de la graine, le tissu cellulaire albumineux modifie notablement ses caractères de manière à faire distinguer trois natures d'albumen : le plus souvent ses cellules conservent des parois minces et produisent à leur intérieur en plus ou moins grande abondance des matières alimentaires de réserve, surtout de l'amidon (moins fréquemment de l'inuline). Il en résulte un albumen *farineux* ou *féculent*, tel que celui qui fournit la farine des céréales, du Blé, du Sarrasin, etc.

Dans les autres cas, il se dépose dans les cellules de ce tissu des matières grasses, de l'huile, de l'aleurone et en même temps les parois de ces cellules deviennent tantôt molles et charnues, tantôt, au contraire, dures et cornées. L'albumen devient ainsi *charnu* dans le premier cas, *corné* dans le second. Entre les albumens charnus et cornés il n'y a guère qu'une différence de degré, à ce point qu'on voit quelquefois les deux sortes réunies dans une même famille, comme les Pandanées, bien plus, dans un même genre, comme les Cocotiers ; aussi, dans les classifications, oppose-t-on en général les albumens farineux aux non farineux, ceux-ci pouvant être charnus ou cornés. Les albumens charnus fournissent plusieurs huiles grasses comme celle de Pavot, dite vulgairement d'Œillette, celle de Coco, etc. Quant aux albumens cornés, ils deviennent généralement très durs, comme ceux de la plupart des Palmiers et analogues, notamment du Dattier, du Doum (*Hyphœne*) dont on fait des grains de chapelet, surtout du *Phytelephas macrocarpa*, dont la matière connue sous le nom d'ivoire végétal sert à confectionner divers petits ouvrages.

On peut donc ramener à trois types les réserves contenues dans les cellules d'albumen : les féculents, les graisses, les celluloses. Ces produits de réserve serviront, lors de la germination de la graine, au développement de la plantule.

Graines sans albumen. — Bien qu'il se forme toujours, à un petit nombre d'exceptions près, des cellules d'albumen dans le sac embryonnaire, il y a cependant beaucoup de plantes dont la graine mûre est *exalbuminée* ou *apérispermée*. Cela tient à deux causes : 1° dans un petit nombre de cas, il ne se forme dans le sac embryonnaire après la fécondation, que très peu de cellules qui disparaissent promptement, ou bien le noyau du sac donne naissance à plusieurs autres noyaux autour desquels il ne se produit pas de parois cellulaires, comme on le voit pour le Haricot et la Fève, les *Tropœolum*, etc. ; ou enfin cette formation imparfaite n'a pas lieu du tout (Orchidées) ; 2° il se produit un vrai tissu cellulaire albumineux, qui peut même être abondant (*Nelumbium*, Labiées, etc.); mais l'embryon, à mesure qu'il grandit, fait disparaître autour de lui cette substance albumineuse en l'absorbant comme aliment et finissant par la consommer en entier (Crucifères, Rosacées, Composées, etc.). Dans l'un et l'autre cas, la graine mûre se trouve dépourvue d'albumen.

Le tégument. — Les téguments de l'ovule, la primine et la secondine, donnent, par des transformations réductives, le tégument séminal. Le plus souvent, ces changements équivalent à une obturation plus ou moins complète du micropyle, que l'on peut cependant retrouver quelquefois, et à un épaississement de l'assise la plus externe du tégument ovulaire, avec destruction des assises internes.

Dans le Haricot, par exemple, on peut observer la persistance du micropyle ; l'ovule de cette plante est courbé, et son micropyle est assez voisin du hile ; or, dans la graine, on retrouve non loin du hile, qui est au centre de la face concave, une petite proéminence cellulaire qui indique le micropyle non obturé.

Quand l'ovule est muni d'un seul tégument, l'épiderme de celui-ci s'épaissit et constitue seul le tégument séminal, tandis que les assises cellulaires internes sont écrasées et réduites par le grand développement du nucelle.

Quand l'ovule possède deux téguments, la primine constitue ordinairement seule le tégument séminal, la secondine étant écrasée et disparaissant ; cependant, chez les Graminées, le phénomène inverse se produit et la primine est complètement résorbée.

Pendant que ces phénomènes se produisent au niveau des enveloppes, le funicule disparaît en cédant à l'ovule les matériaux nutritifs qu'il peut contenir. Le hile, cicatrice laissée par la disparition du funicule, s'agrandit souvent et reste apparent sur la graine mûre ; ainsi, on l'observe sans difficulté sur le Haricot, et il constitue une sorte de large tonsure sur le marron d'Inde.

La graine des Gymnospermes. — L'ovule des Gymnospermes est unitegminé, et à sa maturité

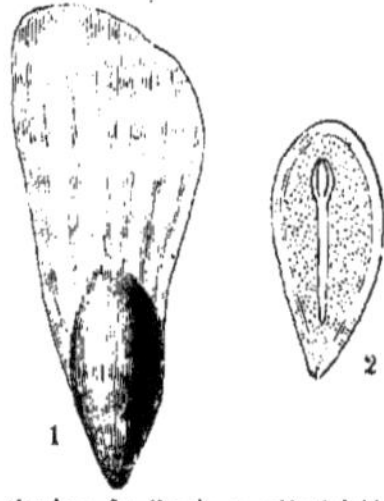

Fig. 1307. — Graine du Sapin pectiné (*Abies pectinata*). — 1, la graine avec l'aile du tégument; 2, coupe de la graine montrant le tégument sclérifié, l'embryon et l'endosperme.

il ne contient déjà plus de nucelle puisque le grand développement de l'endosperme a permis à celui-ci d'occuper toute la graine. Dans cet endosperme, qui joue le rôle de l'albumen nourricier des Angiospermes, les oosphères se développent au dessous de leurs rosettes respectives. Mais, tandis que chaque œuf donne un embryon chez l'Epicea, il en fournit quatre chez le Pin et le Genévrier.

Dans tous les cas, la formation cellulaire d'origine donne un proembryon avec suspenseur, et on peut compter un assez grand nombre de ces proembryons dès le début de la formation de la graine. Bientôt, l'un des embryons prend l'avance sur les autres, il se développe seul et les autres entrent en régression, de sorte que la graine mûre est constituée par un seul embryon (fig. 1307). avec ses réserves nutritives (endosperme) et son tégument. L'embryon des Gymnospermes possède un nombre de cotylédons assez élevé, pouvant aller jusqu'à quatorze chez certains Pins ; il possède aussi un radicule, une tigelle et une gemmule.

LA GRAINE MÛRE

Toutes les transformations que nous avons indiquées sont assez rapides, elles caractérisent une phase de constitution de la graine, phase pendant laquelle la vie est très active. A cette phase en succède une autre, celle de dessiccation, de concentration des réserves incluses, pendant laquelle la graine mûrit et se prépare à entrer dans la période de vie latente, dont elle ne sortira qu'au moment de la germination.

La maturation de la graine est difficile à dater, cependant on peut dire qu'elle précède peu celle du fruit, ou même qu'elle coïncide avec elle ; ainsi, on considère comme mûre une graine qui s'échappe d'un fruit déhiscent, ou bien une graine que l'on extrait d'un fruit non déhiscent mûr.

MORPHOLOGIE DE LA GRAINE

Les formes et dimensions des graines sont essentiellement variables, certaines étant très petites, comme les graines du Mouron des champs, du Pavot, du Tabac, qui ont un millimètre ou moins, d'autres étant volumineuses, comme les fèves, les marrons d'Inde, les muscades, les noix de coco.

La forme des graines est souvent voisine de la forme sphérique ou ovoïde, mais il existe beaucoup d'autres formes possibles : celle du Haricot est des plus connues, ainsi que celle du Blé. Du reste, la forme d'une graine n'est pas nécessairement spécifique, car elle tient en partie à la forme du fruit, à la disposition et au nombre des autres graines dans le fruit.

Les graines du Café sont ordinairement associées par deux dans un fruit qui est une drupe ovale et noirâtre provenant d'un ovaire bicarpellé. Les deux graines, à albumen corné, sont appliquées contre la cloison médiane par une face plane parcourue par une fente ; il résulte de cette disposition des graines la forme demi-ovoïde que présente chacune d'elles ; or, quand l'une des graines avorte, l'autre, tout en conservant son sillon, prend une forme ovale arrondie différant notablement de la forme spécifique.

Le tégument. — L'enveloppe de la graine se divise souvent en deux lames superposées, séparables par la déchirure d'une assise moins résistante, intermédiaire, dont l'externe, plus ferme, a reçu le nom de *test* ou *testa*, tandis que l'interne, ordinairement mince, a été appelée *tegmen* par Mirbel. Quelques graines ont un tégument formé, sous un épiderme mince, d'un parenchyme homogène et gorgé de sucs qui les fait qualifier de graines en baie. Dans un certain nombre de plantes, ce tégument est formé, à l'extérieur et dans une épaisseur plus ou moins grande, de parois cellulaires plus ou moins gélifiées, susceptibles d'absorber une grande quantité d'eau et devenant alors mucilagineuses (Coing, Lin).

En réalité, la division usitée du tégument séminal en test et tegmen n'est pas applicable dans la plupart des cas ; aussi le premier de ces deux mots est-il fréquemment employé pour désigner le tégument séminal entier, dont les diverses assises, bien que généralement différentes par les caractères des cellules qui les forment, composent un tout continu, mais divisible par déchirure en deux ou plusieurs lames.

Sur la plupart des graines, le test montre, encore assez facilement reconnaissable, le *micropyle* sous l'apparence d'un petit enfoncement superficiel au centre d'une légère saillie. On le voit, par exemple, en *m*, sur la figure 1308. En outre, le test offre toujours la cicatrice laissée par le funicule qui s'est détaché à la maturité : cette cicatrice est le *hile* ou *ombilic*. Souvent peu étendu (*h*, fig. 1309), il devient une large et longue bande sur le bout renflé de la Fève, et une grande aire ovale sur toute la base du marron d'Inde, graine de l'*Æsculus hippocastanum*.

La surface du test, souvent lisse et même lustrée, est ailleurs fortement granulée

Fig. 1308.   Fig. 1309.   Fig. 1310.   Fig. 1311.   Fig. 1312.

Fig. 1308. — Graine du *Corydalis ochroleuca*. — *m*, micropyle (10/1).
Fig. 1309. — Graine du *Papaver Rhœas*. — *h*, son hile (20/1).
Fig. 1310. — Graine de l'*Anagallis arvensis*, à test relevé de grosses granulations; elle est en forme de cône tronqué (20/1).

Fig. 1311. — Graine de *Nicotiana Tabacum*. — A, entière : *fn*, portion du funicule. — B, coupée longitudinalement : *fn*, extrémité du funicule; *tg*, test épais et dur ; *al*, albumen; *em*, embryon (20/1).
Fig. 1312. — Graine du *Glaucium flavum* (10/1).

Fig. 1308 à 1312. — La forme des graines.

(fig. 1310), ou relevée de lignes saillantes, tantôt sinueuses et ondulées, comme chez le *Nicotiana Tabacum* (fig. 1311), tantôt circonscrivant des aréoles polygonales, comme chez le Coquelicot (fig. 1309) et chez le *Glaucium flavum* (1312), où ces aréoles sont régulièrement alignées.

Le tégument peut présenter, en outre des ornements de sa surface, des expansions de diverses formes, destinées le plus souvent à permettre le transport des graines par le vent, les Insectes ou les Oiseaux, en même temps qu'il fixe cette graine après son transport.

Les graines du Cotonnier sont entourées d'un duvet dont les éléments sont des poils de 3 à 5 centimètres de long, soyeux, transparents et cellulosiques ; ils constituent le coton. La graine du Sapin (fig. 1307) est prolongée par une expansion aliforme dépendant encore du tégument ; une aile de même nature entoure complètement la graine du Rhinanthe.

La consistance du tégument est, chose remarquable, en rapport avec celle de la paroi du fruit, comme si une entente d'adaptation s'était produite pour assurer, dans tous les cas, une protection efficace à l'amande. Ainsi, les téguments de la noisette, de la cerise, de l'amande ordinaire sont minces, papyracés, mais les graines sont enfermées dans des noyaux résistants ; il en est de même pour la noix. Au contraire, les pépins du raisin sont très durs, le fruit étant formé d'une pulpe molle et corruptible ; la graine du Pin possède un tégument lignifié, et le pépin de la datte est recouvert d'une zone très résistante, son albumen étant en outre corné.

ARILLE ET ARILLODE. — Parmi les parties accessoires des graines, la plus importante à connaître, parce qu'elle joue le rôle d'un tégu-

ment séminal accessoire, est l'*arille*. C'est une couche généralement charnue, souvent colorée de teintes vives, qui naît après la fécondation, en procédant du funicule et qui s'étend graduellement en s'appliquant sur le tégument sans adhérer avec lui. Les botanistes ont longtemps attribué la même nature et la même origine à tous les arilles ; or, deux formations semblables, il est vrai, de situation et d'apparence, mais différentes d'origine, peuvent être distinguées sous les noms d'*arille* et d'*arillode* ou *faux arille* : l'arille vrai naît du funicule, tandis que le faux arille ou arillode naît des bords du micropyle. Supposons deux ovules orthotropes se développant en graine et produisant, l'un un arille, l'autre un arillode ; cette enveloppe superficielle s'accroîtra, dans le premier, du funicule vers le micropyle, c'est-à-dire de bas en haut, dans le second du micropyle vers le funicule, c'est-à-dire de haut en bas. Toutefois, dans le cas des ovules anatropes, il faut une dissection attentive pour distinguer les vrais arilles des faux, à cause du grand rapprochement qui existe finalement entre les points d'origine de l'un et de l'autre. Dans les Passiflores, l'arille forme un sac charnu, lâche, largement ouvert à son sommet. Il forme, sur les graines des *Nymphæa*, une enveloppe finalement complète. Enfin on le trouve plus ou moins étendu sur la graine du *Bixa* ou Rocouyer, du *Cytinus Hypocistis*, de divers genres de Sapindacées, etc. Dans l'If (fig. 1313), l'arille forme simplement une coupe rouge, charnue, largement ouverte, qui laisse dépasser le sommet de la graine.

Quant aux faux arilles ou arillodes, il en existe dans les *Polygala*, dans les Fusains (*Evonymus*), où on les voit couvrant toute la semence de l'*Evonymus latifolius* et beaucoup moins étendus sur celle d'autres espèces. Ce sont eux aussi qui forment sur la muscade ou graine du Muscadier (*Myristica fragrans*)

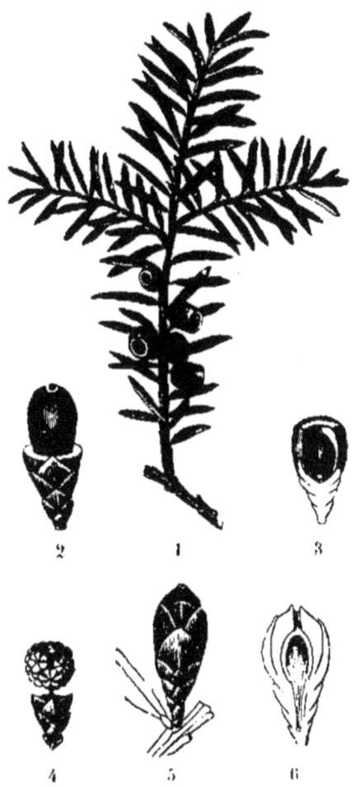

Fig. 1313. — *Taxus baccata*. — 1, rameau; 2, fruit débarrassé de la capsule; 3, fruit avec la capsule, coupé verticalement; 4, châton mâle; 5, fleur femelle; 6, coupe verticale d'une fleur femelle.

l'enveloppe irrégulière et déchirée, charnue, colorée en orangé rouge, très parfumée, qu'on nomme vulgairement le *macis*.

L'amande. — Sous le nom d'amande nous comprenons tout ce qui est compris dans la graine, sous le tégument. Cette amande peut être simple, c'est-à-dire ne renfermer que l'embryon, comme dans le haricot, la noix, et en général dans toutes les graines sans albumen. Elle peut être double, formée de l'embryon et de l'albumen, comme dans le grain de blé; elle peut même être triple, comprenant l'embryon, l'albumen et le périsperme comme dans le poivre.

Le plus souvent, l'amande possède la forme du fruit, ou tout au moins de la cavité du fruit dans laquelle elle s'est développée; il en est ainsi dans la noisette, la cerise, le café. Ailleurs, l'amande possède une forme propre, le fruit ne lui fournissant pas une paroi résistante sur laquelle elle puisse se mouler; les pépins sont dans ce cas, ils se développent dans une pulpe molle et sont ovoïdes, piriformes ou sensiblement sphériques. Enfin, dans quelques cas, l'amande possède une forme spéciale, assez différenciée, où l'on peut déjà reconnaître les parties de l'embryon : c'est le cas pour la noix, dont l'amande présente très nettement deux cotylédons, comprenant chacun deux lobes nommés les quartiers de la noix; quant à l'axe de l'embryon, il est représenté dans cette graine par le petit losange qui avoisine la pointe de la noix et dont la pointe tournée vers l'extérieur est la radicule, l'autre pointe tournée vers l'intérieur étant la tigelle.

L'embryon. — La configuration générale de l'embryon varie beaucoup selon les proportions relatives des parties qui le constituent et selon leur direction.

Dans les Monocotylédones, il forme le plus souvent un corps ovoïde ou oblong, plus ou moins obtus à ses deux extrémités, et dans lequel on ne distingue pas au premier coup d'œil ce qui appartient au cotylédon de ce qui constitue la tigelle; cependant il y existe une ouverture souvent resserrée en fente étroite, qui indique le niveau où se trouve le cône végétatif ou la gemmule embrassée par la gaine cotylédonaire; c'est la *fente gemmulaire*. Au même niveau finit la tigelle et commence le cotylédon.

Chez les Graminées, l'embryon est pourvu d'une grande expansion latérale qu'on nomme *écusson* ou *scutelle* à cause de sa forme, dans laquelle il faut voir le cotylédon; en face de ce cotylédon est un autre appendice nommé épiblaste, qui peut être regardé comme un second cotylédon, quoique sa structure soit uniquement parenchymateuse. Rappelons à ce propos que certains botanistes n'hésitent pas à faire de ces Graminées un groupe de Dicotylédones, tandis que d'autres les maintiennent parmi les Monocotylédones. La gemmule des Graminées est formée de feuilles bien différenciées disposées en deux séries, comme dans la plante adulte.

Chez les Dicotylédones, sa forme la plus ordinaire est celle que montre la figure 1314, A. C'est alors un corps oblong, rétréci visiblement à son extrémité radiculaire, plus épais vers l'extrémité opposée qu'occupent les deux cotylédons égaux entre eux et convexes en dehors, plans en dedans où ils s'appliquent l'un contre l'autre, de manière à cacher la gemmule entre leurs bases. Ailleurs, sans s'éloigner bien sensiblement de cette forme générale, il devient beaucoup plus élancé (B, fig. 1313), ou bien il a, soit les cotylédons fort développés avec la tigelle réduite, soit, au contraire, la tigelle

Fig. 1314. — Graine du Muflier des jardins, grossie. — A, la graine entière; B, la même coupée longitudinalement; *tg*, tégument séminal; *al*, albumen : *t'*, tigelle; *r'*, radicule; *ct*, cotylédons.

longue et les cotylédons courts. Le terme extrême dans ce dernier cas est celui où la tigelle acquiert des proportions énormes relativement aux cotylédons restés fort petits.

 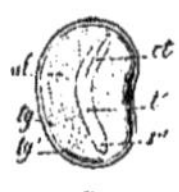

Fig. 1315. — Graine entière et grossie en A, coupée dans sa longueur en B, du *Galium mollugo*. — Mêmes lettres que pour la figure précédente, et *tg'*, tégument séminal interne.

D'un autre côté, les cotylédons peuvent former deux masses épaisses et plus ou moins charnues (haricot, etc.), au contraire, s'amincir et devenir plus ou moins foliacés.

Dans ce dernier cas, leur épiderme porte assez souvent des stomates à sa face inférieure, plus rarement à sa face supérieure, parfois même aux deux faces.

En général, le développement en volume de la portion axile de l'embryon est en raison inverse de celui de la portion cotylédonaire, et réciproquement.

L'albumen. — Les matières de réserve que contiennent les graines peuvent être placées en divers endroits, dans l'embryon chez les graines sans albumen, dans l'embryon et surtout dans l'albumen chez les graines qui sont pourvues de cette formation. Il peut aussi exister des réserves en dehors de l'albumen, dans le périsperme.

Dans tous les cas, ces réserves sont constituées par des matières appartenant, soit aux albuminoïdes, soit aux celluloses, d'où les noms d'albumen farineux, albumen gras ou albumen corné que l'on donne souvent aux formations des graines.

A cela il faut ajouter les matières non figurées, les sels dissous, les glucoses que contient surtout l'embryon.

MATIÈRES DISSOUTES. — Les matières dissoutes dans les cotylédons sont les unes salines, les autres organiques; parmi les premières mentionnons les phosphates de potassium et sodium, les sels de chaux; parmi les secondes, les albumines, les sucres, quelques acides organiques et principes taniques.

MATIÈRES FIGURÉES. — Pendant la maturation de la graine, des courants de nutrition s'établissent qui portent à cette graine une grande quantité de matériaux solubles : ceux-ci subissent alors une sorte de concentration, qui équivaut le plus souvent à une déshydratation et restent dans les cellules de l'embryon ou de l'albumen, à l'état de petits grains, principalement d'amidon ou d'aleurone.

L'aleurone, que nous avons étudiée dans le chapitre des réserves végétales, est une matière albuminoïde; elle forme environ le quart des réserves de la graine chez les Légumineuses, ce qui fait de ces graines un aliment plastique très nourrissant.

L'amidon est encore plus fréquent et plus abondant dans les graines, il constitue presque toutes les réserves des cotylédons du gland, de la châtaigne; il est associé à l'aleurone et à de petites quantités de matière grasse dans la graine du cacao, dans le grain du Maïs. Tous les albumens des Graminées, du Sarrazin en contiennent une grande proportion, avec de l'aleurone constituant le gluten.

Les matières grasses de réserve sont aussi fréquentes, soit presque seules, soit accompagnées des matières précédentes. Une émulsion huileuse très fine se trouve dans le protoplasme des cotylédons de l'amande, de la noix, de la pistache; des huiles spéciales sont placées dans les cotylédons des graines de Ricin, du Cacaoyer. De même les albumens du Ricin, du Pavot, contiennent des graisses, mélangées aux réserves aleuriques.

Enfin, une dernière réserve que l'on rencontre constamment dans les graines, mais en quantité essentiellement variable, est la cellulose. Les membranes végétales en contiennent toujours, mais dans quelques graines, les épaississements de cellulose que portent ces membranes sont tels que la cavité cellulaire est réduite au point de disparaître et que la masse résultante est comme cornée. Ainsi, le pépin de la datte est formé d'une substance dure, quoique flexible, ressemblant à la corne ; et la volumineuse graine du Palmier nommé Phytéléphas contient un albumen qui peut être travaillé comme l'os ou l'ivoire, sous le nom d'ivoire végétal.

Les réserves des graines sont assez souvent réparties entre l'embryon et l'albumen, elles sont alors identiques dans ces deux formations, on bien sont différentes, ce qui est le cas le plus fréquent. Ainsi, l'albumen du Dattier est corné tandis que les cotylédons sont charnus.

PHYSIOLOGIE DE LA GRAINE

Pendant la phase de germination, la graine présente une vie active, elle est, de toutes les parties de la plante, celle qui reçoit la plus grande quantité de matériaux nutritifs, et elle emmagasine ceux-ci à l'état de réserves. D'abord très riche en eau, comme tous les jeunes tissus, la graine se dessèche graduellement et concrète les principes de la sève ; la proportion d'eau qu'elle contient peut descendre à 12 et même 10 p. 100, ce qui donne à la graine une consistance de plus en plus grande. Dans tous les cas, l'eau qui s'échappe est l'eau d'imbibition, mais non l'eau de constitution des protoplasmes, sans quoi la graine perdrait sa faculté germinative, elle mourrait.

Vie latente ou ralentie. — Une des conséquences de cette dessiccation d'une graine est le ralentissement de son activité, de ses phénomènes d'échange, ralentissement que l'on traduit en disant que la graine est à l'état de vie ralentie ou de vie latente.

Cette diminution des échanges entre la graine et l'atmosphère s'accuse peu à peu, les phénomènes respiratoires deviennent très faibles, et il devient difficile de noter les variations de composition de l'air d'une enceinte où sont contenues des graines. Ce n'est qu'au bout de quelques mois que l'on peut noter une absorption d'oxygène et un dégagement corrélatif de gaz carbonique.

Cependant, ces échanges respiratoires, si faibles, sont nécessaires, et une graine maintenue dans une atmosphère irrespirable meurt.

D'autre part, il ne faut pas laisser agir trop longtemps l'oxygène de l'air, car il déterminerait à la longue une oxydation des réserves enfermées dans la graine, avec la production d'acides qui tueraient l'embryon ; c'est pour éviter l'entrée en scène de ces phénomènes

destructifs que l'on enfouit dans des silos les graines que l'on veut conserver. Rappelons aussi que l'état de sécheresse du tégument séminal est favorable à la défense de la graine contre les agents microscopiques de l'air, contre les moisissures, qu'une humidité même faible suffirait à laisser développer.

La résistance des graines aux températures élevées ainsi qu'aux températures basses est presque extraordinaire, et elle est d'autant plus grande que les graines sont plus pauvres en eau. Les hautes températures réalisées à l'étuve sèche, et les grands froids secs sont du reste les moins actifs, certaines graines résistant même dans les limites de 100 degrés de chaleur à 100 degrés de froid.

C'est là un ensemble de caractères très favorables à l'heureuse destinée des graines, car certaines d'entre elles doivent être transportées bien loin, elles doivent subir des conditions très diverses, avant de rencontrer celles qui détermineront leur germination, et la formation de la plantule, c'est-à-dire du nouveau végétal.

DISSÉMINATION DES FRUITS ET DES GRAINES

Lorsqu'une plante, végétant dans un sol, a produit ses graines, il semble que sa persistance soit assurée, à la seule condition que les graines germent. Il n'en est pourtant pas toujours ainsi, car si les graines tombent près du végétal qui les a produites, elles sont par là même placées dans un sol appauvri, dans lequel elles ne donneront que des plantes sans vigueur, et d'autre part, si ces plantes se cantonnent dans une station, elles sont à la merci de toute cause locale de destruction, qui les fera disparaître à jamais. Il paraît donc avantageux pour un végétal de pouvoir augmenter son aire de dispersion, de disséminer ses représentants sur des surfaces aussi grandes que possible, en facilitant le transport de ses fruits ou de ses graines.

Pour atteindre ce but, un grand nombre de moyens sont utilisés, les uns mettant en jeu les forces du végétal même, les autres mettant en action les forces de la nature, étrangères à la plante, empruntant le concours des animaux, du vent (fig. 1316) ou des eaux.

Malgré la difficulté que présente l'observation de phénomènes dont la complication et la soudaineté sont très grandes, les naturalistes

FIG. 1318. — Dissémination des graines de *Vanda teres* et de *Tillandsia*. — A gauche, une capsule de *Vanda* suspendue sur une écorce d'arbre et dont les graines s'échappent. A droite, deux capsules ouvertes de *Tillandsia* dont les fruits planeurs sont emportés par le vent et vont se fixer dans les fentes des écorces.

sont arrivés à la connaissance des principaux moyens de dissémination des plantes par leurs fruits ou leurs graines. Nous les suivrons dans les descriptions souvent attrayantes qu'ils ont données, et nous commencerons par les cas où le végétal est la cause active du départ des graines.

PLANTES LANÇANT LEURS GRAINES

La déhiscence des fruits se fait souvent avec vigueur; vers la fig. 1317, les graines tombent sur le sol, où bien sont entraînées par le vent, par les animaux; il en est autrement pour certaines plantes qui s'ouvrent avec une force assez grande pour projeter les graines à une certaine distance. Leurs valves se recourbent aussitôt ou s'enroulent, tantôt en dedans, tantôt en dehors. Un exemple bien connu de ce fait est celui de la Balsamine des jardins dont on voit le fruit représenté sur la figure 1318, A et B, avant et après sa déhiscence. Le fruit de la Giroflée s'ouvre également avec élasticité, les gousses de l'Orobe, les cap-

sules de Ricin et de l'Acanthe sont ruptiles; dans le premier cas, c'est le recroquevillement brusque des valves de la gousse qui cause la projection des graines (fig. 1319, *a*); dans les deux autres cas, les graines sont lancées par la déchirure et le redressement de parties internes du fruit, comme on le voit très bien sur la figure 1319 *b*, *c*, et *d*, *e*, [1].

Quelquefois la plante projette ses graines à une petite distance. C'est ce qui a lieu pour la *Cardamine hirsuta*, petite plante haute de 15 à 20 centimètres, qui croît abondamment dans les parties incultes de nos jardins, de nos plantations d'arbustes et ressemble beaucoup à l'espèce appelée *Cardamine chenopodifolia* [2]. Elle ne possède cependant pas de silicules souterraines et ses graines sont toutes contenues dans de véritables siliques. Elles sont attachées par leur funicule à la cloison médiane. Quand les siliques sont mûres, leurs parois externes sont dans un état de tension

[1] Voy. p. 474 à 477, la projection des graines des *Erodium* et des *Geranium*.

[2] Sir John Lubbock, *loc. cit.*, p. 71.

Fig. 1317. — *Salix polaris* avec capsules déhiscentes d'où s'échappent les graines velues.

très prononcé et simplement maintenues en place par une délicate membrane. Le moindre choc, un simple coup de vent, suffisent pour détacher les valves qui s'enroulent sur elles-

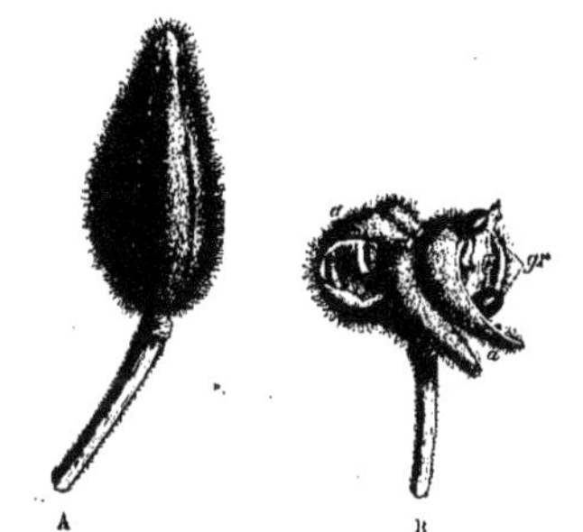

Fig. 1318. — *Balsamina hortensis.* — A, son fruit entier clos. — B, le même après sa déhiscence : *aa*, valves recourbées sur elles-mêmes ; *gr*, deux graines qui n'ont pas été lancées (1/1).

mêmes avec une force telle qu'elles sont ordinairement projetées loin de la plante, et que les graines sont lancées à une distance de plusieurs pieds.

« On trouve chez la Violette commune, à côté des fleurs à pétales colorés, d'autres fleurs à corolle rudimentaire ou même sans corolle, à étamines de petite taille contenant moins de pollen que celles des autres fleurs. A l'automne, la plante produit un grand nombre de ces curieuses fleurs. Quand elles sont très jeunes, elles sont triangulaires et ont l'aspect d'un bouton floral (fig. 1320 et 1321, *a*), la partie centrale de la fleur étant entièrement couverte par les sépales. Quand elles sont plus âgées (fig. 1320 et 1321, *b*), elles ont beaucoup de ressemblance avec les fruits secs appelés capsules ; on dirait que le bourgeon floral a produit directement une capsule sans donner de fleur. Les Pensées ne possèdent pas de ces fleurs. Dans le *Viola odorata* et le *V. hirta* (fig. 1320), on en trouve facilement parmi les feuilles qui touchent le sol.

« Quelques botanistes ont prétendu que ces plantes enterrent leurs capsules dans le sol et sèment ainsi leurs graines. Je n'ai cependant pas pu constater ce fait qui peut se produire accidentellement si, le pédoncule de la capsule s'allongeant et se recourbant à son extrémité, la pointe de cette capsule se trouve ainsi dirigée en bas, et si le sol est meuble et inégal. Quand les graines sont mûres, la capsule s'ouvre par trois valves et la déhiscence est opérée. Dans le *V. canina* (fig. 1321), les choses ne se passent pas ainsi. Les capsules ont leurs parois moins charnues, et bien qu'elles soient pendantes lorsqu'elles sont jeunes, elles se redressent à l'époque de la maturité et leur déhiscence s'opère par trois valves égales (fig. 1322). Chaque valve contient une rangée de trois, quatre ou cinq graines brunes, lisses et piriformes. Lorsque les valves commencent à sécher, leurs parois se contractent, se rapprochent l'une de l'autre et tendent à chasser les graines. Celles-ci opposent d'abord une vive résistance, mais au bout de quelque temps, elles sont projetées à une distance de plusieurs pieds. J'ai vu une graine de *V. canina* lancée de cette façon à une distance d'environ

Fig. 1319. — Fruits qui éclatent. — a, *Orobus vernus*; b et c, *Ricinus communis*; d et e, *Acanthus mollis*.

3 mètres. La figure 1322 *bis* représente une capsule vide.

« On se demandera maintenant d'où provient cette différence et pourquoi le *V. odorata* et le *V. hirta* dissimulent leurs capsules sous la mousse et les feuilles, tandis que le *V. canina* relève hardiment les siennes. Si cette particularité est favorable au *V. canina*, pourquoi ne l'est-elle pas également au *V. hirta*? Je crois que l'on aura facilement l'explication du fait si l'on tient compte du différent mode de croissance de ces deux espèces. Les capsules du *V. canina* sont portées par un long pédoncule, il leur est donc facile de s'élever au-dessus de l'herbe parmi laquelle la plante croit. Les capsules du *V. odorata* et du *V. hirta* ont, au contraire, un court pédoncule et les feuilles de ces plantes sont radicales, c'est-à-dire partent de la racine. Il serait donc impossible à ces deux végétaux de lancer leurs graines à une certaine distance, car elles rencontreraient aussitôt des feuilles qui les feraient immédiatement retomber. Voilà pourquoi, à mon avis, les capsules du *V. hirta* et du *V. odorata* restent à la surface du sol.

« Le Genêt commun et quelques Vesces lancent leurs graines grâce à l'élasticité de leurs gousses qui, lorsqu'elles sont mûres, s'enroulent subitement en produisant une secousse assez forte. Chaque valve de la gousse contient une couche de fibres élastiques obliques (fig. 1323, *ab*). Lorsque la gousse s'ouvre, les valves ne s'enroulent plus comme un ressort de montre, mais forment des spirales semblables à un tire-bouchon. »

La déhiscence du fruit de l'Ecbalium (*Ecbalium elaterium*), Cucurbitacée très commune dans notre Midi, très répandue dans l'Europe méridionale, et cultivée quelquefois pour ses propriétés médicinales, s'opère d'une autre façon. Le fruit est semblable à un petit concombre (fig. 1324), et lorsqu'il est mûr, il est tellement gorgé de liquide que ses parois sont dans un état de tension très prononcé. Le moindre attouchement suffit alors pour le détacher de son pédoncule ; et c'est à ce moment que la pression exercée par les parois sur les graines chasse à une certaine distance ces dernières et le liquide qui les baigne. Dans nos pays, cette distance peut atteindre 7 mètres environ ; mais dans les pays chauds, où les plantes croissent plus vigoureusement, elle doit être bien plus considérable. La sortie des graines et du liquide s'effectue par la base du fruit, au moment où ce dernier se sépare de son pédoncule. Si l'on touche un fruit mûr

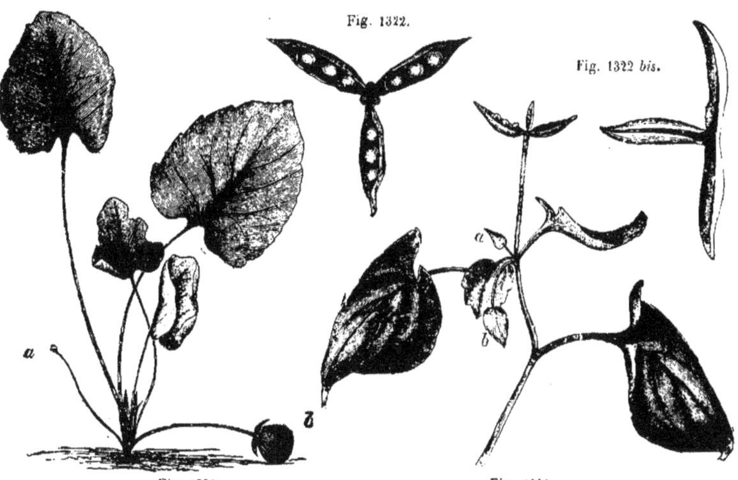

Fig. 1322.

Fig. 1322 bis.

Fig. 1320.

Fig. 1321.

Fig. 1320. — *Viola hirta.* — *a*, jeune bouton; *b*, la capsule mûre.
Fig. 1321. — *Viola canina.* — *a*, bouton; *b*, le même dans un état plus avancé; *c*, capsule ouverte.

Fig. 1322. — Capsule de *Viola canina* avec ses graines.
Fig. 1322 bis. — La même après la dissémination des graines.

Fig. 1320 à 1322 bis. — Dissémination des graines chez les Violettes.

d'*Ecbalium elaterium*, on court risque d'en recevoir le contenu en plein visage.

Mais l'un des faits les plus curieux à cet égard

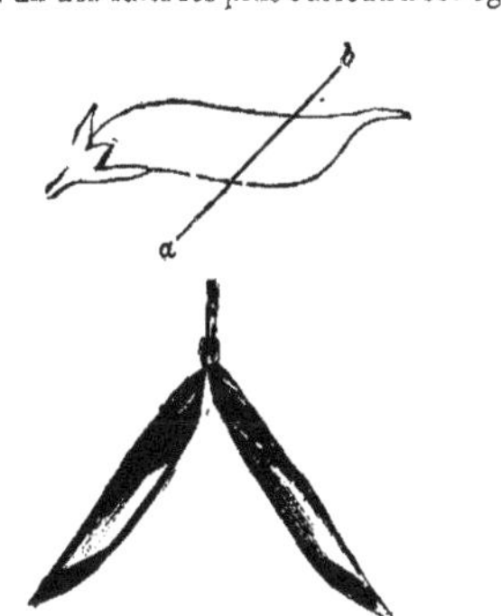

Fig. 1323. — Vesce commune (*Vicia sepium*). — La ligne *ab* indique la direction des fibres élastiques.

est celui d'une Euphorbiacée, le Sablier ou *Hura crepitans*. Le fruit de cet arbre américain est composé de douze à dix-huit carpelles soudés entre eux dans la moitié interne de

leur largeur et dont les parois deviennent ligneuses. Ces *coques*, comme on les nomme,

Fig. 1324. — *Ecbalium elaterium.*

s'isolent à la maturité et s'ouvrent chacune en deux valves avec une véritable petite explosion à laquelle on s'oppose dans les collections en

Fig. 1325. — *Cardamine chenopodifolia.* — *a, a,* siliques ordinaires ; *b,* siliques souterraines.

entourant ce fruit d'une ficelle fortement serrée ou d'un fil de fer.

Ces curieux phénomènes ont été étudiés par Hildebrand qui distingue, sous ce rapport, deux sortes de fruits : ceux à parois succulentes et ceux à parois sèches. Dans les premiers, dont la Balsamine, la Clandestine, l'*Ecbalium elaterium* sont des exemples, la cause de la rupture réside dans une assise du péricarpe dont les cellules, se gorgeant de plus en plus de sucs, se gonflent et déterminent ainsi, dans cette assise, une tension à laquelle les autres couches, restant passives, cèdent forcément à un moment donné, qui est celui où a lieu l'explosion. Au contraire, l'élasticité des fruits à parois sèches tient à ce qu'une couche de cellules, séchant plus que les autres, se resserre, tire par conséquent sur celles-ci, qui cèdent finalement, au moment même de la déhiscence, avec élasticité ; il peut même se détacher alors une couche externe en même temps que sont lancées les graines (Diosmées, Euphorbiacées), ou encore des parties extérieures peuvent amener l'arrachement du fruit entier. Enfin, chez les *Oxalis,* ce sont les graines qui, lançant brusquement leur couche

superficielle, déterminent l'ouverture du péricarpe.

Quelques données numériques. — Les forces mécaniques ainsi mises en jeu dans les phénomènes de déhiscence des fruits, et produisant la projection des graines, sont très variables ; elles dépendent de plusieurs facteurs dont le principal est la puissance de l'assise mécanique, et aussi de la rapidité du phénomène. Une mesure de ces forces peut être fournie par leurs effets, et les quelques données consignées dans le tableau suivant en donneront une suffisante idée.

NOMS DES PLANTES.	FORME des graines.	PLUS GRAND diamètre.	PLUS PETIT diamètre.	POIDS.	DISTANCE de projection.
		mm.	mm.	gr.	m.
Cardamine impatiens....	Ellipsoïde.	1,5	0,7	0,005	0,9
Viola canina.............	Ovoïde.	1,6	1	0,008	1
Dorycnium decumbens...	Sphérique.	1,5	1,5	0,003	1
Geranium columbinum..	Id.	2	2	0,003	1,5
— palustre......	Cylindrique.	3	1,5	0,005	2,5
Lupinus digitatus.......	Cubique.	7	7	0,08	7
Acanthus mollis.........	Réniforme.	14	10	0,4	9,5
Hura crepitans	Lenticulaire.	20	17	0,7	14
Bauhinia purpurea......	Id.	30	18	2,5	15

Fig. 1326. — *Vicia amphicarpa.* — *a, a,* gousses ordinaires ;
b, b, gousses souterraines.

Fig. 1327. — *Lathyrus amphicarpos* (d'après
Sowerby). — *a,* gousses ordinaires ; *b,* gousses
souterraines.

PLANTES SEMANT LEURS GRAINES

Il existe un certain nombre de végétaux qui
sèment eux-mêmes leurs graines dans le sol.

« C'est ainsi que, parmi les fleurs du *Trifolium subterraneum,* plante assez peu répandue
en Angleterre, il en est peu qui acquièrent un
parfait développement(1). Les autres, terminées
en pointe, sont fermées et se relèvent verticalement. Dès que les fleurs ont été fécondées,
leurs pédoncules continuant à croître tout en
se recourbant, tendent à les enfouir dans le
sol ; ils sont aidés dans cette opération par
les fleurs imparfaites, grâce à la structure de
ces dernières. Darwin a montré que ces fleurs,
aussitôt qu'elles sont dans le sol, tournent
autour de leur point d'attache avec le pédoncule, de façon à rapprocher leur extrémité de
ce dernier. Grâce à ce mouvement, la fleur
s'enfonce dans la terre. Dans la plupart des
Trèfles, chaque fleur produit une gousse. Cela
serait inutile et même nuisible chez l'espèce

(1) Sir John Lubbock, *loc. cit.,* p. 97.

que nous venons d'étudier, car plusieurs jeunes
plantes voisines se nuiraient réciproquement.
Il y a donc avantage à ce qu'un petit nombre
de fleurs seulement produisent des graines. »

Nous avons mentionné des Cardamines dont
les siliques s'ouvrent élastiquement et lancent
leurs graines à une certaine distance. Une
espèce du Brésil, appelée *Cardamine chenopodifolia* (fig. 1325), outre ses siliques ordinaires, en possède d'autres courtes et effilées
(fig. 1325, *bb*) qui s'enfoncent dans le sol.

« L'*Arachis hypogæa* possède des fleurs jaunes dont la forme est semblable à celle des fleurs
du Pois, et dont le calice, de forme allongée,
est situé au-dessus de l'ovaire. Lorsque la fleur
s'est fanée, la petite gousse ovale et effilée qui
lui succède est entraînée par la croissance du
pédoncule. Ce dernier atteint plusieurs pouces
de longueur et se recourbe généralement de
façon à faire pénétrer la gousse dans le sol.
Dans ce cas, les graines se forment vigoureusement ; mais, si la gousse ne s'enfonce pas
dans le sol, elle ne tarde pas à périr.

« Le *Vicia amphicarpa* (fig. 1326), qui croît
dans l'Europe méridionale, possède, outre ses

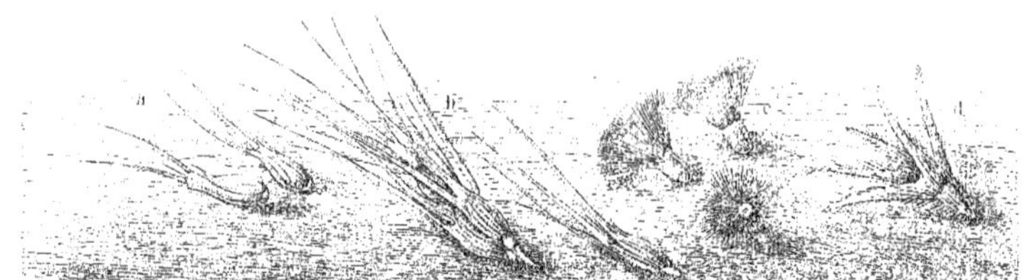

Fig. 1328. — Fruits munis de piquants. — a, *Ægilops ventricosa*; b, *Ægilops ovata*; c, *Crupina vulgaris*; d, *Trifolium stellatum*.

gousses ordinaires (*a*), des gousses souterraines (*b*), ovales, contenant deux graines seulement et provenant de fleurs dépourvues de corolle.

« Le *Lathyrus amphicarpos* (fig. 1327) nous présente un cas analogue. Parmi les autres plantes qui possèdent la faculté d'enterrer leurs graines, je citerai l'*Okenia hypogæa*, plusieurs espèces de *Commelyna* et d'*Amphicarpæa*, le *Voandzeia subterranea*, le *Scrofularia arguta*, etc. On pourra remarquer que ces plantes appartiennent à des familles distinctes (Crucifères, Légumineuses, Commélynacées, Violariées et Scrofularinées).

« Dans le *Lathyrus amphicarpos*, le *Vicia amphicarpa* et le *Cardamine chenopodifolia*, les siliques et les gousses souterraines diffèrent de celles qui se développent en plein air, par leurs petites dimensions et le petit nombre de leurs graines. Je crois qu'il est facile de donner l'explication de cette différence. Dans les siliques et les gousses ordinaires, grâce à leur grand nombre, les graines ont beaucoup de chances de trouver un endroit favorable à leur développement; tandis que, d'un autre côté, si les siliques et les gousses souterraines contenaient beaucoup de graines, les jeunes plantes produites se nuiraient réciproquement. Il est donc préférable que ces fruits souterrains ne produisent qu'une ou deux graines seulement. »

FRUITS ET GRAINES TRANSPORTÉS PAR LES ANIMAUX

Certaines graines sont armées de crochets, de piquants, d'appendices avec arêtes plumeuses, qui leur permettent de s'attacher au pelage des animaux quadrupèdes ou au plumage des Oiseaux. Ces productions se rencontrent chez les Ægilops, chez quelques Trèfles (fig. 1328), chez le Bident (*Bidens tripartita*),

la Bardane, l'Aigremoine, et chez nombre d'autres plantes. Linné connaissait déjà plus de cinquante plantes dont les graines ou fruits, ainsi armés, pouvaient être entraînés par les animaux; aujourd'hui ce nombre est bien plus grand.

Quand un animal herbivore est surpris par l'approche d'un ennemi, il se précipite à travers un fourré, il fuit, et dans sa course entraîne les graines des buissons; bientôt il traverse d'autres broussailles et dépose là les graines qu'il porte. Ce mode de propagation des espèces végétales peut se faire à grande distance et malgré des obstacles naturels, tels que les rivières, car l'animal poursuivi cherche à fuir et surmonte l'obstacle.

Mais les Oiseaux, peut-être plus que tous les autres animaux, concourent au transport des graines; dans leurs migrations, ils emportent d'un pays dans un autre, des graines qui se sont attachées à leurs plumes. La boue qui reste adhérente à leurs pattes peut aussi contenir des graines.

D'après Darwin, une boule de terre restée attachée à la patte d'une perdrix rouge qui avait été blessée fut arrosée et recouverte d'une cloche de verre, après avoir été conservée trois ans. Elle produisit au moins quatre-vingt deux plantes. Le grand naturaliste anglais raconte encore que trois cuillerées de boue prise dans un étang, puis cultivées, produisirent en six mois cinq cent trente-sept plantes.

Quelques Oiseaux de l'ordre des Passereaux mangent avidement, et en très grande quantité, des graines qu'ils rejettent en des points fort éloignés, sans qu'elles perdent pour cela la faculté de végéter. Le séjour des graines dans l'estomac des Oiseaux les rend même souvent plus propres à germer. D'après un botaniste anglais, les graines du *Magnolia glauca*, transportées en Angleterre, ont égale-

Fig. 1329. — Transport des fruits et des graines par le vent. — *a*, silique de *Lunaria rediviva*; *b*, fruit de *Bignonia* et ses graines, l'une d'elles est isolée; *c*, *Heliosperma quadrifidum* et ses graines, dont l'une est isolée en *c*; *d*, fruit et graines du *Dioscorea*.

ment besoin de subir cette transformation pour germer.

Sir Ch. Lyell rapporte que les fermiers, dans quelques parties de l'Angleterre, voulant obtenir une haie vive en aussi peu de temps que possible, nourrissent leurs Dindons avec les fruits de l'Aubépine (*Cratægus oxyacantha*), et sèment ensuite les noyaux de ces baies que les Dindons rejettent dans leurs excréments, moyen par lequel ils gagnent une année entière pour la croissance de la haie.

FRUITS ET GRAINES TRANSPORTÉS PAR LE VENT

Le plus souvent, les graines sont transportées par le vent. « Pour qu'il en soit ainsi, elles doivent nécessairement être légères (1). Quelquefois, cette légèreté leur est fournie par la structure de leurs propres tissus, ou par la présence de cavités dans leur substance. Ainsi, dans le *Valerianella auricula*, le fruit présente trois loges, et chacune de ces loges devrait contenir une graine. Mais une seule graine se développe; et les deux loges vides deviennent plus larges que celle qui contient une graine. Il est évident qu'elles ont pour but de rendre le fruit plus léger et de permettre au vent de le transporter à une distance plus considérable.

« Dans d'autres cas, les plantes elles-mêmes ou certaines de leurs parties sont roulées sur

le sol par le vent. C'est ainsi que la large inflorescence arrondie du *Spinifex squamosus* est entraînée à des distances de plusieurs milles, à la surface des sables desséchés de l'Australie, jusqu'à ce qu'elle ait rencontré un endroit humide où elle prend racine et se développe. »

Des phénomènes analogues s'observent pour la Rose de Jéricho, dont il a été fait mention (page 477) et qui est transportée entière avant de laisser échapper ses graines.

Fruits et graines ailés. — Assez souvent, le vent charrie les graines dans l'espace. Si l'on examine le fruit du Sycomore, on voit qu'il est muni de prolongements membraneux grâce auxquels le vent peut le transporter à une assez grande distance de l'arbre qui le portait. La silique mince et papyracée de quelques Crucifères sert à un transport identique (fig. 1329, *a*).

Chez un grand nombre d'autres plantes, la dissémination des fruits est favorisée par la présence de bords élargis. C'est ainsi que parmi les espèces du genre *Thysanocarpus*, Crucifère de l'Amérique du Nord, le *T. laciniatus* possède des siliques ailées. Chez les *T. curvipes*, *T. radians* et *T. elegans*, les ailes membraneuses sont de plus en plus développées. Les ailes du *T. elegans* présentent même des perforations. Parmi nos plantes sauvages, la Patience (*Rumex*) et le Panais (*Pastinaca*) possèdent des fruits ailés. Quelquefois, dans le Pin, par exemple, ce sont les graines qui sont munies d'ailes. La silique du *Thlaspi*

(1) Sir John Lutbbock, *loc. cit.*, p. 75.

Fig. 1330. — Transport des fruits et des graines par le vent. — a, *Senecio vulgaris*; b, *Adenium Honghel*; c, *Valeriana tripteris*; d, *Typha Schuttleworthii*; e, *Eriophorum angustifolium*; f, *Cynanchum fuscatum*; g, *Micromeria nervosa*; h et i, *Taraxacum officinale*; k, *Salix myrsinites*.

arvense est ailée. Dans l'*Entada*, plante de la famille des Légumineuses, la gousse se compose de plusieurs segments ailés; dans le *Nissolia*, l'extrémité de la gousse seule est munie d'un prolongement membraneux; enfin, dans le Tilleul, les fruits sont munis d'une bractée. Ailleurs, la graine seule est ailée, et le vent la transporte dès qu'elle est sortie du fruit; telles sont les graines de *Bignonia*, d'*Heliosperma* et de *Dioscorea* que représente la figure 1329 (*b*, *c*, *e*).

Fruits et graines appendiculés. — D'autres

fois il se développe de longs poils. Chez la Clématite, l'Anémone, le Dryas, ces poils couvrent la surface entière du fruit. Chez d'autres plantes, telles que le Séneçon (fig. 1330, *a*), le Pissenlit (fig. 1330, *h*, *i*), le *Cirsium nemorale* (fig. 1331) et le *Tragopogon pratense*, ils forment une aigrette. On trouve fréquemment de ces aigrettes chez un grand nombre de Composées; et cependant, la Pâquerette et le *Lampsana* n'en possèdent pas. Certains fruits du *Thrincia hirta*, plante qui croît dans nos prairies et sur nos pelouses, sont munis d'une aigrette, tandis que les autres en sont dépourvus. Les premiers ont pour but de disséminer la plante dans des bois et des prairies plus ou moins éloignés ; les autres sont destinés à perpétuer la race dans les endroits où elle croît déjà.

On trouve des aigrettes chez un assez grand nombre de plantes : chez l'*Epilobium*, le *Thrincia*, le Tamarix, le Saule, l'*Eriophorum*, le *Typha* (fig. 1331, *d*, *e*).

On en trouve également chez beaucoup d'espèces exotiques, chez le superbe Laurier-Rose, par exemple. Chez les Valérianes et les Composées, c'est le calice lui-même qui prend la forme d'une aigrette; c'est le périanthe dans le *Typha* et l'*Eriophorum*. La graine de l'*Epilobium* présente une aigrette à l'une de ses extrémités; celle du Cotonnier est entièrement couverte de longs poils. Chez quelques espèces d'*Æschynanthus*, la graine ne possède que trois poils : deux sur l'un de ses côtés, un seul sur l'autre. Dans ce dernier cas, les poils sont très flexibles et peuvent s'accrocher au corps des animaux, ce qui augmente beaucoup les chances de dissémination de la plante.

Fruits et graines visqueux. — Le nombre des plantes dont les fruits et les graines sont enduits d'une matière visqueuse n'est pas très grand, cependant on peut citer les genres *Pittosporum, Pisonia, Boerhavia, Drymaria,* et *Plumbago*, parmi les plantes ordinaires. Mais parmi les plantes épiphytes, c'est-à-dire végétant sur les arbres, ce mode de dissémination est plus fréquent et plus important; car, si la graine d'une plante ordinaire peut en tombant sur le sol germer dans de bonnes conditions, il n'en est plus de même d'une graine de Gui, celle-ci ne devant germer que sur une branche. Nous rappelons que les graines du Gui, fréquemment avalées par les Oiseaux, sont entraînées par ceux-ci sur les branches des arbres, et comme ces graines sont visqueuses, elles se fixent aux branches et germent.

De même l'*Arceuthobium*, qui vit sur le Genévrier, et qui lance ses graines, présente des graines très visqueuses, de sorte qu'elles vont s'attacher solidement aux branches qu'elles frappent dans leur projection.

« Le Dr Watt a décrit une autre espèce très curieuse qui appartient à la même famille (1). Le fruit de cette plante est encore formé par une pulpe visqueuse entourant une seule graine. Lorsqu'il se détache de la plante, il adhère au corps sur lequel il tombe. La graine germe, et la radicule, lorsqu'elle a atteint une longueur à peu près égale à 25 millimètres, élargit son extrémité en un disque aplati, puis se recourbe jusqu'à ce que ce disque soit venu en contact avec quelque objet voisin. Si les conditions sont favorables, la plante se développe; dans le cas contraire, la radicule se redresse, détache la baie visqueuse de l'endroit où elle s'était fixée et l'élève en l'air; puis elle se recourbe de nouveau et vient faire adhérer la baie avec un autre corps. C'est alors que le disque se détache à son tour de l'endroit où il était fixé, et est porté, grâce à la courbure de la radicule, à une autre place où il se fixe de nouveau. Le Dr Watt prétend avoir vu ce fait se produire plusieurs fois. Les jeunes plantes semblent choisir l'endroit où elles se développeront. Il arrive souvent qu'elles quittent les feuilles sur lesquelles les fruits étaient tombés, et viennent se fixer sur l'écorce d'une branche.

« Sir Joseph Hooker a décrit un autre genre intéressant appartenant toujours à la même famille, le *Myzodendron* parasite du Hêtre. Le Myzodendron croît à la Terre de Feu. Ses graines ne sont pas entourées d'une substance visqueuse, mais elles possèdent quatre prolongements aplatis et flexibles, grâce auxquels elles peuvent être transportées, par le vent, d'un arbre à un autre. Dès qu'elles rencontrent un petit rameau, leurs appendices l'entourent et elles se trouvent ainsi fixées.

« Les graines d'un grand nombre de végétaux épiphytes sont très petites et très nombreuses. Grâce à cela, elles sont aisément transportées par le vent d'un arbre à un autre, et comme le végétal auquel elles adhèrent leur fournit toute la nourriture nécessaire pour leur développement, il est inutile qu'elles possèdent leurs réserves alimentaires emmagasinées dans leur propre substance. De plus, la petitesse de ces graines leur est avantageuse, car elle leur permet de pénétrer dans les crevasses les plus étroites de l'écorce. Dans le genre *Neumannia*, la graine est petite et se termine à chacune de ses extrémités par un long filament, ce qui lui permet d'adhérer plus facilement aux rameaux des arbres. »

FRUITS ET GRAINES TRANSPORTÉS
PAR LES EAUX

Il peut se faire que les graines soient charriées par les eaux. Darwin a fait une série d'ex-

---

(1) Sir John Lubbock, *loc. cit.*, p. 95.

Fig. 1331. — Fruits du *Cirsium nemorale* transportés par le vent et semant leur graine par rupture de l'aigrette plumeuse.

périences pour constater pendant combien de temps les graines et les fruits de diverses plantes pouvaient résister à l'action nuisible de l'eau de la mer. D'après lui, 64 espèces, sur 87, ont germé après une immersion de vingt-huit jours dans l'eau salée, et plusieurs supportaient même une immersion de trente-sept jours. En se fondant sur la vitesse moyenne des courants océaniques, il a conclu qu'un grand nombre de graines pouvaient être transportées, sans être altérées, à travers 1 600 kilomètres de mer.

La noix de coco est remarquable à ce point de vue. Les graines conservent longtemps la faculté de germer et sont protégées par le tissu peu serré du fruit. C'est la structure de ce tissu qui permet au fruit de flotter facilement.

Personne n'ignore que le Cocotier est une des premières plantes qui apparaissent sur les récifs de corail. C'est le seul Palmier que l'on trouve répandu dans les deux hémisphères.

Certains fruits sont transportés par les eaux de la mer à des distances considérables. Les fruits du *Martynia annua* et ceux du *Mimosa scandens* traversent souvent tout l'Océan et voyagent de l'Amérique méridionale jusqu'aux côtes de l'Europe et jusque sur les bords de la Norvège.

A l'automne, les graines des Lentilles d'eau (*Lemna*) coulent au fond de l'eau où elles restent pendant tout l'hiver. Au printemps suivant, elles remontent à la surface et se développent.

NOMBRE DES FRUITS ET DES GRAINES

Malgré les multiples dispositions qui ont pour résultat d'assurer la bonne dissémination des graines et leur ensemencement dans des conditions favorables, le nombre des réussites serait insuffisant pour conserver bien des espèces végétales si la Nature n'avait multiplié le nombre des fruits et des graines dans des proportions presque surprenantes.

Des calculs furent faits par divers naturalistes pour déterminer le nombre des graines de quelques plantes, et les résultats fournis ne permirent jamais d'énoncer une relation entre ce nombre et la nature de la plante ; nous ne rapporterons ici que quelques observations.

Dans les Orchidées, Ch. Darwin a compté souvent de très nombreuses graines ; il en a trouvé 24000 dans un *Cephalanthera grandiflora*, et ces graines étaient réparties par files de plus de 80 dans quatre capsules, chaque capsule renfermant 6 000 files. L'*Orchis mascula*, qui est une petite plante, contient, dans 30 capsules, près de 190 000 graines. Mais les espèces exotiques sont encore plus prolifiques ; ainsi l'*Acropera* renferme 370 000 graines par fleur, ce qui donne le total énorme de 74 000 000 de graines pour la plante ! Et nous savons que ces plantes fructifient chaque année, versant ainsi au dehors un nombre de graines susceptible d'ensemencer d'énormes étendues.

De son côté, Fritz Müller a compté dans un *Maxillaria*, plante du Brésil méridional, 1 756 400 graines dans chacune des 12 capsules que portait la plante, ce qui fait un total de près de 20 000 000 de graines !

Pour indiquer quelle est la portée réelle des chiffres ci-dessus, Darwin montre dans quelle mesure peut se multiplier l'*Orchis maculata* :

« Un acre (0,40 hect.) pourrait contenir 174 240 plantes, chacune ayant un espace de

6 pouces carrés (1) ; elles seraient un peu trop pressées pour pouvoir fleurir ensemble ; en déduisant 12 000 comme mauvaises, on trouve qu'un acre serait complètement couvert par la progéniture d'une seule plante. La multiplication continuant à se faire dans la même mesure, les plantes de la seconde génération couvriraient un espace un peu plus étendu que l'île d'Anglesey, et celles de la troisième génération d'une seule plante revêtiraient presque (dans la proportion de 47 à 50) d'un tapis vert uniforme toute la surface des terres.

« On ignore comment une aussi effrayante progression est arrêtée. »

A ces données, ajoutons quelques chiffres de moyenne, relatifs aux plantes de notre pays, ce qui permettra de se rendre compte des énormes variations de nombre des graines, certaines en possédant une centaine, tandis que d'autres en produisent plusieurs centaines de mille (2).

	Nombre de fruits ou de capitules.	Moyenne des semences par capitule ou par fruit.	Nombre total des graines.
Adonis autumnalis	40	25	1.000
Agrimonia Eupatoria	140	1	140
Angelica sylvestris	40.530	2	81.060
Arum maculatum	50	2,48	124
Borrago officinalis	736	3	2.208
Chlora perfoliata	112	1.000	112.000
Conium maculatum	26.460	2	52.920
Daucus carota	1.538	2	3.076
Digitalis purpurea	442	1.000	442.000
Epilobium hirsutum	3.416	212,6	726.241
Epilobium roseum	1.520	175	266.000
Erythræa centaurium	436	322	140.392
Geum urbanum	1.498	1	1.498
Inula conyza	217	74	16.058
Lampsana communis	253	20	5.060
Lappa major	366	92,8	33.964
Linum usitatissimum	75	8	600
Lotus corniculatus	50	5	250
Lychnis dioïca	73	188,4	13.753
Papaver rheas	20	1.500	30.000
Pedicularis sylvatica	206	20	4.120
Polygala vulgaris	2.686	2	5.872
Primula officinalis	20	36	720
Pulicaria dyssenterica	80	450	36.000
Ranunculus arvensis	104	1	104
Rumex patientia	38 543	1	38.543
Scorzonera humilis	28	60	1.680
Scrofularia aquatica	5.600	107	599.200
Sison amomum	4.375	2	8.750
Sonchus oleraceus	15	216	3.240
Stellaria media	923	12	11.076
Symphytum officinale	515	2,6	1.339
Taraxacum dens leonis	12	132	1.584
Tragopogon pratensis	10	55	550
Verbascum thapsus	555	600	333.000
Vicia tetrasperma	1.800	4	7.200

(1) Ch. Darwin, *loc. cit.*, p. 326.
(2) Léon Bédel, *Revue scientifique*, 15 décembre 1900.

GERMINATION DE LA GRAINE

Une graine étant transportée sur le sol, elle y séjourne un temps plus ou moins long, puis elle donne naissance à une plantule, on dit qu'elle germe (fig. 1332). Ce phénomène, qui est le passage de l'embryon de la vie latente à la vie active, est sous la dépendance de diverses conditions, dont les unes sont attribuables à la graine, les autres au milieu dans lequel elle doit germer ; on nomme souvent les premières conditions des conditions intrinsèques, les autres étant dites extrinsèques.

CONDITIONS DE LA GERMINATION

Conditions intrinsèques. — Ces conditions sont celles qui font dire qu'une semence est bonne, elles sont corrélatives d'un état parfait de l'embryon et de ses réserves, aussi d'une maturité parfaite, mais non trop ancienne, car la faculté germinative aurait pu disparaître avec le temps. Aucun caractère extérieur ne peut assurer la bonne qualité des graines, et la réussite d'un semis est le seul critérium à conserver ; cependant on peut faire l'essai de densité.

DENSITÉ DES GRAINES MÛRES. — Chez la plupart des plantes, la densité des graines, au moment de leur maturité complète, est supérieure à celle de l'eau. De la connaissance de ce fait est résultée la pratique traditionnelle de l'essai par l'eau, fait en vue d'apprécier la bonté des semences. Mises et agitées dans ce liquide de manière à être débarrassées de l'air adhérent à leur surface, les graines mûres et pourvues d'un embryon en bon état vont au fond, tandis que les autres surnagent. Les anciens, Pline le constate, avaient déjà reconnu ce rapport entre la maturité normale des graines et leur densité.

Toutefois les graines mûres ne tombent pas toutes au fond de l'eau ; Schübler à reconnu que la densité de celles de quelques plantes ne dépasse pas 0,210, tandis que, au contraire, elle peut s'élever, chez d'autres, jusqu'à 1,450. Les premières nagent donc facilement sur l'eau, quoique étant en bon état et bien mûres ; certaines graines farineuses par leur albumen ou par leur corps cotylédonaire sont déjà plus denses que l'eau avant leur maturité : telles sont celles des Légumineuses, des Polygonées, des Amarantacées, des Graminées, etc. L'essai

Fig. 1332. — Germination des graines et développement des cotylédons. — 1, Cucurbite (*Cucurbita pepo*), à divers états (de droite à gauche); 2, *Scorodosma asa fœtida*; 3 et 4, Immortelle (*Helichrysum annuum*); la section 4 montre la disposition relative des deux cotylédons dans la graine; 5, *Cardopatium corymbosum*.

par l'eau peut donc n'être pas concluant, et il est bon d'y joindre un semis d'épreuve.

Faculté germinative. — Toute graine pourvue d'un embryon bien conformé est susceptible de germer quand elle est parvenue à sa maturité. La faculté germinative est donc un caractère de la maturité; cependant on peut se demander si une graine doit avoir atteint sa parfaite maturité pour germer.

Déjà Duhamel avait vu des graines de Frêne, toutes vertes, germer, et même en moins de temps que ne le font celles qui sont bien mûres; après lui, Sénebier avait observé la germination de Pois encore verts et sucrés; mais c'étaient là des faits isolés et jugés exceptionnels. Plus récemment Seiffert a fait germer des graines de Haricot, de Fève, de Lentille, de Pois, de Cytise, qui n'étaient parvenues qu'à la moitié environ de leur grosseur, et il a signalé ce fait que le Sophora du Japon (*Styphnolobium*), qui ne mûrit jamais son fruit à Breslau, peut y être multiplié par le semis de ses

graines non mûres. M. Goeppert a fait germer des grains de Seigle récoltés le 20 juin 1846, dont les pareils ne mûrirent que le 6 juillet suivant, aussi bien que ceux qui avaient été semés bien mûrs, mais avec un retard de deux jours et demi.

D'après Martius, les Brésiliens n'emploient, pour multiplier le *Willughbeia speciosa* (Apocynée), que des graines non mûres. Ils pensent que le fruit est meilleur sur les arbres ainsi obtenus.

M. Cohn a fait de nombreuses expériences sur des graines très variées et arrivées à des degrés fort divers de développement; il a été conduit ainsi à poser les principes suivants : 1° la faculté germinative ne coïncide pas d'ordinaire avec la maturité, mais elle la précède; 2° dans beaucoup de plantes il suffit, pour que la graine germe, que son embryon, quoique peu avancé, remplisse en majeure partie la cavité des téguments, et que l'albumen ait été absorbé, ou ait pris quelque consistance;

3° en général, les plantes venues de semences non mûres ne sont pas plus faibles que les autres ; 4° la germination paraît se faire dans le moins de temps possible à un degré moyen de formation des graines ; plus jeunes ou plus avancées, elles sont plus lentes à germer.

La faculté germinative se maintient dans des conditions qui souvent mettraient en péril la vie d'un végétal ordinaire, et cela tient surtout à l'excellente protection que la graine doit à son tégument. Des Pois restés plus de dix ans sans respirer et dans la vapeur de mercure à très faible tension, ont conservé en partie leur puissance germinative.

L'affaiblissement de cette fonction, observé en dernier lieu, semble dû à ce que les graines avaient atteint le terme de leur vie latente.

Durée de la faculté germinative. — Le temps pendant lequel une graine reste apte à germer dépend de la nature de ses réserves, il est très variable. Ainsi, tandis que les graines du Manglier germent sur l'arbre, dans le fruit, celles du Caféier et du Laurier ne germent que fraîches, et des graines de Sensitive ont pu germer après un siècle de conservation. On cite des graines de Blé et de Luzerne trouvées dans des tombeaux gallo-romains, qui ont pu germer.

A ce propos, rappelons que tous les jardiniers citent à l'envie des cas plus ou moins extraordinaires de persistance de la vitalité des graines ; nous en rapporterons un choisi entre mille.

Dans un jardin, une Cucurbitacée qui avait été autrefois cultivée, n'avait plus jamais été semée depuis. On voit cependant apparaître presque tous les ans quelques pieds de cette plante, fait qui ne peut être attribué qu'à ce que des graines enfoncées dans le sol et provenant de fruits abandonnés et désagrégés sur place, viennent au hasard du labourage à être placées dans des conditions favorables et entrent en germination. Le fait est digne d'intérêt, bien que vingt années constituent un laps de temps peu considérable. A Paris, sous les fondations d'une très vieille maison démolie, il y a quelques années, dans la Cité, Boisduval a trouvé des graines mêlées à une terre noirâtre. Semées avec soin et sous cloche, elles ont donné des pieds de *Juncus bufonius*, espèce qui croît ordinairement dans des conditions analogues à celles qu'offrait le sol sur lequel fut bâtie Lutèce.

M. Gain a étudié avec grand soin des graines trouvées dans les tombeaux égyptiens et qui lui ont été communiquées par M. Maspero. Les plus anciennes de ces graines sont des grains de Blé et d'Orge remontant à quarante et un siècles avant notre ère.

De Candolle a dit qu'il n'est pas impossible que ces graines puissent germer, et, à la suite de cette opinion, il est resté dans beaucoup de livres classiques l'assertion de cette possibilité.

M. Gain a constaté que la provision d'amidon, ou albumen, n'a subi presque aucune altération, à tel point qu'on peut le faire digérer par un embryon de Blé actuel isolé du reste de la graine ; mais l'embryon même de la graine pharaonique est momifié, à éléments désorganisés, incapable absolument de manifester le caractère vital.

D'ailleurs, M. Gain a encore reconnu que l'embryon a déjà subi un commencement d'oblitération dans une graine de cinquante ans.

Il faut donc reporter dans le domaine des légendes toutes ces germinations de graines soi-disant anciennes.

Conditions extrinsèques. — Pour qu'une bonne graine germe, il faut qu'elle soit placée dans un milieu convenable, à une température, une humidité et une aération favorables ; ces conditions peuvent, du reste, se trouver accidentellement, ainsi que le montre l'observation suivante (1) :

A Paris, le bon marché du plâtre permet de s'en servir, à l'état brut, sans y regarder et sans trop se préoccuper, pour le dégrossissement préliminaire, des impuretés qu'il peut contenir. Cette insouciance donna lieu un jour à une assez curieuse mésaventure : un charretier, à moitié ivre, tout en vidant les sacs dont il était porteur, versa en même temps parmi les tas de plâtre le contenu de la *musette* d'avoine destinée à ses chevaux. Les maçons, n'attachant aucune importance à ces céréales mélangées au plâtre, le gâchèrent et l'étendirent comme d'habitude ; puis ils recouvrirent cette première épaisseur, suivant l'usage, d'un enduit *au sas*, c'est-à-dire passé sur une fine toile métallique ou à travers un tamis de soie. L'entrepreneur, après être venu inspecter le travail achevé, commanda d'ouvrir les fenêtres, de fermer les portes et de laisser sécher durant trois semaines. Lorsqu'il revint, la chaleur du plâtre avait fait germer les graines ; l'avoine, sollicitée par

(1) Rapportée dans la *Revue des Deux Mondes*, numéro du 15 avril 1897.

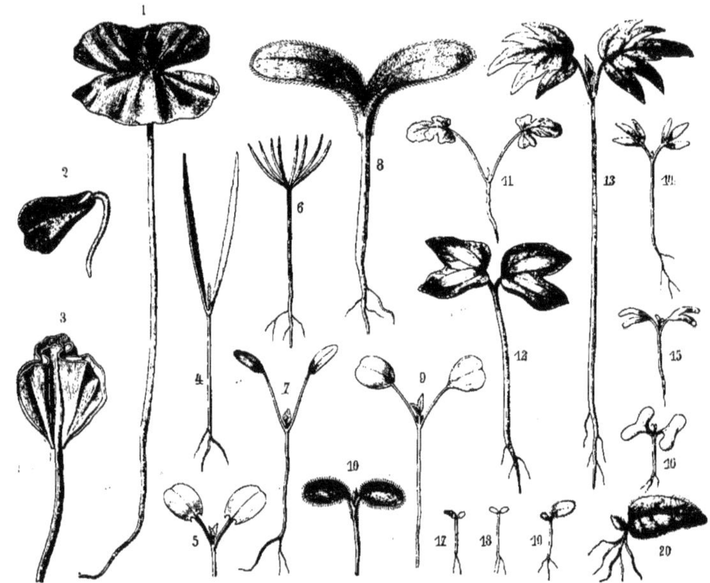

Fig. 1333. — Plantules de germination. — 1, 2, 3, *Fagus sylvatica* (Hêtre); 4, *Fumaria officinalis* (Fumeterre); 5, *Galeopsis pubescens* ; 6, *Abies orientalis* (Sapin) ; 7, *Convolvulus arvensis* (Liseron); 8, *Borago officinalis* (Bourrache); 9, *Senecio crucifolius* ; 10, *Rosa canina* ; 11, *Erodium cicutarium* ; 12, *Quamoclit coccinea* ; 13, *Tilia grandifolia* ; 14, *Lepidium sativum* (Cresson alénois); 15, *Eucalyptus orientalis* ; 16, *Eucalyptus coriaceus* ; 17-20, *Streptocarpus Rexii*.

cet excellent engrais, poussait avec vigueur, le plafond n'était plus qu'un champ de verdure.

Humidité. — Aucune germination ne peut avoir lieu sans humidité. L'eau étant la base de toute végétation, et agissant d'ailleurs comme véhicule de l'aliment des plantes, la graine, que la maturité a rendue très sèche, doit recevoir une quantité de ce liquide suffisante pour remplir ces deux rôles. L'eau joue, en outre, un rôle mécanique : gonflant l'amande plus que le tégument, elle détermine la rupture de celui-ci, et ouvre ainsi un passage à la radicule, en même temps qu'elle donne un plus libre accès aux influences extérieures. Si la graine est logée dans un noyau, son gonflement détermine la rupture de cette enveloppe déjà ramollie elle-même, au moins partiellement, par un séjour prolongé dans la terre humide.

La pénétration de l'eau est facile ou difficile, selon le plus ou moins d'épaisseur et de consistance du tégument, selon l'absence ou la présence d'un noyau. Lorsque la graine est enfermée dans un noyau, ou que son tégument séminal est épais et dur, la pénétration de ce liquide est difficile; il faut alors beaucoup de temps aux graines pour germer. Ainsi s'explique l'utilité de la pratique des jardiniers, qui entaillent ou qui usent sur quelque point, contre une pierre, le test impénétrable de certaines graines.

Chaleur. — La chaleur est indispensable pour la germination, mais entre certaines limites au delà desquelles elle devient inutile, ou nuisible. Sa limite inférieure, au-dessous de laquelle les graines ne peuvent germer, avait été fixée expérimentalement à + 7 degrés centigrades, par Edwards et Colin, pour le Blé d'hiver, l'Orge et le Seigle. D'après les expériences de M. Alph. de Candolle, il peut y avoir encore des germinations à zéro. Ainsi ce botaniste a fait germer le *Sinapis alba* à zéro, une fois après onze jours, une autre fois après dix-sept jours. Il a obtenu des germinations entre $+1°,3$ et $+1°,9$ pour le *Lepidum sativum* et le Lin.

Pour chaque espèce végétale, il y a une température favorable à la germination de sa graine, ou, comme on le dit souvent, un *optimum*. A mesure qu'on s'éloigne de ce terme moyen, le phénomène devient de plus en plus difficile, ce qui le rend de plus en plus lent à se produire, jusqu'à ce qu'enfin on arrive aux limites au delà desquelles il n'a plus lieu. En général, c'est de 10 à 20 degrés que la germination s'opère avec le plus de rapidité ; mais les végétaux des régions chaudes aiment ou exigent une chaleur sensiblement plus forte.

OXYGÈNE. — Pour prouver que la présence de l'air, et, dans celui-ci, de l'oxygène, est indispensable à la germination, il suffit de placer les graines dans des vases remplis d'hydrogène, d'azote ou d'acide carbonique, en les soumettant à une température et à un degré d'humidité convenables ; leur embryon ne s'accroît pas ou presque pas. Il en est de même si on les plonge dans de l'eau privée d'air ; même, en général, elles ne germent pas submergées dans l'eau ordinaire et aérée, sauf, d'après Th. de Saussure, les Pois, les Lentilles et les semences d'espèces aquatiques, la quantité d'oxygène qu'elles y trouvent ne suffisant, d'ordinaire, que pour déterminer en elles un commencement de germination ; mais si, comme l'a fait M. Emery, on renouvelle constamment l'eau qui apporte de nouvel air dissous, ou si l'on y détermine un dégagement constant d'oxygène, non seulement la germination s'opère, mais encore les petites plantes qu'elle donne peuvent continuer longtemps à végéter dans ces conditions exceptionnelles.

LA GERMINATION

Une graine, ayant rencontré les conditions favorables à son développement, germe, c'est-à-dire est le siège de phénomènes particuliers dont les uns sont des changements de forme, les autres des changements chimiques des substances contenues dans la graine. Nous étudierons ces phénomènes séparément.

Morphologie de la germination. — L'embryon adulte comprenant une radicule, une tigelle, un corps cotylédonaire et une gemmule plus ou moins caractérisée, ces quatre parties sortent de l'état d'engourdissement dans lequel elles étaient à l'intérieur de la graine et se mettent à croître successivement, selon l'ordre dans lequel elles viennent d'être énumérées. C'est la radicule qui s'allonge la première et qui se fait jour à travers le tégument séminal plus ou moins largement rompu sous la pression qu'elle exerce sur lui, et par l'effet du gonflement qu'une absorption d'humidité détermine dans l'amande. Quand la radicule a conservé sa direction normale dans la graine et regarde le micropyle, ce qui a lieu dans la grande majorité des cas, c'est dans la région micropylaire que se font l'ouverture du tégument et la sortie de la racine naissante ; mais quand l'embryon est devenu hétérotrope, l'une et l'autre ont lieu nécessairement vis-à-vis de son extrémité radiculaire, c'est-à-dire plus ou moins loin du micropyle. La racine de la plantule a déjà pris un accroissement notable quand la tigelle commence de s'accroître à son tour, pour former l'entre-nœud hypocotylé, et la croissance de celle-ci précède, à son tour, celle des cotylédons qui doivent devenir des feuilles séminales ; enfin, en dernier lieu seulement commence l'évolution de la gemmule en tige épicotylée.

Les figures 1332, 1333 et 1334 représentent un assez grand nombre de graines en germination, avec les divers états des plantules qui en dérivent ; elles montrent les principales dispositions qu'on observe dans les plantes, et il nous suffira de choisir quelques exemples pour faire connaître les phénomènes morphologiques de la germination.

Dans les graines de Haricot, de Violette, de Courge, le développement est normal. La radicule perfore la région micropylaire, aidée en cela dans la graine de Courge par le *talon* qui se gonfle (fig. 1332, 1) ; puis, pendant que cette racine s'enfonce dans le sol, la tigelle apparaît, elle soulève les cotylédons qui deviennent aériens, donnant ainsi naissance à une région de l'axe de la plantule nommée *hypocotyle*, et située entre la racine et la tige. Cet hypocotyle se distingue vite de la racine par son épiderme uni et sa teinte verte, il en est séparé au point nommé *collet*.

Les deux cotylédons, épanouis, sont des feuilles grossières, moins découpées que les feuilles ordinaires de la plante, et possédant la teinte verte chlorophyllienne ; entre eux apparaît bientôt la gemmule grossie, et les feuilles végétatives normales. Les cotylédons se flétrissent plus tard, laissant une plante normale et autonome. Toutes les plantes des

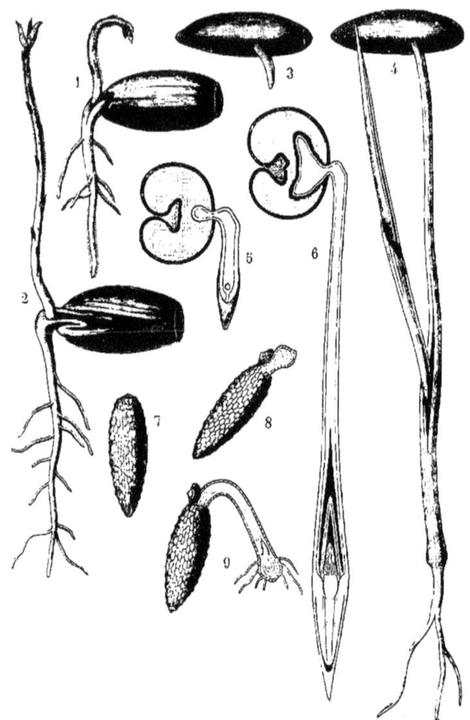

Fig. 1334. — Germination des graines. — 1, 2, gland du Chêne (*Quercus austriaca*) en germination ; 3, 4, graine du Dattier (*Phœnix dactylifera*) à deux états du développement; 5, 6, les mêmes graines en coupe longitudinale (gr. 8); 7, 8, 9, *Thypha Schuttleworthii*. — 7, graine et son opercule; 8, sortie de la plantule ; 9, état plus avancé (gr. 40).

figures 1332 et 1333 se développent suivant ce mode, et il est facile de voir les aspects variés des plantules qu'elles possèdent.

Dans les graines de certains Haricots (Haricot d'Espagne), des Fèves, du Marronnier, du Chêne, les cotylédons ne sont plus portés dans l'air par le développement de la tigelle; ils conservent leur situation souterraine et sont souvent qualifiés d'*hypogés* par opposition aux précédents dits *épigés*. La figure 1334, 1 et 2, montre la germination du gland du Chêne.

Dans les graines des Monocotylédones, la racine dont l'origine est endogène doit percer non seulement le tégument séminal et le péricarpe, mais l'extrémité inférieure de la tigelle; cette tigelle constitue alors à la radicule une sorte de collerette. Dans ces plantes, le cotylédon est en forme d'écusson, il est appliqué contre l'albumen qu'il digère, mais il ne devient jamais aérien, se flétrissant même sans verdir. La tigelle naît enveloppée dans une *préfeuille*, sorte de gaine blanchâtre, d'où sortira la première feuille et plus tard les feuilles successives.

Chez les Palmiers, que représente la figure 1334, 3 à 6, le cotylédon et l'albumen restent dans la graine, mais le pétiole du cotylédon descend en terre, entraînant avec lui la tigelle, la radicule et la gemmule (on voit très bien ces organes sur la figure 1334, 6). De cela il résulte que la base de la future tige est enfouie en terre, ce qui est une circonstance très favorable à la fixation de la plante, dont les racines ne sont, du reste, pas très puissantes, et ne forment jamais de pivot.

Physiologie de la germination. — La composition chimique des graines varie beaucoup, d'une espèce végétale à l'autre ; mais elle offre quelques traits communs. Abstraction faite de sels consistant surtout en phosphates et de certaines substances particulières, les graines offrent, comme base de leur constitution, des matières ternaires ou non azotées. Ces matières sont, avant tout, la cellulose des parois cellulaires, et, dans les cellules, l'amidon ainsi que les matières grasses.

Pendant la germination, des changements importants se produisent dans les graines ; ils sont en rapport avec deux phénomènes capitaux, la respiration et la digestion des réserves.

La respiration, que nous avons étudiée d'autre part, conserve ici ses caractères, mais elle prend une ampleur particulière ; elle détermine une perte de carbone, donc une perte de poids, perte qui sera largement compensée par l'assimilation chlorophyllienne intense de la plantule ; elle détermine encore une production d'énergie, principalement de chaleur susceptible d'être facilement appréciée au thermomètre.

La digestion des réserves, dont nous avons fait mention dans un chapitre spécial, se fait toujours aux dépens de principes diastasiques spéciaux, nés dans les cellules de l'embryon, et susceptibles de solubiliser les matériaux figurés de réserve, de façon à permettre leur circulation dans la plantule, et leur utilisation dans les régions de formation des tissus. Cette digestion est presque toujours assimilable à une hydratation, elle est faite par l'amylase, la pepsine, la saposane, pour les matières féculentes, albuminoïdes ou grasses.

Les sels de réserve sont directement solubles et assimilables ; pour eux, il n'est pas besoin de digestion. Rappelons aussi l'importance de la diastase sécrétée par les graines de l'Orge au moment de la germination, car cette diastase est le principe actif du malt, et la cause de son emploi dans les opérations de la brasserie. Dans l'Orge, comme du reste dans les Graminées, c'est la face du cotylédon qui touche l'albumen, qui sécrète le ferment, et celui-ci détruit peu à peu la réserve amylacée en la saccharifiant.

Les phénomènes de germination constituent un ensemble d'actes très importants, dénotant une vie très active de la graine ou plutôt de sa plantule ; par eux se trouve bientôt édifié un nouveau végétal, identique à ses procréateurs, capable comme eux de fleurir et de fructifier, formant par suite un chaînon dans la lignée des plantes, un anneau dans la suite continue des phénomènes biologiques que nous montre le monde végétal.

LES CLASSIFICATIONS DES VÉGÉTAUX

Depuis le moment où la terre fut accessible à la vie, les plantes furent représentées par de très nombreux individus, d'aspect, de forme, de propriétés très diverses. Mais, parmi ces individus, une étude attentive permet de remarquer que nombre d'entre eux se ressemblent de tous points, qu'ils dérivent de plantes communes par les moyens de multiplication végétative ou de reproduction que nous connaissons. Nous ferons des groupes de ces individus semblables, et ces groupes seront nommés des *races*.

Ce premier groupement, le plus facile à faire, n'est pas complet, car une observation, même de longue durée, peut ne pas nous offrir l'occasion de saisir les liens de parenté que nous cherchons; nous essaierons donc de nous servir d'individus dont les formes sont intermédiaires, nous rechercherons les croisements, nous fouillerons les documents historiques, et nous constituerons ainsi des groupes spéciaux, nommés *variétés*, qui se rattacheront à une variété type que nous conservons comme définissant l'ensemble des variétés ressemblantes.

Ainsi compris, notre essai de classification est naturel, il définit des groupements susceptibles d'être bien connus, bien limités, il est le fruit de l'observation seule. Mais cela n'est qu'un essai et nous laisse en présence d'un très grand nombre de races au milieu desquelles nous ne pouvons que nous perdre. Il faut continuer les groupements des races pour constituer des cadres plus étendus de la classification.

A partir de ce moment, le caractère le plus sûr, celui dont l'application est décisive, nous fait défaut; nous ne pouvons plus observer la descendance directe des plantes et nous devons faire appel aux degrés de ressemblance pour établir les groupes nouveaux. Là surgit une nouvelle difficulté, car l'appréciation des ressemblances met en jeu le classificateur, et l'importance qu'il attachera à tel ou tel caractère sera toute personnelle. Les naturalistes, dans leur désir de faire œuvre utile et durable, surtout œuvre scientifique, ont longuement pesé la valeur des caractères auxquels ils demandaient de définir les cadres des classifications, et leurs travaux, que nous allons connaître, ont abouti à l'édification de groupements des plantes se rapprochant autant qu'on peut le souhaiter, dans l'état actuel de la science, des groupements naturels. Par ce moyen, l'homme supplée, dans la mesure du possible, à l'ignorance qui résulte pour lui de la non-observation continue des phénomènes biologiques depuis l'origine des mondes organisés.

NOMBRE DES PLANTES

« Les savants grecs et romains, ne cherchant guère les plantes qu'en raison de leur emploi, n'en avaient distingué et catalogué qu'un nombre fort restreint (1). Hippocrate (v^e et ive siècles avant J.-C.) en mentionnait 234, et l'*Histoire des plantes* de Théophraste (310 à 225 avant J.-C.), en indique environ 500. Dioscoride, qui vivait au commencement de notre ère, et dont l'ouvrage a été le code de la science botanique pendant une longue série de siècles, n'en a décrit que 600, bien qu'il eût pu en voir un grand nombre pendant ses voyages en Grèce, en Asie Mineure et en Italie. Si Pline (mort 79 ans après J.-C.) a parlé de 800 plantes, c'est surtout parce qu'il a mis fort peu de critique dans son vaste travail.

« Pendant tout le moyen âge, c'étaient uniquement les *Simples*, c'est-à-dire les plantes médicinales, et encore en fort petit nombre, qu'on cherchait à connatre empiriquement. A la Renaissance, l'étude des végétaux reprit faveur; mais, obéissant à une tendance funeste, les hommes éclairés qui s'en occupèrent eurent d'abord pour objet à peu près unique de les reconnaître dans les vagues descriptions des anciens, plutôt que de les observer en eux-

(1) Duchartre, *loc. cit.*, p. 897.

mêmes. Ils finirent cependant par comprendre que la nature seule devait être leur livre ; au xvi⁰ siècle, ils commencèrent à l'étudier, et aussitôt le nombre des plantes connues successivement s'accrut d'autant plus, qu'alors aussi s'ouvrit, avec Belon, Rauwolf, Prosper Alpin, Acosta, Pison et Margraff, etc., l'ère des voyages ayant pour but d'enrichir l'histoire naturelle et plus particulièrement la botanique. Dès le milieu du xvi⁰ siècle, Conrad Gesner décrivit 800 espèces de plantes, dont il accompagna la description de 400 figures gravées tantôt sur bois, tantôt sur cuivre, très supérieures aux essais informes qui avaient été faits auparavant. En 1576, L'Écluse ou Clusius, d'Arras, qui avait voyagé dans toute l'Europe centrale et méridionale, décrivit, avec une précision inconnue jusqu'à lui, environ 1 400 sortes de plantes, dont il donna même de bonnes figures au trait. Peu après, en 1587, Dalechamp traita, dans son *Histoire générale*, de 2 731 plantes ; enfin, dans les dernières années du même siècle, les deux frères Jean et Gaspard Bauhin embrassèrent dans leurs études l'ensemble du Règne végétal, tel qu'il était alors connu. Gaspard ne put terminer l'ouvrage immense qu'il avait entrepris, mais il en publia, en 1596, sous le titre de *Phyto-Pinax*, la table complète, dans laquelle il catalogua 6 000 plantes, et son frère Jean en décrivit 5 266 dans son grand ouvrage qui fut publié en 1650, après sa mort.

« La fin du xvii⁰ siècle (1694) vit paraître les *Institutiones rei herbariæ* de notre célèbre Tournefort. Les voyages de ce grand botaniste dans le midi de l'Europe et dans le Levant lui avaient permis d'élargir considérablement le cercle des connaissances acquises avant lui ; aussi ne signala-t-il pas moins de 10 146 plantes différentes, distinguées avec plus de précision qu'auparavant. En 1704, dans son *Histoire générale des plantes*, l'Anglais Jean Ray en décrivit 18 655 ; mais cette forte augmentation n'était qu'apparente, beaucoup de formes, à peine différentes, étant admises par cet auteur comme distinctes et venant ainsi grossir la liste. Le Suédois Linné, l'immortel réformateur de l'histoire naturelle, procédant avec plus de rigueur, n'admit dans la première édition de son *Species plantarum*, en 1753, comme suffisamment caractérisés, que 6 200 types spécifiques de plantes, et malgré les nombreux voyages qui furent faits pendant sa vie, surtout à son instigation, malgré les

nombreuses correspondances qu'il entretint avec les botanistes les plus distingués de son époque, il n'éleva plus tard ce nombre qu'à 8 551, dont 7 728 étaient des Phanérogames.

« Au commencement même du xix⁰ siècle (1805-1807), Persoon, dans son *Synopsis plantarum*, caractérisa près de 20 000 espèces de plantes phanérogames, et comme on connaissait déjà près de 6000 espèces de Cryptogames, on voit que le total des végétaux décrits à cette époque peu éloignée de nous s'élevait de 25 000 à 26 000.

« En 1819, A.-P. de Candolle commençait la seconde édition de sa remarquable *Théorie élémentaire de la botanique* par ces mots, qui résumaient l'état de la science à ce moment : « Trente mille espèces de végétaux différents « sont connus aujourd'hui sur la surface du « globe. »

« En 1824, Steudel publia son *Nomenclator botanicus*, dans lequel il donna 59 684 noms déjà publiés de Phanérogames et 10 965 noms de Cryptogames, ou en tout 70 649. A la vérité, un pareil relevé ne pouvait être fait par un seul homme avec une critique rigoureuse, et on y trouvait beaucoup de doubles emplois. La même observation s'applique à la seconde édition de cet ouvrage, publiée en 1841, dans laquelle Steudel a consigné 78 000 noms de plantes phanérogames.

« En 1845, dans son *Musée botanique de M. Benj. Delessert*, Lasègne se crut autorisé par ses recherches à porter le total des plantes déjà connues à 95 000, savoir : 80 000 Phanérogames et 15 000 Cryptogames. Cette élévation est presque identique à celle qu'a faite, en 1846, Lindley, qui admettait, comme déjà connues alors, environ 81 000 Phanérogames, se divisant en 65 435 Dicotylédones et 13 952 Monocotylédones. — Au total, on n'a pas à craindre d'être taxé d'exagération en admettant qu'environ 100 000 Phanérogames et au moins 25 000 Cryptogames sont aujourd'hui connues des botanistes. »

Nombre probable des végétaux qui existent sur la terre. — On ne peut former à ce sujet que de simples conjectures. En prenant une moyenne entre les diverses manières dont on considère les espèces végétales, on peut évaluer la population végétale du globe à 150 000 à 200 000 formes spécifiques distinctes, pour les Phanérogames et à un nombre peu inférieur pour les Cryptogames, dont les formes les plus simples semblent multipliées presque à l'infini.

Un calcul dû à Alph. de Candolle montre que ces nombres ne peuvent être entachés d'exagération.

« La surface du globe terrestre, dit ce savant botaniste, abstraction faite des parties couvertes d'eau, est de 6 825 000 lieues carrées. Si l'on suppose 200 000 Phanérogames, ce qui est l'un des chiffres les plus élevés qu'on ait admis, il y aurait, par lieue carrée, 0,029 espèce, disons 0,03. Or des localités très restreintes et même des plus pauvres ont infiniment plus d'espèces dans une lieue carrée. Ainsi, au sommet du Pic du Midi de Bagnères, on compte 71 Phanérogames sur 200 mètres de surface (Ramond); en Écosse, dans les plaines tourbeuses les plus monotones, il y a 50 à 100 Phanérogames par mille anglais carré, et dans les environs de Londres, qui ne sont pas d'une abondance excessive en plantes spontanées, on a compté 400 espèces dans un mille carré. »

Les détails qui précèdent mettent en évidence l'importance de la botanique systématique pour la connaissance du Règne végétal, et dans cette branche de la science, la nécessité d'un ordre absolu et de méthodes rigoureuses. Or, pour créer cet ordre, on a dû : 1° établir parmi les végétaux des groupes subordonnés les uns aux autres ; 2° rattacher ensuite ces groupes entre eux par un lien méthodique qui permît de passer du simple au composé, ou réciproquement ; en d'autres termes, on a dû considérer d'abord les plantes comme formant, en raison de leurs ressemblances, des groupes de divers degrés, et relier ensuite ces groupes par des classements basés sur leur subordination, c'est-à-dire par des *Classifications*. C'est à ces deux points de vue que nous devons nous placer maintenant pour connaître les bases de la botanique systématique.

L'ESPÈCE EN BOTANIQUE

Les premiers groupes que nous avons établis comprennent une variété type et des variétés ressemblantes, ils ont quelque analogie avec les groupes que les classificateurs nomment *espèce*, et qui sont plus étendus.

Définitions de l'espèce. — En raison de l'extrême difficulté qu'on a éprouvée pour assigner à l'espèce des caractères rigoureusement distinctifs, les définitions qui en ont été proposées sont très nombreuses.

Les auteurs de ces définitions ont insisté avant tout sur ce que les individus dont la collection constitue une espèce se ressemblent plus entre eux qu'ils ne ressemblent à tout autre, et qu'ils donnent naissance à d'autres individus semblables à eux. Mais, de ces deux caractères, ressemblance réciproque et descendance, les uns, comme Is. Geoffroy Saint-Hilaire et Chevreul, attachent plus d'importance au premier ; d'autres, et en particulier Flourens, insistent principalement sur le second ; quelques-uns enfin les font intervenir l'un et l'autre à peu près au même degré. Parmi ces derniers, de Candolle a dit : « L'Espèce est la collection de tous les individus qui se ressemblent plus entre eux qu'ils ne ressemblent à d'autres ; qui peuvent, par une fécondation réciproque, produire des individus fertiles, et qui se reproduisent par la génération, de telle sorte qu'on peut par analogie les supposer tous sortis originairement d'un seul individu. » Cuvier a donné plus de précision à sa définition en la formulant dans les termes suivants, qui semblent suffisamment caractéristiques : « L'Espèce est la réunion des individus descendus l'un de l'autre ou de parents communs, et de ceux qui leur ressemblent autant qu'ils se ressemblent entre eux. »

Variétés, races, variations. — La fixité du type fondamental de l'espèce n'empêche pas que certains individus, étant soumis à des conditions particulières, n'en subissent une influence quant à leur taille, à la couleur de leurs fleurs, à la configuration de leurs feuilles, ou sous d'autres rapports d'une importance secondaire. Ces individus modifiés, tout en conservant les caractères essentiels de l'espèce, offrent en même temps ceux, tout secondaires, qui se sont produits en eux. Ils constituent des types inférieurs, qu'on nomme des *variétés*; mais les particularités qui les distinguent peuvent être empreintes plus ou moins profondément dans leur organisation, et de là résultent deux degrés de variétés.

1° Le plus souvent la modification du type spécifique n'est pas assez profonde pour se transmettre par le semis, et on a une *variété* pure et simple. Dans ce cas, les graines qu'on sème donnent en général un mélange de plantes ayant les caractères du type pur de l'espèce, avec d'autres rappelant la variété, souvent aussi avec quelques-unes qui constituent des variétés nouvelles. Aussi est-ce par le semis qu'on obtient presque toutes les variétés nouvelles.

2° Dans d'autres cas, la déviation du type spécifique est assez empreinte dans le végétal pour se transmettre régulièrement ou à peu près aux individus venus de graines. On appelle *races* ces variétés *fixées*, comme on le dit, c'est-à-dire transmissibles par le semis.

Comment distinguer une espèce et une race, puisque l'un des caractères essentiels de l'espèce est de produire des individus semblables à elle, et que les races en produisent aussi ? En général, la distinction entre les deux résulte de ce que le maintien des races exige les soins de l'homme, sans quoi elle *dégénère*, comme on le dit, ce qui signifie qu'elle perd ses caractères propres et reprend ceux de l'espèce pure.

Enfin une plante subit parfois une modification accidentelle, même localisée, comme lorsqu'une de ses branches produit des feuilles panachées ou laciniées, etc. Ces modifications ne passent pas d'un individu à l'autre, mais on peut parfois les propager par la greffe; elles tiennent souvent à la localité, à des circonstances extérieures, etc. ; aussi disparaissent-elles par un changement de localité ou de conditions. Ces modifications légères et inconstantes sont appelées des *variations*.

Mais, si les limites entre les espèces et les races ne sont pas toujours faciles à reconnaître, les transitions sont souvent bien ménagées aussi entre les variétés et les variations. Il en résulte parfois, dans la pratique, des difficultés sérieuses que nulle théorie ne donne les moyens de lever sûrement.

LA FIXITÉ DES ESPÈCES ET L'ÉVOLUTION

La somme des ressemblances entre les individus qu'on peut supposer issus de parents communs et qui produisent d'autres individus semblables à eux constitue le *type de l'espèce* ou le *type spécifique*. Ce type est-il invariable ou, au contraire, est-il susceptible de varier sous l'influence de causes diverses ? L'une et l'autre de ces deux opinions contradictoires ont été professées et soutenues avec autant d'ardeur que de talent. Beaucoup de naturalistes, se basant sur ce que nous apprennent l'observation actuelle et les documents historiques, regardent les types spécifiques comme susceptibles seulement de modifications secondaires et par conséquent comme nous révélant aujourd'hui les effets primitifs de l'action

créatrice; d'autres, au contraire, à l'exemple de Lamarck, pensent que les types créés à l'origine ont subi et subissent encore des modifications profondes qui donnent graduellement naissance à des types spécifiques différents des premiers et tout aussi distincts que pouvaient l'être ceux-ci. Dès lors, nos formes actuelles d'êtres vivants pourraient n'être, selon eux, que des descendants successivement modifiés de celles qui ont existé à des époques géologiques reculées.

La théorie de la descendance. — Dans l'hypothèse de la fixité des espèces, les diverses formes des plantes et leurs propriétés sont les sujets d'étude que le botaniste peut se proposer; la constatation des dispositions observées, l'arrangement méthodique des documents sont les résultats de ses recherches. Les problèmes d'ordre plus élevé, relatifs à la connaissance des adaptations des plantes au milieu, à la présence de membres avortés, à la répartition et à la succession des plantes sur le globe, ne peuvent être posés.

Au contraire, dans l'hypothèse qui fait des variations la cause de la naissance des nouvelles espèces, ces problèmes sont les guides des recherches nouvelles, ils suscitent des travaux, ils font émettre des idées, et de la libre critique des résultats naissent les progrès de la science. La première hypothèse est stérile, la seconde est très féconde, et cette fécondité la justifie.

« La théorie de la descendance repose sur quatre bases qui sont autant de faits démontrés, savoir (1) : une variation susceptible de croître, une hérédité susceptible de décroître, une adaptation aux conditions de milieu, une lutte continuelle pour l'existence avec survivance du plus apte. Elle ne renferme qu'une hypothèse, consistant à admettre que la variation, faible au début, peut en croissant atteindre telle grandeur que l'on voudra, pourvu que l'on considère un temps suffisamment long et des conditions de lutte suffisamment renouvelées.

« La seule hypothèse qu'on puisse opposer à celle-là est d'admettre que la variation croît d'abord, puis arrive à un maximum et décroît ensuite, de telle sorte que les variétés seraient réduites à osciller autour de la forme primitive, sans pouvoir s'en écarter au delà d'une certaine limite, différente suivant les cas. »

(1) Van Tieghem, *loc. cit.*, p. 1039.

Cette hypothèse, sans être plus facile à admettre que la précédente, a, nous le savons, le grand désavantage de rester stérile, aussi les naturalistes se sont ralliés à la théorie de la descendance comme à une hypothèse de haute valeur scientifique et de grande fécondité.

L'HÉRÉDITÉ

Une plante, considérée dans ses relations avec celles dont elle dérive et avec celles qu'elle engendre, n'est qu'un chaînon dans cet ensemble que nous avons appelé la race. Pour passer d'une plante à une autre, d'un chaînon au chaînon suivant, il peut y avoir formation d'un œuf par union de deux gamètes provenant de la même plante, ou bien la fusion peut se produire entre des gamètes d'origine différente. Dans le premier cas, on dit que la race est pure, dans le deuxième cas, elle est mélangée ; la descendante est directe ou croisée.

Dans tous les cas, la nouvelle plante présente les caractères plus ou moins complets des plantes dont elle tire origine, elle hérite de leurs dispositions et propriétés ; il y a hérédité des caractères ancestraux. Cette hérédité, qui fait ressembler les plantes de même origine, n'exclut pas la variation, comme nous l'avons vu plus haut.

Dans le cas de la descendance directe, les variations observables à chaque génération sont peu importantes, elles conservent entier le type originel, et il faut admettre une durée très grande pour observer une évolution. Dans le cas spécial de la descendance indirecte, les variations sont beaucoup plus importantes et plus rapides, elles méritent de fixer notre attention.

Des degrés divers de croisement se trouvent réalisés naturellement ou peuvent être obtenus par l'expérience, ils sont ordinairement nommés métissage et hybridation.

Métis. — On nomme métis la plante qui provient de deux variétés différentes de la même espèce.

Les métis sont très nombreux, car les plantes dioïques ne se reproduisent que par métissage et il en est de même des plantes monoïques ou même hermaphrodites chez lesquelles les croisements sont fréquemment réalisés. Nous savons que la dichogamie, l'hétérostylie, la pollinisation croisée effectuée par les Insectes, sont des causes de métissage. De plus, l'homme provoque souvent la formation des métis en vue de l'obtention de plantes présentant des qualités avantageuses.

Ordinairement, le croisement entre plantes de la même espèce réussit, il donne des produits indéfiniment féconds, ne présentant donc pas de caractère de dégénérescence ; bien au contraire, le pollen d'une fleur réussit mieux sur le stigmate d'une fleur de la même espèce que le pollen de cette fleur elle-même. De plus, le croisement est réciproque, c'est-à-dire que si le succès est atteint entre le pollen d'une fleur et une autre fleur, il sera atteint entre le pollen de cette dernière fleur et la première fleur.

Le fait le plus frappant qui caractérise les métis, c'est la supériorité marquée qu'ils présentent sur les descendants directs des deux générateurs : ces résultats, connus depuis longtemps, ont été bien mis en lumière par Darwin, dans son ouvrage : *Des effets de la fécondation croisée*, qui contient les résultats d'expériences comparatives prolongées pendant onze années, et relatives à 54 espèces appartenant aux familles les plus diverses des Angiospermes.

La différence entre les métis et la postérité directe des générateurs s'accuse à la fois dans la dimension, le poids et la force de résistance du corps végétatif, dans la précocité et l'abondance de la floraison, enfin dans la fécondité appréciée par le nombre et la beauté des fruits et des graines. Les résultats ainsi obtenus dès la première génération de métis se maintiennent, avec des variations, de génération en génération, sans qu'il soit besoin de faire intervenir dans les croisements les générateurs directs, ils affirment toujours une supériorité des métis sur les descendants directs.

Hybrides. — On nomme hybride la plante qui provient du croisement de deux espèces différentes.

Les hybrides sont beaucoup moins nombreux que les métis, ils sont très rares chez les Algues et les Fougères, ils sont en assez grand nombre chez les Phanérogames. La réussite des hybrides est très inégale, elle est aisée chez Liliacées, Solanées, Scrofulariées, Primulacées, Renonculacées, Caryophyllées, Malvacées, Géraniacées, Rosacées ; elle est souvent impossible chez les Graminées, Labiées, Papavéracées, Crucifères, Papilionacées.

A ce point de vue tout particulier, les divers genres d'une même famille et les diverses espèces d'un même genre se comportent souvent de façon très différente, et il est impossible de prévoir le résultat d'un croisement de cette nature. Il semble qu'il y ait là un élément nouveau du problème de l'affinité sexuelle.

Ainsi, on connaît des hybrides de l'Amandier commun et de l'Amandier pêcher, qui sont des formes très différentes de la même espèce, tandis que l'on ne sait pas obtenir des hybrides entre la Primevère officinale et la Primevère élevée, entre le Mouron des champs et le Mouron bleu.

Le plus souvent l'hybridation est réciproque, en ce sens que si une plante en féconde une autre avec résultat, la deuxième peut à son tour féconder heureusement la première ; pourtant, il y a des plantes où cette réciprocité cesse d'avoir lieu.

Quels sont les caractères des hybrides ? Ils sont ordinairement tels que l'hybride est inférieur aux formes spécifiques qui l'ont produit. Quelquefois, il réalise une moyenne entre ces deux formes ; d'autres fois, il contient les caractères des deux formes sans qu'il y ait pour cela une fusion de ces caractères, qui demeurent distincts, comme disjoints. Ainsi, l'hybride du Cytise aubour et du Cytise pourpre, connu sous le nom de Cytise d'Adam, peut présenter les unes à côté des autres les fleurs jaunes de la première forme et les fleurs rouges de la seconde.

L'hybridation fait aussi apparaître des caractères nouveaux, que nous résumerons en disant que les qualités des organes végétatifs sont souvent accrus, comme dans les métis, tandis que les qualités sexuelles sont souvent diminuées. A une végétation luxuriante, les hybrides joignent une floraison et une fructification faibles, ou même nulles.

Les Daturas, les Pétunias hybrides sont presque aussi féconds que leurs espèces génératrices ; par contre, les hybrides de Primevères sont entièrement stériles. L'affaiblissement de ces hybrides au point de vue de la faculté reproductrice provient surtout de l'avortement des étamines, quelquefois aussi de celui des ovules ; du reste, quand les espèces que l'on croise sont très éloignées, les tares s'étendent aussi à l'appareil végétatif, qui est plus ou moins réduit.

Fécondité des hybrides. — Suivons attentivement les hybrides féconds dans les générations successives qu'ils peuvent donner, et nous remarquerons que, le plus souvent, leur fécondité est limitée, elle décroît de génération en génération et le nombre des représentants diminue de plus en plus.

Dans les cas où cette fécondité est sensiblement constante, les produits se classent ainsi dès la première génération : un premier lot comprend des plantes ressemblant à l'un des premiers parents, en reproduisant les caractères, il est sans intérêt par la suite ; un deuxième lot de même nature, mais rappelant l'autre parent ; enfin, un troisième lot, le plus curieux, dans lequel les plantes ont des caractères intermédiaires entre ceux des formes spécifiques, avec des mélanges variables de chacun d'eux. Une variation énorme s'est introduite dans ce groupe, et cette variation est désordonnée.

Croisés entre eux, les hybrides du troisième groupe donnent des hybrides de deuxième génération, partageables encore en trois lots, mais avec un très grand nombre de représentants semblables aux premiers parents. Ces phénomènes se poursuivent dans les générations successives, ils conduisent donc toujours aux espèces parentes, et ne donnent transitoirement que des variétés curieuses, dont la fixation est impossible. Ce procédé ne peut donc être invoqué pour la naissance de nouvelles espèces de plantes ; il n'en reste pas moins un moyen excellent de produire, en horticulture, des variations dont la source est inépuisable.

Cette donnée présente un autre intérêt, car elle montre mieux que toute autre la valeur de l'espèce, ce groupe dont nous avons vainement cherché une définition parfaite, mais dont on conçoit la nécessité, à la base de la classification des plantes.

Des exceptions sont pourtant fournies à ces règles, elles concernent les hybrides que l'on peut obtenir en croisant des plantes de genres différents. Le groupe *genre* étant supérieur à celui *espèce* et le croisement entre espèces différentes étant limité et souvent stérile, il paraît surprenant que des plantes de genres différents puissent être croisées. A la vérité, on connaît très peu d'hybrides de genres, à peine quelques exemples chez les Mousses, et quelques autres entre Phanérogames.

Le Rosage (*Rhododendron*) et l'Azalée (*Azalea*), le Cierge (*Cereus*) et l'Echinocacte (*Echinocactus*) donnent des hybrides, mais ceux-ci sont d'emblée stériles. Ce qui est curieux, c'est que ces hybrides inféconds peuvent donner des hybrides dérivés parfaitement féconds. Un bel exemple de ce cas est offert par l'Egylope épautriforme ainsi obtenu. Le Blé cultivé est croisé avec l'Egylope ovale, et donne un hybride nommé Egylope triticoïde, qui du reste est stérile par lui-même. Puis cet Egylope est fécondé par le pollen du Blé cultivé et donne un hybride dérivé, l'Egylope épautriforme, qui est fécond, et dont les descendants conservent leurs caractères, comme s'ils appartenaient à une espèce ordinaire primitive.

Comme on le voit, il faut se garder de généraliser des résultats sans tenir un compte exact des exceptions qui peuvent se produire, et tout ce que l'on peut dire, c'est que la fécondation autonome donne des produits sensiblement constants, mais de vigueur moyenne ; la fécondation croisée donne des produits vigoureux si elle est opérée entre plantes de même espèce, elle est alors avantageuse ; elle ne donne pas de produits stables ou durables si elle est réalisée entre plantes d'espèces différentes. Ainsi, une faible différence entre les générateurs est avantageuse à l'espèce, une grande différence étant désavantageuse. Une des plus belles harmonies de la nature nous est ainsi révélée, celle qui permet la réalisation fréquente, non accidentelle, de ces croisements avantageux, par le concours des Insectes auxquels s'adaptent les dispositions florales.

La xénie chez les plantes. — La fécondation d'une fleur par le pollen d'une autre fleur donne ordinairement un fruit et une graine possédant, dans leur pureté, les caractères maternels ; seule la plante qui résulte du développement de la graine présente les caractères paternels plus ou moins nets. On a cependant observé des faits montrant une influence du pollen étranger sur les caractères du fruit ou de la graine, et ces faits ont été réunis sous le nom de *xénies*.

Les xénies ne sont pas toutes de même valeur ; les unes, atteignant le péricarpe du fruit, paraissent secondaires ; les autres, atteignant l'albumen, sont de beaucoup les plus intéressantes. Puisque le noyau secondaire (double) du sac embryonnaire est fécondé par l'un des deux corps vermiformes provenant du noyau mâle du pollen, le noyau terné qui en résulte peut acquérir les caractères paternels et produire un albumen dans lequel ces caractères seront observables.

C'est ce qui arrive pour quelques plantes, et le Maïs en offre de beaux exemples. Les races de Maïs sont assez différentes pour être facilement distinguées ; et, à l'œil nu, on peut

reconnaître à travers l'enveloppe presque transparente du grain la nature de l'albumen. Or, le croisement d'un Maïs sucré et d'un Maïs amylacé donne souvent des grains dont l'albumen présente les caractères paternels ; ainsi, les grains développés sur le Maïs amylacé, fécondé avec du pollen de Maïs sucré auront l'aspect des grains purs de Maïs sucré, ils se rideront en se desséchant. De même, le pollen du Maïs noir apporte la couleur noire aux grains qu'il a fécondés, la couleur résidant dans l'albumen.

Ainsi, l'albumen xénique est assez semblable à l'albumen paternel, mais la ressemblance n'est jamais parfaite. Quoi qu'il en soit, ces phénomènes, depuis assez longtemps connus, et non expliqués, mettent en lumière la valeur de la double fécondation étudiée dans les lignes précédentes ; ils viennent corroborer les belles découvertes faites dans ces dernières années par M. Nawaschine et par M. Guignard.

LES CLASSIFICATIONS

Nomenclature botanique. — L'histoire naturelle, dont les cadres embrassent un nombre considérable d'êtres divers, a besoin d'une nomenclature méthodique et régulière, permettant de donner à chacun de ces êtres un nom qui le désigne sans confusion possible avec un autre. Cependant ce précieux élément de progrès lui a manqué jusqu'à Linné, dont les travaux ont marqué pour elle l'ère d'une véritable rénovation. Jusqu'à ce grand botaniste, les noms des espèces avaient été donnés sans règle ; à mesure que des espèces avaient été ajoutées à celles qui étaient déjà connues, au nom de celles-ci on avait joint des mots qui appartenaient en propre aux nouvelles venues et qui, rappelant quelques-uns de leurs caractères, servaient à les distinguer. Il s'était formé de la sorte, en guise de nom de plantes, de longues phrases sans verbe, subdivisées même en parties que réunissaient des *qui*, *quæ*, *quod*, phrases que la mémoire la plus heureuse était incapable de retenir. Linné détourna la science de cette voie funeste, et il posa des principes dont l'application réalisée par lui-même fit disparaître tout le mal. La nomenclature créée par ce grand homme a été nommée nomenclature *binaire*, d'après son principe fondamental, et *linnéenne*, du nom de son auteur. Voici quels en sont les principes :

1° Les noms de toutes les plantes sont empruntés au latin, langue qui est à la fois, plus que toute autre, universelle, euphonique et susceptible d'une expressive concision.

2° Chaque espèce est désignée par deux mots, dont le premier (*nom générique*) est un substantif indiquant le genre dans lequel rentre cette espèce, dont le second (*nom spécifique*), appelé aussi par Linné *nom trivial*, est un adjectif se rapportant avec le premier, ou plus rarement un substantif pris en quelque sorte adjectivement et alors écrit, comme le nom générique lui-même, avec une lettre capitale.

Cette nomenclature est calquée sur le modèle de nos propres noms, le nom générique correspondant au nom de famille, et l'adjectif spécifique au prénom. Elle permet de désigner une multitude de plantes avec un assez petit nombre de substantifs génériques et d'adjectifs spécifiques. Prenons des exemples : le Rosier à fleur blanche, celui à fleur jaune, un à fleur rose quelconque, etc., etc., appartenant tous au même genre Rosier, porteront tous également le même nom générique *Rosa* ; mais à ce substantif ils ajouteront les épithètes spécifiques: le premier d'*alba ;* le deuxième de *sulphurea ;* le troisième de *gallica* ou autre ; d'où l'on aura *Rosa alba, R. sulphurea, R. gallica*, etc. De même, le genre Groseillier s'appelant en latin *Ribes*, on nommera *R. rubrum* celui à fruit rouge (ou blanc par la culture) acide ; *R. nigrum*, celui à fruit noir ou le Cassis ; *R. Grossularia*, celui à épines et à fruits solitaires.

3° Dans les cas où on veut désigner une variété, on ajoute au nom de l'espèce un second adjectif qui appartient en propre à cette variété.

Cadres de la classification. — Le groupement des végétaux par *espèces* est le point de départ de toute classification, mais il ne peut suffire à cause du grand nombre des espèces connues ; aussi a-t-on cherché la réunion des espèces les plus ressemblantes en groupes plus importants nommés *genres*.

L'espèce est difficile à définir, mais encore représente-t-elle un groupe de quelque fixité ; pour les groupes d'ordre supérieur, les définitions sont impossibles, c'est-à-dire qu'elles ne traduisent que le point de vue auquel s'est placé l'auteur d'une classification pour apprécier l'importance des caractères de ressemblance ou de différence des végétaux qu'il unit ou sépare. Tel botaniste fera un genre de certaines plantes qui seront réunies par un autre en un groupe d'ordre plus élevé. Cependant, l'appréciation des caractères des plantes, éclairée par de nombreuses et sagaces observations, tend à la création d'une classification modèle, non imposée, mais acceptée par tous les botanistes.

On nomme *genre* la collection des espèces qui se ressemblent le plus ; *famille*, la collection des genres qui se ressemblent le plus ; et ainsi on réunit les familles en *ordres*, les ordres en *classes* et les classes en *embranchements*. Si ces cadres ne sont pas suffisants, dans certaines parties très chargées de la classification, on adopte des sous-divisions, telles que les *tribus* ou sous-familles, les sous-classes, etc...

DIVERSES SORTES DE CLASSIFICATIONS

On a suivi successivement deux marches différentes pour classer les végétaux, et il en est résulté deux sortes de classifications ou de méthodes. Celle qui a été adoptée la première consiste à choisir arbitrairement un organe, à en observer les diverses manières d'être et à diviser ensuite les plantes selon qu'elles présentent l'une ou l'autre de ces manières d'être ou caractères. Un pareil classement, dont la base était arbitraire, était purement artificiel, et le hasard seul pouvait faire qu'il s'y trouvât l'un à côté de l'autre des groupes ayant entre eux une analogie marquée. Mais cet inconvénient n'avait pas beaucoup de gravité puisque les auteurs de ces classements avaient voulu seulement disposer les espèces et les genres dans un ordre tel qu'on pût, sans trop de peine, trouver la place qu'occupait chacun d'eux dans le cadre qu'ils avaient tracé. On a nommé cette sorte de classification : *Classifications artificielles, Méthodes artificielles, Systèmes.*

Dans la seconde sorte de classement, les botanistes se proposent un autre but. Ayant remarqué que certaines plantes ont entre elles une ressemblance générale et comme un air de famille, tandis que d'autres n'offrent aucun point de rapprochement, ils cherchent à classer les végétaux de sorte que les espèces, les genres et même les groupes plus élevés, soient d'autant plus rapprochés dans la méthode qu'ils se ressemblent davantage, d'autant plus éloignés au contraire qu'ils ont moins de points communs. Ils cherchent donc à faire que leur classement soit comme l'image de la nature, les plantes s'y trouvant rangées en raison des analogies qu'elles offrent; à cet effet, ils puisent les caractères dans l'ensemble de l'organisation. Pour ce motif, on a donné à ce genre de classification le nom de *Méthode naturelle.* Il faut maintenant examiner ces deux sortes de classement, en insistant principalement sur le dernier.

Une troisième sorte de classification, qui peut-être serait la meilleure, consiste à rechercher les descendances des plantes, en suivant les indications fournies par l'observation directe des plantes actuelles, aussi par celle des plantes fossiles, et en complétant ces données par l'interprétation des documents fournis par l'embryologie végétale.

Cette méthode présente un intérêt captivant, car elle nous fait assister à l'évolution phylogénétique des plantes, elle nous fait assister à leurs transformations séculaires, elle pose et tente de résoudre le problème des origines des végétaux, et par suite celui des origines de la vie; mais elle est d'une excessive difficulté puisque les documents observables sont très incomplets et que l'interprétation des phénomènes du développement ontogénique est rendue presque impossible par leur grande uniformité jusqu'ici constatée. Aussi, ne pouvons-nous pas esquisser un arbre généalogique des végétaux de quelque ampleur et de quelque valeur; force nous est encore d'attendre que les découvertes nouvelles viennent relier les chaînons épars de nos connaissances, et les grouper en un faisceau cohérent et parfait.

CLASSIFICATIONS ARTIFICIELLES OU SYSTÈMES

Systèmes antérieurs à celui de Linné. — Jusque vers la fin du xvie siècle, les botanistes n'ont pas même essayé de classer les végétaux. Ils se sont bornés à diviser les plantes qu'ils connaissaient d'après leurs propriétés ou d'après d'autres considérations également indépendantes de l'organisation.

André Césalpin, de Florence, ouvrit la voie et son génie le conduisit aussitôt bien en avant de ses contemporains. Dans son livre intitulé : *Libri XVI de plantis,* qui parut à Florence en 1583, il distribua 840 espèces végétales en quinze classes, dont le caractère distinctif et la coordination furent tirés, en premier lieu du fruit, dans lequel il reconnut la situation, tantôt supère, tantôt infère; en second lieu et surtout de la graine, où il distingua fort bien

l'embryon, ses parties et les différentes positions qu'il peut affecter, relativement à la graine elle-même considérée tout entière. Malheureusement, il commença par diviser tous les végétaux en arbres et arbrisseaux d'un côté, sous-arbrisseaux et herbes de l'autre, de manière à briser toutes les analogies, et il ne fut que trop suivi en cela par ses successeurs.

Un siècle entier se passa sans qu'il y eût aucun autre essai de classification; mais à la fin du xviie siècle, plusieurs essais furent publiés à fort peu d'années d'intervalle : en Angleterre par Morison en 1680, et par Jean Ray de 1682 à 1693; en Allemagne par Knaut en 1687, par Rivin en 1690; en Hollande par Hermann en 1690; enfin en France par Tournefort en 1694. De ces divers systèmes, les plus remarquables sont : 1° celui de J. Ray, dans lequel est proclamé pour la première fois ce principe, appliqué plus tard à la méthode naturelle, que le caractère de plus haute valeur qu'on puisse employer pour diviser les plantes est celui qui est tiré du nombre des cotylédons, d'où résulte la distinction des Phanérogames en Dicotylédones et Monocotylédones; 2° celui de Tournefort, basé sur les caractères que fournit la fleur et en particulier la corolle. Il est exposé en détail dans ses *Institutiones rei herbariæ.* Il eut beaucoup de succès jusqu'à la publication du système de Linné.

Système de Linné. — Le dernier en date et le plus parfait, sans contredit, des systèmes de classification des plantes est celui que le célèbre Ch. Linné publia, en 1735, en le nommant *Méthode sexuelle,* parce qu'il en basa toutes les divisions sur les organes sexuels : les classes sur les caractères fournis par les étamines, et les ordres sur ceux que présente le pistil. Comme le dit Linné avec raison, les botanistes qui l'avaient précédé avaient trop négligé les étamines et les pistils; cependant ces organes se recommandaient à leur attention par l'importance des fonctions qu'ils remplissent. Ajoutons que les caractères qu'il a su trouver dans ces organes sont faciles à reconnaître; que les divisions auxquelles ils ont donné lieu s'enchaînent méthodiquement; que de nombreux élèves, sacrifiant leur propre gloire à celle du maître, n'ont cessé de perfectionner son œuvre; aussi s'explique-t-on sans peine que le système linnéen, après avoir fait oublier tous les autres, ait été seul usité jusqu'à l'époque encore récente où il a dû s'effacer

780 . LES CLASSIFICATIONS DES VÉGÉTAUX.

lui-même devant la méthode naturelle, expression dernière et la plus élevée de la botanique systématique.

En raison même de la simplicité des caractères tirés des organes reproducteurs, il nous suffira de présenter le tableau synoptique des vingt-quatre classes que Linné en a tirées.

Rappelons, pour la compréhension des termes employés par Linné, que les expressions : fleurs monandres, diandres, triandres... veulent dire fleurs à une, deux, trois étamines. Les termes : étamines didynames, tétradynames, monadelphes, diadelphes, ont été définis page 633 et page 634. Les étamines syngénées sont des étamines synanthérées. Les autres termes sont bien connus du lecteur par l'emploi qui en a été fait dans les chapitres de la Reproduction des plantes.

Quant à la Cryptogamie, qui comprend tous les végétaux privés de fleurs, par conséquent d'étamines et de pistils, Linné y admet quatre ordres, qui correspondent à autant de grands groupes naturels pris dans leur sens le plus large, savoir : les Fougères (*Filices*), les Mousses (*Musci*), les Algues (*Algæ*), les Champignons (*Fungi*). Il y faisait entrer d'abord, par erreur, les Figuiers (*Ficus*), dont alors il ne connaissait pas les fleurs, et, sous le nom de *Lithophyta*, les Éponges avec les Polypiers, qui appartiennent au Règne animal.

Tel est, dans son ensemble et ses détails, ce système qui, malgré quelques défauts, a marqué un progrès réel pour la science.

D'après ce système ont été disposés plusieurs ouvrages généraux, ainsi que la plupart des flores publiées avant ces dernières années ; de là résulte son importance actuelle et la nécessité, pour les botanistes, d'être familiarisés avec lui.

TABLEAU DU SYSTÈME DE LINNÉ

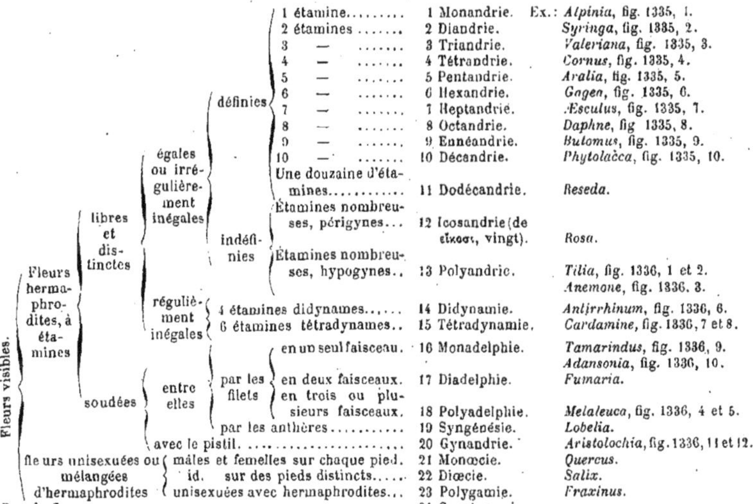

MÉTHODE NATURELLE

La méthode qui a été nommée *naturelle* l'emporte sur les systèmes à différents points de vue : 1° basée sur les analogies et les ressemblances entre les plantes, elle donne à l'esprit une satisfaction bien plus complète ; 2° reposant sur toutes les parties de l'organisation, elle en procure une connaissance approfondie, tandis que les systèmes, étant basés chacun sur l'emploi d'un petit nombre de caractères, peuvent laisser dans une entière ignorance des autres ; 3° s'attachant à rapprocher les plantes qui se ressemblent, à éloigner celles qui diffèrent les unes des autres, elle

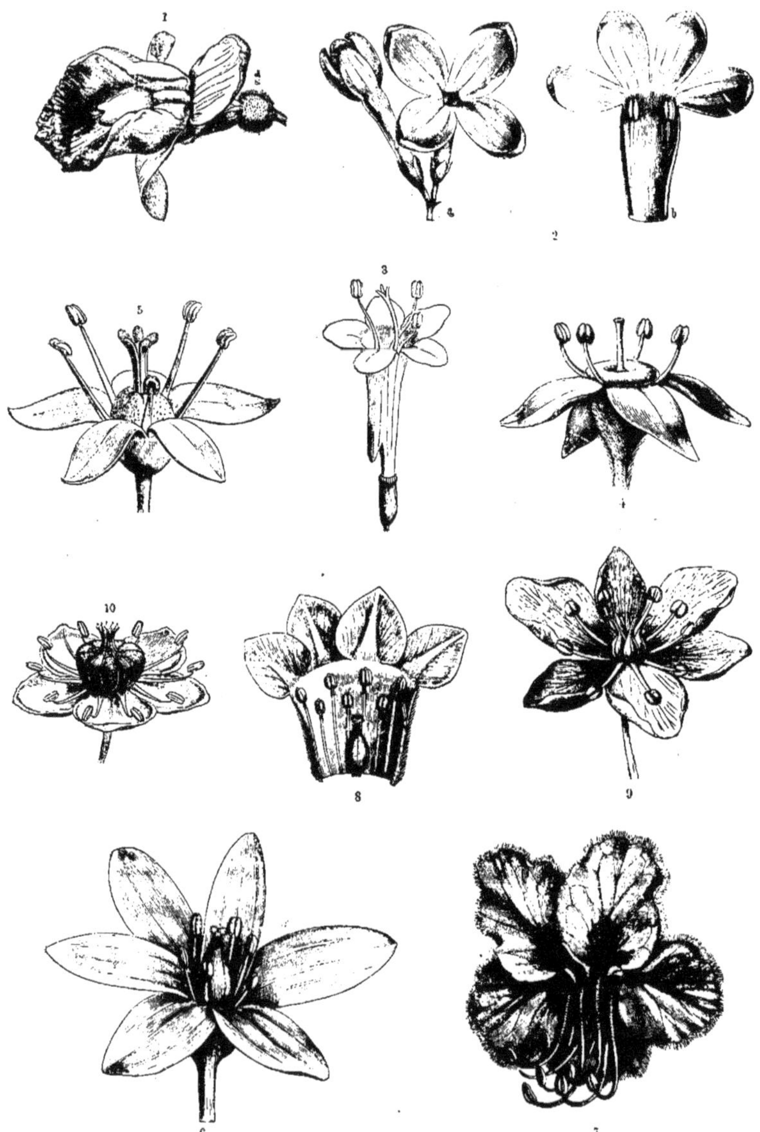

Fig. 1335. — Système de Linné. — 1, *Alpinia*; 2, *Syringa vulgaris*; 3, *Valeriana officinalis*; 4, *Cormus mas*; 5, *Aralia Japonica*; 6, *Gagea lutea*; 7, *Æsculus Hippocastanum*: 8, *Daphne mezereum*: 9, *Butomus umbellatus*; 10, *Phytolacca decandra*.

mérite d'être regardée comme une image fidèle de l'œuvre de la nature, èt elle justifie ainsi son nom de Méthode naturelle. C'est à cause de leur formation d'après les ressemblances, que les groupes ainsi formés sont appelés *Familles*.

Il existe des groupes tellement naturels, que presque tous les auteurs de classifications artificielles, notamment Linné, se sont efforcés de les faire entrer dans leur cadre sans les morceler. Dès 1638, il publia, dans ses *Classes plantarum*, sous le titre de « Fragments de la méthode naturelle », une liste de genres distribués dans soixante-cinq ordres naturels. Il n'indiqua aucun des motifs qui l'avaient conduit à ce groupement et il résulte même de sa réponse à son élève Giseke, qui lui demandait sur quels caractères il s'était basé, que c'était uniquement pour lui une œuvre de tact et de sentiment des affinités. En 1764, dans une édition de son *Genera*, il publia une nouvelle liste de ses ordres, réduits à cinquante-huit.

BERNARD DE JUSSIEU. — En 1759, Louis XV, voulant faire planter un jardin botanique dans le parc de Trianon, près de Versailles, chargea Bernard de Jussieu, démonstrateur de botanique au Jardin du roi, à Paris, de diriger cette plantation. Bernard de Jussieu, qui s'était beaucoup préoccupé de l'établissement de la méthode naturelle, la réalisa sur le terrain telle qu'il l'entendait; mais il ne publia rien à ce sujet. Son neveu, A.-L. de Jussieu, a inséré, en tête de son propre *Genera plantarum*, le catalogue des 65 ordres naturels, qui avaient été adoptés dans le jardin de Trianon avec la liste des genres rattachés à chacun d'eux. On sait ainsi que ces ordres sont plus naturels que ceux de Linné; en outre, leur coordination en groupes supérieurs était basée, parait-il, sur les caractères de l'embryon pour la formation des trois embranchements des Acotylédones, Monocotylédones et Dicotylédones.

ADANSON. — Quatre années après la plantation du jardin de Trianon, en 1763, parut le premier ouvrage consacré à la méthode naturelle, les *Familles des plantes*, par Adanson. Ce botaniste, justement célèbre, était élève de Bernard de Jussieu, et connaissait sans doute les principes sur lesquels ce savant avait fondé son œuvre; cependant il appuya l'établissement de ses groupes sur des bases différentes, qui lui semblaient devoir donner à sa méthode

une rigueur mathématique et qui, néanmoins, contribuèrent plutôt à en amoindrir la valeur.

Antoine-Laurent de Jussieu. — Neveu de Bernard de Jussieu, formé à son école et initié à ses travaux, Antoine-Laurent de Jussieu fit de la méthode naturelle l'objet constant de ses études. Venu après son oncle et après Adanson, il ne peut en être proclamé l'auteur exclusif; mais il l'a perfectionnée, régularisée, complétée, et il a attiré sur elle l'attention sérieuse des botanistes par l'admirable ouvrage dont elle lui a fourni le sujet. Il avait fait une première application de ses idées sur ce sujet à l'arrangement du Jardin des plantes de Paris, dont la replantation lui fut confiée par Bernard de Jussieu, alors très âgé et affligé de cécité. En même temps il exposa, dans deux mémoires présentés à l'Académie des sciences, en 1773 et 1774, les principes qu'il regardait comme devant servir de base à l'établissement de la méthode naturelle. Dans cette première période de ses travaux, il admettait 92 familles, dont son fils, Ad. de Jussieu, nous a conservé la liste avec l'indication des genres que comportait chacune d'elles. Il rattachait ces groupes naturels à 14 classes fondées sur des caractères dont son oncle avait déjà reconnu la haute valeur et fait usage, et qui sont restés fondamentaux aux yeux des botanistes. A partir de ce moment, A.-L. de Jussieu travailla sans relâche à perfectionner son œuvre, et, en 1789, il en publia l'exposé détaillé dans son *Genera*, qui marqua pour la botanique le commencement d'une ère nouvelle.

A.-L. de Jussieu forma 100 ordres naturels ou familles (comprenant 1754 genres), pour chacune desquelles il indiqua les caractères qui la distinguent, ainsi que ceux des genres qu'elle renferme. Mais, à cette époque, le nombre des végétaux observés était assez peu considérable, et, dans ce nombre, beaucoup avaient été incomplètement décrits ou étaient mal connus. Leurs analogies restaient dès lors si obscures, qu'on ne pouvait les ranger qu'avec doute dans une famille, ou qu'il était impossible de les rattacher à aucune. Dans le premier cas, Jussieu a presque toujours accompagné les genres auxquels il donnait une place pour ainsi dire provisoire, de réflexions empreintes de son sentiment merveilleux des affinités et qui, souvent, ont conduit plus tard à en trouver le classement; dans le second cas, il a relégué les genres (au nombre de 137), trop imparfaitement connus de son temps,

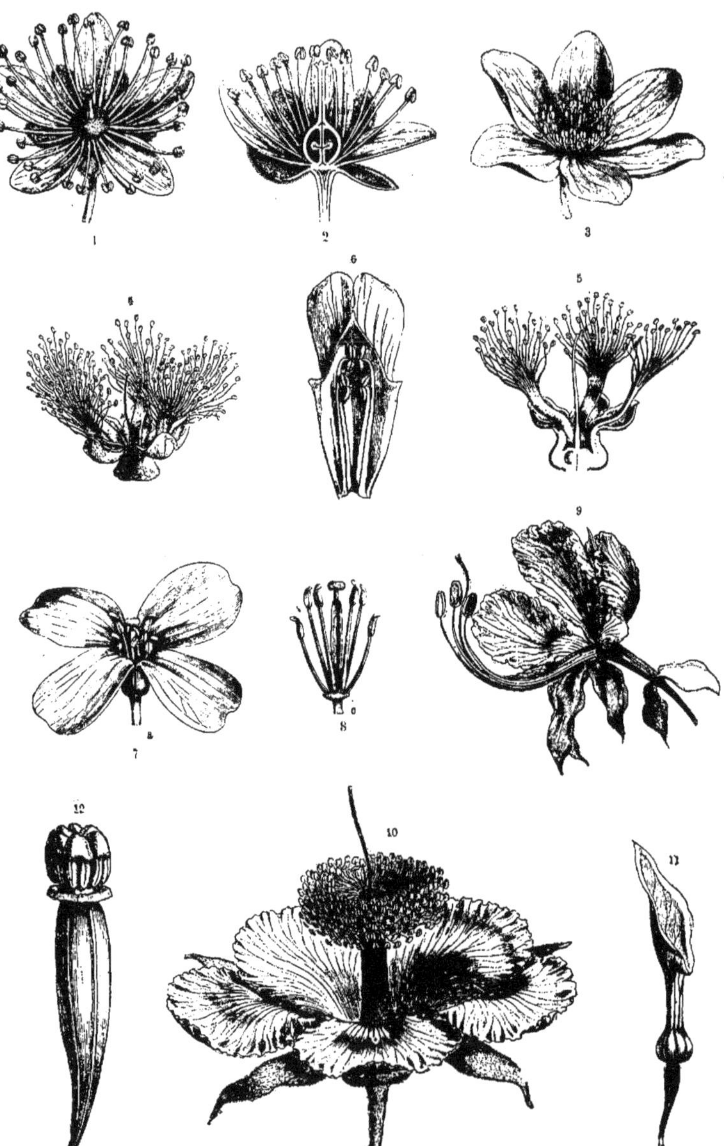

Fig. 1336. — Système de Linné. — 1, 2, *Tilia*; 3, *Anemone nemorosa*; 4, 5, *Melaleuca*; 6, *Antirrhinum*; 7, 8, *Cardamine pratensis*; 9, *Tamarindus*; 10, *Adansonia*; 11, 12, *Aristolochia clematitis*.

dans un chapitre final intitulé : « Plantes dont la place est incertaine ». Lui-même a plus tard rapporté beaucoup de ces genres à leur famille.

Méthode naturelle depuis A.-L. de Jussieu. — La méthode naturelle est devenue, dans ces derniers temps, l'objet des études de tous les botanistes, et elle a fait abandonner le système de Linné, qui avait été longtemps suivi dans tous les ouvrages descriptifs. C'est surtout aux grands travaux de Rob. Brown, de De Candolle, d'Aug. Saint-Hilaire, de Kunth, etc., qu'elle a dû la suprématie aujourd'hui incontestée dont elle jouit. Mais ces nombreux travaux dont elle a été l'objet y ont amené des modifications qui ont porté : 1° sur le nombre et la circonscription des familles ; 2° sur l'établissement de groupes intermédiaires entre celles-ci et les grandes divisions du Règne végétal, groupes nommés en général *classes*, et par Lindley *alliances* ; 3° sur les embranchements et les grandes coupes à établir dans l'ensemble du Règne végétal ; 4° sur l'ordre à suivre dans la série de ces grandes coupes.

A.-P. DE CANDOLLE. — En 1813, dans sa *Théorie élémentaire de la botanique*, A.-P. de Candolle a divisé le Règne végétal en neuf grandes classes, qu'il a peu après réduites à huit. Il a partagé les végétaux connus en *vasculaires* ou *cotylédonés*, et *cellulaires* ou *acotylédonés*. Les premiers sont ceux dans la structure desquels entrent à la fois des cellules et des vaisseaux, qui, de plus, produisent des graines dont l'embryon a un corps cotylédonaire ; les seconds sont entièrement composés de tissu cellulaire et se reproduisent par des spores en place de graines. Toutefois, l'association de ces deux caractères tirés, l'un de la structure, l'autre de la présence ou absence de cotylédons, a conduit de Candolle à scinder mal à propos les Acotylédones de Jussieu pour comprendre parmi les cotylédonés des végétaux (Fougères, Équisétacées, Lycopodinées), qui sont à la fois vasculaires et pourvus de simples spores.

LINDLEY. — Ce botaniste, en 1839, a proposé une division et des classes différentes à quelques égards. C'est d'après cet ordre nouveau encore un peu modifié, qu'il a rangé les familles, en 1845-1847, dans son ouvrage qui a pour titre : *The Vegetable Kingdom* (le Règne végétal), en les rattachant à sept grandes classes ou coupes primaires. Les familles qu'il admet sont au nombre de 303, réparties en 56 *Alliances* ou groupes de second ordre, constituant des classes naturelles.

ENDLICHER. — Étienne Endlicher a publié à Vienne, de 1836 à 1840, un important ouvrage intitulé : *Genera plantarum secundum ordines naturales disposita*, dans lequel se trouvent décrits en détail 277 familles et 6 895 genres. Les familles sont groupées en 52 classes analogues aux alliances de Lindley, et ces classes, à leur tour, se rattachent à des coupes supérieures, de trois ordres différents, nommées *régions*, *sections* et *cohortes*. Dans cette division, le Règne végétal entier se trouve partagé en deux régions : 1° les *Thallophytes*, qui ont un thalle et qui sont les Acotylédones inférieures ; 2° les *Cormophytes*, qui ont une tige caractérisée et qui réunissent les Acotylédones supérieures avec toutes les Phanérogames.

AD. BRONGNIART. — L'École botanique du Jardin des plantes de Paris, disposée, en 1774, par A.-L. de Jussieu, d'après sa méthode, avait conservé le même arrangement jusqu'en 1843. A cette époque, la nécessité de la replanter et d'en doubler presque l'étendue fournit à Brongniart l'occasion d'y modifier l'ordre primitif. Cette coordination des familles a été alors exposée par lui dans un volume intitulé : *Énumération des genres de plantes cultivées au Muséum d'histoire naturelle de Paris*.

La série des familles est ascendante pour Brongniart ; elle commence donc par les Acotylédones, désignées par lui sous le nom linnéen de *Cryptogames* ; elle s'élève ensuite aux *Phanérogames*. Ce sont là les deux coupes primaires qualifiées de *divisions*. Chacune de celles-ci forme deux *embranchements* basés, pour les Cryptogames, sur le mode général d'accroissement, pour les Phanérogames sur le nombre des cotylédons. Ce dernier caractère donne les deux embranchements des *Monocotylédones* et des *Dicotylédones* ; quant au premier, il a servi à former les embranchements des *Amphigènes* et des *Acrogènes*. Les Amphigènes sont les Cryptogames inférieures (Thallogènes de Lindley) dont le nom est tiré de ce que le thalle qui les constitue peut grandir dans tous les sens, tandis que la tige bien caractérisée des Acrogènes ne subit qu'un allongement par son sommet. Cette division des Cryptogames est analogue à celle de Lindley.

Sur les quatre embranchements, celui des Dicotylédones est seul subdivisé en deux sous-embranchements : *Gymnospermes* et *Angiospermes*, d'après les caractères des graines nues dans les premières, protégées par un péricarpe dans les dernières. Brongniart avait le premier tracé cette division des Dicotylédones dans son introduction à l'*Histoire des végétaux fossiles*.

Le sous-embranchement des Angiospermes est partagé en deux séries : les *Dialypétales* (Polypétales) et les *Gamopétales*. Cette division correspond à celle qu'opérait Jussieu, à cela près que la série des Apétales est supprimée par Brongniart, qui en a dispersé les familles parmi les Dialypétales pour ce motif que, pense-t-il, les Apétales ne paraissent être en général qu'un état imparfait des Dialypétales.

MM. BENTHAM ET HOOKER. — Depuis que Brongniart a exposé sa méthode, il a paru un ouvrage d'une importance majeure dans lequel sont classés et caractérisés tous les genres de Phanérogames aujourd'hui connus; c'est le *Genera plantarum* de MM. G. Bentham et J.-D. Hooker.

La méthode adoptée par ces deux savants auteurs se rapproche à certains égards de celle de De Candolle, pour les grandes coupes, mais en ayant aussi ses caractères propres. La marche en est descendante, puisqu'elle place en tête les Dicotylédones polypétales et à l'extrémité opposée les Monocotylédones les plus simples. Plusieurs ordres de divisions successives y sont coordonnés de manière à conduire jusqu'aux familles, dont deux cents sont caractérisées dans l'ouvrage.

M. VAN TIEGHEM. — M. Van Tieghem, ayant consacré presque exclusivement la seconde partie de son grand *Traité de Botanique* intitulée *Botanique spéciale* à la description des groupes naturels que comprend le Règne végétal, a disposé ces groupes selon une méthode nouvelle qui diffère sous divers rapports de celles dont on vient de voir l'exposé succinct.

M. Van Tieghem divise tout le Règne végétal en quatre embranchements, dont les trois premiers pour les Cryptogames (Thallophytes, Muscinées, Cryptogames vasculaires) et le quatrième pour l'ensemble des Phanérogames. Les trois embranchements des Cryptogames sont divisés en sept classes qui, à leur tour, se subdivisent en vingt et un ordres comprenant soixante-sept familles (dont deux pour des plantes fossiles). Le quatrième embranchement forme les deux sous-embranchements, inégaux en étendue, des Gymnospermes et des Angiospermes. Celui-ci, à son tour, comprend les deux classes des Monocotylédones et des Dicotylédones qui, de leur côté, se subdi-

visent, la première en quatre ordres, la dernière en six ordres.

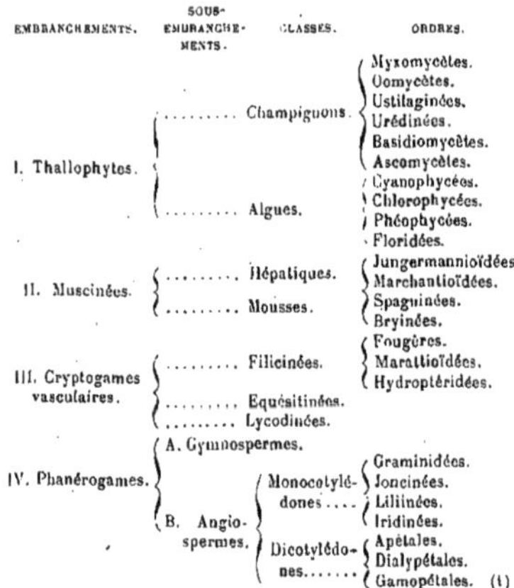

EMBRANCHEMENTS.	SOUS-EMBRANCHEMENTS.	CLASSES.	ORDRES.
I. Thallophytes.		Champignons.	Myxomycètes.
			Oomycètes.
			Ustilaginées.
			Urédinées.
			Basidiomycètes.
			Ascomycètes.
		Algues.	Cyanophycées.
			Chlorophycées.
			Phéophycées.
			Floridées.
II. Muscinées.		Hépatiques.	Jungermannioïdées.
			Marchantioïdées.
		Mousses.	Spaguinées.
			Bryinées.
III. Cryptogames vasculaires.		Filicinées.	Fougères.
			Marattioïdées.
			Hydroptéridées.
		Equésitinées.	
		Lycodinées.	
IV. Phanérogames.	A. Gymnospermes.		
	B. Angiospermes.	Monocotylédones....	Graminidées.
			Joncinées.
			Liliinées.
			Iridinées.
		Dicotylédones.......	Apétales.
			Dialypétales.
			Gamopétales. (1)

Nouvelle classification de M. Van Tieghem. — De patientes recherches entreprises par le savant botaniste du Muséum de Paris ont eu pour résultat l'édification d'une classification plus complète et aussi plus parfaite. Les grandes divisions du Règne végétal ont été conservées, mais des groupes nouveaux ont été formés par la considération des caractères des organes reproducteurs. On remarquera la séparation des Graminées et des Nymphéinées de la classe des Monocotylédones, séparation rendue nécessaire par la présence d'un deuxième cotylédon rudimentaire observé chez ces plantes. La classe des Dicotylédones est divisée en deux sous-classes, celle des Inséminées et celle des Séminées, dont les noms rappellent les caractères. Le nombre des familles a été porté à trois cent vingt-six.

Enfin, la réunion souvent faite des familles voisines en groupes d'ordre supérieur nommés *alliances* a permis de mettre en évidence les groupements naturels les plus manifestes.

Nous donnons un tableau réduit de cette classification qui, d'après son auteur, demande encore quelques modifications de détail, mais qui, de l'avis des botanistes les plus autorisés, exprime mieux que toute autre les affinités naturelles des plantes.

(1) Ces divisions sont celles qui ont été adoptées dans le *Monde des Plantes*, mais la division en familles des trois grandes classes de Phanérogames a été rendue conforme à celle du *Genera plantarum* de Bentham et Hooker.

CLASSIFICATION DE M. VAN TIEGHEM.

EMBRANCHE-MENTS.	CLASSES.	SOUS-CLASSES.	ORDRES.	SOUS-ORDRES.	ALLIANCES.	Nombre.	FAMILLES. Exemples.
Thallophy-tes.	Champi-gnons.	»	Myxomycètes.	»	»	3	Cératiacées.
			Oomycètes.	»	»	7	Mucoracées.
			Basidiomycètes.	»	»	9	Agaricacées.
			Ascomycètes.	»	»	4	Pézizacées. Lichens.
	Algues.		Cyanophycées.	»	»	3	Nostocacées. Bactériacées.
			Chlorophycées.	»	»	8	Characées.
			Phéophycées.	»	»	6	Fucacées.
			Floridées.	»	»	5	Bangiacées.
Muscinées.	Hépatiques.	»	Jungermanni-nées.	»	»	2	Jungermanniacées.
			Marchantinées.	»	»	2	Marchantiacées.
	Mousses.	»	Sphagninées.	»	»	2	Sphagnacées.
			Bryinées.	»	»	2	Bryacées.
Crypto-games vas-culaires.	Filicinées.	»	Fougères.	»	»	6	Osmondacées.
			Marattinées.	»	»	2	Marattiacées.
			Hydroptéridées.	»	»	2	Salviniacées.
	Équisétinées	»	Eq. isosporées.	»	»		Equisétacées.
			Eq. hétérospo-rées.	»	»		Annulariées.
	Lycopodi-nées.	»	Ly. isosporées.	»	»		Lycopodiacées.
			Ly. hétérospo-rées.	»	»	3	Isoétacées.
Phanéroga-mes.	Astigmatées ou Gymno-spermes.	»	Cycadinées.	»	»		Cycadacées.
			Abiétinées.	»	»	4	Abiétacées.
			Éphédrinées.	»	»	3	Ephédracées.
	Monocotylé-dones.	»	Cypérinées.	»	»	8	Cypéracées.
			Joncinées.	»	»	5	Palmiers. Joncacées.
			Liliinées.	»	»	4	Alismacées. Liliacées.
			Iridinées.	»	»	8	Amaryllidacées. Iridacées. Orchidacées.
	Liohrizes dicotylées.	»	Gramininées.	»	»	1	Graminées.
			Nymphéinées.	»	»	2	Nymphéacées.
	Dicotylé-dones.	Insémi-nées.	Loranthinées.	»	Balanophorales.	2	»
				»	Viscales.	3	»
				»	Loranthales.	4	»
				»	Elytrauthales.	2	»
			Santalinées.	»	Sarcophytales.	3	»
				»	Santalales.	5	»
				»	Olacales.	3	»
			Anthobolinées.	»	Anthobolales.	3	»
			Icacininées.	»	Icacinales.	8	»
				»	Phytocrinales.	4	»
			Heistérinées.	»	Chaunochitales.	2	»
				»	Heistériales.	4	»
		Séminées.	Unitegminées.	Salicinées.	»	4	Salicacées.
				Cératophylli-nées.	»	4	»
				Corylinées.	»	6	Juglandacées. Corylacées. Bétulacées.
				Limnanthi-nées.	»	2	»
				Ombellinées.	Ombellales	8	Ombellifères.
					»	6	Autres Fam.
				Solaninées.	Éricales	5	Ericacées. Sapotacées.

EMBRANCHE-MENTS.	CLASSES.	SOUS-CLASSES.	ORDRES.	SOUS-ORDRES.	ALLIANCES.	Nombre.	FAMILLES. Exemples.
Phanéroga-mes.	Dicotylé-dones.	Séminées.	Unitegminées.	Solaninées.	Solanales.	13	Solanacées. Borragacées. Convolvulacées. Apocynacées. Asclépiadacées. Gentianacées.
					Scrofulariales.	9	Scrofulacées. Labiées. Acanthacées. Verbénacées.
					Oléales.	2	Oléacées. Jasminacées.
				Compositi-nées.	Campanulales.	4	Campanulacées.
					Rubiales.	6	Rubiacées. Valérianacées. Caprifoliacées. Dipsacacées.
					Compositales.	1	Composées.
			Bitegminées.	Pipérinées.	»	8	Pipéracées. Casuarinacées.
				Chénopodi-nées.			Urticacées. Buxacées. Polygonacées.
					Chénopodiales.	4	Chénopodiacées. Phytolaccacées.
						9	Autres Fam.
				Castanéinées.	"	5	Castanéacées. Aristolochiacées. Bégoniacées.
				Renonculinées	Renonculales.	9	Renonculacées. Magnoliacées.
					»		Berbéridacées. Lauracées.
					Malvales.	12	Malvacées. Clusiacées. Hypéricacées. Euphorbiacées.
					Papavérales.	12	Cistacées. Bixacées. Passifloracées. Résédacées. Crucifères. Capparidées. Papavéracées.
					Géraniales.	22	Géraniacées. Linacées. Crassulacées. Caryophyllacées. Portulaccacées. Rutacées. Polygalacées. Légumineuses. Rosacées.
					Célastrales.	11	Célastracées. Ilicacées. Platanacées. Rhamnacées. Violacées.
				Saxifraginées.	»	16	Cactacés. Saxifragacées. Lythracées. Mélastomacées. Myrtacées.
				Primulinées.	"	5	Primulacées. Plombagacées. Caricacées.
				Cucurbitinées.	»	»	Cucurbitacées.

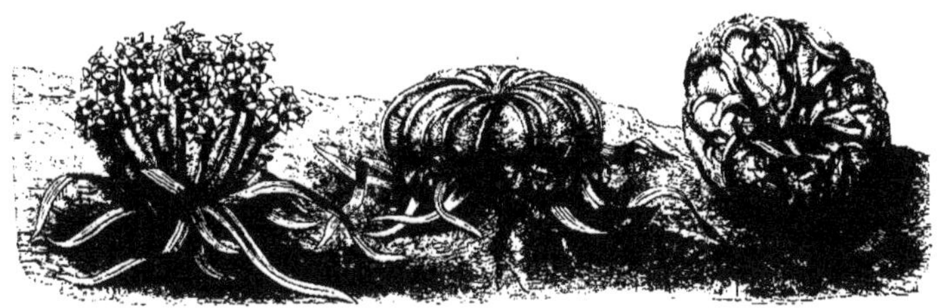

Fig. 1337. — *Plantago Cretica.* — A gauche, la plante fleurie; au milieu, la plante fermée est prête à se détacher du sol; à droite, la plante transportée par le vent laisse échapper ses graines.

LA PATRIE DES VÉGÉTAUX

La connaissance des végétaux comprend, avec l'étude de ces végétaux en eux-mêmes, l'étude de leur distribution, de leur répartition sur le globe. A ce point de vue, il est facile de diviser les espèces végétales en deux grands groupes, correspondant à deux grandes flores.

Les Océans, par la constance des éléments qu'ils offrent, par la facilité avec laquelle les masses d'eau sont transportées d'une région à une autre, paraissent contenir des espèces végétales dont l'aire de distribution est immense, et aussi quelques espèces localisées; mais l'étude, encore bien incomplète, de ces flores, ne nous permet pas de préciser leur géographie. Les plantes marines appartiennent au groupe des Algues ; seules les Hydrocharidées et les Naïadées représentent le groupe des Phanérogames.

Au contraire, les végétaux qui constituent la flore des continents et des îles ne comprennent que quelques Algues, mais ils sont représentés par tous les autres groupes botaniques. Pour des raisons nombreuses, dont les principales sont les conditions biologiques que chaque région offre à la vie végétale, les formes des plantes qui habitent une région sont souvent différentes et caractéristiques, ce qui fait que la région possède un aspect, un faciès botanique spécial ; cet élément nouveau de la connaissance d'une contrée vient s'ajouter, sous le nom de *géographie botanique*, aux données fournies par la géographie physique, elle-même étroitement liée à la géologie.

Des données relatives aux aires de distribution des végétaux sont habituellement fournies, dans les ouvrages de systématique, pour les plantes de chaque famille, comme complément de l'étude botanique qui en est faite ; des indications de ce genre ont été introduites dans les divers chapitres du *Monde des Plantes*, mais ils ne peuvent nous dispenser de rechercher, dans une étude d'ensemble, les conditions qui ont présidé à l'établissement des régions florales telles que nous les observons aujourd'hui.

L'établissement des données de la géographie botanique est d'une grande difficulté, car il demande l'examen d'un nombre considérable de documents, dépendant ainsi de l'état d'avancement de notre connaissance du globe par les explorations ; cette connaissance doit embrasser, non seulement le Règne végétal, objet direct de l'étude, mais le Règne minéral, c'est-à-dire le sol qui supporte les plantes, et aussi la physique de la contrée, sa météorologie, sa climatologie, toutes choses nécessaires à celui qui veut connaître la raison de la distribution des végétaux.

Enfin, un autre élément de recherche est la cause, non plus de la persistance d'une espèce végétale en une contrée, mais de sa venue. Ce problème, d'une difficulté toute spéciale, demande la connaissance du passé de la région explorée, son passé botanique, et aussi son passé géologique, c'est-à-dire la connaissance des conditions de vie qu'elle a pu offrir aux plantes, et celle des relations qu'elle a possédées avec les régions voisines.

LA CONSTITUTION D'UNE FLORE

Une contrée étant donnée, la question ne se pose pas de déterminer comment elle a été habitée par des végétaux susceptibles d'accepter les conditions de vie qui caractérisent cette contrée ; force nous est de considérer la flore existante et de rechercher comment celle-ci peut être modifiée par l'introduction de nouvelles espèces, ou bien par la modification des conditions biologiques. Il est, du reste, certain que le problème ainsi envisagé comporte une solution que l'on peut appliquer au peuplement d'une terre nue, par suite au peuplement des continents que nous observons aujourd'hui et qui, pour la plupart, sont sortis du sein des eaux à des époques géologiques échelonnées dans la suite des temps.

Ainsi, nous concevrons l'extension des flores aux terres nouvelles comme un cas de l'extension d'espèces végétales aux terres déjà couvertes d'un tapis végétal, avec cette différence, que dans le premier cas une plante introduite sur le sol vierge peut y végéter à l'aise si les conditions biologiques lui sont convenables, tandis que, dans le second cas, la plante devra soutenir une lutte contre les espèces déjà existantes et leur disputer la place.

LA DISSÉMINATION DES PLANTES

Le végétal, par sa nature, semble fixé au sol qui le nourrit, et cependant, bien des moyens lui sont donnés pour sa dissémination. Le vent (fig. 1337), les eaux, entraînent certaines graines, certains fruits à de grandes distances ; les animaux eux-mêmes, ainsi que l'Homme, contribuent à cette propagation par de nombreux moyens. Il en résulte pour les plantes la possibilité de franchir les barrières géographiques que la nature paraît leur avoir imposées. Après avoir rappelé les lignes déjà consacrées à la dissémination des fruits et des graines, nous citerons quelques exemples de ces faits.

Vers le début de l'année 1887, on trouva à Port-Élisabeth, dans l'Afrique du Sud, un gros fruit analogue à la noix de coco ; on le planta, et il en sortit un *Barringtonia*, étranger à la côte africaine. En même temps, il vint au même endroit une quantité de pierres ponces couvertes de Balanes, de poissons inconnus à la localité, et aussi quatre ophidiens marins venimeux dont un vivant et trois morts, paraissant identiques à une espèce de Java et Sumatra. D'après un correspondant de *Nature* (de Londres), noix, serpents, etc., provenaient des îles de la Sonde, et avaient été repoussés par l'éruption du Krakatoa ; chassés de leur habitat, ils avaient flotté jusqu'à la rencontre de la terre ferme, et venaient s'y acclimater.

Le Chardon russe a été introduit en Amérique au milieu de graines de Lin importées de Russie et y a causé pour plusieurs millions de dommages. Tous les comtés du Dakota méridional, à l'est du Missouri, et vingt comtés du Dakota septentrional sont infestés par le Chardon, dont la présence est également signalée dans le Minnesota, l'Iowa et le Nebraska.

Dans les régions envahies par cette herbe, la récolte devient impossible : il faut arracher tout et labourer profondément en ayant soin de ne pas enterrer de Chardons, même non encore en maturité, parce que ceux-ci repousseraient plus serrés que jamais. De ce chef, on estime que dans les régions attaquées, la récolte du Blé a été réduite de 50 à 75 p. 100. Aussi ces régions sont-elles abandonnées par les cultivateurs impuissants contre ce Chardon.

Les fleuves, les cours d'eau, les courants marins sont de puissants agents de dissémination des plantes ; les uns entraînent, dans des contrées continentales souvent lointaines, les graines qui tombent sur leurs rives, les autres font parcourir à certaines graines d'énormes distances et permettent leur fixation loin de leur pays d'origine. Ainsi le coco, fruit du *Cocos nucifera*, les longues gousses du *Mimosa scandens* sont entraînés de l'Amérique méridionale jusque vers l'Europe, même jusque sur les côtes de Norvège. On a observé la germination de graines qui, charriées de Madagascar par le cap de Bonne-Espérance, étaient arrivées en parfait état à Sainte-Hélène.

Parmi les courants marins, le Gulf-Stream est celui qui paraît transporter la plus grande quantité d'espèces végétales. Ce courant n'est pas, comme le pensait de Humboldt, un courant étroit sortant du golfe du Mexique, mais un courant complexe formé de nombreux courants balayant les côtes des Antilles. Une grande quantité d'Algues sont emportées avec une vitesse de deux nœuds à l'heure, elles mettent quinze jours pour atteindre le cap Hatteras, puis leur vitesse diminue et elles mettent plus de cinq mois pour arriver aux Açores. Sur ce chemin, la plupart des Algues ont rejoint la mer des Sargasses, où leur avancement est très lent et où beaucoup d'entre elles coulent à fond. Cette mer est une immense ellipse dont le grand axe coïncide à peu près avec le tropique du Cancer, et dont les deux foyers sont à 45° et à 70° de longitude ; autour de cette ellipse en sont d'autres plus étendues mais où la végétation est beaucoup moins épaisse.

Les animaux qui contribuent à la dissémination des plantes sont nombreux, mais parmi eux, les oiseaux sont les plus importants, et dans ce transport des fruits ils sont aidés par les curieuses ressemblances qu'on observe entre certains fruits et des animaux, ce qui les entraîne à erreur. Ainsi, les akènes du *Calendula arvensis* ressemblent à de petites Chenilles vertes, les fruits du *Melampyrum arvense* à des œufs de Fourmis ; le *Biserrula pelecinus* au corps d'une Scolopendre, le *Martynia diandra* à un Scarabée à longues antennes, le *Scorpiurus vermiculata* à une Chenille.

Les fils télégraphiques qui rayonnent autour de Rio-Janeiro sont couverts, paraît-il, d'énormes touffes d'Orchidées pendant en festons et en guirlandes, d'un effet très décoratif sans doute, mais qui jettent un certain trouble, par suite de dérivation de courants, dans l'expédition des dépêches. La présence de ces Orchidées en lieu insolite est due aux oiseaux qui, fort avides des fruits de ces Orchidées, les mangent ; les graines non digérées sont ensuite déposées sur les fils avec les excréments lorsque les oiseaux viennent s'y reposer.

Mais, parmi les agents de propagation des espèces végétales l'Homme est le plus puissant, et son action sur les plantes qu'il cultive a souvent modifié complètement la flore de certaines régions.

L'Homme provoque le développement de certaines espèces utiles, il les substitue aux espèces indigènes, il les défend contre les attaques de plantes concurrentes, et modifie la flore à son gré. Mais il arrive aussi que l'Homme est l'agent inconscient du transport des plantes.

« On a vu, dit de Candolle, des armées porter çà et là des graines et des procédés de culture d'une extrémité de l'Europe à l'autre, et nous montrer ainsi comment, dans des temps plus anciens, les conquêtes d'Alexandre, les expéditions lointaines des Romains, et ensuite les Croisades, ont pu servir à transporter plusieurs plantes d'une partie du monde à l'autre. Nous avons introduit dans toutes les parties du Globe toutes les mauvaises herbes qui poussent au milieu de nos céréales, et que peut-être nous avons reçues d'Asie avec elles. Avec les laines et les cotons de l'Orient ou de la Barbarie, on apporte souvent en France les graines de plantes exotiques, dont quelques-unes se naturalisent. J'en citerai un exemple frappant. Il y a à la porte de Montpellier une prairie où l'on fait sécher des laines étrangères après leur lavage. On trouve, dans cette prairie, des plantes exotiques naturalisées. J'y ai cueilli la *Centaurea parviflora*, la *Psoralea palæstina* et l'*Hypericum crispum*. »

La flore indigène de la Nouvelle-Zélande a subi de profondes modifications sous l'action directe ou indirecte de l'Homme ; cinq cents nouvelles espèces ont été acclimatées, et leur acclimatation est si parfaite qu'on pourrait les croire indigènes, tandis que les espèces réellement indigènes ont reculé devant ces envahisseurs. Dans cette substitution des flores, on remarque souvent que ce sont de petites espèces qui, par des mécanismes nombreux et variés, éliminent peu à peu des plantes qui, au premier abord, semblent être plus vigoureuses et mieux douées pour la lutte pour la vie.

Les plantes appartenant à des genres étrangers à la province dans laquelle elles ont été introduites s'y propagent souvent avec plus de rapidité que les plantes des genres et des espèces indigènes, et beaucoup de plantes utiles deviennent tellement nombreuses qu'elles sont désormais considérées comme des plantes nuisibles.

La Pomme épineuse commune (*Datura stramonium*) est originaire des Indes orientales. Elle a été répandue en Europe par certains charlatans qui employaient sa graine comme émétique. Elle s'y est tellement répandue, qu'elle y croît actuellement comme plante nuisible. On ne la trouve cependant ni en Suède, ni en Laponie, ni en Russie.

L'INFLUENCE DU MILIEU

Les espèces végétales étant importées dans une contrée, il faut connaître les influences qui peuvent déterminer leur persistance, leur permettant ainsi de faire partie de la flore de cette contrée. Or, ces influences sont celles : 1° des agents impondérables : chaleur et lumière ; 2° des milieux : eau, atmosphère, sol ; 3° des êtres organisés, surtout de l'Homme, dont l'action raisonnée, souvent aussi involontaire, peut amoindrir et même neutraliser toutes les autres.

Influence de la température. — Toute plante a besoin, pour entrer en végétation, d'un certain degré de chaleur au-dessous duquel elle reste comme engourdie. Dès que la température a dépassé ce minimum, l'organisme végétal se réveille, son développement commence ; il devient de plus en plus rapide à mesure que la chaleur augmente, mais seulement jusqu'à un certain terme ; celui-ci atteint, la végétation languit et s'arrête encore, et un nouvel accroissement de chaleur en amène l'arrêt définitif suivi de la mort. Il y a donc un certain nombre de degrés entre lesquels la végétation suit une marche ascendante, pour se ralentir ensuite, et en dessous comme en dessus desquels elle est d'abord stationnaire, pour cesser ensuite à jamais. On voit que l'insuffisance comme l'excès de chaleur agissent à deux degrés différents et successifs. De là vient que les hivers ordinaires suspendent seulement le développement des plantes, amènent pour elles un simple engourdissement, tandis que les froids exceptionnels en font périr un grand nombre. L'engourdissement amené par un froid insuffisant pour causer la mort peut se prolonger longtemps, comme le prouve l'observation de pieds nombreux de quatre espèces (*Trifolium alpinum, T. cæspitosum, Geum montanum, Cerastium latifolium*) qui, près de Chamouny, ayant été recouverts par un glacier, en 1817, ont recommencé de végéter lorsqu'un retrait de la glace les a laissés à découvert au bout de cinq ou six années. — Le degré de froid qui amène l'arrêt de la végétation et celui qui cause la mort varient considérablement pour les différentes espèces végétales ; c'est ce qu'on indique vulgairement en qualifiant les unes de délicates et les autres de rustiques ; mais, en moyenne, c'est vers zéro que cesse tout développement, et les végétaux des contrées tempérées ou froides supportent des gelées à plusieurs degrés au-dessous de zéro avant que leur mort survienne.

La conséquence de ce qui précède, c'est que, pour les plantes, il y a : 1° des températures *utiles*, comprises entre le minimum et le maximum qui déterminent également l'arrêt de la végétation ; 2° des températures *inutiles* au-dessous de ce minimum et au-dessus de ce maximum jusqu'au terme où surviennent les températures *nuisibles*.

Au total, puisque chaque plante a besoin, pour pousser et se reproduire, d'une certaine chaleur et qu'elle succombe à certains froids comme elle souffre ou périt sous l'action de températures trop hautes, il existe une relation directe et nécessaire entre elle et le climat.

Influence de la lumière. — L'influence de la lumière sur les plantes est difficile à isoler de celle de la chaleur, et d'ailleurs il n'est guère possible d'en exprimer les effets avec la rigueur et avec la commodité que le thermomètre donne pour cette dernière ; cependant certains faits de végétation la mettent en évidence. Ainsi les espèces qui croissent habituellement dans les bois à l'ombre, ne peuvent changer cette manière d'être et ne prospèrent pas dans les endroits découverts où la lumière est fort vive. La culture est obligée de tenir compte de cette action et de graduer l'intensité de la lumière à laquelle les plantes sont soumises en raison des habitudes naturelles qui les distinguent.

Influence du sol. — L'influence du sol sur la distribution géographique des plantes est l'une de celles qu'on s'est le plus occupé à déterminer ; on a recueilli, dans ce but, des faits en grand nombre ; mais le groupement de ces faits et la discussion dont ils ont fourni les éléments ont conduit à des conclusions divergentes, ou même opposées.

L'idée la plus ancienne et la plus répandue consiste à admettre que les différentes natures de sol, considérées relativement à leur composition chimique, ont toutes une flore qui leur est propre et qui les caractérise. Cette opinion semble reposer sur une base physiologique ; car, si chaque plante, ayant sa composition propre, exige une nature déterminée d'aliment, elle ne pourra vivre que là où ses racines rencontreront cet aliment qui lui est nécessaire. Cette idée trouve d'ailleurs une justification facile lorsqu'on n'examine qu'une surface de pays peu étendue ; mais elle semble plus difficile à légitimer, lorsqu'on l'applique à une grande contrée.

Influence de l'eau. — L'influence de l'eau sur la répartition des végétaux à la surface du globe tient à l'importance et à la complexité de son action ; elle intervient, en effet, dans la végétation comme aliment, comme véhicule nécessaire des matières solubles nutritives, comme entretenant la fraîcheur de la terre, enfin, comme jouant, pour quelques espèces, le rôle de milieu et, pourrait-on presque dire, de sol. Dans ce dernier cas, il est évident qu'elle détermine la distribution géographique plus que toute autre cause ; or, comme elle se présente, dans tous les pays, avec une remarquable uniformité de composition et d'état physique, même de température, elle détermine ce double résultat, d'abord qu'elle a partout une flore spéciale analogue ou du moins comparable, ensuite que la plupart des plantes qui lui appartiennent essentiellement se distinguent par l'ampleur de leur diffusion.

Quant aux plantes non aquatiques, elles ont, relativement à ce liquide, des exigences fort diverses. Certaines de leurs espèces ne croissent que sur les terres très humides; d'autres préfèrent celles qui sont simplement fraîches. Les unes et les autres, ainsi que les aquatiques, rentrent dans la catégorie des plantes que, depuis Thurmann, on qualifie d'*hygrophiles*, c'est-à-dire aimant l'humidité; il en est enfin qui supportent la sécheresse avec plus ou moins de facilité, qui semblent même en avoir besoin et qu'on distingue, à l'exemple du même auteur, par l'épithète de *xérophiles*, ou aimant la sécheresse. Sous ces divers rapports, la quantité d'eau qui tombe annuellement et la répartition des pluies aux différentes époques de l'année sont des facteurs importants de la distribution géographique des plantes.

Influences des êtres organisés. — Elles peuvent être distinguées selon qu'elles proviennent de plantes agissant sur d'autres plantes, ou qu'elles sont produites par des animaux et par l'Homme lui-même.

1° *Influence des plantes.* — Le Règne végétal nous offre, à la surface de la terre, le spectacle d'une lutte de tous les lieux et de tous les instants.

Non seulement les plantes doivent lutter entre elles, mais elles ont à se défendre des attaques dont elles sont l'objet de la part des animaux. En cela elles sont aidées par les dispositions anatomiques déjà signalées, et quelquefois, le croirait-on ? par d'autres animaux, ainsi que le montre la figure 1338.

Lorsqu'une plante s'est établie sur un point quelconque, elle résiste à tout envahissement étranger; parfois même, comme dans le cas des espèces sociales, elle exclut à peu près toute autre espèce des surfaces considérables auxquelles elle constitue ainsi une flore d'une extrême pauvreté, bien qu'elle les couvre d'un tapis continu.

LES ESPÈCES SOCIALES. — Certaines espèces, au lieu de vivre par individus plus ou moins disséminés au milieu d'autres espèces, envahissent exclusivement, ou à peu près, des espaces assez étendus, éliminant toutes les autres plantes ou permettant à quelques-unes seulement de vivre avec elles; on nomme les premières *espèces sociales*, les autres *espèces satellites*. Ainsi, la jolie petite Callune-Bruyère

forme à elle seule des landes d'une très grande étendue.

On peut définir des espèces à *type social constant* ou *inconstant* selon que ces espèces vivent exclusivement en société, ou bien peuvent vivre d'autre manière. Les Sphaignes, parmi les Muscinées, fournissent un excellent exemple du premier type ; les exemples du second type sont fréquents chez les Phanérogames.

A un autre point de vue, on distingue le *type unisocial* du *type plurisocial*, dont les Sphaignes nous fournissent encore des exemples.

Ainsi, les sociétés de *Sphagnum cymbifolium* forment exclusivement quelques tourbières, tandis que les *Sphagnum cymbifolium* et *S. recurvum* sont associés dans d'autres tourbières.

Les plantes satellites ne peuvent, d'ordinaire, vivre qu'en présence d'une société donnée : sous son couvert si elle est arborescente, entre ses touffes si elle est herbacée.

La formation et la répartition des sociétés végétales dépendent de combinaisons de facteurs dont les principaux sont la nature du sol, le climat, les concurrences vitales, etc. ; c'est-à-dire que la formation de ces sociétés dépend de conditions de milieu très précises, auxquelles la plante sociale est seule, ou mieux adaptée.

CONCURRENCE VITALE. — La lutte s'établit, sur la Terre, non seulement entre les herbes, mais encore entre les végétaux ligneux, ou entre ceux-ci et les espèces herbacées. Ainsi, dans nos forêts d'Europe, nous voyons souvent les arbres céder la place à la végétation plus basse qui forme le sous-bois, ou même simplement le tapis herbacé ; il en résulte la production de clairières qui tendent sans cesse à s'agrandir. Le contraire a lieu, en général, pour la végétation vigoureuse de l'Amérique du Sud, où l'on voit fréquemment les forêts s'étendre et gagner peu à peu sur les prairies.

L'ombre elle-même influe sur la distribution des plantes ; celle des forêts exclut de vastes surfaces de terre toutes les espèces qui ne sont pas organisées en vue de cette situation particulière, et ne laisse prospérer, sous le couvert des arbres, qu'un nombre restreint de végétaux qui redoutent une lumière vive, aussi bien que la transpiration abondante à laquelle elles seraient soumises dans des endroits découverts. Plus l'ombrage est épais, plus est

Fig. 1338. — Les capitules de *Serratula lycopifolia*, défendus contre les attaques des *Oxythyrea funesta*
par des Fourmis (*Formica exsecta*).

faible le nombre des végétaux capables de résister à son action ; aussi le sol reste-t-il nu ou fort à peu près dans les forêts de Conifères où végètent seules les Pyroles, l'Airelle Myrtille et quelques autres espèces.

2° *Influence des animaux et de l'Homme.* — Le bétail, les animaux sauvages contribuent à la dissémination de diverses plantes. Mais le grand disséminateur des plantes est l'Homme. Soit avec intention, soit indépendamment de sa volonté, il introduit partout où il va des graines d'espèces propres à sa patrie. Si, dans le nouveau pays où elles se trouvent ainsi transportées, elles rencontrent un climat et des conditions extérieures favorables, elles s'y naturalisent, et souvent elles ne tardent pas à y devenir très communes. Ainsi, la plupart des plantes qui croissent dans nos champs, les Coquelicots, le Bluet, etc., nous sont venus du Levant, et les agriculteurs ne savent que trop avec quelle déplorable facilité elles se conservent et se propagent, grâce à cette culture même, dont l'un des principaux objets est précisément de les détruire. Un autre exemple remarquable de ce transport nous est offert par l'Amérique du Sud. Au Brésil, rapporte

Aug. Saint-Hilaire, nos V.olettes, la Bourrache (qui paraît déjà nous être venue du Levant), le Fenouil, quelques *Geranium* de nos pays, se sont parfaitement naturalisés autour de Sainte-Thérèse. L'Avoine y est devenue commune dans les pâturages. Partout on retrouve, dans les parties méridionales de ce pays, nos Mauves, nos *Anthemis*, notre Marrube.

Au total, des plantes se répandent sur les pas de l'Homme en assez grand nombre pour modifier notablement la flore de divers pays, et pour qu'il soit quelquefois devenu difficile, dans l'état actuel des choses, d'en reconnaître la physionomie primitive.

Toutes ces influences, combinées, ont déterminé la nature du tapis végétal en chaque contrée, elles ont constitué les diverses flores et ont réparti les diverses espèces dans des régions ou *aires* qu'il nous faut maintenant connaître.

LA DISTRIBUTION GÉOGRAPHIQUE DES PLANTES

Aire, ses limites. — Si l'on fait le relevé de toutes les localités dans lesquelles se

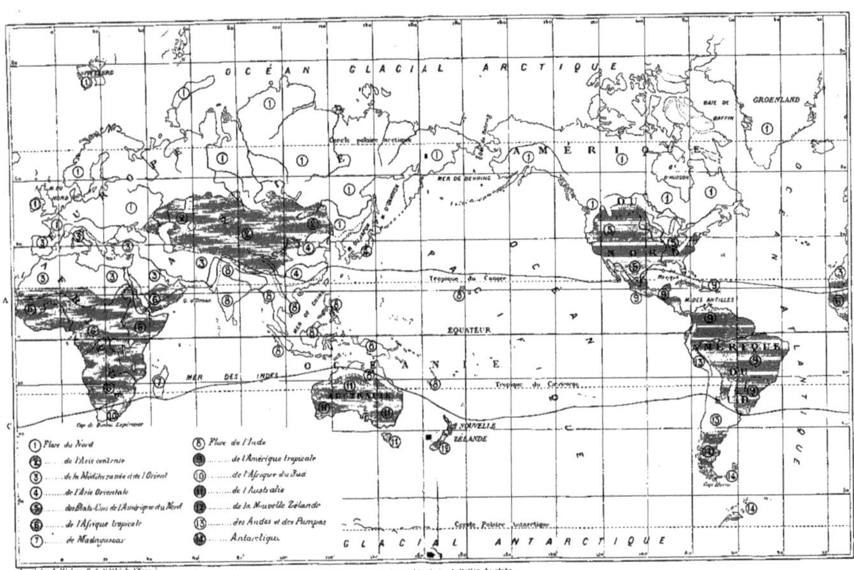

Fig. 1332. — Planisphère de la végétation du globe.

rencontre une espèce végétale, on reconnaît qu'elle croît sur une certaine portion de la surface terrestre, en dehors de laquelle elle manque où ne se retrouve plus qu'exceptionnellement. Cette portion de la surface terrestre qu'elle habite, ou qui constitue son *habitation*, considérée dans son ensemble, est appelée son *aire*. Les aires diffèrent d'une espèce à l'autre pour l'étendue et pour le contour, mais, sous ce dernier rapport, moins qu'on ne serait porté à le penser *a priori*.

Le ligne au delà de laquelle la plante ne se montre plus est la *limite* de son aire.

Dans l'espace défini par cette limite, l'espèce examinée ne se rencontre pas avec la même fréquence. On remarque généralement comme un centre plus ou moins étendu dans lequel elle abonde, prospère, et à partir duquel elle semble rayonner, en devenant de moins en moins luxuriante, à mesure qu'elle s'en éloigne. C'est là ce qu'on nomme le *centre de création* de l'espèce, expression basée sur une hypothèse qui donne prise à diverses objections, ou son *centre de végétation*, comme l'appelle Grisebach.

PRINCIPALES FLORES

Distribution géographique. — Les espèces qui composent le Règne végétal sont distribuées à la surface de la Terre d'une façon inégale. Certaines d'entre elles se rencontrent presque sous toutes les latitudes, dans les pays les plus divers, tandis que certaines autres sont cantonnées dans des régions très restreintes.

Ces familles et ces genres, circonscrits dans des régions plus ou moins vastes, servent à caractériser des flores locales ou régionales, plus ou moins considérables.

En comparant les genres et les familles à ce point de vue, M. Drude est parvenu à les grouper en deux catégories :

La première, relativement faible, contient les familles qui sont répandues sur presque toute la Terre et qui ne peuvent, par conséquent, caractériser la flore d'une région même très vaste. La seconde comprend trois sortes de familles : 1° les familles caractéristiques de certaines régions très étendues ; 2° les familles qui, sans être caractéristiques, se rencontrent cependant en grande abondance, dans certaines régions ; et enfin 3° les familles qui sont caractéristiques des régions plus restreintes et

qui indiquent les subdivisions possibles dans les grandes régions.

Ceci posé, on peut, avec M. Drude, diviser la végétation du Globe, d'abord en deux grandes flores : la *flore Océanienne* et la *flore des Continents et des Iles*.

La première est presque exclusivement constituée par les *Algues* : les Phanérogames n'y sont représentées que par la famille des *Hydrocharidées* et celles des *Naïadées*.

La deuxième contient quelques *Algues* et le reste du Règne végétal. C'est cette dernière que nous allons examiner plus en détail.

On peut diviser les Continents et les Iles, par rapport à la Flore, en trois grands groupes : *boréal*, *tropical* et *austral*, comportant des subdivisions secondaires.

I. Groupe boréal. — Il occupe tout l'espace qui se trouve sur notre carte au nord de la ligne AB. On peut le diviser en trois régions :

1° *Région boréale arctique.* — Elle comprend le nord de l'Europe, de l'Asie et de l'Amérique. Elle est caractérisée par la présence des familles suivantes : *Polypodiacées, Scrofularinées, Gentianées, Composées, Primulacées, Renonculacées, Crucifères, Caryophyllées, Ombellifères, Saxifragées, Dryadées, Papilionacées, Graminées.* Les *Cypéracées*, les *Juncacées*, les *Éricacées*, et enfin les *Mousses* et les *Lichens* qui couvrent les rochers et les marais, donnent une physionomie spéciale aux plaines ouvertes de cette région, tandis que les *Conifères*, les *Abiétinées*, les *Caprifoliacées*, les *Ulmacées*, les *Bétulinées*, les *Cupulifères*, les *Salicinées*, donnent l'aspect particulier à ses immenses forêts.

2° *Région boréale chaude et tempérée.* — Elle présente deux zones.

a. 1ʳᵉ zone : pays circum-méditerranéens et sud-ouest de l'Asie. Elle est caractérisée par l'abondance des *Scrofularinées*, des *Composées*, des *Crucifères*, des *Polygonées*, des *Caryophyllées*, des *Dryadées*, et présente un facies spécial, grâce à un grand nombre de représentants des *Conifères*, des *Graminées*, des *Cypéracées*, des *Liliacées*, des *Labiées*, des *Cupulifères*, des *Chénopodées*, des *Ombellifères*, des *Rosacées* (surtout les *Pomacées* et les *Amygdalées*) et des *Papilionacées*.

b. 2ᵉ zone : Japon, Chine orientale, États-Unis de l'Amérique du Nord. Elle est caractérisée par la présence, en grand nombre, des *Polypodiacées*, des *Cypéracées*, des *Liliacées*, des *Euphorbiacées*, des *Renonculacées*, des

Onagrariées. Les familles qui donnent au paysage son aspect spécial sont : les *Conifères*, les *Cupulifères*, les *Magnoliacées*, les *Salicinées*, les *Cæsalpinées*, etc., pour les régions forestières; les *Graminées*, les *Composées*, les *Cactées*, les *Polygonées*, les *Chénopodiées* et les *Papilionacées* pour les régions des plaines.

II. Groupe tropical. — Il se trouve entre les lignes AB et CD de notre carte (fig. 1339), et présente deux régions principales :

1re *Région africaine, asiatique et australienne.* — La physionomie spéciale de cette région est due à la présence de végétaux arborescents appartenant aux familles des *Palmiers*, des *Pandanées*, des *Rubiacées*, des *Artocarpées*, des *Morées*, des *Anonacées*, des *Dilleniacées*, des *Euphorbiacées*, des *Sapindacées*, des *Mélastomacées*, des *Laurinées*, des *Myrtacées*, des *Cæsalpinées*, etc., et des végétaux herbacés, comme certaines *Polypodiacées* et *Cypéracées*. Les *Graminées* arborescentes et herbacées, les *Aracées*, les *Orchidées*, les *Composées*, sont aussi des familles caractéristiques de cette région.

2e *Région américaine.* — Elle est surtout riche en genres appartenant aux familles suivantes : *Araucariées, Aracées, Bromeliacées, Orchidées, Rubiacées, Urticées, Euphorbiacées, Mélastomacées, Myrtacées, Swartziées (Mimosées), Cæsalpinées, Sterculiacées, Dilleniacées,* etc.

III. Groupe austral. — Il se trouve au sud de la ligne CD sur notre carte (fig. 1339), et se subdivise en deux régions :

1re *Région*, comprenant l'*Afrique du sud*, l'*Asie extra-tropicale* et la *Nouvelle-Zélande.* — Elle présente peu de familles qui puissent la caractériser dans son ensemble : certaines *Conifères, Graminées, Cypéracées, Labiées, Rubiacées, Rutacées* et *Euphorbiacées*; plusieurs *Malvacées, Sterculiacées, Protéacées, Ombellifères, Polypodiacées* et *Orchidées* sont communes à toute la région. Par contre, les *Éricacées*, les *Asclépiadées*, les *Polygalées*, les *Géraniacées*, les *Iridées*, les *Ficoïdes* sont propres à l'Afrique, tandis que les *Épacridées*, les *Myrtacées*, les *Mimosées* et certaines *Liliacées* (*Xanthorrhæa*, etc.) sont caractéristiques de la flore de l'Australie et de la Nouvelle-Zélande.

2e *Région américaine.* — Elle est caractérisée surtout par les nombreux genres des familles suivantes : *Polypodiacées, Conifères*

(*Araucariées*, etc.), *Graminées, Solanées, Scrofularinées, Composées, Crucifères, Tropéolées, Oxalidées, Paronychiées, Portulacées, Ribésiacées, Papilionacées, Cæsalpinées,* etc.

En subdivisant encore les sept régions mentionnées, on arrive à partager la Terre en quatorze *Flores principales*, plus ou moins naturelles. Ce sont ces flores que l'on trouve représentées par des chiffres sur la carte ci-jointe (fig. 1339).

1° *Flore du Nord*, comprenant les flores locales des Pays arctiques, de l'Europe centrale, des steppes de l'Europe orientale, de la Sibérie, du littoral de la mer d'Okhotsk, de la Colombie et du Canada.

2° *Flore de l'Asie centrale*, comprenant les flores locales de la dépression Aralo-Caspienne et du Turkestan occidental, du Turkestan oriental, de la Mongolie, du Thibet.

3° *Flore de la Méditerranée et de l'Orient*, composée de la flore des îles de l'océan Atlantique (îles du Cap-Vert, Madère, Canaries, etc.); de la flore du littoral de la Méditerranée et de l'Atlantique; de celle de l'Asie du sud-ouest; et enfin, de celle de l'Arabie et du Sahara septentrional.

4° *Flore de l'Asie orientale :* littoral de la mer de Chine et de la mer du Japon; intérieur de la Chine.

5° *Flore des États-Unis de l'Amérique du Nord :* Californie; Mexique septentrional et Texas; Virginie.

6° *Flore de l'Afrique tropicale :* Sahara du sud et Hadramaout (Arabie méridionale); Afrique orientale et Yemen; Zanzibar, Zambesi, Natal; désert de Kalahari; Guinée.

7° *Flore de Madagascar* et des îles voisines.

8° *Flore de l'Inde :* Dekkan; sud-ouest de l'Inde; Nepal et Birmanie; Siam et Annam; Archipel asiatique; Nouvelle-Guinée; Australie du nord; Polynésie; îles Sandwich.

9° *Flore de l'Amérique tropicale :* Mexique, Antilles; bassins de la Magdalena, de l'Orénoque, de l'Amazone et de la Parana.

10° *Flore de l'Afrique du Sud :* centre, sud-est et sud-ouest de la colonie du Cap.

11° *Flore Australienne :* Australie du sud, de l'ouest et de l'est; Tasmanie.

12° *Flore de la Nouvelle-Zélande.*

13° *Flore des Andes et des Pampas :* Andes tropicales; Chili; République Argentine.

14° *Flore Antarctique :* littoral du Pacifique; Patagonie; îles de l'océan Antarctique.

L'UTILITÉ DES VÉGÉTAUX

L'Homme, placé au milieu de la nature, est porté à croire que tout ce qui l'entoure a été disposé pour ses besoins, et il examine toute chose sous un point de vue bien égoïste, se demandant quelle satisfaction lui procurerait l'emploi de cette chose. Si le résultat répond à son attente, il considère la chose comme bonne, il en fait usage, bientôt il la considère comme utile, voire même indispensable ; sinon, il décrète la chose inutile, à moins que son premier emploi ne l'ait indiquée comme nuisible.

Certes, une classification basée sur de tels principes serait enfantine, elle ferait tout au plus honneur à un enfant qui classerait ainsi ce qui l'entoure, mettant les épingles, les chats avec les choses nuisibles, les bonbons et les petits oiseaux parmi les choses utiles. Cependant, nous allons faire quelque chose d'analogue en parlant des végétaux utiles, puisque ainsi nous les séparons des autres végétaux.

Mieux encore, dans ce groupe des végétaux utiles, qui en contient un si grand nombre, nous allons faire des coupures, établir des divisions, donc des groupements secondaires, et cela en nous appuyant sur le genre et le degré d'utilité des plantes.

Quel critérium avons-nous de l'utilité d'un végétal?

Peu de chose, en réalité. Ainsi, aurions-nous dit que la résine spéciale tirée des arbres à gutta-percha était utile quand, ayant constaté que cette matière n'était pas élastique à froid comme le caoutchouc, les premiers échantillons furent rapportés par les explorateurs ? Aurions-nous reconnu comme utile la Pomme de terre qu'il fallut presque imposer dans nos pays ? Aurions-nous pensé que la feuille du Thé pût jamais être de quelque utilité, avant qu'on sût comment la préparer ?... Pourtant, ces produits, tirés de végétaux, sont utiles à des points de vue différents, ils sont même nécessaires.

Contentons-nous donc de rechercher l'utilité actuelle des plantes, soit par elles-mêmes, soit par les produits qu'elles fournissent. Ne tenons compte que du degré d'utilité proportionné à l'importance des cultures, sans nous demander quelle est l'utilité réelle de chaque végétal employé.

Comme il vient d'être dit, une classification des végétaux utiles est impossible et illusoire ; mettrons-nous les Pommes de terre dans les plantes fourragères, dans les végétaux alimentaires féculents, ou parmi les plantes industrielles ? Sa place est en ces trois endroits, puisqu'il y a des Pommes de terre cultivées pour la consommation, tandis que d'autres, dites de grande culture, sont Pommes de terre fourragères, de féculerie, ou de distillerie.

Malgré les difficultés inhérentes à ce genre d'étude, et sans faire une classification des produits agricoles, nous établirons des groupements sommaires en tenant compte de la nature de leur emploi, et aussi, dans une certaine mesure, de la matière que ces végétaux contiennent et qui détermine leur utilisation.

Matières contenues dans les végétaux. — Les végétaux, représentants du monde organique inférieur, contiennent des matières chimiques, nommées souvent principes immédiats, dont les uns sont minéraux, les autres organiques. Parmi les premiers sont les composés suivants : l'eau, toujours abondante dans les plantes et en formant souvent plus des quatre cinquièmes ; les sels minéraux, phosphates, nitrates, carbonates ; les sels à acide organique, tartrates, oxalates, malates, citrates, etc... Les proportions de ces sels sont souvent minimes, et seraient insuffisantes pour rémunérer une extraction, mais ces sels ont une valeur alimentaire dont il faut tenir compte ; de plus, l'incinération des végétaux les transforme en carbonate que l'industrie exploite.

Parmi les principes organiques que contiennent les plantes, il est bon d'établir de suite des types, c'est-à-dire de choisir des principes immédiats bien connus, auxquels nous pourrons rapporter les autres. Les aliments végétaux seront donc caractérisés par la proportion des aliments types qu'ils contiendront, ces types étant : les sucres, glucoses ou saccharoses ; les féculents ; les matières grasses ; les matières azotées, dites encore albuminoïdes. Pour les matières non alimentaires, nous choisirons les sucres et les féculents d'une part ;

les celluloses et leurs dérivés par oxydation ou imprégnation d'autre part ; dans ce groupe se placeront les matériaux des textiles et des papiers, dans le second les matériaux des bois, des lièges.

Enfin, en dehors de ces principes, nous en placerons d'autres, plus difficiles à classer, tels que les produits spéciaux contenus dans le café, le thé, le tabac, d'une part ; dans les arbres à résines, baumes, ou latex d'autre part.

L'ALIMENTATION VÉGÉTALE

L'entrée des éléments du monde minéral dans le tourbillon vital, dans le monde organique, résulte nécessairement de la vie végétale, elle-même sous la dépendance de la fonction chlorophyllienne. Par suite, la plante est la seule source de carbone organique pour le monde animal, elle nourrit l'herbivore, et par conséquence nourrit le carnivore. Pour l'Homme, la plante est donc de toute nécessité la base directe ou indirecte de son alimentation, puisqu'il se nourrit de végétaux et d'animaux.

Envisagé à ce point de vue, le problème de l'alimentation végétale comprend deux questions, l'une relative à l'alimentation des herbivores par les plantes fourragères, l'autre relative à l'alimentation directe de l'Homme par les plantes.

LES PLANTES FOURRAGÈRES

Les animaux herbivores, les premiers apparus sur le Globe, et aussi les plus nombreux, tirent leur alimentation totale des plantes ; à l'état de nature, ils broutent l'herbe des plaines et des plateaux, puis ils échappent à leurs nombreux ennemis carnassiers par la rapidité de leur course ; à l'état domestique, ils paissent les végétaux des prairies naturelles ou des prairies artificielles.

Les prairies naturelles sont les unes des pâturages qui nourrissent les bestiaux sans les engraisser, les autres des herbages qui servent plus particulièrement à l'engraissement ; enfin les prairies de fauche, qui sont fauchées et fanées et qui permettent de constituer des provisions de nourriture.

Les plantes des prairies sont très nombreuses ; elles appartiennent à plusieurs familles botaniques, et il serait impossible de les citer ; les plus importantes appartiennent à la famille des Graminées, Paturin, Dactyle, Fétuque, Agrostis, Vulpin, etc., ou à la famille des Légumineuses, Luzerne, Trèfle, Sainfoin, etc. Il est assez curieux de remarquer que les Graminées, dont l'aire de dispersion est très grande, sont les plantes fourragères des prairies naturelles ; au delà des tropiques, ces plantes constituent la base de l'alimentation des herbivores, elles sont absorbées jeunes, alors que la silicification de leurs tissus est faible : entre les tropiques, ces Graminées sont vigoureuses, mais trop dures, et les troupeaux d'herbivores, Gazelles, Eléphants, leur préfèrent les jeunes pousses ou feuilles des Palmiers, beaucoup plus tendres ; dans les régions glacées, les herbivores, les Rennes en particulier, se contentent des Lichens qu'ils vont souvent chercher jusque sous la neige.

Pour quelques animaux domestiques, le régime alimentaire est tout particulier. Désireux d'utiliser toutes les parties utiles des végétaux qu'il emploie, l'Homme s'est ingénié à rechercher les moyens de faire absorber aux animaux de la ferme les résidus de ses industries agricoles ; il emploie ainsi les cossettes des betteraves épuisées en sucre, les tourteaux provenant des graines dont on a extrait l'huile, et un grand nombre d'autres déchets.

LES PLANTES ALIMENTAIRES

Très nombreuses sont les plantes dont l'Homme fait sa nourriture ; pour les classer, nous tiendrons compte de la nature de l'aliment qu'elles contiennent.

Pour l'Homme, les aliments de plus grande valeur nutritive sont les albuminoïdes, albumine, légumine, fibrine, c'est-à-dire les matières dont la composition est voisine de celle de nos tissus, et qui servent principalement à l'édification de l'organisme, à son entretien, à sa réparation ; ces aliments sont relativement peu abondants dans les végétaux, ils nous sont fournis par la ration carnée journalière, cependant il n'est pas de plante qui n'en contienne une petite quantité.

Les aliments d'autre sorte que nous absorbons sont les sucres, féculents, graisses, qui au point de vue de la nutrition générale peuvent s'équivaloir. Ces matériaux servent surtout aux mises en réserve de nos conjonctifs, ce sont des aliments d'engraissement ; ils servent aussi et surtout aux phénomènes d'oxydation qui sont consécutifs à la respiration ; ils produisent chaleur et travail musculaire, et sont dits aliments de calorification, de travail, ou aliments respiratoires.

Enfin, quelques matières ont sur l'organisme une action particulière, et sans le nourrir réellement, facilitent sa nutrition ; ce sont les aliments tonifiants, les aliments d'épargne, tels que le café et le thé.

Les céréales. — Sous ce nom on réunit des végétaux très utiles, dont les graines féculentes servent à la composition du pain, dont l'usage est général. Les céréales sont des Graminées, Blé, Seigle, Orge, Avoine, Maïs, Riz ou des Polygonées, comme le Sarrazin encore nommé *blé noir*. Elles contiennent toutes une forte proportion d'amidon et une quantité très variable de gluten, élément albuminoïde. Ainsi le Riz est presque dépourvu de gluten et il doit à cette particularité de n'être pas panifiable ; les blés contiennent environ de 10 à 15 parties de gluten, la proportion la plus élevée caractérisant les blés dits *blés durs*.

En outre, les céréales contiennent de la glucose, de la dextrine, de la cellulose, peu de matières grasses, et des sels, surtout des phosphates.

A ces plantes on peut joindre le Sorgho et le Millet.

Les plantes à racines ou tubercules féculents. — Dans cette catégorie d'aliments, exclusivement féculents, la première place est donnée à la Pomme de terre, dont les tubercules sont utilisés pour l'alimentation, pour la préparation des fécules et des alcools.

Après elle vient le Topinambour, puis des plantes moins connues par leur nom que par celui des produits qu'on en tire. C'est ainsi que le *tapioca* est préparé avec la racine du *Jatropha manihot*, l'*arrow-root* avec les rhizomes du *Maranta arundinacea*, le *sagou* avec la fécule extraite de la moelle du *Cycas circinalis*, le *salep* (Salep de Perse) avec les tubercules d'un Orchis.

Les Légumineuses à graines féculentes. — Les graines des Légumineuses, avec leurs volumineux cotylédons féculents, entrent pour une bonne part dans notre alimentation, surtout comme aliment d'hiver ; ils nous fournissent avec le pain et les aliments sucrés (confitures), la ration d'aliments de calorification qui nous permet de lutter contre le refroidissement dû à l'extérieur.

De plus, ces graines contiennent une assez forte quantité d'albuminoïdes, de sorte que leur valeur alimentaire est très grande, ce qui permet de penser que le service que Parmentier a rendu à l'humanité en introduisant la Pomme de terre dans nos pays est en partie compensé par la mauvaise qualité de cet aliment nouveau. La Pomme de terre ne contient pas d'albuminoïdes, elle est exclusivement féculente, et pour les populations des pays pauvres, où le pain de froment est presque inconnu, l'usage des Haricots et des Lentilles, voire même des Fèves, suffisait à l'introduction dans l'alimentation de la petite quantité d'albuminoïdes nécessaire.

La proportion d'albuminoïdes dans les graines des Légumineuses est souvent supérieure à 20 p. 100 ; elle peut même atteindre 30 p. 100 dans quelques échantillons, dépassant celle que l'on trouve dans les viandes.

Produits tirés des plantes précédentes. — Des céréales contenant du gluten on tire des farines pour la panification et la confection des pâtes alimentaires. Le gluten est ici nécessaire, il donne à la pâte le liant sans lequel il serait impossible de faire les pâtons, de produire la fermentation qui modifie la saveur et le goût du pain.

La pâte étant faite, on l'ensemence de ferment en y ajoutant du levain ou de la levure, on laisse la fermentation s'établir de façon que toute fermentation accessoire soit évitée ; il se produit une saccharification partielle de l'amidon, et une oxydation du sucre résultant, ce qui donne des gaz formant les yeux du pain. La cuisson produit la croûte avec sa couleur si appétissante, due à la caramélisation d'un peu de sucre de la pâte, elle rend aussi la pâte plus légère et facile à digérer.

Les céréales riches en gluten servent à la fabrication des pâtes alimentaires, vermicelle, macaroni, nouilles, etc..... A cet usage peuvent être employées des farines pauvres en gluten, auxquelles on ajoute cette précieuse matière.

Par divers procédés, mécaniques ou chimiques, on extrait des plantes précédentes l'amidon et la fécule ; l'amidon provient des céréales, et la fécule des tubercules, des graines, quelquefois des marrons et d'autres parties de plantes.

Le procédé mécanique le plus simple est basé sur la propriété que possède le gluten de former une pâte liante de laquelle un courant d'eau pourra enlever les grains d'amidon. L'amidon sert à une foule d'usages, il est la matière première de la préparation des dex-

Fig. 1340. — Thé de Chine.

trines ou matières collantes ,pour les pâtes à papier et les tissus.

Les légumes herbacés. — A cause de leur fraîcheur, de leur légèreté, de leur saveur, les légumes sont des aliments très agréables; on leur attribue, à tort ou à raison, des propriétés nutritives particulières; ils sont par beaucoup de personnes préférés à la viande, et ils constituent l'alimentation presque totale des végétariens. Sans faire le procès d'un régime de vie dont certaines personnes retirent grand profit, il est permis de penser que les légumes et les fruits, même associés à quelques autres aliments, ne sauraient constituer un aliment suffisant pour un organisme impérieux, travaillant beaucoup et dépensant de même. Une

étude comparée des populations très pauvres, qui ne peuvent guère manger un peu de viande que de temps à autre, et des populations qui peuvent mettre la poule au pot le dimanche, comme disait Sully, suffit à convaincre. Cependant il ne faut pas d'un excès tomber dans l'autre et s'habituer au plat suivant : les pommes de terre au milieu et la viande autour, mieux vaut encore l'inverse.

Parmi les légumes qui sont des racines ou des tubercules, citons : les Carottes auxquelles une tradition attribue une action bienfaisante sur les fonctions du foie et aussi une action sur la beauté du teint; les Navets, les Radis, les Betteraves, les Salsifis ou Scorsonères.

Les Oignons, les Ails, les Échalotes, Ciboules,

Poireaux sont des bulbes dont les écailles et le bourgeon sont gorgés de sucre et de principes sapides, fortement odorants.

Les Choux, les Asperges, les Artichauts, les Cardons, les Céleris, la Rhubarbe, l'Oseille et les Épinards sont des légumes herbacés. Jeunes, ces légumes sont recherchés pour leur saveur sucrée, commune à tous ; plus âgés, ils sont beaucoup moins appréciés.

A ces légumes herbacés il faut rattacher les salades, la Laitue, la Chicorée, la Mâche ou Doucette, le Cresson de fontaine.

Dans une catégorie spéciale se placent les Champignons, dont la valeur alimentaire est très faible, mais qui possèdent une saveur et un arome tout particuliers. Ainsi, une Truffe contient environ 72 p. 100 d'eau, une Morille 90 p. 100 et un Champignon de couche, 92 p. 100. Les Champignons sont les uns comestibles, les autres inoffensifs ou même vénéneux ; aucune préparation ne permet de détruire à coup sûr la toxicité des espèces vénéneuses, aussi faut-il se garder d'employer les Champignons que l'on ne connaît pas parfaitement, et aussi ceux qui, quoique bons à l'état frais, deviennent vénéneux après leur maturité. Nommons les Truffes, les Clavaires, les Morilles, les Helvelles, les Hydnes, dont toutes les espèces sont comestibles ; les Pezizes, les Bolets, les Chanterelles, les Lactaires, les Agarics, dont quelques espèces seulement peuvent être consommées. Rappelons que le Champignon de couche est une variété d'Agaric, l'Agaric champêtre.

Les fruits comestibles. — Les fruits sont utilisés par l'Homme, pour eux-mêmes ou pour les graines qu'ils contiennent ; mais il faut dire que cette distinction, toute botanique, n'a aucune valeur dans la pratique ; c'est ainsi que nous considérons les haricots comme des légumes, les noix, les noisettes comme des fruits, et dans ces deux cas, la graine seule est l'aliment.

L'étude des fruits utiles qui a été esquissée dans un chapitre précédent nous dispensera de donner ici autre chose qu'une liste des fruits comestibles.

Dans un premier groupe nous placerons l'aubergine, la citrouille, le concombre, le melon, la pastèque ou melon d'eau, les cornichons, les câpres ; dans un deuxième nous rappellerons les abricots, les pêches, les cerises, les pommes et les poires, les raisins, les groseilles et les cassis, les fraises et les framboises, les amandes, les noix, les noisettes, les figues, les nèfles, l'ananas, les dattes, les oranges et les citrons, les grenades, les goyaves, les bananes, les mangues ; enfin, les marrons et les châtaignes.

Cette simple énumération suffit à montrer que l'Homme utilise pour ses besoins presque toutes les parties qu'un végétal porte, mais qu'il s'adresse le plus souvent aux organes dans lesquels la plante a constitué des réserves nutritives. A ce point de vue il est bon de mentionner l'artichaut, qui est une inflorescence non épanouie, et dont on consomme le réceptacle, ainsi que les bases succulentes des bractées.

LES PLANTES SUCRIÈRES

Les sucres sont des aliments nécessaires et agréables, que nous trouvons tout formés dans les végétaux, mais que nous savons produire par des transformations industrielles, en partant des féculents, même des celluloses. Répartis dans toutes les parties des plantes et dans toutes les plantes, les sucres sont cependant plus abondants dans les parties des plantes où sont accumulées des réserves, et quelques plantes dites sucrières en contiennent de fortes proportions.

Pendant longtemps la Canne à sucre fut presque seule à fournir le sucre marchand ; son emploi remonte, dans l'Inde, à une haute antiquité ; il fut importé en Europe au temps d'Alexandre le Grand sous le nom de *sucre indien*. Pendant les Croisades, les Vénitiens, frappés de l'usage que les Orientaux faisaient de la Canne à sucre, entreprirent de la propager ; on voit cette plante conquérir l'Égypte, l'Arabie, Malte, Chypre, Candie. Vers 1420, les Portugais l'importèrent aux Açores, aux îles du Cap-Vert ; alors naquit l'industrie du sucre de Canne ; mais il fallut encore un siècle de progrès pour créer le raffinage.

Dès 1605, notre célèbre agronome, Olivier de Serres, avait signalé la présence du sucre dans la Betterave, mais ce n'est qu'en 1747 que des essais méthodiques permirent au pharmacien allemand Margraf d'obtenir 6,2 p. 100 de sucre de la betterave blanche de Silésie et 4,5 p. 100 seulement de la variété rouge. Là en restèrent les entreprises, non pas que les résultats furent décourageants, mais en raison du bas prix du sucre colonial. Il fallut le blocus continental pour que, sur les conseils de Chaptal, 32 000 hectares fussent affectés à la culture du précieux tubercule, et pour que

Benjamin Delessert réussit à monter une usine, la première fabrique de sucre du continent.

Depuis lors, cette industrie n'a cessé de grandir, elle a surmonté toutes les crises et est sortie victorieuse de la lutte. Son importance est assez grande pour que M. Méline, ministre de l'agriculture (1884), pût dire devant le Parlement :

« Qu'est-ce que la Betterave représente dans la richesse de la France? 245 millions de francs. La grande industrie de la houille n'en représente que 241, le fer et la tôle 222. L'industrie sucrière occupe 65 000 ouvriers d'usine, 110000 ouvriers de culture. Les 100 000 bœufs qu'elle utilise produisent 30 millions de kilogrammes de viande et la fumure pour 100 000 hectares de terre. »

Les procédés d'extraction du sucre de Betterave, de plus en plus perfectionnés, se sont introduits dans les sucreries qui traitent les Cannes à sucre, et la science a fait une fois de plus œuvre bienfaisante. De plus, le sélectionnement méthodique des graines a permis l'augmentation des richesses saccharines des betteraves, dont les titres en sucre atteignent de 14 à 17 p. 100, tandis que les rendements à l'hectare sont voisins de 30 000 kilogrammes.

Les résidus des sucreries sont utilisés de plusieurs manières; les débris de cannes ou de betteraves servent à l'alimentation des bestiaux, tandis que les mélasses sont les matières premières de la fabrication des rhums, des tafias, ou simplement des alcools.

On extrait encore du sucre du Sorgho, de certains Palmiers, de certains Érables, et on en fabrique avec de nombreuses matières féculentes sous les noms de sucre de fécule ou de sucre de Maïs.

LES BOISSONS TIRÉES DES VÉGÉTAUX

Nos aliments sont en partie solubles et ont pour véhicule l'eau, constituant ainsi des boissons. La nature des principes que contient une boisson est l'élément le plus intéressant à considérer et il nous guidera dans cette étude rapide.

Les boissons sont les unes nécessaires; les autres, que l'on peut considérer comme moins utiles, sont excitantes, apéritives, digestives ou tonifiantes. La seule boisson nécessaire est l'eau, l'eau potable ordinaire, simple solution très diluée de quelques sels ordinairement calciques. Mais, le besoin qu'a l'Homme de rechercher les aliments excitants de l'organisme, combiné au plaisir que les aliments sapides procurent, lui ont fait considérer comme utiles les boissons fermentées, et quelques autres. Dès l'époque la plus reculée, l'Homme a consommé des boissons fermentées, et chaque peuple a connu la boisson qui dérivait, souvent spontanément, des liquides frais produits par les végétaux ou animaux de la contrée. Aujourd'hui, après un long usage, nous en arrivons à considérer comme nécessaires des boissons dont l'usage n'est nullement commandé par le besoin physiologique.

Les principales boissons fermentées sont dérivées de liquides sucrés, donc contiennent de l'alcool, ce qui même les fait rechercher en outre de leur saveur propre. Nommons le vin, le cidre, le poiré, les bières, la bière d'orge, l'hydromel ou bière de miel, la cervoise que les Gaulois tiraient du Blé; le vin de palme, de dattes, d'ananas, etc.

Par distillation des boissons précédentes ou des marcs qui restent de leur préparation, on obtient des liquides plus alcoolisés que les premiers, et connus sous les noms d'alcools naturels. Tels sont les eaux-de-vie, les cognacs et fine champagne, les armagnacs, les trois-six et les eaux-de-vie de marcs, de cidre, de poiré.

Ces alcools, tous destinés à la consommation, sont accompagnés de produits odorants et sapides, dont quelques-uns sont inoffensifs, dont certains autres ajoutent leur action nocive à celle de l'alcool. Aussi l'usage de ces boissons n'est-il pas sans porter préjudice à la santé.

Il en est de même des alcools que l'on fabrique avec les matières amylacées ou sucrées, sous les noms d'alcool de betteraves, de mélasses, de grains (Maïs), de pommes de terre. Ces produits, dont les uns sont consommés, peuvent ne contenir que de l'alcool éthylique (ou alcool de vin) pur, mais leur usage n'est pas exempt de danger; ils sont surtout employés pour la production de la lumière, pour la marche des moteurs à alcool et sont utilisés dans certaines industries, celle des vernis en particulier. Des emplois du même genre absorbent une très grande quantité d'alcool de bois, ou alcool méthylique, produit de la distillation sèche des bois.

L'alcool est aussi la base de la préparation des liqueurs, mélanges de produits actifs et de produits agréables, destinés à flatter notre goût. Les liqueurs sont souvent des extraits alcooliques de plantes mélangés à des sirops de sucre ; on reconnaît les liqueurs communes, anisette, cassis, curaçao, etc., les liqueurs digestives, chartreuse, bénédictine, et les liqueurs apéritives, telles que les absinthes, les bitters, les amers et les vermouths. Ces compositions, dans lesquelles les produits très sapides dominent, sont souvent fabriquées avec des alcools de qualité inférieure, dont le goût disparaît, de sorte que leur action sur l'organisme est doublement mauvaise.

Autrement utiles sont les vins de quinquina, les vins de kola ou de coca, qui sont des stimulants de la nutrition, et qui jouent le rôle d'aliments d'épargne ou de réserve. Ils favorisent la mise en réserve des aliments ordinaires que nous avons ingérés, plus tard ils aident à leur utilisation et par suite semblent nourrir.

LES ALIMENTS VÉGÉTAUX SPÉCIAUX

Dans ce groupe d'aliments, nous étudierons ceux qui n'ont pu trouver place dans les groupes précédents ou qui ont une valeur spéciale au point de vue de la nutrition.

Le cacao, que l'on consomme en nature, ou que l'on associe au sucre pour faire le chocolat, est tiré des graines du *Theobroma cacao*, de la famille des Sterculiacées, arbre du Mexique. Le fruit, désigné sous le nom de *cabosse*, est une baie à enveloppe résistante qui contient une pulpe molle où sont nichées les graines. Par divers traitements, on isole les graines que l'on écrase afin d'obtenir une pâte comestible ; celle-ci est transformée en feuilles par le roulage, ou en poudre. Le cacao est un aliment féculent et gras, le beurre de cacao formant jusqu'à 50 p. 100 du poids des amandes.

Le Thé est un arbrisseau toujours vert (fig. 1340) ayant quelque ressemblance avec le Myrte de Provence ; il paraît être originaire de Chine où sa culture est pratiquée depuis des siècles. Actuellement, les pays producteurs sont la Chine (740 millions de livres), le Japon, l'Inde (130 millions), Ceylan (80 millions), Java, etc. La production totale est estimée à 1100 millions de livres. La France en consomme un quart de million, la Russie 80 millions et l'Angleterre plus de 200 millions. La livre de thé, qui vaut 0 fr. 90 en Angleterre, vaut en France de 2 à 4 francs en gros et de 4 à 12 francs en détail. La culture du Thé, rémunératrice, mérite d'être encouragée dans nos colonies, tout autant que son usage doit être chaudement recommandé. La boisson que l'on prépare par infusion avec ses feuilles est en effet douée de propriétés remarquables, et ne contient pas d'alcool.

Le café provient des arbres du genre *Coffea*, de la famille des Rubiacées qui renferme d'autres plantes utiles, la Garance, le Quinquina. Le fruit du Caféier est une baie globuleuse ou oblongue, sèche ou charnue, à deux graines ; ces graines ont les deux faces contiguës planes, les faces dorsales convexes. La liqueur que l'on obtient après la torréfaction et le broyage des grains est un stimulant agréable ; elle est très appréciée dans tous les pays et la consommation du café augmente constamment, sauf peut-être en Angleterre.

Les épices. — Le Règne végétal, qui nous fournit de si nombreux aliments, nous donne aussi les épices qui servent à exciter notre goût en relevant la saveur des mets que nous préparons.

Très nombreuses sont les épices ; citons le poivre, la moutarde, le kari, le piment, la cannelle, les clous de girofle, la vanille, la muscade et le safran.

A ces produits, ajoutons le tabac et l'opium qui sont destinés à des emplois spéciaux, et dont l'action sur l'organisme est plus ou moins mauvaise, sans jamais être bonne.

LES CORPS GRAS D'ORIGINE VÉGÉTALE

Les végétaux contiennent des matières grasses de réserve qui, par leur consistance, sont considérées comme des huiles ou des beurres. Tels sont les beurres de cacao, de muscade, de coco, de palme, de lentisque.

Parmi les huiles, citons l'huile d'amandes douces, tirée de l'Amandier commun, et très recherchée pour sa finesse ; l'huile d'arachis tirée de la *pistache de terre* (*Arachis hypogæa*), alimentaire ; l'huile de cameline dont la meilleure qualité est consommée, les qualités inférieures servant dans la fabrication des savons ; l'huile de chènevis ou de chanvre, employée en peinture, et en savonnerie, l'huile de colza qui sert à l'éclairage ; l'huile de coton ; l'huile de lin qui, étant siccative, est très employée en peinture ; l'huile de noix, comestible, de même que l'huile d'œillette ; enfin l'huile de palme, l'huile de sésame, et l'huile d'olive, la meilleure des huiles alimentaires. L'huile de ricin ou de palma-cristi, extraite des graines du Ricin commun, est employée comme purgatif, et à la fabrication des savons durs.

Toutes ces huiles sont extraites des graines ou des fruits, par broyage et compression, d'abord à froid, puis à chaud. Les parties qui s'écoulent les premières sont les meilleures et souvent les seules comestibles ; on emploie les autres parties pour la savonnerie ou la peinture.

LES VÉGÉTAUX INDUSTRIELS

Les végétaux ne nous fournissent pas seulement l'aliment, ils nous servent aussi de matières premières pour la préparation d'un grand nombre de produits utiles. Nous rechercherons les végétaux pour leur dureté et leur flexibilité dans les bois, pour leur résistance et leur souplesse dans les textiles, pour leur carbone dans les combustibles, pour les composés organiques qu'ils contiennent dans les produits de distillation des bois, pour les sels qu'ils renferment dans les soudes ou potasses naturelles.

LES SOUDES NATURELLES

Les plantes qui croissent au bord de la mer dans les régions chaudes, les Barilles, les Salicors, les Salsolas, contiennent des sels de soude à acides organiques, comme l'acide oxalique. En incinérant ces plantes sur une aire plane, on obtient un salin, sorte de matière brune, demi-vitreuse, qu'on connaît sous le nom de soude brute ; par un lessivage méthodique, suivi d'une cristallisation, on prépare la soude naturelle ; telles sont les soudes d'Espagne, d'Alicante, de Malaga.

Les végétaux qui croissent sur le sol contiennent, au contraire, des sels potassiques, oxalates, tartrates, acétates, etc. Leur incinération fournit un salin grisâtre, composé de cendres, contenant toute la potasse à l'état de carbonate. Par un traitement analogue à celui des salins de soude, on obtient les potasses naturelles. Les potasses les plus connues sont celles de Russie, d'Amérique, des Vosges. Malheureusement, la destruction des forêts, plus rapide que leur édification, a diminué la production des potasses naturelles dans de très grandes proportions et les a fait remplacer par des potasses artificielles, tirées des sels potassiques des mines.

Rappelons que les mélasses de betteraves fermentées laissent pour résidu des vinasses dont on retire un salin de betterave, riche en sels de potasse et en produits organiques recherchés.

LES PRODUITS CHIMIQUES VÉGÉTAUX

Sous ce titre nous réunirons des produits dont les propriétés chimiques et physiques sont souvent très diverses, quoique utilisables, et nous ne pourrons faire appel à leur composition que dans une mesure restreinte, cette composition étant souvent imprécise.

Le camphre, obtenu en distillant avec de l'eau les racines et les branches du *Laurus camphora*, est un corps solide incolore, aromatique, combustible, employé en médecine et dans la fabrication du celluloïd.

Les résines comprennent des produits variés, très divers, que l'on peut réunir ainsi : les résines proprement dites, la colophane, l'ambre ou succin, le benjoin, le copal employé dans la préparation des vernis ; les gommes-résines, l'asa-fœtida, la gomme-gutte, le cachou, la myrrhe et l'encens ; les baumes, le baume du Pérou, la térébenthine.

A cette liste, il faut ajouter l'asphalte ou bitume de Judée ; les gommes, telles que la gomme arabique, la gomme adragante, etc.

Le caoutchouc et la gutta-percha. — Le caoutchouc ou gomme élastique et la gutta sont les produits de la concrétion à l'air du latex que sécrètent un grand nombre de plantes : leur composition chimique est complexe, cas ils sont des mélanges de principes immédiats, du genre des carbures d'hydrogène. Ces deux produits diffèrent du reste plus par leurs propriétés physiques que par leurs propriétés chimiques ; leurs usages sont très différents.

Le caoutchouc est produit par le *Ficus elastica* de la famille des Arthocarpées, le *Siphonia cahuchu* (Euphorbiacées) et l'*Iatropha elastica*. Assez élastique à la température ordinaire, il devient cassant à froid et se soude à lui-même à chaud ; on remédie à ces inconvénients par la vulcanisation ou incorporation de soufre, qui lui conserve son élasticité à toute température. Une quantité plus grande de soufre rend le caoutchouc dur et susceptible de prendre un beau poli ; il constitue alors l'ébonite ou caoutchouc durci, employé dans la fabrication d'instruments de chirurgie, d'isolateurs électriques.

La gutta, nommée encore gomme plastique,

gomme de Sumatra, provient de végétaux de la famille des Sapotacées, tels que l'*Isonandra gutta*, le *Palaquium gutta*, le *Mimusops balata*. Non élastique comme le caoutchouc, la gutta se ramollit vers 50 degrés et se moule parfaitement à 70 ; elle s'oxyde très lentement à l'air et devient cassante. On l'emploie pour isoler les câbles électriques, pour la confection des moules destinés à la galvanoplastie, et des pièces de machines destinées au travail des liquides acides.

Les matières tannantes. — Un grand nombre de végétaux renferment du tanin et peuvent être utilisés pour la tannerie. On emploie surtout l'écorce d'un grand nombre de Chênes et les *noix de galle*. On peut citer en outre les bois de *quebracho colorado* (16 à 20 p. 100 de tanin) et de *quebracho blanc* (12 à 13 p. 100), l'écorce d'*Inga* ou *du Brésil*, les *bablahs* et les *balibabolahs*, grosses gousses fournies par divers Acacias, le *divi-divi*, fruit d'un arbre de la famille des Légumineuses (35 à 40 p. 100 de tanin), les diverses sortes de *cachou* et de *sumac*, l'extrait d'écorce de *Châtaigner*, l'écorce de *Bouleau*. Celles de l'*Orme pyramidal*, des *Peupliers*, du *Pin sylvestre*, du *Pin* et du *Sapin blanc du Canada*, du *Mélèze*, du *Marronnier d'Inde* (extrait), du *Hêtre*, du *Frêne*, du *Saule*, du *Noisetier*, du *Sycomore* et du *Grenadier*. Ces écorces contiennent environ de 1 à 3 p. 100 de tanin.

Les végétaux pharmaceutiques. — De tout temps l'Homme a employé les plantes, les simples, au traitement des affections de son corps, et, pendant longtemps, cette médication fut la seule suivie. Les infusions, décoctions, extraits de feuilles, de fleurs, de racines des plantes médicinales furent les seuls guérisseurs de l'humanité. Les données empiriques ou cliniques ont permis de déterminer les propriétés principales des végétaux employés et de les grouper.

L'utilisation totale des plantes avait l'inconvénient de contraindre à l'absorption d'un grand volume de liquide et aussi d'introduire, en outre du principe actif, des matières inutiles. Les progrès de la chimie permettent maintenant d'extraire de chaque plante ses principes actifs à l'état de pureté, ce qui en permet le dosage précis et l'emploi judicieux. Dans l'impossibilité où nous sommes de nommer toutes les plantes médicinales, mentionnons celles qui produisent les matières les plus actives, les alcaloïdes.

Des Quinquinas on extrait la quinine et la cinchonine ; de la noix vomique et de la fève de Saint-Ignace on tire la strychnine et la brucine ; l'opium contient la morphine, la narcotine, la thébaïne, la papavérine, la codéine, et la narcéine ; le tabac renferme la nicotine. Des Ombellifères on extrait la conicine ou cicutine (de la Ciguë), de la Belladone on tire l'atropine. La cocaïne est retirée de l'*Erythroxylon coca*.

LES TEXTILES VÉGÉTAUX

Les cellules végétales ont une membrane cellulosique plus ou moins épaisse, mais toujours souple, flexible, par suite pouvant constituer la matière première des textiles. Font seules exception les membranes, durcies par imprégnation, des bois ou du liège, que l'homme utilise de façon différente.

Au point de vue de leur origine, les textiles végétaux peuvent être groupés en tenant compte de la nature des éléments utilisés. L'industrie utilise les poils du coton, de certains *Asclepias*, *Epilobium*, *Typha* ; les fibres du Chanvre, de la Ramie, du Mûrier à papier, de l'Ortie, du Houblon, du Lin, du Jute (Dicotylédones), de l'Alfa, du Phormium, du Yucca, de l'Agave, du Musa ou chanvre de Manille, des Zostères, du Raphia (Monocotylédones).

Le coton est formé par les poils unicellulaires, soyeux, qui recouvrent les graines du Cotonnier (*Gossypium herbaceum*, *G. arboreum*). Le chanvre est formé des fibres contenues dans l'écorce de la tige du *Cannabis sativa* ; ces fibres, réunies entre elles et par un tissu cellulaire mou, sont préparées par le rouissage qui sépare les faisceaux de fibres, puis isolées par une opération mécanique ultérieure, le teillage, qui donne la filasse.

Le lin est formé de fibres qui constituent comme un manchon autour de la tige du *Linum usitatissimum*. Les faisceaux de fibres sont ici assez petits pour que le rouissage donne une filasse très fine.

La Ramie (*Bœhmeria*), est une plante de la famille des Urticées, dont la tige contient des fibres isolées ou des faisceaux de peu de fibres ; le rouissage est ici remplacé par le décorticage qui se fait à la main, comme en Chine, ou entre des cylindres broyeurs. Les fibres de la Ramie sont très longues, très résistantes, elles remplacent avantageusement le chanvre.

L'Alfa est une plante monocotylédone, cultivée principalement sur les rives méditerranéennes de l'Afrique, dans notre belle colonie d'Algérie; ses feuilles sont employées à la confection des pâtes à papier, en Angleterre surtout.

Les fibres végétales qui entrent dans la composition des chiffons peuvent encore servir à la confection des pâtes à papier; par leur souplesse et leur résistance, elles se prêtent admirablement à la confection des feuilles destinées à l'imprimerie ou à l'écriture.

Les pâtes de chiffons suffirent à alimenter les fabriques de pâte à papier jusqu'au milieu du xix⁰ siècle, elles seraient bien insuffisantes actuellement. Aussi, depuis assez longtemps, on utilise dans le même but un grand nombre de végétaux qui sont les succédanés du chiffon et dont les plus employés sont : paille de Froment, de Seigle et de Maïs, Acacia, Ajonc, Alfa, Jute, Bananier, Peuplier, Bouleau, Saule, Platane, Tremble, Bambou, Mûrier à papier, Chardon, aiguilles de Pins et de Sapins, Genêt, Zostères, Orties, Agave, Yucca, bagasse de Canne à sucre, Typha, Foin, Mousse, tannée, tourbe, sciure de bois, pulpe de Betterave, etc...

Le lin et le chanvre sont les substances les plus estimées, celles qui donnent le papier le plus solide. Le coton est toujours mélangé avec ces matières; seul, il donnerait un produit rugueux, spongieux, peu cohérent. On mélange en outre très souvent avec le chiffon les pâtes obtenues en traitant par un procédé mécanique ou chimique la paille des céréales, les bois blancs, les feuilles de Sparte et d'Alfa; on utilise aussi quelquefois la partie inférieure des tiges de Jute et les débris de cordes. En outre, on augmente le poids, la blancheur et l'opacité des papiers minces à l'aide des matières minérales; c'est ce qu'on appelle *donner du corps*. On emploie ainsi le kaolin, le plâtre cru, les sulfates de calcium et de baryum, la bauxite. le blanc de magnésie (mélange d'hydrate de magnésie et de sulfate de baryum).

LES BOIS

La tige et la racine des végétaux, surtout de de ceux qui présentent des formations secondaires, sont en grande partie formées de bois, c'est-à-dire de tissu résistant, cellulosique, imprégné de lignine (ligneux) qui lui donne sa couleur, sa dureté, sa densité. On y trouve aussi d'autres matières.

Le tronc d'un arbre comprend les parties suivantes : à l'extérieur, l'écorce, région de protection, plus ou moins fendillée, souvent caduque, qui est enlevée en forêt; plus en dedans, l'aubier, région molle, gorgée de sève, inutilisable; enfin, au centre de l'arbre et le constituant presque en entier, le bois proprement dit ou cœur du bois, dont les formations annuelles se reconnaissent à leur degré de dureté et à leur couleur. Dans ce bois, les vaisseaux sont bouchés par des matières de dépôt et la sève ne passe plus; pour l'arbre, ce bois est un tissu mort, un simple soutien, pour l'industriel, il est la partie de plus haute valeur.

Principaux bois. — Au point de vue industriel, les bois se divisent en cinq catégories :

1° Bois blancs ou légers (Peuplier, Pin, Sapin, Aulne, Grisard, Tilleul, etc.). Ces bois sont d'assez mauvais combustibles, mais ils servent pour la menuiserie, la confection des caisses et emballages, des allumettes, des charbons de bois pour la poudre, de la pâte à papier.

2° Bois durs ou lourds (Chêne, Hêtre, Châtaignier, Frêne, Noyer, etc). Ils sont employés par les menuisiers, les ébénistes, les charpentiers, les charrons; ils servent au chauffage et à la fabrication du charbon.

3° Bois de travail (Acajou, Amarante, Palissandre, bois de Teck, etc.). Ce sont des bois durs, colorés, généralement exotiques, réservés à l'ébénisterie. Quelques-uns possèdent une odeur agréable (bois de rose, de citron, d'aloès, etc.)

4° Bois de teinture (bois rouges du Brésil, de Fernambouc, de Campêche; bois jaunes de Cuba, de Tampico, fustet, quercitron, etc.). Ces bois, généralement exotiques, se distinguent des précédents parce qu'ils contiennent une grande quantité de matière colorante; ces substances, recueillies sous forme d'extraits, sont utilisées pour la teinture.

5° Bois résineux (Pin, Sapin, Mélèze, Cèdre, Thuya, Cyprès, etc.). Ces bois, qui appartiennent généralement à la famille des Conifères, sont imprégnés de résine, à laquelle ils doivent des propriétés particulières. Ils donnent plus de chaleur que les bois blancs et résistent aux agents atmosphériques.

LES LIÈGES

Le liège est encore un tissu secondaire des tiges, un tissu dont les cellules ont leurs parois subérifiées et épaissies. Le liège provient du Chêne-liège (*Quercus suber*), qui croît dans les terrains arides du midi de l'Europe. On enlève les bandes de liège par incision, en respectant les couches du liber indispensable au végétal.

Les planches légères, gris jaunâtre, dépourvues de nœuds et de crevasses, sont les plus estimées.

L'écorce native du Chêne-liège, ou *liège mâle* (*malus*) n'a pas de valeur industrielle. Elle est employée seulement pour la décoration des jardins et les flotteurs de filets de pêche.

Le liège de seconde venue, ou *liège ouvrable*, est bouilli, gratté et mis sous presse, avant d'être livré au commerce. Sa principale application est la bouchonnerie; on distingue de nombreuses variétés de bouchons, depuis le bouchon à champagne, valant souvent plus de 0 fr. 15 pièce, jusqu'à la *triaille*, dont le prix est inférieur à 0 fr. 60 le mille.

Grâce à sa mauvaise conductibilité, à sa légèreté, à son élasticité et à son imputrescibilité, le liège, qui ne servait d'abord qu'à faire des bouchons, des bouées et des ceintures de sauvetage, est employé maintenant pour une foule d'applications.

LES COMBUSTIBLES VÉGÉTAUX

Par leur carbone, les plantes sont de précieuses sources d'énergie calorifique; elles nous donnent, à l'état frais ou après carbonisation, tous les combustibles dont nous avons besoin pour les usages domestiques et pour l'industrie.

Les principaux combustibles sont :

Les combustibles naturels végétaux, tels que les bois, la tannée et la tourbe. Les combustibles naturels dits minéraux, bien que leur origine soit végétale, tels le lignite, la houille et l'anthracite.

Les combustibles dérivant des précédents, tels que le charbon de bois, le charbon de tourbe, le coke et les agglomérés. Les combustibles liquides, mélanges de carbures d'hydrogène, dont l'origine première est encore végétale, tels que les pétroles, les huiles minérales et les huiles provenant de la distillation des houilles. Les combustibles gazeux, tels que le gaz de houille, le gaz d'huile et les gaz qui, comme l'acétylène et le gaz à l'eau, proviennent de l'action du carbone végétal sur des matières minérales.

On emploie encore comme combustibles certaines huiles d'origine végétale et quelques cires végétales.

Cette énumération des principales utilités des végétaux suffit à montrer quel rôle immense ils jouent sur le globe; elle nous montre la dépendance étroite qui existe entre les deux Règnes de la nature, et la considération des phénomènes de nutrition nous ayant amené à préciser les rapports établis entre les végétaux et les minéraux, nous pouvons conclure à l'harmonie des relations qui unissent les représentants des trois Règnes. Ainsi nous apparaît justifié l'intérêt qu'excite l'étude de la vie des plantes, intermédiaires obligés entre les minéraux et les animaux, entre la matière inerte et la matière vivante.

FIN.

TABLE DES MATIÈRES

4901-99. Corbeil. — Imprimerie Éd. Crété.

9 782016 183946